流域系统研究新范式
——西江流域案例

胡宝清 等　著

科 学 出 版 社
北　京

内 容 简 介

本书以广西西江流域为研究对象，基于生态风险管理的视角，沿着流域社会—生态系统动态监测—耦合机制—生态风险—情景模拟—综合管理—战略决策进行集成研究，从地质地貌、土地利用、资源环境承载力、石漠化过程、植被变化、生态系统脆弱性、综合风险、社会水文、农村居民点、贫困现状、发展战略、生态补偿等方面进行专题研究。本书包括既相对独立又相互关联的4篇，共20章，通过集成研究与专题研究，对广西西江流域社会生态系统存在的突出问题进行定性与定量分析，并提出针对性的管理建议，同时结合广西西江流域独特的地理区位条件，为其谋划发展方向。

本书可供自然地理学、人文地理学、资源与环境科学、流域环境经济学、地理信息科学、土地管理学等学科研究人员及有关院校师生参考。

审图号：桂S（2020）15号

图书在版编目(CIP)数据

流域系统研究新范式：西江流域案例/胡宝清等著.—北京：科学出版社，2019.12

ISBN 978-7-03-063680-5

Ⅰ.①流…　Ⅱ.①胡…　Ⅲ.①西江-流域-生态系-研究　Ⅳ.①X321.267

中国版本图书馆CIP数据核字（2019）第281536号

责任编辑：王　运　柴良木／责任校对：王　瑞

责任印制：肖　兴／封面设计：图阅盛世

科学出版社 出版

北京东黄城根北街16号

邮政编码：100717

http://www.sciencep.com

三河市春园印刷有限公司 印刷

科学出版社发行　各地新华书店经销

*

2019年12月第 一 版　开本：889×1194　1/16

2019年12月第一次印刷　印张：36 1/2

字数：1 160 000

定价：498.00元

（如有印装质量问题，我社负责调换）

本书作者名单

胡宝清　严志强　闫　妍　黄锡富　刘　菊　李克因

莫建飞　陈燕丽　王　钰　方德泉　熊小菊　廖春贵

赵银军　徐　健　胡佳莹　丘海红　庞晓兰　荣　检

赵海杨　蒋　慧　莫淑芬　张　泽　苏宏新　谢余初

张建兵　潘吟松　童　凯　张成虎　冯春梅　胡　刚

黄凯燕　黄朝盈　黄天放　毕　燕　黄胜敏　周永华

赖国华　张　翔　李　燕　邓雁菲

序

我有幸先睹胡宝清教授团队这部新著的校样，原名是《西江流域社会生态系统变化、效应与管理理论方法与实例研究》，阅后建议将书名改为《流域系统研究新范式——西江流域案例》。这固然因为原书名显得冗长累赘，但更重要的理由是，原书名未能突出该书在学术研究上的主要特色和进步，词不达意。宝清立即采纳了这个建议，并邀我写序。盛情难却，勉为其难，就说说我为什么认为该书在学术研究上的主要特色和进步是“流域系统研究的新范式”吧。

“流域”作为一个学术概念，本来指一个水文单元或地貌单元。而水文单元和地貌单元并非孤立存在，必然与其他自然要素相互联系、相互作用；尤其是作为人类活动的重要空间，流域是由人文要素和自然要素构成、因素众多、结构复杂、相互作用方式错综的复杂系统，因此发展出“流域系统”的概念。这种“流域系统”的概念现在已得到广泛认同，但基本上还是强调水在系统中的主体（或媒介、纽带）作用。而该书的“流域系统”是“流域人地系统”，是“流域社会-生态系统”，是一个包括人口、资源、环境、经济、社会等多要素的复杂大系统，是“生态文明建设的重要载体”。作为社会-生态系统，要以人地和谐发展为目标，协调生态系统、资源单元、使用者、管理者之间的复杂关系，从社会经济和生态环境多角度去分析区域资源利用、环境变化、风险管理和人类福祉，剖析各方利益博弈，提出最科学的资源开发利用方案，在发展社会经济增进人类福祉的同时，保持资源和生态的可持续性。这样看来，该书的“流域系统”概念强调人的主体作用，击中要害，立意更高，更为全面准确，更符合当代流域所面临的根本问题和管理目标。

迄今所见的流域系统研究的主要内容包含水资源与水循环、水土流失与保持、水沙过程和泥石流、地貌过程、营养物质和污染物过程、环境容量、（水资源）优化调控等内容。而该书围绕自然生态系统演变过程、社会生态系统耦合发展、流域可持续发展三大主题展开，分析了广西西江流域地理特征、地质地貌格局、水资源时空分布、石漠化过程、植被变化、自然灾害、生态环境、生态系统产水与固碳等物理、化学、生物过程；剖析了流域经济-社会-生态系统耦合发展状态、土地利用变化、农村居民点时空分布特征等社会关键要素变化机制；基于西江流域的独特地理位置，研究了其贫困特征、功能分区、发展战略及生态补偿等。其内容涉及流域人地系统科学研究范式、社会生态系统协同变化及耦合机制、生态环境脆弱性分析及评价、综合生态风险评价与风险管理、水资源时空分布及可持续利用评价、资源环境承载力和生态系统服务功能、土地利用变化模拟及其合理开发、土地利用景观格局及其环境效应、石漠化过程及其植被变化分析、空间功能分区及其扶贫模式研究等。可见该书显著扩展了流域系统研究的内容。

总之，该书以更为广阔的视野，更贴近实际问题的态度，拓展和完善了流域系统概念的内涵，丰富了流域系统研究的内容和方法，有利于更全面地认识和“从整体上”（钱学森语）优化管理流域系统，可谓“流域系统研究的新范式”。

智者千虑，必有一失。该书在微观机理和子系统耦合集成等方面的研究尚显薄弱。这些不足是受研究条件和研究基础限制之故，启示了今后的努力方向和发展空间。期待宝清及其团队不断进取，更上层楼。

蔡运龙

2019 年 12 月 17 日

前　言

流域社会-生态系统具有物质循环、能量流动、信息传递等基本功能，是一个包括资源、环境、经济、社会等多要素的复杂大系统。西江流域不仅贯通珠江-西江经济带，而且是陆海丝绸之路的重要通道，也是广西粮食主产区和泛珠江三角洲重要的生态屏障，其生态、经济功能不言而喻。西江流域地质地貌类型多样，生物多样性丰富，但生态脆弱，喀斯特分布面积广，水土流失严重，加上流域经济发展水平空间差异大，人口多，生态破坏及环境污染问题时有发生，且流域上中下游分段管理，加大了流域综合治理的难度。基于此，本书从生态风险管理实践的角度，探究西江流域社会-生态系统关键要素的变化机制与过程，并开展生态风险模拟研究，了解流域地表过程、环境效应与生态风险的空间格局及演变特征，在此基础上模拟不同情景下西江流域社会-生态系统生态风险变化状况，对制定流域生态保护、风险防范和优化管理政策具有理论及实践支撑作用。

本书以广西西江流域为研究对象，以复杂性思维和人-水和谐理念为指导，基于生态风险管理的视角，综合运用监测分析、3S［遥感（RS）、地理信息系统（GIS）、全球定位系统（GPS）］技术、模型分析和系统模拟等多学科交叉研究方法，对流域社会—生态系统动态监测—耦合机制—生态风险—情景模拟—综合管理—战略决策进行集成研究。从地质地貌、土地利用、资源环境承载力、石漠化过程、生态系统脆弱性、综合风险、社会水文、农村居民点、贫困现状、发展战略、生态补偿等基础研究入手，揭示广西西江流域社会-生态系统内部要素之间的组织结构、系统特征以及互动机制，阐明流域关键生态风险源、风险受体、暴露表征的相互关系，分析和构建生态风险评价指标体系，探索社会-生态系统风险评估的理论方法。

本书包括既相对独立又相互关联的4篇内容，共20章，通过基础研究与专题研究，对广西西江流域社会生态系统存在的突出问题进行定性与定量分析，并提出针对性的管理建议，同时结合广西西江流域独特的地理区位条件，为其谋划发展方向。

第一篇为理论方法篇。本篇包括第1章～第5章，第1章从流域人地系统研究进展、科学的学科体系、研究理论与方法、学术思路与技术路线等方面进行了分析，构建了西江流域社会-生态系统研究理论体系，为西江流域的研究提供了理论方法和技术指导。第2章～第4章围绕广西西江流域的地质地貌、地理特征分析与综合区划、社会生态系统协同变化及耦合机制进行分析，探究了广西西江流域的地层、地质构造、地貌类型、自然和人文地理特征、综合区划结果、经济-社会-生态系统的发展现状及耦合机制。第5章基于地理信息技术、空间数据库分析、SQL Server等相关技术，建立起西江流域基础地理空间数据、生态环境数据、流域基础数据、遥感数据、多媒体数据等集成共享系统与决策支持系统。

第二篇为生态变化与资源利用篇。本篇包括第6章～第10章，分别从广西西江流域土地利用景观格局及其环境效应、三生（生产、生活、生态）用地评价和优化配置、土地利用变化模拟及其合理开发、水资源时空分布及可持续利用评价、资源环境承载力和生态系统服务功能等五个方面探究广西西江流域生态变化和资源利用。本篇系统分析了流域长时间序列下土地利用景观格局的变化、土地利用景观格局生态服务价值变化、土地利用景观格局变化综合生态环境效应；以土地利用的多功能性为切入点，基于土地利用现状分类构建了三生用地分类体系，以2005年、2010年、2015年作为研究时间点，将广西西江流域的土地从空间上分为生产生态用地、生态生产用地、生态用地及生活生产用地四大类，从横向及纵向两个方面对各个分类的土地利用现状进行了分析对比；从土地利用结构、土地利用动态度、土地利用转移矩阵等方面去定量分析广西西江流域土地利用变化情况；选择坡度、高程、人均GDP、人口密度和距主要道路距离等五个可以引起土地利用变化的要素组成广西西江流域驱动力研究的基本框架，使用Logistic回归模型，探索该地区土地利用变化规律，构建CA-Markov模型，在IDRISI软件上对2025年广西西江流域土地利用情景进行模拟；基于综合指数法对广西西江流域水资源可持续性进行评估，并基于像元尺度对广西西江流域水资源可获取性进行综合评价；从资源丰度、环境支撑和经济发展社会进步三个方面，构建广西西江流域资源环境承载力综合评估指标体系，采用InVEST模型评估广西西江流域生态系统水源涵养、土壤保持、水质净化和碳储存四个方面的调节服务功能。

第三篇为环境演变与风险评价篇。本篇包括第11章~第14章，分为广西石漠化过程及其植被变化分析，以及广西西江流域自然灾害脆弱性评价及防灾减灾、生态环境脆弱性分析及评价、综合生态风险评价与风险管理等四大研究内容。具体研究内容包括利用石漠化地区遥感影像数据，分析石漠化空间分布状况、时空演变规律，同时结合植被变化监测遥感数据，探究喀斯特地区植被变化情况；通过分析广西西江流域暴雨洪涝灾害时空演变、热带气旋灾害时空演变、干旱灾害时空演变规律，构建广西西江流域自然灾害风险评价体系，分别对暴雨洪涝灾害、干旱灾害、热带气旋灾害、低温寒冻害、地质灾害等进行风险评价，并提出广西西江流域自然灾害防灾减灾对策；利用3S技术对广西西江流域的生态脆弱性时空分异特征及其驱动机制进行评价，并结合地理探测器模型，对流域生态脆弱性驱动机制进行探究；利用OWA多准则评价法、DPSIR流域综合生态风险评价模型，构建指标体系对广西西江流域综合生态风险进行评价，针对存在的问题提出综合生态风险管理对策。

第四篇为综合管理与战略决策篇。本篇包括第15章~第20章，分为广西西江流域生态系统产水与固碳服务功能、社会水文评价与综合管理、农村居民点的空间分布特征及其影响因素、空间功能分区及其扶贫模式、在“一带一路”构架下的广西西江流域发展战略，以及生态补偿与长效保护机制及政策建议等六大研究内容。第15章和第16章围绕西江流域的水资源展开研究，利用InVEST模型对西江流域2000年、2005年、2010年和2015年的产水量、碳储量两大生态系统服务功能进行定量评估，分析其空间格局、动态变化及其影响因素，在产水量功能和碳储量功能评估结果基础上进行生态系统服务功能重要性分级；运用脱钩分析法对人口子系统-水资源子系统、经济子系统-水资源子系统进行耦合，构建社会水文系统脆弱性评价指标体系并对广西西江流域进行评价。第17章和第18章运用核密度分析、空间“热点”探测、Logistic回归模型、最小阻力模型等方法来探究广西西江流域农村居民点的空间分布特征及其影响因素；在广西西江流域空间功能分区基础上，运用贫困发生率、空间基尼系数、空间自相关、地理探测器等方法探究广西西江流域贫困现状及致贫因子。第19章和第20章在“一带一路”背景下对广西的新定位、新要求进行了说明，并运用“SWOT”分析法分析了广西西江流域发展的优势、劣势、机遇、挑战，对左右江革命老区、西江经济带进行了具体阐述；针对流域存在的生态环境问题，分析、设计流域生态补偿机制，对广西西江流域生态补偿与保护提出合理化建议。

本书的研究成果得到以下基金项目的资助，特此感谢：国家重点研发计划“喀斯特峰丛洼地石漠化综合治理与生态服务功能提升技术研究示范”项目（2016YFC0502401），国家自然科学基金项目“复杂环境下西江流域社会-生态系统变化及其生态风险模拟研究”（41661021）和“生态工程背景下区域石漠化演变机制及治理成效评估”（2016YFC0502401），广西自然科学基金创新团队项目“北部湾海陆交互关键带与陆海统筹发展研究”（2016GXNSFGA380007）和广西科技开发项目“基于水-土-气-生-人耦合的西江流域生态环境风险评价与情景模拟”（250103-402）。

本书得到北部湾环境演变与资源利用教育部重点实验室、广西西江流域生态环境与一体化发展协同创新中心、广西地表过程与智能模拟重点实验室，以及南宁师范大学地理学一级学科博士学位点建设项目经费资助。本书包含各位集体项目合作者的智慧，特此向一切给予协作、关照和支持的同仁，致以衷心的感谢。在项目研究和本书撰写过程中，参考了大量相关的著作和文献，谨向原作者表示衷心的感谢。特别感谢蔡运龙老师的长期关心和支持，尤其是为本书赐名和作序。本书尽管得以面世，但由于作者才疏学浅，书中难免存在不足之处，敬请同仁不吝赐教。

胡宝清

2019年10月

目　　录

第一篇　理论方法篇

第二篇　生态变化与资源利用篇

第三篇　环境演变与风险评价篇

第四篇 综合管理与战略决策篇

第一篇　理论方法篇

流域是特殊的地理单元，是人类活动的重要区域，是生态文明建设的重要载体。随着区域城镇的急剧扩张和经济的快速增长，流域生态环境遭到极大冲击和破坏，致使生态系统出现资源退化、环境恶化和灾害加剧的趋势，生态环境面临前所未有的挑战。社会生态系统理念的提出为流域研究提供了全新视角，即综合考虑自然因素和人文因素的影响，着重强调二者之间的交互作用及其对环境变化的共同驱动作用。

本篇以流域人地系统研究为主要探讨对象，分别从研究进展、学科体系、理论与方法、学术思路与技术路线等方面构建流域人地系统研究理论体系，为广西西江流域研究提供理论基础与理念指导。

另外，本篇研究了广西西江流域地质地貌形成过程与演化机制，系统分析了流域长时期的地质地貌演化过程，还剖析了广西西江流域自然地理与人文地理特征；在人地系统框架指导下，对广西西江流域经济-社会-生态系统耦合协调发展进行了研究；基于地理信息技术（geographic information system，GIS）、空间数据库分析、SQL Server 等相关技术，建立了广西西江流域社会生态数据集成共享系统与决策支持系统。社会生态数据集成共享系统的实现为广西西江流域的研究提供了数据支持，决策支持系统的实现，提高了研究者的工作效率。

第1章　流域人地系统科学研究范式

1.1　流域人地系统研究进展

1.1.1　流域研究概述

1. 流域人地系统的研究

流域是分水线所包围的河流集水区域，是连接岩石圈、水圈、大气圈及生物圈的关键纽带，是地球物质交换、能量传递的重要场所[1]。流域水资源、土地资源与社会经济发展和人口分布紧密相关，流域的可持续发展关系到人类的未来[2]。在流域科学发展的进程中，国内外学者对流域可持续发展不断地深入研究。流域系统将流域的资源环境、人文因子等看成是重要的组成部分，将流域的自然因子和人文因子看成是一个整体、一个系统。人地关系一直是地理学研究的热点和难点，将其运用于流域治理，则流域人地系统把人与流域自然要素之间的关系更紧密地联系起来[3]。

人地关系是区域可持续科学和生态风险管理研究中的重要组成部分，国内外学者在人地关系框架分析、决策制定和人地关系可持续等方面取得了重要进展。北美洲学者多从人类-环境系统或人类-自然耦合系统的角度，强调分析人地社会的时空性、时滞性、异质性、涌现性和多尺度互馈性[4]。欧洲科学家则倾向于采用驱动-压力-状态-影响-响应框架分析环境问题的内在因果效应、传递机制、决策制定。国内研究者更注重人与自然的相互影响与反馈作用，多从地域系统的视角研究资源-环境-发展-风险的人地复合系统，强调天人合一的思想。例如，不少学者对人地系统的哲学思辨方面进行研究，还有对人地关系理论进行研究[5]。在人地系统研究方法方面，人地系统研究方法主要包括定性分析方法和定量分析方法。在定性研究方法中，有学者指出只有将人文因素和自然因素综合研究才能为区域可持续发展研究提供理论基础和实践指导，因此，提倡人地关系自然和人文的综合集成研究[6]。在定量研究方法中，学者从构建人地系统协调模型对人地关系进行分析。部分学者对人地系统与经济发展、人地系统理论、人地系统研究范式进行分析。随着人们对生态学和经济学的认知不断加深，流域的生态环境和经济发展受到重视，流域生态经济系统出现。流域生态经济不仅关注流域的生态环境安全，而且还关注流域经济的可持续发展。吕晓等、马永欢等对塔里木河、石羊河流域的生态经济系统协调与耦合进行了研究[7,8]。随着对流域的开发不断加大，人文因子对流域的影响不断增加，人类活动严重影响到流域的水资源、生态安全。流域社会经济、生态环境互相联系，进而推动了社会生态系统出现[9]。黄秋倩运用3S技术搭建了南流江的社会生态系统数据库[10]，余中元等则对滇池社会生态系统脆弱性进行研究[11]。在2012年，学者Sivapalan等提出社会水文学，社会水文学是解决流域问题的重要手段[12]。国内学者陆志翔等、王雪梅和张志强、丁婧祎等对社会水文学的发展进行了梳理和展望[13-15]。

2. 流域生态风险的研究

生态风险评价研究主要分为萌芽阶段、人体健康风险评价阶段、生态风险评价阶段及区域生态风险评价阶段4个主要时期。生态风险起源于环境影响评价，1964年国际环境会议上有学者提出环境影响评价的概念[16]。20世纪70年代后期开始环境风险评价方面的研究，但以定性分析意外事件风险为主，处于发展萌芽阶段。早期的生态风险评价主要是以人体为风险受体，探讨化学污染对人体健康的影响[17]。美国橡树岭国家实验室在1981年，以生物组织、群落、生态系统水平为目标，提出生态风险评价新方法。20世纪90年代以后，风险评价的重点由环境影响评价及人体健康风险评价逐渐转向生态风险评价。美国科学家 Joshua Lipton 等认为风险受体包括人类、种群、群落等各个组分水平，可进行多因子定性与定量相结合的评价。随着 Barnthouse 第一次尝试将人体健康评价框架改编成生态风险评价框架后，1998 年，美国国家环境保护局（United States Environmental Protection Agency，USEPA）提出了“三步法”框架，颁布了生态风险评价指南，推动流域及水生系统生态风险评价研究。随后，许多国家都在此基础上构建了适宜国情的生态风险评价框架。20 世纪 90 年代之后，生态风险的评价尺度不断扩大，区域及流域等大尺度的综合风险评价不断涌现，生态风险评价逐渐转向多风险源、多风险受体，大尺度区域环境风险评价[18]。

流域生态风险目前尚未有完整的定义，流域生态风险评价是以自然地貌分异与水文过程形成的生态空间格局为评价区域，评价自然灾害、人为干扰等风险源对流域内生态系统及其组分造成不利影响的可能性和风险源危害程度复杂的动态变化过程，是由生态风险源的危险度指数、生态环境脆弱度指数及风险受体潜在损失度指数构成的时间和空间上的连续函数，用于描述和评价风险源强度、生态环境特征以及风险源对风险受体的危害等信息，具有很大的模糊性、不确定性和相对性[19]。目前国内对流域生态风险的研究主要基于景观格局、灾害、土壤侵蚀及河流沉淀物重金属污染等方面。这些研究有以景观指数为重要指标，构建生态风险指数，对石羊河流域的生态风险进行分析评价；有通过分析巢湖流域土地景观格局变化，探究流域生态风险的主要驱动力，有助于正确诊断流域主要风险源，对流域生态环境风险进行有效管控；有以干旱、洪涝等灾害为主要风险源对漓江流域的综合生态风险进行评价，以及从土壤侵蚀及景观格局角度出发，以土壤侵蚀敏感性及景观干扰指数为主要风险源，对流域的生态风险进行评估；还有通过采集分析赤水河流域的重金属含量，对流域的标称沉淀物重金属潜在风险进行评价。随着 3S 技术的不断发展，生态风险评价研究热点逐渐从单一风险源向多风险源转移，从单一风险受体向多风险受体转移，从灾害、土地利用、水环境污染等单风险评价向综合风险评价研究，评价范围由小尺度区域向区域、流域等大尺度扩展[20,21]。目前流域生态风险评价还处在发展阶段，评价模型与体系尚未成熟，对生态风险的本质及发生机理的研究尚不完善，还处于生态环境潜在风险的评价阶段，对于生态风险的时空动态变化研究及预测研究较少。

3. 流域脆弱性的研究

对流域脆弱性进行评价，极大促进了流域的可持续发展，能有效减轻由自然因子、人类活动等外部因素对社会水文系统产生的不利影响，以及能为流域环境污染和生态退化的综合整治提供科学依据[22,23]。脆弱性评价最早应用于自然灾害方面，随后被广泛运用于地理学、生态学等学科，接着有不少学者将脆弱性概念引入社会人文学科[24,25]。不同学科对脆弱性的定义差别很大。不同学者对脆弱性的评价模型进行研究，如脆弱性域图（vulnerability scoping diagram，VSD）模型、压力–状态–响应（pressure-state-response，PSR）模型、驱动力–压力–状态–影响–响应–管理（driving force-pressure-state-impact-response-management，DPSIRM）模型、敏感性–恢复力–压力（sensitivity-recovery-pressure，SRP）模型等相继出现[26,27]。在脆弱性评价方法上，层次分析法（analytic hierarchy process，AHP）和主成分分析法运用得比较多，而模糊评价法和指数指标法的评价结果精确，综合评价法和灰色关联法的评价更全面，评价方法不断发展更新[28,29]。在脆弱性应用研究上不断创新，主要有水环境系统脆弱性评价、灾害系统脆弱性评价、地下水系统脆弱性评价和生态系统脆弱性评价等方面[30]。随着气候变化和经济活动的发展，流域生态环境问题突出，流域对人类活动的干扰做出响应，并且适应问题渐渐受到人们的关注，人类活动–环境耦合系统脆弱性评价的重要性逐渐凸显，对流域人水耦合系统或社会水文系统脆弱性的研究已经发展成为新的趋势。

4. 流域综合管理的研究

流域综合管理是保障水资源–生态环境–社会–经济–人口可持续发展的有效措施与重要工具[31]。中国在流域治理方面有着卓越的经验，在古代，大禹治水就是典型案例。现代流域综合管理，兴起于 20 世纪 30 年代大洋洲、欧洲、北美洲等地，其中有不少优秀的模式案例，如澳大利亚墨累–达令河流域管理模式、欧洲莱茵河的国际合作开发与管理模式以及美国密西西比河综合管理模式[32]。我国流域综合管理起步较晚，在 20 世纪 90 年代，开始对流域的水资源、水生态环境及沿岸的经济、人口等进行管理。为了推动流域的人口、经济、生态环境可持续发展，随后的时间里，中国成立了七大流域的管理机构，对长江、黄河、珠江等流域进行流域社会水文要素管理。2007 年党的十七大报告中提出要加强生态文明建设，流域生态文明建设得到重点关注。2008 年河长制在太湖流域首先实施，流域综合管理研究进入旺盛期。

5. 广西西江流域的研究

随着珠江–西江经济带的开发和振兴左江、右江革命根据地的政策实施，国内外学者对广西西江流域的社会经济发展、生态环境、水资源、水污染等方面进行大量的研究。本研究通过中国知网数据库，对 1982～2018 年广西西江流域的文献进行收集，以广西西江流域以及流域主要干支流和主要城市如南宁等为关键词进行组合搜索，共检索到 2108 篇，剔除与主题不相关、无作者、重复出现的文献，剩余 917 篇作为广西西江流域相关研究综述的基础数据，文献搜索及下载时间为 2019 年 3 月 2 日。利用文献计量 VOSviewer 软件，对广西西江流域发文数量的年际变化、高发文期刊及高频关键词进行分析，然后绘出广西西江流域的研究热点与科学知识图谱。结果表明，1982～1990 年关于广西西江流域社会水文的研究有 11 篇，占总数的 1.2%；1991～1995 年有 29 篇，占总数的 3.16%；1996～2000 年有 38 篇，占总数的 4.14%；2001～2005 年有 86 篇，占总数的 9.38%；2006～2010 年有 197 篇，占总数的 21.48%；2011～2015 年有 316 篇，占总数的 34.46%；2016～2018 年有 240 篇，占总数的 26.18%。研究表明，2011～2015 年，年均发文量最高为 63.2 篇；其次是 2006～2010 年，年均发文量为 39.4 篇。随着时间的增加，年均发文量呈上升的趋势，且随着珠江–西江经济带等国家战略的实施，学者对广西西江流域的研究不断增多，说明其研究价值不断提升。

为进一步理清研究区社会水文情况，对广西西江流域的相关研究进行梳理。广西西江流域降水总量丰富，但年际和月际分布不均，在气候变化的背景下，流域易遭受干旱灾害和水资源短缺的威胁[33]。1960～2005 年期间广西西江流域的径流量随时间变化呈现减少的趋势，梧州站、天鹅站的变化尤其显著，大气降水减少是径流量下降的主要原因。广西西江流域水资源空间分布不均，各区域的径流量变化趋势差异较大，大气降水减少，流域的水安全不容忽视。广西西江流域地质地貌类型丰富，喀斯特地貌面积广泛，喀斯特地区具有双重水文结构[34]。地表水常常经过岩溶漏斗、落水洞等排到地下河去，易发生干旱；夏季暴雨多，暴雨对地表冲刷，造成表层土壤流失，堵塞落水洞易发生洪涝灾害，随着极端气温事件的加剧，流域水灾害时有发生。胡宝清等通过遥感（remote sensing，RS）影像与实测数据，探讨了土壤类型与石漠化之间的关系[35]。流域土壤侵蚀方面，李翠漫等、王红岩等、陈萍等利用遥感数据和 GIS 技术对流域的土壤侵蚀进行研究，结果表明土壤侵蚀强度与气温、降水、人类活动密切相关[36-38]。在土地退化及功能分区方面的研究，如郑士科等对流域的土地安全评价、土地利用变化与生态系统服务价值关系、虚拟土地战略进行研究并提出建议与对策[39]。

1.1.2　流域安全与可持续发展的需求

随着流域内人类活动的加剧，生活污水、农业污水、工业废水的排放增加，流域的生态环境质量不断下降，不少流域的水质遭到严重污染，严重地影响到流域周边居民的生命财产安全。为了维护流域生态环境及周边居民的生命财产安全，国家和政府必须对流域的可持续发展采取措施。用整体的眼光，将流域看成是一个复合的人地系统，对流域的生态环境污染、灾害等进行综合管理。近年来，政府和相关部门逐渐认识到，流域的污染治理与保护需要多部门、多学科联合，共同努力才能解决。流域的综合管理与治理是实现流域可持续发展的有力手段。随着研究的深入，流域综合管理的概念与内涵不断得到补充和完善。陈宜瑜院士认为，流域综合管理就是要通过地区政府和部门间协调，对流域的水土、矿产等自然和生物资源合理开发利用，使流域的经济发展和环境福利最大化。流域综合管理就是要对流域的水资源、水环境、人口、经济发展等进行多部门多学科的统一管理，是流域安全与可持续发展的必然选择。

1.1.3　流域学科创新研究的趋势

随着人类对流域内各种资源开发强度的增大，流域内人地矛盾日益突出，对流域人地系统的研究成为焦点问题。随着经济社会发展，流域的开发和利用强度不断增加，流域出现河道退化、水质恶化、生物多样性减退、碳氧代谢功能低下、景观破碎等问题。用传统、单一的方法已经无法处理和应对流域的这些棘手问题，必须对解决方法进行创新。流域人地系统理论的出现，可以将流域看成是一个整体。对流域人地系统的研究属于一种创新研究，延伸了流域学科和人地系统理论的应用。随着城镇的急剧扩张和经济的快速增长，西江流域内生态环境遭到极大冲击和破坏，致使生态系统出现资源退化、环境恶化加剧的趋势，成为区域人地关系最为紧张和复杂的地理单元，是生态压力和风险最大的区域之一。对流域人地系统进行综合集成研究，有利于探索流域人地系统可持续发展的途径。

1.2　流域人地系统科学的学科体系

1.2.1　流域人地系统研究的核心概念

1. 流域人地系统

流域是人类主要的生活居住场所，流域内的水、土、环境、生物资源等在维系人类社会的生存与发展中发挥着不可替代的作用。同时，湖泊、河流及其流域作为生物栖息地也为生物的繁衍及其多样性提供了保障。中国著名学者钱学森认为，系统是由相互作用相互依赖的若干组成部分结合而成的，具有特定功能的有机整体，而且这个有机整体又是它从属的更大系统的组成部分。流域人地系统研究具有跨学科的特点，流域人地系统是一个动态的、开放的、复杂的巨大系统，为此要从空间结构、时间过程、组织序变、整体效应、协同互补等方面去认识和寻求全球的、全国的或区域的人地关系整体优化、协调发展及系统调控的机理，为区域可持续发展和区域决策与管理提供理论依据[40]。根据人地系统理论及流域的特点，本章将流域人地系统定义为由流域人口子系统、流域经济子系统、流域社会子系统、流域生态环境子系统、流域土地利用子系统构成的耦合系统，子系统之间互相作用互相影响。流域人地系统是一个动态的、开放的、复杂的耦合系统。

2. 流域人地系统主要子系统

1）流域人口子系统

从概念上看，人口是一个内容复杂、综合多种社会关系的社会实体，具有性别和年龄及自然构成，以及多种社会构成和社会关系、经济构成和经济关系。人口的出生、死亡、婚配，处于家庭关系、民族关系、经济关系、政治关系及社会关系之中，一切社会活动、社会关系、社会现象和社会问题都同人口发展过程相关。人口按居住地可以划分为城镇人口和农村人口，还可以按年龄、性别、职业、部门等构成划分为不同的群体。流域人口系统具体包括人口数量、人口结构、人口密度等。据2018年《广西统计年鉴》，2017年末，广西西江流域总人口为5013.31万人，其中男性为2634.54万人，女性为2378.77万人；人口密度为225.07人/km^2。

2）流域经济子系统

经济是价值的创造、转化与实现，人类经济活动就是创造、转化、实现价值，满足人类物质文化生活需要的活动。流域内的人类生产活动，构成了流域经济系统。流域经济具体指标包括地区生产总值、第一产业增加值、第二产业增加值、第三产业增加值等。广西西江流域社会经济发展迅速，据2018年《广西统计年鉴》，2017年地区生产总值为17997.70亿元，其中第二产业增加值为8165.47亿元，占45.37%；第三产业增加值为7355.23亿元，占40.87%；第一产业增加值为2477亿元。从不同城市经济发展情况来看，南宁、柳州、桂林的经济发展水平较高，而河池、来宾发展水平较低。从具体固定投资、进出口收入及政府税收来看，广西西江流域 2017 年固定资产投资高达 17720 亿元，其中房地产开发 2435 亿元，占 13.74%。工业企业有 5159 家，数量多，工业实力雄厚。进出口总额为 329.50 亿元，其中进口额为 167.23 亿元，占 50.75%；出口额为 162.27 亿元，占 49.25%。税收收入为 772 亿元，其中企业所得税收为 84 亿元，占总税收 10.88%；个人所得税收为 30 亿元，占总税收的 3.89%。

3）流域社会子系统

从概念上看，社会是人类相互有机联系、互利合作形成的群体，按照一定的行为规范、经济关系和社会制度而结成的有机总体。系统是相互联系的要素集合。要素和要素间的联系构成系统的结构，系统结构决定其功能。功能是系统对环境的作用及自身生长进化的能力，其决定系统自身的演化。社会系统是由社会人与他们之间的经济关系、政治关系和文化关系构成的系统，如一个城市、一个国家都是一个个的社会系统，也是不同层次的社会系统。流域社会系统尺度主要是在区域尺度。据 2018 年《广西统计年鉴》，2017 年广西西江流域公共财政支出 3689 亿元，其中教育支出 699 亿元，占 18.95%；社会保障和就业支出 429 亿元，占 11.63%；医疗卫生支出 428 亿元，占 11.6%；农林水利事务支出 528 亿元，占 14.31%。幼儿园有 11213 所，在园儿童有 191 万人。小学有 8395 所，小学教师为 218489 人，小学在校生有 411 万人。中学有 1963 所，中学教师有 162845 人，中学在校生有 254 万人。高等学校有 72 所，高等学校教师有 42869 人，高等学校在校生为 89 万人。公共图书馆有 107 个。卫生机构数有 30696 个，其中医院和卫生院有 1651 个；卫生机构床位有 216459 张；卫生机构人员有 370705 人，卫生技术人员为 277304 人，执业医师和执业助理医师有 94707 人，注册护士有 119462 人。

4）流域生态环境子系统

流域生态环境子系统是指影响流域人类生存与发展的水资源、土地资源、生物资源以及气候资源数量与质量的总称。流域生态环境问题是指人类为其自身生存和发展，在利用和改造流域的过程中对流域的水、土地、生态破坏和污染所产生的危害人类生存的各种负反馈效应。流域生态环境子系统的安全与健康关系到流域居民的发展。

5）流域土地利用子系统

土地是包含地球特定地域表面及其以上和以下的大气、土壤与基础地质、水文与植物以及动物，还包含这一地域范围内过去和现在人类活动的种种结果。就人类目前和未来利用土地所施加的重要影响，也可以说土地是地表某一地段包括地质、地貌、气候、水文、土壤、植被等多种自然要素在内的自然综合体。流域土地利用是指人类根据流域土地的自然特征如土壤水分和肥力等，按一定的经济、社会目的，采取一系列生物、技术手段，对土地进行长期性或周期性的经营管理和治理改造。土地利用的广度、深度和合理程度是土地生产规模、水平和特点的集中反映。目前人口急剧增长，流域可利用土地资源减少。由于技术进步，人类改造和利用自然环境的能力日益提高，稍有不慎，就会出现污染环境和破坏生态平衡的问题，而在土地利用上，这种现象往往会更加突出。

1.2.2　流域人地系统科学的学科结构

学科研究范围大小及抽象程度高低有所不同，形成不同层次的学科，进而形成学科体系。广义的学科体系是高等教育培养专门人才的横向结构，它包括专业结构的比例关系，以及专业门类与经济结构、科技结构、产业结构等之间的联系。狭义的学科体系指高等教育部门根据科学分工和产业结构的需要所设置的学科门类。根据前人的研究情况，我们认为，流域人地系统科学的学科体系指的就是围绕流域、人地关系展开研究的相关子学科。

当前尚未看到关于流域人地系统研究的系统、全面的论述，根据国内外学者对流域科学、人地关系理论的研究成果，将流域人地系统科学的学科结构定义为自然地理学、流域管理学、地质学、气象学、社会学、信息学等，以及这些学科的下属子学科。

1.2.3　流域人地系统科学与相关学科的关联

流域人地系统科学是研究流域人口子系统、流域经济子系统、流域社会子系统、流域生态环境子系统、流域土地利用子系统间相互作用机制，以及其各子系统要素之间的时间变化特征和规律，为流域人口、经济、生态环境健康协调发展及管理提供科学依据。流域人地系统是一门创新性很强、非常综合的学科，与气象学、社会学、信息学、自然地理学、流域管理学、地质学等学科密切联系。

自然地理是研究自然地理环境的组成、结构、功能、动态的学科，是地理学的一个重要分支学科，综合性的分支学科有综合自然地理学、区域自然地理学、古地理学等。社会学是系统地研究社会行为与人类群体的学科，起源于19世纪30～40年代，是从社会哲学演化出来的一门现代学科。社会学也是一门具有多重研究方式的学科，主要涉及科学主义实证论的定量方法和人文主义的理解方法，它们相互对立相互联系，共同发展及完善一套有关人类社会结构及活动的知识体系，并以运用这些知识去寻求或改善社会福利为主要目标。社会学的研究范围广泛，包括了由微观层级的社会行动或人际互动，至宏观层级的社会系统或结构，因此社会学和经济学、政治学、人类学、心理学、历史学等学科并列于社会科学领域。信息学是研究信息的产生、获取、传输、处理、分类、识别、存储及利用的学科，于20世纪60年代以后逐渐形成。它的主要基础理论和科学方法论是神经生理学、心理学、计算机科学、系统工程、信息论、控制论等。流域管理学的主要内容包括流域管理学的概念、原理，流域生态经济系统的调查、诊断与水土等自然资源的综合经营规划方法，水土流失综合治理措施，自然资源综合开发，森林流域管理，山洪泥石流综合防治，流域管理信息系统与综合经营效益评价等技术与理论。

流域人地系统内部的流域人口子系统、流域经济子系统、流域社会子系统、流域生态环境子系统以及流域土地利用子系统与人类活动和自然环境相互影响，与气象学、自然地理学的关系非常紧密。流域人地系统数据信息的管理依赖于信息学的基础理论和技术方法，流域生态环境问题、灾害等的管理需要运用流域管理学的模型与方法。流域人地系统理论的发展，极大地促进各学科之间的交流与发展。

1.3　流域人地系统研究理论与方法

1.3.1　流域人地系统研究的基本理论

1. 系统论

系统论是把研究和处理的对象，看作一个相互联系、相互结合的有机整体。系统间的不同要素、不同子系统、子系统与环境之间紧密相连与互相影响。系统论最早由奥地利生物学家 L. von Bertalanffy 在1932年提出。系统论的研究内容有系统要素、系统结构、系统功能等。国内学者对系统论的理论及应用做了不少工作，如胡宝清将系统论与地理学结合，创新地构建出喀斯特人地系统理论，将喀斯特人地系统划分为石漠化过程与综合治理子系统、信息子系统等，并且运用系统的观点对喀斯特地区的生态环境风险进行管理。系统论还广泛运用于农业与旅游业融合、城乡发展协调、工业振兴、海岸带管理、流域水资源管理等方面。

2. 可持续发展理论

可持续发展理论是在人类社会的发展过程中不断改进而得到的一个科学发展理论。发展的概念经历了四个演变阶段。第一阶段，从第一次工业革命开始至20世纪50年代，这一阶段的发展是指经济领域的活动，人们刚从农业社会步入工业社会，发展的核心是实现经济和物质财富的快速增长，并以牺牲自然环境为代价，属于片面的发展。第二阶段，20世纪50年代至70年代初，这一阶段的发展在追求经济增长的同时，开始重视社会文化的同步发展，当时联合国秘书长吴丹提出“发展=经济增长+社会变革”的公式，很好地概括了这一阶段发展的趋势，但仍然没有考虑到对自然环境的保护问题。第三阶段，20世纪70年代初至80年代后期，这一阶段是生态发展的开端，人们终于从经济与社会快速发展的兴奋中清醒，认识到人类赖以生存的地球的环境问题，开始注重人与自然环境的协调发展。第四阶段，20世纪80年代后期至今，人们对发展的认识得到了进一步提升，不止着眼于眼前的发展，还开始思考未来的持续性发展，并思考如何能让现今的发展对未来发展起到良性作用，而不是扼杀子孙后代健康发展的希望，可持续发展成为发展的主旋律。可持续发展是指既满足当代人的需要，又不对后代人满足其需要的能力构成危害的发展。

2016年1月1日，联合国《2030年可持续发展议程》正式启动，该发展目标在继承“联合国千年发展目标”的基础上，对可持续发展制定了更具普遍性、全面性、整合性、变革性的发展目标。将原先“联合国千年发展目标”的8项目标发展扩大到17项可持续发展目标和169项具体目标，涵盖范围更普遍、更全面；将原先主要针对发展中国家制定的“联合国千年发展目标”，提升为对所有国家都具有约束力的目标框架上，制定出“共同但有区别的责任”目标，这是对“联合国千年发展目标”的发展与超越；整合经济发展、社会包容与环境保护三者之间的相互关系，建构一个全球性的可持续发展议程，其变革性具有里程碑式的意义。

3. 流域“自然-社会”二元水循环理论

水循环模式包括海陆、流域、城市、农业和受扰下垫面（林草、荒地、湖泊、湿地等）5类水循环模式。在这些水循环模式中，流域水循环是水循环流动最直观的表现。在人类发展最初的采食经济阶段，由于人类活动对流域的影响很小，基本可以忽略，此时流域水循环主要表现为一元水循环，即流域水循环过程只在太阳能、风能、重力势能、地球内能等能量下驱动、转化。随着人类活动对自然界的影响加重，流域水循环也不再单一受自然界的能量驱动，同时也受人类活动的影响，甚至在一些人口密集区域，人类活动对流域水循环的影响更大。这种流域水循环受自然、人类活动共同影响的理论被称为流域“自然-社会”二元水循环理论。

流域“自然-社会”二元水循环主要表现在4个方面，即水循环服务功能的二元化、水循环结构和参数的二元化、水循环路径的二元化、水循环驱动力的二元化。流域二元水循环模型由分布式流域水循环模型、水资源合理配置模型和多目标决策分析模型三个模型耦合而成，同时纳入了对流域水化学过程、水生态过程的模拟，形成对流域“自然-社会”二元水循环的综合模拟与应用分析。根据这一模型，可从宏观到中观，再到微观，层层分解，嵌套模拟反馈，实现对流域“自然-社会”二元水循环过程的全面模拟。

4. 流域生态文明理论

人类活动与流域生态之间的矛盾已经到了必须调和的地步，对于这一亟待解决的问题，党和国家非常重视，并在十八大报告中提出“五位一体”，从“美丽中国”的视角论述生态文明建设的意义与策略。2012年至今，生态文明建设已形成体系，各界学者开始更多地将研究方向延伸到各个领域，流域生态文明建设理论应运而生。流域生态文明是以流域为单元，以水循环过程为纽带，以维护流域生态整体性为目标，从经济、政治、文化、社会等各个方面思考，科学建设、发展流域经济的同时，修复和保护流域生态环境，使流域能建设成为一个发展现代化、环境良好型的绿色区域。

1.3.2　流域人地系统研究方法

研究方法是指在研究中发现新现象、新事物，或提出新理论、新观点，揭示事物内在规律的工具和手段。研究方法是人们在从事科学研究过程中不断总结、提炼出来的。由于人们认识问题的角度、研究对象的复杂性等因素，以及研究方法本身处于一个不断地相互影响、相互结合、相互转化的动态发展过程中，目前对于研究方法的分类很难有一个完全统一的认识。

模型法指通过模型来揭示原型的形态、特征和本质的方法。模型法借助于与原型相似的物质模型或抽象反映原型本质的思想模型，间接地研究客体原型的性质和规律。模型又可以分为数学模型、概念模型以及计算机模型等。

数学模型是用符号、函数关系将评价目标和内容系统规定下来，并把互相间的变化关系通过数学式表达出来。数学模型所表达的内容可以是定量的，也可以是定性的，但必须以定量的方式体现出来。因此，数学模型的操作方式偏向于定量形式。数学模型的基本特征包括评价问题抽象化和仿真化，各参数是由与评价对象有关的因素构成的，要表明各有关因素之间的关系。

概念模型是对真实世界中问题域内事物的描述，不是对软件设计的描述。概念的描述包括记号、内涵、外延，其中记号和内涵是最具实际意义的。概念模型表征了待解释的系统的学科共享知识。为了把现实世界中的具体事物抽象、组织为某一数据库管理系统支持的数据模型，人们常常首先将现实世界抽象为信息世界，然后将信息世界转换为机器世界。也就是说，概念模型是首先把现实世界中的客观对象抽象为某一种信息结构，这种信息结构并不依赖于具体的计算机系统，不是某一个数据库管理系统支持的数据模型。

计算机模型指利用计算机大量、高速处理信息的能力，在计算机内设置一定环境，以程序来实现客观系统中的某些规律或规则并高速运行，以便观察与预测客观系统状况的一种强有力的概念模式。建立研究对象的数学模型或描述模型并在计算机上加以体现和试验。研究对象包括各种类型的系统，它们的模型是指借助有关概念、变量、规则、逻辑关系、数学表达式、图形和表格等对系统的一般描述。把这种数学模型或描述模型转换成对应的计算机上可执行的程序，给出系统参数、初始状态和环境条件等输入数据后，可在计算机上进行运算得出结果，并提供各种直观形式的输出，还可根据对结果的分析改变有关参数或系统模型的部分结构，重新进行运算。

1.3.3　流域人地系统研究的主要内容

1. 流域人地系统协同变化及耦合机制研究

首先，以系统论为支撑，构建流域人地系统，流域人地系统要素主要包括人口、经济、水资源等。其次，在分析广西西江流域水资源总量及降雨总量变化，摸清流域水资源时空分异的基础上，运用时空模式挖掘和冷热点格局分析法对流域用水量的变化进行研究，揭示流域用水量空间变化特征；同时对流域的人口数量、人口密度、不同产业总值等进行分析。最后，利用脱钩模型对人口与生活用水、地区生产总值与用水总量、工业总产值与工业用水、农业总产值与农业用水的关系进行耦合分析，对社会经济与水资源协调类型区划，探究流域经济子系统-水资源子系统、人口子系统-水资源子系统之间的耦合机制。根据广西西江流域人口、经济、产业、水资源、生态环境变化，从生态安全、优化产业、加强水土资源管理、法律法规、数字流域等方面提出对策及建议，推动流域社会水文系统的可持续发展。

2. 流域综合生态风险评价与风险管理研究

以广西西江流域生态风险问题为研究基础，选用广西西江流域作为研究区，从流域生态环境变化机理出发，系统考虑水-土-气-生耦合系统的相互作用，以3S技术为支撑，运用监测分析、遥感监测、模型分析、实地验证等多学科融合的研究方法，从流域尺度上开展综合生态风险评价研究。具体内容包括以下三个方面。

1）流域生态环境风险评价指标体系构建

基于地-水-土-气-生耦合系统的相互作用关系，综合考虑各要素之间相互影响和相互作用机理，分析流域主要风险源与流域生态环境风险的因果关系，对流域生态系统已发生或可能造成严重负效应的风险源进行分析，科学研究与环境管理相结合，基于驱动力-压力-状态-影响-响应（driving force-pressure-state-impact-response，DPSIR）模型，构建广西西江流域综合生态风险评价指标体系。

2）流域综合生态风险评价

首先，从环境本底值、环境污染、环境退化、自然灾害等方面综合评估流域的多重压力，分析生态系统内的风险，不断进行释放-传递-危害-响应-控制的复合演变过程。以 GIS 技术为主，对指标数据进行计算分析及标准化分级处理。其次，采用专家打分法及层次分析法对各个指标的准则权重进行计算，采用模糊量化法对 7 种不同决策风险系数下各个指标的次序权重进行计算。最后，采用有序加权平均（ordered weighted averaging，OWA）法对广西西江流域综合生态风险评价，分析不同决策偏好下流域生态风险的状况，为辅助决策提供建议。

3）流域综合生态风险的差别化风险管理及防范机制

在科学认识利于生态环境风险现状的基础上，综合单项风险结果，进行综合分区。从不同风险区的不同驱动力入手，优化流域格局，对建立流域生态风险预警机制，流域不同风险区进行差别化管理，为制定流域生态风险防范对策及生态安全管理提供科学依据。

3. 流域生态环境脆弱性分析及评价

首先，对广西西江流域植被覆盖时空演变、流域植被净初级生产力时空变化、流域废污水排放进行分析。其次，将脆弱性理论引入人地系统学科研究中，对人地系统脆弱性概念进行定义，根据敏感度-恢复力-压力模型，结合流域降水、国内生产总值（gross domestic product，GDP）、风速、相对湿度、植被净初级生产力（net primary productivity，NPP）、气温、海拔、坡度、地表温度、地表蒸散量、归一化植被指数（normalized difference vegetation index，NDVI）、用水量、坡向、废污水排放量、水土流失治理面积等数据，构建了人地系统脆弱性评价指标体系，接着对流域的敏感度、恢复力、压力进行单项评价。最后，对生态环境脆弱性综合评价并分区。

4. 流域水资源时空分布及可持续利用评价

降水是水文循环中最重要、最活跃的物理过程之一，同时也是水文模型最基本的输入资料。降水是导致山体滑坡、泥石流、洪涝、干旱等自然灾害的重要影响因素，也是农作物种植区划分的基础和依据。高质量的降水数据在土壤侵蚀力研究、地质灾害预报，以及生态环境治理等方面具有重要的应用价值。

以广西西江流域为研究对象，运用遥感卫星 TRMM 3B43 数据反演，利用广西数字高程模型（digital elevation model，DEM）数据，裁出西江流域部分的 DEM 影像，在 ArcGIS 中利用水文分析工具提取西江流域的水文信息，得到西江流域的自然水系。根据流域内的网格单元取水要素，即坡度、高差、径流量和取水距离，构建坡度-高差-径流量-取水距离（slope-height-runoff-distance，SHRD）水可获取性综合指数评价模型。用 SHRD 模型对广西境内西江流域进行水资源可获取性的综合评价分析，以及分析流域降水年变化特征、降水季节变化特征、月变化特征等。

5. 流域资源环境承载力和生态系统服务功能

资源环境承载力是人类社会与环境系统之间的纽带，集客观性与主观性、确定性与变动性、层次性与综合性于一体，既有资源环境系统的某些特点，又与资源环境系统的其他属性不完全相同。生态系统服务定义为人类从栖息地、生物或者生态系统过程得到的产品与服务的总称，代表生态系统直接或间接为人类提供的价值。

研究资源环境承载力包括以下几个步骤。第一步，掌握本研究相关的理论基础，主要是流域资源环境承载的相关理论，构建流域资源环境承载力评价体系。第二步，根据综合承载力研究理论基础确定所需研究数据，对数据进行收集与整理，主要包括资源类数据、环境类数据、社会经济类数据。第三步，对数据进行处理，以达到研究的标准，主要包括数据的标准化处理与数据归一化处理。第四步，对广西西江流域资源环境承载力评价，即对广西流域的资源、环境、社会经济等主要要素承载力进行单要素评价。第五步，对广西西江流域资源环境综合承载力评价，即在资源、环境、社会经济承载力评价的基础上，利用熵值法技术对指标进行赋权，最终进行综合承载力评价和分区。第六步，基于综合承载力评价和分区结果分析广西西江流域综合承载力分异规律。第七步，流域资源环境建设优化建议。通过对流域资源与环境承载力的分析研究，归纳总结出资源开发与环境建设的现有模式，并分析其利弊，提出区域资源开发利用与环境建设的合理模式。在生态系统服务功能方面，综合站点数据、遥感监测数据、已有调查数据和DEM，运用InVEST模型在数据处理、参数本地化和模型校验的基础上，对研究区产水量、碳储量两大功能进行定量评估，分析两大生态服务功能的空间格局、动态变化和影响因素，并基于产水量和碳量服务评估结果的平均值进行功能重要性分级，通过叠加分析对产水量功能与碳储量功能进行综合分区，确定出优先开发与保护区域。

6. 流域土地利用变化及生态环境效应研究

土地是最基本的自然资源，是人类社会活动赖以生存和发展的保障，也是社会发展必不可少的物质基础。在“人口-资源-环境-社会-发展”这个复杂的系统中，土地资源处于关键的基础地位。人类在利用土地发展经济的同时，也对自然资源结构产生了巨大影响。广西西江流域地处我国亚热带湿润季风气候区，它汇集广西内河南盘江、红水河、黔江、浔江、郁江、柳江、桂江、贺江等，经珠江三角洲从香港地区入海。同时，其处于云贵高原向东南沿海丘陵过渡带与西南欠发达地区向东南发达地区过渡带，是面向东盟的重要门户，广西西江流域具有特殊的自然区位和经济区位。随着国家西部大开发战略持续深入以及《国务院关于进一步促进广西经济社会发展的若干意见》的实施，广西西江流域经济区的地位得到了极大提升，区域社会经济快速发展，土地利用格局发生了重大变化，也使得区域生态功能发生反馈效应。

本书利用中国科学院资源环境科学数据中心2005年、2010年和2015年三期土地利用现状遥感监测数据及其他相关材料，结合RS以及GIS技术平台，依据《土地利用现状分类》国家标准并结合广西西江流域具体情况，分析了广西西江流域2005～2015年土地利用变化情况及其生态环境效应，具体包括：

①在ArcGIS平台对三期土地利用遥感监测数据进行重分类处理，得出三个年份各种类型面积并计算比例，根据数量与比例计算研究区2005～2015年土地利用变化动态；

②对三期数据在ArcGIS中用栅格计算器进行计算，得出2005～2010年和2010～2015年这两期土地利用类型的时空变化图谱和土地利用转移矩阵，并对转移量和时空变化规律进行分析；

③对三个时期土地利用变化的原因从内在驱动和外在驱动两个方面进行评析；

④遵循科学性、数据可获得性原则选取指标构建评价指标体系，并结合综合评价模型分析2005～2015年土地利用变化产生的生态环境效应。

7. 流域石漠化过程及治理优化模式研究

石漠化是在湿润的岩溶条件下和脆弱的地质基础上所形成的一种岩石大面积裸露、植被退化的现象，已成为我国最严重的生态问题之一。近年来，我国政府十分重视石漠化的研究和治理工作，国家“十二五”规划也提到了石漠化治理工作，石漠化治理已经被提高到国家目标的高度。当前我国西南地区喀斯特石漠化的演变具有改善和恶化并存、面积和空间变化快的特点。在短时间段内表现为植被、土壤、岩石等地表覆盖要素的空间静态分布特征，在长时间段内是一种动态的土地退化过程。快速准确监测石漠化分布现状及变化状况是石漠化科学研究中的最基本问题，也是治理和改善区域生态环境的关键前提。研究思路如下，在阐述流域石漠化过程及治理优化模式研究背景及意义的基础上，根据引用的遥感调查数据及其光谱特征资料，选择石漠化遥感解译模型，对流域石漠化遥感结果进行解译，最后对喀斯特地区植被变化及气候驱动力进行探讨。

8. 流域空间功能分区及其扶贫模式研究

在精准扶贫这样一个时代大背景下，笔者提出了流域空间功能分区及其扶贫模式研究。本研究以广西西江流域县域为评价单元，通过对各评价单元多功能性的评价和分析，确定各评价单元的主导功能。通过对各评价单元主导功能的确定，并且结合各评价单元的自然环境条件和社会经济因素，构建起流域扶贫模式，为广西西江流域的精准扶贫提供理论支撑和必要的模式参考。研究内容大体上可以分为理论研究、实证研究和扶贫模式研究三大部分，下面进行具体说明。

①理论研究部分。通过大量阅读国内外关于流域空间功能分区和精准扶贫模式构建研究的文献，正确把握研究方向，界定相关理论的核心概念和内涵。具体上包括流域空间功能分区的概念、内涵，精准

扶贫和精准扶贫模式的概念和内涵，以及当前国家在精准扶贫上的具体做法和相关扶贫模式。

②实证研究部分。通过必要的实地调查，全面了解环江县经济发展情况、扶贫工作成效、致贫因子、土地利用等方面的基本情况，并结合前人研究，建立流域空间功能分区指标体系，根据指标体系规范与构建原则有针对性地收集数据。在理论和研究方法的支撑下，对相关基础数据进行处理，对评价单元进行等级划分，从而确定各评价单元在各功能中的等级，并做多功能性评价，从而确定评价单元的主导功能定位。通过对流域贫困发生率数据进行处理分析，运用ArcGIS平台制作广西西江流域贫困率空间分布情况。

③扶贫模式研究部分。笔者通过对研究区精准扶贫现状实地研究，根据主导功能区的划定结果以及评价单元的自然条件、社会经济因素和环江县贫困发生率等因素进行综合分析，从而构建出流域扶贫模式，研究成果可以为区域经济可持续发展提供科学依据。

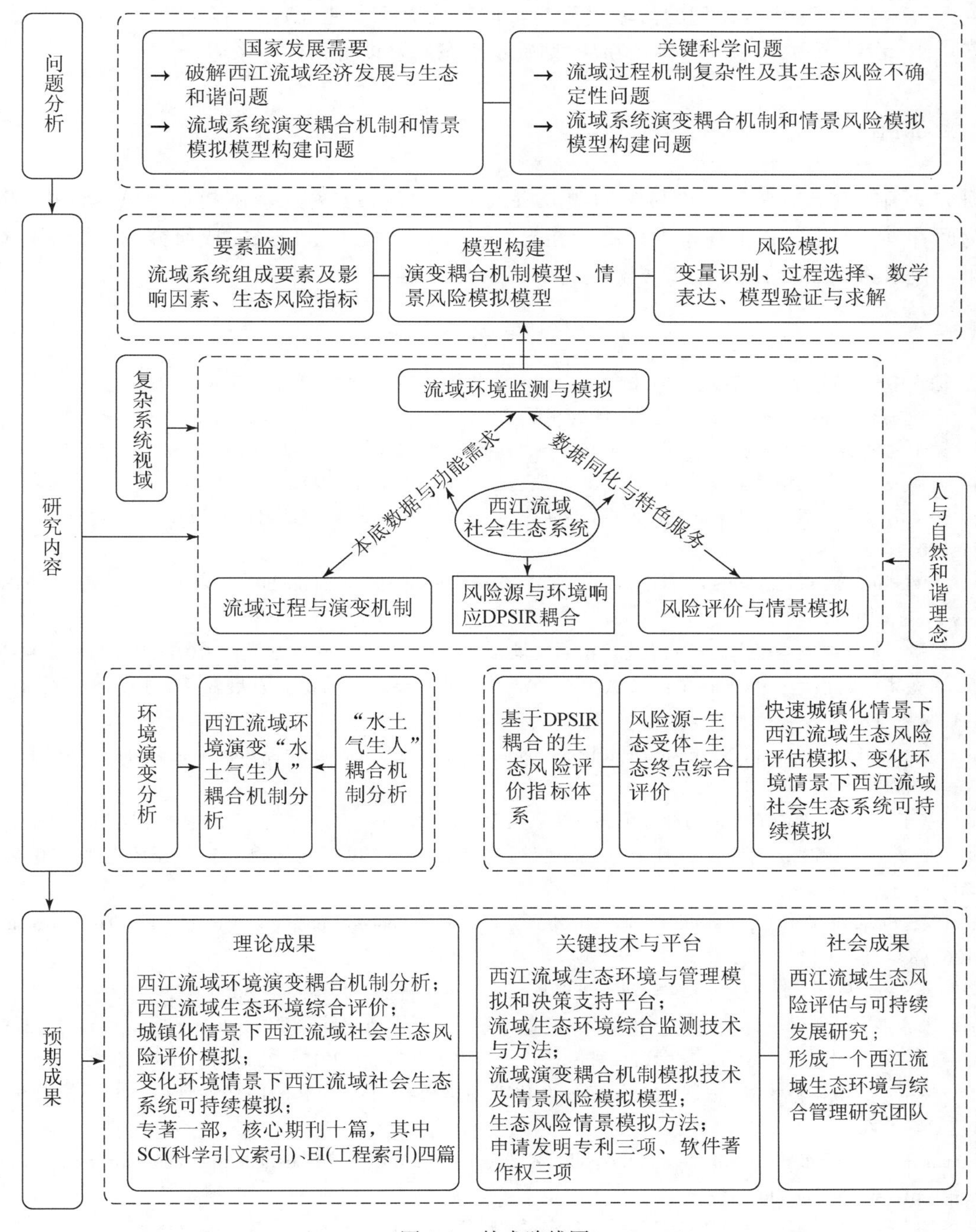

图1-1　技术路线图

1.4 学术思路与技术路线

1.4.1 学术思路

研究流域包括认知流域、实地流域、实验流域和数字流域。流域系统理论对流域地学规律认知、野外实地调研、实验室数据处理与分析、数字流域平台的构建等有着重要的支撑作用。以西江流域社会生态系统为研究对象，采用地理学、生态学、流域科学、系统理论、风险科学等多学科交叉融合方法，以整体性思考与典型性入手相结合、宏观和微观相结合，对复杂环境下流域社会-生态系统变化进行揭示，基于“水-土-气-生-人”耦合模型的流域过程与负向效应灾害及生态风险-多风险源与环境响应进行分析，以及运用驱动力-压力-状态-影响-响应模型确定生态风险评价指标体系遴选。

1.4.2 技术路线

本次研究从国家发展需要和关键科学问题分析入手，以流域过程—演变机制—风险评价—情景模拟为主线。为回答科学问题，以上述学术思路为指导，设计以下技术途径来完成研究内容，实现研究目标和预期成果，技术路线如图 1-1 所示。

参考文献

[1] 王慧敏，徐立中．流域系统可持续发展分析［J］．水科学进展，2000，11（2）：165-172.

[2] 吴传钧．人地关系与经济布局［M］．北京：学苑出版社，1998.

[3] 陆大道．关于地理学的“人-地系统”理论研究［J］．地理研究，2002，21（2）：135-145.

[4] 蔡运龙．人地关系研究范型：全球实证［J］．人文地理，1996，11（3）：7-12.

[5] 廖春贵，胡宝清，熊小菊．基于 GIS 的广西西江流域人地关系地域系统耦合关联分析［J］．广西师范学院学报（自然科学版），2017，34（3）：59-65.

[6] Pearce D，Warford W. World without end：economics，environment and sustainable development［M］．Oxford：Oxford University Press，1993.

[7] 吕晓，刘新平，李振波．塔里木河流域生态经济系统耦合态势分析［J］．中国沙漠，2010，30（3）：620-624.

[8] 马永欢，周立华，杨根生，等．石羊河流域生态经济系统的主要问题与协调发展对策［J］．干旱区资源与环境，2009，23（4）：12-18.

[9] Zurlini G，Riitters K，Zaccarelli N，et al. Disturbance patterns in a socio-ecological system at multiple scales［J］．Ecological Complexity，2006，3（2）：119-128.

[10] 黄秋倩．基于 ArcSDE 的南流江流域社会生态系统数据库设计及应用［D］．南宁：广西师范学院，2016.

[11] 余中元，李波，张新时．湖泊流域社会生态系统脆弱性分析——以滇池为例［J］．经济地理，2014，34（8）：143-150.

[12] Sivapalan M，Savenije H H G，Blöschl G. Socio-hydrology：a new science of people and water［J］．Hydrological Processes，2012，26（8）：1270-1276.

[13] 陆志翔，Wei Y，冯起，等．社会水文学研究进展［J］．水科学进展，2016，27（5）：772-783.

[14] 王雪梅，张志强．基于文献计量的社会水文学发展态势分析［J］．地球科学进展，2016，31（11）：1205-1212.

[15] 丁婧祎，赵文武，房学宁．社会水文学研究进展［J］．应用生态学报，2015，26（4）：1055-1063.

[16] 苑全治，吴绍洪，戴尔阜，等．过去 50 年气候变化下中国潜在植被 NPP 的脆弱性评价［J］．地理学报，2016，71（5）：797-806.

[17] Timmerman P. Vulnerability，resilience and the collapse of society：a review of models and possible climatic applications［D］．Toronto：University of Toronto，1981.

[18] 赵梦梦．基于省际的气候变化脆弱性综合评价及应对策略研究［D］．天津：天津大学，2018.

[19] 方创琳，王岩．中国城市脆弱性的综合测度与空间分异特征［J］．地理学报，2015，70（2）：234-247.

[20] 李平星，樊杰．基于 VSD 模型的区域生态系统脆弱性评价——以广西西江经济带为例［J］．自然资源学报，2014，29（5）：779-788.

[21] 薛联青，王晶，魏光辉．基于 PSR 模型的塔里木河流域生态脆弱性评价［J］．河海大学学报（自然科学版），2019，47（1）：13-19.

[22] 曹琦，陈兴鹏，师满江．基于 SD 和 DPSIRM 模型的水资源管理模拟模型——以黑河流域甘州区为例［J］．经济地理，2013，33（3）：36-41.

[23] 齐姗姗，巩杰，钱彩云，等．基于 SRP 模型的甘肃省白龙江流域生态环境脆弱性评价［J］．水土保持通报，2017，37（1）：224-228.

[24] 职璐爽．广东省水资源脆弱性评价［D］．西安：西安理工大学，2018.

[25] 杜娟娟．山西省水资源脆弱性时空分析评价研究［J］．中国农村水利水电，2019，(2)：55-59.

[26] 赵毅，徐绪堪，李晓娟．基于变权灰色云模型的江苏省水环境系统脆弱性评价［J］．长江流域资源与环境，2018，27（11）：2463-2471.

[27] 吴泽宁，申言霞，王慧亮．基于能值理论的洪涝灾害脆弱性评估［J］．南水北调与水利科技，2018，16（6）：9-14，32.

[28] 肖兴平，佟元清，阮俊．DRASTIC 模型评价地下水系统脆弱性中的 GIS 应用——以河北沧州地区为例［J］．地下水，2012，34（4）：43-45.

[29] 何彦龙，袁一鸣，王腾，等．基于 GIS 的长江口海域生态系统脆弱性综合评价研究［J］．生态学报，2019，39（11）：1-7.

[30] 曹诗颂，王艳慧，段福洲，等．中国贫困地区生态环境脆弱性与经济贫困的耦合关系——基于连片特困区 714 个贫困县的实证分析［J］．应用生态学报，2016，27（8）：2614-2622.

[31] 山红翠，袁飞，盛东，等．VIC 模型在西江流域径流模拟中的应用［J］．中国农村水利水电，2016，402（4）：43-45，49.

[32] 董林垚，陈建耀，付丛生，等．西江流域径流与气象要素多时间尺度关联性研究［J］．地理科学，2013，33（2）：209-215.

[33] 陈立华，刘为福，张利娜．西江下游年月径流变化特征研究［J］．水力发电，2018，44（6）：38-43.

[34] 周游游，蒋忠诚，韦珍莲．广西中部喀斯特干旱农业的干旱程度及干旱成因分析［J］．中国岩溶，2003，22（2）：63-68.

[35] 胡宝清，许俐俐，廖赤眉，等．桂中旱片的成因机制及旱片综合区划［J］．自然灾害学报，2003，12（4）：47-54.

[36] 李翠漫，卢远，刘斌涛，等．广西西江流域土壤侵蚀估算及特征分析［J］．水土保持研究，2018，25（2）：34-39.

[37] 王红岩，李强子，丁雷龙，等．基于遥感和 GIS 的红水河流域水土流失动态监测［J］．水土保持应用技术，2014，（5）：18-21.

[38] 陈萍，Lian Y，蒋忠诚，等．桂江流域土壤侵蚀估算及其时空特征分析［J］．中国岩溶，2014，33（4）：473-482.

[39] 郑士科，吴良林，廖炎华，等．河池市土地资源安全评价研究［J］．资源开发与市场，2013，29（8）：848-850，881.

[40] 张洁，李同昇，周杜辉．流域人地关系地域系统研究进展［J］．干旱区地理，2011，34（2）：364-376.

第2章　广西西江流域地质地貌时空格局及其环境效应

2.1　地　　质

地层、岩石、构造是地质的三个主要组成部分。

2.1.1　地层层序

广西西江流域地层自古元古界至第四系均有出露。

1. 古元古界

天堂山群主要分布于容县杨梅—岑溪筋竹一线东南侧，原称天堂山变质岩系，创名于容县灵山乡天堂山，为深层次结晶基底岩系，选层型剖面位于容县灵山乡峡口。测得该群中的石榴辉石岩锆石年龄为(1817±36)Ma，时代为古元古代。

天堂山群由于受到长期的构造变动和岩体侵入影响，原来的沉积叠覆已遭受严重破坏，只能根据主要岩性划分为片岩、变粒岩、片麻岩三个岩石地层单位。

1）片麻岩 Pt_1T^{gn}

其分布于岑溪市马路等地，主要由黑云斜长片麻岩夹条带（纹）状混合岩、阴影状混合岩、石英云母片岩、长石黑云片岩等组成，参考厚度大于515m。

2）变粒岩 Pt_1T^{gnt}

其零散分布于岑溪市筋竹、黄陵等地，主要为灰白色薄-厚层状黑云二长（钾长）变粒岩、黑云斜长变粒岩、辉石（角闪）斜长变粒岩、浅粒岩，夹少量长石石英岩等，参考厚度大于687m。

3）片岩 Pt_1T^{sch}

其分布于岑溪市南渡—马路东南侧，天堂山等地，主要为灰-灰绿色薄-中层状黑云（石英）片岩、二云（石英）片岩、白云母（石英）片岩、长石云母（石英）片岩，夹少量片麻岩等，参考厚度大于791m。

2. 中元古界

1）四堡群

四堡群分布于九万大山—元宝山一带，由轻变质砂泥岩及多层超基性-基性火山岩组成，未见底；总厚大于4594m，自下而上可分为九小组、文通组、鱼西组等。

（1）九小组 Pt_2j

该组仅见于融水汪洞南侧的黄蜂山一带；岩性为灰绿色变质砂岩、变质长石石英砂岩、变质泥质粉砂岩、千枚岩、板岩夹层状、似层状基性-超基性岩，厚度大于655m。

（2）文通组 Pt_2w

该组分布于融水洞头、安太、文通，罗城五弟、界牌，环江九蓬等地；岩性为灰绿色变质细砂岩、粉砂岩夹基性熔岩、凝灰岩、科马提岩（火山岩）；其中，科马提岩全岩Rb-Sr等时线测年年龄为（1667±247）Ma，属中元古代早期；厚度大于2514m。

（3）鱼西组 Pt_2y

该组伴随文通组分布于鱼西、烟岭、九小等地；岩性由变质泥质粉砂岩、板岩、绢云千枚岩夹变质细砂岩组成，局部夹中酸性火山喷发岩，岩石具条带构造；厚度大于1405m。

2）云开群

该群分布于云开大山，为一套类复理石浅变质岩系夹变质火山岩，局部夹铁、磷矿层。其变质程度较低，多为绿片岩相。据微体古植物化石确定其时代为长城纪（中元古代）—青白口纪（新元古代）。变质火山岩（斜长角闪岩，原岩可能为玄武岩）中的锆石测得 U-Pb 年龄为（1462±28）Ma，属中元古代中期。本流域范围主要有沙湾坪组。

沙湾坪组 $Pt_{2-3}s$ 分布于北流市清水口一带，主要岩性为黄灰、黄褐、紫红色云母石英片岩、云母片岩、长石云母石英岩、微粒石英岩、绢云千枚岩夹薄层硅质岩、斜长角闪岩等；厚度 590～2513m。

3. 新元古界

1）丹洲群/青白口系

丹洲群分布于桂北九万大山—越城岭一带。其可分白竹组、合桐组、三门街组、拱洞组等 4 个组，以三江-融安断裂为界，西侧为含砾片岩、含砾千枚岩、变质砂砾岩，与下伏四堡群呈角度不整合接触。东侧未见底，在合桐组与拱洞组之间夹多层基性火山岩，并有大量透镜状、似层状基性-超基性岩顺层侵入。三门街组基性岩锆石 U-Pb 年龄为 837Ma。

青白口系分布于桂东鹰扬关地区，未见底，只出露鹰扬关组及下龙组等两个组，大致与桂北的三门街组、拱洞组相当。

（1）白竹组 Pt_3b

该组分布于九万大山—元宝山一带，自下而上由灰绿色变质砾岩、变质含砾砂岩或含砾绿泥石英片岩、变质砂岩夹千枚或云母石英片岩，到钙质片岩、条带状大理岩，组成一个完整的海侵旋回；该组与下伏四堡群呈角度不整合接触；总厚 345～618m。

（2）合桐组 Pt_3h

该组分布于九万大山—越城岭一带；下部为灰绿色绢云千枚岩、绢云石英千枚岩夹变质长石石英砂岩，局部夹白云岩透镜体及磷块岩结核，上部为灰-黑色碳质页岩夹绢云石英千枚岩、砂质板岩；在罗城四堡一带夹碳酸盐岩的滑塌角砾岩及水道砾岩，金垌一带含碳千枚岩中产微体古植物化石；厚度 308～1793m。

（3）三门街组 Pt_3s

该组分布于龙胜三门街镇—和平马海一带；下部为灰黑色含碳千枚岩夹层状基性-超基性岩，上部为细碧角斑岩系，主要由细碧岩、中基性熔岩、角斑岩、凝灰熔岩、火山角砾岩及大理岩、硅质岩等组成 3 个喷发旋回；在三门街组上部的黑色千枚岩中产微体古植物化石；总厚 300～850m。

（4）拱洞组 Pt_3g

该组分布于九万大山—越城岭一带，岩性为灰绿色绢云板岩、绢云千枚岩夹变质长石石英砂岩、变质泥质粉砂岩。该组在融水拱洞厚 1793m，龙胜界口厚 1184m，罗城江口厚 384m。

（5）鹰扬关组 Qby

鹰扬关组与桂北三门街组在岩性、变质程度上相似；该组下部以火山岩为主，为变质火山角砾岩、细碧角斑岩、角斑岩夹千枚岩、白云岩、硅质岩，上部为钙质千枚岩、泥质灰岩夹火山碎屑岩；厚度大于 826m。其中基性火山岩锆石 U-Pb 年龄为（819±11）Ma，角斑岩 U-Pb 年龄为（825±20）Ma。

（6）下龙组 Qbx

该组毗连鹰扬关组分布；其与桂北拱洞组在岩性、变质程度上相似，以青灰色、灰色石英绢云板岩为主；该组底部以一层变质石英砂岩夹结晶灰岩与下伏鹰扬关组钙质千枚岩分界，中部夹一层厚约 20m 的磁-赤铁矿层，上部为绢云板岩夹白云岩透镜体；厚度大于 1135m。

2）南华系

南华系其名源自刘鸿允提出的“南华大冰期”，相当于中国南方原震旦系下统，主要分布于桂北，自下而上分为长安组、富禄组、黎家坡组等 3 个组，属滨岸冰水沉积；部分分布于桂东，属广海槽盆相沉积，套用湖南岩石地层单位，命名为天子地组、正圆岭组等两个组，共 5 组。

（1）长安组 Nhc

该组下部为灰绿色砂质板岩、板岩夹中厚层变质砂岩、含砾砂岩；上部为灰绿色块状含砾泥岩、含砾砂岩夹砂泥岩。其厚度自西向东减小，在融安马架厚度1974m，在三江石显厚度1453m，在全州茶园头厚度125m。长安组与下伏丹洲群一直被认为是整合接触，但两者之间在岩性组合、变形变质程度方面差异极大。

（2）富禄组 Nhf

该组毗连长安组分布；岩性以灰绿色厚层状岩屑质砂岩、长石石英砂岩、泥岩为主，底部以1～3层含铁页岩与长安组分界，呈平行不整合接触；三江六合一带顶部产微体古植物化石；以三江-融安断裂为界，西部厚600～800m，东部厚度多在100m以下。

（3）黎家坡组 Nhl

该组原称南沱组；岩性为灰绿色、浅紫色块状砾质砂泥岩、含砾泥岩，含黄铁矿结核；在三江泗里口剖面含微体古植物化石。该组厚度变化较大，在罗城—三江一带厚度967～1413m，在龙胜—全州一带厚度小于400m。

（4）天子地组 Nht

该组仅见于贺州大宁龙水—赖村一带，系一套底部为凸镜状赤铁矿，其上为紫红色、灰绿色中层状岩屑杂砂岩、绢云板岩、条带状板岩构成的地层，属陆缘斜坡浊流沉积，发育正粒序层理，厚度414m。

（5）正圆岭组 Nhz

该组分布于贺州鹰扬关、昭平五将、金秀、藤县平福等地；岩性以灰绿色厚层块状含长石岩屑杂砂岩为主，夹中薄层状泥岩、粉砂岩、泥质粉砂岩，下部夹一层0.1～1m厚的砾质板岩（寒冷气候下冰筏相的产物）。其层位与黎家坡组相当；厚度564～745m。

3）震旦系

该组分桂北和桂东两个序列。桂北为滨岸斜坡-凹地相沉积，分陡山沱组、老堡组等两个组；桂东为广海槽盆相沉积，仅有培地组，共3组。

（1）陡山沱组 Zd

该组分布于九万大山—越城岭一带；岩性为灰黑色、灰绿色页岩、硅质页岩、碳质页岩夹白云岩透镜体，局部有结核状磷、锰及黄铁矿与石煤层；该组在三江泗里口及龙胜岭田采集到微体古植物及几丁虫等化石；该组以三江老堡及龙胜以东地区较厚，厚度在150m以上，其余地区均在100m以下。

（2）老堡组 Zl

该组伴随陡山沱组分布于桂北；岩性为灰白-灰黑色薄-中厚层状硅质岩。局部夹少量碳质页岩、碳质硅质页岩，顶部夹含磷层，在罗城一带夹玻屑凝灰质及火山灰球等；在三江泗里口及龙胜等地有微体古植物及几丁虫等化石；厚度25～228m。

（3）培地组 Zp

该组零星出露于贺州大宁、昭平庇江、蒙山陈塘、藤县沙街、金秀、苍梧寨冲等地；岩性为灰绿色厚层状长石石英杂砂岩夹粉砂岩、页岩、硅质岩；顶部为一层5～27m厚的硅质岩与上覆寒武系小内冲组中厚层长石石英砂岩分界，底部也以一层中薄层状硅质岩与南华系分界；厚度879～1326m。

4. 下古生界

1）寒武系

桂东-桂中为槽盆相复理石建造，产东南型动物群，可分为小内冲组、黄洞口组等两个组。桂北为深水陆棚相，以复理石建造为主夹碳酸盐岩，也以东南型三叶虫和薄壳腕足类化石为主，分为清溪组、边溪组等两个组。靖西及环江驯乐等地出露陆棚相碎屑岩夹较多碳酸盐岩，出现华北型与东南型动物过渡型，称三都组。桂西隆林蛇场、那坡坡笨为台地相，以华北型动物群化石为主，采用云南岩石地层单位，分为龙哈组、唐家坝组、博菜田组等三个组。

（1）小内冲组 ∈x

该组分布于大瑶山—西大明山一带；岩性为灰绿色厚层状长石石英砂岩、中厚层细砂岩、粉砂质页岩、页岩夹碳质页岩。普遍含海绵骨针；厚度 319 ~ 1780m。

(2) 黄洞口组 ϵh

该组分布于大瑶山—西大明山一带；岩性为厚层状含砾长石石英砂岩、长石石英砂岩、细砂岩、粉砂岩、粉砂质页岩、页岩；普遍含海绵骨针，在苍梧马拦塘、藤县、西大明山产腕足类，在桂平市中和—麻洞圩一带产三叶虫化石，时代为中-晚寒武世；厚度 453 ~ 3654m。

(3) 清溪组 ϵq

该组分布于融水—兴安一带，在架桥岭、老厂、富川一带也有小面积出露；岩性为黑色碳质页岩、页岩夹砂岩、粉砂岩、灰岩、白云质灰岩；碳质页岩中含磷结核或磷块岩及钒、铀、钼等元素，局部富集成矿；该组普遍产海绵骨针、微体古植物以及几丁虫等化石；厚度 391 ~ 1451m。

(4) 边溪组 ϵb

该组分布于融水—兴安一带，以大套砂岩的出现与下伏清溪组灰岩或碳质页岩、页岩分界；龙胜—寿城一线以西未见顶，龙胜以东顶部以绢云板岩与白洞组灰岩或黄隘组含火山碎屑杂砾岩分界；产海绵骨针化石；厚度 391 ~ 742m。

(5) 三都组 ϵs

该组分布于靖西吞盘、德保钦甲、环江驯乐等地；岩性为灰绿色条带状灰岩、泥质灰岩夹页岩、砂质页岩；产东南型与华北型混生动物群、三叶虫、腕足类等化石；厚 1020 ~ 2095m。

(6) 龙哈组 $\epsilon_{2-3}l$

该组分布于隆林蛇场、德峨、那坡弄化等地；岩性为灰-深灰色中厚层状白云岩、泥晶白云岩夹粉砂岩、泥晶灰岩、钙质白云岩及少量细砂岩；丰产三叶虫化石；未见底，厚度大于 295m。

(7) 唐家坝组 ϵ_3t

该组分布于那坡县的弄化一带；岩性为泥质条带灰岩夹厚层状白云质灰岩、粉砂质泥岩；丰产三叶虫化石；厚度 400 ~ 1500m。

(8) 博菜田组 ϵ_3b

该组分布于那坡县德隆、弄陇等地；丰产三叶虫及少量腕足类化石，棘皮动物，岩性灰绿色、深灰色泥晶灰岩夹条带状灰岩、泥岩；未见顶，厚度大于 288m。

2) 奥陶系

该系分布于桂东北及大明山，底部为火山碎屑杂砾岩或灰岩，其余为含笔石的砂页岩，可分为白洞组、黄隘组、升坪组、田林口组等 4 组。桂东南区下部以含笔石页岩为主，上部为介壳相碎屑岩夹灰岩，可分为六陈组、石圭组、东冲组、兰瓮组等 4 组。

(1) 白洞组 O_1b

该组分布于临桂、兴安、资源等地；岩性为灰-深灰色中厚层状细晶灰岩，局部为泥灰岩夹页岩、薄层状灰岩夹白云岩；厚度 16 ~ 120m。

(2) 黄隘组 O_1h

该组分布于大瑶山区南、北两侧；在桂东北为灰绿色页岩夹长石石英砂岩，局部夹钙质页岩、泥灰岩或白云岩，在兴安百里村—海洋山一带，以及大明山西坡底部有一层厚度不等的火山碎屑杂砾岩，其上为凝灰岩或角斑岩；丰产笔石以及腕足类化石，时代为早奥陶世；厚度 764 ~ 2114m。

(3) 升坪组 O_1s

该组分布于桂东北临桂五通、兴安升坪等地；岩性以灰黑色碳质页岩、页岩为主，夹少量砂岩，局部夹放射虫硅质岩，水平层理及条带状构造发育；富含笔石化石；时代为早奥陶世晚期；厚度自东向西增厚，为 80 ~ 700m。

(4) 田林口组 $O_{2-3}t$

该组分布于临桂黄沙—兴安一带，灌阳北部也有小面积出露；岩性为中厚层状细粒长石石英砂岩、不等粒岩屑砂岩与页岩互层；产笔石化石，时代为中-晚奥陶世；厚度 276 ~ 731m。

（5）六陈组 O_1l

该组分布于桂平麻垌、平南六陈、藤县天平、梧州、岑溪筋竹等地；岩性为砂页岩互层，局部夹长石石英砂岩、粉砂岩、泥质细砂岩、碳质页岩；产笔石化石，时代为早奥陶世早期；厚度 759 ~ 930m。

（6）石圭组 $O_{1-2}s$

该组分布于北流蟠龙、容县灵山、岑溪筋竹等地；岩性为深灰色厚层大理岩化灰岩与钙质泥岩互层或互为夹层；厚 10 ~ 30m。

（7）东冲组 O_2d

该组分布于北流清水口、容县灵山、岑溪筋竹、三堡等地；岩性为绢云石英千枚岩、石英绢云千枚岩夹变质细砂岩、千枚状粉砂岩；产腕足类，少量三叶虫及海百合茎化石；厚度 238 ~ 438m。

（8）兰瓮组 O_3l

该组分布于苍梧新地、岑溪三堡、安平、筋竹、马路、容县灵山、北流蟠龙等地；岩性为灰白色、浅肉红色石英砂岩、含砾石英砂岩、细砂岩夹粉砂岩、泥质粉砂岩、页岩及砂质页岩；在岑溪安平古麻水库坝首附近采获三叶虫、腕足类、双壳类等化石；厚度 821 ~ 2223m。

3）志留系

该系分布于容县—梧州一线东南地区；底部为一套砂砾岩与下伏兰瓮组呈平行不整合接触，往上为砂页岩互层；下部产底栖动物，中上部产笔石化石；自下而上可分为大岗顶组、连滩组、合浦组、防城组等 4 组。

（1）大岗顶组 S_1d

该组分布于岑溪等地；岩性为一套灰绿色厚层块状砾岩、砂砾岩、含砾砂岩夹砂岩、页岩；厚度 223 ~ 692m。

（2）连滩组 S_1l

该组分布于容县、岑溪等地；岩性为细砂岩、岩屑砂岩、粉砂岩与页岩互层，顶部夹泥灰岩；在岑溪安平镇白板—大爽一带夹一层细碧角斑岩，富含笔石化石；厚度 1629 ~ 5078m。

（3）合浦组 S_2h

该组分布于岑溪等地；底部以石英砂岩为标志与下伏连滩组页岩夹泥灰岩分界，往上为泥质粉砂岩、粉砂质泥岩与页岩互层，夹石英砂岩、碳质页岩；含笔石以及少量腕足类、三叶虫等化石，时代为中志留世；厚度 120 ~ 800m。

（4）防城组 $S_{3-4}f$

该组小面积分布于岑溪等地；岩性为灰黑色，风化后为浅紫红、灰白色页岩、粉砂质页岩与中薄层细砂岩互层，底部以一层中层状细砂岩与下伏合浦组呈整合接触；产笔石，以及腕足类、三叶虫等化石，时代属晚-末志留世；厚度 183 ~ 1593m。

5. 上古生界

1）泥盆系

志留纪末至泥盆纪初，南华海槽经广西造山运动褶皱成山。早泥盆世布拉格早期后，地壳又发生裂陷沉降，出现了台、沟相间的古地理景观，形成了不同类型的地层序列。属滨岸碎屑岩相的有莲花山组、那高岭组、郁江组、贺县组、四排组、信都组等 6 个组；属局限、半局限台地相的有黄猄山组、唐家湾组、桂林组、东村组、额头村组等 5 个组，以及上伦白云岩、官桥白云岩；属开阔台地相的有二塘组、大乐组、东岗岭组、融县组等 4 个组；属台地边缘相的有那叫组、北流组等两个组；属斜坡相的有莫丁组、平恩组、民塘组、巴漆组等 4 个组；属海槽（台间海槽）相的有塘丁组、罗富组、榴江组、五指山组等 4 个组。

（1）莲花山组 D_1l

该组广泛分布于泗城岭、西大明山-大瑶山、云开大山、驾桥岭-海洋山周围；与下伏前泥盆系为角度不整合接触；产鱼类、双壳类、腕足类及介形类化石；根据其上覆地层时代推测其为早泥盆世布拉格早期；厚度13～1296m。

（2）那高岭组 D_1n

该组分布于桂西南-桂中地区；岩性为一套灰绿色、黄色页岩、粉砂质泥岩、泥质粉砂岩、粉砂岩，夹少量白云质泥灰岩；大部分地区，该组与下伏莲花山组呈整合接触，但在德保钦甲、靖西化峒等地超覆不整合于寒武系之上；产腕足类化石，在六景剖面上产牙形石，以及双壳类、珊瑚、介形类、竹节石等化石，时代为早泥盆世布拉格晚期；厚度32～372m。

（3）郁江组 D_1y

该组分布较广，除毗连那高岭组分布外，在靖西吞盘、和温、隆林蛇场、者隘、隆或等地该组超覆于寒武系之上；岩性为黄灰色石英细砂岩、杂色粉砂岩、粉砂质泥岩、泥岩，顶部为富含生物化石的泥灰岩；产腕足类、珊瑚、牙形石、竹节石，以及少量三叶虫、双壳类等化石，时代为早泥盆世早-中埃姆斯期；厚度0.2～618m。

（4）贺县组 D_1h

该组分布于桂东苍梧、贺州-桂林地区；岩性为紫红色夹黄绿色泥岩、粉砂质泥岩、粉砂岩夹少量细砂岩及白云岩等；产腕足类、双壳类以及鱼类化石，时代为早泥盆世埃姆斯期；厚度40～440m。

（5）黄猄山组 D_1hj

该组主要分布于北流及桂西南地区；岩性为深灰色中厚层状白云岩、白云质灰岩；产腕足类、珊瑚等化石，时代为早泥盆世；厚度20～600m。

（6）上伦白云岩 D_1s

该组分布于大瑶山西侧黎塘—七建一带；岩性为深灰色细晶白云岩，夹少量泥晶灰岩、薄层页岩等；产少量腕足类及珊瑚化石，时代为早泥盆世；在武宣朋村一带厚度为500m，向北逐渐减薄，至金秀七建一带为35m。

（7）二塘组 D_1e

该组分布范围与上伦白云岩相同；岩性为深灰、灰绿色泥灰岩、薄层灰岩、页岩，桐木—七建一带夹砂岩，至金秀头排一带与上伦白云岩、官桥白云岩一起相变为贺县组；产珊瑚、牙形石，以及竹节石、双壳类、介形类等化石；厚度219～487m。

（8）官桥白云岩 D_1g

该组毗连二塘组分布；岩性为深灰色中厚层粉晶白云岩、泥晶白云岩、细晶白云岩夹粉屑白云岩、云灰岩、灰岩及泥岩；化石稀少，仅见床板珊瑚；南厚北薄，厚度241～585m。

（9）莫丁组 D_1m

该组仅见于横县六景—南宁五象岭一带；在六景地区岩性为深灰色薄-中层状硅质条带白云岩、白云质灰岩，与下伏郁江组、上覆那叫组为整合接触，属下斜坡相沉积，向西至南宁五象岭渐变为白云岩及硅质岩；该组产竹节石、菊石、牙形石等化石，时代为早泥盆世中期；厚度大于19m。

（10）那叫组 $D_{1\text{-}2}nj$

该组分布于横县六景及马山林圩等地；岩性为灰-深灰色生物屑白云岩、细晶白云岩、纹层白云岩等；主要化石有牙形石、腕足类，以及珊瑚、层孔虫等，时代为早泥盆世晚期至中泥盆世早期；厚178～250m。

（11）北流组 $D_{1\text{-}2}b$

该组分布于北流、靖西等地；岩性为浅灰、深灰色生物碎屑灰岩、生物屑泥晶灰岩、亮晶砂屑灰岩与层孔虫珊瑚礁灰岩互层，间夹数层钙质细砂岩；产珊瑚、腕足类、牙形石等化石，时代为早泥盆世晚期—中泥盆世早期；厚度50～914m。

（12）平恩组 $D_{1\text{-}2}p$

该组主要分布于桂中-桂西地区；岩性为灰黑色中薄层状泥晶灰岩、泥灰岩夹硅质岩及燧石条带、白云质灰岩，德保—那坡一带为瘤状灰色与含黑色胶磷矿条纹的泥质灰岩，呈互层产出，夹多层钙质浊积岩及泥岩，是重要的含磷层位；含牙形石、竹节石、菊石等化石，时代为早-中泥盆世，德保四红山可延至晚泥盆世早期；厚度285m。

（13）塘丁组 $D_{1-2}t$

该组分布于南丹、河池、上林、百色、田林等地；岩性以灰黑色泥岩、页岩为主，夹碳质泥岩、粉砂质泥岩及少量细砂岩、泥灰岩、硅质岩；产竹节石、菊石等化石，时代为早泥盆世中期—中泥盆世早期；厚175～403m；该组为含矾矿层位，主要分布于上林—德保一带。

（14）大乐组 D_1d

该组主要分布于桂中黎塘、武宣-鹿寨，以及桂西隆林德峨、蛇场等地；岩性为灰-深灰色厚-中层状生物屑灰岩、疙瘩状泥灰岩，夹泥岩、云灰岩及白云岩；产腕足类、珊瑚、牙形石、竹节石等化石，时代为早泥盆世晚期；厚度178～600m。

（15）四排组 $D_{1-2}s$

该组分布于象州妙皇-鹿寨四排、荔浦杜莫、永福和平等地；岩性以灰绿色、黄绿色页岩及砂质泥岩为主，夹中薄层状泥灰岩；与下伏大乐组为整合接触，上覆地层在寨沙—象州一带为东岗岭组，在荔浦—平乐二塘一带为信都组，均为整合接触；产腕足类以及珊瑚、双壳类、三叶虫等化石，时代为早泥盆世晚期—中泥盆世早期；厚度40～418m。

（16）信都组 D_2x

该组主要分布于桂东和桂东北地区；岩性以灰白-浅紫红色中厚层状细砂岩、粉砂岩、泥质粉砂岩为主，夹页岩、砂质页岩、白云质灰岩，局部夹1～3层赤铁矿；在区域上与下伏贺县组、上覆唐家湾组为整合接触，但在桂北融安—环江一带，底部为紫红色砾岩、含砾砂岩与下伏老地层呈角度不整合接触；产腕足类以及植物等化石，时代为中泥盆世，罗城四堡—环江东兴一线以北可跨时到晚泥盆世早期；厚度10～865m。

（17）唐家湾组 D_2t

该组分布于桂东北、桂北及桂西南地区；岩性为灰-深灰色厚-中层状白云岩、白云质灰岩及层孔虫灰岩，底部为生物屑泥灰岩与下伏信都组，与上覆桂林组或融县组均为整合接触；以富含枝状层孔虫、鸮头贝、切珊瑚化石为特征，时代为中泥盆世晚期；厚度227～337m。

（18）民塘组 D_2m

该组分布于横县六景一带；岩性为灰色薄板状灰岩、生物屑灰岩、中-厚层状砾屑生物屑灰岩夹少量硅质团块；产腕足类、珊瑚，以及牙形石等化石，时代为中泥盆世晚期；厚度38～88m。

（19）东岗岭组 D_2d

该组分布于桂中黎塘-寨沙，桂东富贺钟，桂东北兴安、灵川、临桂、荔浦及桂西等地；岩性为深灰色中薄层状生物屑泥灰岩、生物屑藻鲕灰岩、疙瘩状灰岩夹泥岩；在桂东地区，该组下与信都组、上与巴漆组整合接触，在桂中与下伏四排组、上覆榴江组整合接触，属开阔台地相；丰产腕足类、珊瑚、竹节石、牙形石等化石，时代为中泥盆世中晚期；厚度20～326m。

（20）罗富组 D_2l

该组分布于南丹-河池五圩、上林-宾阳、武鸣太平-甘圩、百色阳圩、田林八渡等地；岩性为灰黑色含碳泥岩、钙质泥岩夹生物屑泥灰岩透镜体，大厂龙头山一带发育珊瑚、层孔虫礁；产竹节石以及介形类、三叶虫等化石；时代属中泥盆世晚期；厚度18～382m。

（21）巴漆组 $D_{2-3}b$

该组分布于河池-兴安、鹿寨-象州、平乐、荔浦、贺州等地；岩性为深灰色薄-中层状灰岩、粉晶灰岩、泥晶灰岩夹燧石条带或硅质岩，阳朔—杨堤一带夹藻纹层灰岩、枝状层孔虫灰岩，属台地前缘斜坡相沉积；产牙形石、竹节石、菊石、腕足类等化石；时代为中泥盆世晚期—晚泥盆世早期；厚度22～242m。

（22）榴江组 D_3l

该组呈条带状分布于区域性断裂带上；岩性以灰-深灰色薄层硅质岩、硅质泥岩为主，夹含锰硅质岩、含磷硅质岩、含锰灰岩、含锰泥岩；该组以产浮游生物化石为主，如牙形石、竹节石、菊石以及介形类等化石；时代为晚泥盆世早期。

（23）五指山组 D_3w

该组多数毗连榴江组分布；岩性以灰-深灰色薄层硅质岩、硅质泥岩为主，夹含锰硅质岩、含磷硅质岩、含锰灰岩、含锰泥岩；产牙形石、菊石，以及介形类、腕足类、珊瑚等化石，时代为晚泥盆世法门期；该组在桂西南盛产锰矿，原生矿为碳酸锰矿、含锰灰岩，次生矿为氧化锰；厚度92～158m。

（24）融县组 D_3r

该组广泛分布于桂西、桂中和桂东北地区；岩性为浅灰色厚层块鲕粒灰岩、藻灰岩、砾屑灰岩、白云岩、白云质灰岩，龙州—那坡一带夹玄武岩、粗玄岩、凝灰岩；产腕足类、珊瑚、牙形石，以及丰富的藻类化石，局部可成藻丘；时代为晚泥盆世；该组厚度巨大，为300～1866m。

（25）桂林组 D_3g

该组分布于桂东北、桂西南地区；岩性为深灰色中层状层孔虫泥晶灰岩、粒屑微晶灰岩、白云质灰岩；以富含枝状层孔虫、切珊瑚化石，层面凹凸不平并有砖红色铁泥质污染为特征；另产腕足类、牙形石等化石，时代为晚泥盆世早期；厚度150～731m。

（26）东村组 D_3d

该组毗连桂林组分布；岩性为浅灰-瓷白色厚层状灰岩、白云质球粒微晶灰岩、细晶白云岩，岩石常具鸟眼、窗孔构造；产有孔虫、腕足类等化石，时代为晚泥盆世晚期；厚337～551m。

（27）额头村组 D_3e

该组主要分布于桂东北和桂中地区；岩性为灰-深灰色中厚层状灰岩夹泥质灰岩、生物屑灰岩、白云质灰岩、核形石灰岩等；含有孔虫、珊瑚、腕足类等化石，时代为晚泥盆世最晚期；厚65～274m。

2）*石炭系*

石炭纪基本上继承了泥盆纪的沉积环境。桂北仍为古陆，其边缘为近岸碳酸盐台地和滨海沼泽，桂南为远岸碳酸盐台地和浅水盆地。属滨海三角洲、潮坪沼泽、近岸碳酸盐台地相的有上朝组、黄金组、寺门组、罗城组等4个组；近岸-远岸碳酸盐台地相的有尧云岭组、英塘组、都安组、大埔组、黄龙组、马平组等6个组；斜坡至盆地相的有鹿寨组、巴平组、南丹组等3个组和砂岩楔状体，共13个正式岩石地层单位，一个非正式地层单位。

（1）上朝组 C_1sh

该组仅分布于环江驯乐、上朝一带；岩性为灰白-灰色中厚层石英砂岩夹深灰色薄层泥岩、泥灰岩，局部夹煤线；产腕足类和植物碎屑化石，推断其时代为早石炭世杜内期；厚502～615m。

（2）尧云岭组 C_1y

该组广泛分布于桂北、桂东北-桂西南地区；多数地区可分两部分，下部称上月山段，为深灰色薄层灰岩夹泥质条带，上部为深灰色中厚层泥质灰岩、生物屑灰岩；属半局限-开阔台地沉积；产珊瑚等化石，时代为早石炭世杜内期；厚53～245m。

（3）英塘组 C_1yt

该组分布于桂北、桂东北、桂中、桂西地区；岩性为黄灰色-灰黑色泥岩、砂岩、泥灰岩、灰岩、燧石灰岩；与下伏尧云岭组多为平行不整合接触，桂北直接平行不整合在融县组之上；产珊瑚、腕足类、有孔虫等化石，时代为早石炭世杜内期，局部跨入维宪早期；厚度150～1006m。

（4）黄金组 C_1h

该组分布于桂北、桂东北地区；岩性为灰-深灰色中厚层状细晶、粉晶生物碎屑灰岩，夹泥灰岩、泥岩及少量砂岩、硅质灰岩；在罗城—环江一带，下部以石英砂岩为主，夹页岩、粉砂质页岩，上部以泥灰岩、灰岩为主，夹页岩；在桂林、阳朔等地则以碳酸盐岩为主；产珊瑚、牙形石等化石，时代为早石炭世维宪期；厚度140～1103m。

（5）寺门组 C_1s

该组主要分布于桂北和桂东北地区；岩性为一套灰黑色薄层页岩、碳质页岩夹硅质灰岩、泥灰岩、粉砂质页岩、石英砂岩夹煤层；产植物、腕足类、珊瑚等化石，时代为早石炭世维宪期；厚度38～460m。

（6）罗城组 $C_{1-2}l$

该组毗连寺门组分布；岩性为深灰色中层状灰岩、泥质灰岩、泥灰岩夹薄层页岩、硅质灰岩等；自罗城往西页岩增多，往东往南页岩减少并尖灭；产珊瑚、腕足类、有孔虫等化石，时代为早石炭世，局部可跨入晚石炭世早期；厚度85～394m。

（7）鹿寨组 $C_{1-2}lz$

该组主要分布于南丹-河池-鹿寨-桂林-兴安、忻城、马山、田林、百色等地；岩性为灰黑色薄层泥岩夹硅质岩、灰岩和砂岩；局部地区底部有中酸性凝灰岩；产牙形石、菊石等化石，时代多为早石炭世；厚度43～567m。

（8）砂岩楔状体 C_1ss

其是鹿寨组之上，大埔组或巴平组之下的一套滨海三角洲相的含砾砂岩、砂岩、泥岩夹生物屑灰岩，主要分布于鹿寨-柳州新圩、河池北香、南丹更林等地；产珊瑚、腕足类、有孔虫等化石，时代为早石炭世晚期；厚度20～250m。

（9）巴平组 $C_{1-2}b$

该组主要分布于南丹-宜州、柳州-忻城、上林、武鸣、平果、百色等地；岩性为深灰色薄-中层硅质条带微晶灰岩、生物屑灰岩、砾屑灰岩，局部夹数层含锰硅质岩，经风化淋滤后可成氧化锰矿；产菊石、牙形石以及䗴等化石，时代为早石炭世，局部到晚石炭世早期；厚度24～219m。

（10）都安组 $C_{1-2}d$

该组主要分布于桂西、桂中地区；岩性为浅灰色厚层块状灰岩夹白云质灰岩、白云岩；忻城大塘一带夹含锰硅质岩；产珊瑚、腕足类、较原始的䗴，以及有孔虫等化石，时代为早石炭世—晚石炭世早期；厚度29～696m。

（11）大埔组 C_2d

该组广泛分布于桂西、桂中、桂东北地区；岩性为灰白-灰色厚层块状白云岩夹白云质灰岩，局部含燧石团块；在桂东北地区该组（C_2d）与上覆栖霞组呈平行不整合接触，其余地区与其下伏、上覆地层均为整合接触；产䗴、牙形石等化石；时代为晚石炭世早期，桂东北局部可上延至早二叠世；厚度29～804m。

（12）黄龙组 C_2h

该组分布于桂西、桂中和桂北地区；岩性为浅灰-灰色厚层状生物屑灰岩、生物屑泥晶灰岩、白云质灰岩夹白云岩；产䗴、牙形石等化石，时代为晚石炭世巴什基尔期—卡西莫夫期；厚度112～790m。

（13）马平组 C_2-Pm

该组广泛分布于桂西、桂中、桂北地区；主要岩性为灰白色厚层状微晶灰岩、生物碎屑灰岩、生物碎屑泥晶灰岩，局部夹白云质灰岩、核形石灰岩、棘屑有孔虫灰岩，局部含燧石团块；丰产䗴、牙形石、有孔虫、腕足类、珊瑚等化石，时代为晚石炭世晚期—早二叠世；厚度282～920m。

（14）南丹组 C_2-Pn

该组主要分布在桂西、桂北、桂中地区的区域性断裂带上，属台地前缘斜坡至盆地相沉积；岩性为深灰色中薄层夹厚层微晶灰岩、生物屑泥晶灰岩夹生物砾屑灰岩、白云岩，岩石普遍含硅质条带和团块；产䗴、牙形石、菊石等化石，时代为晚石炭世—早二叠世；厚度43～1934m。

3）二叠系

二叠系主要分布在桂中和桂西地区，在桂东北也有小面积分布，基本上继承了晚石炭世沉积环境，多数地区的南丹组（C_2-Pn）、马平组（C_2-Pm）均为跨时单位。早二叠世末，沿丹池—宜山—荔浦—平乐一线发生黔桂运动，使中、下统间呈平行不整合接触。中二叠世末发生的东吴运动，使大部分地区中、上二叠统间呈平行不整合，仅少数台间海槽中为连续沉积。故二叠系沉积类型较多，有滨岸相的龙潭组，滨岸凹地相的孤峰组、大隆组等两个组，局限-开阔台地相的栖霞组、茅口组、合山组等三个组，台地边缘相的海绵藻礁灰岩，台地前缘斜坡相的四大寨组，盆地相的领好组，共9组。

（1）栖霞组 P_2q

该组主要分布于桂西和桂中，在桂东北也有零星分布；岩性为深灰色薄中层状，上部为中厚层泥晶灰岩，含泥质条带、硅质条带及结核，局部含磷；与下伏马平组或南丹组多为整合接触，在南丹-宜州一带为平行不整合接触；产䗴、菊石等化石，时代为中二叠世早期；厚度15～688m。

（2）茅口组 P_2m

该组分布于桂西、桂中，少数见于桂东北地区；岩性为浅色厚层块状亮晶灰岩、生物屑泥晶灰岩、粉泥晶生物屑团粒灰岩，夹白云质灰岩、白云岩，含燧石团块和硅质条带；产䗴类、珊瑚类、腕足类等化石，时代为中二叠世晚期；厚度72～932m。

（3）孤峰组 P_2g

该组主要分布于柳州洛埠—来宾凤凰—武宣黄茆一带；岩性主要由灰-灰黑色薄层硅质岩、硅质灰岩、粉砂质页岩组成，夹凝灰岩、泥灰岩，含锰及磷结核，经风化淋滤后可成锰帽型或堆积型锰矿床；产菊石，以及腕足类、䗴类、珊瑚等化石，时代为中二叠世晚期；厚度54～214m。

（4）四大寨组 $P_{2\text{-}3}s$

该组主要分布于桂西地区；下部以泥岩为主，夹粉砂质泥岩、硅质岩（龙马段），上部以生物屑灰岩、砾屑灰岩、燧石条带灰岩为主（拔旺段）；产菊石、牙形石等化石，时代为中二叠世—晚二叠世；厚度86～700m。

（5）海绵藻礁灰岩 $P_{2\text{-}3}bls$

该组分布于桂西及宁明亭亮、崇左板利等地；岩性为浅灰色-深灰色厚层块状海绵礁灰岩、蓝藻海绵黏结岩、砾屑生物屑灰岩夹生物屑微晶灰岩；其与下伏地层呈同构造沉积不整合接触；产䗴，以及腕足类、珊瑚、海百合茎、苔藓虫等化石，时代以中二叠世为主，少数可延到晚二叠世；厚度105～670m。

（6）合山组 P_3h

该组伴随茅口组分布于桂中、桂西地区；岩性以深灰色中厚层生物屑微晶灰岩、泥质灰岩为主，底部为灰黄色铁铝土岩、含豆粒泥岩、硅质岩，中下部含碳泥灰岩中夹数层煤层或煤线；其与下伏茅口组呈平行不整合接触；产䗴、腕足类、珊瑚、菊石等化石，时代为晚二叠世早期；该组是广西重要的含煤及铝土矿层位，厚度48～475m。

（7）龙潭组 P_3l

该组零星分布于全州绍水、平乐二塘等地；由碳质页岩、黑色页岩、不等粒砂岩、钙质粉砂岩组成，中部夹煤层、泥质硅质岩或透镜状泥灰岩；产植物、腕足类等化石，时代为晚二叠世早期；厚度275～400m。

（8）大隆组 P_3d

该组主要分布于桂中、桂北地区，在全州、平乐、崇左等地也有分布；岩性为浅灰-灰黑色薄层状硅质岩、硅质泥岩、凝灰岩、凝灰质砂岩、泥质粉砂岩等；含丰富的菊石化石及腕足类、双壳类、介形类、植物等化石，时代为晚二叠世；厚度5～1173m。

（9）领好组 P_3lh

该组分布于桂西地区，为一套褐黄色、灰绿色、深灰色泥岩、砂岩夹硅质岩、凝灰岩及灰岩；与下伏四大寨组、上覆石炮组均为整合接触；产菊石、䗴、腕足类等化石，时代属晚二叠世；厚度20～717m。

6. 中生界

1）下-中三叠统

下-中三叠统主要分布于桂西地区，桂中和桂南也有零星出露。岩性复杂，沉积相类型多样，并有中基性、中酸性火山活动，大致以罗城—鹿寨—武宣—钦州一线为界，东侧为剥蚀区。自东向西分布滨岸碎屑岩相的南洪组；局限-开阔台地相的马脚岭组、北泗组等两个组；台地前缘斜坡相的罗楼组；浅海陆棚相的石炮组、板纳组等两个组；浊积盆地相的百逢组、兰木组等两个组，共8组。

(1) 南洪组 T_1n

该组分布于右江盆地东缘的天峨、南丹、东兰、巴马、都安、宜山、合山、来宾，以及扶绥东门、上思在妙等地，为一套灰绿色、黄绿色页岩；在桂西南夹细砂岩、粉砂岩，在贵港山北一带夹中酸性熔岩及紫红色砂岩，在河池九圩一带为黑色泥岩夹少量粉砂岩；丰产菊石、双壳类等化石，时代为早三叠世；厚度变化很大，变化范围1～160m。

(2) 马脚岭组 T_1m

该组主要分布于平果、隆安、靖西、龙州、崇左、合山等地；岩性为浅灰色薄板状灰岩、泥质条带灰岩夹泥岩，局部夹鲕粒灰岩、竹叶状灰岩、凝灰岩；该组在桂中、桂北地区与下伏南洪组呈整合接触，在桂西南地区常与下伏茅口组或合山组底部铁铝土岩呈平行不整合接触；产双壳类，以及腹足类、腕足类、介形虫等化石，时代为早三叠世中期。

(3) 罗楼组 T_1l

该组主要分布于桂西碳酸盐台地的边缘及丹池、天等、崇左等地；岩性为灰黄-深灰色生物屑灰岩、泥质条带灰岩、砾状灰岩、泥质灰岩夹钙质泥岩及凝灰岩，局部夹扁豆状灰岩、白云质灰岩或白云岩，崇左布农一带夹数层玄武岩；该组与南洪组或石炮组呈相变关系，属台地前缘斜坡相或开阔台地相；富含菊石，以及牙形石、腕足类、双壳类等化石，时代为早三叠世；厚度40～538m。该组为广西重要含锰层位，主要含锰层位分布于天等东平、田东江城、德保荣华等地。

(4) 石炮组 T_1s

该组主要分布于百色、田林、西林、那坡等县市境内，在南丹、天峨、巴马等地也有零星分布；下部为层凝灰岩、凝灰质砂岩夹泥岩，上部为粉砂质泥岩、泥岩夹薄层泥质灰岩；西林一带夹数层砾岩，那坡一带夹1～3套粗玄岩、玄武岩、安山岩、凝灰岩、碎角砾岩等；产菊石、双壳类，以及牙形石等化石，时代为早三叠世，局部可延至中三叠世初期；厚度237～800m。

(5) 北泗组 $T_{1\text{-}2}b$

该组分布范围与马脚岭组大致相同；岩性为浅灰色厚层块状夹中薄层状白云岩、白云质灰岩、鲕状灰岩、核形石-豆粒灰岩、泥质灰岩，在龙州—凭祥—崇左一带厚度巨大，夹多层中酸性火山岩；产菊石、牙形石等，时代为早三叠世，局部跨入中三叠世；厚度一般300～1300m，桂西南地区最厚可达3200m。

(6) 板纳组 T_2b

该组分布于天峨—宜州—都安—武鸣—崇左一线及桂西孤立台地边缘；岩性为灰绿-灰黄色薄层泥岩、粉砂岩夹细砂岩，局部地区夹凝灰岩、层间砾岩，上部夹灰岩透镜体和钙质含砾泥岩；在崇左江州咘农—板利那忙一带，该组顶部为540余米的灰色块状碎斑熔岩；产菊石、双壳类、牙形石等化石，时代为中三叠世早期；厚度300～800m，宁明六究剖面大于1212m。

(7) 百逢组 T_2bf

该组大面积分布于桂西地区，为一套以杂砂岩为主、砂泥岩互层的岩石组合；产菊石、双壳类以及介形类等化石，时代属中三叠世早期；厚度1500～2000m。该组是广西微细粒金矿的主要含矿层位。

(8) 兰木组 T_2l

该组分布于桂西北地区，由青灰色厚层含长石钙质细砂岩、粉砂岩、泥岩等组成；产双壳类、菊石等化石，时代属中三叠世；厚度1000～3000m。

2) 上三叠统

本流域范围主要上三叠统有扶隆坳组。

扶隆坳组 T_3f 出露于十万大山，在宁明爱店一带也有小面积出露；岩性为一套紫红-杂色砾岩、含砾不等粒砂岩、细砂岩、粉砂岩、泥岩交互组成5个下粗上细的沉积旋回，构成海拔1000m左右的山脊；

在宁明板古、上思百包、汪门–南屏念细等地含煤线；产植物、双壳类等化石，时代为晚三叠世；厚度 3120～4625m。

3）侏罗系

侏罗系主要分布于桂南、桂东南及桂东地区。在桂南十万大山盆地分布面积最大，南翼与下伏扶隆坳组为连续沉积，北翼角度不整合于前侏罗系之上，自下而上可分汪门组、百姓组、那荡组、岽力组等 4 个组；其余为小型断陷盆地，桂东分为天堂组、大岭组、石梯组等三个组，共 7 组。

（1）汪门组 J_1w

该组为紫红色厚层状含砾砂岩、长石石英砂岩及粉砂岩；上部夹钙质泥岩，那楠等地夹透镜状泥灰岩，局部夹煤线；厚度 200～1923m；总体为河湖相沉积，局部为山麓相沉积；产植物化石、孢粉等，在崇左一带采获轮藻等化石。上述化石除个别轮藻属早侏罗世外，均不能确定时代。

（2）百姓组 J_1b

该组仅分布于十万大山盆地；下部为紫红色中厚层状细砂岩、岩屑质砂岩夹泥岩，上部以紫红色泥岩为主，局部夹含砾砂岩、赤铁矿层或煤线；水平纹层及波痕发育；厚度 269～1277m；产植物化石、叶肢介等化石，时代为早侏罗世。

（3）那荡组 J_2n

该组大面积分布于十万大山盆地；下部为灰白色岩屑质粗砂岩、细砂岩夹紫红色泥岩，在洞棉一带夹黑色泥岩及煤线，中部为紫红色泥岩夹粉砂岩，在上思汪城东侧夹灰绿色含铜泥岩，上部为灰黄色长石石英砂岩、杂砂岩与紫红粉砂质泥岩互层；自东向西厚度增加，为 1524～2776m；该组富含双壳类、植物等化石，时代为中侏罗世。

（4）岽力组 J_3d

该组分布于十万大山中心地带；岩性以灰绿色、杂色厚层块状长石石英砂岩、岩屑质砂岩为主，夹黄绿色泥岩、紫红色粉砂岩；在宁明峙浪、那楠、上思凤凰等地的长石砂岩中，夹透镜状碳质泥岩及煤线。时代为晚侏罗世；厚度 213～866m。

（5）天堂组 TJ_1t

该组零星分布于恭城、钟山、富川、贺州、容县平山及博白沙河等地；底部为角砾岩、砂质角砾岩或花岗质砂砾岩，上部为紫红色泥岩、泥质粉砂岩；厚度 22～572m；在西湾天堂组中采获植物化石，时代属晚三叠世—早侏罗世，为跨时性地层单位。

（6）大岭组 J_1d

该组分布于桂东；岩性为页岩夹煤层，局部夹粗粒长石砂岩、砂砾岩、烟灰色泥灰岩；厚度 80～312m；产双壳类、牙形石，以及叶肢介、植物等化石，时代为早侏罗世。

（7）石梯组 J_2s

该组与下伏大岭组为连续沉积；下部为灰绿–紫灰色粗砂岩、长石石英砂岩，江平盆地底部为砾岩夹泥岩及煤线，中上部为灰白色细砂岩、紫红色泥质粉砂岩夹泥岩，西湾盆地夹钙质泥岩或白云质泥岩；厚度 137～522m；该组属河流–湖相沉积，产双壳类，地质时代属中侏罗世。

4）白垩系

白垩系主要分布于桂南和桂东南，出露面积大。自下而上可分新隆组、大坡组、双鱼嘴组、西垌组、罗文组等 5 个组。在桂西、桂东北也有零星分布，多为小型断陷盆地沉积，岩性单一，统称永福群。

（1）新隆组 K_1x

该组主要分布于十万大山、社步、金鸡、水汶等盆地；底部为紫红色、浅灰色厚层块状砾岩、含砾砂岩夹泥岩，除十万大山盆地与下伏岽力组为平行不整合接触外，其余盆地均与下伏地层为角度不整合接触；往上为紫灰色砾状砂岩、不等粒砂岩、暗红色钙质粉砂岩夹泥岩；厚度 80～2445m；富含双壳类、介形类，以及轮藻、腹足类、植物等化石，在那派盆地还采得鱼类和恐龙化石等；时代为早白垩世。

（2）大坡组 K_1d

该组主要分布于十万大山派阳山、邕宁大塘、平南大坡、岑溪水汶等地；下部为紫红色块状砾岩、含砾不等粒砂岩夹中细粒砂岩及泥岩，上部为紫红色、灰黄色厚层状细砂岩、泥质粉砂岩、砂质泥岩夹含砾不等粒砂岩；与下伏新隆组为整合接触；厚度273～1851m；产介形类、双壳类，以及植物、腹足类化石，时代为早白垩世。

（3）双鱼嘴组 K_1s

该组仅分布于平南县寺面镇—大坡镇一带；底部为砾状长石砂岩，其上为紫红色、灰绿色泥质粉砂岩夹不等粒砂岩及泥岩，未见顶；厚280m；与下伏大坡组为整合接触；产双壳类、叶肢介、植物等化石，时代为早白垩世。

（4）永福群 K_1y

该群分布于来宾、宜州、永福、桂林、全州等小盆地；底部为紫红色砾岩，不整合于前白垩系之上；中上部为紫红色粉砂岩、细砂岩夹泥岩，局部夹砾岩及泥灰岩；厚度311～1271m；该组为河流-湖泊相沉积，局部为山麓相堆积；产介形类、植物以及孢粉等化石，时代为早白垩世。

（5）西垌组 K_2x

该组主要分布于岑溪水汶、周公顶、容县自良、藤县金鸡、梧州旺甫、武鸣府城、宾阳邹圩等地；岩性为灰绿色凝灰质砾岩、凝灰质角砾岩、凝灰岩、凝灰熔岩、石英斑岩、霏细斑岩等，局部地区底部有紫红色砾岩，中上部夹砂、泥岩；与下白垩统或前白垩系为喷发不整合接触；厚度108～738m；该组未发现化石。

（6）罗文组 K_2l

该组分布于容县自良、藤县太平、岑溪大业、横县良圻、邕宁那马、南宁金陵、田东等地；岩性为紫红色砾岩、砾状砂岩、长石石英砂岩、粉砂岩、泥岩互层；角度不整合于西垌组、下白垩统或更老的地层之上；厚度339～1819m；该组局部产介形类等化石，在南宁市那龙乡石火岭产鸭嘴龙及轮藻化石等，时代为晚白垩世。

7. 新生界

1）古近系

古近系零星分布于桂东南、桂南及右江沿岸。右江沿岸自下而上可分洞均组、那读组、百岗组、伏平组、建都岭组等5组；其余地区统称邕宁群。

（1）洞均组 E_2d

该组分布于百色-田东盆地边缘；岩性为灰-浅灰色砾状灰岩、角砾状灰岩、钙质砾岩及泥灰岩，局部地区上部夹紫红色泥岩；与下伏罗文组及其以下地层呈角度不整合接触；厚度16～118m；该组产鱼类、哺乳类等化石，时代为始新世早期。

（2）那读组 E_2n

该组分布于百色-田东盆地、隆安-雁江盆地；下部为灰白-灰黄色细砂岩、粉砂岩与钙质泥岩互层，夹煤层及含油砂岩，底部有1～4m厚的细砾岩与砂砾岩，与下伏洞均组呈平行不整合接触，或与下伏中三叠统呈不整合接触，上部主要为灰褐色泥岩、钙质泥岩夹泥灰岩、褐煤层，含菱铁矿结核；厚度大于235m；产哺乳类、腹足类、双壳类及介形类、植物、藻类化石，时代为始新世中期。

（3）百岗组 E_2b

该组分布于百色-田东盆地，由黄绿色、灰色长石细砂岩、泥质粉砂岩、泥岩夹碳质泥岩、煤层及泥灰岩组成，属河湖、沼泽相沉积；与下伏那读组呈整合接触；厚度239～522m；产哺乳类，腹足类、双壳类及植物、介形类、沟鞭藻等化石，地质时代为始新世中晚期。

（4）伏平组 E_3f

该组分布于百色-田东盆地；岩性为黄绿色泥岩、泥岩夹细砂岩、粉砂岩，局部夹砾岩、碳质泥岩及薄层煤层；与下伏百岗组呈整合接触；厚度298～655m；该组局部具交错层理，含铁质结核和钙质结核，属河流、湖泊、沼泽相沉积；产哺乳类、双壳类及植物等化石，时代为渐新世。

（5）建都岭组 E_3j

该组仅分布于百色-田东盆地；岩性为黄绿色、青灰色砂质泥岩、泥岩、粉砂岩、细砂岩互层，泥岩中常见铁质结核和钙质结核；厚度128～708m；属河流、湖泊相沉积；产哺乳类、植物，以及双壳类、孢粉等化石，时代为渐新世。

（6）邕宁群 Ey

该群主要分布于南宁、宁明、上思，以及容县、藤县金鸡等地；底部为厚度不等的紫红色厚层块状砾岩、砂质砾岩、含砾砂岩、含铁砂岩；角度不整合于白垩系、侏罗系或其他前古近纪地层或岩体之上；桂东南的容县、金鸡等地仅出露这套砂砾岩，构成蔚为壮观的丹霞地貌；其上为灰白-浅黄色细砂岩、粉砂岩、钙质泥岩夹碳质泥岩、褐煤层及膨润土，夹泥灰岩、含磷泥岩及菱铁矿层；厚度300～1400m；属河流、湖泊相沉积；产双壳类、植物以及腹足类、介形类、孢粉等化石，在海渊盆地还见有龟等化石，时代为古新世—始新世。

2）第四系

第四系分布广泛而零散，按成因可分河流冲积、洞穴堆积、残坡积、洪积、溶余堆积。分布范围较大的为河流洪冲积物望高组、桂平组；溶余堆积物有临桂组。

（1）望高组 Qpw

该组广泛分布于河流两岸，属二至四级高阶地，海拔75～170m，高出当地河水面20～40m；下部为砾石层或砂砾层，上部为砂土层或砂质黏土层；一般厚度3～8m，最厚30m；在贺州、钟山等地下部夹0.2～0.6m厚的泥炭层，局部含砂锡矿；在望高剖面产哺乳类化石（大熊猫-剑齿象动物群），以及植物、孢粉等化石，时代属更新世；在桂东产砂金、砂锡矿。

（2）桂平组 Qhg

该组分布于大小河流谷地，在较大的河流两岸可构成宽数千米的冲积平原；一级阶地的下部为砂砾层，上部为砂土、亚黏土层；常夹泥炭层，含植物、甲虫、哺乳动物化石；在柳州市附近该组保存有石斧和陶片等；局部产砂金、砂锡矿。沉积物厚度3～30m。

（3）临桂组 Q_l

该组广泛分布于桂西、桂中、桂东北岩溶区内的峰林平原、峰从洼地和溶蚀残丘平原中；主要由棕红色、红黄斑杂色黏土层组成，富含铁锰质结核、三水铝团块等；堆积于不同时代的碳酸盐岩溶蚀面上，厚度1～20m。

2.1.2 岩浆岩及变质岩

1. 岩浆岩

广西西江流域地区岩浆岩活动频繁，侵入岩、火山岩均十分发育，出露面积达20000km^2，约占全区面积的10%，主要分布于桂东南、桂东、桂东北、桂北地区，桂西南、桂西仅小面积出露。该地区岩浆活动的特点是，元古宙四堡期—晋宁期以海相基性-超基性火山喷发及中酸性岩浆侵入为主；早古生代加里东期以中酸性岩浆侵入为主，仅局部有中基性火山喷发；晚古生代海西期—印支期是广西岩浆活动的重要时期；在桂西泥盆—石炭纪有基性火山喷发；二叠纪—中三叠世有基性-中酸性岩浆侵入和喷发（构成十万大山-大容山岩带）；中生代燕山期岩浆活动十分壮观，主要分布于桂东地区，有多次侵入形成的复式岩体和不同岩类组成的杂岩体，以花岗岩类为主，并有超镁铁-镁铁质岩、中酸性岩、碱性岩等；在早侏罗世、晚白垩世红层盆地中尚有中酸性火山岩及火山碎屑岩分布；新生代喜马拉雅期，在马山县永州、平南县马练等地有煌斑岩分布。岩浆活动与成矿作用关系十分密切，细碧角斑岩建造与金、铜、镍有关。燕山期花岗岩与钨、锡、钼、铅锌、稀土矿等有关。陆相火山岩与沸石、珍珠岩、膨润土、高岭土有关。

1）火山岩

广西西江流域地区除南华系、寒武系和古近系未发现火山岩外，其余各系均有火山岩分布。其中以晚古生代海西期—印支期火山岩分布较广，中生代燕山期火山岩次之。以下按年代顺序叙述。

（1）中元古代火山岩

中元古代火山岩主要分布于桂北九万大山-大苗山地区的四堡群文通组中（少量见于九小组和鱼西组），为基性火山角砾岩、集块岩、玄武质熔岩、钠质硅质岩。总厚度265～815m。

桂东南云开大山地区的火山岩夹于云开群中，以斜长角闪岩、斜长角闪片麻岩为主，厚度大于50m。

（2）新元古代火山岩

新元古代火山岩分布于桂北和桂东的三江-融安断裂以东的龙胜三门街及贺州鹰扬关地区。龙胜地区的三门街组以细碧岩为主，角斑岩、变辉绿岩、凝灰熔岩次之，火山碎屑岩零星可见，顶部常见钠质硅质岩。组成三个喷发旋回，其间夹大理岩。总厚度352～1052m。鹰扬关地区火山岩以角斑岩为主，细碧岩、火山碎屑岩次之，总厚度621～862m。

（3）早古生代火山岩

该期火山岩不甚发育，仅有三次火山活动。早奥陶世火山岩分别见于都庞岭北西侧和桂中大明山西北坡一带。前者由火山碎屑角砾岩、中酸性凝灰岩等组成，厚度0～161m。后者以中性角斑岩为主，夹似细碧岩，底部为火山角砾岩，厚度101～201m。中奥陶世火山岩见于岑溪市安平镇油茶林场一带的东冲组中，为阳起石岩、阳起石化基性熔岩，厚度451m。早志留世火山岩分布于岑溪市安平镇白板村—大爽村一带，以钙碱性角斑岩为主，夹似细碧岩、凝灰熔岩，底部为火山角砾岩，厚度大于80m。

（4）晚古生代火山岩

主要分布于桂西、桂西南地区，具有层位多，厚度小，岩性复杂等特点。

早泥盆世火山岩分布于田林县八渡下泥盆统塘丁组，由粗玄岩、玄武岩、杏仁状玄武岩组成2个喷发旋回。厚度80～158m。

中泥盆世火山岩分布于龙州县武德、科甲、板孟等地的唐家湾组中，由火山角砾岩、凝灰熔岩、玄武岩、粗面斑岩组成。厚度10～55m。

晚泥盆世火山岩分布于百色阳圩、那坡平恩、靖西孟麻、地州等地的桂林组、榴江组、五指山组中，由玄武岩、粗玄岩、粗面斑岩、火山角砾岩、凝灰岩等组成。厚度9.5～126m。

早石炭世火山岩分布于那坡、崇左等地的鹿寨组和英塘组中，由火山角砾岩、凝灰岩、凝灰熔岩、玄武岩、粗玄岩、玄武安山岩组成。厚度7～160m。

晚石炭世—早二叠世火山岩分布于那坡县那塘、岩信等地的南丹组中，由粗玄岩、玄武岩、凝灰岩组成。厚度66～399m。

中二叠世火山岩分布于百色、凭祥等地的四大寨组中，由粗玄岩、玄武岩、角砾状玄武岩、火山角砾岩、凝灰岩组成。厚度69～490m。

晚二叠世火山岩广泛分布于桂西隆林县塘马、马雄、西林周都、那坡县那塘的领好组和桂西南崇左布农、古坡、宁明县更珍等地的合山组，以玄武岩为主，次为粗玄岩、凝灰岩、沉凝灰岩、凝灰角砾岩、基性熔岩等。厚度93～1014m。该火山岩层是桂西金矿的重要矿源层。

（5）中生代火山岩

中生代也是本区火山活动的重要时期，尤以早、中三叠世为强盛，晚白垩世次之，早侏罗世仅局部微弱活动。火山岩遍及桂西、桂南和桂东南，桂中、桂东亦有零星分布。早、中三叠世为一套基性-中酸性火山岩；晚三叠世、早侏罗世和晚白垩世以酸性火山喷发为主。

早三叠世火山岩广泛分布于桂西、桂西南地区，火山活动中心始终在那坡—凭祥—崇左一带。自早期至晚期岩性由基性向酸性演化。厚度22～1343m。

中三叠世火山岩主要分布于十万大山宁明县亭亮-崇左市罗白的板纳组。由石英斑岩、流纹斑岩、凝灰熔岩、凝灰岩、珍珠岩、火山角砾岩组成。厚度236～620m。

早侏罗世火山岩仅见于北流市六麻盆地，为凝灰碎屑岩、层凝灰岩、层火山角砾岩等。厚度大于125m。

晚白垩世火山岩主要分布于桂东南容县自良等断陷盆地，以及宾阳县邹圩、武鸣县府城等地。由火山角砾岩、珍珠岩、熔岩、流纹岩等组成，为上白垩统西垌组主要组成部分。厚度102～738m。

（6）新生代火山岩

其分布于大瑶山地区镇龙山、龙头山、宋帽顶、夏宜等地的下泥盆统莲花山组与寒武系不整合面附近，发育有中酸性次火山岩，由引爆角砾岩、凝灰角砾岩、角砾熔岩、流纹斑岩等组成，与金、银成矿有关。

2）侵入岩

广西西江流域地区侵入岩发育，分布广泛，主要分布于桂东北和桂东南地区，在桂中、桂西有小面积出露。其中以海西期—印支期侵入岩出露面积最大，燕山期、加里东期次之。各类侵入岩与内生多金属矿产的形成具有密切的关系，尤以有色金属和稀有金属矿产与中酸性侵入岩关系最为密切。成矿期以燕山期最为重要。

（1）基性-超基性侵入岩

基性-超基性侵入岩不很发育，分布较零星，多呈岩床、岩墙、岩脉和不规则状产出。在构造位置、形成时代及地理分布上独具特点，桂北地区的桂北地块为元古宙基性、超基性侵入岩。桂西地区的右江褶皱系为晚古生代基性-超基性侵入岩。桂东南地区的华夏陆块仅有少量中生代和新生代超基性侵入岩。

（2）中酸性侵入岩

中酸性侵入岩发育，其总面积占侵入岩的90%以上。大小岩体约1000个，主要分布于桂北、桂东北、桂东南地区。由老至新可划分为四堡期、晋宁期、加里东期、海西期—印支期、燕山期等5期。

中元古代四堡期，岩体分布于桂北，为广西最老的花岗岩。早期有本洞、蒙洞口等岩体，呈岩株零星侵入四堡群中；晚期有三防、元宝山等复式岩体，为斑状黑云二长花岗岩。

新元古代晋宁期，花岗岩出露于两广交界的云开大山一带，有天堂山复式岩体，为青白口纪片麻状斑状含夕线黑云二长花岗岩。

早古生代加里东期，酸性侵入岩分布广泛。桂东北、桂东南各有花岗岩岩基出露。桂西—桂中一带为花岗岩、花岗斑岩、花岗闪长岩、花岗闪长斑岩等岩株零星分布。

晚古生代海西期—印支期，岩浆活动强烈，花岗岩分布面积广，约占侵入岩的50%，多在北流市中庸岭—容县黎村一带，为泥盆纪片麻状花岗岩和石炭纪黑云二长花岗岩。平南县六陈和兴业县旺冲一带为二叠纪角闪钾长花岗岩。三叠纪以独具特征的堇青黑云二长花岗岩和含紫苏辉石碎斑花岗斑岩、紫苏辉石碎斑熔岩，构成宽20～70km，长370km，呈北东向带状展布的大容山、六万大山、十万大山等山脉。

中生代燕山期，花岗岩类岩体分布较广，以桂东花山、姑婆山一带较集中，是广西著名的有色、稀有、稀土等金属矿产的相关岩体。

2. 变质岩

广西西江流域地区变质岩不甚发育，以区域变质岩分布最广。其他类型的变质岩较局限，分布于深大断裂带或岩体接触带上。

1）区域变质岩

（1）桂北区

区域变质岩在该区分布于宜山—桂林一线以北，属江南古陆的南端。受变质的地层主要有中-新元古界及下古生界。先后受到四堡期（可能有晋宁期）、加里东期变质作用，均为低温动力作用，主要岩石类型有板岩、千枚岩、轻变质砂岩、变基性-超基性岩及大理岩等。

（2）桂中-桂东区

区域变质岩在该区分布于西大明山、大明山、大瑶山、大桂山、海洋山一带。在桂西四城岭、靖西吞盘、隆林金钟山等地也有零星出露。受变质的地层主要为寒武系，局部有青白口系、南华系、震旦系和奥陶系。除鹰扬关地区受到过晋宁期变质作用影响外，其余地区均受到加里东期低压动力热变质作用。主要岩石类型为轻变质砂页岩、变质泥质灰岩、变细碧角斑岩、板岩、千枚岩、片岩等。

（3）桂东南区

区域变质岩在该区分布于桂平中和—藤县一线东南侧，该区是广西变质程度最深的地区。按其所处的大地构造位置，物质组成和变质作用特点，又可以陆川-岑溪断裂为界，细分为两个小区。

云开变质岩小区分布于陆川-岑溪断裂东南的云开微陆块，是过去所称的“混合岩”区。

①结晶基底为古元古界天堂山岩群，经历了吕梁期、四堡期—晋宁期和加里东期区域动力热变质作用，原岩被改造为黑云片岩、长石黑云（石英）片岩、黑云斜长片麻岩、黑云钾长（二长）片麻岩、黑云斜长变粒岩、辉石（角闪）斜长变粒岩、长石石英岩、浅粒岩、方解绿帘透辉石岩、方解阳起透辉石岩、石榴辉石岩等。

②褶皱基底为中元古界云开群，地层层位与桂北四堡群大致相当，但在原岩建造和变质方面差异较大。云开群以滑脱型韧性剪切带的方式覆于天堂山岩群之上，经历了四堡期—晋宁期、加里东期区域动力热流变质作用。其主要岩石类型有变质长石石英砂岩、绢云石英千枚岩、含铁云母（长石）石英岩、云母石英片岩、斜长角闪岩、大理岩、石榴透辉石岩、方解阳起斜黝帘石岩等。

③受区域变质作用形成的变质深成岩，主要为青白口纪、志留纪和泥盆纪造山碰撞陆壳重熔型花岗岩，个别为碰撞前壳幔同熔型花岗岩。先后受到晋宁期、加里东期区域动力热液作用。其主要岩石类型有角闪斜长花岗片麻岩、眼球状黑云花岗片麻岩、花岗片麻岩、片麻状眼球状石榴石二长花岗岩、弱片麻状黑云二长花岗岩等。

容县-岑溪变质岩小区分布于小董-藤县断裂的东侧，容县石头镇水口、岑溪昙容镇昙雅村、波塘镇荔村、岑溪安平镇富罗、藤县同心镇等地。印支期岩体中有大小不等的片麻岩、混合岩、变粒岩、黑云石英片岩和少量斜长角闪岩、透辉石岩的残留体。这些残留体可能是岩浆侵入时，沿断裂带逆冲上来的云开群褶皱基底。

2）*混合岩*

（1）区域混合岩

经历了角闪岩相-麻粒岩相变质的变质岩，区域动力热流升高，导致其低熔组分熔融（以及部分交代）而形成区域混合岩。此类岩石主要发育于云开大山古老的结晶基底中。

（2）边缘混合岩

边缘混合岩发育于花岗质侵入体的外接触带，是由岩体伴生的碱金属流体同已变质的围岩，通过交代作用所形成。此类岩石见于宁潭岩体西北缘双旺—凤山及那蓬岩体北缘岑溪樟木洞尾一带。

（3）断裂混合岩

一是断裂通过未完全固结的岩体时，发生韧性变形和部分交代分异形成混合岩。二是递进变形过程中的花岗岩石随着应力和热液增强，岩石出现部分熔融，长英质岩流沿面理贯入形成混合岩化岩石。这类岩石常呈线性分布，如宁潭岩体、摩天岭岩体，以及广平岩体中部等。

3）*动力变质岩*

（1）碎屑岩类

碎屑岩类是脆性断裂作用产物，在全区大小断裂带上均有不同程度的分布，包括断层角砾岩、压碎岩、断层泥等。

（2）糜棱岩类

糜棱岩类是韧性、脆韧性变质岩，主要分布于桂北、桂东、桂东南的各条韧性剪切带中，在桂西台地边缘的韧性断裂带中也有分布。按韧性变质作用的强弱可分为糜棱岩化岩石、初糜棱岩、糜棱岩、千糜岩、糜棱片岩、糜棱片麻岩等。按糜棱岩化岩石的原岩又可分为花岗质糜棱岩、钙质糜棱岩、糜棱岩化砂泥岩等。

4）接触变质岩

（1）接触（热）变质岩

该变质岩分布于中酸性岩体外接触带及隐伏岩体的顶盖围岩上，主要岩石类型有斑点板岩、空晶石板岩、角岩化泥岩、角岩、大理岩等。

（2）接触交代变质岩

当岩浆与围岩成分差异较大时，某些浓度高的元素组分各自向相反的方向扩散，发生接触交代作用。该岩石类型主要为夕卡岩、钠长英板岩、混染岩等。

5）气-液变质岩

来自岩浆结晶分异、火山喷气及断裂活动分泌出来的气水溶液等作用，使围岩发生蚀变，形成气-液变质岩。

2.1.3　地质构造

1. 沉积建造与构造运动

1）沉积建造

本地区沉积岩很发育。自古元古代以来，各地质时代均有沉积，地层发育齐全，沉积类型多样，厚度巨大，明显受地质构造的控制，在不同时期和不同地区有着不同的沉积建造。

（1）古元古代

该时期沉积建造仅零星见于桂东南云开大山一带，为一套富含长石的砂岩、砂泥质岩和少量碳酸盐岩，厚约 2000m，为浅海沉积环境，具类复理石建造特征。岩石经深变质和混合岩化，多为片岩、变粒岩和片麻岩，构成结晶基底。

（2）中元古代

该时期沉积建造在桂东南及桂北均有出露，为一套浅海-次深海相陆源碎屑复理石夹碳酸盐岩和海相火山岩建造，厚约 6000m，变质较浅，多为板岩-千枚岩类，构成褶皱基底。

（3）新元古代

该时期沉积建造在桂东南、桂东北及桂北均有出露，以桂北更为完整。早期青白口纪，在桂北沉积一套厚达 5000m 的滨浅海-半深海相陆源碎屑复理石建造夹少量碳酸盐岩及硅质岩建造。中期南华纪，桂北为浅海相冰期、间冰期杂陆屑建造夹铁泥质建造，厚数百米至 5000m。晚期震旦纪桂东北—桂中一带为浅-深海相硅质岩夹陆源碎屑岩建造，厚约 1600m。

（4）早古生代

该时期沉积建造大部分地区以陆源碎屑复理石、类复理石夹碳酸盐岩和硅泥质建造为主，厚 3000～7000m。桂西为浅海碳酸盐夹碎屑岩建造，厚约 8000m。

（5）晚古生代

早泥盆世中期普遍发育一套海陆交互相的碎屑岩建造。早泥盆世晚期，岩相开始发生分异，形成独特的沟、台相间的沉积类型。台地区为浅水碳酸盐岩夹含铁、煤、铝土矿等碎屑岩建造，厚度大，为数千米至万余米。台沟区为深水相硅质岩、碎屑岩夹基性-酸性火山岩建造，厚度较薄，为 1000～5000m。

（6）中生代早—中三叠世

随着桂西拗陷不断加强，逐步转变为深水海槽盆地，沉积一套厚度巨大的（近万米）复理石、类复理石、浊积岩夹基性-酸性火山岩和碳酸盐岩建造。

（7）晚三叠世以来

该时期主要为陆相断陷盆地沉积，大多为红色复陆屑建造、磨拉石、类磨拉石建造，夹含油、煤建造及基性-酸性火山岩建造。沉积厚度数百米至数千米。

2）构造运动

本区构造运动频繁，计有 21 次之多，划分为吕梁、四堡、晋宁、加里东、海西、印支、燕山及喜马拉雅等 8 个构造旋回。

（1）吕梁旋回

以古元古代末的吕梁运动为界，桂东南云开大山一带的变质岩系中，出现两套变形变质特征上迥然不同的岩石。下部为深变质的片麻岩、片岩，称天堂山岩群，上部为浅变质的砂、泥岩-千枚岩，称云开群。前者构成结晶基底，后者为褶皱基底。在天堂山岩群中获得同位素年龄值为 1846～1894Ma，大致为吕梁运动时间。

（2）四堡旋回

该旋回包括中元古代的地壳活动。早期火山活动强烈，为基性、超基性火山岩，其中科马提岩同位素年龄值为 1667Ma。末期发生的四堡运动，具有褶皱造山性质。桂北九万大山一带，新元古代丹洲群角度不整合于中元古代四堡群之上。丹洲群底部见花岗质砂砾岩，同位素年龄 952～1130Ma，大致代表四堡运动的时间。

（3）晋宁旋回

该旋回包括新元古代早期的地壳活动。早期中基性火山活动剧烈，在鹰扬关基性火山岩中同位素年龄值 819～825Ma，属青白口纪。末期的晋宁运动中，在桂东北鹰扬关一带，南华系角度不整合于青白口系之上，不整合面上为一层铁锰质层，其上为含少量细砾的粗砂岩。

（4）加里东旋回

该旋回包括五幕构造运动。以最后一幕的广西运动最为强烈，具褶皱造山性质，前四幕以地壳上升为主。

富禄运动，桂北南华系富禄组底部为含铁板岩、条带状赤铁矿或不稳定的砾岩与长安组呈平行不整合接触。

肯朋运动，九万大山南侧罗城肯朋一带，震旦系陡山沱组底部为厚 20～40cm 的砾岩，与南华系黎家坡组呈平行不整合接触。

郁南运动，桂东南奥陶系底部为数厘米的铁锰质层。大明山地区其底部有厚 45m 的砾岩。桂北底部有中性火山岩。

北流运动，在桂东南志留系底部有一套砾岩和粗砂岩。

广西运动，泥盆系普遍角度不整合于前泥盆系不同层位之上，为褶皱造山运动性质，形成广阔的加里东褶皱带。大量的酸性岩浆侵入，形成猫儿山、越城岭、海洋山、宁潭等花岗岩体。岩体同位素年龄在 400Ma 左右。

（5）海西旋回

该旋回包括三幕构造运动。

柳江运动，广西大部分地区在晚泥盆世之后有一沉积间断，早石炭世初期有铁、锰质沉积，或缺失部分地层。

黔桂运动，在南丹、河池—平乐二塘一带，中二叠统栖霞组底部有数米至数十米的碳质页岩夹薄煤层或砾岩、粉砂岩，其与上石炭统—下二叠统马平组灰岩呈平行不整合接触。

东吴运动，这是一次较普遍大范围的地壳上升运动。大部分地区上二叠统底部为厚数米至 20 余米的铝土矿层或铁铝岩，其与中二叠统茅口组灰岩呈平行不整合接触。

（6）印支旋回

该旋回包括三幕构造运动。其中，最后一幕称印支运动，是一次具有划时代意义的构造运动。

苏皖运动，在龙州—扶绥一带，局部下三叠统超覆于中二叠统之上，在隆林安然、凤山、同乐等地，平行不整合于上二叠统合山组之上。

桂西运动，在隆林一带，中三叠统百逢组超覆于上二叠统之上。在桂西和桂西南一带，早三叠世晚期和中三叠世初普遍有酸性和少量中基性火山活动。此外，在桂西孤立碳酸盐台地边缘普遍分布有二叠纪海绵礁灰岩，厚 200 ~ 750m。该礁灰岩礁体顶部往往为下三叠统甚至中三叠统下部超覆不整合接触。

印支运动是继广西运动以后又一次极其强烈的褶皱造山运动，波及全广西，使晚古生代—中三叠世地层发生褶皱，形成印支褶皱带，从此结束广西内陆海相沉积而转入陆相沉积的新阶段。构造线方向以北东向为主，北西向次之，也有东西向和南北向。有大量酸性岩浆侵入，构成桂东南—桂南一带的构造岩浆岩带，岩体同位素年龄一般为 224 ~ 245Ma。

（7）燕山旋回

该旋回包括四幕构造运动。

燕山第一幕，桂东及桂东南下白垩统普遍角度不整合于侏罗系及更老的地层之上。

燕山第二幕，上白垩统西垌组角度不整合于下白垩统及更老的地层之上。

燕山第三幕，发生于晚白垩世早、晚期之间，罗文组与西垌组呈平行不整合接触。

燕山第四幕，发生于白垩纪末与古近纪初期，是一次较强烈的地壳活动，使陆相断陷盆地褶皱隆起。以块断运动性质为特征，构造线方向以北东向为主。有酸性-中酸性岩浆的强烈活动，形成桂东及桂东南一带的花岗岩及花岗闪长岩体，同位素年龄在 70 ~ 220Ma 之间。

（8）喜马拉雅旋回

该旋回包括古近纪以来的构造运动，可分三幕。

喜马拉雅第一幕，发生于始新世早期，百色盆地那读组与下伏洞均组呈平行不整合接触或超覆于更老地层之上。

喜马拉雅第二幕，发生于古近纪与新近纪之间，桂东南新近系南康群角度不整合于古近系邕宁群之上。

喜马拉雅第三幕，发生于新近纪与第四纪初期。全区地壳普遍抬升，第四系呈角度不整合于老地层之上。早期沿都安断裂及大黎断裂带有超基性岩浆侵入，同位素年龄为 33 ~ 47Ma。

2. 断裂构造

本地区一般断裂不计其数，区域性大断裂及韧性构造也较发育（图 2-1）。

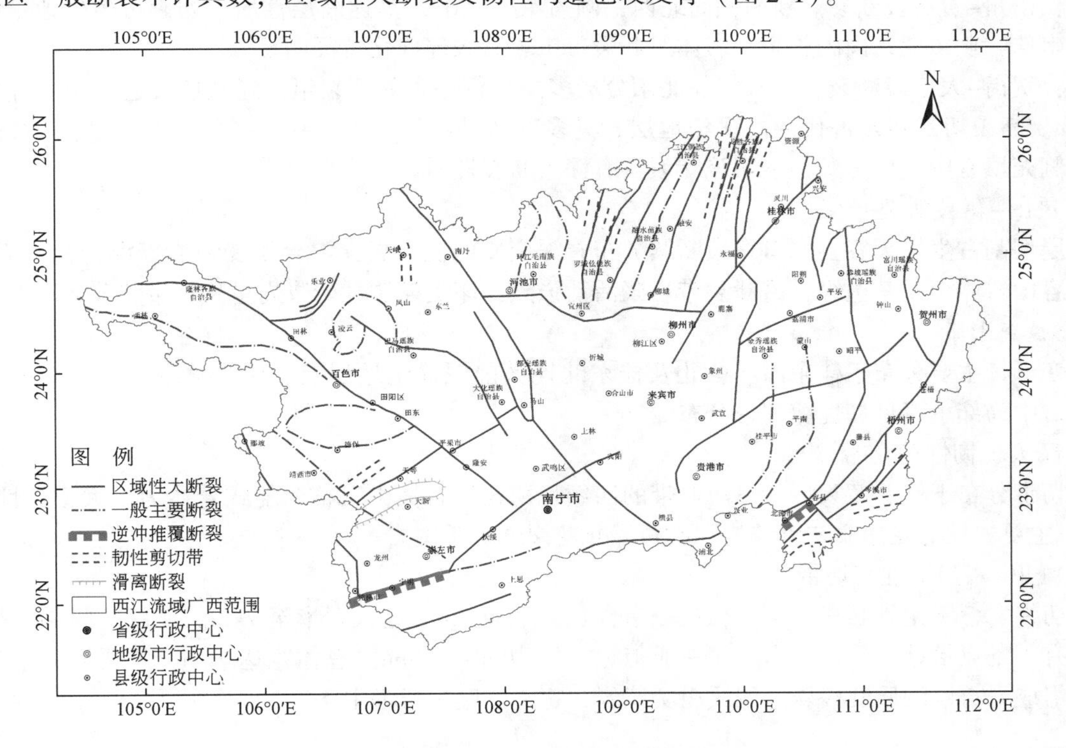

图 2-1　广西西江流域主要断裂分布图

1）区域性大断裂

（1）桂林-来宾大断裂

西南起自来宾，往北东经柳州、鹿寨、永福、桂林、兴安，延伸至湖南境内。长350km，走向北东，倾向西，倾角30°～60°，以逆断层性质为主。

该断裂切割寒武系—白垩系。角砾岩、硅化、片理及劈理等断裂现象发育，往往可见若干平行断裂分布，组成数千米宽的断裂带。沿断裂带为晚古生代深水相分布区，且严格控制白垩纪盆地的形成，是一条长期活动的断层，地貌特征明显表现为条形谷地。

（2）宜州大断裂

东起柳州，北接桂林-来宾断裂，往西经宜州、河池，西接南丹-昆仑关断裂，呈东西向展布，长230km，由一系列逆断层或逆冲断层组成。断裂带宽5～20km，断面倾向北或南，倾角20°～70°。与印支期褶皱（局部为倒转褶皱）相伴产生，构成宜州和柳州两个弧形构造带。

断裂切割晚古生代及白垩纪地层，破碎带宽数米至百余米。断层角砾岩发育，硅化强烈，近断裂处岩层变陡，直立甚至倒转。断裂控制泥盆纪—石炭纪沉积相，沿断裂带分布为深水相硅质岩、含锰灰岩。同时断裂带控制着白垩纪断陷盆地的沉积，是一条长期活动的断层。

（3）南丹-昆仑关大断裂

西北起自黔桂边境，经南丹、都安、马山、昆仑关至横县莲塘，全长400km，向南东尚可断续延伸至六万大山岩体内，呈北西-南东向展布。断裂切割寒武系—古近系，为一条长期活动的深断裂。该断裂可分成三段：北西端南丹段，是曾称丹池大断裂的组成部分，有燕山晚期花岗岩浆多次侵入，形成著名的锡、多金属矿床；中段都安—马山一带，沿断裂带有众多的燕山晚期橄榄辉长玢岩及煌斑岩小岩体群分布；南东段昆仑关一带，断裂破碎带宽数米至百余米，断裂特征显著，常见角砾岩、片理化及强烈硅化，有燕山期花岗岩浆多次侵入，与钼、锡、金、毒砂等矿产密切相关。

（4）梧州-鹰扬大关断裂

南西段：分为两支，岑溪-梧州段及容县-梧州段断裂。岑溪一带动力变质带很发育，可见数百米至数千米宽的糜棱岩片理化带，角砾岩、硅化及各种矿化常见。

中段：梧州-贺街段断裂。断面倾向北西，倾角40°～50°，具逆断层性质，切割古生代地层。沿断裂带分布有串珠状燕山期花岗闪长岩小岩体。断裂带中岩石破碎硅化特征明显。

北段：贺街-大宁段断裂。在大宁往北东分成多条平行展布的断裂组，经鹰扬关进入湖南境内。断裂带宽15km。断裂切割新元古代—白垩纪地层，具多期活动特征。大宁—鹰扬关一带韧性剪切特征明显。断裂带两侧充填有中基性岩脉，表明该断裂具有深大断裂性质。

（5）灵山-藤县断裂

其断层切割古生界。容县水口等地断续分布着深变质的混合岩夹混合质变粒岩、混合质片岩等岩块，分布于大容山岩体中或其边缘，沿断裂带岩浆活动强烈，印支期酸性岩浆岩呈狭长带状分布。

2）韧性变形带

韧性变形带主要分布于桂东南、桂北及桂东北地区前泥盆纪地层及岩浆岩体中，其次在桂西晚古生代碳酸盐岩中局部也可见韧性剪切带分布。

（1）摩天岭韧性剪切带

该剪切带分布于桂北摩天岭—三防一带的四堡晚期花岗岩体中。整个复式岩体为一大型韧性剪切带，长40km，主要岩性为花岗质初糜棱岩、糜棱岩化花岗岩、千糜岩等。

（2）瓢里-三门韧性剪切带

该剪切带发育于龙胜县三门街—瓢里一带，长大于40km，宽数百米至7km。尤以三门街一带最为发育，最少有4条亚带基本平行产出，每一亚带宽一般为40～100m，总体宽达7km，主要发育于新元古代地层中，组成岩石以泥质糜棱岩、泥质粗糜棱岩、超基性糜棱岩为主。

（3）马堤韧性逆冲带

该逆冲带分布于龙胜县芙蓉—马堤—泗水—新田一带，长约 20km，宽 200～600m，由 2 条以上的亚带组成，主要发育于新元古代地层中。

（4）甘田韧性剪切带

该剪切带分布于桂西乐业县甘田—田林县浪平一带，构成 2 条石炭系、二叠系层间韧性剪切带，长大于 20km，宽大于 3km，组成岩石为糜棱岩化碳酸盐岩，碳酸盐质（变晶）糜棱岩等。这种类型的剪切带，尚见于凤山、天峨及天等县把荷一带的碳酸盐台地边缘。

此外，桂东南云开隆起北西侧，普遍发育韧性剪切带，主要形成于加里东期，部分为印支期所形成。

3）推覆构造

目前所确定的推覆构造发育于印支期构造层中。

（1）凭祥-上石逆冲推覆构造

该构造分布于桂西南，西起凭祥—龙塘一线，经那逢、那孝、蒲庙，往东至派岸—上石一带。推覆构造由近乎平行的多条逆冲断层组成，构成 4 条主要断裂带，断裂带间距约 2km。由南东向北西逆冲，中二叠统逆冲于下三叠统之上。在龙塘一带可见到大量的栖霞组，茅口灰岩呈飞来峰残留于上二叠统合山组之上。断层产状倾角平缓，为 5°～27°。推覆带组成岩石有钙质糜棱岩、初糜棱岩、片理化基性熔岩、构造片岩。前锋带倒转褶皱及柔褶皱很发育。推覆距离达 5. 6km，形成时间为印支期，属浅层次的推覆构造。

（2）民安逆冲推覆构造

该构造分布于北流市民安、新荣及容县容西一带，呈北东向，长 30km，宽 10km，由数条近于平行分布的逆冲推覆断裂组成。倾角平缓，由南东向北西推覆。上盘岩系由志留系及下泥盆统碎屑岩组成，下盘（原地系统）由晚古生代碳酸盐岩组成。锋带和中带由于断面倾角平缓和地形效应，往往出现上盘志留系飞来峰和下盘碳酸盐岩构造窗。上盘地层变形强烈，并形成糜棱岩带及强劈理化，下盘无明显变形。推覆距离大致为 20km，形成时间为印支期。

4）伸展构造

由于地壳的伸展运动而产生的不同规模的低角度正断层，主要分布于桂西及桂东南。

（1）四城岭-灯草岭滑离断层

该断层分布于桂西南大新县、天等县西部四城岭-灯草岭的南东和北西两侧，周边总长 70km。断面倾向周边，倾角一般为 20°～35°，有的为 5°～15°，具低角度正断层性质。下盘岩系为寒武系—泥盆系郁江组碎屑岩，强烈劈理化。上盘岩系为泥盆系黄猄山组-北流组碳酸盐岩，变形较弱。断裂破碎带宽数米至数十米，由断层角砾岩、断层泥、碎裂岩、初糜棱岩组成。局部可见上盘碳酸盐岩呈孤峰状残留于下盘碎屑岩之上。该伸展构造以北东向四城岭-灯草岭相对隆起区为轴线向两侧伸展，上盘相对下滑，形成于印支期。

（2）陆川-岑溪拆离断层

该断层主要沿云开大山西北侧分布，基本与陆川-岑溪断裂平行或重合，总体北东方向，长 15km，发育于中-新元古界云开群（上盘）与古元古界天堂山岩群（下盘）界面上，为一铲式大型正断层。上盘为浅变质的绿片岩相，下盘为深变质的片岩、片麻岩相，两者具有明显的区别。下盘天堂山岩群发育韧性剪切带，上盘云开岩群多发育小型滑脱褶皱，形成时间为晋宁期。

3. 构造单元划分

据《中国区域地质概论》对华南地区构造单元的划分方案，广西西江流域地区地处华南板块。结合本区区域构造特征，拟将其划分为扬子陆块（Ⅰ）、南华活动带（Ⅱ）、华夏陆块（Ⅲ）等 3 个一级构造单元，以及桂北地块（$Ⅰ_1$）、桂中-桂东褶皱系（$Ⅱ_1$）、右江褶皱系（$Ⅱ_2$）、容县褶断系（$Ⅲ_1$）、云开地块（$Ⅲ_2$）等 5 个二级构造单元。在此基础上进一步划分出九万大山隆起（$Ⅰ_1^1$）、来宾凹陷（$Ⅱ_1^1$）、六万大山凸起（$Ⅲ_1^1$）等 15 个三级构造单元（图 2-2）。

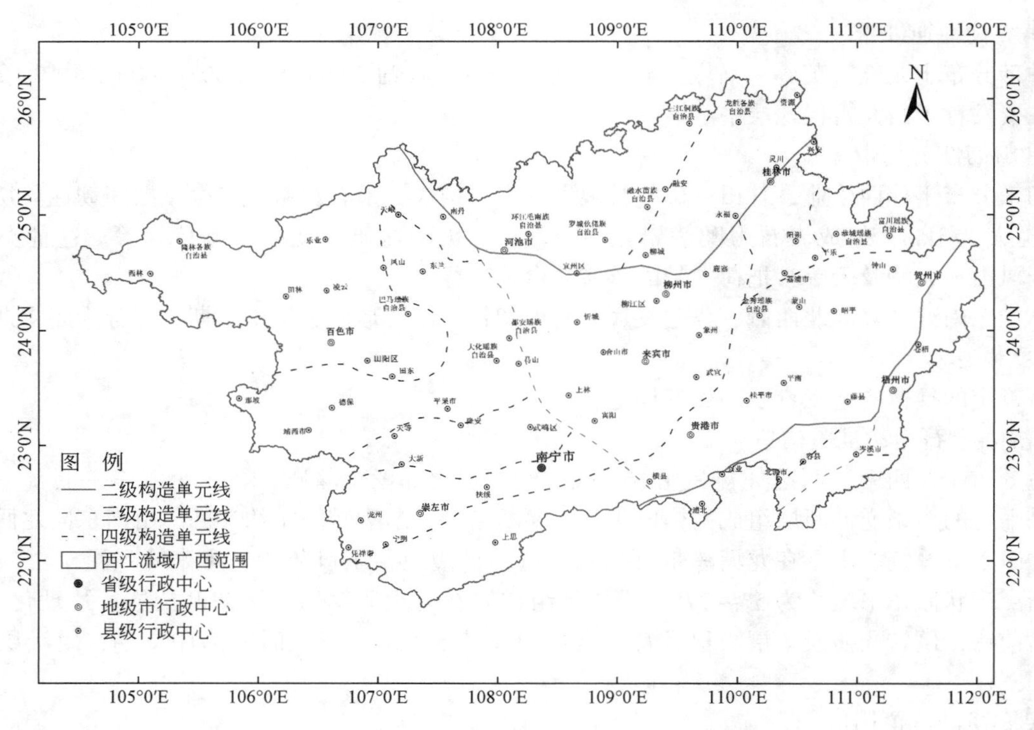

图 2-2　广西西江流域构造单元划分示意图

1）桂北地块（I_1）

以桂林、宜州、南丹断裂的边线作为其南面边界，再以三江-融安断裂为界，进一步划分为两个三级构造单元，西侧为九万大山隆起，东侧为龙胜褶断带。

（1）九万大山隆起（I_1^1）

九万大山隆起包括九万大山和元宝山两个穹窿。褶皱基底为中元古界四堡群陆源碎屑岩夹基性-超基性海相火山岩、科马提岩及顺层侵入岩，厚度大于4574m。四堡运动使其褶皱成山，形成近北西-南东向的紧密同斜褶皱，并伴随大量中酸性岩浆活动，构成本洞、摩天岭、元宝山等复式岩体。寒武纪开始隆起，形成九万大山、元宝山穹窿。

（2）龙胜褶断带（I_1^2）

龙胜褶断带是相对九万大山隆起而言沉陷较快的地块，在寒武纪末郁南运动开始抬升，并有微弱的火山活动。志留纪末广西运动褶皱成山，形成北北东向长轴状褶皱，并发育一系列断面西倾的逆冲断层，构成叠瓦状构造。中三叠世末印支运动形成开阔的短轴褶皱。侏罗纪末—白垩纪末燕山运动以断裂活动为主。沿寿城断裂、永福断裂带，有酸性岩浆侵入，形成侏罗纪花岗岩岩株、岩脉，以及生成白垩纪断陷盆地。该区是多金属矿产的重要成矿区。

2）桂中-桂东褶皱系（II_1）

桂中-桂东褶皱系夹持于桂北地块与云开地块之间，西以南丹-昆仑关断裂为界，出露最老的地层为新元古界南华系和震旦系。寒武系、奥陶系为复理石碎屑岩及浊积岩建造，海洋山一带夹多层碳酸盐岩，总厚6000m。志留纪末广西运动，使之褶皱隆起，形成近东西向的紧密线状褶皱，伴随酸性岩浆侵入，形成海洋山及大瑶山一带的花岗岩体。广西运动之后，转化为较稳定的泥盆纪—中三叠世的盖层沉积，最厚可达万米。泥盆系普遍角度不整合于前泥盆系之上，由南向北超覆现象明显。中三叠世末印支运动使沉积盖层褶皱隆起，形成开阔的北东向和近南北向为主的褶皱。侏罗纪末—白垩纪末燕山运动以块断为主，形成若干断陷盆地。

进一步将其划分为来宾凹陷、桂林弧形褶皱带、海洋山凸起、大瑶山隆起等4个三级构造单元。

（1）来宾凹陷（II_1^1）

来宾凹陷是晚古生代凹陷较深的地区，广泛分布碳酸盐岩，几乎无岩浆活动。

（2）桂林弧形褶断带（$Ⅱ_1^2$）

桂林弧形褶断带由盖层沉积岩系组成，泥盆系、石炭系分布广泛，厚约4000m。局部出露寒武系褶皱基底，岩浆活动微弱。该褶断带是由一系列相互平行排列的线状背、向斜组成的一个向西凸出近南北向印支期弧形构造带。

（3）海洋山凸起（$Ⅱ_1^3$）

海洋山凸起由海洋山、都庞岭及银殿山等几个短轴背斜或穹窿组成。盖层沉积较薄，由晚古生代沉积地层组成，厚约2700m。岩浆活动较强烈，分布加里东期和燕山期花岗岩体。

（4）大瑶山隆起（$Ⅱ_1^4$）

大瑶山隆起是隆升较强区，加里东褶皱带广泛出露。岩浆活动虽不强烈，但很频繁。新元古代晚期—新近纪、加里东期—喜山期均有活动，以燕山期较剧烈，形成花山、姑婆山一带的复式花岗岩体。加里东期有岭祖及大宁花岗岩体，平南县马练一带分布有喜马拉雅期超基性岩筒群。该区是锡、钨、多金属及贵重金属等矿产著名成矿带。

3）右江褶皱系（$Ⅱ_2$）

该区以南丹-昆仑关断裂与桂北地块及桂中-桂东褶皱系分界。早泥盆世晚期，构成台、沟相间的古地理景观。台地处于长期稳定下沉的浅水环境，沉积厚达5000多米的碳酸盐岩。台沟中则沉积同时期的硅泥质岩和中-基性火山岩，厚数百米至1000m。至中三叠世演化为单一的浊积盆地，沉积厚度巨大，为一套厚数千米至万米的陆源碎屑复理石建造和浊积岩。强烈的火山活动和基性岩浆岩侵入，是该区重要特征之一，海西期和印支期海底基性-酸性火山岩和基性侵入岩广泛分布。该区是著名的金矿、锡多金属矿及沉积铝土矿和锰矿成矿区。

进一步将其划分为百色凹陷、靖西-都阳山凸起、灵马凹陷、西大明山凸起及十万大山断陷等5个三级构造单元。

（1）百色凹陷（$Ⅱ_2^1$）

百色凹陷为右江印支期褶皱系的主体，拗陷最深，以浊流沉积为主要特征。岩浆活动以海西期—印支期基性岩为特征，表明断裂作用强烈和频繁。

（2）靖西-都阳山凸起（$Ⅱ_2^2$）

靖西-都阳山凸起主要为晚古生代浅水碳酸盐岩沉积分布区。岩浆活动不强但频繁。印支期褶皱和断裂很发育。

（3）灵马凹陷（$Ⅱ_2^3$）

灵马凹陷分布于大新县下雷、田东县印茶、武鸣区灵马—大明山一带。由于受基底断裂的控制，在下雷—灵马一带，发育一套台沟相硅泥质岩及含锰岩系。中三叠统则为复理石碎屑岩。海西期—印支期海底基性火山岩和侵入岩浆活动频繁，大明山一带有燕山期酸性岩浆活动。构造线方向以北东向为主，褶皱为紧密线状倒转或以长轴状为特征，次级褶皱发育。

（4）西大明山凸起（$Ⅱ_2^4$）

西大明山凸起是褶皱基底出露比较广泛的区域，其基底为寒武系复理石碎屑岩，盖层由泥盆系—下三叠统组成，台沟相与台地相沉积并存。海西期—印支期海相火山喷发活动强烈。侵入岩不很发育。

（5）十万大山断陷（$Ⅱ_2^5$）

十万大山断陷是由印支期的前陆盆地转化而来的一个中生代大型断陷盆地。北西边缘出露上古生界—中三叠统碳酸盐岩和碎屑岩。晚三叠世—早白垩世，在该区连续沉积了厚达15000余米磨拉石建造。喜马拉雅旋回，在该区形成古近纪小型上叠断陷盆地，构造线方向近东西向，形成开阔的向斜。

4）容县褶断系（$Ⅲ_1$）

容县褶断系出露地层为古生界—下三叠统。奥陶系、志留系为槽盆碎屑复理石建造，局部为滑塌浊积岩，厚近万米。中-新生代块断运动剧烈，沿断裂带形成众多的陆相上叠盆地。强烈的岩浆活动也是该区的显著特点之一，海西期—印支期酸性岩浆侵入，形成大规模的构造花岗岩带。在该区断裂十分发育，博白-岑溪断裂带最为突出，现代地震仍较频繁，是广西地震活动区。

进一步将其划分为六万大山凸起及北流断褶带等两个三级构造单元。

（1）六万大山凸起（$Ⅲ_1^1$）

六万大山凸起是一个长期隆起带，大部分地区为印支期花岗岩所占据，仅东北部分有奥陶系—志留系出露，为深海-半深海碎屑复理石沉积。志留纪末广西运动，东北部开始隆起，西部为短轴状褶皱，发育推覆构造。断裂带往往发育韧性剪切特征。

（2）北流断褶带（$Ⅲ_1^2$）

奥陶系、志留系为浅海陆棚-深海槽盆相碎屑岩夹碳酸盐和大量滑塌浊积岩。中-新生代上叠陆相盆地比较发育。海西期、印支期及燕山期酸性岩浆活动较频繁，以东北部为甚。断裂构造成群分布，北流民安一带发育推覆断裂。

5）云开地块（$Ⅲ_2$）

进一步将其划分为天堂山隆起及鹰扬关褶皱带等两个三级构造单元。

（1）天堂山隆起（$Ⅲ_2^1$）

天堂山隆起分布于岑溪—筋竹一线东南的云开大山中天堂山一带。该区是广西出露最老的地层分布区。古元古代天堂山岩群为深层次结晶基底，具复理石建造和浊积岩特征，深变质为片岩、变粒岩和片麻岩，厚约2000m。其上为中-新元古界云开群的浅变质褶皱基底，为次深海沉积环境，以陆源碎屑岩为主夹碳酸盐岩及火山岩建造，属浅变质的绿片岩相，厚6800多米。两者以滑脱型韧性剪切带为界。泥盆系、石炭系为滨浅海相碎屑岩及碳酸盐岩。中-新生代上叠陆相盆地于南、北两端发育，为磨拉石建造夹大量酸性火山岩建造。

岩浆活动甚为剧烈。古元古代和中元古代有基性-超基性火山岩，燕山期有酸性火山岩分布。多期次中酸性岩浆侵入更具特色，有晋宁期、加里东期、海西期、印支期及燕山期等时期的花岗岩或花岗闪长岩体分布。除燕山期岩体之外，其余各岩体已深变质成片麻状或眼球状花岗岩或花岗闪长岩。该区是有色金属与贵重金属重要成矿带。

（2）鹰扬关褶皱带（$Ⅲ_2^2$）

鹰扬关褶皱带位于梧州-鹰扬关断裂以东地区，加里东褶皱基底广泛分布，出露最老地层为新元古界，属滨浅海-槽盆相沉积环境，沉积厚约4000m的陆源碎屑复理石建造，夹海底基性火山碎屑岩-细碧角斑岩建造，以及夹多层赤（磁）铁矿和碳酸盐岩。下古生界仅出露寒武系，主要为陆源碎屑复理石建造，厚2000m。广西运动使褶皱隆起，构成加里东褶皱基底。泥盆系莲花山组，由滨岸碎屑岩-浅海碳酸盐岩-台沟相硅质岩组成，主要分布于信都—贺街一带，构成两个平缓开阔的短轴状向斜。此外，白垩纪和古近纪有零散的断陷盆地分布。岩浆活动频繁，形成加里东期和燕山期中酸性-酸性岩体，白垩纪有中酸性火山活动。

4. 地质构造演化

广西西江流域地处华南板块之内，活动性较大。自古元古代以来，多期裂谷、造山作用和多期次岩浆活动，构成了独具特色的地质构造演化历程。总的趋势是由活动性至稳定性的发展，但无论是在沉积作用、岩浆活动、变质作用等方面，各时期均存在着较大的差异。根据构造旋回及其特征，可将地质构造演化分为5个发展阶段。

1）古元古代吕梁期古陆块形成阶段

在桂东南云开大山一带，其地壳具有双层结构特征。位于下部结晶基底的天堂山深变质岩系，原岩以浊积复理石碎屑岩为主，夹基性-超基性海底火山岩及碳酸盐岩，属浅海-深海沉积环境。古元古代末期境内发生首次划时代的吕梁运动，使天堂山岩群岩石发生高级区域变质和混合岩化，以韧性切变为主，形成剪切带。变质较深，由片岩、变粒岩及片麻岩组成，构成了古元古代古陆块。该层位同位素测年为1817Ma和1894Ma，代表古元古代的沉积时期。此外在该区花岗质片麻岩中采获继承锆石，其同位素年龄值为2397Ma及2701Ma，表明存在更老时期的结晶基底，最早的陆核可能在新太古代或更早。

2）中元古代裂谷沉积及四堡期陆块形成阶段

中元古代早期，古元古代古陆块发生裂解，在北方扬子陆块与南方华夏陆块之间形成洋盆。这时桂北位于扬子陆块边缘的边缘海。裂谷作用强，以四堡群为代表的槽盆沉积，为厚达5700m的复理石建造，浅变质，构成褶皱基底。其中夹有以科马提岩为特色的基性-超基性火山岩建造，厚达1200m，科马提岩测年值为1667Ma。而在桂东南，以云开群为代表的槽盆沉积，位于云开地块北西边缘的裂谷带上，以深水复理石碎屑岩建造为主，夹碳酸盐岩，浅变质，厚约7000m。在北流石窝—清水口一带云开群夹斜长角闪岩。其地球化学特征属洋脊型拉斑玄武岩，U-Pb法年龄为（1462±28）Ma。

中元古代末期，桂北地区发生了剧烈的四堡运动，形成陆间造山带，构成变质基底。四堡群褶皱隆起，遭受剥蚀。桂东南发生褶皱运动的时间可能稍晚，延长至新元古代早期。此时洋盆经历了由萎缩至消亡的整个过程。中元古代末期—新元古代初期，扬子陆块与华夏陆块拼接，地壳初步固结为新的陆块。随着构造运动有大量的酸性岩浆侵入，形成了桂北的本洞、三防、元宝山岩体。其中本洞岩体被新元古界丹洲群白竹组沉积覆盖其上，同位素年龄为1063Ma。

3）新元古代—早古生代晋宁期—加里东期裂谷海槽演化阶段

新元古代早期，对接不久的扬子陆块和华夏陆块发生离散，南华裂谷海槽开始形成。青白口纪初期开始海侵，沉积了滨岸-深水相陆源碎屑复理石夹碳酸盐岩建造的浅变质岩系。龙胜三门—贺州鹰扬关一带夹厚约1000m的中基性火山岩，表明海底火山活动比较强烈而广泛，同位素测年为819～837Ma。

南华纪为冰期沉积时期，具两次成冰期和一次间冰期。沉积厚为300～2000m的含砾砂泥岩夹砂岩、黑色页岩及含锰碳酸盐岩。冰水相沉积由西北往东南减弱，直至正常海相沉积。

震旦纪沉积较为稳定。桂北为一套厚30～200m的深水槽盆相硅泥质、碳质页岩夹碳酸盐岩建造，普遍含锰和磷。大瑶山—鹰扬关一带，为一套厚650～1600m的广海槽盆相-斜坡相碎屑复理石及硅泥质建造，产原始海绵骨针化石，海绵类动物群已经开始繁殖。

早古生代，基本继承震旦纪时构造环境，海槽进一步发展。寒武纪时，桂西为碳酸盐岩夹碎屑岩的台地相沉积，厚约7000m，以底栖三叶虫和腕足类生物化石为主。靖西一带为过渡区，泥灰岩、泥质条带灰岩互层，可推出当时浮游与底栖生物混生。往东为深水槽盆，厚约6000m的陆源碎屑复理石夹硅质岩建造，产海绵和薄壳腕足类化石，物源区在东南部。桂北寒武系夹多层碳质硅质岩，属局限的深水陆棚区，物源来自北西。奥陶纪、志留纪槽盆开始萎缩。桂西缺失奥陶系、志留系，桂北缺失志留系。盆地往桂东南-桂南迁移，沉降中心在桂东南，该处奥陶系、志留系发育齐全，为厚约12000m的陆源碎屑复理石建造，主要产笔石化石。

志留纪末期广西运动初始，云开陆块向北西推挤。大致在早泥盆世布拉格早期全区褶皱成山，南华海槽封闭，形成了广阔的加里东褶皱带，从而进入了统一的华南陆块范畴，地壳趋于较稳定状态。但是扬子陆块与华夏陆块并未直接拼合，其间夹持着三万余米的地层褶皱，形成本区一级构造单元三分的构造格局。

伴随广西造山运动，有大量酸性岩浆侵入，形成大小不等的花岗岩体，分布于各地，尤以桂东北为甚。侵入下古生界，被泥盆系覆盖其上。岩体同位素年龄值在400Ma左右。

4）晚古生代—中生代初期海西期—印支期大陆形成阶段

经广西运动之后，地壳发生了质的变化，即由活动型转变为稳定型。地壳处于相对稳定发展时期，但由于基底固结程度比较低，仍具有相当的活动性，以伸展沉降为特征。大致在早泥盆世布拉格中期，褶皱成山不久的地壳又开始裂陷沉降。海水自南西向北东逐渐侵入，依次超覆于前泥盆纪地层之上。此后的沉积作用，主要受广西运动形成的基底构造格局及古地貌的控制，沉积一套陆表海的碎屑岩和碳酸盐岩，为浅海相沉积盖层。

早泥盆世晚期，地幔上隆，海底微型扩张，陆壳在拉张机制作用下裂陷加剧，逐步形成一系列沉积盆地。沉积相发生了明显的分异，即出现了台、沟交错景观，及形成台、沟分割的构造格局。桂西地壳活动加剧，重新沦为海槽。此现象延续至早三叠世。台地上沉积一套浅水碳酸盐岩，厚近万米，富产底栖生物化石。台沟内沉积一套深水相硅泥质岩夹基性-酸性火山岩，厚度较薄，最厚为4000m，富产浮游生物化石。台地边缘往往发育生物礁灰岩及滑塌角砾岩。在此期间地壳曾发生过多次升降运动，造成地层间的平行不整合接触。尤以中、晚二叠世之间的东吴运动涉及面更广。由于地壳活动较为频繁，多期岩浆活动亦为其特色之一。桂西不同地质时期均有基性-酸性岩浆喷出和部分基性岩浆顺层侵入。桂东南则形成广泛的北东向花岗岩带。该时期是本流域主要沉积矿产煤、铁、锰、铝形成时期，以及金、多金属矿产成矿期。

中三叠世末期的印支运动，也是一次划时代的构造运动，使泥盆纪—中三叠世沉积盖层褶皱回返。桂西较为强烈，形成印支褶皱带。自此海水全面退出，地壳全面上升，结束了陆内海相沉积，完成了海-陆的转化。华南大陆形成，并成为欧亚超级大陆板块的一部分。

5）中生代—新生代燕山期—喜马拉雅期滨太平洋大陆边缘活动阶段

印支运动后，地壳相对处于松弛时期，以块断隆升和断陷为主。本区进入了大陆边缘活动带发展新阶段。受太平洋板块和印度板块联合作用，形成北东向和北西向的构造-岩浆岩带。陆内断陷盆地发育，块断隆升剧烈。大部分盆地呈北东向和北西向展布。板内挤压破碎和地壳深部重熔强烈。桂东南尤甚，形成醒目的北东向构造-岩浆岩带，成为滨太平洋大陆边缘活动带的组成部分。

晚三叠世早期，十万大山地区首先发生块断沉降，形成断陷盆地。初期局部地区曾与海相通，其后完全转入陆相湖泊紫红色复陆屑沉积，厚度巨大（近万米）。桂东地区沉降稍晚，约始于晚三叠世晚期，沉降幅度小，厚仅数百米。

侏罗纪气候炎热而潮湿，形成了良好的成煤环境。由于太平洋板块向西俯冲，大陆造山带东移。大量酸性岩浆喷出和侵入，形成都庞岭—萌渚岭—广平一带的复式花岗岩体。

白垩纪继承了侏罗纪时的构造环境。断陷盆地更为发育，仍以桂东南为主。桂北及桂中也有出现小型盆地，沉积类磨拉石和红色复陆屑建造夹火山岩建造，局部夹膏盐建造，少数盆地以出现恐龙为特征。构造运动频繁，岩浆活动强烈，发育一套以酸性岩浆为主的火山岩和侵入岩。火山活动由南东往北西减弱，火山岩最厚可达800多米。

燕山期造就本区著名的有色和稀有金属成矿区，为南岭成矿带组成部分。

新生代，地壳在经历中生代“活化”之后，经过一段沉积间断。本区普遍缺失古新统。始新世开始，断陷盆地继续发育。在喜马拉雅运动影响下，地壳变为总体抬升，并有基性-超基性岩浆侵入和喷出。河流两侧发育第四纪河流阶地，形成各种砂矿床，以锡石、钛铁矿、黄金等砂矿为主，还有第四纪堆积型铝土矿。

近代，地壳活动主要表现为缓慢上升，遭受侵蚀和剥蚀，局部断裂带上发生多次地震。据《广西自然灾害史料》记载，公元1510年（明正德五年）和1695年（清康熙三十四年）广西前后两次大地震都曾波及柳州、庆远、桂林三地。

2.2 地　　貌

地貌类型和地貌区划是区域地貌格局研究的两个主要组分。广西西江流域地区地貌类型、地貌区划与应用地貌等方面内容将在以下分三部分阐述。

这里首先了解一下广西西江流域地区地势（图2-3）（高程分级按上组限不在内原则）。

广西西江流域地区地势从西北向东南倾斜。其西北部、北部为云贵高原的边缘部分，分布有海拔1000～1500m的金钟山、青龙山、东风岭、九万大山、天平山等。其东北部属南岭山地的一部分。越城岭、海洋山、都庞岭和萌渚岭平行排列，岭谷相间，海拔1500～2000m。其中越城岭山系的猫儿山2141m，为广西最高峰；次为真宝顶，海拔2123m。其西南至东南部，断续分布有大青山、十万大山、六万大山、云开大山等次级山脉，个体和高度都相对较小，除个别峰岭外一般小于1000m。其中部为高度较低的山丘盆谷以及西江河道平原。以上各方山岭，绵亘于本区周围，中部为向东南开口的盆谷状形态，

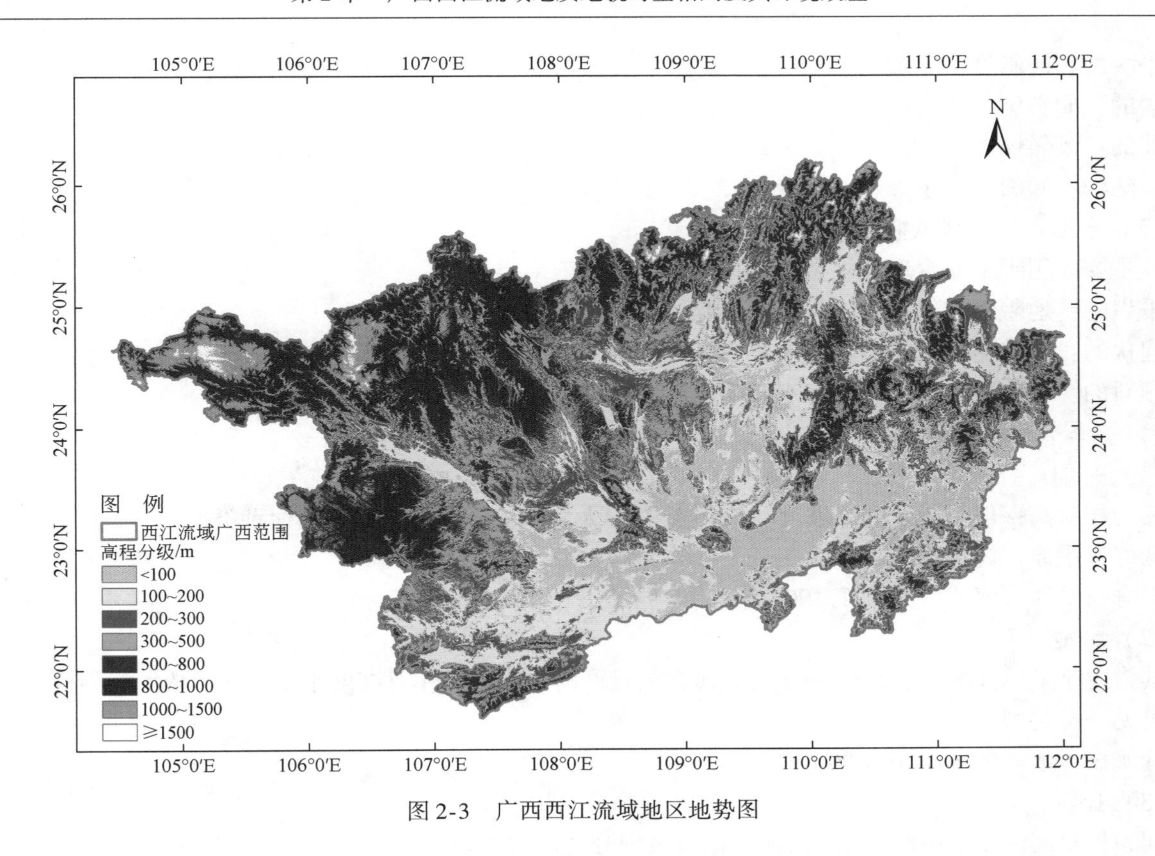

图 2-3　广西西江流域地区地势图

构成周高中低，向东南倾斜开口的“广西盆地”。区域总面积约为 203000km^2，占广西总面积约 85%。

2.2.1　地貌类型

1. 分类系统概述

1）地貌形态指标

所列举形态指标仅用作广西西江流域地区地貌类型形态划分。

（1）绝对高度（海拔）

即图斑内最高点海拔。在本区划分为两个等级。

低海拔：海拔小于 1000m。

中海拔：海拔大于等于 1000m。

（2）相对高度（起伏度）

即图斑内最高点与图斑内最低点海拔之差。其主要应用于山地丘陵地貌类型，在本区依次划分为三个等级。

小起伏：相对高度在 200～500m。

中起伏：相对高度在 500～1000m。

大起伏：相对高度大于等于 1000m。

（3）个别类型相对高度划分

某些地貌类型可依相对高度划分为高低两个亚类。

低的：相对高度小于 100m。

高的：相对高度大于等于 100m。

（4）山体斜度

其主要应用于山地丘陵地貌类型山体的倾斜程度，在本区依次划分为四个等级。

平缓的：倾斜度小于15°。

缓的：倾斜度15°～30°。

陡的：倾斜度30°～45°。

极陡的：倾斜度大于等于45°。

(5) 平原台地起伏或倾斜状态

其主要应用于平原台地地貌类型，在本区划分为三个类别。

平坦的：地貌面起伏相对较和缓或无起伏。

起伏的：地貌面起伏相对较大或较明显。

倾斜的：地貌面从山前向河谷有较明显倾斜。

2) 基本形态类型划分

(1) 平原

其为相对高一般小于30m，坡度一般小于7°的大块平地，依海拔划分为两种类型。

低海拔平原：海拔小于1000m。

中海拔平原：海拔大于等于1000m。

(2) 台地

其为立于平原面之上，顶面较和缓的孤立或成群高地，一般相对高度小于60m。依海拔划分，台地在本区仅见一种类型。

低海拔台地：海拔小于1000m。

(3) 丘陵

其为相对高度小于200m的小山体，依海拔划分为两种类型。

低海拔丘陵：海拔小于1000m。

中海拔丘陵：海拔大于等于1000m。

(4) 山地

与丘陵相区别，其为相对高度大于等于200m的山体，称为山地，依海拔划分为两种类型。海拔小于1000m的称为低海拔山地（简称低山）。海拔大于等于1000m的，称为中海拔山地（简称中山）。

低海拔山地（低山）依相对高度（又称为起伏度）细分为两种类型。

小起伏低山：相对高度在200～500m。

中起伏低山：相对高度在500～1000m。

中海拔山地（中山）依相对高度（又称为起伏度）细分为三种类型。

小起伏中山：相对高度200～500m。

中起伏中山：相对高度500～1000m。

大起伏中山：相对高度大于等于1000m。

3) 地貌成因

(1) 流水作用成因

以流水为主要营力的地貌塑造过程，主要包括侵蚀剥蚀作用、冲积洪积作用等。

(2) 岩溶（喀斯特）作用成因

在可溶岩地区发生的特殊地貌塑造过程，主要包括溶蚀作用。

(3) 重力作用成因

由于岩土体自重而发生的地貌塑造过程，主要包括崩解作用、滑塌作用及重力堆积作用等。

(4) 结构构造作用成因

地质结构构造影响的地貌塑造过程，主要包括断裂作用、褶皱作用、火山熔岩作用等。

(5) 人为成因

以人类活动影响为主的地貌塑造过程，主要包括各种形式的种植、建造、开挖作用等。

2. 平原与山地

平原与山地是最常见的地貌学概念之一。这里所指平原、山地，前者含平原类型与台地类型，后者含山地类型与丘陵类型。

1）平原

（1）概念

平原含平原类型与台地类型。在本地区，平原有低海拔平原、中海拔平原、低海拔台地等三类基本形态类型；有冲积洪积等 11 种成因类型；有低海拔冲积平原等 38 种形态成因类型。

（2）统计

本地区平原 1173 块，面积 0. 009 ~ 695. 177km^2 不等，均值 35. 188km^2，总面积 41275. 585km^2，占本地区 20. 367%，其 30km^2 以下者约占 2/3。

（3）分布

平原分布地点遍布全区，沿江河谷地两侧展布，其中以中南部较为连片。平原在本区有举足轻重的地位。它是主要的农业用地，主要的铁路、公路、工业和城市建设用地，以及主要的城乡居民住地。

2）山地

（1）概念

山地含山地类型与丘陵类型。在广西西江流域地区，山地有低海拔丘陵、中海拔丘陵、小起伏低山、中起伏低山、小起伏中山、中起伏中山和大起伏中山等 7 类基本形态类型；有侵蚀剥蚀等 4 种成因类型；有侵蚀剥蚀小起伏缓低山等 54 种形态成因类型。

（2）统计

本地区山地 2359 块，面积 0. 076 ~ 1765. 591km^2 不等，均值 68. 410km^2，总面积 161379. 029km^2，占本地区 79. 633%。其 70km^2 以下的约占 2/3。

（3）分布

山地分布广，本地区北方大半部及其余地区周边都有分布。大面积的山地为本流域地区经济林、水源林建设提供了优越的地貌条件，同时孕育了宝贵的动植物资源，以及可供观赏旅游资源。

3. 基本形态类型

基本形态类型是采用相对及绝对高度统一指标进行分划的地貌类型体系，是本地区地貌区划工作重要的指标依据之一，共有 10 类。

1）低海拔平原

（1）概念

低海拔平原是相对高度小于 30m，坡度小于 7°的大块平地，海拔小于 1000m。

其相关的成因类型有侵蚀剥蚀、溶蚀、冲积、河谷、冲积洪积、冲积湖积、湖积、溶积冲积、堆积和溶积等 10 类，所包含的形态成因类型有低海拔冲积平原等 17 种。

低海拔平原地面起伏及倾斜状况有平坦的和倾斜的两个类别。

（2）统计

本地区低海拔平原 762 块，面积 0. 009 ~ 593. 887km^2 不等，均值 37. 493km^2，总面积 28570. 338km^2，占本地区 14. 098%。其中 25km^2 以下的约占 3/4。

按营力作用区分，流水成因 382 块，占 50. 131%。喀斯特成因 342 块，占 44. 882%，湖泊成因仅 48 块，占 4. 987%。

（3）分布

低海拔平原分布地点遍布全流域，随水系呈长条带状展布。特别是大块低海拔平原多分布于大江大河两岸，如左江、右江、邕江、郁江、红水河下游、柳江、黔江、桂江、浔江等。

低海拔平原位处低海拔地带，是城镇发展、交通建设和农业生产的最主要用地。

2）中海拔平原

（1）概念

中海拔平原是相对高度小于30m，坡度一般为2°~7°的大块平地，海拔大于等于1000m。

其相关的成因类型有溶蚀和湖积两类，所包含的形态成因类型有中海拔喀斯特溶蚀平原和中海拔水库等两种。

（2）统计

本地区中海拔平原4块，面积3.058~27.433km^{2}不等，均值11.254km^2，总面积45.017km^2，占本地区0.022%。其中4km^{2}以下的约占1/2。

按营力作用区分，喀斯特成因2块，湖泊营力作用成因2块，各占50.00%。

（3）分布

中海拔平原4处，其中两处位于靖西市西30km，其面积为27.433km^{2}及4.714km^2，属中海拔喀斯特溶蚀平原。剩余两处中一处位靖西市北西340°，距离约30km，面积9.811km^2；另一处位平果县城北20km，面积3.058km^2，均属中海拔水库类型。

3）低海拔台地

（1）概念

低海拔台地为立于平原之上，顶面较和缓的孤立或成群高地，海拔小于1000m。相对高度小于60m为多见。相对高度小于100m的称低台地，相对高度大于等于100m的称高台地。

其相关的成因类型有侵蚀剥蚀、侵蚀、溶蚀、冲积和冲积洪积等5类，所包含形态成因类型有低海拔侵蚀剥蚀低台地等21种。

低海拔台地面的起伏或倾斜状况有平坦的、起伏的和倾斜的等三个类别。

（2）统计

本地区低海拔台地407块，面积0.904~695.177km^{2}不等，均值31.106km^2，总面积12660.230km^2，占本地区6.247%。其中30km^{2}以下的约占3/4。

按营力作用区分，流水成因230块，占56.511%；喀斯特成因166块，占40.786%；火山熔岩成因11块，占2.703%。

（3）分布

低海拔台地分布地点主要在流域中南部沿江一带。大河两岸多有大块连片分布。特别是南部如邕江、郁江、浔江以及左江、右江、黔江、柳江、桂江等大江大河两岸。低海拔台地也是城镇发展、交通建设和甘蔗、林果等园艺经济作物生产的最主要用地。

4）低海拔丘陵

（1）概念

低海拔丘陵为高于台地面之上，相对高度小于200m的小山体，海拔小于1000m。相对高度小于100m的称低丘陵，相对高度大于等于100m的称高丘陵。

与低海拔丘陵相关的成因类型有侵蚀剥蚀、侵蚀和溶蚀等3类，所包含的形态成因类型有侵蚀剥蚀低海拔平缓低丘陵等6种。

低海拔丘陵山体的倾斜程度有缓的和平缓的两个类别。

（2）统计

本地区低海拔丘陵843块，面积0.292~422.740km^{2}不等，均值33.748km^2，总面积28449.506km^2，占本地区14.038%。其中20km^{2}以下的约占1/2。

按营力作用区分，流水成因419块，占49.703%；喀斯特成因424块，占50.297%。

（3）分布

低海拔丘陵主要在流域南半部、中部和东部，杂于台地群中或外侧向山地过渡地区。由于所处海拔较低，其麓坡是发展果园、经济林木生产的良好用地。

5）中海拔丘陵

（1）概念

中海拔丘陵为高于台地面之上，相对高度小于200m的小山体，海拔大于等于1000m。在本区，相对高度小于100m的称低丘陵，相对高度大于等于100m的称高丘陵。

其相关的成因类型有侵蚀剥蚀和溶蚀等两类，所包含的形态成因类型有喀斯特中海拔缓高丘陵等4种。

在本地区，中海拔丘陵山体的倾斜程度有缓的和平缓的两个类别。

（2）统计

本地区中海拔丘陵5块，面积1.699～205.507km^2不等，均值54.350km^2，总面积271.750km^2。占本地区0.134%。其中30km^2以下的约占3/5。

按营力作用区分，流水成因1块，占20.00%；喀斯特成因4块，占80.00%。

（3）分布

中海拔丘陵分布有两处。最大1块位于靖西西北10km，面积205.506km^2，属喀斯特低丘陵。另外4块都在南丹县西北部，其中1块面积6.477km^2，属侵蚀剥蚀高丘陵，其余3块面积分别为41.175km^2、16.890km^2、1.700km^2，均属喀斯特高丘陵。

6）小起伏低山

（1）概念

小起伏低山相对高度200～500m（小起伏度），海拔小于1000m（低海拔山地）。

其相关的成因类型有侵蚀剥蚀、侵蚀、溶蚀和河谷等4类，而它所包含的形态成因类型有侵蚀剥蚀小起伏缓低山等11种。

小起伏低山山体倾斜程度有陡的、缓的和平缓的等3个类别。

（2）统计

本地区小起伏低山1011块，个体面积0.078～1765.591km^2不等，均值69.744km^2，总面积70511.654km^2，占本地区34.623%。其中70km^2以下的约占7/10。

按营力作用区分，流水成因516块，占51.029%；喀斯特成因495块，占48.971%。

（3）分布

小起伏低山分布地点遍及全区，山峦重叠，由南向北有逐渐增多之势。占据广西西江流域北部近半空间，并构成广西盆地边棚的主体过渡部分。其麓坡也是发展果园、经济林木生产的良好用地。

7）中起伏低山

（1）概念

中起伏低山相对高度500～1000m（中起伏度），海拔小于1000m（低海拔山地）。

其相关的成因类型有侵蚀剥蚀、侵蚀和溶蚀等3种类型，所包含的形态成因类型有侵蚀剥蚀中起伏缓低山等9种。

中起伏低山山体倾斜程度有陡的、缓的和平缓的等3个类别。

（2）统计

本地区中起伏低山210块，面积0.076～997.145km^2不等，均值100.411km^2，总面积21086.254km^2，占本地区10.405%。其中100km^2以下的约占3/4。

按营力作用区分，流水成因174块，占82.857%；喀斯特成因36块，占17.143%。

（3）分布

中起伏低山分布地点零散分布于各地，但流域东侧及北侧分布较多，不少呈短线状走向外形。其麓坡也是发展果园、经济林木生产的良好用地。

8）小起伏中山

（1）概念

小起伏中山相对高度200～500m（小起伏度），海拔大于等于1000m（中海拔山地）。

其相关的成因类型有侵蚀剥蚀、侵蚀和溶蚀等 3 类，所包含的形态成因类型有侵蚀剥蚀小起伏缓中山等 9 种。

小起伏中山山体倾斜程度有陡的、缓的和平缓的等 3 个类别。

（2）统计

本地区小起伏中山 81 块，面积 1.826 ~ 660.893km² 不等，均值 136.886km²，总面积 11087.790km²，占本地区 5.471%。其中 160km² 以下的约占 3/4。

按营力作用区分，流水成因 31 块，占 38.272%；喀斯特成因 50 块，占 61.728%。

（3）分布

小起伏中山分布地点集中在本地区西北部，德保—百色—河池一线以西高山地带呈较大块展布，利于作水源林建设用地。

9）中起伏中山

（1）概念

中起伏中山相对高度 500 ~ 1000m（中起伏度），海拔大于等于 1000m（中海拔山地）。

其相关的成因类型有剥蚀侵蚀、侵蚀和溶蚀等 3 类，所包含的形态成因类型有侵蚀剥蚀中起伏缓中山等 10 种。

中起伏中山山体倾斜程度有陡的、缓的、极陡的和平缓的等 4 个类别。

（2）统计

本地区中起伏中山 179 块，面积 0.304 ~ 558.465km² 不等，均值 124.591km²，总面积 22301.744km²，占本地区 11.005%。其中 90km² 以下的约 1/2。

按营力作用区分，流水成因 146 块，占 81.564%；喀斯特成因 32 块，占 17.877%；火山熔岩成因一块，仅占 0.559%。

（3）分布

中起伏中山分布地点主要分布在本地区西北部，此外东北部和东部都有较多分布，可作旅游观光和水源林建设用地。

10）大起伏中山

（1）概念

大起伏中山相对高度大于等于 1000m（大起伏度），海拔大于等于 1000m（中海拔山地）。

其相关的成因类型有侵蚀剥蚀和侵蚀等两类，而它所包含的形态成因类型有侵蚀剥蚀大起伏缓中山等 4 种。

起伏中山山体倾斜程度有陡的、缓的和极陡的等 3 个类别。

（2）统计

本地区大起伏中山 30 块，面积 4.938 ~ 523.121km² 不等，均值 255.678km²，总面积 7670.330km²，占本地区 3.785%。面积频数分散，中面积略高。

按营力作用区分，流水成因 28 块，占 93.333%；喀斯特成因 2 块，占 6.667%。

（3）分布

大起伏中山分布地点主要在本区东北部及东部，4 块在西部，1 块在中南部（大明山）。大起伏中山是旅游观光好去处，同时也可作为水源林建设发展用地。

4. 营力作用类型

营力作用类型是按塑造地貌的营力作用大类进行分划的地貌类型体系，本地区共 4 大类。

1）流水营力作用类型（流水地貌）

（1）概念

流水营力作用是河流及其他地表径流的塑造能力。广西西江流域地区处于较低海拔的内陆湿润带之内，因而汇集了大量大小河川的水流，是本区最为重要的地貌营力。

其相关的基本形态类型有低海拔平原、低海拔台地、低海拔丘陵、中海拔丘陵、小起伏低山、中起伏低山、小起伏中山、中起伏中山和大起伏中山等9类；相关的成因类型有侵蚀剥蚀、冲积、河谷、冲积洪积和冲积湖积等5类；所包含的形态成因类型有低海拔河谷平原等46种。

流水营力作用类型（流水地貌）起伏及倾斜状况有陡的、缓的、极陡的、平缓的、平坦的、起伏的和倾斜的等7个类别。

（2）统计

本地区流水营力作用类型（流水地貌）1922块，面积0.009～695.178km^{2}不等，均值64.064km^2，总面积123131.666km^2，占本地区60.759%。其中50km^{2}以下的约占3/5。

（3）分布状况

流水营力作用类型（流水地貌）地点遍布全流域。地表水系以及大江大河，特别是在非可溶岩层分布的广大区域恒久地塑造着广西盆地多样的地貌类型。

2）喀斯特营力作用类型（喀斯特地貌）

（1）概念

由于成分结构不同，岩石在流水作用下表现有很大的差异。其中以碳酸盐岩最为突出。碳酸盐岩对流水作用的反应，是通过其碳酸钙成分与水分子的化学作用进行的，所生成的重碳酸钙可溶入水中被带走。在另外一种化学环境，它又可以重新从水中沉淀析出形成柱状或块状体的方解石，有时候会成为石灰华沉积物，如此造就了喀斯特地区的独特地貌景观。而这样的一种综合作用过程被称作喀斯特（岩溶）营力作用。

其相关的基本形态类型有低海拔平原、中海拔平原、低海拔台地、低海拔丘陵、中海拔丘陵、小起伏低山、中起伏低山、小起伏中山、中起伏中山和大起伏中山等10类；相关的成因类型有侵蚀、溶蚀、冲积溶积、溶积和堆积等5类；所包含的形态成因类型有低海拔喀斯特溶积冲积平原等40种。

喀斯特营力作用类型（喀斯特地貌）起伏及倾斜状况有陡的、缓的和平缓的等3个类别。

（2）统计

本地区喀斯特营力作用类型（喀斯特地貌）1547块，面积0.077～1765.591km^{2}不等，均值50.916km^2，总面积78766.454km^2，占本地区38.867%。其中70km^{2}以下的约占4/5。

（3）分布

喀斯特营力作用类型（喀斯特地貌）分布地点可大致分为四片。桂中北分布一大片，桂西南分布一大片，桂西北分布一小片，桂东分布一小片。

3）湖泊营力作用类型（湖成地貌）

（1）概念

湖泊及水库分布地区所容纳水体的流动及波动等所产生的堆积或侵蚀作用，称为湖泊的营力作用。

其相关的基本形态类型仅有低海拔平原和中海拔平原等两类；相关的成因类型仅有湖积一类；所包含的形态成因类型仅有湖泊与水库两种。

（2）统计

本地区湖泊营力作用类型（湖成地貌）50块，面积0.527～62.008km^{2}不等，均值6.995km^2，总面积349.733km^2，仅占本地区0.172%。其中4km^{2}以下的约占3/4。

（3）分布

湖泊营力作用类型（湖成地貌）个体面积相对较小，除南部有少数几块较大外，星散分布于流水和喀斯特营力作用区的聚水地段。有两块位于中海拔平原，其余全部都在低海拔平原上。此外，仅有一块属湖泊类型，其余均属水库类型。其中，该类型湖泊位于富川南侧，面积23.527km^2。位于中海拔平原的，其一在靖西西北20km，面积9.811km^2；其二在平果西北15km，面积3.858km^2。

4）火山熔岩营力作用类型（火山熔岩地貌）

（1）概念

火山熔岩分布地区岩石的岩性、结构、构造不同，或喷发时所形成的原始产状不同，在流水等营力参与作用下形成独特的地貌景观。这种综合营力作用特点统称作火山熔岩营力作用。

其相关的基本形态类型有低海拔台地、中起伏低山和小起伏中山等3类；相关的成因类型仅侵蚀剥蚀一类；所包含的形态成因类型有低海拔熔岩高台地等4种。

火山熔岩营力作用类型（火山熔岩地貌）起伏及倾斜状况有缓的和平缓的两个类别。

（2）统计

本地区火山熔岩营力作用类型（火山熔岩地貌）13块，面积4.042～218.574km^{2}不等，均值31.289km^2，总面积406.761km^2，仅占本地区0.200%。其中25km^{2}以下的约占3/4。

（3）分布

火山熔岩营力作用类型（火山熔岩地貌）数量较少，分布较集中，主要分布在容县东南约25km，宾阳县东北约15km，武鸣县北约20km和西南约30km等4个地点。除容县东南的两块属山地外其余都属低海拔台地。其中两块熔岩山地，其一面积218.574km^2，为侵蚀剥蚀中起伏熔岩缓中山；其二面积4.042km^2，为侵蚀剥蚀中起伏熔岩平缓低山。

5. 成因类型

成因类型是按塑造地貌类型的各子营力作用进行划分的地貌类型体系，本地区共11类。

1）侵蚀剥蚀作用成因类型（侵蚀剥蚀地貌）

（1）概念

可以说，侵蚀剥蚀是流水营力塑造地貌旅程的第一站。流水营力作用是从侵蚀剥蚀开始的。侵蚀是线状水流作用，剥蚀是面状水流作用。侵蚀剥蚀作用所塑造的地貌以常态山地丘陵及台地为主体，次一级为沟谷、深切沟谷等。

其相关的基本形态类型有低海拔平原、低海拔台地、低海拔丘陵、中海拔丘陵、小起伏低山、中起伏低山、小起伏中山、中起伏中山和大起伏中山等9类；所包含的形态成因类型有侵蚀剥蚀低海拔平缓低丘陵等32种。

侵蚀剥蚀作用成因类型（侵蚀剥蚀地貌）起伏及倾斜状况有陡的、缓的、极陡的、平缓的、平坦的、起伏的和倾斜的等7个类别。

（2）统计

本地区侵蚀剥蚀作用成因类型（侵蚀剥蚀地貌）1480块，面积0.076～695.177km^{2}不等，均值70.420km^2，总面积104221.049km^2，占本地区51.427%。其中80km^{2}以下的约占2/3。

（3）分布

侵蚀剥蚀作用成因类型（侵蚀剥蚀地貌）分布地点，除桂中北、桂西南喀斯特区外，遍布全流域，是分布面积最广的成因类型。

2）溶蚀作用成因类型（溶蚀地貌）

（1）概念

溶蚀作用成因类型是以喀斯特溶蚀作用为主要营力所塑造的喀斯特地貌类型，如喀斯特平原、台地、丘陵、山地等。其分布范围主要取决于是否有可溶性碳酸盐岩岩层存在。

其相关的基本形态类型有低海拔平原、中海拔平原、低海拔台地、低海拔丘陵、中海拔丘陵、小起伏低山、中起伏低山、小起伏中山和中起伏中山等9类；所包含的形态成因类型有喀斯特低海拔平缓低丘陵等19种。

溶蚀作用成因类型（溶蚀地貌）起伏及倾斜状况有陡的、缓的和平缓的等3类。

（2）统计

本地区溶蚀作用成因类型（溶蚀地貌）777块，面积0.077～1765.591m^{2}不等，均值65.566km^2，总面积 50944.778km^2，占本地区 25.139%。其中 70km^2 以下的约占 3/4。

（3）分布

溶蚀作用成因类型（溶蚀地貌）分布地点主要集中在桂中北、桂西南和桂东等碳酸盐岩分布地区，是本地区分布面积较广且最具特色的地貌成因类型。它的次一级地貌类型如峰林、孤峰、溶洞、地下廊道、地下河等，是极具特色的旅游资源以及重要的水资源。

3）溶蚀侵蚀作用成因类型（溶蚀侵蚀地貌）

（1）概念

溶蚀侵蚀作用成因类型是指在不纯碳酸盐岩或与碎屑岩互层、混杂的岩性区域，喀斯特与流水营力共同作用所塑造的地貌类型。它与侵蚀剥蚀作用成因类型不同，其一是分布区域非碎屑岩区，剥蚀作用不显著；其二是分布区域往往位于喀斯特山块近外围部分，或岩性过渡交叉地带。

其相关的基本形态类型有低海拔台地、低海拔丘陵、小起伏低山、中起伏低山、小起伏中山、中起伏中山和大起伏中山等 7 类；所包含的形态成因类型有低海拔喀斯特侵蚀低台地等 18 种。

溶蚀侵蚀作用成因类型（溶蚀侵蚀地貌）起伏及倾斜状况有陡的、缓的和平缓的等 3 类。

（2）统计

本地区溶蚀侵蚀作用成因类型（溶蚀侵蚀地貌）512 块，面积 0.677 ~ 333.179km^2 不等，均值 35.230km^2，总面积 18073.459km^2，占本地区 8.918%。其中 30km^2 以下的约占 2/3。

（3）分布

溶蚀侵蚀作用成因类型（溶蚀侵蚀地貌）分布地点较广，往往毗连喀斯特溶蚀山块外围。其中较大块者位于柳州市东南武宣—鹿寨—象州一带。

4）冲积作用成因类型（冲积地貌）

（1）概念

岩石被风化侵蚀剥蚀产生的碎屑物质经过流水的搬运，从沟谷山川河流的上游搬运到河流中下游，并在水力坡度较平缓地段沉淀下来，造就了相关沉积平原等，这就是冲积作用成因类型含义。

其相关的基本形态类型有低海拔平原和低海拔台地等两类；所包含的形态成因类型有低海拔冲积平原等 8 种。

（2）统计

本地区冲积作用成因类型（冲积地貌）179 块，面积 0.503 ~ 593.887km^2 不等，均值 56.512km^2，总面积 10115.655km^2，占本地区 4.994%。其中 30km^2 以下的约占 2/3。

（3）分布

冲积作用成因类型（冲积地貌）分布地点较广，总体上呈树枝状，依傍着流域的主要水系，在其中下游两侧分布。

5）冲积洪积作用成因类型（冲积洪积地貌）

（1）概念

冲积洪积作用是冲积作用与洪积作用之间的过渡作用类型。洪积即洪水堆积，是岩石碎屑、河流的砾石、沙泥黏土层等混杂的堆积物。冲积洪积作用成因类型（冲积洪积地貌）往往表现为山麓边裙地带的倾斜平原或扇形地。

其相关的基本形态类型有低海拔平原和冲积洪积作用等两类；所包含的形态成因类型有低海拔冲积洪积平原等 6 种。

冲积洪积作用成因类型（冲积洪积地貌）起伏及倾斜状况有起伏的和倾斜的等两个类别。

（2）统计

本地区冲积洪积作用成因类型（冲积洪积地貌）127 块，面积 0.907 ~ 257.617m^2 不等，均值 29.683km^2，总面积 3769.798km^2，占本地区 1.860%。其中 12km^2 以下的约占 1/2。

(3) 分布

冲积洪积作用成因类型(冲积洪积地貌)分布地点主要在桂东南、桂西、桂东。

6) 河谷作用成因类型(河谷地貌)

(1) 概念

河谷作用成因类型在这里是指在一些中上游支流河谷中塑造的地貌类型,如深切河谷、河谷平原等。

其相关的基本形态类型有低海拔平原和小起伏低山等两类;所包含的形态成因类型有低海拔河谷平原等3种。

河谷作用成因类型(河谷地貌)起伏及倾斜状况有陡的、缓的和平缓的等3个类别。

(2) 统计

本地区河谷作用成因类型(河谷地貌)147块,面积0.009~446.840km^{2}不等,均值36.407km^2,总面积5351.824km^2,占本地区2.641%。其中25km^{2}以下的约占2/3。

(3) 分布

河谷作用成因类型(河谷地貌)分布地点遍布全区中上游河谷地区,呈树枝状展布。

7) 湖积作用成因类型(湖积地貌)

湖积作用成因类型是湖泊水动力,包括表面的波浪水流动力以及水面以下静水动力,特别是在湖面扩张或湖面缩小时期,生成粉砂淤泥黏土沉积物的平原地。

本地区湖积作用成因类型(湖积地貌)等同于湖泊营力作用类型(湖成地貌)。其相关的基本形态类型也仅有低海拔平原和中海拔平原等两类;相关的成因类型仅有湖积一类;所包含的形态成因类型仅有湖泊与水库两种。

8) 冲积湖积作用成因类型(冲积湖积地貌)

(1) 概念

冲积湖积作用是冲积作用与湖积作用之间的过渡作用类型,主要是沙泥黏土交互层积。

其相关的基本形态类型仅有低海拔平原;所包含的形态成因类型仅有低海拔冲积湖积平原。

(2) 统计

本地区冲积湖积作用成因类型(冲积湖积地貌)仅2块,面积分别为48.367km^{2}和37.434km^2,均值42.901km^2,总面积85.801km^2,仅占本地区0.043%,面积频数分至两极端。

(3) 分布

本地区冲积湖积作用成因类型(冲积湖积地貌)较大的位于横县西北约10km,较小的位于富川南侧。

9) 溶积作用成因类型(溶积地貌)

(1) 概念

溶积作用成因类型在这里是指在喀斯特洼地地区所塑造的地貌类型。当喀斯特洼地周围的碳酸盐岩遭到侵蚀溶蚀时,溶余的物质被水流带到洼地底部沉积下来。在堵塞了落水洞之后,沉积层逐渐增厚以至最后把洼地整个充填,形成溶积平原这一溶积作用成因类型。

其相关的基本形态类型仅低海拔平原一类;所包含的形态成因类型仅低海拔喀斯特溶积平原一种。

(2) 统计

本地区溶积作用成因类型(溶积地貌)48块,面积0.634~120.178km^{2}不等,均值18.570km^2,总面积891.347km^2,占本地区0.440%。其中8km^{2}以下的约占1/2。

(3) 分布

溶积作用成因类型(溶积地貌)分布在桂东桂林—恭城—贺州一带,桂中柳城—柳江—来宾—贵港一带,桂北河池—环江一带,桂西南天等、武鸣等地。

10）溶积冲积作用成因类型（溶积冲积地貌）

（1）概念

溶积冲积作用是溶积作用与冲积作用之间的过渡作用类型。溶积作用包含溶解和沉积。可溶岩有许多并非都是纯净物，它们有可溶性的成分也有不溶性的黏土砂泥之类物质，当这种岩石溶解时不溶的成分就会沉积下来，或被坡面水流带走，混合其他来源物质停积下来，这就是溶积冲积作用。

其相关的基本形态类型仅低海拔平原一类；所包含的形态成因类型仅低海拔溶积冲积平原一种。

（2）统计

本地区溶积冲积作用成因类型（溶积冲积地貌）138 块，面积 1.188 ~ 499.857km^2 不等，均值 47.840km^2，总面积 6601.920km^2，占本地区 3.258%。其中 45km^2 以下的约占 2/3。

（3）分布

溶积冲积作用成因类型（溶积冲积地貌）全在喀斯特地区，为较宽阔的溶积冲积平原，主要在桂中宜州、融水、柳州、来宾、贵港、宾阳、横县一带，桂西南扶绥、崇左、大新、龙州一带和桂东桂林-贺州一带。其中桂中南来宾、贵港、宾阳、横县及桂西南扶绥、崇左一带分布较多。

11）喀斯特堆积作用成因类型（喀斯特堆积地貌）

（1）概念

喀斯特地区不纯碳酸盐岩经深度风化溶蚀后所含砂泥黏土等不溶成分，原地堆积下来，覆盖了石牙、石沟，造就了较宽阔的堆积平原。典型的喀斯特堆积平原，其组成物质往往是无层理的红色或黄棕色的黏土层。平原上往往有石牙出露，平原面下也往往有埋藏石牙。这就是喀斯特堆积作用成因类型。

其相关的地貌基本形态类型仅低海拔平原一类；所包含的形态成因类型仅低海拔喀斯特堆积平原一种。

（2）统计

本地区堆积作用成因类型（堆积地貌）72 块，面积 0.1772 ~ 120.257km^2 不等，均值 31.319km^2，总面积 2254.951km^2，占本地区 1.11%。其中 30km^2 以下的约占 2/3。

（3）分布

喀斯特堆积作用成因类型（堆积地貌）主要分布在桂中宜州、柳州、来宾一带，以及桂东桂林-贺州一带。

6. 形态成因类型

形态成因类型是最常用和最重要的地貌学概念之一。它是形态类型与成因类型两者结合起来命名的地貌类型体系，包括众多的子类型。

1）形态成因类型表

在广西西江流域地区，形态成因类型共 92 种，图斑总数 3532 块（表 2-1）。个体图斑 1 ~ 252 块不等，均数约 38 块。其中低海拔河谷平原 127 块，包含全地区最小的一块，仅 0.009km^2；而喀斯特小起伏平缓低山 158 块，包含全地区最大的一块，达 1765.591km^2。

表 2-1　广西西江流域地区地貌形态成因类型表

形态成因类型	图斑块数	形态成因类型	图斑块数
低海拔冲积低台地	9	低海拔冲积微高地	8
低海拔冲积高台地	1	低海拔河谷平原	127
低海拔冲积河漫滩	9	低海拔河流低阶地	20
低海拔冲积洪积低台地	24	低海拔河流高阶地	4
低海拔冲积洪积平原	44	低海拔喀斯特低台地	24
低海拔冲积湖积平原	2	低海拔喀斯特堆积平原	72
低海拔冲积平原	120	低海拔喀斯特高台地	1

续表

形态成因类型	图斑块数	形态成因类型	图斑块数
低海拔喀斯特侵蚀低台地	112	喀斯特中海拔平缓低丘陵	1
低海拔喀斯特侵蚀高台地	29	喀斯特中海拔平缓高丘陵	1
低海拔喀斯特溶积冲积平原	138	喀斯特中起伏缓低山	6
低海拔喀斯特溶积平原	48	喀斯特中起伏缓中山	6
低海拔喀斯特溶蚀平原	79	喀斯特中起伏平缓低山	10
低海拔浅切河谷	1	喀斯特中起伏平缓中山	4
低海拔侵蚀剥蚀低台地	30	平坦的低海拔侵蚀剥蚀低台地	13
低海拔侵蚀剥蚀高台地	5	平坦的低海拔侵蚀剥蚀高台地	6
低海拔侵蚀剥蚀平原	11	平坦的低海拔侵蚀剥蚀平原	2
低海拔熔岩低台地	3	起伏的低海拔冲积洪积高台地	1
低海拔熔岩高台地	8	起伏的低海拔侵蚀剥蚀低台地	27
低海拔深切河谷	19	起伏的低海拔侵蚀剥蚀高台地	76
河流	8	侵蚀剥蚀大起伏陡中山	18
湖泊	1	侵蚀剥蚀大起伏缓中山	1
喀斯特低海拔平缓低丘陵	106	侵蚀剥蚀大起伏极陡中山	9
喀斯特低海拔平缓高丘陵	138	侵蚀剥蚀低海拔平缓低丘陵	180
喀斯特侵蚀大起伏陡中山	1	侵蚀剥蚀低海拔平缓高丘陵	239
喀斯特侵蚀大起伏缓中山	1	侵蚀剥蚀小起伏陡低山	31
喀斯特侵蚀低海拔平缓低丘陵	100	侵蚀剥蚀小起伏陡中山	1
喀斯特侵蚀低海拔平缓高丘陵	80	侵蚀剥蚀小起伏缓低山	252
喀斯特侵蚀小起伏缓低山	90	侵蚀剥蚀小起伏缓中山	19
喀斯特侵蚀小起伏缓中山	5	侵蚀剥蚀小起伏平缓低山	213
喀斯特侵蚀小起伏陡低山	1	侵蚀剥蚀小起伏平缓中山	11
喀斯特侵蚀小起伏陡中山	1	侵蚀剥蚀中海拔平缓高丘陵	1
喀斯特侵蚀小起伏平缓低山	48	侵蚀剥蚀中起伏陡低山	55
喀斯特侵蚀小起伏平缓中山	3	侵蚀剥蚀中起伏陡中山	69
喀斯特侵蚀中起伏陡低山	1	侵蚀剥蚀中起伏缓低山	100
喀斯特侵蚀中起伏陡中山	4	侵蚀剥蚀中起伏缓中山	64
喀斯特侵蚀中起伏缓低山	13	侵蚀剥蚀中起伏极陡中山	4
喀斯特侵蚀中起伏缓中山	14	侵蚀剥蚀中起伏平缓低山	19
喀斯特侵蚀中起伏平缓低山	5	侵蚀剥蚀中起伏平缓中山	9
喀斯特侵蚀中起伏平缓中山	4	侵蚀剥蚀中起伏熔岩缓中山	1
喀斯特小起伏陡低山	5	侵蚀剥蚀中起伏熔岩平缓低山	1
喀斯特小起伏陡中山	1	倾斜的低海拔冲积洪积低台地	30
喀斯特小起伏缓低山	193	倾斜的低海拔冲积洪积高台地	2
喀斯特小起伏缓中山	22	倾斜的低海拔冲积洪积平原	26
喀斯特小起伏平缓低山	158	倾斜的低海拔侵蚀剥蚀低台地	2
喀斯特小起伏平缓中山	18	水库	49
喀斯特中海拔缓高丘陵	2	中海拔喀斯特溶蚀平原	2

2）水库

（1）概念

水库是常用和重要的地貌子类型之一。对水库的地貌学研究，包括研究水库本身的水域、库床以及水库周边的地貌第四纪调查等。

其相关的地貌基本形态类型仅低海拔平原及中海拔平原两类。

（2）统计

本地区水库 49 块，面积 0.527 ~ 62.008km^2 不等，均值 6.657km^2，总面积 326.205km^2，仅占本地区 0.160%。其中 4km^2 以下的约占 3/4。

（3）分布

水库类型个体面积相对较小，分布地点主要在流域的南半部。

3）湖床

（1）概念

湖床是湖泊水体所处的自然凹地。它可以是构造成因或外力成因。湖床形态特征及成因的地貌学研究，是湖泊开发利用的重要资料之一。在本地区该类型归属于湖泊形态成因类型、低海拔平原基本形态类型，以及湖积成因类型。

（2）统计

本地区湖床类型仅一块，面积 23.527km^2，仅占本地区 0.012%。

（3）分布

该湖床类型位于桂东富川南侧。

4）河道

（1）概念

河道是常用和重要的地貌形态成因类型之一。河道在这里专指干流及其支流水量比较大的中下游河段。一般都有航运之利，两旁分布有较宽阔的平原地带。在本地区该类型归属于河流形态成因类型、低海拔平原基本形态类型，以及冲积成因类型。此外，在 8 块河道类型中，红水河上源及南盘江等两块可归属到河床类型。

（2）统计

本地区河道类型 8 块，面积 7.566 ~ 484.924km^2 不等，均值 100.210km^2，仅占本地区 0.396%。其中面积为 60km^2 以下的约占 3/4。

（3）分布

本地区河道，左江、右江汇流入邕江；红水河、柳江汇流入黔江；邕江、郁江与黔江汇流入浔江；浔江、桂江汇流入西江。

5）河漫滩

（1）概念

河漫滩是雨季大洪水能够淹没的河滩低地，可以是河中间的心滩，或河旁侧的边滩。在本地区该类型归属于低海拔冲积河漫滩形态成因类型、低海拔平原基本形态类型，以及冲积成因类型。

（2）统计

本地区河漫滩共 9 块，面积 0.503 ~ 2.030km^2 不等，均值 0.932km^2，总面积 8.385km^2，仅占本地区 0.004%。其中面积为 4km^2 以下的约占 3/4。

（3）分布

9 块河漫滩中有 7 块位于桂平与梧州之间的郁江和浔江河段，其余两块在融安北东侧至融安南西 5km 之间的融江河段。

6）宽浅的河谷

（1）概念

宽浅的河谷是河流上游比较宽展的山区河段，水量相对较少，两侧往往有不连续的平原分布。在本地区该类型归属于低海拔浅切河谷形态成因类型、小起伏低山基本形态类型，以及河谷成因类型。

（2）统计

本地区宽浅的河谷仅一块，面积 21.614km^2，仅占本地区 0.011%。

（3）分布

本地区宽浅的河谷位于桂西百色与凌云之间的小起伏低山区。

7）陡深的河谷

（1）概念

陡深的河谷是河流上游比较狭窄的山区河段。在本地区该类型归属于低海拔深切河谷形态成因类型、小起伏低山基本形态类型以及河谷成因类型。

（2）统计

本地区陡深的河谷 19 块，面积 4.170 ~ 446.840km^2 不等，均值 63.506km^2，总面积 1206.610km^2，仅占本地区 0.595%。其中 3km^2 以下的约占 2/3。

（3）分布

本地区陡深的河谷主要分布于桂西北的小起伏低山区，在桂东也有少量分布。

8）低阶地

（1）概念

河流阶地是最常用和最重要的地貌类型之一。它是过去老的冲积平原面，跟随地壳运动抬升，河流下切，加上河流不断地侧蚀的作用，形成阶梯状的地形。在本地区，低阶地定义为相对高度小于 100m 的河流阶地。它归属于低海拔河流低阶地形态成因类型、低海拔平原基本形态类型，以及冲积成因类型。

（2）统计

本地区低阶地 20 块，面积 0.521 ~ 103.214km^2 不等，均值 63.506km^2，总面积 541.302km^2，仅占本地区 0.027%。其中 10km^2 以下的约占 1/3。

（3）分布

低阶地于桂中、桂西南、桂东及桂东北河谷或其支流均有分布。

9）高阶地

（1）概念

高阶地定义为相对高度大于等于 100m 的河流阶地。它归属于低海拔河流高阶地形态成因类型、低海拔台地基本形态类型，以及冲积成因类型。

（2）统计

本地区高阶地 4 块，面积 4.795 ~ 38.487km^2 不等，均值 14.818km^2，总面积 59.273m^2，仅占本地区 0.029%。其中 6km^2 以下的约占 3/4。

（3）分布

高阶地四块中有两块位于南宁市西侧，其中一块位于横县东北侧，一块位于藤县的东南侧。

10）高地

（1）概念

高地在这里是指靠近河道两旁显著隆起高出平原面的大块冲积地。在本地区该类型归属于低海拔冲积微高地形态成因类型、低海拔平原基本形态类型，以及冲积地貌成因类型。

（2）统计

本地区高地 8 块，面积 10.628 ~ 63.898km^2 不等，均值 27.486km^2，总面积 219.886km^2，仅占本地区 0.109%。其中 7km^2 以下的约占 1/2。

（3）分布

8块高地中有6块分布在扶绥北与隆安东南面右江下游段两侧，其余两块在桂平到平南之间浔江河段的两侧。

11）低台地

（1）概念

台地是常用和重要的地貌类型之一。台地泛指高出周围基面并有一个较平缓顶面的地貌类型。它以相对高度100m划分高、低两级。相对高度低于100m为低台地。本地区低台地类型归属于低海拔台地基本形态类型，可区分出低海拔冲积低台地等10种形态成因类型，以及冲积、冲积洪积、侵蚀剥蚀、侵蚀和溶蚀等5种成因类型。

（2）统计

本地区低台地274块，面积0.904～422.567km^2不等，均值27.486km^2，总面积7021.041km^2，占本地区3.465%。其中20km^2以下的约占1/2。

（3）分布

低台地分布地点主要在流域的南半部，桂东及桂北也有部分分布。

12）高台地

（1）概念

高台地相对高度大于等于100m。本地区高台地归属于低海拔台地基本形态类型，可区分出低海拔冲积高台地等9种形态成因类型，以及冲积、冲积洪积、侵蚀剥蚀、侵蚀和溶蚀等5种成因类型。

（2）统计

本地区高台地129块，面积1.358～695.177km^2不等，均值43.255km^2，总面积5579.915km^2，占本地区2.753%。其中30km^2以下的约占2/3。

（3）分布

本地区高台地分布地点主要在流域的南半部，桂中北有部分分布。

13）低丘陵

（1）概念

丘陵是常用和重要的地貌类型之一。丘陵为相对高度小于200m的小山体。它以相对高度100m为界作次一级划分，相对高度低于100m为低丘陵。本地区低丘陵可区分出低海拔丘陵、中海拔丘陵等两类基本形态类型，侵蚀剥蚀、侵蚀、溶蚀等3类成因类型，以及侵蚀剥蚀低海拔平缓低丘陵等4种形态成因类型。

（2）统计

本地区低丘陵387块，面积0.291～422.739km^2不等，均值32.971km^2，总面积12759.806km^2，占本地区6.296%。其中20km^2以下的约占1/2。

（3）分布

低丘陵分布地点主要在流域的南半部，此外桂东、桂北、桂西也有部分分布。

14）高丘陵

（1）概念

高丘陵相对高度大于等于100m。本地区高丘陵可区分出低海拔丘陵、中海拔丘陵等两类基本形态类型，侵蚀剥蚀、侵蚀、溶蚀等3类成因类型，以及侵蚀剥蚀低海拔平缓高丘陵等6种形态成因类型。

（2）统计

本地区高丘陵461块，面积0.400～310.323km^2不等，均值34.624km^2。总面积15961.450km^2，占本地区7.876%。其中30km^2以下的约占2/3。

（3）分布

高丘陵分布地点主要在流域的南半部，此外桂东、桂北、桂西也有部分分布。

2.2.2 地貌区划

1. 区划概述

1）历史沿革

全国大规模国土地貌调查及地貌区划工作可追溯到20世纪60年代初，由中国科学院牵头，开展了各省的地貌调查及区划工作。广西的地貌区划工作在20世纪50年代已开始有学者进行研究。到60年代初，中国科学院华南热带生物资源综合考察队对广西壮族自治区进行了综合考察。以曾昭璇为首的地貌专家组通过野外地貌考察取得了丰硕的成果，编写了《广西地貌区划》这一重要的地貌文献。

在《广西地貌区划》中，广西壮族自治区被划分为九个地貌州[1]，分别为桂北变质岩断块中山州、桂东北中山和峰林石山州、桂中峰林石山和台地州、桂西高峰丛石山和中山山地州、西江谷地州、桂西南峰丛峰林石山和丘陵州、桂东南山地丘陵州、十万大山红色岩系断裂单斜中山州以及桂西北山原山地州。

在20世纪90年代和21世纪初，因国家新时期国土整治工作的需要，由中国科学院地理科学与资源研究所地貌研究室牵头展开全国范围1∶100万地貌图编制研究工作。应用3S技术，地貌制图和地貌研究获长足进步，数字地貌技术队伍也随之成长壮大。

2）区划方法原则

《广西地貌区划》中称，常用的地貌区划原则有4个：大地构造标志原则、形态成因原则、地貌综合体原则、地区性原则。

广西西江流域地区地貌区划遵循此原则，综合考虑地质构造、营力作用性质、地貌类型以及其他相关特征因素等，以基本形态类型图为蓝本，结合各方资料，同时顾及应用层面，尽量保持县域完整性。

3）区划方案

广西西江流域地区地貌区划为4个一级区（地貌州），11个二级区（地貌区）（表2-2）。

表2-2　广西西江流域地区地貌区划表

代码	名称
All	广西西江流域流水与喀斯特作用低山中山和部分丘陵平原台地地貌地区
Ⅰ	桂中南流水与喀斯特作用低山丘陵平原和部分台地地貌州
$Ⅰ_1$	崇左流水与喀斯特作用低山丘陵平原和部分台地地貌区
$Ⅰ_2$	南宁流水与部分喀斯特作用台地丘陵平原低山和部分中山地貌区
$Ⅰ_3$	柳州喀斯特与流水作用低山平原丘陵和部分台地地貌区
Ⅱ	桂东流水与部分喀斯特作用低山中山和部分平原丘陵地貌州
$Ⅱ_1$	梧州流水作用低山丘陵与部分平原中山台地地貌区
$Ⅱ_2$	贺州流水与部分喀斯特作用低山中山和部分平原丘陵地貌区
$Ⅱ_3$	桂林流水与喀斯特作用低山中山和部分平原丘陵地貌区
Ⅲ	桂西喀斯特与流水作用低山和部分中山平原丘陵地貌州
$Ⅲ_1$	大新喀斯特与部分流水作用低山中山和部分丘陵平原地貌区
$Ⅲ_2$	百色流水与喀斯特作用低山和部分平原丘陵中山地貌区
$Ⅲ_3$	河池喀斯特与部分流水作用低山和部分平原丘陵地貌区
Ⅳ	桂北流水与喀斯特作用中山低山地貌州
$Ⅳ_1$	田林流水与喀斯特作用中山低山地貌区
$Ⅳ_2$	龙胜流水与喀斯特作用低山中山和部分平原丘陵地貌区

2. 地貌州区说明

广西西江流域流水与喀斯特作用低山中山和部分丘陵平原台地地貌地区总面积 203511.963km²。其中流水、湖成与火山熔岩地貌 124594.761km²，占 61.222%。喀斯特地貌 78917.202km²，占 38.778%。基本形态类型以低山、中山为主，兼有部分丘陵、平原、台地。水库、湖泊 349.732km²，占 0.172%（表 2-3）。

表 2-3　广西西江流域地区地貌面积统计表

地貌	计数	最小值/km²	最大值/km²	平均值/km²	总和/km²	百分比/%
全地区	3573	0.009	1765.591	56.958	203511.963	100.000
流水、湖成与火山熔岩	2023	0.009	696.867	61.589	124594.761	61.222
喀斯特	1550	0.078	1765.591	50.914	78917.202	38.778
低海拔水库	47	0.527	62.008	6.667	313.336	0.154
中海拔水库	2	3.058	9.811	6.435	12.869	0.006
湖泊	1	23.527	23.527	23.527	23.527	0.012
低海拔平原	719	0.009	593.887	39.559	28442.739	13.976
低海拔冲积洪积平原	381	0.009	593.887	45.110	17186.851	8.445
低海拔喀斯特平原	338	0.634	399.857	33.763	11411.880	5.607
中海拔喀斯特平原	2	4.714	27.433	16.074	32.148	0.016
低海拔台地	412	0.084	696.867	30.916	12737.480	6.259
低海拔熔岩台地	11	4.042	46.416	14.549	160.041	0.079
低海拔侵蚀剥蚀台地	236	0.084	696.867	37.089	8752.915	4.301
低海拔喀斯特台地	165	1.011	100.299	23.165	3822.305	1.878
低海拔丘陵	869	0.257	422.740	33.048	28718.622	14.112
侵蚀剥蚀低海拔丘陵	442	0.257	422.740	38.837	17165.752	8.435
喀斯特低海拔丘陵	427	0.292	310.323	27.253	11637.131	5.718
中海拔丘陵	5	1.700	205.507	54.350	271.750	0.134
侵蚀剥蚀中海拔丘陵	1	6.477	6.477	6.477	6.477	0.003
喀斯特中海拔丘陵	4	1.700	205.507	66.318	265.273	0.130
小起伏低山	1016	0.078	1765.591	69.581	70693.819	34.737
侵蚀剥蚀小起伏低山	523	0.459	553.543	64.303	33630.631	16.525
喀斯特小起伏低山	493	0.078	1765.591	74.568	36762.010	18.064
中起伏低山	210	0.076	997.145	100.629	21132.140	10.384
中起伏熔岩低山	1	28.146	28.146	28.146	28.146	0.014
侵蚀剥蚀中起伏低山	174	0.076	567.933	92.449	16086.051	7.904
喀斯特中起伏低山	35	2.304	997.145	143.370	5017.943	2.466
小起伏中山	81	1.826	660.893	136.886	11087.790	5.448
侵蚀剥蚀小起伏中山	31	1.826	281.104	123.106	3816.298	1.875
喀斯特小起伏中山	50	6.444	660.893	145.430	7271.492	3.573
中起伏中山	179	0.304	558.465	125.002	22375.415	10.995

续表

地貌	计数	最小值/km²	最大值/km²	平均值/km²	总和/km²	百分比/%
中起伏熔岩中山	1	218.575	218.575	218.575	218.575	0.107
侵蚀剥蚀中起伏中山	146	0.304	558.465	133.578	19502.441	9.583
喀斯特中起伏中山	32	4.906	333.179	85.011	2720.355	1.337
大起伏中山	30	4.938	524.121	255.678	7670.328	3.769
侵蚀剥蚀大起伏中山	28	8.410	524.121	269.614	7549.203	3.769
喀斯特大起伏中山	2	4.938	116.187	60.563	121.125	0.1060

1）桂中南流水与喀斯特作用低山丘陵平原与部分台地地貌州（Ⅰ）

该地貌州总面积62486.523km²。其中流水、湖成与火山熔岩地貌38695.227km²，占61.926%。喀斯特地貌23791.296km²，占38.074%。基本形态类型以低山、丘陵、平原为主，兼有部分台地。水库231.906km，占0.371%。低海拔平原14996.682km²，占24.000%。低海拔台地9866.695km²，占15.790%（表2-4）。

表2-4　广西西江流域地区Ⅰ地貌州面积统计表

地貌	计数	最小值/km²	最大值/km²	平均值/km²	总和/km²	百分比/%
地貌州	1527	0.060	696.867	40.921	62486.523	100.000
流水、湖成与火山熔岩	820	0.060	696.867	47.189	38695.227	61.926
喀斯特	707	0.112	481.851	33.651	23791.296	38.074
水库	35	0.888	62.008	6.626	231.906	0.371
低海拔平原	342	0.215	530.742	43.850	14996.682	24.000
低海拔冲积洪积平原	194	0.521	530.742	45.956	8915.370	14.268
低海拔喀斯特平原	148	0.215	399.857	41.090	6081.312	9.732
低海拔台地	285	0.369	696.867	34.620	9866.695	15.790
低海拔熔岩台地	11	4.042	46.416	14.549	160.041	0.256
低海拔侵蚀剥蚀低台地	155	0.369	696.867	45.104	6991.128	11.188
低海拔喀斯特台地	119	1.011	100.299	22.820	2715.526	4.346
低海拔丘陵	505	0.060	211.245	31.332	15822.413	25.321
侵蚀剥蚀低海拔丘陵	223	0.060	211.245	40.639	9062.423	14.503
喀斯特低海拔丘陵	282	0.112	182.317	23.972	6759.990	10.818
小起伏低山	297	0.149	553.543	51.302	15236.656	24.384
侵蚀剥蚀小起伏低山	141	0.493	553.543	50.772	7158.838	11.457
喀斯特小起伏低山	156	0.149	481.851	51.152	7979.698	12.770
中起伏低山	37	7.699	472.634	93.884	3473.714	5.559
侵蚀剥蚀中起伏低山	35	7.699	472.634	94.773	3317.064	5.308
喀斯特中起伏低山	2	46.464	110.186	78.325	156.650	0.251
侵蚀剥蚀中起伏中山	24	11.130	378.263	100.368	2408.838	3.855
侵蚀剥蚀大起伏中山	2	71.122	378.499	224.810	449.620	0.720

（1）崇左流水与喀斯特作用低山丘陵平原与部分台地地貌区（$Ⅰ_1$）

该地貌区总面积15222.787km²。其中流水、湖成地貌8783.905km²，占57.702%。喀斯特地貌

6438.882km²，占 42.298%。基本形态类型以低山、丘陵、平原为主，兼有部分台地。水库 52.052km²，占 0.342%。低海拔平原 3158.613km²，占 20.749%。低海拔台地 858.072km²，占 5.637%（表 2-5）。

表 2-5　广西西江流域地区 I_1 地貌区面积统计表

地貌	计数	最小值/km²	最大值/km²	平均值/km²	总和/km²	百分比/%
地貌区	319	0.006	553.543	47.72	15222.787	100.000
流水、湖成	153	0.155	553.543	57.411	8783.905	57.702
喀斯特	166	0.006	228.117	38.788	6438.882	42.298
水库	5	1.380	22.877	10.410	52.052	0.342
低海拔平原	86	0.557	241.31	37.333	3158.613	20.749
低海拔冲积洪积平原	51	0.572	241.31	34.636	1766.448	11.604
低海拔喀斯特平原	30	1.188	228.117	46.406	1392.165	9.145
低海拔台地	31	0.006	96.620	27.680	858.072	5.637
低海拔侵蚀剥蚀台地	17	1.010	96.620	40.219	683.725	4.491
低海拔喀斯特台地	14	0.006	31.317	12.453	174.347	1.145
低海拔丘陵	119	0.155	197.828	39.892	4747.190	31.185
侵蚀剥蚀低海拔丘陵	35	0.527	197.828	54.17	1895.952	12.455
喀斯特低海拔丘陵	84	0.547	182.298	33.943	2851.236	18.730
小起伏低山	71	0.906	553.543	62.228	4418.177	29.023
侵蚀剥蚀小起伏低山	33	0.906	553.543	72.638	2397.042	15.746
喀斯特小起伏低山	38	1.475	222.435	53.188	2021.135	13.277
侵蚀剥蚀中起伏低山	10	10.348	472.643	158.652	1586.522	10.422
侵蚀剥蚀中起伏中山	2	23.773	378.391	201.082	402.163	2.642

（2）南宁流水与部分喀斯特作用台地丘陵平原低山与部分中山地貌区（I_2）

该地貌区总面积 30248.790km²。其中流水、湖成与火山熔岩地貌 24059.600km²，占 79.539%。喀斯特地貌 6189.100km²，占 20.461%。基本形态类型以台地、丘陵、平原、低山为主，兼有部分中山。水库 165.179km²，占 0.546%。低海拔平原 6940.912km²，占 22.946%。低海拔台地 7473.665km²，占 24.707%（表 2-6）。

表 2-6　广西西江流域地区 I_2 地貌区面积统计表

地貌	计数	最小值/km²	最大值/km²	平均值/km²	总和/km²	百分比/%
地貌区	751	0.002	696.867	40.278	30248.790	100.000
流水、湖成与火山熔岩	528	0.061	696.867	45.567	24059.600	79.539
喀斯特	223	0.002	209.888	27.754	6189.100	20.461
水库	24	0.985	62.008	6.882	165.179	0.546
低海拔平原	160	0.002	526.663	43.381	6940.912	22.946
低海拔冲积洪积平原	100	0.515	526.663	49.176	4917.568	16.257
低海拔喀斯特平原	60	0.002	172.803	33.722	2023.344	6.689
低海拔台地	190	0.145	696.867	39.335	7473.665	24.707

续表

地貌	计数	最小值/km²	最大值/km²	平均值/km²	总和/km²	百分比/%
低海拔熔岩台地	11	4.042	46.416	14.549	160.041	0.529
低海拔侵蚀剥蚀台地	114	0.373	696.867	50.252	5728.760	18.939
低海拔喀斯特台地	65	0.145	100.299	24.383	1584.864	5.239
低海拔丘陵	223	0.061	207.498	31.952	7125.380	23.556
侵蚀剥蚀低海拔丘陵	157	0.061	207.498	37.891	5948.825	19.666
喀斯特低海拔丘陵	66	0.112	123.672	17.827	1176.560	3.890
小起伏低山	115	0.148	447.808	45.111	5187.772	17.150
侵蚀剥蚀小起伏低山	83	0.494	447.808	45.583	3783.355	12.507
喀斯特小起伏低山	32	0.148	209.888	43.888	1404.417	4.643
侵蚀剥蚀中起伏低山	19	11.333	177.607	66.611	1265.597	4.184
侵蚀剥蚀中起伏中山	18	11.255	199.445	91.149	1640.690	5.424
侵蚀剥蚀大起伏中山	2	71.101	378.489	224.795	449.589	1.486

（3）柳州喀斯特与流水作用低山平原丘陵与部分台地地貌区（I_3）

该地貌区总面积17014.817km²。其中流水、湖成与火山熔岩地貌5851.913km²，占34.393%。喀斯特地貌11162.904km²，占65.607%。基本形态类型以低山、平原、丘陵为主，兼有部分台地。水库14.673km²，占0.086%。低海拔平原4897.083km²，占28.786%。低海拔台地1534.995km²，占9.022%（表2-7）。

表2-7　广西西江流域地区I_3地貌区面积统计表

地貌	计数	最小值/km²	最大值/km²	平均值/km²	总和/km²	百分比/%
地貌区	531	0.001	530.742	32.043	17014.817	100.000
流水、湖成与火山熔岩	177	0.001	530.742	33.062	5851.913	34.393
喀斯特	354	0.150	481.851	31.534	11162.904	65.607
水库	8	0.888	4.399	1.834	14.673	0.086
低海拔平原	125	0.349	530.742	39.177	4897.083	28.786
低海拔冲积洪积平原	53	1.394	530.742	42.100	2231.324	13.114
低海拔喀斯特平原	72	0.349	244.105	37.024	2665.800	15.668
低海拔台地	73	0.414	99.306	21.027	1534.995	9.022
低海拔熔岩台地	27	0.414	79.364	21.433	578.689	3.401
低海拔侵蚀剥蚀台地	46	2.382	99.306	20.789	956.306	5.620
低海拔喀斯特台地	187	0.242	177.753	21.122	3949.811	23.214
低海拔丘陵	263	0.150	481.851	31.797	8362.686	49.149
侵蚀剥蚀低海拔丘陵	143	0.677	135.271	19.105	2732.071	16.057
喀斯特低海拔丘陵	120	0.150	481.851	46.922	5630.615	33.092
小起伏低山	102	0.00001	481.851	51.703	5273.708	30.995
侵蚀剥蚀小起伏低山	91	0.150	481.851	51.122	4652.118	27.342

续表

地貌	计数	最小值/km²	最大值/km²	平均值/km²	总和/km²	百分比/%
喀斯特小起伏低山	11	0.00001	119.716	56.508	621.590	3.653
侵蚀剥蚀中起伏低山	9	0.001	119.716	51.660	464.940	2.733
侵蚀剥蚀中起伏中山	2	46.464	110.186	78.325	156.650	0.921
侵蚀剥蚀大起伏中山	7	11.13	135.299	52.293	366.049	2.151

2）桂东流水与部分喀斯特作用低山中山和部分平原丘陵地貌州（Ⅱ）

该地貌州总面积 47857.244km^2。其中流水、湖成与火山熔岩地貌 40277.845km^2，占 84.162%。喀斯特地貌 7579.399km^2，占 15.838%。基本形态类型以低山、中山为主，兼有部分平原、丘陵。水库、湖泊 68.239km，占 0.143%。低海拔平原 6549.397km^2，占 13.685%。低海拔台地 2250.478km^2，占 4.702%（表 2-8）。

表 2-8　广西西江流域地区Ⅱ地貌州面积统计表

地貌	计数	最小值/km²	最大值/km²	平均值/km²	总和/km²	百分比/%
地貌州	1064	0.009	525.061	44.979	47857.244	100.000
流水、湖成与火山熔岩	763	0.009	525.061	52.789	40277.845	84.162
喀斯特	301	0.040	202.774	25.181	7579.399	15.838
水库	9	0.527	18.249	4.968	44.712	0.093
湖泊	1	23.527	23.527	23.527	23.527	0.049
低海拔平原	211	0.009	479.027	31.040	6549.397	13.685
低海拔冲积洪积平原	140	0.009	479.027	32.337	4527.242	9.460
低海拔喀斯特平原	71	0.729	120.178	28.481	2022.155	4.225
低海拔台地	109	0.084	107.199	20.647	2250.478	4.702
低海拔侵蚀剥蚀低台地	78	0.084	107.199	19.398	1513.066	3.162
低海拔喀斯特台地	31	3.635	96.845	23.787	737.412	1.541
低海拔丘陵	260	0.040	224.661	26.249	6824.737	14.261
侵蚀剥蚀低海拔丘陵	172	0.258	224.661	32.444	5580.319	11.660
喀斯特低海拔丘陵	88	0.040	85.878	14.141	1244.418	2.600
小起伏低山	315	0.078	316.836	46.650	14694.656	30.705
侵蚀剥蚀小起伏低山	204	0.915	316.836	54.506	11119.242	23.234
喀斯特小起伏低山	111	0.078	202.774	32.211	3575.414	7.471
中起伏低山	93	0.076	499.552	83.154	7733.313	16.159
中起伏熔岩低山	1	28.146	28.146	28.146	28.146	0.059
侵蚀剥蚀中起伏低山	92	0.076	499.552	83.752	7705.167	16.100
中起伏中山	53	0.304	525.061	123.345	6537.303	13.660
中起伏熔岩中山	1	218.575	218.575	218.575	218.575	0.457
侵蚀剥蚀中起伏中山	52	0.304	525.061	121.514	6318.729	13.203
侵蚀剥蚀大起伏中山	13	62.523	428.888	246.086	3199.119	6.685

(1) 梧州流水作用低山丘陵与部分平原中山台地地貌区（$Ⅱ_1$）

该地貌区总面积15998.620km²。其中流水与火山熔岩地貌15788.140km²，占98.684%。喀斯特地貌210.490km²，占1.316%。基本形态类型以低山丘陵为主，兼有部分平原、中山、台地。低海拔冲积洪积平原1580.923km²，占9.882%。低海拔台地943.048km²，占5.895%（表2-9）。

表2-9 广西西江流域地区$Ⅱ_1$地貌区面积统计表

地貌	计数	最小值/km²	最大值/km²	平均值/km²	总和/km²	百分比/%
地貌区	345	0.076	349.703	46.373	15998.620	100.000
流水、火山熔岩	337	0.076	349.703	46.849	15788.140	98.684
喀斯特	8	0.831	71.792	26.311	210.490	1.316
低海拔冲积洪积平原	51	0.503	297.333	30.998	1580.923	9.882
低海拔台地	43	0.084	107.199	21.931	943.048	5.895
低海拔侵蚀剥蚀台地	41	0.084	107.199	20.821	853.648	5.336
低海拔喀斯特台地	2	26.345	63.054	44.700	89.400	0.559
低海拔丘陵	125	0.426618	224.661	36.837	4604.587	28.781
侵蚀剥蚀低海拔丘陵	120	0.427	224.661	37.405	4488.579	28.056
喀斯特低海拔丘陵	5	0.831	71.792	23.201	116.007	0.725
小起伏低山	87	1.911	226.847	64.751	5633.388	35.212
侵蚀剥蚀小起伏低山	86	1.911	226.847	65.445	5628.309	35.180
喀斯特小起伏低山	1	5.078	5.078	5.078	5.078	0.032
中起伏低山	29	0.076	249.779	64.993	1884.802	11.781
中起伏熔岩低山	1	28.146	28.146	28.146	28.146	0.176
侵蚀剥蚀中起伏低山	28	0.076	249.779	66.309	1856.656	11.605
中起伏中山	10	1.330	349.703	135.190	1351.900	8.450
中起伏熔岩中山	1	218.570	218.570	218.570	218.570	1.366
侵蚀剥蚀中起伏中山	9	1.33	349.703	125.920	1133.30	7.084

(2) 贺州流水与部分喀斯特作用低山中山和部分平原丘陵地貌区（$Ⅱ_2$）

该地貌区总面积15483.249km²。其中流水、湖成地貌13250.371km²，占85.579%。喀斯特地貌2232.878km²，占14.421%。基本形态类型以低山、中山为主，兼有部分平原、丘陵。水库、湖泊43.619km²，占0.282%。低海拔平原2038.410km²，占13.165%。低海拔台地655.870km²，占4.236%（表2-10）。

表2-10 广西西江流域地区$Ⅱ_2$地貌区面积统计表

地貌	计数	最小值/km²	最大值/km²	平均值/km²	总和/km²	百分比/%
地貌区	372	0.009	524.368	41.622	15483.249	100.000
流水、湖成	274	0.009	524.368	48.359	13250.371	85.579
喀斯特	98	0.040	96.845	22.784	2232.878	14.421
水库	5	0.527	15.269	4.018	20.092	0.130
湖泊	1	23.527	23.527	23.527	23.527	0.152

续表

地貌	计数	最小值/km²	最大值/km²	平均值/km²	总和/km²	百分比/%
低海拔平原	82	0.009	189.465	24.859	2038.410	13.165
低海拔冲积洪积平原	60	0.009	189.465	24.656	1479.361	9.555
低海拔喀斯特平原	22	0.729	93.635	25.411	559.049	3.611
低海拔台地	33	0.750	96.845	19.875	655.870	4.236
低海拔侵蚀剥蚀台地	20	0.750	36.341	14.615	292.296	1.888
低海拔喀斯特台地	13	4.156	96.845	27.967	363.574	2.348
低海拔丘陵	64	0.040	85.878	18.619	1191.585	7.696
侵蚀剥蚀低海拔丘陵	29	0.258	83.560	21.644	627.671	4.054
喀斯特低海拔丘陵	35	0.040	85.878	16.112	563.914	3.642
小起伏低山	101	0.078	316.836	41.670	4208.643	27.184
侵蚀剥蚀小起伏低山	73	1.548	316.836	47.429	3462.302	22.362
喀斯特小起伏低山	28	0.078	86.115	26.655	746.341	4.820
侵蚀剥蚀中起伏低山	50	1.915	149.906	62.355	3117.748	20.136
侵蚀剥蚀中起伏中山	30	4.589	524.368	103.276	3098.293	20.011
侵蚀剥蚀大起伏中山	6	7.910	311.975	188.180	1129.082	7.292

（3）桂林流水与喀斯特作用低山中山和部分平原丘陵地貌区（II_3）

该地貌区总面积 16375.374km²。其中流水、湖成地貌 11239.339km²，占 68.636%。喀斯特地貌 5136.035km²，占 31.364%。基本形态类型以低山、中山为主，兼有部分平原、丘陵。水库 24.62km²，占 0.150%。低海拔平原 2930.064km²，占 17.893%。低海拔台地 651.561km²，占 3.979%（表 2-11）。

表 2-11　广西西江流域地区 II_3 地貌区面积统计表

地貌	计数	最小值/km²	最大值/km²	平均值/km²	总和/km²	百分比/%
地貌区	409	0.304	499.552	40.038	16375.374	100.000
流水、湖成	213	0.304	499.552	52.767	11239.339	68.636
喀斯特	196	0.308	202.770	26.200	5136.035	31.364
水库	4	1.832	18.249	6.155	24.620	0.150
低海拔平原	90	0.324	470.281	32.556	2930.064	17.893
低海拔冲积洪积平原	41	0.324	470.281	35.779	1466.958	8.958
低海拔喀斯特平原	49	3.330	120.178	29.859	1463.106	8.935
低海拔台地	33	2.610	81.247	19.744	651.561	3.979
低海拔侵蚀剥蚀台地	17	2.610	81.247	21.595	367.122	2.242
低海拔喀斯特台地	16	3.635	43.102	17.777	284.438	1.737
低海拔丘陵	73	1.138	61.335	14.090	1028.565	6.281
侵蚀剥蚀低海拔丘陵	25	1.757	61.335	18.563	464.069	2.834
喀斯特低海拔丘陵	48	1.138	61.280	11.760	564.496	3.447
小起伏低山	142	0.308	202.77	34.173	4852.625	29.634

续表

地貌	计数	最小值/km^2	最大值/km^2	平均值/km^2	总和/km^2	百分比/%
侵蚀剥蚀小起伏低山	59	0.915	157.704	4.384	2028.631	12.388
喀斯特小起伏低山	83	0.308	202.770	34.020	2823.994	17.245
侵蚀剥蚀中起伏低山	33	1.000	499.552	82.750	2730.763	16.676
侵蚀剥蚀中起伏中山	23	0.304	392.925	90.745	2087.138	12.746
侵蚀剥蚀大起伏中山	11	11.065	426.864	188.185	2070.038	12.641

3）桂西喀斯特与流水作用低山和部分中山平原丘陵地貌州（Ⅲ）

该地貌州总面积 47565.979km^2。其中流水、湖成地貌 15425.501km^2，占 32.430%。喀斯特地貌 32140.478km^2，占 67.570%。基本形态类型以低山为主，兼有部分中山、平原、丘陵。水库 48.144km^2，占 0.101%。低海拔平原 4874.533km^2，占 10.248%。低海拔台地 280.969km^2，占 0.591%（表 2-12）。

表 2-12　广西西江流域地区Ⅲ地貌州面积统计表

地貌	计数	最小值/km^2	最大值/km^2	平均值/km^2	总和/km^2	百分比/%
地貌州	661	0.000	1765.591	71.961	47565.979	100.000
流水、湖成	259	0.038	486.022	59.558	15425.501	32.430
喀斯特	402	0.000	1765.591	79.951	32140.478	67.570
低海拔水库	2	2.891	32.384	17.638	35.275	0.074
中海拔水库	2	3.058	9.811	6.435	12.869	0.027
低海拔平原	150	0.000	304.727	32.497	4874.533	10.248
低海拔冲积洪积平原	58	1.575	304.727	46.470	2695.236	5.666
低海拔喀斯特平原	92	0.000	148.317	23.688	2179.297	4.582
中海拔喀斯特平原	2	4.714	27.433	16.074	32.148	0.068
低海拔台地	14	0.323	53.907	20.069	280.969	0.591
低海拔侵蚀剥蚀低台地	1	36.718	36.718	36.718	36.718	0.077
低海拔喀斯特台地	13	0.323	53.907	18.789	244.251	0.513
低海拔丘陵	98	0.038	310.323	45.053	4415.155	9.282
侵蚀剥蚀低海拔丘陵	45	0.038	215.234	35.465	1595.924	3.355
喀斯特低海拔丘陵	53	0.146	310.323	53.193	2819.231	5.927
喀斯特中海拔丘陵	1	205.507	205.507	205.507	205.507	0.432
小起伏低山	304	0.006	1765.591	91.202	27725.475	58.288
侵蚀剥蚀小起伏低山	106	0.288	279.803	68.314	7241.331	15.224
喀斯特小起伏低山	198	0.006	1765.591	103.455	20484.144	43.064
中起伏低山	38	1.858	997.145	131.629	5001.884	10.516
侵蚀剥蚀中起伏低山	24	5.625	486.022	95.667	2296.014	4.827
喀斯特中起伏低山	14	1.858	997.145	193.276	2705.870	5.689
小起伏中山	24	0.613	660.893	137.469	3299.265	6.936
侵蚀剥蚀小起伏中山	3	34.962	154.614	83.635	250.904	0.527

续表

地貌	计数	最小值/km^2	最大值/km^2	平均值/km^2	总和/km^2	百分比/%
喀斯特小起伏中山	21	0.613	660.893	145.160	3048.360	6.409
中起伏中山	24	0.127	255.900	68.408	1641.803	3.5452
侵蚀剥蚀中起伏中山	17	0.127	208.945	72.063	1225.071	2.576
喀斯特中起伏中山	7	4.906	255.900	59.533	416.731	0.876
大起伏中山	2	4.938	36.158	20.548	41.096	0.086
侵蚀剥蚀大起伏中山	1	36.158	36.158	36.158	36.158	0.076
喀斯特大起伏中山	1	4.938	4.938	4.938	4.938	0.010

(1) 大新喀斯特与部分流水作用低山中山和部分丘陵平原地貌区 ($Ⅲ_1$)

该地貌区总面积 11576.558km^2。其中流水、湖成地貌 2176.604km^2，占 18.802%。喀斯特地貌 9399.954km^2，占 81.198%。基本形态类型以低山、中山为主，兼有部分丘陵、平原。水库 12.702km^2，占 0.110% (表 2-13)。

表 2-13 广西西江流域地区$Ⅲ_1$地貌区面积统计表

地貌	计数	最小值/km^2	最大值/km^2	平均值/km^2	总和/km^2	百分比/%
地貌区	161	0.000	660.893	71.904	11576.558	100.000
流水、湖成	54	2.891	169.822	40.307	2176.604	18.802
喀斯特	107	0.000	660.893	87.850	9399.954	81.198
低海拔水库	1	2.891	2.891	2.891	2.891	0.025
中海拔水库	1	9.811	9.811	9.811	9.811	0.085
低海拔平原	23	0.000	139.948	40.780	938.060	8.103
低海拔冲积洪积平原	4	21.533	85.078	42.524	170.096	1.469
低海拔喀斯特平原	19	0.000	139.948	40.419	767.960	6.634
中海拔喀斯特平原	2	4.714	27.433	16.074	32.148	0.278
低海拔丘陵	15	1.009	310.323	89.564	1343.458	11.605
侵蚀剥蚀低海拔丘陵	1	6.963	6.963	6.963	6.963	0.060
喀斯特低海拔丘陵	14	1.009	310.323	95.464	1336.495	11.545
喀斯特中海拔丘陵	1	205.507	205.507	205.507	205.507	1.775
小起伏低山	75	4.287	276.538	67.986	5098.932	44.045
侵蚀剥蚀小起伏低山	28	4.287	124.247	33.183	929.126	8.026
喀斯特小起伏低山	47	5.027	276.538	88.719	4169.805	36.019
侵蚀剥蚀中起伏低山	9	5.164	169.822	52.078	468.705	4.049
小起伏中山	20	0.184	660.893	135.776	2715.521	23.457
侵蚀剥蚀小起伏中山	3	34.962	138.522	78.271	234.812	2.028
喀斯特小起伏中山	17	0.184	660.893	145.924	2480.709	21.429
中起伏中山	13	4.906	255.900	58.199	756.590	6.536
侵蚀剥蚀中起伏中山	7	14.071	112.611	50.600	354.200	3.060
喀斯特中起伏中山	6	4.906	255.900	67.065	402.391	3.476
喀斯特大起伏中山	1	4.938	4.938	4.938	4.938	0.043

（2）百色流水与喀斯特作用低山和部分平原丘陵中山地貌区（$Ⅲ_2$）

该地貌区总面积 13674. 210km²。其中流水、湖成地貌 8592. 225km²，占 62. 835%。喀斯特地貌 5081. 985km²，占 37. 165%。基本形态类型以低山为主，兼有部分平原、丘陵、中山。水库 35. 442km²，占 0. 259%。低海拔平原 1890. 014km²，占 13. 822%。低海拔喀斯特台地 61. 268km²，占 0. 448%（表 2-14）。

表 2-14　广西西江流域地区$Ⅲ_2$地貌区面积统计表

地貌	计数	最小值/km²	最大值/km²	平均值/km²	总和/km²	百分比/%
地貌区	206	0. 029	455. 294	66. 380	13674. 210	100. 000
流水、湖成	132	1. 289	329. 010	65. 093	8592. 225	62. 835
喀斯特	74	0. 029	455. 294	68. 675	5081. 985	37. 165
低海拔水库	1	32. 384	32. 384	32. 384	32. 384	0. 237
中海拔水库	1	3. 058	3. 058	3. 058	3. 058	0. 022
低海拔平原	56	0. 029	304. 727	33. 750	1890. 014	13. 822
低海拔冲积洪积平原	40	1. 575	304. 727	42. 181	1687. 254	12. 339
低海拔喀斯特平原	16	0. 029	53. 927	12. 672	202. 760	1. 5483
低海拔喀斯特台地	5	0. 323	39. 415	12. 254	61. 268	0. 448
低海拔丘陵	35	1. 727	208. 402	53. 117	1859. 095	13. 596
侵蚀剥蚀低海拔丘陵	24	1. 727	208. 402	47. 987	1151. 680	8. 422
喀斯特低海拔丘陵	11	13. 255	188. 498	64. 311	707. 416	5. 173
小起伏低山	88	0. 613	455. 294	89. 974	7917. 667	57. 903
侵蚀剥蚀小起伏低山	54	0. 613	224. 599	79. 312	4282. 834	31. 321
喀斯特小起伏低山	34	1. 841	455. 294	106. 907	3634. 833	26. 582
侵蚀剥蚀中起伏低山	11	5. 625	329. 010	119. 836	1318. 192	9. 640
小起伏中山	8	0. 613	180. 045	59. 683	477. 461	3. 492
侵蚀剥蚀小起伏中山	1	16. 092	16. 092	16. 092	16. 092	0. 118
喀斯特小起伏中山	7	0. 613	180. 045	65. 910	461. 369	3. 374
中起伏中山	8	1. 289	208. 945	72. 055	576. 440	4. 216
侵蚀剥蚀中起伏中山	7	1. 289	208. 945	80. 300	562. 100	4. 111
喀斯特中起伏中山	1	14. 340	14. 340	14. 340	14. 340	0. 105

（3）河池喀斯特与部分流水作用低山和部分平原丘陵地貌区（$Ⅲ_3$）

该地貌区总面积 22315. 211km²。其中流水地貌 4656. 672km²，占 20. 868%。喀斯特地貌 17658. 539km²，占 79. 132%。基本形态类型以低山为主，兼有部分平原、丘陵。低海拔平原 2109. 683km²，占 9. 454%。低海拔低台地 219. 701km²，占 0. 985%（表 2-15）。

表 2-15　广西西江流域地区$Ⅲ_3$地貌区面积统计表

地貌	计数	最小值/km²	最大值/km²	平均值/km²	总和/km²	百分比/%
地貌区	344	0. 006	1765. 591	64. 870	22315. 211	100. 000
流水	101	0. 038	204. 750	46. 106	4656. 672	20. 868
喀斯特	243	0. 006	1765. 591	72. 669	17658. 539	79. 132
低海拔平原	80	0. 322	189. 674	26. 371	2109. 683	9. 454
低海拔冲积平原	19	3. 756	189. 674	47. 427	901. 106	4. 038

续表

地貌	计数	最小值/km²	最大值/km²	平均值/km²	总和/km²	百分比/%
低海拔喀斯特平原	61	0.322	148.317	19.813	1208.577	5.416
低海拔低台地	9	9.036	53.907	24.411	219.701	0.985
低海拔侵蚀剥蚀低台地	1	36.718	36.718	36.718	36.718	0.165
低海拔喀斯特低台地	8	9.036	53.907	22.873	182.984	0.820
低海拔丘陵	50	0.038	101.912	24.252	1212.602	5.434
侵蚀剥蚀低海拔丘陵	21	0.038	68.087	20.823	437.281	1.960
喀斯特低海拔丘陵	29	0.146	101.912	26.735	775.321	3.474
小起伏低山	174	0.006	1765.591	87.185	15170.245	67.982
侵蚀剥蚀小起伏低山	46	0.288	204.750	54.147	2490.739	11.162
喀斯特小起伏低山	128	0.006	1765.591	99.059	12679.506	56.820
中起伏低山	22	1.858	997.145	146.136	3214.987	14.407
侵蚀剥蚀中起伏低山	8	23.339	157.012	63.640	509.117	2.281
喀斯特中起伏低山	14	1.858	997.145	193.276	2705.870	12.126
喀斯特小起伏中山	3	10.502	54.733	35.427	106.282	0.476
侵蚀剥蚀中起伏中山	7	0.127	95.892	44.110	308.772	1.384
侵蚀剥蚀大起伏中山	1	36.158	36.158	36.158	36.158	0.162

4）桂北流水与喀斯特作用中山低山地貌州（Ⅳ）

该地貌州总面积 45602.217km²。其中流水、湖成地貌 30196.187km²，占 66.216%。喀斯特地貌 15406.030km²，占 33.784%。基本形态类型以中山、低山为主。水库 1.443km²，占 0.003%。低海拔平原 2022.127km²，占 4.434%。低海拔台地 339.337km²，占 0.744%（表 2-16）。

表 2-16　广西西江流域地区Ⅳ地貌州面积统计表

地貌	计数	最小值/km²	最大值/km²	平均值/km²	总和/km²	百分比/%
地貌州	600	0.043	524.121	76.004	45602.217	100.000
流水、湖成	319	0.305	524.121	94.659	30196.187	66.216
喀斯特	281	0.043	491.352	54.826	15406.030	33.784
水库	1	1.443	1.443	1.443	1.443	0.003
低海拔平原	77	0.634	341.702	26.261	2022.127	4.434
低海拔冲积洪积平原	26	1.114	341.702	47.737	1241.164	2.722
低海拔喀斯特平原	51	0.634	67.077	15.313	780.963	1.713
低海拔台地	14	7.534	62.266	24.238	339.337	0.744
低海拔侵蚀剥蚀低台地	6	8.605	62.266	33.300	199.801	0.438
低海拔喀斯特台地	8	7.534	34.615	17.442	139.536	0.306
低海拔丘陵	54	0.243	92.606	30.673	1656.316	3.632
侵蚀剥蚀低海拔丘陵	21	3.927	92.500	42.749	897.724	1.969
喀斯特低海拔丘陵	33	0.243	92.606	22.988	758.593	1.664
中海拔高丘陵	4	1.700	41.176	16.561	66.243	0.145
侵蚀剥蚀中海拔高丘陵	1	6.477	6.477	6.477	6.477	0.014

续表

地貌	计数	最小值/km²	最大值/km²	平均值/km²	总和/km²	百分比/%
喀斯特中海拔高丘陵	3	1.700	41.176	19.922	59.766	0.131
小起伏低山	206	0.043	428.334	63.287	13037.033	28.589
侵蚀剥蚀小起伏低山	109	0.459	350.112	74.333	8102.271	17.767
喀斯特小起伏低山	97	0.043	428.334	50.874	4934.762	10.821
中起伏低山	67	0.117	382.164	73.481	4923.230	10.796
侵蚀剥蚀中起伏低山	37	1.834	382.164	74.806	2767.806	6.069
喀斯特中起伏低山	30	0.117	330.014	71.847	2155.424	4.727
小起伏中山	61	1.826	491.352	127.681	7788.525	17.079
侵蚀剥蚀小起伏中山	28	1.826	281.104	127.335	3565.393	7.818
喀斯特小起伏中山	33	6.444	491.352	127.974	4223.132	9.261
中起伏中山	97	0.305	333.179	121.520	11787.470	25.848
侵蚀剥蚀中起伏中山	72	0.305	324.576	132.636	9549.803	20.942
喀斯特中起伏中山	25	6.785	333.179	89.507	2237.668	4.907
大起伏中山	19	8.410	524.121	209.500	3980.492	8.729
侵蚀剥蚀大起伏中山	18	8.410	524.121	214.684	3864.305	8.474
喀斯特大起伏中山	1	116.187	116.187	116.187	116.187	0.255

（1）田林流水与喀斯特作用中山低山地貌区（$Ⅳ_1$）

该地貌区总面积 25489.447km²。其中流水地貌 16250.271km²，占 63.753%。喀斯特地貌 9239.176km²，占 36.247%。基本形态类型以中山、低山为主。低海拔平原 467.091km²，占 1.832%。低海拔喀斯特低台地 13.217km²，占 0.052%（表 2-17）。

表 2-17　广西西江流域地区$Ⅳ_1$ 地貌区面积统计表

地貌	计数	最小值/km²	最大值/km²	平均值/km²	总和/km²	百分比/%
地貌区	289	0.187	491.352	88.199	25489.447	100.000
流水	166	1.834	382.164	97.893	16250.271	63.753
喀斯特	123	0.187	491.352	75.115	9239.176	36.247
低海拔平原	22	0.634	73.919	21.231	467.091	1.832
低海拔河谷平原	9	7.566	73.919	34.753	312.779	1.227
低海拔喀斯特平原	13	0.634	30.972	11.870	154.311	0.605
低海拔喀斯特低台地	1	13.217	13.217	13.217	13.217	0.052
低海拔低丘陵	15	0.292	92.500	32.694	490.412	1.924
侵蚀剥蚀低海拔低丘陵	8	3.927	92.500	31.764	254.116	0.997
喀斯特低海拔低丘陵	7	0.292	82.522	33.757	236.296	0.927
中海拔高丘陵	4	1.700	41.176	16.561	66.243	0.260
侵蚀剥蚀中海拔高丘陵	1	6.477	6.477	6.477	6.477	0.025
喀斯特中海拔高丘陵	1	6.477	6.477	6.477	6.477	0.025
小起伏低山	91	0.187	350.112	69.752	6347.399	24.902

续表

地貌	计数	最小值/km²	最大值/km²	平均值/km²	总和/km²	百分比/%
侵蚀剥蚀小起伏低山	62	4. 170	350. 112	77. 133	4705. 123	18. 459
喀斯特小起伏低山	29	0. 187	198. 700	56. 630	1642. 276	6. 443
中起伏低山	26	1. 834	382. 164	62. 154	1616. 016	6. 340
侵蚀剥蚀中起伏低山	13	1. 834	382. 164	77. 990	1013. 875	3. 978
喀斯特中起伏低山	14	1. 834	142. 165	43. 141	603. 975	2. 370
小起伏中山	59	3. 095	491. 352	131. 813	7776. 943	30. 510
侵蚀剥蚀小起伏中山	27	3. 095	281. 104	131. 984	3563. 567	13. 981
喀斯特小起伏中山	32	6. 444	491. 352	131. 668	4213. 375	16. 530
中起伏中山	68	5. 674	333. 179	121. 991	8295. 375	32. 544
侵蚀剥蚀中起伏中山	24	8. 403	333. 179	97. 010	2328. 232	9. 134
喀斯特中起伏中山	24	6. 785	333. 179	91. 734	2201. 606	8. 637
大起伏中山	3	95. 313	173. 355	128. 285	384. 855	1. 510
侵蚀剥蚀大起伏中山	2	95. 313	173. 355	134. 334	268. 668	1. 054
喀斯特大起伏中山	1	116. 187	116. 187	116. 187	116. 187	0. 456

（2）龙胜流水与喀斯特作用低山中山和部分平原丘陵地貌区（$Ⅳ_2$）

该地貌区总面积 20112. 770km²。其中流水、湖成地貌 13945. 917km²，占 69. 339%。喀斯特地貌 6166. 854km²，占 30. 661%。基本形态类型以低山、中山为主，兼有部分平原、丘陵。水库 1. 443km²，占 0. 007%。低海拔平原 1555. 036km²，占 7. 732%。低海拔台地 326. 121km²，占 1. 621%（表 2-18）。

表 2-18　广西西江流域地区$Ⅳ_2$地貌区面积统计表

地貌	计数	最小值/km²	最大值/km²	平均值/km²	总和/km²	百分比/%
地貌区	312	0. 043	524. 121	64. 464	20112. 770	100. 000
流水、湖成	153	0. 305	524. 121	91. 150	13945. 917	69. 339
喀斯特	159	0. 043	428. 334	38. 785	6166. 854	30. 661
水库	1	1. 443	1. 443	1. 443	1. 443	0. 007
低海拔平原	56	1. 114	341. 702	27. 769	1555. 036	7. 732
低海拔冲积洪积平原	17	1. 114	341. 702	54. 611	928. 385	4. 616
低海拔喀斯特平原	39	1. 749	67. 077	16. 068	626. 651	3. 116
低海拔台地	13	7. 534	62. 266	25. 086	326. 121	1. 621
低海拔侵蚀剥蚀低台地	6	8. 605	62. 266	33. 300	199. 801	0. 093
低海拔喀斯特台地	6	8. 605	62. 266	33. 300	199. 801	0. 093
低海拔丘陵	39	0. 243	92. 606	29. 895	1165. 905	5. 797
侵蚀剥蚀低海拔丘陵	13	15. 131	89. 917	49. 508	643. 608	3. 200
喀斯特低海拔丘陵	26	0. 243	92. 606	20. 088	522. 297	2. 597
小起伏低山	115	0. 043	428. 334	57. 893	6657. 737	33. 102
侵蚀剥蚀小起伏低山	47	0. 459	300. 765	71. 601	3365. 252	16. 732

续表

地貌	计数	最小值/km²	最大值/km²	平均值/km²	总和/km²	百分比/%
喀斯特小起伏低山	68	0.043	428.334	48.419	3292.485	16.370
中起伏低山	41	0.117	330.014	80.664	3307.214	16.443
侵蚀剥蚀中起伏低山	24	5.325	252.310	73.080	1753.931	8.720
喀斯特中起伏低山	17	0.117	330.014	91.370	1553.283	7.723
小起伏中山	2	1.826	9.756	5.791	11.582	0.058
侵蚀剥蚀小起伏中山	1	1.826	1.826	1.826	1.826	0.009
喀斯特小起伏中山	1	9.756	9.756	9.756	9.756	0.049
中起伏中山	29	0.305	306.023	120.417	3492.095	17.363
侵蚀剥蚀中起伏中山	28	0.305	306.023	123.430	3456.034	17.183
喀斯特中起伏中山	1	36.062	36.062	36.062	36.062	0.179
侵蚀剥蚀大起伏中山	16	8.410	524.121	224.727	3595.637	17.877

2.2.3　应用地貌

1. 喀斯特地貌

1）峰林

据统计，广西西江流域地区有峰林180多处，其中以桂林阳朔地区峰林谷地景观最为典型（图2-4），在广西景观旅游方面起着龙头的作用。其秀丽的山水，在全世界独一无二。五大洲的游子宾客，仰慕这里的山山水水，纷至沓来。这是广西西江流域的骄傲。

图2-4　阳朔峰林景观

2）洞穴

据统计，广西西江流域地区有名洞180多处，其中千姿百态的钟乳石造型，令游人为之惊叹，以桂林七星岩、芦笛岩为最（图2-5）。

图2-5　桂林芦笛岩

3）地下河

广西西江流域地区喀斯特地下河众多。地下通道口流出来的清凌凌的地下河水是喀斯特区珍贵的水资源，也是民众赖以生存的水源，如隆安县布泉乡即以地下河出口命名的乡镇。都安地下河，是广西规模最大的地下河，全长57.2km，水位埋深30～50m，汇水面积$1054km^2$，有支流12条，洪水期流量400～$500m^3/s$，枯水期流量约$4m^3/s$（图2-6）。

图2-6　都安东庙乡的地下河出水口

4）自然保护区

喀斯特区里建立的自然保护区，首推广西弄岗国家级自然保护区[2]。该保护区跨龙州、宁明两县境，地貌属峰丛深切圆洼地、槽形洼地、槽形谷地地形，其地处北热带与南亚热带交会地带，在峰丛洼地中保存了特有的喀斯特自然生态系统。在许多洼地中生长着茂盛的林木，可让观光者感受到另类的自然生态文化，对保护区的综合研究具有世界意义（图2-7）。

图 2-7　广西弄岗国家级自然保护区

2. 流水地貌

1）低海拔平原

低海拔平原位处低海拔地带，分布地点遍布全流域，随水系呈长条带状展布。特别是大块低海拔平原多分布于大江大河两岸，如左江、右江、邕江、郁江、红水河下游、柳江、黔江、桂江、浔江等[3]。低海拔平原在本区有举足轻重的地位，是城镇发展、交通建设和农业生产的最主要用地。大片江河冲积平原地貌，以贵港、桂平、平南地段以及田阳、田东到隆安的右江谷地最为开阔，面积达 $500km^2$ 左右（图 2-8、图 2-9）。

图 2-8　贵港市港北区万亩连片富硒水稻田地貌

图 2-9　郁江左岸近桂平段平原地貌

2）低海拔台地

低海拔台地分布地点主要在流域中南部沿江一带。大河两岸多有大块连片分布，特别是南部如邕江、郁江、浔江以及左江、右江、黔江、柳江、桂江等大江大河两岸。低矮的低海拔台地也是城镇发展、交通建设和甘蔗、林果等园艺经济作物生产的最主要用地（图 2-10）。

图 2-10　郁江左岸近贵港段低台地地貌

3）低海拔丘陵

低海拔丘陵主要在流域南半部、中部和东部，杂于台地群中或外侧向山地过渡地区。由于所处海拔较低，其麓坡是发展果园、经济林木生产的良好用地（图 2-11）。

图 2-11　百色市右江区澄碧湖畔低海拔丘陵地貌

4）山地利用

广西西江流域地区山地分布广，在其北半部分及周边都有分布。大面积的山地为本流域地区经济林、水源林建设提供了优越的地貌条件，同时孕育了宝贵的动植物资源，以及可供观赏旅游资源（图 2-12）。

3. 地质灾害

广西西江流域地区地质灾害以崩塌、滑坡、泥石流、岩溶地面塌陷为主[4]。

图 2-12　龙胜龙脊古壮寨山地地貌

1）崩塌、滑坡

广西西江流域地区崩塌、滑坡主要发生于风化土层较厚区域。

2018 年 6 月 24 日 6 点 30 分，广西百色市凌云县玉洪乡乐凤村林瓦屯李应很家，因持续强降雨发生屋后山体滑坡，一栋二层楼房被掩埋，一家六口人不幸遇难（图 2-13）。

图 2-13　2018 年 6 月 24 日凌云县山体滑坡

2）泥石流

广西西江流域地区泥石流出现在多雨和暴雨的季节，个体规模一般几百立方米至几千立方米。2018 年 6 月 24 日桂西强降雨，引发百色市田林县等地坡面泥石流，摧毁房屋（图 2-14）。

3）岩溶塌陷

广西西江流域地区岩溶塌陷，主要分布于桂中平原及桂林、黎塘等地岩溶区，由地下水水动力条件急剧变化引发。2012 年 5 月 10 日上午，柳州市柳南区帽合村上木照屯发生岩溶地面塌陷。受灾总积约 100 亩①，多栋房屋倒塌（图 2-15）。

---

① 1 亩≈666.67m^2。

图 2-14　2018 年 6 月 24 日田林县强降雨引发坡面泥石流

图 2-15　柳州市柳南区 2012 年 5 月 10 日上午岩溶地面塌陷

参 考 文 献

[1] 中国科学院华南热带生物资源综合考察队，广州地理研究所．广西地貌区划［M］．北京：科学出版社，1963.

[2] 李克因．弄岗自然保护区地貌分区及地貌发育初考［J］．广西植物，1988，(S)：33-51.

[3] 李克因．县级农业地貌工作方法的探讨［J］．广西师院学报（自然科学版），1990，(1)：64-72.

[4] 周成虎，程维明．《中华人民共和国地貌图集》的研究与编制［J］．地理研究，2010，29（6）：970-979.

第3章　广西西江流域地理特征分析与综合区划

3.1　地理特征与综合区划研究综述

3.1.1　国外研究现状

国外的区划工作研究始于18世纪末到19世纪初，并提出区域在概念上的解释：区域是在整体不断分解下形成的，分成的各部分区域在空间上必然相互连接，类型可以分散分布。1817年，近代地理学的创始人洪堡首先将距海远近、海拔、纬度、风向等因素纳入影响气候的因素中，且制作了世界等温线图。1884年，柯本将世界分成了六个温度带，随后又依据气候、降雨和自然植被的分布提出了世界气候区。现代的自然地域划分研究开始于19世纪末，其标志是地理学家霍迈尔提出了地表自然区划及其主要单元内部逐级分区理论，并在此基础上阐明了区域、小区、地区和大区四级地理单元。20世纪初，自然区划的原则出现，后来发展为区划的基本理论和参考标准。随着许多地理学者的不断研究，区划理论也不断完善，但是当时受各种条件限制及缺乏对内在规律的深入探讨，那时候的区划研究还是在自然界表面，而对于自然现象规律的深入剖析还不是很成熟，导致区域区划研究的指标还是停留在地貌、气候等单一因素上，甚至其中某些区划的研究划分依据还停留离在单要素的水平上。20世纪40年代后期，根据政府和农业部门的要求，苏联学者首次开展了综合地理区划研究，对综合地理区划的理论和实践做了较充分的研究和总结。

在生态区划方面的研究也取得了较大的进展，主要有自然（生态）地域系统划分的理论研究、全球或区域生态制图、生态区划类型和生态敏感性研究。20世纪70年代末，美国学者贝利（R. G. Bailey）第一次提出了生态地域划分理论[1]，认为区划是按照一定的空间关系来组合自然单元的过程。区划工作图中将地图、界线、尺度和单元等工具或概念引入，使得区划因素“多样化”，促进了生态区划研究较大的进展。1976年他首次提出了具有真正意义的生态地域划分方案，研究中，在自然区划的基础上引入生态因素，对美国的生态区域进行划分，以实现不同尺度上森林、牧场和有关土地的管理。80年代末又对世界生态区域地图做了深入的编制。德国生态学者依据气候特点，将陆地划分为9个地带生物群落。

在农业区划、自然灾害区划研究方面，该领域的研究开始于19世纪末到20世纪初。19世纪末，德国学者依据农作物、畜禽、农业各部门在地域内的优势来划分农业区。当时苏联国土面积辽阔，各个地区自然条件迥异，因此农业区划的研究工作很早就有涉及并得到了重视。美国学者研究方面：各个州的农业地图早在1916年就被编绘而成。20世纪70年代，法国地理学者依据农业经济效益、自然条件及其他人文因素，将法国一共分为八大农业经济区、二十四个亚区和若干个小区。当时的GIS技术也广泛被应用于对自然灾害综合区划的研究中，其研究主要针对单一灾害类型以及公众对灾害的应急对策和小区域来进行。

3.1.2　国内研究现状

我国最早的区划思想萌芽于春秋战国时期，全世界最早的自然地理区划出自《尚书·禹贡》。近代的区划研究工作是在20世纪二三十年代开始的，现代自然区域划分开始的标志是学者竺可桢在1929年发表的《中国气候区域论》；20世纪90年代起，区划的目的转向为可持续发展服务，且人文经济区划研究发展相对薄弱，因此黄秉维先生晚年曾极力倡导自然科学与人文的综合区划研究[2]；此后葛全胜、吴绍洪、刘军会等对全国陆地表层系统和柴达木盆地、青藏高原等做了综合区划的初步尝试[3-5]。这个阶段的综合区划研究成就表现在以下5个方面：①区域划分突破地理学学科范畴，在生态学和环境科学等领域迅速展开，并取得了一批重大成果，如傅伯杰、刘国华等的中国生态区划方案[6]，徐继填、陈百明、张雪芹的中国生态系统生产力区划[7]。②区划方案综合考虑自然和人文因素，由自然区划和经济区划逐步向综合区划方向发展，如黄秉维为顾问、陆大道主持的中国科学院“九五”重大项目“中国陆地表层系统与区域可持续发展”是一次综合区划工作的新尝试。③应用范围更加扩大。由最初的指导农林牧渔各业发展和生产力布局，向全球环境变化及响应对策、国土整治方案支撑、生态重建与恢复、区域可持续发展等领域拓展。④区划信息源更加丰富。由20世纪70年代中期以前的以地面区域自然与社会经济调查数据为主，向数据源结合（如“地面调查+对地观测+台站监测+模拟数据”四位一体）的转变。⑤区划技术手段和定量方法多样化。传统区域划分范式所采用的主观性较强的专家集成法，20世纪六七十年代，随着定量地理学的兴起，区划研究中逐渐引入大量的技术手段和数据处理统计方法，如3S技术、回归分析、聚类分析、判别分析、主成分分析等。

近年来，中国自然地理区划及其相关研究工作继续呈现活跃态势，其中，国家层面上完成的自然区划及相关工作主要有：①中国生态地理区域系统研究[8]；②中国主体功能区划[9]；③中国地理多样性与可持续发展[10]。具有较大影响的是近年来编制的全国主体功能区区划，将全国国土划分为优化开发、重点开发、限制开发和禁止开发4类，实际也是人文与自然要素在空间上有机结合的综合地域类型划分，已经成为国土空间开发保护的基础制度和国家战略[11]。例如，方创琳等[12]以中国地理自然地理要素为基础，充分考虑全国的自然和人文要素的地域分异性和相似性，将全国划分为不同空间层级、相对独立完整，并具有有机联系的特色人文地理单元。

3.2　综合区划理论与方法

3.2.1　综合区划依据

广西西江流域综合区划是根据区域的内部差异，将自然、人文特征相似的区域归入同一个研究区，将不同的归入不同的研究区，并确定其界线。再按照区域之间的从属关系，通过对各区划的环境、资源特征及社会状况及其发展趋势的研究，使各区域之间形成一定的等级系统。这样的区划有利于达到人与自然的和谐共处，从而实现人类社会的可持续发展。

在进行综合区划时，都需要依据一定的准则和要求。区域的区划依据的确定是选取指标的基础，随着区划对象、尺度、目的的不同而有所差异，因此要根据区划目的及区域的分异规律进行合理判定。广西西江流域综合区划是以促进区域自然和社会可持续发展为目的的区域划分，划分时不仅考虑到了区域之间的自然环境差异，还考虑到了经济发展水平对区划的影响。

1. 气候和地貌是区域自然环境分异的基础

广西西江流域处于中亚、南亚热带季风气候区，但是由于地形复杂多样，有山地、丘陵、盆地、平原等不同地貌类型，且喀斯特地貌分布广泛，以及由南至北距离不同，使得各个地区的气温、降水都有所差异，从而影响到农业生产、发展及土地利用。所以，充分考虑各地区自然环境的差异是十分必要的。

2. 资源禀赋是区域可持续发展的基础

随着经济发展和科技进步，资源在区域发展中的重要性逐渐降低，但是在广西西江流域目前的发展阶段中，资源禀赋依然是衡量区域可持续发展能力的重要物质基础，通过区域的农业自然资源、旅游资源和矿产资源等来综合分析评价广西西江流域各地区的资源赋存状况。

3. 各地区的经济生活水平、产业结构有一定差异，必然会使得各地区具有不同的支撑基础和动力

广西各地区的经济生活水平、产业结构有一定差异，必然会使得各地区具有不同的支撑基础和动力。当前的经济建设越好，可持续发展动力就越强，也越能够促进基础设施、教育及医疗条件的改善。不同的经济发展程度其相应的社会和环境状况差异也较大。往往经济发达的地区，其城市建设、人民生活水平和生态环境相对较好。因此，综合考虑影响区划的因素来确定的区划依据，有利于后续区划工作的顺利进行。

3.2.2　综合区划原则

综合区划以实现区域可持续发展为目标，以地域分异规律作为理论基础。综合地理区划原则是研究区选取指标、运用合适区划方法、建立等级系统的依据，也是综合区划的指导思想。除了要考虑传统区划应遵循的原则外，同时还要考虑自然因素和人文因素相结合原则。

1. 发生统一性原则

任何区域单位都是地域分异作用下历史发展的产物，具有一定历史继承性。发生统一性是区域单位都具有的特征，其包括现代区域自然综合体的统一形成过程和古地理分化过程，是进行区划工作的基本原则。在进行广西西江流域综合区划时，要深入探讨西江流域地区发展的历史背景和相互联系，各区域分异的原因与形成过程，同时兼顾研究区的动态变化趋势，保持广西西江流域综合区划中县级行政区划的完整性。

2. 相对一致性原则

根据相对一致性原则要求，在进行广西西江流域综合区划时，必须注意其各类型区内部特征的相对一致性，如基本的自然因子或要素一致，综合特征基本一致。划分不同等级单位的一致性是相对的，根据具体情况，各有不同的标准。大区域可以划分为一系列中等区域，然后进一步划分为低级区域，无论是对区域进行自上而下的顺序划分，或是自下而上的逐级合并都要遵循该原则。

3. 区域共轭性原则

区域共轭性原则即空间连续性原则，在综合区划中包括区域空间连续性和区域个体不可重复性两大方面。任何一个区域单元必然是完整的个体，不可能存在彼此分离的部分。对于两个自然特征类似但彼此隔离的区域，不能把它们划分到同一个区域中。根据这个原则，广西西江流域综合区划的每个区划单元从自然、人文、生态等方面各具特性。同理，广西西江流域的综合划分中不存在独立于区域之外又属于该区域的单元。

4. 自然环境相对一致性与经济社会发展相对一致性相结合原则

区域的温度、热量、水分等自然地带性是进行区域划分的重要依据，人口、资源、社会经济等人文因素也有明显的地域分异，因而以区域的可持续发展为目标，综合地理区划应重视自然和人文两方面的地域分异规律，并将两者结合起来加以考虑。同时，宏观的自然和人文地域分异规律对于构建综合地理区划框架具有重要的指导意义。例如，广西综合地理区划充分考虑了地貌、气候、土壤、植被等自然地域分异规律及人口、社会经济、生态环境等人文因素形成的地域分异，并将两者相结合。

5. 自上而下与自下而上相结合原则

较高等级的区域划分通常采用自上而下的演绎途径，而较低等级的地域类型则多应用自下而上的归纳途径。自上而下有助于更好地把握宏观格局，自下而上则更有助于基于最小空间单元的定量精细化分析。本区域采用自上而下与自下而上结合原则，通过自下而上得到较为准确的区划界线，通过自上而下避免分区过于破碎和偏离实际。

6. 综合分析与主导因素相结合原则

任何区域都是在地域分异规律影响下，由各自然地理成分和区域内各部分所组成的统一整体。因此，在进行广西西江流域综合区划时，具有相似性和差异性，相对于整体而言需要全面分析区域所有成分。自然因素影响下环境的变化往往比人文因素影响下社会经济的发展相对迟缓及稳定，因此，综合区划的主导因素可根据各因素可改变的程度加以选择。在此原则下，广西西江流域综合地理区划自然因素方面选取了地貌、气候、自然资源等几个对区域可改变性大的因素；人文因素中社会和经济两方面，选取了代表区域经济发展水平的人均 GDP、城镇居民人均可支配收入等因素。

3.2.3　综合区划的指标体系建立

综合区划应选择能定量化、有代表性、有区域可比性的指标，能够全面反映研究区域的资源、环境、社会及经济状况，并且具有充分的科学基础。依据以上区划原则和依据，建立广西西江流域综合区划指标体系，涵盖自然因素和人文因素两大方面。

自然因素包括环境和资源方面，宏观存在的自然环境条件以水分、热量为基础选取主要指标。在广西西江流域综合区划中主要从气候、地貌等方面描述广西西江流域自然地理分化过程和形成原因等大自然地理背景，选择多年平均降水量、年平均气温、自然资源（包括可更新资源和不更新资源）。资源禀赋是各个地区衡量可持续发展能力的重要物质基础。本书选取人均耕地面积、耕地在土地面积占地比、农作物总播种面积、国家 A 级景区数来对广西西江流域地区的资源条件进行分析。

人文因素涉及经济、社会两方面。区域经济发展水平主要以人均国民生产总值来衡量，产业结构和农业商品率也在一定程度上反映出区域经济发展水平，而区域经济活力则体现了经济增长的速度和质量。本书选取人均 GDP、人均财政收入、第一、第二、第三产业 GDP 占比、GDP 指数来分析广西西江流域的经济发展水平。社会保障水平主要体现在人民生活水平、教育医疗水平、基础设施建设等方面。生活质量是社会发展的表现，同时也是社会发展的强大动力，反映了居民对物质生活和精神生活需求的满足程度，是评价社会发展水平的重要指标。采用农村居民人均纯收入和城镇居民人均可支配收入来体现人民生活水平。教育是促进社会和经济发展的根本措施，医疗是人民生活的保障，分别选取义务教育阶段学校数、各种社会福利收养性单位数、每万人医疗卫生机构床位数、各种社会福利收养性单位床位数、每万人医疗卫生机构技术人员数来反映广西西江流域地区的教育和社会医疗保障条件。

广西西江综合区划指标体系涉及环境、资源、社会、经济等方面，实现了自然、人文两大方面的有机结合（表 3-1）。所选取的指标具有代表性，简洁实用；指标数指容易掌握和获取，具有区域可比性、可量化性，便于操作，是进行综合区划的基础。

表 3-1　广西西江流域综合区划指标体系

<table>
<tr><th>目标层 A</th><th>子系统（一级要素）B</th><th>二级要素层 C</th><th>指标层 D</th></tr>
<tr><td rowspan="11">综合区划系统</td><td rowspan="11">自然因素 B1</td><td rowspan="7">地理环境 C1</td><td>多年平均降水量</td></tr>
<tr><td>年平均气温</td></tr>
<tr><td>植被指数</td></tr>
<tr><td>平原面积</td></tr>
<tr><td>丘陵面积</td></tr>
<tr><td>中山面积</td></tr>
<tr><td>高山面积</td></tr>
<tr><td rowspan="4">自然资源 C2</td><td>人均耕地面积</td></tr>
<tr><td>耕地在土地面积占地比</td></tr>
<tr><td>农作物总播种面积</td></tr>
<tr><td>国家 A 级景区数</td></tr>
</table>

续表

目标层 A	子系统（一级要素）B	二级要素层 C	指标层 D
综合区划系统	人文因素 B2	经济发展水平 C3	人口密度
			人均 GDP
			人均财政收入
			第一产业 GDP 占比
			第二产业 GDP 占比
			第三产业 GDP 占比
			GDP 指数
		社会保障水平 C4	农村居民人均纯收入
			城镇居民人均可支配收入
			义务教育阶段学校数
			各种社会福利收养性单位数
			每万人医疗卫生机构床位数
			各种社会福利收养性单位床位数
			每万人医疗卫生机构技术人员数

3.2.4　研究方法

1. 空间分析方法

空间分析是 GIS 的核心技术。本书在处理自然因素指标的过程中，采用了栅格数据格式进行空间分析，主要有空间数据的裁剪、数据格式转换、表面分析、重分类、区域统计分析等。基于 ArcGIS Spatial Analyst 空间分析模块，运用统一的地理坐标和投影坐标，把各个单因子指标处理为 30m×30m 栅格数据，将图层进行叠加处理。基于栅格数据的空间分析是 ArcGIS 空间分析的重要组成部分，主要功能有表面分析、栅格插值、重分类、区域分析、叠加分析、领域分析、格式转换等。

2. 确定指标权重的方法——主客观组合赋权法

相关权重是评价指标的权重，与该指标的数值具有函数关系。目前关于属性权重的确定方法有很多，根据计算权重时原始数据的来源不同，可以将这些方法分为三类：主观赋权法、客观赋权法及主客观组合赋权法。主观赋权法是依据决策者主观上对属性的重视程度来确定属性权重的方法，其原始数据由专家根据经验主观判断而得到。常用的主观赋权法有专家调查法、二项式系数法、层次分析法等。客观赋权法是根据各方案评价指标的客观数据的差异而确定各个指标权重的方法。常用的客观赋权法有主成分分析法、熵值法、离差及均差法等。

在实际研究中，主观赋权法完全依靠人的意识，客观性较差，而客观赋权法又不能体现决策者对不同指标的重视程度，可能出现权重确定结果与指标的现实重要程度不相符的情况。因此，本书在已有的研究基础上，为了避免单一方法带来的主观性和随机性，使得评价结果更具说服力和合理性，采用了主客观组合赋权法：用层次分析法和熵值法两种赋权法分别计算各级指标的权重。用组合赋权法将两种方法所获得的结果进行相互参考和对比，以获取更为科学客观的权重，其计算步骤如下。

1）*数据的标准化*

评价体系中涉及的指标数据在数值上差异很大，各指标单位也不相同，为消除量纲，使数据具有可比性，对数据进行标准化处理，本书采用的是极差正规化处理方法，处理后的数据范围在 0 ~ 1 之间。其公式如下：

$$X'_{ij}=\frac{X_{ij}-\min_j}{\max_j-\min_j}(\text{正向指标}) \tag{3-1}$$

$$X'_{ij}=\frac{\max_j-X_{ij}}{\max_j-\min_j}(\text{负向指标}) \tag{3-2}$$

式中，X_{ij}为第i个乡镇第j项指标的原始数值；$\max_j$为第j项指标所有数值中的最大数值；$\min_j$为第j项指标所有数值中的最小数值；X'_{ij}为标准化后第i个乡镇第j项指标的标准化数值。

2）熵值法

本书在评价指标权重的计算上，客观赋权法采用熵值法。熵值法是指用来判断一个事件的随机性及无序程度，也可以判断某个指标的离散程度，指标的离散程度越大，表示该指标对综合评价的影响越大。

综合标准化值P_{ij}：

$$P_{ij}=\frac{X'_{ij}}{\sum_{i=1}^{n}X'_{ij}} \tag{3-3}$$

计算第j项指标的熵值e_j：

$$e_j=-K\sum_{i=1}^{n}P_{ij}\ln P_{ij}=-\frac{1}{\ln n}\sum_{i=1}^{n}P_{ij}\ln P_{ij}e_j\geqslant 0 \tag{3-4}$$

$$\left(K=\frac{1}{\ln n};\ P_{ij}=0\text{ 时，}P_{ij}\ln P_{ij}=0\right)$$

式中，n为单元数。

计算第j项指标的差异性系数g_j：

$$g_j=\frac{1-e_j}{m-E_e} \tag{3-5}$$

$$\left(E_e=\sum_{j=1}^{m}e_j;\ 0\leqslant g_j\leqslant 1;\ \sum_{j=1}^{m}g_j=1\right)$$

计算第j项指标的权重W_j：

$$W_j=\frac{g_j}{\sum_{j=1}^{m}g_j}(0\leqslant j\leqslant m) \tag{3-6}$$

3）层次分析法

在主观赋权法计算上，采用层次分析法。层次分析法是将与决策者有关的元素分解成目标、准则、方案等几个层次。其主要是通过利用权重分配的一种定性和定量相结合的方法。该方法首先是评价指标体系按支配关系分层，然后通过判断矩阵两两指标的相对重要性构造比较判断矩阵，最后依据所确定的各个指标相对重要性的顺序做出赋权决策。本章基于YAAHP软件的操作，首先建立层次模型，再构造判断矩阵，最后得到计算结果。

①层次结构模型可以将复杂化问题根据评价目的分成三个层次，第一层为目标层，即广西西江流域综合区划；第二层为准则层，分别是地理环境、自然资源、经济发展水平、社会保障水平4项；第三层为指标层。

②构造判断矩阵，层次分析法的判断矩阵见表3-2。在构造矩阵中，由该领域的专家依据理论和经验对指标的重要性进行两两比较，并对其进行赋分，分值采用萨泰教授提出的1～9度法，见表3-3。

表3-2　层次分析法构造判断矩阵

目标	X_1	X_2	X_3
X_1	F_{11}	F_{12}	F_{1n}
X_2	F_{21}	F_{22}	F_{2n}

续表

目标	X_1	X_2	X_3
⋮	⋮	⋮	⋮
X_n	F_{n1}	F_{n2}	F_{n3}

表 3-3　判断矩阵标度定义

标度	定义与说明
1	两个元素对某个属性具有同样重要性
3	两个因素相比，前者比后者稍微重要
5	两个因素相比，前者比后者重要
7	两个因素相比，前者比后者强烈重要
9	两个因素相比，前者比后者极端重要
2、4、6、8	上述相邻判断的中间值
倒数	因素 i 与 j 的比较判断 a_{ij}，则因素 j 与 i 的比较判断 $a_{ji}=1/a_{ij}$

③层次单排序。

计算判断矩阵每一行元素的乘积：

$$M_i = \prod_{j=1}^{n} a_{ij}(i = 1,\ 2,\ \cdots,\ n) \tag{3-7}$$

计算 M_i 的 n 次方根：

$$\overline{W_i} = \sqrt[n]{M_i}(i=1,\ 2,\ \cdots,\ n) \tag{3-8}$$

对向量 $\overline{\boldsymbol{W}}=(\overline{W_1},\ \overline{W_2},\ \cdots,\ \overline{W_n})^{\mathrm{T}}$ 归一化：

$$W_i = \frac{\overline{W_i}}{\sum_{k=1}^{n}\overline{W_k}}(i = 1,\ 2,\ \cdots,\ n) \tag{3-9}$$

得到特征向量 $\boldsymbol{W}=(W_1,\ W_2,\ \cdots,\ W_n)^{\mathrm{T}}$。

一致性检验。在上述打分过程中受人为主观影响，可能结果会存在一些矛盾，因此要对矩阵进行一致性检验，步骤如下。

计算一致性指标 CI：

$$\mathrm{CI}=\frac{\lambda_{\max}-n}{n-1} \tag{3-10}$$

其中 $\lambda_{\max}$ 为判断矩阵最大特征根值：

$$\lambda_{\max} = \frac{1}{n}\sum_{i=1}^{n}\left(\frac{AW_i}{W_i}\right) \tag{3-11}$$

式中，AW_i 为向量 $\boldsymbol{AW}$ 的第 i 个分量。

计算一致性比例 CR：

$$\mathrm{CR}=\frac{\mathrm{CI}}{\mathrm{RI}} \tag{3-12}$$

当 CR<0.1 时，则表示以上矩阵通过一致性检验，其中 RI 为平均随机一致性指标；当 CR≥0.1 时，就需要调整判断矩阵，直到满意为止（表 3-4）。

表3-4　平均随机一致性指标

阶数	1	2	3	4	5	6	7	8	9	10	11	12	13	14	15
RI	0	0	0. 58	0. 90	1. 12	1. 24	1. 32	1. 41	1. 45	1. 49	1. 52	1. 54	1. 56	1. 58	1. 59

④组合赋权计算为

$$W_i=\alpha\theta_i+(1-\alpha)\omega_i \quad (0\leqslant\alpha\leqslant1) \tag{3-13}$$

式中，W_i 为组合权重；α 为偏好系数；θ_i 为层次分析法确定权重；ω_i 为熵值赋权法确定权重。

3. 综合区划方法——系统聚类分析法

本书采用的系统聚类分析方法，又称为层次聚类法、分层聚类法，在聚类分析中应用较广泛，它的基本思想是将全部 n 个样品各看成一类，即得到 n 类；确定样品与样品和类与类之间的距离，并将距离最近的两类合并为一类，形成新的一类；重复计算距离。这样从有 n 类进行，每次合并一类，经过 $n-1$ 次合并后，所有的样品成为一类；将上述合并的全部聚类过程用一个直观图形画出来，即画出聚类图；决定类的个数，并由上述过程得到相应的聚类分析结果。

系统聚类的具体分析步骤如下。

（1）原始数据标准化转换

本书原始数据处理采用的是极差标准化的方法处理，其公式为

$$X'_{ij}=\frac{X_{ij}-\overline{X_j}}{S_j} \quad (i=1, 2, 3, \cdots, n; j=1, 2, 3, \cdots, m) \tag{3-14}$$

式中，$\overline{X_j}$为 X_{ij}的均值；S_j 为 X_{ij}的标准差。

由这种标准化方法得到的新数据，各要素的平均值为0，标准差为1，即有

$$\overline{X'_j} = \frac{1}{n}\sum_{i=1}^{n} X'_j \tag{3-15}$$

$$S_j = \sqrt{\frac{1}{n}\sum_{i=1}^{n}(X'_{ij} - \overline{X_j})^2} = 1 \tag{3-16}$$

（2）计算欧氏距离

聚类分析前要定义距离，常用距离有欧氏距离、绝对值距离、切比雪夫距离、兰氏距离、马氏距离等。本书采用平方欧氏距离（square Euclidean distance）测试广西西江流域76个区县单位之间的距离，其计算欧式距离公式为

$$d_{ij} = \sum_{k=1}^{m}(X_{ki} - X_{kj})^2 \quad (i=1, 2, 3, \cdots, n; j=1, 2, 3, \cdots, m) \tag{3-17}$$

将所有行的欧氏距离都算出来，可以得到一个 $n\times n$ 的欧式距离矩阵：

$$\boldsymbol{D}=\begin{bmatrix} d_{11} & d_{12} & \cdots & d_{1n} \\ d_{21} & d_{22} & \cdots & d_{2n} \\ \vdots & \vdots & & \vdots \\ d_{n1} & d_{n2} & \cdots & d_{nn} \end{bmatrix} \tag{3-18}$$

式中，$\boldsymbol{D}$ 为对称阵，根据 $\boldsymbol{D}$ 可对 n 个点进行分类，距离近的点归为一类，距离远的点归为不同的类。

3.2.5 数据来源与处理

根据研究的需要，选取了气象数据、多元遥感数据及社会经济统计数据，具体如下。气象数据主要来源于中国气象科学数据共享服务平台；多元遥感数据主要来源于美国地质勘探局；高程数据来源于国际科学数据服务平台，空间分辨率为30m；社会经济统计数据来源于2005年《广西统计年鉴》。

3.3 研究区概况

3.3.1 地理区位特征

西江是珠江流域的主干流，是广西壮族自治区的重要水系，是华南地区最长的河流，西江在广西境内河长869km；其发源于云南，流经广西，在广东佛山三水与东江、北江交汇，其干流在江门、中山注入南海，与东江、北江合称珠江。广西西江流域位于104°E～113°E，21°N～27°N。西江流域广西段（本书称广西西江流域），河流众多，水量丰富。河源至三江口为上游，三江口至梧州市为中游，梧州至思贤为下游，其主要河流有南盘江、红水河、黔江、浔江、郁江、柳江、桂江以及贺江。

广西西江流域存在两个不同的概念。一是从其支流角度来定义，指整个流域；二是广西西江及其经济带，包括南宁、河池、玉林、桂林、贺州、柳州、梧州、贵港、来宾、百色和崇左11个地级市。根据地理单元划分，本书中广西西江流域指整个流域，包括桂林（阳朔县、灵川县、永福县、平乐县、荔浦市、龙胜县、恭城县以及兴安县部分地区）、柳州、南宁、来宾、梧州、贺州、玉林（兴业县、容县和北流市）、贵港、河池、百色、崇左以及防城港上思县。

广西西江流域地貌复杂多样，自然景观呈地域性分布，流域地貌主要是山地丘陵盆地，地势总的状态呈现出西北高、东南低的地域分异，由西北向东南倾斜。根据《中国1：1000000地貌图制图规范》，该流域境内地貌可分为山地、丘陵、平原、盆地4种类型，以丘陵山地为主，盆地、平原形态突出，喀斯特地貌广布。

3.3.2 气候与水文特征

1. 气候特征

广西西江流域地处亚热带湿润季风气候区，干湿季节明显，气候宜人，自然条件良好。在太阳辐射、大气环流和地理环境的共同作用下，形成了热量丰富、雨热同季，降水丰沛、干湿分明，日照适中、冬少夏多的特点。

1）气候复杂多样

（1）地形对气候的影响

对气温的影响。一般情况下，气温随着海拔的增加而减少，海拔每升高100m，气温约下降0.6℃，在纬度基本相同的情况下，地处山区的金秀、德保的年平均气温比地处河谷的象州低。西江流域年平均气温在16.5～21.3℃之间，其中桂林市大部分及河池市北部、三江、乐业、金秀等地区的年平均气温在20℃以下，年平均气温最高在合浦。

对气流的屏障作用。由于云贵高原对南下冷空气具有阻滞作用，同纬度同海拔条件下，流域西部气温要比流域东部高，如地处东部的梧州年平均气温比西部的田东低1.0℃。

对降水量的影响。在降水空间分布上，降水整体上呈现由东向西逐渐递减的趋势。流域内四季的降水中心为春季（3～5月）在东部地区，夏季（6～8月）移至西南部地区，秋季（9～11月）继续停留在西南部地区，冬季（12～2月）又移回东北部地区，即依“春（东）—夏（西南）—秋（西南）—冬（东北）”的模式移动。在降水时间分布上，流域降水的季节分配不均匀，大部分降水集中在5～8月，占全年降水量的65%左右。流域东北部地区及东部地区有海拔1500～1800m的山脉，夏季风带来南海和西太平洋的湿润水汽沿迎风坡抬升冷却，容易成云致雨，故流域东部地区降水较多。中部地区多为海拔300m以下的平原、丘陵及规模较小的盆地，盆地的地势整体上由西北向东南倾斜，湿润水汽容易在研究区中部地区形成降水。西部地区为云贵高原的南缘，海拔1000～1500m，对来自海洋的湿润水汽有阻碍作用，故降水较少，属相对少雨区。具体而言，三个多雨区是十万大山南侧的东兴—钦州一带，以大瑶山东侧的昭平为中心的金秀、蒙山一带，以越城岭—元宝山东南侧的永福为中心的兴安、灵川、桂林、临桂、融安、融水等地。这三个多雨区中心年降水量在1990mm以上。三个少雨区是以田阳为中心的右江河谷及其上游的“三林”一带，以宁明为中心的明江、左江河谷—邕宁一带和以武宣为中心的黔江河谷，这三个少雨区年降水量只有1085～1251mm。

对太阳辐射和日照时数的影响。广西西江流域太阳辐射和日照时数分布的特点是河谷平原多，山区少；背风坡多，迎风坡少。具体而言，4个低值区位于都阳山南侧（迎风坡）的都安、大瑶山中部的金秀、六韶山的那坡及桂北边缘山区，年太阳总辐射不足4050MJ/m^2，年日照时数在1500h以下。4个高值区是南部沿海的钦州，右江河谷的百色、田阳、田东，明江河谷（十万大山北侧，背风坡）的宁明、上思以及云开大山西北侧的梧州，年太阳总辐射超过4700MJ/m^2，年日照时数在1740h以上。

（2）海洋对沿海地区气候的影响

对气温的影响。海洋的比热容比陆地大，因此冬季海洋比陆地温暖，夏季则比陆地凉快。海洋的这种特征，对沿海地区的气温具有明显的调节作用，冬温不低，夏季温度不高，年差较小。

对降水量的影响。海洋对陆地降水的影响主要表现在台风降水和赤道辐合线带来的降水。影响广西西江流域的台风源地是南海和西太平洋，每年7～9月是台风盛行期，因此7～9月也是沿海地区降水集中期，降水峰值出现在7月或8月，7～9月的降水量占全年降水量的50%以上，位于十万大山南侧的东兴、防城港是广西西江流域年降水量最多的地方。

形成海陆风。海陆风形成的主要原因是海水的比热容远大于陆地。白天陆地上的空气剧烈受热上升，而海上的空气较凉，因此在近地层，海上气压高于陆地，空气自海面流向陆地（即海风）；在陆地上空某一高度，气压则高于海上，空气又从陆地上空流向海面，这就是海风环流。夜间陆地辐射降温比海面快，海面气温较高，空气膨胀上升，出现与白天相反的现象，与海风环流相似，在海面上空某一高度，空气流向陆地，在近地层，空气又从陆地流向海面（即陆风），这就是陆风环流。在沿海地区发生的海陆风环流，其水平尺度为几万米，垂直尺度从几百米到几千米。

据观测，广西西江流域的陆风一般在1:00开始，10:00结束，持续9h左右，其中出现在5:00～6:00的频率最高，这也是陆风最强的时间；海风从13:00开始，20:00结束，持续7h左右，其中出现在16:00～17:00的频率最高，这也是海风最强的时期。一般海风风速比陆风大。

2）气候灾害频繁

广西西江流域常因季风进退失常造成降雨和气温变率大，以及受高空槽和切变线、低涡、西南急流的影响，流域内主要天气气候事件有低温雨雪霜（冰）冻、暴雨洪涝、台风、高温、干旱、局地强对流、雾、霾等。西江流域西部地区多春旱，出现频率为60%～90%，西江流域东部地区多秋旱，出现频率为50%～70%。该流域雨季大、暴雨过于集中，年年发生洪涝灾害，尤其以桂南沿海和融江出现频率大。而春、秋雨季内受北方较强冷空气南下的影响，几乎每年春季出现倒春寒，秋季出现寒露风天气，危害农业生产。每年4～7月，经常出现大风天气，且影响范围和程度均较大。此外，桂西地区年年降雹，不利于冬季农作物和果木生产。主要天气气候事件中，以台风灾害影响最为严重，如2017年初的台风“天鸽”带来的风雨影响对西江流域有利有弊，一方面，“天鸽”的风雨使广西西江流域内部分的高温天气、气象干旱得以缓解，水库、山塘蓄水量增加，有利于水力发电和生产用水；另一方面，大风和强降水给部分地区的农业、交通运输、电力、旅游等行业造成灾害或不利影响，并导致部分中小河流超出警戒水位，局地发生洪涝地质灾害。

2. 水文特征

广西西江流域河系发达，河流众多，河网密度大，水量丰富。其中广西境内集水面积共20.24万km^2，占全流域集水面积的85.7%，水资源总量约占广西水资源总量的85.5%。流域的上源为南盘江，发源于云南省曲靖市马雄山。

广西西江流域地表水资源分布的主要特点为各地地表水资源量与降水总量分布基本一致，降水总量丰沛地区地表水资源量相对丰富，反之亦然。流域内的浅层地下水资源量除北海平原区外，西江流域大部分地区属山丘区，岩溶地貌较为发育，地表水、地下水相互转化，枯水期河川径流量主要由地下径流补给，且数量比较稳定，河川径流量基本等于浅层地下水资源量。

广西西江流域内所有河流的汛期都较长，可达半年之久。但因地理位置影响，雨季迟早各有不同，河流汛期的时间不相同。北部和东北部的桂江、贺江等河流，源出南岭山地，春雨较多，汛期来得早，又因受台风影响小，秋雨不多，汛期结束得早；中部和东南部的红水河、柳江、黔江等河流汛期较晚，持续时间也较长。由于区域内石灰岩分布广泛，在高温多雨的气候条件下，地下河广泛发育，且与地面河流共同组成一个河系，是区域内水文的一大特色。

3.3.3 土壤与生物特征

1. 土壤类型多，差异明显

（1）土壤类型多，红壤类土壤密度大

广西西江流域共分土纲6个、亚纲10个，土类18个、亚类34个，土属109个，土种327个。其中18个土类是砖红壤、赤红壤、红壤、黄壤、黄棕壤、紫色土、石灰岩土、火山灰土、粗骨土、红黏土、新积土、山地草甸土、潮土、沼泽土、滨海盐土、酸性硫酸盐土、黑泥土壤和水稻土壤等。而这些土类中又以红壤类土壤（包括砖红壤、赤红壤、红壤、黄壤）富铝化土纲系列为主。广西西江流域的红壤主要分布在山地、丘陵、台地和平原上，总面积为18025.59×10^4亩，占全区土壤总面积的74.45%，为流域内的农业发展提供了良好的条件。

（2）石灰岩土分布广，土层浅薄

广西西江流域内石灰岩面积$8.95\times10^4km^2$，占广西总面积的37.83%，占全国石灰岩面积的6%。在广西石灰岩上发育的石灰岩土面积共有1227.91×10^4亩，占全区土壤总面积的5.07%，是砖红壤面积的3倍以上，主要分布在桂西南、桂西北、桂东北及桂中地区。广西西江流域石灰岩土层浅薄、主体厚度一般在20～40cm，甚至有的小于20cm，其原因与成土母岩碳酸盐岩（石灰岩）含$CaCO_3$较纯、经溶蚀风化后残留的成土物质很少，以及受雨水淋洗有关，土壤一般呈中性至微酸性，土质黏重。

（3）土壤质地多壤质，土壤质量多中、低等级

据测定，广西西江流域土壤面积所占比重很大，但流域内土壤质地的形成与土壤母岩多为壤砂页岩、花岗岩和河流冲积物有关。土壤质地多为不沙不黏，通气性好，耕性好，是发展农林牧业的一大优势。但是整个广西西江流域土壤质量不够理想，土壤养分不足，土壤肥力较低。以土壤交换量来看，80%以上土壤的阳离子交换量在每100g 10mmol左右，表明土壤保肥保水能力较低。广西西江流域土壤资源质量评价结果显示，全区水稻土壤、旱地土壤、林荒地土壤按Ⅰ、Ⅱ、Ⅲ等级评价结果是水稻土壤Ⅱ、Ⅲ等占81.23%；旱地土壤Ⅱ、Ⅲ等占97.88%；林荒地土壤Ⅱ、Ⅲ等占60.94%（表3-5）。

表3-5 广西西江流域土壤资源评价结果统计

土壤系列	土种	Ⅰ等		Ⅱ等		Ⅲ等		Ⅱ、Ⅲ等
		面积/hm^2	占本土种比例/%	面积/hm^2	占本土种比例/%	面积/hm^2	占本土种比例/%	占本土种比例/%
水稻土壤	115	309151	18.77	800617	48.60	537386	32.63	81.23
旱地土壤	76	19473	2.12	530864	57.9	366524	39.98	97.88

续表

土壤系列	土种	Ⅰ等		Ⅱ等		Ⅲ等		Ⅱ、Ⅲ等
		面积/hm^2	占本土种比例/%	面积/hm^2	占本土种比例/%	面积/hm^2	占本土种比例/%	占本土种比例/%
林荒地土壤	123	5304187	39.06	5366826	39.52	2908621	21.42	60.94
合计	314	5632811	34.89	6698307	41.49	3812531	23.62	65.11

（4）土壤中土壤有机质、全钾、全磷的含量呈地带性分布

有机质、全钾和全磷是土壤肥力的重要参数。在广西西江流域的土壤中其含量分别在1%～4%、0.36%～1.9%、0.02%～0.06%之间，其差异与水热条件和社会环境不同有关，且呈地带性分布，即土壤有机质、全钾、全磷的含量具有自南向北、从低海拔向高海拔有规律递增的趋势，见表3-6。

表3-6 广西土壤表层有机质、全钾、全磷在水平和垂直地带分布

土类名称	有机质/%		全钾/%		全磷/%	
	土壤水平地带	土壤垂直地带	土壤水平地带	土壤垂直地带	土壤水平地带	土壤垂直地带
砖红壤	1.20	—	0.36	—	0.02	—
赤红壤	2.12	2.12	0.74	0.74	0.04	0.04
红壤	2.46	2.46	1.23	1.23	0.05	0.05
黄红壤	—	4.33	—	1.78	—	0.05
黄壤	—	6.88	—	1.90	—	0.06

2. 生物种类丰富

（1）植物资源种类繁多

广西西江流域已发现的植物共有288科1717属835种，是我国植物种类最多的省区市之一，仅次于云南和广东，居全国第三位。全区森林面积1287.44×$10^4$$hm^2$，森林覆盖率54.19%。珍稀的植物品种有银杉、银杏、冷杉、铁杉；优良速生树种有柳杉、团花树、擎天树；质坚如铁的特种良材有格木、金丝李；名贵观赏植物有金花茶；著名的绿化、风景树有大叶榕、小叶榕；岭南佳果有荔枝、龙眼、香蕉、菠萝、沙田柚；闻名世界的土特产植物有玉桂、八角、罗汉果、田七、灵香草等。

（2）野生动物资源十分丰富

广西西江流域野生动物十分丰富，且有不少珍稀品种，目前属国家保护的珍贵动物就有149种，国家一级保护动物24种，其中最著名的有白头叶猴、蜥、华南虎、黑叶猴（广西俗称乌猴）、野梅花鹿、金猫、云豹、林麝、熊猴、斑冠犀鸟、大鲵等。

（3）珍稀濒危动植物种类较多

在广西西江流域十分丰富的野生动植物中，有不少属于国家珍稀濒危物种。其中，动物如熊猴、猕猴、大鲵、白头叶猴、黑叶猴、蜥等；植物如桫椤、铁杉、银杉、钟萼木、冷杉、珙桐、红豆杉、狭叶坡垒等。如何保护好这些野生珍稀植物，已引起了广西乃至全国环保及动植物保护部门的高度重视。

3.3.4 经济发展特征

经济结构状况是衡量地区经济发展水平的重要尺度，是一个由许多系统构成的多层次、多因素的复合体。探索分析一个地区的经济的基本特征，主要从经济增长、产业结构、经济总量差异三方面来衡量，只有分析得到这三个方面的历史演变情况才能够对未来的经济增长、产业结构、经济总量的变化情况做出预测。

1. 经济增长速度加快，区域经济实力增强

改革开放以来，广西西江流域经济发展很快，人民生活水平普遍提高，城乡面貌发生了极大的变化

（表 3-7）。

表 3-7　国民经济综合指标比较表

项目	1978 年	1990 年	2000 年	2008 年	2012 年	2014 年	2016 年
地区生产总值/亿元	75. 85	449. 06	2080. 04	7171. 58	13090. 04	15742. 62	18317. 64
人均地区生产总值/元	225	1066	4652	14966	28069	33237	38027
地方财政收入/万元	143231	468305	220. 1	843. 30	1810. 14	2162. 54	2454. 08
人均财政收入/元	42. 10	110. 40	459. 50	1483	3881. 49	4563. 61	5094. 61
城镇居民人均可支配收入/元	—	1448	5834	12200	21243	24669	28324
农民人均纯收入/元	119. 50	639	1865	3224	6008	8683	10359

2. 经济结构不断优化

区域产业结构是区域经济学中各类产业之间的内在联系和比例关系，是区域进行资源配置，实现资源增值的载体。一般来说，经济活动分为第一产业、第二产业和第三产业。其中，第一产业包括农业、林业、畜牧业、渔业等；第二产业包括采矿业、制造业、建筑业等；第三产业包括商业、金融及保险业、运输业、服务业及其他各项事业（如科学、文化、教育、卫生等）。三大产业在国民经济中的比重可以反映出区域经济发展的程度。一般来说，经济越发达，第一产业比重越小，第二、第三产业的比重越大；反之，经济越落后，第一产业比重越大，第二、第三产业的比重越小。1998 ~ 2016 年，广西经济结构正在不断优化。

3. 交通运输业发展迅速

广西交通发达，形成以铁路为骨干，港口为门户，公路四通八达，民航和海上、内河航运相配套的综合交通网，是中国西南的出海大通道。

2016 年，广西境内铁路正线里程 7596km，以柳州为枢纽，湘桂、黔桂、黎湛、枝柳、南昆 5 条干线和南防支线以及东罗、钦港、钦北、黎钦等 9 条地方铁路组成网络。公路总里程 120547km，其中高速公路 4603km，一级公路 1372km，二级公路 11934km，二级以上公路占总里程的比重为 14. 85%。广西西江流域内主要内河港口有南宁港、柳州港、梧州港、贵港港、来宾港等 5 个，其内河吞吐量 11649 万 t，内河通航里程为 6200km，等级航道占总航道里程比重为 62. 71%。西江贯穿梧州、贵港、柳州、南宁、桂林、百色等市，是中国西南内陆地区通往广东、港澳和东南亚的一条黄金水道，充分利用这条黄金水道，对广西和整个西南内陆地区的开放和开发将起到极大的作用。广西西江流域境内有桂林两江国际机场和吴圩国际机场、柳州白莲机场、梧州长洲岛民用机场、百色巴马机场等 5 个机场，24 家航空公司经营的航线 149 条。其中，国际航线 11 条，形成了以南宁、桂林为中心，连接华东、华中、西南、中南、西北、东北各大城市和香港特别行政区，以及 9 个国家的航空网络。

4. 区域经济差异显著

经济基础是制约区域经济增长的一个重要因素，任何一个地区经济发展水平的变化都与其经济基础有着密切的关系，都受制于其原有的经济基础，同时也是影响区域经济差异变化的基本因素。

从表 3-8 中明显地看出，2006 年广西西江流域各县（市、区）的地区生产总值（地区 GDP）存在着较大的差距，由于广西西江流域各县（市、区）的原有经济基础各不相同，并且差距较大，经济基础较好的地区主要有南宁市辖区、柳州市辖区、贵港市辖区、梧州市辖区、桂平市、武鸣区、北流市、横县、兴宾区、岑溪市、平南县、藤县、右江区、柳江区、宾阳县、容县、八步区、兴宾区等，这些县（市、区）原有的经济基础较好，从 2006 至 2016 年，在 10 年的经济发展过程中，广西西江流域区域的 GDP 基本上处于领先水平，经济发展的资本实力较强。经济基础较差的主要有那坡县、乐业县、马山县、西林县、凤山县、凌云县、金秀瑶族自治县、东兰县、三江侗族自治县、田林县、巴马瑶族自治县、凭祥市、天等县、龙胜各族自治县、都安瑶族自治县、天峨县等，这些县和少数民族自治区由于原有的经济基础比较薄弱，处在广西西江流域区域经济发展的落后地位，虽然经过 2006 ~ 2016 年这 10 年发展，GDP 得到了一定的提高，但其经济总体发展水平还是相对比较落后。可见，经济基础的地区差异是造成广西西江流域区域发展差异的重要因素之一。

表 3-8　2006～2008 年、2010 年、2014～2016 年广西西江流域内各县（市、区）的地区生产总值

（单位：万元）

地区	2006 年	2007 年	2008 年	2010 年	2014 年	2015 年	2016 年
南宁市辖区	6246094	7685058	9416175	18002600	—	25378106.3	31029312.9
柳州市辖区	4343972	5105027	6203986	13153100	—	16886567.7	19187698.4
梧州市辖区	1122591	1219036	1368037	5792800	—	5400135.29	5617612.43
贵港市辖区	1371186	1691804	1962849	5446600	2251953.41	3588004.71	3975420.1
武鸣区	668352	855953	1100141	227700	2658646.44	2922600.99	—
隆安县	217967	264661	326701	108660	559688.03	616536.164	650827.94
马山县	184964	218846	259773	147781	452922.67	467871.025	504775.37
上林县	173835	211052	249606	144408	450223.92	496058.363	525127.58
宾阳县	591971	692324	831998	307549	1641735.8	1798102.72	1995599.73
横县	618317	762206	977706	358161	2374421.04	2550910.51	2702385.27
柳江区	557678	740043	853196	156588	1880304.56	2005162.72	2181325.46
柳城县	348724	430175	484722	123510	1029366.8	1142062.93	1204208.71
鹿寨县	496168	663771	808293	142579	1147134.15	1245294.61	1382400.65
融安县	180233	232598	282274	106201	527126.13	582412.539	647633.11
融水苗族自治县	193237	245482	304509	135140	660707.22	758575.49	832731.51
三江侗族自治县	103388	134138	161520	100979	373132.48	427199.004	471074.34
阳朔县	229167	330698	385227	92088	976682.95	1081766.41	1168776.76
灵川县	449021	531577	615459	116082	1314424.9	1386131.43	1490596.05
兴安县	438245	587135	705620	130343	1421603.01	1461213.93	1504908.46
永福县	337767	434869	493618	80485	1031335.64	1108789.4	1210232.3
龙胜各族自治县	153338	196875	248430	50756	525800.86	565922.25	606754.62
平乐县	360312	425013	513118	141363	943726.32	1020252.74	1120685.46
荔浦市	381864	475996	576838	115316	1274715.15	1453842.52	1609109.62
恭城瑶族自治县	263793	307532	361474	89937	766134	789643.819	731847.24
苍梧县	357050	480990	583443	172102	382959.98	338781.47	362361.99
藤县	527264	690024	855421	282931	1944225.97	2065759.71	2335522.71
蒙山县	180100	219385	247606	73526	561386.89	589541.839	727507.29
岑溪市	517195	703623	946693	270854	2178259.68	2396128.85	2703892.21
上思县	213104	247488	278456	65325	666298.79	697503.445	776643.52
平南县	581606	739737	894337	429166	1855805.12	2112785.06	2377172.43
桂平市	699108	948639	1128114	542188	2648517.74	2953794.51	3227486.1
容县	421272	502484	598014	275756	1476495.84	1723529.08	1912487.41
兴业县	357888	459573	553102	213959	1195312.89	1363619.92	1504352.04
北流市	720943	885566	1072289	390558	2521373.54	2844565.43	2985937.17
右江区	686628	867567	1008209	90207	1761903.2	2055103.79	2257110.7

续表

地区	2006 年	2007 年	2008 年	2010 年	2014 年	2015 年	2016 年
田阳区	339200	381138	432763	102799	1037734. 99	1192347. 2	1450432. 11
田东县	314406	347570	395408	113514	1196361. 36	1312473. 42	1401004. 65
平果县	686491	710232	733411	144521	1324344. 05	1407699. 9	1595993. 64
德保县	169127	180011	296975	98297	635551. 89	723952. 641	816790. 58
靖西市	198709	274019	411816	162389	1299197. 21	1274484. 94	1585910. 45
那坡县	55303	68890	86992	60721	197266. 99	1571369. 5	246936. 24
凌云县	74697	92048	105010	57622	245978. 24	598286. 952	310337. 57
乐业县	57958	68599	85205	45652	174318. 15	805844. 879	223878. 62
田林县	109737	126021	161245	68885	323064. 1	622594. 59	477270. 49
西林县	59476	73358	96722	39906	186494. 2	1140932. 91	234921. 92
隆林各族自治县	252897	347145	424068	99892	452552. 68	838660. 891	463393. 21
八步区	853229	1045381	549789	193600	1382305. 24	1571369	1777752. 33
昭平县	294869	359299	349315	101968	564661. 44	598287	644471. 59
钟山县	507754	676589	485461	120257	764949. 65	805845	890542. 93
富川瑶族自治县	217676	284209	306165	85293	557436. 93	622595	671315. 96
金城江区	438932	627948	631100	109275	988388. 08	1140933	1172935. 13
南丹县	352977	506386	510905	94573	726767. 66	838661	970778. 84
天峨县	166313	253962	420652	47006	430616. 51	558969	571040. 78
凤山县	73486	83810	105297	57311	164814. 42	196289	212378. 59
东兰县	90868	108531	126817	80240	206350. 93	237640	260279. 49
罗城仫佬族自治县	175490	210637	248524	109758	369745	406198	436713. 74
环江毛南族自治县	197191	245327	259071	117153	388684	431124	453010. 98
巴马瑶族自治县	111636	145958	169025	74293	264916	338318	372002. 73
都安瑶族自治县	163659	219576	239241	194364	354648. 99	403642	444403. 92
大化瑶族自治县	201517	243798	308507	134908	446730. 16	539882	551034. 45
宜州区	489626	549915	591282	213151	993998. 84	1106750	1156693. 57
兴宾区	992693	1228416	1413816	288006	2503985. 11	2465324	2604242. 35
忻城县	240392	288188	315739	130969	515499. 96	559112	584836. 48
象州县	309639	368410	418014	113494	912893. 51	957522	993772. 32
武宣县	248942	313236	340912	138000	932847. 79	985893	1055799. 35
金秀瑶族自治县	85543	106474	121947	49287	255920. 91	274999	287517. 5
合山市	171326	150632	157568	42975	352555. 28	299029	304413. 42
江州区	434008	495145	531146	106029	1226408. 65	1401283	1596759. 98
扶绥县	486391	526822	595770	141743	1222052. 83	1328188	1503784. 84
宁明县	254676	296720	353000	115113	950805. 96	1083364	1169067. 4
龙州县	233928	275295	311053	79407	780320. 25	926037	1039053. 46
大新县	265840	369431	435978	98390	938985. 87	994395	1093833. 71

续表

地区	2006 年	2007 年	2008 年	2010 年	2014 年	2015 年	2016 年
天等县	149143	196533	276501	117632	463607.81	519448	561194.88
凭祥市	138617	188444	215038	33145	452424.33	569269	653498.29

注：右江区为百色市辖区；八步区为贺州市辖区；金城江区为河池市辖区；兴宾区为来宾市辖区；江州区为崇左市辖区。

3.3.5　社会发展特征

1. 人口特征

（1）人口多，密度大

根据第六次全国人口普查数据，2016 年，广西西江流域总人口为 4339.94 万人，约占广西总人口的 77.8%。该流域内人口密度达到 210 人/km^2，人口密度大（表 3-9）。

表 3-9　广西西江流域 2016 年人口情况

地区	总人口/万人	常住人口/万人	区域面积/km^2	密度/(人/km^2)
兴宁区	32.70	42.89	722.68	452
青秀区	71.23	77.75	865.27	823
江南区	51.41	62.68	1183.26	434
西乡塘区	79.20	121.77	1076.00	736
良庆区	27.96	37.02	1368.88	204
邕宁区	35.97	28.16	1230.73	292
武鸣区	71.59	56.54	3388.91	211
隆安县	42.20	31.25	2305.59	183
马山县	56.86	40.72	2340.76	243
上林县	49.89	35.85	1871.00	267
宾阳县	105.79	81.42	2298.17	460
横县	126.92	90.17	3448.06	368
城中区	15.69	17.14	77.56	2023
鱼峰区	34.74	48.04	473.79	733
柳南区	35.90	51.76	164.14	2187
柳北区	35.14	44.55	301.27	1166
柳江区	56.98	60.42	2537.28	225
柳城县	41.10	36.73	2114.37	194
鹿寨县	41.12	35.01	2974.80	138
融安县	32.88	29.70	2898.09	113
融水苗族自治县	51.98	41.64	4638.17	112
三江侗族自治县	40.13	30.88	2417.17	166
阳朔县	32.85	28.66	1435.61	229
灵川县	38.95	36.80	2301.76	169
全州县	84.29	66.06	3978.82	212
兴安县	39.11	34.26	2332.46	168
永福县	28.83	24.40	2794.81	103

续表

地区	总人口/万人	常住人口/万人	区域面积/km^2	密度/(人/km^2)
龙胜各族自治县	17.29	15.97	2450.48	71
平乐县	46.26	38.41	1893.15	244
荔浦市	38.42	35.92	1759.66	218
恭城瑶族自治县	30.47	25.76	2139.31	142
万秀区	30.65	32.02	448.63	683
长洲区	17.89	20.45	372.56	480
龙圩区	30.85	28.38	971.41	318
苍梧县	40.59	32.84	2781.72	146
藤县	109.57	87.31	3946.19	278
蒙山县	22.42	20.12	1281.68	175
岑溪市	95.51	80.72	2770.25	345
上思县	24.81	21.18	2813.61	88
港北区	69.92	61.34	1096.55	638
港南区	70.16	53.78	1099.08	638
覃塘区	60.71	42.94	1352.24	449
平南县	152.46	118.08	2983.96	511
桂平市	201.65	157.06	4070.53	495
容县	86.02	66.41	2255.06	381
兴业县	75.97	58.43	1468.10	517
北流市	149.54	119.18	2452.26	610
右江区	36.25	39.71	3717.71	98
田阳区	35.60	32.49	2373.04	150
田东县	43.62	37.35	2810.52	155
平果县	51.79	45.66	2457.19	211
德保县	37.01	30.72	2575.24	144
靖西市	65.97	51.95	3325.59	198
那坡县	21.73	15.95	2222.81	98
凌云县	22.22	19.33	2047.45	109
乐业县	17.74	15.49	2633.17	67
田林县	26.51	23.20	5523.78	48
西林县	16.06	14.50	2997.26	54
隆林各族自治县	42.67	35.67	3517.56	121
八步区	73.58	64.36	3686.00	200
平桂区	45.90	40.85	2022.00	227
昭平县	44.72	35.44	3223.64	139
钟山县	44.70	36.36	1471.83	304
富川瑶族自治县	33.62	26.86	1539.76	218
金城江区	34.41	34.54	2346.42	147
南丹县	32.28	29.01	3904.90	83
天峨县	17.54	16.10	3183.69	55

续表

地区	总人口/万人	常住人口/万人	区域面积/km²	密度/(人/km²)
凤山县	21.89	16.82	1729.49	127
东兰县	31.17	22.15	2436.77	128
罗城仫佬族自治县	38.58	30.98	2650.99	146
环江毛南族自治县	37.72	28.06	4552.73	83
巴马瑶族自治县	29.12	23.18	1976.42	147
都安瑶族自治县	71.79	53.62	4087.73	176
大化瑶族自治县	47.44	37.32	2749.98	173
宜州区	66.63	58.12	3857.09	173
兴宾区	112.60	96.25	4403.47	256
忻城县	44.08	32.56	2521.90	175
象州县	37.00	29.69	1917.91	193
武宣县	45.39	36.86	1704.05	266
金秀瑶族自治县	15.72	12.95	2468.79	64
合山市	13.78	11.74	365.72	377
江州区	37.25	33.94	2917.83	128
扶绥县	46.35	39.85	2841.08	163
宁明县	44.27	35.08	3704.43	120
龙州县	27.29	22.57	2311.06	118
大新县	38.34	30.53	2747.49	140
天等县	45.64	33.20	2164.90	211
凭祥市	11.40	11.75	644.97	177
广西西江流域	4339.94	3751.33	206280.20	210

(2) 年龄结构由成年型向老年型转变

联合国人口司以0~14岁、15~64岁、65岁及其以上三个年龄阶段所占总人口数的比例情况作为划分标准，把人口分为年轻型、成年型、老年型三类。老年人（65岁及其以上）占总人口数4%以下为年轻型人口，占4%~7%的为成年型人口，占7%以上的为老年型人口。按这一标准，广西已属老年型人口（表3-10）。

表3-10 广西各年龄段人口构成比较表 （单位:%）

年份	0~14岁占总人口的比重	15~64岁占总人口的比重	65岁及其以上占总人口的比重
1990	33.38	61.2	5.42
2000	26.2	66.49	7.31
2005	23.76	66.67	9.57
2007	22.28	68.45	9.27
2008	22.07	68.48	9.45
2009	22.1	68.5	9.4
2010	21.71	69.05	9.24
2011	21.8	68.37	9.83
2012	21.96	68.3	9.74
2013	21.57	68.77	9.66

续表

年份	0～14 岁占总人口的比重	15～64 岁占总人口的比重	65 岁及其以上占总人口的比重
2014	21.58	68.75	9.67
2015	22.09	67.94	9.97
2016	22.08	67.97	9.95

可以看出，在 2000～2016 年，广西西江流域的 15～64 岁占总人口的比重变化不大，0～14 岁占总人口的比重有所下降，65 岁及其以上占总人口的比重有较为明显上升。广西西江流域人口基数很大，人口比重的轻微变化都会导致人口数较为强烈地变化。

人口老龄化是长期自然增长率下降和平均寿命延长的结果。人口老龄化带来的后果将是老年人比重增加，劳动力减少，劳动生产率降低，劳动人口的负担加重；老年人医疗问题、社会保险福利费用增加等将会更加突出。广西西江流域已步入老年型结构，必将带来一系列社会问题。

（3）内部人口性别差异显著

人口的性别结构常用的指标是性别比。性别比是指总人口中男性人口和女性人口数之比（以女性人口为 100 作标准）。由于人类生理上的因素，出生婴儿数量中一般男婴比女婴多些。苏联乌尔拉尼斯主编的《世界各国人口手册》一书认为，女婴和男婴出生人数之比以 100∶107～100∶104 为比较正常。但由于各种社会经济因素，如男女平均寿命、道德伦理观念、战争、人口迁移等原因，在不同的历史时期以及不同的国家和地区，男性和女性的人口比例会有很大差别。性别比例失调至一定限度，就会引起严重的社会问题。广西西江流域各地区内部性别比也存在较大差异。

（4）城乡人口比例偏小，低于全国平均水平

城乡人口构成反映一个区域的工业化水平及社会经济发展的进程。一般来说，社会经济发展水平高，现代化程度高，工业发达，城镇人口比例就高。人口分布趋向城市化，是社会经济发展的必然趋势。据统计，2016 年广西西江流域城镇人口比重为 32.13%，远低于全国平均水平 57.35%（表 3-11）。

表 3-11　2016 年广西西江流域城镇人口与全国比较表

	城镇人口/万人	占总人口百分比/%
广西西江流域	1394.517	32.13
全国	79298	57.35

2. 新型城镇化特征

（1）新型城镇化质量整体提升，但效率低且发展不均衡

从整体上看，西江流域各地的新型城镇化质量得分大都有所提升。2005～2015 年，11 个地区的新型城镇化质量平均得分由 0.414 上升到 1.206。

2005 年的各地区新型城镇化水平整体上较均衡，而到了 2015 年，各地区差距拉大，整体发展极不均衡。10 年间，涨幅较小的地区有贵港、百色、贺州以及河池 4 个地区，相较于 2005 年的城镇化质量得分排名，这 4 个地区在 2015 年的排名均有不同程度的后退。特别是河池，比 2005 年的新型城镇化质量得分还低，河池市的喀斯特地貌面积占广西西江流域的 24.34%，河池市石山区面积占全市面积的 33% 左右，还有半土半石山面积占 34%，适宜耕作的面积较少；石漠化严重，水土保持能力差，植物在这种条件下难以生长，又会加剧石漠化的程度，如此陷入了恶性循环。这样恶劣的生态环境，严重制约了河池市的城镇化发展。2005 年和 2015 年新型城镇化质量高于平均水平的地区数均不超过半数，西江流域各地区的新型城镇化质量仍有待提高。

（2）新型城镇化水平分级结果分析

利用 ArcGIS10.0 软件，采用自然断裂法，对西江流域 11 个地区的新型城镇化质量进行分等定级，可

视化呈现出 2005 年与 2015 年广西西江流域新型城镇化格局的变化，两年的新型城镇化质量情况类似，均以南宁市为中心，周边地区新型城镇化质量水平较差，东北部地区新型城镇化质量水平相对较高。

南宁市的新型城镇化水平一直处于西江流域靠前的地位（表 3-12）。

表 3-12　广西西江流域各地区各项得分排名

地区	人口城镇化排名		经济城镇化排名		空间城镇化排名		城乡协调性排名	
	2005 年	2015 年	2005 年	2015 年	2005 年	2015 年	2005 年	2015 年
南宁	1	11	1	1	2	1	1	4
贵港	2	2	2	2	3	9	2	7
柳州	3	3	3	3	1	3	3	5
桂林	7	4	4	4	9	8	8	8
玉林	4	5	8	10	4	10	4	1
梧州	10	6	6	5	11	4	10	10
贺州	9	7	10	8	5	5	6	11
崇左	6	8	9	9	6	6	5	6
来宾	8	9	7	11	7	7	9	9
百色	5	10	5	6	8	2	7	3
河池	11	11	11	7	10	11	11	2

从表 3-12 可知，在 2005 年，4 项指标中南宁市的空间城镇化水平较高，城市建设水平较差，2015 年，南宁地区的城乡协调性指标较低，表明南宁地区的城乡收入、生活水平差异增大。南宁周边各地区城镇化水平较差，作为首府城市，南宁并没有起到良好的带动作用，也没有拉动周围地区的发展。经过 10 年的发展，柳州地区在 2015 年处在靠前位置，但是空间城镇化和城乡协调性两项的单独排名均有下降，说明在城市建设、城乡收入以及公共服务资源分配上均有待提高。桂林地区没有变化，4 项指标也没有发生太大变化，桂林地区今后的发展方向是建设成为国际旅游胜地，各方面的建设均需要加强，要从整体提升桂林市的新型城镇化水平。玉林、梧州地区均有所提升，但玉林地区的经济城镇化水平和空间城镇化水平排名较靠后，是玉林地区城镇化建设中的“短板”；梧州地区的各项指标或提升或稳定不变，相对而言，城乡协调性较差，若缩短城乡收入差异并合理分配公共服务资源，梧州地区的新型城镇化水平将有“质”的变化。百色、来宾地区在 2015 年新型城镇化水平有所提升，各项排名中百色地区的经济城镇化水平偏低，拉低了百色地区的整体新型城镇化质量；来宾地区的 4 项指标单独排名相差不多，经济城镇化相对较差，整体发展较平衡。河池地区在 2005 年 4 项指标均处于 11 个地区的末尾，到了 2015 年，其经济城镇化和城乡协调性有所提升，但整体水平依旧处于落后地位，城乡协调性排名靠前，从一定程度上反映出河池地区城乡各方面均有很大的上升空间。从整体上来看，11 个地区的新型城镇化均有一定提升，但是 4 项指标的单独排名普遍低于该地区的整体城镇化质量得分的排名，尤其是在城乡协调性方面普遍落后于人口、经济方面的城镇化水平，因此应着重从此入手，全面提高城镇化水平。

3.4　综合区划指标处理及权重值的确定

3.4.1　地理环境

1. 年平均气温

广西西江流域位于低纬度地区，流域北部属于中亚热带气候，而南部则属于南亚热带气候，所以南部年均气温高于北部。整个广西西江流域的冬季较短，而夏季较长，夏季可长达 5 个月，而冬季两个月，对于农作物的生产十分有利。采用广西西江流域年平均气温数据，然后将数据添加到站点图层属性表中，再插值成 30m×30m 栅格图（图 3-1）。

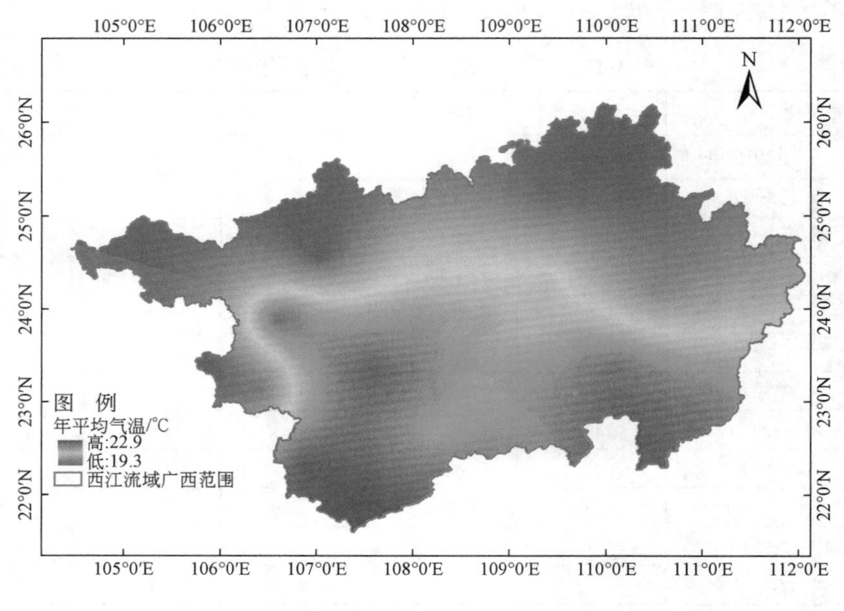

图 3-1　广西西江流域年平均气温

2. 多年平均降水量

广西西江流域处于亚热带季风气候，受地形和大气环流的影响，西江流域降水资源分布不均，其时空分布特点是东部多西部少，夏季多而冬季少。降水通过降水量和强度对地表物质运动产生影响，影响水土流失及地表物质稳定性。鉴于资料的可获取性，选取多年平均降水量指标，将数据添加到站点图层的属性表中，再使用反距离加权插值法（inverse distance weight，IDW）插值成 30m×30m 栅格图（图 3-2）。

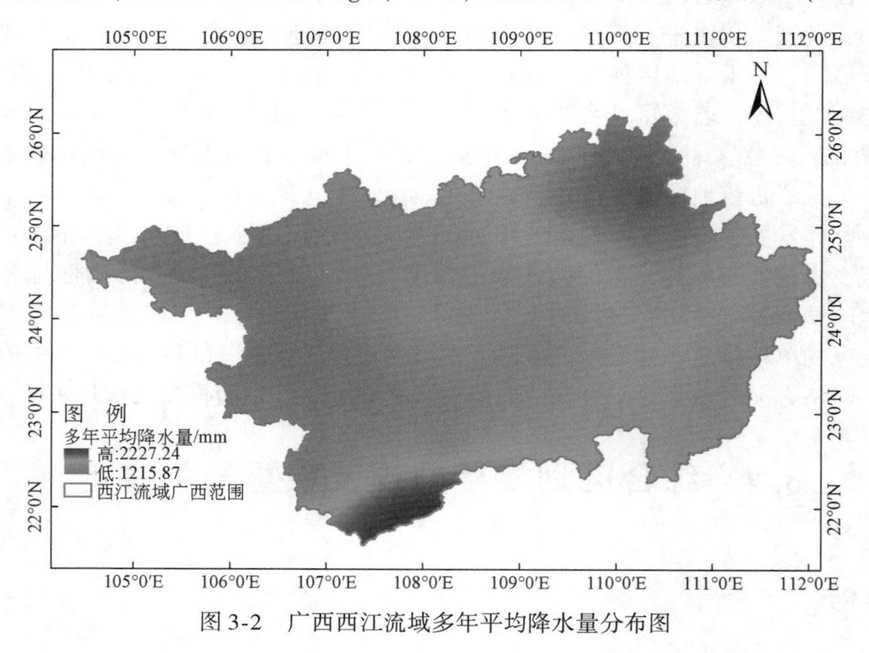

图 3-2　广西西江流域多年平均降水量分布图

从图 3-2 可以看出广西西江流域多雨区在以大瑶山东侧的邵平为中心的金秀—蒙山一带及以越城岭—元宝山东南侧的永福为中心的兴安、灵川、桂林、临安、融安、融水等地，其地区的降水量在 1990mm 以上，而且都位于迎风坡，气流沿山坡抬升冷却，易成云致雨，故降水较多。而西江流域的少雨区在以田阳为中心的右江河谷及上游的“三林”一带，以及以宁明为中心的明江、左江河谷—邕宁一带和以武宣为中心的黔江河谷，这些地区降水量在1300mm以下，而且处于山脉的背风坡，气流翻越山体时，有下沉增温作用，云易蒸发，故降水较少。参考钟诚、黄方、张红梅的研究成果，根据指标对生态环境稳定性的正向影响大小，对降水量进行分级赋值，并进行重分类，如图3-3所示。

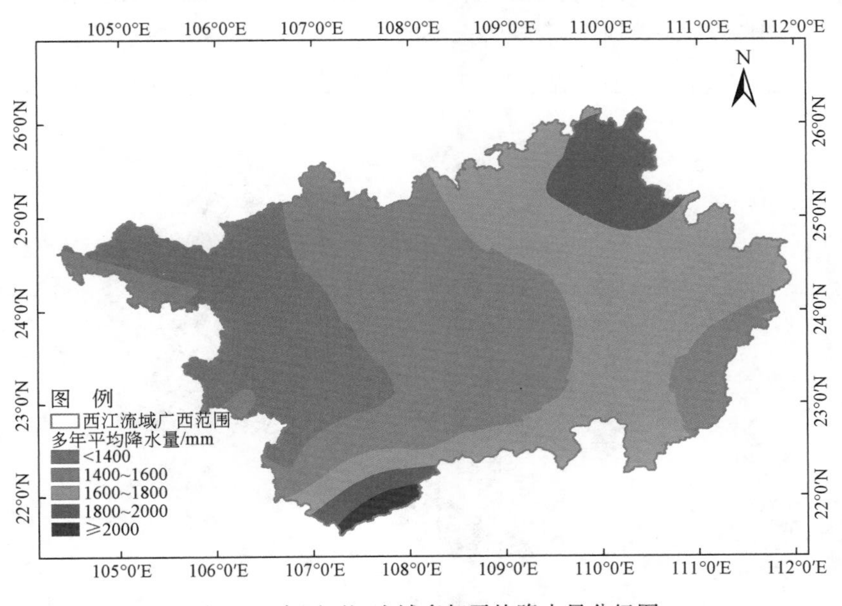

图3-3　广西西江流域多年平均降水量分级图

3. 植被指数

植被作为陆地生态系统的主体，是全球气候变化的敏感指示器，不仅影响着地球–大气系统之间的能量平衡，还在气候、水文和生物地球化学循环过程中起着重要的作用。广西西江流域主要植被类型有针叶林、阔叶林、灌丛、草丛、栽培植被等，主要农作物有水稻、甘蔗等，主要经济林木有杉木、马尾松、桉树等。在ArcGIS中将植被指数矢量图转化为30m×30m栅格图，如图3-4所示，从图中可以看出广西西江流域的西部、北部和东部地区的植被指数总体水平较高，中部和南部地区植被指数总体水平较低，植被指数水平从西部、北部和东部地区往中部和南部地区存在明显从高到低变化的特点。

图3-4　广西西江流域植被指数

4. 地形因子

广西西江流域地区内的地貌类型多样，地形复杂，总体地势西北高，东南低。在 ArcGIS 中对广西西江流域地区 DEM 进行表面分析，得到坡度分级图（图 3-5）（上阻限不在内），采用柴宗新的地貌分类指标的量化分级，对广西西江流域的坡度进行分级，从而得到广西西江流域的地貌类型，最后基于 ArcGIS 中的领域分析，统计广西西江流域的地貌类型的占地面积，并进行高程分级（图 3-6）。

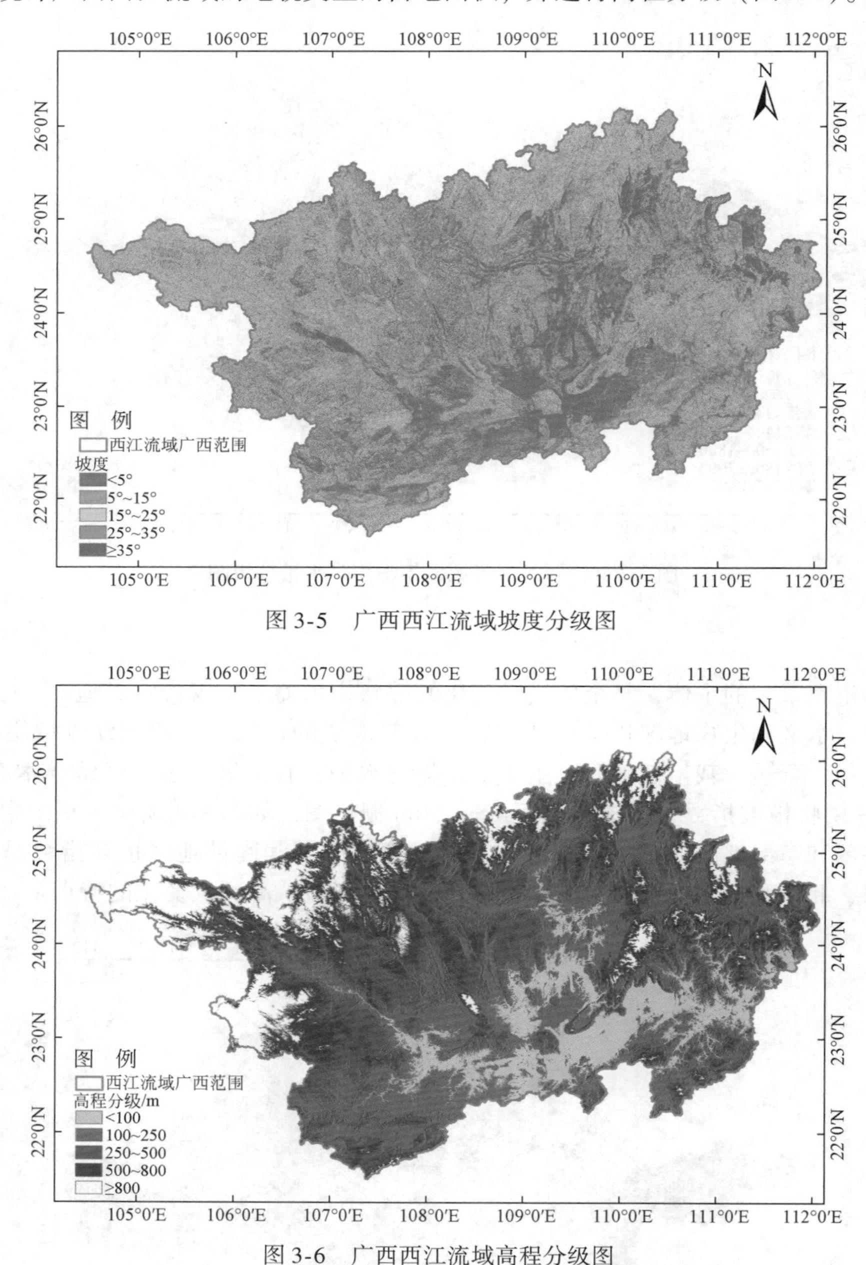

图 3-5　广西西江流域坡度分级图

图 3-6　广西西江流域高程分级图

3.4.2　自然资源指标处理与分析

丰富的资源是地区可持续发展的基础与依托，鉴于数据的可获取性和科学性及便于操作定量考虑，选取了人均耕地面积、耕地面积比重、农作物总播种面积、国家 A 级景区数等指标来表征各地区的资源概况。

人均耕地面积=区域耕地面积/区域总人口，反映了人口资源与土地资源的组合及空间分布情况；人均耕地面积越多，则农业生产的土地资源越丰富。土地是进行农业生产的基础，耕地在土地总面积中所占的比重，反映了区域耕地资源的丰富程度。旅游吸引力的保证及旅游业发展的重要基础关键在于景区的数量。

对于反映自然资源优势度的指标，在 SPSS 22.0 中应用系统聚类分析方法进行归并聚类。为了消除原始数据量纲不同的影响，首先对原始数据进行标准化处理。根据自然资源的各个指标，综合聚类步骤，得到聚类分析结果，这时可将广西西江流域 76 个县（市、区）分成 5 区域。

比较 5 个分区指标的平均值，相比较而言，将其对应的自然资源优势度由低到高分为 5 个类别，得到广西西江流域自然资源分区图（图 3-7）。基于 ArcGIS 空间分析软件，将资源现状分区矢量图转化为 30m×30m 栅格图，再根据资源越丰富，自然和人文因素综合协调可持续发展越有保障的原则，进行量化分级。根据聚类分析结果和表 3-13，可得到西江流域 76 个县（市、区）各自对应的类别和指数（表 3-14），据此对广西西江流域的自然资源优势度进行重分类，从而得到相应自然资源优势度指数。

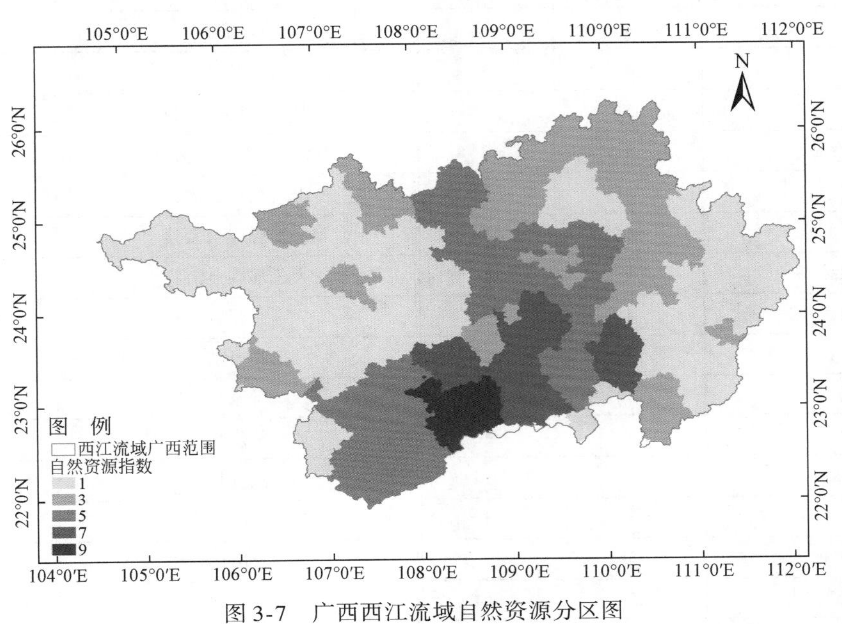

图 3-7　广西西江流域自然资源分区图

表 3-13　广西西江流域自然资源优势度量化分级

指标因子		指标等级				
		1	2	3	4	5
自然资源优势度	指标	自然资源优势低	自然资源优势较低	自然资源优势一般	自然资源优势较高	自然资源优势高
	指数	1	3	5	7	9

表 3-14　广西西江流域自然资源分区指数

地区	类别	指数	地区	类别	指数
南宁市辖区	1	9	田东县	5	1
武鸣区	2	7	平果县	5	1
隆安县	3	5	德保县	5	1
马山县	5	1	那坡县	5	1
上林县	4	3	凌云县	5	1
宾阳县	2	7	乐业县	4	3
横县	2	7	田林县	5	1
柳州市辖区	4	3	西林县	5	1
柳江区	3	5	隆林各族自治县	5	1

续表

地区	类别	指数	地区	类别	指数
柳城县	3	5	靖西市	4	3
鹿寨县	3	5	贺州市	5	1
融安县	5	1	昭平县	5	1
融水苗族自治县	4	3	钟山县	5	1
三江侗族自治县	4	3	富川瑶族自治县	5	1
临桂区	4	3	河池市辖区	5	1
桂林市辖区	4	3	南丹县	4	3
阳朔县	4	3	天峨县	5	1
灵川县	4	3	凤山县	5	1
兴安县	4	3	东兰县	5	1
永福县	5	1	罗城仫佬族自治县	4	3
龙胜各族自治县	4	3	环江毛南族自治县	3	5
平乐县	5	1	巴马瑶族自治县	4	3
荔浦市	4	3	都安瑶族自治县	5	1
恭城瑶族自治县	5	1	大化瑶族自治县	5	1
梧州市辖区	4	3	宜州区	3	5
苍梧县	5	1	来宾市辖区	2	7
藤县	5	1	忻城县	3	5
蒙山县	4	3	象州县	3	5
岑溪市	5	1	武宣县	3	5
上思县	3	5	金秀瑶族自治县	4	3
贵港市辖区	3	5	合山市	4	3
平南县	5	1	崇左市辖区	3	5
桂平市	2	7	扶绥县	3	5
容县	4	3	宁明县	3	5
兴业县	5	1	龙州县	3	5
北流市	4	3	大新县	3	5
百色市辖区	5	1	天等县	5	1
田阳区	5	1	凭祥市	4	3

3.4.3　经济发展水平指标处理与分析

基于 SPSS 22.0 统计分析软件，采用系统聚类分析方法，对经济发展各指标数据进行分析。为了消除原始数据量纲不同的影响，采用标准差标准化方法对原始数据进行标准化处理。根据经济指标，结合上文的聚类分析方法步骤，可以得到聚类分析结果。比较 5 个分区各指标的平均值，将其对应分为经济发展水平低、经济发展水平较低、经济发展水平一般、经济发展水平较高、经济发展水平高 5 个级别，从而得到广西西江流域经济发展分区图。在 ArcGIS 中将经济发展分区图转为 30m×30m 栅格图（图 3-8），根据经济状况越好，自然因素和人文因素的综合协调程度越好的原则，进行量化分级。根据聚类分析结果和表 3-15，可得到 76 个县（市、区）各自对应的类别和指数（表 3-16），据此对广西西江流域经济分区进行重分类。

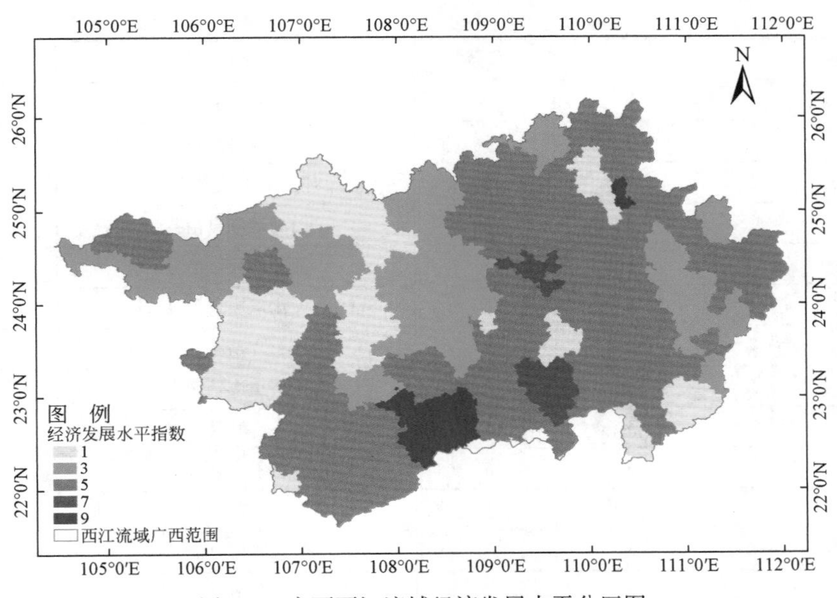

图 3-8　广西西江流域经济发展水平分区图

表 3-15　广西西江流域经济发展水平量化分级

<table>
<tr><td colspan="2" rowspan="2">指标因子</td><td colspan="5">指标等级</td></tr>
<tr><td>1</td><td>2</td><td>3</td><td>4</td><td>5</td></tr>
<tr><td rowspan="2">经济发展水平</td><td>指标</td><td>经济发展水平低</td><td>经济发展水平较低</td><td>经济发展水平一般</td><td>经济发展水平较高</td><td>经济发展水平高</td></tr>
<tr><td>指数</td><td>1</td><td>3</td><td>5</td><td>7</td><td>9</td></tr>
</table>

表 3-16　广西西江流域经济发展水平分区指数

地区	类别	指数	地区	类别	指数
南宁市辖区	1	9	田东县	3	5
武鸣区	3	5	平果县	5	1
隆安县	4	3	德保县	5	1
马山县	4	3	那坡县	4	3
上林县	4	3	凌云县	3	5
宾阳县	3	5	乐业县	4	3
横县	3	5	田林县	4	3
柳州市辖区	2	7	西林县	4	3
柳江区	3	5	隆林各族自治县	3	5
柳城县	4	3	靖西市	5	1
鹿寨县	3	5	贺州市	3	5
融安县	3	5	昭平县	4	3
融水苗族自治县	3	5	钟山县	3	5
三江侗族自治县	4	3	富川瑶族自治县	4	3
临桂区	5	1	河池市辖区	5	1
桂林市辖区	1	9	南丹县	5	1
阳朔县	3	5	天峨县	5	1
灵川县	3	5	凤山县	4	3

续表

地区	类别	指数	地区	类别	指数
兴安县	3	5	东兰县	4	3
永福县	3	5	罗城仫佬族自治县	4	3
龙胜各族自治县	3	5	环江毛南族自治县	4	3
平乐县	4	3	巴马瑶族自治县	4	3
荔浦市	3	5	都安瑶族自治县	4	3
恭城瑶族自治县	3	5	大化瑶族自治县	5	1
梧州市辖区	2	7	宜州区	4	3
苍梧县	4	3	来宾市辖区	3	5
藤县	3	5	忻城县	4	3
蒙山县	3	5	象州县	3	5
岑溪市	5	1	武宣县	3	1
上思县	3	5	金秀瑶族自治县	4	3
贵港市辖区	2	7	合山市	5	1
平南县	3	5	崇左市辖区	3	5
桂平市	3	5	扶绥县	3	5
容县	3	5	宁明县	3	5
兴业县	3	5	龙州县	3	5
北流市	5	1	大新县	3	5
百色市辖区	5	1	天等县	3	5
田阳区	3	5	凭祥市	5	1

3.4.4 社会保障水平指标处理与分析

区域的社会保障水平与经济发展水平有着密切的关系。随着经济发展速度的不断加快，人民生活水平逐步提高，教育医疗制度也越来越完善，基础设施建设的高速发展使得人民生活更加便捷，而这些方面共同反映的社会进步情况是衡量区域综合状况的重要因子，是进行区域综合区划的重要指标。为了消除原始数据不同量纲的影响，首先采用标准差标准化方法对原始数据进行标准化处理。根据上文的方法及步骤，在 SPSS 22.0 软件中进行系统聚类分析。

比较 5 个分区各指标的平均值，将其对应地分为社会进步度高至社会进步度低 5 个级别，得到北部湾经济区社会进步度分区图。在 ArcGIS 中将社会进步度分区矢量图转为 30m×30m 栅格图，根据社会进步度越高，自然和人文因素综合协调状况程度越有保障的原则，进行量化分级。根据聚类分析结果和表 3-17，可得到 76 个县（市、区）各自对应的类别和指数（表 3-18），据此对广西西江流域的社会发展分区图进行重分类，得到社会保障度指数。

表 3-17 广西西江流域社会保障水平量化分级

指标因子		指标等级				
		1	2	3	4	5
社会保障水平	指标	社会保障水平低	社会保障水平较低	社会保障水平一般	社会保障水平较高	社会保障水平高
	指数	1	3	5	7	9

表 3-18　广西西江流域社会保障分区指数

地区	类别	指数	地区	类别	指数
南宁市辖区	1	9	田东县	4	3
武鸣区	5	1	平果县	2	7
隆安县	5	1	德保县	4	3
马山县	5	1	那坡县	5	1
上林县	5	1	凌云县	5	1
宾阳县	3	5	乐业县	5	1
横县	2	7	田林县	4	3
柳州市辖区	1	9	西林县	5	1
柳江区	5	1	隆林各族自治县	5	1
柳城县	4	3	靖西市	2	7
鹿寨县	4	3	贺州市	2	7
融安县	5	1	昭平县	2	7
融水苗族自治县	5	1	钟山县	5	1
三江侗族自治县	2	7	富川瑶族自治县	5	1
临桂区	4	3	河池市辖区	5	1
桂林市辖区	1	9	南丹县	5	1
阳朔县	5	1	天峨县	5	1
灵川县	4	3	凤山县	4	3
兴安县	5	1	东兰县	5	1
永福县	4	3	罗城仫佬族自治县	4	3
龙胜各族自治县	4	3	环江毛南族自治县	5	1
平乐县	4	3	巴马瑶族自治县	5	1
荔浦市	5	1	都安瑶族自治县	3	5
恭城瑶族自治县	4	3	大化瑶族自治县	5	1
梧州市辖区	3	5	宜州区	4	3
苍梧县	5	1	来宾市辖区	2	7
蒙山县	4	3	象州县	5	1
藤县	3	5	忻城县	5	1
岑溪市	3	5	武宣县	5	1
上思县	5	1	金秀瑶族自治县	5	1
贵港市辖区	2	7	合山市	5	1
平南县	2	7	崇左市辖区	5	1
桂平市	2	7	扶绥县	5	1
容县	2	7	宁明县	5	1
兴业县	2	7	龙州县	5	1
北流市	3	5	大新县	4	3
百色市辖区	4	3	天等县	5	1
田阳区	4	3	凭祥市	5	1

3.4.5　综合区划指标权重的运算

1. 指标因子权重的确定

运用客观的熵值法和主观的层次分析法，并在结合计算指标权重的基础上，应考虑指标的综合性、实用性、规律性和准确性来进行适当的调整。广西西江流域综合区划是基于地理环境、自然资源、经济发展水平、社会保障水平 4 个子系统进行的区划，各子系统在综合区划中的重要性略有差异，应赋予不同的权重，本研究采用熵值法、层次分析法、主客观组合赋权法来确定区划体系各子系统的权重（表 3-19）及各指标层的权重（表 3-20）。

表 3-19　广西西江流域综合区划子系统权重

子系统		地理环境 B1	自然资源 B2	经济发展水平 B3	社会保障水平 B4
权重	熵值法	0. 3877	0. 0788	0. 3137	0. 2199
	层次分析法	0. 1215	0. 2856	0. 5397	0. 0532
	主客观组合赋权法	0. 2546	0. 1822	0. 4267	0. 1365

表 3-20　广西西江流域综合区划各指标层权重

目标层 A	子系统（一级要素）B	二级要素层 C	指标层 D	权重		
				熵值法	层次分析法	主客观组合赋权法
综合区划系统	自然因素 B1	地理环境 C1	年平均气温	0. 0346	0. 2088	0. 1217
			多年平均降水量	0. 0236	0. 2064	0. 1150
			植被指数	0. 0044	0. 0587	0. 0316
			平原面积	0. 4114	0. 0965	0. 2540
			低山面积	0. 0344	0. 0585	0. 1489
			丘陵面积	0. 0881	0. 2096	0. 0464
			中山面积	0. 0858	0. 0740	0. 0799
			高山面积	0. 3175	0. 0875	0. 2025
		自然资源 C2	人均耕地面积	0. 1880	0. 1682	0. 1781
			耕地面积比重	0. 3119	0. 0729	0. 1924
			农作物总播种面积	0. 2195	0. 0915	0. 1555
			国家 A 级景区数	0. 2806	0. 6674	0. 4740
	人文因素 B2	经济发展水平 C3	人口密度	0. 2787	0. 0596	0. 1692
			人均 GDP	0. 1477	0. 0799	0. 1138
			人均财政收入	0. 1215	0. 1542	0. 1378
			第一产业 GDP 占比	0. 0194	0. 0447	0. 0321
			第二产业 GDP 占比	0. 0817	0. 1819	0. 1318
			第三产业 GDP 占比	0. 1028	0. 1649	0. 1338
			GDP 指数	0. 2483	0. 3148	0. 2815
		社会保障水平 C4	农村居民人均纯收入	0. 2046	0. 2095	0. 2071
			城镇居民人均可支配收入	0. 2120	0. 1390	0. 1755
			义务教育阶段学校数	0. 0535	0. 3448	0. 1991
			各种社会福利收养性单位数	0. 1159	0. 0618	0. 0888
			每万人医疗卫生机构床位数	0. 0814	0. 0898	0. 0856
			各种社会福利收养性单位床位数	0. 1307	0. 0907	0. 1107
			每万人医疗卫生机构技术人员数	0. 2019	0. 0644	0. 1332

2. 指标因子的综合处理与分析

将各单因子指标图处理完成后，指标因子的综合处理过程通过 ArcGIS 的空间分析来实现。首先将地理环境各指标要素的权重值及各指标的无量纲化值的乘积累加，得出地理环境分区指数，然后基于ArcGIS空间分析，将地理环境的分区指数连接在广西西江流域的矢量文件中，采用自然断点分级法把地理环境分区指数分为5个等级，得到广西西江流域地理环境分区图（图3-9）。

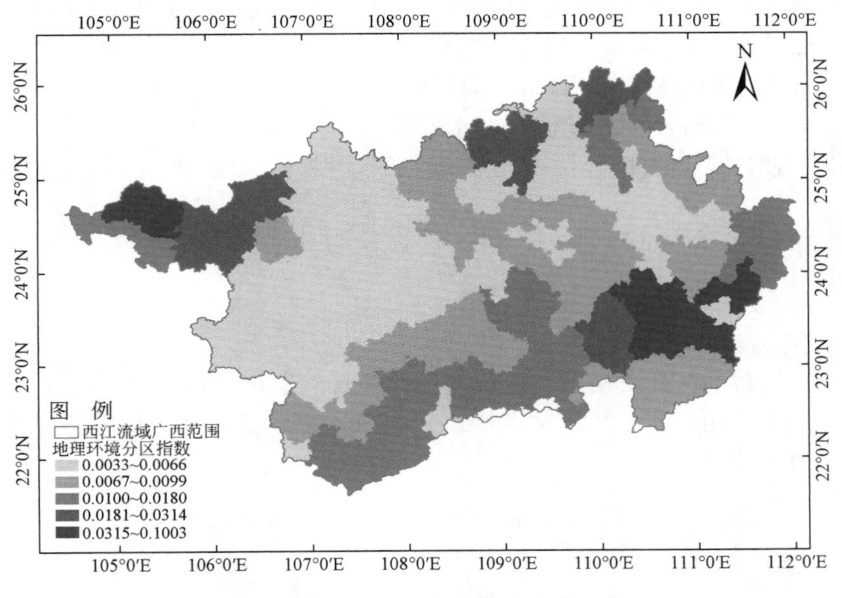

图3-9 广西西江流域地理环境分区图

将地理环境、自然资源、经济发展水平、社会保障水平4个子系统的权重与各自子系统的分区指数相乘累加，最后得到综合分区指数，然后基于ArcGIS空间分析，采用自然断点法将广西西江流域综合分区指数分为5级，从而得到广西西江流域综合分区指数图（图3-10）。

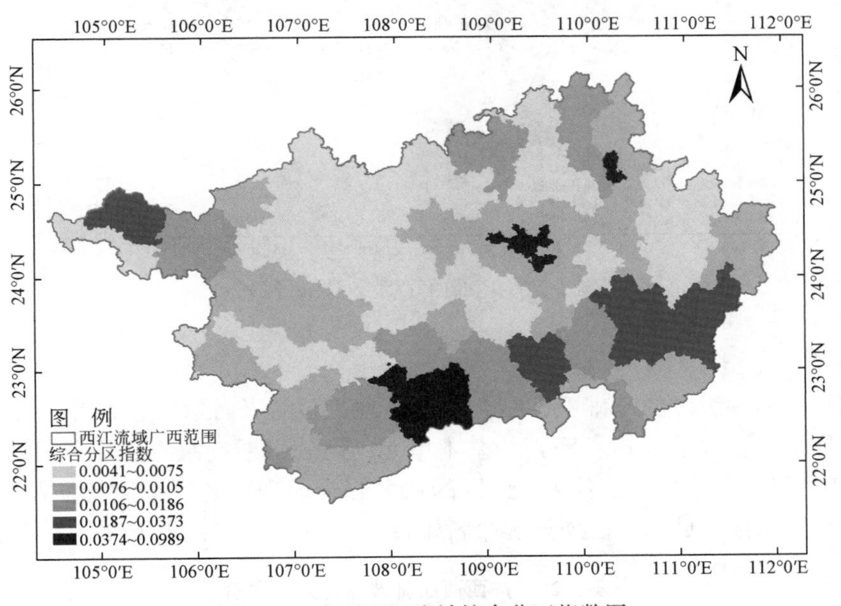

图3-10 广西西江流域综合分区指数图

从图3-10中看出，该流域综合分区指数在0~1之间，综合分区指数越接近于1，说明区域的自然和人文因素协调状况越好，地理环境稳定性、自然资源丰富度、经济发展水平、社会保障水平的综合协调状况越好。广西西江流域综合区南部和东部，如南宁市、柳州市及桂林市综合分区指数最高，自然和社会经济发展最好，而北部、中部及西部喀斯特山地丘陵广布的脆弱地带综合分区指数最低。

3.5 综合区划方案

广西西江流域综合区划研究目的是促进区域可持续发展，本书是以县（市、区）为研究单元，分区界线与行政界线相一致，使得分区结果具有更强的可操作性。因此本书以广西西江流域各个县（市、区）行政区作为区域图，基于 ArcGIS 空间分析，利用其空间分析中的区域分析工具，以广西西江流域综合分区指数图为基础，计算每一个行政区的综合指数的平均值，然后对平均值进行分级，从而能够划出广西西江流域综合区划结果。在分析各区发展现状的基础上提出了今后的发展方向，并探讨了对广西西江流域整体开发的初步建议。

3.5.1 广西西江综合区划结果

1. 一级区划

根据分级结果，结合各地区地质构造、地貌及气候等自然地理条件，对广西西江流域各地区进行相似性分析，将自然本底条件相似的地区归为一类，一级区的命名采用区位+地貌类型两名法，得到广西西江流域综合区划的一级区（图 3-11）。

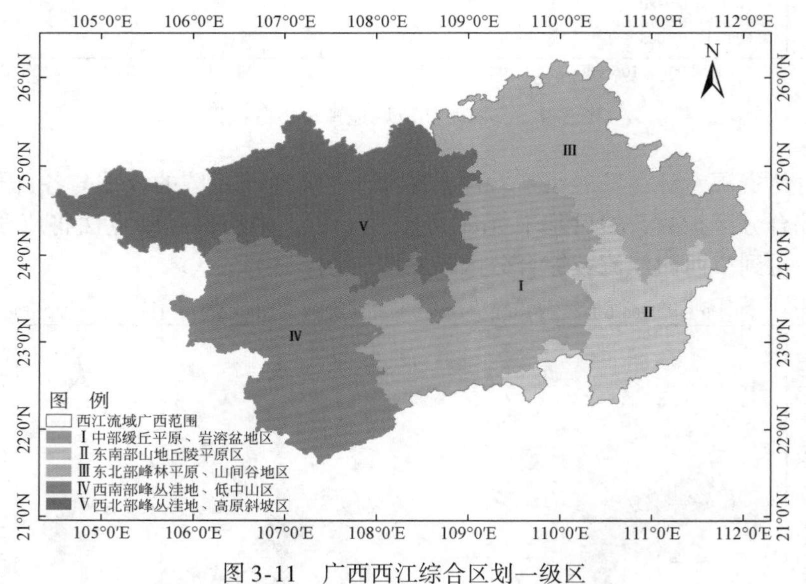

图 3-11　广西西江综合区划一级区

2. 二级区划

在广西西江综合区划一级区的基础上，结合各地区地理位置及社会经济水平、发展方向等情况，且在遵循区域共轭性原则上，以县（市、区）为基本单元，划分出了广西西江综合区划的二级区。二级区命名采用区位+地貌类型+发展方向三名法，分区的命名综合体现了各区地域特征及其今后的发展方向。综合各方面因素对广西西江流域综合区划分区命名如表 3-21 所示。

表 3-21　广西西江流域综合区划方案

编号	一级区	二级区	所含县（市、区）
Ⅰ	中部缓丘平原、岩溶盆地区	Ⅰ-1 桂中、桂南丘陵盆地金融、商贸物流、会展旅游区	南宁市辖区、柳州市辖区、贵港市辖区
		Ⅰ-2 桂北岩溶山地丘陵农业、矿产与旅游综合区	武鸣区、宾阳县、横县、柳城县、鹿寨县、桂平市、柳江区、来宾市辖区、象州县、武宣县、金秀瑶族自治县、合山市

续表

编号	一级区	二级区	所含县（市、区）
Ⅱ	东南部山地丘陵平原区	Ⅱ-1 桂东南低山丘陵休闲农业、资源加工与生态保育功能区	苍梧县、藤县、蒙山县、平南县、容县、兴业县
		Ⅱ-2 东部低山丘陵商贸物流、旅游与陶瓷、林产林化等产业区	梧州市辖区、岑溪市、北流市
Ⅲ	东北部峰林平原、山间谷地区	Ⅲ-1 桂东北峰林平原生态旅游、生物、医药与新材料等产业区	桂林市辖区、临桂区
		Ⅲ-2 桂东北山间谷地重点生态保育功能区与生态旅游区	融水苗族自治县、三江侗族自治县、恭城瑶族自治县、阳朔县、龙胜各族自治县、富川瑶族自治县
		Ⅲ-3 东部峰林平原山间谷地特色农业、资源加工与旅游区	灵川县、兴安县、永福县、融安县、平乐县、荔浦市、贺州市、昭平县、钟山县
Ⅳ	西南部峰丛洼地、低中山区	Ⅳ-1 桂西南右江河谷山地特色农业、矿产与生态型工业园区	马山县、上林县、百色市辖区、田阳区、平果县
		Ⅳ-2 岩溶低山丘陵特色农业、建材与食品加工和重要生态功能区	田东县、德保县、那坡县、靖西市、天等县、隆安县
		Ⅳ-3 西南左江河谷山地丘陵生态农业、资源加工与边贸旅游区	崇左市辖区、扶绥县、宁明县、龙州县、大新县、上思县、凭祥市
Ⅴ	西北部峰丛洼地、高原斜坡区	Ⅴ-1 西北高原山地生态农业、有色金属与桑蚕优势产业区	田林县、西林县、隆林各族自治县、河池市辖区、宜州区、南丹县
		Ⅴ-2 桂西北峰林山地特色农业、旅游与生态保育建设区	乐业县、天峨县、凤山县、东兰县、罗城仫佬族自治县、环江毛南族自治县、巴马瑶族自治县、都安瑶族自治县、大化瑶族自治县、忻城县、凌云县

最综区划结果运用 GIS 成图（图 3-12）。

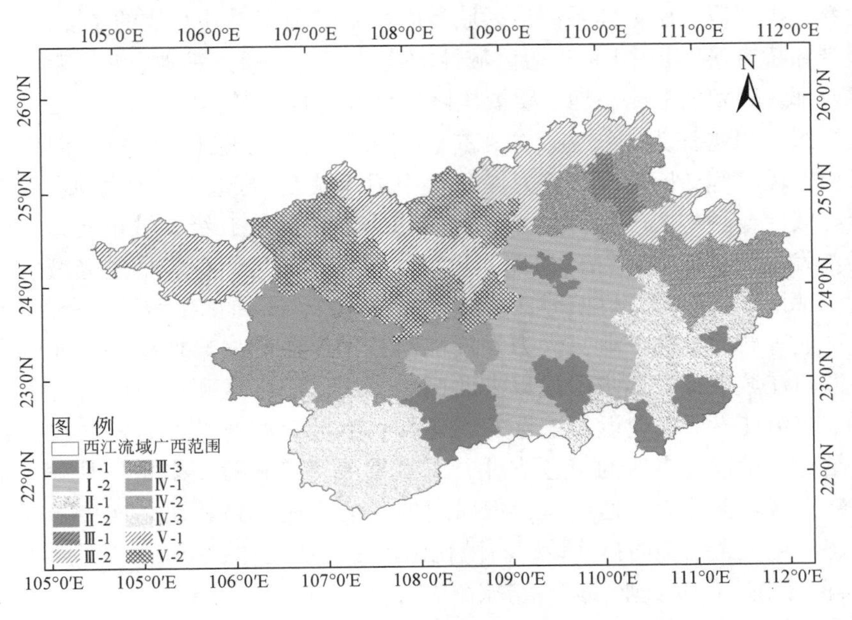

图 3-12　广西西江流域综合区划二级区

3.5.2　分区现状及发展方向

1. Ⅰ中部缓丘平原、岩溶盆地区

该区分为三个二级区，Ⅰ-1 桂中、桂西南丘陵盆地金融、商贸物流、会展旅游区，Ⅰ-2 桂北岩溶山地丘陵农业、矿产与旅游综合区。该区的地质构造属于华夏（加里东）褶皱区湘桂褶皱带。该区的岩溶地貌最发育，类型最齐全。类型以峰林和岩溶丘陵为主，峰丛洼地、谷地、孤峰和残丘交错分布，中部地区的岩溶水埋藏浅，且地表水系发达，区域降水充沛，水资源丰富。该区域人口密度大，植被指数为 5 个区中最低，国家 A 级景区个数最多，旅游资源较为丰富。该区是 5 个区中经济发展最好的区域，人均 GDP 为 86878 元，第一产业比重为 17%，第二产业比重为 43%，第三产业比重为 40%。GDP 总量增长较快，GDP 指数为 257.26。城镇居民人均可支配收入与农村居民人均纯收入在 5 个区中排第一位。该区拥有广西政治、文化、经济中心的南宁市、广西的工业城柳州市以及各地级市所辖区域，因此建立了良好的交通体系，交通通达度高，医疗条件也很好。

（1）Ⅰ-1 桂中、桂西南丘陵盆地金融、商贸物流、会展旅游区

该区所含县（市、区）有南宁市辖区、柳州市辖区、贵港市辖区三个地区，地貌类型主要是丘陵与盆地，地势较为平坦，拥有丰富的矿产资源、旅游资源，良好的内河港口城市以及工业资源。该区人口密集，人均耕地面积较少，农业发展水平不高，以金融、商贸、餐饮、房地产、信息技术为代表的第三产业发展以及小型、大型工厂为代表的第二产业发展为主，形成了全方位的商品生产及流通服务体系，是广西的工业中心及商贸中心。

该区的旅游资源丰富，区域的旅游业发展总体模式为自然景观、历史文化等旅游资源整合发展。例如，有风景秀丽的青秀山和大龙潭风景区、柳侯公园、凤凰谷、雀儿山公园、人民公园、金花茶公园等自然风光，也有民族博物馆、柳州博物馆、柳州工业博物馆、科技馆、云顶观光等人文旅游景观，丰富的旅游资源也带动了当地餐饮、酒店等相关产业的迅速发展。

该区的工业发展强大，第二、第三产业的发展尤为突出，区域内，柳州市是广西的工业名城，南宁市是广西的首府，主要有工业产品生产、金融、商贸、房地产、饮食娱乐、信息产业，形成了功能齐全、多层次、全方位的商品生产流通服务体系。该区域是面向东盟国家对外开放的重要门户，是中国-东盟自由贸易区的前沿地带和桥头堡，是中国-东盟区域性的物流基地、商贸基地、加工制造基地和信息交流中心，也是带动支撑西部大开发的战略高地、重要国际区域经济合作区。

该区的南宁市按照“以邕江为轴线、西建东扩，完善江北，提升江南，重点向南”的发展思路，大力推进五象、相思湖、风岭等新区建设，着力提升“中国绿城”，打造“中国水城”，创建国家电子商务示范性城市，建设区域性金融中心、国际城市。柳州市需加快经济升级、城市转型，建设超大城市，按照“一心两城、沿江发展、重点向东”的思路，重点建设柳东新区，稳步推进老城区改造，扩展发展空间。构造先进制造业基地，把汽车、机械等支柱产业做强做大，不断优化钢铁产业结构，加快发展化工、有色金属新型材料产业等新的支柱产业，大力发展高新技术产业和战略性新兴产业。贵港市辖区需要加快建设宜居宜业贵港西江城市带，逐步形成以港北区为核心，港南区和覃塘区为骨干的城市体系，依托水、陆交通优势，加快沿江产业区建设，重点发展建材、冶金等产业，大力发展物流、商贸、旅游等现代服务业。在农业结构上，发挥当地的特色农业，重点发展优质稻谷、果蔬、甘蔗、茶树、水产等。在交通方面上，加快建设区域性综合交通枢纽，把周边地区的高速公路和铁路连接起来，提升各地区的交通通达水平。在生态环境上，实施防护建设、石漠化治理、退耕还林、小流域治理等生态工程建设。

（2）Ⅰ-2 桂北岩溶山地丘陵农业、矿产与旅游综合区

该区所含县（市、区）有武鸣区、宾阳县、横县、柳城县、鹿寨县、桂平市、柳江区、来宾市辖区、象州县、武宣县、金秀瑶族自治县、合山市共 12 个地区。该区位于广西西江流域的中部，环绕着大明山分布，地貌类型主要为山地丘陵，峰林谷地、峰丛谷地、孤峰平原和峰林广谷地貌明显，该区的植被指

数较高。

该区的矿产资源十分丰富，主要有锰、铜、钨、铁、铅、煤炭、石灰岩、白云岩、花岗岩、黏土等金属和非金属矿产，可为工业生产提供充足的生产原料。同时，该区的土资源、水资源、动植物资源、劳动力资源都比较丰富。该区位于广西首府南宁以及广西工业城市柳州的周边，自然旅游资源主要有大明山、昆仑关、伊岭岩、响水瀑布、天生桥、桂平西山、卧龙岩等，以及鹿寨县的千年古镇、每年的“三月三”歌圩节活动等人文景观，届时吸引着无数游客前去欣赏传统壮乡文化。

该区农业以生产粮食为主，经济作物次之，主要生产水稻、玉米等粮食作物，主要经济作物有甘蔗、花生、木薯、蔬菜、水果等，农业是该地区经济的重要组成部分。工业产业主要有制糖、食品加工、淀粉、建材、机械制造、医药化工、矿产以及汽车制造业等。为了推动民营经济的发展，可以通过改善软环境及加大招商引资力度等方式。

由于该区矿产、森林资源丰富，在开采矿产资源时，本着可持续发展的理念，要合理开采，处理好人与自然的和谐发展关系。区内山地较多，不宜进行大规模高强度工业化城镇化开发，要积极发展生态特色农业。一方面，对于石山区，要封山育林进行生态恢复，可种植经济林，发展林下经济作物，在生态重建的同时也能取得较好的经济效益；另一方面，要扩大草地种植面积，发展畜牧养殖业，推广该区的特色畜牧产品，如山羊。岩溶地区降水下渗，地表缺水严重，因此要多建设水利工程，供给生活和农业用水。对于该区种植面积较广的速生丰产林，要科学种植，合理施肥，以保持土壤肥力，达到经济效益与生态效益并举。

2. Ⅱ东南部山地丘陵平原区

该区包括两个二级区，分别为Ⅱ-1 桂东南低山丘陵休闲农业、资源加工与生态保育功能区，Ⅱ-2 东部低山丘陵商贸物流、旅游与陶瓷、林产林化等产业区。该区的地貌以低中山地、丘陵为主，苍梧县—梧州市一带的西江沿岸地区分布由第四纪冲积物组成的三级河谷阶地，标高一般20～60m；周围地区大部分为早古生代和中、新生代碎屑岩及燕山期岩浆岩组成的丘陵、垄状-波状低丘所占据，标高一般80～300m，最高峰白云山位于梧州市区东北角，海拔367m。由于多期构造运动影响，市区内北北东、北东和北西向的褶皱和断裂比较发育，对地貌形态的展布特征起着重要的制约作用。该区人口多，耕地资源有限，人均耕地面积不足一亩。人均GDP为44920元，第一产业比重18%，第二产业比重50%，第三产业比重32%，GDP指数119.18。

（1）Ⅱ-1 桂东南低山丘陵休闲农业、资源加工与生态保育功能区

该区所包含的县（市、区）有苍梧县、藤县、蒙山县、平南县、容县、兴业县共6个地区，其中苍梧县区域内的地质构造经历了加里东运动、海西运动、印支运动、燕山运动和喜马拉雅运动；容县盆地位于广西华夏陆块钦州褶皱系博白断褶带与六万大山凸起接触部位。该区地形较为复杂，主要为丘陵、平原、盆地，区域的自然条件得天独厚，气温适宜，降水量丰富，土壤肥沃，因此区域内的现代农业快速发展，形成畜牧、水产、无公害蔬菜等主导产业共同发展的格局。

区域内拥有丰富的矿产资源、土地资源、水资源、生物资源和旅游资源，具有极大的开发潜力。矿产资源种类多，分布广，金属矿物主要有黄金、白银、钛矿、铀矿、煤矿等；非金属矿产主要有滑矿石、石灰石、花岗岩、重晶石、稀土矿、磷钇矿、高岭土、陶泥、建筑石材等，储量丰富。该区的工业主要有食品加工、机械、建材、医用器材、饲料、造纸等支柱产业。

该区的农业的发展以粮食种植为主，经济作物次之，区域内的苍梧县、藤县、容县、兴业县是广西的粮食高产基地，该区的农作物播种面积为457326hm^2，主要种植水稻、玉米等农产品，水果种植主要为沙田柚、荔枝、龙眼、砂糖橘、柑橘等，经济林种植主要为玉桂、八角、速生桉等。

该区各政府应加强土地整治，严格保护耕地，加快中低产田和坡耕地改造，提高耕地质量，建设高标准基本粮田和旱涝保收高标准基本农田，增强粮食安全保障能力；稳定发展粮食生产，实施新增粮食生产规划，稳定粮食播种面积，推广先进适用农业技术和农机设备，大力提高单产水平，建设商品粮生产基地县。转变养殖业发展方式，发展健康养殖，提高规模化、标准化水平，增强畜牧业产品和水产品

供给能力。优化农产品加工业布局，按照集中布局、点状开发原则，以重点镇或区域推进城镇建设和工业发展，引导农产品加工、流通、储运企业集聚，避免过度分散发展工业导致的过度占用耕地。

（2）Ⅱ-2 东部低山丘陵商贸物流、旅游与陶瓷、林产林化等产业区

该区所包含的县（市、区）有梧州市辖区、岑溪市、北流市共 3 个地区，该区地处桂东南，毗邻粤港澳，西江黄金水道贯穿境内，是广西承接产业转移的重要地区。地貌类型以丘陵、盆地为主，属南亚热带湿润季风气候，全年气候温和，夏天长冬天短，光照充足，降水量充沛，适合多种农作物的生长发育，如砂糖橘、六堡茶、八角等农作物，其中，砂糖橘已成为该区的经济发展的较为强劲的产业。

该区拥有丰富的水资源，其位于珠江流域西江水系中下游——浔江与桂江交汇处，区域内河流众多，主要有桂江、浔江和西江，河网密度大，江河可利用落差较大。区域内建设有 6. 9 万 kW 的京南水电枢纽和 1. 2 万 kW 的爽岛水电站，这些电站主要用于发电，兼顾航运、灌溉等综合效益。

在农业发展高速增长的同时，第二产业比重也有所提升。服务业加快发展，产业结构进一步优化，林业产业、旅游业、物流运输等产业发展较快。该区充分发挥区域资源优势，形成了具有特色的林产林化、电力、热力、燃气及水生产、日用陶瓷、建材等工业体系。

该区的地理位置优越，且拥有丰富的森林资源及水资源，应积极发展再生资源利用、陶瓷、林产林化等产业，大力发展商贸、物流、旅游等服务业，建设临港产业带和承接产业转移的重要基地。该区农业发展基础良好，加快农业结构调整，坚持走可持续发展道路，重点发展中草药、六堡茶、八角、三黄鸡、瘦肉型猪等特色种养业，发展区域特色农产品精深加工，建设特色农产品基地。区域应提高人口集聚能力，促进人口向城镇集聚，使岑溪市建设成为中等城市。该区的森林资源优越，加强生态公益林、防护林和水源保护区建设，实施生态修复工程，构建沿江生态带和石材开发生态保护区，巩固及提高森林覆盖率。

3. Ⅲ东北部峰林平原、山间谷地区

该区包括三个二级区，分别为Ⅲ-1 桂东北峰林平原生态旅游、生物、医药与新材料等产业区，Ⅲ-2 桂东北山间谷地重点生态保育功能区与生态旅游区，Ⅲ-3 东部峰林平原山间谷地特色农业、资源加工与旅游区。该区属于南岭山地，地质构造为华夏（加里东）褶皱区湘桂褶皱带桂林-河池拗陷。地势大致是西北高东南低，周围高中央低，以中低山为主。岩溶地貌类型主要是峰林谷地和岩溶丘陵，气候为湿润的中亚热带季风气候。该区分属长江流域和珠江流域，河流较多，水系较为发育。石漠化土地面积广，水土流失严重。该区的经济发展较快，人均地区 GDP 为 42654 元，第一产业比重为 21%，第二产业比重为 43%，第三产业比重为 36%，地区 GDP 指数为 226. 53，城镇居民人均可支配收入与农村居民人均纯收入在 5 个区中排在第二位。该区有国家重点旅游中心——桂林，其自古以来就有“山水甲天下”的美誉，也是联合国世界旅游组织/亚太旅游协会旅游趋势与展望国际论坛永久举办地。该区的国家 A 级景区个数约为 70 个，旅游资源较丰富，旅游业发展速度较快。

（1）Ⅲ-1 桂东北峰林平原生态旅游、生物、医药与新材料等产业区

该区所含县（市、区）有桂林市辖区、临桂区两个地区，该区位于南岭南缘，地貌以岩溶山地、峰林平原为主，石灰岩石山林立，孤峰突立，区域内地下河岩溶、山洞奇多，景色优美、山水秀丽，故该区域的旅游资源丰富，是国际著名的风景旅游城市和国家历史文化名城。该区处于广西北部，是桂林市的政治、经济、文化、商务中心，是桂林市政府所在地，且区域内公共基础设施完善，是桂林市重要的工业基地和交通枢纽。

该区域的可利用土地资源、水资源、森林资源、旅游资源丰富，喀斯特地貌特征明显，大气环境和水环境优良，城镇化水平较低，人口和经济集聚水平一般，能源较丰富，交通条件便利，开发潜力较大。

该区应优化城市空间布局，中心城区按照“保护漓江，发展临桂，拓展新区”的思路，积极向西发展，优化完善和提升中心城区，保护古城风貌，加快建设临桂新区和苏桥工业产业新城。临桂区充分利用桂林市城市发展战略调整的机遇，按照新的功能定位建设世界旅游城，成为桂林市新的政治、经济、文化、商务和旅游中心，以及工业、物流、商贸基地。在农业上，重点发展优质粮食、优质果蔬、中药

材、食用菌、竹木、油茶、水产等特色农产品，推进农业产业化、规模化、标准化和品牌化建设，创建全国循环农业示范市。在工业上，依托桂林国家级高新技术产业开发区，重点发展电子信息、医药、生物以及新材料、新能源、新能源汽车等新兴产业，改造提升传统产业，构建现代产业体系。

（2）Ⅲ-2 桂东北山间谷地重点生态保育功能区与生态旅游区

该区所含县（市、区）有融水苗族自治县、三江侗族自治县、恭城瑶族自治县、阳朔县、龙胜各族自治县、富川瑶族自治县共6个区，该区位于广西的东北部，地貌以中山、低山及丘陵为主，其区域内的耕地面积占总土地面积的11%，人均耕地面积为1.22亩，区域的经济发展较缓慢，人均财政收入为1852元，第一产业GDP占比为26.45%，第二产业GDP占比为43.17%，第三产业GDP占比为30.38%。

区域内的自然资源丰富且种类多样，如矿产资源、水资源、森林资源等。该区拥有铁、铜、锰、花岗岩等40多个矿种；拥有蟒蛇、白金长尾雉、熊猴、金钱豹等多种国家重点保护野生动物；拥有元宝山冷杉、南方红豆杉、银杏、福建柏、华南五针松、柔毛油杉等多种国家保护植物；岩溶地貌突出，溶洞较多，区域内山、水、林、洞俱全，山川秀丽，景色宜人，旅游资源得天独厚，是著名的风景名胜区，天籁·蝴蝶泉、月亮山、元宝山、龙脊梯田、大岭山万亩桃花园、碧溪湖等景观美誉度高，而且区域内自然生态景观与人文景观结合较好。

农业是该区域的国民经济基础，农业生产结构中，以种植业、畜牧业为主，经济作物布局中，甘蔗、金橘、砂糖橘的种植规模大；依托该区的矿产资源、森林资源，以及大面积种植金橘、砂糖橘及甘蔗等特点，工业重点发展能源、制糖、林纸、农产品加工等产业。

该区应以保护和修复生态环境、提供生态产品为首要任务，不宜进行大规模高强度工业化城镇化开发，可实行保护性开发，因地制宜发展资源环境可承载的适宜产业和旅游业等服务业；政府引导部分人口逐步有序转移，根据不同地区的生态系统特征，增强生态服务功能，形成重要的生态功能区。能源和矿产资源丰富的地区，适度开发能源和矿产资源，发展当地资源环境可承载的特色优势产业。在生态环境保护方面上，着力加强石漠化治理、水源涵养、森林生态和维护生物多样性的生态建设。

（3）Ⅲ-3 东部峰林平原山间谷地特色农业、资源加工与旅游区

该区所含县（市、区）有灵川县、兴安县、永福县、融安县、平乐县、荔浦市、贺州市、昭平县、钟山县等9个地区，该区的地貌类型有高山、中山、低山、丘陵、岩溶峰丛等，区域内的农作物总播种面积为543743hm^2，人均耕地面积约1亩，该区的经济发展较缓慢，人均GDP为30974元，第一产业GDP占比为25%，第二产业GDP占比为43%，第三产业GDP占比为32%。

该区地处中亚热带，土地肥沃，气候温和，雨量充沛，为区域农林牧业发展提供优越的自然条件。该区农业以种植粮食作物为主，粮食作物主要有水稻、玉米、大豆、红薯等，经济作物有甘蔗、罗汉果、八角、桑蚕；果树以金橘、沙田柚、柿子等为主；蔬菜大宗产品主要有大白菜、萝卜、豆角等。工业主要有农产品加工、能源、建材、食品加工、造纸、煤炭、化工、医药等产业。

该区旅游业资源丰富，是广西优秀旅游风景区，著名景观有古东景区、猫儿山、乐满地主题乐园、姑婆山、红茶沟国家森林公园。荷塘风景区等。旅游业成为该区社会经济发展的重要组成部分，游客数量、旅游收入逐年增加。

该区域内山地较多，要积极发展生态农业，以提供生态产品、服务产品和工业产品为主要任务，不宜进行大规模高强度工业化、城镇化开发，应重点提高农业综合生产能力。加强土地整治，严格保护耕地，加快中低产田地和坡度耕地改造，提高耕地质量，建设高标准基本口粮田和旱涝保收高标准基本农田。优化农产品加工布局，重点发展粮油、果蔬、奶制品、水产品、林产品等农产品深加工，促进规模化、园区化发展。该区旅游业发展应遵循可持续发展，结合生态环境的保护，还原旅游景观区自然原始性、生态性，将观光旅游和休闲度假相结合，制定经济、特色旅游线路，加强交通、生活服务等基础设施建设；依据区域特色，加强区域资源开发，延长旅游旺季期；加强与周边省区粤、云、湘的协作，融入异区旅游元素，加强旅游特色。

4. Ⅳ西南部峰丛洼地、低中山区

该区包括三个二级区，分别为Ⅳ-1 桂西南右江河谷山地特色农业、矿产与生态型工业园区，Ⅳ-2 岩

溶低山丘陵特色农业、建材与食品加工和重要生态功能区，Ⅳ-3 西南左江河谷山地丘陵生态农业、资源加工与边贸旅游区。该区的地质构造主要属于右江（印支）褶皱带大明山隆起、桂西拗陷和桂南拗陷。该区域喀斯特地貌类型丰富，主要是低峰丛洼地，其次是岩溶丘陵谷地等。部分岩溶地区地表水系较少，地面干旱缺水。该区的天然林原生植被破坏严重，岩石裸露率高，土层贫瘠。该区的经济发展较快，人均 GDP 为 29780 元，第一产业 GDP 占比 22.21%，第二产业 GDP 占比 41.01%，第三产业 GDP 占比 36.78%。

（1）Ⅳ-1 桂西南右江河谷山地特色农业、矿产与生态型工业园区

该区域包含的县（市、区）有马山县、上林县、百色市辖区、田阳区、平果县共 5 个地区，该区域的地貌以岩溶山区、丘陵为主，岩溶峰丛峰林山体连绵，石峰林立，悬崖陡壁，这些地貌类型的形成和发展明显地受到地质构造和岩性条件的控制和影响。尤其是马山县岩溶石山地区广泛分布的石灰岩、白云岩，在亚热带湿热气候条件下，受到强烈的溶蚀作用，富含二氧化硅的地表水沿着岩层中的节理裂隙下渗，溶蚀了所有接触到的岩石中的碳酸钙镁成分，在构造破碎的断裂或者节理密集的地方，溶蚀速度最快，形成溶蚀洼地、谷地、漏斗、天窗、地下河，在溶蚀速度较慢的地方相对突起，形成峰丛或者峰林。该区的土地资源丰富，人均耕地面积为 1.63 亩，国家 A 级景区个数为 15 个，该区域的经济发展较慢，人均 GDP 为 29254 元，第一产业比重 23.42%，第二产业比重 42.72%，第三产业比重 33.86%。

区域的矿产资源丰富，主要有铝、钛铁、锰、煤矿、石油、金、大理石等，其中平果县的铝矿储量最为丰富，储量达 2.9 亿 t，矿体大，品位高，埋藏浅，极易开采，因此平果县是一所以铝冶炼加工、铝配套和建材为主的工业城市；区域的石灰岩矿石广泛，是制造水泥、石灰等建筑材料的优质原料。该区域地处低纬度，属于亚热带季风气候，光照充足，雨热同季，热能丰富，土地肥沃，水利纵横交错，对区域种植水稻、水果、蔬菜、甘蔗、中药材、竹木等特色农产品十分有利。

依托南昆铁路、南百高速公路和右江水道，构建以右江区、平果县为轴心，连接田阳区的右江河谷城镇带。充分发挥特色农业资源优势，重点发展优质稻谷、果蔬、中药材等特色农产品，大力发展农产品加工业，建设亚热带特色农业基地和国家南菜北运蔬菜基地。建设百色生态铝产业基地，加快发展能源、石化等产业，大力发展商贸、物流、红色旅游等服务业，合理布局产业园区，发展专业型、生态型工业园区。在生态环境上，实施珠江防护林工程、石漠化治理工程、退耕还林工程，积极推广运用沼气，引导居住在自然保护区内的群众迁移；合理开发矿产资源，集约发展工业园区，加强对重点排污企业的监控，确保生态安全和环境保护。

（2）Ⅳ-2 岩溶低山丘陵特色农业、建材与食品加工和重要生态功能区

该区域包括的县（市、区）有田东县、德保县、那坡县、靖西市、天等县、隆安县共 6 个地区，区域内地貌以中山、低山为主，岩溶山地分布面积广，耕地面积占总土地面积的 20%，人均耕地面积也较少。该区国家 A 级景区个数为 10 个，以自然景点为主；该区域的经济发展较为缓慢，人均 GDP 为 22348 元，第一产业 GDP 占比 23.24%，第二产业 GDP 占比为 44.88%，第三产业 GDP 占比 31.88%。

该区种植业以粮食生产为主，在平原地区以水稻种植为主，山区主要种植玉米、豆类和薯类。经济作物主要有杧果、甘蔗、木薯、花生、芝麻、八角等。工业主要有铝业、煤炭、电力、石化、氯碱化工、制糖、水泥、造纸、机械等产业，其中铝业、水泥为大宗制品。该区的德保县、靖西市、那坡县为自治区层面的重点生态功能区，是主要提供生态产品、保护环境的重要区域，是保障国家和地方生态安全的重要屏障，以及人与自然和谐相处的示范区。

该区应优化产业结构，调整产业布局，在保证农业稳定发展的基础上，大力发展第二、第三产业，同时注意岩溶山区生态环境的脆弱性，着力加强以石漠化治理、恢复林草植被、生物多样性保护为主要内容的生态建设。在农业方面，进一步优化农业种植结构，提高经济作物种植比例，发展畜牧业，积极发展高产、优质、高效的生态农业，不断开发特色农产品，推进品牌建设，进行规模化生产。在工业方面，政府应该积极地给予引导和扶持，建设区域铝产业基地，扩大杧果、甘蔗、林木种植面积，提高产

业的科技含量。煤炭、电力、石化、氯碱化工、制糖、水泥、造纸等产业要集中做大做强，积极进行市场开发，不断提高工业产值。

（3）Ⅳ-3 西南左江河谷山地丘陵生态农业、资源加工与边贸旅游区

该区域包含的县（市、区）有崇左市辖区、扶绥县、宁明县、龙州县、大新县、上思县、凭祥市共7个地区，该区位于广西西南部，与越南接壤，是我国重要的边境口岸和边关旅游区。区域内山地丘陵分布广泛，降水量很丰富，区域内河流众多，人均耕地面积为12个二级区中最多的，为3.68亩，国家级A级景区个数有36个，以边贸旅游为主。该区的经济发展较快，人均GDP为37663.68元，第一产业GDP占比为23.21%，第二产业占比为40.01%，第三产业占比为36.78%。

该区有丰富的矿产资源，如锰矿、膨润土矿，其中大新县下雷镇锰矿床是中国最大的锰矿床，保有资源储量1.32×10^8t，占广西保有资源储量的59.7%，占中国的22.98%。宁明膨润土矿床探明资源储量6.40×10^8t，是中国最大的膨润土矿床。扶绥煤田位于扶绥县、江州区和宁明县毗邻地带，累计探明煤炭资源储量1.32×10^8t。旅游景点中比较有名的是友谊关及中越边界的德天瀑布。该区耕地面积大，农产品种类丰富。农业生产结构中，以种植业、畜牧业为主，经济作物布局中，甘蔗播种面积比重最大，是广西重要的甘蔗产区，木薯种植也较广泛。该区依托丰富的矿产资源、森林资源，以及大面积种植甘蔗等特点，工业重点发展能源、制糖、林纸、农产品加工等产业。以大新县和江州区为重点，立足锰产业基础，延长产业链，推动锰产业向精深加工发展。

充分发挥凭祥综合税区作用，依托南崇经济带建设，重点发展制糖和锰精深加工产业，以及出口加工、商贸物流和跨国旅游产业，建设具有较强国际竞争力的生态锰矿产业基地和全国糖业经济循环经济示范基地。不断调整农作物布局与结构，保持农田生态平衡，大力发展特色种养业，对宁明的八角、中药材，大新的桂圆肉、苦丁茶等具有较高知名度的特色农副产品，不断深化边关旅游产品的开发，加强与越南等东盟国家合作，加快推进中国-东盟现代农业示范基地。发展循环经济的同时，还需加强左江、黑水河等河流的水污染防治，加强崇左白头叶猴自然保护区建设及加快矿山生态修复。

5. Ⅴ西北部峰丛洼地、高原斜坡区

该区包括两个二级区，分别为Ⅴ-1 西北高原山地生态农业、有色金属与桑蚕优势产业区，Ⅴ-2 桂西北峰林山地特色农业、旅游与生态保育建设区。该区域的地质构造主要属于桂西拗陷，右江（印支）褶皱带，也有部分地区属于扬子地台上扬子凹陷。区内碳酸盐岩组合分布广，主要岩溶地层及岩组类型为中泥盆统东岗岭组—下二叠统。该区位于云贵高原的南缘，至今还保留高原外貌，主要的岩溶地貌类型是峰丛洼地，地形复杂多样，坡度较大，且海拔较高。该区处于山多地少的状态，过度放牧以及乱砍滥伐导致生态环境日渐脆弱，人地矛盾突出，并且由于地下水埋藏较深，人畜饮水十分困难，是典型的老、少、边、山、穷的少数民族地区。

（1）Ⅴ-1 西北高原山地生态农业、有色金属与桑蚕优势产业区

该区所包含的县（市、区）有田林县、西林县、隆林各族自治县、河池市辖区、宜州区、南丹县共6个地区，该区地处广西西部，连接贵州，在云贵高原向广西丘陵过渡的褶皱带，山多田少，地广人稀，境内诸山基本为云贵高原余脉，土岭连绵，沟壑纵横。该区是全区重要的有色金属产业基地。可利用土地资源比较缺乏，水资源一般，矿产资源和水能资源丰富，大气环境和水环境较好，城镇化水平较低，人口集聚和经济发展水平不高，开发潜力相对较大。

该区属于亚热带季风气候区，夏长而炎热，冬短而暖和，热量丰富，光照充足，雨量充沛，无霜期长，气温较高，年均温一般在16.9～21.5℃，南北地区温度差异较大，大部分地区没有严冬。全地区多年平均降水量一般在1200～1600mm，十分利于植物生长。区域内的农产品主要有水稻、花生、甘蔗、桑蚕、沙田柚等；经济林主要有油桐、茶叶、八角等；工业主要是建材和有色金属，以及蔗糖、茧丝、矿产、食品、建材、水电、机械加工等体系。

该区农业是国民经济的重要支柱，发挥特色农业资源优势，重点发展甘蔗、水果、蔬菜、养殖等，做大做强“绿色长寿”系列食品品牌，提高农业产业化经营水平。同时，大力发展特色产业，依托交通

通道，发挥矿产资源优势，大力发展有色金属及新材料、化工、茧丝绸等优势产业，延伸产业链，提高资源深加工水平，依托原生态风景、原生态民族民俗文化，突出长寿、生态、民族、红色特色，大力发展特色旅游业。由于多土山地区，应大力实施封山育林、退耕还林、植树造林、恢复植被、石漠化治理、坡耕地水土保持、小流域治理等生态工程措施，加强工业污染防治，适度开发矿产资源，修复植被破坏的生态、植被等资源，实现资源开发、环境保护的共赢。

（2）Ⅴ-2 桂西北峰林山地特色农业、旅游与生态保育建设区

该区所包含的县（市、区）有乐业县、天峨县、凤山县、东兰县、罗城仫佬族自治县、环江毛南族自治县、巴马瑶族自治县、都安瑶族自治县、大化瑶族自治县、忻城县、凌云县共 11 个地区，该区地貌是典型的喀斯特地貌，区内峰丛洼地密布、石山连绵，地下河天窗、峰丛、峰林等地貌单元千姿百态，绮丽壮观，山上岩石多为石灰岩，素有“石山王国”之称。

该区的自然资源十分丰富，矿产资源有金矿、黄铁矿、硫黄矿、硫铁矿、褐铁矿、铜矿、锑矿等和丰富的大理石、石灰岩等。水力资源也丰富，区域内河流众多，且河流落差大，水量充沛，特别是红水河水量最大；区域内林产品深加工潜力大，八角、油桃、杉木是林业的主导产品；区域内有生态公益林，主要分布于石山灌木林区域，公益林内猕猴等野生动物逐步增多，生物多样性丰富。

该区是高、深的峰从洼地区，土地资源贫乏且生产力低，可以借鉴大化七百弄地区成功的石漠化治理模式，如发展生态旅游以及种养结合的生态农业方式。该区喀斯特峰丛形态多样，和周围的溶洞景观结合，具有较高的观赏价值。发展生态旅游可以有效地防治石漠化，同时能够保护地质遗迹和生态环境。发展种植（青饲料）–养殖（草食动物）–沼气–种植（青饲料）的生态农业模式，可以增加农民收入，促进地方经济发展。

参考文献

[1] Bailey R G. Ecoclimatic zones of the Earth [J] //Ecosystem geography. New York：Springer，2009：83-92.

[2] 黄秉维．地理学与跨学科的综合研究 [J]．科学，1998，50（5）：2-5.

[3] 郑度，葛全胜，张雪芹，等．中国区划工作的回顾与展望 [J]．地理研究，2005，（3）：330-344.

[4] 吴绍洪，刘卫东．陆地表层综合地域系统划分的探讨——以青藏高原为例 [J]．地理研究，2005，（2）：169-177，321.

[5] 刘军会，傅小锋．关于中国可持续发展综合区划方法的探讨 [J]．中国人口·资源与环境，2005，（4）：11-16.

[6] 傅伯杰，刘国华，陈利顶，等．中国生态区划方案 [J]．生态学报，2001，（1）：1-6.

[7] 徐继填，陈百明，张雪芹．中国生态系统生产力区划 [J]．地理学报，2001，（4）：401-408.

[8] 郑度．中国生态地理区域系统研究 [M]．北京：商务印书馆，2008.

[9] 樊杰．我国主体功能区划的科学基础 [J]．地理学报，2007，62（4）：339-350.

[10] 蔡运龙．中国地理多样性与可持续发展 [M]．北京：科学出版社，2007.

[11] 钟高峥．主体功能区战略背景下武陵山经济协作区发展路径选择 [J]．三峡论坛（三峡文学·理论版），2011，（5）：42-46，148.

[12] 方创琳，刘海猛，罗奎，等．中国人文地理综合区划 [J]．地理学报，2017，72（2）：179-196.

第4章　广西西江流域社会生态系统协同变化及耦合机制

4.1　研究背景与意义

社会生态系统是一个包括资源、环境、经济、社会等多要素的复杂大系统，要素之间的协调发展是系统稳定的基础[1]。改革开放以来，我国经济高速发展，社会事业逐步完善，但资源短缺、环境污染日益严重，经济-社会-生态系统的协调发展面临严峻考验。党的十八大、十九大报告以及《中共中央国务院关于加快推进生态文明建设的意见》等文件，进一步阐释了生态系统对人类社会发展的重要性，国家对生态系统的顶层设计不断细化，各地生态文明建设已初见成效[2]。经济、社会、生态系统三者处于同等重要的位置，只有三者实现协调发展才能促进我国整体发展水平的提高[3]。近年来，经济-社会-生态系统的协调发展成为人地关系研究的新视角，学术界从不同尺度、不同地域出发，对三者的耦合协调发展进行了广泛研究。

对经济-社会-生态系统的耦合协调发展研究，主要可以分为以下两类。一是从大尺度出发对全国或省级层面的经济-社会-生态系统耦合协调发展进行研究，如黄德春等利用面板数据分析中国2001～2015年生态与经济协调发展情况，研究发现中国生态-经济复合系统协调程度虽然逐步提升，但整体水平偏低[4]；吴建寨等对全国31个省区市的社会-经济-自然复合生态系统协调发展进行实证研究，发现东部地区生态系统服务价值高于西部和北部地区，只有天津、江苏、山东的社会经济发展与生态保护处于最优协调级别[5]；张玉泽等对山东省的经济、社会和生态系统协调发展进行研究，发现2003～2013年山东省17个地市的经济-社会-生态系统发展状况逐步改善[6]；魏晓旭等以中国2853个县（市、旗、区）为研究单元进行研究，发现1980～2012年中国县域生态-经济系统协调度逐步得到改善，空间关联度总体稳定，但空间分布不均衡[7]。二是从小尺度出发对典型区域进行探究分析，如初雪等以甘肃省崇信县为例，对欠发达地区的经济、社会和生态系统的协调发展进行研究，发现崇信县为经济发展滞后类型，三个系统的协调发展水平较高[8]；刘秀丽等以宁武县为例，对黄土高原土石山区退耕还林区的经济-生态系统协调发展进行研究，发现2001～2011年宁武县退耕还林区生态经济耦合协调状况得到逐步改善[9]。目前，对经济-社会-生态系统耦合协调发展的研究已取得一定成果，但在以下两方面还需继续深入研究：

①用GDP、农村居民纯收入、工业三废等复合指标来表征经济、社会、生态系统三者的关系，缺乏对经济、社会、生态系统三者发展水平的时空变化特征及耦合协调状态的刻画，因此需要构建能全面反映三个系统间关联的评价指标体系；

②目前对经济-社会-生态系统耦合协调发展研究主要集中在国家和省级层面，对流域研究较少，特别是经济发展落后、少数民族集聚、连片贫困地区的流域有待研究。

基于此，本章运用耦合协调模型，以民族聚居、连片贫困、生态脆弱、经济发展水平较低的广西西江流域为研究区，以2006～2016年广西西江流域经济、社会、生态系统为研究对象，构建反映研究区特点的指标体系，运用全排列多边形综合图示法、耦合协调模型，对广西西江流域经济-社会-生态系统及各子系统的发展能力、耦合协调度进行计算，探究其时序变化规律，以期为广西西江流域生态文明建设提供理论参考。

4.2　广西西江流域经济-社会-生态系统概况

4.2.1　经济社会发展状况

珠江-西江经济带已上升为国家发展战略，广西西江流域迎来了发展的新契机。《珠江-西江经济带发展规划》将广西的7个地级市（南宁、柳州、梧州、贵港、百色、来宾、崇左）划入规划范围，同时将广西的桂林、玉林、贺州、河池等4个地级市作为规划延伸区，因此本章研究的广西西江流域包括以上11个地级市[10]。根据2017年《广西统计年鉴》可得，广西西江流域面积约21.66万km^2，占广西总面积的91.11%，2016年年末户籍总人口为0.49亿，占广西总人口的87.80%，流域GDP达到15568.32亿元，占广西生产总值的84.83%。城镇居民人均可支配收入和农村居民人均纯收入都稳步提高，从2006年的9663.25元、2797.35元提升到2016年的28024.09元、10455.91元，年均增长量分别为1836.08元、765.86元。2006年以来，流域产业结构虽逐步优化，但仍保持“二三一”的产业格局，第一产业比重明显下降，第二产业比重一直保持在40%以上，第三产业比重波动上升，2016年三大产业结构比为15∶45∶40，说明广西西江流域正处于经济发展的上升期，经济发展前景较好。

4.2.2　资源环境状况

广西西江流域自然资源丰富但人均拥有量少，资源环境状况不容乐观。2016年广西西江流域水资源总量为1954.5亿m^3，占广西水资源总量的89.70%，人均水资源拥有量为3990.04m^3，比广西平均水平低512.96m^3；流域内森林覆盖率为62.02%，比广西低0.28个百分点；常用耕地面积和人均耕地面积分别为395.14万hm^2、0.08hm^2。2016年化肥使用量224.59万t，占广西化肥使用总量的85.65%；工业废水排放量、工业二氧化硫排放量、工业烟（粉）尘排放量分别为456200000t、127056t、191949t，分别占广西排放总量的86.75%、69.41%、76.76%。流域水资源量与人口、GDP的匹配度较高，与耕地面积匹配度较低。工业废水排放量占比高于流域GDP占比，淘汰落后产能，实现绿色可持续发展仍面临严峻形势。

4.3　数据来源与研究方法

4.3.1　数据来源

该研究的数据主要包括四部分：经济系统数据、社会系统数据、生态系统数据、研究区概况数据。其中，经济系统和社会系统数据来源于2007年、2012年、2017年《广西统计年鉴》；生态系统数据来源于2007年、2012年、2017年《广西统计年鉴》，2007年、2012年、2017年《中国城市统计年鉴》及广西西江流域各地级市的《国民经济和社会发展统计公报》《环境状况公报》《固体废物污染环境防治信息公告》；研究区概况数据来源于2017年《广西统计年鉴》。

4.3.2　指标体系构建

经济、社会、生态系统其本质就是复合生态大系统下不可分割的重要组成部分，三个系统间没有明确的区分标准，怎样选取指标能反映出各系统的发展水平是研究的重点之一。在参考已有研究成果的基础上[11-15]，本着指标的代表性、综合性及数据的可获取性原则，构建广西西江流域经济–社会–生态系统耦合协调发展评价指标体系（表 4-1）。经济系统主要考虑经济结构、经济规模和经济效益等三个方面，社会系统主要考虑人口指数、生活水平、基础设施、科技文化等四个方面，生态系统主要考虑资源禀赋、生态压力、生态响应等三个方面。

表 4-1　广西西江流域经济–社会–生态系统耦合协调发展评价指标体系

目标层	系统层	要素层	指标层
广西西江流域经济–社会–生态系统耦合协调发展评价指标体系	经济系统	经济结构	第三产业比重/%
			工业占工农业总产值比重/%
		经济规模	GDP/亿元
			财政收入/亿元
			固定资产投资/亿元
		经济效益	人均 GDP/元
			社会消费品零售总额/亿元
	社会系统	人口指数	人口密度/(人/km^2)
			非农人口占总人口比重/%
		生活水平	城镇居民人口可支配收入/元
			农村居民人均纯收入/元
			农村人均住房面积/m^2
		基础设施	公路里程/km
			每万人拥有公共汽车/台
			卫生机构人员数/人
		科技文化	普通高等学校数/所
			普通高等学校在校学生数/万人
			公共图书馆/个
	生态系统	资源禀赋	人均水资源量/m^3
			森林覆盖率/%
			人均耕地面积/km^2
			植被净初级生产力/[$g/(m^2 \cdot a)$]
		生态压力	工业废水排放量/万 t
			工业二氧化硫排放量/t
			工业烟（粉）尘排放量/t
			化肥使用量/万 t
		生态响应	工业固体废弃物利用率/%
			城市污水处理率/%

4.3.3　研究方法

1. 全排列多边形综合图示法

全排列多边形综合图示法计算的内涵如下。设共有 n 个评价指标，将这些指标标准化处理后的上限值作为半径构建一个中心 n 边形，将每个指标在同一年的标准化值相连，就构成一个不规则的 n 边形，这个 n 边形的每个顶点就是评价指标相连的全排列，n 个指标则有 $(n-1)!/2$ 个不同的不规则中心 n 边形。

全部不规则 n 边形的面积的平均值与整体中心 n 边形的面积之比即各个系统的综合评价指数[16]。

运用全排列多边形综合图示法对数据进行标准化处理时，如果指标属性为正向（数据值越大越好），则采用其原始数据进行计算，如指标属性为负向（指标值越小越好），则先取该项指标数据的导数，再转化为正向指标进行计算，指标标准化计算公式如下：

$$X_i'=\frac{(\max_i-\min_i)(X_i-T_i)}{(\max_i+\min_i-2T_i)X_i+\max_i T_i+\min_i T_i-2\min_i \max_i} \quad (i=1, 2, 3, \cdots, n) \tag{4-1}$$

式中，X_i'为第 i 项指标的标准化值；X_i 为第 i 项指标的原始值；$\max_i$、$\min_i$、T_i 分别为指标 X_i 中的最大值、最小值和均值。经标准化处理后的指标数据取值范围为［-1，1］。

在对原始数据进行标准化处理后，运用全排列多边形综合图示法计算各子系统和复合系统的综合指标值，其计算公式如下：

$$Y=\frac{\sum_{i\neq j}^{i,j}(X_i'+1)(X_j'+1)}{2n(n-1)} \quad (i=1, 2, 3, \cdots, n; j=1, 2, 3, \cdots, n) \tag{4-2}$$

式中，Y 为综合发展指数；X_i'和 X_j'分别为第 i 项和第 j 项指标的标准化值；n 为指标个数。本章定义 Y_1、Y_2、Y_3 分别为经济、社会、生态系统发展专项指数。

2. 耦合协调度计算模型

耦合是一个物理概念，用来分析两个或多个系统之间的相互影响、协作程度。本章运用耦合模型计算广西西江流域经济系统、社会系统及生态系统的协调程度及作用机制，其计算公式如下：

$$C_t=\frac{3\sqrt[3]{Y_1\times Y_2\times Y_3}}{Y_1+Y_2+Y_3} \tag{4-3}$$

本章研究广西西江流域经济、社会、生态三个子系统的耦合协调度，因此 $t=3$；C_t 表示耦合度，取值范围为［0，1］。耦合度 C_t 的值大，说明各系统之间处于良性有序发展状态，当 $C_t=0$ 时，各系统的耦合度最小，此时各系统处于无序、恶性发展状态；当 $C_t=1$ 时，各系统的耦合度达到最大值，各系统的协调合作能力处于最佳状态。

耦合度可以较好地揭示各个系统相互协调、相互影响的程度，但是无法判定系统协调发展水平的高低。因此，运用耦合协调度计算模型，对各系统的协调度进行计算，判定各系统的协调类型和水平。耦合协调度计算公式如下：

$$D_t=\sqrt[3]{C_t\times T_t} \tag{4-4}$$

$$T_t=\alpha Y_1+\beta Y_2+\delta Y_3 \tag{4-5}$$

式中，D_t、T_t 分别为耦合协调度、综合评价指数，D_t 值越大表示各系统间的耦合协调水平越高；α、β、δ 为待定系数，对人类社会发展而言，经济系统、社会系统、生态系统都是不可或缺的一部分，因此将三者的贡献系数设置为 $\alpha=\beta=\delta=1/3$。

同理，也可以计算出各地区经济-社会系统、经济-生态系统、社会-生态系统的耦合协调度，其计算式如下：

$$C_{1t}=\frac{2\times\sqrt{Y_1\times Y_2}}{Y_1+Y_2} \tag{4-6}$$

$$D_{1t}=\sqrt{C_{1t}\times T_{1t}} \tag{4-7}$$

$$T_{1t}=\alpha Y_1+\beta Y_2 \tag{4-8}$$

式中，C_{1t}为经济系统与社会系统的耦合度；D_{1t}为经济系统与社会系统的耦合协调度；T_{1t}为经济系统与社会系统的综合评价指数，此时 $t=2$，$\alpha=\beta=1/2$。此外，经济系统与生态系统、社会系统与生态系统的耦合协调度计算方法与此一致，不重复列出。

运用上述算法得出广西西江流域各地经济系统、社会系统、生态系统耦合协调度，其取值范围为［0，1］。其值越接近 1，说明该地区的经济、社会、生态系统越处于协调发展的理想状态，反之，其值越接近 0，则越处于无序发展的恶性状态。为更好地探究广西西江流域各地社会生态系统的协调状态，在参考已有文献的基础上，将广西西江流域经济–社会–生态系统耦合协调发展状态划分为 6 类：极度协调、高度协调、中高度协调、中度协调、中低度协调、低度协调[17]，见表 4-2。同一取值范围的耦合协调度值对应一个协调等级，等级越低，说明区域内的各系统越处于协调发展状态，反之，等级越高，说明各系统越处于无序发展状态。

表 4-2　广西西江流域经济–社会–生态系统协调发展程度判定标准

耦合协调度 D 值	协调等级	协调状态
[0.8，1]	Ⅰ	极度协调
[0.7，0.8)	Ⅱ	高度协调
[0.6，0.7)	Ⅲ	中高度协调
[0.5，0.6)	Ⅳ	中度协调
[0.4，0.5)	Ⅴ	中低度协调
[0，0.4)	Ⅵ	低度协调

4.4　结果与分析

4.4.1　广西西江流域各地发展水平分析

1. 综合发展水平

运用全排列多边形综合图示法计算得出 2006 年、2011 年、2016 年广西西江流域各地的综合发展指数，如图 4-1 所示。

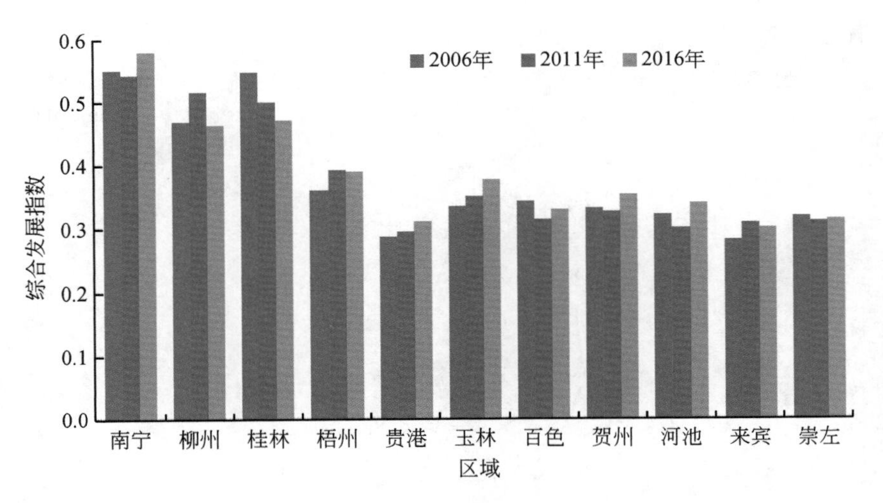

图 4-1　广西西江流域各地综合发展指数

广西西江流域基本呈“两级阶梯”发展格局。2006 ~ 2016 年，以南宁、柳州、桂林为代表的老牌经济发达地区，其经济和社会事业发展水平较高，综合发展指数多年位居广西西江流域前列，2016 年综合发展指数分别为 0.5816、0.4650、0.4725。南宁是广西的首府，特别是北部湾经济区和西江–珠江经济带的建设，极大地促进了南宁各项事业的发展；柳州作为广西的老工业基地，工业发达，经济基础好；桂林是一个国际旅游城市，且开发历史早，因此这 3 个城市综合发展能力强，属于第一级阶梯。梧州、贵港、玉林、百色、贺州、河池、来宾、崇左等 8 个地级市属于第二级阶梯，近几年虽迅速发展，但与第一级阶梯的 3 个地级市仍有较大差距，主要受经济发展基础、教育科技实力等的束缚。

广西西江流域综合发展指数总体呈波动上升趋势。2006～2016 年，南宁、梧州、贵港、玉林、贺州、河池、来宾等地区综合发展能力呈波动上升趋势，其中玉林的综合发展指数提升最快，2016 年为 0.3774，与 2006 年相比提升了 12.72%，其次是贵港、梧州、河池、贺州、来宾、南宁，与 2006 年相比分别提升了 8.72%、8.16%、6.21%、5.99%、5.88%、5.36%，南宁的综合发展速度较其他地区慢，主要受产业转型升级的影响以及自身发展的束缚。柳州、百色、崇左 2006～2016 年综合发展指数呈波动下降趋势，下降速度最快的是百色，2016 年其综合发展指数为 0.3305，与 2006 年相比下降了 3.68 个百分点。2006～2016 年，桂林综合发展指数呈急剧下降趋势，2006 年、2011 年、2016 年的综合发展指数分别为 0.5505、0.5028、0.4725，2006～2016 年综合发展指数下降了 14.17%，主要原因是其作为一个国际旅游城市，产业调整、转型升级带来的影响仍存在，走科技、绿色发展之路还需要一段长时间才能体现出效益。

2. 各子系统发展水平

对广西西江流域各地的经济、社会、生态系统指标进行计算，得到 2006 年、2011 年、2016 年广西西江流域各地经济系统、社会系统、生态系统发展指数，如图 4-2 所示。

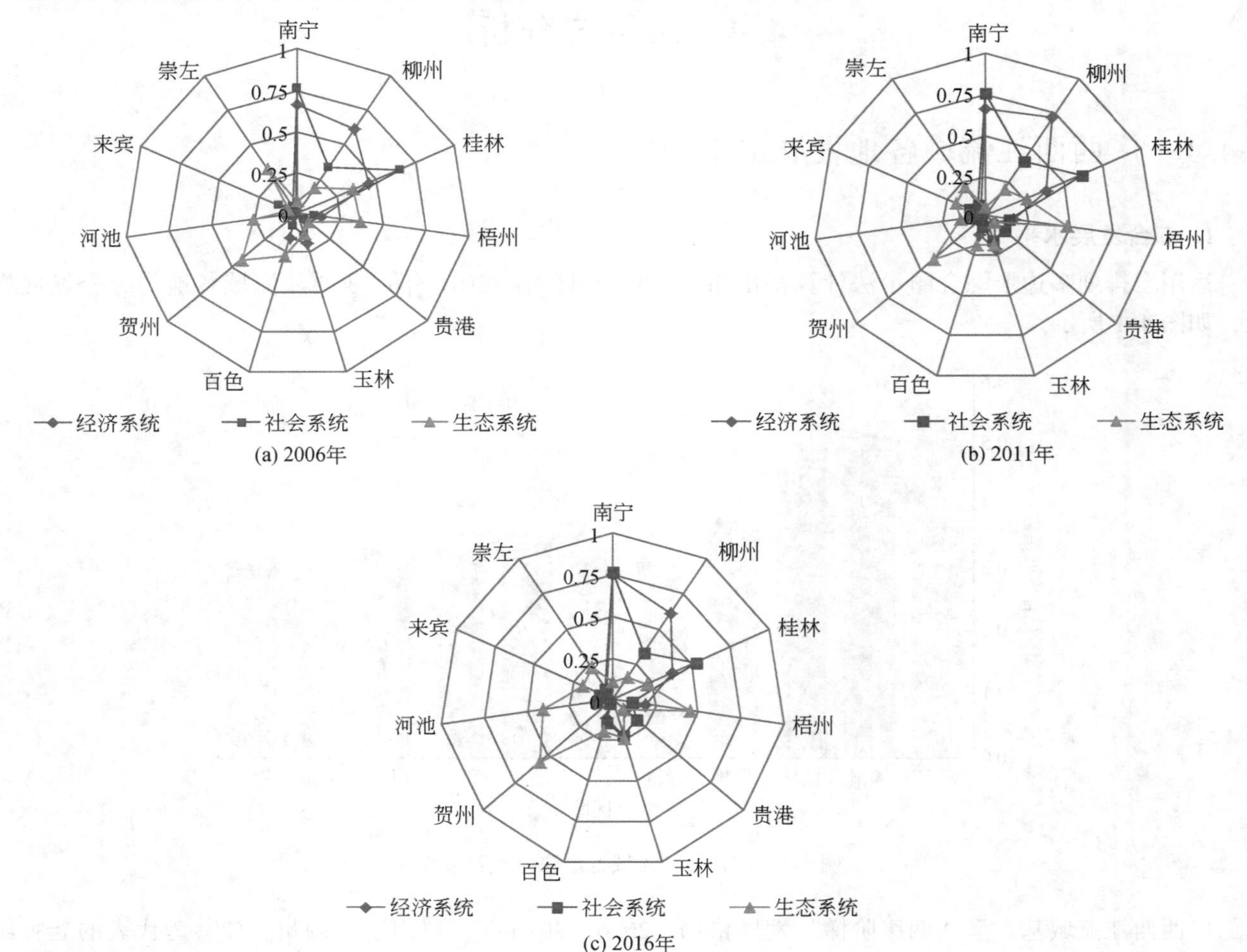

图 4-2　广西西江流域各地经济系统、社会系统、生态系统发展指数

1）经济系统

经济发展呈“三级阶梯”发展趋势，三大城市支撑流域发展。南宁、柳州、桂林属于第一级阶梯，经济系统发展指数显著高于其他地区，处于前三名位置，这得益于其本身良好的经济发展基础和特殊的区位条件。2006年南宁、柳州、桂林三个地区的经济系统发展指数分别为0.6628、0.6116、0.4516，2016年则为0.7504、0.6160、0.3801。2006～2016年，南宁经济系统发展指数不仅稳居第一而且提升明显，10年间经济系统发展指数上升了13.22%，不仅发挥出首府的经济带动作用，而且在两个国家级战略建设中也发挥出应有的核心作用；桂林经济系统发展指数呈负增长，10年间经济系统发展指数下降了15.83%，桂林的经济发展能力比南宁、柳州弱，主要原因是工业基础薄弱，第三产业发展速度缓慢，限制了其经济发展。玉林、梧州、百色、贵港属于第二级阶梯，2006～2016年，除百色呈负增长外，其他三个地区经济系统发展指数都呈正增长趋势。崇左、河池、来宾、贺州属于第三级阶梯，2006～2016年，其经济系统发展指数增长率分别为180.87%、-76.26%、-33.81%、7.32%。崇左在这10年间，经济系统发展指数增长了3倍，主要是崇左发挥区位条件大力发展边境贸易，促进了区域经济发展。河池和来宾经济系统发展指数呈负增长，经济发展除受自身条件限制外，同时不属于北部湾经济区和珠江-西江经济带中，经济辐射带动弱。

2）社会系统

社会发展两极分化严重，区域发展不平衡显著。两极中的“一极”主要是以南宁为代表的社会系统发展指数较高地区，具体包括南宁、桂林、柳州，社会系统发展指数均大于0.3，其中南宁的社会系统发展指数在0.7以上，处于遥遥领先的地位；桂林的社会系统发展指数紧随其后，多年社会系统发展指数在0.5以上，但2006～2016年，其社会系统发展指数呈下降趋势，这主要受经济发展的影响，其经济系统发展指数与社会系统发展指数表现出明显的正相关关系；柳州在这“一极”中发展指数最低，最主要是公路里程、卫生机构人员数等多项指标远远落后于南宁、桂林所导致。另外“一极”主要以贺州为代表，具体包括贺州、崇左、百色、河池、梧州、来宾、贵港、玉林，社会系统发展指数均小于0.3，2006～2016年其社会系统发展指数增长率分别为-18.72%、42.35%、58.14%、48.08%、9.95%、-29.77%、235.10%、52.55%。2006～2016年，贺州的社会系统发展指数是流域内最低的，且呈负增长趋势；来宾社会系统发展指数呈波动下降趋势；贵港、百色、玉林社会系统发展指数增长率超过50%，河池、崇左社会系统发展指数增长率超过40%，说明这5个地区社会事业得到迅速发展，基础设施不断完善，人民生活水平有了大幅提高。

3）生态系统

生态发展时空差异大。2006～2016年，贺州、梧州的生态系统发展指数较高且较稳定，贺州经济发展较慢，对资源、环境的影响小，工业废水、二氧化硫、工业烟（粉）尘等排放量在流域内比较靠后，生态系统发展指数在2016年达到流域最高值，为0.5596，与2011年相比增长了39.90%；梧州作为西江的“水上门户”，资源禀赋较高，2006年、2011年、2016年生态系统发展指数分别为0.3688、0.4815、0.4547，处于流域较高水平。贵港、南宁生态发展水平处于流域最低位置，多年生态系统发展指数小于0.1，区域可持续发展面临严峻形势。总体来看，广西西江流域各地生态系统发展指数呈增长趋势。河池生态系统发展指数变化剧烈，2006～2011年，生态系统发展指数呈负增长，下降了42.84%；2011～2016年，生态系统发展指数迅速回升，5年间上升了272.46%。此外，玉林、来宾、贺州等地生态系统发展指数增长明显。桂林、崇左生态系统发展指数呈下降趋势，2006～2016年，桂林下降了37.85%，崇左下降了29.23%，两地在经济发展过程中需加大对资源、环境的保护力度。

4.4.2　广西西江流域各地耦合协调度分析

1. 整体耦合协调度

利用耦合协调度计算模型，对2006～2016年广西西江流域的经济-社会-生态系统进行耦合协调度计算，结果见表4-3。

表4-3　广西西江流域各地区经济-社会-生态系统耦合协调度

区域	2006年		2011年		2016年	
	协调度	协调等级	协调度	协调等级	协调度	协调等级
南宁	0.6955	Ⅲ	0.6728	Ⅲ	0.7318	Ⅱ
柳州	0.6950	Ⅲ	0.7322	Ⅱ	0.6837	Ⅲ
桂林	0.7783	Ⅱ	0.7351	Ⅱ	0.7080	Ⅱ
梧州	0.5600	Ⅳ	0.6056	Ⅲ	0.5997	Ⅳ
贵港	0.4155	Ⅴ	0.4365	Ⅴ	0.4811	Ⅴ
玉林	0.5375	Ⅳ	0.5690	Ⅳ	0.6115	Ⅲ
百色	0.5383	Ⅳ	0.4833	Ⅴ	0.5270	Ⅳ
贺州	0.4138	Ⅴ	0.4014	Ⅴ	0.4126	Ⅴ
河池	0.4802	Ⅴ	0.4397	Ⅴ	0.4491	Ⅴ
来宾	0.3781	Ⅴ	0.4628	Ⅴ	0.4014	Ⅴ
崇左	0.4227	Ⅴ	0.4594	Ⅴ	0.4744	Ⅴ

初步形成“三核”带动的协调发展格局。2006～2016年，南宁、柳州、桂林的耦合协调度一直位于广西西江流域前三名的地位，达到中高度及以上协调状态，2016年3个地区的耦合协调度分别为0.7318、0.6837、0.7080，说明这些地区经济、社会、生态之间的协调发展能力强。梧州、玉林、百色紧跟其后，多年耦合协调度在0.5以上，达到中度协调水平。贵港、贺州、河池、来宾、崇左的耦合协调能力较低，总体属于第Ⅴ等级，直接原因是这些地区经济发展指数较低，社会发展又与经济紧密相连，因此造成三者发展不协调，影响整体的协调发展状态。

耦合协调水平总体提升，个别地区协调发展能力下降。2006～2016年，广西西江流域各地协调发展水平总体上处于较好状态，以中低度协调为主，大部分区域协调发展指数得到提升。其中，玉林的耦合协调度提升最快，2016年达到0.6115，由中度协调一跃成为中高度协调状态；桂林的协调状态虽在整个研究期都很稳定，但耦合协调度下降明显，主要是产业结构调整对经济的影响依然存在，经济发展指数持续下降，影响到整体的耦合协调度的提升。来宾、百色、河池等地的耦合协调度呈现波动状态，说明这些地区协调发展能力不稳定。

耦合协调发展水平受经济、区位等多因子综合影响。广西西江流域呈现“三核”带动发展格局，这与经济发展指数吻合，经济发展是社会事业进步的保障，但经济发展的初期会消耗资源，产生工业废物，影响生态环境质量，当经济发展走上高质量的绿色发展之路时，则能实现经济发展与生态环境的和谐共生，实现经济、社会、生态的耦合协调发展。同时，宏观政策、区位条件、交通位置等也对广西西江流域各地的耦合协调发展产生重要作用。

2. 经济-社会系统耦合协调度

广西西江流域各地经济-社会系统耦合协调度较稳定，地域差异显著。2006～2016年，各地耦合协调状态总体上无变化，见表4-4。南宁经济-社会系统耦合协调度一直在0.8以上，属于极度协调状态，说明南宁的经济发展和社会事业在协调中共同发展。柳州和桂林的耦合协调状态波动变化，其中桂林的耦合协调状态有变差的趋势，由高度协调变为中高度协调状态。玉林一直处于中低度协调状态。梧州、贵港、百色、贺州、河池、来宾、崇左等7个地区一直处于低度协调状态，其中贺州的耦合协调度一直小于0.2，河池、来宾、崇左小于0.3，这4个地区处于失调状态，主要是相对社会系统发展指数而言，经济系统发展指数极低所致，尤其在GDP、社会消费品零售总额、财政收入等方面表现得尤为突出，结果导致经济系统与社会系统在发展中严重不协调。

表 4-4　广西西江流域各地区经济-社会系统耦合协调度

区域	2006 年		2011 年		2016 年	
	协调度	协调等级	协调度	协调等级	协调度	协调等级
南宁	0.8442	Ⅰ	0.8415	Ⅰ	0.8711	Ⅰ
柳州	0.6717	Ⅲ	0.7370	Ⅱ	0.6758	Ⅲ
桂林	0.7366	Ⅱ	0.6987	Ⅲ	0.6705	Ⅲ
梧州	0.3481	Ⅵ	0.3883	Ⅵ	0.3855	Ⅵ
贵港	0.2570	Ⅵ	0.3083	Ⅵ	0.3631	Ⅵ
玉林	0.4105	Ⅴ	0.4277	Ⅴ	0.4726	Ⅴ
百色	0.3444	Ⅵ	0.2966	Ⅵ	0.3558	Ⅵ
贺州	0.1693	Ⅵ	0.1612	Ⅵ	0.1577	Ⅵ
河池	0.2681	Ⅵ	0.2529	Ⅵ	0.2064	Ⅵ
来宾	0.2350	Ⅵ	0.2673	Ⅵ	0.1941	Ⅵ
崇左	0.1911	Ⅵ	0.2532	Ⅵ	0.2702	Ⅵ

3. 经济-生态系统耦合协调度

广西西江流域各地经济-生态系统耦合协调状态较经济-社会系统差。根据表 4-5 可知，2006～2016 年，广西西江流域超过一半地区处于不协调状态，协调地区以中度协调状态为主，整体协调状态较差。柳州、桂林的经济-生态系统耦合协调指数较高，桂林在 2006 年耦合协调度为 0.6332，达到研究期流域经济-生态系统耦合协调的最高值，对比经济-社会系统耦合协调度，则处于较低水平。南宁的耦合协调度呈波动上升趋势，说明产业转型升级效果显现。总体来看，广西西江流域各地经济-生态系统耦合协调状态差，以低度协调为主，反映出流域在经济发展中以牺牲资源、环境为代价的粗放型发展模式还未得到根本性的改变，绿色、协调、创新、可持续发展面临严峻形势。

表 4-5　广西西江流域各地区经济-生态系统耦合协调度

区域	2006 年		2011 年		2016 年	
	协调度	协调等级	协调度	协调等级	协调度	协调等级
南宁	0.4721	Ⅴ	0.4392	Ⅴ	0.5292	Ⅳ
柳州	0.5807	Ⅳ	0.6204	Ⅲ	0.5573	Ⅳ
桂林	0.6332	Ⅲ	0.5651	Ⅳ	0.5386	Ⅳ
梧州	0.4787	Ⅴ	0.5310	Ⅳ	0.5454	Ⅳ
贵港	0.2866	Ⅵ	0.2515	Ⅵ	0.2946	Ⅵ
玉林	0.4002	Ⅴ	0.4467	Ⅴ	0.4812	Ⅴ
百色	0.4563	Ⅴ	0.3862	Ⅵ	0.3880	Ⅵ
贺州	0.3222	Ⅵ	0.3022	Ⅵ	0.3371	Ⅵ
河池	0.3804	Ⅵ	0.2810	Ⅵ	0.2966	Ⅵ
来宾	0.1914	Ⅵ	0.3083	Ⅵ	0.2392	Ⅵ
崇左	0.2992	Ⅵ	0.3196	Ⅵ	0.3552	Ⅵ

4. 社会-生态系统耦合协调度

广西西江流域社会-生态系统耦合协调度水平偏低。总体来看，耦合协调状态在中级及以上的只有极少数，2006 年只有桂林，协调度为 0.6941；2011 年有柳州、桂林、梧州，协调度分别为 0.5379、0.6343、0.5075；2016 年有南宁和桂林，协调度分别为 0.5321、0.5856；桂林虽处于较好的协调状态，但耦合协调度一直下降，2016 年为第Ⅳ等级（表 4-6）。流域大部分地区属于低度协调状态，协调状态有变好的趋势，2006 年、2011 年、2016 年低度协调区域占比分别为 63.64%、54.55%、36.37%，降幅明显。

表 4-6 广西西江流域各地区社会-生态系统耦合协调度

区域	2006 年		2011 年		2016 年	
	协调度	协调等级	协调度	协调等级	协调度	协调等级
南宁	0.4896	Ⅴ	0.4549	Ⅴ	0.5321	Ⅳ
柳州	0.4988	Ⅴ	0.5379	Ⅳ	0.4798	Ⅴ
桂林	0.6941	Ⅲ	0.6343	Ⅲ	0.5856	Ⅳ
梧州	0.4417	Ⅴ	0.5075	Ⅳ	0.4766	Ⅴ
贵港	0.2610	Ⅵ	0.3094	Ⅵ	0.3475	Ⅵ
玉林	0.3726	Ⅵ	0.4137	Ⅴ	0.4807	Ⅴ
百色	0.3919	Ⅵ	0.3310	Ⅵ	0.4056	Ⅴ
贺州	0.3458	Ⅵ	0.3374	Ⅵ	0.3501	Ⅵ
河池	0.3613	Ⅵ	0.3489	Ⅵ	0.4453	Ⅴ
来宾	0.2794	Ⅵ	0.3786	Ⅵ	0.3543	Ⅵ
崇左	0.3630	Ⅵ	0.3730	Ⅵ	0.3636	Ⅵ

4.5 本章小结

4.5.1 结论

基于全排列多边形综合图示法和耦合协调度计算模型，构建经济-社会-生态系统评价指标体系，对广西西江流域社会生态系统进行耦合协调分析，得出如下结论：

①从发展指数看，综合发展指数波动上升，呈“两级阶梯”发展格局；经济系统发展指数呈“三级阶梯”发展趋势，南宁、柳州、桂林三大城市起支撑流域发展作用；社会发展两极分化严重，区域发展不平衡显著；生态系统发展指数时空差异大，贺州、梧州的生态系统发展指数较高，贵港、南宁生态系统发展指数处于流域最低水平，河池生态系统发展指数变化剧烈。

②从流域整体看，广西西江流域经济-社会-生态系统耦合协调度提升明显，大部分区域处于较好协调状态，以中低度协调为主，并形成以南宁、柳州、桂林为代表的“三核”带动发展格局，受经济发展水平、区位、政策等因素的综合影响，流域内部耦合协调状态差异显著。

③从各子系统协调状态看，经济-社会系统耦合协调度较稳定，南宁协调度超过 0.8，达到极度协调状态；经济-生态系统耦合协调状态较经济-社会系统差，流域超过一半地区处于不协调状态，协调地区以中度协调状态为主；社会-生态系统耦合协调度水平偏低，流域大部分地区属于低度协调状态。

4.5.2 建议

为全面实现广西西江流域社会生态系统的绿色、协调、可持续发展，提出如下建议。首先，以南宁为代表的经济较发达地区要继续推动产业结构转型升级，通过人才培养、引进，科技创新，建设产业园区等，实现经济高质量发展，以贺州为代表的经济发展薄弱地区，要优化要素投入，依靠科技建设现代化农业基地，实现产业绿色发展，完善基础服务设施，有序推进城镇化[18]；其次，以“五大”新发展理念为指导，推动社会事业发展，社会事业不仅是为人民服务的公益事业，同时是搞活经济的大产业，通过发展医疗、教育、基建等，发挥社会事业与经济发展的互补作用，打造新的经济增长点，实现经济-社会系统的协调发展[19]；最后，要坚持经济生态化和生态经济化发展理念[20]，对限制开发区和禁止开发区要坚持生态保护优先，不能以牺牲资源环境为代价换取经济的短暂发展，要合理开发，实现经济、社会、生态三者的协调发展。

参考文献

[1] 王如松，欧阳志云．社会-经济-自然复合生态系统与可持续发展［J］．中国科学院院刊，2012，27（3）：337-345，403-404，254.

[2] 宓泽锋，曾刚，周灿，等．长三角城市群生态文明建设问题及潜力研究——基于 5 大城市群的比较［J］．长江流域资源与环境，2018，27（3）：463-472.

[3] 陈亮，王如松，王志理．2003 年中国省域社会-经济-自然复合生态系统生态位评价［J］．应用生态学报，2007，(8)：1794-1800.

[4] 黄德春，胡浩东，田鸣．中国生态-经济协同发展实证研究——基于复合系统协调度模型［J］．环境保护，2018，46（14）：39-44.

[5] 吴建寨，张红凤．社会-经济-自然复合生态系统协调发展实证研究［J］．经济理论与经济管理，2009，(12)：13-17.

[6] 张玉泽，张俊玲，程钰，等．山东省经济、社会与生态系统协调发展及空间格局研究［J］．生态经济，2016，32（10）：51-56.

[7] 魏晓旭，赵军，魏伟，等．基于县域单元的中国生态经济系统协调度及空间演化［J］．地理科学进展，2014，33（11）：1535-1545.

[8] 初雪，陈兴鹏，贾卓，等．欠发达地区经济、社会和生态系统的协调发展研究——以甘肃省崇信县为例［J］．干旱区资源与环境，2017，31（10）：13-18.

[9] 刘秀丽，张勃，吴攀升，等．基于农户福祉的黄土高原土石山区退耕还林生态经济系统耦合效应——以宁武县为例［J］．西北师范大学学报（自然科学版），2016，52（3）：113-117.

[10] 廖春贵，胡宝清，熊小菊．基于 GIS 的广西西江流域人地关系地域系统耦合关联分析［J］．广西师范学院学报（自然科学版），2017，34（3）：59-65.

[11] 赵景柱．社会-经济-自然复合生态系统持续发展评价指标的理论研究［J］．生态学报，1995，(3)：327-330.

[12] 黄寰，肖义，王洪锦．成渝城市群社会-经济-自然复合生态系统生态位评价［J］．软科学，2018，32（7）：113-117.

[13] 黄磊，吴传清，文传浩．三峡库区环境-经济-社会复合生态系统耦合协调发展研究［J］．西部论坛，2017，27（4）：83-92.

[14] 白爱桃，叶得明．西北干旱区人口-农业经济-生态耦合协调态势分析——以甘肃省民勤县为例［J］．资源开发与市场，2017，33（1）：54-58.

[15] 史亚琪，朱晓东，孙翔，等．区域经济-环境复合生态系统协调发展动态评价——以连云港为例［J］．生态学报，2010，30（15）：4119-4128.

[16] 鲁继通．长江经济带经济、人口、土地的匹配度及协调发展研究［J］．经济问题探索，2018，(5)：119-126.

[17] 魏星，赵敏，李景理．重庆城市化与生态环境耦合协调研究［J］．武汉理工大学学报（信息与管理工程版），2016，38（3）：333-338.

[18] 高强，周佳佳，高乐华．沿海地区海洋经济-社会-生态协调度研究——以山东省为例［J］．海洋环境科学，2013，32（6）：902-906.

[19] 王维，吴殿廷，邱研，等．晋陕蒙接壤地区资源开发过程中经济、社会、生态协调发展研究——以榆林市为例［J］．干旱区地理，2014，37（2）：388-396.

[20] 程超，童绍玉，彭海英．滇中城市群经济发展水平与资源环境承载力的脱钩分析［J］．中国农业资源与区划，2017，38（3）：121-130.

第5章　广西西江流域社会生态数据集成与决策支持系统

5.1　广西西江流域社会生态数据的特征与分类

科学数据分类是根据科学数据的属性或特征，按照一定的原则和方法进行区分和归类，并建立起一定的分类体系和排列顺序，以便更好地管理和使用[1]。数据分类是数据组织、管理与共享中的一项基础性工作。由于流域社会生态数据来源和存储格式的多样性以及流域社会生态信息的海量性，对流域社会生态数据而言，分类显得尤为重要。

流域社会生态的综合评价一般涉及许多因素，如水文、气象、土壤、动植物资源等。因此，流域社会生态环境所涉及的综合评价很难依靠单一机构或部门开展，信息的集成与共享显得尤其重要[2]。此外，流域社会生态决策支持系统中存在的大部分数据都是空间数据，地理信息可以重复使用而不损耗、不排他，因此空间信息的共享可以避免重复采集、加工中的资源浪费。尤其某些跟自然环境相关的数据只有特定部门才能采集，对于这些信息，其他政府部门和科研单位只能通过共享的方式才能获得。研究空间信息集成与共享技术，有助于相关单位之间消除信息孤岛，避免重复建设。同时，空间信息共享，特别是网络空间信息共享，由于其运算快速，在有限时间内，就可以对各种决策方案进行分析对比，以最优的决策模式展现在决策者面前[3]。因此，在生态环境保护、区域开发和流域规划等大型工程建设的决策中提供一种科学、高效的现代化决策手段，能够从根本上改变传统决策方式，提高政府或相关单位的综合决策水平。

5.1.1　数据特征

流域社会生态是反映流域时空关系、数量比例、特征性质等各种复杂信息的集合，包括空间位置、专题属性及时间维度三部分基础要素。通过对数据基础要素的领域本体模型的分析，归纳形成了流域社会生态环境数据相关的新特征，主要包括多学科和多领域特征、数据来源多样性特征、多时相特征、空间参考性和空间拓扑特征、复杂多样性特征、多维度和多尺度特征、多语义性特征。流域社会生态数据具有复杂性和多重的特征，涉及多学科交叉领域的内容，因此对多源数据的科学组织与管理方法对流域生态环境研究具有重大意义。流域社会生态数据集成是对数据形式特征（格式、单位、投影等）和数据内涵特征（空间、属性、内容、综合度等）的全部或部分调整、转化、合成、分解等，以形成充分兼容的数据集的过程。

5.1.2　基础数据源

基础数据源是西江流域社会生态数据集成与决策支持系统建设的基础和前提。西江流域社会生态数据涉及的学科极广，种类丰富，而以往各部门的生态数据规范性、一致性、信息化比较差。通过对数据资源的整合，结合大型关系型数据库技术，实现西江流域多源、多尺度、海量生态环境数据的有效存储、集成管理和快速发布，实现流域一体化管理。所以在对数据进行处理前先要对其进行分类和组织，而合理并且科学地进行数据分类有利于数据的交互和表达，并影响数据编码的有效性。因此在建立环境数据库之前，先行对环境数据进行分类，整合出合适的分类体系和编码规范，构建出西江流域生态数据库，基础数据源如图 5-1 所示。

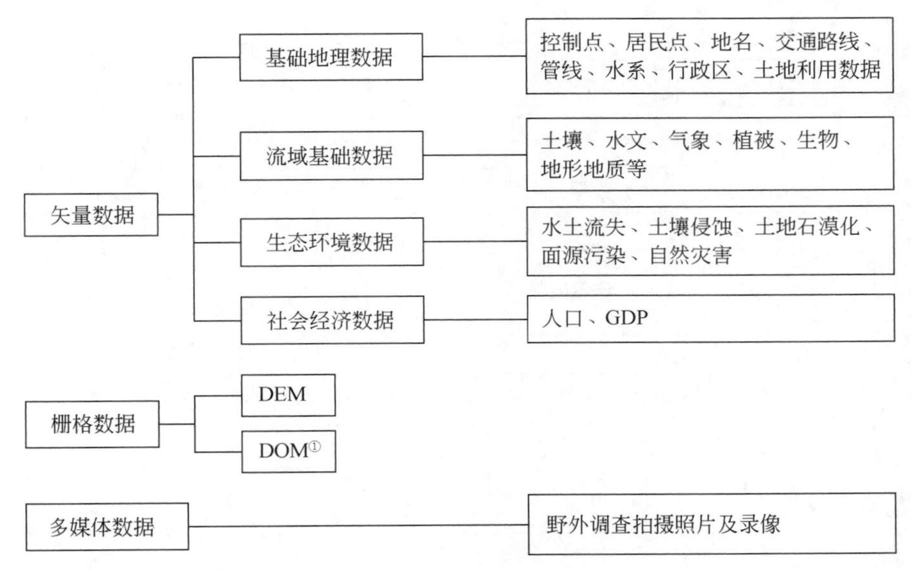

图 5-1　西江流域社会生态系统数据库数据源

矢量数据，从基础地理数据方面来说，包括点数据（控制点、居民点、地名等），线数据（交通路线、管线、水系等）和面数据（行政区、土地利用数据等）；从流域基础数据方面来说，包括土壤、水文、气象、植被、生物、地形地质等数据；从生态环境数据方面来说，包括水土流失、土壤侵蚀、土地石漠化、面源污染、自然灾害等数据；从社会经济数据方面来说，包括人口、GDP 等数据。

栅格数据，就是将空间分割成有规律的网格，每一个网格称为一个单元，并在各个单元上赋予相应的属性值来表示实体的一种数据形式。它包括 DEM 和 DOM，其中，DEM 是在某一投影平面（如高斯投影平面）上规则网点的平面坐标（X，Y）及高程（Z）的数据集。DEM 的格网间隔应与其高程精度相适配，并形成有规则的格网系列。根据不同的高程精度，可分为不同类型。为完整反映地表形态，还可增加离散高程点数据。DOM 是利用 DEM 对经过扫描处理的数字化航空像片，经逐像元进行投影差改正、镶嵌，按国家基本比例尺地形图图幅范围剪裁生成的数字正射影像数据集。它是同时具有地图几何精度和影像特征的图像，具有精度高、信息丰富、直观真实等优点。

多媒体数据，主要指野外调查拍摄照片及录像等。

5.2　数据集成的关键技术

5.2.1　数据集成

将数据集成划分为数据库集成与模型数据集成两个层次。数据库集成是利用目前主流商业数据库技术（如 Oracle、SQL Server 等），对各类空间数据建模，通过元数据制定统一的数据访问与分发机制，实现对异构数据的统一访问[4]。

由于每种数据都有完备的元数据和数据文档，因此能够使数据具有基本的质量保证；在此基础上建立分布式的信息共享平台，并通过网络共享等方式实现信息共享所提供的各种服务。模型数据集成则利用多源、多分辨率的数据，在元数据统一描述的基础上，整合成为能够广泛支持各种决策分析，并服务

① 数字正射影像图（digital orthophoto map，DOM）。

于决策支持系统的数据集。图 5-2 描述了流域社会生态数据集成的框架。数据库集成具有数据的完整性、数据的可获取性和数据管理的有效性等三方面特征。

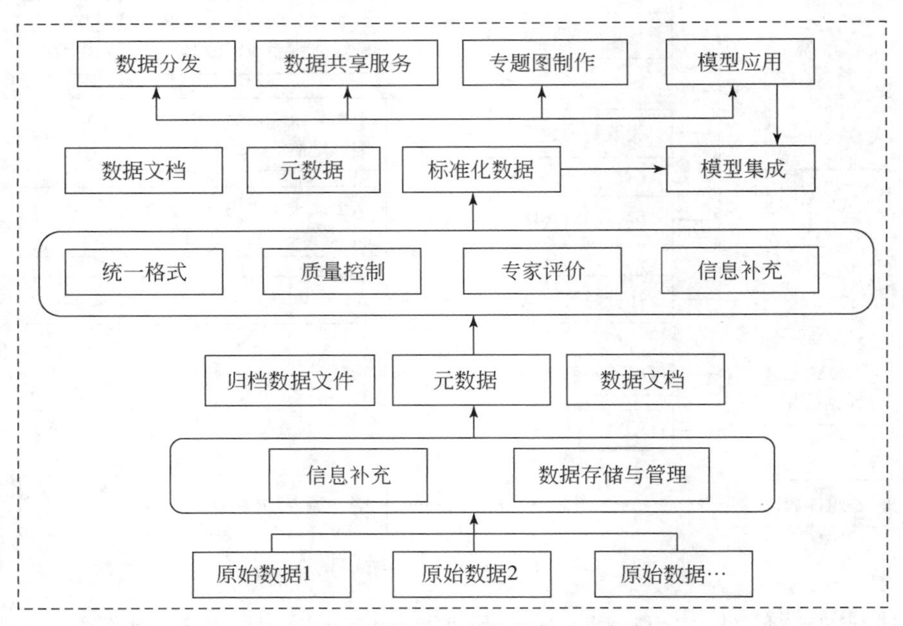

图 5-2　流域社会生态数据集成的框架

①数据的完整性，指数据及其描述信息的完整和真实性。应用系统在数据完整性方面要具有以下要求：保证数据的绝对真实性、提供基本的质量控制和完备的元数据定义（XML 数据文档）、逐步实现标准化与自描述的数据格式、能够具备重要数据集的唯一数字编码（digital object identification，DOI）、提供数据对应的专家评价、逐步实现数据发布和共享。

②数据的可获取性，指实现数据共享的技术手段和政策环境，包含的内容有数据共享的相关政策、数据在物理上的统一组织与存储、数据逻辑组织形式的多样性、对空间数据的管理能够适应不同的 GIS 软件框架、能够实现异构数据的互操作、基于服务器-浏览器（Browser/Server，B/S）结构的数据获取方式、使用 Web 用户交互界面的 Web GIS 应用系统访问数据、能够在任何时间与任何地点快捷地获取数据、提供数据管理和维护的工具、提供基本的数据可视化技术手段（根据数据表现的内容生成各种形式的图表）。

③数据管理的有效性，指保护数据使用安全和维护数据质量两方面的长期性和稳定性，通过管理工作使得数据能够持续发挥其价值。相关的措施有建立信息共享平台、具备专职和专业的数据管理人员，负责对长期存储的数据进行维护、定期更新数字介质以及数据的备份和恢复等工作。

数据库中直接存储的数据并不能直接作为各类模型的模型数据集，而是需要通过元数据进行统一描述，将数据按来源和分辨率等特征进行分类组织，并结合专家评价信息才能产生用于生态环境评价与决策支持的模型数据集。可根据流域生态模型、社会经济模型和其他模型对科学数据的需求，将模型数据集概化为驱动数据、参数集、验证与诊断数据三大类。驱动数据是生态环境质量评价指标体系参数，主要来源于研究区的观测数据。获取完备的观测数据为发展和改进流域生态环境综合模型提供了数据基础。参数集构成了流域生态环境综合评价指标体系的各层次因子，主要来源于研究区的流域观测数据，以及从现有资料上获取的社会、经济统计数据等。验证与诊断数据主要包括环境背景空间数据和生态环境专题模型数据。所有生态环境模型，几乎都需要以大量的植被、土壤及其他环境背景数据或专题数据作为输入参数。参数通常可划分为静态参数和动态参数。静态参数指不随时间变化而发生变化的参数或在某种判别标准中可认为变化很小的参数，如植被的生理参数和物理参数与植被类型的对应关系。动态参数指随时间变化而发生相应变化的参数，如流域的沙化、森林覆盖率、土地利用率等，均从遥感数据获得。

5.2.2 模型集成

1. 模型及其特征

模型是对现实世界中的实体或现象的抽象或简化，是对实体或现象中最重要的构成及相互关系的表述。实体或对象称为原型，模型方法是系统科学的基本方法，研究系统一般都是研究它的模型，且有的系统只能通过模型来研究。模型是对原型的抽象或简化，应当压缩一切可以压缩的信息，力求经济性好，便于操作。抽象方法不同，就构成了不同的模型，有文字或语言模型、图像模型、实物模型以及数学模型。不论模型是怎么建立的，它的表现形式如何，模型本身应具备如下特征[5]。

①结构性。模型结构表现在两个方面，一是相似性，模型与所研究的对象或问题在本质上具有相似的特性和变化规律，即现实世界的“原型”与“模型”之间具有相似的物理属性或数学特征。二是多元性，对于复杂的对象，不同研究目的下构建的模型是不同的。所建立的多层次的多种模型反映了不同角度下对研究对象的认识，它们之间相互补充、相互完善。

②简单性。简单性要求提供的模型在某种意义上是同类模型中最坚实、最简单的，对问题提供了令人信服的解答。在模型描述中，简单性表现为简洁性。在模型的形式中，简洁性表现为简约性，即模型中应包含尽可能少的数学方程，模型的维数尽可能低。

③清晰性。模型的内容构成和表示应足够清晰，可以被任何感兴趣的研究人员理解，并能够在使用中产生相同的结果，而不需要非凡的个人灵感和特殊的资源。

④客观性。客观是指模型与研究人员的偏见无关，不管用什么样的表达形式，只要这些表达形式最终被证明是等价的，都可以认为是客观的。

⑤有效性。有效性反映了模型的正确程度，有效性用实际数据和模型产生的数据之间的符合程度来度量，分 3 个层次，即复制有效、预测有效和结构有效。

⑥可信性。可信性反映了模型的正确程度，有时又称为真实性。模型的可信性分析十分复杂，既取决于模型的种类，又取决于模型的构造过程。一个模型的可信性分为行为水平上的可信性、状态结构水平上的可信性以及分解结构水平上的可信性。不论对哪一种可信性水平，可信性的考虑应贯穿在整个建模阶段及以后的应用阶段。在建模时必须考虑演绎的可信性、归纳的可信性和目标的可信性等三个方面。

⑦可操作性。计算机的应用为判断数学模型与试验模型的优劣提供了一条重要判据：如果为了求解模型而付出目前一般情况下难以承受的高昂计算代价，那么该原型是难以操作的。对用户而言，只要模型的计算代价超出了能忍受的范围，就认为模型是不实用的。因此，好的模型是在目前正常条件下（包括计算机的硬软件配置、自然条件的限制等）具有可操作性的模型。

2. 模型的划分

模型可以根据其内容、功能、表达方式等进行划分。按照内容，模型划分为实物模型和符号模型两种；按照功能，模型划分为解释模型、预测模型和规范模型；按照表达方式，模型划分为概念模型、数学模型和基于计算机的模型。下面详细介绍概念模型、数学模型和基于计算机的模型。

（1）概念模型

概念模型是指利用科学的归纳方法，以对研究对象的观察、抽象形成的概念为基础，建立起来的关于概念之间的关系和影响方式的模型。概念模型的理论基础是数学归纳方法，模型的内容是概念之间的关系和影响方式。概念模型通过系统分析法来建立，模型的表现是概念之间的关系。建模的首要步骤就是建立概念模型，其核心内容是明确定义所研究的问题，确定建模的目的，确定系统边界，建立系统要素关系图。

（2）数学模型

系统的数学模型指的是描述元素之间、子系统之间、层次之间相互作用以及系统与环境相互作用的数学表达式。从原则上讲，现代数学所提供的一切数学表达式，包括几何图形、代数结构、拓扑结构、序结构、分析表达式等，均可作为一定系统的数学模型。大量的数学模型是定量分析系统的有力工具。用数学形式表示的输出与输入的对应关系，就是常使用的一种定量分析模型。定量描述系统的数学模型必须以正确认识系统的定性性质为前提。简化对象原型必须先做出某些假设，这些假设只能是定性分析的结果。描述系统的特征量的选择建立在建模者对系统行为特性的定性认识基础上，这是一切科学共同的方法论基础。

（3）基于计算机的模型

用计算机程序定义的模型，称为基于计算机的模型。首先明确构成系统的“构件”，把它们之间的相互关联方式提炼成若干简单的行为规则，并用计算机程序表示出来，以便通过计算机上的数值计算来模仿系统运行演化，观察通过对构件执行这些简单规则而涌现出来的系统的整体性质，预测系统的未来走向。所有数学模型都可以转化为基于计算机的模型，通过计算机来研究系统。

3. 生态决策支持系统模型集成

运用模型进行数值模拟既是地球系统科学的基本研究方法，也是生态学研究的重要方法。模型能够为生态环境及其相关的发展问题提供科学认识的形式化知识，模型的使用既能够重演过去的历史，又能预测未来发展的趋势，因此，模型能够根据真实和假设的情景对未来可能的变化提出具有预见性的应对策略。当前世界上各发达国家在研究与发展地球系统模型方面已经有了很大进展，并取得大量成果。流域社会生态决策支持系统涉及的模型集成研究可以借鉴地球系统模型[6]的研究思路，从中汲取关于生态环境、生态系统建模的大量经验。从计算机软件领域考虑，模型结构是对数据结构的加工和处理，因此远比数据的结构复杂，而且模型结构与其所表达的过程相关联，不同表达过程对应的模型在结构上差别很大，因此研究模型集成远比数据集成困难。本章结合系统需求，从软件建模的角度，主要根据生态环境评价模型的特点，对生态决策支持系统中的模型进行概化，生态决策支持系统的模型概化图如图 5-3 所示。

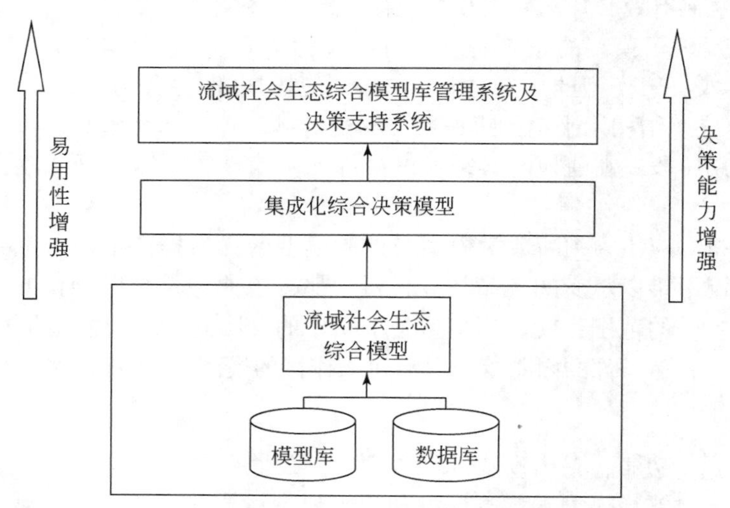

图 5-3　生态决策支持系统的模型概化图

①模型的物理结构由核心组织结构和外围组织结构组成，核心组织结构为模型提供控制方程和参数化方程；外围组织结构则包括模型初始化过程定义、数值求解的算法、空间和时间剖分方案以及模型与其他模型发生关联的耦合接口。模型的物理结构是根据生态环境综合决策模型的原理而设计的，可提供每种模型的数学求解方法，是对流域生态环境问题的形式化表达。

②用户访问接口为用户提供调用、使用模型的机制，通常使用 Web Server 等技术可以实现分布式环境中的基于用户界面的模型功能调用。

③输入输出接口定义了模型数据集和模型之间的关系。模型数据集为模型提供驱动数据、参数集，并为模型的实验和完善提供验证和诊断数据。数据的输入、输出都应与模型本身相互对立。

④模型计算的辅助工具，提供模型参数标定、模型数据集制备、转换等功能。

5.2.3　元数据理论在信息共享中的应用

元数据是关于数据的数据。元数据与其描述的数据内容有密切的联系，不同领域的数据其元数据内容会有很大的差异。关于元数据，国内外进行了大量研究，产生了一批元数据标准，如在国外有都柏林核心元数据（Dublin Core，DC）、数字地理空间元数据内容标准、ISO 19115 标准等；在国内有科学数据库元数据标准、地理信息元数据标准等[7]。流域生态环境数据的元数据依据中国科学院科学数据库生态研究元数据标准进行建模。系统中的元数据适用于列表类型的生态科学数据集，能够为参与科学数据库项目的生态学领域的有关单位所用，实现对观察、调查、试验等产生的有关列表型数据集的有效组织和管理。参考上述标准，对广西西江原流域社会生态环境数据进行了描述、组织和管理元数据信息。这一元数据标准在数据集层次相对独立、完整地描述了生态环境数据对象，并且按照时空整合的模型关系，在"数据集描述信息"元数据中体现了对社会生态环境数据在时间和空间以及专题属性层面的完整性描述。

元数据的互操作是指在学科组织与技术规范不尽相同的元数据环境下，能够做到对用户采用一致性的技术服务，即对某个应用或用户来说，能够保证一个统一的数据界面、技术流程，保证技术一致性与对用户透明。

由于各行各业元数据缺乏一个统一的标准，往往只是根据自己的业务体系来设计的，没有考虑多学科与跨领域的综合性问题。诸多元数据标准和格式互不兼容，从而导致符合某一种格式的元数据不能被其他格式所接受，不同数据库之间无法互相访问和检索，甚至在同一个系统平台内部，也存在不同的数据生产者采用不同的元数据标准的现象。而科学数据在学科组成与用户群体复杂性的本质上，决定了元数据格式标准的多样性，这样给元数据的互操作带来了很大的挑战。

基于以上考虑，元数据互操作的关键是要抓住各学科元数据的共性，使用统一的互操作策略达成这一目的。首先通过制定顶层核心元数据标准，而后各学科在此基础上通过继承、重用制定各自的元数据标准[7]。

（1）元数据的查询

不同元数据之间的互访，首先面对的是查询问题。元数据查询是科学数据平台为用户提供服务发现、服务访问和具体数据集内容服务的重要内容。通过元数据的查询，进而可以访问分布式的元数据及数据集信息。

当前，元数据以 XML 进行编码表示，以关系化的方式进行存储是目前国际上及业界的一大趋势。为了提供核心元数据查询项检索的效率，在应用中把这些由 Schema 管理的查询字段单独保存在关系数据表中。这使得用户对元数据的检索由复杂的 XPath 解析，转化为简单的 SQL 查询。地学数据交换中心查询条件项如表 5-1 所示。

表 5-1　地学数据交换中心查询条件项

查询目的	查询项	对应元数据元素
什么样的数据集	标题	Meta. title
	关键词	Meta. keywords
	摘要	Meta. abstract
	所属学科分类	Meta. subject
	所属专题分类	Meta. theme
哪里的数据集	数据集与目标区域相交	Meta. north，Meta. south，Meta. west，Meta. east
	数据集被目标区域包含	Meta. north，Meta. south，Meta. west，Meta. east
	数据集包含目标区域	Meta. north，Meta. south，Meta. west，Meta. east

续表

查询目的	查询项	对应元数据元素
什么时间的数据集	数据集的起始时间	Meta. begin
	数据集的结束时间	Meta. end
	数据集发布时间	Meta. pubdate
	数据集更新时间	Meta. update
谁有这样的数据集	数据集生产者	Meta. publisher

（2）元数据注册发布

元数据的注册过程通常伴随元数据的扩展，由于学科差异，用户常常需要在系统核心元数据的基础上扩展元数据，以建立各自学科背景的专有元数据标准。因此系统开发了元数据模板定义功能，即在用户注册元数据之前，允许用户定义自我的专有数据模板，并可保存以便下次使用。

用户定义元数据模板也存在一些问题，主要是当用户修改或重新定义新的元数据模板时会造成本学科内元数据标准的前后不一致。解决这一问题的途径之一是当用户更新元数据模板时，原有元数据结构将按新模板重新组织。但这样比较复杂，并且可能造成意想不到的后果，如原有数据丢失、结构被破坏、难以反向恢复原有结构等问题。因此，经过综合考虑，解决这个问题的关键在于系统在允许用户修改元数据标准后，不对原有元数据结构做任何更改。图 5-4 为元数据注册发布流程示意图。

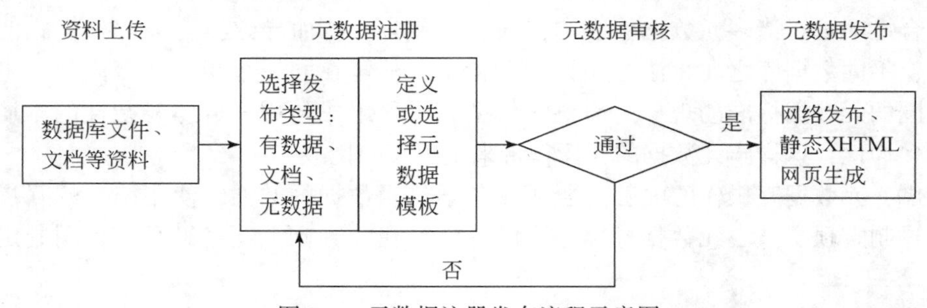

图 5-4　元数据注册发布流程示意图

（3）元数据收割

元数据收割是指在分布式环境下，通过因特网检索不同的资源库，获取元数据在本地集中建库的一种做法，常常包括对于协议和数据格式的规定[8]。目前在诸多领域应用中建立了成功的应用，比较典型的如期刊论文检索系统的元数据收割。元数据自动收割一般有如下两种模式。

第一种是基于同一数据开发工具建立的分布式资源中心。其特点是首先由总中心提供一个统一的数据管理与发布系统，随后各分中心利用该工具建立数据共享分中心，该中心同时成为总中心的一个共享子节点，该系统工具能够自动获取各分中心的元数据并上传汇总至总中心。国内比较成功的有中国科学院科学数据库及其软件工具——可视化关系型数据库管理系统（VisualDB）。

第二种是基于行业标准和接口所建立起来的开放式地理信息系统（OpenGIS）数据平台。其特点是通过提供一系列标准开放接口，可实现元数据层面的互操作，实现元数据的自动获取。

第一种模式相对简单，更新维护更为方便，其开发工作主要由总中心负责，应用方主要负责目录、页面的定制，以及数据的录入等工作。第二种模式标准化程度更高，各学科可根据各自的特点灵活定制开发需要的信息平台，但系统建设要求难度更高，使用维护难度较大。

5.2.4　决策支持系统关键技术

决策支持系统（decision support system，DSS）关键技术体现在其以定性定量综合集成法思想为指导，以系统工程理论和决策支持理论为基础，采用面向对象的设计思想，充分运用成熟的信息技术、人工智能技术、分布式交互技术、群决策支持系统（group decision support system，GDSS）技术、数据仓库、数据挖掘等各种决策支持新技术和成就，体现专家依据知识与经验的判断和计算机技术的结合。

1. 与数据仓库结合

数据仓库是面向主题的、集成的、时变的、永久的数据集合。数据仓库最初是为了支持经营、管理之中的决策，而作为不同数据库中的数据加以融合、整理的解决方案提出的。数据仓库发展是基于数据库技术改进的需要而进行的。数据库管理系统的快速发展与应用，使得抽取（从数据库搜索符合要求的数据并传递出来）处理逐渐变成了抽取中的抽取，并反复再次抽取等。这导致数据的“蜘蛛网”结构——“自然演化史体系结构”，并且问题越来越严重，终于产生一种新的体系结构——数据仓库环境。数据仓库技术最适合开发数据驱动型的DSS，通过对内部的海量数据合理地存储组织，选择需要的数据和分析达到决策支持的目的。

2. 与联机分析处理结合

数据仓库既然是海量数据的集合，那么大量的数据必然会吸引人们对于这些数据的分析与应用。联机分析处理（online analytical processing，OLAP）是数据仓库环境下的最典型应用。在OLAP的数据模型中，信息被抽象视为一个立方体，其中最重要的概念是“维”和“度量”。“维”是OLAP的核心概念，是主题的基础，是对主题的一种类型划分。OLAP采掘的与“维”有关的“度量”信息才是用户关心的焦点。OLAP一般在多维数据模型上进行多维分析，典型的OLAP操作包括上卷、下钻（钻过、钻透）、切片和切块、转轴（旋转）以及统计操作，如定秩、计算移动平均值和增长率等。OLAP比较传统的实现方案是采用数据仓库服务器、OLAP服务器、前端的展现工具的三层客户端/服务器结构，现在流行采用基于Web的浏览器/服务器结构，一般分为OLAP服务器、Web服务器、Web浏览器三部分。

3. 与数据挖掘结合

虽然OLAP工具在数据仓库的基础上得到了一定的发展，但是数据挖掘，包括一系列的人工智能和统计方法等在更精确的数据分析中得到了越来越多的应用。数据挖掘是指从大型数据库或数据仓库中提取隐含的、未知的、非平凡的及有潜在应用价值的信息或模式，一般又称数据库中的知识发现（knowledge discovery in database，KDD）。当今的时代是一个信息爆炸的时代，尤其是网络和电子商务中飞速增加的数据量，更是极大地促进了数据挖掘的发展。并且，数据挖掘的出现也在一定程度上解决了智能决策支持系统中知识贫乏的问题。通过数据挖掘，将数据中存在的信息转换为可用的知识，存入知识库中，为决策服务。

4. 与网络环境的结合

网络环境对于决策支持系统来说，是一个良好的开发和分发平台。从21世纪初开始，网络已经成为发展DSS的中心。基于网络的DSS极大地减少了处于不同位置的管理者和工作人员的交流，使整个决策过程能够更加方便地进行，同时成本更低。更重要的是，网络与其他已有决策支持技术的融合，产生的如网络智能决策支持系统、分布仿真决策支持系统等，更是极大地推进了整个智能决策技术的发展。

5.2.5　决策支持系统理论与方法

随着决策理论与方法研究的推进，以及计算机科学与信息技术的飞速发展，为满足决策者决策需求内涵的丰富与提升，一种重要的决策支持工具——决策支持系统应运而生。20世纪70年代以来，人们对决策支持系统进行了大量的研究，决策支持问题的研究已逐步受到管理科学、经济学、应用数学、工程技术、信息科学等领域的重视。众多学者研究各种决策分析方法，通过多学科交叉并结合新近发展的人工智能技术、网络技术、通信技术和信息处理技术，解决一系列具有代表意义的决策支持问题。决策支持系统正朝着规范化、科学化的方向发展。决策支持系统是在管理科学和运筹学的基础上发展起来的，历经早期的单模式决策，到计算机自动组织的多模式协调运行和对数据库、模型库进行高效管理，无论在理论和方法上均取得了长足的进步。先就这些正在研究的各类 DSS 进行分析，论述各类 DSS 的优点和不足之处，指出只有建立综合集成型 DSS 才能有效地解决复杂系统的决策支持问题。

1. 智能决策支持系统（intelligent decision support system，IDSS）

IDSS 是 DSS 和人工智能（artificial intelligence，AI）相结合的产物，是 DSS 研究的一个热点，初期综合了传统 DSS 的定量分析技术和专家系统的不确定推理的优势，较原来的 DSS 能够更加有效地处理半结构化与非结构化问题，通过专家系统的支持，能够解决决策支持中的部分定性分析问题，但是，到目前为止专家系统对定性知识处理能力依旧较弱，尚无法解决很多不确定性分析问题，并且专家系统实际运行时，存在很多不尽如人意的地方，如专家系统一般采用直接操纵界面，而随着任务复杂性的增加，用户的操纵过程将越来越烦琐，直接影响问题的求解。由于专家系统的缺点，在人工智能领域 Agent 技术出现并发展后，IDSS 逐步与 Agent 技术结合。Agent 技术在一定程度上确实可以避免专家系统的很多缺点，但在目前发展阶段同样无法实现复杂问题的有效决策支持，IDSS 的研究重点放在模型的自动选择和自动生成以及模型库和知识库的结合运行上，忽视了群体专家的作用，难以有效建立复杂决策问题模型。目前的研究倾向于如何提高系统的柔性，从而提高系统的易修改性、适应性和问题求解的灵活性。

2. 分布式决策支持系统（distributed decision support system，DDSS）

DDSS 是对传统集中式 DSS 的扩展，由多个物理上分离的信息处理节点构成了计算机网络，网络的每个节点至少含有一个 DSS 或具有若干决策支持功能。DDSS 将传统集中式 DSS 发展为在网络环境下的分布或分布加上并行处理的方式，这样是 DSS 支持在网络环境中决策处理，它以计算机网络通信技术为信息交互基础，通过网络连接的工作平台和分布式数据库、模型库提供的各种格式的数据、信息和工具，支持分布在各地的 DDSS 彼此交互，从而使它们共同地为决策问题提供正确及时的决策支持。DDSS 可进一步分为支持 Internet 和支持 Intranet 两种类型，其优势在于它通过成熟的网络技术支持庞大的信息库和数据库，比 DSS 更能处理复杂问题。但是与集中式 DSS 一样，DDSS 在系统的决策支持上较大地依赖于定量化的模型、方法等手段来辅助决策，无法有效地处理定性知识和提供对复杂问题的全面决策支持。

3. 基于数据仓库、OLAP 与数据挖掘技术的 DSS

数据仓库、OLAP 和数据挖掘等新技术为 DSS 开辟了新途径。传统数据库技术一般以单一的数据库为中心，进行联机事务处理（online transaction processing，OLTP）和决策分析，很难满足数据处理多样化的要求。DSS 中经常会访问大量的历史数据，而且这种处理以分析为主，与 OLTP 有很多不相同的性质，如在性能方面 OLTP 要求每次操作的处理时间短，而在分析处理环境中，对每次分析数据的时间要求并不严格，事实上某个 DSS 应用可能需要连续运行几个小时，所以分析型处理及其数据必须与操作型处理及其数据相分离，这样就形成了数据仓库的概念。数据仓库将分布的数据和不同历史时期的数据集成到一起，这种集成可以方便用户对信息的访问，更可以使决策人员对一段时期内的数据进行分析并研究走势。数据仓库解决了 DSS 中数据存储的问题，OLAP 与数据挖掘对数据仓库中的数据进行有效的分析，从而为决策提供帮助。基于数据仓库、OLAP 与数据挖掘技术的 DSS 的应用提高了决策分析支持的能力，但它仍以计算机的模型处理为主，无法成为全面解决复杂问题的有效途径。

4. GDSS/组织决策支持系统（organization decision support system，ODSS）

决策环境复杂度的增加使面向个体的 DSS 逐渐显示出其局限性，此时的决策一般不能由单一的决策者完成，需要多个决策者协作才能做出正确的决定。GDSS/ODSS 即在此背景下出现，它是指多个决策者通过彼此间的通信和协作产生决策方案，并最终通过协调和评估形成决策。GDSS/ODSS 的研究一般集中在如何实现对群体决策的支持上，包括对群体提供更好的信息共享、交流和通信渠道，研究群体间的协作机制、意见综合集成等。研究主要基于各种通信技术的发展，通过网络支持实现电子会议、电子投票、视频音频交流等。GDSS/ODSS 与上述几种典型的 DSS 有较大的差别，它为群体决策人员提供工作环境，有组织地指导信息交流、讨论形式、决议内容等，从而提高群体决策的效能。目前实际应用的 GDSS/ODSS 提供的定量分析决策工具较少甚至没有，部分 GDSS/ODSS 虽然利用了一定的智能技术，提供一定的推理和定量分析功能，但是很少联合利用其他的决策支持技术，如OLAP和数据挖掘技术等，所以GDSS/ODSS虽然在非结构化问题的支持上有较大的进步，但与其他DSS相比，提供的定量分析能力较弱，不能处理复杂决策问题。

5. 智能的、交互式的、集成化的决策支持系统（intelligent，interactive and integrated DSS，I3DSS）

I3DSS的提出和实际应用考虑到单独运用某些DSS难以适应越来越复杂的决策环境，所以I3DSS综合采用系统分析、运筹学方法、计算机技术、知识工程、专家系统等技术，并使之有机结合。I3DSS注意利用智能决策支持能力和提高系统化的人机交互能力来面向规模较大的决策问题，充分发挥联合运用的优势——集成化来解决该类问题，可以说I3DSS是DSS进入新的历史阶段的标志。I3DSS考虑到综合运用现有的决策支持技术，其重点是人机交互的支持，对于群/组织决策支持考虑的人人交互支持，即如何充分发挥专家群体的智慧来解决复杂问题涉及得不够，但即使如此，I3DSS依然是DSS发展过程中一个重要的里程碑。

6. 综合集成型决策支持系统（metasynthetic decision support system，MSDSS）

开放复杂巨系统具有以下特点。系统本身与周围环境有物质、能量和信息的交流，所以是开放的；系统包含的子系统成千上万甚至上亿万，所以是巨系统；子系统的种类繁多，有几十种甚至几百种，所以是复杂的。钱学森提出的综合集成理论可以对复杂巨系统的复杂决策问题进行指导研究，构建综合集成型决策支持系统（MSDSS），已成为DSS发展的一个新方向。MSDSS支持专家之间的协同交互，提供人人交互环境，非结构化的直觉思维问题最终必须依靠群体专家做决定，发挥和展示群体的科学理论、经验、智慧，从不同层次、不同方面和不同角度来研究复杂问题，提出经验性假设，形成定性判断。从定性到定量、综合集成、研讨是MSDSS的三个关键主题。从定性到定量是将专家的定性知识同模型的定量描述有机结合起来，实现定性变量和定量变量之间的相互转化。对于复杂巨系统问题，需要对各种分析方法、工具、模型、信息、经验和知识进行综合集成，构造出适于问题的决策支持环境解决复杂问题。

5.3　广西西江流域社会生态数据库设计

5.3.1　元数据设计

元数据理论及其技术在数据的管理、共享和使用方面有着极其重要的作用，主要体现在以下几个方面。

①数据描述：提供有关数据主题、内容、存储、分类、数据质量、数据格式、数据交换等方面的细节描述，这些描述通常使用文档进行编写。

②数据检索：元数据只是对原始数据的描述数据，因此规模比原始数据本身小，单元数据包含了关于描述数据的细节信息，因此对信息的检索往往不会直接查询原始数据本身，而是对元数据目录进行查询，为数据查询和检索提供方便、快捷的途径。

③数据交换：由于元数据包含了关于数据格式、数据质量和数据存储等特征信息，能够对网络环境中的数据处理、分析、传输及格式转换提供方便。

④数据共享：将元数据及其数据库提供给数据编目和交换机构，以此发布数据的共享信息从而促进数据的共享应用。元数据库是实现数据交换和信息集成与共享的基础。建库过程包括制定元数据标准、设计元数据库的逻辑结构、填写元数据模板、设计元数据库的物理结构以及实现元数据库的物理存储等阶段。

通过设计元数据库的逻辑结构和物理结构，使用Oracle数据库管理系统填写相应的模板实现元数据库的物理存储。元数据库的重要作用是在网络数据交换和信息共享中实现对其所描述的数据集在数据库中的链接。采用的方式是首先由元数据库定义数据集的模板，然后从数据库中导出相应的数据并加载到定义好的数据集模板中，以此实现元数据库和数据库中数据的链接。

由于所收集和整理的数据种类繁多，所以需要使用元数据来实现数据的可扩展的共享管理，当前系统提供的流域环境数据的原始数据包括数据集名称、数据源、数据整理人员等。当前元数据库主要涉及的部分数据表信息如表 5-2 所示。

表 5-2　当前元数据库主要涉及的部分数据表信息

序号	表名	中文注释	内容
1	Data_ Catalong	数据集分类	数据集分类信息
2	Data_ Table	数据集对应表	数据集中具体对应表信息
3	Table_ Metafield	字段编码对照	字段的编码信息
4	Table_ Info	数据表信息	数据表的来源、整理人等信息
5	User_ Data	用户日志	用户的访问记录等信息
6	User_ Info	用户信息	用户的基本信息
7	User_ Right	权限定义表	用户的权限分配信息

5.3.2　空间数据库设计

流域生态环境综合数据库涉及大量空间实体信息，包括基于多源遥感图像提取的土地利用与土地覆被变化动态信息和生态环境监测数据；基础地理要素，生态环境专题数据，典型生态系统类型；生态环境因子，包括海拔、坡度、坡向、植被、温度、降雨、水文、土壤资料等。对这些数据进行整理，与元数据进行整合，统一管理。系统数据库使用 Oracle 10g、FGDB 结合 ArcSDE 的方式，将各种表格数据、图片数据、遥感数据、电子地图等进行有效的集成，能够提供统一的空间信息服务，包括基于位置的相关服务、遥感影像的可视化服务等。通过 ArcSDE 完成海量的生态环境空间数据的集中管理和共享。ArcSDE 通过 Oracle 10g 的 SQL 引擎执行数据搜索，将满足空间和属性搜索条件的数据在服务器端缓冲存放发回客户端[9]。图 5-5 描述了流域社会生态空间数据库的总体结构设计。

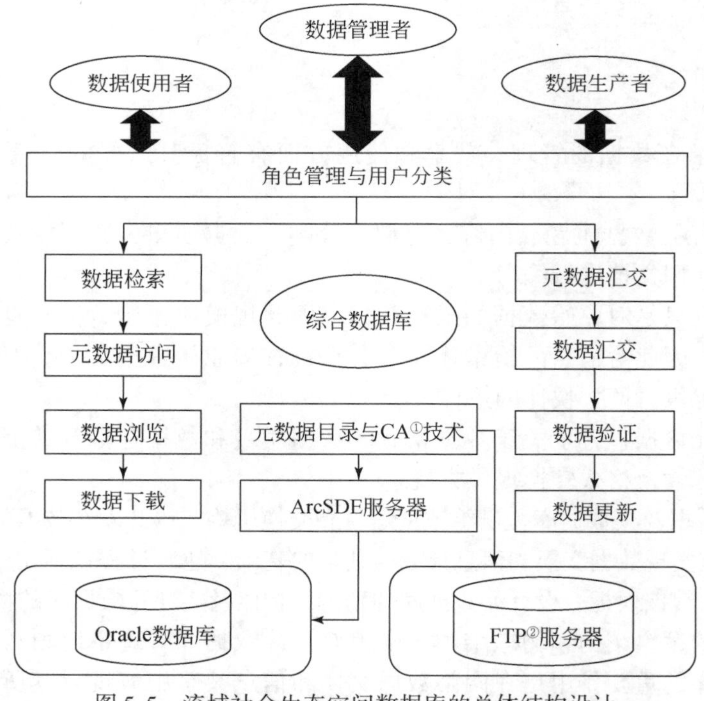

图 5-5　流域社会生态空间数据库的总体结构设计

① 有条件访问（conditional access，CA）。

② 文件传输协议（file transfer protocol，FTP）。

5.4　系统建设原则

西江流域社会生态数据集成与决策支持系统的建设原则包括动态性、综合性、示范性、指导/决策性与规范性。

5.4.1　动态性

西江流域社会生态数据集成与决策支持系统要对西江流域的社会生态情况进行动态分析、评估，而动态性主要体现在数据的动态性上。

5.4.2　综合性

西江流域社会生态数据是一个综合性的数据集，构建西江流域社会生态数据集成与决策支持系统是为资源规划的管理、分析和监测服务的，要体现综合性原则。

5.4.3　示范性

西江流域社会生态数据集成与决策支持系统一方面使得整个西江流域的社会生态数据得到了规范的管理，为各类社会组织、政府部门等提供了高效的数据获取途径，另一方面对西江流域社会生态数据进行规范管理，也能很好地为其他流域构建属于本流域的管理系统提供一个很好的范例。因此，无论在本流域数据应用上还是其他流域系统构建借鉴上，西江流域社会生态数据集成与决策支持系统都应起到示范作用。

5.4.4　指导/决策性

开发西江流域社会生态数据集成与决策支持系统是为加强西江流域社会生态情况的宏观监控，及时协调规划冲突的需要，为国家对西江流域经济发展的战略决策分析提供技术支撑，所以要体现指导/决策性。

5.4.5　规范性

规范性、标准化是一个大型信息系统建设的基础，也是系统与其他系统兼容和进一步扩充的根本保证。因此对于一个信息系统来说，系统设计、数据的规范性和标准化工作是极其重要的，这是各模块间可正常运行的保证，是系统开放性和数据共享性的要求[10]。

实现数据库、规划管理的统一与标准化，将为实现西江流域社会生态数据集共享，实现西江流域管理规划效率奠定良好基础。

整个系统规范标准的制定完全遵照国家规范标准和有关行业规范标准，根据系统的总体结构和开发平台的基本要求，并考虑西江流域的具体情况，完成如下标准化的工作：设计标准的信息分类编码体系，建立统一、规范的系统数据库数据字典；建立符合国家标准要求的图式符号系统；设计统一的设计风格、界面风格和操作模式；建立数据库中统一的表格，如统一的各类统计表格和统计报表格式；建立完善的安全控制机制；建立开放式、标准化的系统数据输入、输出格式。

5.4.6　系统构建技术路线

系统构建技术路线如图 5-6 所示，对已有系统进行调研，了解最终用户需求；进行系统需求分析与系统概要设计；聘请专家进行中期论证；进行系统功能模块设计和数据结构设计；经专家中期论证后进行修订完善；最后对专题研究成果进行验收。

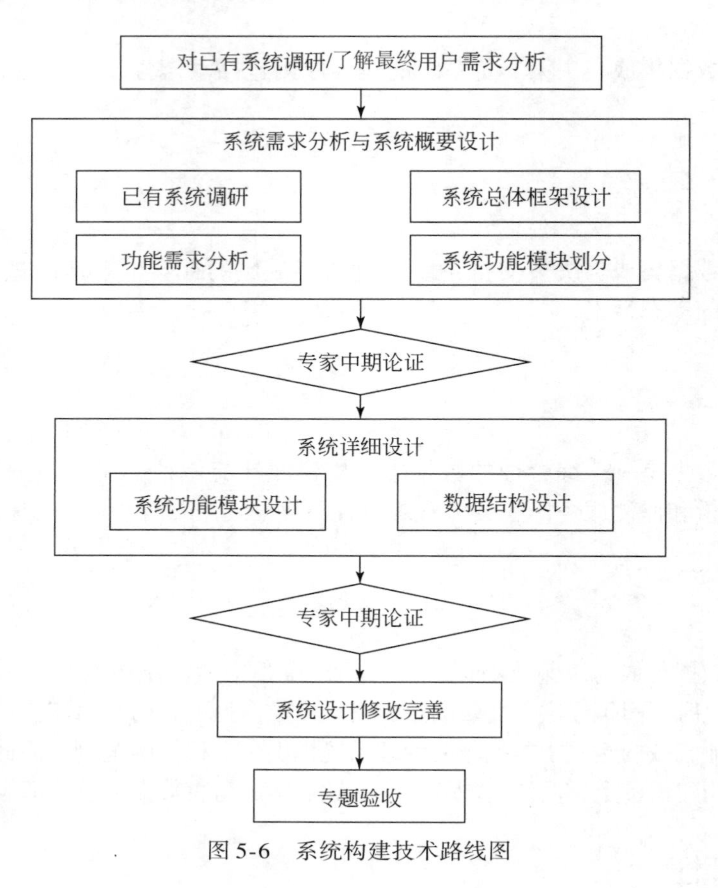

图 5-6　系统构建技术路线图

5.5　广西西江流域社会生态数据集成共享系统

5.5.1　广西西江流域社会生态数据集成共享系统构架设计

1. 基本需求分析

结合地学数据共享的特点，西江流域社会生态数据集成共享系统的基本功能需求包括数据规范化、编辑处理、查询和浏览、数据分析、专题图制作和数据发布等功能。通过这些功能的开发，以在元数据的统一调度下完成数据的汇交、交换、查询、浏览、下载、分析等数据共享服务。

2. 系统的体系结构

数据集成与共享系统的目标是实现对西江流域多来源、多类型数据的整合，开发具有多种功能的综合性技术服务平台，包括以元数据为基础的目录服务、数据的访问和下载服务、数据集成应用、数据挖掘与数据分析、空间统计和模型集成与计算等服务。系统的总体结构框架包括数据层、应用层和业务表现层[11]，如图 5-7 所示。

(1) 数据层

数据层是西江流域社会生态数据集成共享系统的核心，其主体是分布式数据库。数据资源包括综合科学考察数据，以及描述各类数据本身信息和使用信息的元数据。系统以不同学科专业数据为基础，构建了相应的专题数据库；除专题数据库外，数据层还包括基础地理信息数据库、遥感影像数据库、社会

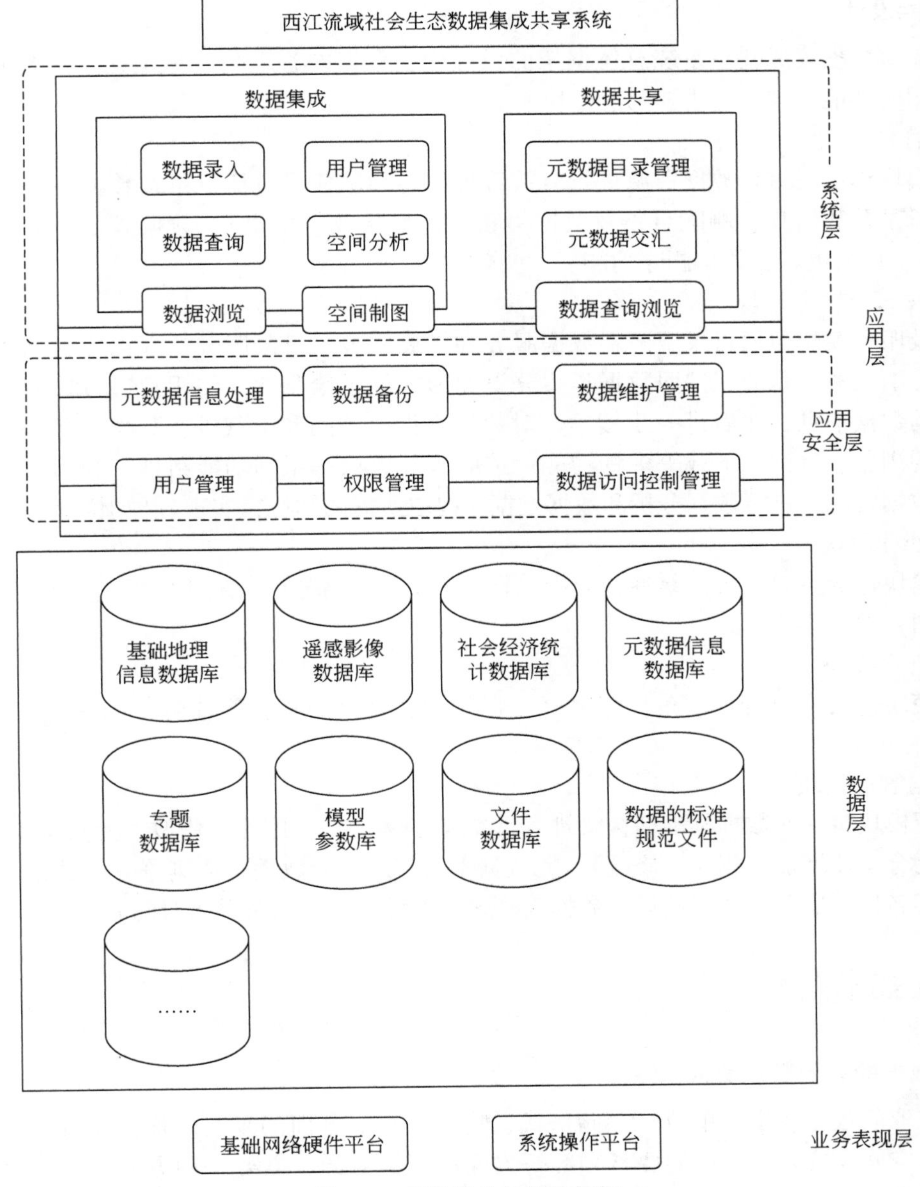

图 5-7　系统的总体结构框架

经济统计数据库、元数据信息数据库、专题数据库、模型参数库、文件数据库、数据的标准规范文件（数据存储格式规范、元数据录入规范、目录资源体系规范等）等。

（2）应用层

应用层基于用户提出的操作要求，利用相应的功能模块访问符合条件的原始数据，通过分析处理返回用户需要的结果。西江流域社会生态数据集成共享平台的应用层包括系统层和应用安全层。系统层包括基于 C/S 架构体系的桌面系统和基于 B/S 架构体系的 Web 系统。应用安全层是介于数据层和系统层之间，为确保数据使用安全而基于元数据的体系框架设计的，用户只有获得系统授权的用户名和密码才能登录系统，主要包括用户管理、权限管理和数据访问控制管理[12]。

（3）业务表现层

业务表现层是系统最终对用户的接口，系统以网页和桌面的方式提供各种业务供用户使用。用户不仅可以通过西江流域社会生态数据集成共享系统平台桌面来访问和获取服务器上的数据，还可通过浏览器来访问和获取数据。

3. 系统功能设计

在对西江流域数据集成共享系统总体框架的设计中，数据的管理与共享是整个系统的核心，各种服务则是系统应用的功能体现。其主要功能模块如下[10]。

（1）数据管理模块

数据管理模块提供对综合数据资源进行有效管理的各种服务，包括目录及数据集管理（增加目录及数据集、修改目录及数据集、删除目录及数据集和查询目录及数据集）、数据导入（矢量数据、栅格数据、表格数据）、数据更新和数据删除功能。

（2）数据发布及服务模块

数据发布及服务模块包括目录服务、数据服务和扩展服务。目录服务建立以元数据为核心的综合数据资源的目录导引服务，将数据按照数据类型分类的形式展示给用户，使用户通过检索核心元数据快速确定自己所需的数据信息，然后进一步搜索，对数据查询、访问和下载等；数据服务提供对结构化、非结构化数据集的浏览、查询、下载等多种功能；扩展服务提供一系列功能组件，利用数据共享系统的基础设施、海量数据资源，进行数据分析和数据挖掘，提取所需的知识，实现各种预测和决策的辅助支持。

（3）数据处理模块

数据处理模块包括空间分析（缓冲区分析、叠加分析、网络分析、统计分析）、专题制图（柱状专题图、饼状专题图）等功能。

（4）平台管理模块

平台管理模块包括用户管理、角色管理（注册用户、高级用户、管理员）和安全管理（数据备份、网络设置等）等功能。

（5）元数据管理模块

元数据管理模块包括元数据标准结构管理（元数据子集增加、删除、修改；元数据实体增加、删除、修改；元数据复合实体增加、删除、修改）、元数据条目管理、元数据查询浏览、元数据信息录入（数据集信息、数据集名称、摘要、数据质量、数据集格式、关键词、目的及录入时间）、数据集联系人信息。

5.5.2 开发技术路线

1. 基于元数据的多元数据集成

考虑到所获取的数据在生产单位、存储格式、物理分布等方面的复杂多样，同时考虑到不同数据本身在时间尺度、空间尺度以及数据的要素颗粒等方面的巨大差异，需要一种方便而又行之有效的方法来实现数据的共享管理，以发挥数据的社会经济效益和实现其包含的巨大科学价值。元数据是数据集成与共享过程中关键的要素之一。在西江流域社会生态数据集成共享系统的解决方案中，以元数据的集中存储、集中管理实现对数据的查询浏览、下载与共享等服务，并以元数据的透明访问来实现数据实体的多元数据管理及异地、异构共享。

本研究中，基于元数据的数据集成技术可以分为三层结构，如图 5-8 所示，即数据应用服务层、数据资源描述层以及数据资源层。数据应用服务层的功能是实现数据管理与共享服务，其通过数据资源描述层作为媒介访问和获取数据资源，并且通过 Web 平台为用户提供具体的服务。数据资源描述层是基于 RDF/XML 标准的一个中间层，在元数据应用系统中具有承上启下的作用。RDF/XML 的 Schema 机制有效地支持了不同学科、不同类型、不同来源元数据的共享与扩展，XML 的语法规则保证了数据内容以及数据集信息的表达交换与共享。西江流域社会生态数据集成共享系统中所有的元数据信息通过数据资源层存储在综合数据库中。系统按照矢量、栅格、属性 3 种主要数据类型，规范化整编所有数据的时间、空间、要素等信息及元数据信息，确定公共的时间尺度、空间尺度即要素粒度分类维，在此基础上建立数据库和元数据库。

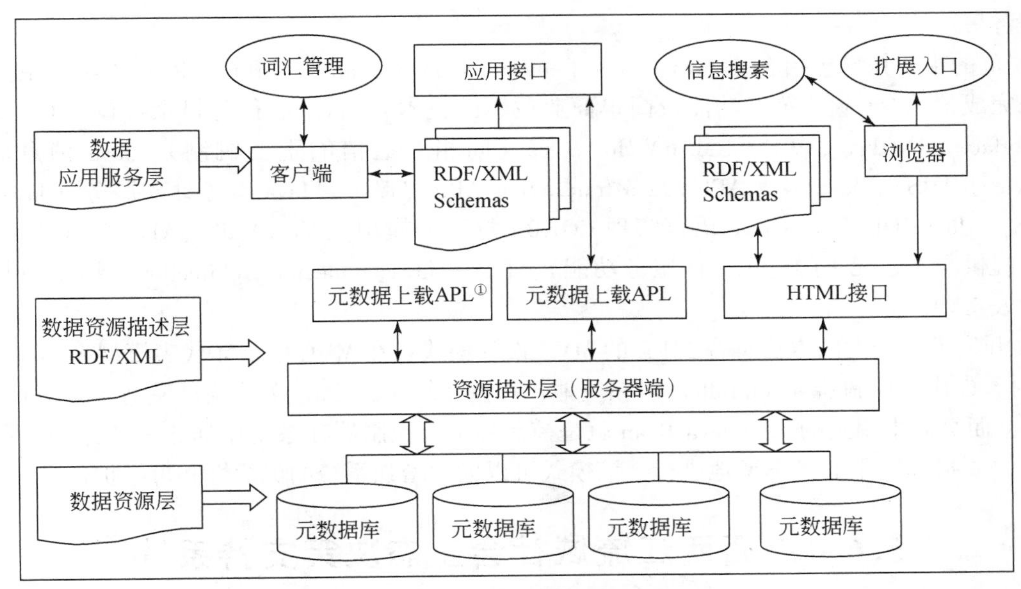

图 5-8 基于元数据的数据集成技术结构

2. 系统开发技术路线

西江流域社会生态数据集成共享系统是一个面向 Internet 的软件平台。它所提供的系列功能服务可以看作相对独立的 Web 服务，可以是对已存在传统软件面向 Internet 的封装，或是完全面向 Internet 开发的功能软件。这些服务的运行是完全分布的，相应的运行环境可以是完全异构的，即可能是运行在完全不同的硬件系统之上或是不同的操作系统中。总体上，西江流域社会生态数据集成共享系统的开发技术路线按照以下思路展开。

①基于 Web E 的软件体系在面向服务的体系结构中，不同角色之间的交互主要有三种，即服务的发布（publish）、服务的查找（find）和服务的绑定（bind）。基于 Web Services 面向服务的体系结构，主要是以可扩展标记语言（extensible markup language，XML）技术为依托，对上述体系结构中不同的角色和角色之间的交互都实现了标准化，目前在 Web Services 中包含的标准系列主要有消息传递协议（simple object access protocl，SOAP）、服务描述协议（web services description language，WSDL）、通用描述、发现与集成（universal description，discovery and intergration，UDDI）。另外，为了更好地支持面向 Internet 的服务的集成，Web Services 又对协议进行了拓展，目前正在标准化的协议还包括 Web 服务的聚合、跨 Web 服务的事务处理、工作流、安全服务等。

对于一个具体应用领域，可以根据实际服务实施的需要，将服务划分为不同的层次，如支撑系统运行且面向系统的核心服务、支撑业务运行的核心业务服务以及具体的业务服务等。

②J2EE（Java2 Platform Enterprise Edition）构架技术是美国 Sun 公司在 1999 年推出的一种模型，与传统的互联网应用程序模型相比有着不可比拟的优势。J2EE 是一种利用 Java2 平台来简化诸多与多级企业解决方案的开发、部署和管理相关复杂问题的体系结构。J2EE 构架技术的基础就是核心 Java 平台或 Java2 平台的标准版，J2EE 不仅巩固了标准版中的许多优点，如“编写一次、到处运行”的特性、方便存取数据库的 Java 数据库连接（Java date base connectivity，JDBC）应用程序接口（application programming interface，API）、CORBA 技术以及能够在 Internet 应用中保护数据的安全模式等，同时还提供了对企业 Java 组件（enerprise Java bean，EJB）、Java Servlets API、Java 服务器页面（Java server pages，JSP）以及 XML 技术的全面支持。J2EE 使用了 EJB Server 作为商业组件的部署环境，在 EJB Server 中提供了分布式计算环境中组件需要的所有服务，如组件生命周期的管理、数据库连接的管理、分布式事务的支持、组

① 一种计算机语言（a programming language，APL）。

件的命名服务等。

J2EE 规范的主要技术包括企业 Java Beans（enterprise Java Beans，EJB）、Servlet/Jsp（主要用于 Web 服务器端来完成请求/响应等 Web 功能及简单商业逻辑的技术）、Java 名称与目录接口（Java naming and directory interface，JNDI）、JDBC、RM/RM2IoP（进程间相互通信的重要机制）、Java 消息服务（Java message service，JMS）。Java 事物 API（Java transaction API，JTA）/ Java 事务处理服务（Java transaction service，JTS）、Java IDL（应用 Java 语言实现 CORBA 标准的模型）、JavaMail/ JAF（Java Beans activation framework，提供与平台无关的电子邮件服务功能）、JCA（Java connector architecture，用于与其他系统进行集成）以及 XML 等。

③MVC 开发模式开发的方法符合 J2EE 的 MVC 设计模式。在 MVC 中，M 代表模型（model），V 代表视图（view），C 代表控制器（controller）。相应地，在该系统中，XML 文件就是模型 M，XSL 文件和 JSP 就是视图 V，而页面中用到的一些 Java Bean 就是控制器 C。控制器在系统中居于核心地位，所有的操作流程都在它的“指挥”下有条不紊地进行。该模式可以大大增强系统的灵活性和可维护性。

5.6　广西西江流域社会生态决策支持系统

决策支持系统是在管理者制定决策的过程中起辅助作用的计算机系统，可以使管理者的决策过程更加迅速和有效，因此又称“辅助决策系统”。由决策支持系统的定义可知，决策支持系统的作用在于辅助而非完成所有工作，目的在于简化相关工作的流程，提高工作效率[13]。

5.6.1　决策支持系统需求分析

1. 业务需求分析

以流域社会生态变化的效应和综合管理为出发点，对流域内的生态环境变化、社会环境进行评价，为西江流域土地资源的科学、合理开发，以及社会经济发展和生态环境保护提供支持。根据西江流域社会生态变化效应和综合管理的具体业务需求，系统包含的主要业务分为以下 4 部分。

（1）土地利用评价

土地利用评价包括土地利用结构评价、土地利用布局评价和土地利用效益评价三方面。其中，土地利用结构评价和土地利用布局评价不仅要实现现状评价，还要对规划基期、末期的用地结构和布局进行评价，并对比分析其现状和规划目标。本系统采用加权综合叠加模型，将各单因子分级定量，确定权重，进行加权分析，根据评价结果产生对比分析专题图和数据统计表。

（2）流域生态脆弱性评价

从生态、资源、灾害、人为因素等方面入手，构建统一、客观评价指标体系，并对不同区域的脆弱程度进行量化，在 GIS 与空间数据库技术支持下，利用空间主成分分析法和层次分析法对流域脆弱性进行评价。

（3）数据管理

对数据资源进行综合分析与规划，数据管理包括矢量数据、栅格数据和多媒体管理，数据的管理与共享是整个系统建设的基础。

（4）辅助决策功能

通过关键字，查询现有的知识库数据和数据库中的相关规划库数据，与模型运算结果进行对比分析。

2. 功能需求分析

系统以 GIS 为研发平台，结合 SQL Server 数据库，ArcSDE 空间数据库引擎为数据管理桥梁构建，通过对上述业务需求分析，系统在功能上应满足如下需求。

①地图功能：地图数据显示，可加载 Shp 格式的地图文件；显示/关闭相关图层。地图缩放功能：规定程序界面有放大、缩小、拖动按钮；通过鹰眼显示特定图像所在研究区的具体位置。

②数据查询功能：实现对属性数据和空间数据的查询。数据编辑功能：对属性数据和土地规划数据进行录入、删除和更新。数据读取功能：为模型库中的模型提供决策运算数据。

③模型运算功能：选择模型库中的评价模型，将所要评价区域的数据读入，进行数学运算，并输出运算结果。本研究所涉及的数学模型为灰色关联投影模型和层次分析法的运算模型。

④辅助决策功能：通过关键字，查询现有的知识库数据和数据库中的相关规划库数据，与模型运算结果进行比对分析。

5.6.2　决策支持系统架构

根据西江流域社会生态管理方面的要求及特点，设计决策支持系统。系统的体系架构分为 4 大模块，分别为数据层、逻辑层、应用层和决策层，以实现基础数据管理与共享、规划应用以及决策支持等功能，如图 5-9 所示。

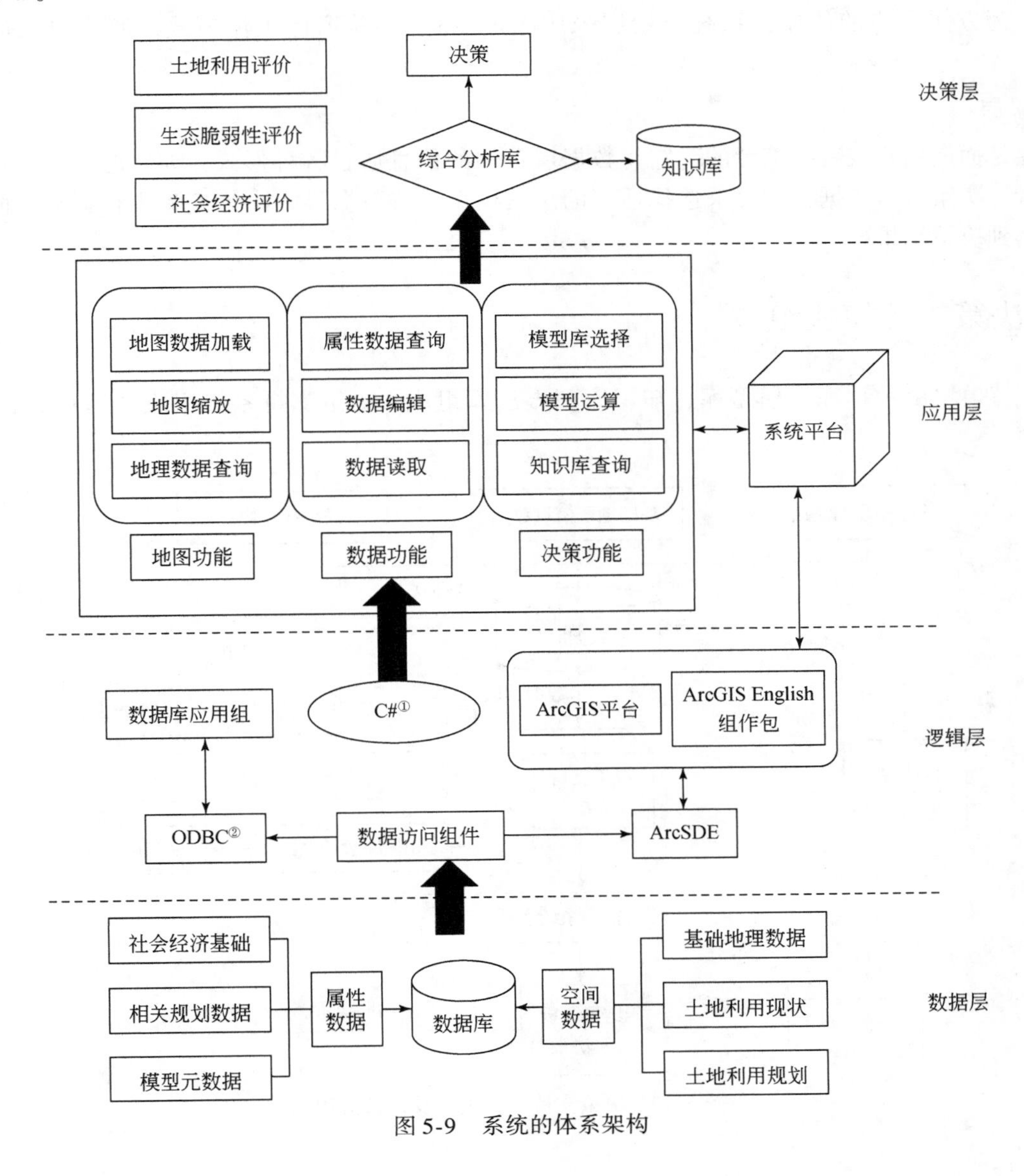

图 5-9　系统的体系架构

① C#是微软公司发布的一种面向对象的、运行于. NET Framework 和 . NET Core（完全开源、跨平台）之上的高级程序语言。

② 开放数据库互联（open database connectivity，ODBC）。

1. 数据层

数据层是整个系统最底层、最基础的结构，为整个系统提供社会生态管理所需的多层次数据。同时，从时间、空间多重角度出发，对各种专题数据深层次挖掘，为决策分析提供有力的支撑。本层提供的数据服务分为两个层次：常规数据处理及集成多种数据模型算法的决策支持数据分析。

2. 逻辑层

逻辑层是整个系统的核心，是 Web 网站层、Web 服务层与底层数据资源层通信的纽带，完成各种具体的业务逻辑处理，包括元数据的汇交、审查发布与管理，数据体入库管理，元数据的查询、浏览与下载，系统管理等。

3. 应用层

应用层是系统人机交互的载体，主要通过系统界面来反映，其作用在于将数据层和决策层连接起来，使二者以一种可见的形式呈现给用户或者决策者。用户通过对菜单和窗口的操作，实现对数据层和决策层的操作。为方便用户的使用，系统应用层采用 Windows 主-从窗体主流模式，使各类人员可以方便使用。

4. 决策层

决策层是面向用户或者决策者的，它将数据层存储的信息通过各种形式，如专题地图、数据表等提供给决策者。决策者再依据具体要求选择适当的决策模型，将数据导入决策模型进行运算，同时结合专家意见，得到决策结果。

5.6.3　决策支持模块组成

决策支持模块由数据库、模型库、知识库和方法库组成，决策支持系统组成及运行流程如图 5-10 所示。

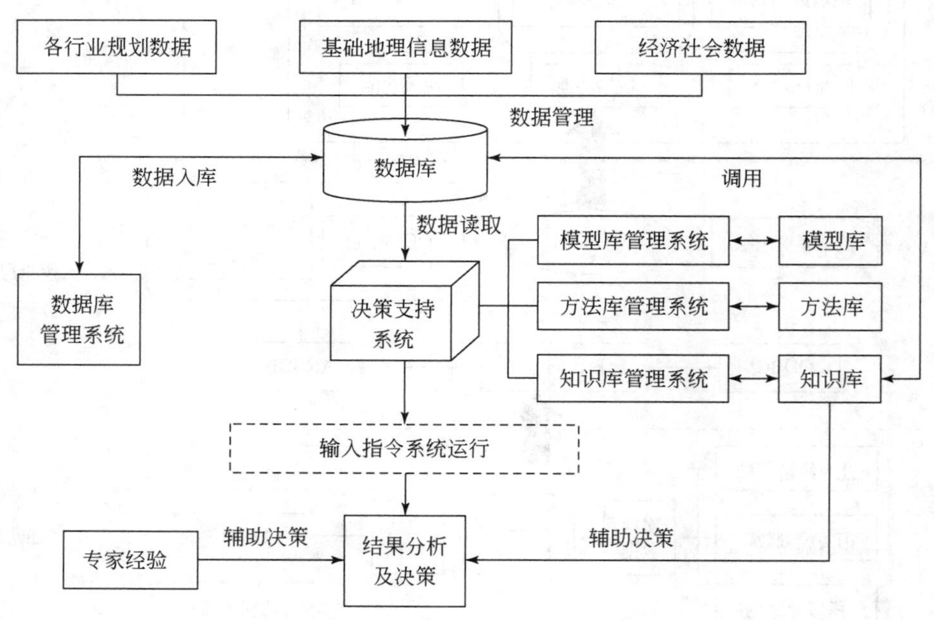

图 5-10　决策支持系统组成及运行流程

1. 数据库

数据库是决策支持系统的底层支撑，数据库管理系统成为决策支持系统不可或缺的一部分。通过数据库管理系统实现对数据的统一管理和控制。土地利用规划数据较为复杂多样，分为属性数据和空间数据。属性数据包括社会经济数据、土地利用数据和自然环境数据等；空间数据主要为土地利用总体规划数据库、土地利用变更调查数据库和土地利用现状图斑等。属性数据存储在关系数据库，如SQL Server或Oracle数据库；目前主流的空间数据库为ArcGIS的Geodatabase数据库，二者通过ArcSDE进行关联，实现属性数据与对应空间数据的匹配。数据库主要实现与模型库的数据交换，即用户根据需要从数据库中选择有用数据，经过模型运算等生成新的数据文件，再保存到数据库中。

2. 模型库

模型库与数据库一样，是决策支持系统的基础，在决策支持系统中起着重要作用。模型库可以分为空间模型和数学模型，空间模型主要用于实现GIS空间分析的相关的功能，如栅格图像计算、空间叠置分析和缓冲区分析等；数学模型主要是将相关的研究成果通过编程实现自动计算，几乎所有的数学模型都可以通过计算机语言放入模型库，其又可以细分为评价模型、预测模型和优化模型等。模型库管理系统的主要作用是实现对数学模型的操作，如创建、运行、访问模型库等，模型库管理系统的建设质量直接影响模型应用的效能。本研究模型库中的数学模型为灰色关联投影模型和层次分析法的计算模型。

3. 知识库

（1）知识库定义

系统知识库中的知识分为静态知识和动态知识。静态知识以相应事实来表示，如指标的含义、模型参数的说明、规划文本等；动态的知识以推理和行为过程来产生，如土地利用结构、土地利用景观格局和土地利用效益评价分值及评价等级等。本书的知识库以静态的知识为主。

（2）知识库的主要组成

知识库的主要组成有西江流域相关县（市、区）的土地利用总体规划；西江流域相关县（市、区）2015年土地利用变更调查数据；西江流域相关县（市、区）的城市总体规划；西江流域相关县（市、区）的城镇体系规划；西江流域相关主体功能区规划；西江流域相关生态功能区规划等。

4. 方法库

方法库是土地利用总体规划实施评价中常用方法的汇总，为数学模型提供计算方法和算法实现。方法库的作用主要是在存储做出决策时给出其所需要运用的规则及建议。为了便于模型与方法的调用、组合、更新和扩充，将模型库与方法库分开管理，各自成为独立的管理子系统。基于面向对象的编程技术，构建方法类进而对方法进行抽象表达。在运算时，将计算过程作为方法类的成员函数进行调用即可。

5.7 本章小结

本章首先论述西江流域社会生态数据的特征及分类，详细介绍基于数据类型和基于数据要素两种分类方式。其次从数据集成和模型集成两方面揭示数据集成的关键技术，进一步介绍元数据理论在信息共享中的应用，论述决策支持系统的关键技术、理论与方法。再从流域社会生态数据库设计以及系统建设原则方面进行介绍，阐述元数据的设计和空间数据库的设计，强调系统建设要坚持动态性、综合性、指导/决策性、规范性，进一步阐述系统构建的一般技术路线。最后详细介绍西江流域社会生态数据集成共享系统与决策支持系统，从集成系统框架设计的基本需求分析、体系结构和功能设计，集成系统开发技术路线的基于多元数据集成和系统开发技术路线，以及决策支持系统的需求分析、结构（数据层、逻辑层、应用层和决策层）与模块组成（数据库、模型库、知识库和方法库）三方面进行阐述。

参考文献

[1] 王宏智，杨雅萍．资源环境领域科学数据分类应用探讨［J］．中国科技资源导刊，2018，50（1）：85-91.

[2] 王资峰．中国流域水环境管理体制研究［D］．北京：中国人民大学，2010.

[3] 许小华，章重，雷声，等．基于GIS的鄱阳湖区生态数据库和信息共享服务平台构建［J］．江西水利科技，2015，41（5）：327-331，350.

[4] 宋晓宇，王永会．数据集成与应用集成［M］．北京：中国水利水电出版社，2008.
[5] 栾晓岩，孙群，耿忠．时态信息可视化模型研究及实现［J］．测绘科学技术学报，2008，25（6）：451-454，458.
[6] 张涛．大规模地球系统模式参数估计关键技术研究［D］．北京：清华大学，2016.
[7] 毕强，朱亚玲．元数据标准及其互操作研究［J］．情报理论与实践，2007，(5)：666-670.
[8] 臧国全，李哲．Web 收割工具的描述型元数据功能评析［J］．图书馆，2019，(3)：69-74.
[9] 曾国金，凡宸，邓焕祥，等．基于 ArcSDE 和 ArcServer 的生态环境数据库的构建［J］．环境科学与技术，2014，37（S1）：339-345.
[10] 毛宁，陶象武，吕恭鸣，等．基于 Geodatabase 的多基态修正模型时空数据库设计［J］．电脑知识与技术，2019，15（14）：3-5.
[11] 罗瑾．城市人口基础数据库生态设计——以漳州开发区为例［J］．科技展望，2016，26（18）：285.
[12] 陈思，孙斌．山西省生态工业园区数据库的建设［J］．经济研究参考，2017，(69)：9-14.
[13] 徐斌，张艳．基于 GIS 的水文生态空间数据库及管理系统研发［J］．水生态学杂志，2018，39（5）：7-12.

第二篇 生态变化与资源利用篇

西江作为珠江流域的主干流，是广西壮族自治区的重要水系，是华南地区最长的河流。西江在广西境内河长869km，发源于云南，流经广西，在广东佛山三水与东江、北江交汇，干流在江门、中山注入南海，与东江、北江合称珠江。广西西江流域河流众多，水量丰富，是当地主要的生活居住场所，流域内的水、土、环境、生物资源等在维系人类社会的生存与发展中发挥着不可替代的作用，同时，作为生物栖息地也为生物的繁衍及其多样性提供了保障。本篇以流域的资源利用与生态变化为视角，从以下几个方面研究了广西西江流域的资源利用及生态变化情况。

第一，利用中国科学院资源环境科学数据中心2005年、2010年和2015年三期土地利用现状遥感监测数据及其他相关材料，结合RS以及GIS技术平台，依据《土地利用现状分类》国家标准并结合广西西江流域具体情况，分析了广西西江流域2005~2015年土地利用景观格局变化情况及其生态环境效应。

第二，基于土地利用现状分类构建三生用地分类体系，对广西西江流域土地2005~2015年的利用情况进行三生用地空间区划研究，并以此提出相对应的土地优化配置方案。

第三，在研究区DEM、坡度、道路分布数据、人口密度和人均GDP等数据中，选择以上要素为驱动因子，构建CA-Markov模型，对土地利用现状和复杂的动态演变过程进行深入的探讨并在此基础上预测广西西江流域2025年的土地利用未来发展情形。对模拟预测结果进行对比分析，探索研究区未来土地利用格局空间优化配置的方法并提出建议。

第四，基于综合指数法对广西西江流域水资源可持续性进行评估，并基于像元尺度对广西西江流域水资源可获取性进行综合评价。

第五，利用气象站点数据、土壤数据、水文数据、土地利用类型数据、土壤碳密度等数据，在数据处理、参数本地化和模型校验的基础上，运用InVEST模型分别对2000年、2005年、2010年和2015年研究区产水量、碳储量两大生态系统服务功能进行定量评估，分析两大生态系统服务功能的空间格局、动态变化和影响因素。基于评估结果进行生态系统服务功能重要性分级，通过叠加分析对产水量功能与碳储量功能进行综合分区，并确定出优先开发与保护的区域。

第6章　广西西江流域土地利用景观格局及其环境效应研究

6.1　引　　言

6.1.1　研究背景及意义

1. 研究背景

土地是人类赖以生存的基础，是社会发展必不可少的物质基础，一切生产、生活都离不开土地。随着城镇化、工业化的发展，资源不断被消耗，生态环境日益恶化。“国际地圈生物圈计划”及“全球环境变化的人文领域计划”在1995年联合提出的土地利用/覆被变化（land use and land cover change，LUCC）研究逐步成为近年来地理学界最为活跃的研究领域之一[1]，并把景观生态学方法引入LUCC研究中，景观生态学与土地利用的结合是研究主流和强有力的手段。景观格局一般指景观的空间格局，是大小、形状、属性不一的景观空间单元（斑块）在空间上的分布与组合，是景观异质性的具体表现[2]。景观格局分析是一种研究景观结构组成特征及空间配置的方法，是景观功能与动态分析的基础，是景观生态学的重要研究方法。土地利用景观格局分析源于景观生态学理论。

随着城市化的进程、工业化不断发展，土地资源越来越稀缺，环境问题突出，如土地沙化、石漠化、水土流失、大气污染、水质污染等。我国幅员辽阔，生态类型多样，森林、湿地、草地、海洋等生态系统均有分布，据统计，中度以上生态脆弱区域占全国陆地国土空间的55%，其中极度脆弱区占9.7%，重度脆弱区域占19.8%，中度脆弱区域占25.5%。我国生态环境的基本状况总体在恶化，局部在改善，治理的能力往往赶不上破坏的速度，生态赤字在逐渐地扩大。社会经济的发展使得地表的自然景观逐渐被人工景观、半人工景观所替代，景观转变的过程发生了物质能量流与物质流的转变，最直接的表现为一种景观及土地覆被的转变过程，即从由水、土与植被等要素组成的自然景观转变为由水泥、沥青、化工材料、金属等要素组成的纯人工景观。土地利用变化影响土地景观格局变化，进而影响生态环境效应。

2. 研究意义

广西是“一带一路”有机衔接的重要门户，自《广西西江经济带国土规划（2014—2030年）》的印发实施，广西西江流域的发展得以被重视，在全国区域协调发展、面向东盟开放合作、西江流域生态保护及国家边境安全维护中具有重要的战略地位。

人类的生存和社会经济的发展离不开自然资源的支撑，而自然资源往往是有限的、难以再生的，因此必须合理地利用自然资源。随着社会经济的快速发展，人类对土地资源的需求急剧增加，土地利用方式发生剧烈变化，区域环境也会产生一定响应。广西西江流域地处我国亚热带湿润季风气候区，它汇集广西内河南盘江、红水河、黔江、浔江、郁江、柳江、桂江以及贺江等河流于西江，经珠江三角洲从香港地区入海。广西西江流域位于云贵高原与南岭丘陵的过渡带，地势自西北向东南倾斜，地形复杂多样，河流水系四通八达，水资源、矿产资源、土地资源、旅游资源等非常丰富，但资源利用效率较低，集约高效利用水平有待进一步提高，生态限制日益突出，环境问题不容小觑。以广西西江流域作为研究对象，从可持续发展角度出发，以遥感监测数据为依据，运用3S技术和景观格局分析软件，对广西西江流域的土地利用景观格局和环境效应进行研究，为西江流域区域经济结构调整、生态环境建设和保护、资源合理利用等提供参考依据，对今后广西西江流域经济社会的可持续发展、土地利用、生态保护和规划的编制等具有一定的借鉴意义。

6.1.2 国内外研究进展

1. 土地利用景观格局研究进展

随着城市化的推进和乡村建设，土地利用受人类活动的影响，植物覆被不断变化，生态问题日益凸显，催生了景观生态学的研究，逐渐受到学术界的追捧，成为世界研究的潮流并在全世界传播。景观生态学最早起源于欧洲[3]。美国著名生态学家 Forman 出版《景观生态学》，首次提出了“斑块-绿廊-基质”景观生态学模式。景观生态学的理论与方法在世界范围内进入蓬勃发展阶段，随着欧洲一些国家研究中心的相继成立，景观生态学理论已日趋完善[4]，引领景观生态学研究的方向。自 1982 年，国际景观生态协会在捷克正式成立以来，四年一度的国际景观生态协会代表了当前国际景观生态学领域研究的最高水平，是探讨景观生态学发展方向和前沿领域、推动不同地区之间学术交流的重要平台，大会主要就当前景观生态研究的前沿和热点问题进行了广泛交流。

国内外学者对土地利用景观格局的研究主要采用不同时期遥感影像，利用 3S 技术和景观格局分析软件 Fragstats 进行土地利用景观的动态变化分析。国外对土地利用景观格局方面的研究取得了显著的研究成果。国外学者 Odum 和 Turner 分析了亚洲景观格局的动态变化特征[5]，Kienast 等利用 GIS 技术，对瑞士的景观格局进行了分析[6]。岑晓腾对覆盖研究区域的遥感影像作预处理、解译和分类处理，制作研究区土地利用景观格局现状图，合理选取景观指数，对研究区的土地利用景观格局的结构特征和时空动态进行分析[7]。朱凯群等选择芜湖市 1995 年、2005 年和 2015 年的专题测图仪（thematic mapper，TM）影像作为基础数据，在 RS 和 GIS 的技术支持下提取土地利用数据，计算景观指数，分析土地利用景观格局特征和景观破碎化过程[8]。李景宜应用 GIS、RS 技术与景观格局分析软件 Fragstats，研究了1989 ~ 2000 年渭河下游洪泛区土地景观格局变化及其驱动力[9]。冯雪铭利用 1980 年、2000 年、2010 年关中-天水经济区 TM、增强型专题制图化（enhancement thematic mapper，ETM）卫星遥感影像进行图像解译，得到该区景观类型图，并对各个时期内土地利用/土地覆被时空动态变化过程进行分析，并在软件 Fragstats 的支持下进行景观格局动态分析[10]。各学者为了某种特定的目的，对土地利用景观格局的研究内容有所侧重。焦胜等运用 GIS 空间分析及统计分析的方法，从景观生态学角度探讨土地景观格局与河流水质的相关关系[11]。王军等从土地整理对景观格局和生态环境的影响两个方面综述国内外的相关研究，并对未来土地整理的景观格局与生态效应研究的趋势进行展望，以期为中国土地整理事业的快速健康发展提供科学依据[12]。李保杰以徐州市贾汪区为研究对象，对矿区景观格局变化的生态效应相关理论、矿区土地景观格局时空演化、演化机制及情景模拟、土地生态风险评价进行研究[13]。俞斌传等以抚州市临川区为例，运用缓冲区法划分景观分析梯度带，定性与定量相结合，确定景观梯度分析的最佳粒度，再运用 Fragstats 软件，进行景观指数的计算，以分析各梯度带的景观格局规律和空间特征[14]。目前对土地景观格局的研究范围比较广泛，研究对象多样，各学者出于不同的研究目的，对景观格局的研究有所偏重，如有些学者偏重于土地利用、生态敏感性、景观格局驱动力、景观格局时空演化分析等。

2. 环境效应研究进展

全球环境问题是当代人类面临的最严峻的挑战。近年来，随着全球经济的发展，一系列诸如资源耗竭、环境恶化、生态系统破坏等危机环境的问题产生，环境问题越来越受到人们的重视[15]。我国提出生态文明理念后，对环境的重视程度越来越高，统筹山水林田湖草系统治理，打造美丽中国。目前对环境效应主要从三个角度研究，其一是土地利用变化对区域气候、土壤、水文等生态环境要素的单因素分析和评价[16,17]；其二是构建评价指标，综合定量分析和评价土地利用变化的生态环境效应[18]；其三是运用景观生态学中的景观格局指数和景观格局分析软件 Fragstats，探讨各景观格局指数的生态意义，从斑块水平类型和景观类型层面上分析和评价土地利用变化的生态环境效应，探索土地利用景观格局与生态过程的相互影响机理。例如，胡锋归纳并总结亚喀斯特景观这一特殊环境的地质岩性发育特征，地貌景观特征，土壤酸碱性及土层厚度，植被效应、水文水资源等特征[19]；余艳艳依据压力-状态-响应模型，建立齐齐哈尔市土地利用生态环境效应评价指标体系，运用齐齐哈尔市土地利用生态环境效应评价模型进行计算，依据GIS空间分析，分析齐齐哈尔市1989～2014年土地利用生态环境效应时空变化特征，分析生态安全态势[20]。各学者对环境效应研究对象的认识越来越深入，研究的领域越来越广，研究体系逐渐完善，研究过程所涉及的内容和层次不断深入。

3. 土地利用景观格局与环境效应研究进展

土地利用景观格局的变化对生态系统的影响主要表现在生态系统结构、功能、物质循环、能量流动、生物多样性和区域生态服务价值以及景观结构等方面[21]。土地利用是环境变化的直接动力，同时环境变化对土地利用具有一定的限制作用[22]。总结国内外土地利用环境效应研究结果，大致可分为水环境效应、大气环境效应、土壤环境效应和生态效应。Whitford等用4项简单的生态效应指数（地表温度、生物多样性、碳源汇和水温）反映了英国默西赛德郡4个城市的城市化效应，结果表明，城市化进程中，林地的生态环境效应变化最大[23]。目前，已有的关于土地利用变化与生态环境效应的研究较多。例如，王国力和苏健选取葫芦岛市作为研究对象，以葫芦岛2012年的土地利用图形数据为基础数据，应用地理软件处理土地利用的数据、图形，利用景观生态学研究法对土地利用景观格局的指数加以计算，分析土地利用结构及其景观格局和生态环境效应[24]；陈昆鹏和胡召玲基于新沂市2006年、2014年两期土地利用数据，得到该市在2006～2014年土地利用动态度、区域生态环境质量指数及生态贡献率等指标，并根据生态贡献率制作主导土地利用变化类型的空间分布图，对该市土地利用变化空间分布特征及其生态环境效应进行分析与评价研究[25]；吴玉红基于秦皇岛市1990年和2010年两期TM遥感数据，通过土地利用转移矩阵、生态环境质量指数和土地利用变化类型生态贡献率等方法，对该市土地利用变化特征及生态环境效应进行分析与评价研究[26]。土地利用景观格局的变化受人类活动的干扰，人类活动中受政策因素的影响，随着人们的生态环境意识增强，土地利用景观格局与环境效应研究成为研究热点。

6.1.3　研究内容

本章利用中国科学院资源环境科学数据中心2005年、2010年和2015年三期土地利用现状遥感监测数据及其他相关材料，结合RS以及GIS技术平台，依据《土地利用现状分类》国家标准并结合广西西江流域具体情况，分析了广西西江流域2005～2015年土地利用景观格局变化情况及其生态环境效应，主要研究内容如下：

①利用景观格局分析软件Fragstats，计算出2005年、2010年、2015年斑块类型水平上和景观水平上的景观格局指数，对广西西江流域土地景观格局变化特征进行分析。

②对这三个时期土地利用景观格局变化，从内在驱动和外在驱动两个方面进行评析。

③遵循科学性、数据可获得性原则选取指标构建评价指标体系，并结合综合评价模型分析2005～2015年土地利用景观格局变化产生的生态环境效应。

6.2　理论基础与技术方法

6.2.1　理论基础

1. 景观生态学理论

景观生态学是德国地理学家Troll于1939年提出的。景观生态学的发展可以分为四个阶段，第一阶段是学科综合思想的萌芽阶段，从19世纪初期至20世纪30年代，主要表现为生态系统概念和思想的形成；第二阶段是学科思想的巩固阶段，从20世纪30年代后期至60年代中期，主要表现为生物地理群落学说的提出；第三阶段是学科的初创阶段，从20世纪60年代后期至80年代初期，主要表现为中欧国家结合自然和环境保护、土地利用及规划实践开展景观生态学的理论与应用研究；第四阶段为20世纪80年代国际景观生态协会成立后，是学科全面发展时期。景观生态学是以整个景观为研究对象，通过物质流、能量流、信息流与价值流在地球表层的传输和交换，通过生物与非生物以及与人类之间的相互作用和转化，运用生态系统原理和系统方法研究景观结构和功能、景观动态变化以及相互作用机理，研究景观的美化格局、优化结构、合理利用和保护的学科。景观生态学是一门以生态学和地理学为基础，具有多向性、系统性、综合性等特征的多学科之间交叉的新兴学科。

景观生态学的研究重点是在较长的时间和较大的空间尺度上生态系统的空间格局和生态过程。国内外有很多学者对景观生态学有研究，都曾就景观生态学原理的研究提出过建设性意见，既有相似又有所侧重，主要归纳出几个原理，有景观结构与功能原理、生物多样性原理、物种流动原理、养分再分配原理、能量流动原理、景观变化原理、景观稳定性原理。景观结构主要由斑块、廊道、基质三个方面组成。斑块是景观格局的基本组成单元，是指不同于周围背景的、相对均质的非线性区域。它反映了系统内部和系统间的相似性或相异性。不同斑块的大小、形状、边界性质以及斑块的距离等空间分布特征构成了不同的生态带，形成了生态系统的差异，调节着生态过程。廊道是指不同于周围景观基质的线状或带状的景观要素，廊道一般有三种类型，分别是线状廊道、带状廊道和河流廊道。基质是景观中面积最大，连接性最好的景观要素类型，在景观功能上起着重要作用，影响着物质流、能量流、物种流。斑块-廊道-基质模型是景观生态学用来解释景观结构的基本模式，普遍适用于各类景观[27]。景观结构与生态过程密切相关，把它们结合起来研究是景观格局研究的一个重要内容。

2. 人地关系理论

人地关系在不同的社会发展阶段对其定义有所不同。人地关系是指人类社会向前发展的过程中，人类为了生存与发展的需要，不断扩大、改造和利用地理环境，增强适应地理环境的能力，改变地理环境的面貌，同时地理环境也影响人类活动，产生地域特征和地域差异。人地关系的地域性或地域组合，是人文地理学研究的特殊对象。

人地关系的发展主要经历了四个阶段，即崇拜自然、改造自然、征服自然和谋求人地协调发展。在采集狩猎时期，人类还没有发明工具只能完全依赖自然，畏惧自然，这个时期的人类生活经历简单，对自然几乎是零破坏；到了农业时期，随着对工具的广泛使用，人们开始开垦土地、利用土地，向自然不断地索取，人类开始对自然进行改造，人与耕地数量之间的关系是农业时期的主要人地关系；到了工业时期，人类对自然的过度开发利用，突破了自然承受的极限，征服自然的代价就是生态环境被不断地破坏；直到近代，环境、资源、人口等问题日益凸显，人们才开始意识到生态环境的重要性，才注重人地关系的协调发展，人与自然必须和谐相处。人类对土地的开发利用必然会影响到景观格局和自然环境。

3. 可持续发展理论

可持续发展理论是指既满足当代人的需要，又不对后代人满足其需要的能力构成危害的发展，以公平性、持续性、共同性为三大基本原则[28]。公平性原则就是机会选择的平等性，包括横向的代内公平和纵向的代际公平。持续性原则指生态系统受到某种干扰时还能保持其生产力的能力，在生态可能的范围内确定自己的消耗标准，要合理开发、利用自然资源。共同性原则就是要实现可持续发展的总目标，必须争取全球共同的配合行动，坚持地球是我们人类唯一的共同家园，需要共同保护。

可持续发展理论的形成经历了相当长的历史过程。20世纪五六十年代，人们在经济增长、城市化、人口、资源等所形成的环境压力下，对增长就是发展的模式产生怀疑并开展讲座。1962年，美国生物学家蕾切尔·卡森发表的《寂静的春天》引起了很大的轰动，引发了人类关于发展观念上的争论与思考。1987年，联合国世界与环境发展委员会发表了一份报告《我们共同的未来》，正式提出可持续发展概念，并以此为主题对人类共同关心的环境与发展问题进行了全面论述，受到世界各国政府组织和社会的极大重视。1992年，在巴西里约热内卢举行的联合国环境与发展大会通过了《21世纪议程》《气候变化框架公约》等一系列文件，明确把发展与环境密切联系在一起，使可持续发展走出了仅仅在理论上探索的阶段，响亮地提出了可持续发展的战略，并将之付诸为全球的行动。2002 年，以“拯救地球、重在行动”为宗旨，联合国于南非约翰内斯堡举办了可持续发展世界首脑会议，并在会议提出为了确定真正可持续的生活方式，需要在经济增长和公平、保护自然资源和环境、社会发展 3 个关键领域统筹行动。党的十八大以来，中国的可持续发展取得了令世人瞩目的成就，可持续发展学科研究也将一个单纯生态学问题发展成为包含经济学、社会学等学科交叉渗透的可持续性科学，已将边缘领域发展到主流的各个方面。土地是否可持续利用影响着土地景观格局和环境效应，土地景观格局和环境变化也会对土地可持续利用做出响应，它们之间相互影响。

6.2.2　技术方法

1. 指标体系的构建

随着对全球变化及其区域响应研究的深入，区域生态环境效应研究成为近年来 LUCC 体系的热点研究之一，其研究方法有生态足迹法、景观结构分析法、生态经济价值核算、动态模型模拟法等[29]。本研究通过分析中尺度区域广西西江流域 2005～2015 年土地利用动态变化规律，结合区域实际情况，遵循可操作性和数据可获取性原则、系统性和层次性相统一原则，从土地利用类型、环境质量、生态服务功能以及景观生态来构建区域生态环境效应综合评价指标体系。根据前人研究成果以及从研究区域实际情况出发，选取生物丰度指数、植被覆盖度指数作为环境质量效应参考指标，选取生态服务价值、产水功能和碳储量功能作为生态服务效应参考指标。此外，由于用于景观格局分析的指数较多，为避免具有相同生态学意义指标的重复使用，本章选取斑块数、散布与并列指数、香农多样性指数、平均邻近指数等来表征景观多样性、破碎化程度以及受人为干扰等情况，以探讨生态系统稳定性。建立的指标体系如表 6-1 所示。

表 6-1　广西西江流域生态环境效应评价指标体系

目标层	准则层	指标层
广西西江流域生态环境效应	土地利用类型	耕地
		林地
		草地
		水域
		建设用地
		未利用地
	环境质量	生物丰度指数
		植被覆盖度指数
	生态服务功能	生态服务价值
		产水功能
		碳储量功能
	景观格局特征	斑块数
		散布与并列指数
		香农多样性指数
		平均邻近指数

2. 指标计算方法

（1）生物丰度指数

生物丰度指数指通过单位土地面积上不同生态系统类型在物种数量上的差异，间接反映区域生物多样性的丰贫程度。本研究根据《生态环境状况评价技术规范》（HJ 192—2015）标准，参照如下公式计算生物丰度指数：

$$生物丰度指数=A_{bio}\times(0.35\times林地+0.21\times草地+0.28\times水域湿地+0.11\times耕地+0.04\times建设用地+0.01\times未利用地)/区域面积 \tag{6-1}$$

式中，A_{bio}为生物丰度指数的归一化系数。

（2）植被覆盖指数

植被覆盖指数指被评价区域内除水域以外其他5种土地利用类型的面积各占被评价区域面积的比重，用于反映评价区域植被覆盖的程度。其计算公式同样参照《生态环境状况评价技术规范》（HJ 192—2015）。

$$植被覆盖指数=A_{veg}\times(0.38\times林地+0.34\times草地+0.19\times耕地+0.07\times建设用地+0.02\times未利用地)/区域面积 \tag{6-2}$$

式中，A_{veg}为植被覆盖指数的归一化系数。

（3）生态服务价值

生态服务价值是指人类直接或间接向土地生态系统获取的利益。1997年Costanza等对全球主要类型的生态系统服务功能的价值进行了评估。我国学者谢高地等在Costanza评价模型研究基础上，对国内相关领域200多位专家进行了问卷调查，得出了生态服务价值当量表，并根据中国具体国情，制定出了适用于中国的生态服务价值系数。生态系统服务功能主要包括气体调节、气候调节、水源涵养、土壤形成与保护、废物处理、生物多样性保护、事物生产、原材料生产、娱乐文化价值。生态服务价值评估模型为

$$\mathrm{ESV}=\sum_{i=1}^{n}A_k\times V_k \tag{6-3}$$

式中，ESV为生态系统服务价值；A_k为研究区域第k种土地利用类型的面积；V_k为第k种生态系统服务功能价值系数，即单位面积生态价值量。

（4）水源涵养功能

$$Y(x)=\left[1-\frac{\mathrm{AET}(x)}{P(x)}\right]\times P(x) \tag{6-4}$$

式中，$Y(x)$为栅格单元x的年产水量，mm；$\mathrm{AET}(x)$为栅格单元x的年实际蒸散量，mm；$P(x)$为栅格单元x的年降水量，mm。

（5）景观格局特征指数

斑块数（NP）、散布与并列指数（IJI）、香农多样性指数（SHDI）、平均邻近指数（PROX_ MN）直接用景观格局指数软件Fragstats计算得到。

3. 指标体系标准化处理方法

由于各数据来源于不同的指标，具有不同的量纲，无法直接综合计算，因此，在运用多指标进行综合评价时，需进行量纲处理，使各指标数据保持在同一标准，处理后各数值映射在［0,1］。

$$Z_{ij}=\frac{X_{ij}}{\max\{X_j\}} \tag{6-5}$$

式中，Z_{ij}为各指标去量纲后的标准化值；X_{ij}为第i年第j项指标的原始数据；$\max\{X_j\}$为第j项指标的最大值。

4. 指标权重的确定方法

指标权重是以数值形式反映各指标在综合优选的重要程度，指标权重的确定是综合优选的关键，直接决定评价结果。目前求权重的方法主要有主观、客观赋权法。为了使研究结果客观、科学，笔者采用熵值法这种客观的赋权法来确定权重，根据各个指标观测值所提供的信息大小来确定指标权重，信息的大小差异越大，权重越大。利用熵值法确定指标权重的计算过程如下。

①计算第i年第j项指标标准化值的比重Y_{ij}：

$$Y_{ij}=\frac{Z_{ij}}{\sum_{i=0}^{m}Z_{ij}} \tag{6-6}$$

②计算第 j 项指标的熵值 E_j：

$$E_j = -K\sum_{i=1}^{m}(Y_{ij} \times \ln Y_{ij}) \tag{6-7}$$

$$K = \frac{1}{\ln m}\ (K\ 为常数) \tag{6-8}$$

③计算第 j 项指标的差异系数 D_j，熵值越小，指标之间的差异性就越大，指标就越重要：

$$D_j = 1 - E_j \tag{6-9}$$

④计算第 j 项指标的权重 W_j：

$$W_j = \frac{D_j}{\sum_{j=1}^{n} D_j} \tag{6-10}$$

式中，Z_{ij}为第 i 年第 j 项指标的原始值；Y_{ij}为第 i 年第 j 项指标标准化后值的比例；E_j为第 j 项指标的信息熵；m 表示评价年数；D_j为差异系数；W_j为第 j 项指标的权重；n 为评价指标的个数。

5. 建立综合评价模型的方法

结合广西西江流域的实际情况，本研究采用综合评价法综合分析土地利用景观格局变化产生的生态环境效应。综合评价是针对某一对象或地理区域的空间客体所进行的，收集多种与评价对象相关的因素，并对各种因素进行标准化和加权综合分析，从而得到土地利用评价的综合结果，其基本思想是将多个指标转化为一个能够反映综合状况的指标进行评价。综合评价方法是目前评价生态系统综合效应较常见的方法[30,31]。本研究评价土地利用景观格局变化的生态环境效应，先对局部各指标进行评价，在此基础上再综合各指标对整体情况进行评估，采用的模型如下：

$$S_{ij} = A_{ij} \times W_j \tag{6-11}$$

$$S_i = \sum_{j=1}^{n} S_{ij} \tag{6-12}$$

$$S = \sum_{i=1}^{n} S_i \times W_k \tag{6-13}$$

式中，S_{ij}、A_{ij}分别为第 i 年第 j 项指标评价分值、合理值标准化后的值；W_j为第 j 项指标的权重；S_i为第 i 年单项功能评价分值；S 为土地利用多功能评价分值；W_k为单项功能权重。

6.3 数 据 处 理

所采用土地利用数据来源于中国科学院资源环境科学数据中心的 3 期中国土地利用现状遥感监测数据。本研究选取 2005 年、2010 年和 2015 年 3 期的遥感影像数据进行处理后对土地景观格局特征进行分析。该数据来源于覆盖全国的 Landsat MSS/TM/ETM 30m 遥感影像，经过波段提取、假彩色合成、几何纠正、图像拼接、切割等程序后进行人机交互目视判读解译，坐标及其投影参数采用大地坐标系和 Albers（阿伯斯）正轴等面积双标准纬线割圆锥投影。在进行遥感解译及结果处理时，采用统一解译原则，并进行了野外调查点随机抽样核查和核查线随机抽样核查，最后总体成果精度不小于 90%。为了方便研究，笔者结合广西西江流域的土地利用特点，对三个时期的广西土地利用遥感监测数据，用 ArcGIS 10.2 提取出广西西江流域的范围后，再用 Spatial Analyst 工具下的重分类，把二级分类重新分为六大类，分为耕地、林地、草地、水域、建设用地、未利用地，并进行编码。

为了便于软件 Fragstats 4.2 能快速高效运行，用 ArcGIS 10.2 中的数据管理工具-栅格-栅格处理-重采样，把像元大小为（30，30）的重采样为像元大小为（90，90）的。之后在 ArcGIS 10.2 中把栅格数据导出为 Fragstats 能打开的数据类型，本研究导出的数据格式是 TIFF 格式。

在软件 Fragstats 4.2 中添加数据，设置参数后，从 Class metrics 和 Landscape metrics 选取所需的景观格局指数，运行后得出结果，对结果进行分析。

依据环境效应评价模型，计算出广西西江流域生态系统服务价值。

6.4 广西西江流域土地利用景观格局变化分析

1. 景观格局指数的选取

景观格局指数是高度浓缩的景观格局信息，同时也是反映景观结构组成、空间配置特征的简单化指标[32]，适合定量表达景观格局和生态过程之间的关系。土地利用变化不仅影响土地景观格局的变化，而且影响其内部的物质循环和能量流动，对区域生物多样性、重要生态过程和生态系统维持其服务功能影响深刻[33]。自20世纪80年代以来，大量的景观格局指数相继被提出，景观格局指数的种类繁多，包括破碎化指数、形状指数、多样性、聚集度指数等。景观格局指数包括景观单元特征指数和景观异质性指数两个部分。景观单元特征指数是指用于描述斑块水平的特征的指标；景观异质性指数包括多样性指数、镶嵌与连接指数和景观破碎化指数等3类，每类指数又可以通过多个指标来共同反映[34]。从Fragstats 4.2中就可以计算出75个斑块级别指数、109个类型级别指数和116个景观级别指数。景观指数之间存在一定关联性，某些指标在不同级别公式表达上有差别，生态意义相似。因此，在选择景观指数时要全面反映景观的异质性特征，以准确分析研究区域土地景观格局特征。基于广西西江流域的特征和研究目的，从景观斑块类型水平层面选取平均斑块面积（AREA_MN）、最大斑块指数（LPI）、斑块数（NP）、斑块密度（PD）、边缘密度（ED）、面积加权的平均形状指标（SHAPE_AM）、聚集度（AI）、相似邻近百分比（PLADJ）共8个指数，斑块类型指标反映了景观中不同斑块类型各自的结构特征[35]；从景观水平层面选取斑块数（NP）、斑块密度（PD）、蔓延度指数（CONTAG）、散布与并列指数（IJI）、香农多样性指数（SHDI）、香农均度指数（SHEI）、景观丰度（PR）、平均邻近指数（PROX_ MN）共8个指数，景观水平指标反映景观整体结构特征。

1）景观斑块类型水平层面指数的含义及生态意义

（1）平均斑块面积（AREA_MN）

平均斑块面积（AREA_MN）等于某一斑块类型的总面积除以该类型的斑块数目[35]，AREA_MN>0，单位为hm^2，属于面积指标。AREA_MN代表一种平均状况，在景观结构分析中反映两方面的意义，一方面景观中AREA_MN值的分布区间对图像或地图的范围以及对景观中最小斑块粒径的选取有制约作用；另一方面AREA_MN可以表征景观的破碎程度，一个具有较小AREA_MN值的斑块类型比一个具有较大AREA_MN值的斑块类型更破碎。研究发现AREA_MN值的变化能反馈更丰富的景观生态信息，它是反映景观异质性的关键。

（2）最大斑块指数（LPI）

最大斑块指数（LPI）等于某一斑块类型中的最大斑块占据某类型斑块面积的比例[36]，0<LPI≤100，单位为%，属于面积指标。LPI表示某一斑块类型中的最大斑块对某类型斑块的影响程度或最大斑块对景观的影响程度，有助于确定景观的优势斑块类型，其值的大小决定着景观中的优势物种的丰度等生态特征；其值的变化可以改变干扰的强度和频率，反映人类活动的方向和强弱。

（3）斑块数（NP）

斑块数（NP）等于景观中某一斑块类型的斑块总个数[37]，NP≥1，无单位，属于密度指标。NP反映景观的空间格局，经常被用来描述整个景观的异质性，其值的大小与景观的破碎度也有很好的正相关性，一般规律是NP越大，破碎度越高；NP越小，破碎度越低。NP对许多生态过程都有影响，如可以决定景观中各种物种及其次生物种的空间分布特征；改变物种间相互作用和协同共生的稳定性。而且，NP对景观中各种干扰的蔓延程度有重要的影响，如某类斑块数目多且比较分散时，则对某些干扰的蔓延（虫灾、火灾等）有抑制作用。

（4）斑块密度（PD）

斑块密度（PD）在斑块类型水平上表征景观中某种景观类型单位面积的斑块数[38]，单位为个/hm^2，属于密度指标。斑块密度是描述景观破碎化的重要指标，PD越大，破碎化程度越大；PD越小，破碎化程度越小。斑块密度与景观异质性呈正相关，斑块密度可以间接反映景观要素之间相互作用的强度和广泛性，高的斑块密度预示景观生态过程活跃。

（5）边缘密度（ED）

边缘密度（ED）等于景观中所有边缘部分的长度（m）除以总景观面积（m^2）乘以10000（换算成hm^2）的总和，ED>0，单位为m/hm^2，属于边缘指标，无限制，当ED=0时，景观中没有边缘。也就是说，当整个景观和景观边界（如果存在）由单个补丁组成，用户指定景观边界和背景边缘都不作为边缘处理。ED值越大，说明单位面积上某种土地类型的斑块边界长度越长，斑块形状越复杂，反之亦然[39]。

（6）面积加权的平均形状指标（SHAPE_AM）

面积加权的平均形状指标（SHAPE_AM）在斑块类型水平上等于某斑块类型中各个斑块的周长与面积比乘以各自的面积权重之后的和，SHAPE_AM≥1，无单位，属于形状指标。当SHAPE_AM =1时，表明斑块形状最为简单，当SHAPE_AM值增大时表明斑块形状趋于复杂且不规则。SHAPE_AM对动物的迁移、觅食，植物的种植与生产效率等许多生态过程都有影响，可用来表征空间格局复杂性。

（7）聚集度（AI）

聚集度（AI）等于涉及相应类相似邻接的数目除以涉及相应类的最大可能相似邻接数乘以100%（转换成百分比），0<AI≤100，单位为%，属于聚散性指标。AI描述的是景观中不同生态系统的团聚程度。AI的值大，代表景观由少数团聚的大斑块组成；AI值小，则代表景观由许多小斑块组成。当斑块类型高度聚集成一个单一而紧密的斑块，AI=100[40]。

（8）相似邻近百分比（PLADJ）

相似邻近百分比（PLADJ）等于涉及焦点类的类似邻接的数目除以涉及焦点类的单元邻接的总数乘以100%（转换成百分比）。换句话说，即涉及邻接的对应补丁类型的小区相邻的百分比，0≤PLADJ≤100，单位为%，属于聚散性指标。PLADJ反映斑块类型在景观中的比例大小，如果该斑块类型达到最大程度的散布，则PLADJ最小，反之亦然；如果斑块类型极度分散，则PLADJ最小。

2）景观水平层面指数的含义及生态意义

（1）斑块数（NP）

斑块数（NP）等于景观中所有的斑块总数，NP≥1，无单位，属于密度指标。生态意义类似景观斑块类型水平层面的意义。

（2）斑块密度（PD）

斑块密度（PD）在景观水平上表征景观中全部异质景观要素斑块的单位面积斑块数，单位为个/hm^2，属于密度指标。其生态意义类似景观斑块类型水平层面的意义。

（3）蔓延度指数（CONTAG）

蔓延度指数（CONTAG）值较小时表明景观中存在许多小斑块，趋于100时表明景观中有连通度极高的优势斑块类型存在。该指标只能运行在Fragstats软件的栅格版本中，0<CONTAG≤100，单位为%，属于聚散性指标。CONTAG指标描述的是景观中不同斑块类型的团聚程度或延展趋势。该指标由于包含空间信息，是描述景观格局最重要的指数之一。一般来说，高蔓延度指数值反映景观中的某种优势斑块类型形成了良好的连接性；反之则表明景观是具有多种要素的密集格局，景观的破碎化程度较高。经前人大量研究发现蔓延度指数和优势度这两个指标的最大值出现在同一个景观样区。该指标在景观生态学和生态学中运用广泛。

（4）散布与并列指数（IJI）

散布与并列指数（IJI）取值小时表明斑块类型仅与少数几种其他类型相邻接，IJI=100表明各斑块间比邻的边长是均等的，即各斑块间的比邻概率是均等的，0<IJI≤100，单位为%，属于聚散性指标。IJI是描述景观空间格局最重要的指标之一。IJI对那些受到某种自然条件严重制约的生态系统分布特征反映显著，如山区的各种生态系统严重受到垂直地带性的作用，其分布多呈环状，IJI值一般较低；而干旱区中的许多过渡植被类型受制于水的分布与多少，彼此邻近，IJI值一般较高。

（5）香农多样性指数（SHDI）

香农多样性指数 SHDI=0 表明整个景观仅由一个斑块组成；SHDI 增大，说明斑块类型增加或各斑块类型在景观中呈均衡化趋势分布，SHDI≥0，无单位，属于多样性指标[41,42]。SHDI 是一种基于信息理论的测量指数，在生态学中应用很广泛。该指标能反映景观异质性，特别对景观中各斑块类型非均衡分布状况较为敏感，即强调稀有斑块类型对信息的贡献，这也是与其他多样性指数不同之处。在比较和分析不同景观或同一景观不同时期的多样性与异质性变化时，SHDI 也是一个敏感指标，如在一个景观系统中，土地利用越丰富，破碎化程度越高，其不定性的信息含量也越大，计算出的 SHDI 值也就越高。景观生态学中的多样性与生态学中的物种多样性有紧密的联系，但并不是简单的正比关系，研究发现在景观中二者的关系一般呈正态分布。

（6）香农均度指数（SHEI）

香农均度指数（SHEI）等于香农多样性指数除以给定景观丰度下的最大可能多样性。SHEI=0 表明景观仅由一种斑块组成，无多样性；SHEI=1 表明各斑块类型均匀分布，有最大多样性，0≤SHEI≤1，无单位，属于多样性指标。SHEI 与 SHDI 指数一样，也是我们比较不同景观或同一景观不同时期多样性变化的有力手段。而且，SHEI 与优势度指标（dominance）之间可以相互转换［即 evenness（均度）=1-dominance］，即 SHEI 值较小时优势度一般较高，可以反映出景观受到一种或少数几种优势斑块类型所支配；SHEI 值趋近 1 时优势度低，说明景观中没有明显的优势类型且各斑块类型在景观中均匀分布。

（7）景观丰度（PR）

景观丰度（PR）等于景观中所有斑块类型的总数，PR≥1，无单位，属于多样性指标。PR 是反映景观组分以及空间异质性的关键指标之一，并对许多生态过程产生影响。研究发现景观丰度与物种丰度之间存在很好的正相关，特别是对于那些生存需要多种生境条件的生物来说 PR 就显得尤其重要。

（8）平均邻近指数（PROX_ MN）

给定搜索半径后，PROX_ MN 在斑块级别上等于斑块的面积除以其到同类型斑块最近距离的平方之和除以此类型的斑块总数；PROX_ MN 在景观级别上等于所有斑块的平均邻近指数，PROX_ MN>0，属于邻近度指标[43]。PROX_ MN =0 时说明在给定搜索半径内没有相同类型的两个斑块出现。PROX_ MN 的上限是由搜索半径和斑块间最小距离决定的。PROX_ MN 能够度量同类型斑块间的邻近程度以及景观的破碎度，如 PROX_ MN 值小，表明同类型斑块间离散程度高或景观破碎程度高；PROX_ MN 值大，表明同类型斑块间邻近度高，景观连接性好。研究证明，PROX_ MN 对斑块间生物物种迁徙或其他生态过程进展的顺利程度都有十分重要的影响。

2. 在 Fragstats 软件中计算景观指数

依据所选取的景观指数，在 Fragstats 4. 2 软件中计算出结果，结果如表 6-2 和表 6-3 所示。

表 6-2　2005 年、2010 年、2015 年广西西江流域景观指数计算结果

土地景观类型	年份	NP	PD/(个/ hm^2)	LPI/%	ED/(m/ hm^2)	AREA_MN/hm^2	SHAPE_AM	PLADJ/%	AI/%
耕地	2005	38129	0. 19	2. 72	14. 66	110. 87	25. 22	84. 17	84. 21
	2010	38341	0. 19	2. 71	14. 67	109. 94	25. 26	84. 12	84. 16
	2015	38994	0. 19	2. 68	14. 69	107. 14	24. 79	83. 95	83. 98
林地	2005	12104	0. 06	31. 50	16. 37	1126. 13	91. 62	94. 46	94. 49
	2010	12161	0. 06	31. 50	16. 38	1121. 44	91. 59	94. 46	94. 49
	2015	12485	0. 06	31. 44	16. 54	1087. 98	92. 61	94. 39	94. 41
草地	2005	17039	0. 08	0. 21	6. 44	104. 45	4. 91	83. 39	83. 45
	2010	17312	0. 09	0. 21	6. 44	102. 16	4. 91	83. 31	83. 36
	2015	18305	0. 09	0. 21	6. 56	97. 98	4. 86	83. 22	83. 27

续表

土地景观类型	年份	NP	PD/(个/hm^2)	LPI/%	ED/(m/hm^2)	AREA_MN/hm^2	SHAPE_AM	PLADJ/%	AI/%
水域	2005	5482	0.03	0.42	1.56	49.54	22.11	73.50	73.62
	2010	5551	0.03	0.42	1.58	49.87	21.84	73.63	73.76
	2015	5659	0.03	0.42	1.61	49.69	21.75	73.59	73.71
建设用地	2005	21026	0.10	0.06	2.00	16.88	2.02	74.27	74.38
	2010	21118	0.10	0.07	2.03	17.32	2.07	74.72	74.83
	2015	21984	0.11	0.08	2.24	19.45	2.38	76.09	76.19
未利用地	2005	45	0.00	0.00	0.01	40.45	2.07	76.12	77.77
	2010	45	0.00	0.00	0.01	40.45	2.07	76.12	77.77
	2015	65	0.00	0.00	0.01	38.53	1.97	76.76	78.18

表 6-3　2005 年、2010 年、2015 年广西西江流域景观指数结果

年份	NP	PD/(个/hm^2)	CONTAG/%	IJI/%	PR	SHDI	SHEI	PROX_ MN
2005	93825	0.46	63.57	53.34	6	0.94	0.52	49105.98
2010	94528	0.47	63.53	53.51	6	0.94	0.52	49029.76
2015	97492	0.48	63.03	54.50	6	0.95	0.53	48657.29

3. 斑块类型水平上景观格局变化分析

在景观斑块类型水平上选取斑块数（NP）、斑块密度（PD）、最大斑块指数（LPI）、边缘密度（ED）、平均斑块面积（AREA_MN）、面积加权的平均形状指标（SHAPE_AM）、相似邻近百分比（PLADJ）、聚集度（AI）共 8 个指数分析广西西江流域土地景观特征变化（图 6-1 ~ 图 6-8）。

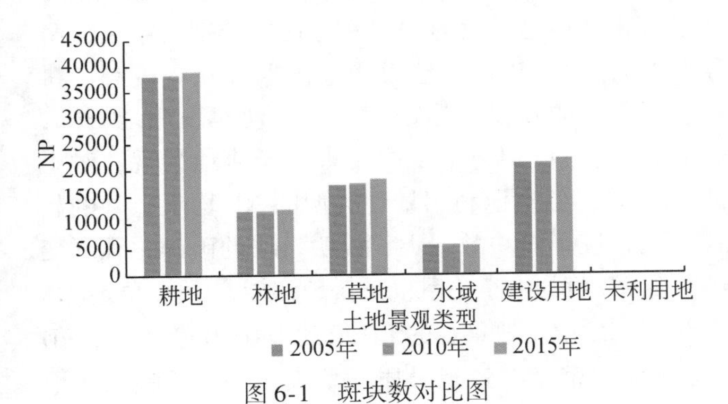

图 6-1　斑块数对比图

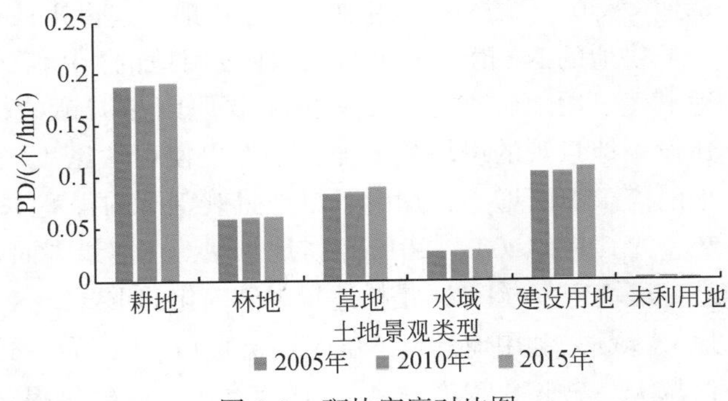

图 6-2　斑块密度对比图

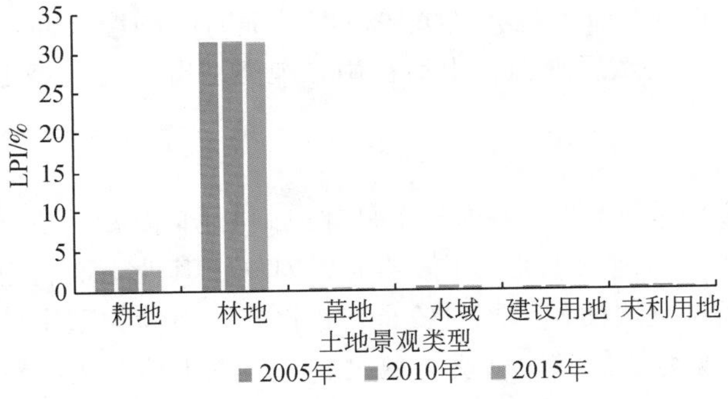

图 6-3　最大斑块指数对比图

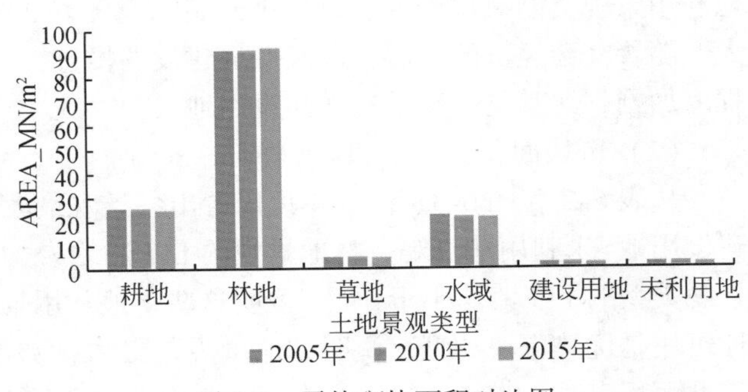

图 6-4　平均斑块面积对比图

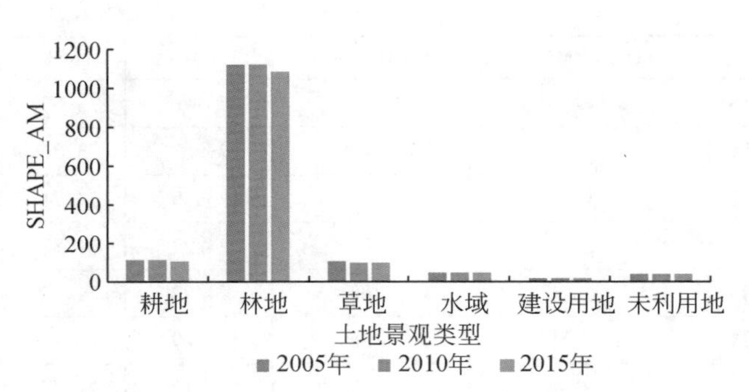

图 6-5　面积加权的平均形状指标对比图

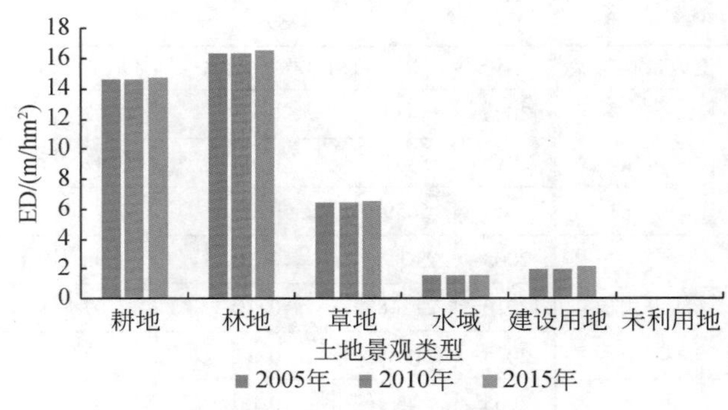

图 6-6　边缘密度对比图

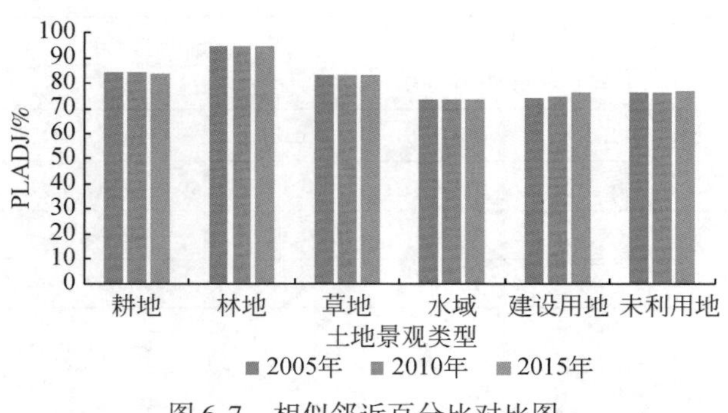

图 6-7　相似邻近百分比对比图

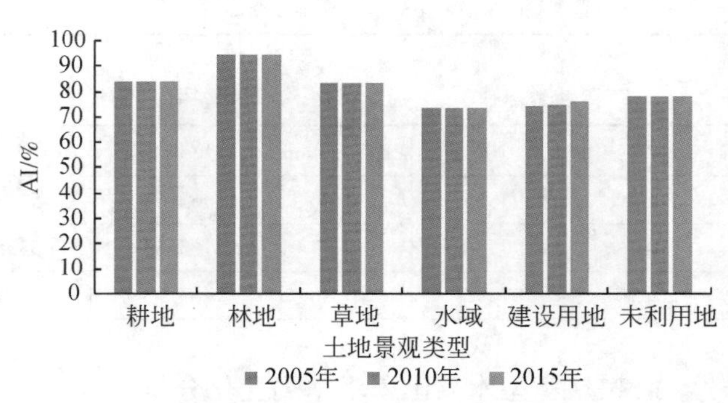

图 6-8　聚集度对比图

（1）斑块密度分析（NP、PD）

从表 6-2 和图 6-1、图 6-2 可以看出广西西江流域各景观的斑块数（NP）大小关系是耕地>建设用地>草地>林地>水域>未利用地景观，耕地、建设用地景观的面积都不是最大的，但其斑块数分别为第一、第二，耕地的 NP 值约为 38000，建设用地的 NP 值约为 21000，说明耕地、建设用地的破碎化程度高。耕地、建设用地破碎化程度高的主要原因是城镇的扩展、新农村的建设占用部分耕地，使建设用地增加，建设用地景观的斑块数增加，必然也使斑块密度增大，新增的建设用地景观主要来源于耕地景观，对土地的需求不断增大，加剧了耕地景观割裂的程度。从时间上看，各土地利用景观类型的 NP 均呈上升的趋势，尤其是在 2005 ~ 2015 年耕地景观、林地景观面积减少的情况下斑块数变大，说明斑块的破碎化程度变高。斑块密度（PD）是描述景观破碎化的重要指标。各景观 PD 值的大小关系也是耕地>建设用地>草地>林地>水域>未利用地景观，耕地景观的 PD 值约为 0.19 个/hm^2，建设用地景观的 PD 值约为 0.10 个/hm^2，PD 值越大，破碎化程度越高，PD 值越小，破碎化程度越小。斑块密度与景观异质性呈正相关，反映出耕地景观的景观异质性最大，建设用地次之，未利用地最小。因为受四舍五入的影响，从时间上看表 6-2 中土地利用景观类型斑块密度变化很小，实际上图 6-2 反映出各土地景观类型斑块密度都随时间的增长而增大。随着社会经济的发展，以及城乡建设的推进，NP、PD 一致反映出各土地利用景观类型斑块的破碎化程度加剧，尤其是耕地景观和建设用地景观。

（2）斑块面积分析（LPI、AREA_MN）

从表 6-2 和图 6-3、图 6-4 可以看出各景观最大斑块指数（LPI）大小关系是林地>耕地>水域>草地>建设用地>未利用地景观，林地景观的 LPI 值约为 31.5%；耕地景观的 LPI 值约为 2.71%；其他土地利用景观类型的 LPI 值均小于 1%，说明这些土地利用景观类型斑块面积都相对较小。在这 6 种斑块类型中林地斑块是优势斑块类型，说明林地景观是最占优势的景观类型；耕地斑块类型次之，与各土地利用景观类型面积有关。2005 ~ 2015 年耕地的 LPI 值呈下降趋势，说明耕地景观对整个景观的控制作用逐渐减弱；林地、草地、建设用地、未利用地景观的 LPI 值呈上升趋势，说明这些土地利用景观类型向连片趋势发展，对整个景观的控制作用逐渐增强；水域景观的 LPI 值呈先上升后下降的趋势，说明水域对整个景观的控制作用由强变弱。各景观平均斑块面积（AREA_MN）大小关系是林地>耕地>草地>水域>未利用地>建设用地景观，林地景观的AREA_MN值最大，约为1000hm^2，耕地景观、草地景观约为100hm^2，水域景观约为50hm^2，未利用地景观约为40hm^2，建设用地景观约为17hm^2，说明林地景观集中连片，斑块面积大。从时间上看，2005～2015年耕地、林地、草地、未利用地景观的AREA_MN值呈下降趋势，表明这些斑块类型的破碎化程度随时间的推移加剧；水域景观的AREA_MN值呈先上升后下降的趋势，破碎化程度由低转高；只有建设用地景观的AREA_MN值呈上升趋势，说明建设用地景观的平均斑块面积逐年增大，呈现出建设用地规模利用。

（3）斑块形状分析（SHAPE_AM）

从表6-2和图6-5可以看出各景观面积加权的平均形状指标（SHAPE_AM）的特征变化是林地>耕地>水域>草地>建设用地>未利用地景观。林地景观的SHAPE_AM值约为91，耕地景观约为25，水域景观约为21，草地景观约为5，建设用地景观和未利用地景观约为2，说明林地景观的斑块形状最为复杂且最不规则，耕地、水域、草地景观次之，建设用地景观和未利用地景观的斑块形状最为简单、规则。从时间上看，2005～2015年各土地利用景观类型的SHAPE_AM值变化很小，耕地景观、草地景观的SHAPE_AM值呈先上升后下降的趋势，说明这两种景观的斑块形状由复杂、不规则向简单、规则转变；林地景观的SHAPE_AM值呈先下降后上升的趋势，反映出林地景观的斑块形状的复杂和规则程度由低变高；水域景观呈下降的趋势，说明水域景观的斑块形状逐渐规则、简单；建设用地景观和未利用地景观呈上升的趋势，说明建设用地景观和未利用地景观的斑块形状规则、简单程度减弱。各土地利用景观类型的斑块形状受社会经济发展中人为因素的影响较大。

（4）斑块边缘分析（ED）

从表6-2和图6-6可以看出各景观边缘密度（ED）的特征变化是林地>耕地>草地>建设用地>水域>未利用地景观。林地、耕地、草地、建设用地、水域、未利用地景观的ED值分别约为16m/hm^2、14m/hm^2、6m/hm^2、2m/hm^2、1m/hm^2、0.01m/hm^2。林地景观、耕地景观的ED值较大，反映出人类活动对这两种土地利用景观类型斑块的切割程度最高，斑块形状也最为复杂，未利用地景观的ED值最小，说明切割程度最低，形状最简单。各土地利用景观类型的ED值与广西西江流域各土地利用结构中各地类所占的比重保持一致。从时间上来看，2005～2015年各土地利用景观类型的边缘密度都呈上升趋势，除了建设用地景观的边缘密度值的变化超过0.2m/hm^2，其余土地利用景观类型的ED值都小于0.2m/hm^2，反映出新增建设用地使得边缘密度值增大，与建设用地斑块数的增加有密切关系。

（5）斑块聚散性（PLADJ、AI）

从表6-2和图6-7、图6-8可以看出各景观相似邻近百分比（PLADJ）、聚集度（AI）的特征变化都是林地>耕地>草地>未利用地>建设用地>水域景观，说明林地景观聚集性好，集中连片分布，由少数团聚的大斑块组成且散布程度最小，耕地景观、草地景观次之。从时间上看，2005～2015年耕地、林地、草地景观的PLADJ值、AI值呈下降趋势，这三种土地利用景观类型的斑块面积趋于变小，说明这些土地利用景观类型被占用转为其他土地利用景观类型，斑块被切割，聚集性减弱，连片程度降低；建设用地景观和未利用地景观呈上升趋势，说明这两种土地利用景观类型的聚集性变好，向集中连片分布发展；水域景观的PLADJ值、AI值是呈先上升后下降的趋势，说明水域景观聚集性由好变差，集中连片程度由高向低转变。

4. 景观水平上景观格局变化分析

在景观水平上选取斑块数（NP）、斑块密度（PD）、蔓延度指数（CONTAG）、散布与并列指数（IJI）、景观丰度（PR）、香农多样性指数（SHDI）、香农均度指数（SHEI）、平均邻近指数（PROX_MN）共8个指数分析广西西江流域土地景观水平特征变化。

（1）景观密度分析（NP、PD）

从表6-3可以看出，广西西江流域景观的斑块数（NP）呈上升趋势，由2005年的93825上升到2015年的97492，反映出整个景观异质性增强的同时景观破碎化程度也变高，斑块数与破碎度有很好的正相关性。斑块密度（PD）也呈上升趋势，由2005年的0.46个/hm^2上升到2015年的0.48个/hm^2，均在0.5个/hm^2左右，相对适中，但破碎化程度逐渐变大。斑块密度与景观异质性呈正相关，因此从PD的角度看，景观的异质性也是增强的，PD可以间接反映景观要素之间相互作用的强度和广泛性，高的斑块密度预示景观生态过程活跃，广西西江流域的景观生态过程相对活跃。

（2）景观聚散性分析（CONTAG、IJI）

从表6-3可以看出，广西西江流域景观的蔓延度指数（CONTAG）呈下降趋势，由2005年的63.57%到2015年的63.03%，值相对较高，变化非常小，说明整个研究区域存在某种优势景观且斑块形成良好的连接性，景观由相对大且相对聚集的斑块构成，依据广西西江流域的各地类斑块数、最大斑块指数等可以看出这种优势景观就是林地景观。散布与并列指数（IJI）呈上升趋势，由2005年的53.34%上升到2015年的54.50%，其值属中等水平，上升了1.16%，变化很小，说明广西西江流域各土地利用景观类型的分散程度和复杂程度一般，且同类型土地之间邻接性一般，主要是2005~2015年各土地类型的斑块数逐渐增加，导致景观分散，聚集性减弱。

（3）景观多样性分析（PR、SHDI、SHEI）

从表6-3可以看出，广西西江流域景观三期的景观丰度（PR）都没有变化，为6，说明斑块类型没有变化，一直是6类，即没有新斑块类型的产生也没有某种斑块类型的消失。香农多样性指数（SHDI）、香农均度指数（SHEI）均呈上升趋势。香农多样性指数（SHDI）由2005年的0.94增加到2015年的0.95，值的变化很小，表明流域内各类景观的数量、面积、类型呈现多样化，景观结构组成相对复杂，比较符合广西西江流域的实际土地利用情况，SHDI增大，说明广西西江流域各斑块类型在景观中逐渐呈均衡化趋势分布发展。香农均度指数（SHEI）从2005年的0.52增加到2015年的0.53，由于SHEI的取值范围为$0 \leqslant SHEI \leqslant 1$，所以广西西江流域的SHEI值属中等阶段，说明流域内的各斑块类型均匀分布程度一般，多样性也一般。

（4）景观邻近度分析（PROX_ MN）

从表6-3可以看出，广西西江流域景观的平均邻近指数（PROX_ MN）呈下降趋势，由2005年的49105.98下降到2015年的48657.29，表明2005~2015年广西西江流域内同类型斑块间离散程度变高或景观破碎程度变高，景观连接性变差。斑块数、斑块密度的增加是景观破碎程度变高的主要原因，平均邻近指数的变化与广西西江流域的实际情况相符。

5. 驱动力分析

土地利用景观格局的演变，是区域内众多因子综合作用的结果，总体可分为自然因素和人文因素，统称为影响土地利用景观格局发生演变的驱动因素。土地利用景观格局是受自然因素和人类干扰相互作用的结果，自然因素如土壤类型、岩性类型、降雨量、地貌类型、海拔和坡度等对土地利用景观格局类型的分布产生影响，这类影响因素称为利用景观格局演变的内动力指标。而人文因素如经济、社会以及技术发展对土地利用景观格局的时空变化起着重要作用，在社会发展的不同时期，人们对土地要求的服务不一样，由此导致土地利用方式发生变化，这类因素称为影响土地利用景观格局演变的外动力指标。本研究分别从广西西江流域土地利用景观格局内动力、外动力指标进行分析。

1）广西西江流域土地利用景观格局内动力指标分析

（1）海拔制约机制分析

将高程划分为6个等级：<200m，200~400m，400~600m，600~800m，800~1000m，≥1000m。在整个广西西江流域里，从各小流域来看，海拔较高之处主要在红水河流域上游，右江流域上游以及柳江流域上游，其他小流域海拔相对较低。根据上述划分的高程等级标准，以DEM数据为基础，在ArcGIS平台上生成各小流域各等级高程分布图，并计算各小流域不同海拔等级比例，见表6-4。然后分别叠加高程分布图与2005年、2010年、2015年3个时期土地利用数据，通过局部分析合成土地利用类型-高程图，并计算整个广西西江流域各高程等级下不同土地利用景观格局类型分布，见表6-5。

表6-4　广西西江流域各小流域不同海拔等级比例　(单位:%)

海拔/m	桂江、贺江流域	柳江流域	红水河流域	右江流域	左江及郁江干流	西江及黔江、浔江流域
<200	30.74	24.85	24.85	18.66	54.83	59.99
200~400	34.5	31.76	31.76	20.29	24.22	26.55
400~600	16.57	19.49	19.49	21.1	9.94	8.9
600~800	9.26	11.59	11.58	14.67	4.73	3.2
800~1000	4.94	6.79	6.79	13.9	4.24	1.05
≥1000	3.99	5.52	5.53	11.38	2.04	0.31

表6-5　2005年、2010年及2015年各海拔等级分布区上各土地利用景观格局类型　(单位:%)

海拔/m	年份	耕地	林地	草地	水域	建设用地	未利用地
<200	2005	23.15	35.44	16.84	3.53	10.52	10.52
	2010	23.13	35.45	16.84	3.52	10.54	10.52
	2015	23.14	35.15	16.85	3.53	10.86	10.47
200~400	2005	20.96	54.33	7.85	2.22	6.96	7.68
	2010	21.02	54.32	7.84	2.21	6.96	7.65
	2015	24.78	54.67	5.02	2.28	7.53	5.72
400~600	2005	23.1	60.01	15.28	0.93	0.67	0.01
	2010	23.22	60.01	15.24	0.84	0.68	0.01
	2015	19.91	61.07	16.71	0.85	1.3	0.16
600~800	2005	10.96	63.4	14.59	0.16	0.35	10.54
	2010	10.74	63.44	14.73	0.15	0.35	10.59
	2015	10.09	65.25	13.3	0.15	0.55	10.66
800~1000	2005	1.86	80.18	16.18	0.02	0.36	1.4
	2010	1.18	80.92	16.27	0.01	0.32	1.3
	2015	1.64	81.67	15.15	0.01	0.34	1.19
≥1000	2005	0.36	81.94	17.35	0	0.29	0.06
	2010	0.36	81.85	17.35	0	0.38	0.06
	2015	0.2	81.95	17.35	0	0.45	0.05

综合分析可知，受海拔影响，广西西江流域境内不同高程等级上各土地利用景观格局类型分布存在一定差异。左江及郁江干流和西江及黔江、浔江流域整体海拔较低，>600m海拔范围占比较小，境内耕地连片分布。右江流域高程>600m占比较大，主要在上游以及中游的德保县、靖西市以及那坡县，境内林草地分布广泛，境内存在一定面积的坡耕地；中下游右江两岸地势较低，耕地连片分布。

从整个西江流域在各高程等级的地类分布来看，海拔越低，耕地、水域、建设用地分布越多；海拔越高，耕地、水域、建设用地越少，林草地占比越大。在海拔<200m和200~400m的区域，是耕地（沟谷耕地）、水域、建设用地的主要分布区，未利用地分布也较为广泛。由于海拔较低，水源相对充足，地区适于耕作，沟谷耕地较多。随着海拔升高，耕地、水域和建设用地逐渐减少，林地广泛增加。海拔较高地区，由于水源不足，沟谷耕地逐渐减少，相应存在一部分坡耕地。特别是海拔>800m的区域，以林地和草地为主导，其他地类分布面积很少。

（2）坡度制约机制分析

坡度对土地利用景观格局类型的分布有着重要影响，根据广西西江流域的地形特征，参照目前常用的坡度分级方法以及《土地利用更新调查技术规定》，将坡度分成 9 个等级（上含下不含）：≤5°，5°～10°，10°～15°，15°～20°，20°～25°，25°～30°，30°～35°，35°～45°，>45°。根据该等级划分标准，结合 DEM 数据，在 ArcGIS 平台生成坡度等级分布图，通过局部分析工具叠加坡度图和三期土地利用遥感监测数据，分别计算出广西西江流域各小流域不同坡度等级比例及各年份各坡度下不同土地利用类型面积比重，见表 6-6 和表 6-7。

表 6-6　广西西江流域各小流域不同坡度等级比例　（单位:%）

坡度/(°)	桂江、贺江流域	柳江流域	红水河流域	右江流域	左江及郁江干流	西江及黔江、浔江流域
≤5	13.81	15.05	10.87	9.72	20.27	13.90
5～10	17.22	16.72	13.52	15.37	24.53	21.49
10～15	15.17	14.92	12.94	14.91	17.19	19.50
15～20	15.26	14.79	14.09	15.73	12.84	16.55
20～25	13.80	13.15	13.84	14.87	9.27	12.46
25～30	10.82	10.32	11.96	11.91	6.40	8.22
30～35	7.14	7.02	9.05	8.05	4.16	4.55
35～45	3.93	4.19	6.20	4.80	2.59	2.11
>45	2.85	3.84	7.53	4.64	2.75	1.22

表 6-7　2005 年、2010 年及 2015 年各等级坡度分布区上各土地利用景观格局类型比重　（单位:%）

坡度/(°)	年份	耕地	林地	草地	水域	建设用地	未利用地
≤5	2005	19.88	18.41	15.65	20.98	12.95	12.13
	2010	19.84	20.96	13.00	12.14	15.66	18.40
	2015	19.86	20.80	12.78	15.80	12.25	18.52
5～10	2005	20.01	7.10	6.81	29.43	28.72	6.93
	2010	18.00	6.10	5.80	30.72	31.46	6.92
	2015	19.08	1.11	5.84	31.42	33.70	8.92
10～15	2005	10.05	24.33	26.16	16.64	20.10	2.72
	2010	11.24	25.41	22.23	18.62	20.30	2.20
	2015	11.27	29.35	20.23	18.63	18.32	2.20
15～20	2005	14.08	14.83	9.77	16.37	23.37	21.58
	2010	13.56	22.28	8.22	12.86	22.68	20.40
	2015	13.58	22.30	8.26	12.89	32.68	10.29
20～25	2005	42.41	10.00	41.56	2.01	1.41	2.60
	2010	52.84	2.23	31.4	5.61	5.62	2.29
	2015	55.84	2.55	29.72	5.57	5.33	0.99
25～30	2005	20.31	26.00	24.17	6.11	7.83	15.58
	2010	18.24	35.43	20.36	6.37	3.73	15.86
	2015	17.28	36.76	31.80	3.84	3.26	8.06
30～35	2005	21.81	29.23	24.71	12.13	1.54	10.58
	2010	20.70	26.96	23.61	12.27	3.00	13.46
	2015	20.45	28.77	24.78	7.79	3.37	14.84

续表

坡度/(°)	年份	耕地	林地	草地	水域	建设用地	未利用地
35~45	2005	27.08	43.03	25.16	1.84	2.05	0.84
	2010	28.04	42.96	25.49	1.07	1.63	0.81
	2015	27.84	42.80	24.41	1.15	2.10	1.70
>45	2005	20.27	30.56	25.75	2.63	2.16	18.63
	2010	20.10	24.18	25.90	2.04	1.95	25.83
	2015	16.47	30.30	24.48	2.01	1.94	24.90

综合分析可以看出，各个小流域的土地利用类型主要分布在0°~25°坡度。经过叠加分析，发现桂江、贺江流域中上游地势较平坦，耕地和建设用地面积分布较多；柳江流域中下游坡度较低，耕地、建设用地和草地面积分布较多；红水河流域下游地势平坦，耕地集中连片分布，是广西主要糖料作物种植基地，而上游整体坡度较大，林地、草地广布，区域内生态环境得到有效保护；右江流域中下游坡度较缓，耕地面积分布广泛，其次是草地和建设用地；左江及郁江干流整个流域境内坡度较缓，耕地面积分布较广；西江及黔江、浔江流域整体坡度不大，尤其在西江中上游段地势相对平缓，耕地集中成片分布，黔江、浔江段整体坡度稍大，耕地集中，林地大量分布。

各等级坡度土地利用景观格局类型的特点为坡度越低，水域、建设用地、林地分布的相对比例越高，而随着坡度等级的升高，灌木林、有林地记忆草地分布的相对比例较高，耕地仍占有一定比例，说明研究区内坡耕地较多。三个时期内，各坡度等级的土地利用类型总体上变化不大，说明坡度对于土地利用类型的分布具有一定的决定作用。

2）广西西江流域土地利用景观格局外动力指标分析

影响区域土地利用变化的社会经济因素很多，这些因素共同构成一个系统，即自然系统和社会经济系统，而构成这些系统内部的因素之间相互耦合，相互作用，这在社会经济系统内部尤为显著，如人口因素、城市化发展、工业发展、经济发展、收入水平等。本章选取人口因素、经济发展和城市化发展3个方面来进行定性分析。

（1）人口因素对土地利用景观格局变化的影响

人口作为整个社会的主体，对土地利用景观格局变化的影响是客观存在的，因此，人口变化对土地利用变化的研究是土地利用景观格局变化的主要驱动力之一。人类的生活、生产活动都离不开土地的存在，因此，人口因素是区域土地利用景观格局变化最具活力的影响因素。人类通过改变土地利用方式和结构来满足自身日益增长的需求，从而改变土地利用景观格局。例如，人口数量的增加提高了对居住用地以及其他各方面服务的需求，从而带动了居住用地的增加和第三产业用地的增加。同时，人口数量的增加必然引起不断上涨的粮食需求，这要求更多的耕地或者改变耕地经营方式以确保粮食安全。

广西西江流域近年来进入高速发展时期，总人口数量必然呈现上涨趋势，主要城市常住人口数量由2005年的3742.43万人增加至2015年的4365.75万人，10年间净增加623.32万人，人口年均增长率为1.55%。由于人口的迅速增长，居住等与人类生活密切相关的用地需求不断增加，导致建设用地不断扩张，占用了大量农用地从而促使土地开发利用程度增强。

（2）经济发展对土地利用景观格局变化的影响

随着国家西部大开发政策的实施，近年来广西西江流域经济发展迅速，主要城市三大产业增值迅速，其中第一产业由2005年的788.21亿元增加为2015年的2138.54亿元，年均增长率为10.50%，第二产业由2005年的1366.37亿元增加至2015年的6547.56亿元，年均增长率为16.96%，第三产业由2005年的1329.08亿元增加至2015年的5381.26亿元，年均增长率为15.01%。三大产业蓬勃发展，地区产业结构调整势必会影响土地利用景观格局，尤其是第二、第三产业的发展，导致建设用地的需求大量增加。因此，在保持第一产业增速不降，第二、第三产业持续快速发展的过程中如何集约节约用地是社会相关部门解决用地矛盾的重点和难点。

社会固定资产投资也是影响土地利用景观格局变化的重要驱动力之一。2015 年的固定资产投资达 13524.85 亿元，比 2005 年投资净增加 11925.61 亿元，年均增长率高达 23.80%。在经济快速发展进程中，随着社会固定资产的不断投入，区域内各项基础设施建设不断增加并完善，建设用地不断扩张，相应占用农业用地呈不断上涨趋势。

（3）城市化发展对土地利用景观格局变化的影响

城市化是现代经济发展的必然趋势和结果。随着城市化进程加快，人们生活水平提高，对各方面的需求日益增长，产业结构发生调整，土地利用景观格局也随之改变，如各项服务设施、居住用地等不断增加，建设用地不断扩张，使土地利用非农化，农耕地转为非农建设用地的现象尤为突出。

随着国家西部大开发政策的实施，广西西江流域工业化、城市化进程飞快发展，主要城市在 2015 年建成区面积 934.90km^2，比 2005 年净增加 378.54km^2，年均增长率达 5.33%，但区域内部发展差异明显。因城市化脚步的加快，农业用地大量转为非农建设用地，人地矛盾日益凸显。另外，城镇建设用地的迅速增加，在一定程度上反映了区域经济发展的大好势头。这就要求协调好经济发展与土地利用结构之间的关系，呈现合理的土地利用景观格局，在经济健康发展的同时优化土地资源配置，保证土地可持续利用。

6.5 广西西江流域土地利用景观格局变化的生态环境效应

6.5.1 土地利用景观格局变化对流域生态服务价值影响

根据式（6-4），参考谢高地等确定的生态服务价值系数[44]并结合广西西江流域的特征修正，计算出广西西江流域 2005 ~ 2015 年土地利用景观格局生态服务价值及生态服务价值变化，见表 6-8 和表 6-9。

表 6-8　广西西江流域 2005 ~ 2015 年土地利用景观格局生态服务价值　（单位：万元）

地类	2005 年	2010 年	2015 年
耕地	2584792.19	2577195.92	2573443.73
林地	26353484.67	26367477.37	26262116.38
草地	1140132.38	1133040.21	1149058.95
水域	1104653.59	1125990.64	1143742.96
未利用地	67.60	67.60	93.02
合计	31183130.43	31203771.74	31128455.04

表 6-9　广西西江流域 2005 ~ 2015 年土地利用景观格局生态服务价值变化表　（单位：万元）

地类	2005 ~ 2010 年	2010 ~ 2015 年	2005 ~ 2015 年
耕地	-7596.27	-3752.19	-11348.46
林地	13992.69	-105360.98	-91368.29
草地	-7092.17	16018.74	8926.57
水域	21337.05	17752.32	39089.37
未利用地	0	25.42	25.42
合计	20641.30	-75316.69	-54675.39

从表6-8和表6-9可以看出，2005年、2010年和2015年广西西江流域土地利用生态服务价值总量分别是31183130.43万元、31203771.74万元和31128455.04万元，从整体来看，研究区域土地利用生态服务价值呈现阶段性变化，2005～2010年增加了20641.31万元，2010～2015年减少了75316.70万元，整个研究期间减少54675.39万元。说明在2005～2015年期间，随着土地景观格局类型之间的相互转换，广西西江流域总生态服务价值有所下降。

具体来看，耕地面积在2005～2010年、2010～2015年两个阶段都是减少，其生态服务价值在研究期的两个时间段内都呈现相应减少状态，10年间一共减少11348.46万元。林地的生态服务价值在前一时期有所增加，增加了13992.69万元，但在后一时期急剧减少，减少了105360.98万元，由于后一时期的减少量大于前一时期的增加量，在整个研究期间减少了91368.29万元。而草地的生态服务价值在研究前期有所减少，减少了7092.17万元，后一时期呈现增加状态，增加了16018.74万元，后一时期的增加量大于前一时期的减少量，整个研究时期内增加8926.57万元。水域的生态服务价值在两个时段内都是呈增加状态，前一时期增加21337.05万元，后一时期增加17752.32万元，整个研究时期增加了39089.37万元。由于前一时期未利用地面积基本没有变化，故其生态服务价值在这一时期内保持不变，后一时期有少量增加，增加了25.42万元，这是因为耕地、草地和建设用地的转入，其生态服务价值在这一时段内有一定量的增加。通过验证分析可知，各时段土地类型面积的动态变化与生态服务价值的变化相吻合。这表明，随着广西西江流域城市化进程的推进，大量建设用地由其他土地类型转入，林地、耕地面积减少，且两者的贡献较大，故在整个研究期10年内，生态服务价值呈减少状态，减少了54675.39万元。

6.5.2　土地利用景观格局变化生态环境效应综合评价

依据式（6-5）计算出各评价指标标准化值，见表6-10。

表6-10　评价指标标准化值

指标名称	2005年	2010年	2015年
耕地	1.0000	0.9971	0.9882
林地	0.9995	1.0000	0.9960
草地	0.9922	0.9861	1.0000
水域	0.9658	0.9845	1.0000
建设用地	0.8297	0.8555	1.0000
未利用地	0.7267	0.7267	1.0000
生物丰度指数	0.9999	1.0000	0.9975
植被覆盖度指数	1.0000	0.9996	0.9973
生态服务价值	0.9993	1.0000	0.9976
产水功能	0.6042	0.7386	1.0000
碳储量功能	1.0000	0.9999	0.9993
斑块数	0.9624	0.9696	1.0000
散布与并列指数	0.9787	0.9818	1.0000
香农多样性指数	0.9895	0.9895	1.0000
平均邻近指数	1.0000	0.9984	0.9909

依据用熵值法求指标权重的式（6-6）～式（6-10），计算出准则层和指标层的权重，见表6-11。

表 6-11　广西西江流域土地利用景观格局变化生态环境效应评价指标权重表

目标层	准则层	权重	指标层	权重
广西西江流域土地利用景观格局变化生态环境效应	土地利用类型	0.400028	耕地	0.166336
			林地	0.166334
			草地	0.166336
			水域	0.166347
			建设用地	0.166775
			未利用地	0.167872
	环境质量	0.133077	生物丰度指数	0.500000
			植被覆盖度指数	0.500000
	生态服务功能	0.200731	生态服务价值	0.331480
			产水功能	0.337041
			碳储量功能	0.331479
	景观格局特征	0.266164	斑块数	0.250017
			散布与并列指数	0.249999
			香农多样性指数	0.249993
			平均邻近指数	0.249992

根据式（6-12）~式（6-14）计算得出广西西江流域2005年、2010年、2015年土地利用生态环境效应综合评价值，见表6-12。

表 6-12　广西西江流域 2005 年、2010 年、2015 年土地利用景观格局变化生态环境效应综合评价值

指标	2005年	2010年	2015年
土地利用类型	0.3675	0.3699	0.3990
环境质量	0.1331	0.1331	0.1327
生态服务功能	0.1739	0.1830	0.2005
景观格局特征	0.2615	0.2621	0.2656
环境效应综合评价值	0.9360	0.9481	0.9978

从宏观上看，广西西江流域土地利用景观格局及其生态环境效应较好。研究期内，土地利用类型指标逐步上升，环境质量指标有轻微降低，说明随着广西西江流域经济社会和城镇化的发展，土地利用程度不断加强，耕地、林地面积减少，建设用地面积相对增加，给流域资源环境造成了一定压力，景观格局优化水平相对降低。生态服务功能指标在两个时期内都出现上升的状态，且上升幅度较大，这与流域土地利用结构紧密相连。研究期间，由于林地和耕地面积的减少，生态系统碳储量出现了一定程度的降低。通过 InVest 模型产水模块分析，2005~2015年研究区产水量大幅增加，水源涵养功能上升，而生态系统水源涵养在生态服务功能指标里的贡献率最大，因此生态服务功能总权重在研究期间增加幅度较大。景观格局特征指标呈逐渐上升的趋势，后一时期比前一时期上升幅度大，说明流域的景观格局逐渐优化，逐渐向连片布局发展，土地利用程度不断加强。从整体上看，广西西江流域生态环境状况较好，评价综合值在三个时期均在0.9以上，呈现出上升的状态，且在2010~2015年这一时段上升较快，说明在研究期内，广西西江流域区域生态环境整体朝着较好方向发展。

从微观上看，不同指标间存在一定差异。土地利用类型指标后一时期的变化量为0.0291，大于前一时期的变化量0.0024，土地利用类型指标在研究时段内占最大的权重，说明土地利用结构的变化对整个广西西江流域的生态环境效应的影响最大，生态环境效应的好坏与土地利用结构有密切的关系，土地利用结构在一定程度上反映了研究区的经济发展状况。环境质量指标在前一时期几乎没有变化，后一阶段稍有降低，降低了0.0004，呈现比较稳定的变化状态，环境质量指标在整个准则层里权重比值最小，受权重的影响，其在所有准则层指标中变化也是最小的，而广西西江流域2005～2015年林地、耕地和草地年平均变化率较小，说明整个研究期间流域内植被覆盖变化不大。生态服务功能指标后一时期的变化量为0.0175，大于前一时期的变化量0.0091，说明土地利用结构的变化对生态服务价值功能有较大程度的影响。景观格局特征指标后一时期的变化量为0.0035，大于前一时期的变化量0.0006，说明随着社会经济的发展，土地利用空间规划的实施，自然保护区、工业园区、基本农田保护区等区域的划定与保护，广西西江流域的景观格局越来越优化，全力打造山水林田湖草生命共同体。

6.6　本章小结

生态环境的变化是人类活动干扰的结果。生态是发展的基石，是发展的底线。人类要生存发展，必须对土地进行改造利用，使得土地利用方式发生改变，各土地利用类型之间相互转变，必将引起土地利用景观格局的变化，进而引起生态环境的变化。广西西江流域是众多典型流域中的代表，2005～2015年，随着西部大开发战略的实施，“一带一路”倡议的提出、广西西江经济带的快速发展，城镇化建设取得一定成效，土地开发利用程度不断加强，由此对生态环境造成了一定程度的影响，引发不利于区域可持续发展的相关问题。本章以广西西江流域土地利用景观格局变化以及生态环境影响为主线，采用文献法、3S技术、数理统计方法等，对流域2005～2015年土地利用景观格局变化及其生态环境影响进行研究，取得如下主要认识和结论。

（1）研究区土地利用景观格局变化

通过选取适当景观格局指数对广西西江流域土地利用景观格局特征从斑块类型水平和景观水平进行分析。从斑块类型水平层面上看，2005～2015年土地景观类型的斑块数均增加，林地景观的最大斑块指数的值最大，林地景观的边缘密度值最大，其次是耕地景观，林地景观的平均斑块面积、面积加权的平均形状指数、相似邻近百分比、聚集度的值均是最大的。从景观水平层面上看，广西西江流域土地利用景观斑块数、斑块密度在研究时段内呈现增加状态，说明景观呈破碎化发展；蔓延度指数呈下降趋势，说明研究区斑块形成良好的连接；散布与并列指数呈上升趋势，说明景观分散，集聚性减弱；香农多样性指数、香农均度指数呈上升趋势，景观多样性一般，但随时间的推移，流域内各类景观的数量、面积、类型呈现多样化，景观结构组成相对复杂；平均邻近指数呈下降趋势，表明2005～2015年广西西江流域内同类型斑块间离散程度变高或景观破碎程度变高，景观连接性变差。研究发现，广西西江流域土地利用景观格局的演化主要受海拔、坡度、人口因素、经济发展、城市化发展等影响。

（2）研究区土地利用景观格局生态服务价值变化

研究表明，2005～2015年广西西江流域土地利用景观格局生态服务总价值呈阶段性变化。2005～2010年生态服务价值量有一定程度增加，而2010～2015年减少得较多，故在整个研究期内生态服务价值量是减少的。由于林地景观的生态服务价值贡献率较大，而后期其面积减少显著，因此研究后期土地总生态服务价值降低。而对于整个陆地生态系统，林地生态系统和水分保持系统起主要支撑作用。

（3）研究区土地利用景观格局变化综合生态环境效应

本研究采用综合评价模型对广西西江流域土地利用景观格局变化及其生态环境效应进行评价。总体上，研究区经过2005～2015年的开发，基础设施得到改善，土地利用强度增加，生态环境得到一定程度治理，和过去相比，整体服务功能和环境得到一定改善，整体来看环境效应较好，但随着人类活动的加强，研究区局部景观格局和生态环境质量还有一定提升空间。

参考文献

[1] 陈耀亮．干旱区内陆河流域土地利用/土地覆被变化及其对蒸散发的影响［D］．杭州：浙江大学，2018.
[2] 巫涛．长沙城市绿地景观格局及其生态服务功能价值研究［D］．长沙：中南林业科技大学，2012.

[3] 陈利顶，李秀珍，傅伯杰，等．中国景观生态学发展历程与未来研究重点［J］．生态学报，2014，34（12）：3129-3141.
[4] 方金萌．基于 GIS 和 Fragstats 的兰考县绿地景观格局分析与优化研究［D］．郑州：郑州大学，2018.
[5] Odum E P，Turner MG. The Georgia landscape：a changing resource［M］//Zonnaveld I S，Forman R T T. Changing landscape：an ecological perspective. New York：Springer，1991：137-164.
[6] 朱静静．晋城市长河流域土地利用景观格局及影响因素研究［D］．北京：中国地质大学（北京），2018.
[7] 岑晓腾．土地利用景观格局与生态系统服务价值的关联分析及优化研究［D］．杭州：浙江大学，2016.
[8] 朱凯群，朱永恒，汪梦甜．城市土地景观格局变化及其驱动力分析——以安徽省芜湖市为例［J］．安徽农业科学，2018，46（6）：55-61.
[9] 李景宜．渭河下游洪泛区土地景观格局变化及驱动力研究［J］．干旱区研究，2007，（5）：618-623.
[10] 冯雪铭．关中-天水经济区土地景观格局时空演化和尺度效应研究［D］．西安：陕西师范大学，2013.
[11] 焦胜，杨娜，彭楷，等．沩水流域土地景观格局对河流水质的影响［J］．地理研究，2014，33（12）：2263-2274.
[12] 王军，严慎纯，白中科，等．土地整理的景观格局与生态效应研究综述［J］．中国土地科学，2012，26（9）：87-94.
[13] 李保杰．矿区土地景观格局演变及其生态效应研究［D］．北京：中国矿业大学（北京），2014.
[14] 俞斌传，刘平辉，吴佳．基于最佳分析粒度的临川区土地利用景观格局梯度分析［J］．江西农业学报，2018，30（5）:110-116.
[15] 李鹏山．基于 GIS 的海口市滨海旅游区土地利用的生态环境效应研究［D］．海口：海南师范大学，2010.
[16] 井云清，张飞，陈丽华，等．艾比湖湿地土地利用/覆被-景观格局和气候变化的生态环境效应研究［J］．环境科学学报，2017，37（9）：3590-3601.
[17] 倪晋仁，李英奎．基于土地利用结构变化的水土流失动态评估［J］．地理学报，2001，（5）：610-620.
[18] 张漫琳．铁力市土地利用变化及其生态环境效应研究［D］．哈尔滨：东北农业大学，2016.
[19] 胡锋．亚喀斯特地区景观特征与生态环境效应探讨研究［D］．贵阳：贵州师范大学，2016.
[20] 余艳艳．基于遥感的齐齐哈尔市土地利用生态环境效应评价［D］．哈尔滨：东北农业大学，2016.
[21] 于兴修，杨桂山．中国土地利用/覆被变化研究的现状与问题［J］．地理科学进展，2002，21（1）：51-57.
[22] 张新荣，刘林萍，方石，等．土地利用、覆被变化（LUCC）与环境变化关系研究进展［J］．生态环境报，2014，23（12）：2013-2021.
[23] Whitford V，Ennos A R，Handley J F. City form and natural process-indicators for the ecological performance of urban areas and their application to Merseyside，UK［J］．Landscape and Urban Planning，2001，57：91-103.
[24] 王国力，苏健．葫芦岛市土地利用景观格局和生态环境效应分析［J］．辽宁师范大学学报（自然科学版），2016，39（4）：548-552.
[25] 陈昆鹏，胡召玲．新沂市土地利用变化及其生态环境效应分析［J］．商丘师范学院学报，2017，33（9）：47-54.
[26] 吴玉红．秦皇岛市土地利用变化及生态环境效应研究［J］．高师理科学刊，2018，38（4）：41-44，50.
[27] 刘世栋．滨海旅游区异质性景观对湿地生态系统的影响［D］．上海：上海师范大学，2010.
[28] 魏玲玲．玛纳斯河流域水资源可持续利用研究［D］．石河子：石河子大学，2014.
[29] 石玉琼．陕西省生态安全分析［D］．西安：长安大学，2010.
[30] 武兰芳，欧阳竹，唐登银．区域农业生态系统健康定量评价［J］．生态学报，2004，（12）：2740-2748.
[31] 谢花林，李波，王传胜，等．西部地区农业生态系统健康评价［J］．生态学报，2005，（11）：236-244.
[32] 戚冬瑾．城乡规划视野下多维土地利用分类体系研究［D］．广州：华南理工大学，2015.
[33] 钟海燕．鄱阳湖区土地利用变化及其生态环境效应研究［D］．南京：南京农业大学，2011.
[34] 苏常红，傅伯杰．景观格局与生态过程的关系及其对生态系统服务的影响［J］．自然杂志，2012，34（5）：277-283.
[35] 杨倩．湖北汉江流域土地利用时空演变与生态安全研究［D］．武汉：武汉大学，2017.
[36] 李鹏山．基于 GIS 的海口市滨海旅游区土地利用的生态环境效应研究［D］．海口：海南师范大学，2010.
[37] 王岩．杭州市江干区土地利用景观格局变化及驱动力分析［D］．成都：成都理工大学，2014.
[38] 周昌尧．水源保护地土地利用景观格局及生态安全演变研究［D］．成都：四川农业大学，2015.
[39] 刘淑苹．周宁县耕地景观格局及其影响因素分析［D］．福州：福建师范大学，2009.
[40] 孙妍．永春县土地利用景观生态格局时空变异研究［D］．福州：福建农林大学，2010.

[41] 张晨，赵安玖．基于 Fragstats 技术的荣县土地利用景观格局分析［J］．农业与技术，2018，38（4）：16-18.
[42] 胡金龙．漓江流域土地利用变化及生态效应研究［D］．武汉：华中农业大学，2016.
[43] 黄木易．快速城市化地区景观格局变异与生态环境效应互动机制研究［D］．杭州：浙江大学，2008.
[44] 谢高地，张彩霞，张昌顺，等．中国生态系统服务的价值［J］．资源科学，2015，37（9）：1740-1746.

第7章　广西西江流域三生用地评价和优化配置研究

7.1　引　　言

7.1.1　研究背景

土地资源作为人类赖以生存的基础，合理地对其进行空间区划并加以利用是保证经济良性发展、土地资源科学利用的有效途径。改革开放以来，我国的经济高速发展，其他各个行业也在和谐稳定的社会环境下稳定快速发展，但是在国家发展经济的同时，由于生产、生活、生态各种用地分配不合适，生产生活用地大量占用生态用地，我国的资源衰竭、生态环境退化、环境污染的现象不断增加。党的十九大报告提出，农业农村农民问题是关系国计民生的根本性问题，必须始终把解决好“三农”问题作为全党工作重中之重。巩固和完善农村基本经营制度，深化农村土地制度改革，完善承包地“三权”分置制度。而农业问题的根本就是土地资源，土地资源合理利用不仅是关系到农民个人的生计问题，还是关系到国家经济稳定健康发展的重要保障。正确处理好社会经济发展与生态保护的关系，解决国家经济增长、社会转型中存在的土地空间格局混乱和资源紧缺、环境污染的问题一直是研究可持续发展领域中的重大课题。

7.1.2　研究意义

中国幅员辽阔，地貌景观各异，土地质量不一，利用程度也相差较大。西江流域是华南地区最长的河流，流域经过众多地区，其在经过广西段时经过了广西超过85%的县域范围，其土地面积接近广西总面积的90%。西江流域经济带的发展也是带动整个广西经济发展的重要力量，土地、劳动与资本被称为生产的三要素，土地与劳动更是不可或缺的因素，生产关系的进步离不开生产力的发展，生产力的发展依赖于生产因素的合理运用，土地作为生产要素之一，与社会的经济发展有着紧密的关系。不同的土地用地类型体现着不同的用地功能，在社会发展初期人们大多注重的是土地的生产与生活功能，对于土地的生态功能鲜有关注。现阶段，人们在关注土地的生产与生活功能的同时，也开始着重于土地的生态功能，即“既要金山银山，也要绿水青山”。土地资源的合理分区利用是实现社会发展的重要推动力，广西西江流域的土地资源类型多样，因此本章在广西西江流域的土地资源现状利用研究的基础上，对其土地资源进行三生功能用地空间区划，并据此对广西西江流域的土地资源提出合理的优化配置方案，以期能够为政策的指定提供可参考的数据支持，提高其土地利用效益，带动区域的经济发展。

7.2　研究现状

三生空间是指土地的生产空间、生活空间、生态空间，三者之间相互联系、相互作用，相互影响，共同组成综合国土空间。目前，有关于三生用地的研究已经较为成熟，许多学者都针对三生用地提出了自己的看法。王成和唐宁结合国土空间规划三生空间理论与耦合协调模型，定量测算重庆市37个区县2005年、2010年、2015年三个时间点的乡村三生空间功能及其两两间的耦合度和耦合协调度，并进行了空间比较和时序分析[1]。胡恒等为协调海岸带不同类型空间的矛盾，以河北省唐山市海岸带为例，构建海岸带空间生产、生活和生态的三生空间分类体系，研究并提出了各空间类型的判别方式，提取了其三生空间的分布情况[2]。党丽娟等采用五形向量空间结构评价方法，阐述了燕沟流域土地利用功能结构的变化和分异特点[3]。马世发等认为，宏观标准上沿用三生空间的说法不够科学和严谨，因为任何一个宏观标准上的地域都是三生空间的复合体，认为三生功能来源于三生空间，但是从功能的角度定位会更加契合宏观尺度上的国土空间的认识[4]。朱媛媛等提出基于净初级生产力（net primary production，NPP）的生态空间评估模型，运用地理信息系统、遥感和数理统计等现代技术方法并结合实地考察及征询地方村民及政府的意愿，从宏观、中观、微观三个角度对五峰县的三生空间提出优化的措施[5]。金贵提出国土空间综合功能分区的基本理论和技术方法，从三生空间角度构建新的国土分类体系，提出体系的构建模式和原则[6]。刘继来等在三生空间内涵的基础上，辩证分析了土地利用功能与土地利用类型的关系，构建三生空间分类体系，为探明中国三生空间的格局及其变化特点做出了贡献[7]。

与此同时，也有众多学者对土地优化配置问题进行过大量的研究，许小亮等用非线性优化模型中的理想点法求取了不同情景下最优土地利用结构，用 Logistic 回归提取了不同用地的优化布局规则，以不同情景下的土地优化结构为数量约束，借助 CLUE-S 模型的全局配置能力对各情景下的用地布局作优化，并以扬州市为实例进行了阐述[8]。袁满和刘耀林以武汉市蔡甸区为实例，将多智能体系统的建模框架与遗传算法的计算框架有机结合，构建了基于多智能体遗传算法的土地利用优化配置模型，促进了土地利用数量结构与空间布局向可持续方向发展[9]。原智远以京津冀城市群为例，以田园城市理论为基础，提出了田园城市群模型，作为城市群发展优化共性特征的集合，并以其为目标探究我国当前城市群的土地利用优化的内涵与模式[10]。莫致良建立了一个基于蚁群算法的可扩展多目标土地利用优化配置模型，并以杭州市萧山区为研究区域，获取土地利用优化配置方案，对比分析了不同多目标体系下、优化前后的土地利用结构和空间布局，验证了模型的有效性和灵活性[11]。于兴修等以沂蒙山区典型小流域——双河峪小流域为研究对象，将线性规划模型与 GIS 有效耦合，以控制 N、P 等面源污染物输出与增加经济效益作为土地利用优化配置首要目标，以地块为单元对研究区土地利用结构进行优化配置[12]。刘彦随将空间分区模型、结构优化模型和微观设计模型，按照土地资源优化配置目标的内在联系性组合成系列模型，以乐清市实证研究，提出了运用系列模型研究区域土地利用优化配置的新方法[13]。高星等以西藏普兰县为例，基于土地利用多功能性和主体功能性理论，建立了与土地利用现状对接的三生用地分类体系[14]。

由此可见，目前对于针对三生用地区划的土地优化配置研究相对较少，研究的对象也与西江流域相差甚远，因此本章基于土地利用现状分类构建三生用地分类体系，对广西西江流域土地进行三生用地空间区划，以此提出相对应的土地优化配置方案，以期通过对土地资源的合理利用带动当地的经济发展。

7.3　研究方法

7.3.1　三生用地分类体系的建立

现行的土地利用总体规划将土地类型划分为农用地、建设用地和未利用地等三大类，从而进行严格的土地管制，对土地的生产、生活功能进行了充分的关注，但对生态功能考虑极少，传统的土地配置方法更多地关注土地利用数量结构和利用布局的优化，从而忽略了土地利用可能引起的生态失衡，影响土地资源可持续利用[14]。结合数据来源的实际情况，与前人的研究成果与分类理念[15]，遵循科学性、实用性及继承性的原则，以土地的生产、生活及生态功能为主要依据，兼顾土地资源利用的多功能性，将西江流域土地利用现状与《土地利用现状分类》相衔接，构建了三生用地分类体系。该体系由生产生态用地、生态生产用地、生态用地及生活生产用地组成，体现了土地利用现状的主体功能和次要功能。生产生态用地指以获取农产品为主，但同时具有生态调节功能的土地，即耕地。生态生产用地指具有生态调节与农产品生产双重功能，但生态功能强于生产功能的土地，包括林地、草地及部分水域用地。生态用地指人类利用较少，能够直接或者间接进行生态调节功能的土地。生活生产用地指除了农业生产以外的其他生产以及人类生活的土地，这部分土地大多被建筑物覆盖，生产生活功能交互在一起难以准确区分，因此统一为生活生产用地，包括城乡、工矿及居民用地。现状地类一级分类主要由耕地、林地、草地、水域、裸地及建设用地六大类构成，现状地类二级分类则是一级分类的进一步细化分类，并相应地与三生用地分类对应，能够更加直接地展示各个现状地类与三生用地分类之间的对应关系，见表 7-1。

表 7-1　三生用地分类体系

<table>
<tr><th colspan="2">三生用地</th><th colspan="2">现状地类</th></tr>
<tr><th>名称</th><th>分类依据</th><th>一级</th><th>二级</th></tr>
<tr><td>生产生态用地</td><td>以获取农产品为主，但同时具有生态调节功能</td><td>耕地</td><td>水田
旱地</td></tr>
<tr><td rowspan="3">生态生产用地</td><td rowspan="3">具有生态调节与农产品生产双重功能，但生态功能强于生产功能</td><td>林地</td><td>有林地
灌木林
疏林地
其他林地</td></tr>
<tr><td>草地</td><td>低覆盖度草地
高覆盖度草地
中覆盖度草地</td></tr>
<tr><td>水域</td><td>河渠
湖泊
水库坑塘</td></tr>
<tr><td rowspan="2">生态用地</td><td rowspan="2">人类利用较少，能够直接或者间接进行生态调节功能</td><td>水域</td><td>滩涂
滩地</td></tr>
<tr><td>裸地</td><td>盐碱地
沼泽地
裸土地</td></tr>
<tr><td>生活生产用地</td><td>被建筑物或构筑物所覆盖，用于除农业生产以外的其他生产、生活用途</td><td>建设用地</td><td>城镇用地
农村居民点
其他建设用地</td></tr>
</table>

7.3.2　三生用地分类区划的提取方案

对于西江流域三生用地空间的区划，在构建的三生用地分类体系的基础上，通过如下的方法进行分类提取：三生用地分类与土地利用现状分类的地类完全一致对应时，可直接将土地利用现状地类对应转换为三生用地分类；当三生用地多个分类对应一个土地利用现状地类时，须先将土地利用现状地类进行细分，再转换为对应的三生用地分类；当一个三生用地分类对应多个土地利用现状地类时，先将几个土地利用现状地类进行合并之后，再转换成对应的三生用地分类。

7.4　研究区域概况及数据说明

7.4.1　研究区域概况

西江流域是华南地区最长的河流，是珠江水系中最长的河流，长度仅次于长江、黄河、黑龙江，航运量居中国第二位，仅次于长江。其发源于云南，流经广西，在广东佛山三水与北江交汇。其干流在江门、中山注入南海。西江与东江、北江合称珠江。西江现是珠海、澳门一带的主要淡水来源。广西西江流域的主要支流有红水河、南盘江、郁江、桂江、黔江、浔江、柳江、贺江。西江流域在广西段经过南宁、玉林、来宾、柳州、梧州、桂林、河池、贺州、百色、崇左和贵港11个地级市，此部分研究以西江流域经过的县域为研究对象，并不以西江范围为研究对象。

7.4.2　数据来源及处理

本章所采用的土地利用数据来源于中国科学院资源环境科学数据中心的2005年、2010年、2015年中国土地利用现状遥感监测数据。该数据来源于覆盖全国的Landsat MSS/TM/ETM 30m遥感影像，经过波段提取、假彩色合成、几何纠正、图像拼接、切割等程序后进行人机交互目视判读解译，坐标及其投影参数采用大地坐标系和Albers正轴等面积双标准纬线割圆锥投影[16]。在进行遥感解译及结果处理时，采用统一解译原则，并进行了野外调查点随机抽样核查和核查线随机抽样核查，最后总体成果精度不小于90%。

7.5　研究结果分析

7.5.1　广西西江流域2005～2015年土地利用情况分析

在Arcgis 10.2平台的支持下，运用裁剪及重分类等工具，根据第三次全国土地调查地类分类标准，将得到的广西土地利用数据处理为西江流域土地利用现状数据，研究中将土地利用数据分为耕地、林地、草地、水域、建设用地和裸地6个类型（遥感监测数据中将园地归并为林地），得到了广西西江流域2005年、2010年、2015年土地利用现状图，如图7-1～图7-3所示。

图7-1　广西西江流域2005年土地利用图

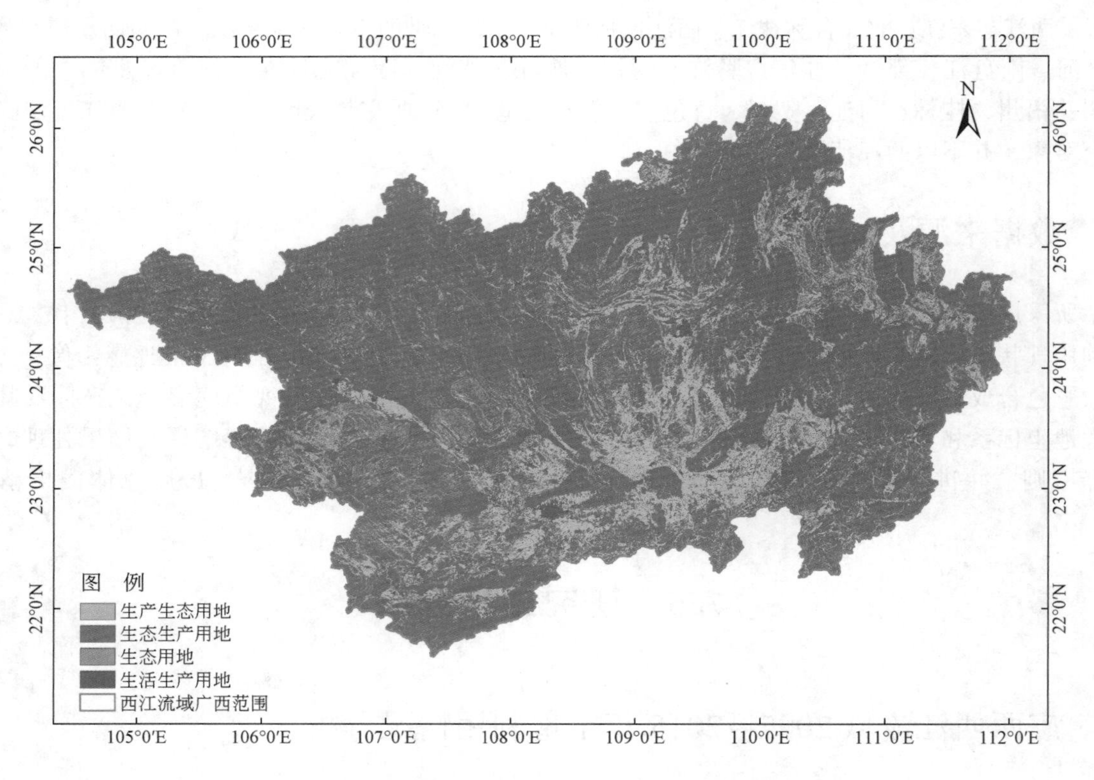

图 7-2 广西西江流域 2010 年土地利用图

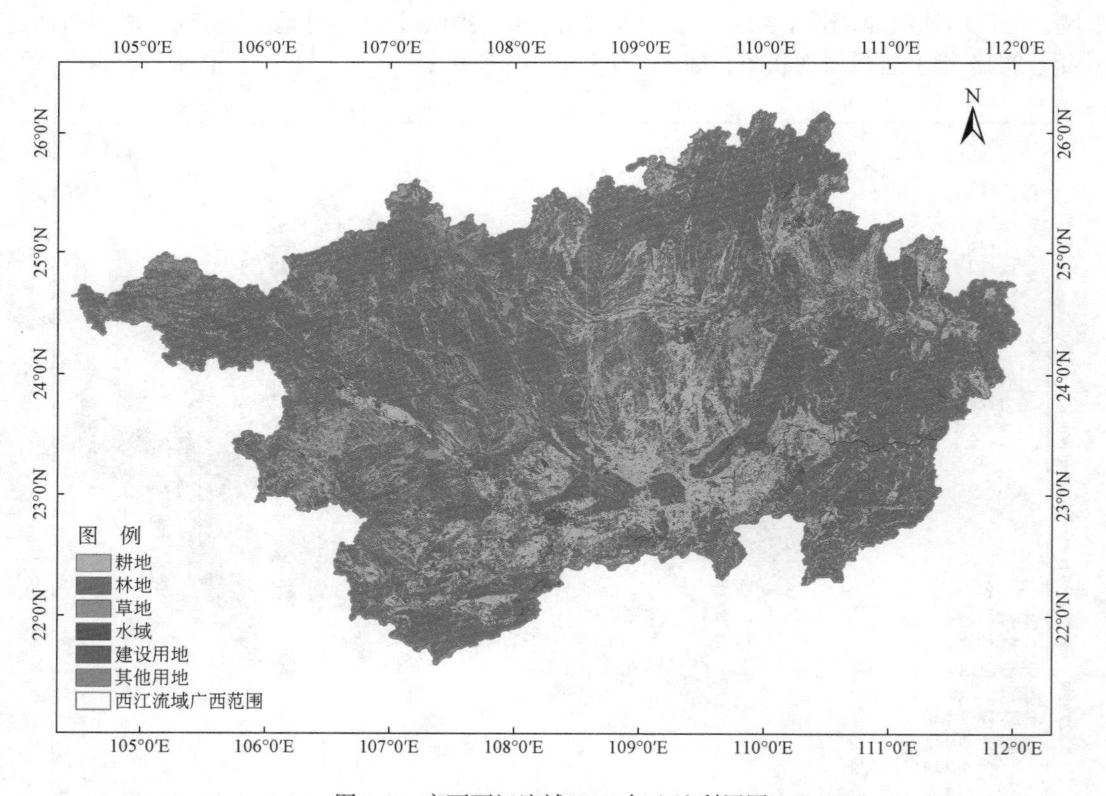

图 7-3 广西西江流域 2015 年土地利用图

由图7-1～图7-3可知，广西西江流域土地利用情况2005～2015年大致相同，各个类型土地利用现状分布趋于一致，总体来说广西西江流域大部分被绿色植物覆盖，建设用地比例相对较小，且分布不均，大部分建设用地集中分布在西江流域南部及东北部，西江流域西北部地区建设用地相对较少，耕地分布情况与建设用地分布情况大体一致，大部分耕地集中分布在西江流域南部及东北部，西北部地区耕地较少，林地则是广泛地分布在整个西江流域内。

土地利用数据结构指某一时期内某一土地利用类型的面积与研究区域总面积的比例关系，能够反映一定时期内某一区域的土地利用情况。在ArcGIS 10.2支持下，将遥感影像进行分析处理得到广西西江流域2005年、2010年、2015年土地利用数据结构（表7-2），可知，2015年广西西江流域土地总面积为21628796.93hm²，耕地面积为4504941.64hm²，占整个西江流域面积的20.83%，林地面积为14357292.35hm²，占整个西江流域面积的66.38%，可见，西江流域土地利用类型以林地为主，耕地次之，两种地类占整个西江流域面积的87.21%，草地面积占整个西江流域面积的9.25%，水域、建设用地和裸地所占比重较小，一共仅占整个西江流域面积的3.54%。在各个市域内，也是林地占比较大，耕地占比较小，大部分市域耕地面积占比低于整个市域总面积的20%，仅有南宁、贵港、来宾三市的耕地面积占比超过30%。

表7-2　广西西江流域2005～2015年土地利用数据结构

年份	耕地		林地		草地		水域		建设用地		裸地		总面积/hm²
	面积/hm²	比重/%	面积/hm²	比重/%	面积/hm²	比重/%	面积/hm²	比重/%	面积/hm²	比重/%	面积/hm²	比重/%	
2005	4559194.06	21.08	14410221.15	66.63	1984420.80	9.17	288009.75	1.33	384672.63	1.78	2078.54	0.01	21628596.93
2010	4546047.83	21.02	14418125.35	66.66	1972706.74	9.12	293438.43	1.36	396200.58	1.83	2078.00	0.01	21628596.93
2015	4504941.64	20.83	14357292.35	66.38	2000171.98	9.25	298083.30	1.38	465372.67	2.15	2734.99	0.01	21628596.93

纵向来看，2005～2015年，西江流域各个地类利用结构变化不大，耕地面积一直处于减少的趋势，由2005年的21.08%比重减少到2015年的20.83%，面积减少了54252.42hm²；林地2005～2010年处于增加的趋势但2010～2015年减少，且减少到了低于2005年的面积，相对于2005年来说，林地面积减少了52928.80hm²；草地在2005～2010年处于减少的趋势，但在2010～2015年增加，2005～2015年由9.17%增加到9.25%，比重增加了0.08%，面积增加了15751.18hm²；水域及建设用地2005～2015年一直处于增加的状态，水域比重由1.33%增加到了1.38%，面积增加了10073.55hm²；建设用地比重由1.78%增加到2.15%，面积增加了80700.04hm²，是所有地类中变化最多，增加面积最多的地类；裸地的面积变化量不大，2005～2010年有少量减少，2010～2015年有些许增加，2005～2015年裸地面积增加了656.45hm²，在西江流域的大基数的对比下，比重基本保持不变。

7.5.2　广西西江流域2005～2015年三生用地情况分析

在ArcGIS 10.2平台的支持下，运用裁剪及重分类等工具，根据三生用地分类体系及相应的提取方法，将得到的广西土地利用数据处理为广西西江流域三生用地空间区划情况现状数据，得到了广西西江流域2005年、2010年、2015年三生用地图，如图7-4～图7-6所示。

由图7-4～图7-6可知，广西西江流域2005～2015年生态环境保护情况都良好，生态生产用地广泛分布于整个西江流域，各类功能用地面积差异较明显，且分布较为不均匀，在广西西江流域西北部地区生态生产用地占比相当大，而生产生态用地在西北部地区则较少，大部分生产生态用地集中在西江流域中南部，东北部地区也有一部分生产生态用地分布，生活生产用地占比较少，分布情况基本与生产生态用地趋于一致。

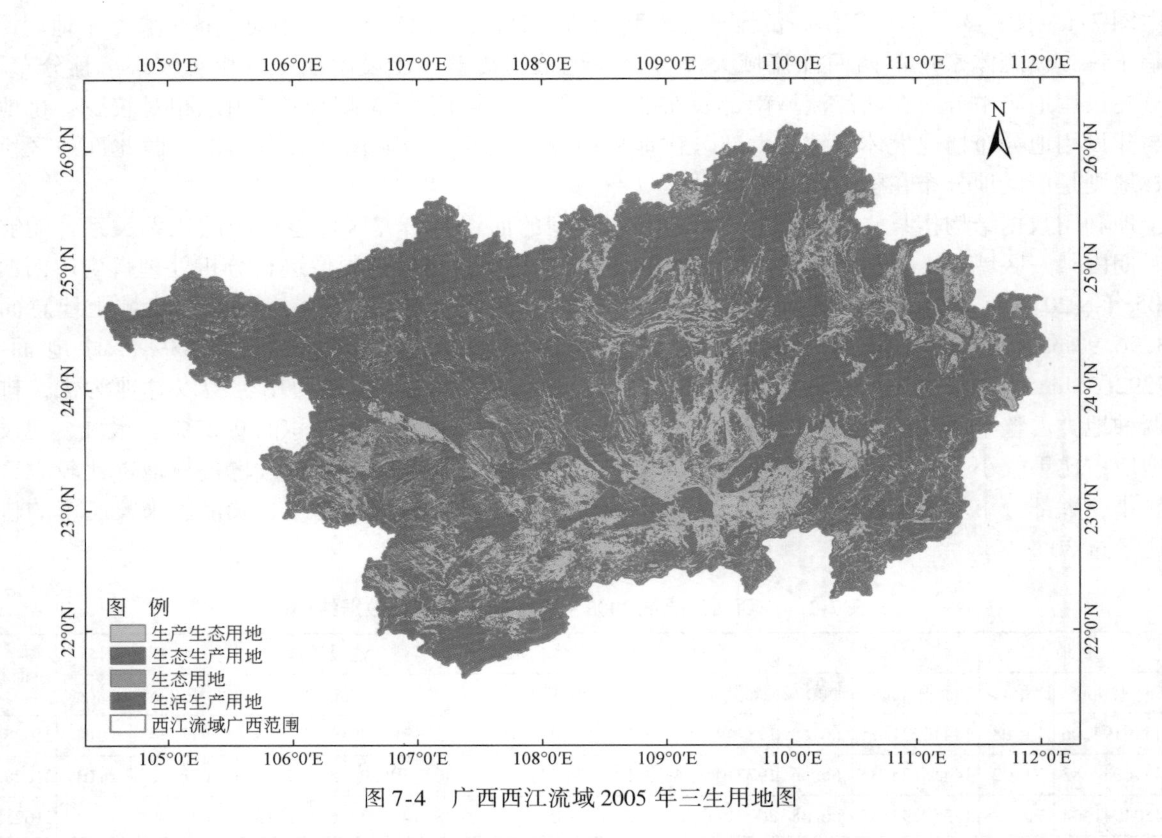

图 7-4　广西西江流域 2005 年三生用地图

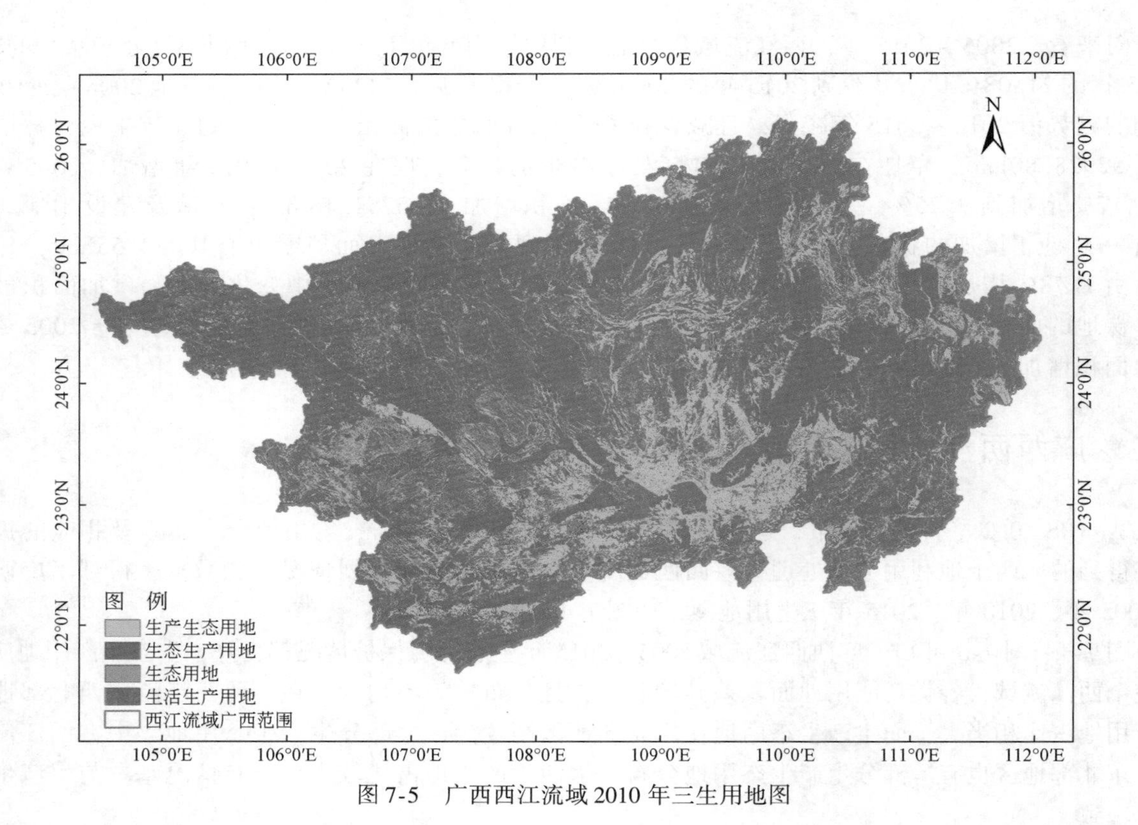

图 7-5　广西西江流域 2010 年三生用地图

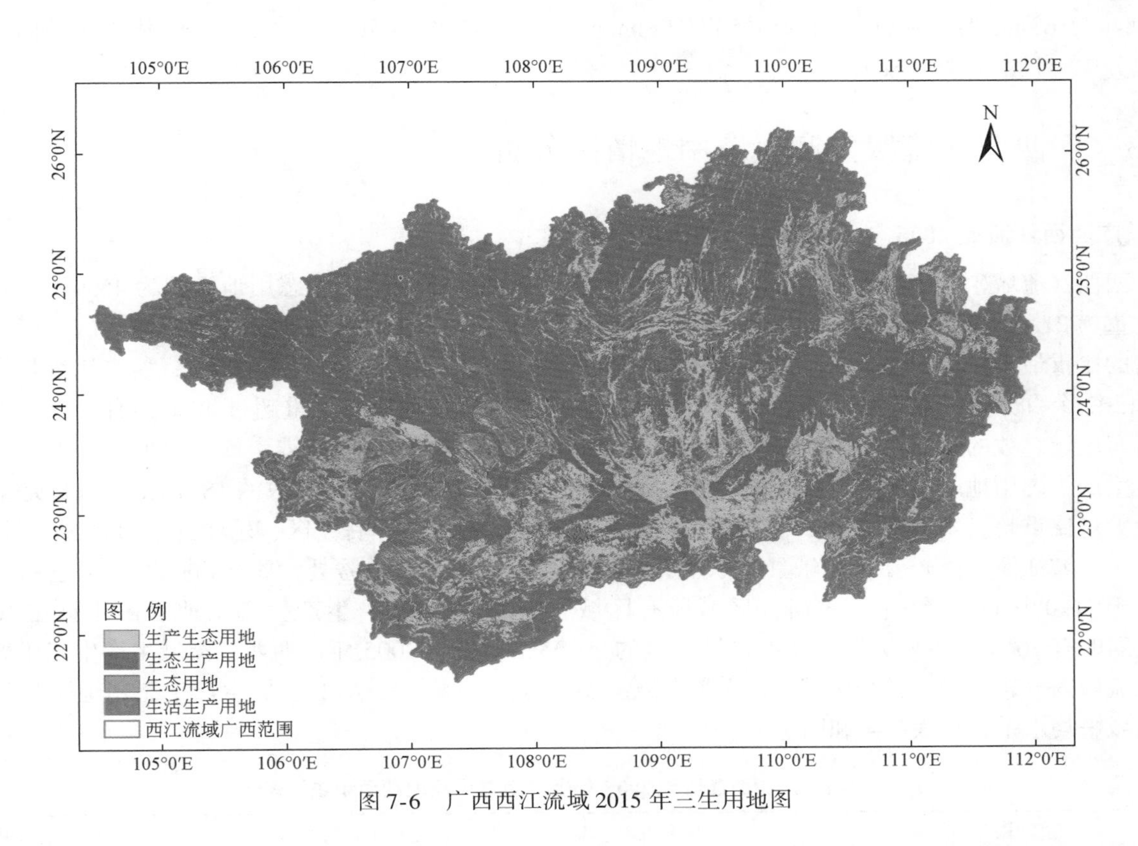

图7-6 广西西江流域2015年三生用地图

从得到的具体现状数据面积统计结果来看（表7-3），各个时间点三生用地结构变化情况不大，且基本趋于稳定状态，以2015年三生用地分布情况为例，其生态生产用地面积为16635064.05hm²，所占比重最大，为76.92%；生产生态用地面积为4504986.27hm²，所占比重为20.83%；生活生产用地面积为465373.08hm²，占比为2.15%；而生态用地面积为22057.11hm²，所占比重最小，仅为0.10%，几乎可以忽略，但这并不能说明西江流域生态环境状况不佳，因为土地利用的多功能性，生态生产用地及生产生态用地也能够起到生态调节的功能。

表7-3 广西西江流域2005～2015年三生用地数据结构

年份	生产生态用地		生态生产用地		生态用地		生活生产用地	
	面积/hm²	比重/%	面积/hm²	比重/%	面积/hm²	比重/%	面积/hm²	比重/%
2005	4559194.06	21.08	16655979.08	77.01	27441.57	0.13	384672.63	1.78
2010	4546047.83	21.02	16663292.98	77.05	21746.49	0.10	396200.58	1.83
2015	4504986.27	20.83	16635064.05	76.92	22057.11	0.10	465373.08	2.15

纵向来看，2005～2015年，西江流域三生用地利用结构变化不大，生产生态用地与耕地利用情况相一致，2005～2015年一直呈下降趋势，所占比重也从21.08%下降到了20.83%，下降了0.25个百分点，面积也由2005年的4559194.06hm²减少到4504986.27hm²，减少面积为54207.79hm²，是三生用地分类中减少面积最多的类型；生态生产用地2005～2015年总体呈现减少的趋势，减少了0.1个百分点，低于生产生态用地的降低幅度，面积减少20915.03hm²，2005～2010年，生态生产用地呈增加趋势，增加幅度较小，仅为0.04%；生态用地的情况总体趋势也是减少，但具体情况为2005～2010年处于下降趋势，2010～2015年处于上升趋势，2005～2015年生态用地的比重下降了0.03个百分点，面积减小幅度为5384.46hm²，变化幅度较小；生活生产用地的变化则是与建设用地的变化一致，2005～2015年一直处于增加的趋势，所占比重由2005年的1.78%增加到2015年的2.15%，上升了0.37个百分点，面积由2005

年的 384672.63hm²增加到 2015 年的 465373.08hm²，增加了 80700.45hm²，是唯一一个增加用地面积的三生用地分类，且上升幅度较大。

7.5.3　广西西江流域生产生态用地情况分析

1. 广西西江流域 2005 年生产生态用地情况分析

广西西江流域生产生态用地主要为耕地，2005 年广西西江流域生产生态用地面积为 4559194.01hm²，所占比重为 21.08%。在各个区域内部，其生产生态用地所占比重的差异较大，其中覃塘区的生产生态用地所占的比重最大，为 55.07%，田林县的生产生态用地所占的比重最小，为 4.05%，所占比重与最大值相差 51.02 个百分点。在整个广西西江流域区域中，生产生态用地所占比重超过 40% 的有 8 个，占研究区域所有区域总数的 9.09%，分别是江南区、邕宁区、宾阳县、柳城县、港南区、覃塘区、玉州区、兴宾区；生产生态用地所占比重低于 10% 的有 16 个，占研究区域所有区域总数的 18.18%，数量是生产生态用地数量比重超过 40% 的 2 倍，分别是三江县、龙胜县、资源县、右江区、乐业县、田林县、西林县、昭平县、金城江区、南丹县、天峨县、东兰县、巴马县、都安县、金秀县、凭祥市；生产生态用地所占比重低于 21.08% 的有 42 个，占研究区域所有区域总数的 47.73%，生产生态用地所占比重在 10% 与 20% 之间的有 26 个，占研究区域所有区域总数的 29.55%，说明 2005 年广西西江流域生产生态用地在整个西江流域内分布不均，各个区域实际分布情况差距较大，有将近一半的区域生产生态用地不足，低于西江流域平均水平，见表 7-4 和图 7-7。

表 7-4　广西西江流域 2005 年生产生态用地现状面积统计表

研究区域	生产生态用地		研究区域	生产生态用地		研究区域	生产生态用地		研究区域	生产生态用地	
	面积/hm²	比重/%		面积/hm²	比重/%		面积/hm²	比重/%		面积/hm²	比重/%
兴宁区	22695.80	30.04	灵川县	39789.68	17.32	陆川县	36663.28	23.63	天峨县	14998.51	4.72
青秀区	23598.77	28.52	全州县	99477.35	25.17	博白县	75210.51	19.68	凤山县	21713.37	12.48
西乡塘区	37590.45	35.01	兴安县	42622.77	18.24	兴业县	55490.63	38.10	东兰县	22721.63	9.42
江南区	57622.90	45.59	永福县	40091.72	14.31	北流市	57970.57	23.69	罗城县	46916.20	17.71
邕宁区	56486.93	45.80	灌阳县	34594.37	18.90	右江区	34734.50	9.35	环江县	71424.41	15.72
良庆区	37796.73	29.41	龙胜县	21913.44	8.98	田阳区	70481.49	29.67	巴马县	17814.50	9.02
武鸣区	126349.31	37.31	资源县	17582.57	9.10	田东县	59364.03	21.14	都安县	29412.92	7.20
隆安县	61231.16	26.50	平乐县	52122.94	27.33	平果县	65637.99	26.61	大化县	33943.31	12.25
马山县	42084.40	17.98	荔浦市	38210.82	21.77	德保县	73803.55	28.82	宜州区	90172.21	23.41
上林县	57462.25	30.78	恭城县	37582.53	17.58	靖西市	92485.47	27.82	兴宾区	207315.83	47.14
宾阳县	108657.12	47.09	梧州市辖区	3529.15	11.51	那坡县	32269.41	14.55	忻城县	49967.09	19.74
横县	124550.22	36.19	苍梧县	45402.32	10.63	凌云县	31860.27	15.58	象州县	60131.82	31.23
柳州市辖区	19586.05	30.06	藤县	59147.85	15.00	乐业县	21739.11	8.28	武宣县	67897.06	39.98
柳江区	68118.73	26.83	蒙山县	15436.44	12.12	田林县	22333.92	4.05	金秀县	11810.45	4.77
柳城县	84267.61	40.03	岑溪市	42082.96	15.22	西林县	20917.32	7.10	合山市	14057.02	39.02
鹿寨县	56379.29	16.89	港北区	43571.64	39.63	隆林县	38498.82	10.86	江州区	91069.15	31.28
融安县	30101.14	10.38	港南区	57498.07	52.07	八步区	76336.68	14.95	扶绥县	99643.22	35.02
融水县	57734.95	12.54	覃塘区	74560.54	55.07	昭平县	24488.41	7.61	宁明县	66290.30	17.89
三江县	23228.15	9.72	平南县	92908.29	31.15	钟山县	52631.26	28.21	龙州县	61841.00	26.73

续表

研究区域	生产生态用地		研究区域	生产生态用地		研究区域	生产生态用地		研究区域	生产生态用地	
	面积/hm²	比重/%		面积/hm²	比重/%		面积/hm²	比重/%		面积/hm²	比重/%
桂林市辖区	19699. 18	35. 01	桂平市	155946. 64	38. 33	富川县	50140. 07	32. 51	大新县	68188. 39	24. 82
阳朔县	37847. 40	26. 41	玉州区	54574. 62	42. 93	金城江区	22338. 60	9. 52	天等县	47301. 40	21. 82
临桂区	55222. 07	24. 61	容县	44074. 29	19. 50	南丹县	23084. 51	5. 93	凭祥市	5052. 21	7. 87

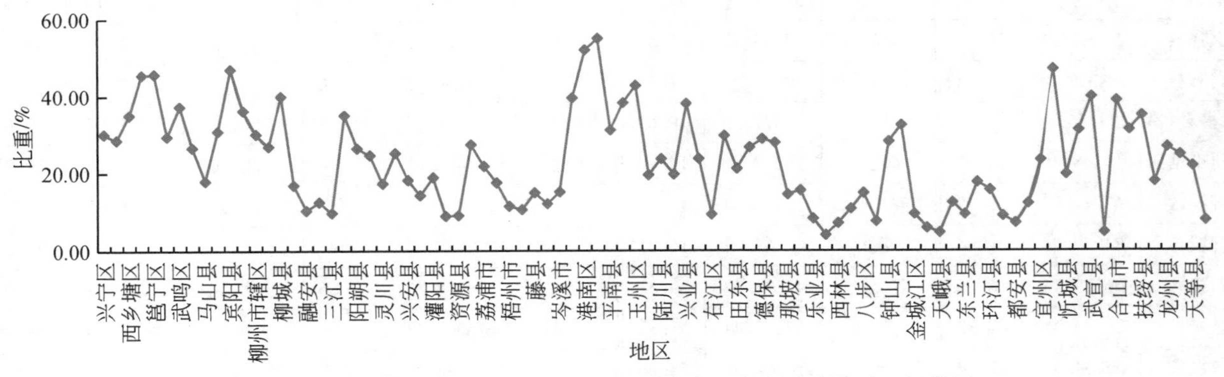

图 7-7　广西西江流域 2005 年各个区域生产生态用地比重对比折线图

2. 广西西江流域 2010 年生产生态用地情况分析

2010 年广西西江流域生产生态用地面积为 4546047. 8hm²，所占比重为 21. 02%，相对于 2005 年面积略微减少。在各个区域内部，各个三生用地分类结构与 2005 年基本一致，其生产生态用地所占比重的差异仍然相对较大，其中覃塘区的生产生态用地所占的比重最大，为 54. 96%，相对于 2005 年所占比重略微下降，田林县的生产生态用地所占的比重仍然最小，为 4. 05%，与 2005 年所占比重持平，所占比重与最大值相差 50. 91 个百分点，相对于 2005 年比重差距值有所降低。在整个广西西江流域区域中，生产生态用地所占比重超过 40% 的有 7 个，占研究区域所有区域总数的 7. 95%，相对于 2005 年同等级数量减少了一个，分别是江南区、邕宁区、宾阳县、港南区、覃塘区、玉州区、兴宾区，柳城县生产生态用地的比重由 2005 年的 40. 03% 下降到 39. 94%；生产生态用地所占比重低于 10% 的有 16 个，占研究区域所有区域总数的 18. 18%，相对于 2005 年同等级数量维持不变，具体区域也没有发生变化，分别是三江县、龙胜县、资源县、右江区、乐业县、田林县、西林县、昭平县、金城江区、南丹县、天峨县、东兰县、巴马县、都安县、金秀县、凭祥市；生产生态用地所占比重低于 21. 02% 的有 42 个，占研究区域所有区域总数的 47. 73%；生产生态用地所占比重在 10% 与 20% 之间的有 26 个，占研究区域所有区域总数的 29. 55%，与 2005 年的情况保持不变，说明 2010 年广西西江流域生产生态用地在整个西江流域内依旧分布不均，各个区域实际分布情况差距较大，西江流域地区将近一半的区域生产生态用地不足，低于西江流域平均水平，且在 2005 ~ 2010 年，广西西江流域内生产生态用地比重高的区域数量有所减少，生产生态用地所占的比重最大区域的生产生态用地比重也在下降，具体见表 7-5 和图 7-8。

表 7-5　广西西江流域 2010 年生产生态用地现状面积统计表

研究区域	生产生态用地		研究区域	生产生态用地		研究区域	生产生态用地		研究区域	生产生态用地	
	面积/hm²	比重/%		面积/hm²	比重/%		面积/hm²	比重/%		面积/hm²	比重/%
兴宁区	22591. 32	29. 90	灵川县	39652. 97	17. 26	陆川县	36663. 01	23. 63	天峨县	14205. 25	4. 47
青秀区	23175. 05	28. 00	全州县	99406. 34	25. 16	博白县	75059. 04	19. 64	凤山县	21713. 37	12. 48
西乡塘区	36975. 22	34. 44	兴安县	42476. 98	18. 17	兴业县	55427. 09	38. 06	东兰县	22721. 63	9. 42
江南区	56852. 96	44. 98	永福县	40166. 69	14. 34	北流市	57906. 13	23. 67	罗城县	46916. 20	17. 71

续表

研究区域	生产生态用地		研究区域	生产生态用地		研究区域	生产生态用地		研究区域	生产生态用地	
	面积/hm²	比重/%		面积/hm²	比重/%		面积/hm²	比重/%		面积/hm²	比重/%
邕宁区	56461.10	45.78	灌阳县	34521.74	18.86	右江区	34581.23	9.31	环江县	71375.28	15.71
良庆区	37775.85	29.40	龙胜县	21927.66	8.99	田阳区	70352.79	29.61	巴马县	17780.12	9.00
武鸣区	124976.01	36.91	资源县	17582.57	9.10	田东县	59296.17	21.12	都安县	29412.92	7.20
隆安县	61139.18	26.46	平乐县	52008.91	27.27	平果县	65625.84	26.61	大化县	33942.41	12.25
马山县	42084.31	17.98	荔浦市	38158.26	21.74	德保县	73461.73	28.69	宜州区	89788.18	23.31
上林县	57427.24	30.76	恭城县	37563.72	17.57	靖西市	92425.53	27.80	兴宾区	206392.17	46.93
宾阳县	108328.08	46.94	梧州市辖区	3529.15	11.51	那坡县	32294.25	14.56	忻城县	49940.18	19.73
横县	124405.77	36.15	苍梧县	45377.30	10.62	凌云县	31858.65	15.58	象州县	59812.77	31.07
柳州市辖区	19168.36	29.42	藤县	59077.56	14.98	乐业县	21466.05	8.18	武宣县	67796.17	39.92
柳江区	67764.77	26.69	蒙山县	15378.84	12.07	田林县	22333.92	4.05	金秀县	11800.82	4.77
柳城县	84072.04	39.94	岑溪市	42067.93	15.21	西林县	20884.83	7.09	合山市	13973.41	38.78
鹿寨县	56259.95	16.86	港北区	43228.92	39.32	隆林县	38498.82	10.86	江州区	90289.48	31.01
融安县	29966.77	10.33	港南区	57272.44	51.87	八步区	76305.18	14.94	扶绥县	99296.63	34.90
融水县	57734.95	12.54	覃塘区	74404.30	54.96	昭平县	24428.47	7.59	宁明县	66290.30	17.89
三江县	23227.88	9.72	平南县	92823.51	31.12	钟山县	52593.19	28.19	龙州县	61841.00	26.73
桂林市辖区	19589.74	34.82	桂平市	155753.50	38.28	富川县	50002.19	32.42	大新县	68137.36	24.81
阳朔县	37757.67	26.34	玉州区	54188.79	42.63	金城江区	22338.51	9.52	天等县	47293.39	21.82
临桂区	55111.65	24.56	容县	44034.78	19.48	南丹县	23065.25	5.93	凭祥市	5012.16	7.81

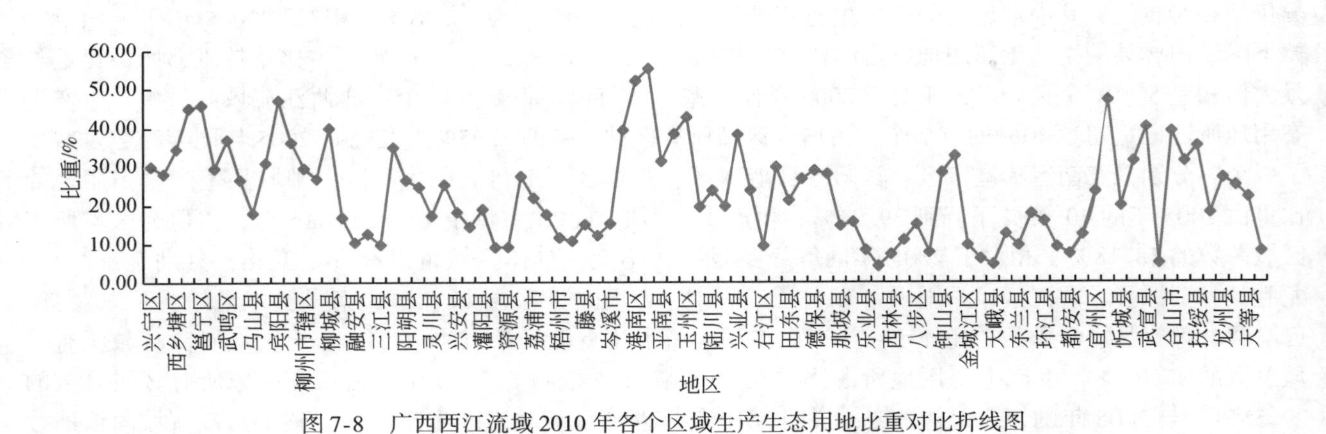

图 7-8　广西西江流域 2010 年各个区域生产生态用地比重对比折线图

3. 广西西江流域 2015 年生产生态用地情况分析

2015 年广西西江流域生产生态用地面积为 4504986.27hm²，所占比重为 20.83%，相对于 2010 年面积仍然有减少。在各个区域内部，各个三生用地分类结构与 2005 年及 2010 年基本保持一致，其生产生态用地所占比重的差异相对较大，其中覃塘区的生产生态用地所占的比重最大，为 54.82%，相对于 2010 年所占比重仍然有略微下降，田林县的生产生态用地所占的比重还是最小，为 4.06%，与 2010 年所占比重相比稍有提高，所占比重与最大值相差 50.76 个百分点，相对于 2010 年比重差距有减少。在整个广西西江流域区域中，生产生态用地所占比重超过 40% 的有 7 个，占研究区域所有区域总数的 7.95%，相对于 2010 年同等级数量保持不变，分别是江南区、邕宁区、宾阳县、港南区、覃塘区、玉州区、兴宾区；生产生态用地所占比重低于 10% 的有 17 个，占研究区域所有区域总数的 19.32%，相对于 2010 年同等级数量增加，分别是三江县、龙胜县、资源县、梧州市辖区、右江区、乐业县、田林县、西林县、昭平县、金城江区、南丹县、天峨县、东兰县、巴马县、都安县、金秀县、凭祥市，其中梧州市辖区生产生态用地的比重由 2010 年的 11.51% 下降到 9.75%；生产生态用地所占比重低于 20.83% 的有 43 个，占研究区域所有区域总数的 48.86%，相对于 2010 年同等级数量增加，其中田东县由广西西江流域的总体水平之上的 21.12% 下降到了广西西江流域的总体水平之下 20.77%；生产生态用地所占比重在 10% ~20% 的有 25 个，占研究区域所有区域总数的 28.41%，相对于 2010 年同等级数量减少，说明 2015 年广西西江流域生产生态用地在整个西江流域内依旧分布不均，各个区域实际分布情况差距较大，西江流域地区将近一半的县域生产生态用地不足，低于西江流域平均水平，且在 2010 ~2015 年广西西江流域内生产生态用地比重低的区域数量有所增加，生产生态用地所占比重最大区域的生产生态用地比重也在下降，表明广西西江流域地区生产生态用地面积在减少，具体见表 7-6 和图 7-9。

表 7-6　广西西江流域 2015 年生产生态用地现状面积统计表

研究区域	生产生态用地		研究区域	生产生态用地		研究区域	生产生态用地		研究区域	生产生态用地	
	面积/hm^2	比重/%		面积/hm^2	比重/%		面积/hm^2	比重/%		面积/hm^2	比重/%
兴宁区	22115.61	29.27	灵川县	38673.72	16.84	陆川县	36352.80	23.43	天峨县	14226.84	4.47
青秀区	22636.35	27.35	全州县	99157.68	25.10	博白县	74462.67	19.47	凤山县	21665.79	12.45
西乡塘区	35923.14	33.45	兴安县	42064.65	18.00	兴业县	55212.57	37.91	东兰县	22730.13	9.43
江南区	55302.75	43.75	永福县	39777.75	14.19	北流市	57493.17	23.50	罗城县	46766.61	17.66
邕宁区	55479.69	44.98	灌阳县	34207.02	18.69	右江区	33256.89	8.95	环江县	71262.27	15.68
良庆区	36119.43	28.11	龙胜县	21888.81	8.97	田阳区	69265.98	29.16	巴马县	17771.22	9.00
武鸣区	124261.47	36.69	资源县	17447.22	9.03	田东县	58331.52	20.77	都安县	29413.80	7.20
隆安县	60970.68	26.39	平乐县	51510.33	27.01	平果县	64749.60	26.25	大化县	33909.21	12.23
马山县	41807.79	17.86	荔浦市	37733.22	21.50	德保县	73242.63	28.60	宜州区	89740.26	23.29
上林县	57294.00	30.69	恭城县	37394.64	17.49	靖西市	92021.22	27.67	兴宾区	204113.97	46.42
宾阳县	108004.68	46.80	梧州市辖区	2991.15	9.75	那坡县	32212.26	14.52	忻城县	49765.95	19.66
横县	124121.07	36.07	苍梧县	44557.20	10.43	凌云县	31820.49	15.56	象州县	59523.66	30.92
柳州市辖区	18685.35	28.68	藤县	58742.19	14.89	乐业县	21778.02	8.30	武宣县	67306.68	39.64
柳江区	67741.20	26.68	蒙山县	15243.39	11.97	田林县	22394.43	4.06	金秀县	11729.07	4.74
柳城县	83882.52	39.85	岑溪市	41711.67	15.09	西林县	20817.45	7.06	合山市	13814.73	38.34
鹿寨县	55109.07	16.51	港北区	42023.79	38.22	隆林县	38097.27	10.74	江州区	89593.20	30.77
融安县	30031.56	10.36	港南区	57046.68	51.66	八步区	75323.34	14.75	扶绥县	98395.47	34.58
融水县	57586.41	12.51	覃塘区	74220.84	54.82	昭平县	24079.14	7.48	宁明县	65997.72	17.81
三江县	23215.14	9.72	平南县	91688.40	30.74	钟山县	51456.51	27.58	龙州县	61567.74	26.61
桂林市辖区	18367.38	32.64	桂平市	154508.40	37.98	富川县	49338.72	31.99	大新县	68080.86	24.78
阳朔县	37526.04	26.18	玉州区	52554.96	41.34	金城江区	22280.58	9.50	天等县	47024.28	21.68
临桂区	53578.71	23.87	容县	43749.63	19.36	南丹县	22979.97	5.90	凭祥市	4966.20	7.72

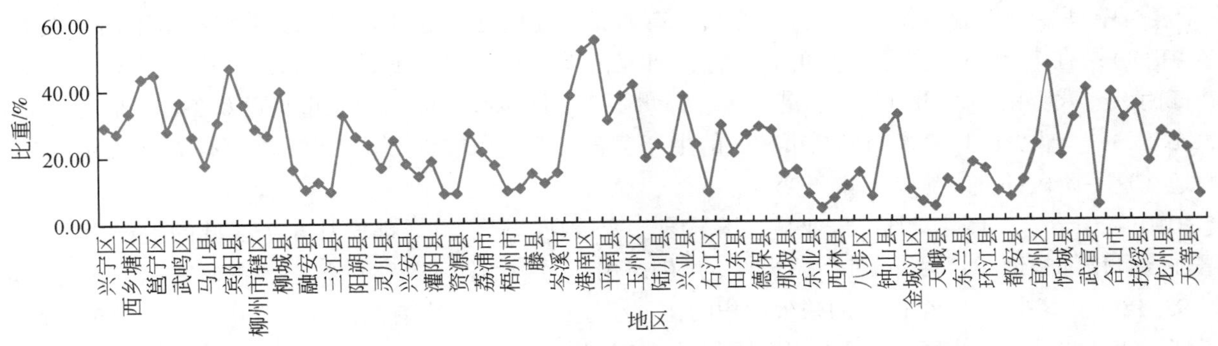

图 7-9　广西西江流域 2015 年各个区域生产生态用地比重对比折线图

4. 广西西江流域 2005 ~ 2015 年生产生态用地情况分析

由表 7-7 可知，广西西江流域生产生态用地在 2005 ~ 2010 年、2010 ~ 2015 年大部分区域都处于持续减少状态，2005 ~ 2015 年累计减少面积更为严重。

表 7-7　广西西江流域生产生态用地 2005 ~ 2015 年面积比重变化百分点统计表

研究区域	2005 ~ 2010 年	2010 ~ 2015 年	2005 ~ 2015 年	研究区域	2005 ~ 2010 年	2010 ~ 2015 年	2005 ~ 2015 年	研究区域	2005 ~ 2010 年	2010 ~ 2015 年	2005 ~ 2015 年	研究区域	2005 ~ 2010 年	2010 ~ 2015 年	2005 ~ 2015 年
兴宁区	-0.14	-0.63	-0.77	灵川县	-0.06	-0.42	-0.49	陆川县	0.00	-0.20	-0.20	天峨县	-0.25	0.00	-0.25
青秀区	-0.52	-0.65	-1.17	全州县	-0.01	-0.06	-0.07	博白县	-0.04	-0.17	-0.21	凤山县	0.00	-0.03	-0.03
西乡塘区	-0.57	-0.99	-1.56	兴安县	-0.07	-0.17	-0.24	兴业县	-0.04	-0.15	-0.19	东兰县	0.00	0.01	0.01
江南区	-0.61	-1.23	-1.84	永福县	0.02	-0.15	-0.12	北流市	-0.02	-0.17	-0.19	罗城县	0.00	-0.05	-0.05
邕宁区	-0.02	-0.80	-0.82	灌阳县	-0.04	-0.17	-0.21	右江区	-0.04	-0.36	-0.40	环江县	-0.01	-0.03	-0.04
良庆区	-0.01	-1.29	-1.30	龙胜县	0.01	-0.02	-0.01	田阳区	-0.06	-0.45	-0.51	巴马县	-0.02	0.00	-0.02
武鸣区	-0.4	-0.22	-0.62	资源县	0.00	-0.07	-0.07	田东县	-0.02	-0.35	-0.37	都安县	0.00	0.00	0.00
隆安县	-0.04	-0.07	-0.11	平乐县	-0.06	-0.26	-0.32	平果县	0.00	-0.36	-0.36	大化县	0.00	-0.02	-0.02
马山县	0.00	-0.12	-0.12	荔浦市	-0.03	-0.24	-0.27	德保县	-0.13	-0.09	-0.22	宜州区	-0.10	-0.02	-0.12
上林县	-0.02	-0.07	-0.09	恭城县	-0.01	-0.08	-0.09	靖西市	-0.02	-0.13	-0.15	兴宾区	-0.21	-0.51	-0.72
宾阳县	-0.15	-0.14	-0.29	梧州市辖区	0.00	-1.76	-1.76	那坡县	0.01	-0.04	-0.03	忻城县	-0.01	-0.07	-0.08
横县	-0.04	-0.08	-0.13	苍梧县	-0.01	-0.19	-0.20	凌云县	0.00	-0.02	-0.02	象州县	-0.16	-0.15	-0.31
柳州市辖区	-0.64	-0.74	-1.38	藤县	-0.02	-0.09	-0.11	乐业县	-0.1	0.12	0.02	武宣县	-0.06	-0.28	-0.34
柳江区	-0.14	-0.01	-0.15	蒙山县	-0.05	-0.10	-0.15	田林县	0.00	0.01	0.01	金秀县	0.00	-0.03	-0.03
柳城县	-0.09	-0.09	-0.18	岑溪市	-0.01	-0.12	-0.13	西林县	-0.01	-0.03	-0.04	合山市	-0.24	-0.44	-0.68
鹿寨县	-0.03	-0.35	-0.38	港北区	-0.31	-1.10	-1.41	隆林县	0.00	-0.12	-0.12	江州区	-0.27	-0.24	-0.51
融安县	-0.05	0.03	-0.02	港南区	-0.20	-0.21	-0.41	八步区	-0.01	-0.19	-0.20	扶绥县	-0.12	-0.32	-0.44
融水县	0.00	-0.03	-0.03	覃塘区	-0.11	-0.14	-0.25	昭平县	-0.02	-0.11	-0.13	宁明县	0.00	-0.08	-0.08
三江县	0.00	0.00	0.00	平南县	-0.03	-0.38	-0.41	钟山县	-0.02	-0.61	-0.63	龙州县	0.00	-0.12	-0.12
桂林市辖区	-0.19	-2.18	-2.37	桂平市	-0.05	-0.30	-0.35	富川县	-0.09	-0.43	-0.52	大新县	-0.01	-0.03	-0.04
阳朔县	-0.07	-0.16	-0.23	玉州区	-0.30	-1.29	-1.59	金城江区	0.00	-0.02	-0.02	天等县	0.00	-0.14	-0.14
临桂区	-0.05	-0.69	-0.74	容县	-0.02	-0.12	-0.14	南丹县	0.00	-0.03	-0.03	凭祥市	-0.06	-0.09	-0.15

其中 2005 ~ 2010 年，仅有永福县、龙胜县、资源县、那坡县、宁明县 5 个县域有略微增加的状态（由于表格中只显示两位小数，四舍五入之后，有略微变化的区域在此表格中的数据显示不出，表 7-7 ~ 表 7-19 同）；有 76 个区域处于减少的状态，占研究范围所有区域数量的 86.36%，其中青秀区、西乡塘区、江南区、武鸣区、柳州市辖区、港北区、玉州区 7 个区域减少面积的比重超过 0.3%，即减少面积超过 385.83hm^2，减少面积最多的柳州市辖区的生产生态用地面积减少了 417.69hm^2；有 7 个区域的生产生态用地在这一阶段的面积维持基本不变。

2010 ~ 2015 年，有融安县、乐业县、田林县、天峨县、东兰县、都安县 6 个区域的生产生态用地面积增加，且增加幅度小；另外 82 个区域的生产生态用地面积都处于减少的状态，占研究范围所有区域数量的 93.18%，其中有 25 个区域的减少面积的比重超过 0.3%，其中有江南区、良庆区、桂林市辖区、梧州市辖区、港北区、玉州区 6 个区域的比重减少幅度超过 1%，减少面积最多的区域桂林市辖区减少比重为 2.18%，减少面积为 1222.36hm^2，远远超过了 2005 ~ 2010 年这一阶段减少面积的最大值，是柳州市辖区2005~2010年这一阶段生产生态用地减少面积的2.93倍。

2005~2015年，仅有乐业县、田林县、东兰县、都安县4个区域的生产生态用地面积有所增加，且增加面积较小，另外84个区域的生产生态用地面积都处于减少的状态，占研究范围所有区域数量的95.45%，其中有31个区域的减少面积的比重超过0.3%，其中青秀区、西乡塘区、江南区、良庆区、柳州市辖区、桂林市辖区、梧州市辖区、港北区、玉州区9个区域的比重减少幅度超过1%，减少面积最多的区域桂林市辖区减少比重为2.37%，减少面积为1331.80hm²，占广西西江流域生产生态用地2005~2015年总的减少面积的2.46%。可以看出在经济发展的过程中不可避免地会占用生产生态用地即耕地，且在这个过程中各个区域的发展速度与生产生态用地的减少速度有着一定的联系，但区域的发展不可避免，因此在发展过程中应尽量减少对生产生态用地的占用，严格保护生产生态用地。

7.5.4　广西西江流域生态生产用地情况分析

1. 广西西江流域2005年生态生产用地情况分析

广西西江流域生态生产用地包括林地、草地及部分水域，2005年广西西江流域生态生产用地面积为16655979.08hm²，所占比重最大，为77.01%。西江流域由于地形地貌原因，大部分区域山地多平地少，且发展较为落后，其整个区域范围林地居多，且广西西江流域位于亚热带季风气候区，天气较为炎热，盛产水果，因此大多数土地被利用为果园，但在遥感影像中园地也识别为林地，也在一方面提高了林地的面积。在各个区域内部，其生态生产用地所占比重的差异也相对较大，田林县的生态生产用地所占的比重最大，为95.91%，覃塘区的生态生产用地所占的比重最小，为38.78%，所占比重与最大值相差57.13个百分点。在整个广西西江流域区域中，生态生产用地所占比重超过80%的有35个，占研究区域所有区域数量的39.77%，其中生态生产用地所占比重超过90%的有12个，分别为龙胜县、资源县、乐业县、田林县、西林县、昭平县、南丹县、天峨县、东兰县、巴马县、都安县、金秀县，这些区域皆位于广西西江流域北部，其地形地貌大多都是喀斯特岩溶地貌，山地多平地少，说明当地的地形地貌因素对土地利用类型起了决定性作用；生态生产用地所占比重超过60%的有70个，占研究区域所有区域数量的79.55%。这说明2005年广西西江流域生态生产用地在整个西江流域内占比较大，各个区域实际分布情况差距较大，西江流域地区将近一半的区域生态生产用地面积超过当地总面积的一半，表示广西西江流域区域内生态环境保护良好。具体数据见表7-8和图7-10。

表7-8　广西西江流域2005年生态生产用地现状面积统计表

研究区域	生态生产用地		研究区域	生态生产用地		研究区域	生态生产用地		研究区域	生态生产用地	
	面积/hm²	比重/%		面积/hm²	比重/%		面积/hm²	比重/%		面积/hm²	比重/%
兴宁区	49728.14	65.82	灵川县	184105.50	80.15	陆川县	114736.41	73.96	天峨县	302917.80	95.25
青秀区	52812.34	63.82	全州县	288805.52	73.09	博白县	300519.77	78.65	凤山县	152164.50	87.44
西乡塘区	59057.22	55.00	兴安县	186617.93	79.85	兴业县	85268.14	58.55	东兰县	218093.36	90.44
江南区	61089.23	48.33	永福县	238202.76	85.01	北流市	178475.94	72.94	罗城县	215879.74	81.51
邕宁区	64825.20	52.56	灌阳县	146401.56	79.99	右江区	333792.31	89.85	环江县	381622.37	83.99
良庆区	87015.84	67.72	龙胜县	221580.39	90.84	田阳区	163203.84	68.69	巴马县	179249.31	90.77
武鸣区	199396.96	58.88	资源县	175252.97	90.72	田东县	218649.20	77.86	都安县	377522.98	92.42
隆安县	162478.53	70.33	平乐县	134641.60	70.61	平果县	177292.09	71.89	大化县	242180.74	87.37
马山县	188656.96	80.59	荔浦市	133828.27	76.25	德保县	181536.47	70.89	宜州区	291240.37	75.60
上林县	123779.92	66.30	恭城县	173054.01	80.94	靖西市	238720.53	71.81	兴宾区	215143.00	48.92
宾阳县	109545.68	47.47	梧州市辖区	23915.48	77.97	那坡县	189181.02	85.32	忻城县	201232.77	79.49
横县	204848.86	59.52	苍梧县	377242.45	88.31	凌云县	172386.22	84.32	象州县	127288.64	66.11
柳州市辖区	33383.16	51.24	藤县	329567.11	83.56	乐业县	240598.82	91.67	武宣县	92371.80	54.40

续表

研究区域	生态生产用地		研究区域	生态生产用地		研究区域	生态生产用地		研究区域	生态生产用地	
	面积/hm²	比重/%		面积/hm²	比重/%		面积/hm²	比重/%		面积/hm²	比重/%
柳江区	180078.83	70.92	蒙山县	109855.73	86.25	田林县	529514.32	95.91	金秀县	234790.52	94.91
柳城县	121350.56	57.65	岑溪市	230552.26	83.37	西林县	273615.14	92.85	合山市	20371.93	56.54
鹿寨县	273135.44	81.84	港北区	59407.23	54.03	隆林县	315869.00	89.09	江州区	191387.72	65.74
融安县	258084.73	89.01	港南区	47834.83	43.32	八步区	426935.68	83.60	扶绥县	174001.62	61.15
融水县	400573.92	87.02	覃塘区	52504.09	38.78	昭平县	295349.66	91.79	宁明县	296272.15	79.97
三江县	215039.50	89.99	平南县	191887.58	64.34	钟山县	129520.98	69.42	龙州县	163555.20	70.70
桂林市辖区	26384.43	46.89	桂平市	231046.09	56.79	富川县	99549.26	64.54	大新县	198899.44	72.41
阳朔县	102914.16	71.81	玉州区	62689.96	49.31	金城江区	210697.29	89.80	天等县	165696.55	76.43
临桂区	164780.09	73.42	容县	178223.67	78.85	南丹县	364873.28	93.73	凭祥市	57634.51	89.80

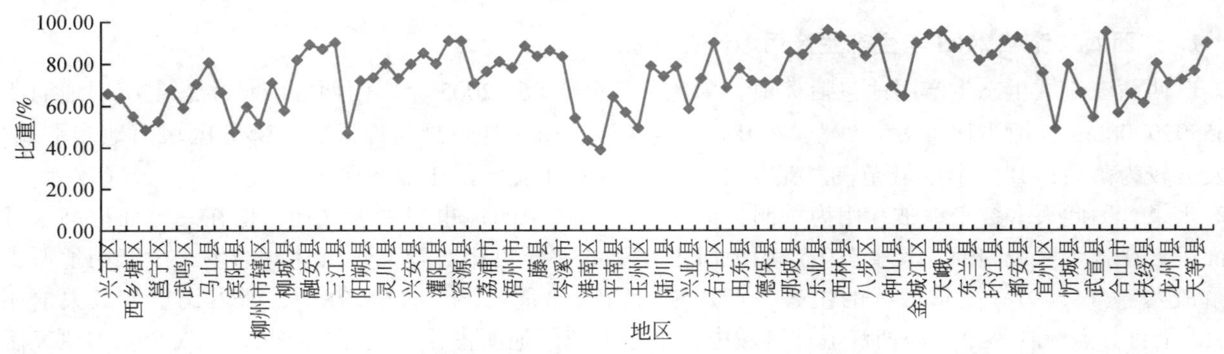

图 7-10　广西西江流域 2005 年各个区域生态生产用地比重对比折线图

2. 广西西江流域 2010 年生态生产用地情况分析

2010 年广西西江流域生态生产用地面积为 16663292.97hm²，所占比重最大，为 77.05%，相较于 2005 年生态生产用地面积有所增加。在各个区域内部，各个三生用地分类结构与 2005 年基本一致，其生态生产用地所占比重的差异仍然较大，其中仍然是田林县的生态生产用地所占的比重最大，为 95.91%，相对于 2005 年所占比重保持不变，覃塘区的生态生产用地所占的比重最小，为 39.25%，与 2005 年所占比重有所增加，所占比重与最大值相差 56.66 个百分点，较 2005 年情况有所缓和。在整个广西西江流域区域中，生态生产用地所占比重超过 80% 的有 35 个，占研究区域所有区域数量的 39.77%，相对于 2005 年同等级数量保持不变且具体区域也保持不变，其中生态生产用地所占比重超过 90% 的有 12 个，分别为龙胜县、资源县、乐业县、田林县、西林县、昭平县、南丹县、天峨县、东兰县、巴马县、都安县、金秀县，与 2005 年相比也保持不变；生态生产用地所占比重超过 60% 的有 70 个，占研究区域所有区域数量的 79.55%，与 2005 年相比也保持不变。这说明 2010 年广西西江流域生态生产用地在整个西江流域内占比仍旧较大，各个区域实际分布情况差距较大，西江流域地区将近一半的区域生态生产用地面积超过当地总面积的一半，表示广西西江流域区域内生态环境保护良好，且 2005 ~ 2010 年生态生产用地有些许减少，没有太大的土地利用类型发生变化。具体数据见表 7-9 和图 7-11。

表 7-9　广西西江流域 2010 年生态生产用地现状面积统计表

研究区域	生态生产用地		研究区域	生态生产用地		研究区域	生态生产用地		研究区域	生态生产用地	
	面积/hm²	比重/%		面积/hm²	比重/%		面积/hm²	比重/%		面积/hm²	比重/%
兴宁区	49657.95	65.73	灵川县	184088.22	80.15	陆川县	115186.67	74.25	天峨县	303708.81	95.50
青秀区	51744.31	62.53	全州县	288759.17	73.08	博白县	300697.61	78.69	凤山县	152155.50	87.43
西乡塘区	58930.77	54.88	兴安县	186728.81	79.90	兴业县	85272.10	58.55	东兰县	218093.36	90.44

续表

研究区域	生态生产用地		研究区域	生态生产用地		研究区域	生态生产用地		研究区域	生态生产用地	
	面积/hm^2	比重/%		面积/hm^2	比重/%		面积/hm^2	比重/%		面积/hm^2	比重/%
江南区	60891.77	48.17	永福县	238340.73	85.06	北流市	178499.97	72.95	罗城县	215879.74	81.51
邕宁区	64825.29	52.56	灌阳县	146378.70	79.98	右江区	333799.51	89.85	环江县	381671.60	84.00
良庆区	87013.77	67.71	龙胜县	221566.17	90.84	田阳区	163332.54	68.75	巴马县	179246.25	90.77
武鸣区	200004.36	59.06	资源县	175248.56	90.72	田东县	218634.08	77.86	都安县	377522.98	92.42
隆安县	162266.85	70.24	平乐县	134818.26	70.70	平果县	177231.61	71.86	大化县	242181.64	87.37
马山县	188689.36	80.61	荔浦市	133935.37	76.31	德保县	181478.33	70.87	宜州区	291259.18	75.60
上林县	123796.21	66.30	恭城县	173186.94	81.00	靖西市	238720.53	71.81	兴宾区	216097.71	49.14
宾阳县	109807.49	47.59	梧州市辖区	23931.68	78.03	那坡县	189213.78	85.33	忻城县	201226.20	79.49
横县	205006.36	59.57	苍梧县	377240.74	88.31	凌云县	172387.84	84.32	象州县	127813.69	66.39
柳州市辖区	33368.22	51.22	藤县	329613.64	83.57	乐业县	240696.74	91.71	武宣县	92383.86	54.40
柳江区	180416.96	71.05	蒙山县	109855.73	86.25	田林县	529514.32	95.91	金秀县	234780.53	94.91
柳城县	121633.88	57.78	岑溪市	230525.71	83.36	西林县	273647.63	92.86	合山市	20578.03	57.11
鹿寨县	273203.12	81.86	港北区	59421.00	54.04	隆林县	315869.00	89.09	江州区	191492.39	65.78
融安县	258073.39	89.00	港南区	47847.97	43.33	八步区	427010.02	83.62	扶绥县	174132.66	61.20
融水县	400573.92	87.02	覃塘区	53137.60	39.25	昭平县	295520.57	91.84	宁明县	296279.17	79.97
三江县	214993.69	89.97	平南县	191968.04	64.36	钟山县	129549.69	69.43	龙州县	163555.20	70.70
桂林市辖区	26530.50	47.15	桂平市	231121.06	56.81	富川县	101301.01	65.67	大新县	198899.44	72.41
阳朔县	103101.90	71.94	玉州区	62719.48	49.34	金城江区	210675.06	89.79	天等县	165696.55	76.43
临桂区	164819.24	73.44	容县	178212.15	78.84	南丹县	364864.01	93.73	凭祥市	57540.82	89.66

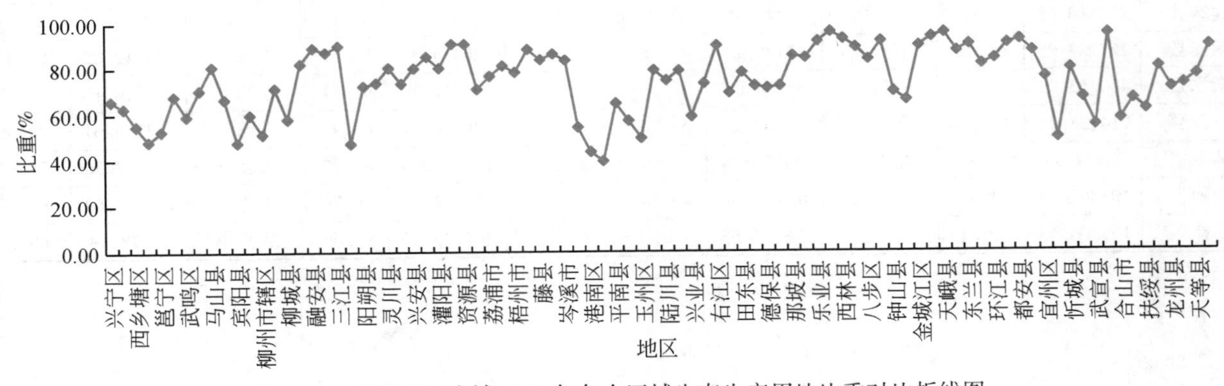

图 7-11　广西西江流域 2010 年各个区域生态生产用地比重对比折线图

3. 广西西江流域 2015 年生态生产用地情况分析

2015 年广西西江流域生态生产用地面积为 16635064.05hm^2，所占比重还是最大，为 76.92%，相较于 2010 年生态生产用地面积有所减少。在各个区域内部，各个三生用地分类结构与 2005 年基本一致，其生态生产用地所占比重的差异相对仍然较大，其中仍然是田林县的生态生产用地所占的比重最大，为 95.86%，相对于 2010 年所占比重有所降低，覃塘区的生态生产用地所占的比重仍最小，为 39.19%，相对于 2010 年所占比重也有所降低，所占比重与最大值相差 56.67 个百分点，较 2005 年情况有所缓和。在整个广西西江流域区域中，生态生产用地所占比重超过 80% 的有 34 个，占研究区域所有区域数量的 38.64%，相对于 2005 年同等级数量减少，其中灵川县由 2010 年的 80.15% 下降到 2015 年的 79.99%，减少幅度不大；生态生产用地所占比重超过 90% 的有 12 个，与 2010 年相比保持不变；生态生产用地所占比重超过60%的有70个，占研究区域所有区域数量的79.55%，与2010年相比也保持不变。这说明2015年广西西江流域生态生产用地在整个西江流域内占比仍旧较大，各个区域实际分布情况差距较大，西江流域地区将近一半的区域生态生产用地面积超过当地总面积的一半，表示广西西江流域区域内生态环境保护良好，2010～2015年生态生产用地有些许减少，但没有太大的土地利用类型发生变化。具体数据见表7-10和图7-12。

表7-10　广西西江流域2015年生态生产用地现状面积统计表

研究区域	生态生产用地		研究区域	生态生产用地		研究区域	生态生产用地		研究区域	生态生产用地	
	面积/hm²	比重/%		面积/hm²	比重/%		面积/hm²	比重/%		面积/hm²	比重/%
兴宁区	49243.59	65.18	灵川县	183727.26	79.99	陆川县	114291.72	73.68	天峨县	303608.88	95.45
青秀区	50927.67	61.54	全州县	288130.41	72.92	博白县	299862.54	78.42	凤山县	152190.09	87.45
西乡塘区	58709.16	54.67	兴安县	186219.00	79.68	兴业县	84980.34	58.35	东兰县	218027.52	90.41
江南区	60511.41	47.87	永福县	238054.14	84.90	北流市	177921.54	72.72	罗城县	215785.17	81.48
邕宁区	64502.01	52.30	灌阳县	146261.52	79.93	右江区	333532.17	89.77	环江县	381680.10	84.00
良庆区	86218.38	67.09	龙胜县	221288.67	90.73	田阳区	163143.00	68.67	巴马县	179234.64	90.76
武鸣区	199651.59	58.96	资源县	174733.56	90.45	田东县	218375.01	77.75	都安县	377290.35	92.37
隆安县	161919.90	70.09	平乐县	134627.94	70.60	平果县	177241.32	71.87	大化县	242046.36	87.32
马山县	188483.85	80.52	荔浦市	133723.98	76.19	德保县	181401.30	70.84	宜州区	291232.08	75.60
上林县	123762.06	66.29	恭城县	172907.55	80.88	靖西市	238152.33	71.60	兴宾区	215669.79	49.04
宾阳县	109592.01	47.49	梧州市	22235.13	72.50	那坡县	189203.58	85.29	忻城县	201158.37	79.46
横县	204780.06	59.50	苍梧县	375708.69	87.96	凌云县	172383.57	84.32	象州县	127722.87	66.34
柳州市辖区	32992.38	50.64	藤县	328294.35	83.24	乐业县	240142.41	91.49	武宣县	92246.04	54.32
柳江区	180301.86	71.00	蒙山县	109803.78	86.20	田林县	529263.45	95.86	金秀县	234364.77	94.74
柳城县	121502.97	57.72	岑溪市	229761.00	83.10	西林县	273495.06	92.80	合山市	20560.41	57.06
鹿寨县	272410.65	81.63	港北区	59333.49	53.96	隆林县	315924.66	89.10	江州区	190945.44	65.58
融安县	257728.95	88.88	港南区	47785.14	43.28	八步区	426414.87	83.51	扶绥县	173612.07	61.01
融水县	400343.22	86.95	覃塘区	53058.06	39.19	昭平县	295417.80	91.81	宁明县	296276.13	79.93
三江县	214723.71	89.87	平南县	191914.83	64.35	钟山县	128594.61	68.92	龙州县	163559.61	70.68
桂林市辖区	25817.49	45.88	桂平市	231075.27	56.79	富川县	101471.94	65.79	大新县	198843.30	72.36
阳朔县	103067.55	71.91	玉州区	62466.48	49.14	金城江区	210462.21	89.70	天等县	165628.62	76.35
临桂区	163406.43	72.81	容县	178096.68	78.80	南丹县	364723.29	93.69	凭祥市	57178.89	88.89

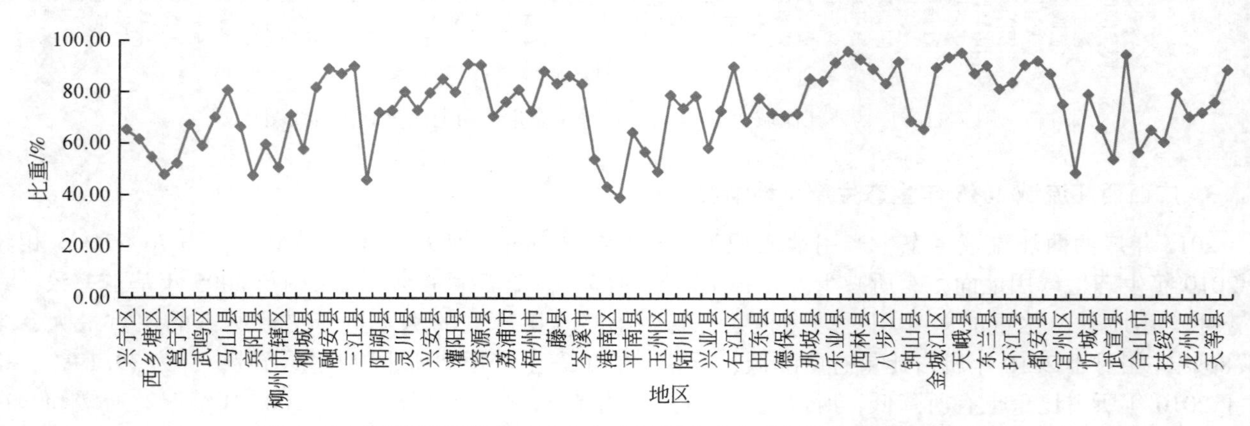

图7-12　广西西江流域2015年各个区域生态生产用地比重对比折线图

4. 广西西江流域 2005～2015 年生态生产用地情况分析

由表 7-11 可知，广西西江流域生态生产用地在 2005～2010 年大部分处于增加状态，在 2010～2015 年大部分区域都处于减少状态，2005～2015 年累计情况也是减少的比例更大。

表 7-11　广西西江流域生态生产用地 2005～2015 年面积比重百分点变化统计表

研究区域	2005～2010 年	2010～2015 年	2005～2015 年	研究区域	2005～2010 年	2010～2015 年	2005～2015 年	研究区域	2005～2010 年	2010～2015 年	2005～2015 年	研究区域	2005～2010 年	2010～2015 年	2005～2015 年
兴宁区	-0.09	-0.55	-0.64	灵川县	0.00	-0.16	-0.16	陆川县	0.29	-0.57	-0.28	天峨县	0.25	-0.05	0.20
青秀区	-1.29	-0.99	-2.28	全州县	-0.01	-0.16	-0.17	博白县	0.04	-0.27	-0.23	凤山县	-0.01	0.02	0.01
西乡塘区	-0.12	-0.21	-0.33	兴安县	0.05	-0.22	-0.17	兴业县	0.00	-0.20	-0.20	东兰县	0.00	-0.03	-0.03
江南区	-0.16	-0.30	-0.46	永福县	0.05	-0.16	-0.11	北流市	0.01	-0.23	-0.22	罗城县	0.00	-0.03	-0.03
邕宁区	0.00	-0.26	-0.26	灌阳县	-0.01	-0.05	-0.06	右江区	0.00	-0.08	-0.08	环江县	0.01	0.00	0.01
良庆区	-0.01	-0.62	-0.63	龙胜县	0.00	-0.11	-0.11	田阳区	0.06	-0.08	-0.02	巴马县	0.00	-0.01	-0.01
武鸣区	0.18	-0.10	0.08	资源县	0.00	-0.27	-0.27	田东县	0.00	-0.11	-0.11	都安县	0.00	-0.05	-0.05
隆安县	-0.09	-0.15	-0.24	平乐县	0.09	-0.10	-0.01	平果县	-0.03	0.01	-0.02	大化县	0.00	-0.05	-0.05
马山县	0.02	-0.09	-0.07	荔浦市	0.06	-0.12	-0.06	德保县	-0.02	-0.03	-0.05	宜州区	0.00	0.00	0.00
上林县	0.00	-0.01	-0.01	恭城县	0.06	-0.12	-0.06	靖西市	0.00	-0.21	-0.21	兴宾区	0.22	-0.10	0.12
宾阳县	0.12	-0.10	0.02	梧州市辖区	0.06	-5.53	-5.47	那坡县	0.01	-0.04	-0.02	忻城县	0.00	-0.03	-0.03
横县	0.05	-0.07	-0.02	苍梧县	0.00	-0.35	-0.35	凌云县	0.00	0.00	0.00	象州县	0.28	-0.05	0.23
柳州市辖区	-0.02	-0.58	-0.60	藤县	0.01	-0.33	-0.32	乐业县	0.04	-0.22	-0.18	武宣县	0.00	-0.08	-0.08
柳江区	0.13	-0.05	0.08	蒙山县	0.00	-0.05	-0.05	田林县	0.00	-0.05	-0.05	金秀县	0.00	-0.17	-0.17
柳城县	0.13	-0.06	0.07	岑溪市	-0.01	-0.26	-0.27	西林县	0.01	-0.06	-0.05	合山市	0.57	-0.05	0.52
鹿寨县	0.02	-0.23	-0.21	港北区	0.01	-0.08	-0.07	隆林县	0.00	0.01	0.01	江州区	0.04	-0.20	-0.16
融安县	-0.01	-0.12	-0.13	港南区	0.01	-0.05	-0.04	八步区	0.02	-0.11	-0.09	扶绥县	0.05	-0.19	-0.14
融水县	0.00	-0.07	-0.07	覃塘区	0.47	-0.06	0.41	昭平县	0.05	-0.03	0.02	宁明县	0.00	-0.04	-0.04
三江县	-0.02	-0.10	-0.12	平南县	0.02	-0.01	0.01	钟山县	0.01	-0.51	-0.50	龙州县	0.00	-0.02	-0.02
桂林市辖区	0.26	-1.27	-1.01	桂平市	0.02	-0.02	0.00	富川县	1.13	0.12	1.25	大新县	0.00	-0.05	-0.05
阳朔县	0.13	-0.03	0.10	玉州区	0.03	-0.20	-0.17	金城江区	-0.01	-0.09	-0.10	天等县	0.00	-0.08	-0.08
临桂区	0.02	-0.63	-0.61	容县	-0.01	-0.04	-0.05	南丹县	0.00	-0.04	-0.04	凭祥市	-0.14	-0.77	-0.91

其中 2005～2010 年，有 28 个区域处于减少的状态，占研究范围所有区域数量的 31.82%，其中青秀区减少面积最大为 1068.03hm^2，减少比重为 1.29 个百分点；有 52 个区域处于增加的状态，增加幅度较小，占研究范围所有区域数量的 59.09%，其中富川县增长幅度最大为 1751.75hm^2，增加比重为 1.13%；有 8 个区域的生态生产用地在这一阶段的面积维持基本不变。因此即使有小部分区域生态生产用地在这一阶段减少，但整个研究区域内生态生产用地面积没有减少且保持增加。

2010～2015 年，仅有平果县、隆林县、富川县、凤山县 4 个区域的生态生产用地面积有增加，且增加幅度较小；另外 84 个区域的生态生产用地面积都处于减少的状态，占研究范围所有区域数量的 95.45%，其中有 13 个区域的减少面积的比重超过 0.3%，桂林市辖区及梧州市辖区 2 个区域的比重减少幅度超过 1%，减少面积最多的区域梧州市辖区减少比重为 5.53%，减少面积为 1696.55hm^2，远远超过了 2005～2010 年这一阶段减少面积的最大值。

2005～2015 年，有 17 个区域的生态生产用地面积有增加，分别是武鸣区、宾阳县、柳江区、柳城县、阳朔县、覃塘区、平南县、桂平市、隆林县、昭平县、富川县、天峨县、凤山县、环江县、兴宾区、象州县、合山市，其中富川县增加幅度最大，增加面积为 1922.68hm^2，比重为 1.25%，且富川县在两个阶段皆属于增加状态。另外71个区域的生态生产用地面积都处于减少的状态，占研究范围所有区域数量的80.68%，其中有13个区域的减少面积的比重超过0.3%，其中青秀区、桂林市辖区及梧州市辖区3个区域的比重减少幅度超过1%，减少面积最多的区域梧州市辖区减少比重为5.47%，减少面积为1680.35hm²，占广西西江流域生产生态用地2005～2015年总的减少面积20915.03hm²的8.03%。由此可以看出经济发展的过程对生态生产用地的影响也是不可忽视的，目前广西西江流域生态生产用地占比较大，生态环境保护良好，在发展的过程中可以允许对其适当地占用。

7.5.5 广西西江流域生态用地情况分析

1. 广西西江流域2005年生态用地情况分析

本研究中广西西江流域生态用地包括裸地及部分水域，2005年广西西江流域生态用地面积为27441.63hm²，所占比重最小，仅为0.13%，也是地形以及气候类型导致广西西江流域裸地及纯生态功能的水域比例较小，这部分生态用地大多是由自然保留下来的，为敏感型生态系统，抵御外界干扰能力差。在各个区域内部，其生态用地面积也较少，分布较为不均，差异较大，大多数区域的生态用地面积比重都在0.1%以下，仅有少数部分的区域生态用地面积比重超过0.2%，分别是柳江区、柳城县、灵川县、梧州市辖区、藤县、覃塘区、桂平市、陆川县、博白县、富川县、兴宾区、象州县、武宣县、合山市共14个区域，其中富川县的生态用地面积比重最大为1.6%，面积为2469.50hm²；还有一小部分区域内无生态用地，面积比重皆为0.00%，分别是临桂区、龙胜县、资源县、蒙山县、德保县、那坡县、凌云县、乐业县、西林县、金城江区、天峨县、巴马县、凭祥市共13个区域；另外兴业县、田林县、东兰县、金秀县4个区域内有小部分生态用地，但面积相对于整个区域来说太小，因此所占比重几乎为0.00%。具体面积见表7-12和图7-13。

表7-12 广西西江流域2005年生态用地现状面积统计表

研究区域	生态用地		研究区域	生态用地		研究区域	生态用地		研究区域	生态用地	
	面积/hm²	比重/%		面积/hm²	比重/%		面积/hm²	比重/%		面积/hm²	比重/%
兴宁区	21.87	0.03	灵川县	1125.89	0.49	陆川县	1136.15	0.73	天峨县	0.00	0.00
青秀区	18.72	0.02	全州县	514.17	0.13	博白县	981.98	0.26	凤山县	52.20	0.03
西乡塘区	123.21	0.11	兴安县	436.68	0.19	兴业县	3.24	0.00	东兰县	9.09	0.00
江南区	122.67	0.10	永福县	262.44	0.09	北流市	91.98	0.04	罗城县	18.45	0.01
邕宁区	9.99	0.01	灌阳县	252.54	0.14	右江区	504.09	0.14	环江县	592.92	0.13
良庆区	82.17	0.06	龙胜县	0.00	0.00	田阳区	62.91	0.03	巴马县	0.00	0.00
武鸣区	574.83	0.17	资源县	0.00	0.00	田东县	64.71	0.02	都安县	62.91	0.02
隆安县	226.71	0.10	平乐县	113.58	0.06	平果县	159.03	0.06	大化县	40.86	0.01
马山县	65.34	0.03	荔浦市	117.90	0.07	德保县	0.00	0.00	宜州区	22.05	0.01
上林县	230.58	0.12	恭城县	306.99	0.14	靖西市	610.11	0.18	兴宾区	1806.20	0.41
宾阳县	287.19	0.12	梧州市辖区	289.08	0.94	那坡县	0.00	0.00	忻城县	238.41	0.09
横县	678.51	0.20	苍梧县	402.48	0.09	凌云县	0.00	0.00	象州县	776.61	0.40
柳州市辖区	109.98	0.17	藤县	1697.21	0.43	乐业县	0.00	0.00	武宣县	1276.82	0.75
柳江区	543.15	0.21	蒙山县	0.00	0.00	田林县	13.14	0.00	金秀县	0.09	0.00
柳城县	772.65	0.37	岑溪市	212.13	0.08	西林县	0.00	0.00	合山市	206.91	0.57
鹿寨县	142.29	0.04	港北区	153.27	0.14	隆林县	23.40	0.01	江州区	365.31	0.13
融安县	176.49	0.06	港南区	102.06	0.09	八步区	898.38	0.18	扶绥县	279.18	0.10
融水县	52.56	0.01	覃塘区	1043.81	0.77	昭平县	336.60	0.10	宁明县	68.94	0.02

续表

研究区域	生态用地		研究区域	生态用地		研究区域	生态用地		研究区域	生态用地	
	面积/hm^2	比重/%		面积/hm^2	比重/%		面积/hm^2	比重/%		面积/hm^2	比重/%
三江县	61.02	0.03	平南县	429.30	0.14	钟山县	30.87	0.02	龙州县	206.64	0.09
桂林市辖区	28.17	0.05	桂平市	1119.77	0.28	富川县	2469.50	1.60	大新县	110.25	0.04
阳朔县	103.14	0.07	玉州区	113.13	0.09	金城江区	0.00	0.00	天等县	28.35	0.01
临桂区	0.00	0.00	容县	434.07	0.19	南丹县	335.61	0.09	凭祥市	0.00	0.00

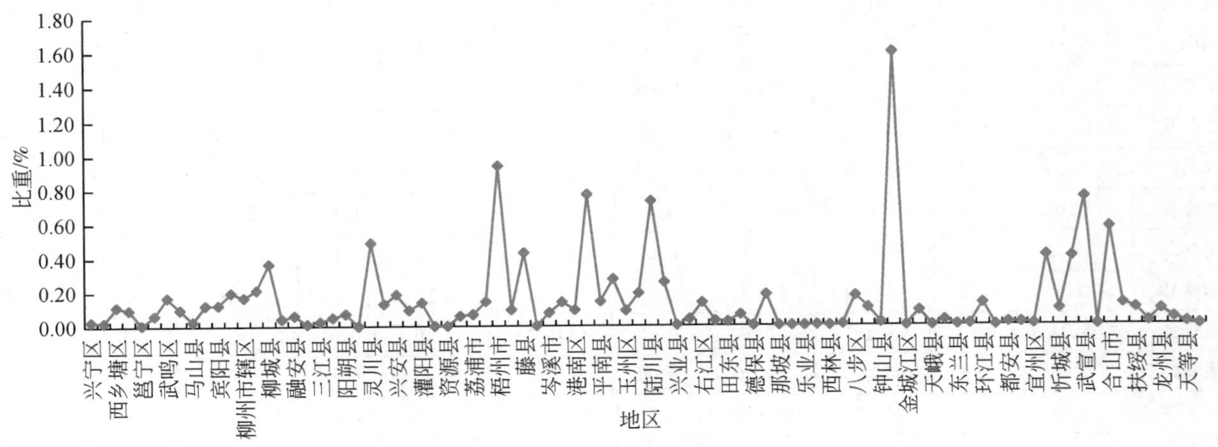

图 7-13　广西西江流域 2005 年各个区域生态用地比重对比折线图

2. 广西西江流域 2010 年生态用地情况分析

2010 年广西西江流域生态用地面积为 21746.55hm^2，所占比重最小，仅为 0.10%，相较于 2005 年生态用地面积有减少。在各个区域内部，各个三生用地分类结构与 2005 年基本一致，其生态用地面积也是相对较少，分布较为不均，差异较大，大多数区域的生态用地面积比重都在 0.1% 以下，仅有少数部分的区域生态用地面积比重超过 0.2%，分别是柳州市辖区、柳城县、灵川县、梧州市辖区、藤县、覃塘区、桂平市、容县、陆川县、博白县、富川县、兴宾区、象州县、武宣县共 14 个区域，相对于 2005 年同等级数量保持不变，但具体区域发生变化，其中柳江区、合山市生态用地面积比重减少到 0.2% 以下，柳州市辖区、容县生态用地面积比重增加到 0.2% 以下；生态用地面积比重最大的区域变为梧州市辖区，为 0.87%，面积为 267.03hm^2，其面积数量在所有研究区域中并不是最大，与 2005 年生态用地面积比重最大的区域面积及比重差距都较大，处于减少趋势；还有一小部分区域内无生态用地，面积比重皆为 0.00%，分别是龙胜县、资源县、蒙山县、德保县、那坡县、凌云县、乐业县、西林县、金城江区、天峨县、巴马县、凭祥市共 12 个区域，相对于 2005 年同等级数量减少，临桂区由 2005 年的生态用地 0hm^2 变为 2010 年的 18.09hm^2；另外桂林市辖区、阳朔县、田林县、东兰县、金秀县 5 个区域内有小部分生态用地，但面积相对于整个区域来说太小，因此所占比重几乎为 0.00%，相对于 2005 年同等级数量增加，其中兴业县由 2005 年的 3.24hm^2 增加到 12.51hm^2；另外，桂林市辖区由 2005 年的 28.17hm^2 减少到 0.18hm^2，阳朔县由 2005 年的 103.14hm^2减少到 5.31hm^2。具体面积见表 7-13 和图 7-14。

表 7-13　广西西江流域 2010 年生态用地现状面积统计表

研究区域	生态用地		研究区域	生态用地		研究区域	生态用地		研究区域	生态用地	
	面积/hm^2	比重/%		面积/hm^2	比重/%		面积/hm^2	比重/%		面积/hm^2	比重/%
兴宁区	21.87	0.03	灵川县	1127.78	0.49	陆川县	686.16	0.44	天峨县	0.00	0.00
青秀区	18.72	0.02	全州县	546.39	0.14	博白县	956.15	0.25	凤山县	61.20	0.04

续表

研究区域	生态用地		研究区域	生态用地		研究区域	生态用地		研究区域	生态用地	
	面积/hm^2	比重/%		面积/hm^2	比重/%		面积/hm^2	比重/%		面积/hm^2	比重/%
西乡塘区	72.90	0.07	兴安县	387.36	0.17	兴业县	12.51	0.01	东兰县	9.09	0.00
江南区	122.67	0.10	永福县	30.96	0.01	北流市	91.98	0.04	罗城县	18.45	0.01
邕宁区	9.99	0.01	灌阳县	267.75	0.15	右江区	504.09	0.14	环江县	592.92	0.13
良庆区	82.17	0.06	龙胜县	0.00	0.00	田阳区	62.91	0.03	巴马县	0.00	0.00
武鸣区	437.94	0.13	资源县	0.00	0.00	田东县	64.71	0.02	都安县	62.91	0.02
隆安县	226.71	0.10	平乐县	50.94	0.03	平果县	207.27	0.08	大化县	40.86	0.01
马山县	65.34	0.03	荔浦市	45.09	0.03	德保县	0.00	0.00	宜州区	22.05	0.01
上林县	230.58	0.12	恭城县	174.60	0.08	靖西市	610.11	0.18	兴宾区	1210.58	0.28
宾阳县	312.03	0.14	梧州市辖区	267.03	0.87	那坡县	0.00	0.00	忻城县	238.32	0.09
横县	678.51	0.20	苍梧县	412.47	0.10	凌云县	0.00	0.00	象州县	423.27	0.22
柳州市辖区	157.05	0.24	藤县	1697.21	0.43	乐业县	0.00	0.00	武宣县	1256.75	0.74
柳江区	166.32	0.07	蒙山县	0.00	0.00	田林县	13.14	0.00	金秀县	0.09	0.00
柳城县	472.68	0.22	岑溪市	212.13	0.08	西林县	0.00	0.00	合山市	66.06	0.18
鹿寨县	95.04	0.03	港北区	149.31	0.14	隆林县	23.40	0.01	江州区	365.31	0.13
融安县	176.49	0.06	港南区	61.20	0.06	八步区	819.09	0.16	扶绥县	279.18	0.10
融水县	52.56	0.01	覃塘区	289.44	0.21	昭平县	164.79	0.05	宁明县	68.94	0.02
三江县	60.93	0.03	平南县	377.91	0.13	钟山县	30.87	0.02	龙州县	206.64	0.09
桂林市辖区	0.18	0.00	桂平市	1119.77	0.28	富川县	855.63	0.55	大新县	110.25	0.04
阳朔县	5.31	0.00	玉州区	88.38	0.07	金城江区	0.00	0.00	天等县	28.35	0.01
临桂区	18.09	0.01	容县	457.11	0.20	南丹县	335.61	0.09	凭祥市	0.00	0.00

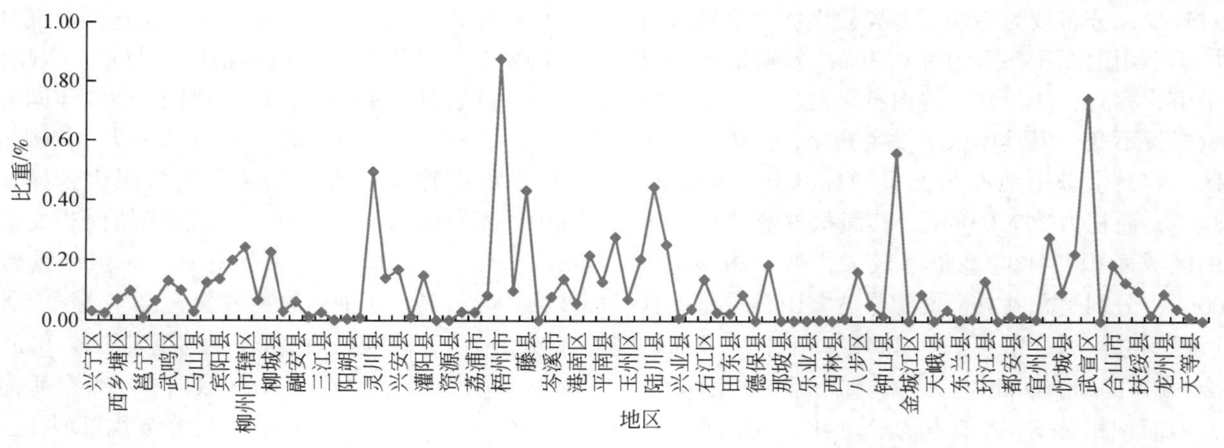

图 7-14　广西西江流域 2010 年各个区域生态用地比重对比折线图

3. 广西西江流域 2015 年生态用地情况分析

2015 年广西西江流域生态用地面积为 22057.11hm^2，所占比重仍最小，仅为 0.10%，相较于 2010 年生态用地面积有所增加，但总体情况并没有实质性的改变。在各个区域内部，各个三生用地分类结构与 2005 年基本一致，其生态用地面积也较少，分布较为不均，差异较大，大多数区域的生态用地面积比重都在 0.1% 以下，仅有少数部分的区域生态用地面积比重超过 0.2%，分别有柳州市辖区、柳城县、灵川县、梧州市辖区、藤县、覃塘区、桂平市、容县、陆川县、博白县、富川县、兴宾区、象州县、武宣县、江州区共 15 个区域，相对于 2010 年同等级数量增加，江州区由 2010 年的比重 0.13% 增加到了 0.20%，生态用地面积比重最大的区域仍旧为梧州市辖区，为 0.87%，面积为 267.93hm²，与 2010 年情况保持不变；还有一小部分区域内无生态用地，面积比重皆为 0.00%，分别是龙胜县、资源县、蒙山县、德保县、那坡县、凌云县、乐业县、金城江区、天峨县、巴马县、凭祥市共 11 个区域，相对于 2010 年同等级数量减少，西林县由 2010 年的生态用地 0hm² 变为 2015 年的 16.20hm²；另外桂林市辖区、阳朔县、田林县、东兰县、金秀县 5 个区域内有小部分生态用地，但面积相对于整个区域来说太小，因此所占比重几乎为 0.00%，与 2010 年保持不变，具体面积见表 7-14 和图 7-15。

表 7-14　广西西江流域 2015 年生态用地现状面积统计表

研究区域	生态用地/hm²	比重/%	研究区域	生态用地/hm²	比重/%	研究区域	生态用地/hm²	比重/%	研究区域	生态用地/hm²	比重/%
兴宁区	21.87	0.03	灵川县	1137.33	0.50	陆川县	654.57	0.42	天峨县	0.00	0.00
青秀区	18.72	0.02	全州县	534.87	0.14	博白县	947.52	0.25	凤山县	61.20	0.04
西乡塘区	73.71	0.07	兴安县	345.24	0.15	兴业县	12.51	0.01	东兰县	9.09	0.00
江南区	175.23	0.14	永福县	30.96	0.01	北流市	91.98	0.04	罗城县	18.45	0.01
邕宁区	9.63	0.01	灌阳县	267.75	0.15	右江区	505.44	0.14	环江县	592.92	0.13
良庆区	81.99	0.06	龙胜县	0.00	0.00	田阳区	61.56	0.03	巴马县	0.00	0.00
武鸣区	450.36	0.13	资源县	0.00	0.00	田东县	64.71	0.02	都安县	63.54	0.02
隆安县	226.71	0.10	平乐县	45.54	0.02	平果县	135.90	0.06	大化县	43.38	0.02
马山县	62.01	0.03	荔浦市	108.90	0.06	德保县	0.00	0.00	宜州区	22.05	0.01
上林县	230.58	0.12	恭城县	191.97	0.09	靖西市	610.11	0.18	兴宾区	1252.80	0.28
宾阳县	424.89	0.18	梧州市辖区	267.93	0.87	那坡县	0.00	0.00	忻城县	238.50	0.09
横县	678.42	0.20	苍梧县	379.98	0.09	凌云县	0.00	0.00	象州县	424.62	0.22
柳州市辖区	158.22	0.24	藤县	1718.64	0.44	乐业县	0.00	0.00	武宣县	1254.24	0.74
柳江区	166.14	0.07	蒙山县	0.00	0.00	田林县	13.14	0.00	金秀县	0.09	0.00
柳城县	540.90	0.26	岑溪市	212.13	0.08	西林县	16.20	0.01	合山市	65.61	0.18
鹿寨县	94.59	0.03	港北区	149.58	0.14	隆林县	23.40	0.01	江州区	590.85	0.20
融安县	176.49	0.06	港南区	60.93	0.06	八步区	797.40	0.16	扶绥县	276.39	0.10
融水县	52.56	0.01	覃塘区	288.81	0.21	昭平县	164.79	0.05	宁明县	69.84	0.02
三江县	60.93	0.03	平南县	350.82	0.12	钟山县	25.74	0.01	龙州县	206.64	0.09
桂林市辖区	0.18	0.00	桂平市	1095.12	0.27	富川县	797.94	0.52	大新县	110.97	0.04
阳朔县	5.31	0.00	玉州区	88.38	0.07	金城江区	0.00	0.00	天等县	28.35	0.01
临桂区	23.58	0.01	容县	461.16	0.20	南丹县	335.61	0.09	凭祥市	0.00	0.00

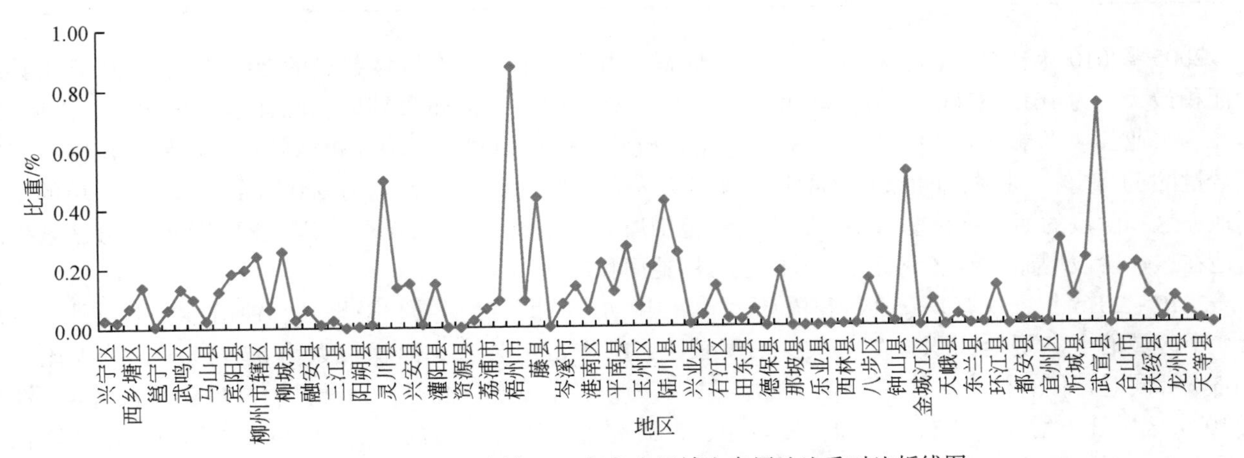

图 7-15　广西西江流域 2015 年各个区域生态用地比重对比折线图

4. 广西西江流域 2005 ~ 2015 年生态用地情况分析

由表 7-15 可知，广西西江流域生态用地在 2005 ~ 2010 年、2010 ~ 2015 年大部分区域都处于稳定或增加状态。

表 7-15　广西西江流域生态用地 2005 ~ 2015 年面积比重百分点变化统计表

研究区域	2005 ~ 2010 年	2010 ~ 2015 年	2005 ~ 2015 年	研究区域	2005 ~ 2010 年	2010 ~ 2015 年	2005 ~ 2015 年	研究区域	2005 ~ 2010 年	2010 ~ 2015 年	2005 ~ 2015 年	研究区域	2005 ~ 2010 年	2010 ~ 2015 年	2005 ~ 2015 年
兴宁区	0.00	0.00	0.00	灵川县	0.00	0.00	0.01	陆川县	-0.29	-0.02	-0.31	天峨县	0.00	0.00	0.00
青秀区	0.00	0.00	0.00	全州县	0.01	0.00	0.01	博白县	-0.01	0.00	-0.01	凤山县	0.01	0.00	0.01
西乡塘区	-0.04	0.00	-0.04	兴安县	-0.02	-0.02	-0.04	兴业县	0.01	0.00	0.01	东兰县	0.00	0.00	0.00
江南区	0.00	0.04	0.04	永福县	-0.08	0.00	-0.08	北流市	0.00	0.00	0.00	罗城县	0.00	0.00	0.00
邕宁区	0.00	0.00	0.00	灌阳县	0.01	0.00	0.01	右江区	0.00	0.00	0.00	环江县	0.00	0.00	0.00
良庆区	0.00	0.00	0.00	龙胜县	0.00	0.00	0.00	田阳区	0.00	0.00	0.00	巴马县	0.00	0.00	0.00
武鸣区	-0.04	0.00	-0.04	资源县	0.00	0.00	0.00	田东县	0.00	0.00	0.00	都安县	0.00	0.00	0.00
隆安县	0.00	0.00	0.00	平乐县	-0.03	-0.01	-0.04	平果县	0.02	-0.02	-0.00	大化县	0.00	0.01	0.01
马山县	0.00	0.00	0.00	荔浦市	-0.04	0.03	-0.01	德保县	0.00	0.00	0.00	宜州区	0.00	0.00	0.00
上林县	0.00	0.00	0.00	恭城县	-0.06	0.01	-0.05	靖西市	0.00	0.00	0.00	兴宾区	-0.13	0.01	-0.13
宾阳县	0.02	0.04	0.06	梧州市辖区	-0.07	0.00	-0.07	那坡县	0.00	0.00	0.00	忻城县	0.00	0.00	0.00
横县	0.00	0.00	0.00	苍梧县	0.01	-0.01	0.00	凌云县	0.00	0.00	0.00	象州县	-0.18	0.00	-0.18
柳州市辖区	0.07	0.00	0.07	藤县	0.00	0.01	0.01	乐业县	0.00	0.00	0.00	武宣县	-0.01	0.00	-0.01
柳江区	-0.14	0.00	-0.14	蒙山县	0.00	0.00	0.00	田林县	0.00	0.00	0.00	金秀县	0.00	0.00	0.00
柳城县	-0.15	0.04	-0.11	岑溪市	0.00	0.00	0.00	西林县	0.00	0.01	0.01	合山市	-0.39	0.00	-0.39
鹿寨县	-0.01	0.00	-0.01	港北区	0.00	0.00	0.00	隆林县	0.00	0.00	0.00	江州区	0.00	0.07	0.07
融安县	0.00	0.00	0.00	港南区	-0.03	0.00	-0.03	八步区	-0.02	0.00	-0.02	扶绥县	0.00	0.00	0.00
融水县	0.00	0.00	0.00	覃塘区	-0.56	0.00	-0.56	昭平县	-0.05	0.00	-0.05	宁明县	0.00	0.00	0.00
三江县	0.00	0.00	0.00	平南县	-0.01	-0.01	-0.02	钟山县	0.00	-0.01	-0.01	龙州县	0.00	0.00	0.00
桂林市辖区	-0.05	0.00	-0.05	桂平市	0.00	-0.01	-0.01	富川县	-1.05	-0.03	-1.08	大新县	0.00	0.00	0.00
阳朔县	-0.07	0.00	-0.07	玉州区	-0.02	0.00	-0.02	金城江区	0.00	0.00	0.00	天等县	0.00	0.00	0.00
临桂区	0.01	0.00	0.01	容县	0.01	0.00	0.01	南丹县	0.00	0.00	0.00	凭祥市	0.00	0.00	0.00

2005 ~ 2010 年，有 26 个区域处于减少的状态，占研究范围所有区域数量的 29.55%，其中富川县减少面积最大，为 1613.87hm^2，减少比重为 1.05%；有宾阳县、柳州市辖区、临桂区、全州县、灌阳县、容县、兴业县、平果县、凤山县、苍梧县 10 个区域处于增加的状态，增加幅度较小，占研究范围所有区域数量的 11.36%，其中柳州市辖区增长幅度最大为 47.07hm^2，增加比重为 0.07%；有 52 个区域的生态用地在这一阶段的面积维持基本不变，占研究范围所有区域数量的 59.09%。因此即使有小部分区域生态用地在这一阶段增加，但整个研究区域内生态用地面积减少。

2010 ~ 2015 年，仅有兴安县、苍梧县、平南县、桂平市、陆川县、平果县、钟山县、平乐县、富川县 9 个区域的生态用地面积减少，减少幅度较小，其中富川县减少面积最大为 57.69hm^2，减少比重为 0.03%；同时，仅有江南区、宾阳县、柳城县、荔浦市、恭城县、藤县、西林县、灵川县、大化县、江州区 10 个区域处于增加的状态，增加幅度较小，占研究范围所有区域数量的 11.36%，其中江州区增长幅度最大为 225.54hm^2，增加比重为 0.07%；有 69 个区域的生态用地在这一阶段的面积维持基本不变，占研究范围所有区域数量的78.41%。因此即使有小部分区域生态用地在这一阶段减少，但整个研究区域内生态用地面积仍有些许增加。

2005～2015年，广西西江流域生态用地总面积是减少的，有28个区域的生态用地面积都处于减少的状态，占研究范围所有区域数量的31.82%，其中富川县在两个阶段皆属于减少的状态，因此其在2005～2015年总的减少幅度也最大，减少面积为1671.56hm²，比重为1.08%；有14个区域的生态用地面积增加，分别是江南区、宾阳县、柳州市辖区、临桂区、全州县、灌阳县、藤县、容县、兴业县、西林县、凤山县、大化县、灵川县、江州区，其中江州区增加幅度最大，增加面积为225.54hm²，增加比重为0.08%；有46个区域的生态用地在这一阶段的面积维持基本不变，占研究范围所有区域数量的52.27%，超过总数量的一半。因此，即使有小部分区域生态用地在这一阶段增加，但整个研究区域内生态用地面积仍在减少。这部分生态用地大多是由自然保留下来的，为敏感型生态系统，抵御外界干扰能力差，且功能单一，在社会发展过程中应适当合理开发利用此类土地。

7.5.6 广西西江流域生活生产用地现状分析

1. 广西西江流域2005年生活生产用地情况分析

本研究中广西西江流域生活生产用地为建设用地，主要用于人们的日常生活及工作，建设用地的功能及特性导致其大多数只能存在于地势相对平坦的地区，且与耕地具有不可分割的联系。受建设建筑物及构筑物的建设成本、建设条件及存在状态影响，建设用地即生活生产用地所占比重并不大。2005年广西西江流域生活生产用地面积为384672.63hm²，所占比重为1.78%。在各个区域内，生活生产用地所占的比重差异较大，但总体情况占比较低，有78个区域生活生产用地比重在5%以下，天峨县生活生产用地所占的比重最小为0.04%，面积为114.21hm²（并不是生活生产用地面积最小区域）；仅有8个区域生活生产用地比重在5%～10%，分别是青秀区、西乡塘区、江南区、宾阳县、梧州市辖区、港北区、覃塘区、玉州区，其中3个区域属于广西首府城市南宁市；仅柳州市辖区与桂林市辖区生活生产用地占比超过10%，柳州市辖区生活生产用地所占的比重最大，为18.52%，面积为12067.58hm²（并不是生活生产用地面积最大区域），与生活生产用地所占比重最小区域比重相差18.48个百分点，面积相差11953.37hm²。生活生产用地在一定程度上与经济发展有着一定的关系，说明在2005年研究区域内经济发展水平差距较大，人们对于生活或者工作的地方选择性也较为明显。具体见表7-16和图7-16。

表7-16 广西西江流域2005年生活生产用地现状面积统计表

研究区域	生活生产用地		研究区域	生活生产用地		研究区域	生活生产用地		研究区域	生活生产用地	
	面积/hm²	比重/%		面积/hm²	比重/%		面积/hm²	比重/%		面积/hm²	比重/%
兴宁区	3104.08	4.11	灵川县	4668.45	2.03	陆川县	2594.96	1.67	天峨县	114.21	0.04
青秀区	6327.32	7.65	全州县	6346.67	1.61	博白县	5405.10	1.41	凤山县	99.63	0.06
西乡塘区	10605.00	9.88	兴安县	4036.57	1.73	兴业县	4871.13	3.34	东兰县	329.49	0.14
江南区	7563.29	5.98	永福县	1634.93	0.58	北流市	8146.66	3.33	罗城县	2032.37	0.77
邕宁区	2006.09	1.63	灌阳县	1770.56	0.97	右江区	2470.31	0.66	环江县	729.63	0.16
良庆区	3607.00	2.81	龙胜县	425.79	0.17	田阳区	3832.00	1.61	巴马县	412.29	0.21
武鸣区	12316.16	3.64	资源县	334.53	0.17	田东县	2739.40	0.98	都安县	1480.67	0.36
隆安县	7091.51	3.07	平乐县	3815.89	2.00	平果县	3536.17	1.43	大化县	1025.36	0.37
马山县	3276.52	1.40	荔浦市	3358.42	1.91	德保县	735.30	0.29	宜州区	3815.80	0.99
上林县	5234.82	2.80	恭城县	2864.59	1.34	靖西市	618.30	0.19	兴宾区	15492.78	3.52
宾阳县	12270.17	5.32	梧州市辖区	2937.76	9.58	那坡县	288.36	0.13	忻城县	1710.98	0.68
横县	14067.46	4.09	苍梧县	4117.30	0.96	凌云县	197.19	0.10	象州县	4334.47	2.25

续表

研究区域	生活生产用地		研究区域	生活生产用地		研究区域	生活生产用地		研究区域	生活生产用地	
	面积/hm²	比重/%		面积/hm²	比重/%		面积/hm²	比重/%		面积/hm²	比重/%
柳州市辖区	12067.58	18.52	藤县	4005.16	1.02	乐业县	110.79	0.04	武宣县	8269.96	4.87
柳江区	5185.32	2.04	蒙山县	2083.49	1.64	田林县	253.62	0.05	金秀县	772.47	0.31
柳城县	4104.52	1.95	岑溪市	3679.27	1.33	西林县	158.04	0.05	合山市	1393.28	3.87
鹿寨县	4082.47	1.22	港北区	6816.74	6.20	隆林县	177.30	0.05	江州区	8303.98	2.85
融安县	1603.52	0.55	港南区	4982.01	4.51	八步区	6488.24	1.27	扶绥县	10613.64	3.73
融水县	1939.22	0.42	覃塘区	7280.33	5.38	昭平县	1600.01	0.50	宁明县	7867.85	2.12
三江县	620.19	0.26	平南县	13033.37	4.37	钟山县	4405.66	2.36	龙州县	5731.53	2.48
桂林市辖区	10156.17	18.05	桂平市	18745.19	4.61	富川县	2093.57	1.36	大新县	7481.57	2.72
阳朔县	2456.90	1.71	玉州区	9748.84	7.67	金城江区	1593.17	0.68	天等县	3758.83	1.73
临桂区	4425.37	1.97	容县	3310.36	1.46	南丹县	987.11	0.25	凭祥市	1492.55	2.33

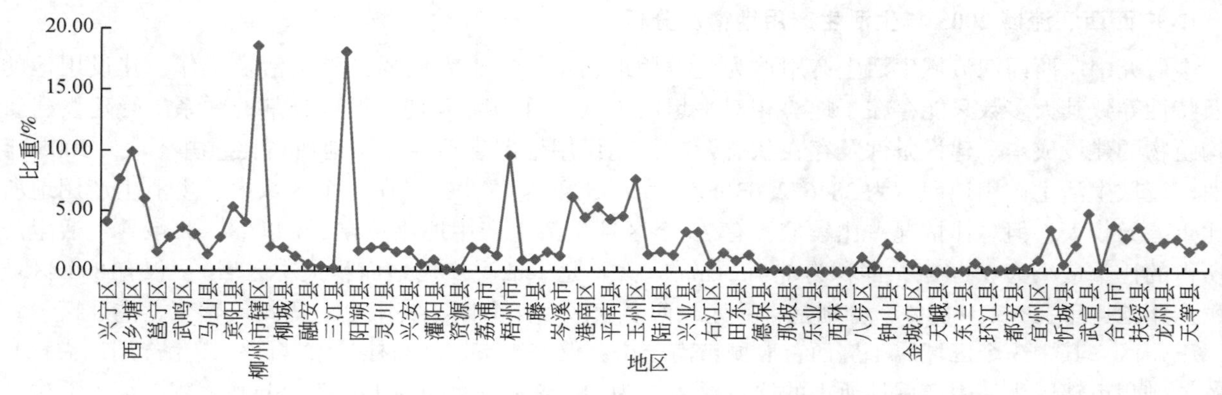

图 7-16　广西西江流域 2005 年各个区域生活生产用地比重对比折线图

2. 广西西江流域 2010 年生活生产用地情况分析

2010 年广西西江流域生活生产用地面积为 396200.61hm²，所占比重为 1.83%，相较于 2005 年生活生产用地面积有所增加。在各个区域内部，各个三生用地分类结构与 2005 年基本一致，生活生产用地所占的比重差异较大，但总体降低。仍然有 78 个区域生活生产用地比重在 5% 以下，相对于 2005 年同等级数量保持不变，天峨县生活生产用地所占的比重最小，为 0.04%，面积为 116.46hm²（并不是生活生产用地面积最小区域），相对于 2005 年面积有所增加，但比重保持不变；仅有 7 个区域生活生产用地比重在 5% ~10%，分别是青秀区、江南区、宾阳县、梧州市辖区、港北区、覃塘区、玉州区，相对于 2005 年同等级数量减少；其中西乡塘区 2005 年的生活生产用地比重由 9.88% 增加到了 10.61%；仅有柳州市辖区、桂林市辖区及西乡塘区生活生产用地占比超过 10%，相对于 2005 年同等级数量增加，柳州市辖区生活生产用地所占的比重最大，为 19.12%，面积为 12453.14hm²（并不是生活生产用地面积最大区域），与生活生产用地所占的比重最小区域比重相差 19.08%，面积相差 12336.68hm²，相对于 2005 年差距有所增加，说明在 2005 ~2010 的发展速度不均衡，各个区域的经济水平差距增大。具体面积见表 7-17 和图 7-17。

表 7-17　广西西江流域 2010 年生活生产用地现状面积统计表

研究区域	生活生产用地		研究区域	生活生产用地		研究区域	生活生产用地		研究区域	生活生产用地	
	面积/hm²	比重/%		面积/hm²	比重/%		面积/hm²	比重/%		面积/hm²	比重/%
兴宁区	3278.77	4.34	灵川县	4820.55	2.10	陆川县	2594.96	1.67	天峨县	116.46	0.04
青秀区	7819.07	9.45	全州县	6431.81	1.63	博白县	5405.10	1.41	凤山县	99.63	0.06

续表

研究区域	生活生产用地		研究区域	生活生产用地		研究区域	生活生产用地		研究区域	生活生产用地	
	面积/hm^2	比重/%		面积/hm^2	比重/%		面积/hm^2	比重/%		面积/hm^2	比重/%
西乡塘区	11397.00	10.61	兴安县	4120.81	1.76	兴业县	4921.44	3.38	东兰县	329.49	0.14
江南区	8530.69	6.75	永福县	1653.47	0.59	北流市	8187.07	3.35	罗城县	2032.37	0.77
邕宁区	2031.83	1.65	灌阳县	1850.84	1.01	右江区	2616.38	0.70	环江县	729.54	0.16
良庆区	3629.95	2.82	龙胜县	425.79	0.17	田阳区	3832.00	1.61	巴马县	449.73	0.23
武鸣区	13218.95	3.90	资源县	338.94	0.18	田东县	2822.38	1.01	都安县	1480.67	0.36
隆安县	7395.17	3.20	平乐县	3815.89	2.00	平果县	3560.56	1.44	大化县	1025.36	0.37
马山县	3244.21	1.39	荔浦市	3376.69	1.92	德保县	1135.25	0.44	宜州区	4181.02	1.09
上林县	5253.54	2.81	恭城县	2882.86	1.35	靖西市	678.24	0.20	兴宾区	16057.35	3.65
宾阳县	12312.56	5.34	梧州市辖区	2943.61	9.60	那坡县	230.76	0.10	忻城县	1744.55	0.69
横县	14054.41	4.08	苍梧县	4134.04	0.97	凌云县	197.19	0.10	象州县	4481.80	2.33
柳州市辖区	12453.14	19.12	藤县	4028.92	1.02	乐业县	285.93	0.11	武宣县	8378.86	4.93
柳江区	5577.99	2.20	蒙山县	2141.09	1.68	田林县	253.62	0.05	金秀县	792.09	0.32
柳城县	4316.74	2.05	岑溪市	3720.85	1.35	西林县	158.04	0.05	合山市	1411.64	3.92
鹿寨县	4181.38	1.25	港北区	7149.65	6.50	隆林县	177.30	0.05	江州区	8978.98	3.08
融安县	1749.23	0.60	港南区	5235.36	4.74	八步区	6524.69	1.28	扶绥县	10829.19	3.81
融水县	1939.22	0.42	覃塘区	7557.44	5.58	昭平县	1660.85	0.52	宁明县	7860.83	2.12
三江县	666.36	0.28	平南县	13089.08	4.39	钟山县	4415.02	2.37	龙州县	5731.53	2.48
桂林市辖区	10147.53	18.03	桂平市	18863.36	4.64	富川县	2093.57	1.36	大新县	7532.60	2.74
阳朔县	2456.72	1.71	玉州区	10129.89	7.97	金城江区	1615.49	0.69	天等县	3766.84	1.74
临桂区	4478.56	2.00	容县	3338.35	1.48	南丹县	1015.64	0.26	凭祥市	1626.29	2.53

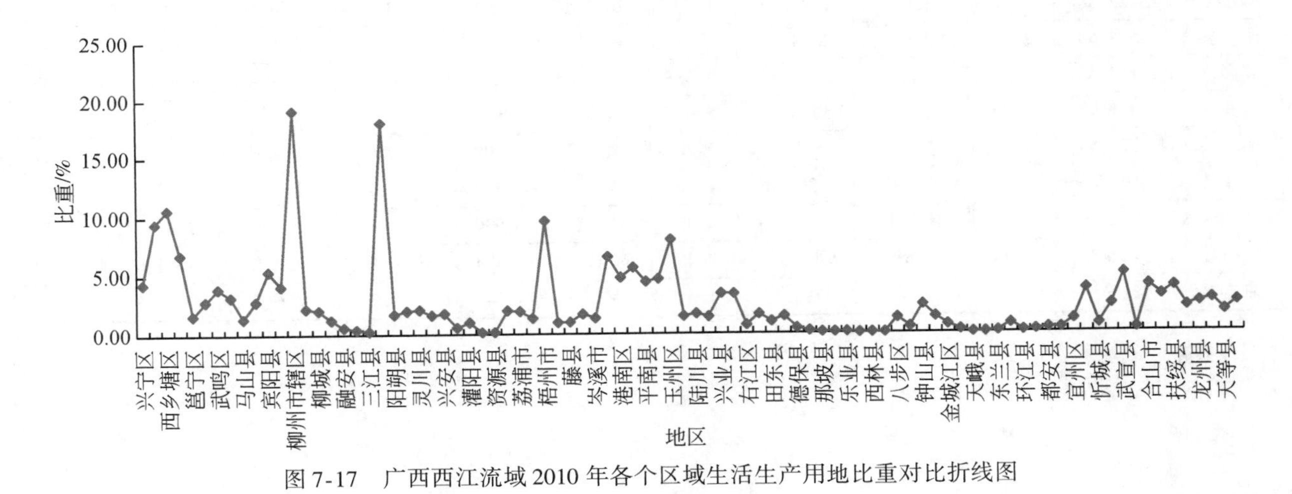

图7-17 广西西江流域2010年各个区域生活生产用地比重对比折线图

3. 广西西江流域2015年生活生产用地情况分析

2015年广西西江流域生活生产用地面积为465373.08hm^2，所占比重为2.15%，相较于2010年生活生产用地面积有所增加。在各个区域内部，各个三生用地分类结构与2005年基本一致，生活生产用地所占的比重差异较大，但总体降低。有75个区域生活生产用地比重在5%以下，与2005年同等级数量有减少，凤山县生活生产用地所占的比重最小，为0.07%，面积为114.03hm^2，相对于2010年生活生产用地所占比重最小区域天峨县的面积有所减少，但比重相对增加；有8个区域生活生产用地比重在5%～10%，分别是兴宁区、江南区、宾阳县、港北区、港南区、覃塘区、玉州区、武宣县，与2005年同等级数量增加；其中青秀区由2010年的生活生产用地比重9.45%增加到了11.09%，梧州市辖区由2010年的生活生产用地比重9.60%增加到了16.87%，兴宁区、港南区、武宣县3个区域由2010年的5%以下增加到了5% ~10%；青秀区、西乡塘区、柳州市辖区、桂林市辖区、梧州市辖区共5个区域生活生产用地占比超过10%，相对于2010年同等级数量增加，其中柳州市辖区与桂林市辖区生活生产用地比重超过20%，桂林市辖区生活生产用地所占的比重最大，为21.47%，面积为12082.32hm²（并不是生活生产用地面积最大区域），与生活生产用地所占的比重最小区域比重相差21.40%，面积相差11968.29hm²，相对于2010年比重差距增加，说明在2010~2015年的发展速度更加不均衡，各个区域的经济水平差距继续增大。具体面积见表7-18和图7-18。

表7-18　广西西江流域2015年生活生产用地现状面积统计表

研究区域	生活生产用地/hm²	比重/%	研究区域	生活生产用地/hm²	比重/%	研究区域	生活生产用地/hm²	比重/%	研究区域	生活生产用地/hm²	比重/%
兴宁区	4167.90	5.52	灵川县	6155.10	2.68	陆川县	3823.47	2.46	天峨县	251.73	0.08
青秀区	9177.39	11.09	全州县	7297.83	1.85	博白县	6845.49	1.79	凤山县	114.03	0.07
西乡塘区	12672.81	11.80	兴安县	5084.01	2.18	兴业县	5431.50	3.73	东兰县	385.56	0.16
江南区	10410.75	8.24	永福县	2328.84	0.83	北流市	9155.70	3.74	罗城县	2270.79	0.86
邕宁区	3342.06	2.71	灌阳县	2248.65	1.23	右江区	4244.13	1.14	环江县	856.17	0.19
良庆区	6085.35	4.74	龙胜县	732.78	0.30	田阳区	5107.68	2.15	巴马县	471.96	0.24
武鸣区	14274.81	4.22	资源县	1005.57	0.52	田东县	4052.34	1.44	都安县	1704.69	0.42
隆安县	7908.21	3.42	平乐县	4509.09	2.36	平果县	4492.44	1.82	大化县	1196.55	0.43
马山县	3733.65	1.59	荔浦市	3953.43	2.25	德保县	1430.55	0.56	宜州区	4257.72	1.11
上林县	5420.07	2.90	恭城县	3292.29	1.54	靖西市	1662.03	0.50	兴宾区	18719.10	4.26
宾阳县	12735.54	5.52	梧州市辖区	5174.64	16.87	那坡县	383.76	0.17	忻城县	1987.83	0.79
横县	14576.85	4.24	苍梧县	6476.76	1.52	凌云县	238.05	0.12	象州县	4860.72	2.52
柳州市辖区	13308.66	20.43	藤县	5660.82	1.44	乐业县	560.79	0.21	武宣县	9006.21	5.30
柳江区	5722.38	2.25	蒙山县	2328.75	1.83	田林县	457.83	0.08	金秀县	1281.60	0.52
柳城县	4567.68	2.17	岑溪市	4814.91	1.74	西林县	387.36	0.13	合山市	1590.93	4.42
鹿寨县	6119.55	1.83	港北区	8443.80	7.68	隆林县	521.19	0.15	江州区	9997.65	3.43
融安县	2031.93	0.70	港南区	5526.63	5.01	八步区	8081.10	1.58	扶绥县	12259.71	4.31
融水县	2372.58	0.52	覃塘区	7822.35	5.78	昭平县	2109.42	0.66	宁明县	8180.82	2.21
三江县	939.51	0.39	平南县	14302.08	4.80	钟山县	6513.03	3.49	龙州县	6046.83	2.61
桂林市辖区	12082.32	21.47	桂平市	20182.77	4.96	富川县	2630.79	1.71	大新县	7659.54	2.79
阳朔县	2722.86	1.90	玉州区	12015.63	9.45	金城江区	1884.51	0.80	天等县	4102.56	1.89
临桂区	7415.19	3.30	容县	3715.83	1.64	南丹县	1247.31	0.32	凭祥市	2049.30	3.19

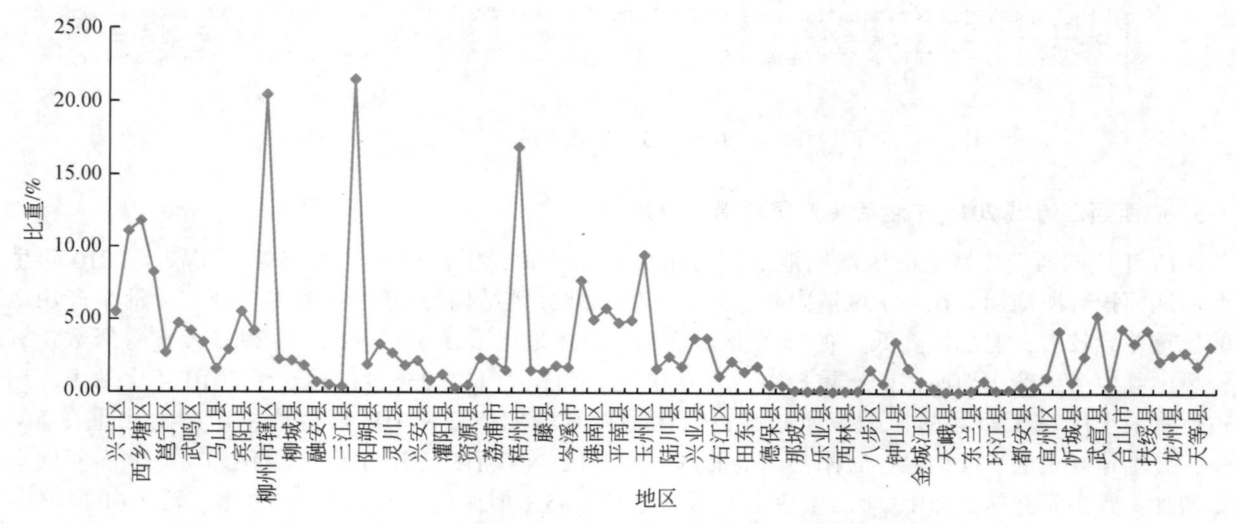

图7-18　广西西江流域2015年各个区域生活生产用地比重对比折线图

4. 广西西江流域 2005～2015 年生活生产用地情况分析

由表 7-19 可知，广西西江流域生活生产用地在 2005～2010 年、2010～2015 年基本上都处于增加的状态，但增加的速度不一，差距较大。

表 7-19　广西西江流域生活生产用地 2005～2015 年面积比重百分点变化统计表

研究区域	2005～2010 年	2010～2015 年	2005～2015 年	研究区域	2005～2010 年	2010～2015 年	2005～2015 年	研究区域	2005～2010 年	2010～2015 年	2005～2015 年	研究区域	2005～2010 年	2010～2015 年	2005～2015 年
兴宁区	0.23	1.18	1.41	灵川县	0.07	0.58	0.65	陆川县	0.00	0.79	0.79	天峨县	0.00	0.04	0.04
青秀区	1.80	1.64	3.44	全州县	0.02	0.22	0.24	博白县	0.00	0.38	0.38	凤山县	0.00	0.01	0.01
西乡塘区	0.73	1.19	1.92	兴安县	0.03	0.42	0.45	兴业县	0.04	0.35	0.39	东兰县	0.00	0.02	0.02
江南区	0.77	1.49	2.26	永福县	0.01	0.24	0.25	北流市	0.02	0.39	0.41	罗城县	0.00	0.09	0.09
邕宁区	0.02	1.06	1.08	灌阳县	0.04	0.22	0.26	右江区	0.04	0.44	0.48	环江县	0.00	0.03	0.03
良庆区	0.01	1.92	1.93	龙胜县	0.00	0.13	0.13	田阳区	0.00	0.54	0.54	巴马县	0.02	0.01	0.03
武鸣区	0.26	0.32	0.58	资源县	0.01	0.34	0.35	田东县	0.03	0.43	0.46	都安县	0.00	0.06	0.06
隆安县	0.13	0.22	0.35	平乐县	0.00	0.36	0.36	平果县	0.01	0.38	0.39	大化县	0.00	0.06	0.06
马山县	-0.01	0.20	0.19	荔浦市	0.01	0.33	0.34	德保县	0.15	0.12	0.27	宜州区	0.10	0.02	0.12
上林县	0.01	0.09	0.10	恭城县	0.01	0.19	0.20	靖西市	0.01	0.30	0.31	兴宾区	0.13	0.61	0.74
宾阳县	0.02	0.18	0.20	梧州市辖区	0.02	7.27	7.29	那坡县	-0.03	0.07	0.04	忻城县	0.01	0.10	0.11
横县	-0.01	0.16	0.15	苍梧县	0.01	0.55	0.56	凌云县	0.00	0.02	0.02	象州县	0.08	0.19	0.27
柳州市辖区	0.60	1.31	1.91	藤县	0.00	0.42	0.42	乐业县	0.07	0.10	0.17	武宣县	0.06	0.37	0.43
柳江区	0.16	0.05	0.21	蒙山县	0.04	0.15	0.19	田林县	0.00	0.03	0.03	金秀县	0.01	0.20	0.21
柳城县	0.10	0.12	0.22	岑溪市	0.02	0.39	0.41	西林县	0.00	0.08	0.08	合山市	0.05	0.50	0.55
鹿寨县	0.03	0.58	0.61	港北区	0.30	1.18	1.48	隆林县	0.00	0.10	0.10	江州区	0.23	0.35	0.58
融安县	0.05	0.10	0.15	港南区	0.23	0.27	0.50	八步区	0.01	0.30	0.31	扶绥县	0.08	0.50	0.58
融水县	0.00	0.10	0.10	覃塘区	0.20	0.20	0.40	昭平县	0.02	0.14	0.16	宁明县	0.00	0.09	0.09
三江县	0.02	0.11	0.13	平南县	0.02	0.41	0.43	钟山县	0.01	1.12	1.13	龙州县	0.00	0.13	0.13
桂林市辖区	-0.02	3.44	3.42	桂平市	0.03	0.32	0.35	富川县	0.00	0.35	0.35	大新县	0.02	0.05	0.07
阳朔县	0.00	0.19	0.19	玉州区	0.30	1.48	1.78	金城江区	0.01	0.11	0.12	天等县	0.01	0.15	0.16
临桂区	0.02	1.30	1.33	容县	0.02	0.16	0.18	南丹县	0.01	0.06	0.07	凭祥市	0.20	0.66	0.86

其中在 2005～2010 年，有 4 个区域处于减少的状态，分别为马山县、桂林市辖区、横县、那坡县，减少幅度较小；有 22 个区域在这一阶段基本保持不变，占研究范围所有区域数量的 25.00%，分别是融水县、阳朔县、龙胜县、平乐县、藤县、陆川县、博白县、田阳区、凌云县、田林县、西林县、隆林县、富川县、天峨县、凤山县、东兰县、罗城县、环江县、都安县、大化县、宁明县、龙州县；另外 62 个区域都有一定程度上的增加，占研究范围所有区域数量的 70.45%，其中仅有青秀区增加的比重大于 1%，因此在 2005～2010 年研究区域生活生产用地不仅是所占比重还是面积都处于增加的状态，但增加速度较慢。

在 2010～2015 年，研究区域内所有区域的生活生产用地都处于增加的状态，增加的幅度差距较大，有 75 个区域增加的比重小于 1%，占研究范围所有区域数量的 85.23%；另外 13 个区域增加的比重都大于 1%，其中桂林市辖区及梧州市辖区增加比重超过 2%，说明在 2010～2015 年，广西西江流域生活生产用地增加速度快，且范围广。

在 2005 ~ 2015 年，研究区域内所有区域的生活生产用地都处于增加的状态，增加的幅度差距较大，有 75 个区域增加的比重小于 1%，占研究范围所有区域数量的 85.23%，与 2010 ~ 2015 年阶段保持一致；另外 13 个区域增加的比重都大于 1%，其中青秀区、江南区、桂林市辖区及梧州市辖区增加比重超过 2%，梧州市辖区增加比重最大，为 7.29%，增加面积为 2236.88hm^2，增加比重最小区域凤山县增加比重为 0.01%，增加面积为 14.40hm^2，与梧州市辖区相比差距较大，生活生产用地的增加与区域经济的发展在一定程度上呈正比的关系，说明广西西江流域地区经济发展速度不均，经济水平差距较大，在经济的发展过程中，此部分的功能用地处于不可逆的状态，因此对于生活生产用地的增加应该严格控制其指标，适当发展，合理占用其他功能区的地类。

7.6　广西西江流域土地优化配置

土地资源优化配置是指在全面认识区域土地资源现状构成及存在问题的前提下，为了达到一定的社会、经济和生态目标的最优化，根据土地的特性，利用一定的管理手段和科学技术，对指定区域的土地资源进行利用方式、数量结构、空间布局和综合效益等的优化，保持人地系统的协调运行和可持续发展，不断提高土地生态经济系统功能[14]。即广西西江流域的土地优化配置需要根据现阶段的土地利用现状决定，不同的区域具有不同的土地利用三生空间区划现状特点，具有不同的地形地貌，因此在对广西西江流域进行土地优化配置时应该在维持其现有的优势功能用地的前提下结合实际情况对其弱势功能供地进行提高改善。将广西西江流域三生用地分类体系现状与土地利用现状进行匹配分析，以保护和改善生态环境为导向，根据社会经济发展的需要以及各行业部门用地需求，确定需要调整的土地利用类型，完成土地资源优化配置方案。

广西西江流域生产生态用地全部为耕地，山地多、平地少，优质耕地更加少，因此对于耕地，应该在保证现有的数量与质量不降低的前提下，适当开垦符合条件的其他土地。由于经济的发展，区域建设也会将一部分耕地变为建设用地，在建设用地的规划审批时应该严格控制建设用地规模，严格落实“占一补一，占优补优，占补平衡”的战略方针。在经济发展较为先进的区域如南宁市辖区、桂林市辖区及柳州市辖区等地区，今后发展中对于生产生态用地的占用应该严格控制，对于一些经济发展较落后的地区且生产生态用地比重大的地区，在发展过程中对于生产生态用地的占用的控制可以稍微放松；对于生产生态用地已经偏少的地区，在发展过程中也要严格控制对该用地的占用；对于现阶段生产生态用地比重偏多、面积偏大且质量等级较高的地区，在使用过程中可以适当地放宽控制，但也应该严格保护优质耕地即优质生产生态用地。

广西西江流域生态生产用地占比较大，林地覆盖率较高，生态环境保护良好，但草地覆盖率偏低，因此在牧草地区域可以进行草场水利灌溉设施完善，开展人工种草，建设围栏草场等活动。在保证一定的控制量下，将一些有条件的、效益不高的林地适当地转变为建设用地及其他能够提高社会效益的土地利用用途。在发展过程中应尽量占用生态及生产效益都不高的用地，该用地区域内大部分都为喀斯特岩溶地貌，由于喀斯特地貌特征为土层薄、水土流失严重、生态脆弱，直接制约了机械化耕作的发展，利用起来也较为困难，且没有田间道路网络，也阻碍了土地的集约利用，此外，缺乏配套的水利基础设施，也严重影响了山区土地整治的有效实施[17]。因此，在发展过程中可以参考以下几点对其进行养护，改善其利用现状：一是“简化复杂性”，形成比较规则的格田，提高地质景观的生态功能和土地集约利用；二是有针对性地做表土剥离和回填，对剥离的表土加以覆盖并保存，通过增施各种肥料，种植豆科作物，来增加土壤的有机质含量，提高土壤肥力；三是“因地制宜”规划设计，改进防渗渠道、管道等灌溉系统等[18]。

广西西江流域生态用地中的生态功能用地占比较小，生态系统较为脆弱，土地利用的多功能性较低，但为了保护生物的多样性，此区域的土地应尽量避免开发，严禁破坏湿地保护区，对于部分生态功能较低，土地质量不高的土地，可适当修复或转变为建设用地，对其进行合理利用，提高其利用效益。

广西西江流域生活生产用地由于社会经济的发展会不可避免地增加，但在增加的同时，应优先合理分配利用现有的不集约建设用地，整改社会发展导致的空心村，盘活城市存量土地，在宏观上控制建设用地规模与增长速度。对于现阶段已经发展迅速的区域应该适当地控制此类用地的增长速度；对于空城的出现更应该加大控制的力度，根据其当地发展速度及常住人口，将其扼杀在萌芽状态；对于一些发展速度缓慢，经济落后的地区，应该适当给予当地一些发展建设的指标，鼓励及帮助其发展，减小西江流域发展的差距，合理分配各类用地，均衡各类用地的分布结构。

7.7 本章小结

本研究以土地利用的多功能性为切入点，基于土地利用现状分类构建了三生用地分类体系，以2005年、2010年、2015年三个时间点作为研究时间点，将广西西江流域的土地从空间上分为了生产生态用地、生态生产用地、生态用地及生活生产用地四大类，从横向及纵向两个方面对各个分类的土地利用现状进行了分析对比，据此针对其现状及发展特点对各个类型的三生分类用地提出了相应的优化配置方案，得出了如下结论。

在2005～2010年阶段，广西西江流域地区生态环境状况较好，生态系统被破坏程度不高，土地利用类型变化情况不大，三生用地多功能性用地变化速度也较慢，且土地利用类型变化受到地形地貌的影响，山地多的区域土地利用类型变化的情况较为不明显，越平坦的地区土地利用类型变化越快，与此同时经济发展也相对缓慢，生活生产用地与区域的经济发展有着一定程度上的正相关关系。

在2010～2015年阶段，广西西江流域地区生态环境状况较好，生态系统被破坏程度不高，当生态环境在逐步下降时，土地利用类型变化情况不大，但相对于研究的前一阶段变化速度加快，三生用地各功能型用地变化速度也相对加快，此阶段经济发展也相对加快，经济水平相对高的地区，其三生用地类型变化也相对同时期的其他区域速度更快。

广西西江流域地区现阶段经济水平发展较为落后，生态环境状况较好，生态系统被破坏程度不高，在接下来的发展过程中，应该保证在经济发展、人民生活水平提高的同时，做好对生态环境的保护，让广西西江流域在发展的同时保持着健康绿色的发展状态。

参考文献

[1] 王成，唐宁．重庆市乡村三生空间功能耦合协调的时空特征与格局演化［J］．地理研究，2018，37（6）：1100-1114.
[2] 胡恒，徐伟，岳奇，等．基于三生空间的海岸带分区模式探索——以河北省唐山市为例［J］．地域研究与开发，2017，36（6）：29-33.
[3] 党丽娟，徐勇，高雅．土地利用功能分类及空间结构评价方法——以燕沟流域为例［J］．水土保持研究，2014，21（5）：193-197.
[4] 马世发，黄宏源，蔡玉梅，等．基于三生功能优化的国土空间综合分区理论框架［J］．中国国土资源经济，2014，27（11）：31-34.
[5] 朱媛媛，余斌，曾菊新，等．国家限制开发区“生产—生活—生态”空间的优化——以湖北省五峰县为例［J］．经济地理，2015，35（4）：26-32.
[6] 吴艳娟，杨艳昭，杨玲，等．基于“三生空间”的城市国土空间开发建设适宜性评价——以宁波市为例［J］．资源科学，2016，38（11）：2072-2081.
[7] 刘继来，刘彦随，李裕瑞．中国“三生空间”分类评价与时空格局分析［J］．地理报，2017，72（7）：1290-1304.
[8] 许小亮，李鑫，肖长江，等．基于CLUE-S模型的不同情景下区域土地利用布局优化［J］．生态学报，2016，36（17）：5401-5410.
[9] 袁满，刘耀林．基于多智能体遗传算法的土地利用优化配置［J］．农业工程学报，2014，30（1）：191-199.
[10] 原智远．基于田园城市理论的城市群土地利用优化研究［D］．北京：中国地质大学（北京），2017.
[11] 莫致良．基于蚁群算法的可扩展多目标土地利用优化配置［D］．杭州：浙江大学，2017.
[12] 于兴修，李建华，刘前进，等．基于氮磷输出风险控制的小流域土地利用结构优化研究［J］．地理科学，2013，

33（9）：1111-1116.

[13] 刘彦随．土地利用优化配置中系列模型的应用——以乐清市为例［J］．地理科学进展，1999，(1)：28-33.

[14] 高星，刘瀚，吴克宁，等．基于“三生融合”的普兰县土地资源现状与优化配置研究［J］．江苏农业科学，2016，44（4）：453-457.

[15] 于莉，宋安安，郑宇，等．“三生用地”分类及其空间格局分析——以昌黎县为例［J］．中国农业资源与区划，2017，38（2）：89-96.

[16] 蒋慧．广西西江流域土地利用变化及其生态环境效应研究［D］．南宁：广西师范学院，2017.

[17] 宋林华．喀斯特地貌研究进展与趋势［J］．地理科学进展，2000，(3)：193-202.

[18] 李正．喀斯特地区土地整理景观生态与效益研究［D］．北京：中国地质大学（北京），2011.

第8章　广西西江流域土地利用变化模拟及其合理开发研究

8.1　引　　言

8.1.1　研究背景

土地资源是最基本的自然资源，是人类社会赖以生存和发展的物质基础，是人类进行生产、生活的场所。土地利用一方面会受到自然条件的制约，另一方面人类活动也会对其产生干扰[1]。这是因为人类通常会对土地使用一系列工程或非工程手段进行周期性的开发经营活动，用以满足人类日益增长的自身需求。在对土地进行改造的过程中，会把各种自然要素和人文要素按照一定的规律交织形成一个整体，故土地既是一个自然综合体，又是一个经济综合体[2]。不同的土地利用方式会使土地覆被发生不同的变化，土地覆被发生变化后又会反作用于土地利用，人类对土地资源的改造利用活动，会在很大程度上改变地表覆被状况，其带来的生态环境影响会在全球范围内产生作用而不是仅限于当地[3]。

全球人口、资源、环境与社会经济在近几十年时间里发生巨大的变化，随着经济社会的发展和高新技术的进步，土地开发利用强度、承载力和产出效益逐年提高，土地资源成为各个国家工业化、城镇化的空间载体，为发展提供资源保障[4]。从改革开放以来，中国推行了大量政策促进了城镇化进程和经济的高速增长，这些成果也离不开土地的支撑[5]，然而土地不可能无限扩张和在短时间内再生利用，所以人地矛盾逐渐显露出来，在这过程中也对中国的生态安全带来了一定的威胁，如粮食紧张、灾害频发、污染严重等问题[6]。由此可见，必须制定生态友好型的土地利用政策，寻求合理的土地发展利用方式，注重空间科学布局，促进区域甚至全球的可持续发展。

全人类的生存发展与LUCC变化也是息息相关，土地利用/覆被变化在自然科学和社会科学等众多学科的范畴都有所体现，其复杂性难以用单一学科的理论方法去研究透彻，人类的活动是对其造成复杂变化的主要动因，自然因素也会对其造成一定的影响，但是相对稳定，因此对LUCC的研究应该寻求新的综合路径，避免片面性[7]。想要深入探讨土地利用产生了什么样的变化，是什么因子驱动这些变化的产生，以及这些变化的产生会给周边环境与区域发展带来怎样的影响问题，通过构建土地利用变化模型是一种直观明了的研究方法[8]。目前，常见的土地利用变化模型有很多，如元胞自动机（cellular automata，CA）模型、系统动力学（system dynamics，SD）模型、用于小尺度的土地利用变化及其影响效应（conversion of land use and its effects at small region extent，CLUE-S）模型、未来土地利用变化情景模拟（future land use simulation，FLUS）模型、马尔科夫（Markov）模型等，土地利用变化的复杂程度难以用单一的预测模型来研究，因此本研究选择可以用多种办法定义土地利用类型转移规则、受非当前状态因素影响较小以及在数量预测上较为准确的CA-Markov耦合模型对未来土地利用数量及空间分布情景进行模拟研究。

8.1.2　研究意义

广西处在“一带一路”交汇对接和陆海统筹的重要节点、关键区域，在中国对外开放格局中地位突出，是面向东盟的重要门户。同时，随着《粤港澳大湾区发展规划纲要》的出台，广西把南深高速铁路纳入规划作为连通粤港澳大湾区的重要桥梁，在国家、自治区战略覆盖的发展背景下，迎来了千载难逢的发展机遇。近年来，广西经济快速发展，2018 年全区生产总值 2.04 万亿元。西江流域在经过广西段时经过了 85% 以上的广西县域范围，其土地面积接近于广西总面积的 90%。西江流域经济带的发展也是带动整个广西经济发展的重要力量，在政策的引领推动下，各类资本投资空前活跃，而这些资本的落地自然需要以土地为空间载体，土地资源显得尤为珍贵，建设用地供不应求是制约广西西江流域经济发展的瓶颈。为破解用地保障困境，促进区域社会经济快速发展，对当地土地利用现状和复杂的动态演变过程进行深入的探讨，并在此基础上预测其未来发展情形，有利于帮助相关部门制定长久科学的发展规划，实现区域可持续发展，响应国家生态文明建设的发展号召。

本研究在综合分析国内外相关研究现状的基础上，以广西西江流域为例，对土地利用现状和复杂的动态演变过程进行深入的探讨并在此基础上预测其未来发展情形，客观地认识到人地关系的发展规律，提出优化区域发展过程中的各种矛盾与利益分配、促进研究区土地利用与生态环境协调发展的新思路，以期为制定土地资源合理开发利用政策提供借鉴。

8.1.3 国内外研究进展

1. 土地利用变化状况研究进展

土地利用方式会使土地覆被发生不同的变化，土地覆被发生变化后又会反作用于土地利用。由于二者之间相互紧密联系，国内外学者们通常将二者结合起来称之为土地利用/覆被变化来进行综合研究。

随着遥感技术的提升，国际上关于 LUCC 的研究也开启了新的篇章。1992 年巴西里约热内卢联合国环境与发展大会上制定《21 世纪议程》，把 LUCC 列为重点研究领域。随后 1995 年国际地圈生物圈计划和国际全球环境变化人文因素计划联合推出了关于 LUCC 项目的《科学研究计划》，提出土地利用变化的机制、土地覆被的变化机制和建立全球区域尺度模型三个研究焦点，吸引了国际上众多学者的注意。1994 年，日本提出 LU/GEC 项目，结合 3S 技术，以土地的可持续利用为目的，预测 2025 年和 2050 年的亚太地区 LUCC 状况[9]。1995 年，美国与欧洲太空署合作，利用遥感方法开展北美洲的 LUCC 研究，分析研究区域 1970 ~ 1996 年的 LUCC 变化[10]。在对全球变化进行研究的领域中，认为土地利用/覆被变化是造成全球变化的主要影响因素，同时 LUCC 研究也成为全球变化研究的重要组成部分。

我国对 LUCC 的研究相对于其他发达国家起步稍晚，由于技术限制，早期学者都是基于对历史资料的翻阅或对统计数据的查找，并结合当时的地形地貌图，土地利用现状图等对 LUCC 情况进行分析。随着 3S 技术和电子计算机技术的深入发展，国内学者经过不断的摸索探究，借鉴相关研究经验，在 LUCC 领域开展了大量研究。把 LUCC 研究逐渐从数量与质量的变化分析，转变为更为深入层次的空间格局变化的分析。傅伯杰等通过航片解译与野外调查相结合，分析羊圈沟流域土地利用变化，探讨土地利用类型对元素的分布和对生态环境的影响[11]。朱会义和李秀彬阐述了在土地利用变化规律上起指导作用的一些指数方法，如土地变化率、动态度、景观指数、转移矩阵等，进一步完善了相关模型形式与内容，使结论更为可靠[12]。朱龙以瑞昌市为研究区域，通过 ENVI 和 ArcGIS 平台对遥感影像进行解译，从土地利用类型数量、时空转移和程度 3 方面去分析，而后通过 PSR 模型建立评价指标体系，用熵权法和 AHP 法确定权重，通过测算结果对当地土地生态安全进行评价分析，最后提出优化对策和建议[13]。土地利用变化是复杂的，仅用少量地区个案和单一尺度的研究无法满足反映土地利用变化规律的需求，因此在今后要注重增加新的区域和尺度补充研究的丰富性。

2. LUCC 驱动力与驱动机制研究进展

LUCC 驱动机制对解释 LUCC 时空变化和预测未来土地利用情况起到关键作用，所以驱动力与驱动机制研究是土地利用变化研究领域的焦点问题[14]。驱动力是指在自然系统和社会经济系统中可以引起土地利用变化的各种因素，主要包括以下几个方面：地形、地貌、气候、水文、土壤、生物等自然要素，这些要素是土地利用原始格局的决定性因子；人口变化、经济发展、技术发展、国家政策、人民生活水平等人文方面的直接因素和对土地的需求、投入、权属、集约化程度等间接因素。以上的因子组成 LUCC 驱动力研究的基本框架，对各种驱动力进行深入综合研究，是探索土地利用变化规律、未来发展动态和制定相关土地利用政策的基础[15]。相对而言，自然因素在较短研究序列中，其变化速率保持相对稳定不会有很大波动，对土地利用变化没有太大的影响，而人类干扰活动却相对频繁，是土地利用变化的主要的驱动因子。

LUCC 驱动力很多，但是因子之间不是单独起作用的也不是简单地相加或相减的线性关系，所以不能孤立地对单个驱动因子进行分析，这对我们探讨驱动因子与土地利用变化之间的复杂关系毫无作用[16]。一方面，我们应该应用系统论的整体性原理综合考虑土地利用整体与驱动因子个体之间的关系，把所有因素当成是一个完整的系统，形成一个驱动机制；另一方面，必须对驱动因子有全面的认识，充分考虑驱动因子个体的层次性和差异性，找到主要起作用的因子、次要起作用的因子和因子之间形成的合力，这样才能完整地揭示 LUCC 演变的过程驱动机制。胡宝清等寻求新的综合研究途径，以广西都安为例，揭示区域 LUCC 的动力学机制，区分自然与人文因素作用的份额[17]。Bauni 等认为阿根廷 Yacyretá 地区的土地利用情况发生变化是大坝蓄水后自然条件发生改变造成的[18]。董禹麟等基于 Landsat TM/OLI 遥感数据对朝鲜 1990～2015 年土地覆被变化原因进行分析，认为主要是人口增长、经济退化和政策调控的推动[19]。总体来说，土地利用演变的机制复杂，宏观、定性地去描述驱动因子难以反映不同区域不同时空下的土地利用变化规律，需要综合多种定量的科学方法去研究。

3. LUCC 预测模拟模型研究进展

土地利用变化预测模型是一种直观分析土地利用驱动机制和定量描述土地利用变化情况的工具，在国内外有众多学者根据不同的地域特点或自身研究需要，从不同的角度出发构建了各式各样的 LUCC 预测模拟模型。按类型可归结为数量预测模型、空间预测模型和耦合模型三类。

（1）数量预测模型

LUCC 数量预测模型主要偏向于分析土地利用数量和面积的变化，通常为单纯数学意义上的预测模拟，利用特定的数学方法把数据代入计算得出结果，如 Logistic 回归模型、马尔科夫（ Markov）模型和灰色预测模型（ gary forecast model）等。在数量模拟中，Logistic 回归模型常用于定量分析各驱动因子与土地利用变化的相关性，来识别驱动因子是否对土地利用变化呈显著关系，预测当前情况下出现某地类的概率。Gobin 等运用 Logistic 回归模型较好地对尼日利亚东南部的农用地进行了预测[20]，吴桂平等、冯钊等诸多学者利用 Logistic 回归模型对研究区土地利用情况发生变化的原因进行回归分析，然后在此基础上进行模拟与分析，结果与实际情况拟合度较好[21,22]。马尔科夫模型预测未来的时刻状态，只与当前的土地利用状态有关，不受过去和未来状态的影响，在较长时间内趋势平稳。刘琼等、鲍文东等诸多学者利用 Markov 模型建立土地利用转移概率矩阵对土地利用演化情况进行模拟预测[23,24]。灰色预测模型也可结合 Markov 模型使用，如王兆礼等利用灰色预测模型模拟深圳市建设用地的增长规模，模拟平均相对误差只有 3.74%[25]。不可否认的是，以上所述模型在实际模拟土地利用演化过程中，仍存在着一些局限性。首先，数学模型的解释能力不足，各驱动因子与土地利用变化呈显著关系，但并不能解释其内部存在因果关系；其次模拟结果仅为数量上的变化，在空间上无法具体体现。

（2）空间预测模型

LUCC 空间预测模型主要侧重于空间地理位置上的表现。常见 LUCC 空间预测模型主要有 CA 模型、CLUE-S 模型等。

元胞自动机（CA）模型是一个动态模型，可以有效模拟元胞之间的相互作用，并在时间上可以迭代多次进行循环计算。在 20 世纪 50 年代初，计算机创始人 John von Neumann 通过特定程序在计算机上实现类似于生物发展中元胞自我复制的简单模式，这就是元胞自动机的雏形[26]。60 年代末，英国剑桥著名数学家 Conway 设计了一款经典的元胞自动机模型游戏。伴随着人们对元胞自动机兴趣的提高，从 80 年代后期开始，科学各界越来越关注元胞自动机的研究与应用[27]。侯西勇等运用元胞自动机技术对河西走廊 2010 年土地利用分布情景进行预测，为当地区域生态环境的保护提供了建议[28]。徐昔保以兰州市主城区为例，基于 CA 模型构建了城市土地利用演化模型和城市土地利用优化模型[29]。Hagoort 等将 CA 模型通过引入改进的经验基础和区域特定的邻域规则，消除了土地利用模型结果中的许多不确定性[30]。

CLUE 模型原来主要用于模拟大洲、国家的大尺度的 LUCC 变化，后来经过以 P. H. Verburg 为代表的学者改良推出 CLUE-S 模型，这是一个专门针对中小尺度、模拟精度更高的版本。CLUE-S 模型可以根据研究需要，输入多种土地利用类型数据及驱动因子数据进行土地利用时空动态模拟。Kok 等运用 CLUE-S 模型重现了 20 世纪七八十年代在中美洲发生的土地利用类型变化[31]。魏伟基于 CLUE-S 模型对石羊河流域 2020 年、2025 年和 2030 年三个不同时期不同发展情景下的土地利用空间进行布局[32]。

（3）耦合模型

土地利用变化的复杂程度难以用单一的预测模型来研究，LUCC 模型发展的重要趋势是耦合不同模型去模拟不同尺度的土地类型在时间和空间上的变化。刘淑燕等、王友生等、胡雪丽等国内诸多学者也利用 Markov 模型不受历史条件约束的数量预测优势和 CA 模型强大的空间动态模拟能力构建 CA-Markov 模型来预测未来土地利用分布格局[33-35]。Azizi 构建 CA-Markov 模型，模拟 2030 年伊朗西北部阿尔达比勒平原的未来土地利用变化[36]。黎夏和马世发耦合 CA 模型和多智能体系统（multi-agent system，MAS）进行网格动力学建模，为科学识别和划定“三区三线”提供技术支持服务[37]。李继红等采用蚁群优化算法结合类型转化概率矩阵构建 CA 模型土地利用类型转化规则，然后利用土地规划纲要，采用 Matlab 平台对 CA-MAS（多智能体）模型进行集成，进而对 CA 模型进行修正，最终得到哈尔滨市区 2020 年模拟结果，实现模型耦合[38]。

综上所述，国内外众多学者在土地利用变化模拟方面做了大量的研究，但至今仍未形成一个全球通用的模型去揭示土地利用变化的规律。人们选择不同尺度、不同驱动因子和采用不同的模型方法得出来的结果也不尽相同。另外，众多学者的研究区一般为生态问题严重的脆弱区或城市用地扩张迅猛的大城市，对西部发展潜力大的流域鲜有涉及。

8.1.4 研究内容与方法

1. 研究内容

以广西西江流域为研究区域，分析研究区域 2005～2015 年的土地利用变化特点。然后在研究区 DEM、坡度、道路分布数据、人口密度和人均 GDP 等数据中，选择以上要素为驱动因子，构建 CA-Markov 模型，对土地利用现状和复杂的动态演变过程进行深入的探讨，并在此基础上预测广西西江流域 2025 年的土地利用未来发展情形。对模拟预测结果进行对比分析，探索研究区未来土地利用格局空间优化配置的方法和建议，具体研究内容如下。

（1）土地利用动态变化分析

将广西西江流域土地利用遥感监测数据重新划分为耕地、林地、草地、建设用地、水域及其他用地共 6 类。用土地利用结构、土地利用动态度、土地利用转移矩阵和景观格局等在土地利用数量和空间变化规律上起指导作用的指数方法去定量分析 2005～2015 年来广西西江流域土地利用变化特点。

（2）土地利用变化驱动力研究

基于研究区域土地利用的特点，选取高程、坡度、距主要道路距离、人均 GDP、人口密度等因子作为土地利用变化的驱动因子，利用 Logistic 回归模型分析各地类和其对应驱动因子之间的关系。

（3）2015 年土地利用变化情况模拟及精度检验

借助 CA-Markov 模型，首先预测研究区土地利用类型数量变化，以 Logistic 回归模型结果制作土地适宜性图集作为转移规则，然后模拟研究区域 2015 年土地利用空间分布格局，并与 2015 年土地利用实际数据进行对比计算 Kappa 指数检验模拟精度。

（4）未来 2025 年土地利用情况模拟

基于研究区域实际发展状况及相关政策，以 2015 年研究区域现状数据为基础，对 2025 年广西西江流域土地利用空间分布格局进行预测，提出较为合理的发展建议。

2. 研究方法

①理论分析与实证研究相结合。利用图书馆馆藏资源和网上搜索的国内外资料，通过阅读相关文献，分析对比国内外的研究成果，明晰相关概念、方法。以广西西江流域为例，采集数据与资料，保证数据的丰富性、时效性与可靠性，运用已有的理论方法，进行实证研究检验。

②定性分析与定量分析相结合。在对土地利用变化机制的演变过程中，先定量分析了土地利用变化情况，然后定性选择驱动因子，基于模拟结果的量化分析，对研究区未来土地发展对策进行定性分析。

③数理统计法和模型法。对土地利用动态变化特征进行分析，选择 Logistic 回归模型对驱动因子进行分析，构建 CA-Markov 模型，对广西西江流域土地利用空间分布进行模拟，探索研究区未来土地利用格局，并提出相关建议。

8.1.5　技术路线

根据研究内容，拟定本章研究技术路线图（图 8-1）。

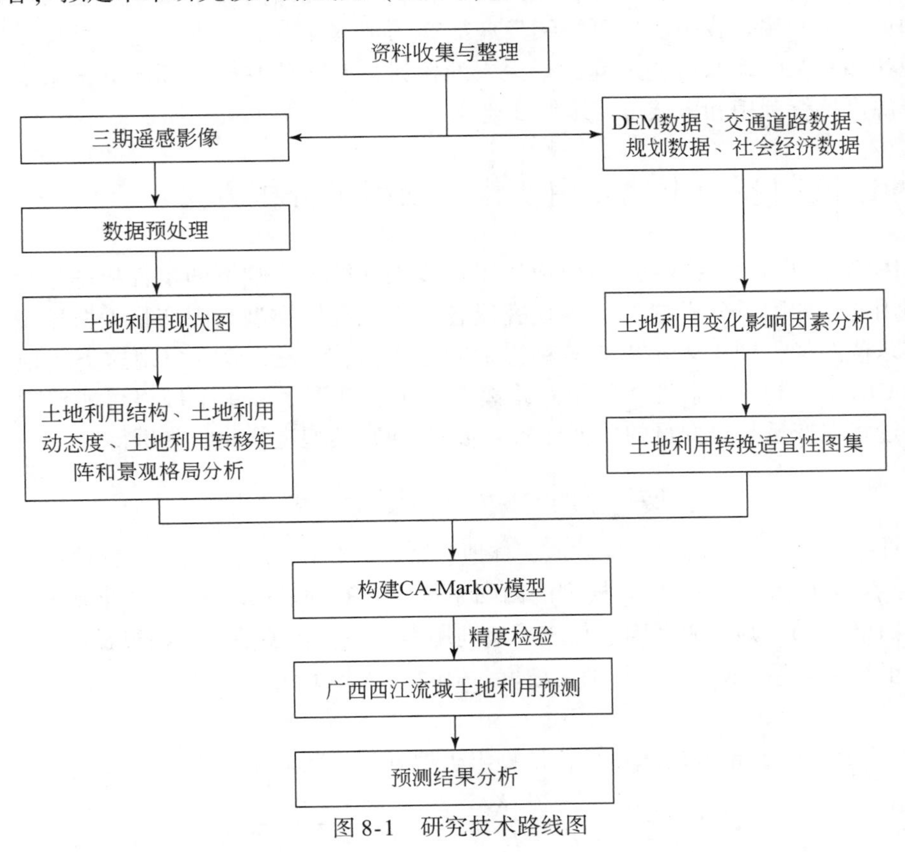

图 8-1　研究技术路线图

8.2　基于 CA-Markov 模型的土地利用变化研究理论与方法

8.2.1　土地利用变化相关理论基础

1. 人地关系协调理论

对人地关系的认识素来是地理学的研究核心，也是地理学理论研究的一项长期任务[39]。人地关系协调，即人类社会活动与地理环境之间应该是相互协调的关系，人类和地理环境之间关系通过复杂的反馈机制而彼此关联。作为人地关系中的主体，人类通过各种活动改造地理环境来满足日益增长的需求，与此同时地理环境的改变也会制约人类的生产生活水平[40]。人类的过度开发和其他一些不合理活动使得地理环境超出了对人类的忍受度，打破了人地平衡的关系，并因此带来一系列生态环境恶化、人类发展受阻等负面影响。人地关系是与时俱进的，如果人类没有客观地认识到人地关系的发展规律，那么将会出现人地矛盾。只有把人类活动控制在地理环境的承载力之内，使整个人地系统处于持续再生的状态，才能协调经济增长同土地资源合理开发利用的关系[41]。因此，在人地关系理论的指导下，对土地利用变化进行系统研究，有利于优化区域发展过程中的各种矛盾与利益分配，达到人地协调的关系。

2. 可持续发展理论

能满足当代人的需要，又不对后代人满足其需要的能力构成危害的发展称为可持续发展。LUCC 变化与发展问题息息相关，一方面，经济的增长使得土地需求增大，另一方面，土地的供给受到各种自然、人文因素的制约。人多地少是我国土地资源的基本国情，土地利用问题成为我国可持续发展的瓶颈，如何合理配置土地资源，使之与人口、环境和经济发展相匹配，是当前和未来一段时间内对土地利用研究的热点。土地的可持续利用是我国实现可持续发展战略的基本保障[5]。本研究在可持续发展理论的指导下对土地利用现状和复杂的动态演变过程进行深入的探讨，并在此基础上预测其未来发展情形，提出可供参考的土地资源可持续利用和区域可持续发展建议。

8.2.2 Logistic 回归模型土地利用变化驱动因子分析方法

Logistic 回归模型属于非线性模型，主要应用于对多因素综合影响下的事件概率进行预测，因此也广泛运用于土地利用变化的因子分析中[42]。本研究以各个土地利用类型为因变量，根据现有土地利用栅格图形数据制作布尔值图像，即 1 表示出现某种土地利用类型，0 表示没有出现这类土地。自变量包括坡度、高程、人均 GDP、人口密度和距主要道路距离等 5 个驱动因子。每个栅格可能出现某种土地利用类型的概率可以通过将因变量与自变量的数据导入 Logistic 回归模型进行回归分析得出。

$$\log\left(\frac{P_i}{1-P_i}\right)=\beta_0+\beta_1 X_1+\beta_2 X_2+\cdots+\beta_n X_5 \tag{8-1}$$

式中，P_i 为在本研究中为每个栅格中发生耕地、林地、草地、建设用地、水域及其他用地 6 种土地类型的概率；β_0为常量；$\beta_1 \sim \beta_n$ 为 Logistic 回归模型的回归系数，$|\beta|$ 值越大，表示各驱动因子与该土地利用类型的关联越大，如果$\beta<0$，则该驱动因子与该土地利用类型呈负相关关系，如果$\beta>0$，则该驱动因子与该土地利用类型呈正相关关系；$X_1 \sim X_5$ 分别为坡度、高程、人均 GDP、人口密度和距主要道路距离 5 个驱动因子的值。

将式（8-1）变形可以推导出式（8-2），计算出土地利用空间分布的概率。

$$P_i=\frac{\exp(\beta_0+\beta_1 X_1+\beta_2 X_2+\cdots+\beta_n X_5)}{1+\exp(\beta_0+\beta_1 X_1+\beta_2 X_2+\cdots+\beta_n X_5)} \tag{8-2}$$

$\exp(\beta)$ 比率称为似然比，也称为优势比指数，$\exp(\beta)$ 的值等于事件的发生概率与事件不发生的概率的比值。本研究中，优势比用于表示某个驱动因子每增加一个单位，将导致对土地利用类型发生概率的增减情况：$\exp(\beta)<1$，表示驱动因子变大，该土地类型的发生概率减少；$\exp(\beta)=1$，表示发生比不变；$\exp(\beta)>1$，表示驱动因子变大，该土地类型的发生概率增加。

接受者操作特征（relative operating characteristic，ROC）是验证 Logistic 回归模型拟合度的一个精度指标，可以用于判断计算出的各类土地利用类型在不同因子影响下空间分布概率与该类土地利用类型真实的分布格局之间的拟合度。ROC 曲线下面积可表示为

$$A_z=\frac{1}{n_a n_b}\sum_{j=1}^{n_b}\sum_{i=1}^{n_a}\varphi(x_{ai},\ x_{bj}) \tag{8-3}$$

其中

$$\varphi(x_{ai}, x_{bj}) = \begin{cases} 1, & x_{ai} > x_{bj} \\ 0.5, & x_{ai} = x_{bj} \\ 0, & x_{ai} < x_{bj} \end{cases} \tag{8-4}$$

式中，$x_{ai}(i=1, 2, \cdots, n_a)$ 为异常组中的 n_a 个观察值；$x_{bi}(i=1, 2, \cdots, n_b)$ 为正常组中的 n_b 个观察值。

A_z 的取值范围在 0.5～1.0 之间。当 A_z =0.5 时表示回归方程的拟合度最不好，对土地利用空间布局的解释无意义；当 A_z 越接近于 1 时，表明方程拟合度越好。通常情况下，认为当 A_z >0.7 时，说明回归模型的拟合度较好，能较好地解释所选用的驱动因子对土地利用类型分布格局的影响。

8.2.3　土地利用变化模拟相关方法

1. Markov 模型

俄国学者 Markov 在 20 世纪发明了一种能较好预测数量的方法，我们通常称之为马尔科夫（Markov）模型。后来经过发展演变，其广泛应用于土地利用动态模拟上，具有无后效性的特点，即预测未来的时刻状态只与当前的土地利用状态有关，不受过去和未来状态的影响，在较长时间内趋势平稳[43]。

马尔科夫模型中土地利用类型之间相互转化的初始转移概率矩阵 $\boldsymbol{P}$ 为

$$\boldsymbol{P} = (P_{ij}) = \begin{bmatrix} P_{11} & P_{12} & \cdots & P_{1n} \\ P_{21} & P_{22} & \cdots & P_{2n} \\ \vdots & \vdots & & \vdots \\ P_{n1} & P_{n2} & \cdots & P_{nn} \end{bmatrix} \tag{8-5}$$

式中，n 为研究区土地利用类型的数目；P_{ij}为初期到末期由类型 i 转移为 j 的概率，且 $0 \leqslant P_{ij} \leqslant 1$。

Markov 模型的基本方程为

$$\boldsymbol{S}_{(t+1)} = \boldsymbol{S}_{(t)} \cdot P_{ij} \tag{8-6}$$

式中，系统 t+1 时刻状态向量$\boldsymbol{S}_{(t+1)}$由 t 时刻的状态向量$\boldsymbol{S}_{(t)}$和转移概率P_{ij}确定。

2. 元胞自动机模型

元胞自动机模型是一种动态性较强的系统模型，拥有在空间、时间、状态上都是离散的特点。各个变量的状态有限，在状态改变规则时间上的因果关系和空间上的相互作用皆呈现出局部特征[44]。元胞自动机模型的研究思路是自下而上的，局部元胞个体按照局部规则进行状态更新，这样的行为能产生一个有秩序的复杂系统。之所以说 CA 模型对土地利用现状和复杂的动态演变过程研究可以达到一个精确的地步，是因为该模型可以有效模拟元胞之间的相互作用，并在时间上可以迭代多次进行循环计算[45]。用于土地利用变化模拟的元胞自动机模型有六个基本要素：元胞、元胞状态、元胞空间、邻域、离散时间和转换规则。

本次研究将元胞设置为 30m×30m 大小的栅格单元，邻域元胞影响中心元胞下一个时刻的状态，主要的元胞自动机模型邻域有以下两个类型：Moore 邻域和 Neumann 邻域。在 Moore 邻域中，定义半径为 1，是由中心元胞的上、下、左、右、左上、右上、右下和左下 8 个方向相邻的元胞组成（图 8-2）；在 Neumann 邻域中，定义半径为 1 时，则是由中心元胞的上、下、左、右 4 个元胞组成邻域（图 8-3）。

转换规则是元胞自动机的关键，它表示模拟过程中的逻辑关系，决定空间变化的结果。目前 CA 模型的转换规则可以很简单也可以很复杂，转换规则可以根据研究对象的特点以及研究本身的侧重点去自由定义。转换规则的函数表达式可以简单记为

$$S_{ij}^{t+1} = f_N(S_{ij}^t) \tag{8-7}$$

式中，S_{ij}^t和S_{ij}^{t+1}分别为 t 时刻和 t+1 时刻元胞 ij 的状态；N 为元胞的邻域，作为转换函数的一个输入变量；f 为一个转换函数，定义元胞从 t 时刻到 t+1 时刻状态的转换。

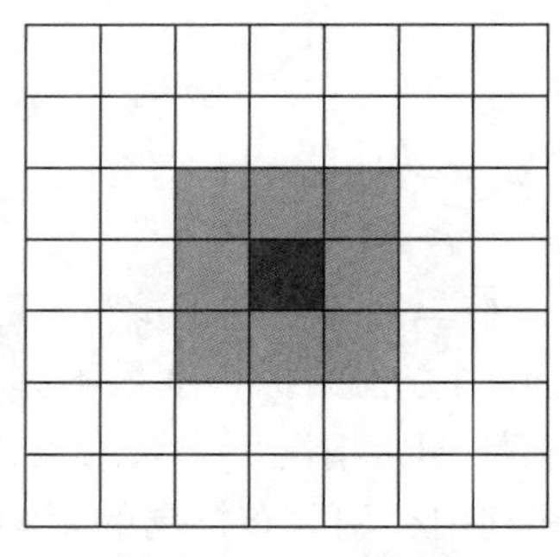
图 8-2 Moore 邻域

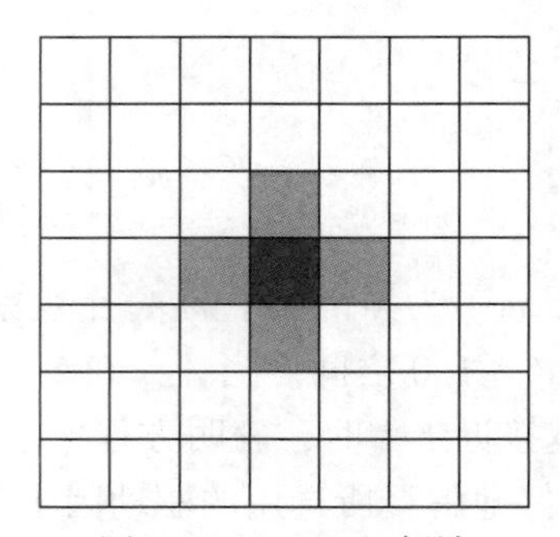
图 8-3 Neumann 邻域

3. CA-Markov 模型

Markov 模型具有无后效性的特点，预测未来的时刻状态只与当前的土地利用状态有关，不受过去和未来状态的影响，在较长时间内趋势平稳，能较好地预测数量，模拟结果仅为数量上的变化，在空间上无法具体体现；而元胞自动机模型是一种动态性较强的系统模型，可以有效模拟元胞之间的相互作用，并在时间上可以迭代多次进行循环计算；根据不同的地域特点或自身研究需要，从不同的角度出发构建耦合模型去模拟土地类型在时间和空间上的变化，可以取长补短，从而揭示土地利用现状特点和复杂的动态演变过程，并在此基础上准确预测其未来发展情形。CA-Markov 模型的构建是在 IDRISI 软件的支持下完成的，预测研究区土地利用类型数量变化是该模型的首要步骤，然后以 Logistic 回归模型结果制作成土地适宜性概率图集作为转移规则，最后运行 CA 模型模拟研究区域未来土地利用空间分布格局，这样的耦合模型可以使研究区土地利用变化模拟的精度更为准确。

8.3 数据来源

（1）遥感影像数据

本研究数据所采用的土地利用遥感影像数据来源于中国科学院资源环境科学数据中心网站（http：//www. resdc. cn/，2019/12/15）发布的中国土地利用现状遥感监测数据，数据空间分辨率为 30m。其中，2005 年以 2004 ~ 2005 年的 Landsat-TM 遥感图像为主要信息源，2010 年以 2009 ~ 2010 年的 Landsat-TM 遥感数据为主要信息源，2015 年遥感图像使用 2015 年的 Landsat-8 遥感数据为主要信息源。该数据一共分为 6 个一级类、25 个二级类，经过解译质量控制标准，采用野外抽样核查，Kappa 系数检验等，各地类解译正确率达到 85% 以上。根据研究需要，用 ArcGIS 平台的重分类工具，将广西西江流域土地利用遥感监测数据重新划分为耕地、林地、草地、建设用地、水域及其他用地共 6 类。

（2）矢量数据

省界、市界、县界、乡镇边界图，主要道路交通图，来自 Open Street Map 网站（http://www. openstreetmap. org，2019/12/15）下载。

（3）地形数据

30m 空间分辨率的 ASTER GDEM V2 全球数字高程数据产品，来源于地理空间数据云（http://www. gscloud. cn/，2019/12/15）。

（4）中国公里网格人口分布数据

中国公里网格人口分布数据集（全球变化科学研究数据出版系统 http：//www. geodoi. ac. cn/doi. aspx？doi = 10. 3974/geodb. 2014. 01. 06. v1，2019/12/15）。

8.4 广西西江流域土地利用变化分析

以广西西江流域 2005 年、2010 年和 2015 年遥感监测影像数据为基础，以 ArcGIS 为平台对原始影像进行预处理，并对土地利用类型进行重新划分，选取一些在土地利用数量和空间变化规律上起指导作用的指数方法，如土地利用结构、土地利用动态度、土地利用转移矩阵去定量分析 2005 ~ 2015 年广西西江流域土地利用变化情况。

8.4.1　土地利用结构分析

运用 ArcGIS 空间分析方法，对广西西江流域土地利用遥感监测数据进行处理分析，得到 2005 年、2010 年和 2015 年土地利用整体结构情况（图 8-4、表 8-1、图 8-5）。

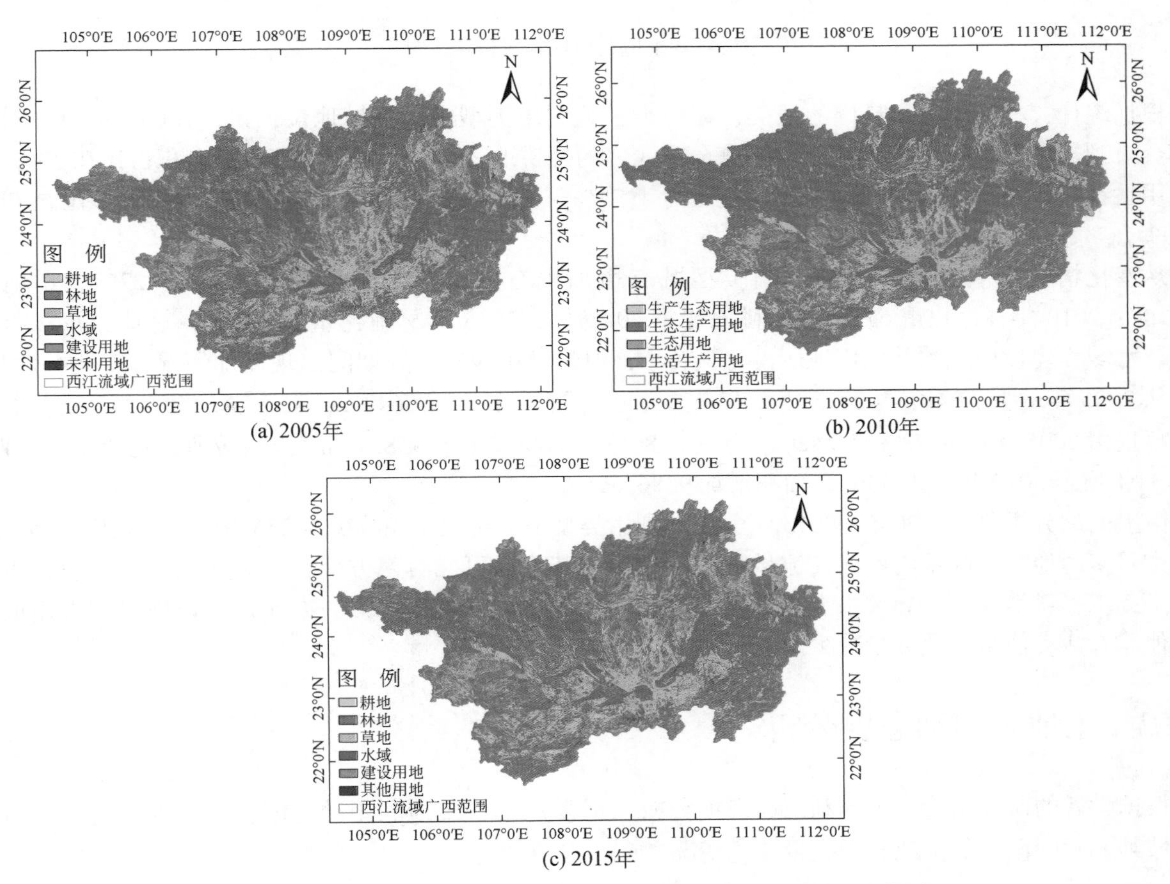

图 8-4　2005 年、2010 年、2015 年广西西江流域土地利用现状图

表 8-1　广西西江流域土地利用类型面积表

土地利用类型	2005 年		2010 年		2015 年	
	面积/hm^2	比重/%	面积/hm^2	比重/%	面积/hm^2	比重/%
耕地	4259119. 50	20. 93	4246677. 00	20. 87	4208893. 47	20. 68
林地	13681261. 44	67. 22	13688478. 36	67. 26	13633608. 06	66. 99
草地	1777534. 74	8. 73	1766461. 77	8. 68	1791493. 65	8. 80
水域	272056. 86	1. 34	277334. 73	1. 36	281643. 48	1. 38
建设用地	359966. 16	1. 77	370986. 84	1. 82	433614. 42	2. 13
其他用地	1841. 04	0. 01	1841. 04	0. 01	1931. 13	0. 01

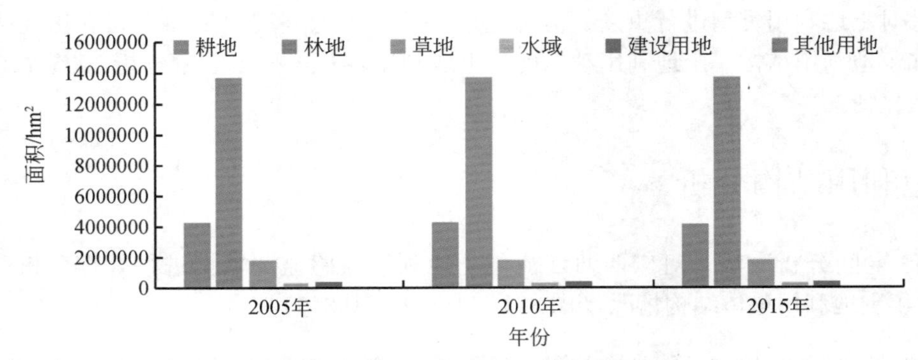

图 8-5　土地利用现状面积变化图

根据统计，林地是分布最广的地类，在各类土地利用类型中占主导地位，无论在哪一时期，林地面积都会占到辖区面积的65%以上；接下来分布较广的是耕地，在三个研究时期内的面积占比在20%左右；建设用地在广西西江流域土地面积中占比为1.77%～2.13%；草地、水域和其他用地占比之和大概为10%。

从变化情况来看，各类土地利用类型既有增加也有减少。2005年林地比重67.22%，耕地比重20.93%；2010年林地比重67.26%，耕地比重20.87%；2015年林地比重66.99%，耕地比重20.68%。草地、水域、建设用地和其他用地所占比重较小，但建设用地在研究期间出现增加情况，变化幅度较大，比重从2005年的1.77%增至2015年2.13%，十年间数量增加了73648.26hm²。草地和水域变化量相对较小，草地由2005年的8.73%变为2015年的8.80%，面积增加13958.91hm²；水域所占比重则从2005年的1.34%增至2015年的1.38%，面积增加9586.62hm²。

由上面的分析可知，2005～2015年，土地利用类型中的耕地面积减少50226.03hm²，是所有地类中面积减少最多的地类。联系广西西江流域的实际情况，其原因可能有两方面：一方面是近几年农村青壮年多外出务工，耕地撂荒，导致水土流失，土地荒漠化后不适宜耕作；另一方面是建设项目的占用或者进行其他非农活动使得耕地数量减少。

8.4.2　土地利用动态度分析

根据学者的研究结论，土地利用动态度分析一般采用单一土地利用动态度，通过算法公式去研究指定区域某一时间段内的土地利用数量变化情况[46-50]。其算式为

$$K=\frac{U_b-U_a}{U_a}\times\frac{1}{T}\times100\% \tag{8-8}$$

式中，当把 T 设置为研究时长年时，K 为该年份的土地利用类型的年平均变化率；U_b、U_a 分别为研究末期土地利用类型和研究初期土地利用类型的面积数量大小。

由表8-2可知，2005～2010年研究区内耕地和草地的动态度均小于0，说明该时期这两个地类面积是递减的变化状态，其中耕地面积的年均减少率是0.06%，草地的年均减少率是0.62%。而林地、水域和建设用地面积是逐年递增的，年均增长率分别是0.01%、1.94%和3.06%。其中建设用地的增长率最快。城镇面积的扩大，农村居民点增加和交通运输用地面积的增加是建设用地快速增加的主要原因。

表 8-2　广西西江流域土地利用动态度

土地利用类型	面积/hm²			面积变化/%	
	2005 年	2010 年	2015 年	2005～2010 年	2010～2015 年
耕地	12442.5	37783.53	50226.03	-0.06	-0.036
林地	7216.92	54870.3	47653.38	0.01	-0.008

续表

土地利用类型	面积/hm²			面积变化/%	
	2005 年	2010 年	2015 年	2005～2010 年	2010～2015 年
草地	11072.97	25031.88	13958.91	-0.62	0.084
水域	5277.87	4308.75	9586.62	1.94	0.310
建设用地	11020.68	62627.58	73648.26	3.06	3.376
其他用地	0	685.62	685.62	0	7.448

2010～2015 年，耕地面积仍然还是减少状态，年均减少率为 0.036%。林地由前一研究期的增加转为递减，年均减少率为 0.08%，其中建设占用林地是导致林地减少的主要原因，其次是由于部分疏林地转为草地。而草地则由前一时期的减少变为增加，其年均增长率为 0.084%。水域和建设用地继续保持增长的趋势，年均增长率各是 0.31% 和 3.376%。建设用地增加速率较前一时期增加更快。同时，其他用地面积也有增加，其年均增长率高达 7.448%。

8.4.3　土地利用转换矩阵分析

土地利用转移矩阵常应用于土地利用变化系统分析中，通过对土地利用类型之间特定状态与状态转移的定量描述，使用一定的转换公式来反映土地利用类型的转移方向和面积大小。其转移矩阵如下所示：

$$S_{ij}=\begin{bmatrix} S_{11} & S_{12} & \cdots & S_{1n} \\ S_{21} & S_{22} & \cdots & S_{2n} \\ \vdots & \vdots & & \vdots \\ S_{n1} & S_{n2} & \cdots & S_{nn} \end{bmatrix} \tag{8-9}$$

式中，S_{ij}为研究初期 i（$i=1, 2, 3, \cdots, n$）和末期 j（$j=1, 2, 3, \cdots, n$）土地利用类型的面积；n 为土地利用类型数目，本研究 n 取 6。

广西西江流域土地利用转移矩阵可以运用 ArcGIS 空间分析方法，对广西西江流域土地利用遥感监测数据进行处理分析得到。

通过对 2005～2010 年与 2010～2015 年广西西江流域土地利用六大类型面积转移矩阵和主要类型转移面积的分析，其土地利用类型均发生了一定程度的变化。

利用 2005 年与 2010 年、2010 与 2015 各两期土地利用图在 ArcGIS 的栅格计算器中计算，其转移矩阵如表 8-3 与表 8-4 所示。

表 8-3　广西西江流域 2005～2010 年土地利用转移矩阵

土地利用类型		2005 年						
		耕地	林地	草地	水域	建设用地	其他用地	合计
2010 年	耕地	4246147.35	188.46	150.57	44.82	145.80	0	4246677.00
	林地	2862.09	13675736.16	9619.38	123.03	137.70	0	13688478.36
	草地	30.15	459.36	1765972.26	0	0	0	1766461.77
	水域	2705.67	2127.33	722.61	271679.85	99.27	0	277334.73
	建设用地	7374.24	2750.13	1069.92	209.16	359583.39	0	370986.84
	其他用地	0	0	0	0	0	1841.04	1841.04
	合计	4259119.50	13681261.44	1777534.74	272056.86	359966.16	1841.04	20351779.74

表 8-4 广西西江流域 2010 ~ 2015 年土地利用转移矩阵

土地利用类型		2015 年						
		耕地	林地	草地	水域	建设用地	其他用地	合计
2010 年	耕地	4207269. 51	1382. 67	59. 76	58. 05	123. 48	0. 00	4208893. 47
	林地	355. 14	13632843. 51	335. 79	38. 34	35. 28	0. 00	13633608. 06
	草地	442. 35	32576. 85	1758335. 67	548. 28	20. 34	0. 00	1791923. 49
	水域	1922. 40	2350. 26	1065. 60	276371. 73	99. 18	0. 00	281809. 17
	建设用地	36607. 41	19325. 07	6656. 13	318. 33	370707. 48	0. 00	433614. 42
	其他用地	80. 19	0	8. 82	0	1. 08	1841. 04	1931. 13
	合计	4246677. 00	13688478. 36	1766461. 77	277334. 73	370986. 84	1841. 04	20351779. 74

1. 耕地转移分析

从表 8-3 可以看出，2005 ~2010 年广西西江流域耕地转出面积为 12972. 15hm²，转入（新增耕地）面积为 529. 65hm²，转出面积虽远远大于新增耕地面积，净转出面积为 12442. 5hm²。但也有 4246147. 35hm² 保持不变，保持面积为 99. 70%。转出面积主要流向林地、水域和建设用地，转入草地的面积较小，仅 30. 15hm²，转向林地、水域和建设用地的面积分别为 2862. 09hm²、2705. 67hm² 和 7374. 24hm²，转出率较低，基本没有流向其他用地。将两个时期土地利用监测数据叠加分析，耕地转为建设用地部分多为城镇居民点，转为水域部分多为滩地和坑塘。

从表 8-4 看出，2010 ~2015 年耕地保持面积为 4207269. 51hm²，转出面积为 39407. 49hm²，转入面积为 1623. 96hm²，净转出面积为 37783. 53hm²，同比转出面积增长 203. 67%。此阶段转出耕地主要流向建设用地和水域，其次是草地、林地和其他用地，转出面积分别为 36607. 41hm²、1922. 40hm²、442. 35hm²、355. 14hm² 和 80. 19hm²。这一时期转入耕地分别来源于林地、建设用地、草地和水域，转入面积各是 1382. 67hm²、123. 48hm²、59. 76hm² 和 58. 05hm²。

2. 林地转移分析

2005 ~2010 年广西西江流域林地转出面积为 5525. 28hm²，转入面积为 12742. 20hm²，转出林地面积小于转入（新增林地）面积，出入比为 43. 36%，净增加 7216. 92hm²。此阶段有 13675736. 16hm² 保持不变，保持率高达 99. 96%。转出的林地面积分别流向建设用地、水域、草地和耕地，转向各个地类的面积各是 2750. 13hm²、2127. 33hm²、459. 36hm² 和 188. 46hm²，该阶段林地基本没有变为其他用地。同时，转入林地也是这几个地类，其中从草地转入 9619. 38hm²，从耕地转入 2862. 09hm²，从建设用地转入 137. 70hm²，从水域转入 123. 03hm²，从草地转入林地的面积占总转入面积的 75. 49%。通过叠加分析，林地转为水域部分主要为河渠和水路坑塘，转为建设用地部分为城镇用地和工业用地，主要分布在武鸣区和南宁市辖区。

2010 ~2015 年有 13632843. 51hm² 保持不变，转出面积为 55634. 85hm²，转入面积为 764. 55hm²，转出面积是转入面积的约 73 倍。此阶段林地面积大量流向草地和建设用地，转出面积分别为 32576. 85hm² 和 19325. 07hm²，其次流向水域 2350. 26hm²，流向耕地 1382. 67hm²。这一时期转入林地主要来源于耕地、草地，转入面积各是 355. 14hm²、335. 79hm²，其次也有少量水域和建设用地转化为林地，转入面积各是 38. 34hm² 和 35. 28hm²。

3. 草地转移分析

2005 ~2010 年广西西江流域草地转出面积为 11562. 48hm²，转入（新增草地）面积仅 489. 51hm²，草地净减少面积 11072. 97hm²，草地保持率 99. 35%。其中转出草地中主要转向林地和建设用地，转出量分别为 9619. 38hm²、1069. 92hm²。转入草地的主要来源是林地，转入面积为 459. 36hm²，其次是耕地，转入面积为 30. 15hm²。经过叠加分析，部分疏林地转化为草地。同时，大量农村人口涌入城市，导致耕地荒废而转化为草地。

2010 ~ 2015 年草地转出面积为 8126.10hm²，转入面积为 33587.82，出入比为 24.51%。在这 5 年间，草地面积净增加 25461.72hm²。转出草地主要流向建设用地和水域，转出面积分别为 6656.13hm² 和 1065.60hm²，同时有一小部分流向林地、耕地和其他用地，面积分别为 335.79hm²、59.76hm² 和 8.82hm²。这一阶段，草地的主要来源为林地 32576.85hm²，水域 548.28hm²，耕地 442.35hm² 和建设用地 20.34hm²。

4. 水域转移分析

2005 ~ 2010 年广西西江流域水域转出面积为 377.01hm²，同时转入面积为 5654.88hm²，出入比为 6.67%。转出水域主要流向建设用地、林地和耕地，转出面积分别为 209.16hm²、123.03hm² 和 44.82hm²。增加水域面积主要由耕地和林地转化而来，其次是草地，建设用地也有少量转入，基本转为滩地或坑塘，也有河道扩宽而增加水域面积。

2010 ~ 2015 年，该地区保持不变的水域面积为 276371.73hm²，转出面积 963hm²，转入面积 5437.74hm²，出入比为 17.71%，5 年间净增加 4474.74hm²。转出水域主要流向草地和建设用地，面积各为 548.28hm² 和 318.33hm²，其次还有少量转为耕地和林地，面积为 58.05hm² 和 38.34hm²。此阶段水域面积增加较大，主要来源于林地、耕地和草地，三种地类各占来源总量的 43.22%、35.35% 和 19.60%。同时也有少量建设用地转为水域，面积占总来源的 1.82%。

5. 建设用地转移分析

2005 ~ 2010 年广西西江流域建设用地转出面积为 382.77hm²，转入面积为 11403.45hm²，相对于转出面积，新增建设用地面积较大。转出的建设用地主要流向耕地和林地，其次是水域，转出量分别为 145.80hm²、137.70hm² 和 99.27hm²。由于农村城乡建设用地增减与土地整理项目的实施有关，部分建设用地被复垦为质量相对较差的耕地。此阶段建设用地转入主要来源于耕地，其次是林地和草地，同时也有少量水域面积，转入的面积分别为 7374.24hm²、2750.13hm²、1069.92hm² 和 209.16hm²。由于城市化的快速发展，需要开发大量建设用地以满足人们日益增长的物质需求。

2010 ~ 2015 年，该地区建设用地转出面积为 279.36hm²，转入面积 62906.94hm²，5 年内面积净增加 62627.58hm²，出入比仅为 0.44%，说明随着城市化进程的推进，建设用地面积大规模增加。建设用地转为耕地的面积最多，为 123.48hm²，说明在此阶段有进行土地整理等相关工作，将一部分建设用地复垦为耕地。其次分别转出水域 99.18hm²、林地 35.28hm² 和草地 20.34hm²。这一阶段的建设用地来源中耕地和林地占比最大，分别占转入面积的 58.19%、30.72%，其次是草地 10.58%、水域 0.51%。

6. 其他用地转移分析

在整个研究时段内，其他用地变化较稳定。2005 ~ 2010 年其面积保持不变，没有转出也没有转入。2010 ~ 2015 年分别由耕地转入 80.19hm²，草地转入 8.82hm²，建设用地转入 1.08hm²，其他用地没有转为别的地类。通过对土地利用遥感监测数据及谷歌地图叠加分析，广西西江流域内的其他用地基本为裸岩石质地、河流沙地、沼泽以及裸土地。

8.5 广西西江流域土地利用变化驱动因子分析

8.5.1 高程因素

广西西江流域地形总体是西北部较高，中部和南部地区较低（图 8-6），所在地区海拔的高低能影响土地利用类型分布格局，要想了解高程因素与土地利用变化之间的关系，可以对 DEM 数据进行分级，将高程划分为 6 个等级（上组限不在内）：<200m；200 ~ 400m；400 ~ 600m；600 ~ 800m；800 ~ 1000m；≥

1000m。然后与土地利用数据进行叠加，分析不同等级内各土地类型的占比（表 8-5）。

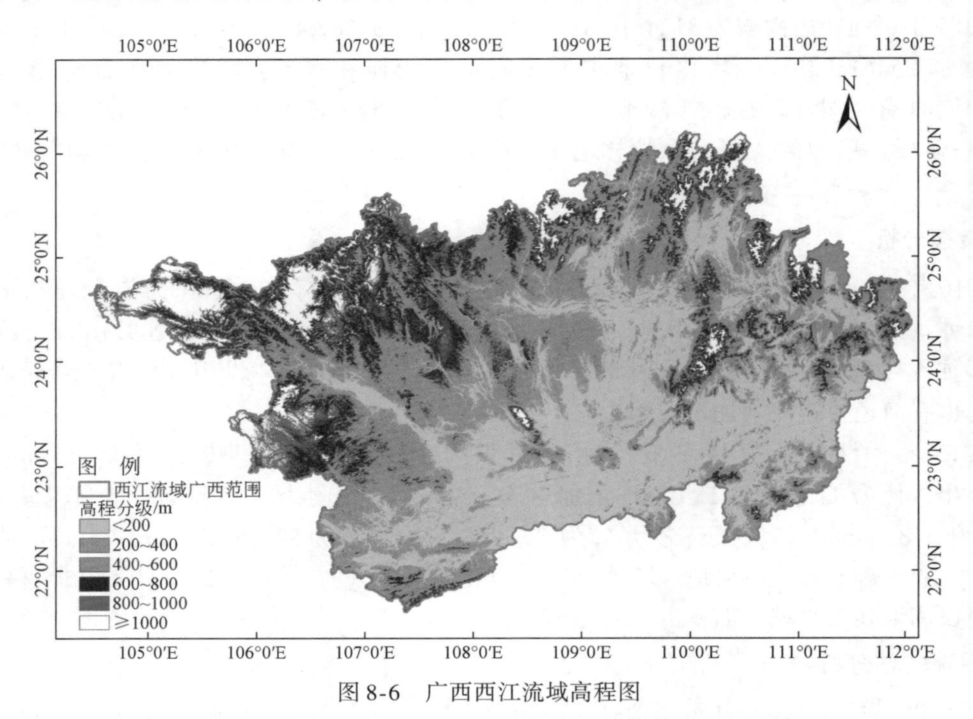

图 8-6　广西西江流域高程图

表 8-5　广西西江流域各土地类型在不同高程等级分布比例　　（单位：%）

高程/m	年份	耕地	林地	草地	水域	建设用地	其他用地
<200	2005	23.15	35.44	16.84	3.53	10.52	10.52
	2010	23.13	35.45	16.84	3.52	10.54	10.52
	2015	23.14	35.15	16.85	3.53	10.86	10.47
200 ~ 400	2005	20.96	54.33	7.85	2.22	6.96	7.68
	2010	21.02	54.32	7.84	2.21	6.96	7.65
	2015	24.78	54.67	5.02	2.28	7.53	5.72
400 ~ 600	2005	23.1	60.01	15.28	0.93	0.67	0.01
	2010	23.22	60.01	15.24	0.84	0.68	0.01
	2015	19.91	61.07	16.71	0.85	1.3	0.16
600 ~ 800	2005	10.96	63.4	14.59	0.16	0.35	10.54
	2010	10.74	63.44	14.73	0.15	0.35	10.59
	2015	10.09	65.25	13.3	0.15	0.55	10.66
800 ~ 1000	2005	1.86	80.18	16.18	0.02	0.36	1.4
	2010	1.18	80.92	16.27	0.01	0.32	1.3
	2015	1.64	81.67	15.15	0.01	0.34	1.19
≥1000	2005	0.36	81.94	17.35	0	0.29	0.06
	2010	0.36	81.85	17.35	0	0.38	0.06
	2015	0.2	81.95	17.35	0	0.45	0.05

从整个西江流域在各高程等级的地类分布来看，海拔越低，耕地、水域建设用地分布越多；海拔越高，耕地、水域、建设用地越少，林草地占比越大。在海拔<200m 和 200 ~ 400m 的区域，是耕地（沟谷耕地）、水域、建设用地的主要分布区，其他用地分布也较为广泛。海拔较低，水源相对充足，适于耕

作，沟谷耕地较多。随着海拔升高，耕地、水域和建设用地逐渐减少，林地广泛增加。海拔较高，水源不足，沟谷耕地逐渐减少，相应存在一部分坡耕地。特别是海拔>800m 的区域，以林地和草地为主导，其他地类分布面积很少。

8.5.2　坡度因素

土地利用类型的分布同样受到坡度这个自然因素的影响，以广西西江流域的地形特征为参考对象，根据前人的相关研究经验，应用 ArcGIS 10.2 空间分析模块中表面分析工具下的 SLOPE 模块把 DEM 数据生成研究区域的 9 级坡度图。与土地利用数据进行叠加分析不同等级内各土地类型的占比，见表 8-6。

表 8-6　广西西江流域各土地类型在不同坡度等级分布比例　　（单位：%）

坡度/(°)	年份	耕地	林地	草地	水域	建设用地	其他用地
≤5	2005	19.88	18.41	15.65	20.98	12.95	12.13
	2010	19.84	20.96	13	12.14	15.66	18.4
	2015	19.86	20.8	12.78	15.8	12.25	18.51
5～10	2005	20.01	7.1	6.81	29.43	28.72	7.93
	2010	18	6.1	5.8	30.72	31.46	7.92
	2015	19.08	1.11	5.84	31.42	33.7	8.85
10～15	2005	10.05	24.33	26.16	16.64	20.1	2.72
	2010	11.24	25.41	22.23	18.62	20.3	2.2
	2015	11.27	29.35	20.23	18.63	18.32	2.2
15～20	2005	14.08	14.83	9.77	16.37	23.37	21.58
	2010	13.56	22.28	8.22	12.86	22.68	20.4
	2015	13.58	22.3	8.26	12.89	32.68	10.29
20～25	2005	42.41	10	41.56	2.01	1.41	2.61
	2010	52.84	2.23	31.4	5.61	5.62	2.30
	2015	55.84	2.55	29.72	5.57	5.33	0.99
25～30	2005	20.31	26	24.17	6.11	7.83	15.58
	2010	18.24	35.43	20.36	6.37	3.73	15.87
	2015	17.28	36.76	31.8	3.84	3.26	8.06
30～35	2005	21.81	29.23	24.71	12.13	1.54	10.58
	2010	20.7	26.96	23.61	12.27	3	13.46
	2015	20.45	28.77	24.78	7.79	3.37	14.84
35～45	2005	27.08	43.03	25.16	1.84	2.05	0.84
	2010	28.04	42.96	25.49	1.07	1.63	0.81
	2015	27.84	42.8	24.41	1.15	2.1	1.7
>45	2005	20.27	30.56	25.75	2.63	2.16	18.63
	2010	20.1	24.18	25.9	2.04	1.95	25.83
	2015	16.47	30.3	24.48	2.01	1.94	24.8

各个小流域的土地利用类型主要分布在 0°～25°坡度之间。经过叠加分析，发现桂江、贺江流域中上游地势较平坦，耕地和建设用地面积分布较多；柳江流域中下游坡度较低，耕地、建设用地和草地面积分布较多；红水河流域下游地势平坦，耕地集中连片分布，是广西主要糖料作物种植基地，而上游整体坡度较大，林地、草地广布，区域内生态环境得到有效保护；右江流域中下游坡度较缓，耕地面积分布

广泛，其次是草地和建设用地；左江及郁江干流整个流域境内坡度相对较缓，耕地面积分布较广；西江及黔江、浔江流域整体坡度不大，尤其在西江中上游段地势相对平缓，耕地集中成片分布，黔江、浔江段整体坡度稍大，耕地集中，林地大量分布。

各坡度等级土地利用类型的特点为坡度越低，水域、建设用地、疏林地分布的相对比例较高，而随着坡度等级的升高，灌木林、有林地记忆草地分布的相对比例较高，耕地仍占一定比例，说明研究区内坡耕地较多。三个时期内，各坡度等级的土地利用类型总体上变化不大，说明坡度对于土地利用类型的分布具有一定的决定作用。

8.5.3 交通因素

随着经济的不断发展，连通人类居住地的需求也不断增大，因此需要建设大量的路网来满足人类的需求[51]。虽然交通道路会对周围土地利用开发产生促进作用而带来巨大的经济效益，但也会对自然生态造成不可忽视的影响[52,53]。利用 ArcGIS 10.2 将广西西江流域交通图分别生成空间间隔为0~500m、501~1000m、1001~1500m、1501~2000m、2001~2500m、2501~3000m 的6个缓冲区带，由里到外依次为Ⅰ、Ⅱ、Ⅲ、Ⅳ、Ⅴ和Ⅵ级，并将缓冲区交通图与土地利用现状图进行叠置分析（表8-7）。

表8-7　广西西江流域土地类型在不同交通路网缓冲区等级分布比例　（单位:%）

缓冲区等级	年份	耕地	林地	草地	水域	建设用地	其他用地
Ⅰ	2005	45.03	40.20	2.98	1.06	10.73	0.01
	2010	42.84	41.89	2.54	1.07	11.65	0.01
	2015	41.08	42.47	2.44	1.11	12.89	0.01
Ⅱ	2005	39.95	50.04	2.45	0.86	6.69	0.01
	2010	39.43	49.92	2.17	0.91	7.55	0.02
	2015	38.35	50.11	1.95	1.00	8.57	0.02
Ⅲ	2005	34.09	54.95	3.72	0.79	6.44	—
	2010	32.64	55.63	3.96	0.96	6.81	—
	2015	32.98	55.05	4.01	1.03	6.93	—
Ⅳ	2005	30.24	60.26	5.09	0.87	3.55	—
	2010	29.60	60.60	4.87	0.79	4.14	—
	2015	28.89	60.98	4.64	0.74	4.77	—
Ⅴ	2005	26.35	66.31	4.62	0.29	2.43	—
	2010	25.61	66.99	4.16	0.39	2.85	—
	2015	24.27	68.12	4.11	0.45	3.04	—
Ⅵ	2005	22.62	70.45	3.97	1.17	1.79	—
	2010	21.89	71.51	3.77	0.96	1.87	—
	2015	21.50	72.23	3.38	0.83	2.06	—

由表8-7分析得知，在研究时间序列内建设用地面积一直在增加，集中分布在交通路网Ⅰ级缓冲区内，随着级别的增大，建设用地的数量不断减少。这说明距离交通线的远近是影响建设用地减少与增加的一个重要因素。耕地、林地则是与建设用地相反的，越远离交通线路的地方，耕地、林地分布得越多，耕地的面积在研究时间序列内呈现出减少的态势。交通线路距离的远近对水域、其他用地、草地的分布并没有很显著的影响作用。

8.5.4　社会经济因素

人口、资源、环境与社会经济在近几十年时间里发生了巨大的变化，随着经济社会的发展和高新技术的进步，土地开发利用强度、承载力和产出效益逐年提高，土地资源成为各个国家工业化、城镇化的空间载体，为发展提供资源，保障人类社会的经济活动。人类的生活、生产活动都离不开土地的存在，因此，人口因素是区域土地利用变化最具活力的影响因素。人类通过改变土地利用方式和结构来满足自身日益增长的需求。例如，人口数量的增加提高了对居住用地以及其他各方面服务的需求，从而带动了居住用地的增加和第三产业用地的增加。同时，人口数量的增加必然导致不断上涨的粮食需求，这要求更多的耕地或者改变耕地经营方式以确保粮食安全（图8-7）。

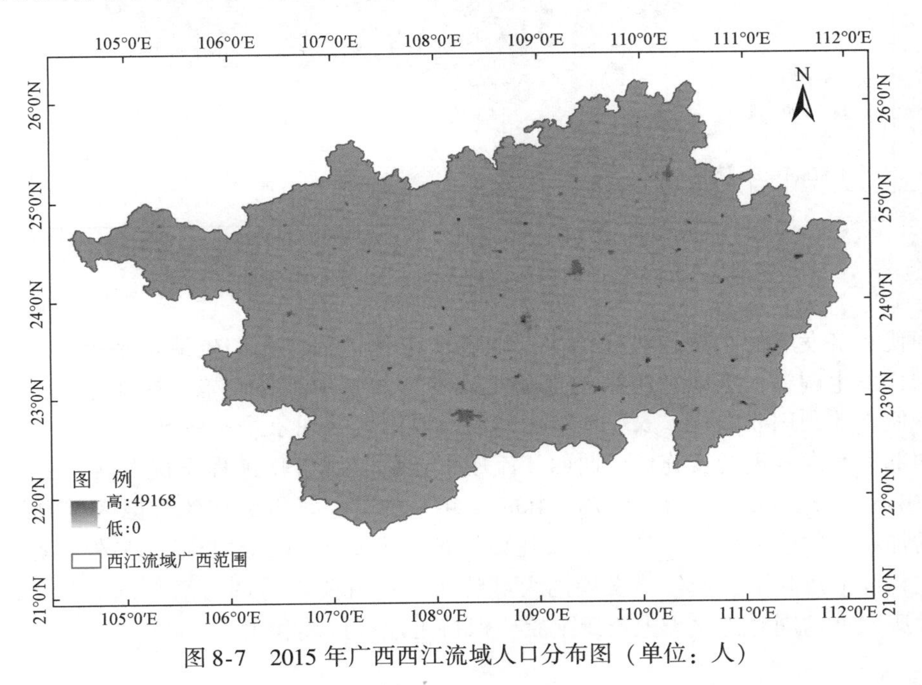

图8-7　2015年广西西江流域人口分布图（单位：人）

广西西江流域近年来进入高速发展时期，总人口数量必然呈现上涨趋势，主要城市常住人口数量由2005年的3742.43万人增加至2015年的4365.75万人，10年间净增加623.32万人，人口年均增长率为1.55%。由于人口的迅速增长，居住等与人类生活密切相关的用地需求不断增加，导致建设用地不断扩张，占用了大量农用地，从而促使土地开发利用程度加强。

随着国家西部大开发政策的实施，近年来广西西江流域经济发展迅速，人均GDP由2005年的8787.73元增加为2015年的35190.00元（图8-8），主要城市三大产业的增值迅速，其中第一产业由2005年的788.21亿元增加为2015年的2138.54亿元，年均增长率为10.50%，第二产业由2005年的1366.37亿元增加至2015年的6547.56亿元，年均增长率为16.96%，第三产业由2005年的1329.08亿元增加至2015年的5381.26亿元，年均增长率为15.01%。三大产业蓬勃发展，地区产业结构调整势必会影响土地利用格局，尤其是第二、第三产业的发展，导致建设用地的需求大量增加。因此，在保持第一产业增速不降，第二、第三产业持续快速发展的过程中如何集约节约用地是社会相关部门解决用地矛盾的重点和难点。

社会固定资产投资也是影响土地利用变化的重要驱动力之一。2015年的固定资产投资达13524.85亿元，比2005年投资净增加11925.61亿元，年均增长率高达24.11%。在经济快速发展进程中，随着社会固定资产的不断投入，区域内各项基础设施建设不断增加完善，建设用地不断扩张，相应地，占用农业用地呈不断上涨趋势。

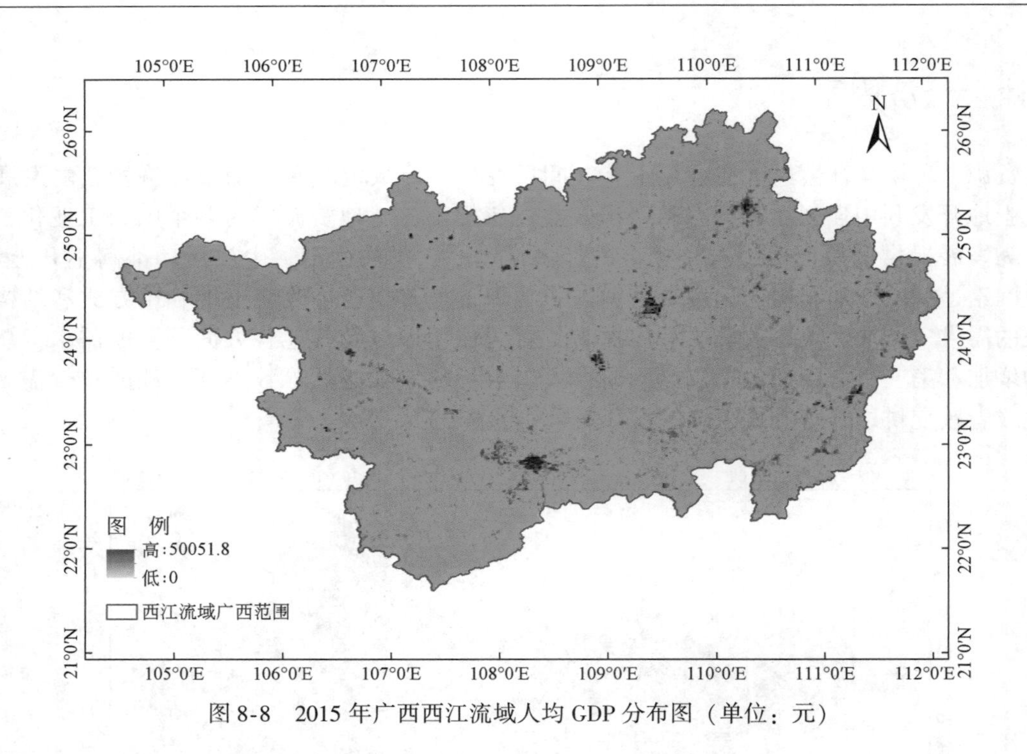

图 8-8　2015 年广西西江流域人均 GDP 分布图（单位：元）

城市化是现代经济发展的必然趋势和结果。随着城市化进程，人们生活水平提高，各方面的需求日益增长，产业结构发生调整，土地利用结构也随之改变，如各项服务设施、居住用地等不断增加，建设用地不断扩张，使土地利用非农化，农耕地转为非农建设用地的现象尤为突出。

随着国家西部大开发政策的实施，广西西江流域工业化、城市化进程飞快发展，主要城市 2015 年建成区面积 934. 90km^2，比 2005 年净增加 378. 54km^2，年平均增长率达 5. 33%，但区域内部发展差异明显。因城市化脚步的加快，农业用地大量转为非农建设用地，人地矛盾日益凸显。另外，城镇建设用地的迅速增加，在一定程度上反映了区域经济发展的大好势头。这就要求协调好经济发展与土地利用结构之间的关系，经济健康发展的同时优化土地资源配置，保持土地可持续利用。

8. 5. 5　基于 Logistic 回归模型的土地利用变化驱动因子分析

通过对广西西江流域土地利用变化驱动因子的初步分析，并与广西西江流域的具体实际情况相结合，基于研究区域土地利用的特点，利用 Logistic 回归模型，以高程、坡度、距主要道路距离、人均 GDP、人口密度等作为土地利用变化的驱动因子，进一步分析各地类和其对应驱动因子之间的关系。驱动因子及具体解释如表 8-8 所示。

表 8-8　广西西江流域土地利用变化驱动因子表

属性	驱动因子	描述与分析
自然因素	高程	直接由 DEM 数据得到，反映高程的变化给土地利用类型带来的影响
	坡度	由 DEM 数据通过 ArcGIS 的 SLOPE 函数衍生而出的数据，坡度大小对土地利用类型的种类情况具有较大影响
人文因素	人均 GDP	每个栅格的人均 GDP 值，反映经济发展对土地利用类型的影响
	人口密度	栅格当中的人口数，表示人口疏密程度对土地利用类型的影响
	距主要道路距离	由 ArcGIS 的 Euclidean Distance 计算得到，反映距主要道路距离对土地利用格局形成的影响

根据 Logistic 回归模型原理，将采用以下步骤对广西西江流域土地利用变化驱动因子进行 Logistic 回归分析：

①首先以解译好的遥感影像数据为基础，根据栅格图形数据提取出 6 类土地利用类型图制作布尔值图像，即赋值 1 表示出现某种土地利用类型，0 表示没有出现这类土地，其中各土地类型如图 8-9 所示。

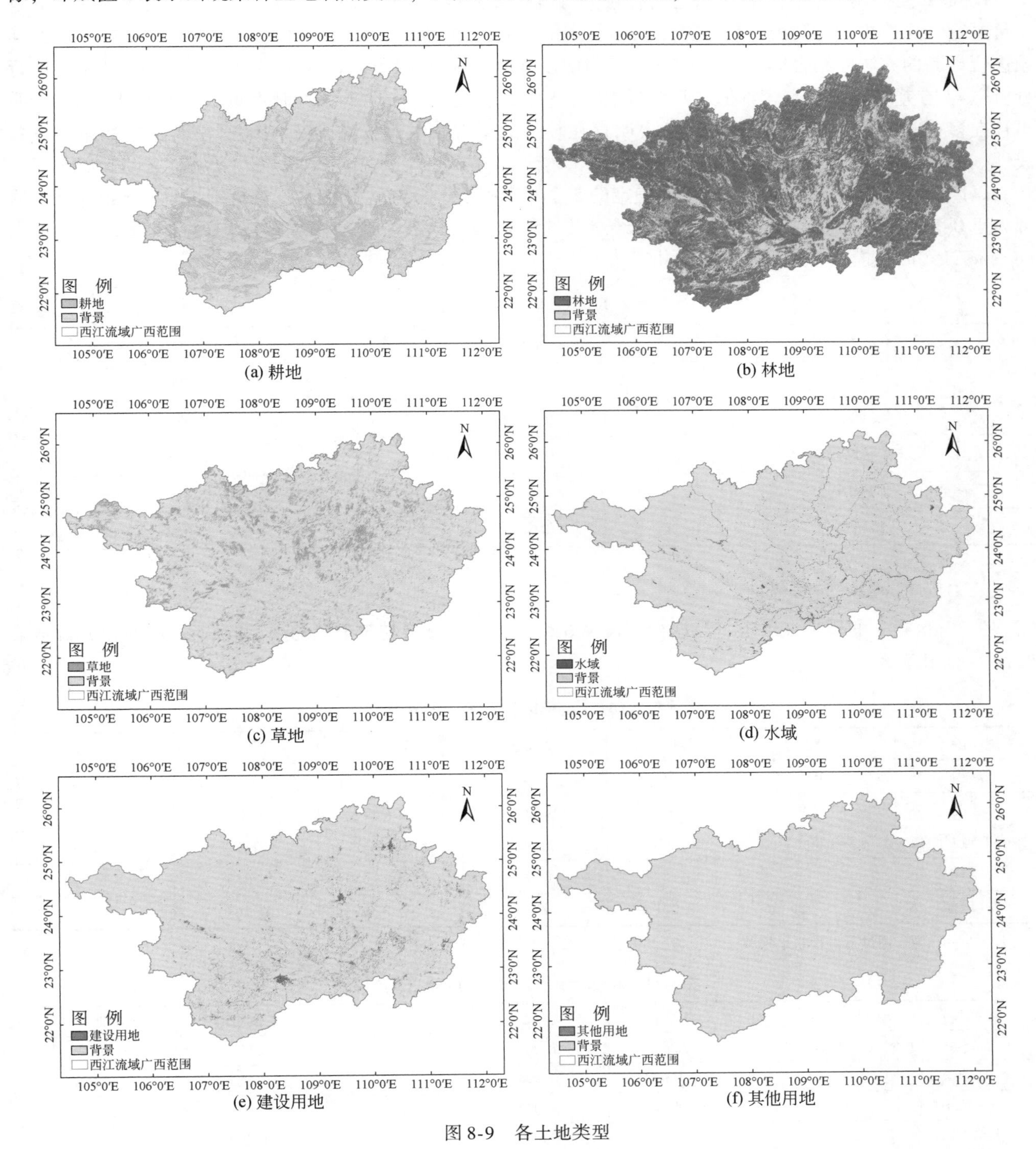

(a) 耕地　(b) 林地　(c) 草地　(d) 水域　(e) 建设用地　(f) 其他用地

图 8-9　各土地类型

②然后借助 ArcGIS 软件将主要交通路网利用欧氏距离工具制作得到像元距主要道路距离，高程、坡度、人均 GDP 和人口密度等栅格数据以行政区边界为掩膜提取研究区范围，最后得出 5 个驱动因子，所有数据统一为 30m 分辨率的栅格数据。

③最后将上述确定的 5 个驱动因子与 6 个土地利用数据均转换为 ASCII 文件，再将 ASCII 文件转为单一记录文件，将其导入 SPSS 进行 Logistic 回归分析计算。

1. 驱动因子的共线性诊断分析

Logistic 回归模型的各个自变量之间有较大可能存在共线性问题，所以，需要将共线性问题严重的自变量进行移除后再进行建模分析，否则回归结果的解释精度将被干扰。本研究对自变量的多重共线性问题进行诊断的方法是结合容许值（tolerance，TOL）和方差膨胀因子（variance inflation factor，VIF）进行分析[54]。方差膨胀因子与容许值之间互为倒数，VIF 数值越大，表明共线性越严重。当 0<VIF<10，说明不存在多重共线性；当 10≤VIF<100，说明存在较强的多重共线性；当 VIF≥100，说明存在严重多重共线性。

以广西西江流域数据为例，将上文确定的 5 个驱动因子进行共线性检验，分析结果见表 8-9，TOL 值都大于 0.2，VIF 值在 0 ~ 5 之间，所以，经过共线性检验后的各个驱动因子可以作为自变量，将其加入 Logistic 二元回归模型中进行下一步分析。

表 8-9　驱动因子共线性诊断表

驱动因子	TOL	VIF
高程	0.7100	1.4085
坡度	0.7210	1.3870
距主要道路距离	0.4560	2.1930
人均 GDP	0.8200	1.2195
人口密度	0.6100	1.6393

2. 二元 Logistic 回归分析

在 30m×30m 的模拟尺度下，广西西江流域 6 种土地利用类型与 5 个驱动因子的 Logistic 回归分析结果见表 8-10 和表 8-11。

表 8-10　Logistic 回归分析的 β 值

驱动因子	耕地	林地	草地	水域	建设用地	其他用地
高程	-0.029	0.026	0.001	—	-0.028	—
坡度	-0.018	0.030	0.017	-0.005	-0.012	0.102
距主要道路距离	-0.003	-0.003	0.003	-0.042	-0.074	0.018
人均 GDP	—	—	-0.011	—	0.335	—
人口密度	—	-0.001	0.043	-0.024	0.168	—

注：“—”为未通过显著性水平检验。

表 8-11　Logistic 回归分析的 exp（β）值

驱动因子	耕地	林地	草地	水域	建设用地	其他用地
高程	0.972	1.026	1.001	—	0.971	—
坡度	1.071	1.03	0.998	0.995	0.982	1.108
距主要道路距离	0.997	0.997	1.004	0.959	0.929	1.019
人均 GDP	—	—	0.989	—	1.397	—
人口密度	—	0.999	1.044	0.976	1.183	—

注：“—”为未通过显著性水平检验。

耕地受自然因素和区位因素的影响较大，其中，高程、坡度等因子是制约耕地发展的主要方面，高程对耕地分布的影响最大。在高海拔、陡坡的地方，耕地很少出现。

林地大概率出现在海拔较高、坡度较大、人口密度较小的偏远区域。这是因为高程、坡度等数据的增大与林地呈正相关关系。

坡度、高程对草地的分布呈正相关性，距主要道路距离、人均 GDP、人口密度对草地负作用较显著。草地在坡度较大、高程较高、人口密度和人均 GDP 越小的区域出现的概率较大。

坡度、距主要道路距离等因子制约水域的形成，所以水域在距主要道路较远、坡度较缓的区域出现的概率较大。

人口密度、人均 GDP 等数据的增加对建设用地分布呈正相关性，坡度、高程和距主要道路距离等数据的增加会制约建设用地的发展。建设用地容易在人口密度高、人均 GDP 高、坡度平缓、距主要道路距离近的地方出现。

3. 结论

土地利用变化过程是十分复杂的，LUCC 驱动力很多，但是因子之间不是单独起作用的也不是简单的相加或相减的线性关系，所以我们不能孤立地对单个驱动因子进行分析。把所有因素当成是一个完整的系统，对驱动因子有全面的认识，这样才能完整地揭示 LUCC 演变的过程驱动机制。相对而言，自然因素在较短研究序列中，其变化速率保持相对稳定不会有很大波动，对土地利用变化没有太大的影响，而人类干扰活动却相对频繁，是土地利用变化的主要驱动因子。自然条件是各类土地利用原始格局形成的决定性因子，其中，耕地与建设用地的形成，受高程和坡度的影响尤为明显。人类生产生活水平发生一定的变化后，如人口密度的变化、人均 GDP 的变化，与此同时也会通过复杂的反馈机制反映到地理环境的改变上；另外可达性因子也间接影响土地利用发生改变的方向，在距离主要道路较近的地区往往会有建设用地生成。

8.6　广西西江流域土地利用变化情景模拟

8.6.1　CA-Markov 模型构建原理

本研究运用 CA-Markov 模型对广西西江流域土地利用变化进行动态模拟预测，其原理如下：Markov 模型具有无后效性的特点，预测未来的时刻状态只与当前的土地利用状态有关，不受过去和未来状态的影响，在较长时间内趋势平稳，能较好地预测数量，模拟结果仅为数量上的变化，在空间上无法具体体现；而元胞自动机模型是一种动态性较强的系统模型，可以有效模拟元胞之间的相互作用，并在时间上可以迭代多次进行循环计算。IDRISI 软件是由美国克拉克大学研发，集成了包括 Markov、CA 等 300 多个模块的地理信息系统软件，CA-Markov 模型的构建是在 IDRISI 软件的支持下完成的，预测研究区土地利用类型数量变化是该模型的首要步骤，然后以 Logistic 回归结果制作成土地适宜性概率图集作为转移规则，最后运行 CA 模块模拟研究区未来土地利用空间分布格局。本研究将元胞设定为 30m×30m 的栅格像元，每个像元当前的土地利用类型为该元胞的状态，转换规则为适宜性概率的大小，建模步骤如下。

①数据转换。由于前期的遥感影像和驱动因子等数据预处理是在软件 ArcGIS 10.2 的支持下完成的，但是 IDRISI 软件不能识别以上的数据格式，需要转换成美国信息交换标准代码（American standard code for information interchange，ASCII）格式。在 ArcGIS 10.2 中利用 Convention Tools 将建模所需数据转换成 ASCII 码格式，然后在 IDRISI 软件中导入 ASCII 格式文件并生成 .rst 文件。

②确定预测年份。本书的预测是以 2005 年、2010 年和 2015 年的三期土地利用数据为基础，一般情况下，CA-Markov 模型研究期的间隔应该是相等或是成整倍数的，因此，本研究设定 2015 年为基期年份，预测 2025 年的土地利用变化情况。

③土地利用转移概率矩阵。利用 IDRISI 软件中的 Markov 模块，把基期土地利用数据与末期土地利用数据导入该模块，即可得到土地转移面积矩阵和土地转移概率矩阵，在进行 CA 模型运算的时候需要用到 Markov 模型的结果。

④土地利用转换适宜性图集。根据前文高程、坡度、距主要道路距离、人均 GDP、人口密度等驱动

因子与土地类型之间的 Logistic 回归模型结果，运用栅格计算器工具根据式（8-2）计算得到各土地利用类型概率，在 IDRISI 用集合编辑器工具，按照耕地、林地、草地、建设用地、水域及其他用地分别编序 1～6，得到所有土地利用类型的适宜性概率。

⑤构造 CA 滤波器。通过滤波器确定元胞的影响范围，本研究采用5×5 滤波器，即元胞5×5 范围领域内的栅格都能使其作用于元胞，进而影响中心元胞的状态改变。

⑥确定迭代次数。

8.6.2 CA-Markov 模型的构建

1. 数据准备

在 IDRISI 17.0 软件中，基于 CA-Markov 模型的土地利用变化模拟预测需要的数据包括：2005 年、2010 年、2015 年三期土地利用数据；作为转换规则的土地利用转换适宜性图集，在 ArcGIS 中用转换工具把这些数据转成 IDRISI 软件能识别的 ASCII 码，然后在 IDRISI 软件中对相关图像进行重分类操作。

2. 基于 Markov 模型的土地利用变化总量预测

利用 IDRISI 软件中的 Markov 模块，把基期土地利用数据与末期土地利用数据导入该模块，即可得到土地转移面积矩阵和土地转移概率矩阵，相关参数设置如图 8-10 所示。转移概率矩阵表示每种土地利用类型在下一个时间序列转换成另外一种土地利用类型的概率大小；而转移面积矩阵则表示每种土地利用类型在下一个时间序列转换成另外一种土地利用类型面积量。其中，土地利用转移面积矩阵作为 CA 模型运行的转换规则参与模拟运算。广西西江流域 2005～2010 年土地利用转换概率矩阵见表 8-12。

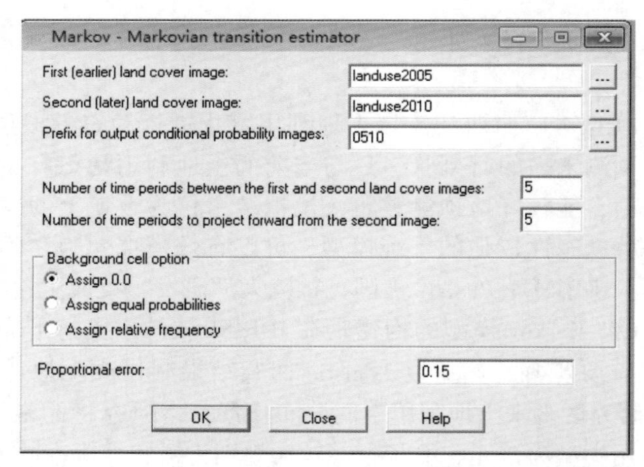

图 8-10　Markov 模型计算过程

表 8-12　广西西江流域 2005～2010 年土地利用转换概率矩阵

土地利用类型		2010 年					
		耕地	林地	草地	水域	建设用地	其他用地
2005 年	耕地	0.9996	0.0003	0.0000	0.0000	0.0000	0.0000
	林地	0.0000	0.9999	0.0000	0.0000	0.0000	0.0000
	草地	0.0002	0.0182	0.9813	0.0003	0.0000	0.0000
	水域	0.0068	0.0083	0.0038	0.9807	0.0004	0.0000
	建设用地	0.0844	0.0446	0.0154	0.0007	0.8549	0.0000
	其他用地	0.0415	0.0000	0.0046	0.0000	0.0006	0.9533

3. 基于 Logistic 方法的转换适宜性概率

转换适宜性图集是由多个土地利用类型的适宜性图像组成的一个作为转换规则的整体图集，在 IDRISI 17.0 软件中是以 . rgf 的特定格式存在的一个文件。在元胞自动机模型中，不同的土地利用类型之间在不设定转换规则的情况下存在相互转换的可能，但实际情景下，自然条件和各种人文要素会影响各类土地利用类型的相互转换。根据高程、坡度、距主要道路距离、人均 GDP、人口密度等驱动因子与土地类型之间的 Logistic 回归模型结果，运用栅格计算器工具，并结合式（8-2）计算得到各土地利用类型概率，在 IDRISI 用集合编辑器工具，按照耕地、林地、草地、建设用地、水域及其他用地分别编序 1 ~6，得到各土地利用类型的适宜性概率。

8.6.3　广西西江流域 2015 年土地利用模拟及精度验证

1. 广西西江流域 2015 年土地利用模拟

根据预测模型建立的步骤对广西西江流域 2015 年土地利用类型进行模拟。利用 IDRISI 软件中的 Markov 模块，把 2005 年土地利用数据当做基期土地利用数据，把 2010 年土地利用数据当做末期数据导入 Markov 模块，0. 15 的比例误差被设定为可允许的，经过一段时间软件运行后可以输出土地转移面积矩阵和土地转移概率矩阵。然后将 2010 年土地利用数据作为基期土地利用数据，各土地利用类型概率图集作为元胞自动机的转换规则，并导入 Markov 模块算出来的广西西江流域 2005 ~2010 年转移概率矩阵，选择元胞 5×5 范围领域内的栅格都能使其作用于元胞，研究期的间隔为 5 年，启动 CA-Markov 模块，模拟得到 2015 年广西西江流域土地利用预测图（图 8-11）。

图 8-11　2015 年广西西江流域土地利用预测图

2. 模型精度验证

（1）数量精度检验

根据数量精度检验公式验证 CA-Markov 模型的数量结果误差[55]。其定义如下：

$$E=\frac{m_{iy}-m_{ix}}{m_{ix}}\times 100\% \tag{8-10}$$

式中，E 为第 i 类土地利用类型的数量误差值；m_{iy} 为第 i 类土地利用类型的模拟面积；m_{ix} 为第 i 类土地利用类型的实际面积。

E 的绝对值越小，说明模拟面积与实际面积越接近，数量结果误差越小，精度越高。将遥感解译出来的 2015 年广西西江流域实际土地利用数据与模拟得到的 2015 年广西西江流域土地利用预测图进行分析，得到广西西江流域 2015 年模拟土地利用面积与 2015 年实际土地利用面积的误差表（表 8-13）。

表 8-13　广西西江流域 2015 年模拟土地利用面积与 2015 年实际土地利用面积的误差表

土地利用类型	2015 年模拟土地利用面积/hm^2	2015 年实际土地利用面积/hm^2	误差/%
耕地	4387350. 553	4208893. 47	4. 24
林地	13932184. 08	13633608. 06	2. 19
草地	1622765. 913	1791923. 49	−9. 44
水域	262167. 0709	281809. 17	−6. 97
建设用地	391467. 0984	433614. 42	−9. 72
其他用地	1636. 632675	1931. 13	−15. 25

各类用地类型的模拟精度基本达到 90%，预测结果符合研究需要，可以运用该模型继续进行下一步的研究。

（2）空间精度检验

Kappa 系数是一个空间精度检验系数[56]，其定义如下：

$$\text{Kappa}=\frac{P_0-P_c}{P_p-P_c}$$
$$P_0=\frac{n_1}{n},\ P_c=\frac{1}{N} \tag{8-11}$$

式中，P_0 为模拟正确的栅格数占所有栅格数目的比值；P_c 为在 N 类土地利用类型的数量下所期望的模拟比例；P_p 为在理想状态下正确的模拟比例，值等于 1；n 为所有栅格数目；n_1 为模拟发生且确实也发生了的栅格数；N 为土地利用类型分类的数量。

在评价空间模拟精度时，通过计算得出 $\text{Kappa}>0.80$，说明模拟正确的栅格数占总栅格数的比例较大，精度通过检验；当 $0.4<\text{Kappa}\leqslant 0.60$，说明模拟正确的栅格数占总栅格数的比例一般，有待进一步提高精度；当 $0<\text{Kappa}\leqslant 0.2$，说明模拟结果与真实图像之间的差异性较大，模拟结果较差，模拟正确的栅格数少。

使用 ArcGIS 的栅格计算器将遥感解译出来的 2015 年广西西江流域实际土地利用数据与 2015 年土地利用预测图做空间叠加分析，根据公式算出 Kappa 系数来检验模拟精度。最后得出 Kappa 系数为 0. 81，预测结果符合研究需要，可以运用该模型继续进行下一步的研究。

8. 6. 4　广西西江流域未来土地利用模拟预测

遵循 2015 年广西西江流域土地利用预测模拟过程，利用 IDRISI 软件中的 Markov 模块，把 2010 年土地利用数据当做基期土地利用数据，把 2015 年土地利用数据当做末期数据导入 Markov 模块，0. 15 的比例误差被设定为可允许的，经过一段时间软件运行后可以输出土地转移面积矩阵和土地转移概率矩阵。然后将 2015 年土地利用数据作为基期土地利用数据，各土地利用类型概率图集作为元胞自动机的转换规则，并导入 Markov 模块算出来的广西西江流域 2010 ~ 2015 年转移概率矩阵，选择元胞 5×5 范围领域内的栅格都能使其作用于元胞，研究期的间隔为 10 年，启动 CA-Markov 模块，模拟得到 2025 年广西西江流域土地利用模拟预测图（图 8-12）。

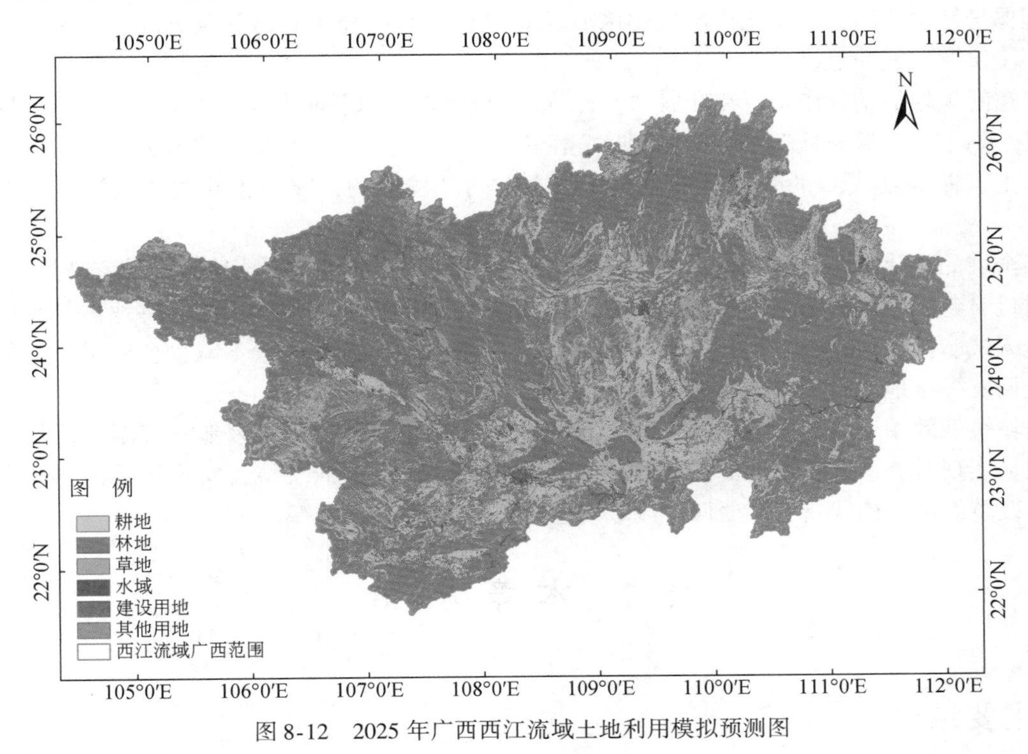

图 8-12　2025 年广西西江流域土地利用模拟预测图

通过对研究区 2015 年土地利用现状图与 2025 年土地利用预测图进行统计分析，得到如下结果（表 8-14）。

表 8-14　2015 年实际土地利用面积与 2025 年模拟土地利用面积

土地利用类型	2025 年模拟土地利用面积/hm^2	2015 年实际土地利用面积/hm^2
耕地	4143692. 364	4208893. 47
林地	13380078. 49	13633608. 06
草地	1547525. 821	1791923. 49
水域	236436. 6416	281809. 17
建设用地	533549. 2367	433614. 42
其他用地	1153. 37244	1931. 13

①如果不添加限制性因素，任其在自然发展情景下随意发展，那么耕地会被其他类型的土地逐渐扩张蚕食，在 2025 年模拟土地利用面积里耕地面积只剩 4143692. 364hm^2，在短短的 10 年时间里减少了 65201. 106hm^2。

②林地和草地面积下降的趋势显得相对平缓。

③由于对水域没有采取保护政策的约束，在 2025 年模拟土地利用面积里水域面积减少了 45372. 5284hm^2。

④预测期间涨幅最大的是建设用地，在预测期向外扩张了 99934. 8167hm^2，到 2025 年占土地总面积的 2. 69%，扩张的区域主要集中在西江流域南部及东北部，西江流域西北部地区建设用地较少。

⑤其他用地面积略有减少，减少数量为 777. 7576hm^2。

8. 6. 5　广西西江流域未来土地利用发展的建议

本研究对土地利用现状和复杂的动态演变过程进行了探讨，并在此基础上预测其未来发展情形，客观地认识到人地关系的发展规律。针对广西西江流域耕地大幅度减少，建设用地供应不足，生态用地没有得到合理保护等主要问题，在此提出优化区域发展过程中的各种矛盾与利益分配、促进研究区土地利用与生态环境协调发展的建议：

①强化空间规划的基础作用。在开展“双评价”（资源环境承载能力和国土空间开发适宜性评价）的基础上，科学划定“三区三线”（城镇、农业、生态三类空间范围以及城镇建设开发边界、永久基本农田保护红线、生态保护红线）的管控范围，优化国土空间开发结构，统筹布局城镇发展，促进区域均衡发展。

②开展全域的土地综合整治工程，在土地综合整治设计中与时俱进，把绿色、生态理念融入实际施工中去，通过对各类用地的综合整治和生态修复，提高当地生产生活条件；落实耕地占补平衡制度，转变补充耕地方式、扩大补充耕地途径，使新补充与被占用的相比，其数量不减少，质量不降低，保护粮食安全，全面发挥土地的力量，为乡村振兴提供基础支撑。

③推进城镇低效用地再开发。坚持“生态优先、保护优先”的原则，因地制宜制定低效用地的再开发规划方案，实现对城镇低效用地的挖潜利用，优化当地人民的人居环境，实现区域的协调发展，让城乡居民共享改革红利，构建具有广西西江流域特色的三生空间。

8.7　本章小结

8.7.1　主要结论

本章以广西西江流域 2005 年、2010 年和 2015 年遥感监测影像数据为基础，从土地利用结构、土地利用动态度、土地利用转移矩阵等方面去定量分析 2005 ~ 2015 年广西西江流域土地利用变化情况；选择坡度、高程、人均 GDP、人口密度和距主要道路距离等 5 个可以引起土地利用变化的要素组成广西西江流域驱动力研究的基本框架，使用 Logistic 回归模型，探索该地区土地利用变化规律；构建 CA-Markov 模型，在 IDRISI 软件上对 2025 年广西西江流域土地利用情景进行模拟，通过分析研究，主要结论如下。

①广西西江流域的土地利用结构整体表现为不均匀分布的特征，主要的土地利用类型为林地和耕地，林地和耕地的面积之和达到广西西江流域总面积的 80% 以上；其次面积占比较大的土地利用类型是建设用地，所占比例是总面积的 1.77% ~2.13%；草地、水域和其他用地是占比较小的 3 个地类，加起来大概为 10%。各类土地利用类型既有增加也有减少，增加的主要是建设用地、水域、草地和其他用地，减少的主要为耕地、林地。在土地利用转移矩阵方面，耕地的转出面积是很大的，而且各个地类都有耕地的转出补充；同时，建设用地转入面积最大，转移来源为耕地、林地、草地等各种地类。

②从高程、坡度、交通等方面分析了对广西西江流域土地利用变化产生影响的因子。在地形方面，耕地、林地、建设用地都集中分布在 0 ~ 400m 的高程内。耕地大部分集中在 0° ~ 25°之间，坡度越大，耕地数量越小；建设用地大部分分布在 0° ~ 15°范围内，约占 70%；林木生长的特性决定了林地在坡度较高的地区分布。在交通道路方面，3000m 缓冲区范围内，建设用地面积均呈增加的趋势，而且随着缓冲区等级的降低，增加的面积在逐步减少，这说明距离交通线的远近是影响建设用地减少与增加的一个重要因素。随着距离道路的距离越来越远，耕地的面积越来越少。水域的面积总体呈增加趋势，但缓冲区等级对其增加的影响不太明显。另外，林地和其他用地的面积都呈减少趋势。

③将遥感解译出来的 2015 年广西西江流域实际土地利用数据与利用 CA-Markov 模型模拟得到的 2015 年广西西江流域土地利用预测图进行分析，做精度检验，结果显示：数量模拟基本达到 90%，Kappa 系数为 0.81，预测结果符合研究需要，可以运用该模型继续进行下一步的研究。

④利用 CA-Markov 模型对研究区 2025 年土地利用格局进行预测。结果表明，广西西江流域建设用地扩张的区域主要集中在西江流域南部及东北部，西江流域西北部地区建设用地较少。建设用地大量侵占

耕地，且水域等重要生态用地没有得到特殊保护，因此研究区耕地表现为大幅度减少的趋势，人地矛盾逐渐显露出来，对广西西江流域的生态安全造成一定威胁。

8.7.2　问题

①土地利用信息在基于 30m 分辨率的卫星遥感影像解译下，其结果无可避免地会有一定判读误差。随着科技的进步，可以向有关部门申请购买更加专业精细的基础数据，对提高土地利用变化研究精度有很大的帮助。

②本研究受限于数据的可获得性和可量化性等，仅选取了部分自然、社会等土地利用驱动因子数据，对于土地利用复杂的演变机制没有起到全面的分析作用。今后可考虑将更多贴合实际的自然、人文因子综合分析，完善元胞转换规则，构建耦合复杂空间决策模型，使模拟结果对社会发展具有更实际的指导作用。

③本研究仅对单一尺度下的两种土地利用情景进行模拟，今后可在条件允许情况下对多种尺度、多种土地利用情景下的土地利用进行变化模拟和预测。

参考文献

[1] 陈利顶，傅伯杰. 黄河三角洲地区人类活动对景观结构的影响分析——以山东省东营市为例 [J]. 生态学报，1996，(4)：337-344.

[2] 吴传钧，郭焕成. 中国土地利用 [M]. 北京：科学出版社，1994.

[3] 李秀彬. 全球环境变化研究的核心领域——土地利用/土地覆被变化的国际研究动向 [J]. 地理学报，1996，(6)：553-558.

[4] 李树枝，郭瑞雪. 2015 年全球土地利用现状分析及启示 [J]. 国土资源情报，2016，(12)：3-9.

[5] 刘彦随，陈百明. 中国可持续发展问题与土地利用/覆被变化研究 [J]. 地理研究，2002，(3)：324-330.

[6] 史培军，王静爱，冯文利，等. 中国土地利用/覆盖变化的生态环境安全响应与调控 [J]. 地球科学进展，2006，(2)：111-119.

[7] 蔡运龙. 土地利用/土地覆被变化研究：寻求新的综合途径 [J]. 地理研究，2001，(6)：645-652.

[8] 王秀兰，包玉海. 土地利用动态变化研究方法探讨 [J]. 地理科学进展，1999，(1)：83-89.

[9] Otsubo K. Towards land use for global environmental conservation (LU/GEC) project [C]. Tsukuba：The Workshop on Land Use for Global Environmental Conservation，1994.

[10] Rycroft M J. Our changing planet：the FY 1995 U. S. global change research program [J]. Journal of Atmospheric and Solar-Terrestrial Physics，1997，59 (17)：2247-2248.

[11] 傅伯杰，陈利顶，马克明. 黄土丘陵区小流域土地利用变化对生态环境的影响——以延安市羊圈沟流域为例 [J]. 地理学报，1999，(3)：51-56.

[12] 朱会义，李秀彬. 关于区域土地利用变化指数模型方法的讨论 [J]. 地理学报，2003，(5)：643-650.

[13] 朱龙. 基于 RS-GIS 的瑞昌市土地利用变化与土地生态安全评价研究 [D]. 南昌：东华理工大学，2018.

[14] 刘纪远，张增祥，庄大方，等. 20 世纪 90 年代中国土地利用变化时空特征及其成因分析 [J]. 地理研究，2003，22：1-12.

[15] 后立胜，蔡运龙. 土地利用/覆被变化研究的实质分析与进展评述 [J]. 地理科学进展，2004，(6)：96-104.

[16] 杨梅，张广录，侯永平. 区域土地利用变化驱动力研究进展与展望 [J]. 地理与地理信息科学，2011，27 (1)：95-100.

[17] 胡宝清，严志强，廖赤眉，等. 喀斯特土地利用变化及其区域生态环境效应——以广西都安瑶族自治县为例 [C]. 昆明：全国土地资源态势与持续利用学术研讨会，2004.

[18] Bauni V，Schivo F，Capmourteres V，et al. Ecosystem loss assessment following hydroelectric dam flooding：the case of Yacyretá，Argentina [J]. Remote Sensing Applications：Society and Environment，2015，1：50-60.

[19] 董禹麟，于皓，王宗明，等. 1990-2015 年朝鲜土地覆被变化及驱动力分析 [J]. 自然资源学报，2019，34 (2)：288-300.

[20] Gobin A, Campling P, Feyen J. Logistic modelling to derive agricultural land use determinants: a case study from southeastern Nigeria [J]. Agriculture, Ecosystems and Environment, 2002, 89 (3): 213-228.
[21] 吴桂平，曾永年，邹滨，等. AutoLogistic 方法在土地利用格局模拟中的应用——以张家界市永定区为例 [J]. 地理学报，2008，(2)：156-164.
[22] 冯钊，张凯旋. 基于 logistic 模型评估黑龙江农业生态系统水土资源利用与变化 [J]. 广东农业科学，2019，46 (1)：133-140.
[23] 刘琼，欧名豪，彭晓英. 基于马尔柯夫过程的区域土地利用结构预测研究——以江苏省昆山市为例 [J]. 南京农业大学学报，2005，(3)：107-112.
[24] 鲍文东. 基于 GIS 的土地利用动态变化研究 [D]. 青岛：山东科技大学，2007.
[25] 王兆礼，陈晓宏，曾乐春，等. 深圳市土地利用变化驱动力系统分析 [J]. 中国人口·资源与环境，2006，16 (6)：124-128.
[26] von Neumann J. Theory of self-reproducing automata [M]. Illinois: University of Illinois Press, 1966.
[27] 周成虎，孙战利，谢一春. 地理元胞自动机研究 [M]. 北京：科学出版社，2001.
[28] 侯西勇，常斌，于信芳. 基于 CA-Markov 的河西走廊土地利用变化研究 [J]. 农业工程学报，2004，20 (5)：286-291.
[29] 徐昔保. 基于 GIS 与元胞自动机的城市土地利用动态演化模拟与优化研究 [D]. 兰州：兰州大学，2007.
[30] Hagoort M, Geertman S, Ottens H. Spatial externalities, neighbourhood rules and CA land-use modelling [J]. The Annals of Regional Science, 2008, 42 (1): 39-56.
[31] Kok K, Farrow A, Veldkamp A, et al. A method and application of multi-scale validation in spatial land use models [J]. Agriculture Ecosystems and Environment, 2001, 85 (1): 223-238.
[32] 魏伟. 基于 CLUE-S 和 MCR 模型的石羊河流域土地利用空间优化配置研究 [D]. 兰州：兰州大学，2018.
[33] 刘淑燕，余新晓，李庆云，等. 基于 CA-Markov 模型的黄土丘陵区土地利用变化 [J]. 农业工程学报，2010，26 (11):297-303.
[34] 王友生，余新晓，贺康宁，等. 基于 CA-Markov 模型的藉河流域土地利用变化动态模拟 [J]. 农业工程学报，2011，27 (12)：330-336.
[35] 胡雪丽，徐凌，张树深. 基于 CA-Markov 模型和多目标优化的大连市土地利用格局 [J]. 应用生态学报，2013，24 (6)：1652-1660.
[36] Azizi A, Malakmohamadi B, Jafari H. Land use and land cover spatiotemporal dynamic pattern and predicting changes using integrated CA-Markov model [J]. Global Journal of Environmental Science and Management, 2016, 2 (3): 223-234.
[37] 黎夏，马世发. “三区三线”智能识别软件：地理模拟与优化 [J]. 中国土地，2018，(4)：24-27.
[38] 李继红，甘依童，李文慧，等. 基于 CA 和 MAS 的哈尔滨城市土地利用变化研究 [J]. 森林工程，2018，34 (1)：30-35.
[39] 吴传钧. 论地理学的研究核心——人地关系地域系统 [J]. 经济地理，1991，(3)：1-6.
[40] 杨青山. 对人地关系地域系统协调发展的概念性认识 [J]. 经济地理，2002，(3)：289-292.
[41] 毛汉英. 人地系统优化调控的理论方法研究 [J]. 地理学报，2018，73 (4)：608-619.
[42] 谢花林，李波. 基于 Logistic 回归模型的农牧交错区土地利用变化驱动力分析——以内蒙古翁牛特旗为例 [J]. 地理研究，2008，(2)：294-304.
[43] Kemeny J G, Snell J L. Markov chains [M]. New York: Springer , 1976.
[44] 张亦汉，黎夏，刘小平，等. 耦合遥感观测和元胞自动机的城市扩张模拟 [J]. 遥感学报，2013，17 (4)：872-886.
[45] 刘小平，黎夏，彭晓鹃. “生态位”元胞自动机在土地可持续规划模型中的应用 [J]. 生态学报，2007，(6)：2391-2402.
[46] 王秀兰，包玉海. 土地利用动态变化研究方法探讨 [J]. 地理科学进展，1999，(1)：83-89.
[47] 崔晓伟，张磊，朱亮，等. 三峡库区开县蓄水前后景观格局变化特征 [J]. 农业工程学报，2012，28 (4)：227-234.
[48] 冯异星，罗格平，周德成，等. 近 50a 土地利用变化对干旱区典型流域景观格局的影响——以新疆玛纳斯河流域为例 [J]. 生态学报，2010，30 (16)：4295-4305.
[49] Harris C D, Ullman E L. The nature of cities [R]. The ANNALS of the American Academy of Political and Social Science,

1945，242（1）：7-17.

［50］毕宝德．经济地理学［M］．北京：中国人民大学出版社，2006.

［51］Central Intelligence Agency. The world factbook：2009［R］．Washington：Central Intelligence Agency，2009.

［52］蒋岳林．交通发展对土地利用变化的影响机制研究［D］．成都：四川师范大学，2015.

［53］王万茂．土地利用规划学［M］．北京：科学出版社，2006.

［54］陶然．Logistic 模型多重共线性问题的诊断及改进［J］．统计与决策，2008，(15)：22-25.

［55］左彤，何玲，张俊梅．基于 CA-Markov 模型的滨海土壤盐渍化动态变化研究——以黄骅市为例［J］．资源科学，2014，36（6）：1298-1305.

［56］Cohen J. A coefficient of agreement for nominal scales［J］．Educational and Psychological Measurement，1960，20（1）：37-46.

第 9 章　广西西江流域水资源时空分布及可持续利用评价

9.1　基于综合指数法的广西西江流域水资源可持续性评估

9.1.1　研究背景及意义

1. 研究背景

水资源是地球上所有生物的生存之源，是支撑整个生态系统正常运转的重要物质基础，在人类社会繁荣与经济发展过程中发挥着重要的支撑和保障作用。20 世纪以来，经济快速的发展以及人类的生活需要量增大，导致人类对水资源大规模开采。在对水资源利用与规划进程中，为了提高经济的增长速度，却忽视水资源自身的特性，对水资源的开发利用不当，导致许多地区和国家面临“资源性缺水”“污染性缺水”等水资源问题[1]。尽管水资源是循环的，是可再生、可恢复的自然资源，但是，对于一些水资源贫乏的地区，可供人们用水量是有限度的，因此，就出现了水资源过度开发利用的状况，导致生态环境恶化，缺水、地下水超采以及水污染等一系列水资源问题，从而制约着社会经济和生态环境的可持续发展。

针对这种情况，对流域水资源的可持续利用研究，主要是以可持续发展为目标，考虑流域的生态流量，为人类开发和利用水资源提出有效的调控措施，同时，对保护流域生态环境和促进社会经济的稳定发展具有深刻的科学性和现实性意义。

在对水资源的利用过程中，不同元素之间进行着交换、转化和传输，就形成了用水的网络系统。在系统中，由于结合社会经济活动和复杂的自然循环，水资源除了在大自然中进行水的转化和维持自然生态环境的发展，还在经济系统和社会中保障人类生产建设和生活的物质支持，维护社会的稳定[2,3]。因此，产生了一种新的水资源利用模式，就是保证社会–经济–生态系统的可持续发展模式，采用系统分析的方法。而生态网络分析（ecological network analysis，ENA）正是从系统整体出发、“自上而下”对生态系统建模进行研究的一种方法，在生态系统研究中广泛应用[4,5]。ENA 的应用，为研究复杂的水资源问题提供了新的研究思路，可以更好地解决在经济社会发展过程中出现的一系列水资源问题，为流域水资源的可持续性研究提供强有力的理论和方法。

2. 研究意义

现今，在生态环境与社会经济发展对水资源需求的矛盾中，对流域水资源的可持续利用进行研究，可以保护生态环境和促进社会经济的发展，是人类可持续开发和利用水资源的措施之一，从整体的角度进行研究，对保护缺水地区的河流生态环境和促进社会经济的稳定发展具有十分深刻的理论现实意义。

水资源可持续利用是一个复杂的复合系统，评价指标体系也是一个复杂的系统，在建立评价指标体系的过程中，不仅要考虑研究区域水资源的特点和地区社会与经济发展，还需要考虑当地的科学文化水平，能够全面反映区域水资源的可持续性，同时避免多个指标体系之间的重叠，影响评价结果。实施国家战略发展规划后，西江流域发展成为经济区的主轴，经济发展的主体，占据了全国重要的战略地位。西江流域水资源丰富，但降水时空分布不均。而西江流域水资源面临着经济加速、集约化发展的压力和威胁，导致了资源需求的增加和水质的恶化。因此，探索西江流域水资源的可持续利用具有重要的意义和紧迫性，为水资源管理提供科学依据。

9.1.2　流域水资源可持续性研究进展

近年来，随着人口和经济的快速发展，接踵而至的是水资源的紧缺，人类社会对水资源的需求也在日益剧增；因此，对水资源的开发和利用也是渐渐地深入和广泛了起来。同时，一系列的水资源环境问题也因此而产生，水资源污染和过度开发等，使得河流生态环境日渐恶化，水资源也日渐短缺。水资源的问题成为影响社会经济与生态环境和谐发展的重要因素之一。中国面临的水资源问题是在21世纪最重要的问题之一。它已逐渐成为影响社会经济与生态环境协调发展的重要因素之一。因此，水资源的可持续利用是当前可持续发展研究的热点之一。

基于多指标的可持续分析方法被广泛应用于流域水资源的可持续评价。国外水资源可持续利用主要从国家、地区以及流域这三种研究尺度来评价和研究，从可靠性、回弹性、脆弱性和公平性角度分析，根据生态状况分为灾难不可持续、高度不可持续、不可持续、中等不可持续、弱不可持续和可持续[6]。Daniel等建立了城市水资源分析框架，提出了水资源可持续评价指标体系[7]。Loukas等应用水文模型对地表水资源潜力进行了评价，并提出了水资源管理对策[8]。每一个学者的想法不一样，从而提出的指标体系和评价方法就不同。在20世纪70年代美国教授沙提运用了层次分析法。随着时间的推移，关于水资源的可持续利用的评价的方法越来越多[9]。

国内主要是用综合评价指标体系和水资源承载力评价指标体系来衡量水资源可持续利用指标，主要以生态指标、自然社会指标以及经济指标三大类来进行分析。在依靠理论基础上，国内的学者关于水资源可持续利用进行了系统研究。刘恒等、李飞等分别从不同角度和层次建立评价指标体系，由于研究目标和区域不同，其在指标方面差异较大[10,11]。根据水资源的特点，不同指标之间综合选择，选出有针对性的指标[12,13]。20世纪90年代，我国才开始对水资源可持续利用的问题进行研究。目前已经构建出了很多种水资源可持续评价的指标体系和方法，主要包括综合评分法、主成分分析法、层次分析法等。简单地由多个指标经过一定的数学变换而得到一个可对比性度量指标的方法并不能非常有效地体现可持续性和整体性，而层次分析法主要是通过目标层和准则层进行分析。因此，如何选择适合的评价方法，是评价水资源可持续利用得以正确实现的基础，而生态网络分析则恰好满足了其需求，可以应用到水资源的可持续利用评价中去。生态网络分析是一种研究问题的新思路，它可以从系统整体角度来研究水资源，将生态系统看作由节点和路径所构成的一个网络，从系统的整体特性出发，由上到下地研究生态系统的结构和功能，以及生态系统的发展与演化的规律，但是对于复杂系统来说是很难达到研究者的要求的[14]。在确定研究的范围之后，生态网络分析的方法还是应用很广的[15,16]。刘志国研究了关于河北平原地下水资源可持续利用，首先分析了它的环境影响及开发现状，接着分析水资源地下水系统的可持续利用、地下水的时空变异以及动态演化分析，最后提出对策和措施[17]。石丽忠对辽宁省农业水资源优化配置和评价进行了研究，对农业用水量进行了优化配置以及评价[18]。杨杰军对关于青岛市崂山区的水资源可持续利用进行了研究[19]。尹鹏研究了哈尔滨市水资源发展态势及可持续利用评价，首先分析水资源供需状况，然后研究水资源动态预测，接着构建指标体系，最后提出关于社会、经济、生态等策略[20]。

不管是从国内还是国外的研究现状来看，流域水资源可持续性系统的生态网络分析和研究都是处于研究初期阶段，虽然目前已经取得了不错的进展，但是仍然有很多的工作有待于持续深入和完善。

近年来，随着现代化经济的发展，西江流域沿途城市对于西江流域的水运需求日趋明显，广西西江沿岸的城市，如南宁市、贵港市、来宾市、柳州市、梧州市等主要城市的港航企业组成的西江港口联盟，预示着现代化发展对西江港口水流的要求也日益提高，因此，本章通过生态网络分析的方法对广西西江流域水资源的可持续性发展进行研究具有现实性意义。

9.1.3　研究区域概况

1. 地理位置

广西西江流域主要是由不同的流域组成，在华南地区属于最长的河流，发源于云南、流经广西，流域总面积为 $3.049 \times 10^5 km^2$，水资源总量约占广西水资源总量的85.5%。其中，南盘江是红水河的主要支流，长度达936km，在广西境内流域面积达到 $4162km^2$，产水每平方千米为 $4.67 \times 10^5 t$，多年的水资源总量平均为 $1.943 \times 10^{10} t$。

西江流经广西11个地级市，流域地貌主要是山地丘陵盆地地貌，地势自西北向东南倾斜，西北是云贵高原，东南是丘陵盆地。土壤类型以红壤、赤红壤、水稻土为主。研究区属亚热带季风湿润气候，气候湿热多雨，夏长冬短。年均降水量在1080～2760mm之间，年平均气温在16.5～23.1℃之间。在多种因素的影响下气候类型多样，夏长冬短，温暖湿润，同时又处于季风气候区，降雨、热量资源丰富，且雨热同季，但是气候多变，经常出现灾害性天气，如台风、干旱和洪涝等。

2. 自然环境

西江的主要河流紧靠粤西和大西南地区，与港澳以及陆地相邻，交通方便，是目前为止中国南方流域最广、里程最长、流量最大的河流。西江流域流经范围较广，有2214km的干流长度，$3.6 \times 10^5 km^2$的流域面积，水流平缓，较稳定，径流量较大，仅次于长江，西江流域东南部为三角洲冲积平原、西部为云贵高原、中部为丘陵和盆地，地势是西北高、东南低。流域的水资源是比较丰富的，地区分布不均匀，从东南向西北递减。

3. 社会经济状况

随着社会的发展，对广西西江流域的水资源利用有了很大的改变，西江流域上游的资源比较丰富，沿着广西西江流域分布着许多港口，这为该地区的经济发展提供了很大的支持，是国家西部大开发的重点工程。但是西江流域的经济并不是一样的，下游的经济发展远远要比上游的好，工业发展也比较突出。同时它们的产业结构层次也是不一样的，在经济发展的背后，又要保护好西江流域的水资源以及生态环境，这就需要从整体考量了。在西江流域上形成了“西江产业带”，在一些产业中表现较突出，如制糖、建材和有色金属等；同时由于科学技术的发展、信息化的发展，高技术产业的发展较快。从整体来看，广西西江流域的经济发展是较好的，西江流域能够带动经济的发展，对沿岸的城市和地区带来较多的经济支持，交通运输的方便可以给工业的发展带来较大的支持。

9.1.4　评价方法与指标体系

1. 评价方法

水资源可持续性的概念建立后，对水资源的评价指标也发生了很大的变化，不同的学者所选取的指标也是不一样的，评价指标主要是反映流域水资源的可持续利用。而水资源属于战略性能源，它与社会、经济、生态是相互联系的，所以我们在评价流域的水资源时，要从多个方面进行分析，这是很重要的，为了更好地评价流域的水资源，采取以下的评价方法。

（1）多目标层次分析法

多目标层次分析法包括定性分析法和定量分析法，通常情况下多为结合使用，可以扬长补短，从而使得研究的问题更加全面、更加深入。对西江流域水资源可持续利用评价时采用定量分析法，而对影响西江流域水资源可持续利用因素则采用定性与定量相结合的方法。

（2）规范与实证分析相结合

规范分析法是通过一定的价值判断作为基础标准，并以此作为依据来处理一些经济问题以及制定相应的经济政策，从而更好地探讨怎样才能符合标准分析和研究的一种方法。实证分析法则是通过对客观事物的观察，度量其相互关系，以解决引起问题的原因为重点，其研究结果更加客观，更具有可检验性。本研究通过对西江流域水资源可持续利用的界定和内涵来进行规范性分析，而实证分析用于其评价过程。

（3）系统分析法

由系统的角度出发，以可持续利用为系统主线，发现水资源可持续利用的内涵、社会经济以及影响因素等问题，制定相应对策，并提出解决方案。

（4）文献研究法

通过阅读不同的文献，从而总结出现在国内外对水资源可持续研究的现状。

2. 指标体系

影响水资源可持续利用的因素有很多，但是在了解西江流域的水资源可持续利用时也要对流域的经济、社会和生态进行分析，因此根据西江流域的特点按水资源条件、水资源利用程度、生态环境状况和水资源合理配置这四大方面进行分析，具体情况如下。

1）水资源条件

水资源主要是支持人口生存和经济的发展，它在很大的程度上是由气候和地理位置决定的，但是随着科学技术的进步，对水资源的开发利用程度也决定着水资源的总量。指标具体细分为人均水资源占有量和每公顷平均水资源占有量。

（1）人均水资源占有量

人均水资源占有量就是流域的水资源总量与人口数的比值，反映的是每个人所占有的水资源量有多少，它可以从侧面反映水资源的状况，这对分析西江流域的水资源可持续利用提供了参考数据。

（2）每公顷平均水资源占有量

平均水资源占有量就是水资源在一公顷的土地上的总量，描述的是水资源在该地区的丰富程度，这也与该地区的农业和工业的发展有一定的关联。

2）水资源利用程度

随着经济的发展，对水资源的利用有着很大的变化，由于水资源的利用有一定的范围，因此水资源的利用程度制约着经济的发展。指标具体细分为工业用水、农业用水和居民生活用水。

3）生态环境状况

经济的发展，利用了大量的水资源，而这部分利用过程，会影响生态环境。其指标具体细分为森林覆盖率、污水处理率和城镇生活污水处理率。

4）水资源合理配置

对水资源的利用不是单一的，而是各个方面不同的组合而形成的，指标为人均 GDP。

根据水资源可持续利用的要求，将研究区水资源可持续利用指标体系划分为三个层次，即目标层、准则层、指标层。

目标层：流域水资源可持续利用目标是对流域水资源可持续利用能力的综合评价。

准则层：影响水资源可持续利用的因素。从水资源现状、水资源利用程度、水资源与环境协调状况、水资源配置等四个方面结合水资源状况和社会经济条件，建立了研究区水资源可持续利用的评价标准。

指标层：其一为水资源状况，它是决定研究区水资源胁迫程度和支持水资源可持续利用的最重要因素之一；其二为水资源利用程度，它反映了水资源的开发和条件，从可持续性的角度来看，应该防止水资源过度开发，同时，要保持社会经济的发展，就必须具备一定的工程能力；其三为生态环境，经济的加速和集约化发展导致了水质和环境的恶化；其四为水资源配置，它明确地展示了水资源的可持续利用。

建立指标体系时考虑的原则[21]：第一，科学性。依据科学的理论，特别是可持续发展理论定义的概念和计算方法，确定了指标。第二，全面性。该指数应从不同方面反映水资源的可持续利用情况，整个指标体系应系统地、全面地反映水资源利用的子系统及其构成要素。第三，可操作性。选择的指标应结合定性和定量的方法，具有实用价值和数量研究依据。

3. 指标权重与检验

采用层次分析法计算指标权重。指标权重的合理性关系到综合评价的有效性和科学性。根据层次分析法的要求以及各因素之间的相对重要性，逐层采用标度法对指标进行评分。然后建立判断矩阵，计算各指标的权重。

通过计算矩阵的归一化特征向量并对其进行一致性检验，得到了某一因子相对于前一层更有说服力的相对值，即单阶权值。在此基础上，利用各因素上一层的权重，计算出某一因素相对于上一层的相对重要性权重，即总体权重值。

一致性检验。通过检验判断矩阵的一致性，得到了判断矩阵的最大特征值：

$$\lambda_{\max}=\frac{1}{n}\sum_{i=1}^{n}\frac{\sum_{j=1}^{n}a_{ij}W_j}{W_i} \tag{9-1}$$

式中，a_{ij}为第 i 个准则层选取的第 j 个指标的标准值；W_i 和 W_j 分别为第 i 个准则层指标在整个准则层所占的权重和指标层中第 j 个指标在该指标层所占权重。

权重系数的合理性取决于判断矩阵［式（9-2）和式（9-3）］的一致性检验。

$$\mathrm{CI}=(\lambda_{\max}-n)/(n-1) \tag{9-2}$$

$$\mathrm{CR}=\mathrm{CI}/\mathrm{RI} \tag{9-3}$$

式中，n 为判断矩阵的阶数；CR 为判断矩阵的随机一致性比率；CI 为判断矩阵的一致性指标；RI 为平均随机一致性指标，RI 的具体值见表 9-1。

表 9-1　RI 值

n	1	2	3	4	5	6	7	8	9
RI	0.00	0.00	0.52	0.89	1.12	1.25	1.35	1.42	1.46

当 $\mathrm{CR}<0.10$ 时，说明判断矩阵满足一致性。否则，认为初始判断矩阵不满足一致性。指标权重选择的合理性关系到综合评价的正确性和科学性，通过各指标之间的重要程度关系进行比较判断，得出最合理的指标权重，需要重新调整元素缩放值，直到其具有满意的一致性为止。

4. 可持续性评估

根据指标体系权重值和统一标准化数据，采用综合指数法对广西西江流域水资源可持续性进行评价[22]：

$$C=\sum_{i=1}^{n}\lambda_i U_i \tag{9-4}$$

式中，C 为综合评估指数；λ_i指数的重量和重量的总和是 1；U_i为各指标无量纲化处理的数据。

9.1.5　结果与讨论

1. 评估指标体系

依据层次分析法，建立多指标体系，结合广西西江流域数据的可得性，从其提出的众多指标中选出人均水资源占有量、人均城镇生活用水量、森林覆盖率等 9 个指标作为广西西江流域水资源可持续利用评价指标体系的指标层，将其用 S1 ~ S9 来表示（表 9-2）。

表 9-2　广西西江流域水资源可持续利用评价指标体系及权重

准则层（C）	权重（W_i）	指标层	权重（W_j）	指标权重（λ_i）	标准值
水资源条件	0.0830	S1 人均水资源占有量	0.0833	0.0692	4642m^3
		S2 每公顷平均水资源占有量	0.1667	0.0138	9875m^3
水资源开发利用程度	0.2597	S3 人均城镇生活用水量	0.0878	0.0228	76m^3
		S4 工业用水	0.4561	0.1184	4 亿 m^3
		S5 农田灌溉用水	0.4561	0.1184	13 亿 m^3
		S6 森林覆盖率	0.2595	0.0981	60%
生态环境状况	0.3782	S7 城市生活污水处理率	0.5993	0.2267	62%
		S8 污水处理率	0.1412	0.0534	75%
水资源合理配置	0.2791	S9 人均 GDP	1.0000	0.2791	27604

根据层次分析法得到准则层和指标层的权重，并对判断矩阵的一致性进行检验。结果表明，CR = 0.0366，随机一致性比率小于 0.10，表明判断矩阵的一致性令人满意。也就是说，生成的判断矩阵是合理的。指标权重选择的合理性关系到综合评价的正确性和科学性，通过专家咨询和按结构图的层次结构关系进行比较判断，得出最合理的指标权重。

2. 综合评价

基于综合指数得到 2010 ~ 2014 年广西西江流域主要城市综合评价结果见表 9-3。

表 9-3　2010 ~ 2014 年广西西江流域主要城市综合评价结果

区域	2010 年	2011 年	2012 年	2013 年	2014 年
南宁市	55.38	55.65	63.49	66.62	61.99
柳州市	72.52	67.20	71.51	67.60	66.14
桂林市	64.02	61.60	63.91	71.15	60.63
梧州市	31.43	35.06	37.40	38.60	31.74
防城港市	53.27	55.54	57.11	61.63	63.51
钦州市	16.90	23.88	21.03	27.40	27.77
贵港市	22.88	18.77	24.90	26.43	17.08
玉林市	33.05	33.99	36.21	37.51	29.74
百色市	34.57	36.17	35.33	40.79	41.74
贺州市	24.71	23.01	26.94	27.29	21.19
河池市	44.64	40.67	37.67	40.84	34.51
来宾市	36.68	37.04	37.74	37.23	32.03
崇左市	15.54	19.12	21.46	19.30	28.71

综合评价结果表明，2010 ~ 2014 年，有 4 个城市的水资源可持续性水平较高，其中，南宁、柳州、桂林和防城港得分均在 50 分以上。这说明这四个城市在水资源条件、开发利用、生态环境状况和水资源合理配置四个方面的利用较为合理，水资源的可持续利用水平较高。

钦州市和崇左市的可持续发展水平相对较低，2010 ~ 2014 年的评价结果均低于 30，说明钦州市和崇左市处于不可持续状态。但水资源可持续性总体呈上升趋势。这是由于近年来水资源状况（人均水资源占有量和每公顷平均水资源占有量）和水资源分配（人均国内生产总值）的改善。

2010 ~ 2014 年广西西江流域水资源、可持续利用呈现出一种波动型的可持续利用（表 9-4）。该评价得分在年可持续利用程度的波动中，呈现先上升，后下降趋势。水资源可持续利用水平 2010 ~ 2013 年上升到 43.26，到 2014 年下降到 39.75。

表 9-4 广西西江流域水资源可持续利用水平的综合评价得分

年份	2010	2011	2012	2013	2014
评价得分	38.89	39.05	41.13	43.26	39.75

从广西西江流域流经的 13 个市来分析，南宁市、柳州市、桂林市和防城港市 4 个城市的水资源可持续利用水平是较高的，评价结果都超过了 50，说明了这 4 个城市在水资源条件、水资源开发利用、生态环境状况和水资源合理配置 4 个方面的利用是较为合理的，水资源的可持续利用水平较高。从表 9-2可以看出，水资源条件准则层主要是人均水资源占有量和每公顷平均水资源占有量，2012 ~ 2014 年的数据已经超过了标准值，但 2010 年和 2012 年的人均水资源占有量和每公顷平均水资源占有量的真实值与标准值的差距较大；水资源开发利用程度准则层中主要是人均城镇生活用水量、工业用水和农田灌溉用水这三个指标与标准值差别不大；生态环境状况准则层中主要是森林覆盖率、城市生活污水处理率和污水处理率，可以得出，2010 年与 2011 年城市生活污水处理率和污水处理率是低于标准值；水资源合理配置准则层中主要是人均 GDP，其他年份的真实值与标准值的差距不大，但 2010 年与 2011 年真实值与标准值有较大的差距，说明水资源的配置是不合理的。

9.1.6 主要结论

本节主要是利用 2010 ~ 2014 年与广西西江流域相关联的 13 个市的 9 个指标的数据进行分析，并且利用层次分析法对目标层和准则层的指标进行权重的计算，最后利用综合评价方法得到广西西江流域水资源可持续水平，结论如下。

2010 ~ 2013 年水资源的可持续性利用水平逐渐上升，但 2013 年也是一个转折点，2014 年水资源的可持续利用水平降低，主要是随着社会经济的发展，对水资源的开发利用逐渐增多，但人均水资源量逐年下降，水资源又属于战略性资源，随着工业的发展，污水的排放量增多，但处理率达不到要求，对水资源的污染程度较大，因此广西西江流域的水资源可持续利用水平出现了下降。

基于社会-经济-生态系统多指标体系评价，13 个市的评价结果是不一样的，如南宁市、防域港市、柳州市和桂林市等的水资源可持续利用水平是较高的，但是其他市的水资源可持续利用水平较差，说明经济的发展与水资源的可持续利用是相关的。同时从广西西江流域水资源可持续水平总体评价结果来看，评价结果都是小于 50 的，说明广西西江流域水资源可持续利用的水平较低，对水资源的保护和利用的方式不当。但从 13 个市各年份的评价结果来看，水资源的可持续性利用水平处于一个上升的状态，说明各市对水资源的可持续越来越重视了。本节为决策的制定提供分析工具和理论支持依据，也为广西西江流域水资源的可持续利用与社会经济可持续发展提供了科学有效的指导。

9.2 像元尺度上广西西江流域水资源可获取性综合评价

9.2.1 研究背景和意义

1. 研究背景

水是人类社会生存和发展的重要物质基础之一，是维持社会-经济-生态系统正常运转不可或缺的自然资源。我们赖以生存的地球约有 70% 是被水覆盖着的，其中约 97% 为海水，而与我们生活关系最为密切的淡水只有约 3%，而淡水中又有约 78% 为冰川淡水，很难被利用。因此，我们能利用的淡水资源是十分有限的，并且还受到污染的威胁。水资源作为一种可更新的自然资源，在早期阶段，人类社会发展没有表现出对水资源的担忧，但是随着人类社会的发展，以及对水资源的过度开采，人类社会面临水资源危机，这是人类社会面临的主要挑战之一。

我国地域辽阔、人口众多以及对水资源的不合理利用，致使我国面临水资源问题日趋严峻。其主要表现为水资源短缺、水资源严重污染、水资源问题导致的生态环境问题。地球上的水似乎取之不尽，其实从人类的使用情况来看，只有淡水才是主要的水资源，而淡水资源又是十分有限的。淡水是一种可再生的资源，其可再生性取决于地球的水循环。随着工业的发展、人口的增加，大量水体被污染，为了抽取河水，许多国家在河流上游建造水坝，改变了水流情况，使水的循环、自净能力受到了严重的影响。水资源开发利用中的供需矛盾日益加剧，表现在农业干旱缺水和城市缺水，同时存在用水浪费和污水的排放问题。

21 世纪，随着经济的快速发展和人口的不断增长，许多地区出现用水紧张的局势，同时也出现了水资源问题以及水资源短缺导致的生态环境问题，水资源的短缺和生态环境恶化所造成的水资源问题严重制约着我国社会经济的可持续发展。

2. 研究意义

我国是一个干旱缺水严重的国家。我国的淡水总量排在世界前列，但我国人口众多，用水量多，人均占有量比较低，是全球人均水资源贫乏的国家之一。另外，我国人口与水资源的空间组合比较不合理，导致各地区的水资源占有量不均，秦岭—淮河一线的南方地区人口约占全国的 54%，但拥有约 81% 的水资源；北方地区人口约占 46%，水资源占有量仅约 19%。研究表明，主要是自然环境恶化，水资源的不合理利用以及人类不合理的社会活动，致使北方地区的水资源不断减少，而南方地区的水资源不断增加，北方地区和南方地区水资源分配不均的矛盾加重。

为了应对水资源危机，国内外学者针对如何评价水资源以及如何充分利用水资源的重要问题提出了不同的见解，根据不同的研究区域提出来不同的模型。近年来，多数学者利用水资源可获取性评价模型对现在和未来的水资源可获取性及利用性进行评价分析。以水资源短缺以及生态环境破坏为特征的水资源问题，它的复杂性和难解决度是我国独特的国情。

9.2.2　流域水资源可获取性研究进展

水资源是人类社会生存和发展必不可少的一种自然资源，随着珠江–西江经济带的推进，为了提高经济的增长速度，西江流域水资源被大规模地攫取，使得西江流域水资源的供需、开发利用与水环境保护的矛盾日益突出，制约着流域水资源利用的可持续发展。因此，亟须对流域水资源利用开展有效评价。

我国学者从不同的水资源可持续利用角度进行理论和实证研究，前期研究多围绕水资源承载力[23,24]、脆弱性[25]、压力和稀缺性[26]生态足迹模型等方面，对区域水资源可持续利用开展评价研究，然而流域水资源空间配置尚未得到有效解决。从水资源供需的角度出发，水资源与作物的关系十分密切，有学者通过引入水文响应单元分析农田水资源供需关系[27]，喻栖梧利用普适模型在对汉江流域的作物蓄水满足度评价中得到了高度评价，真实可靠地揭示了作物蓄水满足度评价的区域差异性[28]。部分研究从流域水循环角度，构建一个以水资源配置模型和水循环模型耦合为核心，以流域供需水分析和流域生态、环境、经济综合评价为响应的多目标调控模型，并通过运用该模型计算黄河流域水资源的合理配置，在较大程度上缓解了黄河流域缺水状况[29]，为今后水资源可持续发展的开发与利用提供科学的依据。

针对流域水资源空间配置问题上，部分研究使用分布式水文模型，借助空间信息在较大尺度上对流域径流进行定量分析，揭示流域水资源运移过程和空间格局[30,31]，但对水资源利用空间信息的反映不够精确。部分研究基于分布式水资源管理模型对流域水资源进行治理和规划，结果难以实现在改善生态环境的同时实现经济发展、农民增收以及社会和谐稳定的局面[32,33]。

大多数在对水资源开发利用和水环境保护方面的研究脱离客观实际，从而造成我国的水资源保护仍处于“局部有所改善、整体仍恶化”的被动局面。近期有学者提出水资源可获取性概念，指在不考虑水循环和水资源利用目的的条件下，流域任一像元水资源获取的难易程度[34]。通过分析水资源可获取性的影响因素，如径流、取水距离和高差等，建立水资源可获取性评价模型，计算流域内任意像元的取水难易程度，得到小尺度上精确的水资源空间分布信息，为流域水资源精细管理和利用提供科学依据。由于国内学者研究的重点主要集中在水资源利用以及水资源供需方面，而对于水资源可获取性没有提出明确的概念且对其相关的研究很少。

在国外，对水资源方面的研究同样是学术界关注的热点问题，不同的研究者对有关水资源及其可获取性的研究采用了不同的研究模型和方法。从水循环的角度分析，水循环及水可获取性是缓解淡水资源紧张的有效途径。由于水循环是一个多环节的自然过程，涉及蒸发、大气水分输送、地表水和地下水循环以及多种形式的水量储蓄，多模型方法被广泛应用于未来水资源可获取性的模拟研究，同时，针对气候变化对水循环的影响，采用大气环流模型预测气候变化对水资源可获取性的影响度。从人类用水安全的角度分析，人类用水安全不仅表现在可饮用水的可获取性，还表现在粮食安全方面，因为作物需水间接关系到人类用水安全。针对大都市的水资源可获取性，从质和量的角度定义人类可饮用水的获取性。

水资源利用研究一直是国内外关注的热点问题，无论是从国内还是国外的研究进展看，关于流域水资源可获取性取得了有效的进展，但国内外关于水资源可获取性的定义没有做到统一的规范，不同学者对不同的研究区域确定评价指标，存在评价角度多样性，没有建立一个水资源可获取性评价标准，因此，还有许多工作有待深入和改进。然而，水资源及水资源可获取性受到气候、人口以及土地利用变化等自然和人文因素的影响，即水资源可获取性模型对于特定的河流系统存在区域差异，且在时空尺度上变化较大[35,36]，根据不同流域系统的区域差异，学者建立了不同的水资源可获取模型来对现在和未来水资源可获取性和利用进行对比分析评价，以满足人类社会发展的需要。只有针对性分析径流产生过程和水文体系变化才能识别特定流域的有效水资源可获取性。因此，研究选取国家战略所在地——西江流域（广西境内）进行实证研究，通过改进水资源可获取性模型，获取流域水资源可获取性难易程度，以期为广西西江流域水资源精细化管理实践提供科学基础。

9.2.3　研究区域概况

广西西江流域位于104°28′E～112°35′E，20°35′N～26°20′N，境内西江河长约869km，是广西壮族自治区的重要水系。流域集雨面积约$2\times10^5km^2$，占广西行政区总面积的85.88%，水资源总量约占广西水资源总量的85.5%。流域地貌主要是山地丘陵盆地地貌，地势自西北向东南倾斜，西北是云贵高原，东南是丘陵盆地。土壤类型以红壤、赤红壤、水稻土为主。研究区属亚热带季风湿润气候，气候湿热多雨，夏长冬短，年均降水量在1080～2760mm，年平均气温在16.5～23.1℃。

9.2.4　材料与方法

1. 数据来源

基础地理数据包括研究区行政边界、自然水系分布，来源于全国1∶25万数据库。数字高程模型数据选取GDEM V2 30m分辨率数字高程数据，来源于地理空间数据云（http：//www.gscloud.cn，2019/12/15）。统计数据取自2008～2015年《广西壮族自治区水资源公报》。其他数据来源于《广西通志·水利志》。

2. 自然水系提取

数字高程模型即地形表面形态的数字化表达。基于DEM数据提取真实准确的水系，是建立水文模型的基础，能反映流域地形、地貌、气象、水文等的综合情况[37,38]。

基于DEM数据提取水系主要分为三个步骤：第一步，无洼地DEM生成；第二步，水流方向及汇流累积量计算；第三步，水系提取。本研究采用坡面径流模拟方法实现连续河网的提取，其中，水流方向计算主要采用单流向法中的D8算法[39]。依据不同汇流累积量阈值提取水系，提取不同阈值下水系的河道数、河流长度及河网密度进行趋势线拟合，并与《广西通志 · 水利志》数据比较，获取广西西江流域水系数据，进一步验证基于 DEM 提取的河网信息的正确性，将 1 ∶ 25 万数据库中的西江流域水系数据与提取出的河网相互叠加比较。

3. 水资源可获取性模型

根据 Yu 等提出的水资源可获取性概念，研究利用“空间用水点”的概念中，在不考虑水循环、利用目的情况下，在空间中任意点取水的难易程度受坡度、相对高差、年径流量和距河道距离的影响，因此建立水资源可获取性模型用以评价流域水可获取性的难易程度。

$$W = \prod_{i=1}^{4} W_i = \beta e^{\beta_1 S + \beta_2 H + \beta_3 R + \beta_4 D} \tag{9-5}$$

式中，W 为水资源可获取性综合指数；W_i（i = 1，2，3，4）分别为 S、H、R 和 D 引起的水资源可获取性分量；β 为区域拟合系数；S 为坡度；H 为单元点跟河流的相对高差，mm；R 为年径流量，m^3；D 为单元点到河流的距离，mm；β_1、β_2、β_3、β_4分别为 S、H、R、D 的区域拟合系数。

①坡度：指过地表面上任一点的切平面与水平面的夹角，表示该点的倾斜程度。

②相对高差：引水会受到高程的限制，引水点与水源地的相对高差越大，越难取水，投入取水的成本也就越高，那么该点的可获取性也越难。在现实中，每个格点与距最近河流的高差比较难计算。因此，本章以 DEM 数据为基础，以划分出来的小流域为单位，利用分区统计工具计算流域内的河流平均高程与最小高程，并且假设小流域内各点取水均来自河流，则可用栅格计算器计算各点与河流的相对高差，栅格计算器中的计算法指若单元格高程比河流平均高程大，则单元格高程减去河流平均高程；反之，则单元格高程减去河流最小高程。

③年径流量：指年度内通过河流某一断面的水量，用于估计地区水资源总量的变化。本章用径流量来估计地表水资源量。Flow Accumulation 计算出的汇流累积量不等于实际径流量，因此需要进行转换；在现实中当某地区缺乏实测径流数据的时候，可以用水文比拟法、径流系数法、经验公式法等来计算一定时间段内的流量[40]。当流域存在上游入境水量时，流域干流径流量需加上入境水量。则

$$R_a = \begin{cases} F \times h \times \dfrac{1}{10} & \text{（干流以外区域）} \\ F \times h \times \dfrac{1}{10} + P & \text{（干流以内区域）} \end{cases} \tag{9-6}$$

式中，R_a为年径流量，$10^4 m^3$；F 为承雨面积，km^2；h 为流域平均径流深，mm；P 为干流上游入境水量，m^3。根据《广西通志 · 水利志》获取 h 值为 684. 48 mm，根据《2015 年广西壮族自治区水资源公报》获取 P 值为 4.3187×10^{10} m^3。

④距离：取水也受距离水源远近的影响，基于栅格河网数据，利用 ArcGIS 软件欧氏距离工具，计算每个栅格点与最近河源的欧氏距离，即量测每个点到最近源的直线距离。

⑤指数的标准化：对于式（9-5）中的各个变量，我们先规定坡度、相对高差、年径流量、距离引起的水资源可获取性 W_i（$W_i \in [0, 1]$，i=1，2，3，4），W_i值越大表明水资源可获取性越容易；反之，水资源可获取性就越困难。选取的指标有正相关的（如 R），有负相关的（如 S、H、D），因此本章采用综合指数法将不同性质量纲标准化。即

$$x_i = \begin{cases} W_i d_{i\max} & \text{（}x_i\text{与}W_i\text{呈正相关）} \\ (1-W_i)\, d_{i\max} & \text{（}x_i\text{与}W_i\text{呈负相关）} \end{cases} \tag{9-7}$$

式中，x_i为第 i 个评价指标标准化后的值；$d_{i\max}$为第 i 个评价指标的最大值。

9. 2. 5　结果与讨论

1. 河网提取

在提取河网中最重要的是如何设定比较合适的集水阈值。现在还不知道阈值设定为何值时得到的河

网与实际河网最相近，因此用 ArcGIS 中的栅格计算器在流域汇流累积量的基础上，分别设定不同的集水面积阈值以提取出相应的河道数与河网密度的河网，根据分析阈值和河道数、河流长度及河网密度的关系来最终决定阈值（表 9-5）。

表 9-5　河网特征随集水面积阈值的变化

集水面积阈值/km^2	河道数/条	河流长度/km	河网密度/(km/km^2)	实际长度/km	实际河网密度/(km/km^2)
4	26540	77432.12	0.38		
5.4	23543	73103.94	0.36		
10	12744	54412.71	0.27		
16	7997	43461.38	0.21		
20	6509	39059.88	0.19		
21	6213	38132.08	0.19	38072	0.88
25	5323	35055.36	0.17		
35	3791	29588.82	0.16		
40	3337	27704.34	0.14		
45	2936	26077.3	0.13		
50	2603	24763.06	0.12		
55	2345	23581.66	0.12		
60	2174	22632.3	0.11		
70	1860	20924.31	0.10		

集水面积阈值从 4km^2增加到 70km^2，河道数从 26540 条减至 1860 条，总的河长从 77432.12km 减少到 20924.31km，河网密度从 0.38km/km^2变为 0.10km/km^2。根据河道数、河网密度和集水面积阈值间的负相关性，采用幂函数进行趋势拟合分析，拟合度 R^2分别达到 0.9979 和 0.9977，拟合度良好（图 9-1）。

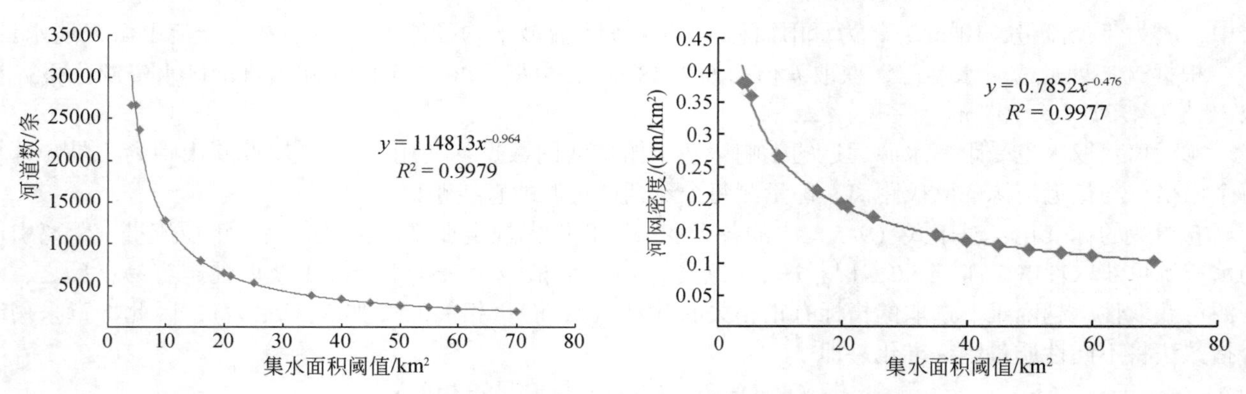

图 9-1　河道数、河网密度随集水面积阈值变化拟合结果

本章选择 21km^2作为西江流域集水面积的阈值。从表 9-5 可得知，当阈值为 21km^2，河道数为 6213 条，河流长度 38132.08km，河网密度 0.19km/km^2，与《广西通志 · 水利志》记录中西江流域实际长度 38072km、实际河网密度 0.188 相接近。为了验证基于 DEM 提取河网的科学合理性，将通过设定最合理阈值 21km^2得到的栅格河网，与原有广西水系矢量图层相叠加显示（图 9-2）。

2. 模型系数

通过计算得到西江流域各格元的 *S*、*H*、*R*、*D* 值，见表 9-6。

图9-2　研究区矢量水系与河网叠加对比示意图

表9-6　模型参数统计

名称	坡度/(°)	距离/km	相对高差/km	年径流量/亿 m³
最小值	0.00	0.00	0.00	0.00
最大值	88.66	14.64	1.65	2996.47
平均值	14.61	1.81	0.16	40.81
标准差	10.63	1.33	0.17	112.06

以 S、H、R、D 4个因子的最大值与最小值，根据式（9-7）进行指标标准化处理（表9-7）。

表9-7　参数标准化处理（部分）

可获取性	坡度/(°)	距离/km	相对高差/km	年径流量/亿 m³
0.00	88.66	14.64	1.65	0.00
0.20	70.93	11.71	1.32	599.29
0.40	53.20	8.78	0.99	1198.59
0.60	35.46	5.86	0.66	1797.88
0.80	17.73	2.93	0.33	2397.18
0.90	8.87	1.46	0.17	2696.82
1.00	0.00	0.00	0.00	2996.47

把表9-7的数据进行指数拟合，得到各个指标分量的水资源可获取性分量表达式：

$$\begin{bmatrix} \beta_1 \\ \beta_2 \\ \beta_3 \\ \beta_4 \end{bmatrix} = \begin{bmatrix} 1.45e^{-0.028S} \\ 1.45e^{-1.52H} \\ 0.1183e^{0.0008R} \\ 1.45e^{-0.171D} \end{bmatrix} \tag{9-8}$$

拟合精度 $R^2 = 0.9119$，根据式（9-5），得到本研究区的水资源可获取性评价模型：

$$W = \prod_{i=1}^{4} W_i = 0.3606e^{-0.028S-1.52H+0.0008R-0.171D} \tag{9-9}$$

3. 水资源可获取性

基于 ArcGIS 10.2 软件平台的水文分析工具和空间分析方法，得到了广西西江流域内各个栅格点的水资源可获取性模型分量空间分布（图 9-3）。

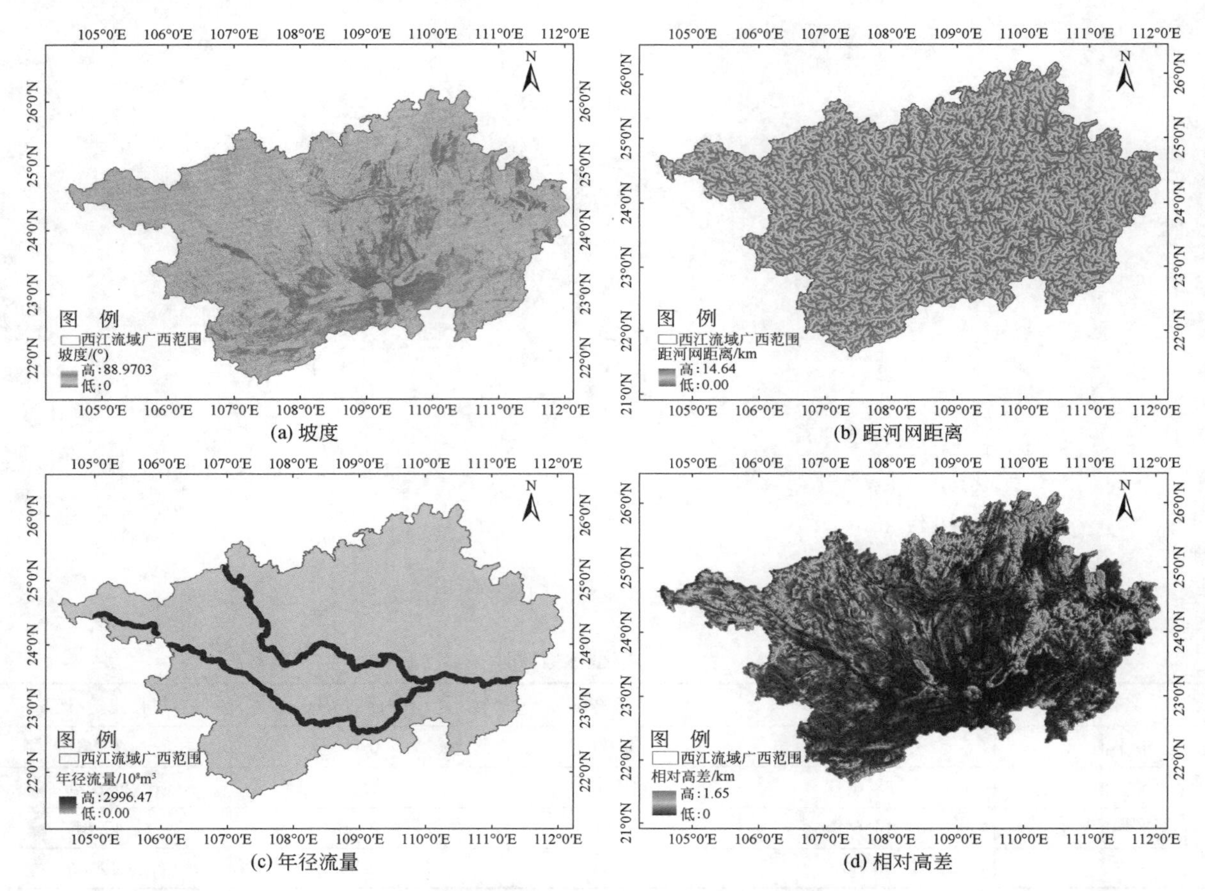

(a) 坡度　(b) 距河网距离　(c) 年径流量　(d) 相对高差

图 9-3　广西西江流域水资源可获取性模型分量空间分布

根据水资源可获取性模型式（9-9）计算广西西江流域各个栅格点的水资源可获取性（图 9-4）。

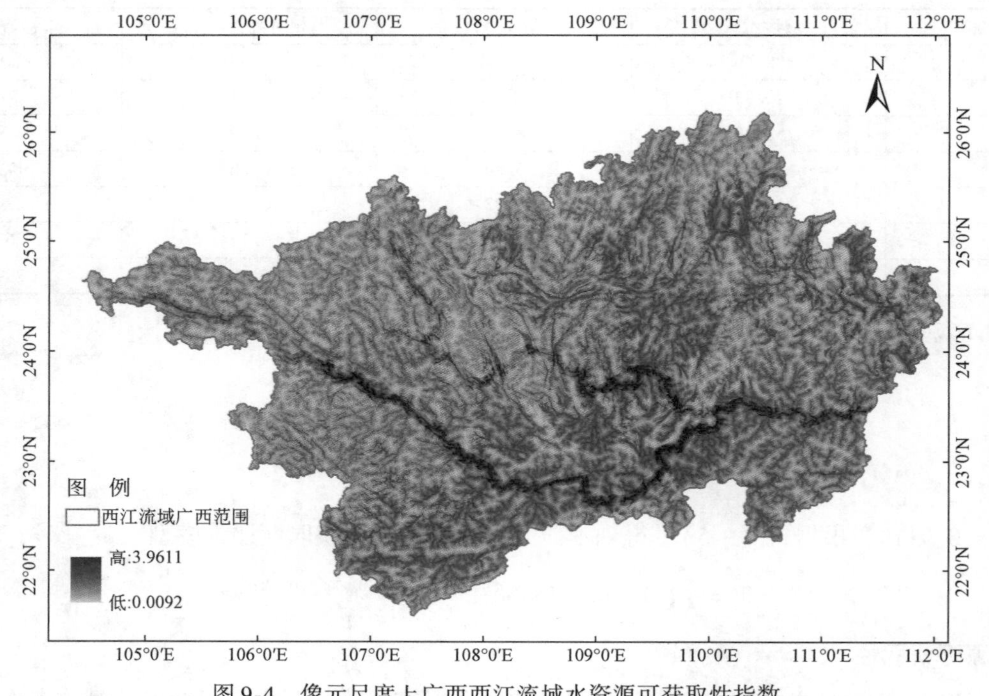

图 9-4　像元尺度上广西西江流域水资源可获取性指数

研究区水资源可获取性指数在 0.0092～3.9611 之间，数值越大，水资源可获取性越好；反之，则越差；西江流域水资源可获取性有从流域内西北部到东南部不断增强的趋势。流域的水资源可获取性与坡度、距离、相对高差与年径流量有关，取水点坡度越大、距水源距离越远、与河流的相对落差越大、年径流量越少，可获取性越差；反之，则越好。

水资源可获取性与区域河网分布及径流量关系密切，表现为干流的水资源可获取性较容易，其次是支流，而离河流较远的地方水可获取性较低。研究区西北部、北部地区坡度最大，相对高差也比较大，年径流量较小，水资源可获取性相对较差，仅河流沿岸附近的水资源可获取性略大。研究区中部、南部地区坡度比西北部小，相对高差也比西北部小，年径流量大，所以中部、南部的水资源可获取性比西北部和北部高。而中部、东部，特别是东南部水资源可获取性最强，这些地区处在流域的下游，坡度相对低，相对高差小，主干流多、年径流量大，河网密集。因此，该结果总体符合研究区水资源分布的实际情况。

9.2.6　结论

本节通过设定不同的集水面积阈值，基于覆盖研究区 30m 的 DEM 数据提取河网，当集水面积阈值设定 $21km^2$ 时，得到的河流长度、河网密度与实际水文资料中记录的值最接近，证明了使用 DEM 提取河网信息的可靠性。

对于区域中某一空间用水点来说，它的取水难易程度和水源是否充足、距取水距离的远近、取水路径的坡度及相对水源的高差等有关。水源充足，可以保证有水资源可获取的基本条件；距水源距离决定了取水成本的大小；坡度和相对高差越大，越难取水。所以根据这 4 个影响因素，建立水资源可获取性模型来分析“空间用水点”跟其周围最近河源的关系，评价其水资源可获取性的难易程度，是可行的研究模型。

不同于前期水资源利用评价，本研究通过考虑自然水系、空间像元，得到研究区像元尺度的水资源可获取性难易程度，能直观地表现出流域内水资源可获取性的空间差异。像元尺度的水资源可获取性可以推动农业精细化管理，如农田灌溉、引水规划，可以为居民用水管理等提供更有参考价值的基础数据，为微观决策者实践和管理决策提供科学依据。

参考文献

[1] 朱玉仙，黄义星，王丽杰．水资源可持续开发利用综合评价方法［J］．吉林大学学报（地球科学版），2002，32（1）：55-57.

[2] 魏玲玲．玛纳斯河流域水资源可持续利用研究［D］．石河子：石河子大学，2014.

[3] 张博．基于生态网络分析的流域水资源可持续性评价——以淮河流域为案例［D］．北京：北京化工大学，2012.

[4] 李中才，徐俊艳，吴昌友，等．生态网络分析方法研究综述［J］．生态学报，2010，31（18）：5396-5405.

[5] 石红，张博，李媛，等．基于生态网络分析的流域水资源可持续性评价方法研究［J］．水电能源科学，2015，4（4）：33.

[6] 范翠英．天津市水资源可持续利用研究［D］．天津：天津理工大学，2013.

[7] Daniel H，Ulf J，Erik K. A frame work for systems analysis of sustainable urban water management［J］．Environment Impact Assessment Review，2000，20：311-321.

[8] Loukas A，Mylopoulos N，Vasiliades L. A modeling system for the evaluation of water resources management strategies in Thessaly，Greece［J］．Water Resources Management，2007，21：1673-1702.

[9] 杨杰军．青岛市崂山区水资源可持续利用研究［D］．青岛：中国海洋大学，2009.

[10] 刘恒，耿雷华，陈晓燕．区域水资源可持续利用评价指标体系的建立［J］．水科学进展，2003，14（3）：256-270.

[11] 李飞，贾屏，张运鑫，等．区域水资源可持续利用评价指标体系及评价方法研究［J］．水利科技与经济，2007，13（11）：826-828.

[12] 李罡．湖北省水资源承载力评价研究［D］．武汉：中国地质大学（武汉），2011.

[13] 耿庆玲．西北旱区农业水土资源利用分区及其匹配特征研究［D］．北京：中国科学院大学，2014.
[14] 王海珍．城市生态网络研究——以厦门市为例［D］．上海：华东师范大学，2005.
[15] Zorach A C，Ulanowicz R E. Quantifying the complexity of flow networks：how many roles are there［J］．Complexity，2003，8：68-76.
[16] Ulanowicz R E，Goerner S J，Lietaer B，et al. Quantifying sustainability：resilience，efficiency and the return of information theory［J］．Ecological Complexity，2008，10：5.
[17] 刘志国．河北平原地下水资源可持续利用研究［D］．沈阳：东北大学，2007.
[18] 石丽忠．辽宁省农业水资源评价与优化配置研究［D］．沈阳：沈阳农业大学，2008.
[19] 杨杰军．青岛市崂山区水资源可持续研究［D］．山东：中国海洋大学，2009.
[20] 尹鹏．哈尔滨市水资源发展态势及可持续利用评价研究［D］．哈尔滨：哈尔滨工程大学，2011.
[21] Varis O，Kajander T，Lemmela R. Climate and water：from climate models to water resources management and vice versa［J］. Climatic Change，2004，66（3）：321-344.
[22] 郭倩，汪嘉杨，张碧．基于 DPSIRM 框架的区域水资源承载力综合评价［J］．自然资源学报，2017，3：484-493.
[23] 高伟，严长安，李金城，等．基于水量-水质耦合过程的流域水生态承载力优化方法与例证［J］．环境科学学报，2017，(2)：755-762.
[24] 李平星，樊杰．基于 VSD 模型的区域生态系统脆弱性评价——以广西西江经济带为例［J］．自然资源学报，2014，29（5）：779-788.
[25] 刘倩倩，陈岩．基于粗糙集和 BP 神经网络的流域水资源脆弱性预测研究——以淮河流域为例［J］．长江流域资源与环境，2016，25（9）：1317-1327.
[26] 石卫，夏军，李福林，等．山东省流域水资源安全分析［J］．武汉大学学报：工学版，2016，(6)：801-805.
[27] 程彦培，易卿，张健康．基于水文响应单元的高标准农田水资源供需分析——以黄骅市为例［J］．南水北调与水利科技，2013，11（1）：29-33，43.
[28] 喻栖梧．基于 GIS 的作物需水满足度评价模型研究［D］．武汉：华中师范大学，2016.
[29] 刘文琨，裴源生，赵勇，等．水资源开发利用条件下的流域水循环研究［J］．南水北调与水利科技，2013，11（1）：44-49.
[30] 陈成广，李晶晶，滕凯玲，等．基于 SWAT 模型的绍兴城市径流时空演变规律分析［J］．水文，2017，(4)：29-34.
[31] 祖拜代·木依布拉，师庆东，普拉提·莫合塔尔，等．基于 SWAT 模型的乌鲁木齐河上游土地利用和气候变化对径流的影响［J］．生态学报，2018，38（14）：1-9.
[32] 石敏俊，陶卫春，赵学涛，等．生态重建目标下石羊河流域水资源空间配置优化——基于分布式水资源管理模型［J］．自然资源学报，2009，24（7）：1133-1145.
[33] 王晓君．黑河中游水资源空间动态优化配置——基于分布式水资源管理模型［A］．乌鲁木齐：中国自然资源学会 2011 年学术年会，2011：8.
[34] Yu G M，Chen X，Tu Z，et al. Modeling water accessibility of natural river networks using the fine-grained physical watershed characteristics at the grid scale［J］．Water Resource Management，2017，31（7）：2271-2284.
[35] Menzel L，Matovelle A. Current state and future development of blue water accessibility and blue water demand：a view at seven case studies［J］．Journal of Hydrology，2012，384：245-263.
[36] Shoma T，Thian Y G. Potential impact of climate change on the water availability of South Saskatchewan River Basin［J］．Climatic Change，2012，112：355-386.
[37] 解博，罗明良，杨俊志，等．利用 ASTER-GDEM 提取川中丘陵区水系［J］．测绘科学，2014，39（3）：66-69.
[38] 孙崇亮，王卷乐．基于 DEM 的水系自动提取与分级研究进展［J］．地理科学进展，2008，27（1）：118-124.
[39] Callaghan J，Mark D. The extraction of drainage networks from digital elevation data［J］．Computer Vision Graphics and Image Processing，1984，28（3）：323-344.
[40] 黄锡荃．水文学［M］．北京：高等教育出版社，1993.

第 10 章　广西西江流域资源环境承载力和生态系统服务功能

10.1　广西西江流域资源环境承载力评估

随着资源环境问题的日益严峻，人类逐渐认识到必须走可持续发展道路，而实行可持续发展依赖于系统、科学、定量地研究人类经济社会与资源环境的关系[1]。自承载力概念引入资源环境相关学科以来，得到了广泛的应用，其内涵越来越丰富，仅承载力的类型就包括资源承载力、环境承载力、资源环境经济承载力、生态系统承载力等。资源环境承载力概念就是衡量人类经济社会活动与资源环境相互关系的科学指标，是人类可持续发展的度量和管理决策的重要依据[2]。其理论及研究方法受可持续发展研究者的广泛关注，成为生态学、地理学与环境学等研究的交叉前沿领域[3]。根据具体研究对象的差别，大致可概括为两大类，即综合资源环境承载力研究和单个环境要素承载力研究[4]。

10.1.1　综合资源环境承载力研究

1. 资源环境承载力评估指标体系

关于综合资源环境承载力的研究，学者大多首先通过分析资源环境承载力的含义，结合所要研究的问题，确定影响资源承载力的指标，然后建立其评价指标体系，最后通过专家打分法、主成分分析法、层次分析法、熵权法、综合分析等方法进行评价[5]。其中，其核心与关键就是资源环境承载力评价指标的选取和指标权重的赋值。尽管不同的学者针对不同的问题选取的指标有所差别，但总体来看都是围绕资源丰度、环境支撑和经济发展社会进步 3 个方面展开[5]。本研究依据广西西江流域的自然环境和经济发展状况以及数据可获取性综合考虑，设计广西西江流域资源环境承载力评估指标体系，并采用熵权法进行各指标权重赋值（表 10-1）。

表 10-1　广西西江流域资源环境承载力评估指标体系

一级指标	二级指标	三级指标	各指标权重
资源环境承载力	资源丰度	人均供水量	0.070
		人均土地资源	0.065
		人均水域面积	0.072
		人均耕地面积	0.065
		人均林地面积	0.100
	环境支撑	节能环保占财政比重	0.060
		人均废污水排放量	0.376
		森林覆盖率	0.009
	经济发展社会进步	人均社会固定资产投资	0.074
		农村居民人均纯收入	0.012
		城镇居民人均可支配收入	0.003
		人均 GDP	0.080
		第三产业占 GDP 比重	0.014

2. 指标赋权

根据广西西江流域综合承载力指标体系框架，采用广西西江流域 2015 年统计资料、观测资料和相关研究成果数据，对 13 个具体指标进行赋值，总量与均量指标主要采用 2015 年统计数据计算赋值，各指标权重采用熵权法进行确定。熵权法是一种在综合考虑各因素提供信息量的基础上计算一个结构性指标的数学方法。作为客观综合定权法，其主要根据各指标之间的关联程度及其传递给决策者的信息量大小来确定权重[6]。熵权法是一种客观赋权法，在一定程度上可减少主观因素带来的偏差。熵权法计算公式为

$$P_{ij}=\frac{x_{ij}}{\sum_{i=1}^{m}x_{ij}} \tag{10-1}$$

$$(i=1,\ 2,\ 3,\ \cdots,\ m;\ j=1,\ 2,\ 3,\ \cdots,\ n)$$

$$e_j=-\frac{1}{\ln m}\sum_{i=1}^{m}P_{ij}\ln P_{ij} \tag{10-2}$$

$$w_j=\frac{1-e_j}{\sum_{j=1}^{n}(1-e_j)} \tag{10-3}$$

式中，m 为研究区县（市、区）总数；n 为评价指标数；P_{ij}为第 j 个指标下第 i 个县（市、区）的指标值的比重；e_j为第 j 个指标的熵值；w_j为第 j 个指标的熵权。

各评价对象在指标上的值相差越大，其熵值越小；而熵权越大，说明该指标向决策者提供的有用信息越多。它并不表示某评价研究中某指标在实际意义上的重要性，而表示在给定被评价对象集后各种评价指标值确定的情况下，各指标在竞争意义上的相对激烈程度系数。从信息角度考虑，它代表该指标在该问题中提供有用信息量的多寡[7]。

3. 资源环境承载力计算及能力评价

在计算广西西江流域资源环境承载力之前，需要利用公式对原始数据进行标准化处理，以应对各评价指标量纲不一致性。数据标准化公式和承载力计算公式如下。

正向关系评价指标因子标准化公式：

$$X_j=\frac{x_j-x_{\min}}{x_{\max}-x_{\min}} \tag{10-4}$$

负向关系评价指标因子标准化公式：

$$X_j=\frac{x_{\max}-x_j}{x_{\max}-x_{\min}} \tag{10-5}$$

承载力计算公式：

$$Y=\sum_{j=1}^{n}X_j\times W_j \tag{10-6}$$

式中，X_j为评价指标 j 的标准值；x_j为指标 j 值的原值；$x_{\min}$和 $x_{\max}$分别为评价指标 j 的最小值和最大值；Y 为承载力指数；W_j为指标权重；n 为指标个数。经过计算得到广西西江流域各县（市、区）的承载力指数，其值越大，说明该县（市、区）的资源环境承载力能力越强，反之则越弱。

4. 评估结果

1）广西西江流域资源环境承载力及其空间分布

根据计算结果，广西西江流域 83 个县（市、区）的资源环境承载力值范围在 0.082 ~ 0.641，平均值

为0.496，标准差为0.069。总体上看，广西西江流域83个县（市、区）的资源环境承载力差异不大，仅有2个县（市、区）的资源环境承载力值低于0.400，3个县（市、区）的资源环境承载力值高于0.600，其余78个县（市、区）的资源环境承载力值均在0.400～0.600。其中，合山市资源环境承载力最低，天峨县资源环境承载力最高。

计算出资源环境承载力指数后，在ArcGIS中使用自然断点法划分为5个等级（上组限不在内）：一级承载力值为0.082，仅有1个县；二级承载力范围在0.082～0.454，共有14个县（市、区）；三级承载力范围在0.454～0.505，共有31个县（市、区）；四级承载力范围在0.505～0.558，共有29个县（市、区）；五级承载力范围在0.558～0.641，共有8个县（市、区）。承载力等级越高，说明承载力指数越大，即该县（市、区）的资源环境承载力能力越强。广西西江流域资源环境承载力的空间分布如图10-1所示，可以看到，广西西江流域资源环境承载力多集中在三级与四级，而资源环境承载力能力较低（一级与二级）的区域集中在人口较为密集的地区，如来宾市的合山市，梧州市的岑溪市，贵港市、钦州市、玉林市的绝大多数县（市、区）以及桂林市辖区和柳州市辖区。人口密度越大，给资源、环境造成越大的压力，也反映了人地关系的胁迫性。资源环境承载力最高（五级）的区域集中在百色市的乐业县和田林县、防城港市的上思县、桂林市的灵川县、河池市的天峨县和环江毛南族自治县、来宾市的金秀瑶族自治县以及柳州市的鹿寨县。

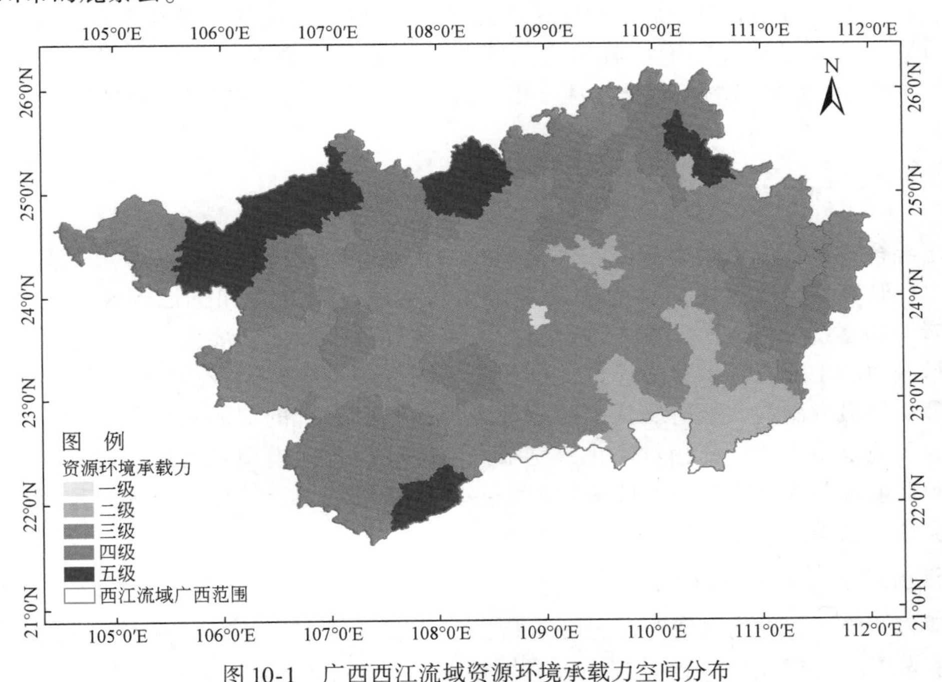

图10-1　广西西江流域资源环境承载力空间分布

从广西西江流域各子流域看，各子流域资源环境承载力平均值由高到低依次为南盘江流域>柳江流域>右江流域>桂江、贺江流域>红水河流域>左江、郁江流域>黔江、浔江流域。南盘江流域、柳江流域和右江流域的资源环境承载力较高，其流域内县（市、区）的资源环境承载力等级多为三级及以上。红水河与左江、郁江流域上游的资源环境承载力较高，但其下游资源环境承载力较低。黔江、浔江流域的资源环境承载力最低，其流域内县（市、区）的资源环境承载力等级多为二级和三级。

2）广西西江流域资源环境承载力统计学分析

通过统计学单因素方差分析，各等级之间的承载力值存在显著差异性，高等级的承载力平均值显著高于低等级的（表10-2）。从资源丰度角度看，各承载力等级县（市、区）的资源丰度之间存在显著差异，高承载力等级县（市、区）的资源丰度在统计学上显著高于低承载力等级的，即资源丰度越高，承载力等级越高。从环境支撑角度看，三级、四级和五级承载力县（市、区）的环境支撑平均值之间无显著差异，但其显著高于一级与二级承载力县（市、区）的。从经济发展社会进步角度看，各承载力等级县（市、区）的经济发展社会进步之间均不存在显著差异。

表 10-2　广西西江流域各等级资源环境承载力统计学分析

承载力等级	承载力平均值	资源丰度平均值	环境支撑平均值	经济发展社会进步平均值	人口密度平均值
一级与二级	0.404d	0.028d	0.344b	0.032	521a
三级	0.483c	0.066c	0.392a	0.025	189b
四级	0.529b	0.101b	0.392a	0.036	120bc
五级	0.599a	0.171a	0.396a	0.032	77c

注：表中每列不同字母表示在 0.05 水平上差异显著。

此外，各承载力等级的人口密度平均值也存在统计学上的显著差异性。从数值上看，承载力等级越高，其人口密度平均值越低；从统计学上看，五级承载力县（市、区）的人口密度平均值显著高于三级、一级与二级的，而与四级承载力县（市、区）的人口密度平均值差异不显著。四级承载力县（市、区）的人口密度平均值显著低于一级与二级的，而与三级的差异不显著。三级承载力县（市、区）的人口密度平均值显著低于一级与二级的。

综上可得，广西西江流域各县（市、区）的资源环境承载力之间的差异与人口密度显著相关。广西西江流域各县（市、区）的资源环境承载力之间的差异主要是由资源丰度的差异决定的，其次受各县（市、区）的环境支撑的差异影响，而受各县（市、区）经济发展社会进步的差异影响较小。

10.1.2　单个环境要素承载力研究

有学者指出综合资源环境承载力研究，其模型较为复杂，对系统整体认识具有局限性，计算过程中失真度大，难以反映真实情况。他们认为单要素指标的承载力研究（如土地资源、水资源等）较为成熟[3]。故有学者采用系统分析方法，首先进行研究区资源环境承载力的要素评价，主要选择水资源承载力、环境容量承载力和土地资源承载力评价，再找出不同区域系统对承载力制约最大的因素，应用木桶的短板效应原理，将最大制约因素所反映出的承载力作为整个系统的资源环境承载力。应用此方法，一方面使得对资源环境承载力的研究相对简化，克服目前一些综合性模型发展尚不完善的应用困难；另一方面，可以利用目前承载力研究相对发展成熟的一些单要素承载力计算模型，如土地承载力、水资源承载力等，以减少计算结果的争议[3-8]。

1. 广西西江流域水资源承载力评价

水资源承载力评价选取人均水资源量为评价指标，代表区域水资源丰富程度，反映水资源对广西西江流域社会经济发展的支撑能力。评价按国际通用标准，1000m^3/人以下为严重缺水，1000～5000m^3/人为缺水，5000～10000m^3/人为不缺水，10000m^3/人以上为水资源丰富，1700m^3/人为缺水警告值标准。广西西江流域水资源承载力评价结果见表 10-3。广西西江流域内桂林属于水资源丰富地区，百色、来宾、柳州、贺州、防城港和河池市均属于不缺水地区，而南宁、玉林、贵港、钦州、梧州和崇左属于缺水地区，但都高于 1700m^3/人的缺水警告值标准。总体上看，广西西江流域水资源较为丰富，能够基本满足区域经济和社会发展的需要，因此，水资源在未来一段时间内并不构成经济社会发展的制约因素。

表 10-3　人均水资源量评价

类型	水资源量/(m^3/人)	地区
缺水	1000～5000	南宁、玉林、贵港、钦州、梧州、崇左
不缺水	5000～10000	百色、来宾、柳州、贺州、防城港、河池
水资源丰富	≥10000	桂林

2. 广西西江流域环境容量承载力评价

本研究主要从广西西江流域大气和水体的质量方面进行环境容量承载力评价。首先是大气环境容量，在给定的区域内，达到环境空气保护目标而允许排放的大气污染物总量，就是该区域该大气污染物的环境容量。根据《广西节能减排降碳和能源消费总量控制“十三五”规划》，2015 年全区二氧化硫排放总量目标值为 52.7 万 t，实际排放量为 42.1 万 t，剩余 10.6 万 t；氮氧化物排放总量目标值为 41.1 万 t，实际排放量为 37.3 万 t，剩余 3.8 万 t。广西西江流域约占全区面积的 85%，除北海市以外，其他各市均有属于广西西江流域的土地。由此可推，2015 年广西西江流域大气环境容量仍有可观的剩余。其次是水环境容量，根据《广西节能减排降碳和能源消费总量控制“十三五”规划》，2015 年全区化学需氧量排放总量目标值为 74.6 万 t，实际排放量为 71.1 万 t，剩余 3.5 万 t；氨氮排放总量目标值为 7.71 万 t，实际排放量为 7.7 万 t，剩余 0.01 万 t。同样，推及至广西西江流域，尽管实际排放量仍小于目标值，但差值较小，总体上认为水环境容量较为紧张。

根据《广西壮族自治区“十二五”节能减排综合性实施方案》与《广西节能减排降碳和能源消费总量控制“十三五”规划》中附表，分别获得各市大气污染物与水环境污染物的 2015 年实际排放量、目标控制量，计算出剩余的污染物环境容量，结果见表 10-4 和表 10-5。从广西西江流域内部看，各市大气二氧化硫排放量均低于控制量，即广西西江流域各市均有大气二氧化硫剩余环境容量，并且以百色市剩余最高，为 3.2588 万 t，崇左市剩余量最低，其值为 0.0657 万 t；除南宁市、玉林市和来宾市的大气氮氧化物排放量超过控制量，即存在大气环境容量超载现象以外，其他市大气氮氧化物排放量低于控制量，即有部分环境容量剩余，且以柳州市的大气氮氧化物剩余环境容量最多，为 0.9479 万 t。

表 10-4 2015 年广西西江流域大气环境容量 （单位：万 t）

城市	二氧化硫			氮氧化物		
	排放量	控制量	剩余环境容量	排放量	控制量	剩余环境容量
南宁市	3.9425	4.88	0.9375	6.2915	6.2	-0.0915
柳州市	4.7097	4.86	0.1503	4.6321	5.58	0.9479
桂林市	3.6719	4.3	0.6281	3.3204	3.61	0.2896
梧州市	1.3106	1.65	0.3394	0.9823	1.04	0.0577
防城港市	2.8851	3.42	0.5349	1.7651	2.19	0.4249
钦州市	1.7086	2.27	0.5614	1.5089	2	0.4911
贵港市	2.6422	3.07	0.4278	3.6127	4.38	0.7673
玉林市	1.0897	1.19	0.1003	3.1555	2.68	-0.4755
百色市	5.9112	9.17	3.2588	4.181	4.29	0.109
贺州市	0.9905	1.75	0.7595	1.1741	1.75	0.5759
河池市	4.9967	5.73	0.7333	1.1176	1.14	0.0224
来宾市	6.09	6.74	0.65	2.6416	2.06	-0.5816
崇左市	0.8243	0.89	0.0657	1.9638	2.01	0.0462

从广西西江流域内部看，水环境中化学需氧量排放量超过控制量的城市有百色市、河池市和贵港市，流域内其他城市均有水环境化学需氧量环境容量剩余，并且以南宁市剩余最高，为 1.5 万 t，梧州市剩余量最低，为 0.13 万 t；就水环境污染物氨氮排放量而言，河池市、贵港市、百色市、来宾市和钦州市的氨氮排放量超过控制量，即存在水环境容量超载现象，其他市水环境氨氮排放量低于控制量，即有部分环境容量剩余，且以玉林市和南宁市的剩余环境容量最多，为 0.5 万 t。

表 10-5　2015 年广西西江流域水环境容量　（单位：万 t）

城市	化学需氧量			氨氮		
	排放量	控制量	剩余环境容量	排放量	控制量	剩余环境容量
南宁市	10.72	12.22	1.5	1.21	1.26	0.05
柳州市	5.26	5.91	0.65	0.75	0.78	0.03
桂林市	6.81	7.06	0.25	0.81	0.84	0.03
梧州市	4.8	4.93	0.13	0.49	0.52	0.03
防城港市	2.11	2.68	0.57	0.14	0.15	0.01
钦州市	4.28	4.43	0.15	0.43	0.39	−0.04
贵港市	7.06	6.3	−0.76	0.74	0.69	−0.05
玉林市	7.54	7.85	0.31	0.94	0.99	0.05
百色市	4.3	4.25	−0.05	0.41	0.36	−0.05
贺州市	3.34	3.52	0.18	0.35	0.36	0.01
河池市	3.97	3.56	−0.41	0.46	0.4	−0.06
来宾市	3.92	4.34	0.42	0.39	0.34	−0.05
崇左市	4.40	4.56	0.16	0.4	0.41	0.01

从流域总体上看，广西西江流域目前大气和水环境污染物排放量仍小于保护目标允许排放的污染物总量，即大气和水环境容量仍有少量剩余。从流域内部看，广西西江流域内南宁市、玉林市和来宾市大气氮氧化物排放量超载；河池市、贵港市和百色市水体化学需氧量排放量超载；河池市、贵港市、百色市、来宾市和钦州市水体氨氮排放量超载。

随着标准的进一步严格，根据《广西节能减排降碳和能源消费总量控制“十三五”规划》，到 2020 年，化学需氧量和氨氮排放总量 5 年累计分别下降 1%，二氧化硫和氮氧化物排放总量 5 年累计分别下降 13%，即环境容量进一步变小。而“十二五”期间，广西单位产品能耗强度和主要污染物排放大幅降低，已达到较优水平。“十三五”时期，由于受经济下行压力加大、技术研发滞后、边际效应递减等因素影响，降低能耗强度和主要污染物排放的幅度十分有限，节能减排降碳空间收窄，挖掘潜力难度进一步加大。因此可推断，环境容量对未来广西西江流域经济社会发展很可能构成制约因素。

3. 广西西江流域土地资源人口承载力评价

1）耕地资源评价

2015 年广西西江流域人均耕地资源为 0.095hm²，略高于广西全区的人均耕地资源平均水平 0.09hm²（2013 年土地利用变更调查数据），略低于 2013 年全国 0.099hm² 的人均耕地资源平均水平；从流域水平看，广西西江流域人均耕地资源高于联合国粮食及农业组织制定的 0.053hm²/人的耕地警戒线标准。

广西西江流域内各县（市、区）人均耕地资源水平差异较大。其中，人均耕地面积低于联合国粮食及农业组织制定的 0.053hm² 的人均耕地警戒线标准的县（市、区）共有 15 个，主要分布在桂江、贺江流域和黔江、浔江流域。以桂林市辖区和柳州市辖区人均耕地面积最低，分别为 0.013hm² 与 0.022hm²。流域内人均耕地面积最多的县（市、区）集中在崇左市的江州区（0.348hm²）、扶绥县（0.344hm²）、龙州县（0.293hm²）和防城港市的上思县（0.281hm²）。

整体上看，广西西江流域人均耕地水平高于耕地警戒线标准，与全国人均耕地资源水平较为接近，但从流域内部人均耕地水平的空间分布格局看，其存在明显的空间差异，广西西江流域上游人均耕地水平要高于下游人口密集区域，广西西江流域内有 15 个县（市、区）人均耕地资源较为紧张（图 10-2）。

2）基于土地粮食的人口承载力分析

基于土地粮食的人口承载力是以土地的生产潜力为基础，根据研究区人口和粮食之间的关系，以在特定的食物消费水平下研究区的粮食生产力（取决于耕地资源与粮食单产水平）所能供养的人口规模来

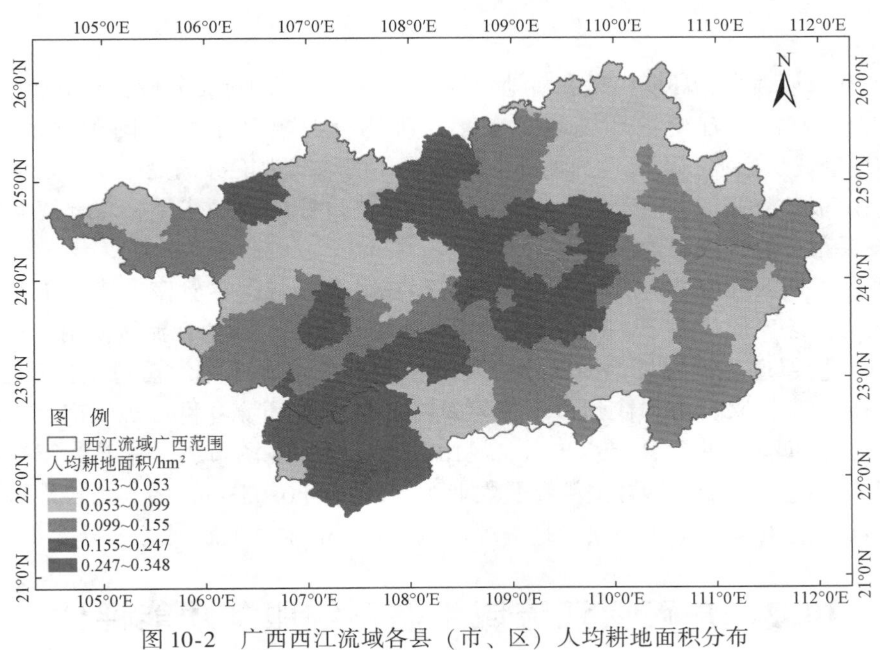

图 10-2　广西西江流域各县（市、区）人均耕地面积分布

衡量[9]。计算公式如下：

$$\max P_{\mathrm{f}}=\frac{F_{\mathrm{a}}M\,S_{\mathrm{F}}f}{P_{\mathrm{F}}} \tag{10-7}$$

式中，$\max P_{\mathrm{f}}$为基于土地粮食的可承载人口；F_{a} 为耕地面积；M 为平均复种指数；S_{F}为种粮面积比重；f 为粮食单产；P_{F}为人均粮食定额。本研究中平均复种指数 M 的取值是采用范锦龙和吴炳方 2004 年的研究结果[10]，广西的复种指数为 298.4%。种粮面积比重 S_{F}是根据 2015 年《广西统计年鉴》中 2015 年粮食作物占总播种面积比重，取值为 49.9%。粮食单产 f 是根据广西壮族自治区农业厅统计数据，2015 年全区粮食单产为 4983.45kg/hm^2。人均粮食定额 P_{F} 是根据文献，用温饱型和小康型两种标准计算土地粮食承载力。温饱型以人均粮食综合消耗 300kg 计算，小康型以人均粮食综合消耗 400kg 计算，反映广西西江流域粮食安全状况。

经计算，就广西西江流域总体而言，无论是温饱型人口承载力（9877.55 万人）还是小康型人口超载力（7408.16 万人）均远远高于现有流域人口（4210 万人），说明整个广西西江流域的现状人口，无论是在温饱粮食消费水平下还是在小康粮食消费水平下，均能够实现粮食自给。而从流域内 83 个县（市、区）水平看，广西西江流域基于土地粮食的人口承载力超载结果见表 10-6。除了柳州市区（超载人口最多，为 52.71 万人）、桂林市区、北流市、陆川县、浦北县、藤县（超载人口最少，为 3.78 万人）6 县（市、区）以外，其余 77 个县（市、区）均能实现温饱水平的粮食自给自足，与现状人口相比均有一定的温饱型人口承载潜力。就小康水平的粮食自给而言，除柳州市区（超载人口最多，为 68.46 万人）、北流市、桂林市区、陆川县、博白县、藤县、浦北县、八步区、灵山县、容县、岑溪市、平乐县、阳朔县、港北区、昭平县、平南县（超载人口最少，为 1.09 万人）16 个县（市、区）以外，其他 67 个县（市、区）均能实现小康水平的粮食自给自足，与现状人口相比均有一定的小康型人口承载潜力。

表 10-6　广西西江流域基于土地粮食的人口承载力超载结果

类型	县（市、区）
温饱型	柳州市区、桂林市区、北流市、陆川县、浦北县、藤县
小康型	柳州市区、北流市、桂林市区、陆川县、博白县、藤县、浦北县、八步区、灵山县、容县、岑溪市、平乐县、阳朔县、港北区、昭平县、平南县

4. 综合分析

通过以上对水资源承载力、环境容量和耕地资源3个关键因子的对比分析，从流域整体上看，广西西江流域水资源较为丰富，仍有少量环境容量剩余，耕地资源也高于联合国粮食及农业组织制定的0.053hm^2/人的耕地警戒线标准，可见广西西江流域资源环境承载力能够满足未来一定时间内的社会经济发展。而根据木桶短板效应原理，随着人口增长与环境保护目标的进一步严格，环境容量对未来广西西江流域经济社会发展很可能构成制约因素。

从流域内部看，广西西江流域资源环境承载力均存在显著差异，尽管南宁市、玉林市、贵港市、钦州市等水资源量较为缺乏，但仍高于1700m^3/人缺水警告值标准。广西西江流域内南宁市、玉林市和来宾市大气氮氧化物排放量超过环境容量；河池市、贵港市和百色市水体化学需氧量排放量超过环境容量；河池市、贵港市、百色市、来宾市和钦州市水体氨氮排放量超过环境容量。柳州市区、北流市、桂林市区、陆川县、博白县、藤县、浦北县、八步区、灵山县、容县、岑溪市、平乐县、阳朔县、港北区、昭平县、平南县的人均耕地面积低于联合国粮食及农业组织制定的0.053hm^{2}的人均耕地警戒线标准。可见从流域内部看，环境容量和耕地资源的缺乏是资源环境承载力的主要限制因素。

10.2　广西西江流域生态系统服务功能评估

生态系统服务是指人类从生态系统中所获得的收益，是人类福祉和可持续发展的基础。随着人们对生态系统服务的重要性认识的加强以及3S技术的发展，生态系统服务定量化和空间化评估的理论和方法研究已成为前沿领域，具有代表性的是斯坦福大学开发的生态系统服务和交易的综合评估模型（integrated valuation of ecosystem services and tradeoffs，InVEST）模型。全面、准确地对生态系统的服务类型进行评估，对生态系统服务空间差异进行研究，有利于认识生态系统对于改善和提高人们福利水平的作用，有效促进生态系统综合管理，为相关生态规划布局和社会经济发展提供科学支撑。

广西西江流域作为全区重要的经济区域和关键的生态区域，其经济发展和生态保护的协调具有重要的意义。使用InVEST模型对广西西江流域生态系统服务功能进行空间差异的研究，可为整个流域生态环境的保护与合理开发利用提供科学的指导，为制定该区域的生态环境保护规划、区域经济发展等各种规划提供参考，为政府和相关决策部门的重大决策提供科学依据。

生态服务类型多样，涉及的内容非常多，要在有限的时间内对全部服务功能进行评估并不现实，并且由于评估方法和数据的限制，有些功能在目前还难以进行评估。因此，在开始评估前，首先需要确定评估的生态服务功能类型。目前国内外对生态服务功能类型划分的研究较多，Costanza等将生态服务功能分为17种类型，包括大气调节、气候调节、干扰调节、水调节、水供给、侵蚀控制和沉淀物保持、土壤发育、营养循环、废物处理、授粉、生物控制、庇护所、食物生产、原材料、基因资源、娱乐、文化[11]。联合国组织的千年生态系统评估将生态系统服务功能分为四大类：供给功能（如粮食与水的供给）、调节功能（如调节洪涝、干旱、土地退化以及疾病等）、支持功能（如土壤形成与养分循环等）和文化功能（如娱乐、精神、宗教以及其他非物质方面的效益）。广西西江流域由于生态系统类型多样，几乎可以提供上述所有的生态功能。但考虑到数据的获取难易、评估的时间要求、方法的复杂程度等因素，本节参考联合国千年生态评估，使用InVEST模型，主要评估生态系统调节服务，其中调节服务又包括水源涵养服务、土壤保持服务、水质净化服务与碳储存服务。

10.2.1　广西西江流域生态系统水源涵养服务评估

生态系统水源涵养服务主要表现在生态系统对降水的截留、吸收和下渗，对降水进行时空再分配，减少无效水，增加有效水[12]。生态系统水源涵养服务的评价方法有土壤蓄水法、降水储存量法、区域水量平衡法和地下径流增长法等，随着3S技术的发展，定量化和空间可视化评估已成为生态系统水源涵养服务评价的最新趋势[13, 14]。目前，常用的定量化、空间可视化的水源涵养评估模型有 SWAT（soil and water assessment tool）模型、TerrainLab 模型和 InVEST 模型等[15, 16]。其中，InVEST 模型因其模型参数、特性数据要求较低、全球通用等优势，已被国内外学者应用于阿根廷南部丘布特河流域[7]、美国俄勒冈州西北部的图拉丁河流域[14]、北京山区森林[17]、都江堰市[18]以及三江源区[19]等区域水源涵养服务的评估研究中，并取得了较好的应用效果。本研究采用 InVEST 模型进行广西西江流域生态系统水源涵养服务的定量评估。首先，该模型根据水量平衡原理计算出流域产水量，在产水量的基础上再考虑土壤厚度、渗透性、地形等因素的影响，计算出流域水源涵养服务。

1. 评估方法

1）产水量计算

InVEST 模型产水（water yield）模块，根据水量平衡原理，基于气候、地形和土地利用/覆被，利用降水量减去实际蒸散量计算每个栅格的径流量[20]。计算原理如下：

$$Y_{jx}=\left(1-\frac{\mathrm{AET}_{xj}}{P_x}\right)P_x \tag{10-8}$$

$$\frac{\mathrm{AET}_{xj}}{P_x}=\frac{1+\omega_x R_{xj}}{1+\omega_x R_{xj}+1/R_{xj}} \tag{10-9}$$

$$R_{xj}=\frac{k\times \mathrm{ET}_0}{P_x} \tag{10-10}$$

$$\omega_x=Z\,\frac{\mathrm{AWC}_x}{P_x} \tag{10-11}$$

$$\mathrm{AWC}_x=\mathrm{MIN}(\mathrm{MaxSoilDepth}_x,\ \mathrm{RootDepth}_x)\times \mathrm{PAWC}_x \tag{10-12}$$

$$\mathrm{PAWC}_x=54.509-0.132\mathrm{sand}-0.003(\mathrm{sand})^2-0.055\mathrm{silt}-0.006(\mathrm{silt})^2-0.738\mathrm{clay}+0.007(\mathrm{clay})^2-2.688\mathrm{OM}+0.501(\mathrm{OM})^2 \tag{10-13}$$

式中，Y_{jx}为第 j 土地利用/覆被类型栅格 x 的年产水量，mm；P_x为栅格单元 x 的年均降水量，mm；AET_{xj}为第 j 土地利用/覆被类型上栅格 x 的实际年均蒸散量，mm；R_{xj}为第 j 土地利用/覆被类型栅格 x 的 Budyko 干燥指数，是潜在蒸散量与降水量的比值；k 为植被蒸散系数，是不同发育期中植物蒸散量与潜在蒸散量的比值；ET_0 为潜在蒸散量；ω_x 为反映自然气候-土壤性质的非物理参数，用以修正植被年均可利用水量与预期降水量的比值；Z 为 Zhang 系数[21]，是表征降水季节性特征的一个常数，取值在 1 至 10 之间，降水主要集中在冬季时，其值接近于 10，降水主要集中在夏季或季节分布较均匀时，其值接近于 1；AWC_x 为植被有效可利用水量，mm，其由土壤质地、土壤深度与根系深度决定，用来表示土壤中可被植物生长所利用的总水量；$\mathrm{MaxSoilDepth}_x$为最大土壤厚度，mm；$\mathrm{RootDepth}_x$为根系深度，mm；PAWC_x为植被可利用水率，取值在 0 至 1 之间，根据土壤质地计算而得；sand 为土壤砂粒含量,%；silt 为土壤粉粒含量,%；clay 为土壤黏粒含量,%；OM 为土壤有机质含量,%。更为详细的计算过程可参考 InVEST 模型用户手册[20]。

2）水源涵养量计算

InVEST 模型将生态系统水源涵养量分为两部分，一部分为地上部分持水量，主要通过林冠层截留降水、林下植被持水和枯落物蓄水来体现；另一部分为土壤层水源涵养量，土壤层水源涵养主要取决于土壤的容重、孔隙度、土壤层厚度和土壤入渗性能等因素。与降雨储存法不同，该模型认为植被和枯落物对降雨的截获最终通过蒸散作用回到大气，对水源涵养贡献并不大，模型主要考虑生态系统土壤层水源涵养量[17]。许多研究以径流量（相当于产水量）来反映生态系统的水源涵养量[22, 23]，但并不是所有径流量都可以供人类利用，InVEST 模型中的水源涵养量是降水量减去蒸散发和地表径流后，土壤层可调节的水量（并不是指土壤层水分的变化），即在产水量的基础上，再用地形指数、土壤饱和导水率和流速系数对产水量进行修正获得水源涵养量[17]，具体计算公式为

$$\mathrm{WR}=\mathrm{MIN}\left(1,\ \frac{249}{\mathrm{Velocity}}\right)\times \mathrm{MIN}\left(1,\ \frac{0.9\times \mathrm{TI}}{3}\right)\times \mathrm{MIN}\left(1,\ \frac{K_{\mathrm{sat}}}{300}\right)\times \mathrm{Yield} \tag{10-14}$$

$$TI = \lg\left(\frac{\text{Drainage Area}}{\text{Soil Depth} \times \text{Percent Slope}}\right) \tag{10-15}$$

式中，WR 为水源涵养量，mm；Velocity 为流速系数；K_{sat}为土壤饱和导水率，mm/d，具体计算方法见文献[24]；Yield 为产水量，mm；TI 为地形指数；Drainage Area 为集水区栅格数量；Soil Depth 为土壤厚度，mm；Percent Slope 为百分比坡度。

2. 数据与参数

根据 InVEST 模型需求和数据可获取性，本研究以 2015 年为典型年，进行实证研究。模型需要输入的参数有多年平均降水量、潜在蒸散量、土地利用/覆被类型、土壤厚度、植被可利用水、小流域边界、生物物理参数表、地形指数、土壤饱和导水率等。

①多年平均降水量。以广西西江流域内及周边 61 个气象站点 2001～2015 年降雨数据，在 ArcGIS 中使用 spline 法进行空间插值获得研究区多年平均降水量栅格图层。

②潜在蒸散量。根据广西西江流域内及周边 61 个气象站点数据（包括气温、实际水汽压、风速、相对湿度、日照百分率），采用 Penman-Monteith 方程[25]计算潜在蒸散量，在 ArcGIS 中使用 spline 法进行空间插值获得研究区多年平均潜在蒸散量图层。修正 Penman-Monteith 方程如下：

$$ET_0 = \frac{0.408\Delta(R_n - G) + \frac{900}{T+273}U_2(e_s - e_a)}{\Delta + \gamma(1 + 0.34\,U_2)} \tag{10-16}$$

$$G_i = 0.07(T_{i+1} - T_{i-1}) \tag{10-17}$$

式中，ET_0为潜在蒸散量，mm；R_n为净辐射，MJ/(m² · d)；T 为月平均气温，℃；e_s为饱和水汽压，kPa；e_a为实际水汽压，kPa；Δ 为饱和水汽压-温度斜率；γ 为干湿常数，kPa/℃；U_2为 2m 高风速，m/s；G_i为第 i 月土壤热通量密度，MJ/(m² · d)；T_{i+1}、T_{i-1}为 i+1、i-1 月气温，℃。

③土地利用/覆被类型。其包括 2015 年的广西西江流域土地利用数据，使用中国科学院土地资源分类系统，一级分类为耕地，林地，草地，水域，城乡、工矿、居民用地和未利用地 6 类，数据来自中国科学院资源环境科学数据中心。

④土壤厚度、植被可利用水以及土壤饱和导水率。土壤厚度、黏粒含量、粉粒含量、沙粒含量、土壤有机质含量数据来自中国 1：100 万土壤数据库。植被可利用水根据土壤质地计算而得［式（10-13）］，土壤饱和导水率根据土壤砂粒含量计算[26, 27]：

$$K_{sat} = 24 \times (20Y)1.8 \tag{10-18}$$

$$Y = \frac{S}{10} \times 0.03 + 0.002 \tag{10-19}$$

式中，S 为砂粒含量，%；K_{sat}为土壤饱和导水率，mm/d。

⑤小流域边界和地形指数。根据 DEM 数据，使用 ArcGIS 中水文分析划分小流域，本节根据研究区范围，既要尽可能细化小流域范围，合理表达河网稠密度等级下的集水盆地，便于后续空间展示，又要避免小流域细碎不利于模型计算，经过反复汇流累积阈值试验，最终汇流累积阈值设定为 5000，小流域平均面积在 141km²左右，以此获得 1438 个子流域作为研究区各小流域边界。地形指数根据式（10-15）计算。DEM 数据来自中国科学院资源环境科学数据中心。

⑥生物物理参数表。此表需要获取不同土地利用/覆被类型的植被蒸散系数，最大根系深度和流速系数。其中，植被蒸散系数由作物系数扩充到整个植被系统而获得。作物系数是指一定时间内水分充分供应的农作物实际蒸散量与生长茂盛、覆盖均匀、高度一致（8～15cm）和土壤水分供应充足的开阔草地蒸散量的比值[28]。植被蒸散系数与植被的种类、生育期和群体叶面积指数等因素相关。本研究参照联合国粮食及农业组织指示，其中推荐的参数和广西西江流域土地覆被的实际情况确定植被蒸散系数[29]。最大根系深度反映了植物能吸取水分的深度，本研究通过文献查询获得。广西西江流域植被类型多样，从土地利用的角度确定根系深度将忽略不同植被之间的差异。而根据产水量计算公式，对产水量有影响的是土层厚度和根系深度中较小的数值，多数植被的根系深度远大于土层厚度，因此，其根系深度的误差不

影响产水量的计算。1996年，Canadell等发表的“Maximum rooting depth of vegetation types at the global scale”一文中总结了290个观测样本信息[30]，根据该文献设置广西西江流域不同土地利用类型的最大根系深度。流速系数表示下垫面对地表径流运动的影响，以美国农业部自然资源保护局提供的国家工程手册上的流速-坡度-景观表格为基准[18]。

3. 模型结果验证

根据《广西水资源公报》统计的地表水资源量数据，广西西江流域2001～2015年多年平均径流量为1547.21亿m^3，经过反复产水量模拟计算，当Zhang系数为6.933时，研究区总产水量为1568.12亿m^3，与实测值比较接近。将模拟产水量结果与《广西水资源公报》中广西西江流域支流（南盘江、红水河、柳江、右江、桂江、贺江、黔江、浔江）多年实测径流量平均值进行结果验证，结果如图10-3所示，模拟结果与实测数据之间的决定系数R^2为0.8703，反映模型模拟结果可接受。

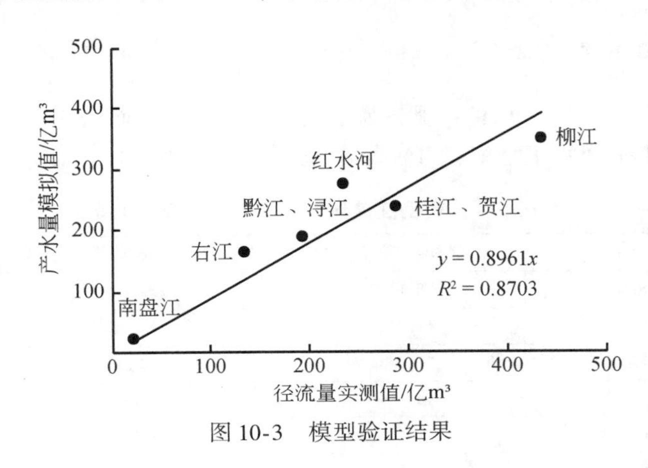

图10-3 模型验证结果

4. 评估结果

1）广西西江流域水源涵养服务及其空间分布

图10-4给出了广西西江流域生态系统产水量与水源涵养量的空间分布格局。就产水量而言，广西西江小流域多年平均产水量范围在297.43～1406.11mm，平均值为772.85mm，标准差为189.02mm。流域内产水量自西北向东南呈现逐步增加的趋势，大致与降水的变化趋势一致，与蒸散量的变化趋势相反。产水量高值区明显分布在降水充足的桂江、贺江流域西部区域，左江、郁江流域南部区域，黔江、浔江流域和柳江流域东部区域，其多年平均产水量高于1000mm，而低值区主要集中分布在南盘江流域和右江流域西部区域，其多年平均产水量低于500mm［图10-4（a）］。

就水源涵养量而言，广西西江小流域多年平均水源涵养量范围在33.62～697.91mm，平均值为184.73mm，标准差为106.26mm，水源涵养总量为374.82亿m^3，占多年平均产水量的23.90%。流域内水源涵养量呈现出明显的空间差异，其主要受产水量、土壤性质、植被生长情况和地形的空间异质性共同影响。水源涵养功能较高的区域分布在左江及郁江干流流域西南部地区，以及零星分布在黔江、浔江及西江干流流域内，小流域多年平均水源涵养量在400～697.91mm，该区域产水量较高，植被茂密，形成良好的土壤结构及通风状况，其土壤下渗、持水能力较强，水源涵养功能强。水源涵养量较低的区域主要分布在南盘江流域，零星分布在右江流域、红水河流域、柳江流域以及左江、郁江流域北部地区［图10-4（b）］，小流域多年平均水源涵养量小于100mm，该区域产水量偏低占据主要原因。其他区域在中高水源涵养区同时散布着中低水源涵养区。

2）广西西江流域各子流域水源涵养服务

西江流域各子流域水源涵养量如表10-7所示，其不同子流域之间存在显著的空间差异，单位面积水源涵养服务由高到低依次为黔江、浔江>左江、郁江>桂江、贺江>柳江>红水河>右江>南盘江，其中黔江、浔江流域和左江、郁江流域单位面积水源涵养服务较高，分别为2976.91m^3/hm^2和2509.65m^3/hm^2，

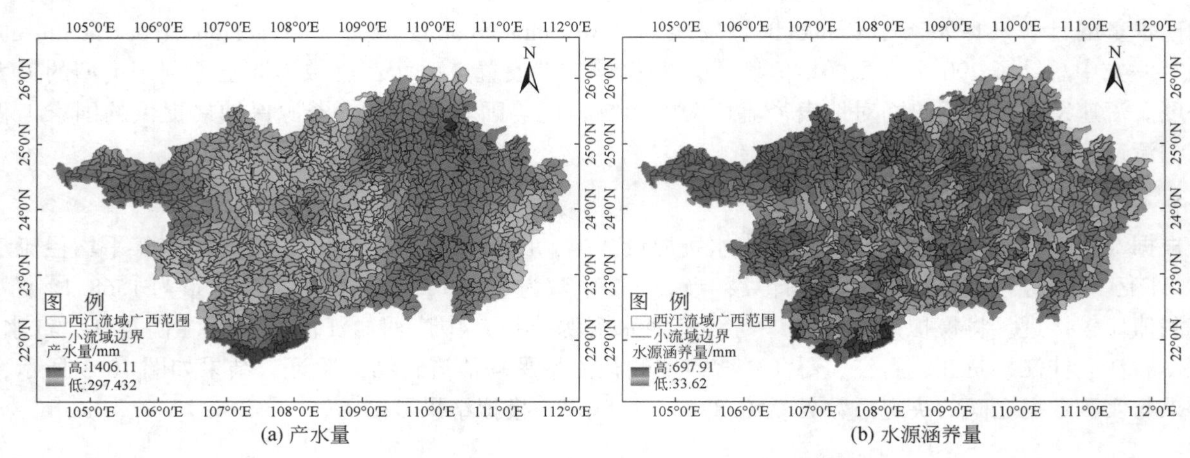

图 10-4　广西西江流域生态系统产水量与水源涵养量空间分布

其次为桂江、贺江流域，单位面积水源涵养服务为 1935.30m^3/hm^2，而柳江、红水河和右江流域单位面积水源涵养较为接近，均处于中间水平，南盘江流域单位面积水源涵养服务最低，值为 647.80m^3/hm^2。

表 10-7　广西西江流域各子流域水源涵养服务

子流域	面积/km^2	面积比例/%	单位面积水源涵养/(m^3/hm^2)	水源涵养量占比/%
南盘江	5008.97	2.47	647.80	0.87
红水河	38939.90	19.19	1438.48	14.94
柳江	42159.79	20.78	1480.91	16.66
右江	30210.27	14.89	1360.06	10.96
左江、郁江	38645.52	19.05	2509.65	25.88
桂江、贺江	26542.61	13.08	1935.30	13.70
黔江、浔江	21392.98	10.54	2976.91	16.99

就生态系统水源涵养总量而言，左江、郁江流域是广西西江流域水源涵养的主要贡献者，其占广西西江流域水源涵养总量的 25.88%，其次为黔江、浔江和柳江流域，分别占总量的 16.99% 和 16.66%，而尽管南盘江流域面积占流域总面积的 2.47%，但其贡献的水源涵养量仅占 0.87%。

3）广西西江流域不同生态系统水源涵养服务

根据广西西江流域土地利用/覆被类型，将其分为森林、灌丛、草地、湿地、农田和其他 6 种生态系统类型。研究区生态系统以森林、农田和灌丛为主，三者面积之和占研究区总面积的 87.64%。不同生态系统水源涵养服务存在明显差异，前 5 种类型单位面积水源涵养服务由高到低的顺序依次为森林>灌丛>草地>农田>湿地（表 10-8），森林生态系统单位面积水源涵养服务最高，高达 2517.75m^3/hm^2，其主要原因是森林通过对降水的截留和缓冲，保护土壤结构，形成的枯枝落叶层为表层土壤提供了丰富的有机质和大孔道，增加了土壤下渗，水源涵养能力较强。灌丛与草地生态系统单位面积水源涵养量处于中间水平，而农田与湿地生态系统单位面积水源涵养功能均处于较低水平。

表 10-8　广西西江流域不同生态系统水源涵养服务

生态系统	面积/km^2	面积比例/%	单位面积水源涵养/(m^3/hm^2)	水源涵养量占比/%
农田	41852.48	20.63	587.25	6.56
森林	100762.82	49.66	2517.75	67.68
灌丛	35205.95	17.35	1846.28	17.34
草地	17952.05	8.85	1628.24	7.80
湿地	2820.19	1.39	415.24	0.31

就生态系统水源涵养总量而言，森林生态系统是广西西江流域水源涵养的主要贡献者，其占广西西江流域水源涵养总量的 67.68%，其次为灌丛生态系统，占总量的 17.34%，而尽管农田生态系统面积占流域总面积的 20.63%，但其贡献的水源涵养仅占流域总量的 6.56%。

10.2.2　广西西江流域生态系统土壤保持服务评估

土壤是陆地生态系统赖以生存的基础。土壤流失将导致土地生产力下降，造成河道淤积，增大洪水发生的风险，引发水体污染等环境问题。森林、草地等生态系统具有消减降雨侵蚀力，增强土壤抗蚀性，防止与减少土壤侵蚀的功能，在防治上述生态环境问题方面起到重要作用，是生态系统服务功能的重要组分，对于土壤形成、涵养水源、防土固沙以及减少水土流失具有重要意义[1, 31]。本研究采用基于通用土壤流失方程的 InVEST 模型对广西西江流域陆地生态系统的土壤保持功能进行评估。

1. 评估方法

土壤保持量采用 InVEST 减轻水库泥沙淤积服务模型进行评估。土壤保持是生态系统的重要功能，通常用土壤保持量作为评价土壤保持功能的定量指标。通用土壤流失方程考虑的因素全面，形式简单，所需要的数据不难获得且应用广泛，InVEST 模型也采用此方程进行土壤保持功能研究。InVEST 模型中土壤保持量包括两部分，一是泥沙持留量，用上坡来沙量与泥沙持留率乘积表示；二是因植被覆盖和水土保持措施而减少的土壤侵蚀量，以潜在与潜在土壤侵蚀量和现实土壤侵蚀量的差值来表示。

潜在土壤侵蚀量和现实土壤侵蚀量的计算公式如下：

$$\mathrm{RKLS}=R\cdot K\cdot L\cdot S \tag{10-20}$$

$$\mathrm{USLE}=R\cdot K\cdot L\cdot S\cdot C\cdot P \tag{10-21}$$

式中，RKLS 为单位面积上潜在土壤侵蚀量；USLE 为现实土壤侵蚀量；R 为降雨侵蚀力因子；K 为土壤可蚀性因子；L 为坡长因子；S 为坡度因子；C 为地表覆盖和管理因子；P 为水土保持措施因子。

土壤保持量计算公式如下：

$$\mathrm{SR}=\mathrm{RKLS}-\mathrm{USLE}+\mathrm{SEDR} \tag{10-22}$$

式中，SR 为土壤保持量；SEDR 为土壤持留量，用上坡来沙量与泥沙持留率乘积表示。

1）R 值的计算

R 值反映了降雨条件下雨水对土壤的剥离、搬移、冲刷能力大小，表现了降雨导致土壤流失的潜在能力[32]。根据章文波和付金生的研究[33]，不同类型雨量资料估算降雨侵蚀力的精度不同，通过对 5 种代表性雨量资料计算侵蚀力的效果进行对比分析，以日雨量模型计算侵蚀力的精度明显最高。其计算模型为

$$M_i=\alpha\sum_{j=1}^{k}(D_j)\beta \tag{10-23}$$

式中，M_i为第 i 个半月时段的侵蚀力值，MJ · mm/（hm² · h）；k 为该半月时段内的天数；D_j为半月时段内第 j 天的侵蚀性日雨量，要求日雨量≥12mm，否则以 0 计算；α 和 β 为模型待定参数。利用日雨量参数估计模型确定参数 α 和 β：

$$\alpha=21.586\times\beta^{-7.1891}$$

$$\beta=0.8363+18.144\times P_{\mathrm{d12}}^{-1}+24.455\times P_{\mathrm{y12}}^{-1} \tag{10-24}$$

式中，P_{d12}为日雨量≥12mm 的日平均雨量，mm；P_{y12}为日雨量≥12mm 的年平均雨量，mm。

2）K 值的计算

1990 年美国农业部提出的侵蚀-生产力影响评价模型（erosion productivity impact calulator，EPIC）[34]是中国应用较多的土壤可蚀性计算模型，2007 年张科利等研究指出 EPIC 模型计算的 K 值与中国各地区实测的 K 值相差较大，并提出 K 值修正公式[35]。因此本研究采用 EPIC 模型并结合张科利提出的修正公式进行 K 值估算，具体公式如下：

$$K_{\mathrm{EPIC}}=\left\{0.2+0.3\exp\left[-0.0256\mathrm{SAN}\left(1-\frac{\mathrm{SIL}}{100}\right)\right]\right\}\times\left(\frac{\mathrm{SIL}}{\mathrm{CLA}+\mathrm{SIL}}\right)^{0.3}\times\left[1.0-\frac{0.25C}{C+\exp(3.72-2.95C)}\right]$$

$$\times\left[1.0-\frac{0.7\,SN_1}{SN_1+\exp(22.9\,SN_1-5.51)}\right] \tag{10-25}$$

式中，SAN、SIL、CLA 和 C 是砂粒、粉粒、黏粒和有机碳含量,%；$SN_1=1-SAN/100$。此公式计算的 K_{EPIC} 值结果为美国惯用单位，需将此值乘以 0.1317 转化为模型需要的国际单位制 $t\cdot hm^2\cdot h/(MJ\cdot mm\cdot ha)$。

张科利提出的修正公式如下：

$$K=-0.01383+0.51575\times K_{EPIC} \tag{10-26}$$

3）LS 因子的计算

LS 因子的计算采用黄炎和等建立的公式以及 InVEST 模型。计算坡长的方法所计算的结果比较合理，并分为陡坡和缓坡分别计算。

对于缓坡地区：

$$LS=\left(\frac{flowacc\times cellsize}{22.13}\right)^{mn}\times\frac{\sin(slope\times 0.01745)}{0.09^{powl}}\times multl \tag{10-27}$$

$$mn=\begin{cases}0.5, & slope\geq 5\%\\ 0.4, & 3.5<slope<5\%\\ 0.3, & 1<slope<3.5\%\\ 0.2, & slope\leq 1\%\end{cases}$$

式中，flowacc 为栅格的集流量；cellsize 为分辨率；powl 和 multl 为描述自然面蚀的参数，低值用于面蚀，高值用于小沟侵蚀，取值从 1.2～1.8，默认值分别为 1.4 和 1.6。

对于陡坡地区：

$$LS=0.08\times\lambda^{0.35}\times prct\_slope^{0.6} \tag{10-28}$$

$$\lambda=\begin{cases}cellsize, & flowdir=1,\ 4,\ 16 or 64\\ 1.4\times cellsize, & other\ flowdir\end{cases}$$

式中，prct_ slope 为栅格百分坡度；flowdir 为每个栅格的径流方向。

4）*C* 值、*P* 值的确定

地表覆盖与管理因子 C 值是在相同的土壤、坡度和降雨条件下，某一特定作物或植被的土壤流失量与耕种过后连续休闲地的土壤流失量的比值，取值在 0～1 之间。C 值与土地利用类型和植被覆盖密切相关，而植被覆盖与土壤侵蚀之间存在十分密切的关系。一般而言，植被覆盖度越高的地区，土壤侵蚀强度等级越低，土壤侵蚀较轻；反之，植被覆盖度越低的地区，土壤侵蚀强度等级越高，土壤侵蚀越严重。本研究通过参考相关文献[36, 37]并结合蔡崇法等[38]的 C 因子研究方法，根据研究区实际情况确定广西西江流域不同土地利用对应的 C 值，对于没有土壤侵蚀的土地利用类型如水域、建设用地等，C 值取值为 0；对于地表裸露容易受到侵蚀的土地利用类型如裸地等，C 值取值为 1。

水土保持措施因子 P 值是指采用专门措施后的土壤流失量与采用顺坡种植时的土壤流失量的比值，P 值反映了各类人工水土保持措施抵抗土壤侵蚀的能力，取值范围在 0～1 之间。本研究参考西南地区水土保持措施 P 值研究成果[36, 37]，结合 InVEST 模型数据库以及研究区土地利用现状，确定广西西江流域不同土地利用类型对应的 P 值。

5）泥沙持留率

InVEST 模型认为植被不仅能阻止它生长地方的土壤侵蚀，还能够截留上游土壤侵蚀物。故模型假设所有 USLE 方程估算的土壤侵蚀物都将随着水流顺流而下，根据每个栅格上植被捕获和持留土壤侵蚀物的能力，估算所有栅格中有多少侵蚀物将会被下游地区的植被拦截。国内对于泥沙持留率的相关研究成果较少，本研究参考 InVEST 模型数据库各土地利用类型的持留率数据确定该参数，因此可能与研究区实际情况有一定差异。

2. 数据与参数

根据 InVEST 模型需求和数据可获取性，本研究以 2015 年为典型年，进行实证研究。模型需要输入的参数有 DEM 数据、降雨侵蚀力、土壤可蚀性、土地利用/覆被类型、流域及小流域边界、生物物理参数表等。此外，还需结合研究区实际情况确定评估用到的数据。

①DEM 数据。来自中国科学院资源环境科学数据中心。

②降雨侵蚀力。以广西西江流域内及周边61 个气象站点2001～2015 年日降雨数据，根据式（10-17）和式（10-18）计算得到，然后在 ArcGIS 中使用 spline 法进行空间插值获得研究区多年平均降雨侵蚀力图层。

③土壤可蚀性。土壤黏粒含量、粉粒含量、沙粒含量、土壤有机质含量数据来自中国 1：100 万土壤数据库。根据式（10-20）和式（10-21）计算得到研究区土壤可蚀性值。

④土地利用/覆被类型。包括2015 年的广西西江流域土地利用数据，使用中国科学院土地资源分类系统，一级分类为耕地，林地，草地，水域，城乡、工矿、居民用地和未利用地6 类。数据来自中国科学院资源环境科学数据中心。

⑤流域及小流域边界。根据 DEM 数据，使用 ArcGIS 中水文分析划分小流域，既要尽可能细化小流域范围，合理表达河网稠密度等级下的集水盆地，便于空间展示，又要避免小流域细碎不利于模型计算，在经过反复汇流累积阈值试验，最终汇流累积阈值设定为5000，小流域平均面积在 141km^2左右，以此获得 1438 个子流域作为研究区各小流域边界。

⑥生物物理参数表。此表需要获取不同土地利用/覆被类型的 C 值与 P 值，参考他人研究结果[36-38]，结合 InVEST 模型数据库中的参数表以及研究区土地利用现状，确定广西西江流域不同土地利用类型对应的 C 值与 P 值。参数表中还需要不同土地利用类型捕获和持留土壤侵蚀物的能力，即泥沙持留率，根据泥沙持留率估算所有栅格中有多少土壤侵蚀物会被下游地区的植被拦截。国内对于泥沙持留率的相关研究成果较少，本研究参考 InVEST 模型数据库各土地利用类型的持留率数据确定该参数，因此可能与研究区实际情况有一定差异。

3. 模型结果验证

土壤侵蚀评估结果的验证基于“输沙量=土壤侵蚀量×泥沙输移比”的公式，根据文献及《中国河流泥沙公报》获取了研究区 8 个水文站点的输沙量资料（其中水文站点柳州站、融水站、三岔站、宁明站、崇左站、桂林站和恭城河站数据为 2000～2015 年多年平均值，南宁站数据为 2001～2015 年平均值）。参考研究区相关文献[39, 40]，广西西江的泥沙输移比近似取 0.41，结合本研究土壤侵蚀模型评估结果，得到广西西江流域内 8 个水文站点多年平均输沙量推测值，将推测输沙量与实测输沙量进行对比验证。由图 10-5 可知，模拟结果与实测数据之间的决定系数 R^2=0.986，由此推测输沙量与实测输沙量呈现高度一致，本研究土壤侵蚀评估结果较为可靠。

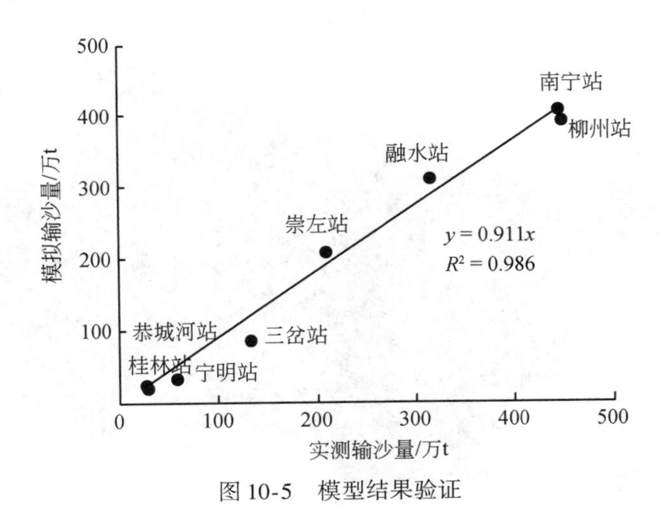

图 10-5　模型结果验证

4. 评估结果

1）广西西江流域土壤侵蚀量与土壤保持量的空间分布

在不考虑工程侵蚀、重力侵蚀、风力侵蚀的前提下，广西西江流域多年平均土壤侵蚀强度为 140.73t/km^2，土壤侵蚀总量为 2855.41 万 t，土壤侵蚀强度的空间分布如图 10-6 所示。从侵蚀面积上看，产生土壤侵蚀的土地面积占广西西江流域土地总面积的 39.79%，其中土壤侵蚀强度<50t/km^{2}的土地面积占流域土地总面积的 16.06%，土壤侵蚀强度在 50～300t/km^{2}的土地面积占流域土地总面积的 15.76%，土壤侵蚀强度在 300～1500t/km^{2}的土地面积占流域土地总面积的 6.32%，土壤侵蚀强度超过 1500t/km^{2}的土地面积占流域土地总面积的 1.65%，土壤侵蚀强度在 1500～3000t/km^2、3000～6000t/km^{2}和≥6000t/km^{2}的土地面积分别占流域土地总面积的 0.89%、0.46%和 0.30%。

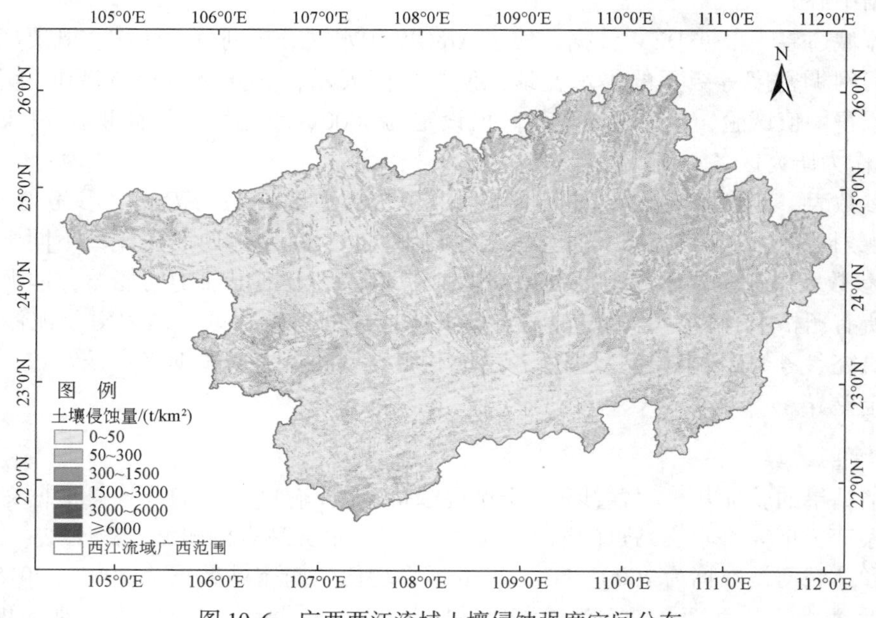

图 10-6　广西西江流域土壤侵蚀强度空间分布

广西西江流域生态系统土壤保持量为 58.24 亿 t，平均土壤保持量为 28706.55t/km^2，小流域单位面积土壤保持量在 80.52～171532t/km^2，小流域土壤保持服务空间分布如图 10-7 所示。土壤保持服务较强的

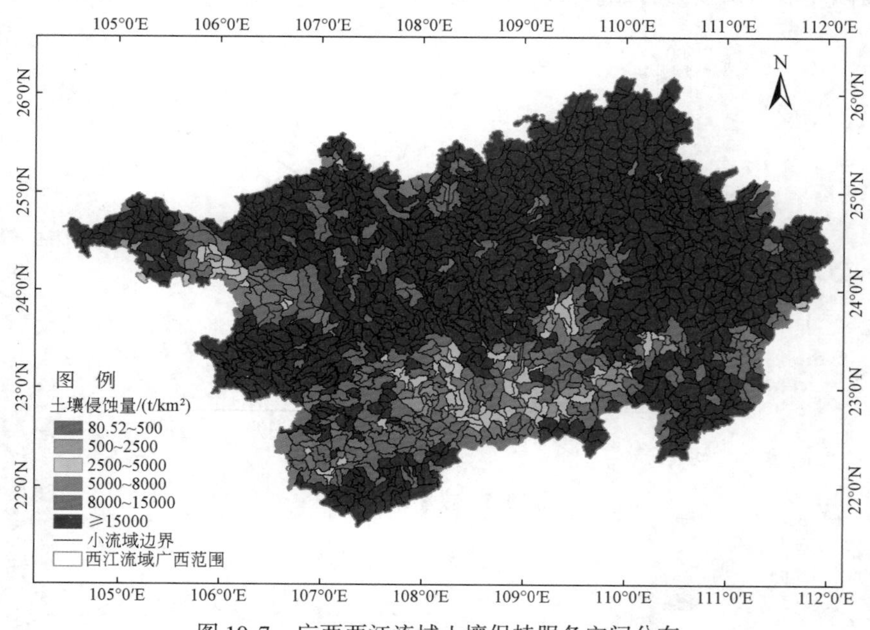

图 10-7　广西西江流域土壤保持服务空间分布

土地面积（强度≥15000t/km^2）占流域土地总面积的69.59%，且集中分布在桂江、贺江、柳江及红水河子流域。土壤保持服务较弱的土地面积（强度<5000t/km^2）占流域土地总面积的5.87%，多分布在右江、郁江干流及红水河子流域下游地区。

2）广西西江流域各子流域土壤保持服务

广西西江流域各子流域土壤保持量见表10-9，其不同子流域之间存在显著的空间差异，单位面积土壤保持服务由高到低的顺序依次为桂江、贺江>柳江>南盘江>黔江、浔江>红水河>左江、郁江>右江，其中桂江、贺江流域和柳江流域单位面积土壤保持服务较高，分别为476.31t/hm^{2}和395.50t/hm^2，其次为南盘江流域，单位面积土壤保持服务为348.73t/hm^2，而黔江、浔江和红水河流域单位面积土壤保持均处于中间水平，左江、郁江和右江流域单位面积土壤保持服务较低，其值分别为192.12t/hm^{2}和170.68t/hm^2。

表10-9　广西西江流域各子流域土壤保持服务

子流域	面积/km^2	面积比例/%	单位面积土壤保持/(t/hm^2)	土壤保持量占比/%
南盘江	5008.97	2.47	348.73	3.00
红水河	38939.90	19.19	237.27	15.86
柳江	42159.79	20.78	395.50	28.62
右江	30210.27	14.89	170.68	8.85
左江、郁江	38645.52	19.05	192.12	12.75
桂江、贺江	26542.61	13.08	476.31	21.71
黔江、浔江	21392.98	10.54	250.64	9.21

就生态系统土壤保持总量而言，柳江流域是广西西江流域土壤保持的主要贡献者，其占广西西江流域土壤保持总量的28.62%，其次为桂江、贺江和红水河流域，分别占总量的21.71%和15.86%，而尽管右江流域面积占流域总面积的14.89%，但其贡献的土壤保持仅占流域总服务的8.85%，南盘江流域占流域总面积的比例最小，2.47%，其贡献的土壤保持服务比例也最低，为3.00%。

3）广西西江流域不同生态系统土壤保持服务

根据广西西江流域土地利用/覆被类型，将其分为森林、灌丛、草地、湿地、农田和其他6种生态系统类型。研究区生态系统以森林、农田和灌丛为主，三者面积之和占研究区总面积的87.64%。不同生态系统土壤保持服务存在明显差异，前5种类型单位面积土壤保持服务由高到低的顺序依次为森林>草地>灌丛>农田>湿地（表10-10），森林生态系统单位面积土壤保持服务最高，高达376.52t/hm^2，其次为草地与灌丛，单位面积土壤保持服务分别为315.76t/hm^{2}和246.91t/hm^2。

表10-10　广西西江流域不同生态系统土壤保持服务

生态系统	面积/km^2	面积比例/%	单位面积土壤保持/(t/hm^2)	土壤保持量占比/%
农田	41852.48	20.63	128.17	9.21
森林	100762.82	49.66	376.52	65.14
灌丛	35205.95	17.35	246.91	14.92
草地	17952.05	8.85	315.76	9.73
湿地	2820.19	1.39	90.92	0.44

就生态系统土壤保持总量而言，森林生态系统是广西西江流域土壤保持的主要贡献者，其占广西西江流域土壤保持总量的65.14%，其次为灌丛和草地生态系统，分别占总量的14.92%和9.73%，而尽管农田生态系统面积占流域总面积的20.63%，但其贡献的土壤保持仅占流域总保持量的9.21%。

10.2.3 广西西江流域生态系统水质净化服务评估

水质净化模型是 InVEST 模型中极有特色的一个，可用于定量评价生态系统净水功能的空间分布。该模型完全着眼于生态系统减轻非点源污染的能力。该模型根据径流、污染物的数量、不同植被类型对污染物的过滤能力，依据以满足特定的水质标准，避免水处理而节约的费用或能力得出过滤价值。该模型的理论是植物作为拦截过滤器可以减轻地表径流污染物对水质造成非点源的损害。

1. 评估方法

植物和土壤可以通过储存、转换等方式移除或减少径流中的营养盐污染物以达到净化水质的作用。InVEST 模型中的水质净化模块即用于评估生态系统中植被和土壤的水质净化功能以及污染物输出情况。计算公式如下：

$$\mathrm{ALV}_x = \mathrm{HSS}_x \times \mathrm{pol}_x \tag{10-29}$$

式中，ALV_x为栅格 x 的调整后输出值；HSS_x为栅格 x 的水文敏感性得分；pol_x为栅格 x 的输出系数。其中，HSS_x由以下公式计算：

$$\mathrm{HSS}_x = \frac{\lambda_x}{\lambda_w} \tag{10-30}$$

式中，λ_x为径流指数；λ_w为集水区平均径流指数。λ_x的计算公式如下：

$$\lambda_x = \log_{10}\left(\sum_U Y_u\right) \tag{10-31}$$

式中，$\sum_U Y_u$ 是流向栅格 x 的所有栅格产水量之和（也包括栅格 x 自身的产水量）。

计算出每一栅格的污染物调整输出值后，模型根据坡度决定水流的路径以及土地覆被对污染物的净化能力，计算污染物随地表径流运移过程中下游各栅格对污染物的截留量以及各栅格的污染物负荷，详细计算过程见 InVEST 模型用户手册[20]。

2. 数据与参数

该模块需要的数据主要包括 DEM 数据，土地利用/覆被总氮（total nitrogen，TN）、总磷（total phosphorus，TP）输出系数，土地利用/覆被污染物净化效率、产水量数据等。其中，产水量数据由产水模块的结果提供。

模型正确运行需要确定两个基于土地利用类型的参数：污染物输出系数和过滤系数。前者反映了在不考虑生态系统相互之间联系的情况下，生态系统作为污染来源向流域输出污染的量，后者反映了在考虑这种相互关系时，下游生态系统对上游污染物的过滤作用。

确定污染物输出系数和过滤系数这两个参数的最佳方法是进行实地小区监测，尽管我国在水土流失方面进行了长期的大量观测，但对营养物质流失的监测还很有限，替代的方法是参考有关的研究报道，故参考国内相似自然条件下其他地区的研究结果以及模型用户手册，依据本地实地情况确定不同土地类型的 TN、TP 污染物输出系数取值和过滤系数。

3. 评估结果

1）广西西江流域水质净化服务的空间分布

图 10-8 给出了广西西江流域生态系统 TN 和 TP 截留量的空间分布格局。就 TN 截留量而言，广西西江流域生态系统共截留 TN 6109.36 万 kg，小流域多年平均 TN 截留量范围在 0 ~ 35.69kg/hm^2，平均值为 2.87kg/hm^2，标准差为 2.09kg/hm^2。各小流域的 TN 截留量存在显著空间差异，并且小流域 TN 截留能力呈现高低值相间分布［图 10-8（a）］。

就 TP 截留量而言，广西西江流域生态系统共截留 TP 量 255.50 万 kg，小流域多年平均 TP 截留量范围在 0.06 ~ 0.51kg/hm^2，平均值为 0.13kg/hm^2，标准差为 0.04kg/hm^2。流域内 TP 截留量呈现出明显的空间差异，TP 水质净化功能较高的区域分布在黔江、浔江流域和左江、郁江流域，TP 水质净化功能较低

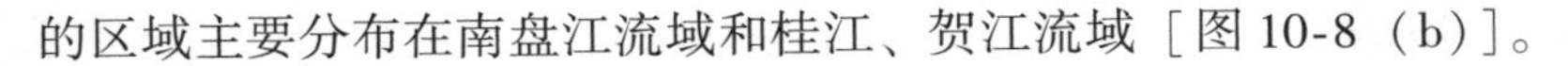

的区域主要分布在南盘江流域和桂江、贺江流域 [图 10-8 (b)]。

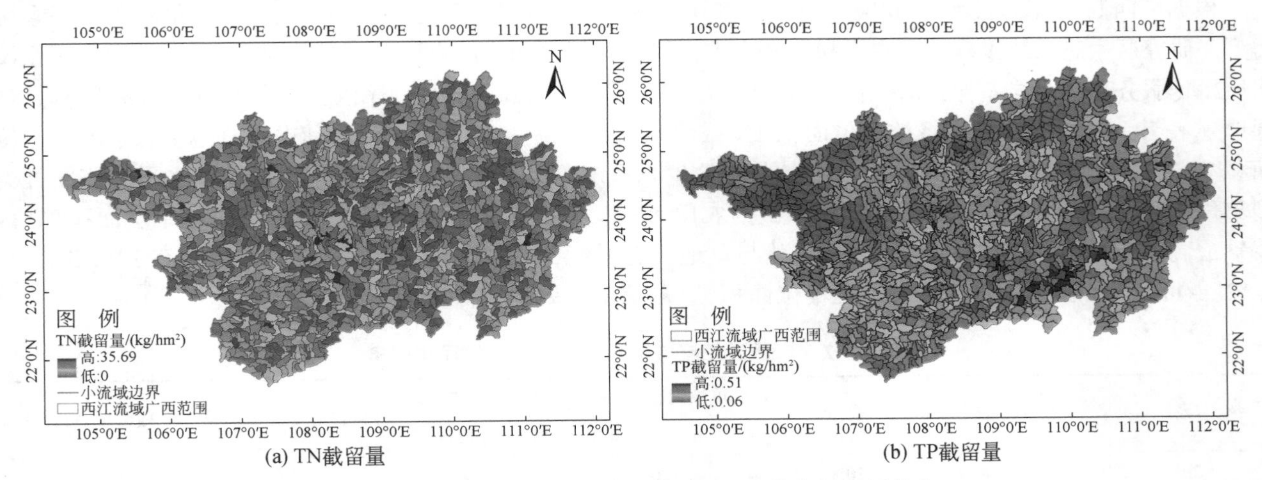

(a) TN截留量　(b) TP截留量

图 10-8　广西西江流域生态系统 TN、TP 截留量空间分布

2) 广西西江流域各子流域水质净化服务

广西西江流域各子流域水质净化服务见表 10-11，其不同子流域之间存在显著的空间差异，单位面积 TN 截留量由高到低的顺序依次为左江、郁江>红水河>柳江>右江>黔江、浔江>桂江、贺江>南盘江，其中左江、郁江流域单位面积 TN 截留量最高，为 3.75kg/hm^2，其次为红水河流域和柳江流域，单位面积 TN 截留量分别为 3.03kg/hm^{2}和 2.97kg/hm^2，而右江、黔江、浔江和桂江、贺江流域单位面积 TN 截留量较为接近，均处于中间水平，南盘江流域单位面积 TN 截留量最低，为 1.98kg/hm^2。

表 10-11　广西西江流域各子流域水质净化服务

子流域	面积/km^2	面积比例/%	单位面积 TN 截留量/(kg/hm^2)	单位面积 TP 截留量/(kg/hm^2)	TN 截留量占比/%	TP 截留量占比/%
南盘江	5008.97	2.47	1.98	0.08	1.60	1.64
红水河	38939.90	19.19	3.03	0.13	19.26	19.24
柳江	42159.79	20.78	2.97	0.12	20.41	19.63
右江	30210.27	14.89	2.86	0.12	14.07	14.17
左江、郁江	38645.52	19.05	3.75	0.15	23.59	22.38
桂江、贺江	26542.61	13.08	2.63	0.12	11.40	12.36
黔江、浔江	21392.98	10.54	2.77	0.13	9.67	10.58

单位面积 TP 截留量由高到低的顺序依次为左江、郁江>红水河>黔江、浔江>柳江>右江>桂江、贺江>南盘江，其中左江、郁江流域单位面积 TP 截留量最高，为 0.15kg/hm^2，其次为红水河流域和黔江、浔江流域，单位面积 TP 截留量均为 0.13kg/hm^2，而柳江、右江和桂江、贺江流域单位面积 TP 截留量均为 0.12kg/hm^2，且略低于前三个流域，南盘江流域单位面积 TN 截留量最低，为 0.08kg/hm^2。

就生态系统 TN 和 TP 截留总量而言，左江、郁江流域是广西西江流域水质净化服务的主要贡献者，其截留的 TN 和 TP 量分别占广西西江流域 TN 和 TP 截留总量的 23.59% 和 22.38%，其次为柳江流域和红水河流域，柳江流域截留的 TN 和 TP 量分别占广西西江流域 TN 和 TP 截留总量的 20.41% 和 19.63%，红水河流域截留的 TN 和 TP 量分别占广西西江流域 TN 和 TP 截留总量的 19.26% 和 19.24%。而南盘江流域贡献的水质净化服务最少，其截留的 TN 和 TP 量分别占广西西江流域 TN 和 TP 截留总量的 1.60% 和 1.64%。

3）广西西江流域不同生态系统水质净化服务

根据广西西江流域土地利用/覆被类型，将其分为森林、灌丛、草地、湿地、农田和其他6种生态系统类型。研究区生态系统以森林、农田和灌丛为主，三者面积之和占研究区总面积的87.64%。不同生态系统水质净化服务存在明显差异，前5种类型单位面积TN截留量由高到低的顺序依次为农田>草地>灌丛>森林>湿地（表10-12），农田生态系统单位面积TN截留量最高，高达5.03kg/hm²，其次是草地生态系统，单位面积TN截留量达到4.10kg/hm²，而森林与湿地生态系统单位面积TN截留量均处于较低水平。前5种类型单位面积TP截留量由高到低的顺序依次为农田>灌丛>草地>森林>湿地，农田生态系统单位面积TP截留量最高，高达0.18kg/hm²，其次是灌丛与草地生态系统，单位面积TP截留量分别达到0.13kg/km²和0.12kg/hm²。而森林与湿地生态系统单位面积TP截留量均处于较低水平。

表10-12　广西西江流域不同生态系统水质净化服务

生态系统	面积/km²	面积比例/%	单位面积TN截留量/(kg/hm²)	单位面积TP截留量/(kg/hm²)	TN截留量占比/%	TP截留量占比/%
农田	41852.48	20.63	5.03	0.18	34.36	29.67
森林	100762.82	49.66	2.08	0.10	34.19	40.86
灌丛	35205.95	17.35	2.93	0.13	16.82	18.27
草地	17952.05	8.85	4.10	0.12	11.98	8.31
湿地	2820.19	1.39	1.92	0.08	0.87	0.85

就生态系统TN和TP截留总量而言，农田与森林生态系统是广西西江流域TN截留总量的主要贡献者，两者贡献的TN截留量占比分别为34.36%和34.19%。森林生态系统是广西西江流域TP截留总量的主要贡献者，其占广西西江流域TP截留总量的40.86%，其次为农田生态系统，占总量的29.67%。

10.2.4　广西西江流域生态系统碳储存服务评估

陆地生态系统不仅通过光合作用等方式吸收碳，并将碳储存在生物、死亡有机物及土壤之中，不断固定和累积。碳储存功能是指介质吸收并储存碳的能力。目前，国际上主要是通过碳储量、碳密度大小来衡量。碳储量反映了储存碳的多少，而碳密度则反映了吸收碳的能力。碳密度可以排除面积大小的干扰，更好地反映生态系统储存碳的能力。因此，本研究通过对研究区四大碳库（地上生物量、地下生物量、土壤和死亡的有机质）碳密度、碳储存量计算及对其空间分布的分析来评估生态系统碳储存功能。

1. 评估方法

生态系统碳储量主要包括地上生物量、地下生物量、土壤和死亡的有机质4个基本碳库。地上生物量是指地上所有活着的植物部分（包括树干、树枝、树皮和叶子）；地下生物量是指活着的植物的地下部分，主要是指根系，可能也包括部分树干；土壤主要是指土壤中有机碳；死亡的有机质包括植物的凋落物、倒下或站立的枯木。模型包括碳储量计算模块和价值评估模块，本节主要使用碳储量计算模块。此外，还有第五碳库，即收获木材产品或相关木材产品斑块（HWPs），由于无法掌握广西西江流域森林砍伐方面的资料，因此本节没有对第五碳库进行计算。

生态系统碳储量是根据研究区内不同土地利用类型地上碳库、地下碳库、土壤碳库和死亡的有机质碳库的平均碳密度乘以各土地利用类型的面积得出。公式如下：

$$C_{\text{total}} = C_{\text{above}} + C_{\text{below}} + C_{\text{soil}} + C_{\text{dead}} \tag{10-32}$$

式中，C_{total}为总碳储量；C_{above}为地上生物量的碳储量；C_{below}为地下生物量的碳储量；C_{soil}为指土壤的碳储量；C_{dead}为死亡的有机质碳储量。

1）植被碳储量

生态系统碳储量通常分为植被碳储量和土壤碳储量，植被碳储量包括地上生物量、地下生物量和死亡的有机质三个碳库的碳储量。本研究通过 InVEST 模型计算植被碳储量，即根据研究区内不同土地利用类型的地上碳库、地下碳库、土壤碳库和死亡的有机质碳库的平均碳密度乘上各土地利用类型的面积得出。

2）土壤碳储量

土壤碳储量采用土壤属性数据，通过公式进行计算，得出不同栅格的土壤碳密度（kg/m^2），最后计算不同栅格的土壤碳密度以及对应的面积，得出研究区土壤的碳储量。土壤有机碳密度是指单位面积一定深度的土层中土壤有机碳的储量。由于排除了面积因素的影响而以土体体积为基础来计算，土壤碳密度已成为评价和衡量土壤中有机碳储量的一个极其重要的指标。其计算公式[41]如下：

$$SOC = \sum_{i=1}^{n} (1 - \theta_i) \times p_i \times C_i \times T_i \div 100 \tag{10-33}$$

式中，SOC 为土壤有机碳密度，kg/m^2；θ_i为第 i 层直径大于 2mm 砾石含量,%；p_i为第 i 层土壤容重，g/cm^3；C_i为第 i 层土壤有机碳含量，g/kg；T_i为第 i 层土壤厚度，cm；n 为土壤层次。中国 1∶100 万土壤数据库中土壤有机质含量单位为%。将土壤分为上层（0～30cm）和下层（30～100cm），上层和下层的土壤属性相差较大，因此，先分别计算上层和下层土壤有机碳含量，然后将上层有机碳含量加上下层土壤有机碳含量，就可以得到总的有机碳含量。

2. 数据与参数

InVEST 模型碳储量计算模块需要输入的变量包括当前土地利用，包含不同土地利用的地上碳库、地下碳库和死亡有机质碳库三个基本碳库的碳密度参数表。土壤碳存储需要砾石含量、土壤容重、土壤有机碳含量等数据。

①土地利用/覆被类型。其包括 2015 年的广西西江流域土地利用数据，使用中国科学院土地资源分类系统，一级分类为耕地，林地，草地，水域，城乡、工矿、居民用地和未利用地 6 类，数据来自中国科学院资源环境科学数据中心。

②碳密度参数表。碳库密度是指单位面积碳储存的数量，是计算土壤碳储量的核心参数之一，单位多为 kg/m^2或 t/hm^2。当前国内对植物碳密度做了大量的研究，为本书提供良好的基础。根据参考文献[42-44]模型推荐值，结合广西西江流域实际情况设置地上生物量、地下生物量和死亡的有机质密度，单位是 t/hm^2，由于模型中参数表为整数，所以对数据进行取整设置。

③土壤属性数据。土壤砾石含量、土壤容重、土壤有机碳含量等数据来自中国 1∶100 万土壤数据库。

3. 评估结果

1）广西西江流域碳储存服务及其空间分布

广西西江流域生态系统碳储量为 2.562×10^9t，碳密度范围在 0～276.47t/hm^2，平均碳密度 126.29t/hm^2，标准差为 49.98t/hm^2，生态系统碳储存服务空间分布如图 10-9 所示，可见其在流域内的分布存在显著的空间差异。高值（>150t/hm^2）主要集中分布在南盘江流域、右江流域上游及红水河流域上游；其次，零星分布在柳江流域及桂江、贺江流域内，在贵港市港南区有部分集中分布。低值（<50t/hm^2）零星分布在右江和红水河流域中下游、左江及郁江干流以及柳江流域内。

2）广西西江流域各子流域碳储存服务

广西西江流域各子流域碳储量见表 10-13，其不同子流域之间存在显著的空间差异，单位面积碳储存服务由高到低的顺序依次为南盘江>桂江、贺江>柳江>右江>黔江、浔江>红水河>左江、郁江，其中南盘江流域单位面积碳储存服务较高，为 164.12t/hm^2，其次为桂江、贺江流域，单位面积碳储存服务为 139.82t/hm^2，而黔江、浔江、右江和柳江流域单位面积碳储存均处于中间水平，左江、郁江和红水河流域单位面积碳储存服务较低，其值分别为 110.47t/hm^2 和 118.98t/hm^2。

图 10-9　广西西江流域碳储存服务空间分布

表 10-13　广西西江流域各子流域碳储存服务

子流域	面积/km²	面积比例/%	单位面积碳储存/(t/hm²)	碳储存占比/%
南盘江	5008.97	2.47	164.12	3.21
红水河	38939.90	19.19	118.98	18.08
柳江	42159.79	20.78	131.89	21.69
右江	30210.27	14.89	130.95	15.44
左江、郁江	38645.52	19.05	110.47	16.66
桂江、贺江	26542.61	13.08	139.82	14.48
黔江、浔江	21392.98	10.54	125.07	10.44

就生态系统碳储存而言，柳江流域是广西西江流域碳储存服务的主要贡献者，其占广西西江流域碳储存的21.7%，其次为红水河和左江、郁江流域，分别占总碳储存的18.08%和16.66%，而尽管黔江、浔江流域面积占流域总面积的10.54%，但其贡献的碳储存服务仅占总碳储存的10.44%，南盘江流域占流域总面积的比例最小，为2.47%，其贡献的碳储存服务比例也最低，为3.21%。

3）广西西江流域不同生态系统碳储存服务

根据广西西江流域土地利用/覆被类型，将其分为森林、灌丛、草地、湿地、农田和其他6种生态系统类型。研究区生态系统以森林、农田和灌丛为主，三者面积之和占研究区总面积的87.64%。不同生态系统碳储存服务存在明显差异，前5种类型单位面积碳储存服务由高到低的顺序依次为森林>草地>农田>灌丛>湿地（表10-14），森林生态系统单位面积碳储存服务最高，达154.09t/hm²，其次为草地，单位面积碳储存服务为128.07t/hm²。农田与灌丛生态系统单位面积碳储存服务较为接近，处于中等水平，其值分别为95.03t/hm²和91.32t/hm²。而湿地碳储存服务最低，其值为77.77t/hm²。

表 10-14　广西西江流域不同生态系统碳储存服务

生态系统	面积/km²	面积比例/%	单位面积碳储存/(t/hm²)	碳储存占比/%
农田	41852.48	20.63	95.03	15.52
森林	100762.82	49.66	154.09	60.58

续表

生态系统	面积/km^2	面积比例/%	单位面积碳储存/(t/hm^2)	碳储存占比/%
灌丛	35205.95	17.35	91.32	12.55
草地	17952.05	8.85	128.07	8.97
湿地	2820.19	1.39	77.77	0.86

就生态系统碳储存而言，森林生态系统是广西西江流域碳储存服务的主要贡献者，其占广西西江流域碳储存的60.58%，其次为农田和灌丛生态系统，分别占总碳储存的15.52%和12.55%，而尽管草地生态系统单位面积碳储存服务较高，但其贡献的碳储存量仅占总碳储存的8.97%。湿地生态系统在流域内面积较少，单位面积碳储存服务最低，故其占广西西江流域碳储存量的比例最低，为0.86%。

10.3　本章小结

10.3.1　广西西江流域资源环境承载力评估

①本研究从资源丰度、环境支撑和经济发展社会进步三个方面，构建了广西西江流域资源环境承载力综合评估指标体系，并采用熵权法进行各指标权重赋值，根据广西西江流域2015年统计资料、观测资料和相关研究成果数据，对13个具体指标进行赋值与资源环境承载力计算，结果如下：广西西江流域83个县（市、区）的资源环境承载力值范围在0.082～0.641，平均值为0.496，标准差为0.069。总体上看，广西西江流域83个县（市、区）的资源环境承载力差异不大，仅有2个县（市、区）的资源环境承载力值低于0.400，3个县（市、区）的资源环境承载力值高于0.600，其余78个县（市、区）的资源环境承载力值均在0.400～0.600。其中，来宾市的合山市资源环境承载力最低，河池市的天峨县资源环境承载力最高。进一步分析得出广西西江流域各县（市、区）的资源环境承载力之间的差异与人口密度显著相关。广西西江流域各县（市、区）的资源环境承载力之间的差异主要是资源丰度的差异决定的，其次受各县（市、区）的环境支撑的差异影响，而受各县（市、区）经济发展社会进步的差异影响较小。

②有学者指出综合资源环境承载力研究，其模型较为复杂，对系统整体认识具有局限性，计算过程中失真度大，难以反映真实情况。故本研究增加了单个环境要素承载力评估，选择水资源承载力、环境容量承载力和土地资源承载力评价，再找出不同区域系统对承载力制约最大的因素，应用木桶的短板效应原理，将最大制约因素所反映出的承载力作为整个系统的资源环境承载力，结果如下：从流域整体上看，广西西江流域水资源较为丰富，仍有少量环境容量剩余，耕地资源也高于联合国粮食及农业组织制定的0.053hm^2/人的耕地警戒线标准，可见广西西江流域资源环境承载力能够满足未来一定时间内的社会经济发展。而根据木桶短板效应原理，随着人口增长与环境保护目标的进一步严格，环境容量对未来广西西江流域经济社会发展很可能构成制约因素。从流域内部看，广西西江流域资源环境承载力均存在显著差异，尽管南宁市、玉林市、贵港市、钦州市等水资源量较为缺乏，但仍高于1700m^3缺水警告值标准。广西西江流域内南宁市、玉林市和来宾市大气氮氧化物排放量超过环境容量；河池市、贵港市和百色市水体化学需氧量排放量超过环境容量；河池市、贵港市、百色市、来宾市和钦州市水体氨氮排放量超过环境容量。柳州市区、北流市、桂林市区、陆川县、博白县、藤县、浦北县、八步区、灵山县、容县、岑溪市、平乐县、阳朔县、港北区、昭平县、平南县的人均耕地面积低于联合国粮食及农业组织制定的0.053hm^2/人的耕地警戒线标准。可见从流域内部看，环境容量和耕地资源的缺乏是资源环境承载力的主要限制因素。

10.3.2　广西西江流域生态系统服务评估

①本研究采用InVEST模型评估了广西西江流域生态系统水源涵养、土壤保持、水质净化和碳储存4个方面的调节服务，结果如下：就水源涵养量而言，广西西江小流域多年平均水源涵养量范围在33.62～697.91mm，平均值为184.73mm，标准差为106.26mm，水源涵养总量为374.82亿m^3，占多年平均产水量的23.90%。流域内水源涵养量呈现出明显的空间差异，其主要受产水量、土壤性质、植被生长情况和地形的空间异质性共同影响。水源涵养功能较高的区域分布在左江及郁江干流流域西南部地区，以及零星分布在黔江、浔江及西江干流流域内，小流域多年平均水源涵养量在400～697.91mm。水源涵养量较低的区域主要分布在南盘江流域，零星分布在右江流域、红水河流域、柳江流域以及左江、郁江流域北部地区，小流域多年平均水源涵养量小于100mm，该区域产水量偏低占据主要原因。其他区域在中高水源涵养区同时散布着中低水源涵养区。

②广西西江流域生态系统土壤保持量为58.24亿t，平均土壤保持量为28706.55t/km^2，小流域单位面积土壤保持量在80.52～171532t/km^2。土壤保持服务较强的土地面积（强度>15000t/km^2）占流域土地总面积的69.59%，且集中分布在桂江、贺江、柳江及红水河子流域。土壤保持服务较弱的土地面积（强度<5000t/km^2）占流域土地总面积的5.87%，多分布在右江、郁江干流及红水河子流域下游地区。

③就TN截留量而言，广西西江流域生态系统共截留TN 6109.36万kg，小流域多年平均TN截留量范围在0～35.69kg/hm^2，平均值为2.87kg/hm^2，标准差为2.09kg/hm^2。各小流域的TN截留量存在显著空间差异，并且小流域TN截留能力呈现高低值相间分布。就TP截留量而言，广西西江流域生态系统共截留TP量255.50万kg，小流域多年平均TP截留量范围在0.06～0.51kg/hm^2，平均值为0.13kg/hm^2，标准差为0.04kg/hm^2。流域内TP截留量呈现出明显的空间差异，TP水质净化功能较高的区域分布在黔江、浔江流域和左江、郁江流域，TP水质净化功能较低的区域主要分布在南盘江流域和桂江、贺江流域。

④广西西江流域生态系统碳储量为2.562×10^9t，碳密度范围在0～276.47t/hm^2，平均碳密度126.29t/hm^2，标准差为49.98t/hm^2，生态系统碳储存服务空间分布在流域内存在显著的空间差异。高值（>150t/hm^2）主要集中分布在南盘江流域、右江流域上游及红水河流域上游；其次，零星分布在柳江流域及桂江、贺江流域内，在贵港市港南区有部分集中分布。低值（<50t/hm^2）零星分布在右江和红水河流域中下游、左江及郁江干流以及柳江流域内。

参考文献

[1] 卢小兰. 中国省域资源环境承载力评价及空间统计分析［J］. 统计与决策，2014，7：116-120.

[2] 刘晓丽，方创琳. 城市群资源环境承载力研究进展及展望［J］. 地理科学进展，2008，27（5）：35-42.

[3] 彭立，刘邵权，刘淑珍，等. 汶川地震重灾区10县资源环境承载力研究［J］. 四川大学学报（工程科学版），2009，41（3）：294-300.

[4] 蒋辉，罗国云. 资源环境承载力研究的缘起与发展［J］. 资源开发与市场，2011，27（5）：453-456.

[5] 高湘昀，安海忠，刘红红. 我国资源环境承载力的研究评述［J］. 资源与产业，2012，14（6）：116-120.

[6] 杨静敬，路振广，张玉顺，等. 水分亏缺对冬小麦生长发育及产量影响的试验研究［J］. 灌溉排水学报，2013，32（1）:116-120.

[7] 马宇翔，彭立，苏春江，等. 成都市水资源承载力评价及差异分析［J］. 水土保持研究，2015，22（6）：159-166.

[8] 刘玉娟，刘邵权，刘斌涛，等. 汶川地震重灾区雅安市资源环境承载力［J］. 长江流域资源与环境，2010，19（5）：554-559.

[9] 彭立，刘邵权. 土地功能视角下的土地资源人口承载力研究——以攀枝花、六盘水市为例［J］. 长江流域资源与环境，2012，21（S1）：74-81.

[10] 范锦龙，吴炳方. 基于GIS的复种指数潜力研究［J］. 遥感学报，2004，8（6）：637-644.

[11] Costanza R，D'Arge R，Groot R D，et al. The value of the world's ecosystem services and natural capital［J］. Nature，1997，387（15）：253-260.

[12] 张一平，王馨，刘文杰．热带森林林冠对降水再分配作用的研究综述［J］．福建林学院学报，2004，24（3）：274-282.
[13] 谢余初，巩杰，齐姗姗，等．基于InVEST模型的白龙江流域水源供给服务时空分异［J］．自然资源学报，2017，32（8）:1337-1347.
[14] Hoyer R，Chang H. Assessment of freshwater ecosystem services in the Tualatin and Yamhill basins under climate change and urbanization［J］. Applied Geography，2014，53：402-416.
[15] Nelson E，Mendoza G，Regetz J，et al. Modeling multiple ecosystem services，biodiversity conservation，commodity production，and tradeoffs at landscape scales［J］. Frontiers in Ecology and the Environment，2009，7（1）：4-11.
[16] 王尧，徐佩，傅斌，等．森林生态系统水源涵养功能评估模型研究进展［J］．生态经济，2018，34（2）：158-164，169.
[17] 余新晓，周彬，吕锡芝，等．基于InVEST模型的北京山区森林水源涵养功能评估［J］．林业科学，2012，48（10）:1-5.
[18] 傅斌，徐佩，王玉宽，等．都江堰市水源涵养功能空间格局［J］．生态学报，2013，33（3）：789-797.
[19] 张媛媛．1980-2005年三江源区水源涵养生态系统服务功能评估分析［D］．北京：首都师范大学，2012.
[20] Tallis H T，Ricketts T，Guerry A D. InVEST 2.4.1 User's guide［Z］. Stanford：The Natural Capital Project，2011.
[21] Zhang L，Dawes W，Walker G. Response of mean annual evapotranspiration to vegetation changes at catchment scale［J］. Water resources research，2001，37（3）：701-708.
[22] 陈骏宇，刘钢，白杨．基于InVEST模型的太湖流域水源涵养服务价值评估［J］．水利经济，2016，34（2）：25-29，84.
[23] 王小琳．基于InVEST模型的贵州省水源涵养功能研究［D］．贵阳：贵州师范大学，2016.
[24] 杨霞，贾尔恒·阿哈提，邱秀云，等．乌伦古河流域SWAT模型基础数据库构建［J］．水资源与水工程学报，2013，24（6）：74-78.
[25] 高歌，陈德亮，任国玉，等．1956~2000年中国潜在蒸散量变化趋势［J］．地理研究，2006，25（3）：378-387.
[26] 车振海．试论土壤渗透系数的经验公式和曲线图［J］．东北水利水电，1995，9：17-19.
[27] 李磊，董晓华，喻丹，等．基于SWAT模型的清江流域径流模拟研究［J］．人民长江，2013，44（22）：25-29，42.
[28] 吴元芝，黄明斌，韩世涛．黄土丘陵沟壑区乔灌木植物系数计算与适应性评价［J］．干旱地区农业研究，2008，26（2）:144-149.
[29] Allen R G，Luis S P，Dirk R，et al. Crop evapotranspiration- guidelines for computing crop water requirements——FAO Irrigation and drainage paper 56［EB/OL］. Rome：Food and Agriculture Organization of the United Nations，1998. http：//www. FAO. org/docrep/x0490E/x0490e00. htm.
[30] Canadell J，Jackson R B，Ehleringer J B，et al. Maximum rooting depth of vegetation types at the global scale［J］. Oecologia，1996，108（4）：583-595.
[31] 刘晓娜，裴厦，陈龙，等．基于InVEST模型的门头沟区生态系统土壤保持功能研究［J］．水土保持研究，2018，25（6）:168-176.
[32] 胡胜，曹明明，刘琪，等．不同视角下InVEST模型的土壤保持功能对比［J］．地理研究，2014，33（12）：2393-2406.
[33] 章文波，付金生．不同类型雨量资料估算降雨侵蚀力［J］．资源科学，2003，25（1）：35-41.
[34] Sharpley A N，Williams J R. EPIC- erosion/productivity impact calculator：1，Model documentation［R］. Washington：USDA Technical Bulletin Number 1759，1990.
[35] 张科利，彭文英，杨红丽．中国土壤可蚀性值及其估算［J］．土壤学报，2007，44（1）：7-13.
[36] 杨子生．云南省金沙江流域土壤流失方程研究［J］．山地学报，2002，20（S1）：1-9.
[37] 刘斌涛，宋春风，史展，等．芦山地震灾区土壤流失方程研究［J］．长江科学院院报，2016，33（1）：15-19.
[38] 蔡崇法，丁树文，史志华，等．应用USLE模型与地理信息系统IDRISI预测小流域土壤侵蚀量的研究［J］．水土保持学报，2000，14（2）：19-24.
[39] 李智广，刘秉正．我国主要江河流域土壤侵蚀量测算［J］．中国水土保持科学，2006，4（2）：1-6.
[40] 李翠漫，卢远，刘斌涛，等．广西西江流域土壤侵蚀估算及特征分析［J］．水土保持研究，2018，25（2）：34-39.
[41] 解宪丽，孙波，周慧珍，等．中国土壤有机碳密度和储量的估算与空间分布分析［J］．土壤学报，2004，41（1）：35-43.

[42] 彭怡，王玉宽，傅斌，等. 汶川地震重灾区生态系统碳储存功能空间格局与地震破坏评估［J］. 生态学报，2013，33（3）：798-808.

[43] 张明阳，王克林，邓振华，等. 基于 RBFN 的桂西北喀斯特区植被碳密度空间分布影响因素分析［J］. 生态学报，2014，21（12）：3472-3479.

[44] 彭舜磊，于贵瑞，何念鹏，等. 中国亚热带 5 种林型的碳库组分偶联关系及固碳潜力［J］. 第四纪研究，2014，34（4）：777-787.

第三篇　环境演变与风险评价篇

人类文明总是傍水而生，依水长存。流域不仅孕育了古代人类与社会文明，还推动了现代社会经济的蓬勃发展。水圈、土壤–岩石圈、大气圈、生物圈相互影响，相互作用，都在逐渐变化和发展。在人类活动与社会经济发展等外部驱动力以及多种压力源内部条件的影响下，环境不断发生演变，洪涝、干旱、热带气旋等自然灾害频发，区域石漠化形势较为严峻，生态脆弱性和风险系数不断增加，生态环境面临前所未有的挑战，流域生态文明建设遭受较大考验。流域环境演变与风险评价研究为流域生态文明建设与可持续发展提供了新的思路，以环境演变研究为基础，探索水–土–气–生–人相互作用机制，识别主要风险源，探究流域在多风险源共同作用下的风险情况，为流域风险管理及辅助决策提供支持。

本篇以环境演变与风险评价为切入点，以广西西江流域为研究对象，第 11 章、第 12 章、第 13 章分别从石漠化、自然灾害脆弱性、生态环境脆弱性等方面进行单一风险专题研究。各专题从研究进展、理论体系、核心概念与关键技术、评价过程、研究结果等多个方面进行阐述，构建了一套完整的流域环境演变与单一风险评价研究的技术体系与研究范式。第 14 章以单一风险评价研究为基础，探究多风险源的相互作用机制，对流域综合生态风险进行评价，在 OWA-GIS 技术方法的支持下，实现了不同决策态度下的流域综合生态风险情景模拟研究。流域综合生态风险评价是单一风险评价的深化，明确多风险源作用下流域的环境现状与演变发展为保障生态安全和实现流域综合管理提供了决策依据及理论支持。

第11章　广西石漠化过程及其植被变化分析研究

11.1　广西石漠化遥感调查研究背景及意义

石漠化是在湿润的岩溶条件下和脆弱的地质基础上所形成的一种岩石大面积裸露、植被退化的现象[1]，已成为我国最严重的生态问题之一。近年来，我国政府十分重视石漠化的研究和治理工作，国家“十五”计划、“十一五”计划、“十二五”规划都提到了石漠化治理工作，石漠化治理已经被提高到国家目标的高度[2]。当前我国西南地区喀斯特石漠化的演变具有改善和恶化并存，面积和空间变化快的特点[3]。在短时间内表现为植被、土壤、岩石等地表覆盖要素的空间静态分布特征，在长时间内是一种动态的土地退化过程。快速准确监测石漠化分布现状及变化状况是石漠化科学研究中的最基本问题，也是治理和改善区域生态环境的关键前提[4]。

现有的遥感石漠化分类方法主要包括目视解译、监督分类、基于知识的模型构建以及基于特征信息的提取4种方法[5]。目视解译法将多种信息进行综合分析，建立影像解译标志，辅以人机交互解译确定石漠化区域。该方法在一定程度上能满足石漠化信息区域性调查的需求，但劳动强度大，效率低，定量化困难，解译不确定性程度高，不同地区解译结果可比性低。监督分类法通过选取训练样本建立分类标准，根据分类标准分类，实现石漠化信息自动提取。该方法自动化程度高，分类速度快，但石漠化区域地物高度异质，使得影像光谱混合现象严重，使用时具有局限性。基于知识的模型构建法则通过对光谱特征进行一定的分析与处理，构建知识模型，来实现信息提取的目的。按照知识构建的方式不同可分为光谱分析法、多源信息分类法及评价指标法。其中，光谱分析法通过分析样区光谱和谱值关系，构建识别模型，提取石漠化信息；多源信息分类法综合光谱特征、纹理特征及其他数据，构建知识库及数据库实现石漠化信息提取；评价指标法通过选取植被指数、石漠化指数或混合光谱分解构建石漠化分级指标，依据分级指标及阈值获取石漠化信息。总体来说，基于知识的模型构建法可操作性强，精度较高，也可适用于不同分辨率的遥感数据，但是模型构建的质量对用以进行光谱统计的训练样本具有很大的依赖性，且阈值的确定也没有统一的标准，往往是根据经验和多次实验确定，因此，该方法有待进一步研究。基于特征信息的提取法则是依据地物的特征进行喀斯特石漠化区域地貌类型的判定，可实现定量化信息提取，可靠性高，仍处在探索阶段，且提取的地貌类型有限。上述石漠化分类方法多采用中等分辨率影像作为数据源，包括TM、ASTER、中分辨率成像光谱仪（moderate resolution imaging spectroradiometer, MODIS）及CBERS等影像数据，虽然也涉及高光谱影像和高分影像（如IKONOS影像、Hyperion影像），但是研究相对较少，仍处在探索阶段。喀斯特石漠化区地形高差大、阴影明显及地物高度异质，导致影像光谱混合现象严重。多种影像特征及多源数据进行石漠化遥感信息提取是未来研究的主要方向。

广西地处我国西南边陲，是中国乃至世界喀斯特地貌发育的典型区域，也是全国石漠化问题比较严重的区域之一。区内岩溶石漠化总面积达833.4万hm^2，占我国西南地区岩溶石漠化总面积的18.9%，占广西土地总面积的35.1%，广西西江流域占广西行政区划的86%左右，西江流域中上游的河池市、百色市、桂林市、崇左市、南宁市等老少边山穷地区多为石漠化区。流域内喀斯特石漠化地区属亚热带季风气候，雨热同期，年平均气温17～23℃，年降雨1100～1500mm。这些地区生态环境脆弱，土地资源少，人地及人水矛盾突出，干旱、暴雨洪涝、高温热害、冻害等极端天气气候灾害频发，极易引发滑坡、崩塌、泥石流等次生灾害，造成水土流失，加剧石山区的生态环境恶化，严重威胁岩溶石漠化区生态系统安全、生态保护治理和可持续性经济发展。

目前有关广西石漠化分类研究中，选用的数据源主要有美国TM和MODIS及地图，采用的分类模型主要有石漠化指数、植被指数、植被覆盖度、基岩裸露度、光谱剖面分析以及多个指标综合，石漠化分级方法包括监督分类[6]、BP 神经网络[7,8]、非监督分类、最大似然法、面向对象[9]、地图数字化[10]、决策树分类[11]等。分析的范围主要包括县和广西全区两个尺度，其中针对平果县[12,13]、大化县[14-16]、凤山县[17]、恭城县[18]、都安县[19,20]、忻城县[21]的石漠化空间分布已有专门报道。针对广西全区，有针对单一时相的广西石漠化空间分布状况研究[22]和针对多个时相的广西石漠化时空演变特征分析[23-28]。截至 2016 年，所见的广西全区石漠化空间分布状况时相更新至 2013 年。

近年来，国产卫星数据日益丰富，但鲜见其在石漠化分类中的研究报道，加大国产卫星数据在石漠化研究中的应用，利用多源遥感数据源对石漠化进行分类研究，为石漠化分类研究提供多样化数据源，对提升国产卫星数据的应用能力具有重要意义。

11.2 广西石漠化遥感调查数据

广西石漠化遥感调查使用数据主要包括遥感数据、实地采样观测数据及地理信息数据三种。

遥感数据：美国在 1984 年 3 月和 1999 年 4 月发射的陆地资源卫星 Landsat-5 和 Landsat-7 的 TM、ETM 遥感数据，以及中国环境减灾卫星 HJ-1 遥感影像，其数据的空间分辨率均为 30m。所有卫星影像数据均经过投影、镶嵌、几何精校正等预处理，其几何校正误差控制在 1 个像元以内。

实地采样观测数据：在东兰、巴马、凤山等多个典型石漠化区选取强度不同的观测样区，分别于 2007 年 4 月、6 月、9 月，2008 年 1 月，2011 年 7 月，2013 年 9 月赴训练区进行实地考察和观测，观测要素有植被总盖度、植被类型分盖度、植株类型的平均高度等。观测数据主要用于建立石漠化遥感解译标志和遥感解译精度验证。

地理信息数据：广西碳酸盐分布区矢量图、县行政边界以及数字高程数据等地理信息数据均来自广西壮族自治区气象减灾研究所遥感基础数据库。

11.3 石漠化地区遥感影像及其光谱特征

光谱特征是石漠化信息遥感分类的基础。根据实地调查，确定了不同石漠化等级样区（表 11-1），在遥感影像上，喀斯特地貌区呈现橘皮纹状、花生壳纹状等影像特征。无石漠化为比较饱和的绿色，色调均匀，多分布于河谷谷底或地形比较平缓的岩溶缓丘地带；潜在石漠化基本为绿色调，略含红紫色斑点，地形起伏比无石漠化大；轻度石漠化为绿色中带红紫色斑点或浅色斑块，这些斑点或斑块多为陡坡耕地或裸岩；中度石漠化多为斑杂状影像，绿色斑块与洋红色斑块相互混杂，地形相对破碎；重度石漠化总体呈红紫色，其中零星有绿色斑点，地形破碎，地形坡度较大（图 11-1）。

表 11-1 石漠化等级划分标准

石漠化等级	植被覆盖率/%	岩石裸露率/%
潜在	≥70	<30
轻度	35 ~ 70	30 ~ 65
中度	20 ~ 35	65 ~ 80
重度	<20	≥80

在遥感影像中，选取喀斯特地貌区的典型地物（林地、耕地、裸岩、阴影和水体），分析各类地物的光谱特征得知，裸岩与其他地物的差异在 TM 影像中主要体现在 4、5 波段，在 HJ-1 遥感影像中主要体现在 3、4 波段（图 11-2）。

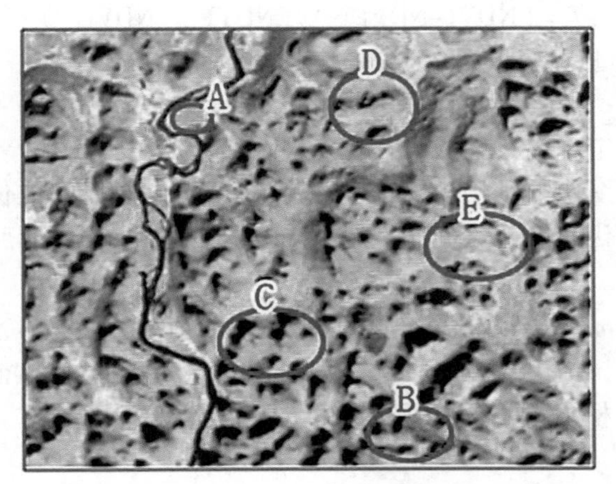

图 11-1　不同等级石漠化遥感影像特征示意图

A 为无石漠化；B 为潜在石漠化；C 为轻度石漠化；D 为中度石漠化；E 为重度石漠化

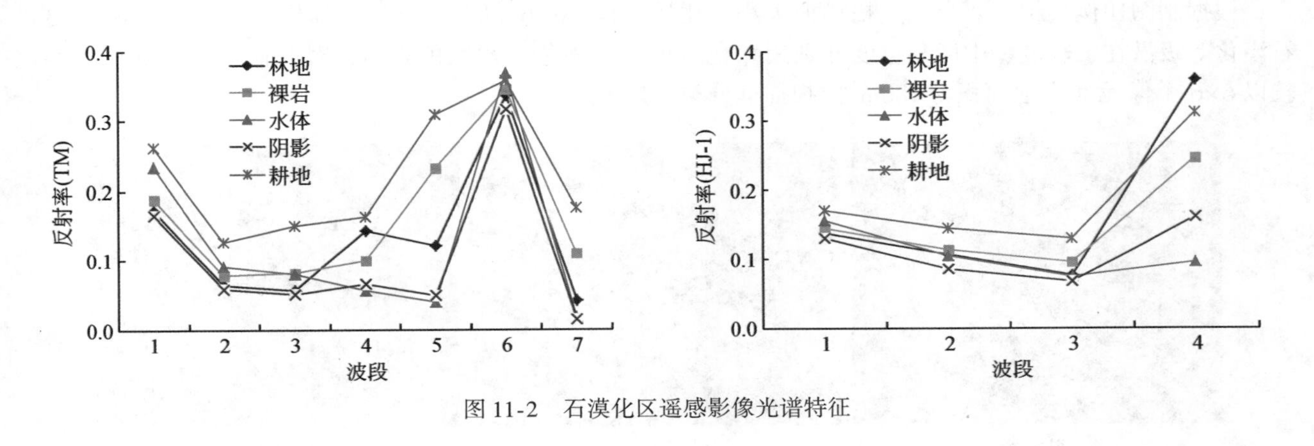

图 11-2　石漠化区遥感影像光谱特征

11.4　石漠化遥感解译模型

根据裸岩在 HJ-1 及 TM 遥感影像上的光谱特征差异，植被覆盖状况可以作为石漠化等级判识的有效指标。对于 HJ-1 数据，由于其红光波段（波段 3）、近红外波段（波段 4）植被指数差异较大，选用归一化植被指数 NDVI；对于 TM 数据，其近红外波段（波段 4）、中红外波段（波段 5）反射率差异较大，选用归一化水分指数 NWDI，表达式如下：

$$\mathrm{NDVI}_{\mathrm{HJ\text{-}1}}=(R_{\mathrm{NIR}}-R_{\mathrm{R}})/(R_{\mathrm{NIR}}+R_{\mathrm{R}}) \tag{11-1}$$

$$\mathrm{NWDI}_{\mathrm{TM}}=(R_{\mathrm{MIR}}-R_{\mathrm{NIR}})/(R_{\mathrm{MIR}}+R_{\mathrm{NIR}}) \tag{11-2}$$

式中，R_{NIR}为近红外波段的反射率值；R_{R}为可见光红波段的反射率值；R_{MIR}为中红外波段的反射率值。

根据像元线性分解模型，每个像元的 NDVI 值可以表达为植被覆盖与无植被覆盖两部分贡献的信息组合，通过变换可获得利用 NDVI 计算植被覆盖度f_{g}的公式，表达式如下：

$$f_{\mathrm{g}}=(\mathrm{NDVI}-\mathrm{NDVI}_{\mathrm{o}})/(\mathrm{NDVI}_{\mathrm{g}}-\mathrm{NDVI}_{\mathrm{o}}) \tag{11-3}$$

式中，$\mathrm{NDVI}_{\mathrm{o}}$为裸土或无植被覆盖区域 NDVI 值，即无植被像元 NDVI 值；$\mathrm{NDVI}_{\mathrm{g}}$代表完全被植被所覆盖的像元 NDVI 值，即纯植被像元 NDVI 值。

当最大植被覆盖度可以近似取 100% 且最小植被覆盖度可以近似取 0 时，可得 $\mathrm{NDVI}_{\mathrm{g}}=\mathrm{NDVI}_{\max}$ 和 $\mathrm{NDVI}_{\mathrm{o}}=\mathrm{NDVI}_{\min}$；当最大和最小植被覆盖度不能近似取 100% 和 0% 时，需要有一定量的实测数据，且只需要取一组实测数据中的植被覆盖的最大值与最小值，并在图像中找到这两个实测数据所对应像元的 NDVI 值。因此，计算植被覆盖度的式（11-3）变为

$$f_g=(\mathrm{NDVI}-\mathrm{NDVI}_{\max})/(\mathrm{NDVI}_{\max}-\mathrm{NDVI}_{\min}) \tag{11-4}$$

$\mathrm{NDVI}_{\max}$与$\mathrm{NDVI}_{\min}$取值通过选取训练样区的方法获得。针对TM数据，覆盖度计算时采用NWDI代替NDVI。

设计了框式分类程序，设定一定大小的扫描框（如4×4，6×6，8×8等），根据假彩色合成图和地面实地调查结果，在石漠化指数图像上利用人机交互法确定石漠化像元的取值范围，即无石漠化、轻度石漠化、中度石漠化和重度石漠化的像元区间值，计算扫描框内各等级像元所占权重，以占权重最大的石漠化等级对扫描框内像元赋值。

分类程序原理描述如下，m为石漠化等级类别，当m取值为1，2，3，4，分别对应石漠化的潜在、轻度、中度和重度等级，Q_k为扫描框（$k=1$，2，…，n），$P_m(X_{ij})$为扫描框内某一石漠化等级像元占总判定像元的百分比，M_k为扫描框内占百分比数最高的石漠化等级：

$$M_k=\max[P_m(X_{ij})] \tag{11-5}$$

以式（11-5）为判定条件，把扫描框Q_k内的判定像元归入第m类，即

$$\mathrm{CLASS}(Q_k)=m \tag{11-6}$$

根据制图比例尺精度要求确定扫描框大小。比较4×4、6×6和8×8三种扫描框分类效果（图11-3），石漠化等级潜在、轻度、中度和重度分别用绿色、黄色、橘色、紫红色表示，对照假彩色合成图，经比较以6×6个像元（实地面积为180m²）扫描框分类效果最好。

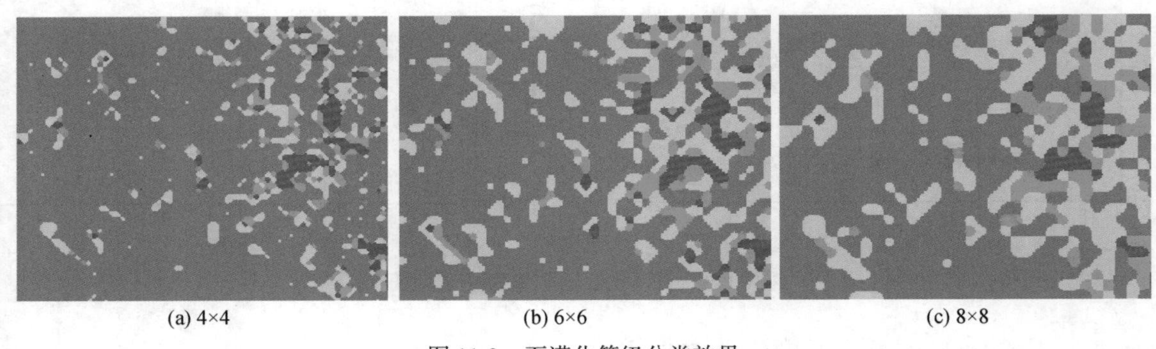

(a) 4×4　(b) 6×6　(c) 8×8

图11-3　石漠化等级分类效果

利用广西碳酸盐岩分布区矢量图裁剪得到该地区遥感影像，结合数字高程模型（DEM）推算的坡度，去除坡度小于25°的平原区，利用石漠化遥感解译模型，根据石漠化框式制图方法，采用6×6模板对遥感影像进行潜在、轻度、中度和重度4个等级石漠化分类。

11.5　石漠化遥感解译结果

11.5.1　石漠化空间分布状况

广西石漠化分为潜在、轻度、中度、重度4个等级，潜在石漠化在广西碳酸盐岩地区普遍存在。在广西14个地级市中，有11个地级市均存在不同程度的石漠化，以轻度、中度石漠化为主，重度石漠化相对较少。广西石漠化主要分布于桂西北、桂西南、桂中和桂北，其他地区有少量分布。

1988年，广西石漠化总面积为26837.4km²，其中，轻度石漠化面积为9359.4km²，占石漠化总面积的34.87%，主要分布于河池市、百色市、崇左市，而在贺州市、贵港市、玉林市、梧州市分布面积较少；中度石漠化面积为11187.2km²，占石漠化总面积的41.69%，主要分布于河池市、百色市、崇左市；重度石漠化面积为6290.8km²，占石漠化总面积的23.44%，主要分布于百色市、河池市（表11-2，图11-4）。

表 11-2　广西石漠化面积统计表

年份	石漠化面积/km²			
	轻度	中度	重度	合计
1988	9359. 4	11187. 2	6290. 8	26837. 4
2002	11224. 9	9201. 1	7600. 4	28026. 4
2007	9738. 3	10250. 6	6756. 3	26745. 2
2015	8893. 7	10892. 9	5003. 5	24790. 1

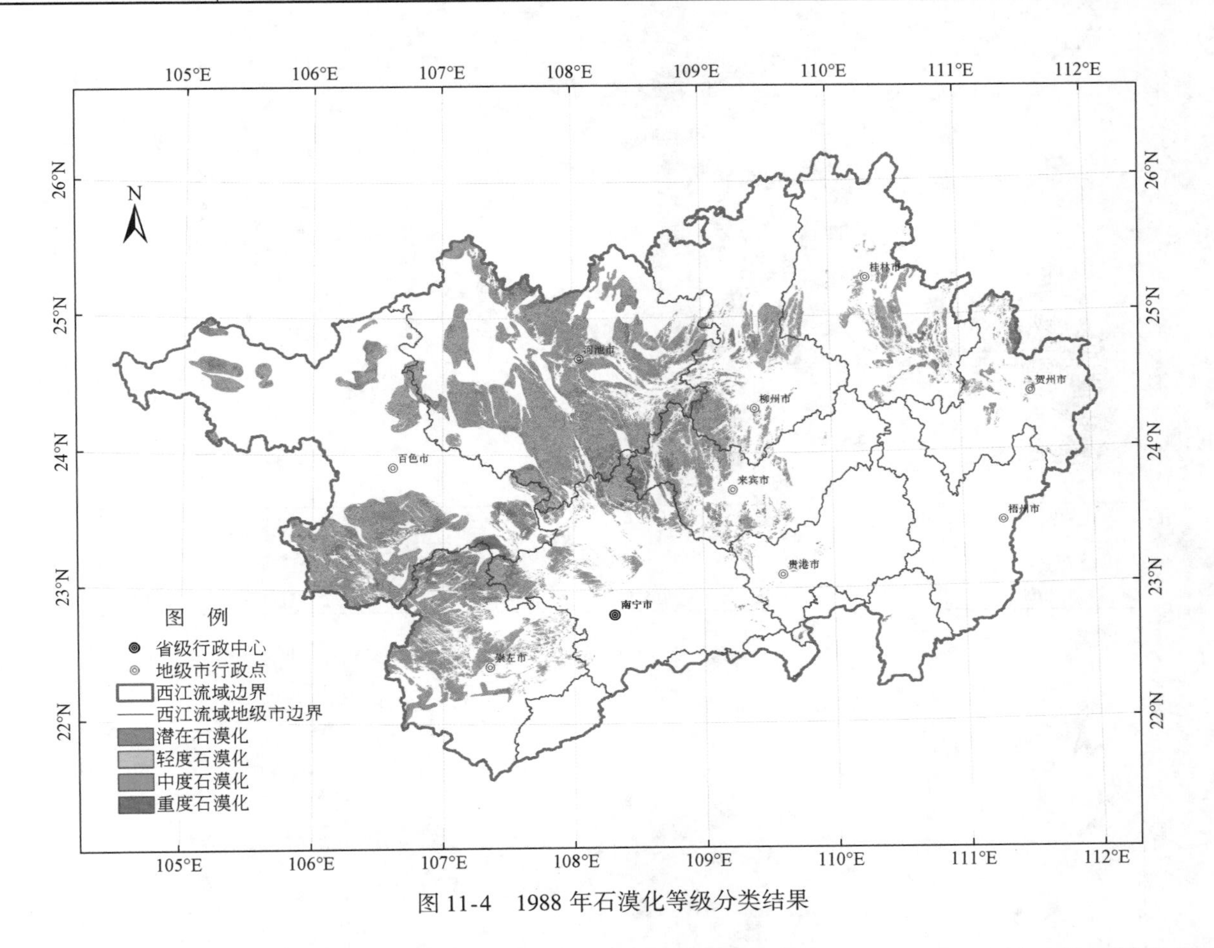

图 11-4　1988 年石漠化等级分类结果

2002 年，广西石漠化总面积为 28026. 4km²，其中，轻度石漠化面积为 11224. 9km²，占石漠化总面积的 40. 05%，主要分布于河池市、百色市、崇左市；中度石漠化面积为 9201. 1km²，占石漠化总面积的 32. 83%，主要分布于河池市、百色市；重度石漠化面积为 7600. 4km²，占石漠化总面积的 27. 12%，主要分布于百色市、河池市（表 11-2、图 11-5）。

2007 年，广西石漠化总面积为 26745. 2km²，其中，轻度石漠化面积为 9738. 3km²，占石漠化总面积的 36. 41%，主要分布于河池市、百色市、崇左市；中度石漠化面积为 10250. 6km²，占石漠化总面积的 38. 33%，主要分布于河池市、百色市和来宾市；重度石漠化面积为 6756. 3km²，占石漠化总面积的 25. 26%，主要分布于河池市、桂林市和来宾市（表 11-2、图 11-6）。

2015 年，广西石漠化总面积为 24790. 1km²，其中，轻度石漠化面积为 8893. 7km²，占石漠化总面积的 35. 88%，主要分布于河池市、百色市、崇左市；中度石漠化面积为 10892. 9km²，占石漠化总面积的 43. 94%，主要分布于河池市、百色市和崇左市；重度石漠化面积为 5003. 5km²，占石漠化总面积的 20. 18%，主要分布于桂林市、河池市和来宾市等（表 11-2、图 11-7）。

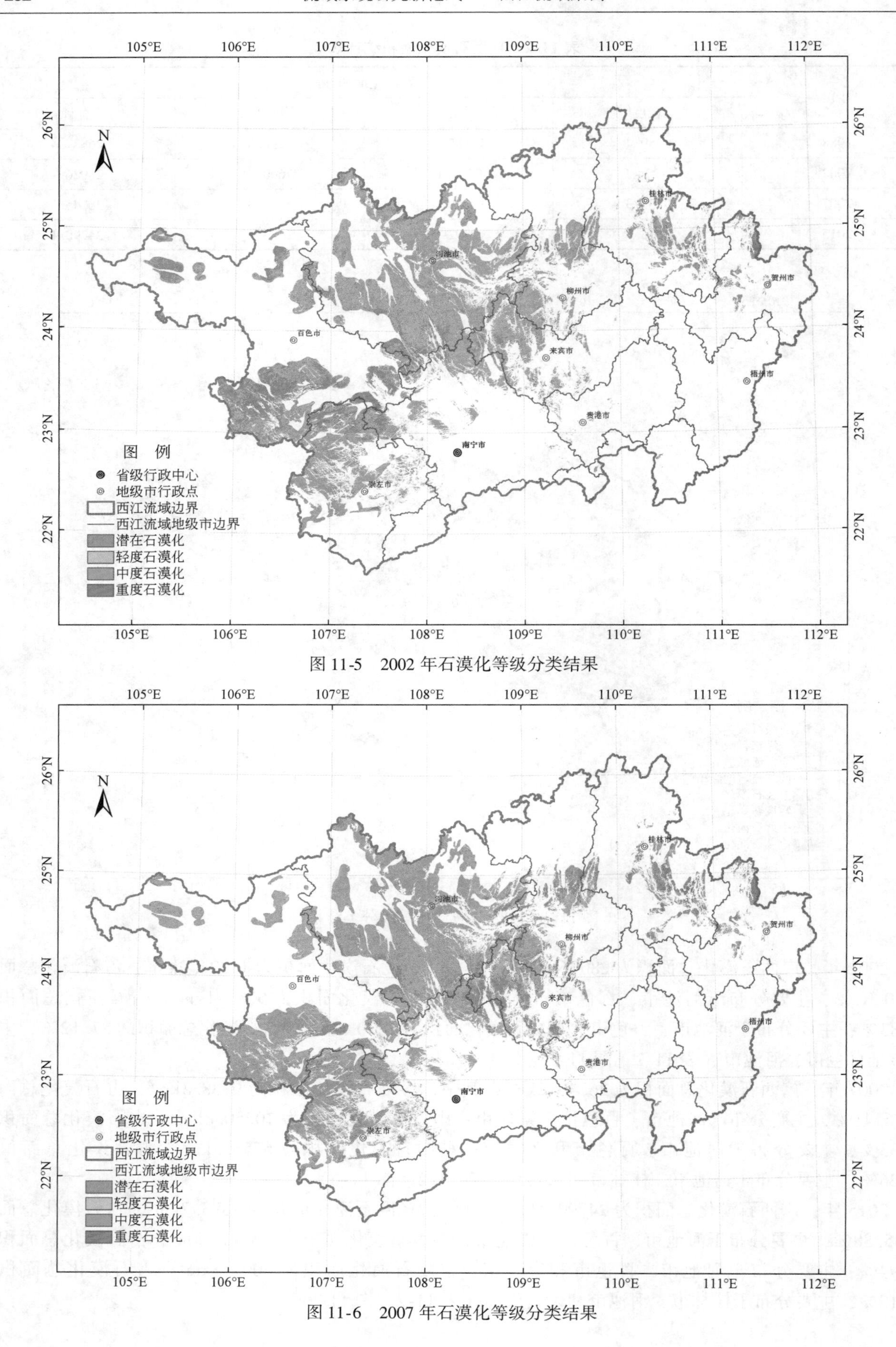

图 11-5　2002 年石漠化等级分类结果

图 11-6　2007 年石漠化等级分类结果

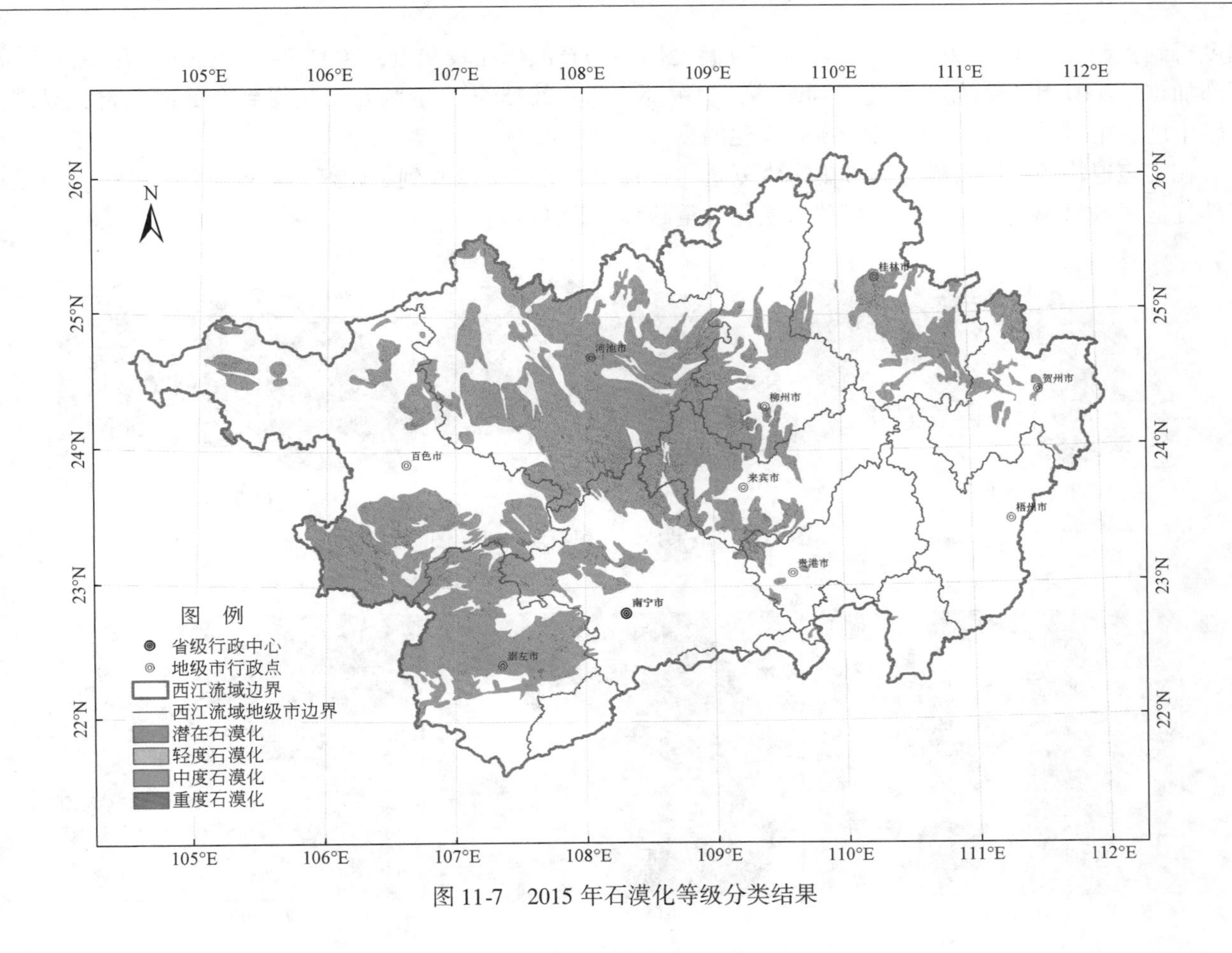

图 11-7　2015 年石漠化等级分类结果

11.5.2　石漠化时空演变

根据 4 个时期遥感解译调查结果，广西在 1988 ~ 2015 年石漠化面积呈先增加后减少的变化趋势，即 1988 ~ 2002 年呈增加趋势，2002 ~ 2015 年呈逐渐减少趋势，石漠化程度得到控制。

1988 ~ 2002 年，广西石漠化总面积增加了 1189km^2，增幅为 4.4%。其中，轻度石漠化面积增加了 1865.5km^2，除百色市外，其他各市均有不同程度增加，增加面积最大的是河池市。中度石漠化面积减少了 1986.1km^2，除梧州市、玉林市外，其他市均有不同程度减少，减少面积较大的有河池市、桂林市、柳州市。重度石漠化面积增加了 1309.6km^2，有 8 个市减少，有 3 个市面积增加，增加面积最大的是百色市。

2002 ~ 2007 年，广西石漠化总面积减少了 1281.1km^2，减少幅度为 4.6%。其中，轻度石漠化面积减少了 1486.6km^2，除百色市、崇左市、梧州市外，其他各市均有不同程度减少，减少面积最大的是河池市。中度石漠化面积增加了 1049.5km^2，除百色市、河池市、梧州市和玉林市外，其他市均有不同程度增加，增加面积最大的是柳州市。重度石漠化面积减少了 844.1km^2，主要减少的地市有百色市、河池市、崇左市和南宁市，其他市为增加，增加面积最大的是桂林市。

2007 ~ 2015 年，广西石漠化总面积减少了 1955.2km^2，减少幅度为 7.3%。其中，轻度石漠化面积减少了 844.6km^2，减少面积最大的是百色市、河池市。中度石漠化面积增加了 642.3km^2，除来宾市、柳州市、桂林市和梧州市外，其他市均有不同程度增加，增加面积最大的是来宾市。重度石漠化面积减少了 1752.8km^2，主要减少的市有百色市、来宾市、柳州市和崇左市，增加面积最大的是百色市。

总体上，2002 年广西石漠化面积最大，1988 年次之，2015 年最小。在 1988 ~ 2015 年，广西石漠化面积呈先增加后减少的变化趋势，即 1988 ~ 2002 年呈增加趋势，2002 ~ 2015 年呈逐渐减少趋势，石漠化程度得到控制。其中，1988 年，广西的喀斯特地区中部石漠化比较严重；2002 年，中部石漠化得到改善，西部加重；2007 年，西部石漠化得到改善，中东部加重；2015 年，全区石漠化得到全面的改善，呈现重度转中度、中度转轻度、轻度转潜在石漠化的良好态势。

在实施退耕还林、石漠化区域生态恢复重建过程中，有些地区收到了较好的成效（图 11-8），但是也有部分地区效果不好，甚至出现局部石漠化加重趋势（图 11-9）。

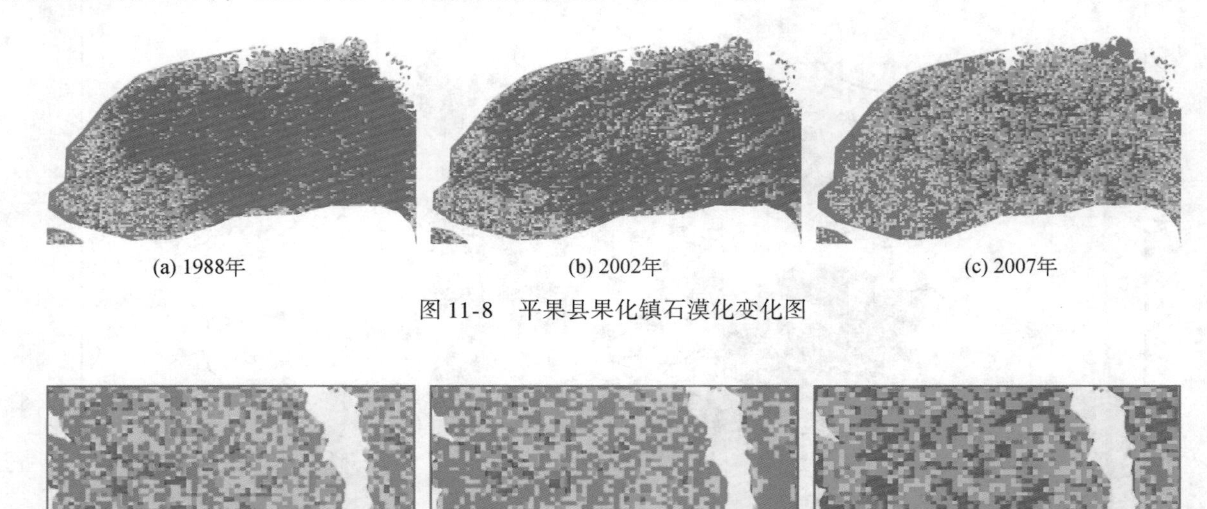

(a) 1988年　(b) 2002年　(c) 2007年

图 11-8　平果县果化镇石漠化变化图

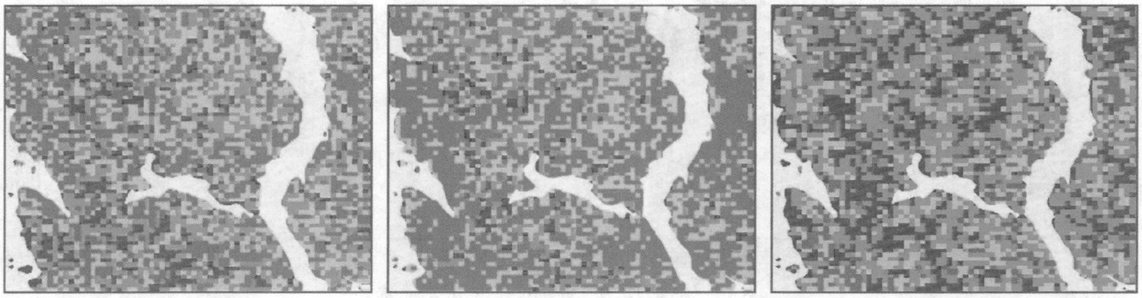

(a) 1988年　(b) 2002年　(c) 2007年

图 11-9　阳朔县北部石漠化变化图

11.6　广西喀斯特地区植被变化及气候驱动力

植被在全球变化中充当着“指示器”的作用，气候变化与植被变化的相关性及滞后性已在全球和区域尺度上得到了验证。中国西南喀斯特地区处于热带和亚热带之间，其特殊的地质构造连同该地区雨热同季的特点，使植被生境脆弱且极易导致土地石漠化，进而对生态环境、经济发展和人们生活造成诸多负面影响。植被指数在利用遥感技术构建植被特征参数中起着重要的“桥梁”作用。归一化植被指数是目前使用最广泛的植被指数，是表征植被特征的重要手段。利用 NDVI 序列已在多种植被类型和气候带开展植被与气候相关性研究，王世杰、苏维词等认为，西南亚热带高温多雨的气候环境为喀斯特发育、水土流失、石漠化提供了强大动力。相关学者相继开展了喀斯特地区植被变化与气候变化的研究。蒙吉军等利用 GIMMS NDVI 和净初级生产力数据集研究西南喀斯特地区植被变化对气候变化的响应，结果表明气温变化对植被变化的影响高于降水量对其影响。郑有飞等利用 1982 ~2003 年 GIMMS NDVI 数据集和相应的气候资料，通过对逐像元信息的提取和分析，运用回归和相关性分析的方法，研究了贵州植被覆盖变化及其与主要气候因子的关系，发现植被 NDVI 与温度的年际变化趋势具有同步性，与降水量存在一定滞后性。吴良林等分析了桂西北喀斯特山区 2008 年石漠化数据与气候空间分布数据的相关性，研究发现土地石漠化发生率随年均气温升高呈平缓增大，并随年均降水量增大呈快速增大态势。已有的喀斯特地区植被-气候相关性研究中气候因子多以气温和降水作为代表，然而气候对植被的影响具有强烈的综合性，利用长时间序列 MODIS 遥感数据和气候资料，分析广西喀斯特地区植被时空变化及气候驱动力，可为广西石漠化生态脆弱区防灾减灾、应对气候变化对策和措施的制定提供科学依据。

11.6.1　植被变化监测遥感数据

石漠化地区植被变化分析选用了 NASA MODIS 陆地产品组根据统一算法开发的 MODIS 植被指数产品 MOD13Q1，即全球 250m 分辨率 16 天合成的植被指数产品，数据版本为 V006，有关该产品的详细介绍请参见文献[20]。对所获得的 MOD13Q1 遥感数据集进行子集提取、图像镶嵌、数据格式转换、投影转换及质量检验等预处理，这些处理可以采用 MODLAND 提供的专门软件进行，经过以上处理我们得到了质量可靠的 NDVI 数据集。所用的 NDVI 数据采用了国际通用的最大值合成（maximum value composites，MVC）法获得。该法可以进一步消除云、大气、太阳高度角等的部分干扰。

$$I_{\mathrm{NDVI}mi}=\max(I_{\mathrm{NDVI}ij}) \tag{11-7}$$

式中，$I_{\mathrm{NDVI}mi}$是第 i 个 16 天（15 天）周期的 NDVI 最大合成值，$I_{\mathrm{NDVI}ij}$是第 i 个 16 天（15 天）周期第 j 天 NDVI 值。

11.6.2　植被变化监测分析算法

1. 植被覆盖度计算

混合像元分解模型是计算植被覆盖度的常用方法，它假设遥感影像的一个像元由植被和土壤两部分构成，像元信息包含纯植被成分信息及纯土壤成分信息，而混合像元的 NDVI 值即这两部分信息的植被指数值的加权平均之和。

计算 NDVI 的表达式为

$$\mathrm{NDVI}=f_{\mathrm{v}}\cdot\mathrm{NDVI}_{\mathrm{veg}}+(1-f_{\mathrm{v}})\cdot\mathrm{NDVI}_{\mathrm{soil}} \tag{11-8}$$

式中，NDVI 为混合像元的植被指数值；$\mathrm{NDVI}_{\mathrm{veg}}$为纯植被像元的植被指数值；$\mathrm{NDVI}_{\mathrm{soil}}$为纯土壤像元的植被指数值；$f_{\mathrm{v}}$为植被覆盖度。

因此可求得植被覆盖度的计算公式：

$$f_{\mathrm{v}}=(\mathrm{NDVI}-\mathrm{NDVI}_{\mathrm{soil}})/(\mathrm{NDVI}_{\mathrm{veg}}-\mathrm{NDVI}_{\mathrm{soil}}) \tag{11-9}$$

式中，$\mathrm{NDVI}_{\mathrm{soil}}$为纯土壤像元的最小值，理论上接近于 0；$\mathrm{NDVI}_{\mathrm{veg}}$为纯植被像元的最大值，理论上接近于 1。由于气象条件、植被类型、季节变化等因素影响，不同影像的 $\mathrm{NDVI}_{\mathrm{soil}}$、$\mathrm{NDVI}_{\mathrm{veg}}$会发生一定程度的变异。实际处理中，采用 0.5% 置信度截取 NDVI 的上下阈值。将 NDVI 数值最大的 0.5% 区域作平均值，得到 $\mathrm{NDVI}_{\mathrm{veg}}$，将 NDVI 数值最小的 0.5% 区域作平均值，得到 $\mathrm{NDVI}_{\mathrm{soil}}$。

2. 均值法

在统计某一区域（包括整个研究区域或部分典型区域）的 NDVI 值时，采用均值法进行计算，即统计区域内所有像元的 NDVI 值的平均值。描述如下：

$$I_{\mathrm{NDVI}ap}=\sum I_{x,y}/n \tag{11-10}$$

式中，$I_{\mathrm{NDVI}ap}$是某一区域的 NDVI 平均值，p 为区域代码；x 为统计区域像元行数；y 为统计区域内像元列数；n 为统计区域内像元总数。

3. 一元回归趋势线法

一元回归趋势线法是对一组随时间变化的变量进行回归分析，预测其变化趋势的方法。通过每个像元上 n 年的 $Y_{\mathrm{NDVI}k}$，用趋势线分析法模拟该像元 $Y_{\mathrm{NDVI}k}$值在 n 年间的变化趋势，即植被覆盖度的年际变化。计算公式为

$$S_{\mathrm{LOPE}}=\frac{n\times\sum_{k=1}^{n}k\times Y_{\mathrm{NDVI}k}-\sum_{k=1}^{n}k\sum_{k=1}^{n}Y_{\mathrm{NDVI}k}}{n\times\sum_{k=1}^{n}k^{2}-\left(\sum_{k=1}^{n}k\right)^{2}} \tag{11-11}$$

式中，k 为 $1\sim n$ 年的序号；$Y_{\mathrm{NDVI}k}$是第 k 年生长季 NDVI 平均值。变化趋势图反映了在研究时间范围内的时间序列中，研究地区 NDVI 的年际变化趋势。某像元的趋势线是该点 n 年的生长季 NDVI 平均值用一元线性回归模拟出来的一个总的变化趋势，S_{LOPE}即这条趋势线的斜率。$S_{\mathrm{LOPE}}>0$，表示 NDVI 在 n 年间的变化趋势是增加的，反之则减少。

11. 6. 3　喀斯特地区植被变化

卫星遥感监测显示，2001 ~2016 年广西石漠化区植被覆盖度呈现逐渐增加趋势（图 11-10 ~ 图 11-13），由 2001 年的 51. 7% 增加到 2016 年的 54. 7%，2006 ~2007 年、2009 ~2010 年受干旱等灾害影响植被覆盖度略低，呈现低植被覆盖区域向中、高植被覆盖区域转化的特点，与 2001 年相比较，2016 年石漠化区低植被覆盖度（0 ~30%）面积减少 3. 5%，高植被覆盖度（61% ~100%）面积增加了 7. 7%，其中桂北和桂中石漠化区植被恢复明显，桂西南的重度石漠化区植被呈现逐渐好转态势。

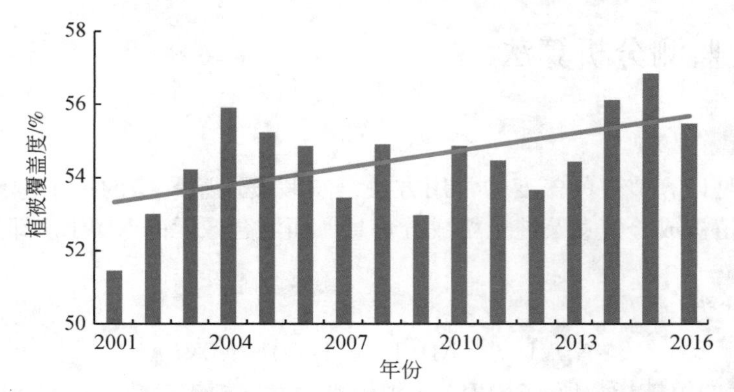

图 11-10　2001 ~2016 年广西石漠化区植被覆盖度变化趋势

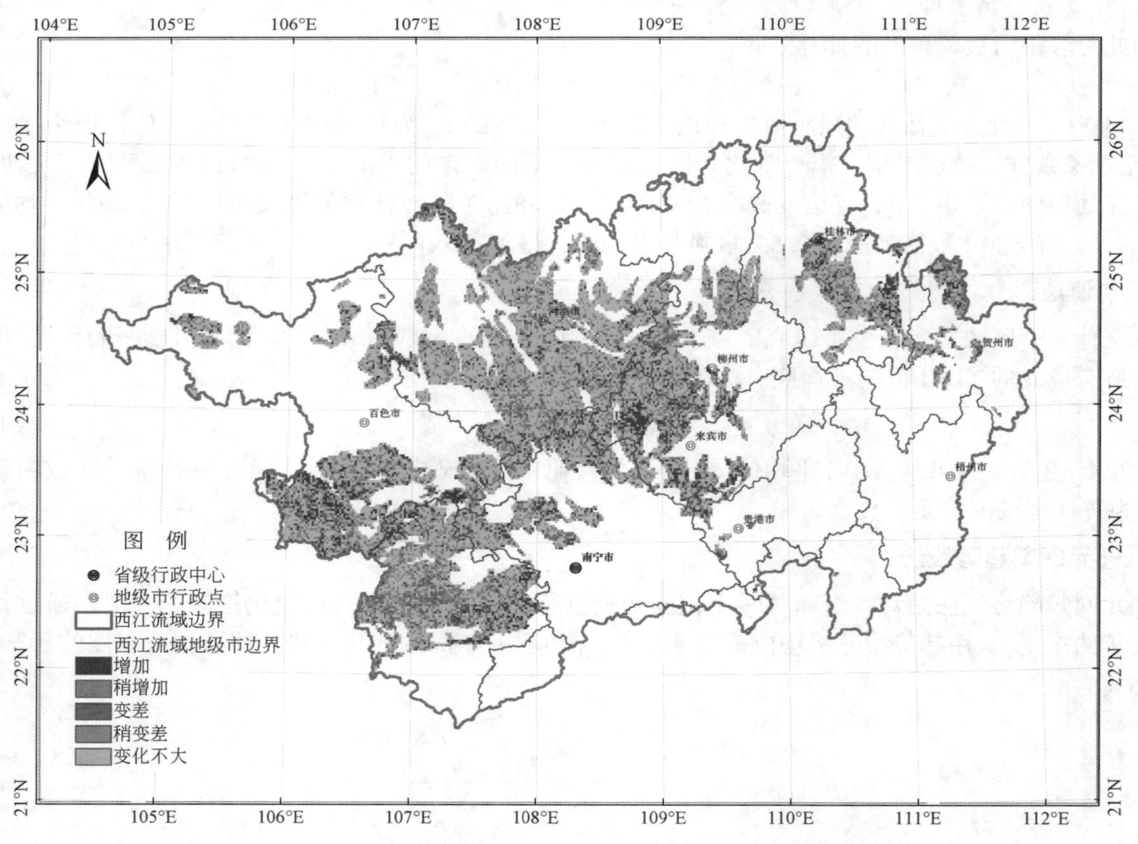

图 11-11　2001 ~2016 年广西石漠化区植被覆盖度变化趋势

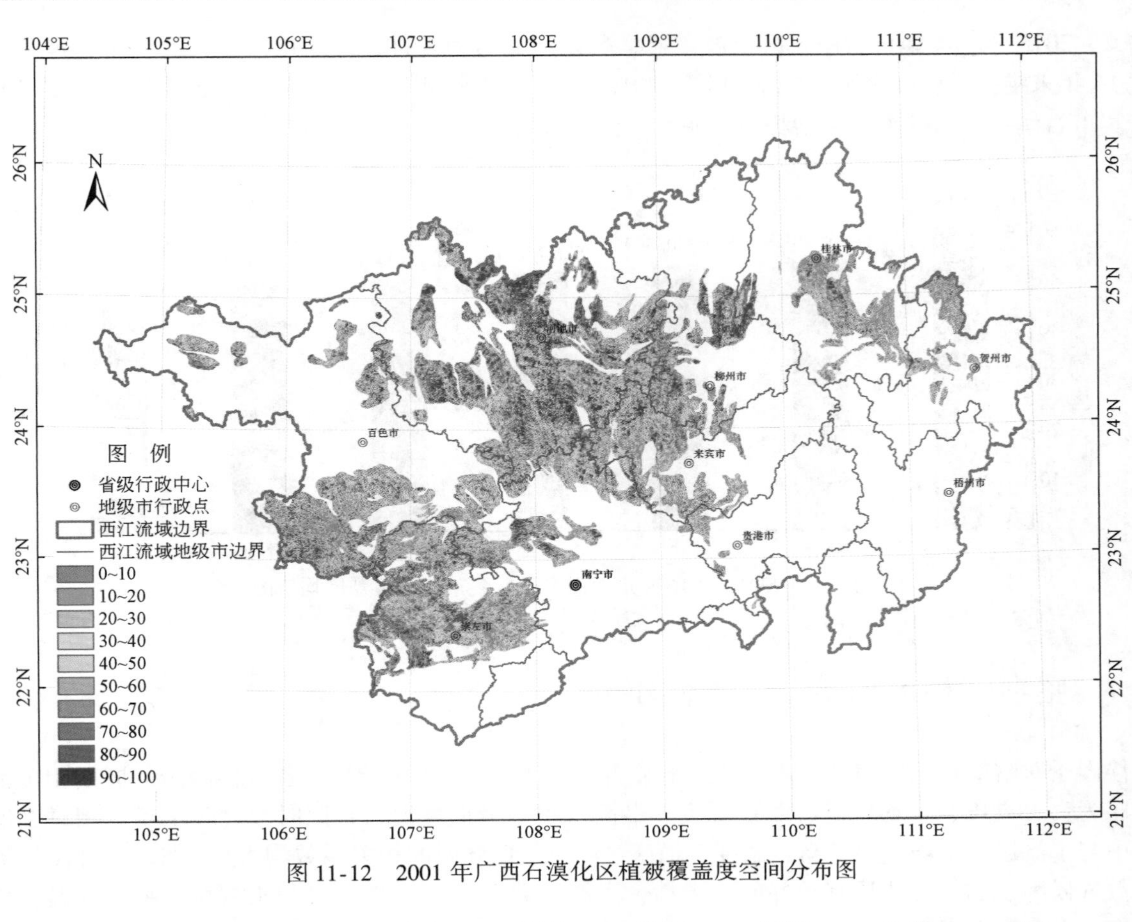

图 11-12　2001 年广西石漠化区植被覆盖度空间分布图

图 11-13　2016 年广西石漠化区植被覆盖度空间分布图

2001～2016 年，各地市石漠化区植被覆盖状况以河池市为最好，崇左市次之，河池市石漠化区植被覆盖度 16 年来维持在较高水平（图 11-14）。2016 年与 2001 年相比，多个市植被覆盖度均有不同程度增加，来宾市石漠化区植被覆盖度增势最为明显，桂林市次之。

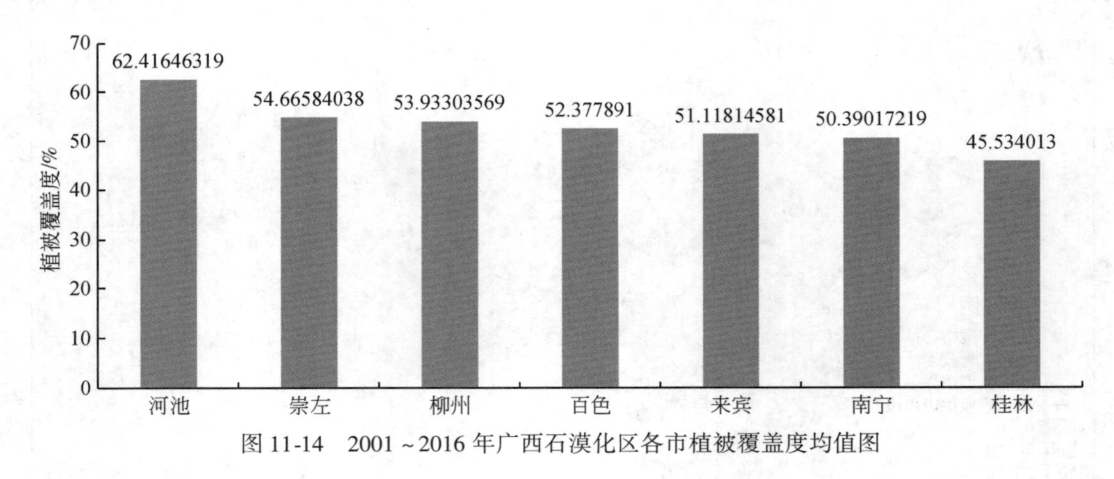

图 11-14　2001～2016 年广西石漠化区各市植被覆盖度均值图

11.6.4　喀斯特地区植被变化气候驱动力

气候因子对喀斯特地区植被指数变化影响显著（表 11-3），植被指数与各气候因子的同期相关性从大到小排序为：水汽压、平均气温、露点温度、最高气温、最低气温、日照时数、降水量、相对湿度、风速，其中与水汽压、平均气温、露点温度、最高气温及最低气温的相关系数均大于 0.8。各站点植被指数与大多数气候因子的相关性具有较好的一致性，离散系数多小于 20%，且与水汽压、平均气温、最低气温、最高气温、露点温度小于 5%（水汽压 4.2%，平均气温 3.5%，最低气温 3.6%、最高气温 4.6%，露点温度 4.4%）。但植被指数与相对湿度和风速的站点一致性较差，离散系数均大于 50%。

表 11-3　2001～2010 年 16 天 EVI 序列与同期气候因子相关系数

水汽压	平均气温	露点温度	最高气温	最低气温	日照时数	降水量	相对湿度	风速
0.86** ±0.04	0.84** ±0.03	0.84** ±0.04	0.83** ±0.04	0.84** ±0.03	0.57** ±0.10	0.54** ±0.10	0.30±0.17	-0.17±0.17

注：表中数值为相关系数平均值±标准差。

** 通过 0.01 显著性检验。

利用通径分析方法进一步分析各气候因子对广西喀斯特地区植被的影响，表 11-4 中为各气候因子对植被指数影响的通径系数（path coefficient，PC），直接通径系数表示直接作用，间接通径系数表示间接作用。各气候因子影响的直接作用大小为平均气温>最低气温>最高气温>露点温度>水汽压>日照时数>相对湿度>风速>降水量，其中平均气温、相对湿度、风速为负效应，其余气候因子为正效应。最低气温的直接正作用最大（PC＝3.70），其次为最高气温（PC＝1.38），日照时数（PC＝0.34）和降水量（PC＝0.17）的直接正作用不明显。平均气温对植被指数没有直接正作用，它主要通过影响最低气温和最高气温起到了重要的间接正作用。此外，水分类气候因子（水汽压、降水量、相对湿度）也起到了较大的间接正作用。多个气候因子均通过最低气温、最高气温起到了较强的间接正作用，通过平均气温起到了较强的间接负作用。综合分析得出，对植被指数起直接正作用的主要气候因子为最低气温和最高气温，起直接负作用的主要气候因子为平均气温。水分类气候因子对植被指数的直接作用不明显，但通过其他气象因子起到了较大的间接作用，各个气候因子主要通过影响最低气温、最高气温及平均气温起到了较强的间接作用。

表 11-4　气候因子对植被指数影响的通径系数

作用因子	直接作用	间接作用								
		水汽压	降水量	相对湿度	平均气温	最高气温	最低气温	日照时数	风速	露点温度
水汽压	0.40		0.12	-0.17	-5.13	1.29	3.63	0.19	0.02	0.52
降水量	0.17	0.30		-0.20	-3.29	0.77	2.45	0.06	0.03	0.37
相对湿度	-0.31	0.22	0.11		-1.98	0.39	1.64	-0.04	0.06	0.28
平均气温	-5.28	0.39	0.10	-0.11		1.36	3.67	0.22	0.01	0.52
最高气温	1.38	0.38	0.09	-0.09	-5.20		3.55	0.26	0.02	0.50
最低气温	3.70	0.39	0.11	-0.14	-5.24	1.32		0.19	0.01	0.52
日照时数	0.34	0.23	0.03	0.04	-3.47	1.04	2.12		0.04	0.30
风速	-0.19	-0.05	-0.03	0.09	0.29	-0.13	-0.14	-0.06		-0.05
露点温度	0.53	0.40	0.12	-0.16	-5.19	1.31	3.66	0.19	0.02	

植被生长对气候因子的响应存在一定的滞后效应（表 11-5、图 11-15 ~ 图 11-17）。植被指数对降水量、相对湿度、水汽压响应的滞后期分别为 3、2、1 期（48 天、32 天、16 天），其相关系数最高时期均出现在-1 期（降水量-1、-2 期相关系数相同）。降水量对植被生长影响的持续时间最长，相对湿度次之，水汽压最短，然而，各站点植被指数对不同时期水汽压的响应具有较好的一致性，前 4 期至 0 期相关系数标准差最大仅为 0.05，降水量次之，对相对湿度的响应差异最大。植被指数对温度的响应也存在明显的滞后性，其对平均气温、最高气温、最低气温、露点温度响应的滞后期分别为 1、1、2、2 期（16 天、16 天、32 天、32 天），其相关系数最高时期均出现在-1 期，此外，各站点植被指数对不同时期的温度响应均具有较好的一致性。植被指数对日照时数、风速的响应无滞后，各站点指数对不同时期日照时数的响应具有较好的一致性，但其与风速的相关性站点差异较大。

表 11-5　2001 ~ 2010 年 16 天指数序列与同期及前 1 ~ 4 期气候因子相关系数

期号	水汽压	平均气温	露点温度	最高气温	最低气温	日照时数	降水量	相对湿度	风速
-1 期	0.89 ** ±0.02	0.87 ** ±0.02	0.88 ** ±0.03	0.85 ** ±0.02	0.88 ** ±0.02	0.50 ** ±0.08	0.59 ** ±0.08	0.33±0.12	-0.10±0.19
-2 期	0.86 ** ±0.02	0.84 ** ±0.02	0.85 ** ±0.02	0.81 ** ±0.02	0.85 ** ±0.02	0.43 * ±0.07	0.59 ** ±0.06	0.32±0.10	-0.01±0.23
-3 期	0.76 ** ±0.03	0.76 ** ±0.03	0.76 ** ±0.03	0.71 ** ±0.04	0.77 ** ±0.03	0.32±0.09	0.57 ** ±0.03	0.30±0.15	0.07±0.24
-4 期	0.61 ** ±0.05	0.61 ** ±0.05	0.61 ** ±0.05	0.56 ** ±0.05	0.62 ** ±0.05	0.18±0.12	0.50 ** ±0.03	0.23±0.21	0.14±0.25
滞后期	1（16 天）	1（16 天）	2（32 天）	1（16 天）	2（32 天）	0	3（48 天）	2（32 天）	0

注：表中数值为相关系数平均值±标准差。

** 通过 0.01 显著性检验；* 通过 0.05 显著性检验。

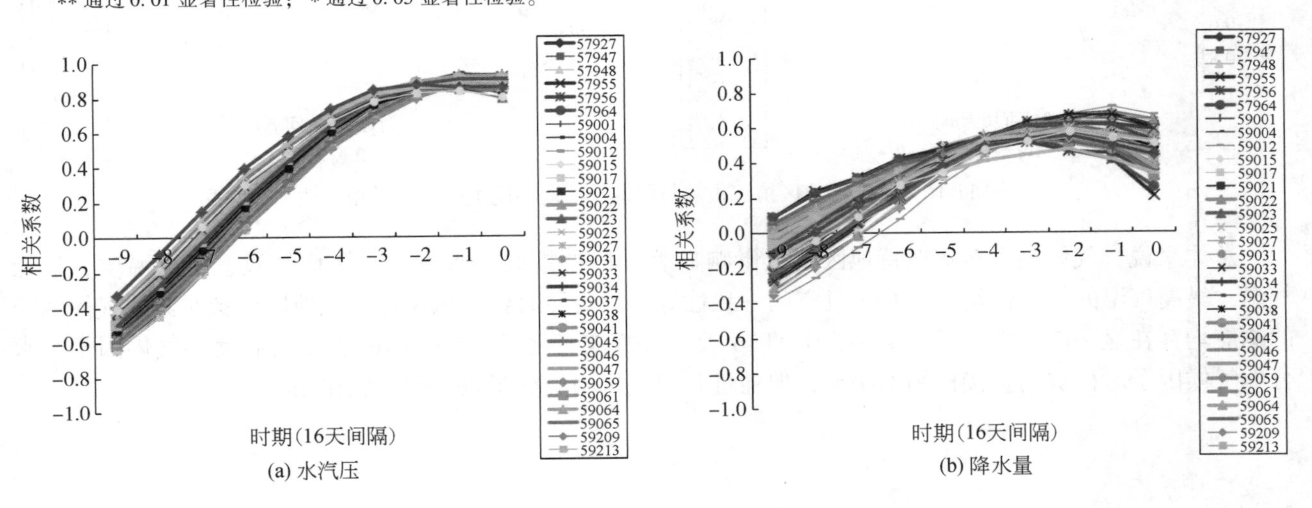

(a) 水汽压　　(b) 降水量

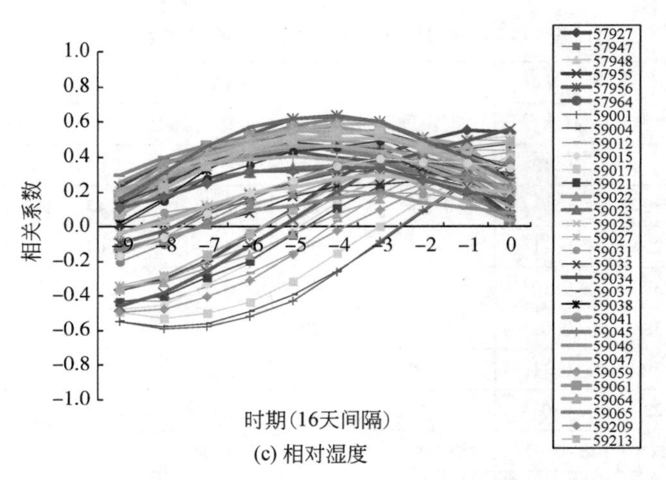

(c) 相对湿度

图 11-15　喀斯特地区植被指数与同期及前期水分类气候因子相关性

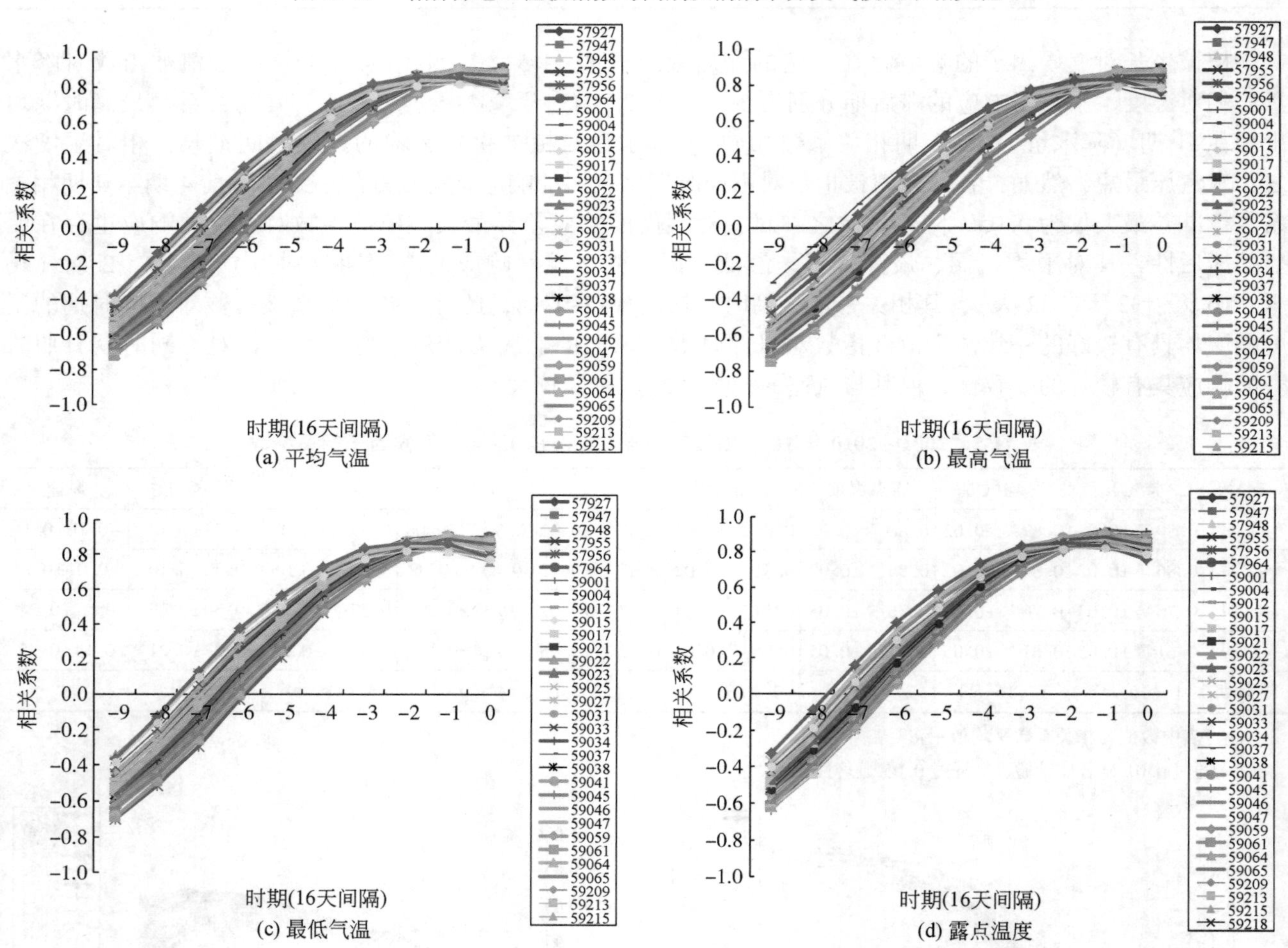

(a) 平均气温　(b) 最高气温　(c) 最低气温　(d) 露点温度

图 11-16　喀斯特地区植被指数与同期及前期温度类气候因子相关性

总体来说，气候因子对喀斯特地区植被影响显著，植被指数与水汽压、平均气温、露点温度、最低气温、最高气温的相关性均大于 0. 8 且空间一致性好。除日照时数和风速外，该地区植被对其他气候因子的响应均存在显著滞后性，滞后期多为 1 期 16 天。对植被变化起直接作用的主要是温度类气候因子，水分类气候因子对植被的直接作用不明显，但通过其他气象因子起了较强的间接作用。

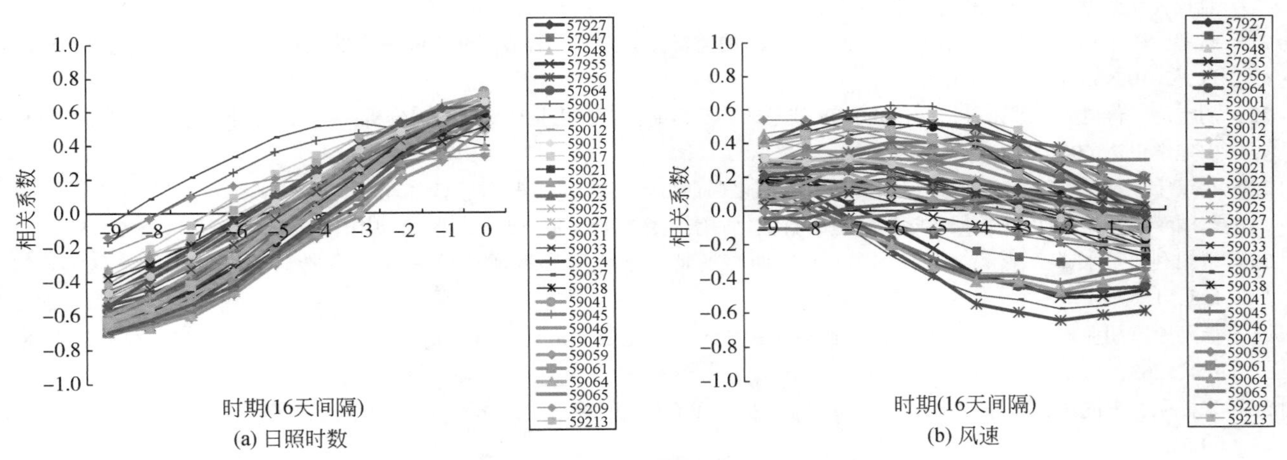

图 11-17　喀斯特地区植被指数与同期及前期日照时数、风速相关性

参考文献

[1] 袁道先．岩溶石漠化问题的全球视野和我国的治理对策与经验［J］．草业科学，2008，25（9）：19-25.

[2] 赵其国，黄国勤．论广西生态安全［J］．生态学报，2014，34（18）：5125-5141.

[3] 尹辉，蒋忠诚，罗为群，等．西南岩溶区水土流失与石漠化动态评价研究［J］．水土保持研究，2011，18（1）：66-70.

[4] 甘海燕，胡宝清．石漠化治理存在问题及对策——以广西为例［J］．学术论坛，2016，39（5）：54-57，109.

[5] 杨青青．喀斯特石漠化的遥感提取方法研究进展［J］．环境与发展，2011，(12)：95-98.

[6] 周欣，吴虹，党宇宁．基于 EOS-MODIS 的广西全境石漠化信息提取方法研究［J］．化工矿产地质，2008，30（4）：219-222.

[7] 麦格，童新华．基于 BP 神经网络的石漠化遥感影像分类方法的探讨［J］．广西师范学院学报（自然科学版），2013，(1)：70-77.

[8] 苏广实，胡宝清，梁铭忠，等．基于神经网络的喀斯特石漠化预警分析模型研究——以广西都安为例［J］．地球与环境，2009，37（3）：287-292.

[9] 刘海龙．面向对象的石漠化遥感监测及过程模拟研究［D］．昆明：昆明理工大学，2015.

[10] 韩昭庆，冉有华，刘俊秀，等．1930s－2000 年广西地区石漠化分布的变迁［J］．地理学报，2016，71（3）：390-399.

[11] 苏成杰．基于 RS 的喀斯特石漠化驱动因素研究——以广西区为例［D］．桂林：桂林理工大学，2015.

[12] 王君华，莫伟华，陈燕丽，等．基于 3S 技术的广西平果县石漠化分布特征及演变规律［J］．中国水土保持科学，2014，12（3）：66-70.

[13] 刘芳，何报寅，寇杰锋．利用 Landsat 热红外遥感调查广西平果县石漠化现状和变化特征［J］．中国水土保持科学，2017，15（2）：125-131.

[14] 杨青青，王克林，陈洪松，等．地质地貌因素对喀斯特石漠化的影响——以广西大化县为例［J］．山地学报，2009，27（3）：311-318.

[15] 黄秋燕．红水河梯级开发 18 年间库区景观格局变化及其生态环境效应——以广西大化县为例［J］．安徽农业科学，2008，(28)：12458-12462，12464.

[16] 杨传明．广西岩溶石漠化变化规律及强弱程度遥感分析［J］．国土资源遥感，2003，15（2）：34-36.

[17] 吕飞舟，石程远，李典军，等．广西凤山县林地石漠化指数研究［J］．中南林业科技大学学报，2015，35（9）：104-108.

[18] 谢雨萍，吴虹，刘泽东，等．恭城县岩溶石漠化环境变化定量遥感研究［J］．桂林工学院学报，2009，29（1）：65-71.

[19] 靖娟利，王永锋．广西都安县石漠化景观格局的尺度效应［J］．桂林理工大学学报，2015，35（2）：330-334.

[20] 梁铭忠，胡宝清，廖赤眉，等．喀斯特石漠化演变胁迫变化关系及胁迫阈值模型研究——以广西都安为例［J］．农

业现代化研究，2011，32（4）：492-496.

[21] 赵鹏，陈天伟，赵艳，等．基于光谱剖面分析的监督分类方法在岩溶石漠化调查中的应用［J］．测绘与空间地理信息，2010，33（4）：133-135.

[22] 胡宝清，蒋树芳，廖赤眉，等．基于3S技术的广西喀斯特石漠化驱动机制图谱分析——以广西壮族自治区为例［J］．山地学报，2006，24（2）：234-241.

[23] 党宇宁．基于EOS-MODIS的广西喀斯特石漠化调查与研究［D］．桂林：桂林理工大学，2008.

[24] 赵丽苹．基于MODIS数据的喀斯特地区石漠化时空演变特征研究［D］．北京：中国地质大学（北京），2015.

[25] 靖娟利，王永锋．基于MODIS NDVI的广西喀斯特石漠化演变特征［J］．水土保持研究，2015，22（2）：123-128，135.

[26] 徐劲原，胡业翠，王慧勇．近10a广西喀斯特地区石漠化景观格局分析［J］．水土保持通报，2012，32（1）：181-184，263，267.

[27] 朱梓弘，朱同彬，黄静，等．基于GIS的广西西江流域石漠化动态分析［J］．中国水土保持科学，2018，16（4）：49-55.

[28] 李晖，尹辉，蒋忠诚，等．典型岩溶区石漠化和土壤侵蚀遥感解译与关键问题［J］．广西师范大学学报（自然科学版），2013，31（2）：133-139.

第12章　广西西江流域自然灾害脆弱性评价及防灾减灾研究

自然灾害风险是当代国际社会和学术界普遍关注的热点问题之一。我国是世界上自然灾害较为严重的国家之一，灾害种类多、分布地域广、发生频率高，造成损失严重。自然灾害已经日益成为制约我国国民经济和社会又好又快发展的重要因素，防治自然灾害已是人类社会共同面临的重大挑战，也成为世界各国需要共同承担的责任。在全球气候变暖的大背景下，未来气候变暖及干旱、极端降水、热带气旋、高温和低温等极端事件的强度、影响面积与国内生产总值损失将继续呈现增加趋势，对我国农业生产、生态环境和社会经济系统带来更为深远的影响。充分了解区域自然灾害的形成机制及其时空分布规律，对灾害易发区域进行科学合理的灾害风险评估，及时地开展区域自然灾害风险区划和管理研究对区域可持续发展的实现有着十分重要的理论和实践意义。

12.1　广西西江流域自然背景及数据源

12.1.1　广西西江流域自然背景

广西西江流域地处低纬区域，南临北部湾，属中、南亚热带季风气候区，北为南岭山地，西北靠云贵高原，地势西北高、东南低，地形复杂，江河纵横，水系发达，岩溶广布，孕灾环境极敏感。

1. 气候背景

广西西江流域地处低纬区域，属中、南亚热带季风气候区，具有气候温暖、降水丰沛、灾害频繁的气候特征。年均气温19.4℃，年均日照时数1460h，年均降水量为1590mm。但降水量季节分配不均，干湿分明。4～9月为雨季，总降水量占全年降水量的70%～85%，且强降水天气过程较频繁，容易发生洪涝灾害；而10～次年3月为干季，总降水量仅占全年降水量的15%～30%，低温少雨，易形成干旱灾害、低温寒冻害、森林火灾等。

2. 地形地貌

广西西江流域总体是山地丘陵性盆地地貌，分山地、丘陵、台地、平原、石山、水面6类。该区域北面有凤凰山、九万大山、大南山和天平山；东北面有萌渚岭；东南面有大桂山；南面有大明山；西面为岩溶山地；西北面为云贵高原边缘山地，有金钟山、岑王老山等。山脉盘绕在盆地边缘或交错在盆地内，形成盆地边缘山脉和内部山脉。

3. 水文

广西西江流域境内有南盘江、红水河、柳江、郁江、黔江、浔江、左江、右江、桂江、贺江等。广西西江流域境内集雨面积在50km^{2}以上的河流784条，集水面积共计20.24km^2，流域面积占全区陆地面积的86%，水资源总量约占广西水资源总量的85.5%。具有夏涨冬枯、暴涨暴落和落差大等特性。

南盘江，广西境内流域面积为4162km^2，多年平均水资源总量为19.43亿m^3。

红水河，自贵州蔗香起经广西乐业、天峨、南丹、来宾等县市，至象州县石龙镇与柳江汇合，河长659km，流域集水面积为43790km^2，多年平均水资源总量为324.99亿m^3。

黔江、浔江，自象州县石龙镇三江口，流经武宣、桂平至梧州与桂江汇合，河长172km，河段集水面积为21680km^2。多年平均水资源总量为147.3亿m^3。

郁江，发源于云南广南县境内杨梅山，是西江流域的最大支流。流域集水面积为90800km^2（含越南境内面积)，其中中国境内集水面积为79207km^2，广西境内集水面积为68125km^2。郁江流域水资源总量为371亿m^3。

柳江，柳江发源于贵州独山县南部里纳九十九滩，上游称都柳江，是珠江流域西江水系第二大支流。河流跨越黔湘桂3省区，流域面积为58270km^2，水资源总量为373.92亿m^3，河流入境水量为87.4亿m^3，产水模数每平方千米为89.23万m^3，是广西水资源较丰富的河流。

桂江、贺江，桂江和贺江位于广西东部地区，流域集水面积为26927km^2，水资源总量为274.7亿m^3，其中，桂江为182.7亿m^3，贺江为92亿m^3，是广西水资源丰富的区域之一，且降水比其他区域来得早。

4. 植被

广西西江流域主要的植被类型包括常绿阔叶林、常绿针叶林、落叶阔叶林、针阔混交林、常绿阔灌丛、落叶阔叶灌丛、草丛等。热带雨林性常绿阔叶林的原生植被以蚬木、金丝李、肥牛树、仪花、闭花木为主；中亚热带典型常绿阔叶林石山植被以青冈栎、朴树、化香、黄连木、圆叶乌桕为主；南亚热带雨林化常绿阔叶林石山植被具有南北过渡的特点，建群种有仪花、海南椤、青岗栎、鹅耳栎等。主要乔木树种有马尾松、柏木、栎类、青岗、化香、任豆、冬青等；灌木常见有小果蔷薇、火棘、龙须藤、老虎刺、红背山麻杆、野花椒、灰毛浆果楝、倒吊笔、细叶榕、余甘子、粉萍婆、山海带、小叶山柿等。草丛以蕨类、扭黄茅、龙须草、荩草、五节芒为主。主要经济树种有板栗、核桃、八角、油桐、柑橘、梨、柚、李等；竹类有楠竹、吊丝竹、麻竹等。

12.1.2 数据源及处理

数据源主要包括基础地理信息数据、遥感影像、遥感本底信息数据、气象数据、土壤湿度、社会经济空间数据等资料，栅格数据统一空间分辨率为1km×1km、投影方式为CGCS2000_GK_Zone_18。

1. 地理信息数据

地理信息数据，来源于广西壮族自治区气象信息中心，主要包括1：250000广西行政边界、行政区点、水系、道路、广西西江流域边界数据；广西数字高程模型（DEM）数据，分辨率为30m，来源于地理空间数据云，采用GIS技术进行几何校正、拼接、镶嵌和投影变换处理，并提取坡度、坡向、经度、纬度等地理因子，统一空间分辨率与投影方式。

2. 遥感本底信息数据

遥感本底信息数据，主要包括2010年空间分辨率为30m的广西林地、灌草地、耕地、水体、建设用地（城镇用地、工矿用地、居民地、道路）等数据。其获取技术方法详见文献[1]。利用GIS的重采样技术，将广西遥感本底数据升尺度为统一分辨率的栅格数据。

3. MODIS-NDVI数据

MODIS-NDVI数据，来源于NASA EOS/MODIS的2000～2015年MOD13Q1数据集，图像空间分辨率为1km×1km，时间分辨率为16天。利用MRT（MODIS reprojection tool）工具将覆盖研究区的图像进行拼接、裁剪等一系列预处理，并转换为统一的投影；采用最大值合成法，将MO13Q1产品数据生成时间分辨率为月尺度的NDVI实验数据。

4. 气象数据

气象数据，来源于广西壮族自治区气象信息中心，选取2000～2015年广西境内91个气象站点的日均温度、日降水量、日照时数、风速、相对湿度、蒸散发等数据。基于GIS技术，采用反距离权重法，将气象数据插值成统一分辨率和投影方式的栅格数据。

5. 社会经济空间数据

基于基础地理数据、遥感本底数据、夜间灯光数据，采用统计分析法，统计各乡镇、县（市、区）遥感本底各地类内的有灯光区、无灯光区面积及灯光辐射值总量，利用线性回归分析法，将其和乡镇级的人口统计数据、县（市、区）GDP 数据进行逐步回归分析，建立像元尺度的区域社会经济空间模型[2]，获得广西西江流域人口、GDP 空间分布数据。

6. 其他数据

其他数据，主要包括中国气象局陆面数据同化系统（China meteorological administration land data assimilation system，CLDAS）土壤相对湿度、地质地层类型、地质地震构造、暴雨洪涝、台风、干旱等自然灾害灾情数据。

12.2　广西西江流域主要自然灾害类型及风险机制

12.2.1　广西西江流域自然灾害类型

广西西江流域自然灾害分布面积广，发生频率高，危害严重，主要有暴雨洪涝、干旱、热带气旋、低温、地质灾害等。夏季因受热带气旋和季风环流影响，前汛期热带气旋灾害性天气频发，后汛期盛行温暖湿润的海洋气团，导致大暴雨、特大暴雨灾害频频出现，极端降水所引发的溪河洪水、滑坡、泥石流等山洪灾害是广西发生频率最高、危害最大的自然灾害，给广西国民经济建设带来巨大的损失；冬季盛行干燥的大陆气团，导致桂北、桂西严重干旱，且来自东北方和西北方的寒潮沿着弧形山脉直扫而下，导致寒冻害危及全区，农作物受灾面积广，经济损失严重。还常常出现几种灾害同步叠加、连续重复发生的情况，如风灾带来洪灾、潮灾，洪灾造成泥石流、滑坡、水土流失等。

12.2.2　广西西江流域自然灾害风险形成机制

自然灾害是自然界的灾害作用于人类社会的产物，是人与自然之间关系的一种表现。自然灾害的最终承灾体是人类及人类社会的集合体，因而，只有对承灾体的部分或整体造成直接或间接损害的灾害才能称为自然灾害。从灾害学的角度出发，形成自然灾害必须具有以下条件：其一，存在诱发灾害的因素（致灾因子）；其二，具有形成灾害的环境（孕灾环境）及人们在潜在的或现实的灾害威胁面前，采取回避、适应或防御灾害的对策措施（防灾减灾能力）；其三，灾害影响区有人类的居住或分布有社会财产（承灾体）。因此，基于自然灾害风险形成，自然灾害风险是由致灾因子危险性、脆弱性（孕灾环境敏感性和防灾减灾能力）、承灾体暴露性三部分共同形成的（图 12-1）。

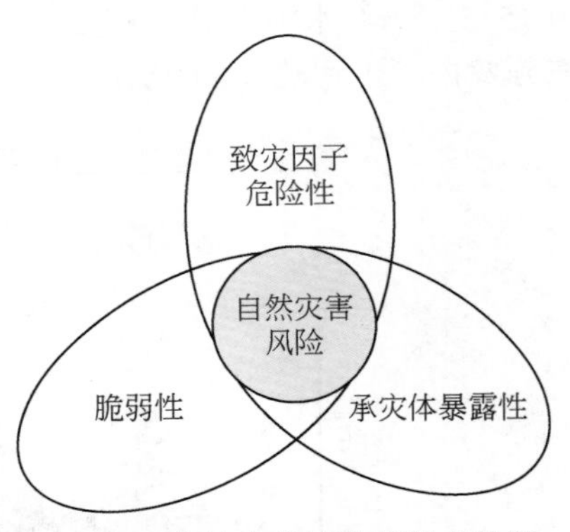

图 12-1　自然灾害风险的形成机制

根据广西西江流域主要的自然灾害类型及自然背景，致灾因子危险性主要以各圈层所产生的致灾因子（大气圈、水圈产生热带气旋、暴雨、洪水等；岩石圈产生地震、滑坡、崩塌、泥石流等）的强度和频率来表征；脆弱性主要以致灾因子作用下其地形、地貌、地质、土壤、水文等孕灾环境的敏感性及遭受灾害袭击时的抵御力和受灾后的恢复力等抗灾能力来表征；承灾体暴露性主要以暴露于致灾因子下承灾体的人口、社会、经济等数量来表征。

12.3　广西西江流域自然灾害时空演变

12.3.1　暴雨洪涝灾害时空演变

在广西中小流域暴雨灾害普查的基础上，充分收集文献、网站的洪涝灾害资料，综合整理分析广西西江流域暴雨洪涝灾害出现时间、频次，分析广西西江流域洪涝灾害的时空演变特征。数据资料收集时间为 1983 ~ 2015 年。

1. 暴雨洪涝灾害时间变化

广西西江流域的洪水灾害频繁，尤以中下游为甚，西江洪水发生频次随年际呈增加趋势[3]。广西西江流域洪水主要由强降雨汇流形成。因此，广西西江流域洪涝期与雨季相对应，汛期从 4 月开始，至 9 月底结束。干流洪水多发生在 6 ~ 8 月，尤其是 6 ~ 7 月暴雨洪涝发生的频率最高，5 月偶有发生。各主要支流洪涝分布特征如下[4]：

①柳江流域雨量充沛，由于受西南暖湿气流等天气系统的影响，湿度较大的气流在遇到大山后迅速抬升而形成高强度的降雨，成为广西第一降雨高值区。洪水集中在 6 ~ 7 月，与干流洪水基本相应。

②郁江洪水主要由热带风暴及热带气旋引发，每年登陆广西并影响郁江流域的热带气旋及热带风暴大多集中在 5 ~ 10 月期间。郁江 7 ~ 9 月发生大洪水的次数最为集中，其最有可能发生大洪水的时间晚于干流。

③桂江汛期开始较早，从 3 月开始进入汛期，年最大洪峰流量主要集中在 5 ~ 6 月，7 月已经减少，桂江洪水发生时间明显早于西江干流。

2. 暴雨洪涝灾害空间分布

广西西江流域洪涝灾害出现频次特征如图 12-2 所示。洪涝灾害相对集中在 10 ~ 20 次之间，有 60 个中小流域，占总次数的 32.1%；在 20 ~ 30 次之间有 55 个中小流域，占总次数的 29.4%；在 30 ~ 40 次之间有 39 个中小流域，占总次数的 20.8%；出现洪涝灾害最多频次的是明江流域干流，达 63 次之多，漓江、桂江、柳江等流域均超过了 40 次，大于 40 次以上的中小流域仅有 2.2%；小于 10 次以下占总流域的为 15.5%。红水河流域、右江流域自建设梯级水电站和防洪枢纽工程后，洪涝灾害发生次数明显减少，充分发挥了工程建设的作用。

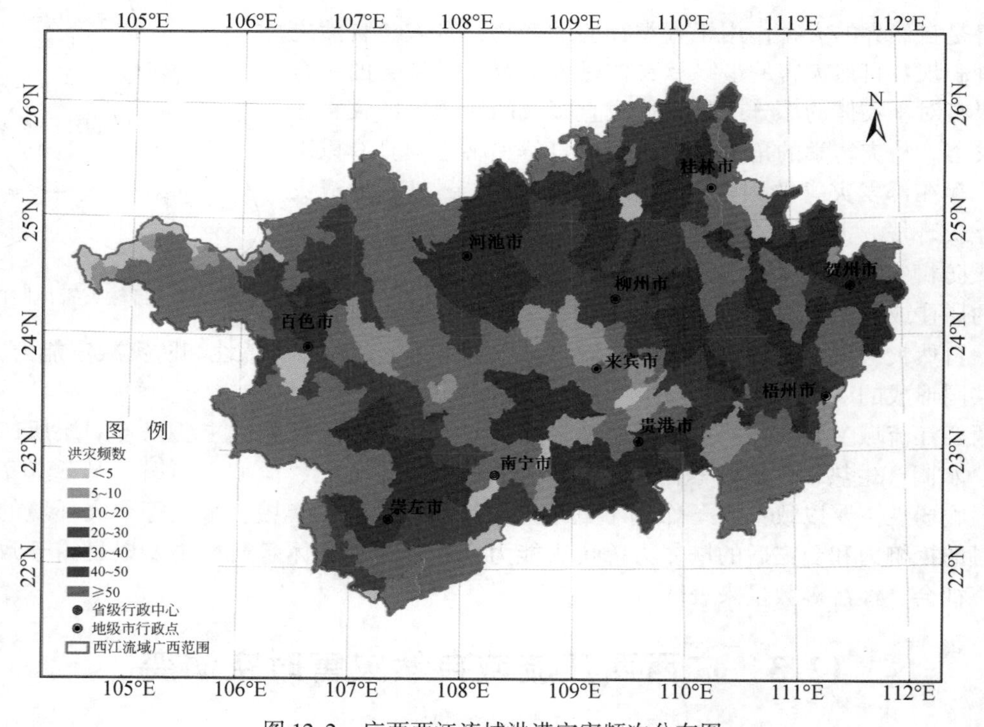

图 12-2　广西西江流域洪涝灾害频次分布图

广西西江流域暴雨洪涝灾害灾情特征如图 12-3 所示。年均受灾人口共约 360 万人，主要分布在融江流域三江县、浔江流域平南县、桂江流域昭平县、红水河中游流域都安县，年均受灾人口在 8 万 ~ 16 万人；融江流域柳城县，浔江流域贵港市区、藤县，贺江流域八步区，红水河中游流域马山县，年均受灾人口最多，超过 16 万人。暴雨洪涝累计死亡人口共约 1600 人，主要分布在红水河流域中游都安县、马山县，浔江流域平南县，桂江流域昭平县、钟山县，累计死亡人口在 50 ~ 75 人；红水河上游流域南丹县，融江流域三江县，贺江流域八步区，累计死亡人口最多，超过 75 人。暴雨洪涝年均农作物受灾面积共约 260 万 hm^2，主要分布在红水河上游流域南丹县，中游都安县、马山县、融江流域柳城县，年均农作物受灾面积 1.0 万 ~ 1.5 万 hm^2；郁江流域桂平市，年均农作物受灾面积最大，超过 1.5 万 hm^2。暴雨洪涝年均直接经济损失共约 25 亿元，主要分布在洛清江流域临桂区、永福县，桂江流域恭城县、钟山县、昭平县，郁江流域桂平市，年均直接经济损失 0.6 亿 ~ 1.2 亿元；红水河流域合山市、柳江流域象州县，浔江流域平南县、藤县，年均直接经济损失最大，超过 1.2 亿元。

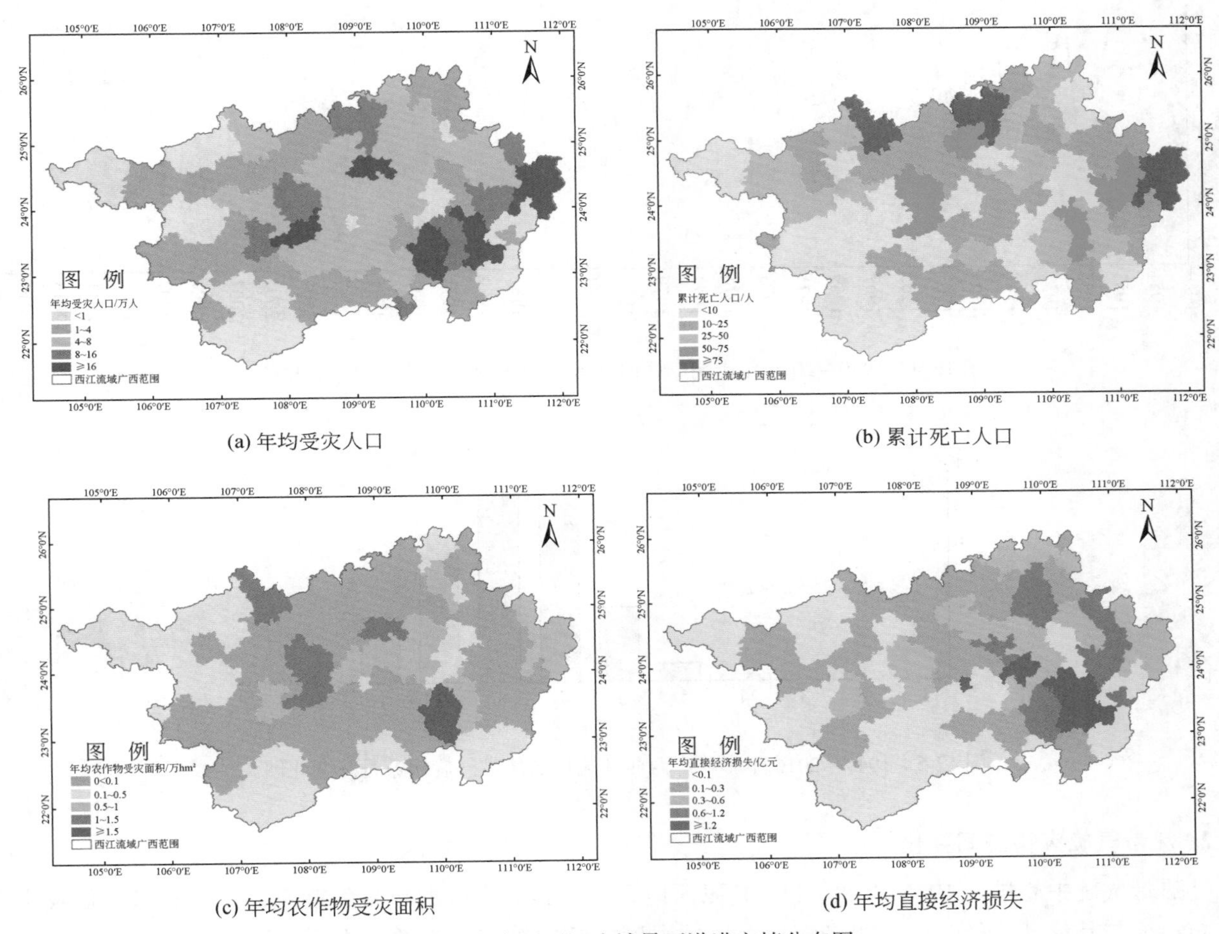

(a) 年均受灾人口　　(b) 累计死亡人口

(c) 年均农作物受灾面积　　(d) 年均直接经济损失

图 12-3　广西西江流域暴雨洪涝灾情分布图

12.3.2　热带气旋灾害时空演变

热带气旋灾害是指发生在热带或副热带海洋上的气旋性涡旋及其引发和伴生的大风、暴雨、风暴潮等所造成的灾害。根据《热带气旋等级》（GB/T 19201—2006）国家标准，热带气旋分为 6 个等级，即热带低压、热带风暴、强热带风暴、台风、强台风和超强台风。根据广西壮族自治区气候中心历年气候评价资料，分析广西西江流域热带气旋灾害的时空演变特征。数据资料收集时间为 1949 ~ 2016 年。

1. 热带气旋灾害时间变化

资料统计可知，1949 ~ 2016 年，影响广西西江流域的热带气旋共有 356 个，平均每年有 5.24 个。其中，1952 年、1974 年是出现最多的，为 9 个，2004 年是出现最少的，为 0 个。热带气旋中心进入广西内陆或近海，则对广西西江流域影响比较大，往往造成不同程度的气象灾害。从年际变化的线性趋势线可知（图 12-4），影响广西西江流域的热带气旋频数呈波动式降低，20 世纪五六十年代前期有增加趋势，60 年代后期略有降低，70 年代前期为增长趋势，70 年代后期呈减少趋势，80 年代变化较平稳，90 年代前期为增加趋势，90 年代后期呈波动减少趋势；21 世纪后又有所增加。从月际变化的线性趋势可知（图 12-5），影响广西西江流域的热带气旋逐月分布呈单峰型，从 4 月开始出现，8 月达到峰值，9 ~ 11 月逐渐下降，主要集中在 7 ~ 9 月，其中，8 月平均 1.4 个，7 月与 8 月相差不大，9 月平均 1.2 个。

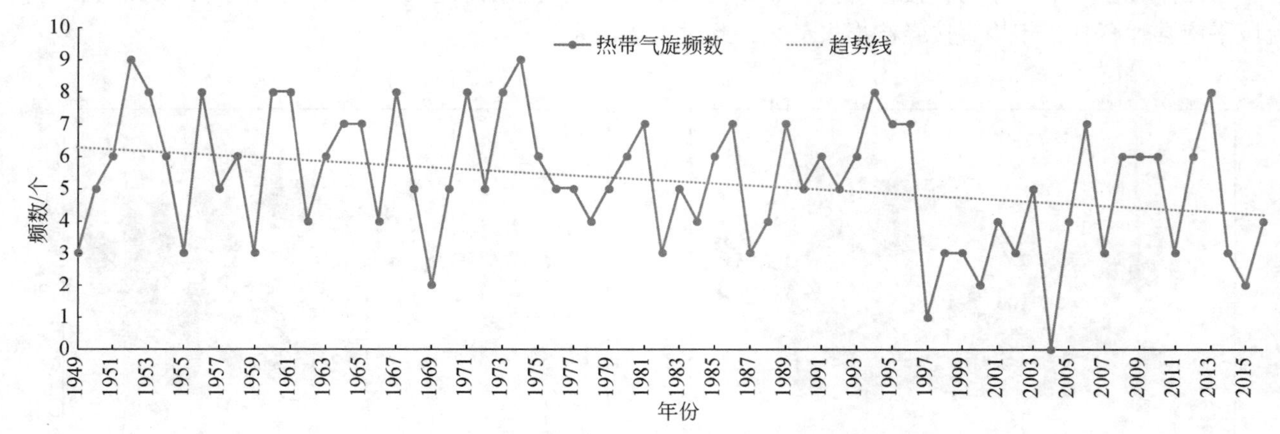

图 12-4　1949 ~ 2016 年影响广西西江流域的热带气旋频数年际变化图

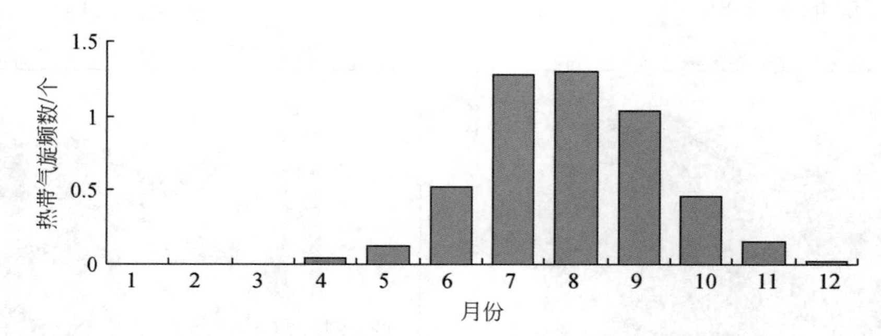

图 12-5　1949 ~ 2016 年影响广西西江流域的热带气旋频数月际变化图

2. 热带气旋灾害空间变化

凡热带气旋中心进入 19°N 以北、112°E 以西地区，即影响广西的热带气旋[5]。广西热带气旋灾害空间分布特征与其移动路径、伴随的降雨和大风的强度、频次等因素有关。根据广西壮族自治区气候中心历年气候评价资料，从热带气旋年均受灾人口、累计死亡人口、年均农作物受灾面积、年均直接经济损失等分析广西西江流域热带气旋灾害的空间分布特征。数据资料收集时间为 1985 ~ 2016 年。

按广西热带气旋基本路径预报业务将登陆华南影响广西的热带气旋基本路径划分为 3 类[6]。第Ⅰ类（西路型）：在湛江市以西（或以南）沿海登陆；第Ⅱ类（中路型）：在湛江市到珠江口以西之间沿海登陆；第Ⅲ类（东路型）：在珠江口以东至福州之间沿海登陆。

广西西江流域热带气旋灾害灾情特征如图 12-6 所示。年均受灾人口共约 120 万人，主要分布在左江流域宁明县、扶绥县，郁江流域横县、贵港市区，红水河下游流域兴宾区，年均受灾人口在 4 万 ~ 8 万人；郁江流域桂平市，年均受灾人口在 8 万 ~ 16 万人；邕江流域南宁市区年均受灾人口最多，超过 16 万人。累计死亡人口共约 360 人，主要分布在郁江流域南宁市区、横县，浔江流域岑溪市，累计死亡人口 15 ~ 35 人；浔江流域北流市、容县，累计死亡人口 35 ~ 55 人；左江流域江州区，累计死亡人口最多，超过 55 人。年均农作物受灾面积共约 10 万 hm^2，主要分布在左江流域江州区、扶绥县、宁

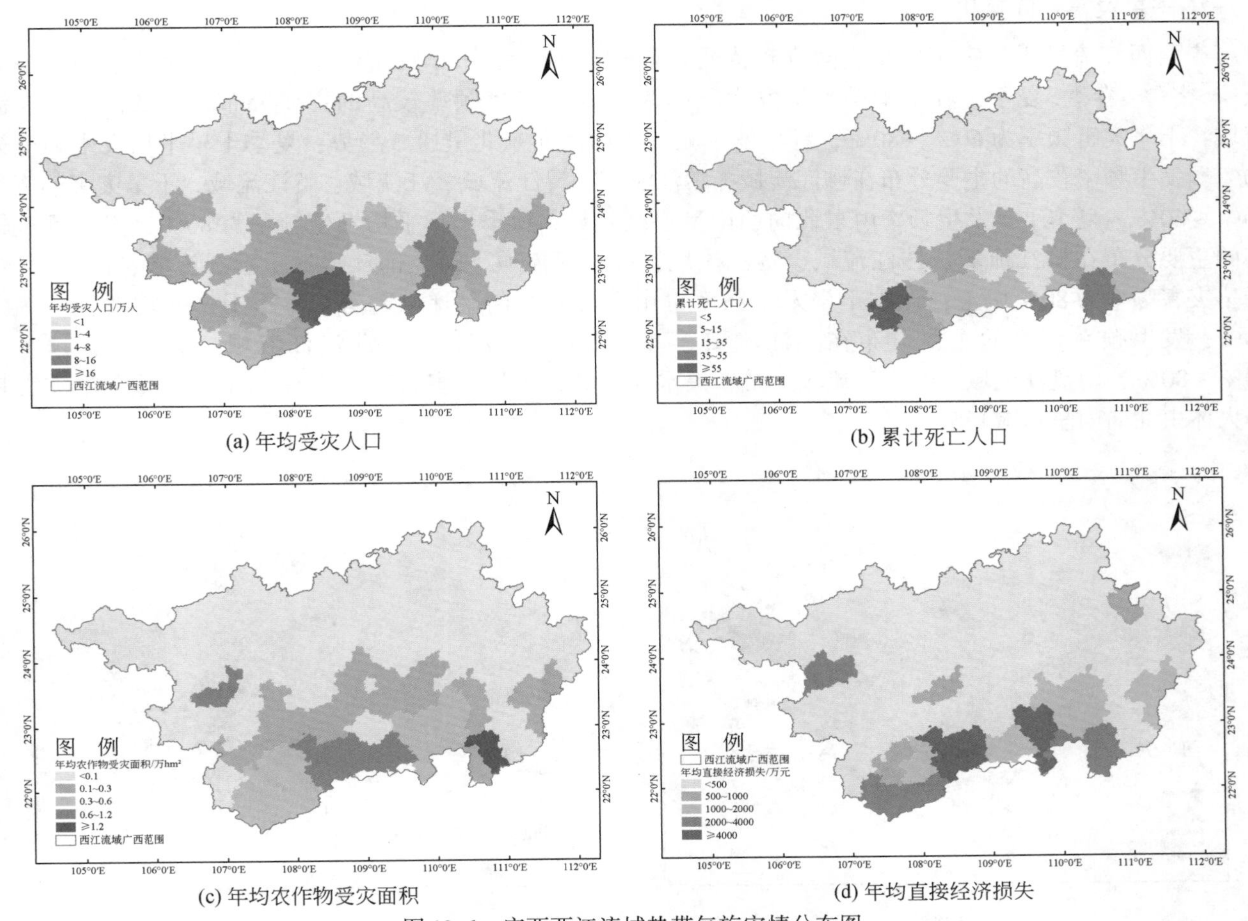

图 12-6　广西西江流域热带气旋灾情分布图

明县，浔江流域贵港市区、桂平市，年均农作物受灾面积 0.3 万～0.6 万 hm²；郁江流域南宁市区、横县，年均农作物受灾面积 0.6 万～1.2 万 hm²；浔江流域容县，年均农作物受灾面积最大，超过 1.2 万 hm²。年均直接经济损失共约为 40000 万元，主要分布在左江流域扶绥县，郁江流域横县、桂平市，浔江流域平南县、梧州市区，桂江流域苍梧县，年均直接经济损失 1000 万～2000 万元；左江流域宁明县，浔江流域的北流市、容县，年均直接经济损失 2000 万～4000 万元；郁江流域南宁市区、贵港市区，年均直接经济损失最大，超过 4000 万元。

12.3.3　干旱灾害时空演变

采用标准化降水蒸散指数（standardized precipitation evapotranspiration index，SPEI）作为干旱评价指标，计算干旱发生频率，分析广西西江流域干旱时空分布特征，根据广西壮族自治区气候中心历年气候评价资料，分析广西西江流域干旱灾害灾情分布特征。数据资料收集时间为 1971～2017 年。

1. 干旱灾害时间变化

广西西江流域春季干旱呈波动增强趋势，1977 年、1988 年、1991 年、1995 年有较大范围的干旱发生。夏季干旱呈波动减弱趋势，该时期有两个明显的干期，分别为和 1983～1992 年、2009～2011 年，旱情严重的年份有 1989～1990 年、2000 年、2010 年。秋季干旱呈波动增强趋势，旱情严重的年份有 1992 年、1998 年、2004 年、2005 年、2006 年、2009 年。冬季干旱呈波动减弱趋势，该时期有两个明显的湿期，分别为和 1989～1993 年、2010～2016 年，旱情严重的年份有 1987 年、1999 年、2009 年。

2. 干旱灾害空间变化

广西西江流域干旱灾害频率空间分布特征如图 12-7 所示。干旱灾害频率按季节从大到小的顺序为秋季>冬季>春季>夏季；春季干旱平均发生频率为 33%，发生频率较高的主要分布在右江流域、左江流域，干旱灾害频率为 60% ~80%，春旱发生频率由西南向东北呈递减趋势；夏季干旱平均发生频率为 30%，发生频率较高的主要分布在柳江流域、黔江流域、浔江流域、江流域、贺江流域，干旱灾害频率为 40% ~60%，夏季干旱发生频率由东北向西南呈递减趋势；秋季干旱平均发生频率为 80%，发生频率较高的主要分布在柳江流域、桂江流域、贺江流域、红水河流域下游、郁江流域、黔江流域、浔江流域，干旱灾害频率为 80% 以上；秋季干旱发生频率也由东北向西南呈递减趋势；冬季干旱平均发生频率为 60%，发生频率较高的主要分布在融江流域、漓江流域、蒙江流域、北流江流域，干旱灾害频率为 60% ~80%，南盘江流域、红水河流域上游、黑水河流域，干旱灾害频率为 80% 以上，冬季干旱灾害频率大体由北向南呈递减趋势。

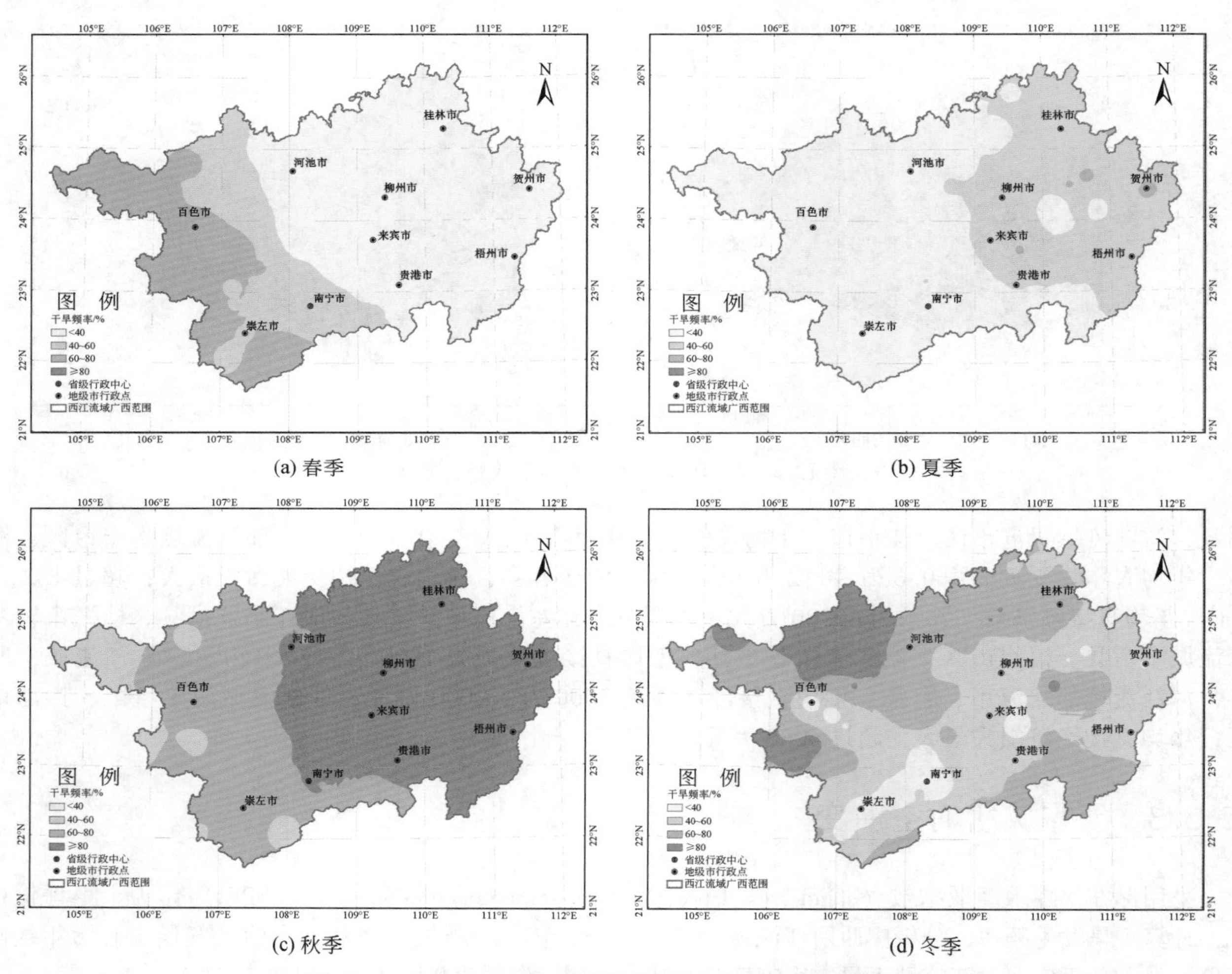

(a) 春季　(b) 夏季　(c) 秋季　(d) 冬季

图 12-7　1971 ~2017 年广西西江流域各季度干旱灾害频率图

广西西江流域干旱灾害灾情空间分布特征如图 12-8 所示，干旱灾害年均受灾人口共约 190 万人，主要分布在红水河流域上中游都安县、马山县，左江流域扶绥县，年均受灾人口在 6 万 ~12 万；红水河流域下游兴宾区，浔江流域桂平市，年均受灾人口最多，在 12 万以上。干旱灾害年均农作物受灾面积共约30 万 hm^2，主要分布在左江流域大新县、扶绥县，郁江流域横县，红水河流域下游宾阳县，年均农作物受灾面积 1 万 ~2 万 hm^2；红水河流域下游的兴宾区，年均农作物受灾面积最大，超过 2 万 hm^2。干旱灾害年均直接经济损失共约 2 亿元，主要分布在左江流域扶绥县，柳江流域宜州区、柳城县，红水河流域下游忻城县、上林县，郁江流域桂平市，贺江流域八步区，年均直接经济损失 600 万 ~ 1200 万元；红水河流域下游兴宾区、宾阳县，郁江流域贵港市区，桂江流域恭城县，年均直接经济损失最大，超过 1200 万元。

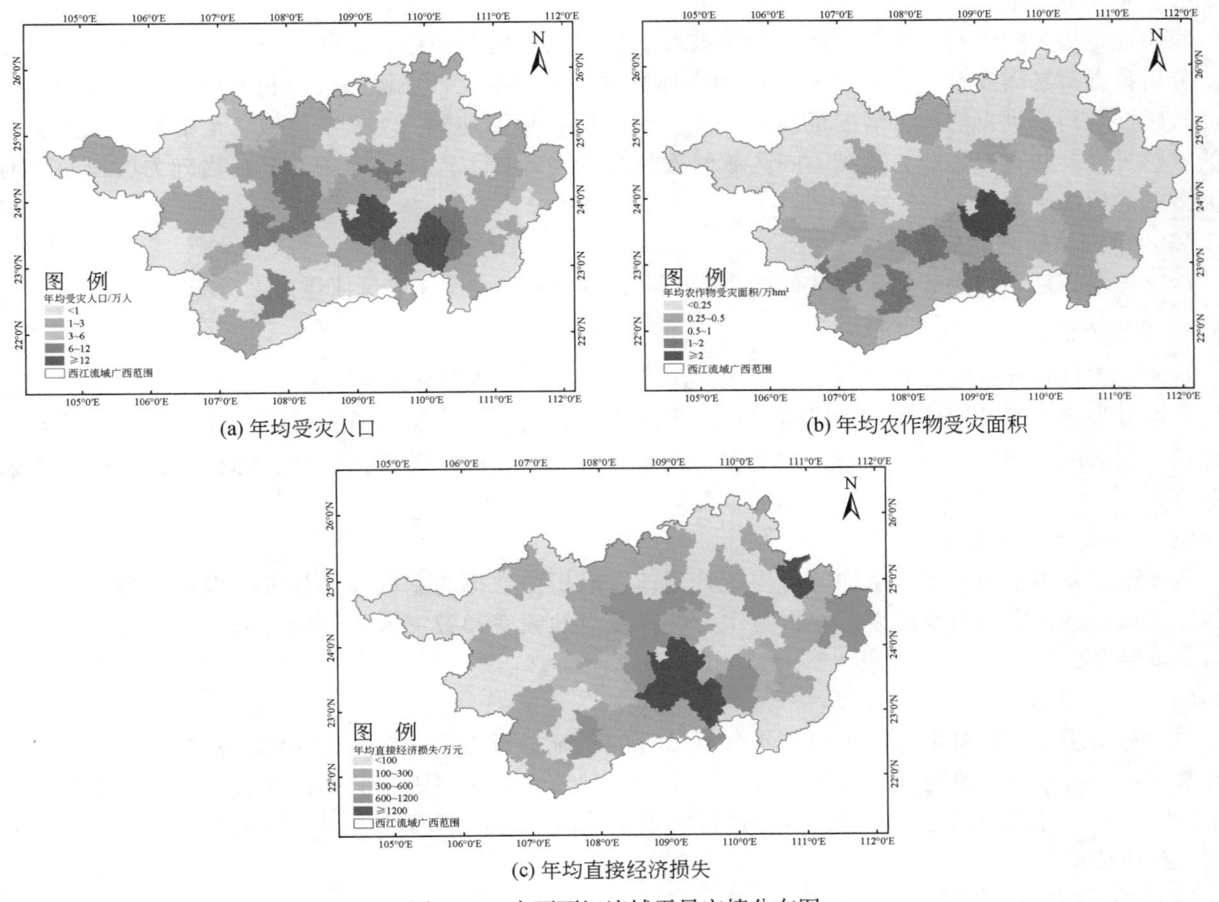

(a) 年均受灾人口　　(b) 年均农作物受灾面积

(c) 年均直接经济损失

图 12-8　广西西江流域干旱灾情分布图

12.4　广西西江流域自然灾害风险评价

12.4.1　评价基本原理

1. 评价概念模型

基于广西西江流域自然灾害风险形成机制，自然灾害风险是致灾因子危险性、承灾体暴露性、脆弱性综合作用的结果，自然灾害风险评价模型可表示为

$$R=f(H,E,V) \tag{12-1}$$

式中，R 为自然灾害风险评价指数；f 为关系函数；H 为致灾因子危险性指数；E 为承灾体暴露性指数；V 为脆弱性指数。

2. 评价内容

广西西江流域自然灾害风险评估内容主要包括致灾因子危险性分析、脆弱性分析、承灾体暴露性分析三方面。

（1）致灾因子危险性分析

基于广西西江流域自然灾害类型，自然灾害的致灾因子是指热带气旋、暴雨洪涝、干旱、低温等。致灾因子分析需要从3个方面进行，即灾害影响规模、频率和强度。

（2）脆弱性分析

脆弱性是指承灾体易于受到自然灾害的破坏、伤害或损伤的特性，反映各类承灾体对灾害的承受能力。分析灾害对暴露要素（承灾体）可能的毁坏程度，包括孕灾环境敏感性分析和防灾减灾能力。孕灾环境敏感性是指受到自然灾害威胁的所在地区外部环境（地形地貌、水文、植被、土壤等）对灾害或损害的敏感程度。防灾减灾能力是指不同区域的人类社会为各种承灾体所配备的综合措施力度以及针对特定灾害的专项措施力度。

（3）承灾体暴露性分析

承灾体暴露性是指要评估研究区处在某种风险中的承灾体数量（或价值量）及分布。

3. 评价方法

自然灾害风险评估方法有多种不同表达方式。目前，国内外研究灾害风险评估的方法也是多种多样，总体来说分为定性风险评估和定量风险评估及定性定量相结合的方法。研究采用定性和定量相结合的方法评估广西西江流域自然灾害风险，主要运用概率统计方法、层次分析法、加权综合评价法和灾害风险指数法。

（1）概率统计方法

概率论主要用来研究随机事件的历史统计规律。以历史数据为基础，估计灾害发生的概率，研究广西西江流域自然灾害的时空演变，并将其作为灾害发生的频率和致灾因子危险性的重要指标，进行自然灾害风险综合评估。

（2）层次分析法

层次分析法是一种将定性分析与定量分析结合的系统分析方法，以历史灾情、社会经济统计、自然条件等数据为数据源。研究利用相关多领域专家的经验，通过对诸因子的两两比较、判断、赋值而得到一个判断矩阵，计算得到各因子的权值并进行一致性检验，为广西西江流域自然灾害风险评估模型的指标权重提供依据。

（3）加权综合评价法

加权综合评价法综合考虑各个具体指标对评价因子的影响程度，是把各个具体指标的作用大小综合起来，用一个数量化指标加以集中，表示整个评价对象的优劣，公式如下：

$$P = \sum_{i=1}^{n} W_i \cdot D_i \tag{12-2}$$

式中，P 为评价因子的值；W_i为指标 i 的权重；D_i为指标 i 的规范化值；n 为评价指标个数。权重 W_i的确定可由各评价指标对所属评价因子的影响程度重要性，根据专家意见，结合西江流域实际情况讨论确定。

（4）灾害风险指数法

广西西江流域自然灾害风险是致灾因子危险性、脆弱性和承灾体暴露性综合作用的结果，用综合风险指数表示，评估模型如下：

$$\mathrm{FDRI} = \mathrm{VHI}^{wh}\,\mathrm{VEI}^{ws}\,\mathrm{VFI}^{wr} \tag{12-3}$$

式中，FDRI 为自然灾害风险指数，其值越大，则灾害风险度越高；VHI、VEI、VFI 的值分别为致灾因子危险性、脆弱性和承灾体暴露性指数；wh、ws、wr 是各评价因子的权重，根据专家意见，结合广西实际情况，采用层次分析法确定。

4. 评价流程

广西西江流域自然灾害风险评估流程主要从数据收集、致灾因子危险性分析、脆弱性分析、暴露性分析、灾害风险建模、灾害风险评价与区划等几方面进行（图 12-9）。

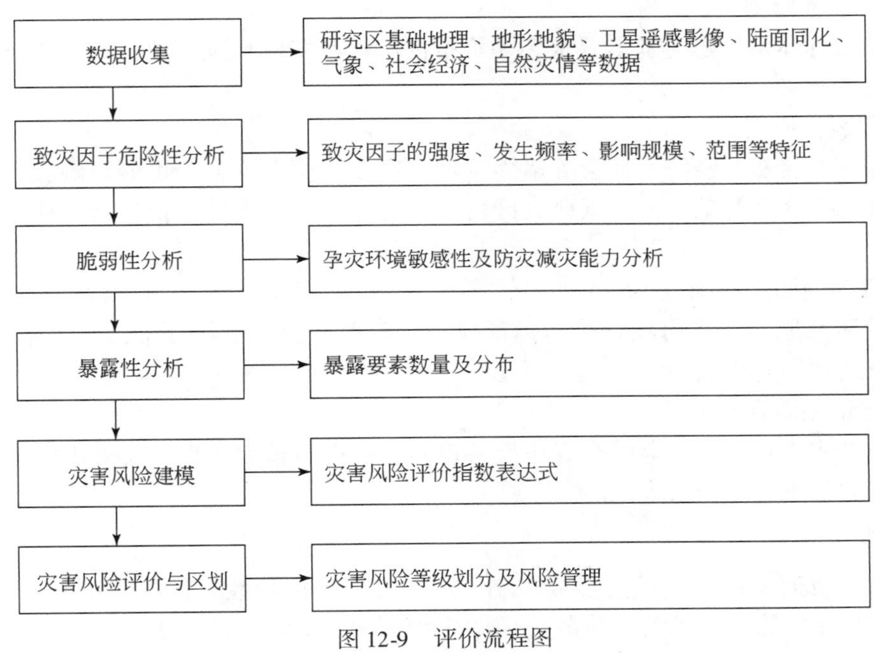

图 12-9 评价流程图

（1）数据收集

数据主要包括研究区基础地理、地形地貌、卫星遥感影像、陆面同化、气象、社会经济、自然灾情等数据。

（2）致灾因子危险性分析

根据广西西江流域不同灾害类型，采取相应的评估方法获取致灾因子的强度、发生频率、影响规模、范围等特征。

（3）脆弱性分析

根据广西西江流域不同灾害类型，采用定性或定量方法确定不同自然灾害的孕灾环境敏感性及防灾减灾能力。

（4）暴露性分析

确定可能暴露于各种灾害影响下的人口、建筑、道路、耕地和财产资源等要素，采用相关算法等定量化方法，获得暴露要素数量及分布。

（5）灾害风险建模

在致灾因子危险性分析、暴露性分析、脆弱性分析基础上，根据不同灾种，采用定量或定性方法确定灾害风险评价指数。

（6）灾害风险评价与区划

根据灾害风险评价指数，结合实际灾情，确定自然灾害风险等级区划，实现自然灾害风险精细化、定量化评估，并制定减险、降险规划，提出自然灾害防治措施。

5. 评价尺度

研究区评价空间数据尺度为 1km×1km 的像元尺度，自然灾情数据空间尺度为县级行政单元。

12.4.2 评价指标体系

1. 指标构建原则

基于自然灾害系统的复杂性、不确定性、多样性，构建一个科学、全面、合理、实用的自然灾害风险评估指标体系，应遵循以下原则。

（1）科学与可靠性原则

科学性是评估指标体系构建的基本要求，评价指标应该与实际情况相符，具可信度和准确度，从而使评估结果具有科学意义。

（2）全面与代表性原则

评价指标体系涉及自然、经济、社会等诸多领域，应该全面考虑各个可能影响灾害风险的因素，系统构建评估指标体系。在此基础上，根据研究区特点，提炼具有代表性评价指标，针对性地构建评价指标体系。

（3）可操作性与简明性原则

可操作性与简明性原则要求每项评价指标都应易于获取、便于量化分析，且应尽可能简单、明了，有利于提高自然灾害风险管理效率。

（4）定性与定量相结合原则

针对研究区自然灾害特点，要全面客观地反映现实，获得高精度数据，需采用定性与定量相结合的方式评价，有利于自然灾害综合风险评估与区划。

2. 指标体系建立

基于自然灾害时空演变规律及风险形成机制，从致灾因子危险性、脆弱性和承灾体暴露性等方面，构建自然灾害致灾因子危险性、承灾体暴露性、脆弱性评估指标体系（图 12-10）。

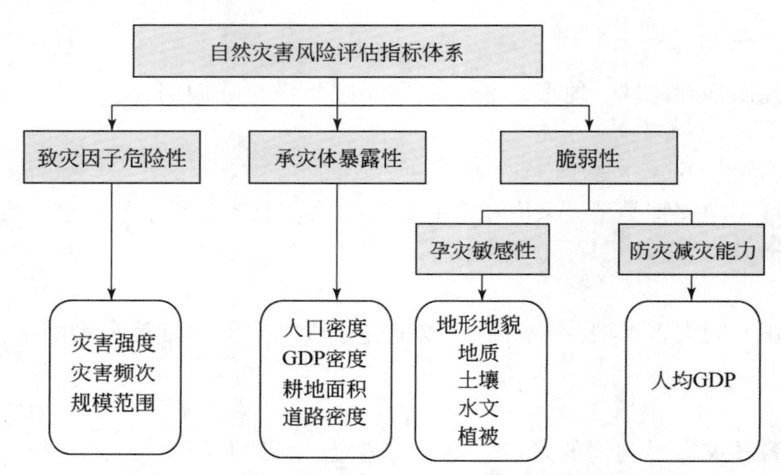

图 12-10　自然灾害风险评估指标体系图

（1）致灾因子危险性指标

自然灾害致灾因子危险性评估指标通过分析单一灾种自然灾害强度、灾害频次或规模范围指标表征。

（2）脆弱性指标

自然灾害脆弱性通过分析致灾因子危害下，其所处的地形、地貌、地质、土壤、水系、植被、大气等孕灾环境对灾害的敏感性及抵御灾害和恢复重建的能力（人均 GDP）指标表征。

（3）承灾体暴露性指标

自然灾害承灾体暴露性评估主要选取人口密度、GDP 密度、道路密度、耕地面积指标表征。

3. 指标权重确定

研究采用层次分析法（AHP）确定指标权重。AHP 法的主要工作步骤和内容如下。

（1）建立层次结构

明确、弄清问题的范围、所包含的主要因素、各因素之间的关系等；将问题所含的要素按照其相互关系进行分组，每组为一个层次，各因素分别归入不同的层次结构，以框架结构说明各层次之间的从属关系。

（2）构造判断矩阵

通过专家打分法，判断某一层中的要素对于高一层次要素而言的相对重要程度。设 B 层次中的元素 B_1，B_2，B_3，…，B_n，与上一层次 A 中的元素 A_k 有关系，则可通过判断矩阵表示（表 12-1）。

表 12-1　判断矩阵的形式

A_k	B_1	B_2	B_3	…	B_n
B_1	B_{11}	B_{12}	B_{13}	…	B_{1n}
B_2	B_{21}	B_{22}	B_{23}	…	B_{2n}
B_3	B_{31}	B_{32}	B_{33}	…	B_{3n}
⋮	⋮	⋮	⋮		⋮
B_n	B_{n1}	B_{n2}	B_{n3}	…	B_{nn}

根据 T. L. Saaty 的 1 ~9 标度方法进行打分，不同重要程度分别赋予不同的分值（表 12-2），得到不同因子间相互比较结果。

表 12-2　判断矩阵元素相关性标度方法

标度	含义
1	两个因子相比较，两者具有同样的重要性
3	两个因子相比较，其中一个比另一个稍微重要
5	两个因子相比较，其中一个相对另一个来说比较重要
7	两个因子相比较，其中一个相对另一个来说非常重要
9	两个因子相比较，其中一个相对另一个来说极其重要
2，4，6，8	介于上面两个相邻判断值的中间度
倒数	若 i 与 j 相比较的判断值 b_{ij}，则 j 与 i 比较的判断值就为 $1/b_{ij}$

（3）计算层次单排序权重

层次单排序的目的是，对于上层次中的某元素而言，确定本层次与之有联系的元素重要性次序的权重值。层次单排序的任务可归结为计算判断矩阵的特征根和特征向量，即对于判断矩阵 $\boldsymbol{A}$，计算满足：$\boldsymbol{A}_{\mathrm{W}}=\lambda_{\max}\boldsymbol{W}$，为 $\boldsymbol{A}$ 的最大特征根，$\boldsymbol{W}$ 为对应于 $\lambda_{\max}$ 的正规化特征向量，$\boldsymbol{W}$ 的分量 W_i 就是对应元素单排序的权重。

当 CI=0 时，判断矩阵具有完全一致性；CI 越大，判断矩阵的一致性就越差。通常 1 或 2 阶判断矩阵总是具有完全一致性。对于 2 阶以上的判断矩阵，其一致性指标 CI 与同阶的平均一致性指标 RI 之比，称为判断矩阵的随机一致性比例，记为 CR。一般当 CR=CI/RI<0. 1，认为判断矩阵具有令人满意的一致性；否则，即 CR⩾0. 1 时，就需要调整判断矩阵，直到满意为止。

（4）计算层次总排序权重

利用同一层次中所有层次单排序的结果，计算针对上一层次而言的本层次所有元素的重要性权重值，这就是层次总排序。层次总排序需要从上到下逐层进行，各个指标在整个指标体系中的排序权重计算方法如下：

$$W_{xi}=W_x W_{x\text{-}xi} \tag{12-4}$$

式中，W_{xi} 为一级指标在整个指标体系中的权重；$W_{x\text{-}xi}$ 为二级指标 xi 在 x 层次上的权重；$x=A$，B，C，D，E（A，B，C，D，E 分别代表一级指标）。

为评价层次总排序计算结果的一致性，类似于层次单排序，需要进行一致性检验，分别计算下列指标：

$$\mathrm{CI}=\sum_{j=1}^{m} W_{Aj}\mathrm{CI}_j \tag{12-5}$$

$$\mathrm{RI}=\sum_{j=1}^{m} W_{Aj}\mathrm{RI}_j \tag{12-6}$$

$$\mathrm{CR}=\frac{\mathrm{CI}}{\mathrm{RI}} \tag{12-7}$$

式中，W_{Aj}为 A 层次中的元素 A_j的层次总排序权重；CI 为层次总排序一致性指标；CI_j 为与 A_j对应的下一层次的判断矩阵的一致性质指标；RI 为层次总排序的随机一致性指标；RI_j为与 A_j对应的下一层次中判断矩阵的随机一致性指标；CR 为层次总排序随机一致性比例。同样，当 CR<0. 10 时，认为层次总排序的计算结果具有令人满意的一致性；否则就需要对本层次的各判断矩阵进行调整，从而使层次总排序具有令人满意的一致性[7]。

4. 指标标准化处理

自然灾害的致灾因子的危险性、脆弱性和承灾体暴露性三个评价因子又各包含若干个指标，为了消除各指标的量纲和数量级的差异，需对每一个指标值进行规范化处理。各个指标规范化计算采用公式如下：

$$D_{ij}=\frac{A_{ij}-\min_i}{\max_i-\min_i} \tag{12-8}$$

式中，D_{ij}为 j 因子第 i 个指标的规范化值；A_{ij}为 j 因子第 i 个指标值；$\min_i$和 $\max_i$分别为第 i 个指标值中的最小值和最大值。

12. 4. 3　暴雨洪涝灾害风险评价

1. 暴雨洪涝灾害风险评价指标体系

基于自然灾害风险评价原理、指标选取原则、评价方法，从暴雨洪涝致灾因子危险性、承灾体暴露性、脆弱性方面，建立广西西江流域暴雨洪涝灾害风险评价指标体系（图 12-11）。

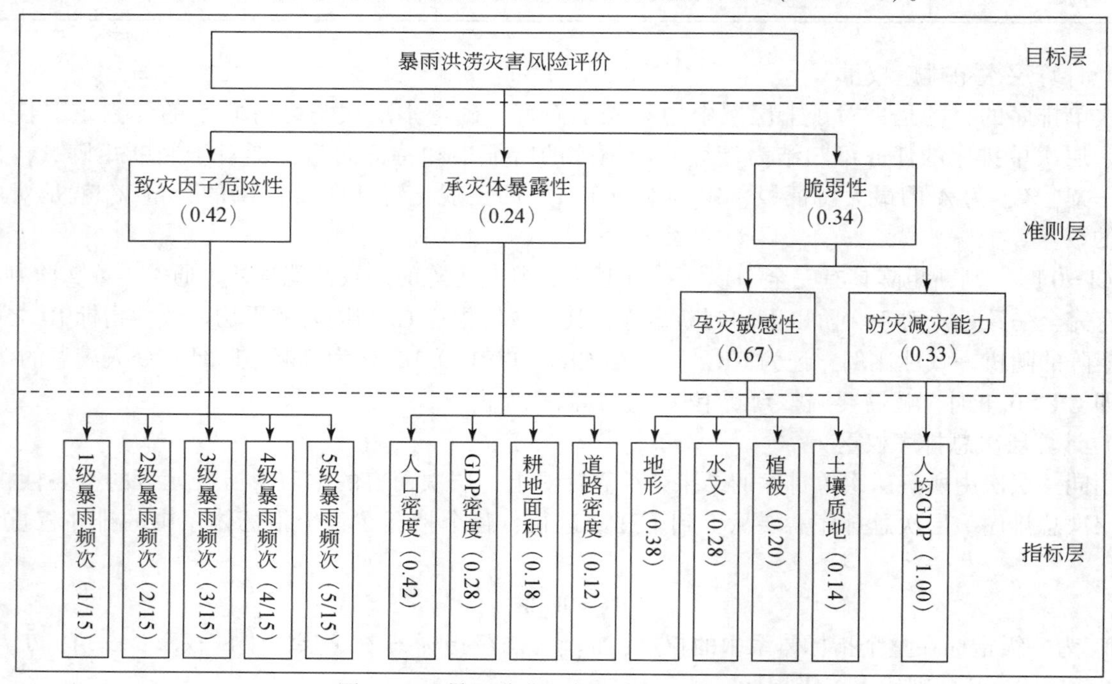

图 12-11　暴雨洪涝灾害风险评价指标体系

2. 暴雨洪涝致灾因子危险性分析

广西由于受亚热带季风影响，暴雨集中，量大、强度大、变率大，而且石灰岩分布广，排水不畅，遇暴雨易成灾。因此，广西西江流域暴雨洪涝灾害致灾因子危险性用暴雨强度和暴雨频次表征。

首先确定过程降水中至少有一天的日降雨量≥50mm，然后统计 1961～2015 年广西西江流域所有台站符合基本条件的 1 天、2 天、3 天……10 天的不同天数连续过程雨量。将广西西江流域所有台站的过程降水量作为一个序列，建立不同时间长度的 10 个降水过程序列。采用百分位数法分别计算不同序列的第 98 百分位数、第 95 百分位数、第 90 百分位数、第 80 百分位数、第 60 百分位数的临界致灾降水量。百分位数是一种位置指标，用于描述一组样本值在某百分位置上的水平，多个百分位结合使用，可以更全面地描述资料的分布特征，经验公式如下[8]。

$$Q_i(p)=\begin{cases}X[n_i]+1 & (n_i\text{ 不是整数})\\ \dfrac{1}{2}(X[n_i]+X[n_i+1]) & (n_i\text{ 是整数})\end{cases} \tag{12-9}$$

式中，$Q_i(p)$为第 i 个百分位值；X 为升序排列后的样本序列；p 为百分位数；n 为序列总数。

利用不同百分位数将暴雨强度分为 5 个等级，具体分级标准为 60%～80% 位数对应的降水量为 1 级；80%～90% 位数为对应的降水量为 2 级；90%～95% 位数对应的降水量为 3 级；95%～98% 位数对应的降水量为 4 级；大于等于 98% 位数对应的降水量为 5 级。按照初步确定的各级暴雨灾害致灾临界指标，分别统计 1～10 天各级暴雨强度发生次数，然后将不同时间长度的各级暴雨强度次数相加，从而得到各级暴雨强度发生次数。根据暴雨强度等级越高，对洪涝形成所起的作用越大的原则，采用层次分析法确定降水致灾因子权重。暴雨强度 5、4、3、2、1 级权重分别为 5/15、4/15、3/15、2/15、1/15。最后采用加权综合评价法，构建暴雨洪涝致灾因子危险性指数，公式如下：

$$\mathrm{VHI_{f1}}=\frac{B_1I}{15}+\frac{2B_2I}{15}+\frac{3B_3I}{15}+\frac{4B_4I}{15}+\frac{5B_5I}{15} \tag{12-10}$$

式中，$\mathrm{VHI_{f1}}$为暴雨洪涝灾害危险性指数；B_1I、B_2I、B_3I、B_4I、B_5I 分别为 1 级、2 级、3 级、4 级、5 级暴雨频次指数。

广西西江流域暴雨洪涝致灾因子危险性指数较高的主要分布在明江、郁江、红水河上中游、融江、漓江、洛清江、桂江等流域；致灾因子危险性指数较低的主要分布在左江干流、右江、南盘江等流域（图 12-12）。

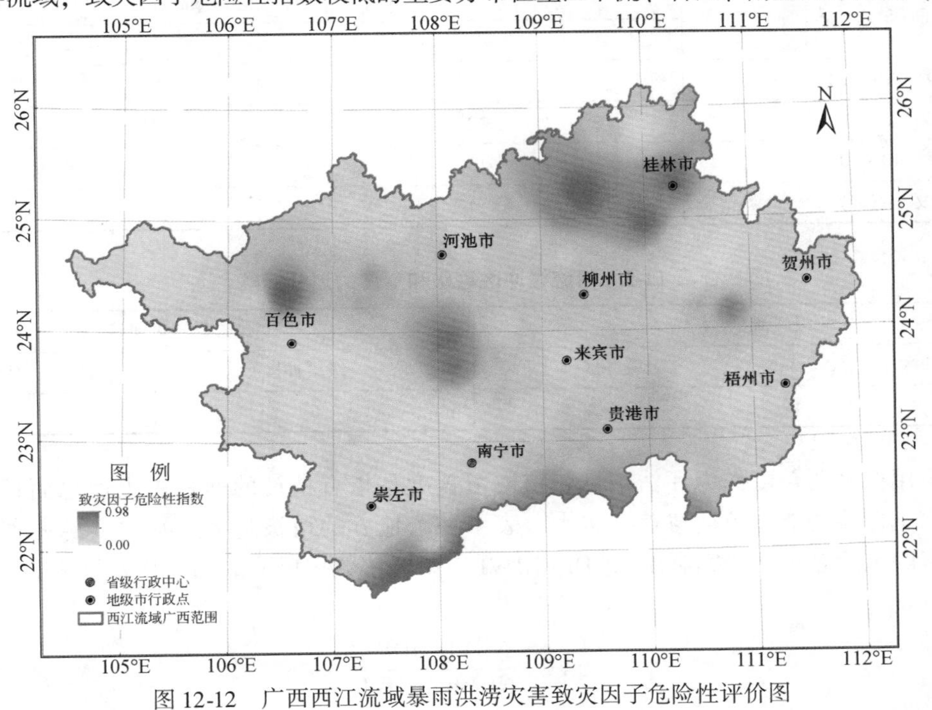

图 12-12　广西西江流域暴雨洪涝灾害致灾因子危险性评价图

3. 暴雨洪涝灾害脆弱性分析

暴雨洪涝灾害脆弱性通过分析致灾因子危害下，其所处的地形、土壤、水系、植被等孕灾环境对灾害的敏感性及抵御灾害和恢复重建的防灾减灾能力（人均 GDP）指标表征。

地形因子主要考虑地势和地形变化两个指标。地势采用高程表示，地形变化采用高程标准差表示。根据地形高程的大小，将广西西江流域的地势分为 4 级：一级≤100m、100m<二级≤300m、300m<三级<700m、四级≥700m。根据高程标准差大小，将地形变化分 3 级评估：一级≤1m、1m<二级<10m、三级≥10m。高程越低、高程标准差越小，影响值越大，敏感性越大，洪涝灾害风险性越大，越有利于形成涝灾。通过专家打分对地势和高程标准差的不同组合进行赋值[9]（表 12-3）。

表 12-3　地形因子赋值表

地形高程/m	高程标准差/m		
	一级（≤1）	二级（1~10）	三级（≥10）
一级（≤100）	0.9	0.8	0.7
二级（100~300）	0.8	0.7	0.6
三级（300~700）	0.7	0.6	0.5
四级（≥700）	0.6	0.5	0.4

水系因子主要考虑河网密度和距离水体的远近两个指标。河网密度是指单位流域面积上的河流总长度。基于 1∶250000 河流数据，利用 GIS 的密度分析功能，计算广西西江流域河网密度。河流按大小分为二级，其中，西江干流为一级河流，其支流和其他河流等为二级河流。湖泊、水库按水域面积分为 4 级：0.1 万 km^2≤一级<1 万 km^2，1 万 km^2≤二级<10 万 km^2，10 万 km^2≤三级<20 万 km^2，四级≥20 万 km^2。采用 GIS 的缓冲区分析功能，按距离水体远近受到的影响分为一级缓冲区和二级缓冲区，并给予 0~1 之间适当的影响因子值，原则是一级河流和大型水体的一级缓冲区内赋值最大，二级河流和小型水体的二级缓冲区赋值最小（表 12-4、表 12-5）。

表 12-4　湖泊和水库缓冲区等级和宽度的划分标准

水域面积/万 km^2	缓冲区宽度/km	
	一级缓冲区	二级缓冲区
一级（0.1~1）	0.5	1
二级（1~10）	2	4
三级（10~20）	3	6
四级（≥20）	4	8

表 12-5　河流缓冲区等级和宽度的划分标准　　（单位：km）

一级河流		二级河流	
一级缓冲区	二级缓冲区	一级缓冲区	二级缓冲区
8	12	6	10

植被因子采用植被覆盖度作为评估指标。植被覆盖度是指有植被的面积占土地总面积的百分比。植被具有强烈的水土保持功能，植被覆盖度越大，表示一个地方的植被越多，暴雨洪涝灾害的环境敏感性越小，洪涝灾害的风险越小。研究利用 MODIS-NDVI 卫星遥感数据反演的归一化差值植被指数计算植被覆盖度，公式如下：

$$GVC=\frac{NDVI-NDVI_s}{NDVI_v-NDVI_s} \tag{12-11}$$

式中，GVC 为植被覆盖度；NDVI 为归一化植被指数；$NDVI_s$为土壤归一化植被指数，推荐 $NDVI_s=0.05$；$NDVI_v$为全植被覆盖下归一化植被指数，草地类型中，推荐 $NDVI_v=0.75$。

土壤质地因子决定了降雨中有多少水渗透到土壤，下渗率越小，形成地表径流越大，孕灾环境越敏感，越容易形成洪涝。根据广西土壤质地类型或最小下渗率，将土壤划分为 A、B、C、D 4 组水文土壤类型，并给予 0 ~ 1 之间适当的影响因子值（表 12-6）。

表 12-6　土壤质地指标

土壤类型	最小下渗率/(mm/h)	土壤质地	赋值
A	>7.26	砂、砾石、砂土、壤质砂土、砂质壤土	0.9
B	3.81 ~ 7.26	壤土、粉砂壤土	0.7
C	1.27 ~ 3.81	砂黏壤土	0.5
D	0.00 ~ 1.27	黏壤土、粉砂黏壤土、砂黏土、粉砂黏土、黏土	0.3

暴雨防灾减灾能力就是暴雨洪涝灾害对承灾体所造成的损害而进行的工程和非工程措施，主要考虑人均 GDP。人均 GDP 表示一个地区的经济发展水平，其值越大，表明该地经济发展水平越高，抗灾能力越强；反之亦然。基于网格人口、GDP 空间数据，计算广西西江流域暴雨洪涝防灾减灾能力指数，公式如下：

$$EI=\frac{GDP}{POP} \tag{12-12}$$

式中，EI 为暴雨洪涝防灾减灾能力指数；POP 为人口数量；GDP 为地区生产总值。

基于 GIS 技术，通过孕灾环境敏感性、防灾减灾能力指标体系，构建广西西江流域暴雨洪涝脆弱性评价模型，计算广西西江流域暴雨洪涝灾害脆弱性指数公式如下：

$$VFI_{fl}=0.67(0.38TI+0.28WI+0.20VI+0.14SI)+0.33(1-EI) \tag{12-13}$$

式中，VFI_{fl}为暴雨洪涝脆弱性指数；TI 为地形指数；WI 为水文指数；VI 为植被指数；SI 为土壤指数；EI 为抗灾能力指数。

广西西江流域暴雨洪涝灾害脆弱性指数较高的主要分布在左江、右江、郁江、红水河、柳江、黔江、浔江、桂江、贺江等干流、湖泊、水库等水体周边，及其植被覆盖较低的区域（图 12-13）。

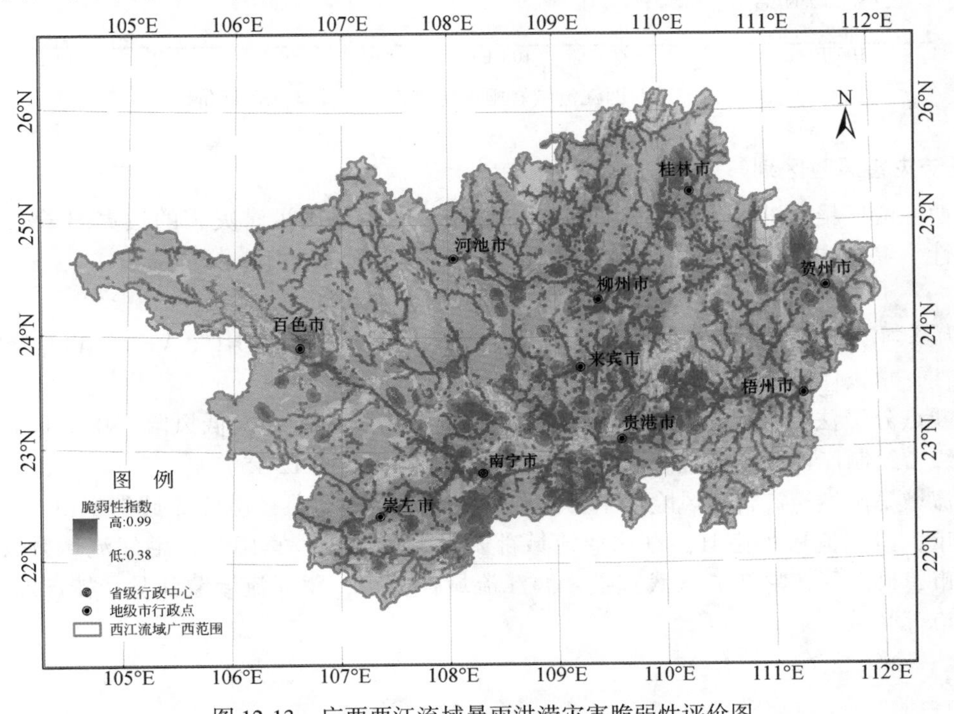

图 12-13　广西西江流域暴雨洪涝灾害脆弱性评价图

4. 暴雨洪涝灾害承灾体暴露性分析

广西西江流域暴雨洪涝灾害承灾体暴露性评估主要选取人口密度、GDP 密度、道路密度、耕地面积指标表征。基于 GIS 技术，构建广西西江流域暴雨洪涝灾害承灾体暴露性评价模型，公式如下：

$$VEI_{fl} = 0.42PI + 0.28GI + 0.18FI + 0.12RI \tag{12-14}$$

式中，VEI_{fl}为暴露性指数；PI 为人口密度指数；GI 为 GDP 密度指数；FI 为耕地面积指数；RI 为道路密度指数。

广西西江流域暴雨洪涝灾害承灾体暴露性指数较高的主要分布在人口较多、社会经济、农业较发达的左江流域、郁江流域、柳江流域、红水河流域下游、漓江流域等区域；承灾体暴露性指数较低的主要分布在南盘江流域、右江上游流域、红水河上游流域、柳江上游流域（图 12-14）。

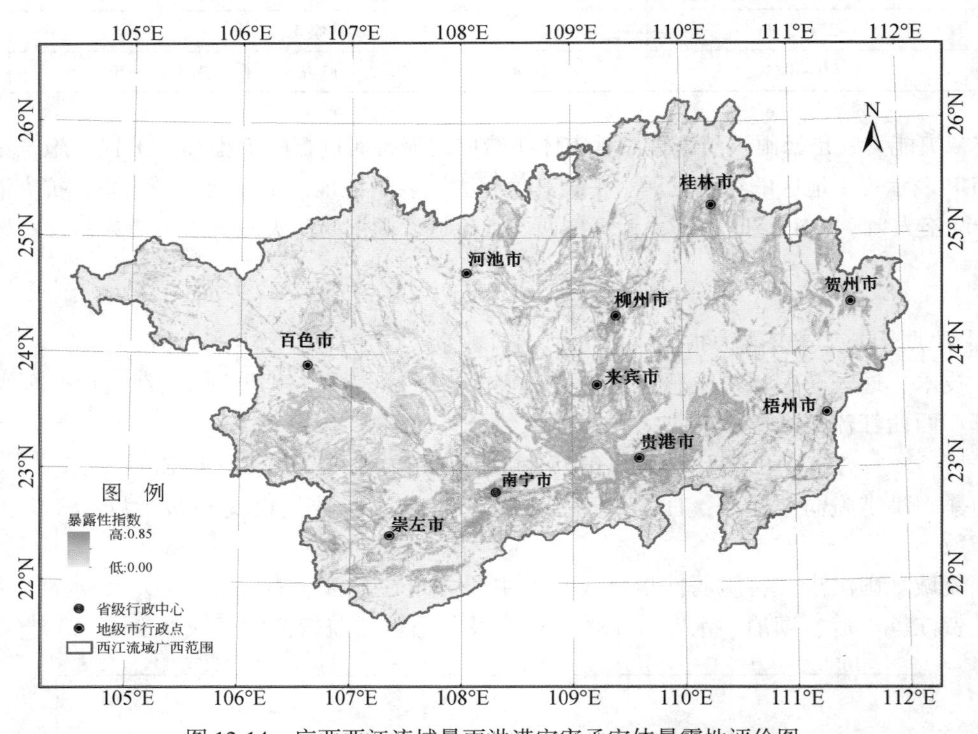

图 12-14　广西西江流域暴雨洪涝灾害承灾体暴露性评价图

5. 暴雨洪涝灾害风险区划

根据广西西江流域暴雨洪涝灾害风险评估指标体系，考虑暴雨洪涝灾害的致灾因子危险性、承灾体暴露性、脆弱性，综合构建广西暴雨洪涝灾害风险评估模型，公式如下：

$$FDRI_{fl} = (VHI_{fl}^{0.42})(VEI_{fl}^{0.24})(VFI_{fl}^{0.34}) \tag{12-15}$$

式中，$FDRI_{fl}$为暴雨洪涝灾害风险指数，其值越大，灾害风险度越高；VHI_{fl}、VEI_{fl}、VFI_{fl}分别为暴雨洪涝致灾因子危险性、承灾体暴露性、脆弱性指数。

利用自然断点分级法，将暴雨洪涝灾害风险指数划分为低风险、次低风险、中等风险、次高风险、高风险 5 个等级，绘制广西西江流域暴雨洪涝灾害风险区划图（图 12-15）。

广西西江流域暴雨洪涝灾害高风险区主要分布在明江流域上思县，邕江流域南宁市，郁江流域横县、贵港市、桂平市，浔江流域平南县、红水河流域都安县、马山县、宾阳县，融江流域融安县、融水县，柳江流域柳州市、柳江区，黔江流域武宣县，漓江流域桂林市，蒙江流域蒙江县，桂江流域昭平县，北流江流域北流市等区域。

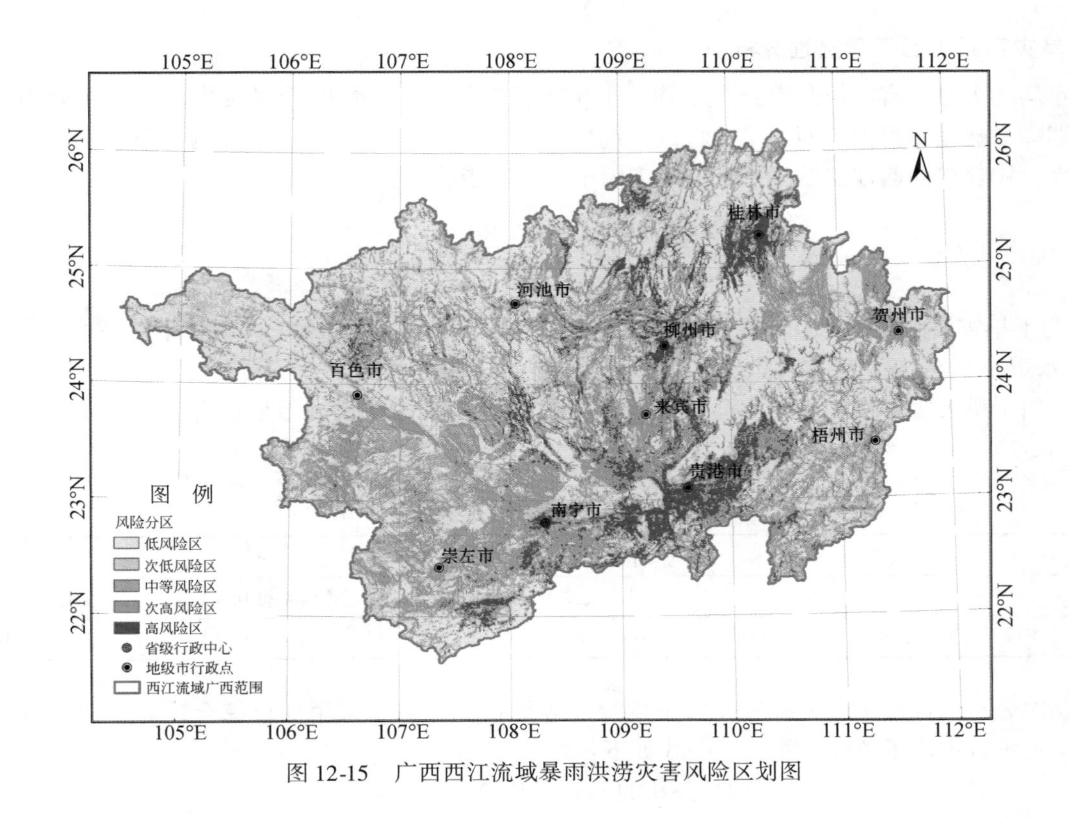

图 12-15　广西西江流域暴雨洪涝灾害风险区划图

12.4.4　干旱灾害风险评价

1. 干旱灾害风险评价指标体系

基于自然灾害风险评价原理、指标选取原则、评价方法，从干旱致灾因子危险性、承灾体暴露性、脆弱性方面，建立广西西江流域干旱灾害风险评价指标体系（图 12-16）。

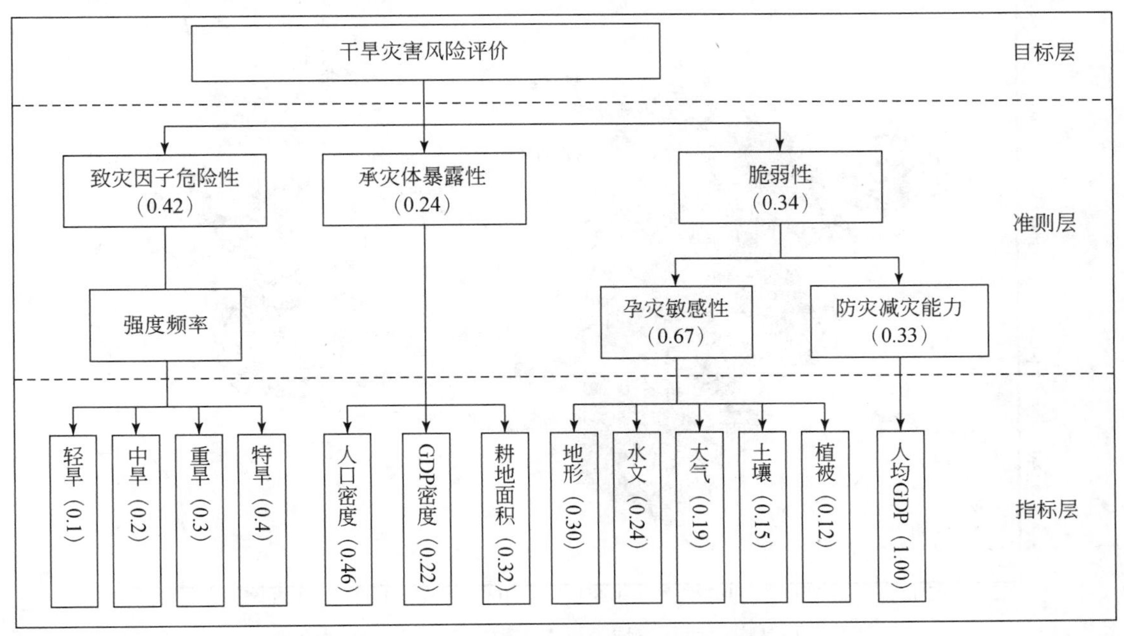

图 12-16　干旱灾害风险评价指标体系

2. 干旱灾害致灾因子危险性分析

广西年均降水量丰富，但时空分布不均，干旱灾害频繁发生。影响干旱发生的强度主要为短时降水减少和长期降水缺乏。根据广西干旱的特点，选择降水量、日降水量小于5mm的日数表征干旱灾害致灾因子危险性，构建广西西江流域干旱灾害致灾因子危险性指数，公式如下：

$$\mathrm{DI}=\frac{\bar{R}-R}{\bar{R}}+\frac{\mathrm{Rd}}{D} \tag{12-16}$$

式中，DI为干旱灾害致灾因子危险性指数；R为旬降水量，mm；$\bar{R}$为1971～2000年旬平均降水量，mm；Rd为日降水量小于5mm旬降水日数，d；D为旬天数，d。

参照广西干旱灾害对作物不同生育期的影响[10]，确定广西西江流域干旱灾害致灾因子危险性等级指标[11]（表12-7）。

表12-7　干旱灾害致灾因子危险性等级指标

季节	轻旱	中旱	重旱	特旱
冬、春	连续2旬DI≥1.30	连续3旬DI≥1.30	连续4旬DI≥1.30	连续5旬DI≥1.30
夏、秋	连续3旬DI≥1.50或连续2旬DI≥1.75	连续3旬DI≥1.75	连续4旬DI≥1.75	连续5旬DI≥1.75

利用层次分析法计算干旱灾害致灾因子危险性等级指标权重，采用加权综合计算方法，建立广西西江流域干旱灾害致灾因子危险性指数，公式如下：

$$\mathrm{VHI}_{\mathrm{dr}}=0.1\mathrm{LI}+0.2\mathrm{MI}+0.3\mathrm{SI}+0.4\mathrm{VI} \tag{12-17}$$

式中，$\mathrm{VHI}_{\mathrm{dr}}$为干旱灾害致灾因子危险性指数；LI为轻旱指数；MI为中旱指数；SI为重旱指数；VI为特旱指数。

广西西江流域干旱灾害致灾因子危险性指数较高的主要分布在右江流域、南盘江流域、北盘江流域、红水河上游流域、左江流域、邕江流域等区域（图12-17）。

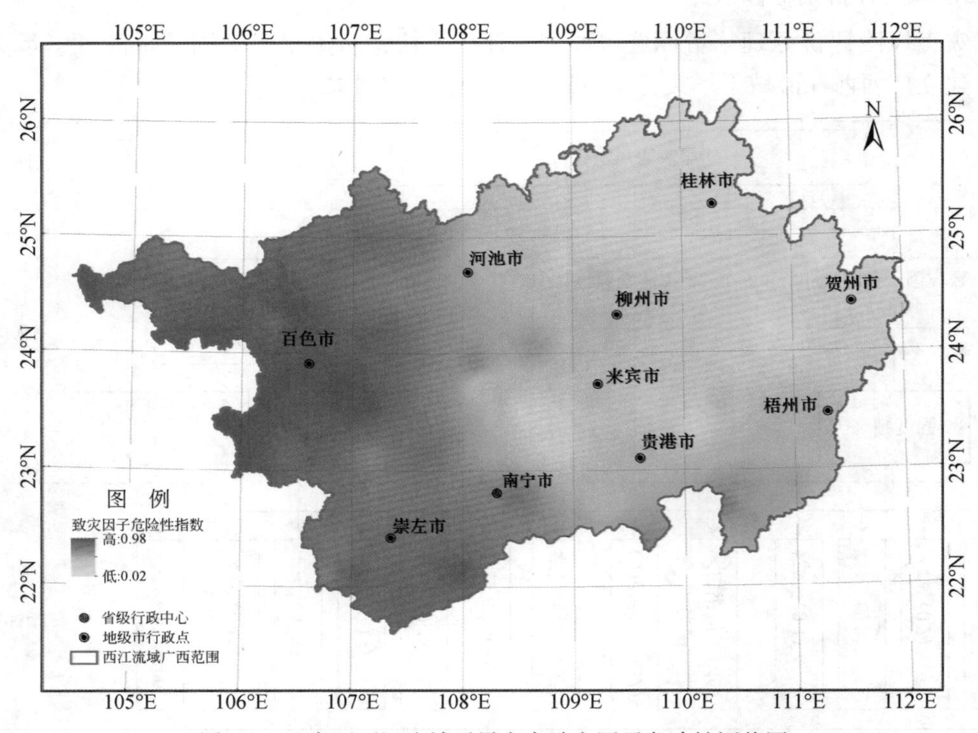

图12-17　广西西江流域干旱灾害致灾因子危险性评价图

3. 干旱灾害脆弱性分析

从干旱形成的背景和机理分析，脆弱性主要考虑孕灾环境敏感性和防灾减灾能力的综合影响。孕灾环境考虑地形、水文、大气、土壤、植被等评估指标，防灾减灾能力考虑人均 GDP 评估指标。

地形因子主要考虑地势和地形变化两个指标。地势采用高程表示，地形变化采用高程标准差表示。根据地形高程的大小，将广西西江流域的地势分为 4 级：一级≤100m、100m<二级<300m、300m≤三级<700m、四级≥700m。根据高程标准差大小，将地形变化分 3 级评估：一级≤1m、1m<二级<10m、三级≥10m。高程值越大，高程标准差越大，即地形越陡峭，起伏越大，越容易形成灾害，则干旱灾害脆弱性越高。通过专家打分对地势和高程标准差的不同组合进行赋值（表 12-8）。

表 12-8　地形因子赋值表

地形高程/m	高程标准差/m		
	一级（≤1）	二级（1～10）	三级（≥10）
一级（≤100）	0.4	0.5	0.6
二级（100～300）	0.5	0.6	0.7
三级（300～700）	0.6	0.7	0.8
四级（≥700）	0.7	0.8	0.9

水文因子主要考虑河网密度和与距离水体远近两个指标。河网越密，获取水分补给的机会增多，越不易形成干旱灾害，孕灾环境的脆弱性越低，干旱灾害风险性越低。与水体越接近，越易获取水分补给，对干旱形成的影响越小，干旱灾害风险性越低，反之亦然。河网密度与距离水体远近计算方法同 12.4.3 节所述。赋值（0～1 之间）原则是，河网越密，赋值越小；一级河流和大型水体的一级缓冲区赋值最小，二级河流和小型水体的二级缓冲区赋值最大（表 12-9、表 12-10）。

表 12-9　湖泊和水库缓冲区等级和宽度的划分标准

水域面积/万 km^2	缓冲区宽度及赋值			
	一级缓冲区/km	赋值	二级缓冲区/km	赋值
0.1～1	0.5	0.8	1	0.9
1～10	2	0.7	4	0.8
10～20	3	0.5	6	0.6
≥20	4	0.4	8	0.5

表 12-10　河流缓冲区等级和宽度的划分标准

河流等级	缓冲区宽度及赋值			
	一级缓冲区/km	赋值	二级缓冲区/km	赋值
一级河流	12	0.4	10	0.6
二级河流	8	0.5	6	0.7

土壤因子采用相对湿度作为评估指标。土壤相对湿度越小，植物可获得的水分越少，越容易干旱。

植被因子主要考虑植被覆盖度指标。植被覆盖度计算方法同 12.4.3 节所述。植被覆盖度越小，越容易形成干旱灾害。

大气因子主要考虑蒸发量。蒸发量越大，越容易形成干旱灾害。

干旱防灾减灾能力就是干旱灾害对承灾体所造成的损害而进行的工程和非工程措施，主要考虑人均 GDP。人均 GDP 计算方法同 12.4.3 节所述。人均 GDP 越大，抗灾能力越强，反之亦然。

基于 GIS 技术，通过孕灾环境敏感性、防灾减灾能力指标体系，构建广西西江流域干旱灾害脆弱性评价模型，公式如下：

$$VFI_{dr}=0.67(0.3TI+0.24WI+0.15SI+0.12VI+0.19QI)+0.33(1-EI) \tag{12-18}$$

式中，VFI_{dr}为干旱灾害脆弱性指数；TI 为地形指数；WI 为水文指数；SI 为土壤指数；VI 为植被指数；QI 为大气指数；EI 为抗灾能力指数。

广西西江流域干旱灾害脆弱性指数较高的主要分布在南盘江、驮娘江、黑水河、鉴河、澄江、刁江、盘阳河、龙江、左江等流域；脆弱性指数较低的主要分布在邕江、郁江、浔江等流域（图 12-18）。

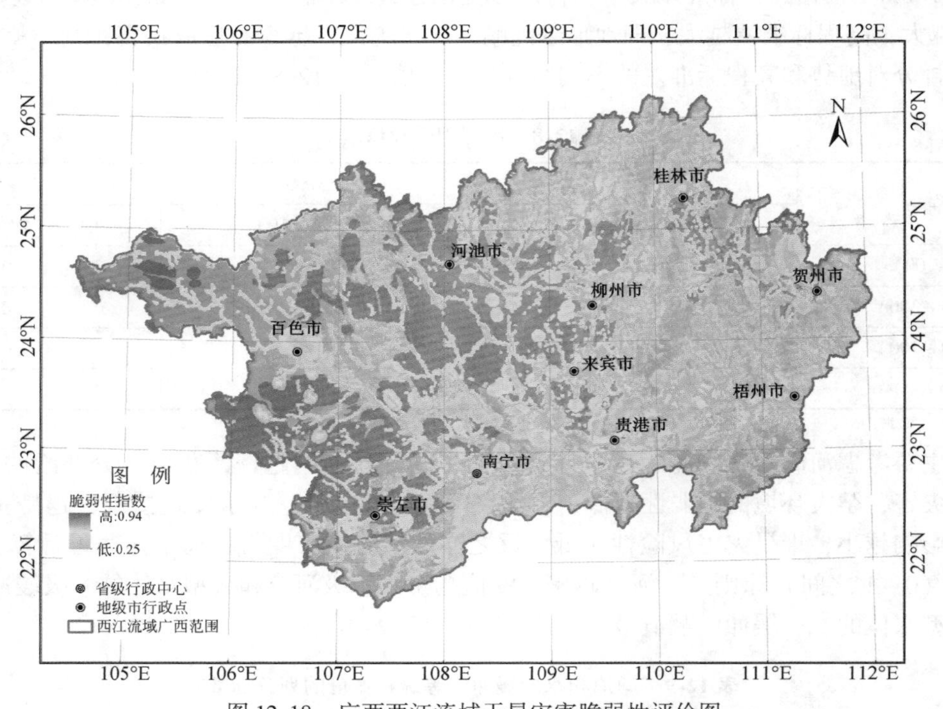

图 12-18　广西西江流域干旱灾害脆弱性评价图

4. 干旱灾害承灾体暴露性分析

广西西江流域干旱灾害承灾体暴露性评估主要选取人口密度、GDP 密度、耕地面积指标表征。基于 GIS 技术，构建广西西江流域干旱承灾体暴露性评价模型，公式如下：

$$VEI_{dr}=0.46PI+0.22GI+0.32FI \tag{12-19}$$

式中，VEI_{dr}为承灾体暴露性指数；PI 为人口密度指数；GI 为 GDP 密度指数；FI 为耕地面积指数。

广西西江流域干旱灾害承灾体暴露性指数较高的主要分布在人口较多、社会经济、农业较发达的左江、右江干流、黑水河、鉴河、柳江、红水河下游、郁江、浔江、漓江等流域；承灾体暴露性指数较低的主要分布在南盘江、右江上游、红水河上游、柳江上游等流域（图 12-19）。

5. 干旱灾害风险区划

根据广西西江流域干旱灾害风险评估指标体系，考虑干旱灾害的致灾因子危险性、承灾体暴露性、脆弱性，综合构建广西西江流域干旱灾害风险评估模型，公式如下：

$$FDRI_{dr}=(VHI_{dr}^{0.42})(VEI_{dr}^{0.24})(VFI_{dr}^{0.34}) \tag{12-20}$$

式中，$FDRI_{dr}$为干旱灾害风险指数，其值越大，则灾害风险度越高；VHI_{dr}、VEI_{dr}、VFI_{dr}的值分别表示致灾因子危险性、承灾体暴露性、脆弱性指数。

利用自然断点分级法，将干旱灾害风险指数划分为低风险、次低风险、中等风险、次高风险、高风险 5 个等级，绘制广西西江流域干旱灾害风险区划图（图 12-20）。

广西西江流域干旱灾害次高、高风险区主要分布在黑水河、鉴河、右江干流、左江干流、明江、邕江、武鸣河、郁江、红水河下游、柳江等流域；低风险区主要分布在融江、漓江、桂江、贺江等流域。

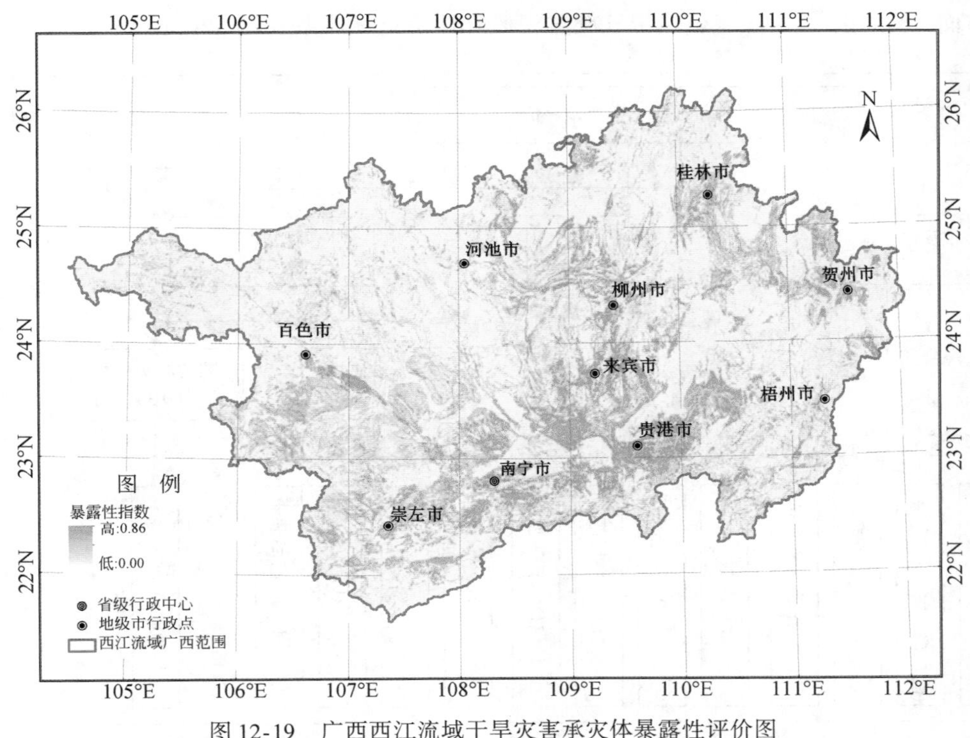

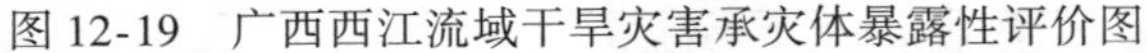
图12-19　广西西江流域干旱灾害承灾体暴露性评价图

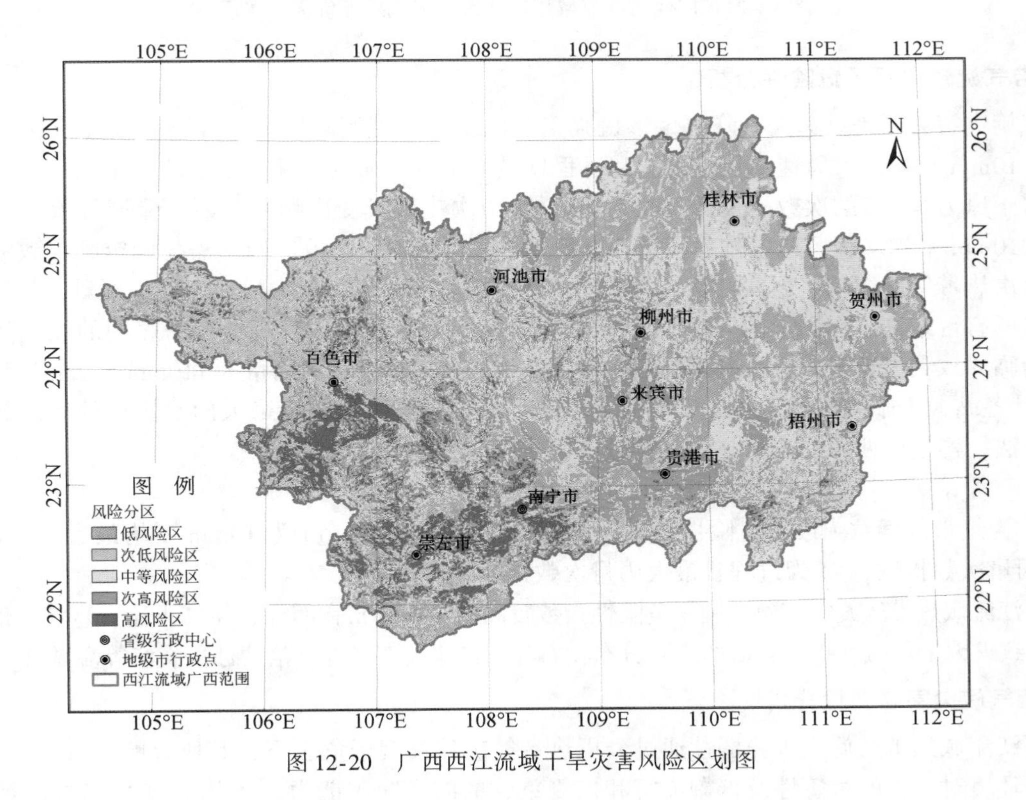

图12-20　广西西江流域干旱灾害风险区划图

12.4.5　热带气旋灾害风险评价

1. 热带气旋灾害风险评价指标体系

基于自然灾害风险评价原理、指标选取原则、评价方法，从热带气旋致灾因子危险性、承灾体暴露性、脆弱性方面，建立广西西江流域热带气旋灾害风险评价指标体系（图 12-21）。

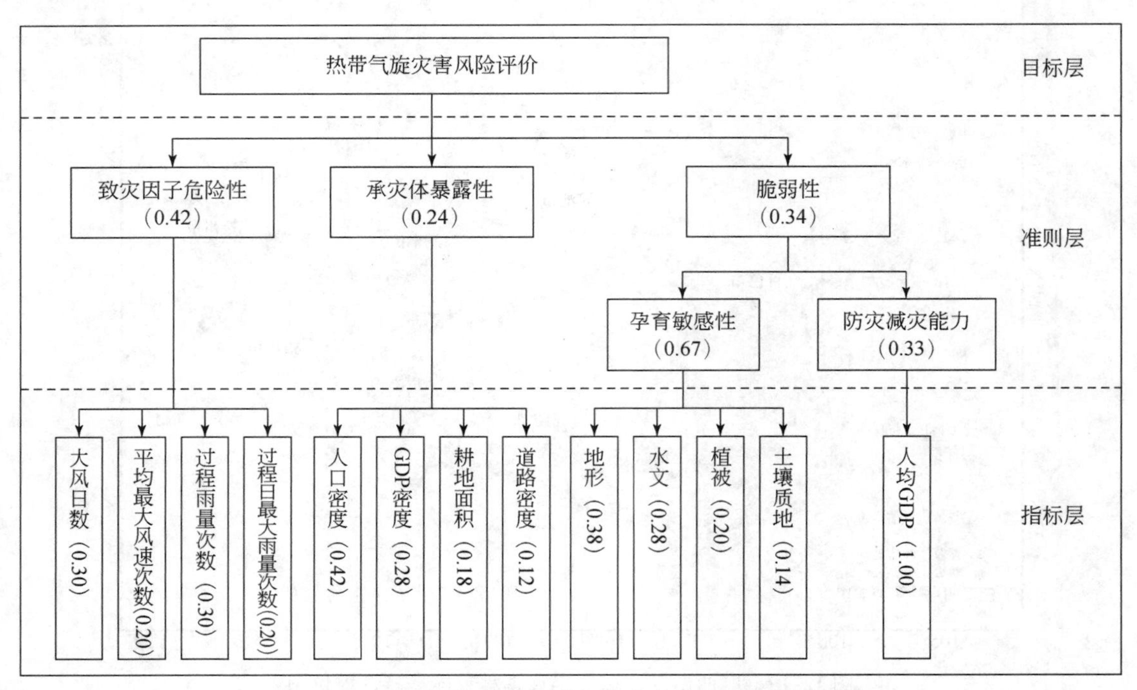

图 12-21　广西西江流域热带气旋灾害风险评价指标体系

2. 热带气旋致灾因子危险性分析

热带气旋灾害主要是风速大、降水偏多偏强引起的，因此可用阵风大于等于 8 级（风速≥17.2m/s）出现次数、10min 平均最大风速、过程雨量和过程日最大雨量的强度与频率来反映热带气旋灾害的主要致灾因子。对于风力≥8 级的次数是统计 1961 ~2015 年历次热带气旋影响广西西江流域气象站出现的平均大风次数；10min 平均最大风速、过程雨量和过程日最大雨量这三个致灾因子需先确定临界致灾风速及雨量。统计历次热带气旋影响广西西江流域气象站的过程中 10min 平均最大风速、过程雨量、过程日最大雨量，分别将所有台站这三个因子的样本汇总排序，按照第 90 百分位数计算这三个序列的风速阈值和雨量阈值，作为临界致灾风速及雨量，其中临界风速为 14.5m/s，临界过程雨量为 110mm，临界过程日雨量为 80mm。统计各站大于临界值的 10min 平均最大风速、过程雨量、过程日最大雨量出现的总次数。采用加权综合评价法，构建广西西江流域热带气旋致灾因子危险性指数，公式如下：

$$VHI_{ty}=0.32HI+0.2PI+0.2YI+0.3XI \tag{12-21}$$

式中，VHI_{ty}为热带气旋致灾因子危险性指数；HI 为大风次数指数；PI 为 10min 平均最大风速次数指数；YI 为过程雨量次数指数；XI 为过程日最大雨量次数指数。

广西西江流域热带气旋灾害致灾因子危险性指数较高的主要分布在明江、左江干流、邕江、郁江、北流江等流域；致灾因子危险性指数较低的主要分布在右江、红水河、融江、洛清江、漓江等流域（图 12-22）。

3. 热带气旋灾害脆弱性分析

广西西江流域热带气旋灾害脆弱性通过分析热带气旋致灾因子危害下，其所处的地形、土壤、水系、植被等孕灾环境对灾害的敏感性及抵御灾害和恢复重建的防灾减灾能力（人均 GDP）指标表征。热带气旋各脆弱性因子评价方法与暴雨洪涝灾害脆弱性评价方法相同，见 12.4.3 节。

4. 热带气旋灾害承灾体暴露性分析

广西西江流域热带气旋承灾体暴露性评估主要选取人口密度、GDP 密度、耕地面积、道路密度指标表征。广西西江流域热带气旋承灾体暴露性计算方法与暴雨洪涝灾害承灾体暴露性相同，见 12.4.3 节。

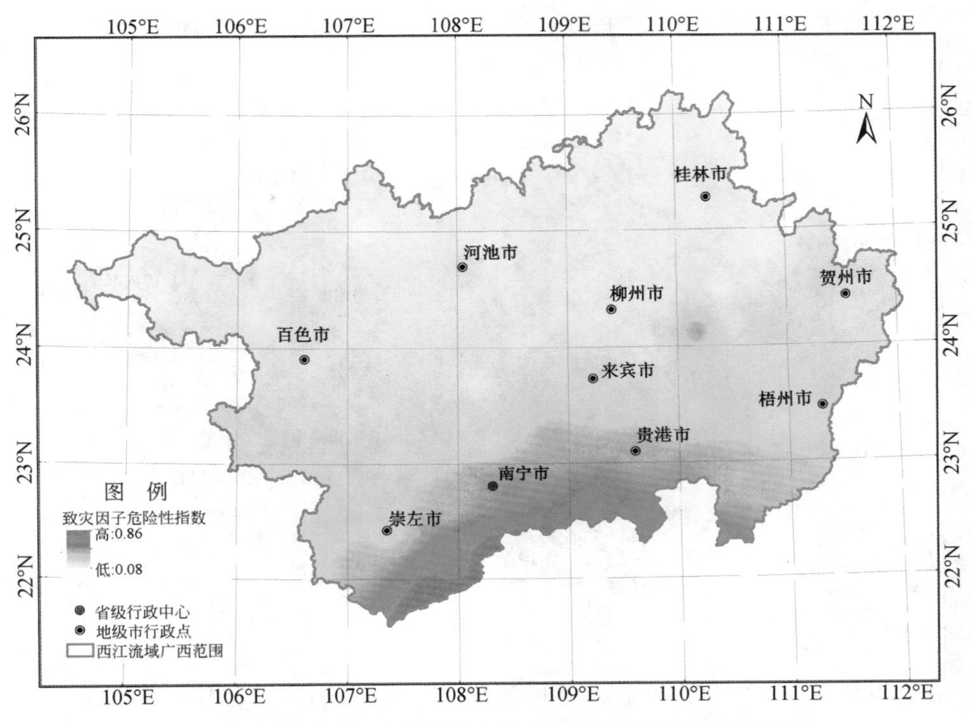

图 12-22　广西西江流域热带气旋灾害致灾因子危险性评价图

5. 热带气旋灾害风险区划

根据广西西江流域热带气旋灾害风险评估指标体系，考虑热带气旋灾害的致灾因子危险性、承灾体暴露性、脆弱性，综合构建广西西江流域热带气旋灾害风险评估模型，公式如下：

$$FDRI_{ty}=(VHI_{ty}^{0.42})(VEI_{ty}^{0.24})(VFI_{ty}^{0.34}) \tag{12-22}$$

式中，$FDRI_{ty}$为热带气旋灾害风险指数，其值越大，则灾害风险度越高；VHI_{ty}、VEI_{ty}、VFI_{ty}分别为致灾因子危险性、承灾体暴露度、脆弱性指数。

利用自然断点分级法，将热带气旋灾害风险指数划分为低风险、次低风险、中等风险、次高风险、高风险5个等级，绘制广西西江流域热带气旋灾害风险区划图（图12-23）。

广西西江流域热带气旋灾害次高、高风险区主要分布在明江、左江干流、邕江、郁江、浔江、红水河下游、北流江等流域；低风险区主要分布在南盘江、红水河上游、右江上游、融江等流域。

12.4.6　低温寒冻害风险评价

1. 低温寒冻害风险评价指标体系

基于自然灾害风险评价原理、指标选取原则、评价方法，从低温寒冻害致灾因子危险性、承灾体暴露性、脆弱性方面，建立广西西江流域低温寒冻害风险评价指标体系（图12-24）。

2. 低温寒冻害致灾因子危险性分析

低温寒冻害主要是由于气温降低引起的，可用低温冷害日数、霜冰冻害日数来反映低温寒冻害的主要致灾因子。统计广西1961～2015年广西西江流域76个气象站点低温冷害日数、霜冰冻害日数，采用加权综合评价法，构建广西西江流域低温寒冻害致灾因子危险性指数，公式如下：

$$VHI_{fr}=0.5CI+0.5LI \tag{12-23}$$

式中，VHI_{fr}为低温寒冻害致灾因子危险性指数；CI为低温冷害日数指数；LI为霜冰冻害日数指数。

应用GIS技术，采用反距离权重插值法，获得广西西江流域低温寒冻害致灾因子危险性指数。广西西

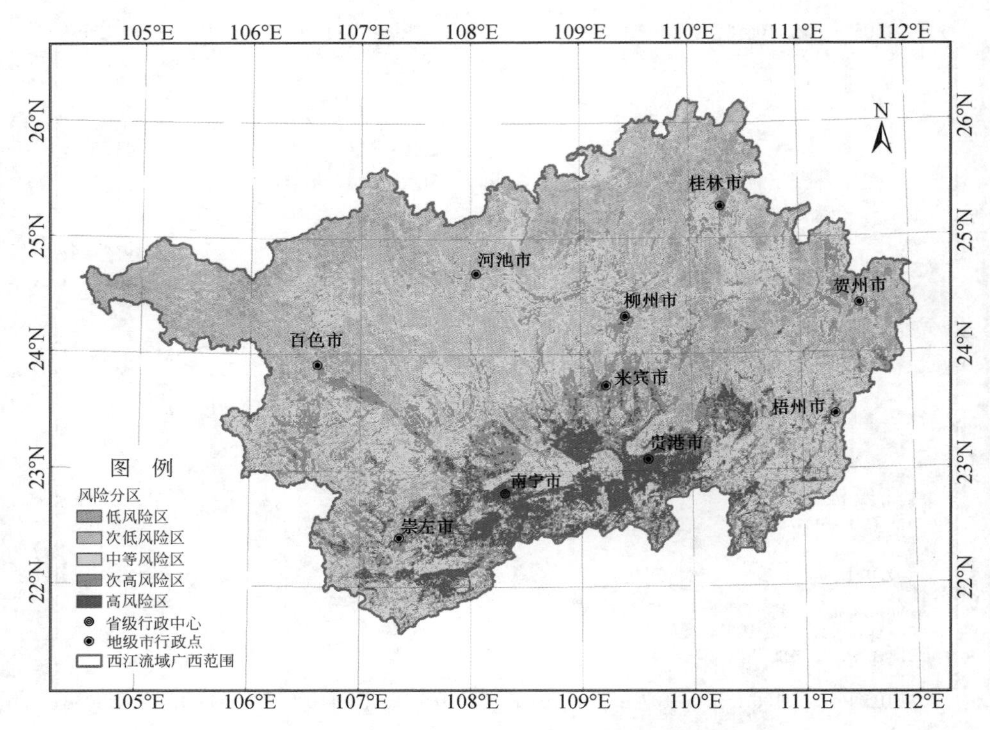

图 12-23　广西西江流域热带气旋灾害风险区划

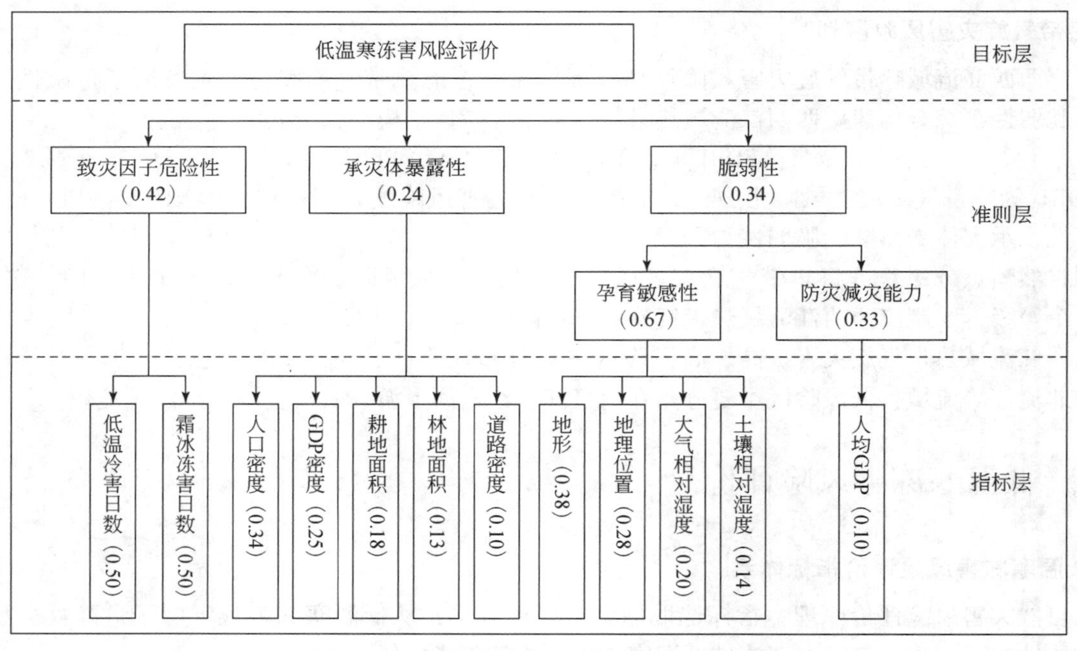

图 12-24　低温寒冻害风险评价指标体系图

江流域低温寒冻害致灾因子危险性指数较高的主要分布在南盘江、红水河上游、融江上游、漓江上游、桂江上游等流域；致灾因子危险性指数较低的主要分布在左江、右江干流、郁江等流域（图 12-25）。

3. 低温寒冻害脆弱性分析

广西西江流域低温寒冻害脆弱性通过分析低温致灾因子危害下，其所处的地形、地理位置、大气、土壤等孕灾环境对灾害的敏感性及抵御灾害和恢复重建的防灾减灾能力（人均 GDP）指标表征。

地形因子主要考虑海拔和坡向影响。海拔越高，越容易出现低温寒冻害。坡向朝北容易受冷空气影

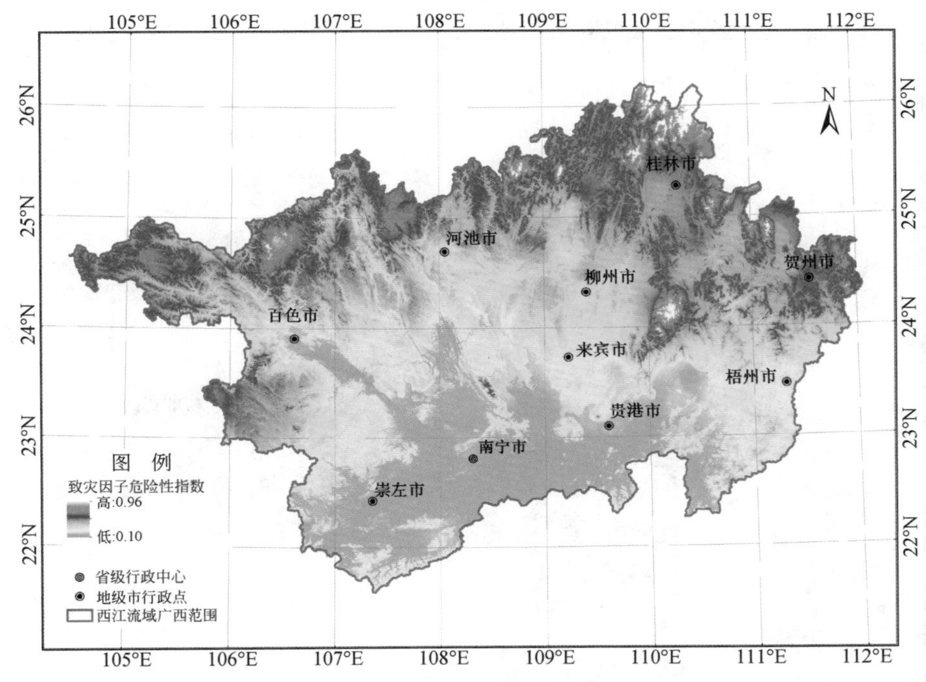

图 12-25　广西西江流域低温寒冻害致灾因子危险性评价图

响，低温寒冻害风险性较高。通过专家打分对坡向影响进行赋值（表 12-11）。

表 12-11　坡向因子赋值表

坡向	北	西北	东北	西	东	西南	东南	南	平地
赋值	0.9	0.7	0.7	0.5	0.5	0.3	0.3	0.1	0

地理位置因子考虑纬度评估指标。纬度越高，越容易受冷空气影响，低温寒冻害风险越大。

大气、土壤因子均考虑相对湿度评估指标。大气相对湿度越大，低温寒冻害风险越大；土壤相对湿度越大，低温寒冻害风险也越大。抗灾能力主要考虑人均 GDP，人均 GDP 越大，抗灾能力越强，反之亦然，计算方法见 12.4.3 节。

基于 GIS 技术，通过孕灾环境敏感性、防灾减灾能力指标体系，构建广西西江流域低温寒冻害脆弱性评价模型，公式如下：

$$VFI_{fr}=0.67(0.38TI+0.28MI+0.2QI+0.14SI)+0.33(1-EI) \tag{12-24}$$

式中，VFI_{fr}为低温寒冻害脆弱性指数；TI 为地形指数；MI 为地理位置指数；QI 为大气相对湿度指数；SI 为土壤相对湿度指数；EI 为抗灾能力指数。

广西西江流域低温寒冻害脆弱性指数较高的主要分布在南盘江、红水河上游、龙江上游、融江、洛清江、漓江、桂江、贺江等流域；脆弱性指数较低的主要分布在左江、郁江、红水河下游、黔江、浔江等流域（图 12-26）。

4. 低温寒冻害承灾体暴露性分析

广西西江流域低温寒冻害承灾体暴露性评估主要选取人口密度、GDP 密度、耕地面积、林地面积、道路密度指标表征。计算方法见 12.4.3 节。

基于 GIS 技术，构建广西西江流域低温寒冻害承灾体暴露性指数，公式如下：

$$VEI_{fr}=0.34PI+0.25GI+0.18FI+0.13UI+0.10RI \tag{12-25}$$

式中，VEI_{fr}为低温寒冻害承灾体暴露性指数；PI 为人口密度指数；GI 为 GDP 密度指数；FI 为耕地面积指数；UI 为林地面积指数；RI 为道路密度指数。

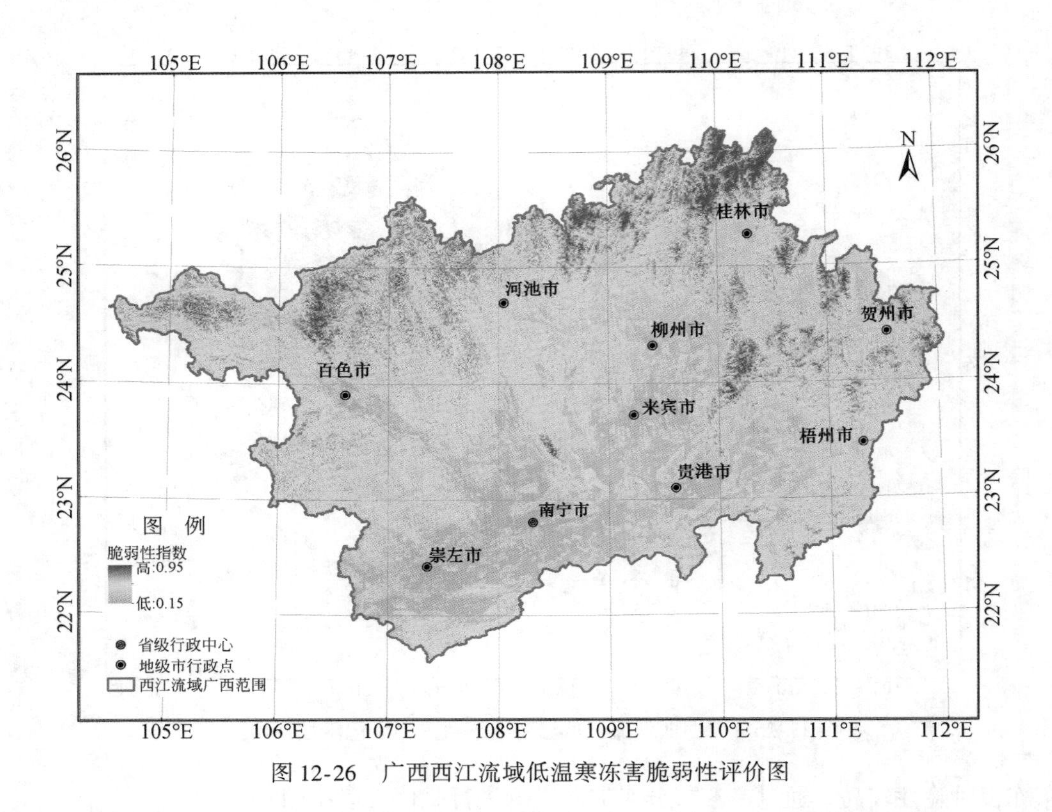

图 12-26　广西西江流域低温寒冻害脆弱性评价图

广西西江流域低温寒冻害暴露性指数较高的主要分布在人口较多、社会经济、农业较发达的左江干流、明江、右江干流、黑水河、鉴河、武鸣河、柳江、红水河下游、郁江、浔江、漓江等流域（图 12-27）。

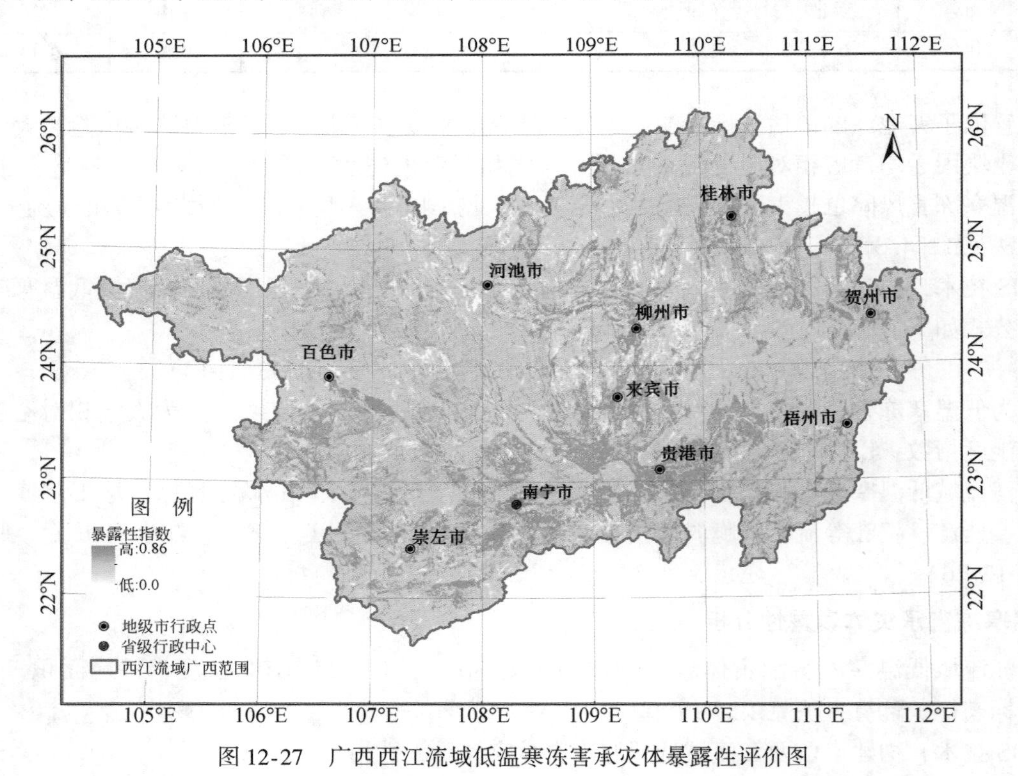

图 12-27　广西西江流域低温寒冻害承灾体暴露性评价图

5. 低温寒冻害风险区划

根据广西西江流域低温寒冻害风险评估指标体系，考虑低温寒冻害的致灾因子危险性、承灾体暴露性、脆弱性，综合构建广西西江流域低温寒冻害风险评估模型，公式如下：

$$FDRI_{fr} = (VHI_{fr}^{0.42})(VEI_{fr}^{0.24})(VFI_{fr}^{0.34}) \quad (12\text{-}26)$$

式中，$FDRI_{fr}$为低温寒冻害风险指数，其值越大，则灾害风险度越高；VHI_{fr}、VEI_{fr}、VFI_{fr}分别为致灾因子危险性、承灾性暴露性、脆弱性指数。

利用自然断点分级法，将低温寒冻害风险指数划分为低风险、次低风险、中等风险、次高风险、高风险 5 个等级，绘制广西西江流域低温寒冻害风险区划图（图 12-28）。

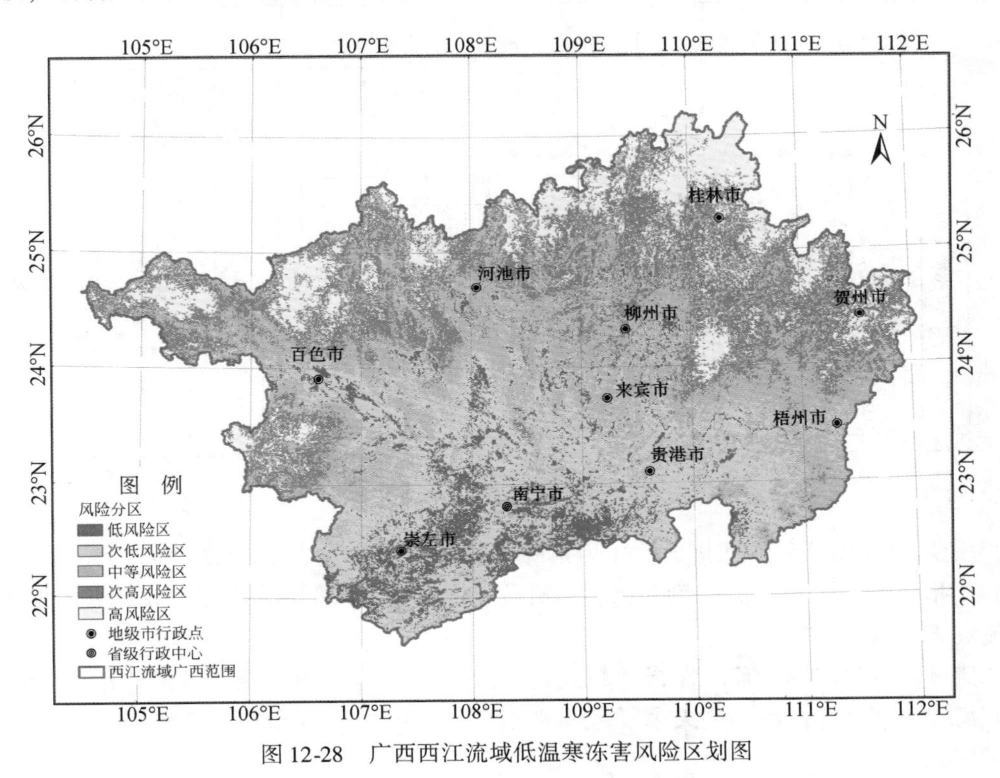

图 12-28　广西西江流域低温寒冻害风险区划图

广西西江流域低温寒冻害次高、高风险区主要分布在南盘江、红水河上游、龙江上游、融江、漓江、桂江、贺江、鉴河等流域；低风险区主要分布在左江、右江、郁江等流域。

12.4.7　地质灾害风险评价

1. 地质灾害风险评价指标体系

基于自然灾害风险评价原理、指标选取原则、评价方法，从地质灾害致灾因子危险性、承灾体暴露性、脆弱性方面，建立广西西江流域地质灾害风险评价指标体系（图 12-29）。

2. 地质灾害致灾因子危险性分析

广西雨水丰沛，地质环境条件复杂，强降雨诱发的山洪、滑坡、泥石流等地质灾害频繁发生，因此，地质灾害致灾因子危险性主要考虑强降雨、灾害点现状发育为评估指标，其中，强降雨主要包括年均暴雨日数和日极端降雨量，灾害点现状发育主要包括山洪、滑坡、泥石流等地质灾害点密度与规模。采用层次分析法，确定年均暴雨日数、日极端降雨量权重为 0.5、0.5；山洪、滑坡、泥石流灾害点密度、规模权重均分别为 0.47、0.36、0.17。采用加权综合评价法，构建广西西江流域地质致灾因子危险性指数，公式如下：

$$VHI_{ge} = 0.5JI + 0.5ZI \quad (12\text{-}27)$$

$$JI = 0.5m_i + 0.5n_i \quad (12\text{-}28)$$

$$ZI = 0.47(a_{1i} + b_{1i}) + 0.36(a_{2i} + b_{2i}) + 0.17(a_{3i} + b_{3i}) \quad (12\text{-}29)$$

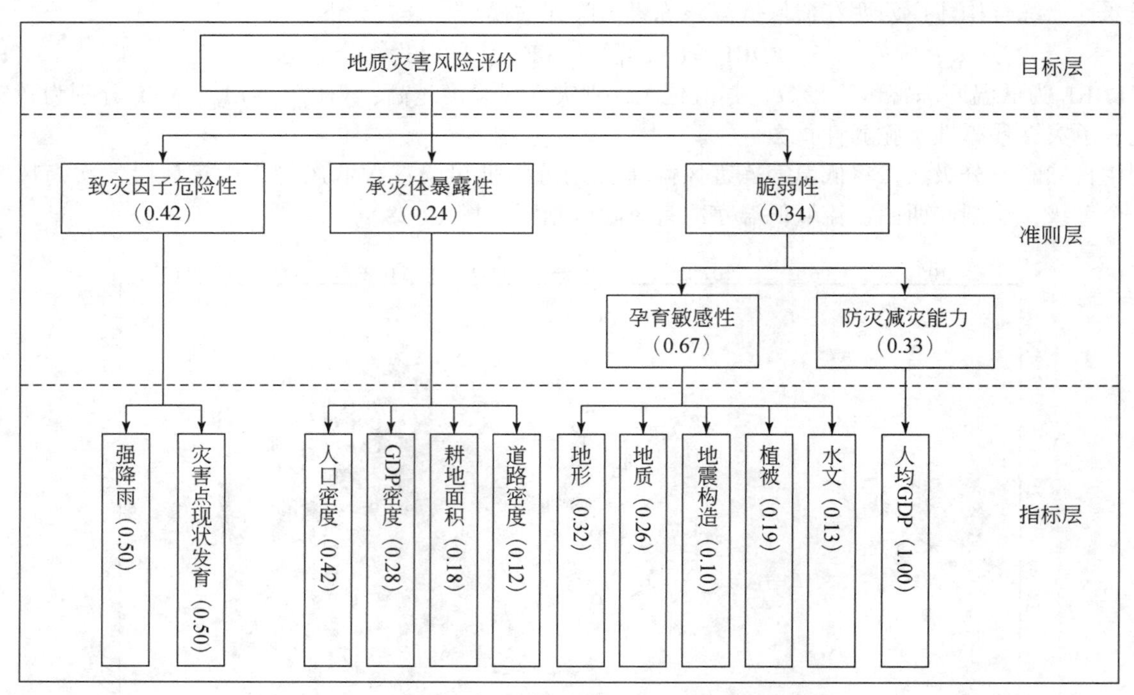

图 12-29　地质灾害风险评价指标体系图

式中，VHI_{ge}为地质致灾因子危险性指数；JI 为强降雨指数；ZI 为灾害点指数；m_i 为年均暴雨日数指数；n_i 为日极端降雨指数；a_{1i}、a_{2i}、a_{3i}分别为山洪、滑坡、泥石流灾害点密度指数；b_{1i}、b_{2i}、b_{3i}分别为山洪、滑坡、泥石流灾害点规模指数。

广西西江流域地质致灾因子危险性指数较高的主要分布在红水河、融江、洛清江、漓江、蒙江、明江、邕江、北流江、贺江等流域；致灾因子危险性指数较低的主要分布在右江干流、左江干流、浔江等流域（图 12-30）。

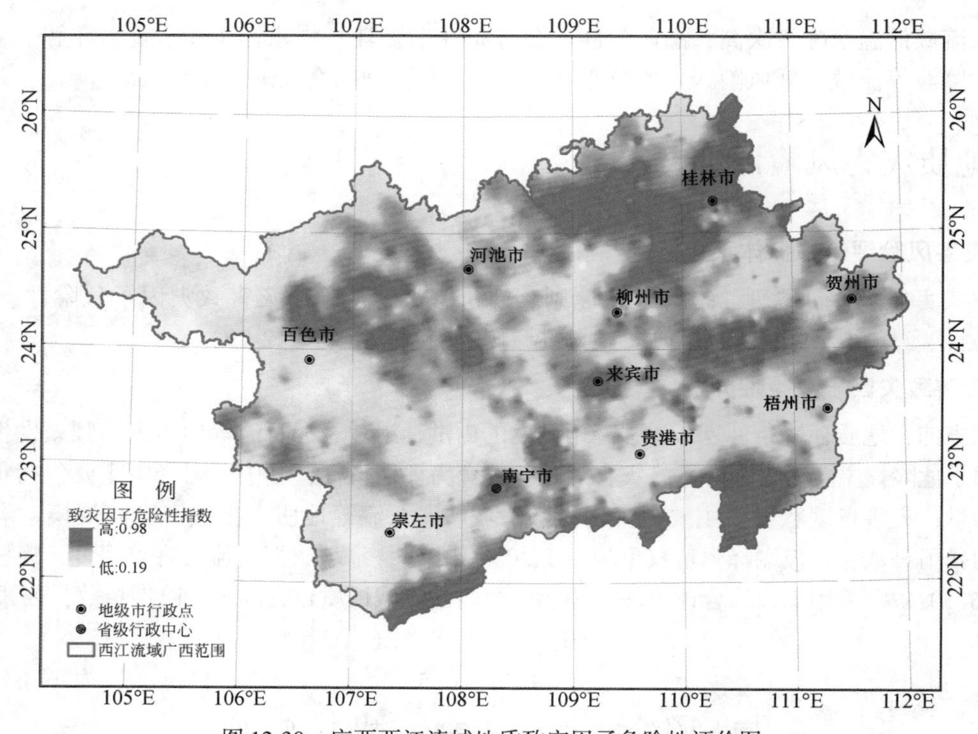

图 12-30　广西西江流域地质致灾因子危险性评价图

3. 地质灾害脆弱性分析

地质灾害脆弱性通过分析致灾因子危害下，其所处的地形、地质、地震构造、水文、植被等孕灾环境对灾害的敏感性及抵御灾害和恢复重建的防灾减灾能力（人均 GDP）指标表征。

地形因子主要考虑高程和坡度两个指标。高程对地质灾害的临空面、地表植被、降雨等因素影响较大；坡度对斜坡应力分布、地表水径流与冲刷、松散物质堆积等因素影响较大，同时与高程共同决定集水平台。

地质因子主要考虑地层岩性指标。地层岩性是地质灾害发育的重要内在因素和基础。根据广西地质灾害发生时受岩性的影响程度，通过专家打分进行赋值（表 12-12）。

表 12-12　广西西江流域地层岩性稳定性赋值表

地层岩性类型	赋值
厚层砂岩、砾岩；灰岩、白云岩、硅质岩、侵入岩层	0.3
砾岩夹泥岩、泥灰岩、页岩、泥质岩石；厚层碳酸盐岩、硅质夹泥页岩	0.5
中厚层粉砂岩、凝灰岩、板岩、千枚岩夹碳酸盐岩、硅质岩、千枚岩、岩土岩夹砂岩、砾岩、花岗岩	0.7
松散堆积层的黏性土、砾石土、卵石土、砂卵石土、碎石土；薄层粉砂岩、凝灰岩、千枚岩、黏土层、含煤砂岩、火山碎屑岩；变质砂岩、变质粉砂岩、变质凝灰岩；易风化的花岗岩等	0.9

地震构造因子主要考虑与地震断裂带的距离指标。广西西江流域地质灾害多发区域大多在广西的几大断裂带处，主要的断裂带位置由西向东分别有右江断裂带、八度断裂带、那坡断裂带、南宁断裂带、池垌断裂带、老堡断裂带、寿城断裂带、陈塘断裂带、观音阁断裂带、富川断裂带等。与地震断裂带的距离越近，地质灾害风险越大。

植被因子主要考虑植被覆盖度指标。植被有利于水土保持的作用，不容易造成水土流失。因此，植被覆盖度越小，遇到强降水时越容易发生滑坡、泥石流等地质灾害。植被覆盖度计算方法见 12. 4. 3 节。

水文因子主要考虑河网密度和距离水体的远近两个指标。河流冲刷作用是触发区域地质灾害发生的外部因素，对地质灾害起到加速或激发的作用。河网密度和距离水体的远近指标计算方法见 12. 4. 3 节。

抗灾能力主要考虑人均 GDP，人均 GDP 越高，抗灾能力越强，计算方法见 12. 4. 3 节。

基于 GIS 技术，通过孕灾环境敏感性、防灾减灾能力指标体系，构建广西西江流域地质灾害脆弱性评价模型，公式如下：

$$VFI_{ge}=0.67(0.32TI+0.26OI+0.13WI+0.19VI+0.1YI)+0.33(1-EI) \tag{12-30}$$

式中，VFI_{ge}为地质灾害脆弱性指数；TI 为地形指数；OI 为地层岩性指数；WI 为水文指数；VI 为植被指数；YI 为地震构造指数；EI 为抗灾能力指数。

广西西江流域地质灾害脆弱性指数较高的主要分布在右江、左江、郁江、红水河上游、漓江、贺江、浔江平南段等流域（图 12-31）。

4. 地质灾害承灾体暴露性分析

广西西江流域地质灾害承灾体暴露性评估主要选取人口密度、GDP 密度、耕地面积、道路密度指标表征。与暴雨洪涝灾害承灾体暴露性评估方法相同，见 12. 4. 3 节。

5. 地质灾害风险区划

根据广西西江流域地质灾害风险评估指标体系，考虑地质灾害的致灾因子危险性、承灾体暴露性、脆弱性，综合构建广西西江流域地质灾害风险评估模型，公式如下：

$$FDRI_{ge}=(VHI_{ge}^{0.42})(VEI_{ge}^{0.24})(VFI_{ge}^{0.34}) \tag{12-31}$$

式中，$FDRI_{ge}$为地质灾害风险指数，其值越大，灾害风险度越高；VHI_{ge}、VEI_{ge}、VFI_{ge}分别为致灾因子危险性、承灾体暴露性、脆弱性指数。

利用自然断点分级法，将地质灾害风险指数划分为低风险区、次低风险区、中等风险区、次高风险

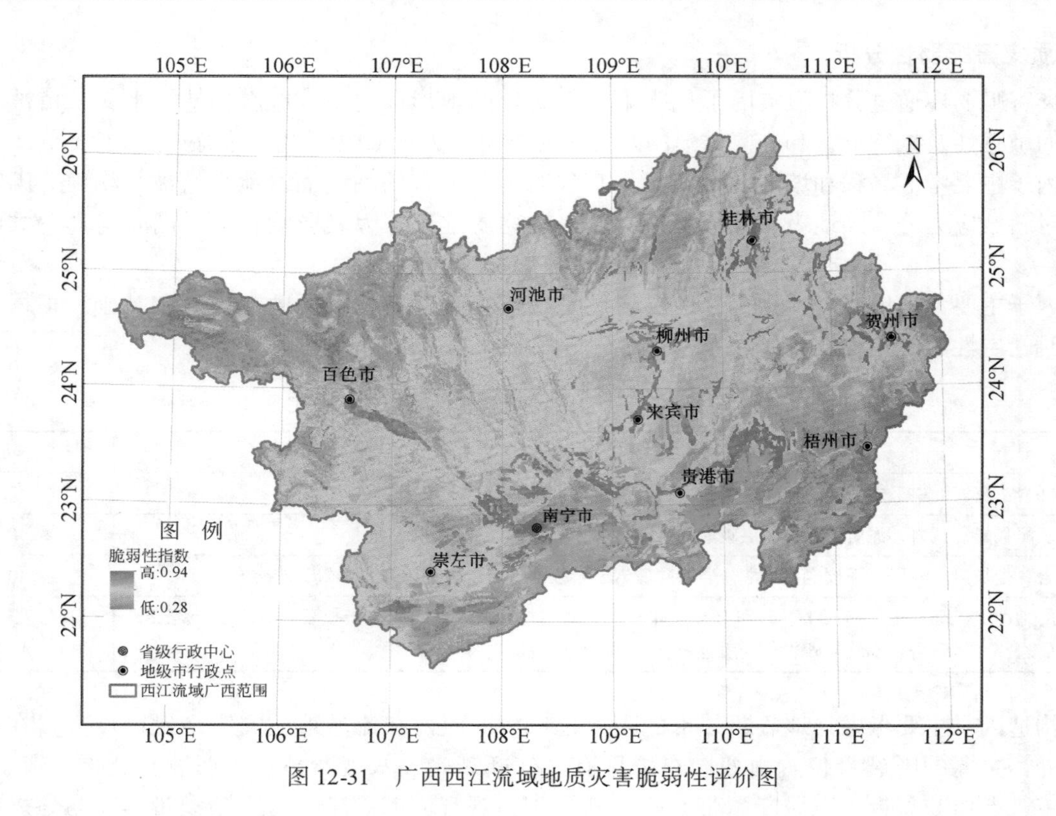

图 12-31　广西西江流域地质灾害脆弱性评价图

区、高风险区 5 级，绘制广西西江流域地质灾害风险区划图（图 12-32）。

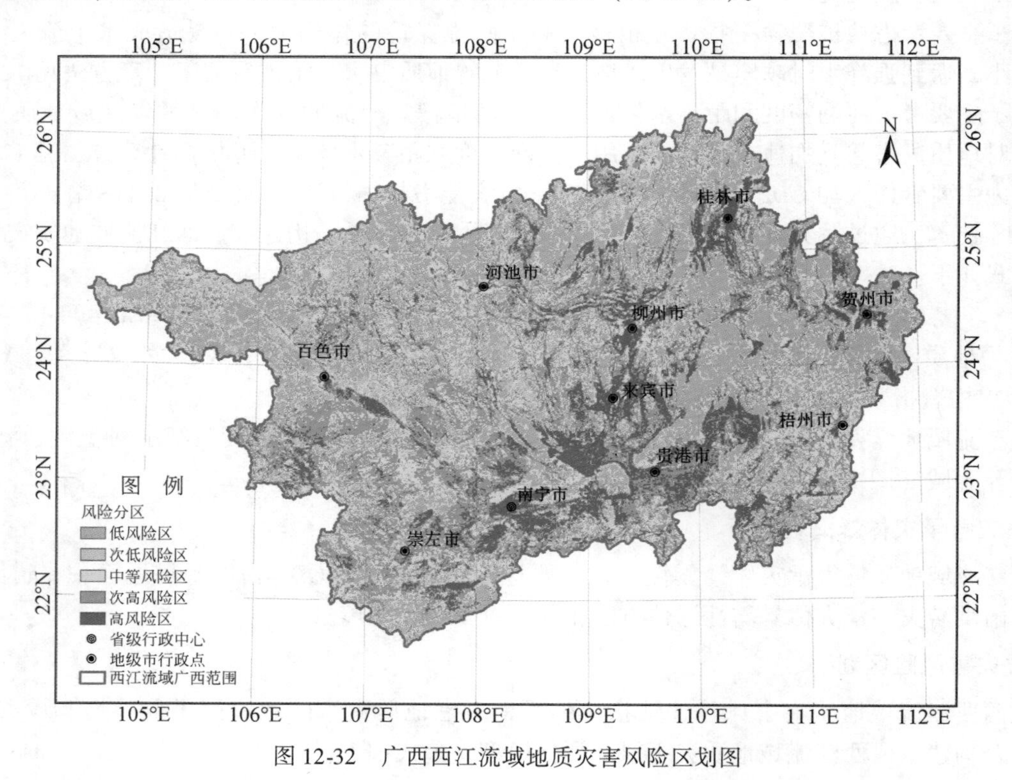

图 12-32　广西西江流域地质灾害风险区划图

广西西江流域地质灾害高、次高风险区主要分布在左江干流、右江干流、黑水河、鉴河、郁江、浔江、红水河下游、柳江、融江、漓江、贺江上游、北流江等流域；低风险区主要分布在红水河上游、右江上游等流域。

12.4.8　自然灾害综合风险评价

根据广西西江流域自然灾害时空演变特征，采用层次分析法、加权综合评价法，构建广西西江流域自然灾害综合风险指数，公式如下：

$$FDRI = 0.23FDRI_{fl} + 0.19FDRI_{ty} + 0.32FDRI_{dr} + 0.15FDRI_{fr} + 0.11FDRI_{ge} \quad (12\text{-}32)$$

式中，FDRI 为自然灾害综合风险指数；$FDRI_{fl}$ 为暴雨洪涝灾害风险指数；$FDRI_{ty}$ 为热带气旋灾害风险指数；$FDRI_{dr}$ 为干旱灾害风险指数；$FDRI_{fr}$ 为低温寒冻害风险指数；$FDRI_{ge}$ 为地质灾害风险指数。

基于 GIS 技术，利用自然断点分级法，将自然灾害综合风险指数划分为低风险、次低风险、中等风险、次高风险、高风险 5 个等级，绘制广西西江流域自然灾害综合风险区划图（图 12-33）。

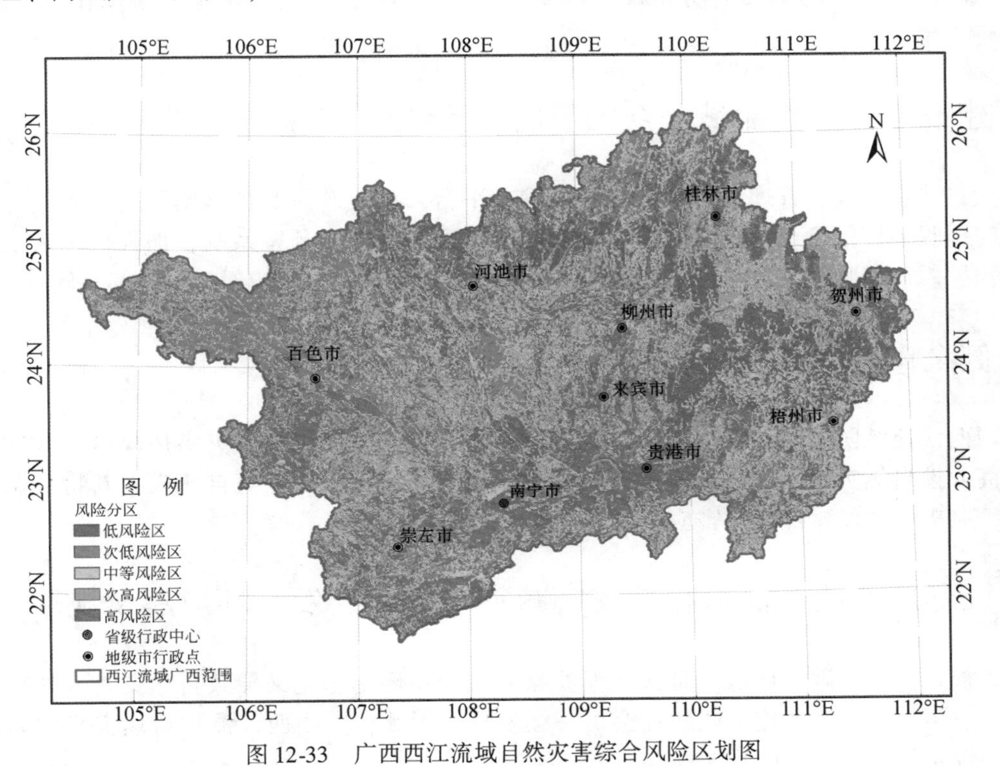

图 12-33　广西西江流域自然灾害综合风险区划图

广西西江流域自然灾害次高、高风险区主要分布在左江干流、明江干流、右江下游、郁江、红水河下游、浔江平南段、柳江下游、漓江、桂江上游、贺江上游等流域；低风险区主要分布在右江上游、红水河上中游、柳江上游、桂江下游、贺江下游等流域。

12.5　广西西江流域自然灾害防灾减灾对策

12.5.1　建立广西西江流域自然灾害风险管理体系

1. 科学规划、合理利用防治工程

严禁盲目围垦、设障、侵占湖泊、河滩及行洪通道，研究探索大中小型水库汛限水位动态控制。完善地质灾害预警预报和抢险救灾指挥系统。采取导流堤、拦沙坝、防冲墙等工程治理措施，合理实施搬迁避让措施。针对强降水、热带气旋、高温、冰冻等极端天气气候事件，提高城市给排水、供电、供气、交通、信息通信等生命线系统的设计和建设标准，增强抗风险能力。建立热带气旋预警和应急系统，对在热带气旋灾害重点防御区内设立的产业园区和重大工程项目建设进行热带气旋灾害风险评估，预测和评估热带气旋灾害的影响。加强广西西江干支流沿岸重点城市和城镇防洪堤工程建设，沿江城市、县城达到国家防洪标准。推进干支流堤防工程建设，加强蓄滞洪区的建设管理，减少洪涝灾害损失。

2. 不同风险区建议不同减灾对策

自然灾害高、次高风险区：分段、分区进行减灾工程设计，构建因地制宜的减灾体系，加强对自然灾害防御能力的建设，建立可运行、可靠的灾害预警系统。自然灾害中等风险区：根据当地灾害特点，以改善生态环境、提高整体的长远目标，建立综合减灾科学技术工程体系，提高减灾抗灾能力。自然灾害低、次低风险区：基于可持续的防灾减灾对策，合理利用资源，提高预报、预警和防灾、抗灾水平，防止自然灾害发生。

12.5.2 建设广西西江流域公众预警防护系统

建立重大自然灾害信息管理系统和预警信息发布平台，拓展动态服务网络，通过各类媒体让公众在短时间内及时接收预警信息。完善气候变化对人体健康影响的监测预警系统，加强极端天气气候事件及流行性疾病预警。加强脆弱人群的社会管理和风险防护能力，普及城市应对极端天气气候事件风险知识。

12.5.3 健全广西西江流域自然灾害风险管理机制

健全广西西江流域防灾减灾管理体系，改进应急响应机制。完善自然灾害风险区划和减灾预案。开发政策性与商业性自然灾害保险，建立重大灾害风险转移分担机制。针对自然灾害新特征调整防灾减灾对策，科学编制极端气候事件和灾害应急处置方案。

12.5.4 统筹广西西江流域自然灾害减灾与资源开发、环境建设规划

自然灾害损毁资源、破坏环境，而森林等资源的减少和环境恶化又导致自然灾害，如喀斯特区石漠化、水土流失、滑坡等日渐严重，威胁社会可持续发展。因此，广西西江流域自然灾害的防治应与资源的开发和环境保护统筹规划，同步实施。

12.5.5 提高广西西江流域自然灾害减灾法制建设和全民减灾意识

加强广西西江流域减灾法制建设，规范人类活动，加强媒体宣传自然灾害的特点和规律、传播自然灾害防灾救灾的能力，以提高全民的防灾减灾意识，能有效减少自然灾害所带来的损失，对减轻自然灾害，改善环境、抑制全球变化的非良性发展十分必要。

参 考 文 献

[1] 钟仕全，莫建飞，莫伟华，等．广西遥感本底信息提取方法技术与成果应用［J］．气象研究与应用，2010，31（3）：44-49.

[2] 莫建飞，钟仕全，陈燕丽，等．极端降水事件下广西流域洪涝社会经济暴露度分析［J］．灾害学，2018，33（2）：83-88.

[3] 苏灵，梁才贵．广西境内西江干流洪水特征变化初探［J］．水文，2012，32（1）：92-96.

[4] 甘富万，胡秀英，刘欣，等．广西境内西江流域洪水特性分析［J］．广西大学学报：自然科学版，2015，40（1）：244-249.

[5] 蒙远文，蒋伯仁，韦相轩，等．广西天气及其预报［M］．北京：气象出版社，1989.
[6] 董彦．广西热带气旋大风的分布特征及预报研究［D］．南宁：广西师范学院，2014.
[7] 李春梅，罗晓玲，刘锦銮，等．层次分析法在热带气旋灾害影响评估模式中的应用［J］．热带气象学报，2006，22（3）：223-228.
[8] 王艳，吴军玲，王恒亮，等．武汉近 50 年来降雨数据的统计分析［J］．湖北工业大学学报，2006，21（6）：98-100.
[9] 莫建飞，陆甲，李艳兰，等．基于 GIS 的广西洪涝灾害孕灾环境敏感性评估［J］．灾害学，2010，25（4）：33-37.
[10] 广西壮族自治区气候中心．广西气候［M］．北京：气象出版社，2007.
[11] 莫建飞，钟仕全，陈燕丽，等．广西主要农业气象灾害监测预警系统的开发与应用［J］．自然灾害学报，2013，22（2）：150-157.

第13章 广西西江流域生态环境脆弱性分析及评价研究

13.1 广西西江流域生态环境脆弱性评价研究背景及意义

13.1.1 研究背景

人类离不开水，人类的生存与文明总是傍水而生，依水长存，流域不仅孕育了古代人类与社会文明，并推动现代社会经济的蓬勃发展[1]。

流域作为一个资源、人口和资本相对集中的水文单元，自然环境受到人类社会活动影响较大，人类活动频繁是造成流域生态环境脆弱的主要原因之一，流域生态系统承受的胁迫不断增加[2]。在人类活动和社会经济发展的双重作用下，广西西江流域水环境遭到开发式破坏，工业废水废物的过量排放超过环境自净能力，河流被污染，植被被破坏，水土流失严重，水源涵养能力持续下滑，自然灾害频发。西江经济带的迅猛发展及西江黄金水道建设破坏了鱼类生境，造成生态系统脆弱易损。种种问题将会导致流域综合承载力降低，脆弱性增强。

随着对生态脆弱性研究的不断深入，定性评价已经不能满足科学性的要求，信息社会的到来，使3S技术得到广泛运用。以信息技术与GIS、RS等结合为主要手段，对流域生态脆弱性进行评价，探究环境变化，为脆弱生境的保护，流域的可持续发展提供建议，将成为流域生态脆弱性研究的主流方法之一[3]。

13.1.2 研究意义

随着脆弱性研究的不断深入，以流域为评价单元的生态脆弱性研究逐渐成为热点。作为我国第二大通航河流的西江，是国家内河水运规划“两横一纵两网十八线”中的一横，是连接沿海发达地区和大西南的黄金水道；西江经济带是广西“十二五”规划新发展战略格局“两区一带”中的一带。为保证广西西江流域的可持续性发展，开展广西西江流域的生态脆弱性评价研究变得越来越重要。与其他流域相比，目前对广西西江流域的研究着重于暴雨洪涝分析、经济协调发展研究及民俗文化探索，对流域生态脆弱性方面的研究还处于初级阶段，研究成果较少。因此，以广西西江流域为评价单元，对其生态环境脆弱性进行评价，这一研究具有一定的创新性，不仅对认识广西西江流域的生态脆弱性现状，以及进行脆弱性评价和综合治理有重要意义，还为广西西江流域的项目规划和管理提供理论基础、技术支持和参考意见。同时，生态脆弱性评价也是当前的热点探究问题之一，其研究具有一定的紧迫性和现实意义[4]。

13.1.3 流域生态脆弱性研究进展

自20世纪初期Clements将Ecotone概念引入生态学开始，20世纪60年代的国际生物学计划、70年代的人与生物圈计划、80年代的国际地圈生物圈计划、21世纪初期政府间气候变化专门委员会发表的气候变化、影响、适应和脆弱性报告中，生态脆弱性都是研究热点，该理论经过科学研究的不断深化，概念逐渐清晰，研究内容不断深化[5-7]。生态脆弱性是指在一定时空尺度内，生态环境在某种或多种自然及人类活动压力下所表现出来的易变性，它是自然属性和人类活动共同作用的结果[8,9]，这种变化往往会向不适宜利用的方向发展，主要体现了生态系统的不稳定性和对外界干扰的敏感性，是生态系统的一种固有属性[10]。当自然因素和人类活动的不利影响超过生境的承受力及生态阈限，就会产生脆弱生境[11]。对区域生态系统脆弱性进行评价，不仅能正确认识区域生境脆弱状况，掌控其空间分布差异，还可促进资源有效利用，对维持系统可持续发展具有实际意义[12,13]。迄今为止，国内外学者对生态脆弱性进行了广泛而深入的研究，在研究区域方面，涉及县、省、流域等多个尺度。在评价方法方面，形成了主成分分析法[14,15]、层次分析法[16,17]、模糊评价法[18,19]等多种评价方法。总体来说，在 3S 技术的支持下，生态脆弱性评价空间尺度不断扩大，评价单元日渐精细，评价方法多样。然而，当前的生态脆弱性评价还存在一些局限性，如对同一区域生态脆弱性的时空分异特征研究较少，多偏向于单一时间尺度的评价；评价区域主要以行政单元划分，对以自然边界划定的流域为研究区域的研究有待深化。

13.2　核心概念与关键技术

13.2.1　景观生态学

景观生态学（landscape ecology）由德国学者 Troll 于 1939 年首先提出，随着研究的不断深入，景观生态学蓬勃发展，在不同研究领域都有应用。景观生态学是研究景观空间结构与形态特征对生物活动与人类活动影响的科学，可简单表述为重点研究景观的结构、功能和变化以及景观科学规划和管理的一门宏观生态学科。

13.2.2　生态脆弱性

生态脆弱性是指在特定自然地理背景与人为活动干预下，对生态系统结构、功能和变化趋势的认识，是区域生态环境可持续性、生产能力与潜力以及社会稳定发展等的综合性度量[20]。脆弱性评价是对某一研究对象自身的结构和功能进行评估，评价其在外部的扰动下受到的影响，以及系统对扰动的抵抗能力与从不利影响中的恢复响应能力，其研究的目的是探索研究对象的脆弱性现状，预测其发展趋势，为研究区的综合治理及可持续发展提供决策依据[20]。

13.2.3　3S 技术

3S 技术是遥感技术、地理信息系统和全球定位系统的统称。三者相互结合，对空间信息进行采集、编辑、分析、处理、应用等。

遥感技术即“遥远的感知”，广义泛指一切无接触的远距离探测，包括对电磁场、力场、机械波（声波、地震波）等的探测；狭义指应用探测仪器，不与探测目标相接触，从远处把目标的电磁波特性记录下来，通过分析，揭示地物特性及其变化的综合性探测技术[21]。

地理信息系统技术是随着信息时代的到来迅速发展的一门空间信息分析技术。在计算机软硬件系统支持下，对空间信息进行采集、编辑、分析和处理。GIS 技术运用广泛，不仅能对空间数据进行高效的管理和分析，还能为规划和决策提供支持。

全球定位系统是结合卫星及通信发展的技术，利用导航卫星进行测时和测距，包括三个部分：地面控制部分、空间部分（由 24 颗卫星组成，均匀分布在 6 个轨道面上）、用户设备部分。

13.3 评价方法与技术路线

13.3.1 主要评价方法

1. 无量纲化模型

由于各个指标的性质不同，单位和量纲也不一致，无法直接使用。为解决原始指标不可对比的问题，必须进行指标标准化处理。本章采用极差标准化方法分别对正、负向指标进行处理[22]，指标极差标准化公式如下。

正向指标处理方法：

$$X_i=(x_i-x_{\min})/(x_{\max}-x_{\min}) \tag{13-1}$$

负向指标处理方法：

$$X_i=(x_{\max}-x_i)/(x_{\max}-x_{\min}) \tag{13-2}$$

式中，X_i为指标 i 的标准化值；x_i为指标 i 的初始值；$x_{\min}$为指标 i 的最小值；$x_{\max}$为指标 i 的最大值。

2. 空间主成分分析法

空间主成分分析法是在 GIS 软件的支持下，通过旋转原始空间坐标轴，把原始变量因子转化为少数几个综合主成分指标，在最大程度保留信息的同时减少数据量[23]。空间主成分分析法是一种客观的评价方法，受人为影响较小。

本研究以 1km×1km 栅格作为评价单元，采用空间主成分分析法，在 ArcGIS 软件的支持下，通过 Principal Components 函数，对指标进行空间主成分分析，得到各主成分的特征值、贡献率及累计贡献率[24]。其中贡献率的计算公式如下：

$$r_i=\frac{\lambda_i}{\sum_{i=1}^{n}\lambda_i} \tag{13-3}$$

式中，r_i为第 i 个主成分的贡献率；λ_i为第 i 个主成分的特征值；n 为主成分个数。

一般取累计贡献率 85% 以上的主成分来替代原始指标，在减少计算量的同时能较好地反映广西西江流域生态脆弱性的实际情况。本章统一选取累计贡献率超过 85% 的主成分进行分析，得到主成分载荷表。通过主成分载荷矩阵，计算主成分综合指标。主成分综合指标计算公式如下：

$$\mathrm{PC}_i=\alpha_{1i}X_1+\alpha_{2i}X_2+\alpha_{3i}X_3+\cdots+\alpha_{pi}X_p \tag{13-4}$$

式中，PC_i为第 i 个主成分；α_{1i}，α_{2i}，…，α_{pi}为第 i 个主成分各个指标因子对应的特征向量；X_1，X_2，…，X_p为各个指标因子。

根据空间主成分分析结果，计算生态脆弱性指数（EVI）。

$$\mathrm{EVI}=r_1\mathrm{PC}_1+r_2\mathrm{PC}_2+r_3\mathrm{PC}_3+\cdots+r_n\mathrm{PC}_n \tag{13-5}$$

式中，EVI 为生态脆弱性指数；r_1，r_2，…，r_n 为第 1，2，…，n 个主成分对应的贡献率；PC_1，PC_2，…，PC_n 为第 1，2，…，n 个主成分；n 为累计贡献率超过 85% 的前 n 个主成分。

3. 生态脆弱性分级与生态脆弱性综合指数

为了多年生态脆弱性指数（EVI）结果的比较，对 EVI 进行标准化处理[25,26]，标准化计算方法如下：

$$S_i=\frac{\mathrm{EVI}_i-\mathrm{EVI}_{\min}}{\mathrm{EVI}_{\max}-\mathrm{EVI}_{\min}} \tag{13-6}$$

式中，S_i为第 i 年生态脆弱性标准化值，取值区间为 0～1；EVI_i为第 i 年生态脆弱性指数实际值；$\mathrm{EVI}_{\max}$为多年生态脆弱性指数的最大值；$\mathrm{EVI}_{\min}$为多年生态脆弱性指数的最小值。

采用乘算模型计算生态脆弱性综合指数（EVSI），计算方法如下：

$$\mathrm{EVSI} = \sum_{i=1}^{n} P_i \times \frac{A_i}{S} \tag{13-7}$$

式中，EVSI 为生态脆弱性综合指数；P_i为第 i 类脆弱性等级值；A_i为第 i 类脆弱性面积；S 为区域总面积。

4. 地理探测器模型

一种地理事物的空间布局总是某些因素作用的结果，地理探测器是由中国科学院地理科学与资源研究所王劲峰空间分析小组开发的探寻地理空间分区因素对疾病风险影响机理的一种方法[27]。地理探测器能有效诊断各影响因素对地理事物分布与发展的解释力大小，该方法能对地理现象的驱动机制进行定量分析，无须过多的假设条件，克服了传统方法处理类别遍历的局限性[28,29]。本研究采用因子探测器和交互探测器对广西西江流域生态脆弱性驱动因子进行分析，探究流域脆弱生境的主要驱动机制。其中，因子探测器主要用于探测各影响因子对流域生态脆弱性影响力的大小，计算方法如下：

$$P_{D,H} = 1 - \frac{1}{n\sigma^2}\sum_{h=1}^{L} n_h \sigma_h^2 \tag{13-8}$$

式中，$P_{D,H}$为影响因子 D 对生态脆弱性 H 的因子解释力；n 为样本量；L 为指标因子分类数；n_h和σ_h分别为 h 层样本量和生态脆弱性的方差。$P_{D,H}=[0, 1]$，值越大说明影响因子 D 对流域生态脆弱性的因子解释力越强。

交互探测器主要用于探测多因子交互作用后对地理事物的因子解释力，即影响因子 X_1，X_2 相互作用后是否会强化或弱化对流域生态脆弱性的影响，其主要有 5 种类型（表 13-1）。

表 13-1　交互探测类型

判断依据	交互作用
$P(X_1 \cap X_2) < \min[P(X_1), P(X_2)]$	非线性减弱
$\min[P(X_1), P(X_2)] < P(X_1 \cap X_2) < \max[P(X_1), P(X_2)]$	单线性减弱
$P(X_1 \cap X_2) > \max[P(X_1), P(X_2)]$	双线性增强
$P(X_1 \cap X_2) = P(X_1) + P(X_2)$	相互独立
$P(X_1 \cap X_2) > P(X_1) + P(X_2)$	非线性增强

13.3.2　生态脆弱性技术路线

依据广西西江流域的生态现状，以广西西江流域为研究对象，以生态脆弱性的理论体系为指导，以 3S 技术为支撑，以 1km×1km 栅格为评价单元，对广西西江流域生态脆弱性进行评价，通过结果分析对流域生态环境综合管理提供对策，生态脆弱性技术路线图如图 13-1 所示。

13.3.3　广西西江流域生态环境脆弱性评价指标体系构建

1. 评价指标选取原则

广西西江流域生态脆弱性影响因素较多，受自然因素和社会经济因素共同影响。因此在构建广西西江流域脆弱性评价指标体系时，应在充分了解研究区特征的前提下，遵循指标体系的建立原则，构建一套科学、实际的指标体系对目标研究至关重要。广西西江流域生态脆弱性指标体系构建原则如下。

①科学性原则：科学的指标体系是研究的基础，也是获得合理结果的基本保证。指标体系对评价结果意义重大，选取的指标应能反映区域生态环境的特征及生态脆弱性发展的驱动力和能力。

②系统性和针对性相结合原则：广西西江流域在多种因素的共同影响下，其生态环境脆弱易损，评价指标应从地形、地貌、水文、气象、人类活动等多方面考虑，系统性选取指标；同时针对评价目标选取指标，选取能够为评价服务的指标，要能反映流域生态环境的脆弱性特征。

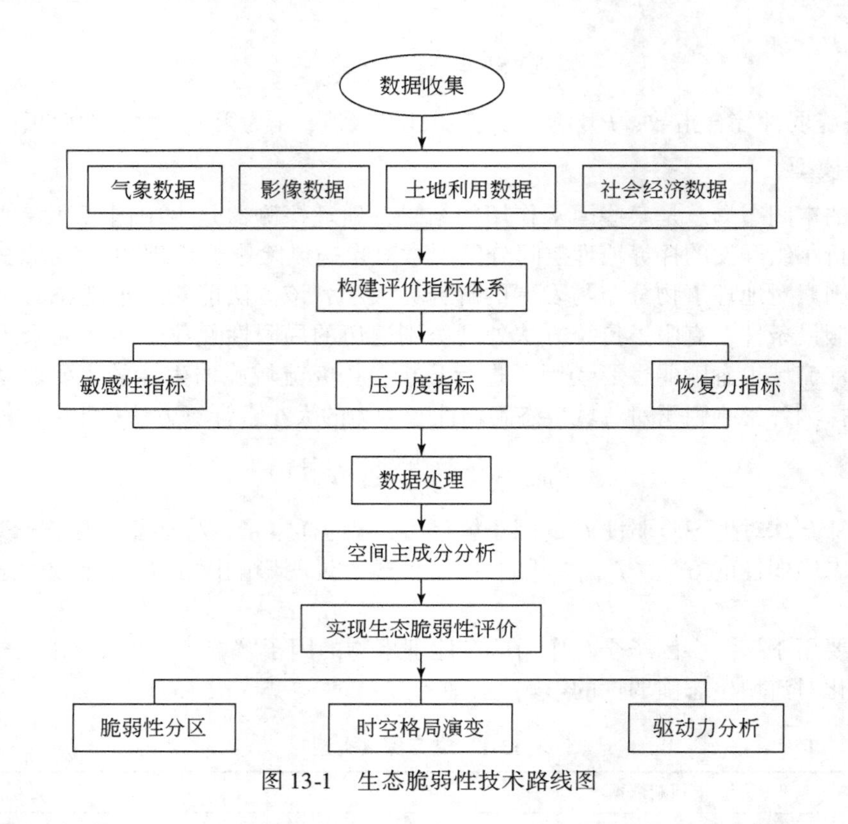

图 13-1　生态脆弱性技术路线图

③定量与定性相结合原则：定量与定性相结合，可全面反映研究区脆弱性的真实情况，获取较精确的脆弱性评价结果。

④可行性原则：指标数据必须易于获取和分析，争取在现有的技术条件和有限的时间内运用可操作性较高的指标体系实现广西西江生态流域脆弱性分析。

⑤动态性原则：考虑系统的动态变化特征，指标应能对流域未来一定时期的发展趋势进行描述，便于进行预测和管理。

2. 指标体系构建

依据评价指标的选取原则，结合广西西江流域的实际情况及前人的研究成果，本章把广西西江流域生态环境脆弱性作为一级指标，以生态敏感性、生态压力度、生态恢复力三个子系统为二级指标，再细分为若干三级指标，并将指标划分为正指标和负指标，指标值越大，生态脆弱性程度越高的作为正指标，指标值越小，生态脆弱性程度越高的作为负指标，构建完成广西西江流域生态环境脆弱性评价指标体系图（图 13-2）。

3. 指标因子的概念及内涵

本次研究从生态敏感性、生态压力度和生态恢复力三个方面下手，共选取 11 个指标对广西西江流域生态环境脆弱性进行评价。

生态敏感性是指生态系统对区域内自然和人类活动干扰的敏感程度，明确生态环境问题发生的可能性大小，敏感性越高，生态系统对影响因子就越敏感，生态环境越脆弱易损[30]。广西西江流域地势自西北向东南倾斜，地形起伏，喀斯特地貌分布广泛，水土流失严重，降雨季节分布不均，雨季洪涝灾害频发，夏季高温，随着人类活动影响力的不断增大，景观格局不断变化，破碎度增加。本次研究选取 7 个指标对流域生态敏感性进行评估。

①高程。地面高程反映区域地形地貌状况，影响降水分配、地表径流及其空间分布，是脆弱性区段分异的重要特征[30]。

②地形起伏度。地形起伏度是指在一个特定区域内，最高点海拔与最低点海拔的差值，是地形地貌

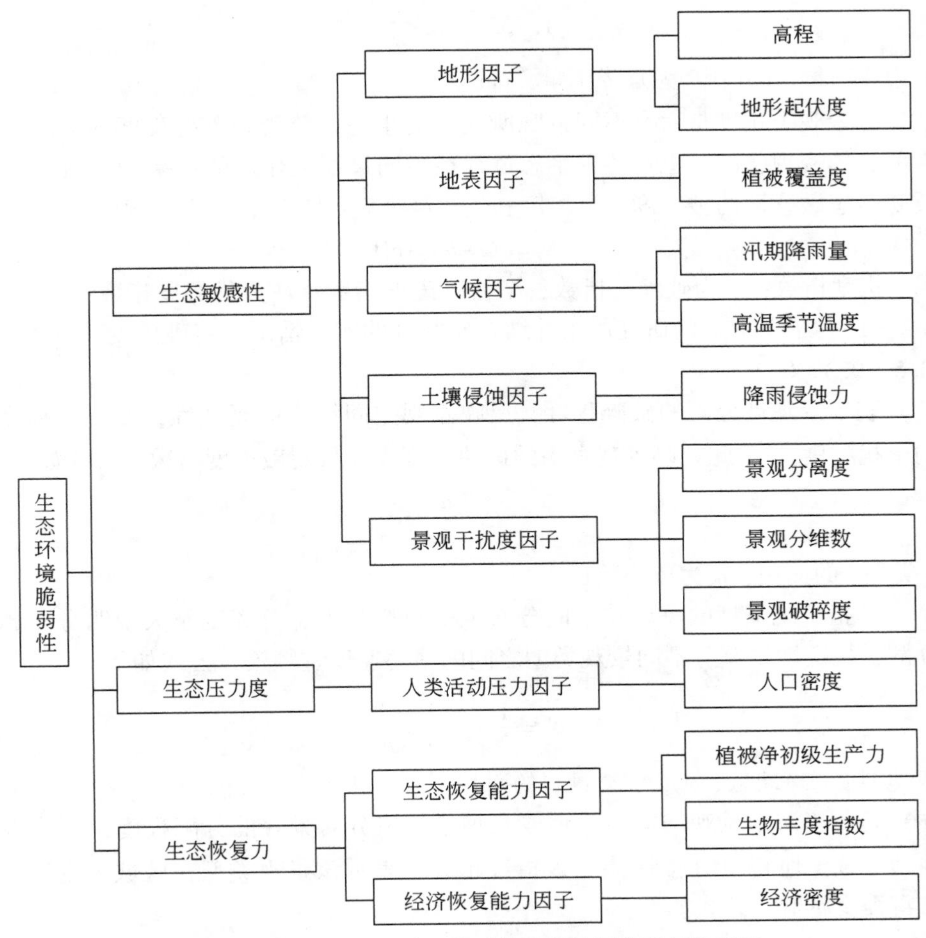

图 13-2　广西西江流域生态环境脆弱性评价指标体系图

的重要描述指标之一[31]。以一定栅格大小的窗口进行一系列计算，获取窗口的地形起伏度，进而获得区域的地形起伏度，地形起伏度公式如下：

$$\mathrm{LER}_i = E_{\max} - E_{\min} \tag{13-9}$$

式中，LER_i 为以第 i 个栅格为中心的窗口内的相对高差；$E_{\max}$ 和 $E_{\min}$ 分别为该窗口内的最大高程和最小高程。

③植被覆盖度。植被覆盖度是表征地表生态状况和生态质量好坏的重要指标之一，对植被群落及生态系统变化具有一定的表征作用，也是水土流失的重要因子，可用来衡量生态系统的抗干扰能力，植被覆盖度公式如下：

$$\mathrm{VFC} = (\mathrm{NDVI} - \mathrm{NDVI}_{\min}) / (\mathrm{NDVI}_{\max} - \mathrm{NDVI}_{\min}) \tag{13-10}$$

式中，VFC 为区域的植被覆盖度；$\mathrm{NDVI}_{\min}$ 和 $\mathrm{NDVI}_{\max}$ 分别为区域内最大和最小的 NDVI 值。

④汛期降雨量。广西西江流域汛期（4～9 月）降雨量大，降雨量过大会导致暴雨洪涝灾害，产生水土流失问题，对河流水系及水环境产生影响，进而影响动植物的生长、农业生产，造成严重经济损失及人员伤亡。

⑤高温季节温度。高温季节（6～10 月）温度反映极端高温天气对生态系统组分、结构和功能的影响。过高的温度对植物生长、作物生产以及生物活动产生不利影响。

⑥降雨侵蚀力。降雨侵蚀力是指由降雨引起土壤侵蚀的潜在能力。降雨是土壤侵蚀的主要动力，喀斯特山区土地贫瘠，土壤容易在降雨下分离和流失。本研究采用 Wischmeier 月尺度公式计算降雨侵蚀力因子，公式如下：

$$R = \sum_{i=1}^{12} [1.735 \times 10^{(1.5\lg\frac{P_i^2}{P} - 0.8188)}] \quad (13\text{-}11)$$

式中，P 为年平均降雨量，mm；P_i为月降雨量，mm。

⑦景观干扰度。景观干扰度是对有不同景观所代表的生态系统受到干扰程度的反映[32]。景观格局是景观空间异质性的具体表现，同时也是各种生态过程在不同尺度上作用的结果[33]。通过查阅文献，本研究选取能较好反映生态敏感性的破碎度、分离度和优势度来表示[34,35]，景观干扰度指数公式如下：

$$E_i = aC_i + bN_i + cD_i \quad (13\text{-}12)$$

式中，E_i为景观干扰度指数；C_i为破碎度指数；N_i为分离度指数；D_i为优势度指数；a，b，c 分别为各指数的权重（$a+b+c=1$）。借鉴前人的研究成果并结合研究区的实际情况，将破碎度、分离度和优势度的权重分别设定为0.5，0.3，0.2。

破碎度（C_i）表示景观被分割的破碎程度，反映景观空间结构的复杂性，在一定程度上反映了自然或人为对景观的干扰程度[36]，此处以景观水平的斑块密度表征景观破碎度指数，公式如下：

$$C_i = \frac{n_i}{A_i} \quad (13\text{-}13)$$

式中，A_i为景观类型 i 的面积；n_i为斑块数目。

分离度（N_i）是指景观类型的斑块在空间分布上的离散程度，分离度越大说明分布越分散，景观类型在地域上越分散，稳定性越差，不同景观类型之间的演替速度越频繁，公式如下：

$$N_i = \frac{1}{2} \times \sqrt{\frac{n_i}{A}} \times \frac{A}{A_i} \quad (13\text{-}14)$$

式中，n_i 为景观类型 i 的斑块数；A_i为 i 类景观的面积；A 为研究区总面积。

优势度（D_i）是用于测定景观结构中一种或几种景观组分对景观的分配程度，能体现某区域一种或几种景观类型控制区域土地利用的水平[37]。该指数越大，表示该景观类型在区域中主导地位越明显，区域景观类型的丰富程度越低，公式如下：

$$D_i = H_{\max} + \sum_{i=1}^{m} (P_i \times \ln P_i) \quad (13\text{-}15)$$

式中，$H_{\max}$为最大多样性指数；P_i为景观类型 i 所占面积比例。

生态压力度是指人类生产活动对生态系统所造成的影响和负荷，危及生态系统结构的稳定性。随着科学技术的发展，人类活动对自然环境的影响越来越大，广西西江流域人口众多，城乡二元化结构明显，不同市县的自然环境、经济实力及发展方向迥异，生态系统面临的压力不同。本次研究选取 1 个指标对流域生态压力度进行评估。

人口密度是指单位面积土地上居住的人口数。它可用来表征各地人口的密集程度。人口密度＝区域人口数量/区域土地总面积。人口密度越大，人类活动强度越大，生态系统承受的负荷也随之增大。

生态恢复力是指生态系统在遭受外界干扰和破坏后的自我恢复能力。生态系统存储的能量是生态恢复的基础，良好的经济能力是保障。生态系统拥有充足的能量对生态恢复的投入，是顺利解决生态问题、进行生态恢复的有力手段。本次研究选取 3 个指标对流域生态恢复力进行评估。

①生物丰度指数。根据《生态环境状况评价技术规范》（HJ 192—2015），生物丰度指数主要用于评价区域生物的丰贫程度，反映流域的生物多样性，公式如下：

$$\text{生物丰度指数} = A_{\text{bio}} \times (0.35\times\text{林地} + 0.21\times\text{草地} + 0.28\times\text{水域} + 0.11\times\text{耕地} + 0.04\times\text{建设用地} + 0.01\times\text{未利用地}) / \text{区域面积} \quad (13\text{-}16)$$

式中，A_{bio}为生物丰度指数的归一化系数，公式如下：

$$A_{\text{bio}} = 100/A_{\text{最大值}} \quad (13\text{-}17)$$

式中，$A_{\text{最大值}}$是生物丰度指数未归一化处理前的最大值。

②植被净初级生产力（NPP）。NPP 是生态系统生存和繁衍的物质基础，能提供生物生长发育的能量。

反映植物群落在自然条件下的生产能力，具有一定的固碳能力，表现了地球的支持能力和生态系统的可持续发展能力，该数据基于光能利用率模型 GLM-PEM 计算得到。

$$NPP = PAR \times FPAR \times \varepsilon - R_a \quad (13\text{-}18)$$

式中，PAR 为光合有效辐射；FPAR 为植被吸收光合有效辐射比率；ε 为基于 GPP 概念的现实光能利用率；R_a为植被自养呼吸（包括维持性呼吸R_m和生长性呼吸R_g）。

其中 GLO-PEM 模型中实际光能利用率的计算公式如下：

$$\varepsilon = \varepsilon^* \times \sigma_T \times \sigma_E \times \sigma_S \quad (13\text{-}19)$$

式中，ε^* 为植物潜在光合利用率；σ_T为空气温度对植物生长的影响系数；σ_E为大气水汽对植物生长的影响系数；σ_S为土壤水分缺失对植物生长的影响系数。

③经济密度。可用来衡量单位面积土地上的经济效益的好坏，表征了单位面积上经济活动的效率和土地利用的密集程度。经济密度=区域生产总值/区域土地总面积。经济密度越大，区域经济发展越好，对生态恢复和保护的力度就越大。

13.4　广西西江流域生态环境脆弱性评价

13.4.1　数据来源

本研究主要用到的数据有基础地理数据、气象监测数据、多源遥感数据、统计数据等。其中，地形因子数据来源于地理空间数据云下载的 GDEMDEM 30M 分辨率数字高程数据；植被覆盖度数据采用 2000 年、2005 年和 2010 年的 MOD13Q1 250M 植被指数 16 天合成产品和中国科学院资源环境科学数据中心制作的 2000 年、2005 年和 2010 年土地利用现状遥感监测数据分析获得；气象因子数据和土壤侵蚀因子数据来源于中国气象数据网 2000 年、2005 年和 2010 年的降雨和气温数据；景观干扰度因子数据来源于中国科学院资源环境科学数据中心制作的 2000 年、2005 年和 2010 年土地利用现状遥感监测数据；人类经济活动压力因子和经济恢复能力因子数据主要来源于 2000 年、2005 年和 2010 年市县统计年鉴和县（市）社会经济统计年鉴及中国科学院资源环境科学数据中心制作的 2000 年、2005 年和 2010 年的社会经济数据；植被净初级生产力数据主要为中国气象数据网 2000 年、2005 年和 2010 年的气象监测数据及中国科学院资源环境科学数据中心制作的 2000 年、2005 年和 2010 年 NPP 数据。

13.4.2　数据处理及因子计算

1. 地形因子

采用 ArcGIS 10.1 的栅格邻域计算工具计算 1km×1km 窗口的高程最大值和最小值，依据式（13-9）计算得到西江流域地形起伏度。

2. 地表因子

①NDVI 数据采用最大合成法（MVC）合成为年 NDVI 数据并重采样成 1km，去除异常。

②将 LUCC 数据重分为林地、草地、耕地、水域、建设用地和未利用地 6 大类，并采用 CON 函数做各土地利用类型掩膜。

③采用 ENVI 软件的 compute statisties 工具获取各土地利用类型对于 NDVI 的统计直方图，依据经验选取$NDVI_{min}$和$NDVI_{max}$值，依据式（13-10）计算各类型的植被覆盖度。

④采用 CON 函数合成西江流域植被覆盖度结果，如图 13-3 所示。

依据植被覆盖度分级标准对 2000 年、2005 年、2010 年三期植被覆盖度结果进行分级（表 13-2）。

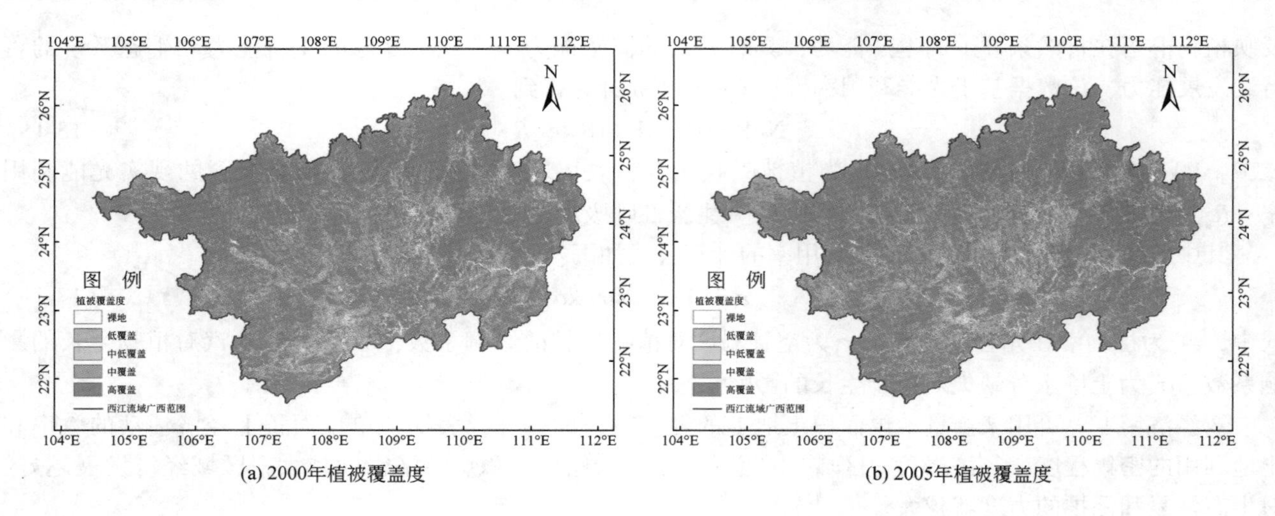

(a) 2000年植被覆盖度　　(b) 2005年植被覆盖度

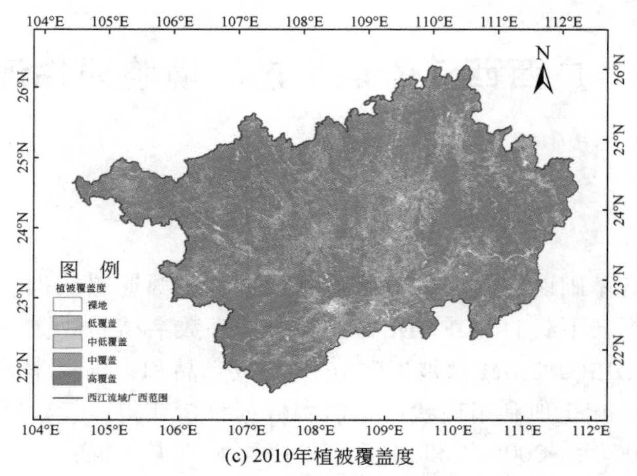

(c) 2010年植被覆盖度

图 13-3　广西西江流域植被覆盖度图

表 13-2　植被覆盖度分级标准

级别	裸地	低覆盖	中低覆盖	中覆盖	高覆盖
植被覆盖度值	<0.2	[0.2, 0.4)	[0.4, 0.6)	[0.6, 0.8)	≥0.8

整体来看，2000～2010 年，广西西江流域植被覆盖度比较稳定，高覆盖区域主要集中于流域北部、贺州等地，低覆盖区域主要集中于市辖区等人类活动强度较大的区域。

3. 气候因子

提取 2000 年、2005 年及 2010 年的汛期降雨（4～9 月）数据及高温季节气温（6～10 月）数据进行计算，获取站点汛期降雨量及高温季节温度数据，汛期降雨量采用反比距离权重法进行插值，高温季节温度采用克里金法进行插值，得到结果。时间上，2000～2010 年，广西西江流域高温季节温度平均值在 2005 年为高值，平均值为 26.69℃，2000 年和 2010 年高温季节温度平均值较低，均为 26.27℃。空间上，2005 年流域中部和南部地区均处于 27℃以上，2000 年及 2010 年 27℃以上区域主要为柳州市、来宾市、贵港市、玉林市、南宁市等地。2000～2010 年广西西江流域汛期降雨量均值不断提高，由 2000 年的 1079.71mm 提高为 2010 年的 1358.05mm。降雨空间分布差异性较大。

4. 土壤侵蚀因子

依据式（14-11）计算降雨侵蚀力（R）因子，乘以系数 17.02 可得各站点年降雨侵蚀力 R，运用反比距离权重法进行插值得到结果。

5. 景观干扰度因子

运用景观生态学软件 Frastats 4.2 以 1km×1km 为移动窗口模型大小，依据式（13-13）～式（13-15），计算窗口下的各个景观指数。

通过分析结果可知，2000 年、2005 年和 2010 年的各景观指数变化不大，空间分布一致性较好，根据单因子分析结果，采用式（13-12）及对应权重计算景观干扰度指数。其中 2010 年景观破碎度、景观分离度、景观优势度和景观干扰度如图 13-4 所示。

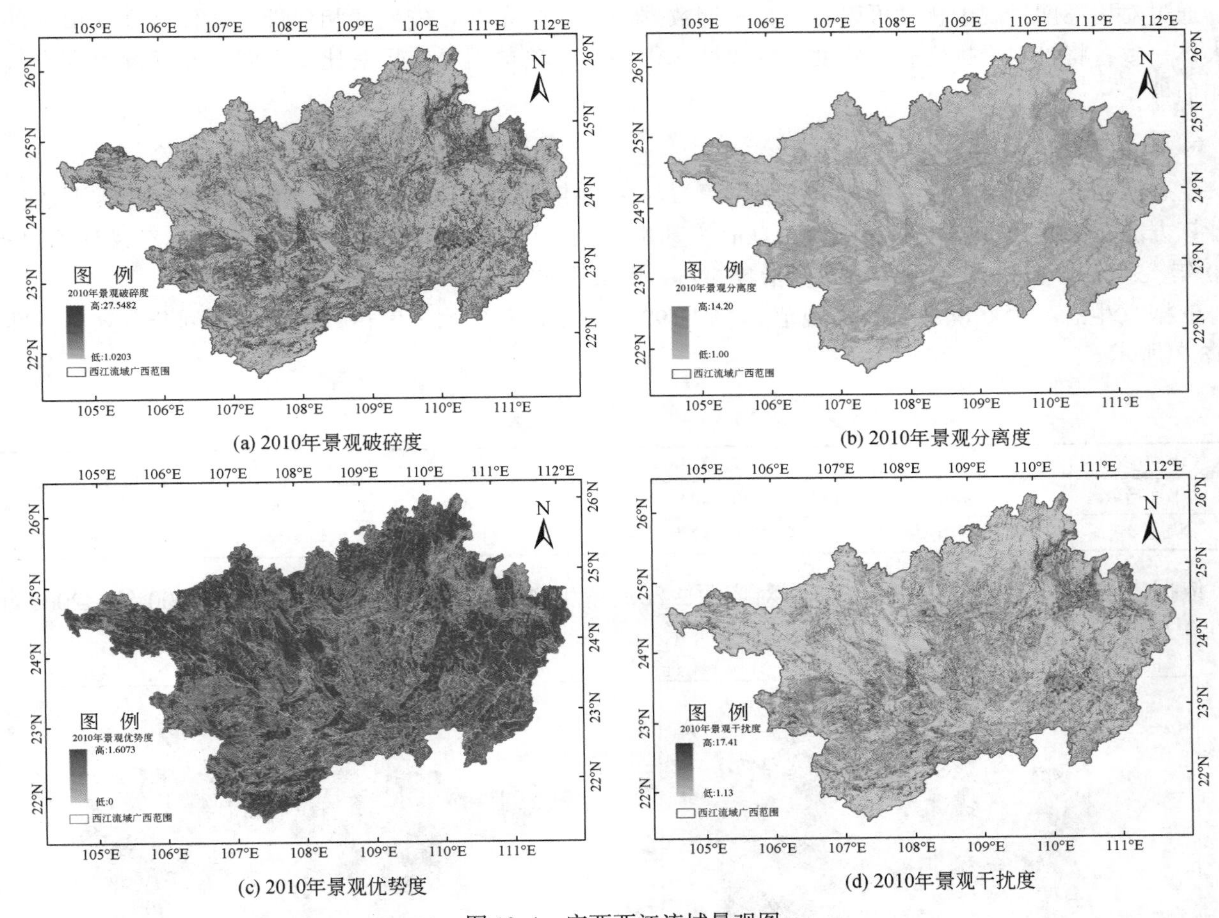

(a) 2010年景观破碎度

(b) 2010年景观分离度

(c) 2010年景观优势度

(d) 2010年景观干扰度

图 13-4　广西西江流域景观图

依据景观破碎度分析结果，2000～2010 年流域内景观破碎度空间分布几乎不变，最小值均为 1.020 左右，最大值均为 27.548 左右；景观破碎度三期平均值分别为 3.324、3.331、3.337，平均值有微小的增加。从图 13-4（a）上看，流域景观破碎度指数高值区主要分布在桂林、贺州、南宁西北部、崇左北部等，这些地区景观类型多样，多为耕地、城镇用地等，受人为影响较大；低值区主要分布于百色、河池、柳州等地的北部，这些地区景观类型较为单一，结构较为简单，多为林地，受人为影响较小。

依据景观分离度分析结果，2000～2010 年流域内景观分离度的空间一致性较高，最小值均为 1 左右，最大值均为 14.2 左右；景观分离度三期平均值分别为 1.674、1.674、1.675，平均值有微小的增加。从图 13-4（b）上看，流域景观分离度指数高值区主要分布在桂林中部和南部；低值区主要分布于百色、河池、柳州等地的北部，贺州、梧州北部，都安等地。随着时间变化，流域内相邻斑块的多样化程度趋于稳定，各用地类型规划趋向于合理化，景观稳定性增强。

依据景观优势度分析结果，2000～2010 年流域内景观优势度的空间一致性较高，最小值均为 0 左右，最大值均为 1.6 左右；景观优势度三期平均值分别为 1.194、1.194、1.193，平均值有微弱减小。从图 13-4（c）上看，三期景观优势度指数高值区主要分布在广西西江流域的东部、北部的部分地区以及西南角；低值区主要分布于广西西江流域北部和西部。三期景观多样性几乎不变，区域的主导景观类型大体一致。

依据景观干扰度分析结果，2000～2010 年流域内景观干扰度空间一致性较高，最小值均为 1. 13 左右，最大值均为 17. 41 左右；景观干扰度三期平均值分别为 2. 402、2. 406、2. 410，平均值增大。从图 13-4（d）上看，三期景观干扰度指数高值区主要分布在桂林中部和南部、贺州北部；低值区主要分布于广西西江流域北部、西北部和东部的贺州、梧州等地的部分地区。

通过对比三期景观干扰度可以看出，三期数据的空间分布存在较大的相似性，高值区和低值区的分布大体一致；将景观干扰度和破碎度、分离度、优势度三项单因子结果对比，空间分布状况也存在很大的相似性。

6. 生态恢复能力因子

生态恢复能力因子主要为植被净初级生产力与生物丰度指数。根据评价规范的土地利用类型的权重及计算方法，依据式（13-16）以 1km×1km 为基本单元，计算流域内的生物丰度指数。经过计算可得，2000 年、2005 年和 2010 年的生物丰度指数的归一化系数均为 285. 7143。

依据《生态环境状况评价技术规范》（HJ 192—2015）对生物丰度指数进行等级划分，划分标准如表 13-3 所示。

表 13-3　生物丰度指数分级标准

级别	差	较差	一般	良	优
生物丰度指数	<20	[20，40)	[40，60)	[60，80)	≥80
状况	生物多样性单一	生物多样性较为单一	生物多样性一般水平	生物多样性较为丰富	生物多样性丰富

依据表 13-3 生物丰度指数分级标准对广西西江流域生物丰度指数进行划分，流域 2000 年、2005 年、2010 年生物丰度指数空间分布情况如图 13-5 所示。

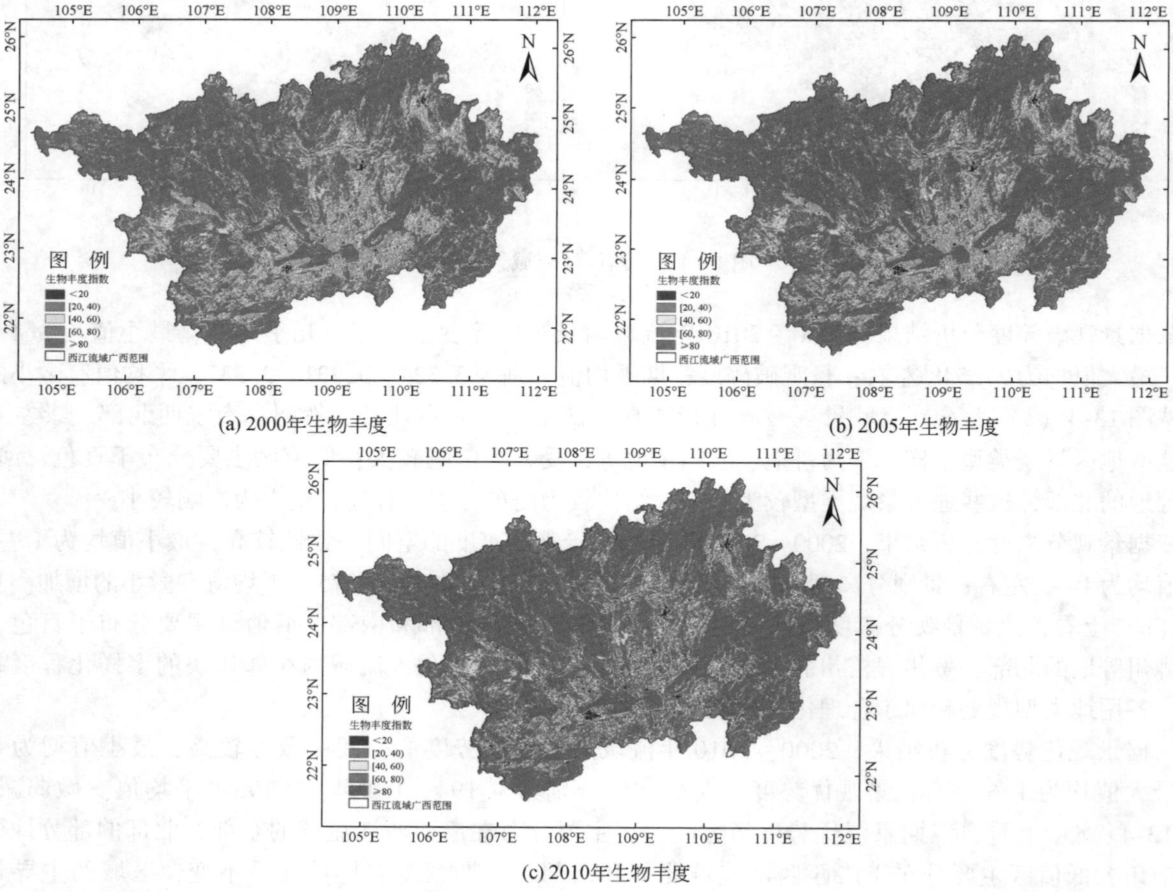

(a) 2000年生物丰度

(b) 2005年生物丰度

(c) 2010年生物丰度

图 13-5　广西西江流域生物丰度图

依据生物丰度分析结果，2000 年、2005 年、2010 年三期广西西江流域生物丰度指数平均值都在 80.44 左右，说明流域整体的生物多样性较为丰富。从空间分布上看，生物多样性较低的地区主要为社会经济发展较快的南宁市辖区、柳州市辖区和桂林市辖区，总体来说，三期结果空间分布一致性较高，生物丰度状况处于相对稳定的状态。通过对比发现生物丰度指数空间分布和土地利用类型分布的相关性较高，土地利用类型为林地的地区生物丰度指数值为高值集中区，这些地区地表植被覆盖度较高，因此生物丰度指数值较大，生物多样性较为丰富；其次为草地和水域，这些地区的生物丰度值中等，生物多样性一般；耕地、未利用地和城乡、工矿、居民用地的生物丰度指数水平较低，其中城乡、工矿、居民用地区的生物多样性最低，这些地区地表植被覆盖度较低，并且部分县区经济较为发达，城镇用地占比较大，但城镇用地权重较小，权重为 0.04，因此这些县区生物丰度指数值较小。

13.4.3　数据标准化处理

依据指标和生态环境脆弱性的关系，可将指标分为正、负指标。广西西江流域生态环境脆弱性指标体系中的正指标包括高程、地形起伏度、汛期降雨量、高温季节温度、降雨侵蚀力、景观干扰度、人口密度；负指标包括植被覆盖度、植被净初级生产力、经济密度、生物丰度指数。依据综合分析的需求，本研究采用极差标准化方法对数据进行处理，消除量纲的影响，具体处理依据式（13-1）和式（13-2）。

13.4.4　流域生态脆弱性评价及结果分析

1. 空间主成分分析

本研究使用 ArcGIS 10.1 的 Principal Components 函数，分别对 2000 年、2005 年、2010 年三期流域生态脆弱性的多个指标进行空间主成分分析，得到各主成分的特征值、贡献率及累计贡献率，见表 13-4，选取累计贡献率 85% 以上的主成分替代原始指标，并依据式（13-5）进一步计算三期生态脆弱性指数。

表 13-4　各主成分的特征值、贡献率及累计贡献率表

年份	主成分系数	主成分				
		PC1	PC2	PC3	PC4	PC5
2000	特征值 λ	0.03904	0.02199	0.01554	0.00957	0.00737
	贡献率/%	37.4154	21.0766	14.8903	9.1736	7.0614
	累计贡献率/%	37.4154	58.492	73.3823	82.5559	89.6173
2005	特征值 λ	0.03629	0.0198	0.01058	0.00876	0.00793
	贡献率/%	38.4644	20.9905	11.2189	9.2838	8.4047
	累计贡献率/%	38.4644	59.4549	70.6738	79.9575	88.3623
2010	特征值 λ	0.03777	0.02244	0.01005	0.00893	0.00802
	贡献率/%	37.1375	22.0626	9.8852	8.7832	7.8885
	累计贡献率/%	37.1375	59.2001	69.0853	77.8685	85.757

依据三期生态脆弱性空间主成分分析结果，均选取 2000 年、2005 年和 2010 年累计贡献率在 85% 以上的 5 个主成分，2000 ~ 2010 年前几个主成分的累计贡献率分别为 89.6173%、88.3623%、85.757%，能够较好地反映生态脆弱性现状，因此用前几个主成分替代原本的 11 个指标，计算生态脆弱性指数。

2. 广西西江流域生态脆弱性分区

根据广西西江流域生态脆弱性评价结果，2000 ~ 2010 年生态脆弱性指数最大值为 2010 年的 1.15，生态脆弱性指数最小值为 2000 年的 0.28。流域 2000 年、2005 年、2010 年三期生态脆弱性指数平均值分别为0.67、0.72、0.67。为直观地表现广西西江流域的多年生态脆弱变化状况，使用式（13-6）对三期生态脆弱性结果进行标准化处理，并参照已有的生态脆弱性评价研究的分级标准[38]，对标准化后广西西江流域生态脆弱性进行分级，将广西西江流域生态脆弱性从低到高分为五级。广西西江流域生态脆弱性分级标准（上组限不在内）见表13-5。

表13-5　广西西江流域生态脆弱性分级标准

脆弱性等级	生态脆弱性指数标准化值	脆弱程度	生态特征
Ⅰ	<0.2	潜在脆弱	生态系统功能完整，对各类干扰敏感性弱，承受生态压力小，自我恢复能力强，无生态异常出现
Ⅱ	0.2～0.4	微度脆弱	生态系统功能较为完善，对各类干扰敏感性较弱，承受生态压力较小，自我恢复能力强，存在潜在的生态异常
Ⅲ	0.4～0.6	轻度脆弱	生态系统功能尚可维持，对各类干扰敏感性中等，承受生态压力接近阈值，自我恢复力较弱，出现少量生态异常
Ⅳ	0.6～0.8	中度脆弱	生态系统功能部分退化，对各类干扰敏感性较强，承受生态压力较大，受损后恢复难度较大，生态异常较多
Ⅴ	≥0.8	重度脆弱	生态系统功能退化严重，对各类干扰敏感性强，承受生态压力大，受损后恢复难度极大，生态异常集中连片出现

依据广西西江流域生态脆弱性分级标准（表13-5），可得到2000年、2005年、2010年三期广西西江流域生态脆弱性分级图，如图13-6所示。

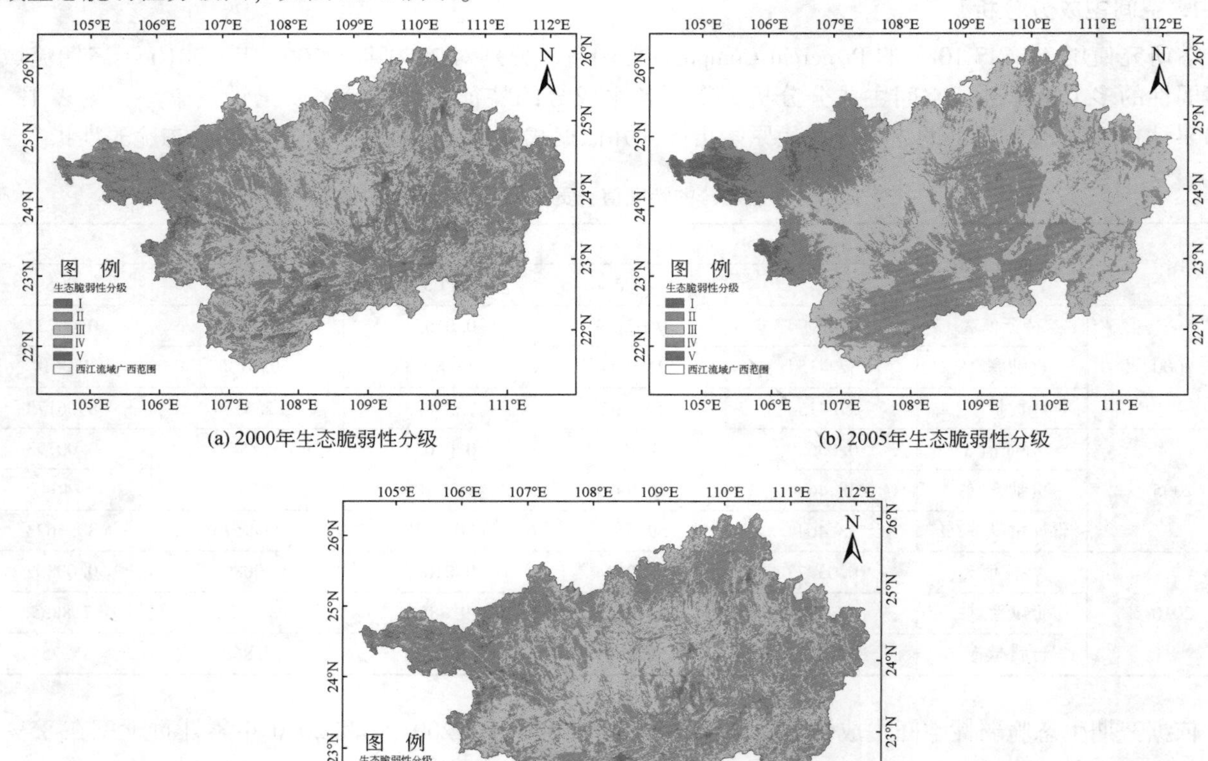

(a) 2000年生态脆弱性分级

(b) 2005年生态脆弱性分级

(c) 2010年生态脆弱性分级

图13-6　广西西江流域生态脆弱性分级图

根据广西西江流域生态脆弱性分级图可知，在自然因素和社会经济因素的共同影响下，2000 年流域重度脆弱区主要集中在南宁市辖区、柳州市辖区、桂林市辖区等城市核心区域，中度脆弱区和轻度脆弱区主要集中在流域中部和西部地区，微度脆弱区和潜在脆弱区主要集中于流域北部和东部的部分地区。2005 年流域重度脆弱区主要为柳州市辖区，流域大部分区域为中度和轻度脆弱区，微度脆弱区和潜在脆弱区主要集中在流域西北部和东北角。2010 年流域生态脆弱性空间分布与 2000 年相似。生态脆弱性较低的地区生物多样性较为丰富，温度和降水适中，植被净初级生产力较高，植被覆盖状况较好，人口压力较小，因此生态环境状况较好，生态脆弱性较低。生态脆弱性较高的地区受自然条件及人类社会活动的影响，生物多样性比较单一，植被净初级生产力及植被覆盖度较低，人口压力较大，导致生态环境破坏较为严重，脆弱易损。

3. 广西西江流域生态脆弱性空间时空特征

（1）生态脆弱性随地理位置的分布

生态脆弱性综合指数越高，说明该地区生态脆弱程度越高，根据表 13-6 广西西江流域生态脆弱性等级面积统计结果表明，广西西江流域 2000 年、2005 年、2010 年生态脆弱性情况发生了浮动，生态脆弱性综合指数呈现先增大后回落的趋势，2000 年、2005 年、2010 年流域抽样信息期望值（expected value of sample information，EVSI）分别为 2.77、3.06、2.77。通过对比三期数据的各主要驱动因子发现，2005 年高温季节温度整体偏高，并在流域中部及东部表现明显，因此 2005 年流域生态脆弱性整体高于其他两年。2000 年、2005 年、2010 年生态脆弱性整体处于Ⅱ～Ⅳ级之间，面积占比分别为 97.66%、96.6%、98.29%，其中，轻度脆弱区面积占比均为最大，分别为 39.85%、50.24%、40.29%。在 2000 年～2005 年间生态脆弱性综合指数增大，潜在脆弱和纬度脆弱面积减少，与此同时，轻度脆弱和中度脆弱的面积增大，说明流域脆弱区域存在一定程度的转化。2005～2010 年，流域高温季节温度回落，因此生态脆弱性表现为改善，2010 年与 2000 年相比，低脆弱性区域面积减少，中高脆弱区面积增大，生态脆弱性状况有小幅度的恶化，但整体稳定。

表 13-6　广西西江流域生态脆弱性等级面积统计表

年份	脆弱性等级	Ⅰ	Ⅱ	Ⅲ	Ⅳ	Ⅴ
2000	面积/km^2	3853	85507	86445	39883	1212
	面积百分比/%	1.78	39.42	39.85	18.39	0.56
	EVSI	2.77				
2005	面积/km^2	7219	36260	108979	64285	157
	面积百分比/%	3.33	16.72	50.24	29.64	0.07
	EVSI	3.06				
2010	面积/km^2	1643	88755	87386	37049	2067
	面积百分比/%	0.76	40.92	40.29	17.08	0.95
	EVSI	2.77				

广西西江流域涉及广西的大部分区域，包括除了北海市之外的桂林市、贺州市、梧州市、柳州市、来宾市、贵港市、玉林市、南宁市、河池市、崇左市、百色市、防城港市、钦州市共 13 个地级市。部分只涉及部分县区的城市也以所在城市名来命名，计算流域内各市 2000 年、2005 年、2010 年的生态脆弱性综合指数及其多年平均值，进一步比较分析流域内各市生态脆弱性差异，分析结果如图 13-7 所示。

根据图 13-7（a）发现，2000 年，流域生态脆弱性综合指数 EVSI 在 2.2～3.28 之间，EVSI 最小的为百色市，EVSI 最大的为南宁市。其中流域内 EVSI≥3 的市有南宁市、贵港市、来宾市、防城港市、崇左市和钦州市；2.5≤EVSI<3 的市有玉林市、柳州市、桂林市、河池市、梧州市及贺州市；EVSI<2.5 的是

百色市。2005 年，流域生态脆弱性综合指数 EVSI 在 2. 16 ~ 3. 8 之间，EVSI 最小的为百色市，EVSI 最大的为防城港市。其中流域内 EVSI<2. 5 的是百色市，2. 5≤EVSI<3 的是河池市，其他 11 个市的生态脆弱性综合指数均≥3。2010 年，流域生态脆弱性综合指数 EVSI 在 2. 34 ~ 3. 32 之间，EVSI 最小的为百色市，EVSI 最大的为贵港市。其中流域内 EVSI≥3 的市有贵港市、来宾市和南宁市；EVSI<2. 5 的是百色市，其他 9 个市的生态脆弱性综合指数均在 2. 5≤EVSI<3。整体来看，除百色市外，2005 年各市 EVSI 均大于 2000 年和 2010 年，说明 2005 年各市生态脆弱性状况较差；2000 年和 2010 年除防城港市外，其他城市 EVSI 值较为接近。

根据图 13-7（b）发现，研究时段内流域生态脆弱性综合指数 EVSI 在 2. 23 ~ 3. 4 之间，EVSI 最小的为百色市，EVSI 最大的为贵港市。其中流域内 EVSI<2. 5 的是百色市，2. 5≤EVSI<3 的为河池市、梧州市、贺州市和桂林市，其他 8 个市的 EVSI≥3。

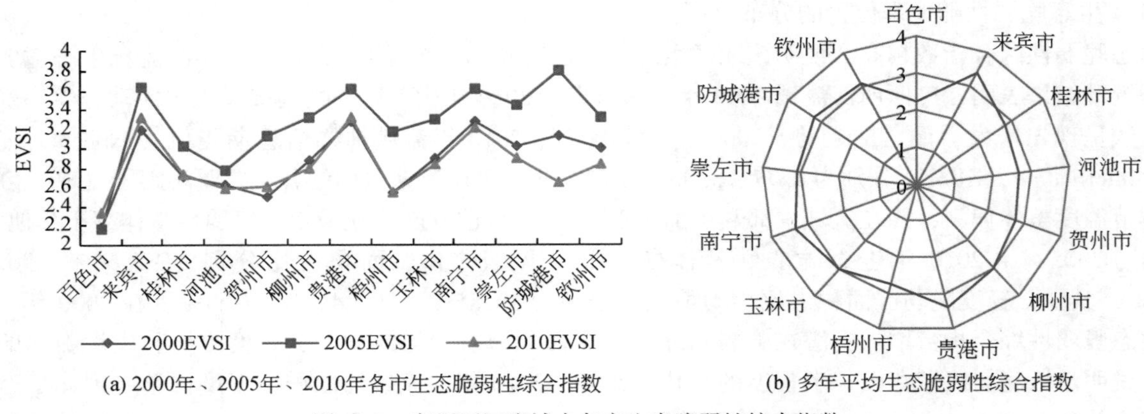

(a) 2000年、2005年、2010年各市生态脆弱性综合指数　　(b) 多年平均生态脆弱性综合指数

图 13-7　广西西江流域内各市生态脆弱性综合指数

（2）生态脆弱性随坡度的分布

根据广西西江流域 DEM 数据可知，广西西江流域地形总体是西北部较高，中部和南部地区较低。计算流域坡度，参考《第二次全国土地调查技术规程》（TD/T 1014—2007）坡度分级标准，以及前人的研究方法[39]，将广西西江流域的坡度分别按≤2°、2° ~6°、6° ~15°、15° ~25°和>25°分为 5 级（上含下不含）。将三期广西西江流域生态脆弱性分级图和坡度分级图叠加，统计各坡度分带下不同时期生态脆弱性等级的面积和占比，统计结果见表 13-7。

表 13-7　广西西江流域不同坡度分带下的生态脆弱性等级分布表

年份	坡度分级	潜在脆弱		微度脆弱		轻度脆弱		中度脆弱		重度脆弱	
		面积/km²	比例/%	面积/km²	比例/%	面积/km²	比例/%	面积/km²	比例/%	面积/km²	比例/%
2000	≤2°	12	0. 18	542	7. 97	2329	34. 26	3799	55. 87	117	1. 72
	2° ~6°	109	0. 34	3829	12. 01	12315	38. 63	15171	47. 59	457	1. 43
	6° ~15°	729	1. 13	19710	30. 64	28265	43. 95	15126	23. 51	495	0. 77
	15° ~25°	1378	2. 32	30525	51. 32	23452	39. 43	4013	6. 75	109	0. 18
	>25°	1625	2. 99	30901	56. 78	20084	36. 91	1773	3. 26	35	0. 06
2005	≤2°	27	0. 40	253	3. 72	1418	20. 86	5087	74. 84	12	0. 18
	2° ~6°	233	0. 73	1447	4. 54	8837	27. 74	21287	66. 82	53	0. 17
	6° ~15°	1384	2. 15	7090	11. 03	30865	48. 01	24870	38. 69	78	0. 12
	15° ~25°	2582	4. 34	12539	21. 09	35546	59. 78	8786	14. 78	8	0. 01
	>25°	2994	5. 49	14931	27. 40	32312	59. 29	4255	7. 81	6	0. 01

续表

年份	坡度分级	潜在脆弱		微度脆弱		轻度脆弱		中度脆弱		重度脆弱	
		面积/km²	比例/%	面积/km²	比例/%	面积/km²	比例/%	面积/km²	比例/%	面积/km²	比例/%
2010	≤2°	6	0.09	542	7.97	2200	32.35	3790	55.72	263	3.87
	2°~6°	50	0.16	4018	12.61	11762	36.93	15060	47.28	961	3.02
	6°~15°	289	0.45	20903	32.51	28694	44.64	13708	21.32	697	1.08
	15°~25°	593	1.00	31846	53.54	23762	39.96	3144	5.29	123	0.21
	>25°	705	1.29	31445	57.72	20968	38.48	1348	2.47	23	0.04

根据统计结果可知，2000 年，坡度≤2°的区域中度脆弱区面积最大，占坡度≤2°总面积的 55.87%，其次轻度脆弱区也有一定量的分布，潜在脆弱区占比最少，仅为 0.18%；坡度在 2°~6°的区域中，轻度脆弱区和中度脆弱区占坡度在 2°~6°总面积的 86.21%，潜在脆弱区占比最少，仅为 0.34%；坡度在 6°~15°区域多为微度脆弱区和轻度脆弱区，占坡度 6°~15°总面积的 74.59%，另外，中度脆弱区面积占比为 23.51%，潜在脆弱区及重度脆弱区面积占比较少；坡度在 15°~25°的区域微度脆弱和轻度脆弱占绝对优势，占坡度 15°~25°总面积的 90.75%；坡度>25°的区域生态脆弱性状况分布与坡度在 15°~25°内区域相似。2005 年，坡度≤2°的区域中度脆弱区面积最大，占坡度≤2°总面积的 74.84%，其次轻度脆弱区也有一定量的分布，其他脆弱性区域面积占比较少；坡度在 2°~6°的区域中，轻度脆弱区和中度脆弱区占坡度在 2°~6°区域总面积的 94.56%，其他脆弱性区域面积占比很少；坡度在 6°~15°区域多为轻度脆弱和中度脆弱区，占坡度 6°~15°总面积的 86.70%，另外，微度脆弱区面积占比为 11.03%，潜在脆弱区及重度脆弱区面积占比较少；坡度在 15°~25°的区域轻度脆弱区面积占比最大，为 59.78%，此外，微度脆弱区和中度脆弱区也有一定量的分布；坡度>25°的区域以轻度脆弱区和微度脆弱区为主，占坡度>25°总面积的 86.69%，其他脆弱性区面积占比较小。2010 年，坡度≤2°的区域中度脆弱区面积最大，占坡度≤2°总面积的 55.72%，其次轻度脆弱区也有一定量的分布，潜在脆弱区占比最少，仅为 0.09%；坡度在 2°~6°的区域中，轻度脆弱区和中度脆弱区占坡度在 2°~6°区域总面积的 84.21%，潜在脆弱区占比最少，仅为 0.16%；坡度在 6°~15°区域多为微度脆弱区和轻度脆弱区，占坡度 6°~15°总面积的 77.15%，另外，中度脆弱区面积占比为 21.32%，潜在脆弱区及重度脆弱区面积占比较少；坡度在 15°~25°的区域微度脆弱和轻度脆弱占绝对优势，占坡度 15°~25°总面积的 93.50%；坡度>25°的区域生态脆弱性状况分布与坡度在 15°~25°区域相似。

从整体结果看，2000 年、2005 年、2010 年三期流域生态脆弱性指数与坡度分级结果的叠加分析，都具有以下特征：随着坡度的增加，脆弱性程度整体有减轻的趋势，在坡度<6°的区域，轻度脆弱区和中度脆弱区占比较大，坡度>6°后，微度脆弱区和轻度脆弱区占比较大，并且随着坡度的不断增大，由中度脆弱为主逐渐转移为以微度脆弱为主。2005 年流域脆弱性程度整体高于其他两年，2000 年和 2010 年流域不同坡度的脆弱性面积分布类似。随着坡度的增大，植被覆盖度和 NPP 增大，生物多样性较为丰富，受外界干扰减少，因此生态环境状况改善。总体来说，随着坡度的增大，生态脆弱性状况有所减轻，坡度与生态脆弱性关系较为密切。

（3）生态脆弱性随土地利用的分布

本研究 LUCC 数据采用中国科学院资源环境科学数据中心解译的 2000 年、2005 年和 2010 年土地利用现状遥感监测数据，该数据采用刘纪远先生提出的中国科学院土地资源分类系统，依据该数据分类标准，将三期广西西江流域 LUCC 数据重分为六大类，分别为耕地，林地，草地，水域，城乡、工矿、居民用地，未利用土地。将三期广西西江流域生态脆弱性分级图和 LUCC 分级图叠加，统计各土地利用类型下不同时期生态脆弱性等级的面积和占比，结果见表 13-8。

表 13-8　广西西江流域不同土地利用类型下的生态脆弱性等级分布表

年份	脆弱性等级	耕地		林地		草地		水域		城乡、工矿、居民用地		未利用地	
		面积/km^2	比例/%	面积/km^2	比例/%	面积/km^2	比例/%	面积/km^2	比例/%	面积/km^2	比例/%	面积/km^2	比例/%
2000	潜在脆弱	124	3.23	3619	94.29	94	2.45	0	0.00	0	0.00	1	0.03
	微度脆弱	4561	5.34	75891	88.81	4848	5.67	107	0.13	49	0.06	2	0.00
	轻度脆弱	17957	20.77	57414	66.40	9496	10.98	811	0.94	787	0.91	4	0.00
	中度脆弱	22703	56.86	8660	21.69	4368	10.94	1698	4.25	2490	6.24	8	0.02
	重度脆弱	406	33.61	73	6.04	54	4.47	254	21.03	420	34.77	1	0.08
2005	潜在脆弱	530	7.38	6175	86.03	468	6.52	4	0.06	0	0.00	1	0.01
	微度脆弱	3463	9.57	29052	80.29	3592	9.93	61	0.17	16	0.04	1	0.00
	轻度脆弱	12535	11.49	87429	80.17	7904	7.25	687	0.64	495	0.45	5	0.00
	中度脆弱	29054	45.17	23151	35.99	6712	10.43	2114	3.29	3285	5.11	8	0.01
	重度脆弱	49	31.01	22	13.92	2	1.27	33	20.89	52	32.91	0	0.00
2010	潜在脆弱	28	1.71	1589	97.13	19	1.16	0	0.00	0	0.00	0	0.00
	微度脆弱	4316	4.87	79985	90.19	4279	4.82	26	0.03	78	0.09	3	0.00
	轻度脆弱	18519	21.18	56093	64.16	11033	12.63	863	0.99	904	1.03	8	0.01
	中度脆弱	21916	59.09	7031	18.96	3942	10.63	1672	4.51	2520	6.79	6	0.02
	重度脆弱	780	37.68	77	3.72	61	2.95	420	20.29	730	35.27	2	0.10

分析 2000 年、2005 年、2010 年间不同地类的生态脆弱性变化情况可知，潜在脆弱区和微度脆弱区在这三期数据分析结果中的主要土地利用类型均为林地，林地在潜在脆弱区的面积占比为 86.03% ~ 97.13%，林地在微度脆弱区的面积占比为 80.29% ~90.19%，其中面积占比按年份由小到大为 2005 年<2000 年<2010 年，耕地、草地也有很少量的分布，潜在脆弱区几乎不存在水域，城乡、工矿、居民用地和未利用土地；轻度脆弱区的土地利用类型主要为林地、耕地和草地，并且面积占比由大到小为林地>耕地>草地，其他地类面积很小，随着生态脆弱程度的加深，在脆弱区中的林地面积比重有所减少，耕地和草地面积比重有所增加；中度脆弱区在这三期数据分析结果中主要土地利用类型为耕地和林地，并且耕地在中度脆弱区的面积要远大于林地在中度脆弱区的面积，此外，草地在中度脆弱区的面积比重比较稳定，保持在 10.5% 左右，其他用地类型所占比重很小；重度脆弱区的土地利用类型主要为耕地，城乡、工矿、居民用地和水域，这三个地类在重度脆弱区的占比分别为 89.41%，84.81% 和 93.24%，其他地类比重很小。

总体来说，林地主要分布于微度脆弱区与中度脆弱区之间，并且生态状况在 2005 年受高温影响出现小幅度波动后存在逐渐转好的趋势；耕地、水域和未利用土地以中度脆弱为主，轻度脆弱次之；草地的生态状况介于林地和耕地之间，主要在微度脆弱与轻度脆弱之间；城乡、工矿、居民用地整体以中度脆弱为主，但存在生态脆弱程度加重的趋势。总之，耕地，城乡、工矿、居民用地，水域和未利用土地这 4 个地类的整体生态脆弱程度较高，其次为草地，林地相对来说生态状况较为良好。造成这一现象的主要原因是随着经济与科学技术的不断发展，人类活动对生态环境的影响越来越大，城市规模不断扩张，以及农药化肥的不当利用，污染排放量持续增加等因素导致土壤和水源被污染，自然环境的胁迫不断增大，生态脆弱程度增大；而林地由于自身原因，生态结构和功能比较稳定，抗干扰能力较强，并且随着石漠化治理取得一定成效，流域整体植被覆盖度有所提高。

（4）流域生态脆弱性变化趋势分析

将 2000 年、2005 年和 2010 年三期生态脆弱性结果进行差值处理，分析广西西江流域生态脆弱性指数变化情况，结果如图 13-8 所示。2000～2005 年，差值最高为 0.3324，流域东部、西南部及中部部分地区呈现生态状况轻微恶化的趋势，流域西北部地区呈现生态脆弱性差值负增长趋势，该地区生境状况恢复。生态脆弱性差值不变区域零散分布于流域各处。2005～2010 年，流域整体生境状况好转，但流域西北部生态脆弱性出现恶化。结合主成分分析结果，高温季节温度对主成分贡献较大，2005 年广西西江流域中部及东部地区受高温影响，导致 2005 年流域生态脆弱性指数偏高，总体上，崇左、河池、柳州等地呈现生态状况好转趋势，反之，流域西北部及中部部分地区呈现生态状况恶化趋势。2000～2010 年广西西江流域生态环境状况整体呈现轻微恶化趋势。

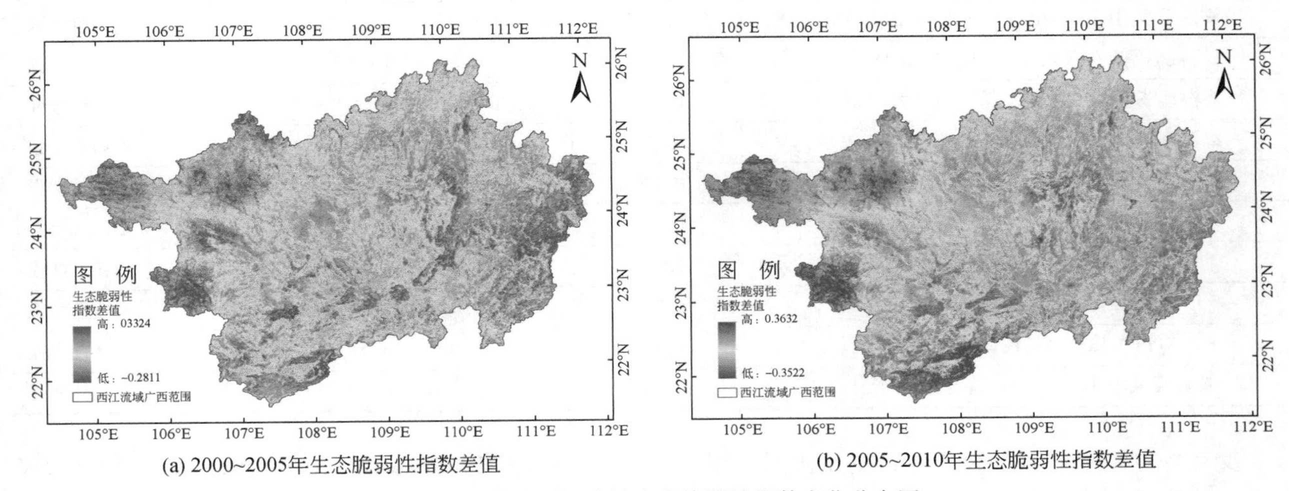

(a) 2000~2005年生态脆弱性指数差值　　(b) 2005~2010年生态脆弱性指数差值

图 13-8　广西西江流域生态脆弱性指数变化分布图

4. 广西西江流域生态脆弱性驱动机制研究

利用主成分分析客观性较强，能从众多原始数据中提取对评价结果影响较大的主要成分的优点，本研究利用空间主成分分析提取累计贡献率 85% 以上的主成分来替代原始指标，尽管 2000～2010 年各主成分对原始指标因子的解释能力不完全相同，但是在累计贡献率 85% 以上的主成分中存在以下规律：第一、第二主成分的主要贡献因子为生物丰度指数和高温季节温度；第三、第四、第五主成分中，汛期降雨量、NPP、降雨侵蚀力、植被覆盖度等因子的贡献较大。但各原始指标因子存在年份差异，因此在不同年份的表现力不尽相同。整体来看，流域内的生物多样性状况、气象气候条件、水土保持及植被覆盖情况为流域生态脆弱性的主要驱动因子。

本研究选取生物丰度指数、高温季节温度、汛期降雨量、NPP、降雨侵蚀力、植被覆盖度 6 个主成分影响因子进行分析，探究因子对流域生态脆弱性的影响力与驱动力。将 5km×5km 格网做掩膜提取，以 6 个因子的多年平均值为自变量，生态脆弱性指数多年平均值为因变量，提取样本点导入 GeoDetector 软件进行探测分析。

因子探测结果表明，6 个因子对流域生态脆弱性的解释力强度由大到小为生物丰度指数（0.475）＞高温季节温度（0.340）＞植被覆盖度（0.211）＞NPP（0.183）＞降雨侵蚀力（0.098）＞汛期降雨量（0.030）。整体来看，流域内的生物多样性状况对流域生态脆弱性影响较大，气温条件次之，植被情况影响力一般，水土保持及降雨对流域生态脆弱性影响力较小。通过对比 2000～2010 年各驱动因子发现，2005 年高温季节温度整体偏高，并在流域中部及东部表现明显，因此可解释 2005 年流域生态脆弱性整体高于 2000 年和 2010 年。

在单因子对环境产生影响的前提下，多因子的相互作用导致流域生态脆弱性变化。本研究采用地理探测器中的交互探测模块分析两两因子相互作用下对流域生态脆弱性的驱动机制。因子交互作用对广西西江流域生态脆弱性影响见表 13-9。

表 13-9　因子交互作用对广西西江流域生态脆弱性影响

$X_1 \cap X_2$	$P(X_1 \cap X_2)$	判断	交互作用
生物丰度指数(0.475)∩高温季节温度(0.340)	0.676	$P(X_1 \cap X_2)>\max[P(X_1),P(X_2)]$	双线性增强
生物丰度指数(0.475)∩汛期降雨量(0.030)	0.505	$P(X_1 \cap X_2)>\max[P(X_1),P(X_2)]$	双线性增强
生物丰度指数(0.475)∩NPP(0.183)	0.518	$P(X_1 \cap X_2)>\max[P(X_1),P(X_2)]$	双线性增强
生物丰度指数(0.475)∩降雨侵蚀力(0.098)	0.530	$P(X_1 \cap X_2)>\max[P(X_1),P(X_2)]$	双线性增强
生物丰度指数(0.475)∩植被覆盖度(0.211)	0.529	$P(X_1 \cap X_2)>\max[P(X_1),P(X_2)]$	双线性增强
高温季节温度(0.340)∩汛期降雨量(0.030)	0.351	$P(X_1 \cap X_2)>\max[P(X_1),P(X_2)]$	双线性增强
高温季节温度(0.340)∩NPP(0.183)	0.533	$P(X_1 \cap X_2)>P(X_1)+P(X_2)$	非线性增强
高温季节温度(0.340)∩降雨侵蚀力(0.098)	0.368	$P(X_1 \cap X_2)>\max[P(X_1),P(X_2)]$	双线性增强
高温季节温度(0.340)∩植被覆盖度(0.211)	0.475	$P(X_1 \cap X_2)>\max[P(X_1),P(X_2)]$	双线性增强
汛期降雨量(0.030)∩NPP(0.183)	0.230	$P(X_1 \cap X_2)>P(X_1)+P(X_2)$	非线性增强
汛期降雨量(0.030)∩降雨侵蚀力(0.098)	0.125	$P(X_1 \cap X_2)>\max[P(X_1),P(X_2)]$	双线性增强
汛期降雨量(0.030)∩植被覆盖度(0.211)	0.234	$P(X_1 \cap X_2)>\max[P(X_1),P(X_2)]$	双线性增强
NPP(0.183)∩降雨侵蚀力(0.098)	0.286	$P(X_1 \cap X_2)>P(X_1)+P(X_2)$	非线性增强
NPP(0.183)∩植被覆盖度(0.211)	0.314	$P(X_1 \cap X_2)>\max[P(X_1),P(X_2)]$	双线性增强
降雨侵蚀力(0.098)∩植被覆盖度(0.211)	0.281	$P(X_1 \cap X_2)>\max[P(X_1),P(X_2)]$	双线性增强

交互探测结果显示各因子具有交互协同作用，其中，高温季节温度和 NPP，汛期降雨量和 NPP 以及 NPP 与降雨侵蚀力是非线性增强，其他两因子之间为双线性增强。此外，生物丰度指数和高温季节温度作为单因子解释力最高的两个因子，其交互作用后对流域生态脆弱性影响解释力最大，进一步说明生物丰度指数和高温季节温度为广西西江流域生态脆弱性的主要驱动因子。

13.5　结论与讨论

13.5.1　结论

在分析流域生态脆弱内部结构和形成机制的前提下，以广西西江流域为例，设计了 3 个类别层次，11 个指标，对广西西江流域的生态脆弱性时空分异特征及其驱动机制进行了评价，得到以下结论：

①空间上，广西西江流域生态脆弱性总体分布趋势为中部高于四周，由城市核心区往外逐步减弱；时间上，2000～2010 年，广西西江流域生态脆弱性呈现轻微恶化的趋势。

②通过地理探测器模型，可有效对流域生态脆弱性驱动机制进行分析，结果显示，生物丰度指数对生态脆弱性结果解释力最强，汛期降雨量因子解释力最弱，说明生物多样性状况对广西西江流域生态脆弱性变化影响最大，反之，降雨条件影响最小；并且，任何两因子交互作用后其对流域生态脆弱性结果的解释力均大于单一因子解释力，说明多因素协同作用造成流域生境脆弱。

13.5.2　讨论

一方面，本研究基于针对流域的本底特征，基于时间序列进行动态分析，不仅能反映区域在某一时间节点生态环境的脆弱性空间分布情况，还能反映其变化趋势，进行流域生境脆弱变化预警，是对当前生态脆弱性动态评价的补充。受本底条件限制，人类活动的扰动及气候条件影响，导致生态系统抵抗力和恢复力较差，生境脆弱易损。另一方面，本研究在构建评价指标体系时，因考虑到数据的可获取性，个别代表性指标并未纳入指标体系，如何科学完备地选择指标来反映流域生态脆弱性还有待深入探究。此外，本研究对空间主成分分析驱动因子进行地理探测器分析，后续对空间主成分分析和地理探测器两方法得到的主要驱动因子进行对比研究，验证不同方法驱动因子分析结果的一致性。

参考文献

[1] 李树元. 海河流域生态环境关键要素演变规律与脆弱性研究 [D]. 天津：天津大学，2014.

[2] 王丽婧，郭怀成，刘永，等. 邛海流域生态脆弱性及其评价研究 [J]. 生态学杂志，2005，24 (10)：1192-1196.

[3] 黄维友. 基于 GIS 技术的闽江流域生态脆弱性分析研究 [D]. 福州：福建农林大学，2007.

[4] 肖笃宁. 景观生态学 [M]. 北京：科学出版社，2010.

[5] 李永化，范强，王雪，等. 基于 SRP 模型的自然灾害多发区生态脆弱性时空分异研究——以辽宁省朝阳县为例 [J]. 地理科学，2015，35 (11)：1452-1459.

[6] 杨强. 基于遥感的榆林地区生态脆弱性研究 [D]. 南京：南京大学，2012.

[7] 李平星，樊杰. 基于 VSD 模型的区域生态系统脆弱性评价——以广西西江经济带为例 [J]. 自然资源学报，2014，29 (5)：779-788.

[8] 吴琼. 基于景观格局的辽宁海岸带生态脆弱性评价 [D]. 大连：辽宁师范大学，2014.

[9] 廖炜，李璐，吴宜进，等. 丹江口库区土地利用变化与生态环境脆弱性评价 [J]. 自然资源学报，2011，26 (11)：1879-1889.

[10] 吴健生，宗敏丽，彭建. 基于景观格局的矿区生态脆弱性评价——以吉林省辽源市为例 [J]. 生态学杂志，2012，31 (12)：3213-3220.

[11] 张龙生，李萍，张建旗，等. 甘肃省生态环境脆弱性及其主要影响因素分析 [J]. 中国农业资源与区划，2013，34 (3)：55-59.

[12] 田海宁. 汉中市生态脆弱性评价及空间分布规律研究 [J]. 中国农业资源与区划，2017，38 (3)：148-152.

[13] Turner B L，Kasperson R E，Matson P A，et al. A framework for vulnerability analysis in sustainability science [J]. Proceedings of the National Academy of Sciences of the United States of America，2003，100 (14)：8074-8079.

[14] 卢亚灵，颜磊，许学工. 环渤海地区生态脆弱性评价及其空间自相关分析 [J]. 资源科学，2010，32 (2)：303-308.

[15] Huang F，Liu X，Zhang Y. GIS-based eco-environmental vulnerability evaluation in west Jilin Province [J]. Scientia Geographica Sinica，2003，23 (1)：95-100.

[16] 陈金月，王石英. 岷江上游生态环境脆弱性评价 [J]. 长江流域资源与环境，2017，26 (3)：471-479.

[17] Thirumalaivasan D，Karmegam M，Venugopal K. AHP-DRASTIC：software for specific aquifer vulnerability assessment using DRASTIC model and GIS [J]. Environmental Modelling and Software，2003，18 (7)：645-656.

[18] Dixon B. Groundwater vulnerability mapping：a GIS and fuzzy rule based integrated tool [J]. Applied Geography，2005，25 (4)：327-347.

[19] 姚建，王燕，雷蕾，等. 岷江上游生态脆弱性的模糊评价 [J]. 国土资源科技管理，2006，22 (2)：90-92.

[20] 李鹤，张平宇，程叶青. 脆弱性的概念及其评价方法 [J]. 地理科学进展，2008，27 (2)：18-24.

[21] 梅安新. 遥感导论 [M]. 北京：高等教育出版社，2001.

[22] 刘德林，梁恒谦. 区域自然灾害的社会脆弱性评估——以河南省为例 [J]. 水土保持通报，2014，34 (5)：128-134.

[23] 雷波. 黄土丘陵区生态脆弱性演变及其驱动力分析 [D]. 北京：中国科学院研究生院（教育部水土保持与生态环境研究中心），2013.

[24] 车良革. 广西北部湾经济区生态环境脆弱性评价 [D]. 南宁：广西师范学院，2013.

[25] 徐涵秋. 区域生态环境变化的遥感评价指数 [J]. 中国环境科学，2013，33 (5)：889-897.

[26] 徐涵秋. 水土流失区生态变化的遥感评估 [J]. 农业工程学报，2013，29 (7)：91-97.

[27] Wang J F，Li X H. Christakos G，et al. Geographical detectors-based health risk assessment and its application in the neural tube defects study of the Heshun region [J]. International Journal of Geographical Information Science，2010，24 (1)：107-127.

[28] 李华威，万庆. 小流域山洪灾害危险性分析之降雨指标选取的初步研究 [J]. 地球信息科学学报，2017，19 (3)：425-435.

[29] 杨晶，胡茂桂，钟少颖，等．全国 γ 辐射剂量率空间分布差异影响机理研究［J］．地球信息科学学报，2017，19（5）：625-634.
[30] 高俊峰，许妍．太湖流域生态风险评估研究［M］．北京：科学出版社，2012.
[31] 张伟，李爱农．基于DEM的中国地形起伏度适宜计算尺度研究［J］．地理与地理信息科学，2012，28（4）：8-12.
[32] 潘竟虎，刘晓．疏勒河流域景观生态风险评价与生态安全格局优化构建［J］．生态学杂志，2016，35（3）：791-799.
[33] 邱彭华，徐颂军，谢跟踪，等．基于景观格局和生态敏感性的海南西部地区生态脆弱性分析［J］．生态学报，2007，27（4）：1257-1264.
[34] 梁二敏，张军民．新疆玛纳斯河流域景观格局变化的生态安全分析［J］．水土保持研究，2016，23（3）：170-175.
[35] 宁雅楠．青龙满族自治县土地利用景观生态安全时空变化与影响因素分析［D］．保定：河北农业大学，2015.
[36] 江波．森林生态体系快速构建理论与技术研究［M］．北京：北京林业出版社，2010.
[37] 董雅雯，余济云，陈冬洋，等．基于景观格局及生态敏感性的三亚市景观脆弱度研究［J］．西南林业大学学报，2016，36（4）：103-108.
[38] 马骏，李昌晓，魏虹，等．三峡库区生态脆弱性评价［J］．生态学报，2015，35（21）：7117-7129.
[39] 樊杰，潘文峰，周一农，等．西江经济带（广西段）可持续发展研究——功能、过程与格局（上册）［M］．北京：科学出版社，2013.

第14章　广西西江流域综合生态风险评价与风险管理研究

14.1　引　　言

14.1.1　研究背景及意义

生态环境风险是指由自然界的运动及人类活动共同作用造成的，生态系统及其组分所承受的风险。广西位于云贵高原东南边缘，悬于地势三台阶中的第二台阶边界。该地区千沟万壑，喀斯特发育，水资源丰富，但岩溶区域保水能力差，旱涝同现。在自然与人类活动的共同影响下，土壤污染、水土流失加重，生态退化、生物多样性减少，水源被污染，灾害频发，生境脆弱易损。通过查阅文献可知，各学者运用不同的方法对各区域的生态风险进行了分析与评价，但多是基于单因子的风险评价，缺乏对流域地形、水资源、土壤、气候、生物等多方面的综合考量。基于广西自然环境的本底特征，以广西西江流域生态环境问题为基础，本次研究以3S技术为支撑，以广西西江流域为研究区域，从水-土-气-生-人5个方面进行分析，基于DPSIR模型，构建广西西江流域综合生态风险评价指标体系，采用OWA-GIS法对流域综合生态风险进行综合评价，旨在科学地讨论不同决策态度下流域生态环境空间分异及特征，并进行综合分区，针对性地提出生态风险管理对策。本研究可为流域综合生态风险评价提供新的思路与方法，为维护广西西江流域的生态系统功能、保障西江主干大通道的生态安全、加强流域生态系统的科学管理提供数量化决策依据和理论支持。

14.1.2　研究进展

1. 流域生态环境风险的研究进展

生态风险评价研究主要分为萌芽阶段、人体健康风险评价阶段、生态风险评价阶段及区域生态风险评价阶段4个主要时期。

生态风险起源于环境影响评价，1964年在国际环境质量评价会议上提出环境影响评价的概念。20世纪七八十年代开始环境风险评价方面的研究，但以定性分析意外事件风险为主，处于发展萌芽阶段。早期的生态风险评价主要是以人体为风险受体，探讨化学污染对人体健康的影响。美国橡树岭国家实验室在1981年以生物组织、群落、生态系统水平为目标，提出生态风险评价新方法[1]。90年代以后，风险评价的重点由环境影响评价及人体健康风险评价逐渐转向生态风险评价[2]。美国科学家Joshua Lipton等认为风险受体包括人类、种群、群落等各个组分水平，可进行多因子的定性与定量相结合的评价。随着Bammouse和Sute第一次尝试将人体健康评价框架改变成生态风险评价框架后，1998年，USEPA提出了“三步法”框架，颁布了生态风险评价指南，推动流域及水生系统生态风险评价研究[3]。随后，许多国家都在此基础上构建了适宜国情的生态风险评价框架。生态风险的评价尺度不断扩大，区域及流域等大尺度的综合风险评价不断涌现，生态风险评价逐渐转向多风险源、多风险受体、大尺度区域环境风险评价[4]。

流域生态风险目前尚没有完整的定义，许妍等认为流域生态风险评价是以自然地貌分异与水文过程形成的生态空间格局为评价区域，评价自然灾害、人为干扰等风险源对流域内生态系统及其组分造成不利影响的可能性及其危害程度的复杂的动态变化过程，是由生态风险源危险度指数、生态环境脆弱度指数及风险受体潜在损失度指数构成的时间和空间上的连续函数，用于描述和评价风险源强度、生态环境特征以及风险源对风险受体的危害等信息，具有很大的模糊性、不确定性和相对性[5]。目前国内对流域生态风险的研究主要是基于景观格局、灾害、土壤侵蚀及河流沉淀物重金属污染等方面。张学斌等以景观指数为重要指标，构建生态风险指数，对石羊河流域的生态风险进行分析评价[6]。黄木易和何翔通过分析巢湖流域土地景观格局变化，探究流域生态风险的主要驱动力，有助于正确诊断流域主要风险源，对流域生态环境风险进行有效管控[7]。汪疆玮和蒙吉军以干旱、洪涝等灾害为主要风险源对漓江流域的综合生态风险进行评价[8]。苏文静从土壤侵蚀及景观格局角度出发，以土壤侵蚀敏感性及景观干扰指数为主要风险源，对左江流域的生态风险进行评估[9]。于霞等通过采集分析赤水河流域的重金属含量，对流域的标称沉淀物重金属潜在风险进行了评价[10]。

随着3S技术的不断发展，生态风险评价研究热点逐渐从单风险源向多风险源转移，从单风险受体向多风险受体转移，从灾害、土地利用、水环境污染等单风险评价转向综合风险评价研究，评价范围由小尺度区域向区域、流域等大尺度扩展。目前流域生态风险评价还处在发展阶段，评价模型与体系尚未成熟，对生态风险的本质及发生机理的研究尚不完善，对生态风险评价的研究尚处于生态环境潜在风险的评价，对于生态风险的时空动态变化研究及预测研究较少。

2. DPSIR模型研究进展

为解决生态环境的相关问题，1979年，加拿大统计学家首次提出压力-状态-响应（PSR）模型[11]。20世纪90年代，经济合作与发展组织（Organization for Economic Cooperation and Development，OECD）引入PSR模型用于生态系统健康评价，现在常用于生态安全研究。PSR模型的缺点是必须通过指标状态的间接反映，模型重点描述对环境的消极影响而忽视了对环境的内在机制的研究[12]。为改进模型和方法，规避缺陷，在1996年，联合国可持续发展委员会提出了驱动力-状态-响应（driving force-state-response，DSR）模型。与PSR模型相比，DSR模型将压力指标换为驱动力指标，同时考虑了对环境的积极指标和消极指标，可直接表现指标间的相关关系，但是该指标体系也存在缺陷，没有考虑环境变化后对人类的影响。基于PSR模型和DSR模型的缺点，欧洲环境署在1999年提出了驱动力-压力-状态-影响-响应（DPSIR）模型，DPSIR模型从系统角度出发，考虑生态、社会、经济等多方面的相互关系，综合PSR模型和DSR模型的优势，并加入了“影响”指标，把环境改变对人类及生态的影响考虑在内。DPSIR模型具有系统性、综合性、灵活性等特点，对社会生态系统的机制进行探究，全面分析人与系统的相互作用[13]。

当前，DPSIR模型处于应用发展阶段，研究者们渐渐用DPSIR模型取代PSR模型，对复杂的综合性环境问题进行研究。目前的应用方向主要集中于生态安全评估、脆弱性和风险评价、资源利用与承载力评价等方面。例如，曹琦等基于DPSIR概念框架，对黑河流域中段的张掖市甘州区2002～2007年的水资源安全情况进行评价，并依据模型中的关键指标，提出针对性的调控策略[14]。李玉照等对流域生态安全评价的DPSIR模型的设计思路和指标体系构建进行探讨，并利用改进后的DPSIR模型，以长江上游的金沙江流域为案例进行研究，构建了一套体系完整的流域生态安全评价DPSIR指标体系[15]。Malekmohammadi等基于DPSIR模型对湿地脆弱性进行评估[16]。王晓玮等通过因子分析，构建DPSIR水资源承载力指标体系，对新疆维吾尔自治区阜康市2006～2014年的水资源承载力的空间分布和时间变化状况进行研究[17]。

14.1.3　研究内容及总体技术路线

1. 研究目标

从多风险源、多风险受体入手对流域生态环境风险进行评价是生态风险的新方向，围绕广西西江流域目前的生态环境问题，以流域生态环境风险综合评价为目标，探究流域生态环境风险的理论方法，系统考虑水-土-气-生耦合系统的相互作用，基于DPSIR模型，实现流域生态环境风险评价指标体系的构建，采用合理的生态风险评价模型，多技术多学科融合，分析流域综合生态风险空间分布格局，为流域综合管理提供决策支持，以生态风险评估为手段进行流域生态管理。

2. 研究内容

本研究以广西西江流域生态风险问题为研究基础，选用广西西江流域作为研究区，从流域生态环境变化机理出发，系统考虑水–土–气–生耦合系统的相互作用，以3S技术为支撑，运用监测分析、遥感监测、模型分析、实地验证等多学科融合的研究方法，从流域尺度上开展综合生态风险评价研究。具体内容包括3方面。

（1）流域生态环境风险评价指标体系构建

基于地–水–土–气–生耦合系统的相互作用关系，综合考虑各要素之间相互影响和相互作用机理，分析流域主要风险源与流域生态环境风险的因果关系，对流域生态系统已发生或可能造成严重负效应的风险源进行分析，科学研究与环境管理相结合，基于DPSIR模型，构建广西西江流域综合生态风险评价指标体系。

（2）流域综合生态风险评价

从环境本底值、环境污染、环境退化、自然灾害等方面综合评估流域的多重压力，分析生态系统内风险不断释放—传递—危害—响应—控制的复合演变过程。首先，以GIS技术为主，对指标数据进行计算分析及标准化分级处理。其次，采用专家打分法及AHP法对各个指标的准则权重进行计算，采用模糊量化法对7种不同决策风险系数下各个指标的次序权重进行计算。最后，采用OWA法实现广西西江流域综合生态风险评价，分析不同决策偏好下流域生态风险的状况，为辅助决策提供建议。

（3）流域综合生态风险的差别化风险管理及防范机制

在科学认识利于生态环境风险现状的基础上，综合单项风险结果，进行综合分区。从不同风险区的不同驱动力入手，优化流域格局，对建立流域生态风险预警机制，流域不同风险区进行差别化的管理，为制定流域生态风险防范对策及生态安全管理提供科学依据。

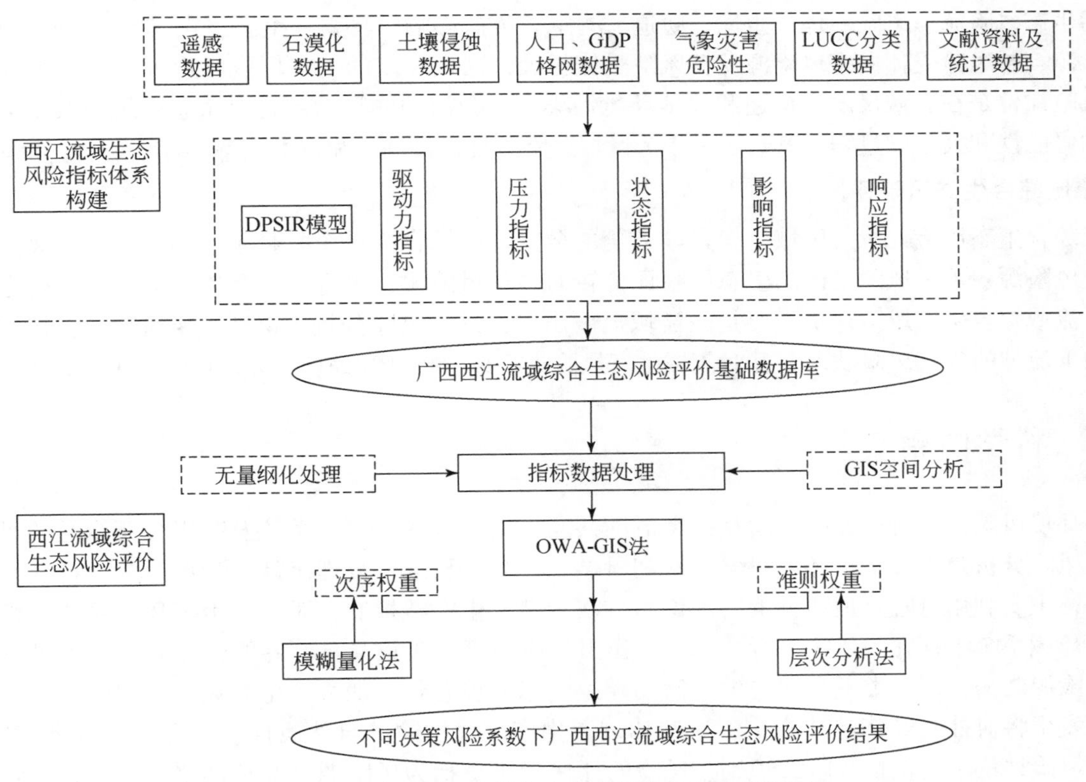

图14-1　广西西江流域综合生态风险总体技术路线图

3. 总体技术路线

紧随珠江-西江流域区域发展的国家战略需求，建设珠江-西江生态廊道，降低生态风险，以西江流域生态环境为主要研究对象，以流域生态环境风险综合评价为目标，基于水-土-气-生耦合系统，分析其主要风险源，根据整体性、复杂性及不确定性，构建本地化的生态环境风险技术体系，基于 OWA 法，对流域综合生态风险进行多情景模拟。从关键科学问题与区域目前问题分析入手，综合考量水-土-气-生的相互关系，回答科学问题，设计技术路线完成研究内容，实现研究目标，广西西江流域综合生态风险总体技术路线图如图 14-1 所示。

14.2 理论与方法

14.2.1 相关概念

1. 风险及生态环境风险

风险一般指遭受损失、损伤及毁坏的可能性，损害性和不确定性是风险的两个主要特点[18,19]。生态环境风险是指由于一种或多种外因的作用，对生态环境产生的不利影响及对生态结构和功能的损害，对生态系统稳定性和可持续性的可能危害。生态环境风险具有不确定性、损害性、复杂性、动态性等特点。

2. 生态环境风险评价

生态环境风险评价是估算不可预见时间发生概率和严重程度的方法学[20]。生态环境风险评价是评估一种或多种压力导致正在发生或将要发生的不利的生态环境效应，帮助环保部门掌握和预测外因对生态环境的影响和可能造成的生态环境风险，通过生态环境风险评价在一定程度上可预测未来生态的不利影响或评估有过去某种因素而导致的生态变化的可能性，有利于环境决策的制定。生态环境风险评价要素一般包括生态风险源、风险受体、生境、胁迫、测定、负面影响、暴露、生态终点等[21]。随着风险分析从单风险源、单风险受体向多风险源及多风险受体扩展，区域尺度的生态环境风险研究应运而生[22]。区域生态风险评价是在区域尺度上描述和评估环境污染、人为活动或自然灾害对生态系统及其组分产生不利作用的可能性和大小的过程，其目的在于为区域风险管理提供理论和技术支持。

3. 流域综合生态风险评价

流域综合生态风险评价是区域生态风险评价的分支，流域作为一个复合生态系统，生态风险研究逐渐由单一风险源、单一风险受体的生态风险评价转向多重风险源、多重风险受体的流域综合生态风险评价模式。流域综合生态风险评价主要是从流域尺度出发，进行风险分析，识别主要风险源，探究多种风险源作用下流域的生态风险状况，并对流域生态风险进行风险控制和处理，以及风险决策支持[23]。

14.2.2 科学内涵

生态环境风险是指自然界的运动及人类活动共同作用造成的，生态系统及其组分所承受的风险。生态与环境风险分析是生态学、环境科学、水利科学、计算机科学、数理统计、管理等多学科交叉的新兴边缘学科，主要利用风险管理和决策的理论与方法，结合生态学机制，对区域生态环境系统，特别是脆弱的生态环境系统中存在的风险进行评价，并作出相应的管理决策。自然界的自然演变及不可预知的破坏力是风险源之一，而人类不合理的生产活动导致生态环境恶化，加大了生态风险，同时，生态环境风险事件的发生将对社会经济造成损失，这些体现了生态环境风险的自然属性、社会属性及经济属性[2]。生态环境风险评价主要包括风险的识别、风险的评估（可概括为风险源及受体的确定、危害判定、风险表征及暴露评价等）、风险的管理与决策等。

14.2.3　主要评价方法

1. OWA 多准则评价法

1）OWA 算法的原理

OWA 算法是美国数学家 Yager 在 1988 年提出的，该算法的核心是对指标依据其属性进行重新排序，依据不同的排序位次赋予不同的次序权重。该方法的优势在于次序权重的引入可以减少以主观方法计算所得的准则权重产生的误差，并且通过风险系数的调节，可以得到不同偏好情况下的风险决策结果，避免了单一考虑方向下导致的结果缺乏合理性[24,25]。表达式如下：

$$\mathrm{OWA}_i = \sum_{j=1}^{n}\left(\frac{u_j v_j}{\sum_{j=1}^{n} u_j v_j}\right) Z_{ij} \tag{14-1}$$

式中，Z_{ij}为经过标准化分级赋值的第 i 个像元中第 j 个指标的属性值；u_j为准则权重，$u_j \in [0, 1]$，并且 $\sum_{j}^{n} u_j = 1$；v_j为次序权重，$v_j \in [0, 1]$，并且 $\sum_{j=1}^{n} v_j = 1$。

2）权重确定方法

在 OWA 多准则评价法中的权重主要包括准则权重和次序权重。其中准则权重是由各指标的相对重要性决定的，每个指标只有一个准则权重值；而次序权重是依据指标各个评价单元的重要性排序决定的，同一指标在不同的地理单元次序权重不一定相同[26]。

准则权重的计算方法主要有两类。第一类主观赋权法主要包括层次分析法、专家评判法等；第二类客观赋权法主要包括熵权法、主成分分析法等。两种类型的方法相比，客观赋权法得到的权重主要依据数据情况所得，比较客观，但是没有把实际情况考虑在内，不一定合理；主观赋权法可以依据研究区实际情况和决策者意向赋权重，针对性较强，因此本章考虑采用层次分析法对准则权重进行赋值。

层次分析法通过建立层次结构，采用判断矩阵对各层元素进行两两比较，得到元素之间的相对重要性。该方法定性与定量相结合，可以全面地、有层次性地、准确地分析问题[27]。

层次分析法主要分为以下 4 个步骤。

（1）建立层次结构模型

首先，通过分析主要影响因素，理清各因素之间的相关关系，依据指标选取原则，筛选代表性指标。其次，依据指标的相互关系，构建层次结构模型。模型主要包括目标层、准则层和要素层。上层元素对下层元素有支配作用，下层元素受上层元素的制约作用。

（2）构造判断矩阵

对于 n 个元素来说，其判断矩阵 $\boldsymbol{A}$ 为

$$\boldsymbol{A} = (a_{ij})_{n\times n} \quad (a_{ij}>0; a_{ij} = 1/a_{ji}; a_{ij} = 1) \tag{14-2}$$

当判断矩阵存在以下关系称其为一致性矩阵：

$$a_{ij} = \frac{a_{ik}}{b_{jk}} \quad (i=1,2,\cdots,n; j=1,2,\cdots,n; k=1,2,\cdots,n) \tag{14-3}$$

对于a_{ij}的确定，用 1 ~ 9 及其倒数的定量标度法，按照表 14-1 进行打分，对各因素两两进行重要性比较。

表 14-1　两两比较的重要性标度

标度	含义
1	两因素对比，具有同等重要性
3	两因素对比，前者比后者稍显重要

续表

标度	含义
5	两因素对比，前者比后者明显重要
7	两因素对比，前者比后者强烈重要
9	两因素对比，前者比后者极端重要
2、4、6、8	上述相邻判断的中间值
倒数	因子 i 对因子 j 的比较标度值为 b，则因子 j 对因子 i 的比较标度值为 $1/b$

（3）层次单排序

对 n 个元素权重的排序，并进行一致性检验，即层次的单排序。计算满足：

$$\boldsymbol{A}\cdot\boldsymbol{W}=\lambda_{\max}\cdot\boldsymbol{W} \tag{14-4}$$

式中，$\boldsymbol{A}$ 为判断矩阵；$\lambda_{\max}$ 为矩阵的最大特征根；$\boldsymbol{W}$ 为对应于 $\lambda_{\max}$ 的正规化的特征向量，其分量（w_1，w_2，…，w_n）即相应元素的单排序权重值。

层次分析法对于元素权重的计算，需要判断矩阵 $\boldsymbol{A}$ 的一致性，即满足 $a_{ij}\times b_{jk}=a_{ik}$（$i=1$，2，…，$n$；$j=1$，2，…，$n$；$k=1$，2，…，$n$）。如果成立，则判断矩阵具有完全的一致性，计算获得的权重值基本合理。因此$\lambda_{\max}$需要进行一致性检验，采用一致性指标表示，其计算公式为

$$\mathrm{CI}=\frac{\lambda_{\max}-n}{n-1} \tag{14-5}$$

当 CI=0 时，判断矩阵具有完全一致性；反之，CI 值越大，判断矩阵一致性越差。将 CI 与评价随机一致性指标 RI 进行比较，即随机一致性比例 CR，计算公式如下：

$$\mathrm{CR}=\frac{\mathrm{CI}}{\mathrm{RI}}<0.10 \tag{14-6}$$

当 CR<0.10 时，则判断矩阵具有满意的一致性，对应系数分配合理，特征向量 $\boldsymbol{W}$ 即可作为权重向量；否则需要对判断矩阵进行调整。

（4）层次总排序

层次总排序通过计算某一层所有指标对目标层指标的相对重要性获取权重。其检验步骤与单排序相同。

本章中，次序权重的计算方法采用了 Yager 提出的模糊量化模型。该方法具有计算量小、方法简单、易于理解等特点。表达式如下：

$$v_j=\left(\sum_{k=1}^{j}w_k\right)^{\alpha}-\left(\sum_{k=1}^{j-1}w_k\right)^{\alpha} \tag{14-7}$$

式中，α 为决策风险系数，依据决策者的态度，取值范围在（0，∞）之间；w_k为指标值的重要性等级。w_k的表达式如下：

$$w_k=\frac{n-r_k+1}{\sum_{l=1}^{k}(n-r_k+1)}\quad(k=1,2,\cdots,n) \tag{14-8}$$

式中，n 为指标个数；r_k为依据指标值的大小进行排序的重要性值，最大值为 1，次大值为 2，以此类推，最小值为 n。

3）风险决策分析

GIS 风险评价一般分为两类，一类是基于布尔逻辑运算的评价，主要包括交集（AND）和并集（OR）两种运算；另一类是基于权重线性组合（weighted linear combination，WLC）和有序加权平均（OWA）评价。几种方法的主要区别在于决策风险的不同，OWA 法中的“决策风险”是指决策者对待问题的态度。布尔运算的交集（AND）运算要求全部指标同时满足准则，决策风险系数趋向于无穷大，决策风险最小；布尔运算的并集（OR）运算只要求其中一个指标满足准则，决策风险系数趋向于0，决策风险最大。权

重线性组合（WLC）评价法实际上为布尔 AND 和布尔 OR 两种决策的平均值，决策风险系数趋向于 1，决策风险中等（图 14-2）。而 OWA 法可以依据决策策略选择不同的风险系数，从而决定风险的大小，OWA 法通过在布尔 AND 和布尔 OR 决策之间不断调整，产生不同的决策策略。OWA 法可表现布尔 AND 和布尔 OR 决策之间的多种风险场景。本章借鉴王嘉丽[28]的决策风险系数值，选取 7 种决策风险系数，采用 OWA 法对广西西江流域综合生态风险进行评价，分析在不同风险系数下流域不同的风险情景，进行对比分析（表 14-2）。

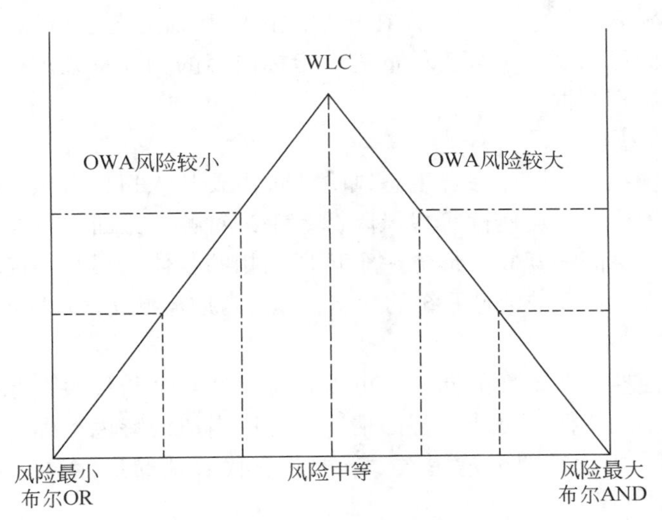

图 14-2　OWA 多准则评价决策风险分析

表 14-2　广西西江流域决策风险系数

决策风险系数	量化分析	OWA 权重	GIS 聚合方法	决策态度
$\alpha \to 0$ （$\alpha = 0.0001$）	至少有一个指标满足要求	$v_1=1$，$v_j=0$	OWA（OR，MAX）	决策风险最大
$\alpha = 0.1$	少数几个指标满足要求	OWA 算子计算	OWA	决策风险很大
$\alpha = 0.5$	几个指标满足要求	OWA 算子计算	OWA	决策风险较大
$\alpha = 1$	半数指标满足要求	$v_j = 1/n$	OWA（WLC）	决策风险中等
$\alpha = 3$	多半指标满足要求	OWA 算子计算	OWA	决策风险较小
$\alpha = 10$	几乎所有指标满足要求	OWA 算子计算	OWA	决策风险很小
$\alpha \to \infty$ （$\alpha = 1000$）	所有指标全部满足要求	$v_n=1$，$v_j=0$	OWA（AND，MIN）	决策风险最小

2. DPSIR 流域综合生态风险评价模型

驱动力–压力–状态–影响–响应模型体现的是一套完整的生态系统变化的因果链关系。驱动力是指社会经济发展及人口增长对生态环境变化的诱导因子，驱动力导致压力的产生；压力是指自然灾害、人类活动等对环境可能造成不利影响的因子；状态是驱动力和压力的作用体，是指环境在压力作用下当前的状态，如水文气候、土壤植被、生物多样性状况均可作为生态系统的状态指标；社会生态系统在驱动力的引导下，对压力源产生反应导致环境当前状态发生改变，影响是指这种变化对环境和人类的影响；响应是指为遏止不利状况和影响，改善生态环境恶化的情况，预防可能发生的不利影响所采取的预防措施等。

流域综合生态风险评价是一个复杂的过程，涉及多种风险源、多种风险受体，也涉及自然、人口、资源、社会经济等多个领域[29]。流域是一个复杂的系统，不确定因素众多，不同因素对流域系统的影响程度也不一样。流域综合生态风险评价指标体系需要从流域角度出发，不仅要全面考虑可能影响流域的多重风险源，也要结合研究区的地域特点。不但要从生态环境角度考虑其本底状态，也要从人类福祉角度考虑风险源对生态及人类的影响，以及人类对风险的响应。因此，本章依据广西西江流域的特征，参考目前现有的流域生态风险、城市生态风险、生态安全相关的研究成果，遵循一定的指标选取原则，构建符合研究区特征的切实可行的流域综合生态风险评价指标体系，对广西西江流域综合生态风险进行评价。指标体系构建需要遵循以下原则。

（1）科学性原则

指标的选取首先需要满足科学性原则，即在科学理论的基础上选取指标。每个指标保证概念明确，数据可靠；指标与指标之间可以明确区分，尽量避免指标内容的相互重叠。在客观科学地反映流域生态风险的前提下，指标选取有理有据。

（2）全面性与系统性原则

流域作为复杂的综合性系统，因此综合生态风险评价需要从人口、自然、社会、经济、资源等多角度出发，从气象灾害、石漠化、土壤侵蚀等多风险源入手，对各个方面进行全面的指标选取。每个指标是对某一个方面的表征，指标间相互联系形成一个环环相扣的整体。因此，选取指标需要遵循全面性原则，争取指标体系能多角度全面反映流域系统的状态，综合考虑流域在多风险源影响下的生态风险现状。

（3）针对性与代表性原则

在考虑指标选取的全面性与系统性的同时，也需要遵循针对性与代表性原则。在选取指标时，需要因地制宜，针对研究区的本底特征与可能出现的情况，选取当地的特色指标。区域风险多种多样，可表征某种情况的指标也较多，因此需要分清主次，选取具有代表性的指标对流域所面临的生态风险进行评价。

（4）可操作性原则

在遵循前面几项原则的前提下，选取指标需要考虑实际情况。在基本满足流域综合生态风险评价的前提下，依据指标体系构建者现有的知识体系和对数据的分析能力选取；另外应该对指标的数量进行控制，充分考虑指标数据的可获取性和指标的可量化性。

3. 指标数据标准化与分级

（1）指标标准化

本章广西西江流域综合生态风险评价指标体系共有 21 个指标，每个指标的单位不同，无法直接对比，为解决这一问题，需要对各指标数据进行标准化。标准化表达式如下：

正向指标：

$$X_i=(x_i-x_{\min})/(x_{\max}-x_{\min}) \tag{14-9}$$

负向指标：

$$X_i=(x_{\max}-x_i)/(x_{\max}-x_{\min}) \tag{14-10}$$

式中，X_i为指标 i 的标准化值；x_i为指标 i 的初始值；$x_{\min}$为指标 i 的最小值；$x_{\max}$为指标 i 的最大值。

（2）指标分级

根据一定的分级标准对各指标进行生态风险程度分级。分级标准主要依据可以为行业标准、已有研究成果划定标准、空间序列比较方法等[30]。具体分级方法主要采用自然断点法、等间距法、手动间隔法等。根据指标情况选取合适的分级标准依据及分级方法，对指标数据进行标准化分级赋值，将各指标的生态风险程度分为 5 级，划分标准见表 14-3。

表 14-3　综合生态风险程度分级

综合生态风险程度	极低	低	中	较高	高
分级赋值	1	2	3	4	5

14.3 广西西江流域综合生态风险评价指标体系

14.3.1 流域主要生态环境问题

人与自然相互作用的过程中，存在着各种对自然环境、社会发展及人地系统和谐构成危害的因素，这些可能直接或者间接对生态系统及其组分产生不利影响并具有不确定性的风险均是综合生态风险应该考虑的内容[31]。本研究依据生态风险源的空间范围，从水圈风险源、岩石圈风险源、大气圈风险源、生物圈风险源等多个圈层风险源进行筛选、选取、分类，争取客观描述同类因素内部或非同类因素之间的耦合关系，解释流域生态环境风险的过程、结果、驱动力及调控方式[32]。

广西西江流域随着社会经济的快速发展及人口压力的不断增大，流域资源过度开发，各类风险源对生态环境的影响进一步加大，依据流域的现状及分析统计结果得出，基于水-土-气-生耦合系统，流域的主要风险源主要有自然灾害（台风、洪涝、干旱等）、石漠化、土壤侵蚀等。

1. 台风

西江流域冰雹、台风、雷暴等极端天气发生频率较高，灾害损失巨大，是流域的主要风险源之一。2013 年流域内出现局地强对流、热带气旋等极端天气事件，以及“飞燕”“尤特”“海燕”等多个台风影响，带来大风和强降雨，灾情严重；在冷空气影响下，2013 年 3 月，河池、崇左、百色、来宾等多个城市都遭受冰雹袭击，造成重大损失。

2. 洪涝

洪涝灾害是指低洼地表由于河流洪水或暴雨径流或海水侵入而被淹没并造成的人员伤亡及经济损失的自然灾害[33]。广西西江流域地处亚热带中南部，属于亚热带季风气候，地貌类型复杂，河网密度大，洪涝灾害频繁。人为因素对洪涝灾害的影响也在不断加大，高度城市化造成沿江低地的过度开发，人口和资本的高度集中导致易涝区资本密度增大，一旦发生洪涝灾害，经济损失进一步加重；城市建设扩张的同时产生与水争地现象，以及在不合理的建筑工程等多因素共同影响下，导致流域洪涝灾害频发。

3. 干旱

干旱是指天然降水异常引起的水分短缺现象，从降水变率角度来说，干旱是临时现象，是大气环流和主要天气系统持续异常的直接反映，与季风强弱、来临和撤退的迟早及季风期内季风中断时间的长短有直接关系，其次，与下垫面热状况、太阳活动、火山活动、地球自转速度、地极移动等也有一定的关系[34]。在广西西江流域内干旱是主要的灾害性天气之一，依据发生季节及对生产的影响划分，主要有春旱、夏旱、秋旱和冬旱，流域西部春旱发生频率较大，东部秋旱发生频率较大，夏旱和冬旱发生频率较小[35]。

4. 石漠化

石漠化是指碳酸盐岩地区岩溶作用过程和人类不合理经济活动相互作用而造成植被破坏、岩石裸露，具有类似荒漠景观的土地退化过程[36]。广西西江流域内的石漠化主要分布于流域的西北部和中部，东北部也有局部分布，主要分布于百色、河池、来宾等地；石山区土壤浅薄，山高谷深坡陡，植被生长缓慢，旱涝同现，多种因素作用下，导致生态环境脆弱；同时，在人类不合理活动下导致石漠化的产生和恶化[37]。石漠化会导致土壤肥力下降，生物多样性减少，自然灾害频发，生态风险不断加大，因此石漠化是流域的主要风险源之一。

5. 土壤侵蚀

《中国大百科全书 · 水利卷》把土壤侵蚀定义为土壤及其母质在水力、风力、冻融、重力等外营力作用下，被破坏、剥蚀、搬运和沉积的过程。在广西西江流域内以水力侵蚀为主，喀斯特地貌发育，生态环境比较脆弱，在不合理的土地利用方式和人类活动影响下，易发生土壤侵蚀[38]。土壤侵蚀会降低土壤肥力，破坏农田，加剧干旱发展，同时，土壤侵蚀使大量泥沙沉积在河道中，抬高河床，淤塞水库湖泊，影响河道的泄洪能力，易发生洪涝灾害，影响开发利用[39]。

14. 3. 2 构建评价指标体系

构建一套适用于研究区域的指标体系是流域生态风险评价的重要环节。广西西江流域生态环境脆弱易损，人类活动对生态系统的胁迫作用强。流域内石漠化问题严重，在高温多雨的气候条件下，自然灾害频繁发生，水土流失，植被覆盖度降低，生态环境质量下降。本研究采用 DPSIR 模型共选取 21 个指标构建完成广西西江流域综合生态风险评价指标体系（表 14-4）。依据指标对流域综合生态风险的响应将 21 个指标分为正向指标和负向指标两类，指标值越大，流域综合生态风险越大的定义为正向指标；指标值越大，流域综合生态风险越小的定义为负向指标。

表 14-4 广西西江流域综合生态风险评价指标体系

目标层	准则层	指标层	指标属性
广西西江流域综合生态风险评价	驱动力	高温季节温度	+
		汛期降雨量	+
		第一产业占 GDP 比重	–
		GDP 增长率（比上一年）	–
		人口自然增长率	+
	压力	人口密度	+
		自然灾害危险性	+
		土壤侵蚀强度	+
		石漠化强度	+
	状态	生物丰度指数	–
		植被覆盖度	–
		植被净初级生产力	–
		地形位指数	+
		耕地面积比重	+
	影响	收入差距	+
		景观干扰度	+
		水土流失综合治理面积	–
	响应	经济密度	–
		第三产业占 GDP 比重	–
		环保投入占 GDP 比重	–
		万人病床数	–

注：“+”表示正向指标，“–”表示负向指标。

14. 4 广西西江流域综合生态风险评价及分区

14. 4. 1 准则权重计算

准则权重采用层次分析法计算，判断矩阵的构建采用专家打分法。本研究准则权重利用 yaahp 软件计算得到。各指标准则权重值见表 14-5。

表 14-5　广西西江流域综合生态风险评价准则权重计算结果

目标层	准则层	准则层权重	指标层	准则权重
广西西江流域综合生态风险评价	驱动力	0.1879	高温季节温度	0.0187
			汛期降雨量	0.0540
			第一产业占 GDP 比重	0.0277
			GDP 增长率（比上一年）	0.0232
			人口自然增长率	0.0643
	压力	0.3775	人口密度	0.1423
			自然灾害危险性	0.0946
			土壤侵蚀强度	0.0698
			石漠化强度	0.0708
	状态	0.1814	生物丰度指数	0.0409
			植被覆盖度	0.0273
			植被净初级生产力	0.0567
			地形位指数	0.0372
			耕地面积比重	0.0193
	影响	0.1497	收入差距	0.0195
			景观干扰度	0.0531
			水土流失综合治理面积	0.0771
	响应	0.1033	经济密度	0.0275
			第三产业占 GDP 比重	0.0151
			环保投入占 GDP 比重	0.0545
			万人病床数	0.0062

14.4.2　次序权重的计算

本节采用模糊量化模型计算次序权重。选取 7 种决策风险系数，即 α 依次取值为 0.0001，0.1，0.5，1，3，10，1000，进行多情景分析。在次序权重的计算中，首先，依据指标值的大小进行重要性排序，r_k 依次取值为 1，2，3，…，21；其次，依据式（14-8）计算指标值的重要性等级 w_k 依次为 21/231，20/231，19/231，…，1/231；最后，依据式（14-7）计算得到不同决策风险系数条件下的次序权重，结果见表 14-6。

表 14-6　广西西江流域综合生态风险评价次序权重表

决策风险系数		$\alpha\to0$ ($\alpha=0.0001$)	$\alpha=0.1$	$\alpha=0.5$	$\alpha=1$	$\alpha=3$	$\alpha=10$	$\alpha\to\infty$ ($\alpha=1000$)
OWA 次序权重	v_1	1.0000	0.7868	0.3015	0.0476	0.0008	0.0000	0.0000
	v_2	0.0000	0.0544	0.1198	0.0476	0.0048	0.0000	0.0000
	v_3	0.0000	0.0326	0.0884	0.0476	0.0119	0.0000	0.0000
	v_4	0.0000	0.0232	0.0714	0.0476	0.0210	0.0000	0.0000
	v_5	0.0000	0.0179	0.0602	0.0476	0.0311	0.0001	0.0000
	v_6	0.0000	0.0144	0.0519	0.0476	0.0414	0.0005	0.0000
	v_7	0.0000	0.0119	0.0454	0.0476	0.0513	0.0017	0.0000

续表

决策风险系数		α→0 (α=0.0001)	α=0.1	α=0.5	α=1	α=3	α=10	α→∞ (α=1000)
OWA 次序权重	v_8	0.0000	0.0100	0.0399	0.0476	0.0603	0.0044	0.0000
	v_9	0.0000	0.0085	0.0353	0.0476	0.0679	0.0096	0.0000
	v_{10}	0.0000	0.0073	0.0313	0.0476	0.0739	0.0183	0.0000
	v_{11}	0.0000	0.0063	0.0277	0.0476	0.0779	0.0313	0.0000
	v_{12}	0.0000	0.0054	0.0245	0.0476	0.0798	0.0486	0.0000
	v_{13}	0.0000	0.0046	0.0215	0.0476	0.0795	0.0692	0.0000
	v_{14}	0.0000	0.0040	0.0187	0.0476	0.0771	0.0909	0.0000
	v_{15}	0.0000	0.0034	0.0160	0.0476	0.0727	0.1109	0.0000
	v_{16}	0.0000	0.0028	0.0135	0.0476	0.0663	0.1255	0.0000
	v_{17}	0.0000	0.0023	0.0111	0.0476	0.0581	0.1314	0.0000
	v_{18}	0.0000	0.0018	0.0088	0.0476	0.0484	0.1262	0.0000
	v_{19}	0.0000	0.0013	0.0066	0.0476	0.0375	0.1089	0.0000
	v_{20}	0.0000	0.0009	0.0043	0.0476	0.0255	0.0801	0.0000
	v_{21}	0.0000	0.0004	0.0022	0.0476	0.0129	0.0425	1.0000
对应方法		OWA (布尔 OR)	OWA	OWA	OWA (WLC)	OWA	OWA	OWA (布尔 AND)
风险态度		极乐观	乐观	比较乐观	中等风险	比较悲观	悲观	极悲观

14.4.3 评价结果分析

1. 权重线性组合法结果分析

权重线性组合法主要通过各指标图层与其相应的准则权重的乘积加和得到最终的广西西江流域综合生态风险结果。该方法指标权重越大，对最终结果的影响也越大。通过表 14-5 可知，在指标层 21 个指标中，人口密度的准则权重值最大，为 0.1423。其次，准则权重值较大的几个指标为自然灾害危险性(0.0946)，水土流失综合治理面积（0.0771），石漠化强度（0.0708），土壤侵蚀强度（0.0698），人口自然增长率（0.0643）。反之，万人病床数（0.0062），第三产业占 GDP 比重（0.0151），高温季节温度(0.0187)，耕地面积比重（0.0193），收入差距（0.0195）等几个指标权重值较小。在准则层中，压力层的权重最大，权重值为 0.3775。响应层的权重最小，权重值为 0.1033。基于准则权重对指标要素进行叠加，结果如图 14-3 所示。

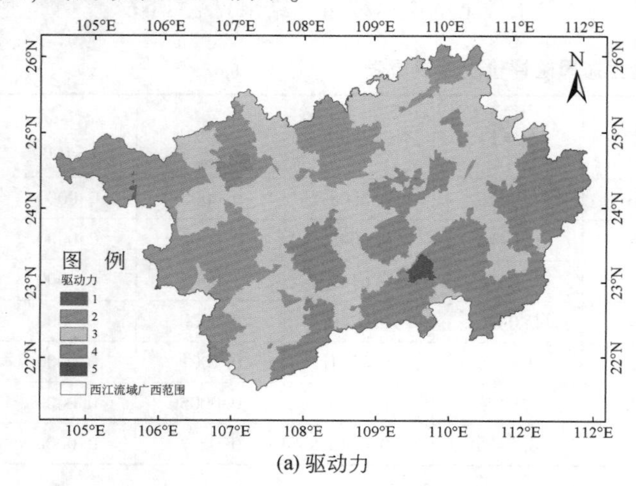

(a) 驱动力

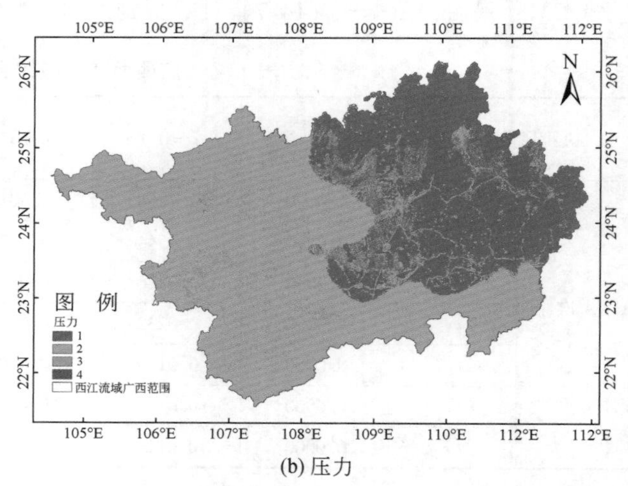

(b) 压力

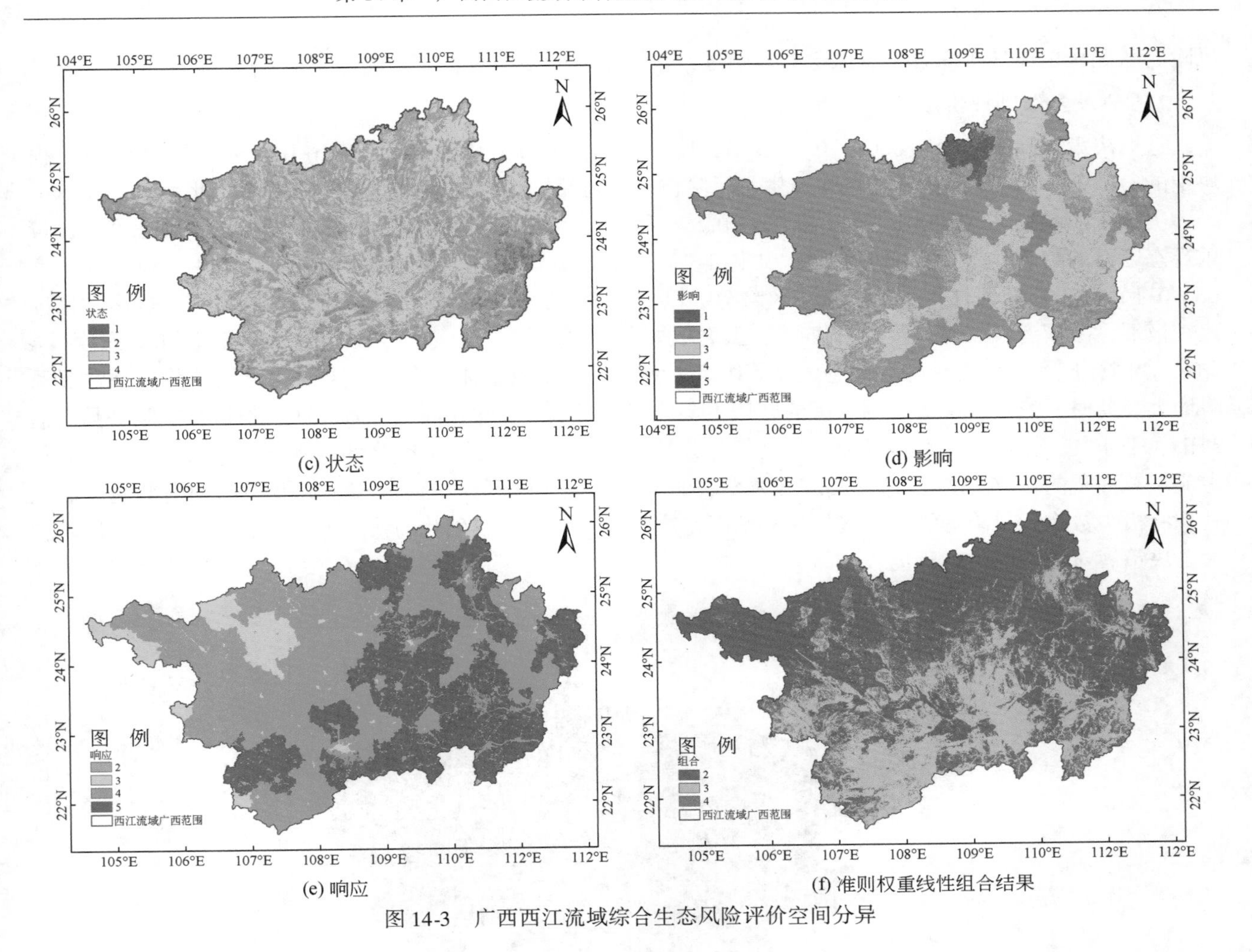

(c) 状态　(d) 影响

(e) 响应　(f) 准则权重线性组合结果

图 14-3　广西西江流域综合生态风险评价空间分异

不同评价准则层评价结果空间分异特征明显。驱动力层综合生态风险空间分布主要表现为由东南向西北风险等级逐渐降低的趋势。其中，风险等级最高为 5 级，出现在贵港市辖区。风险等级最低为 1 级，出现在田林县。驱动力层主要受人口自然增长率及汛期降雨量两个指标的影响，因此在人口自然增长率较大的县（市、区）以及汛期降雨量较大的流域南部及东南部地区风险等级相对较高。压力图层综合生态风险空间分级比较明显，流域东北部及东部区域风险等级为 1 级，流域南部以及西部地区风险等级为 2 级。此外，城市核心区及石漠化区域风险等级较高，以 3 级为主，极少数像元风险等级达到 4 级。压力图层主要受自然灾害危险性及石漠化强度两个指标的影响。状态层风险等级以 3 级为主，2 级次之。南宁市辖区、柳州市辖区、桂林市辖区、贵港市辖区等地区风险等级最高，达到 4 级。状态层主要受植被净初级生产力和生物丰度指数两个指标的影响，植被净初级生产力较高、生物丰度指数较大的区域综合生态风险等级整体高于植被净初级生产力较低、生物丰度指数较小的区域。影响层主要受水土流失综合治理面积指标的影响，因此水土流失综合治理面积最大的融水苗族自治县风险等级最小，为 1 级。水土流失综合治理面积较小的金秀瑶族自治区以及桂林市中部、崇左市中西部、梧州市部分地区风险等级相对较大，可达到 3 ~ 4 级。响应层与影响层类似，某一指标对响应层的影响远大于其他指标。响应层风险等级空间分布特征与环保投入占 GDP 比重指标的风险等级空间分布特征具有较高的一致性。崇左市北部、南宁市中南部、柳州市南部、桂林市中东部、容县、北流市以及来宾市和贵港市的大部分地区环保投入占 GDP 比重较少，因此这些地区综合生态风险等级较高，对应地，在响应层这些地区的风险等级较高，达到 5 级。流域其他地区风险等级以 4 级为主。此外，各县（市、区）的核心区域及河池和百色的个别地区风险等级以 3 级为主。各准则层空间分异结果与最终准则权重线性组合结果对比可知，不存在某一准则层与最终结果空间分布相似性较高的情况出现，这一情况说明，不存在某一准则层能直接表征流域综合生态风险的状况，也体现了综合生态风险的复杂性，该结果需要多要素叠加分析。

2. OWA 多准则评价法结果分析

选取决策风险系数为 0.0001，0.1，0.5，1，3，10，1000 共 7 种情况，采用 IDRISI 软件中的 MCE 模块中的 OWA 法分析广西西江流域综合生态风险情况，对流域综合生态风险进行多情景分析。

决策风险系数 $\alpha=0.0001$，$\alpha=0.1$，$\alpha=0.5$ 三种情况是决策风险态度为极乐观态度、乐观态度、比较乐观态度下的综合生态风险评价结果（图 14-4）。当决策态度为极乐观态度（$\alpha=0.0001$）和乐观态度（$\alpha=0.1$）时，广西西江流域综合生态风险等级以 1 级为主，流域全境几乎均为极低风险区。这两种情况比较极端，决策者没有对风险进行权衡，已经失去风险预警的现实意义。当决策态度为比较乐观态度（$\alpha=0.5$）时，广西西江流域综合生态风险等级以 2 级为主，流域整体综合生态风险状况相较前两种情况风险增大。此时，流域风险等级为 1 级的区域主要分布于流域东部的长洲区、万秀区、苍梧县、昭平县、荔浦市、平乐县、蒙山县、恭城瑶族自治县等部分县（市、区），以及流域北部的部分县（市、区），面积占流域总面积的 26.256%。流域 73.737% 左右的区域为低风险区，主要分布于流域中部和南部地区。此外，有极少数像元风险等级为 3 级。这种情况是决策者对风险比较乐观的状态下产生的结果，决策风险较大，决策者对风险的重视程度较小。

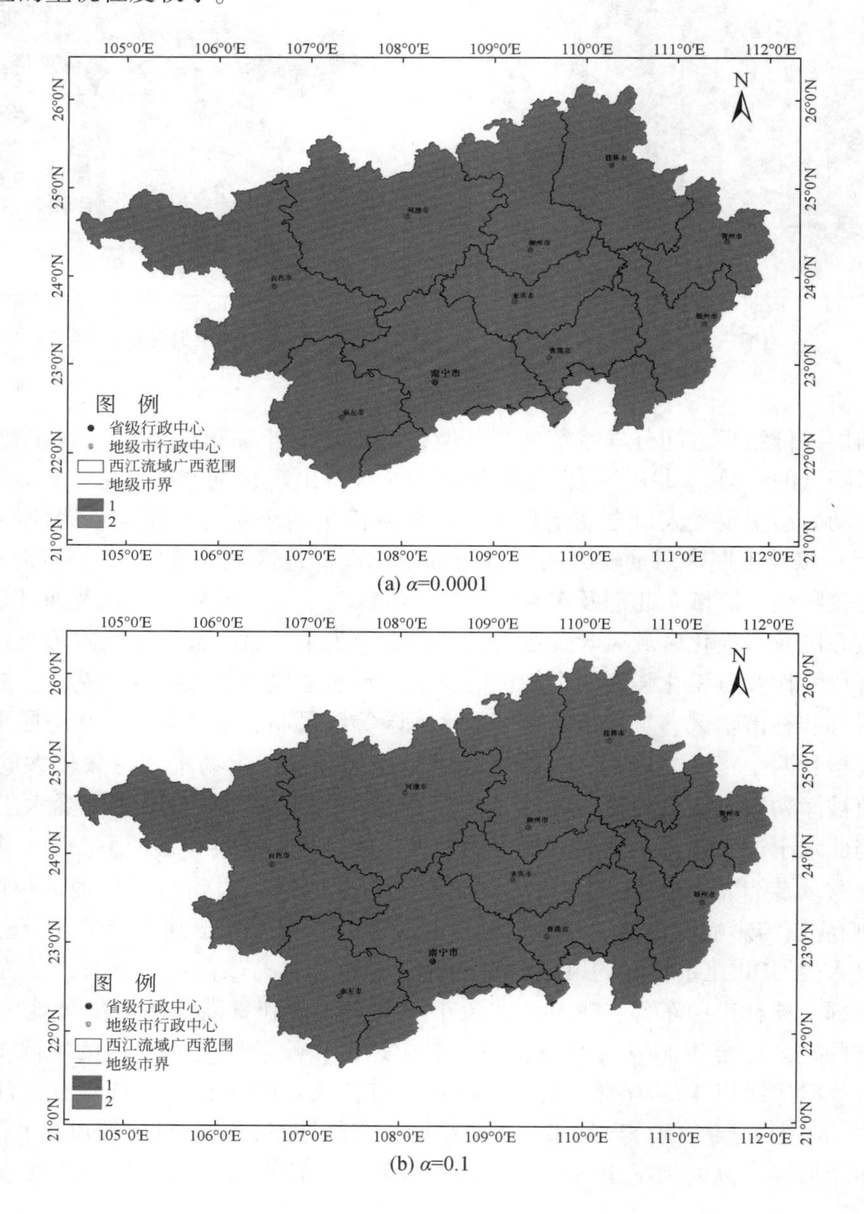

(a) $\alpha=0.0001$

(b) $\alpha=0.1$

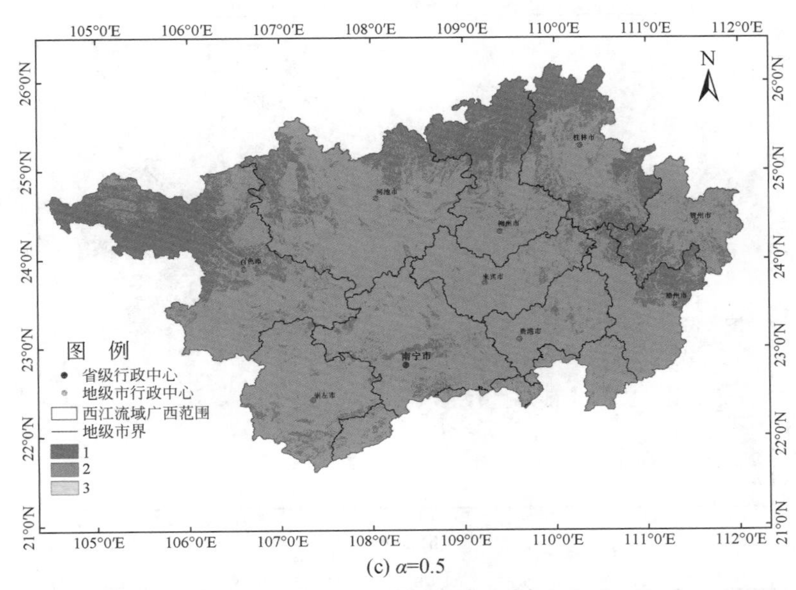

(c) α=0.5

图 14-4　极乐观态度、乐观态度、比较乐观态度下广西西江流域综合生态风险评价结果

决策风险系数 $\alpha=3$，$\alpha=10$，$\alpha=1000$ 三种情况是决策风险态度为比较悲观、悲观、极悲观态度下的综合生态风险评价结果（图 14-5）。随着决策风险系数的增大，流域整体综合生态风险等级进一步增大。当 $\alpha=3$ 时，流域生态风险等级以 2 级为主，低风险区面积占流域总面积的 70. 902%，主要分布于流域中北部地区。流域中部的部分地区以及南宁市辖区、柳州市辖区、桂林市辖区等城市核心区风险等级为 3 级。当 $\alpha=10$ 时，流域风险等级以 3 级为主，中等风险区面积占流域总面积的 83. 077%，分布于流域的大部分地区。而流域中部的部分地区以及南宁市辖区、柳州市辖区、桂林市辖区等城市核心区风险等级增大，风险等级为 4 级，面积占比为 11. 055%。这两种情况表现决策者对风险的重视程度增加。当决策风险系数 $\alpha=1000$ 时，决策者对风险态度最悲观。流域全境风险等级基本上均为 5 级，面积占流域总面积的 99. 880%。这种情况是决策者对风险极悲观的状态下产生的结果，该情况比较极端，决策风险最小，决策者对风险极度重视，但这种情况实际应用性也比较差。

当决策风险系数 $\alpha=1$ 时，决策者对风险态度中立，既不忽视风险对流域生态环境的影响，也不高估风险的危险性（图 14-6）。此时，流域风险等级以 2 级为主，为低风险区，面积约为流域总面积的 63. 848%。主要分布于流域的北部和东部地区。流域的中部和南部地区以中等风险区为主，风险等级为 3

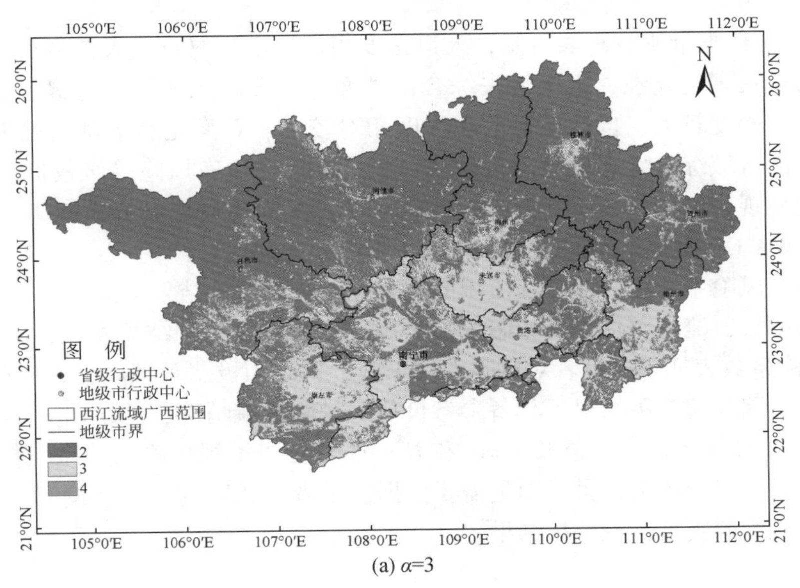

(a) α=3

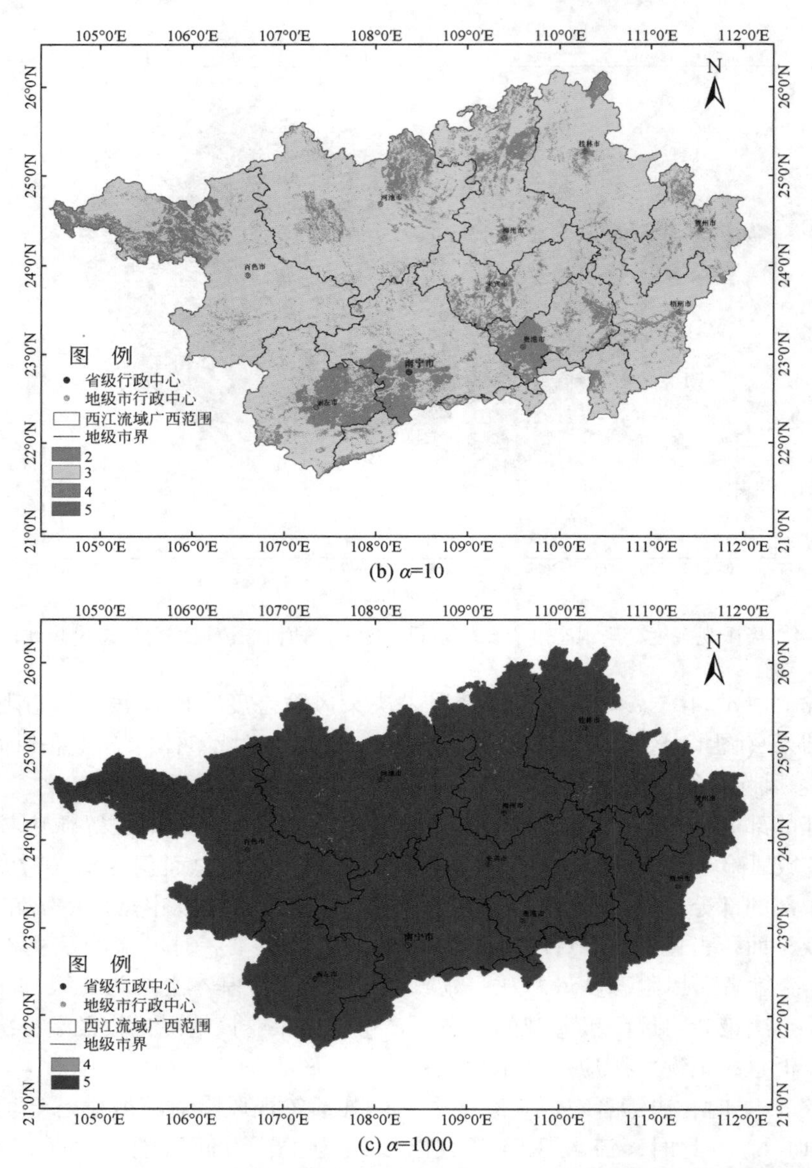

(b) α=10

(c) α=1000

图 14-5　比较悲观、悲观、极悲观态度下广西西江流域综合生态风险评价结果

级。在 $\alpha=1$ 的情况下，依据准则权重表可知，人口密度指标的准则权重最大，为 0.1423。此外，准则权重较大的指标还有自然灾害危险性、水土流失综合治理面积、石漠化强度、土壤侵蚀强度、植被净初级生产力。因此，在人口密度较大、自然灾害危险程度相对较高、石漠化和土壤侵蚀强度较大并且治理力度不足、NPP 值较低的区域综合生态风险程度较高；反之，综合生态风险等级较低。WLC 法为准则权重的线性组合法，对比发现，WLC 结果和 OWA 法决策风险系数 $\alpha=1$ 的空间分布规律一致。这一情况表明，图层叠加分析法是 OWA-GIS 法的特殊情况之一。

纵观 7 种不同决策风险系数下广西西江流域的综合生态风险评价结果可知，从 $\alpha=0.0001$ 至 $\alpha=1000$，随着决策风险系数的增大，流域整体综合生态风险等级增大。对比几种结果发现，$\alpha=0.0001$、$\alpha=0.1$ 及 $\alpha=1000$ 三种决策风险系数表征了决策者对风险的极乐观、乐观和极悲观态度，这三种情况比较极端，缺乏对复杂情况的权衡，因此这三种情况不具备参考价值。排除极端情况，总结出 $\alpha=1$ 时的“维持现状情景”，$\alpha=0.5$ 时的“忽视风险情景”，以及 $\alpha=3$ 和 $\alpha=10$ 时的“重视风险情景”，共 3 种情景 4 种情况。在实际应用中，不存在最优的决策情景，而是需要依据决策者对风险的认知及偏好，在 $0.5\leqslant\alpha\leqslant10$ 区间内不断浮动，以获取最优的决策情景分析结果。

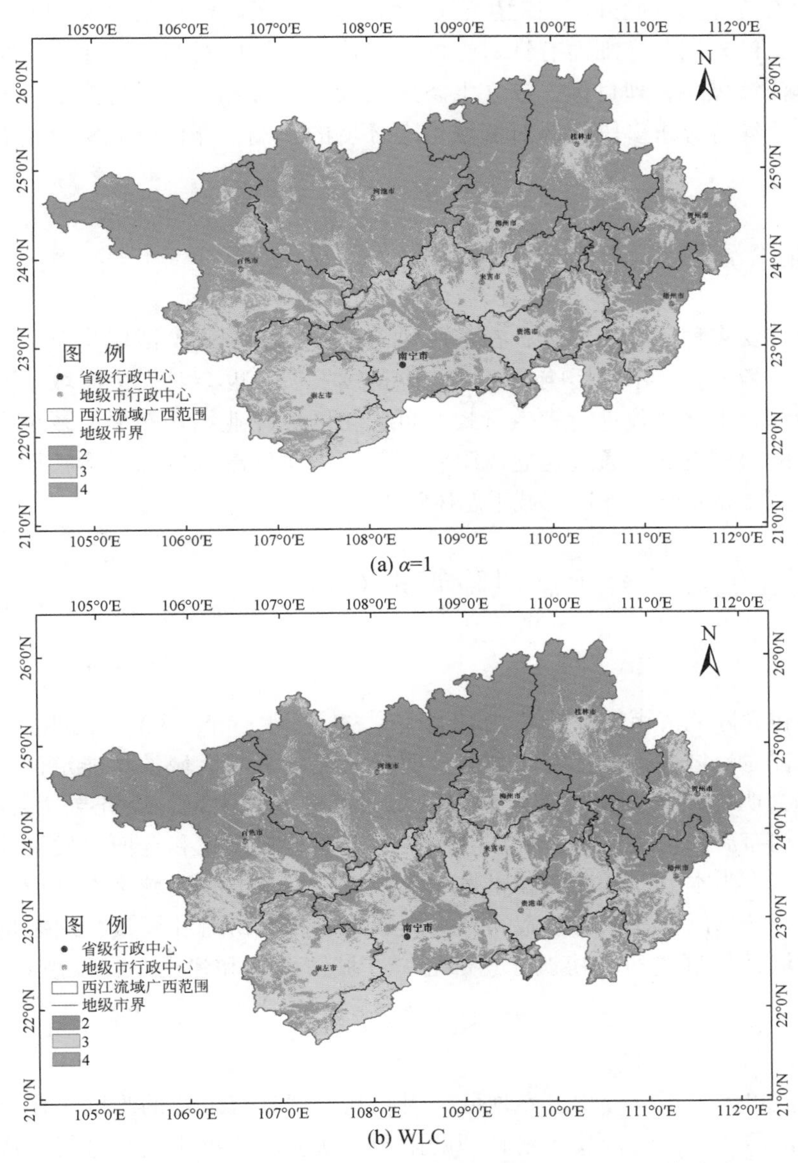

(a) α=1

(b) WLC

图 14-6　中立态度下广西西江流域综合生态风险评价结果

14.5　广西西江流域综合生态风险管理

14.5.1　广西西江流域综合生态风险管理问题分析

随着广西西江流域社会经济的快速发展，人类活动对流域生态环境产生扰动，风险源增加，流域单一生态风险和综合生态风险程度加深。为保证流域的可持续健康发展，必须制定一系列符合实际情况的生态保护管理措施，以便对广西西江流域生态环境进行保护。当前，流域生态风险管理存在诸多问题。从生态环境看，流域内人口压力不断增加，在人类活动下，植被被破坏，部分地区土壤侵蚀和石漠化程度加深，生物多样性减少。在人类影响或自然条件变化下，区域气候条件产生变化，洪涝、干旱，台风等自然灾害频发。从流域内居民及管理者的角度来看，群众风险意识比较淡泊，缺乏风险预防和管控的观念。管理者主要从区域社会经济发展角度考虑区域问题，轻视生态环境问题的影响力，对生态环境保护和风险管理的意识有待加强。此外，在对生态风险管理中，风险管理的目标和监督机制不明确，缺乏相应的风险管理部门，尚未制定详细而有针对性的法律法规。为应对当前的生态环境问题，对生态风险进行管控，需要明确流域风险管理目标，成立生态风险管理主管部门，通过辨析广西西江流域主要风险源，从全局角度出发，综合分析多风险源对流域生态环境的影响，评价流域综合生态风险，并提出针对性的管理措施。

14.5.2　广西西江流域综合生态风险管理意义

由于广西西江流域受多种风险的影响，在多种风险的叠加影响下，区域具有许多不确定性因素，如果广西西江流域生态环境恶化，不仅影响本区域的可持续发展，也会对周边区域及西江流域下游地区产生不良影响。对流域综合生态风险进行有效管控，可优化区域产业结构布局，减少风险发生，保证区域社会经济与生态环境的协调发展。通过建立风险管理部门，建立流域生态风险长期监测研究，构建流域生态风险及其管理决策支持系统，促进区域生态风险管理。

14.5.3　广西西江流域综合生态风险管理对策

1. 城镇管理

广西西江流域内包含除北海市以外的其他13个市，98个县（市、区）。不同县（市、区）的优势不同，需要依据本地特征对流域进行三生空间划分，明确流域内不同区域的功能定位。城镇发展与生态发展相互协调，从生态文明建设角度出发制定城镇规划，促进城镇生态、经济与社会的和谐发展。此外，还要不断优化产业结构布局，扩大优势，合理分配资源，注重功能化和全面化发展相结合，建立特色城镇。改善城镇环境，以人为本，以可持续健康发展为前提，不断改善流域生态环境，提高城镇生态环境质量。此外，还要明确各部门管理职能，做到分工明确又能相互协调和衔接，编制切实可行的国土空间规划，多规合一，对城镇发展进行总协调、总部署。在城镇发展和建设中，以规划为基础，依法建设，协调发展。

2. 流域管理

流域作为一个自然单元，不以行政边界划分，因此其管理具有一定的难度。在对广西西江流域的管理中，需要明确主管部门。应打破行政区划管理的限制，从流域角度出发，进行协调和管理。主管部门需要在借鉴其他成功案例的前提下，制定行之有效的政策与法律法规，使流域管理有法可循。在明确广西西江流域主管部门之后，需要健全西江流域广西段与西江流域其他分区相关管理部门的协调发展合作机制。广西西江流域位于整个西江流域的中游地区，其发展变化会对整个西江流域的其他区域产生连锁反应。为保证西江流域整体的可持续发展，需要多部门相互合作，共同协商，为实现西江流域的“共赢”而努力。

3. 综合生态风险管理

自然灾害、石漠化、土壤侵蚀等均为广西西江流域当前主要的风险问题，这几类灾害在流域内影响范围较广，发生频率较大，灾害发生时存在连锁反应。因此，在进行生态风险管理政策制定时，不能单方面考虑某一种生态风险对环境的影响，应该明确多种风险源相互作用机制，对流域进行综合生态风险评价，并全面性地进行考虑，提出综合生态风险管理举措。

（1）建立长期监测评价体系

广西西江流域作为国家重大发展战略的支点之一，近年来发展迅猛，流域环境随之产生变化。随时更新流域生态环境与社会经济发展的相关数据，并对流域单一生态风险及综合生态风险进行长期监测。长期可持续性的监测评价体系，有助于掌握广西西江流域的发展趋势，分析已实行的相关政策与举措对流域产生的利弊效应，以前人的做法为借鉴，以流域实时的状况为基础，可以对其及时调整，为流域发展决策提供可靠的依据。

（2）单一生态风险与综合生态风险相结合

广西西江流域是一个复杂的综合性生态系统，流域内风险源多样，不同风险源的主要作用区域及对生态产生的影响不同，并且多种风险相互作用对流域可产生较大影响。因此，在进行广西西江流域生态风险评价研究时，需要从决策目的与实际情况出发，将单一生态风险评价用于针对性的细节研究，综合生态风险评价进行整体性的宏观评价。在分析流域生态环境风险现状时，应该两者兼顾，才能准确把握流域当前生态环境状况。

（3）社会经济与生态环境协调发展

当前存在过度追求地区生产总值增长而忽略生态环境可持续健康发展的情况，这一行为导致流域内部分区域生态环境呈现不可逆转的破坏，生态风险较大，生态承载力超过阈值，将无法维系区域的可持续发展。从生态文明建设角度出发，相关主管部门需要加强对流域生态环境保护的重视，制定相关的政策法规，将生态保护法制化，有效遏止部分决策者只追求经济发展与政绩而破坏生态环境的错误举措。将“既要金山银山，也要绿水青山”贯彻到底，保证社会经济与生态环境协调发展。

（4）增强民众生态风险意识，建立社会监督机制

不合理的人类活动是生态环境恶化的主要原因之一，当前，民众生态风险防范意识和生态环境保护意识淡薄。因此，需要加大宣传力度，以媒体宣传、学校科普、小区讲座等多种方式对民众进行生态风险相关知识的普及，增强全民生态风险意识。此外，开展广泛的社会监督，充分发挥地方政府、人民代表大会、行政监察部门、相关主管部门等的管理职能，对破坏生态环境，加剧生态风险的行为进行有效处理。发挥群众的力量，对地方政府及相关职能部门、企业以及个人的不良行为进行监督。

参考文献

[1] Power M, McCarty L S. Trends in the development of ecological risk assessment and management frameworks [J]. Human and Ecological Risk Assessment, 2002, 8 (1): 7-18.

[2] 李照星. 辽宁省沿海城市生态风险评价及空间分异特征研究 [D]. 沈阳：辽宁师范大学，2014.

[3] Sergeant A. Management objectives for ecological risk assessment-developments at US EPA [J]. Environmental Science and Policy, 2000, 3 (6): 295-298.

[4] 陈辉，刘劲松，曹宇，等. 生态风险评价研究进展 [J]. 生态学报，2006，26 (5)：1558-1565.

[5] 许妍，高俊峰，赵家虎，等. 流域生态风险评价研究进展 [J]. 生态学报，2012，32 (1)：284-292.

[6] 张学斌，石培基，罗君，等. 基于景观格局的干旱内陆河流域生态风险分析——以石羊河流域为例 [J]. 自然资源学报，2014，29 (3)：410-419.

[7] 黄木易，何翔. 巢湖流域土地景观格局变化及生态风险驱动力研究 [J]. 长江流域资源与环境，2016，25 (5)：743-750.

[8] 汪疆玮，蒙吉军. 漓江流域干旱与洪涝灾害生态风险评价与管理 [J]. 热带地理，2014，34 (3)：366-373.

[9] 苏文静. 基于 GIS/RS 的左江流域生态风险评价 [D]. 南宁：广西师范学院，2012.

[10] 于霞，安艳玲，吴起鑫. 赤水河流域表层沉积物重金属的污染特征及生态风险评价 [J]. 环境科学学报，2015，35 (5)：1400-1407.

[11] 王娅，周立华，魏轩. 基于社会-生态系统的沙漠化逆转过程脆弱性评价指标体系 [J]. 生态学报，2018，38 (3)：829-840.

[12] 徐美，朱翔，李静芝. 基于 DPSIR-TOPSIS 模型的湖南省土地生态安全评价 [J]. 冰川冻土，2012，34 (5)：1265-1272.

[13] 周政达，王辰星，付晓，等. 基于 DPSIR 模型的国家大型煤电基地生态效应评估指标体系 [J]. 生态学报，2014，34 (11)：2830-2836.

[14] 曹琦，陈兴鹏，师满江. 基于 DPSIR 概念的城市水资源安全评价及调控 [J]. 资源科学，2012，34 (8)：1591-1599.

[15] 李玉照，刘永，颜小品. 基于 DPSIR 模型的流域生态安全评价指标体系研究 [J]. 北京大学学报（自然科学版），

2012，48（6）：971-981.

[16] Malekmohammadi B，Jahanishakib F. Vulnerability assessment of wetland landscape ecosystem services using driver-pressure-state-impact-response（DPSIR）model［J］. Ecological Indicators，2017，82：293-303.

[17] 王晓玮，邵景力，崔亚莉，等. 基于 DPSIR 和主成分分析的阜康市水资源承载力评价［J］. 南水北调与水利科技，2017，15（3）：37-42.

[18] 李谢辉. 典型区域灾害生态风险评价与管理［M］. 北京：科学出版社，2015.

[19] 胡德秀. 黄河上游梯级开发的生态与环境风险分析方法研究［D］. 西安：西安理工大学，2009.

[20] 杨淑芳. 认识环境影响评价起跑线上的保障［M］. 北京：冶金工业出版社，2011.

[21] 贾丹. 延庆风沙区景观生态风险评价及景观格局优化［D］. 北京：北京林业大学，2009.

[22] Rubinstein M F. Patterns in problem solving［M］. New Jersey：Prentice-Hall，1975.

[23] 郑国臣，张静波，魏利. 松辽流域水环境监测概论［M］. 北京：中国水利水电出版社，2014.

[24] 刘焱序，王仰麟，彭建，等. 基于生态适应性循环三维框架的城市景观生态风险评价［J］. 地理学报，2015，70（7）：1052-1067.

[25] 刘焱序，彭建，韩忆楠，等. 基于 OWA 的低丘缓坡建设开发适宜性评价——以云南大理白族自治州为例［J］. 生态学报，2014，34（12）：3188-3197.

[26] 郝丹丹. 巢湖流域洪水灾害风险评价与情景分析［D］. 芜湖：安徽师范大学，2014.

[27] 程雨. 基于 GIS 的建设用地防灾适宜度多准则评价［D］. 唐山：华北理工大学，2010.

[28] 王嘉丽. 基于 OWA-GIS 的沿海地区生态安全研究［D］. 沈阳：辽宁师范大学，2014.

[29] 许学工，颜磊，徐丽芬，等. 中国自然灾害生态风险评价［J］. 北京大学学报（自然科学版），2011，47（5）：901-908.

[30] 修丽娜. 基于 OWA-GIS 的区域土地生态安全评价研究［D］. 北京：中国地质大学（北京），2011.

[31] 赵军，胡秀芳. 区域生态安全与构筑我国 21 世纪国家安全体系的策略［J］. 干旱区资源与环境，2004，（2）：1-4.

[32] 高俊峰，许妍. 太湖流域生态风险评估研究［M］. 北京：科学出版社，2012.

[33] 曾令锋. 广西洪涝灾害及减灾对策［M］. 北京：地质出版社，2000.

[34] 亚行技援中国干旱管理战略研究课题组. 中国干旱灾害风险管理战略研究［M］. 北京：中国水利水电出版社，2011.

[35] 罗红磊，何洁琳，李艳兰，等. 气候变化背景下影响广西的主要气象灾害及变化特征［J］. 气象研究与应用，2016，37（1）：10-14.

[36] 蒋忠诚. 广西岩溶山区石漠化及其综合治理研究［M］. 北京：科学出版社，2011.

[37] 胡宝清. 喀斯特人地系统研究［M］. 北京：科学出版社，2014.

[38] 高峰. 基于 GIS 和 CSLE 的区域土壤侵蚀定量评价研究［D］. 南宁：广西师范学院，2014.

[39] 张洪江. 土壤侵蚀原理［M］. 北京：中国林业出版社，2000.

第四篇　综合管理与战略决策篇

水是生命之源，流域孕育人类文明，流域的地位极其重要。流域是分水线所包围的河流集水区域，是连接岩石圈、水圈、大气圈及生物圈的关键纽带，是地球物质交换、能量传递的重要场所。在受到自然灾害或者人类活动干扰时，流域具有一定的抗干扰力和恢复力，所以流域对人类生存发展的重要性不言而喻。在全球气候变化和经济快速发展的背景下，人类对流域开发的范围和强度不断增加。流域水污染、土壤侵蚀、水灾害等频发，流域开发与环境保护矛盾突出，如何科学合理地利用流域资源以及保护生态环境，让人口、经济、水资源可持续发展，让流域开发与保护协调发展，是当前流域科学、地理学、生态学、社会学等研究的热点。

本篇为广西西江流域综合管理与战略决策篇，分为广西西江流域生态系统产水与固碳服务功能研究、社会水文评价与综合管理研究、农村居民点的空间分布特征及其影响因素研究、空间功能分区及其扶贫模式研究，以及在“一带一路”倡议下的广西西江流域发展战略研究、生态补偿与长效保护机制及政策建议等部分。

在流域生态系统产水与固碳服务功能研究方面，从产水量功能、碳储量功能、产水量功能与碳储量功能综合分区等方面进行研究。在流域社会水文评价与综合管理研究中，分析了西江流域社会水文系统时空变化规律，并构建西江流域社会水文系统脆弱性评价指标体系，针对系统存在的问题提出综合整治意见。在农村居民点的空间分布特征及其影响因素研究方面，利用网络与实地调研收集乡村行政村数量、空间信息，运用3S技术，研究流域乡村居民点的空间分布特征以及形成的机制，重点探讨自然地理因子与人文地理因子对居民点形成的影响，为流域的主体功能分区提供科学支撑。在空间功能分区及其扶贫模式研究方面，首先对国土空间功能分区概念与理论进行梳理总结，接着构建国土空间功能分区指标体系及确定研究方法，将广西西江流域国土空间划分为人居及生态服务功能区、人居及服务业发展功能区、服务业发展及生态服务功能区、工业生产与服务业发展及人居服务功能区、工业生产及服务业发展功能区、农产品生产及生态服务功能区、农产品生产及人居服务功能区、农产品生产与服务业及人居服务功能区等8种类型，最后结合流域贫困空间分布特征，构建精准扶贫模式。在“一带一路”倡议下的广西西江流域发展战略研究方面，广西是“一带一路”衔接的省级行政区，参与“21世纪海上丝绸之路”建设，具有“天时、地利、人和”的优势。广西既是古代海上丝绸之路的重要发祥地，也是新时期面向东盟开放合作的重要窗口和门户，其最大优势就是与东盟各国海陆相连，广西自然成为衔接“一带一路”的重要门户。首先对广西西江流域发展进行“SWOT”分析，接着构建广西西江流域“左右江革命老区”发展战略，然后构建广西西江流域“西江经济带”的发展战略，最后提出流域的发展战略应积极与“双核驱动”“三区统筹”对接。在流域生态补偿与长效保护机制及政策建议方面，首先阐述生态补偿与环境保护研究背景及意义，然后详细剖析流域生态环境存在的问题及生态补偿建设状况，根据现阶段生态补偿的原则、模式以及流域自身的特点，构建了广西西江流域的生态补偿机制，最后对流域综合管理与生态环境保护提出针对性的建议。

第 15 章　广西西江流域生态系统产水与固碳服务功能研究

15.1　引　　言

15.1.1　研究背景与意义

生态系统是指具有一定的组成（包括生物成分与环境系统）、结构和功能，通过物质循环、能量交换形成的复杂动态综合体，同时作为一个与外界环境紧密联系的开放系统，在一定的条件下，具有自我维持、自我复原和重建的能力[1,2]。生态系统基于其结构、功能和过程提供给人类各种产品与服务，并维持地球物质循环平衡和生命支持系统，为人类生存与延续提供基础条件[3,4]。

人类为满足自身日益增长的物质和原材料需要，对自然环境造成长期的压力和破坏，导致生态系统服务功能退化[5]。全球 60% 的生态系统服务功能正在退化或处于不可持续利用的状态，这将威胁人类的健康与生计，损害地方与国家经济，直接威胁着区域乃至全球生态安全。1990 ~ 2017 年，我国社会经济高速发展，同时带来了巨量的自然资源消耗和严重的环境污染。环境污染态势严峻：水环境问题突出，长江中下游湖泊都出现富营养化[6]；大气污染严重，2016 年最严重的一次雾霾，全国 17 个省区市受到影响，71 个城市出现重度及以上污染；我国近 2000 万 hm^2 的优质耕地受到重金属的威胁与污染。日益严重的环境污染与资源消耗，导致一些地区生态系统退化，生态灾害频发。建立在高污染高消耗基础上的发展模式不仅制约今后经济的持续发展，也透支了人类子孙后代的生存与发展的能力。生态系统服务功能关乎人类福利[7]，只有充分对生态系统进行全面的认识与评估，了解其作用的机理，才能科学地预见与管理生态系统，从而实现生态系统可持续利用。因此国内外大型科研计划都将生态系统服务功能列为重点关注领域[8-10]。

广西西江流域是国家发展战略“左右江革命老区振兴规划（2015—2025 年）”与“珠江-西江经济带发展规划”的重要区域，两个规划为广西西江流域社会经济的发展提供良好的政策支持。然而研究区内地形复杂多样，山地多，石漠化问题严重，生态环境脆弱，土壤污染严重，工农业生产及矿业开采使得一些重金属和难以降解的有害化学物质在土壤中富集，对农业生产造成不利影响，威胁农产品的质量和产量。研究区内人工林面积大，其中还有很大一部分为桉树林，森林生态系统防护功能较弱[11]。水土流失形势严峻，土壤流失降低土壤质量和土壤肥力，制约农业发展；同时淤积下游河道、水库，降低水利设施使用寿命，加剧干旱洪涝灾害[12]。

广西西江流域的下游是我国经济发达的珠江三角洲地区，是我国人口密集、创新能力和综合实力最强的地区，是我国经济发展的重要引擎。广西西江流域生态环境不仅关系到本区域社会经济发展、生态安全的维护与建设，对下游珠江三角洲地区也有着深刻的影响。国家发展战略“珠江-西江经济带发展规划”中提出建设生态文明试验区，在流域生态环境管理、区域生态补偿机制等方面进行积极探索。“左右江革命老区振兴规划（2015—2025 年）”进一步明确要求建立生态文明示范区，健全生态补偿制度，开展珠江上游（西江流域）生态系统服务功能评估。因此，本章以广西西江流域为案例区，运用 InVEST 模型定量评价广西西江流域生态系统产水量功能和碳储量功能空间格局及演变特征，丰富广西西江流域生态系统服务功能评价理论和方法体系，完善广西西江流域生态系统服务功能评价研究。为建立生态补偿机制和生态系统的科学有效管理提供依据，对保障研究区及下游珠江三角洲地区生态安全具有重要意义。

15. 1. 2　生态系统服务功能综述

1. 生态系统服务功能的概念

英国生态学家 Tansley 于 1935 年最先提出生态系统的概念[13]，Vogt 等首先提出“自然资本”的概念，强调要保护自然资本[14]。Leopold 强调自然要素功能的多重性、多样性和复杂性，主张人类应承担保护生态的义务[15]。Evans 强调生态系统应当是“生态学的基本单元”[16]。Evans 最先开展研究测量生态系统中物质流和能量流，是定量评估生态功能的雏形。

1997 年，Costanza 等将生态系统服务功能定义为人类从栖息地、生物或者生态系统过程得到的产品与服务的总称，代表生态系统直接或间接为人类提供的利益，同时根据多种价值评估方法核算了全球生态系统服务功能的价值[17]。Costanza 的研究工作在生态系统服务功能研究中具有重要的意义，极大地推动了世界生态系统服务功能研究的发展。2005 年，联合国千年生态系统评估（Millennium Ecosystem Assessment，MA）报告将其定义为人类从生态系统中获得的效益。

在诸多定义中，有些定义仅仅强调生态系统服务功能为人类提供的利益，而忽视了生态系统所提供的条件，但它却服务于人类生存与延续。

2. 生态系统服务功能的分类研究

1970 年，关键环境问题研究组（Study of Critical Environmental Problems，SCEP）在报告中首次使用“service”，它是生态系统服务功能的雏形，为生态系统服务功能概念的提出、丰富与发展奠定了基础[18]。Costanza 等以价值评估为落脚点，将生态系统服务功能分为 17 个功能，MA 在前人研究成果的基础上，根据生态系统服务的功能将其分为供给、调节、支持和文化服务。其中 Costanza 和 MA 分类体系影响最大，被广大学者采纳。

我国在 Daily、Costanza 和 MA 成果的推动下，欧阳志云等[19]、谢高地等[20]和陈仲新和张新时[21]等对生态系统服务功能的分类进行了研究，得出一些更符合我国实际的分类成果。

此后生态系统服务功能分类进一步发展，Fisher 提出中间服务与最终服务的分类体系，Costanza[22]基于生态系统过程与功能空间特征提出了空间分类方案。生态系统服务与人类福利具有密切的关联，Boyd 和 Banzhaf[23]提出收益相关的分类方案；Wallace[24]认为管理生态系统的目的就是为了更好地满足人类福利，管理目标应该与分类一致，提出了连接人类价值与生态系统服务的分类方案；张彪等[25]参照马斯洛需求理论提出基于人类需求的生态系统服务分类。多种分类方案并存，但是不同的分类方案的核算结果缺乏可对比性，Yang 和 Potschin[26]提出用于综合环境和经济核算的生态系统服务通用国际分类方案。

仔细阅读各种分类方案后发现，基本上没有哪个方案把土地或栖息地，这个人类或者生命存在的空间作为一种服务功能纳入分类方案。本章基本上沿用 MA 分类方案，同时将栖息地（居住地）作为一种服务功能放在支持服务中，作为本章生态系统服务分类方案。

3. 生态系统服务功能研究现状

为了了解国内生态系统服务功能研究现状，首先在中国知网以生态系统服务功能为主题词进行检索。从年度发表文章数量上看，1985 ~ 1996 年每年大概是 2 篇，1997 以后高速增加，从 1997 年的 7 篇增长到 2015 年的 1186 篇，这反映 1997 年 Daily 和 Costanza 的成果对中国方面的推动作用，同时间接反映了随着中国经济发展，生态环境日益被人们所关注。从发表论文的机构上看，主要发表机构是中国科学院下属机构（地理科学与资源研究所、生态环境研究中心、研究生院）、北京林业大学、北京师范大学、华东师范大学等国内地理科研实力强的大学和农林类科研能力强的大学。

国内学者比较关注生态系统服务功能的应用，对概念与分类研究较少。李加林等[27]、李景保等[28]、刘蕾等[29]研究生态系统服务功能的影响机制，欧阳志云和王如松[30]、张雪英和黎颖治[31]、孙玉芳[32]、何丽[33]关注生态系统服务功能与可持续发展，王洪翠[34]、傅伯杰等[35]、李军[36]、周亚东[37]研究生态系统服务功能与生态安全，凌青根[38]、张国平[39]、何广礼[40]对生态系统健康进行研究，更为主要的是以生态补偿为落脚点的不同尺度（国家、区域）生态系统服务功能的价值评估。欧阳志云等[41]、何浩等[42]评估了中国陆地生态系统服务的经济价值。谢高地等[43]建立中国陆地生态系统单位面积服务价值当量表，得到极为广泛的应用。同时很多学者对我国不同生态系统服务价值进行了评估，谢高地等[44]、赵同谦等[45,46]对中国草地的服务价值进行研究；赵同谦等[47]、余新晓等[48]、靳芳等[49]研究中国森林服务功能与价值；陈尚等[50]研究我国海洋生态系统服务功能与价值；孙新章等[51]研究农田土壤保持功能与价值；欧阳志云等[52]对中国水生态系统服务功能与间接价值进行研究。就区域尺度而言，各省（区、市）的整体生态系统、森林、草地、湿地和农田的生态系统服务价值基本上都有研究。青藏高原[53-56]、内蒙古高原[57-60]、喀斯特[61-65]、群落交错区[66]等生态脆弱敏感区、重要生态功能区[67-70]和自然保护区[71-76]是生态系统服务功能评估的重点地区，北京、广州、上海等经济较发达的地区对生态系统服务功能研究也比较多。以流域自然地理单元为评价区域，评价生态系统服务功能的成果比较多，对我国诸多河流多有报道[77-80]。

自1990年以来，我国生态系统服务功能研究成果丰硕，发展了生态系统服务功能价值评估的理论与方法，全面评估了我国生态系统的价值，提高了人们对生态系统重要性的认识，为生态系统保护与管理提供了理论依据[81]。但在生态系统服务功能时空异质性及其形成机理等方面的研究尚需深化。

近年来得益于基础理论（水循环、土壤侵蚀、碳循环）、数据收集（实地观测、定点监测、遥感和大型基础数据调查）和软件平台的发展，运用模型成为定量评估生态系统服务功能的新趋势。其中InVEST模型和ARIES模型比较有代表性。

ARIES模型是建立在若干研究案例基础上的生态系统服务功能定量评估模型[82]，使用了较高空间分辨率的空间数据，以及适合当地生态系统的社会经济驱动因子，因此评估结果精度高。但是目前不适用于该模型案例区以外地区。

InVEST模型由美国斯坦福大学、世界自然基金会和大自然保护协会联合开发，服务于生态系统服务功能评估[83,84]。该模型软件自发布以来已经更新了多次版本，本章使用InVEST 3.1.1版。InVEST模型允许用户输入、修改模型参数，使用当地的数据与参数，其推广性比较强，适用于全球范围内不同尺度的生态系统服务功能评估，因此在全球范围内得到非常广泛的应用。在碳储量、土壤保持和产水量等模块应用比较成熟，Vigerstol和Aukema[85]运用InVEST模型对产水量、碳储量进行定量评估；Bogdan等[86]运用InVEST模型计算罗马尼亚喀尔巴阡山脉南部的土壤保持功能；Mansoor等[87]运用InVEST模型定量评估了西非生态系统服务功能（产水量、碳储量、土壤保持、营养保留）；Trisurat等[88]在土地利用与气候变化情景下评估泰国南部森林的水文服务。国外InVEST模型在景观格局变化[89]、土地利用变化[90,91]、气候变化的响应、区域规划[92]等方向研究较多。戴尔阜教授将InVEST模型应用到三江源的生态系统服务功能研究中，杨圆圆[93]、张媛媛[94]、闻亮[95]运用InVEST模型分别定量评估三江源水源涵养、碳储量及固碳潜力和土壤保持等生态系统服务功能，贾芳芳[96]对赣江流域土壤保持、水源供给、碳储量等生态系统服务功能进行评估，并分析了不同森林景观类型的生态系统服务功能。欧阳志云团队对InVEST定量评估生态系统服务功能也予以重点关注；白杨等[97]通过InVEST模型对白洋淀流域生物多样性、水源涵养、土壤保持和固碳等生态系统服务功能进行了评估；李屹峰等[98]以土地利用变化为主要驱动力，分析密云水库生态系统服务功能（产水量、土壤保持、水质净化）对土地利用变化的响应；王大尚等[99]对密云水库生态系统服务功能空间格局与人类福利的关系展开了研究。北京林业大学在国家引进国际先进林业科学技术项目的推动下，也取得了丰硕的成果，黄从红等[100]利用森林资源二类调查数据对北京门头沟产水量、土壤保持、营养保留等生态系统服务功能的空间格局进行评估；李敏[101]对延庆县碳储量、产水量和土壤保持展开研究，并尝试对生态系统服务功能进行综合分区；黄从红[102]运用InVEST模型，评估了宝兴县、门头沟生态保护工程实施前后生态系统服务功能的变化。InVEST模型由于其较强的推广性与适用性，在国内得到广泛的应用，其他学者在典型石漠化地区[103]、陕北黄土高原[104,105]、黑河流域[106]、鄱阳湖[107]、锡林郭勒草原[108]、白龙江[109]等地区成功运用InVEST模型评估当地生态系统服务功能。

广西当前生态系统服务功能的研究较少，王兵等[110]、韦立权和韩明臣[111]利用林业监测数据分别对广西的森林服务功能的价值进行计算；伍淑婕[112]对广西沿海红树林的生态系统服务功能价值进行研究。整体而言，当前广西相关研究一部分表现为描述性定性评估，主要部分为通过参考 Costanza 的科研成果、谢高地建立的生态系统服务价值当量表或相关规范，利用政府部门、行业统计数据，计算得出生态系统服务价值。结果多以表格、文字的形式输出，空间表达与分析比较困难。广西西江流域运用 InVEST 等模型定量评估生态系统服务功能文章尚未见报道，亟待开展相关研究。

15.1.3 主要内容

本章研究成果直观展示广西西江流域生态系统服务功能空间格局与动态变化的状况，研究结果有助于科学有效管理和保护西江流域生态系统、协调生态系统保护与经济发展之间的关系，维系社会和自然的利益平衡。其主要研究内容如下。

1. 产水量功能研究

以广西西江流域为案例区，首先对 InVEST 模型中的产水量所需的气象数据、土壤数据、土地利用类型数据、土壤碳密度等数据进行处理，利用广西西江流域水文数据对模型参数进行校验，在此基础上对广西西江流域的 2000 年、2005 年、2010 年和 2015 年产水量功能进行了评估，并对其时空格局与影响因素进行分析。

2. 碳储量功能研究

本章通过分析研究区土地利用变化，以此为基础利用 InVEST 模型评估不同土地利用下碳储量的时空分布格局，分析土地利用变化对碳储量的影响，为优化土地利用布局，流域碳库管理提供依据。

3. 产水量功能与碳储量功能综合分区研究

利用 2000 年、2005 年、2010 年和 2015 年的产水量和碳储量功能评估结果进行生态系统服务功能重要性分级，通过叠加分析对产水量功能与碳储量功能进行综合分区，并确定出优先开发与保护的区域。为广西西江流域生态功能区划、生态系统功能保护和流域科学管理提供依据。

15.1.4 研究思路与技术路线

1. 研究思路

本章以广西西江流域生态系统为研究对象，利用气象站点数据、土壤数据、水文数据、土地利用类型数据、土壤碳密度等数据，在数据处理、参数本地化和模型校验的基础上，运用 InVEST 模型分别对 2000 年、2005 年、2010 年和 2015 年研究区产水量、碳储量两大生态系统服务功能进行定量评估，分析两大生态系统服务功能的空间格局、动态变化和影响因素。基于评估结果进行生态系统服务功能重要性分级，通过叠加分析对产水量功能与碳储量功能进行综合分区，并确定出优先开发与保护的区域。丰富了广西西江流域生态系统服务功能研究，同时可以为相关研究提供借鉴。

2. 技术路线

技术路线如图 15-1 所示。

15.1.5 数据来源

①气象数据包括降水、气温、相对湿度、日照百分率、风速、实际水汽压，来源于中国气象数据网，时间范围为 1990 ~ 2015 年年尺度和月尺度。在广西境内有 24 个气象站点，以及广东湛江、罗定、连州，湖南永州、通道，贵州独山、兴仁和云南泸西、广南共 33 个气象站点。

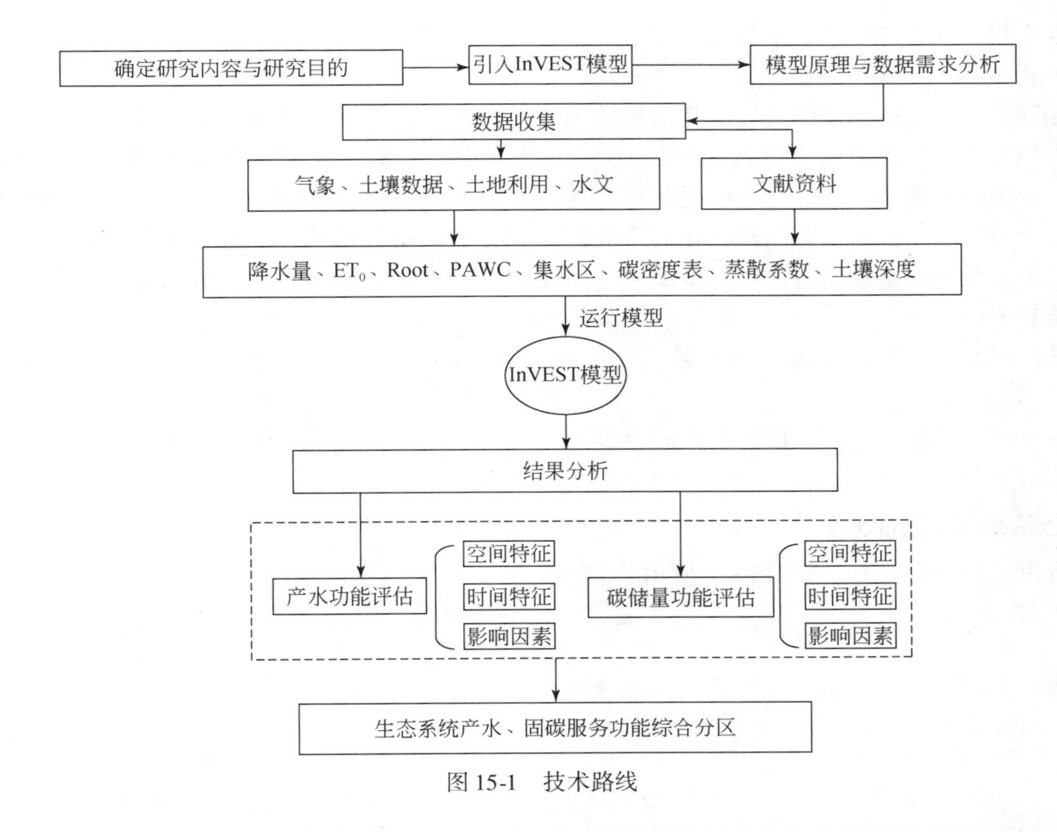

图 15-1　技术路线

②土壤属性数据来源于联合国粮食及农业组织和维也纳国际应用系统分析研究所构建的世界土壤数据库（Harmonized World Soil Database version 1.1）。中国境内数据源为中国科学院南京土壤研究所提供的第二次全国土地调查 1：100 万土壤数据，包括土壤参考深度、限制根系深度、土壤黏粒、砂粒、粉粒、土壤有机碳等土壤属性数据，数据下载于“黑河计划数据管理中心”（www. heihedate. org,2019/12/15）。

③土地利用类型数据包括 2000 年、2005 年、2010 年和 2015 年的广西西江流域土地利用数据，数据来自中国科学院资源环境科学数据中心。

④径流量数据来自 2001 年、2006 年、2011 年和 2016 年《广西统计年鉴》。

⑤用水量包括工业、农业和生活用水量，污水排放量，数据来源于 2015 年《广西水利统计年鉴》。

⑥土壤有机碳储量数据由广西土壤有机碳储量分布图集裁剪而来，数据下载于国家地球系统科学数据中心（http://www. geodata. cn,2019/12/15），土壤有机碳储量数据是由中国科学院南京土壤研究所解宪丽、周慧珍等基于第二次土壤普查数据计算获得。

⑦其他数据来自《广西统计年鉴》《广西壮族自治区林业图集》《广西通志 · 水利志》。

15.2　研究方法与数据处理

15.2.1　基本概念与原理

1. 基本概念

(1) 生态系统服务功能

生态系统服务功能是指从生态系统获得的维持人类生存与延续的自然环境条件与效用的总和[113]。

(2) 产水量

产水量是指大气降水减去实际蒸散量的剩余部分，这一剩余部分包括植物冠层截留量、枯落物持水量、土壤含水量、地表产流和地下径流。

（3）水源涵养

水源涵养主要是指生态系统通过植物冠层截留、枯落物截留、土壤入渗蓄积等方式保持水分的能力与过程。人们通常恢复植被以控制土壤沙化、降低水土流失、蓄洪补枯[114]。因此水源涵养从实质上强调的是生态系统的持水能力；从意义与作用上而言强调的是蓄洪补枯、降低水土流失、控制土壤沙化。

从定义上看，产水量与水源涵养存在非常大的区别，产水量强调的是生态系统的产水能力，水源涵养强调的是生态系统的持水能力；产水量属于生态系统的供给服务，而水源涵养属于生态系统的调节服务。对水源涵养能力强的森林而言，森林水源涵养的机能高，森林的蒸散系数高，蒸散量大，耗水量大，意味着森林的产水量会相对较低。因此在一定条件下，产水量功能与水源涵养功能是处于此消彼长的权衡关系。

在实际应用中很多人将产水量与水源涵养混为一谈，引起一定混乱，因此需要厘清产水量与水源涵养两者的关系。

2. 生态系统服务功能分类

本章所使用的分类方案，如图 15-2 所示。

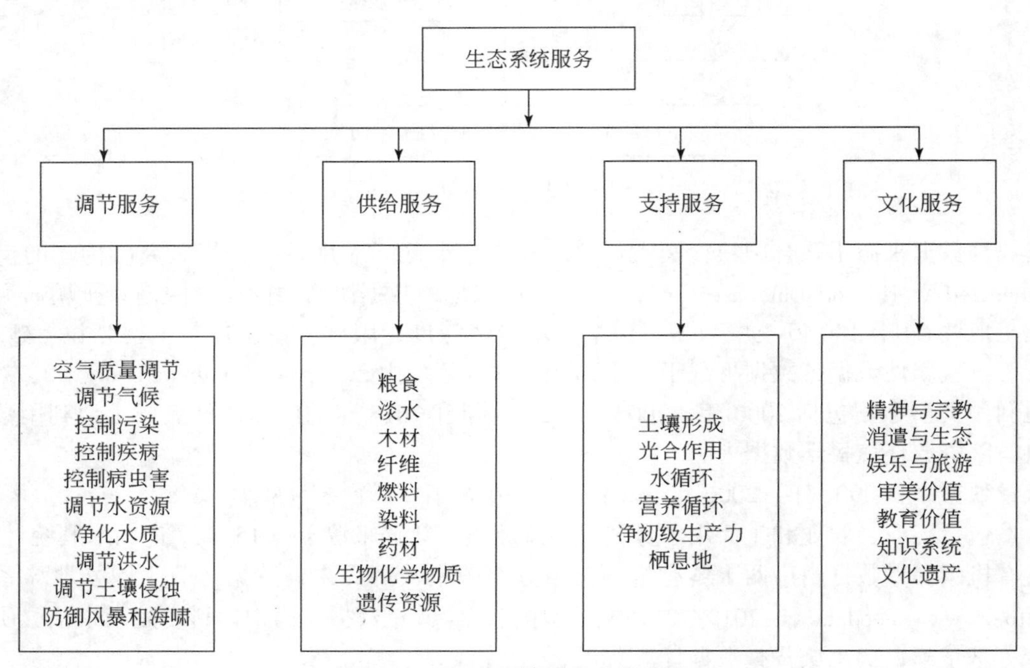

图 15-2　生态系统服务功能分类

3. 水量平衡原理

水量平衡是指某一区域，在一定时间段内其水量收支的差额等于该区域该时段内蓄水的变化量，即水的收支平衡，是质量守恒原理在水循环过程中的体现，也是水循环进行的基础，同时也是其内在的机理[115]。水量平衡是解决众多水文、水资源问题的重要手段。研究区广西西江流域属于外流区，因此其水量平衡方程如下所示[115]：

$$P-E-R_{地下}-R_{地上}=\Delta s \tag{15-1}$$

对于多年平均而言 Δs 趋近与零，则方程可以改写为

$$\overline{P}-\overline{E}-\overline{R}_{地下}-\overline{R}_{地上}=0 \tag{15-2}$$

式中，P、E、$R_{地上}$、$R_{地下}$和 Δs 分别为广西西江流域任意时间段的降水量、蒸散量、地上径流量、地下径流量、蓄水变化量；$\overline{P}$、$\overline{E}$、$\overline{R}_{地下}$和$\overline{R}_{地上}$分别为广西西江流域多年平均降水量、蒸散量、地下径流量和地

上径流量。

InVEST 模型的水量平衡方程如下：

$$P-E-R=0 \tag{15-3}$$

式中，P、E、R 分别为研究区降水量、蒸散量、径流量。模型假设研究区（流域）除了蒸散以外的水都到达了流域的出水口，而忽略了植物冠层截留量、枯枝凋落物持水量、土壤含水量等其他方式的截留。同时，模型还忽略了地上径流和地下径流的相互作用。

在当前大部分的研究实践中，地下径流量较难取得，直接将地表径流等同于径流量，忽略地下径流量，同时也忽略人类对水资源的消耗，为了达到高拟合的结果，只能调高模型参数，从而导致模拟的实际蒸散量过高。

鉴于此，本章尝试综合考虑地上径流量、地下径流量、人类社会农业生产用水、工业生产用水、居民生活用水和污水排放量（污水排放回到径流中，简称回流），共同作为 InVEST 模型产水模块的校验参照；同时在径流量数据出现异常或缺失的情况下，利用研究区水文、水利等方面已有的研究成果作为 InVEST 模型产水模块的第二个校验参照，综合两套方案校验模型参数以期研究结果更加符合真实情况。

本章采用的水量平衡方程如下：

$$P-E=R_{地上}+R_{地下}+H_{人类净消耗} \tag{15-4}$$

$$H_{人类净消耗}=H_{人类社会用水}-H_{回流} \tag{15-5}$$

式中，P、E、$R_{地上}$、$R_{地下}$、$H_{人类净消耗}$、$H_{人类社会用水}$、$H_{回流}$分别为研究区（流域）某一时段内降水量、蒸散量、地上径流量、地下径流量、人类社会净耗水量、人类社会用水量、回流量。人类社会用水量包括工业、农业、生活、环境及其他用水的总和。回流量是指污水排放量，包括污水处理厂污水排放量、工业企业直排排水量、市政直排排水量、生活直排排水量、畜禽规模化养殖排水量及其他排水量。

本章采用的水量平衡方程综合考虑自然与人类活动，更加贴近真实水循环过程。在自然水循环过程中考虑了人类活动对水资源的消耗，将社会水文学的理念引入 InVEST 模型产水量的计算，具有较强的理论探究性。

上文所提出的径流量数据出现异常情况，主要是指所收集到的径流数据异常地低于或者高于研究区降水本应对应的径流量。本章利用研究区多年平均径流系数与降水量的数据，推算出较为合理的河流径流量加上人类社会净用水量作为模型的校验参照，是在收集到的径流量数据出现异常或缺失情况下的一种替代方案。

15.2.2　InVEST 模型原理

InVEST 模型根据生态系统服务功能形成的级联框架，将生态系统服务功能分为中间服务、最终服务两大部分（图 15-3）。

中间服务是指生态系统结构与过程的作用，而最终服务是它们对人类的直接贡献[116,117]。InVEST 模型中间服务包括生境质量、生境风险评价、海洋水质、作物授粉等模块。最终服务包括森林边缘碳效应、碳储量、海洋碳储量、产水量和水力发电、养分传递率、泥沙输移比、景区质量、娱乐和旅游、海岸防护、海上风能、海洋渔业养殖、渔业、作物生产、季节产水量等模块。InVEST 结合其他的土地利用模拟模型，可以研究不同土地利用下生态系统服务功能空间格局与动态变化[118]，通过地图直观展示生态系统服务功能物质量与价值量空间格局与动态变化，从而为政府及相关部门提供更好的权衡和协同依据，有助于实现生态系统的科学有效管理。

当前，水资源、水灾害、水环境和水生态已成为 4 类最紧迫的流域性水问题，4 类问题相互影响，严重威胁国家的发展，导致水资源危机。随着广西西江流域的经济发展速度加快，工业化建设强度不断加大，水资源需求增加，人类活动频繁，研究区水环境面临的压力增大，流域生态系统承受的胁迫不断增加。

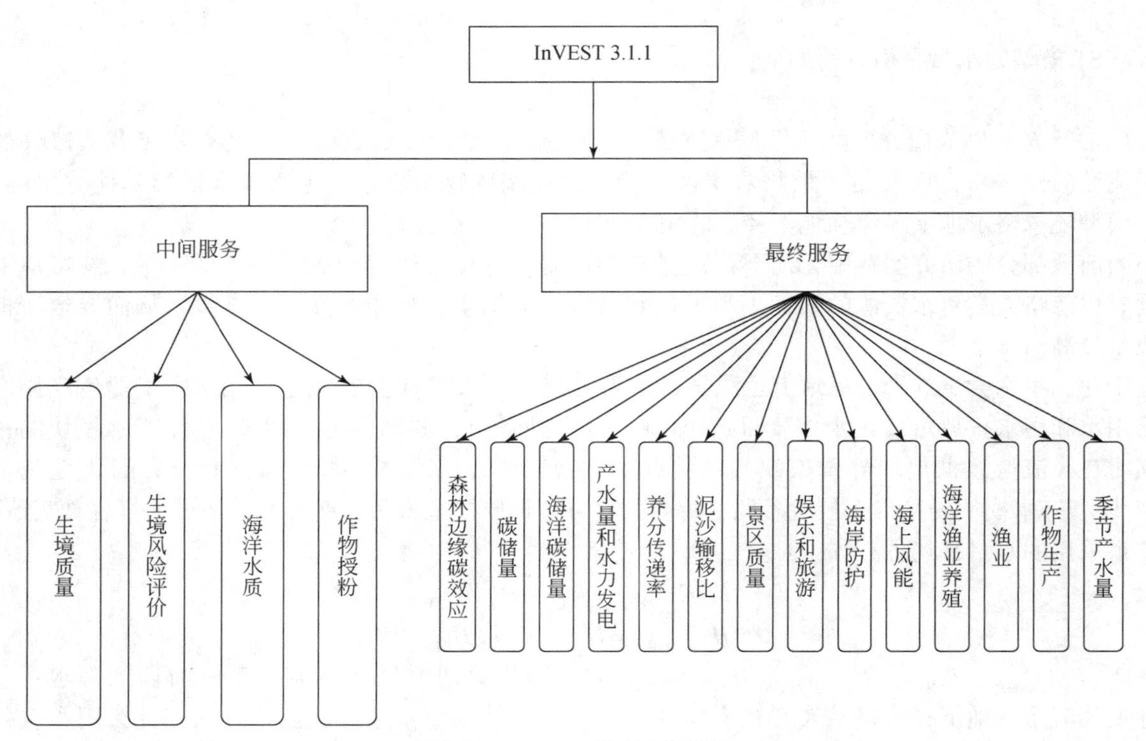

图 15-3　InVEST 模型功能模块

陆地生态系统碳储量对于气候调节、碳循环有着至关重要的作用，当前广西西江流域城市化快速发展，必然直接影响生态系统的碳储量，开展对碳储量的研究，可以了解广西西江流域的碳固定情况、土地利用变化对生态系统碳储量的影响，为优化土地利用布局，以及流域碳库管理提供依据。

因此，本章主要运用产水量、碳储量两个模块，下面分别对两个模块的原理进行详细说明。

1. 产水量模块

InVEST 3. 1. 1 为独立版本，不在 ArcGIS 平台上运行，产水量模块的理论基础是水量平衡，结合覆被、气候、土壤计算出研究区每个栅格的产水量，该模块包括产水量、耗水量和水电估价三个部分，本章主要使用产水量部分。

产水量等于研究区每个栅格上的降水量减去实际蒸散量（包括土壤蒸散和植物蒸腾）的剩余部分，包括植物冠层截留量、枯落物持水量、土壤含水量、地下径流和地表产流[119]，基于 Budyko 曲线提出实际蒸散量的算法[120,121]。产水模型根据 Budyko 曲线和年降水量，确定年产水量，公式如下：

$$Y=\left(1-\frac{\text{AET}}{P}\right)\cdot P \tag{15-6}$$

式中，Y 为年产水量，mm；AET 为年实际蒸散量，mm；P 为年降水量，mm。

实际蒸散量较难获取，$\frac{\text{AET}(x)}{P(x)}$表示实际蒸散量与降水量的比值，是 Budyko 曲线的近似值，因此实际蒸散量可以通过 Budyko 曲线计算[120-122]。

$$\frac{\text{AET}}{P}=1+\frac{\text{PET}}{P}-\left[1+\left(\frac{\text{PET}}{P}\right)^{\omega}\right]^{1/\omega} \tag{15-7}$$

$$\omega=Z\,\frac{\text{AWC}}{P}+1.\,25 \tag{15-8}$$

式中，PET 为年潜在蒸散量，mm；AWC 为植物可利用含水量，由土壤属性、结构和土壤深度决定；ω 为非物理参数，用来表示自然气候土壤性质；Z 是经验常数，反映降水季节分布特征和水文地质特征。

$$\text{AWC}=\text{Min}(\text{Rest. layer. depth},\text{root. depth})\cdot P\cdot \text{AWC} \tag{15-9}$$

式中，Rest. layer. depth 代表土壤深度；root. depth 代表植物根系深度，国内大部分文章采用根系最大深度，最新研究成果认为，这个深度由植物根系 90% 生物量决定，本章综合上述两种观点采用植物根系 95% 生物量的深度。

模型需要输入的变量包括降水量、潜在蒸散量、根系深度、植物可利用含水率、土地利用数据、集水区和生物物理参数表。栅格数据输入需要定义投影，投影线性单位为 m。

2. 碳储量模块

生态系统碳储量主要包括地上生物量、地下生物量、土壤和死亡的有机质 4 个基本碳库。地上生物量是指地上所有活着的植物部分（包括树干、树枝、树皮和叶子）；地下生物量是指活着的植物的地下部分，主要是指根系，有时也包括部分树干；土壤主要是指土壤中有机碳；死亡的有机质包括植物的凋落物、倒下或站立的枯木。模型包括碳储量计算模块和价值评估模块，本章主要使用碳储量计算模块。此外，还有第五碳库，即收获木材产品或相关木材产品斑块，本次研究无法掌握广西西江流域森林砍伐方面的资料，因此本章没有对第五碳库进行计算。

生态系统碳储量是根据研究区内不同土地利用类型地上碳库、地下碳库、土壤碳库和死亡有机质碳库的平均碳密度乘上各土地利用类型的面积得出算式：

$$C_{\text{total}} = C_{\text{above}} + C_{\text{below}} + C_{\text{soil}} + C_{\text{dead}} \tag{15-10}$$

式中，C_{total} 为总碳储量；C_{above} 为地上生物量的碳储量；C_{below} 为地下生物量的碳储量；C_{soil} 为土壤碳库的碳储量；C_{dead} 为死亡的有机质碳储量。

生态系统碳储量通常分为植被碳储量和土壤碳储量，植被碳储量包括地上生物量、地下生物量和死亡的有机质三个碳库的碳储量。本章碳储量计算采用 3+1 的方法。3 代表植被碳储量（地上生物量、地下生物量和死亡的有机质三个碳库之和）通过 InVEST 模型计算，1 是指土壤碳储量。

模型需要输入的变量包含不同土地利用的地上碳库、地下碳库、土壤碳库和死亡有机质碳库 4 个基本碳库的碳密度的参数表、当前收获速率、经济数据。本章未对第五碳库进行研究，所以未输入当前收获速率，仅计算碳储量，未对价值量进行计算，未输入经济数据。栅格数据输入需要定义投影，投影线性单位为 m。

15. 2. 3　趋势分析

利用变化斜率法对广西西江流域产水量变化趋势进行分析，选取一元线性回归分析法对西江流域的产水量进行逐像元计算和统计[123]。

$$\theta_{\text{trend}} = \frac{n \times \sum_{i=1}^{n} i \times x_i - \sum_{i=1}^{n} i \sum_{i=1}^{n} x_i}{n \times \sum_{i=1}^{n} i^2 - \left(\sum_{i=1}^{n} i\right)^2} \tag{15-11}$$

式中，n 为总数；i 为序号；x_i 为序号 i 的数据；θ_{trend} 为该像元长期的变化趋势程度。$\theta_{\text{trend}}>0$ 则表示该栅格为增加趋势，$\theta_{\text{trend}}<0$ 则表示该栅格为减少趋势。

15. 2. 4　相关性分析

在 ArcGIS 10. 2 中，分别对产水量与降水量、潜在蒸散量的相关性进行计算，算式如下：

$$r_{xy} = \frac{\sum_{i=1}^{n} (x_i - \bar{x})(y_i - \bar{y})}{\sqrt{\sum_{i=1}^{n} (x_i - \bar{x})^2} \sqrt{\sum_{i=1}^{n} (y_i - \bar{y})^2}} \tag{15-12}$$

式中，r_{xy}为 x 与 y 之间的相关系数；x_i为第 i 年的降水量或潜在蒸散量；y_i为第 i 年的产水量；$\bar{x}$ 为多年潜在蒸散量或降水量的平均值；$\bar{y}$ 为多年产水量的平均值；n 为样本数。

15.2.5　数据收集处理与校验

1. 产水量模块

(1) 降水量

利用 1990 ~2015 年研究区及周边地区的 33 个气象站点的降水数据。对降水量进行反距离权重插值处理，将空间参考统一为 WGS 1984 UTM49 分带。2000 年、2005 年、2010 年和 2015 年广西西江流域平均降水量分别为 1388.02mm、1411.13mm、1589.34mm 和 1934mm，其降水量分布如图 15-4 ~图 15-7 所示。利用 2015 年《广西水利统计年鉴》的 2010 年、2015 年广西壮族自治区平均降水量与本章的数据进行对比，结果表明本章使用的降水量数据可靠。

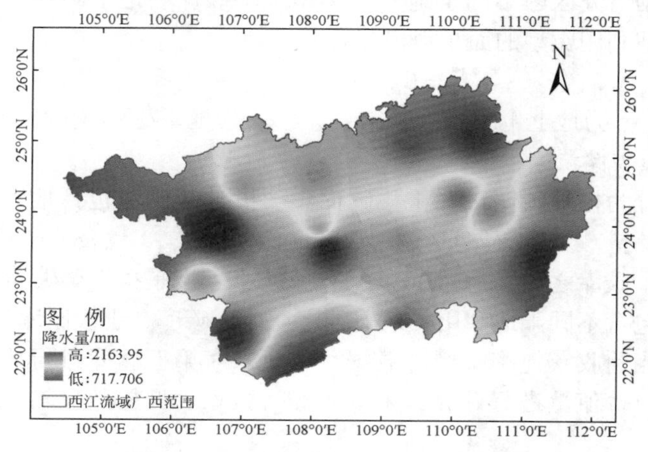

图 15-4　2000 年广西西江流域降水量

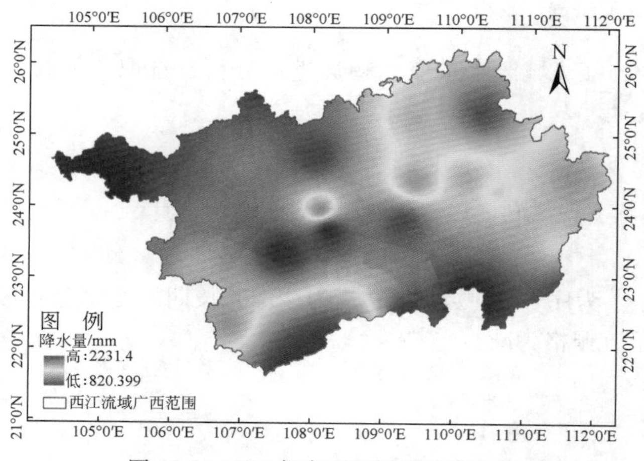

图 15-5　2005 年广西西江流域降水量

(2) 潜在蒸散量

潜在蒸散量代表一定气候条件下下垫面蒸散的能力，是实际蒸散量的理论上限[124]。广泛应用于气候干湿状况分析，水资源评价、荒漠化等研究之中。潜在蒸散量的估算方法比较多，其中彭曼公式计算准确，适合不同地区的潜在蒸散量计算，被广大学者接受和使用。彭曼公式需要参数多，且一些数据获取难度大，因此国内很多运用 InVEST 模型计算产水量的学者都采用难度相对较低的 Modified Hargreaves 法。

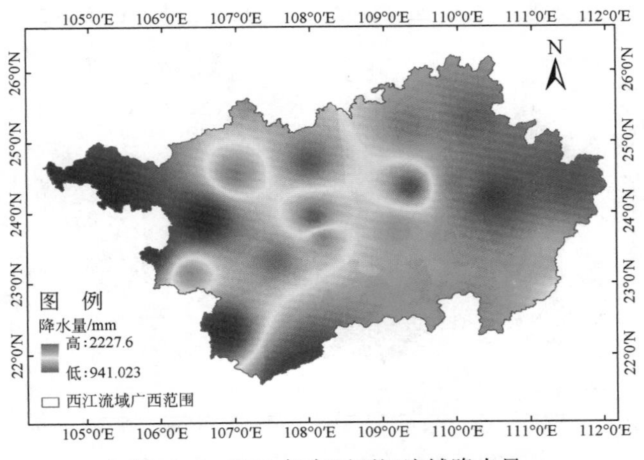

图 15-6　2010 年广西西江流域降水量

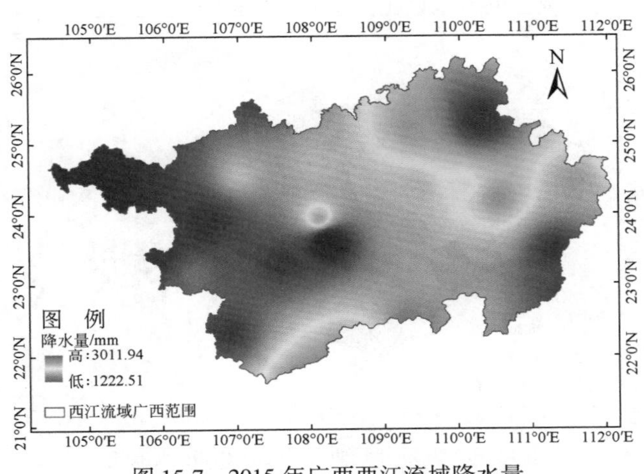

图 15-7　2015 年广西西江流域降水量

但是 Modified Hargreaves 法计算的结果准确度较差，基于彭曼公式更为准确的结果，本章使用彭曼公式[125]。

$$ET_0=\frac{0.408\Delta(R_n-G)+\dfrac{900}{T+273}U_2(e_s-e_a)}{\Delta+\gamma(1+0.34\,U_2)} \tag{15-13}$$

$$G_i=0.07(T_{i+1}-T_{i-1}) \tag{15-14}$$

式中，ET_0 为潜在蒸散量，mm；R_n为净辐射，MJ/(m^2 · d)[125]；T 为月平均气温,℃；e_s 为饱和水汽压，kPa；e_a 为实际水汽压，kPa；Δ 为饱和水汽压-温度斜率[125]；γ 为干湿常数表；U_2 为 2m 高风速；G 为土壤热通量密度，MJ/(m^2 · d)；i 为月份；T_{i+1}、T_{i-1}为 i+1、i-1 月气温,℃[125]。

利用 1990 ~ 2015 年研究区及周边地区的 33 个气象站点的彭曼公式所需要的气象数据（包括气温、实际水汽压、风速、相对湿度、日照百分率），计算获得年潜在蒸散量后对数据进行反距离权重插值处理，将空间参考统一为 WGS 1984 UTM49 分带。2000 年、2005 年、2010 年、2015 年广西西江流域潜在蒸散量如图 15-8 ~ 图 15-11 所示。

研究区 1990 ~ 2015 年平均潜在蒸散量在 934.069 ~ 1202.07mm 之间，平均值为 1082.06mm，南北存在一定差异，总体呈现从南向北逐渐降低的空间分布特征（图 15-12）。本章的研究结果与高歌的结果基本吻合[125]。其中南宁市的南部、宁明县的东部、贵港市港南区的西部，由于纬度低，日照充足，风速大，受上述条件的综合影响，蒸散量较高，达到 1136.91mm 以上。研究区中部大部分地区的多年平均潜

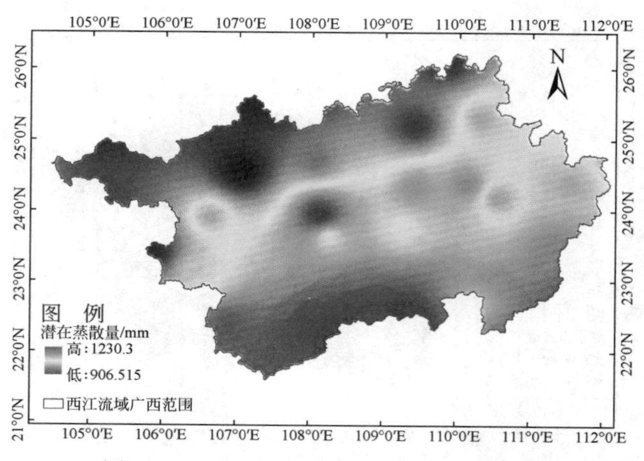

图 15-8　2000 年广西西江流域潜在蒸散量

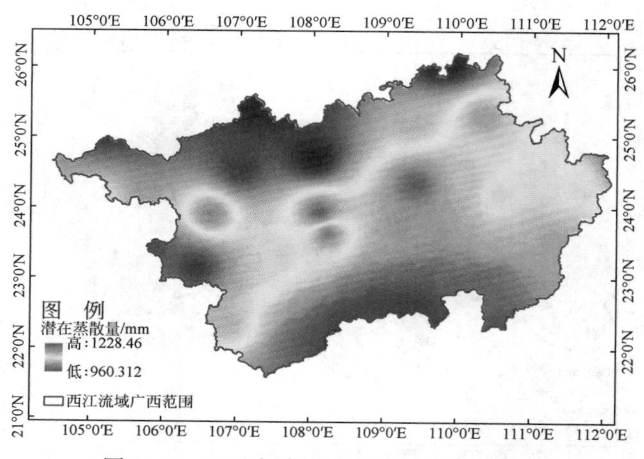

图 15-9　2005 年广西西江流域潜在蒸散量

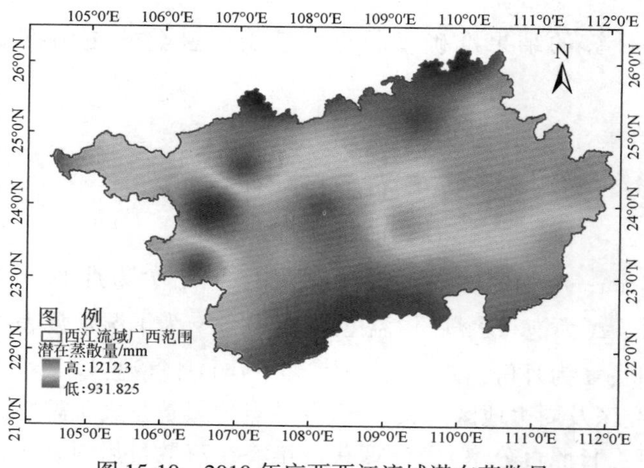

图 15-10　2010 年广西西江流域潜在蒸散量

在蒸散量在 1055. 98 ~ 1136. 91mm 之间。而多年平均潜在蒸散量较少的地方则集中在研究区内北部，如凤山、天峨、南丹、三江、龙胜等地，这些地方纬度、海拔较高，所以气温低，此外该地区风速也较低，所以蒸散量相对于其他地区要小，在 934. 06 ~ 1014. 99mm 范围内。

1990 ~ 2015 年广西西江流域年潜在蒸散量在 1080mm 上下波动，变动范围大致在 1000 ~ 1160mm 之间（图 15-13）。潜在蒸散量最小年为 1994 年，潜在蒸散量为 998. 95mm，最大潜在蒸散量年为 2009 年，潜

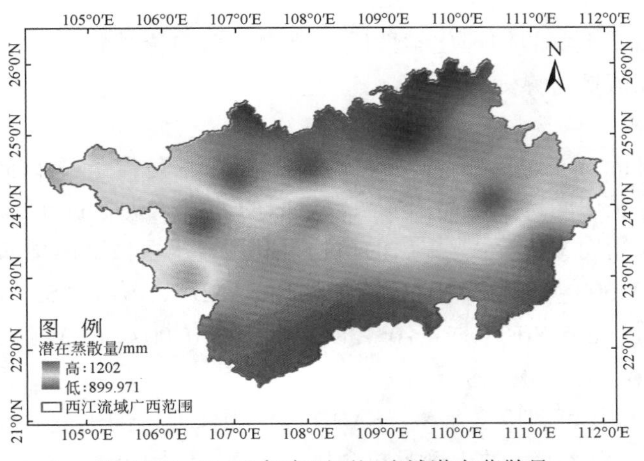

图 15-11　2015 年广西西江流域潜在蒸散量

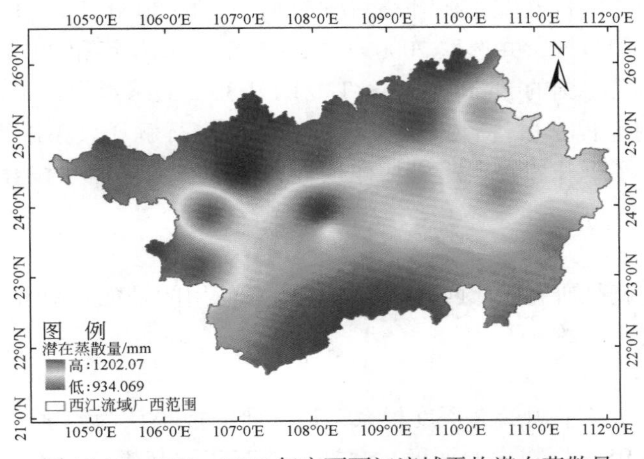

图 15-12　1990 ~ 2015 年广西西江流域平均潜在蒸散量

在蒸散量为 1154.95mm。该潜在蒸散量曲线大致可以分为 4 个阶段：第一阶段为 1990 ~ 1997 年，该阶段年潜在蒸散量基本在 1080mm 以下进行波动；第二阶段为 1998 ~ 2002 年，该阶段年潜在蒸散量在 1080mm 上下进行波动；第三阶段为 2003 ~ 2011 年，该阶段年潜在蒸散量在 1080mm 以上进行波动；第四阶段为 2012 ~ 2015 年，该阶段年潜在蒸散量在 1080mm 上下进行波动，与第二阶段相似。

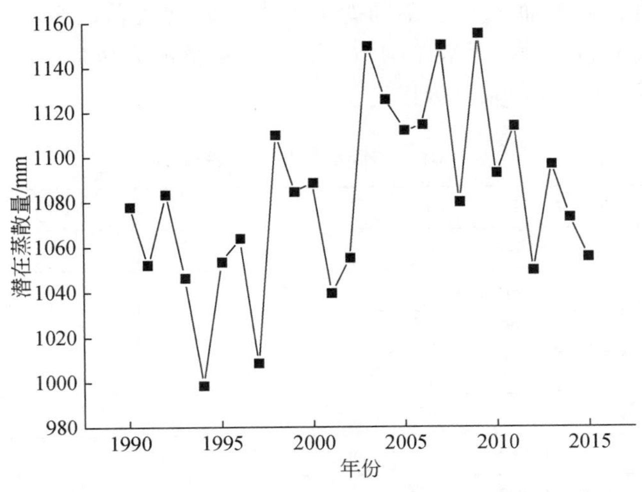

图 15-13　1990 ~ 2015 年广西西江流域年平均潜在蒸散量

（3）根系限制层深度

根系限制层深度是指由于土壤的物理化学性质，植物根系渗透被强烈抑制的深度。该数据来源于世界土壤数据库，用广西西江流域边界裁剪。

（4）植物可利用含水率

植物可利用含水率（plant available water capacity，PAWC），是指土壤中能为植物生长所利用的水量占土壤全部含水量的比例，是田间持水量和凋萎系数之间的差值。获取的方法主要包括测量法和估算法，由于缺少相关仪器，本章采用周文佐等[126]提出的植物可利用含水率估算模型如下：

$$\begin{aligned}\mathrm{PAWC}(x)=&54.509-0.132\mathrm{SAND}(x)-0.003\,[\mathrm{SAND}(x)]^2-0.055\mathrm{SILT}(x)\\&-0.006\,[\mathrm{SILT}(x)]^2-0.738\mathrm{CLAY}(x)+0.007\,[\mathrm{CLAY}(x)]^2-2.688\mathrm{OM}(x)\\&+0.501\,[\mathrm{OM}(x)]^2\end{aligned} \tag{15-15}$$

式中，PAWC(x) 为像元 x 植物可利用含水率；SAND(x) 为像元 x 的土壤砂粒含量；SILT(x) 为像元 x 的土壤粉粒含量；CLAY(x) 为像元 x 的土壤黏粒含量；OM(x) 为像元 x 的土壤有机质含量。

（5）土地利用数据

本章所采用数据来源于中国科学院资源环境科学数据中心的2000年、2005年、2010年和2015年4期中国土地利用现状遥感监测数据，并选取2000年、2005年、2010年和2015年4个时段进行土地利用变化分析。该数据来源于覆盖全国的Landsat-MSS/TM/ETM 30m遥感影像，经过波段提取、假彩色合成、几何纠正、图像拼接、切割等程序后进行人机交互目视判读进行解译，在进行遥感解译及结果处理时，采用统一解译原则，并进行了野外调查点随机抽样核查和核查线随机抽样核查，最后总体成果精度不小于90%。

（6）集水区

集水区即流域范围，也就是研究区广西西江流域，本章使用的是独立版InVEST软件，可以不提供子集水区，所以没有使用子集水区数据。

（7）根系深度

根系深度，国内大部分文章采用最大深度根系，最新研究成果认为，这个深度由植物根系90%生物量决定。本章采用植物根系95%生物量的深度，数据获取有实测与模拟两个方式，实测工作量大且非常困难，基本上无法实现，因此利用Gale和Grigal根据实测数据提出的根系垂直分布模型[127,128]计算，算式如下：

$$Y=1-\beta^d \tag{15-16}$$

式中，d 为根系深度，cm；Y 为从地表到 d 深度根系累计生物量，Y 是一个0～1的比例；β 为衰减系数，给出了根系垂直分布的数值指标。高的 β 值（如0.98）意味着同比例的根系深度要更大；低的 β 值（如0.92）意味着根系更集中在土壤表面附近；不同的植被类型的衰减系数 β 不同。Canadell等根据实测数据，推算出不同植被群落的衰减系数，见表15-1（不同植被群落的衰减系数 β、实测数据与模拟结果的相关系数 R^2、实测0～30cm深度累计根系百分比）。

表15-1　不同植被群落衰减系数

植被群落	β	R^2	实测0～30cm深度累计根系百分比/%
北方针叶林	0.943	0.89	83
农作物	0.961	0.82	70
沙漠	0.975	0.95	53
硬叶灌木	0.964	0.89	67
温带针叶林	0.976	0.93	52
温带落叶林	0.966	0.97	65
温带草原	0.943	0.88	83

续表

植被群落	β	R^2	实测 0～30cm 深度累计根系百分比/%
热带落叶阔叶林	0.961	0.99	70
热带常绿阔叶林	0.962	0.89	69
热带稀树草原	0.972	0.95	57
苔原	0.914	0.91	93

(8) 蒸散系数

蒸散系数是指作物实际蒸散量与潜在蒸散量之比，本章蒸散系数参考联合国粮食及农业组织《作物水分需求计算指南——灌溉与排水》[129]和 Allen 等[130]研究成果。

(9) 径流量

广西西江流域以山地丘陵为主，河谷平原较少，因此，降水所形成的地面径流和地下径流均排入河床深切的河槽之中。通常所说的河流径流量，包括地表径流，还有一部分为地下径流补给，如基流。通过查阅《广西通志·水利志》，发现广西除基流以外的地下水资源较少，与河流径流量、人类社会耗水量相比可以忽略不计，因此本章忽略地下径流的基流以外部分，地下径流量仅计算河流径流量的地下径流补给部分。

本章使用的河流径流量来源于 2005 年《广西统计年鉴》。然而通过对比径流量与降水量数据（表 15-2、表 15-3），以及广西多年水文气候资料，发现 2015 年降水量远大于 2010 年，然而 2015 年的径流量反而比 2010 年的小。我们也检查了是否是因为自己的降水量数据存在异常，本节降水量已经进行验证，结果表明降水量数据基本可信。因此，我们认为 2015 年径流量数据可能存在异常，所以采用广西多年平均径流系数乘以降水量进行计算。径流系数为径流量与降水量的比值，广西多年平均径流系数为 0.52，数据来源于《广西通志·水利志》。

表 15-2　广西西江流域河流径流量　（单位：亿 m^3）

河流	2000 年	2005 年	2010 年	2015 年
红水河	205.71	194.26	270.09	255.33
郁江	226.72	309.65	306.33	262.69
西江下游区	83.13	223.45	229.73	171.11
桂江	125.22	200.3	224.95	290.47
柳江	436.33	406.11	396.42	430.07
贺江	86.68	93.1	73.05	64.46
流域径流总量	1163.79	1426.87	1500.57	1474.13

表 15-3　广西西江流域平均降水量　（单位：mm）

时期	2000 年	2005 年	2010 年	2015 年
平均降水量	1388.22	1411.13	1539.34	1934.86

(10) 人类社会耗水量

查阅 2015 年《广西水利统计年鉴》，统计广西西江流域人类社会总用水量，包括工业、农业、生活、环境总用水量及其他用水；统计污水排放总量，包括污水处理厂排放、工业企业直排、市政直排、生活直排、畜禽规模化养殖及其他污水排放量总和；再计算人类社会净耗水量。通过数据收集与计算，广西西江流域人类社会总用水量为 $169.89\times10^8 m^3$，污水排放总量为 $23.47\times10^8 m^3$，人类社会净耗水量为 $146.42\times10^8 m^3$。

由于数据收集难度大，本章仅收集到 2015 年广西西江流域人类社会用水量与污水排放量的数据。同时根据 2004～2015 年广西总用水情况（图 15-14），发现广西用水量变化较小，因此 2000 年、2005 年和

2010 年净耗水量数据直接参照 2015 年的相关数据。

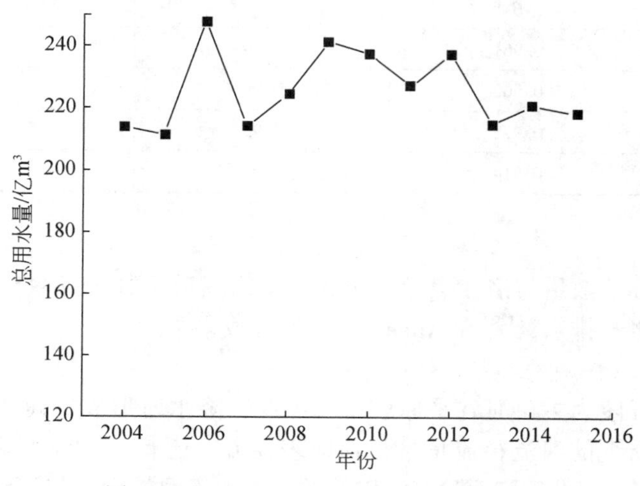

图 15-14 2004 ~ 2015 年广西总用水情况

（11） *Z* 系数

Z 系数是经验常数，反映降水季节分布特征和水文地质特征，范围为 1 ~ 30。Donohue 等在澳大利亚的研究中发现，*Z* 系数与降水的次数呈正相关关系。将上文的广西西江流域径流量与用水量的数据转化为径流深，根据式（15-4）和式（15-5），以径流量与广西西江流域人类净用水量之和作为检验产水量结果准确性的校验参照，进行模型结果校验。通过反复模拟，2000 年 *Z* 系数为 8 时，产水量结果达到观测数据的 92. 16%；2005 年 *Z* 系数为 8 时，产水量结果达到观测数据的 91. 14%；2010 年 *Z* 系数为 9 时，产水量结果达到观测数据的 93. 58%；2015 年 *Z* 系数为 12 时，产水量结果达到观测数据的 92. 14%。同时也发现 *Z* 系数与降水量呈正相关关系，这与 Donohue[131] 等在澳大利亚的研究结果类似，降水量增加，其降水次数也很有可能增加，因此出现 *Z* 系数与降水呈正相关关系的结果，此外也说明了 *Z* 系数受降水特征的影响，会随降水特征的变化而变化。

2. 碳储量模块

（1） 土地利用数据

产水量模块土地利用数据已有比较详细的介绍，同上。

（2） 碳密度的确定

生态系统碳储量主要包括地上生物量、地下生物量、土壤和死亡的有机质 4 个基本碳库。碳库密度是指单位面积上碳储存的数量，是计算碳储量的核心参数之一，单位多为 kg/m^2 或 t/hm^2，在 InVEST 模型中多采用 t/hm^2。生态系统碳储量通常分为植被碳储量和土壤碳储量，植被碳储量包括地上生物量、地下生物量和死亡的有机质三个碳库的碳储量。

当前国内对植物碳密度做了大量的研究，为本章提供良好的基础。彭舜磊等[132] 基于实测数据对亚热带林地碳密度展开研究，张明阳等[133] 利用遥感数据与样地调查研究了桂西北碳储量和碳密度。方精云等[134] 对中国森林的地上生物量与地下生物量的比值进行研究，得出林地地上生物量与地下生物量的转换系数。本章采用林地地上生物量与地下生物量的转换系数为 0. 2。根据朴世龙等[135] 的研究成果中广西地上生物量和地下生物量的内容，可以计算出广西的草地地下生物量与地上生物量的比值为 4. 5。

在此基础上参考结合其他文献[136-139] 和模型的推荐值，得出本章的碳库密度。本章的碳库密度主要参考彭舜磊等和张明阳等的研究结果，他们的研究区与本书的研究区有部分重叠，结果可以代表本书研究区的情况，具有本地性；同时他们的结果是基于实测数据或者结合样地调查，数据可信度高，准确性高。

（3） 土壤碳储量

土壤碳储量采用现有土壤属性数据通过公式进行计算，得出不同栅格的土壤碳密度（kg/m^2），最后计算不同栅格的土壤碳密度以及对应的面积，得出研究区土壤的碳储量。土壤碳密度受土壤容重、有机质含量、土壤中直径大于 2mm 的砾石含量和土壤深度的影响[140]。算式如下：

$$C(x)_{soil}=\mathrm{TOC}(x)\times r_s(x)\times H(x)[1-G(x)] \tag{15-17}$$

式中，$C(x)_{soil}$ 为某栅格土壤碳密度，kg/m^2；$\mathrm{TOC}(x)$ 为某栅格土壤的有机质含量,%；$r_s(x)$ 为某栅格的土壤容重，g/cm^3；$H(x)$ 为某栅格土壤深度，mm；$G(x)$ 为直径大于 2mm 砾石含量,%。世界土壤数据库将土壤分为上层（0～30cm），下层（30～100cm），上层和下层的土壤属性相差较大，因此先分别计算上层和下层土壤有机碳含量，然后将上层有机碳含量加上下层土壤有机碳含量，就可以得到总的有机碳含量。

本章缺少必要的砾石含量体积百分比的数据，因此采用中国科学院南京土壤研究所解宪丽、周慧珍等基于第二次土壤普查数据计算的土壤有机碳储量成果。将解宪丽、周慧丽等的研究成果与广西土壤背景值图集的土壤有机质的分布格局进行对比，结果基本符合广西西江流域的实际情况。

15.3　生态系统产水量与碳储量服务功能分析

15.3.1　产水量功能分析

利用 InVEST 模型产水模块，添加所需要的数据，运行后得到 2000 年、2005 年、2010 年和 2015 年广西西江流域产水量功能空间分布图。

利用广西西江流域的径流量和用水量等水文数据对产水量结果的准确性进行检验，结果表明：产水量的结果与观测数据非常接近，2000 年产水量结果达到观测数据的 92.16%；2005 年产水量结果达到观测数据的 91.14%；2010 年产水量结果达到观测数据的 93.58%；2015 年产水量结果达到观测数据的 92.14%。

1. 产水量的空间特征

2000 年广西西江流域平均产水量为 692.49mm，研究区东北部（桂林市辖区、灵川、兴安、融安、融水、三江、龙胜、资源）与西南角（上思）产水量较高，最高值出现在桂林市辖区与灵川一带。研究区东南部（贺州、苍梧、梧州市辖区）、西北部（百色、田阳、田林、西林和隆林）和龙州产水量较低（图 15-15；上组限不在内）。这种分布特征主要是受降水量的影响，2000 年广西西江流域降水量分布格局也基本类似于此。

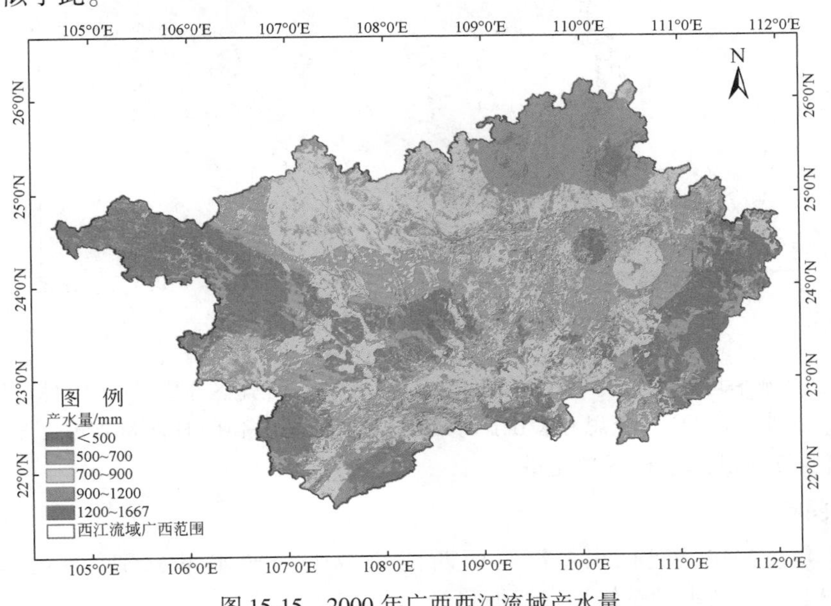

图 15-15　2000 年广西西江流域产水量

2005 年广西西江流域平均产水量为 702. 76mm，研究区北部（桂林、灵川）、西南角（上思）较高，西北部（隆林、西林、田林）、东南部（北流、兴业、浦北）、平果、马山和河池产水量较低（图 15-16）。这种分布特征主要是受降水量的影响，同时与研究区的潜在蒸散量分布格局也有密切的关系。

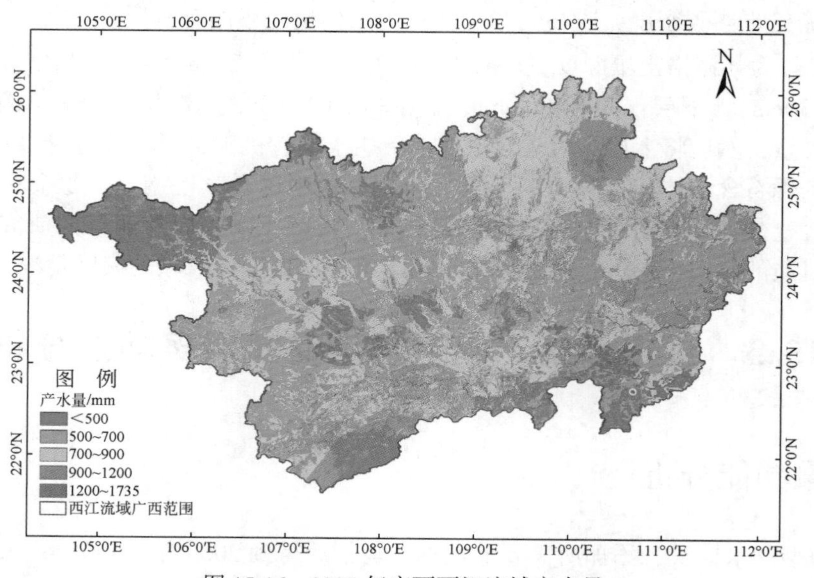

图 15-16　2005 年广西西江流域产水量

2010 年广西西江流域平均产水量为 859. 10mm，总体呈现由东南向西北递减的趋势，研究区东北部、东部和上思等地区产水量普遍较高，西北部（隆林、西林和田林）、龙州、河池东部、柳州市辖区产水量较低（图 15-17）。

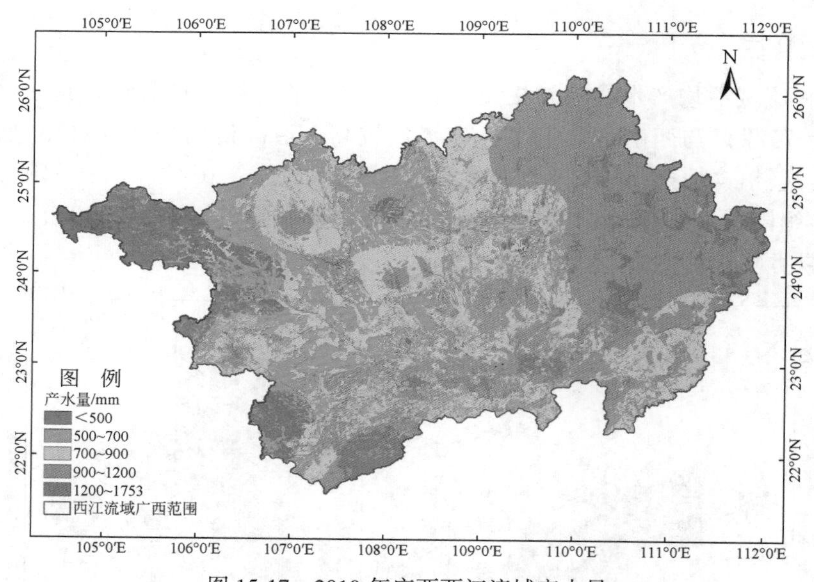

图 15-17　2010 年广西西江流域产水量

2015 年广西西江流域平均产水量为 1163. 17mm，普遍较高，研究区东北部（桂林市辖区、灵川、兴安、融安、融水、三江、龙胜、资源）、上思和蒙山产水量非常高，马山和西林西部产水量较低（图 15-18）。这主要是 2015 年广西西江流域降水格局决定的。

2. 产水量的时间特征

2000 年、2005 年、2010 年和 2015 年广西西江流域平均产水量分别为 692. 49mm、702. 76mm、859. 10mm 和 1163. 17mm，产水量总体呈现增加趋势（图 15-19）。

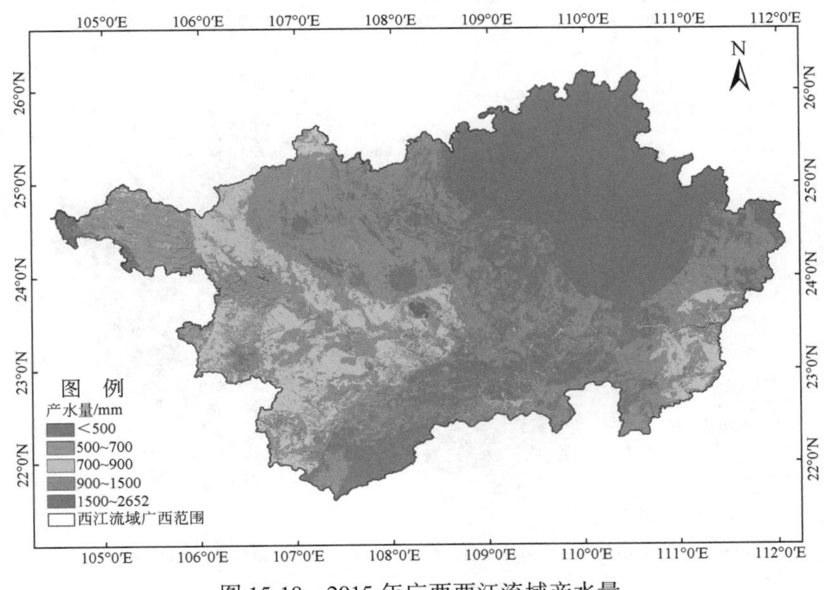

图 15-18　2015 年广西西江流域产水量

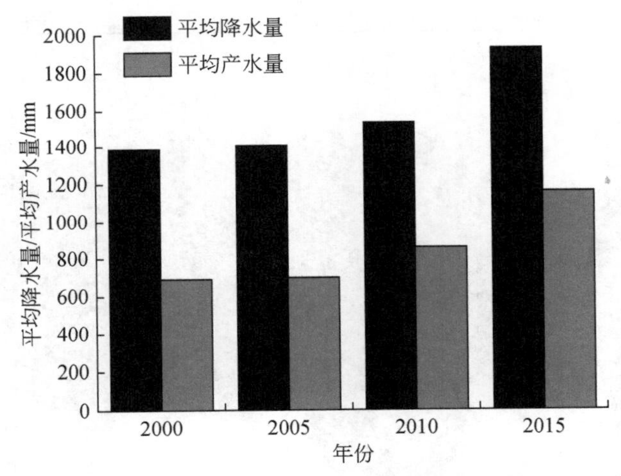

图 15-19　广西西江流域平均降水量与平均产水量

为了了解研究区产水量空间的变化情况，本节利用栅格计算器进行计算，2005 年产水量减去 2000 年产水量，2010 年产水量减去 2005 年产水量，2015 年产水量减去 2010 年产水量，得到空间变化图（图 15-20 ~ 图 15-22）。

2000 ~ 2005 年广西西江流域产水量有增有减，从整体上看，平均增加 10. 27mm。在研究区的北部（天峨、南丹、凤山、河池、环江、融水、融安）、东南角（北流、兴业）减少较多，减少量大于 179mm。增加的主要分布在研究区的东南部（苍梧、梧州市辖区）、西南部（龙州、凭祥）、百色市辖区和田阳，增加量大于 253mm。

2005 ~ 2010 年广西西江流域产水量有增有减，从整体上看，平均增加 156. 34mm。减少的地方集中在研究区的西南部（上思、宁明、凭祥、崇左市辖区、龙州、大新、扶绥）、西部（百色、田阳、那坡）和柳州市辖区周边。增加的地方主要分布在研究区东南部（贺州、钟山、蒙山、来宾、浦北、兴业、容县、北流、横县东南部、贵港市辖区南部和桂平南部），增加量大于 389mm，其他区域也是增加，但是增加较少。

2010 ~ 2015 年广西西江流域产水量有增有减，从整体上看，平均增加 304. 07mm。研究区大部分地区增加，且幅度较大。研究区北部增加较大，其中兴安、灵川、桂林市辖区增加最多，大于 756mm。减少

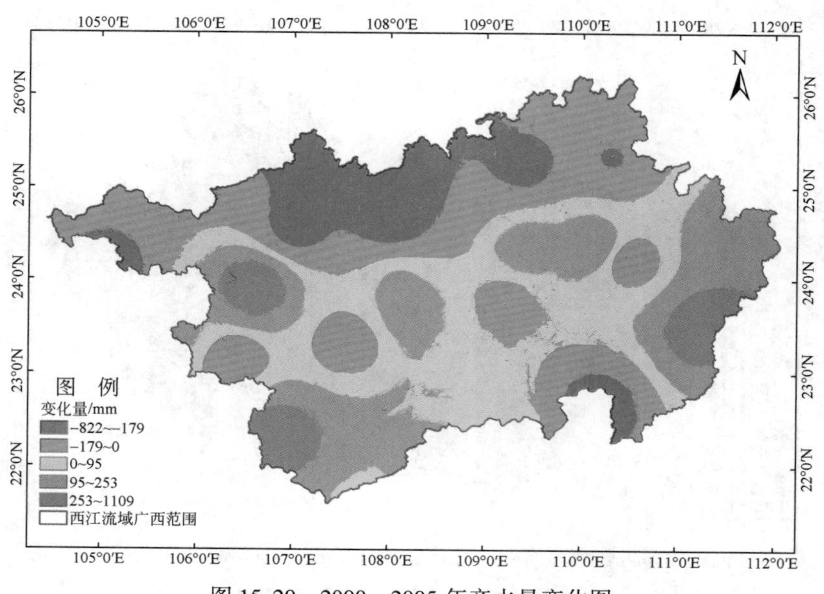

图 15-20　2000 ~ 2005 年产水量变化图

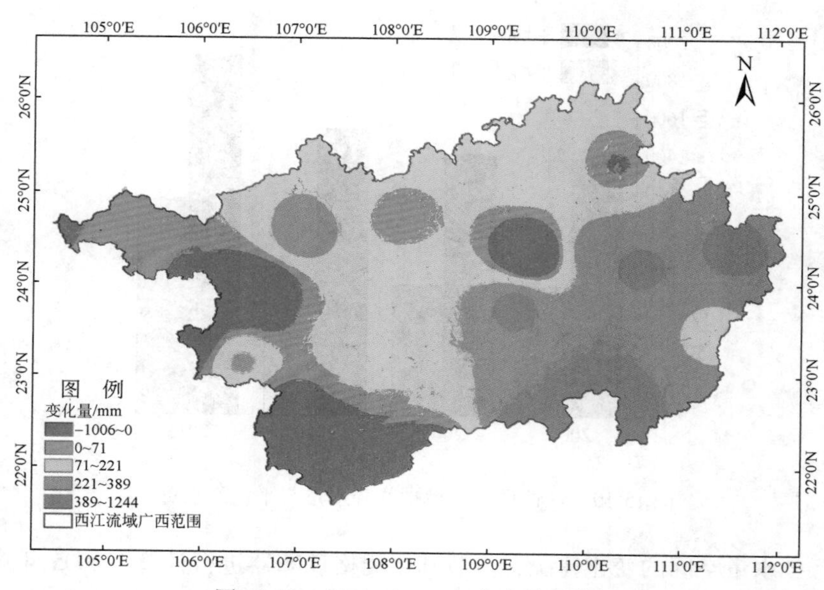

图 15-21　2005 ~ 2010 年产水量变化图

的区域集中在研究区东南部（苍梧、梧州市辖区）。

本章同时采用变化斜率法分析 2000 年、2005 年、2010 年和 2015 年研究区产水量的整体变化趋势。2000 年、2005 年、2010 年和 2015 年研究区产水量绝大部分区域呈增加趋势，仅有 0.0748% 的区域呈下降趋势，主要分布在广西南丹北部与贵州交界处（图 15-23）。

3. 产水量影响因素分析

产水量受降水量、潜在蒸散量的综合影响。降水量是产水量的基础与来源；潜在蒸散量代表一定气候条件下下垫面蒸散的能力，是实际蒸散量的理论上限。本章通过相关性分析着重探究降水量、潜在蒸散量对研究区产水量的影响。

（1）降水量对产水量的影响

研究区产水量与降水量呈极显著正相关关系（$P<0.05$）（图 15-24；上组限不在内），平均相关系数 0.997。其中产水量与降水量呈不显著正相关的区域极少，占研究区总面积的 0.19%，零星分布于研究

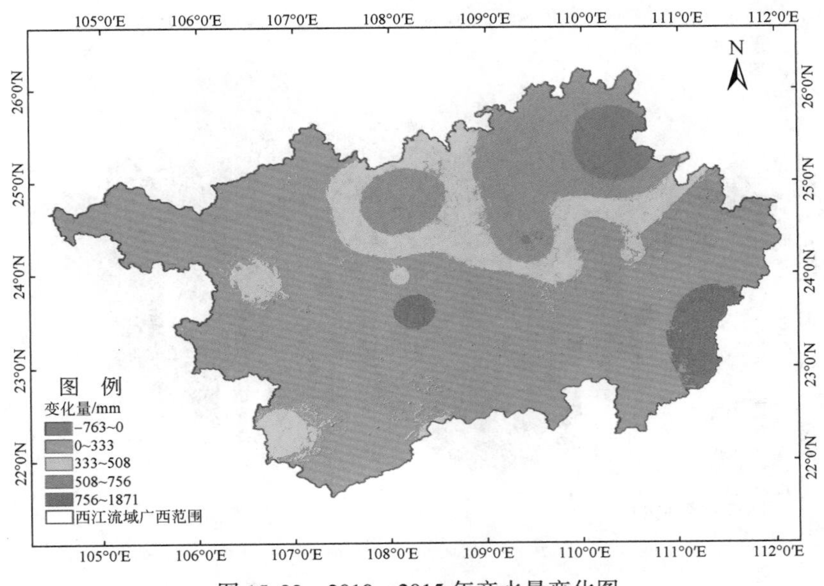

图 15-22　2010 ~ 2015 年产水量变化图

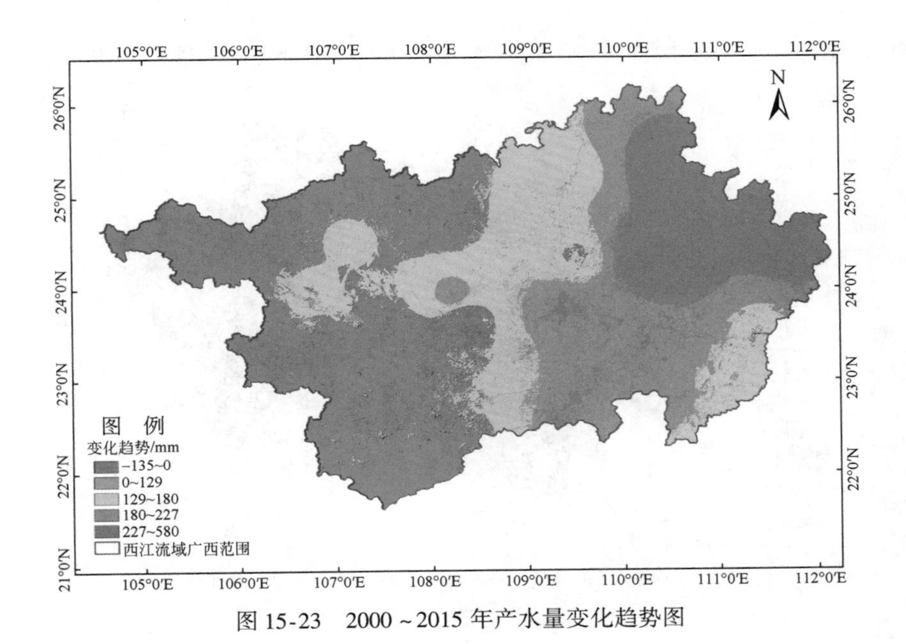

图 15-23　2000 ~ 2015 年产水量变化趋势图

区；呈显著正相关（$P<0.1$）的区域占研究区总面积的 0.42%，主要分布在研究区的西北角；呈极显著正相关（$P<0.05$）的区域占研究区总面积的 99.39%，广泛分布于研究区。

（2）潜在蒸散量对产水量的影响

研究区产水量与潜在蒸散量呈负相关关系（图 15-25；上组限不在内），平均相关系数为-0.677。产水量与潜在蒸散量呈不显著正相关的区域占研究区总面积的 7.26%，主要分布在研究区的西部（百色市辖区、田阳、那坡、马山南部、平果南部、田林南部和凌云南部）；产水量与潜在蒸散量呈不显著负相关的区域占研究区总面积的 56.16%，广泛分布于研究区；产水量与潜在蒸散量呈显著负相关（$P<0.1$）的区域占研究区总面积的 21.51%，主要分布在研究区的东北部，中南部也有零星分布；产水量与潜在蒸散量呈极显著负相关（$P<0.05$）的区域占研究区总面积的 15.07%，主要分布在研究区的北部和南部。

通过产水量与降水量、潜在蒸散量的相关性分析发现，产水量与降水量、潜在蒸散量密切相关。产水量与降水量呈极显著正相关关系（$P<0.05$），产水量与潜在蒸散量呈负相关关系。本章还对降水量与潜

图 15-24　产水量与降水量相关性系数

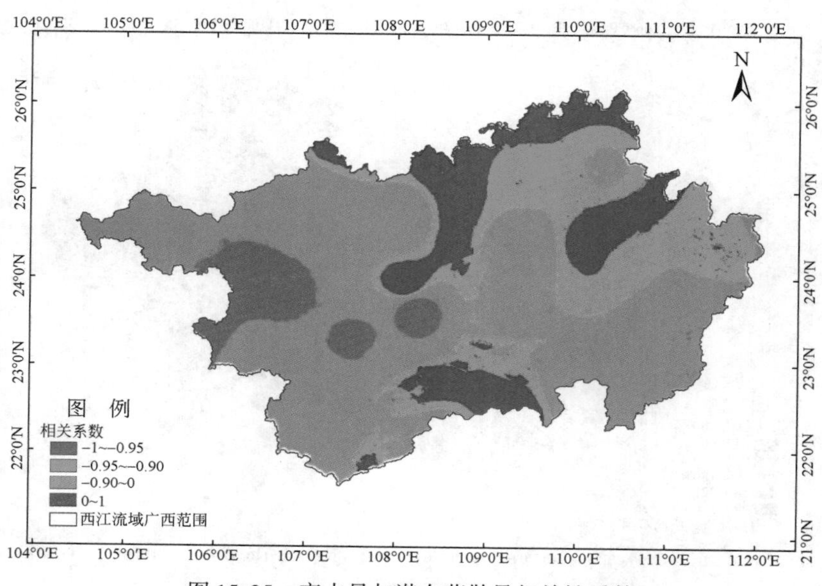

图 15-25　产水量与潜在蒸散量相关性系数

在蒸散量的相关性进行分析，结果表明，降水量与潜在蒸散量呈负相关关系。这是由于降水会引起光照的减少，气温下降，从而导致潜在蒸散量的降低。潜在蒸散量减少会导致实际蒸散量的减少，进而导致产水量增加（图 15-26）。2000 年、2005 年、2010 年和 2015 年研究区降水量出现一定程度的增加；而潜在蒸散量变化较小。综合以上分析可以得出结论：2000 年、2005 年、2010 年和 2015 年研究区产水量增加主要是降水量增加引起的。

15. 3. 2　碳储量功能分析

1. 碳储量的空间特征

利用 InVEST 模型碳储量模块，添加模型所需要的土地利用数据和包含三大碳库（本章包含地上碳库、地下碳库和死亡有机质碳库）信息的参数表，运行后得到 2000 年、2005 年、2010 年和 2015 年广西

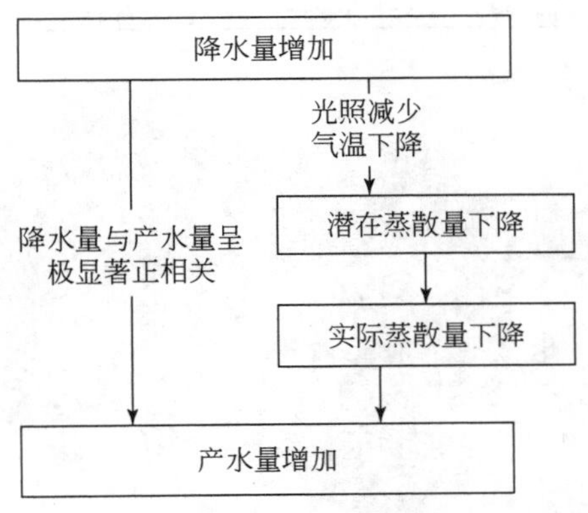

图 15-26　产水量与气候因子驱动机制图

西江流域植被碳储量（植物地上、地下和死亡有机质碳库的总和）结果（图 15-27 ~ 图 15-30），利用栅格计算器叠加土壤碳储量和植被碳储量得到研究区 2000 年、2005 年、2010 年和 2015 年生态系统碳储量（图 15-31 ~ 图 15-34）。

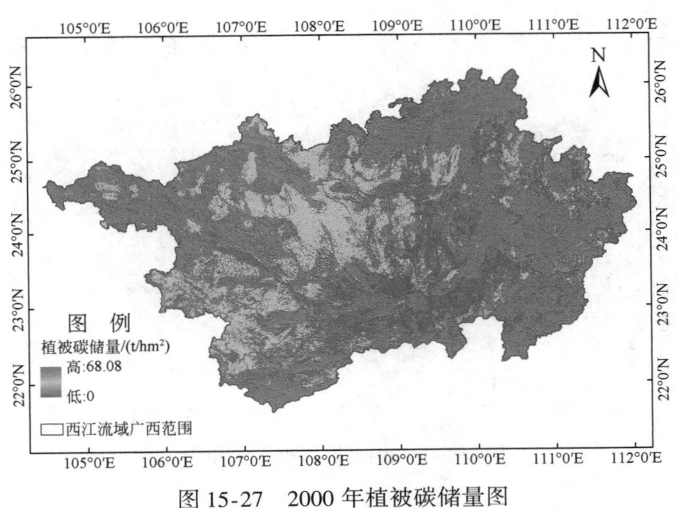

图 15-27　2000 年植被碳储量图

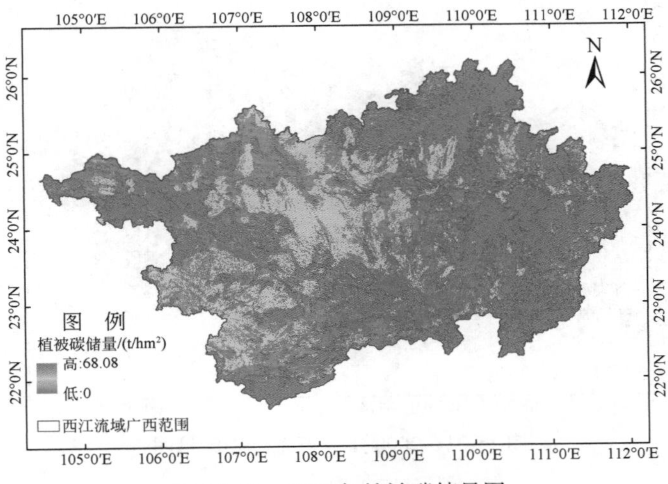

图 15-28　2005 年植被碳储量图

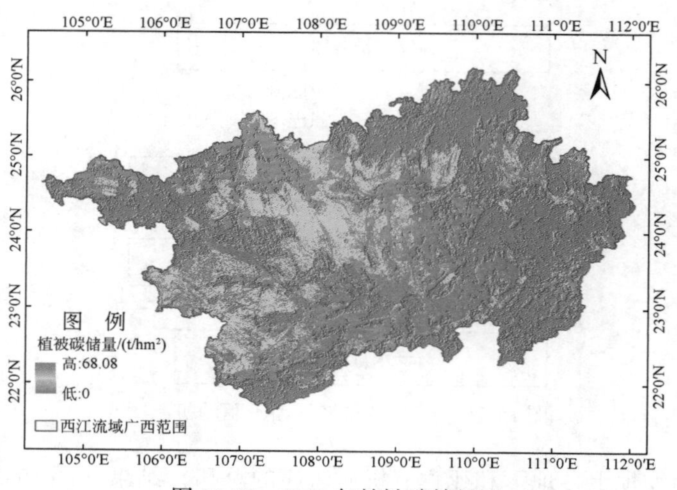

图 15-29　2010 年植被碳储量图

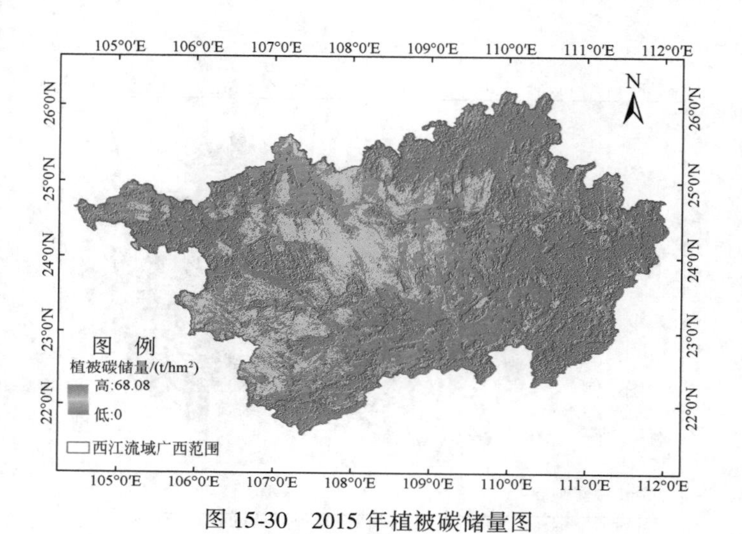

图 15-30　2015 年植被碳储量图

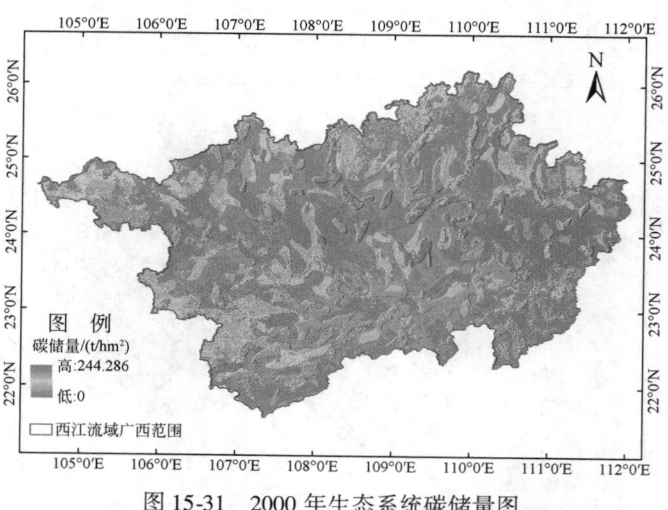

图 15-31　2000 年生态系统碳储量图

2000 年、2005 年、2010 年和 2015 年广西西江流域植被碳储量在 0 ~ 68.08t/hm² 之间，平均碳储量为 35.55t/hm²。广西西江流域碳储量存在较大的空间异质性，研究区东北部（融水、融安、龙胜、桂林及资

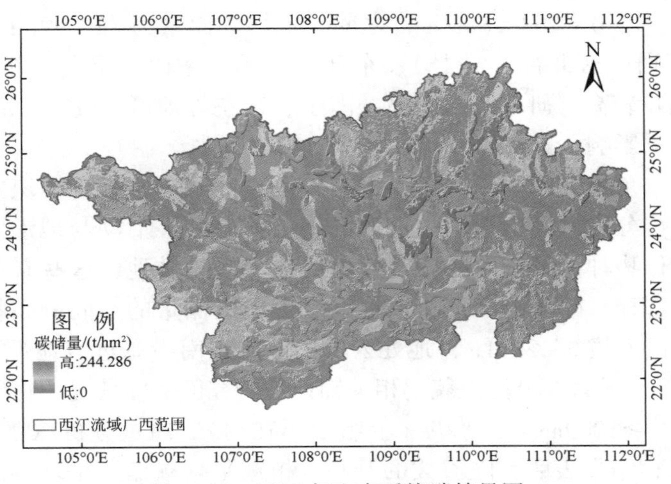

图 15-32　2005 年生态系统碳储量图

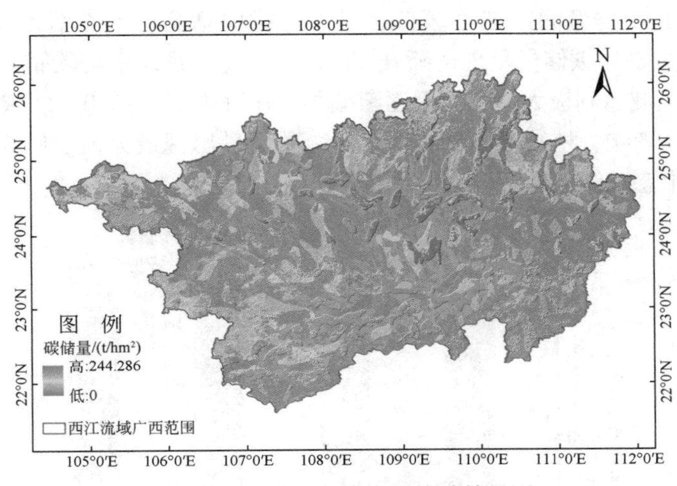

图 15-33　2010 年生态系统碳储量图

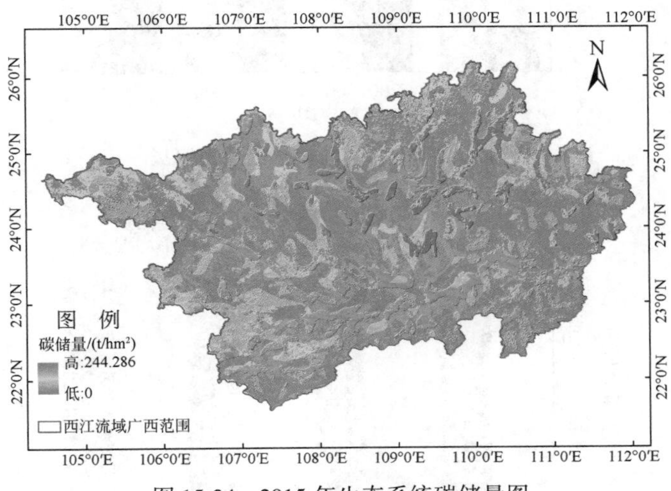

图 15-34　2015 年生态系统碳储量图

源和兴安西江流域部分）、东部（金秀、昭平、贺州市、苍梧、蒙山、玉林西江流域部分）、西南角（凭祥、宁明、上思）和西北角（西林、田林）等地区森林较多，植被碳储量较大，多在 60t/hm^2 以上。研究区北部（南丹、东兰北部、凤山、隆林北部）植被碳储量次之，处于 20～40t/hm^2，而南宁、贵港、柳州、来宾等经济较发达地区较低，多低于 10t/hm^2。

研究区生态系统碳储量在 0～244.286t/hm^2 之间，平均碳储量为 186.99t/hm^2，4 年平均总碳储量为 3794×10^{6}t。从总体上看，研究区北部（桂林）、东部（金秀、蒙山、昭平、苍梧和贺州）、中北部（都安、大化）生态系统碳储量较高，研究区西南部（南宁、崇左等地区）生态系统碳储量较低。生态系统碳储量受植被和土壤的双重影响，具有较强的异质性与非地带性。

海拔、坡度看起来是一个单纯的地形因子，但它却可以影响降水分配，决定土壤水分状况，影响土壤温度和影响地表物质的再分配。而土地利用类型的确定就是人类活动与地形因子双向作用的结果，平原地区多为建设用地、农作物种植区，山区坡度较大的地区多为林地，这些看似是简单的地形因子引起的，实际上也包含人类的选择。因此本章也从地形因子考虑碳储量的空间分布特征，主要从海拔与坡度两个方面进行分析。研究区海拔 0～2111m，地处云贵高原向东南沿海过渡地带，四周多山（多在 1000m 以上的山地），中部多河谷、平原。根据地貌学相关知识与研究区实际情况。将研究区海拔划分为<200m、200～500m、500～1000m、≥1000m 4 个等级（上组限不在内）。通过分析 2000 年、2005 年、2010 年和 2015 年碳储量与海拔关系，结果表明，随海拔的升高，植被平均碳储量呈现逐渐升高的趋势；生态系统平均碳储量先增多后减少。这主要是由于低海拔地区人类活动频繁，多为城镇、居民点等建设用地和农作物种植区，这两种土地利用类型固碳能力较低，随着海拔的增高，人类活动逐渐减少，而固碳能力强的林地逐渐增加，因此植被平均碳储量呈现逐渐升高的趋势。生态系统平均碳储量在低海拔（<200m）地区较低，在海拔 200～500m 区域达到极大值，而后逐渐减小。在海拔 200～500m 区域内，受平均碳储量与所占研究区面积比例较大的综合影响，植被碳储量、生态系统碳储量出现最大值。研究区海拔>1000m 的区域面积较小，其植被碳储量和生态系统碳储量较小（图 15-35～图 15-38）。

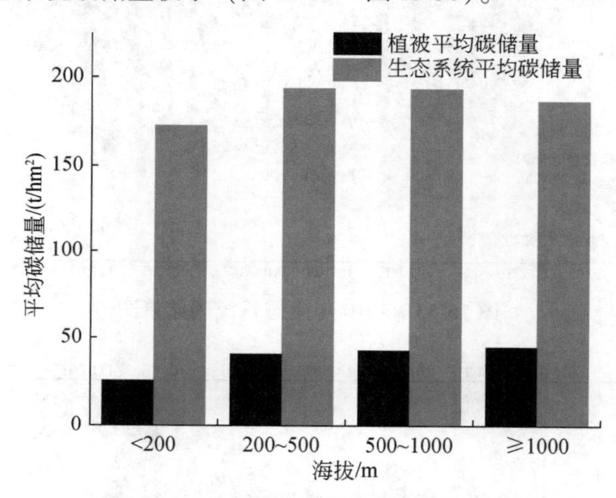

图 15-35　2000 年平均碳储量与海拔

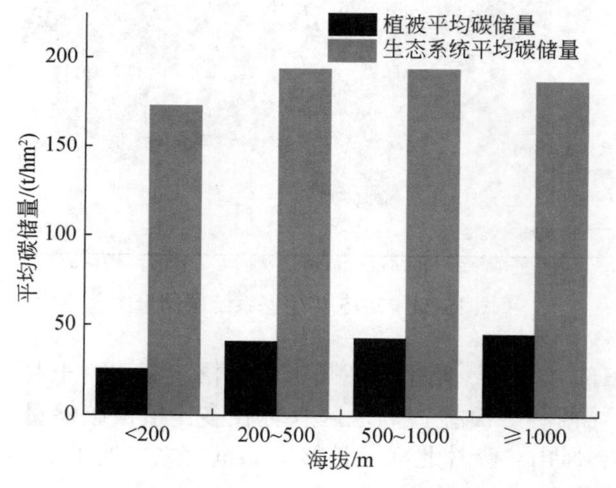

图 15-36　2005 年平均碳储量与海拔

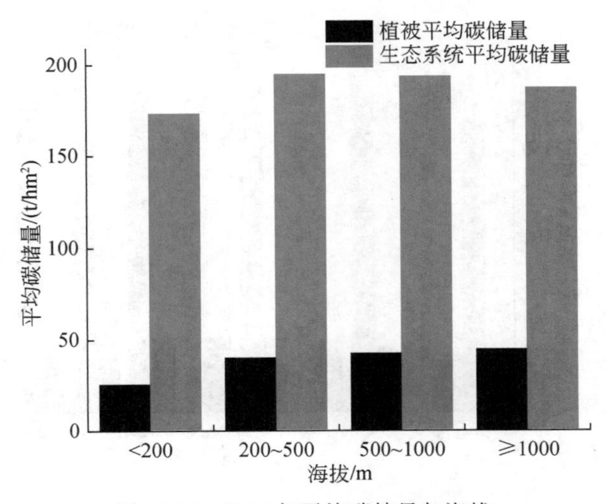

图 15-37　2010 年平均碳储量与海拔

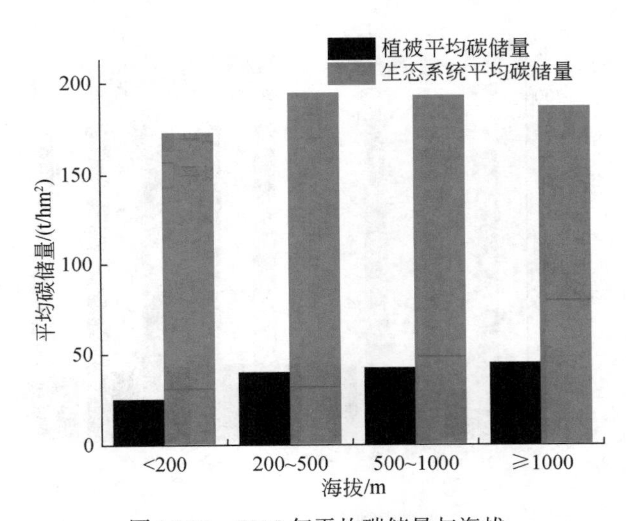

图 15-38　2015 年平均碳储量与海拔

本章参考国内相关研究，将研究区的坡度划分为 9 级，0°～5°，5°～10°、10°～15°、15°～20°、20°～25°、25°～30°、30°～35°、35°～40°和≥40°（上组限不在内）。结果表明，随着坡度的增加，植被平均碳储量和生态系统平均碳储量先逐渐增加，坡度 25°～30°的区域达到最大值，而后逐渐减少；研究区坡度 5°～10°的区域面积较大，生态系统碳储量出现最大值。坡度 15°～20°区域内，受植被平均碳储量与面积的双重影响，植被碳储量出现最大值。本章研究结果在坡度 0°～30°的区域内植被、生态系统平均碳储量逐渐增加，这与彭怡等[137]、张影的研究结果类似。这是由于随着坡度的增加，人类活动减少，植被、森林增加，生态系统固碳能力增强（图 15-39～图 15-42）。

2. 碳储量的时间特征

2000～2015 年广西西江流域碳储量呈现下降趋势，2000 年、2005 年、2010 年和 2015 年研究区碳储量分别为 3796.5×10^6t、3794.1×10^6t、3793.8×10^6t 和 3791.5×10^6t（图 15-43）。生态系统平均碳储量从 2000 年的 187.11t/hm²，下降到 2015 年的 186.87t/hm²。生态系统总碳储量从 2000 年的 3796.5×10^6t，下降到 2015 年的 3791.5×10^6t，下降了 0.13%。

为了了解研究区碳储量空间的变化情况，本章利用栅格计算器，使用 2005 年碳储量减去 2000 年碳储量，2010 年碳储量减去 2005 年碳储量，2015 年碳储量减去 2010 年碳储量，得到碳储量空间变化（图 15-44～图 15-46）。

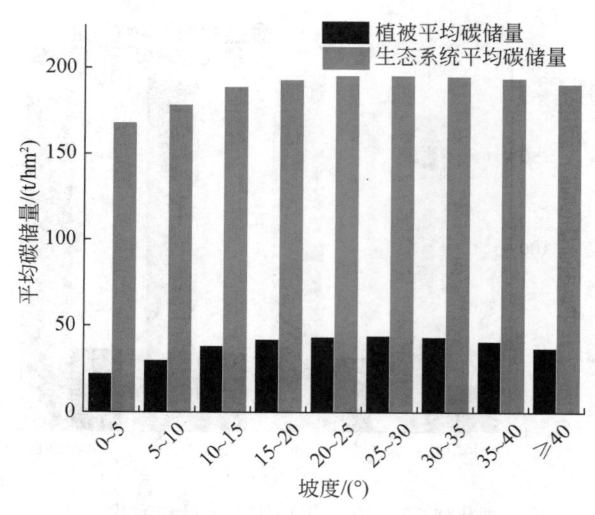

图 15-39　2000 年平均碳储量与坡度

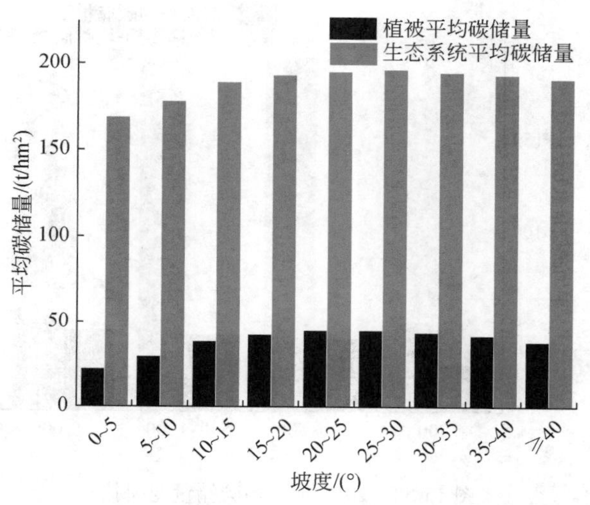

图 15-40　2005 年平均碳储量与坡度

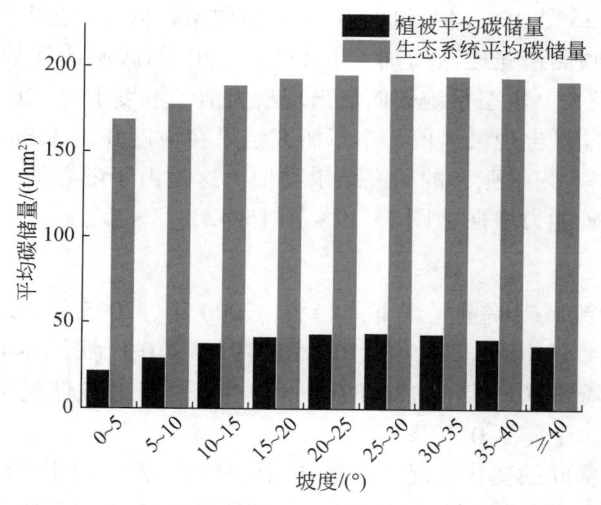

图 15-41　2010 年平均碳储量与坡度

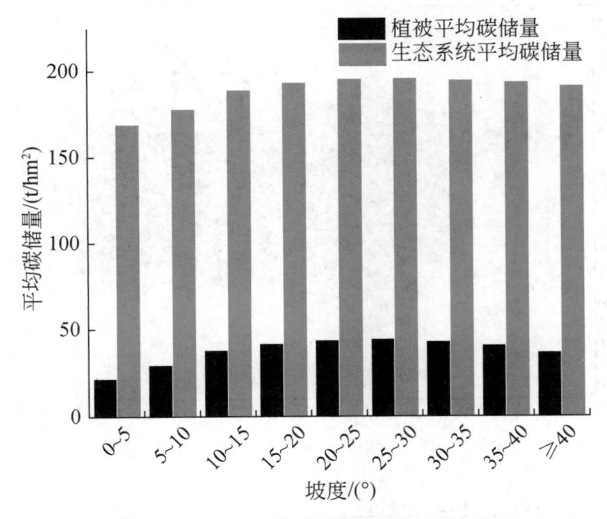

图 15-42　2015 年平均碳储量与坡度

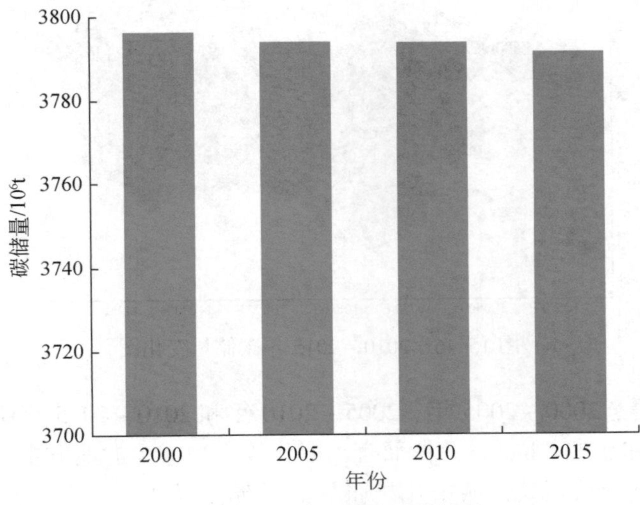

图 15-43　广西西江流域碳储量

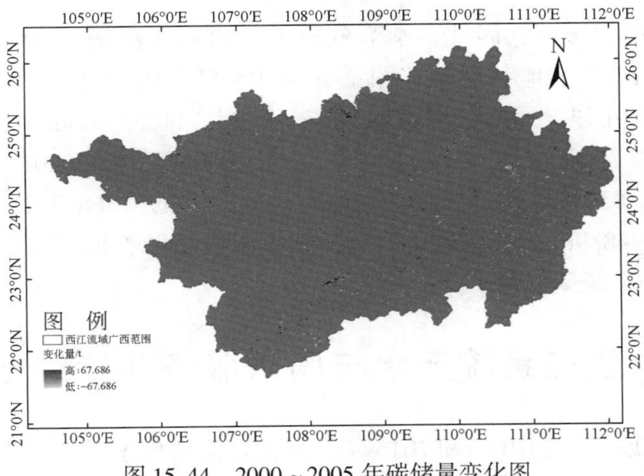

图 15-44　2000 ~ 2005 年碳储量变化图

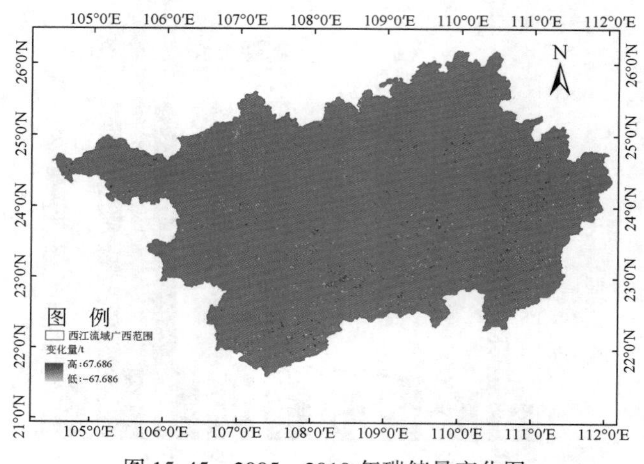

图 15-45　2005～2010 年碳储量变化图

图 15-46　2010～2015 年碳储量变化图

结果表明，从整体上看，2000～2005 年、2005～2010 年和 2010～2015 年研究区的碳储量分别平均减少 0.12t/hm^2、0.01t/hm^2 和 0.11t/hm^2，总体而言，变化较小。减少的地方主要集中在河谷平原地区和城市周边地区，这些区域人类活动频繁，城市化扩张导致碳储量减少。一些山地地区碳储量出现增加，这主要得益于植树造林等生态保护工程的推进。

3. 碳储量影响因素分析

碳储量主要受土地利用的影响，因此，本节分析了广西西江流域 2000～2005 年、2005～2010 年、2010～2015 年和 2000～2015 年土地利用转移图谱（图 15-47～图 15-50），结果显示，2000～2005 年、2005～2010 年、2010～2015 年建设用地分别增加 9937.44hm^2、11083.32hm^2、62627.58hm^2，城市化出现加速发展的趋势。广西西江流域建设用地面积，从 2000 年的 350202.8hm^2，增加到 2015 年的 433851.12hm^2，累计增加 83648.32hm^2。而林地从 2000 年的 13684332.96hm^2 减少到 2015 年的 13652384hm^2，累计减少 31948.96hm^2。固碳能力弱的建设用地面积增加，而固碳能力强的林地面积下降，因而导致广西西江流域生态系统碳储量下降。

15.4　生态系统产水与固碳服务功能综合分区

15.3 节对 2000 年、2005 年、2010 年和 2015 年广西西江流域生态系统产水量和碳储量等服务功能进行了评估，并对其空间格局、动态变化及影响因素进行了分析。在此基础上，进一步对广西西江流域生态系统产水量与碳储量两大服务功能进行综合分区，得出优先开发与重点保护的地区，进而为广西西江

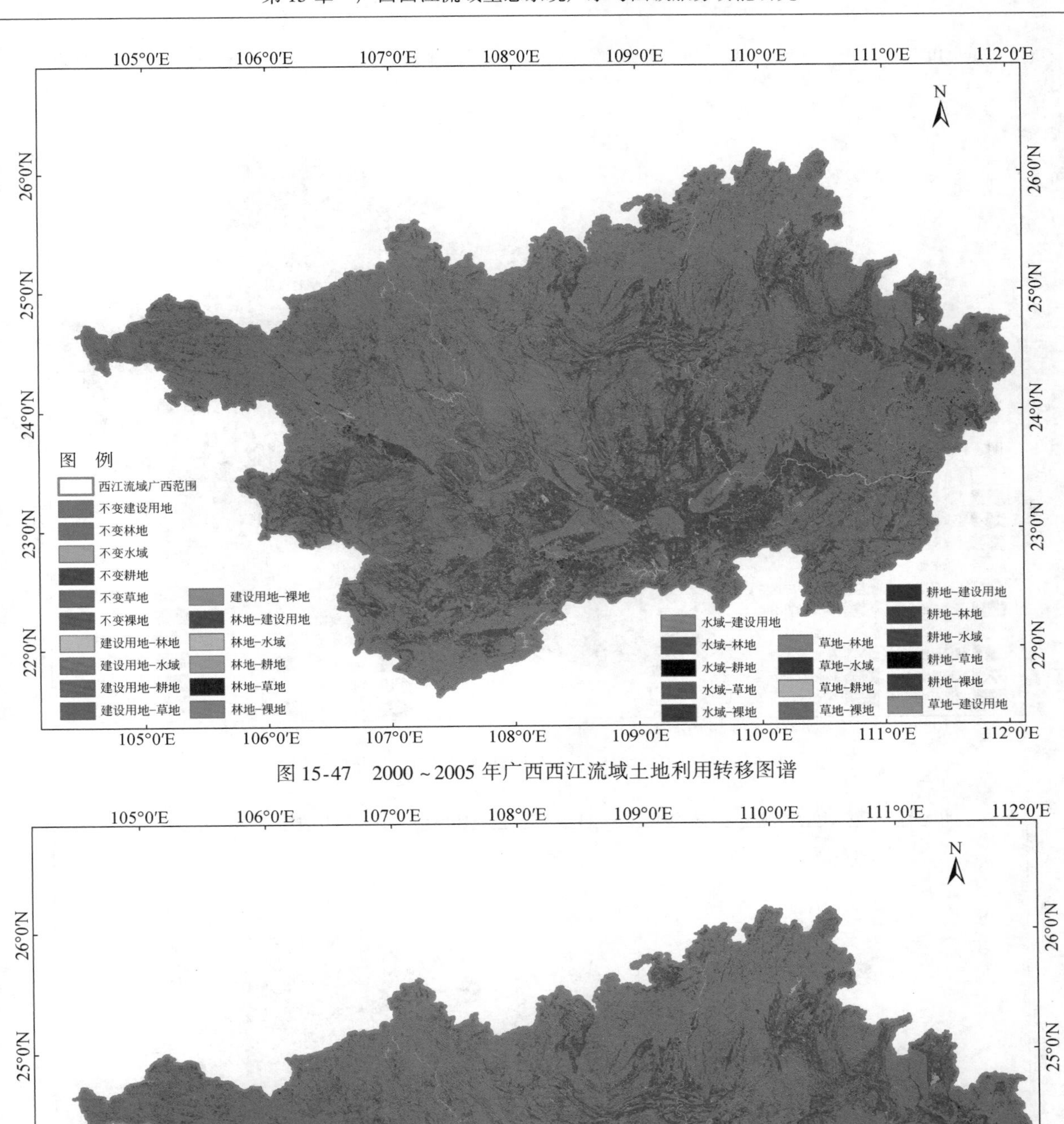

图 15-47　2000～2005 年广西西江流域土地利用转移图谱

图 15-48　2005～2010 年广西西江流域土地利用转移图谱

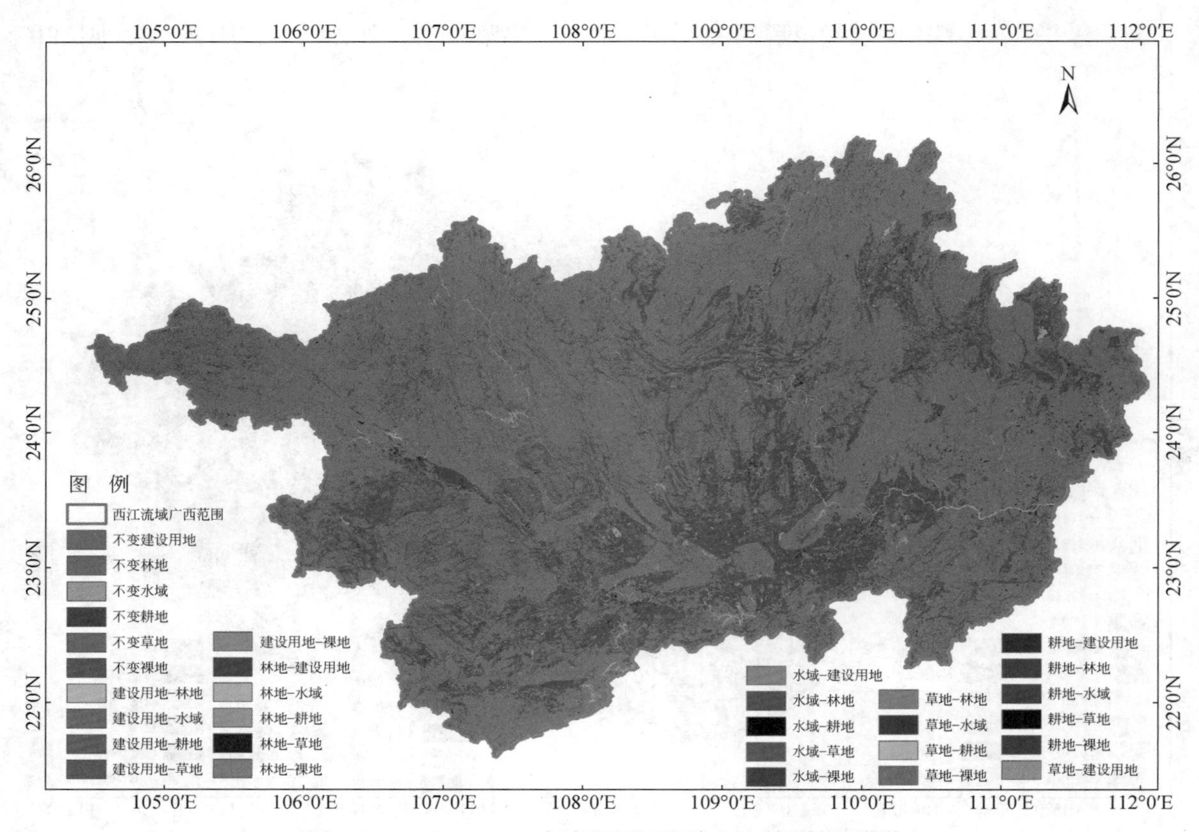

图 15-49　2010～2015 年广西西江流域土地利用转移图谱

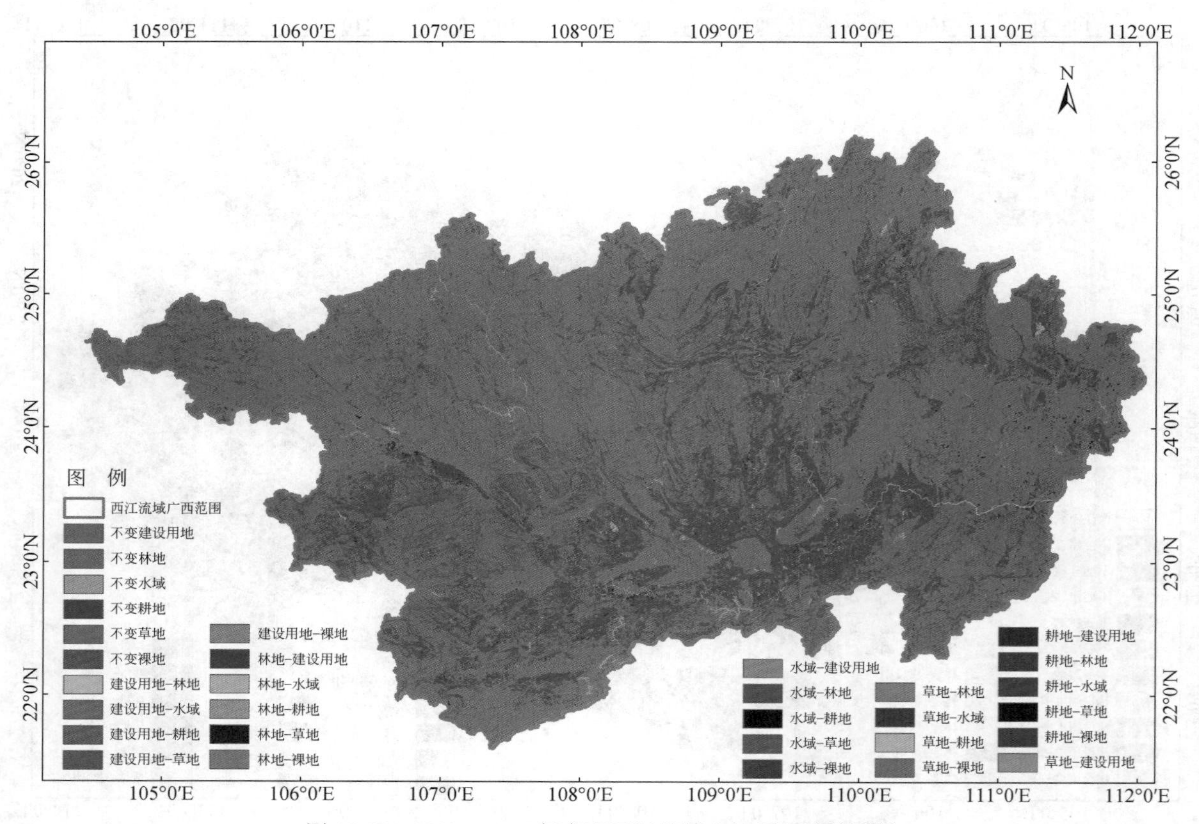

图 15-50　2000～2015 年广西西江流域土地利用转移图谱

流域生态系统的保护与管理提供依据。

生态系统的服务功能与过程发生在地球公转和自转以及由此产生地球物质循环和能量交换的周期性基础上，因此生态系统服务功能及其过程也存在一定的变化。为了避免某一年份生态系统受自然地理过程或现象的节律性引起生态系统服务功能出现异常（偏大或偏小），利用 2000 年、2005 年、2010 年和 2015 年广西西江流域产水量与碳储量，通过栅格计算器获得研究区平均产水量与平均碳储量的功能空间分布图。在此基础上，利用 ArcGIS 软件对碳储量、产水量进行重分类，采用自然断点分级法划分一般区、重要区和极重要区三个类别，从而得出研究区单项生态系统服务功能重要性分级图。

15.4.1 产水量功能分区研究

由图 15-51 可知，研究区产水量功能一般区面积为 $4.23\times10^4 km^2$，占研究区总面积的 20.86%，主要分布在研究区的西部（隆林、西林、田林、百色市辖区、凌云、田阳、那坡、龙州、大新、平果和田东）和东南部（苍梧、岑溪）；产水量功能重要区面积为 $9.9\times10^4 km^2$，占研究区总面积的 48.77%，广泛分布于研究区，主要集中在研究区中偏西北部（天峨、南丹、凤山、东兰、河池市辖区、环江、罗城）、中部（金秀、柳江）、东部（钟山、贺州、昭平、梧州、容县和北流）；其他区域为产水量功能极重要区，主要分布在研究区的东北部（龙胜、三江、资源、兴安、灵川、桂林市辖区、恭城、阳朔、永福北部、融水东部、融安、蒙山）、西南部（上思），富川和贺州也有较少的分布，占研究区总面积的 30.37%。

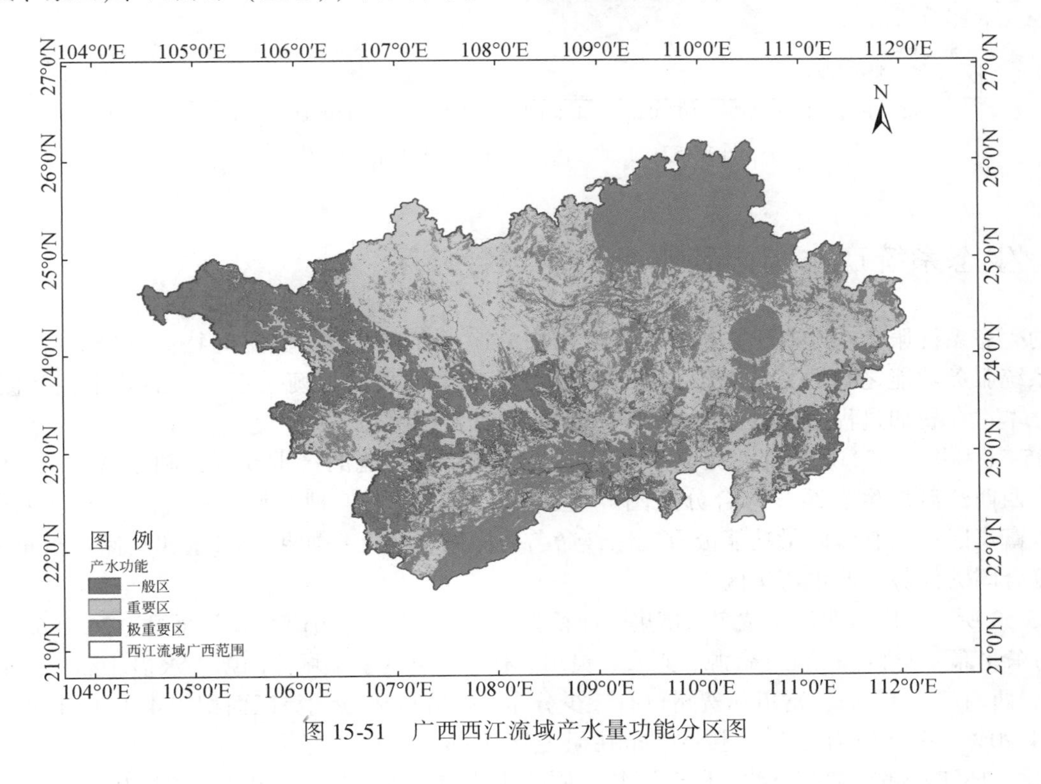

图 15-51 广西西江流域产水量功能分区图

15.4.2 碳储量功能分区研究

由图 15-52 可知，研究区碳储量功能一般区面积为 $6.02\times10^4 km^2$，占研究区总面积的 29.68%，分布较为分散，主要分布在研究区的贵港市辖区、桂平、平南、来宾、宾阳北部、龙州。研究区碳储量功能重要区面积为 $9.02\times10^4 km^2$，占研究区总面积的 44.48%，分布较为分散，主要在研究区的西北部（西林、田林、乐业、天峨、南丹南部、东兰北部、河池市辖区中部）、北部（融水、龙胜、环江）；研究区碳储量功能极重要区面积为 5.24×10⁴km²，占研究区总面积的 25.84%，总体来看分布较为分散，主要分布在研究区东部（昭平、苍梧、贺州、蒙山、金秀）、西北部（都安、大化、环江西部）和西南部（上思、宁明、凭祥）。

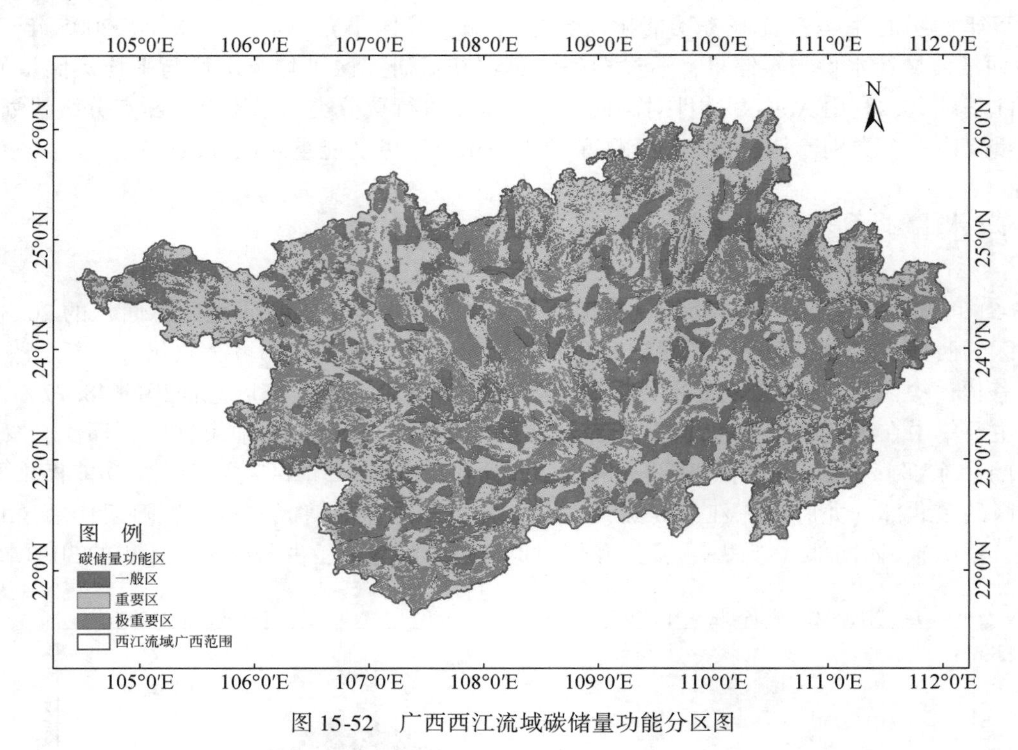

图 15-52　广西西江流域碳储量功能分区图

15.4.3　生态系统产水与固碳服务功能综合分区

不同的生态系统服务功能对于人类社会发生作用的途径存在差异，其空间特征、尺度特征也不相同。不同生态系统服务功能之间的关系也不相同，有的处于此消彼长的权衡关系，有的处于相互促进的协同关系。因此本章在叠加过程中注意保留不同服务功能的真实情况。

以图 15-51 和图 15-52 为基础，提取产水量功能和碳储量功能的极重要区，利用 ArcGIS 进行空间叠加，获得广西西江流域生态系统综合分区图。叠加结果包括以下三种类型：只有产水量功能极重要区，命名为产水富集区；只有碳储量功能极重要区，命名为固碳优势区；如果产水量和碳储量极重要区都有，则命名为复合固碳优势与产水富集区。

如图 15-53 所示，广西西江流域产水富集区面积为 5.33×10⁴km²，占研究区总面积的 26.28%，主要分布在研究区的东北部（龙胜、三江、资源、兴安、灵川、桂林市辖区、恭城、阳朔、永福北部、融水东部、融安、蒙山）、西南部（上思），富川和贺州也有较少分布。研究区固碳优势区面积为 4.3×10⁴km²，占研究区总面积的 21.20%，分布较为分散，主要分布在研究区东部（昭平、苍梧、贺州、蒙山、金秀）、西北部（都安、大化、环江西部）和西南部。研究区复合固碳优势与产水富集区面积为 0.94×10⁴km²，占研究区总面积的 4.64%，分布较为零散，主要分布在上思、蒙山和桂林。

生态系统产水量是指大气降水减去实际蒸散量的剩余部分，而剩余部分包括植物冠层截留量、枯落物持水量、土壤含水量、地表产流和地下径流。产水量是自然系统与人类社会利用水资源的基础，也是水源涵养的基础。在 InVEST 模型中产水量的最终服务是水力发电，产水量高的区域适宜开展水力发电。

15.4.1 节已经说明、验证了研究区平均产水量与径流深（考虑了人类社会净耗水）比较接近，也就是说本章已经验证了产水量结果从总体数量来说是比较准确的。为了验证产水量空间分布格局的准确性，本章采取所划分产水富集区是否建有或者规划建设水电站的方式进行间接验证。结合流域将图 15-53 的产

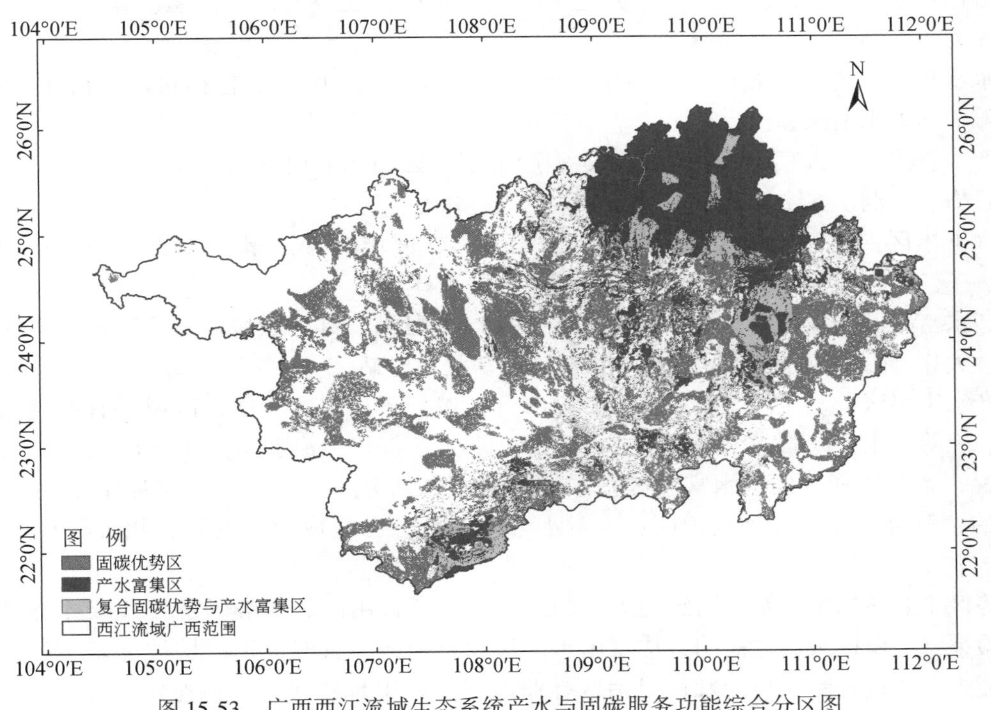

图 15-53 广西西江流域生态系统产水与固碳服务功能综合分区图

水富集区进一步划分为桂江干流（昭平以上）产水富集区、小榕江产水富集区、贺江干流产水富集区、贺江支流大宁河产水富集区、明江产水富集区、黑水河产水富集区（靖西段）、龙须河产水富集区（德保段）、郁江干流产水富集区（南宁及以下河段）、柳江干流产水富集区、龙江产水富集区、古宜河产水富集区、蒙江产水富集区、红水河产水富集区和北流河产水富集区。

桂江干流（昭平以上）产水富集区：桂江干流昭平以上流域几乎全部处于产水富集区，在这个区域包括爷子口、双潭和巴江口 3 处水电站。

小榕江产水富集区：小榕江流域全部处于产水富集区，在这个区域包括金发、小榕江、青狮潭、深江桥、思安江、长滩河、荔源、荔东、山口和江口等 10 处水电站。

贺江干流产水富集区：贺江流域有一部分区域处在产水富集区内，区域内有龟石、龙井、升平、城厢、蒋家洲、羊头、黄石、芳林、厦岛、三家滩、白浪滩、合面狮、信都、铺门、扶隆等 15 处水电站。

贺江支流大宁河产水富集区：大宁河上游和苍梧处于产水富集区，区域内有石门桥、新码头、石门、码头、白泡、柳杨、东坪、大宁、黄冲、马鞍册、黄洞、临江、大桥、大塘、鱼跳、大洞、水晶塘、都江、都江二级、黄茅河、参田河、金田、枫木坡、山口、塘湾、旱冲口、垌口、石角、务平、老旺、上湾、西中、爽岛和石泗等 34 处水电站。

明江产水富集区：明江流域基本处于产水富集区，区域内有那板、三华、百细、百龙、平台、赖牙、鸠鸪、海丘、驮英、公安、汪楼等 11 处水电站。

黑水河产水富集区（靖西段）：黑水河上游靖西段处在产水富集区，区域内有爱布一级、爱布二级、爱布三级、峒牌、三叠岭等 5 处水电站。

龙须河产水富集区（德保段）：龙须河通过河流袭夺从靖西获得一部分集水区，这部分集水区处在产水富集区，区域内有三合、谷隆、那隆、龙泉、那翁、那温、多罗二级、多罗三级、多罗四级、那亮一级、那亮二级、多罗五级、红山、通明、德明、保明、鉴明、方明一级、达明、方明二级、新明、大坤和那斗等 23 处水电站。

郁江干流产水富集区（南宁及以下河段）：郁江南宁及以下河段处于产水富集区，区域内有老口、西津、贵港、桂平等 4 处水电站。

柳江干流产水富集区：柳江干流大部分处于产水富集区，区域内包括洋溪、麻石、浮石、古顶、大埔、红花等 6 处水电站。

龙江产水富集区：龙江宜州段、柳城段多处于产水富集区，区域内包括拉浪、长瓦、叶茂、洛东、三岔和糯米滩等 6 处水电站。

古宜河产水富集区：古宜河流域大部分处于产水富集区，区域内有白石、河口、江底、龙采、锯木厂、勒黄、思梅、木洞、厘金滩和草头坪等 10 处水电站。

蒙江产水富集区：蒙江流域大部分处于产水富集区，区域内有古湄、三江壁、鲤鱼、罗对、福利、坡头、东荣、三江、金田、陈滩、和平等 11 处水电站。

红水河产水富集区：红水河流域（天峨段、大化以下河段）部分区域也处于产水富集区，区域内有龙滩、岩滩、大化、百龙滩、乐滩、桥巩、大藤峡等 7 处水电站。

北流河产水富集区：北流河北流段、容县段部分区域处于产水富集区，区域内有石碗嘴、独门、清水口、蟠龙、三等、圭江（1）、大车堡、圭江（2）、容城、江口、浪水和自良等 12 处水电站。

总体来说，本章所划分的产水富集区基本上都有水电站分布，也从侧面支撑本章的产水富集区基本上是正确的、符合实际的（特别说明：本章水电站不区分已建成或者规划，相关资料来源于《广西通志 · 水利志》）。

固碳优势区主要是指生态系统固碳能力强的区域，本章采用固碳优势区是否有森林公园和自然保护区分布进行验证，之所以采用这样的方法是由于国家森林公园、自然保护区植被茂盛、多高等植物具有较强的固碳能力。通过查阅《广西壮族自治区林业地图集》中自然保护区和森林公园分布地图发现，本章所划定的固碳优势区有姑婆山、大桂山、大瑶山、龙潭、太平狮山、大容山、平天山等国家森林公园，如图 15-54 所示；本章所划定的固碳优势区有木论、拉沟、银殿山、姑婆山、滑水冲、七冲、古修、金秀老山、大瑶山、大容山、龙山、大明山、弄拉、三十六弄–陇均、龙虎山、大王岭、黄连山–兴旺、龙滩、十万大山、崇左白头叶猴等自然保护区。本章划定的固碳优势区基本上包括了广西西江流域的自然保护区、国家森林公园。因此间接反映了本章划定的固碳优势区基本合理，符合实际。

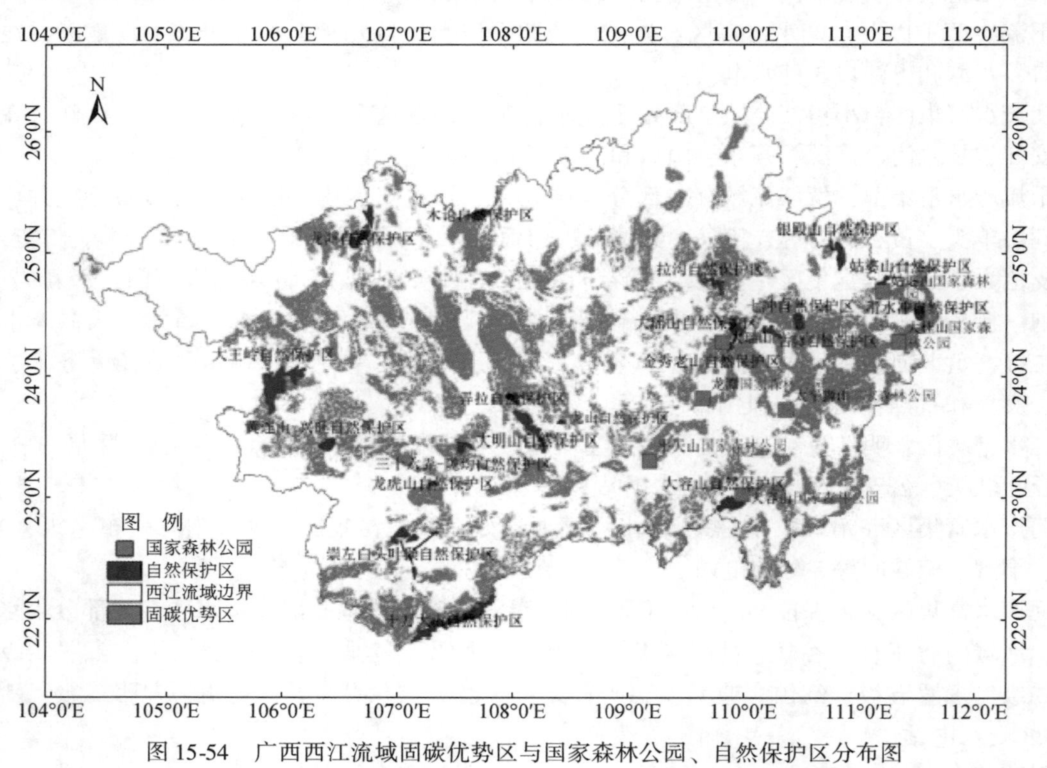

图 15-54　广西西江流域固碳优势区与国家森林公园、自然保护区分布图

产水优势区降水丰富，产水量多，水能丰富，在地形、地质条件允许的情况下，应进行水能资源开

发。产水优势区为人类生产与生活和自然系统提供大量水资源，但是也要注意到水资源容易通过径流流失。因此应一方面加强植树造林，增强水源涵养能力；另一方面通过工程措施，如修建水库和水窖，增强水资源的调蓄能力。城市地区则应该加快海绵城市建设试点与推广。

固碳优势区，特别是其中的自然保护区、国家森林公园植被茂盛，多高等植物，对于固定 CO_2，调节气候具有重要的作用。因此要重点加强固碳优势区林业建设与保护，减少人类活动对其的干扰与破坏。

15.5　本 章 小 结

15.5.1　主要结论

本章将 InVEST 模型应用于广西西江流域生态系统服务功能研究，整理了一整套数据收集、模型计算和结果分析的方法，运用气象站点数据、土壤数据、水文数据、土地利用类型数据、土壤碳密度等数据，在数据处理、参数本地化和模型校验的基础上，分别对研究区 2000 年、2005 年、2010 年和 2015 年的产水量、碳储量两大生态系统服务功能进行定量评估，分析其空间格局、动态变化及其影响因素。基于产水量功能和碳储量功能评估结果进行生态系统服务功能重要性分级，通过叠加分析对产水量功能与碳储量功能进行综合分区，确定出优先开发与保护的区域。丰富了广西西江流域生态系统服务功能研究，同时可以为相关研究提供借鉴。以下为研究主要结论。

①2000 年、2005 年、2010 年和 2015 年研究区产水量分别为 692.49mm、702.76mm、859.10mm 和 1163.17mm，平均产水量为 857.82mm。研究区的东北部、西南部产水量较高，西部和西北部产水量较低。2000 年、2005 年、2010 年和 2015 年广西西江流域绝大部分区域（99.9252%）产水量呈现增加趋势，仅有 0.0748% 的区域呈下降趋势。产水量与降水量呈极显著正相关关系（$P<0.05$），产水量与潜在蒸散量呈负相关关系。2000 年、2005 年、2010 年和 2015 年研究区产水量增加主要是降水量增加引起的。

②研究区生态系统碳储量在 0～244.286t/hm^2 之间，2000 年、2005 年、2010 年和 2015 年研究区生态系统平均碳储量为 186.99t/hm^2，平均总碳储量为 3794×10^6t。其中 2000 年研究区生态系统平均碳储量为 187.11t/hm^2，总碳储量为 3796.5×10^6t；2005 年研究区生态系统平均碳储量为 187t/hm^2，总碳储量为 3794.1×10^6t；2010 年研究区生态系统平均碳储量为 186.98t/hm^2，总碳储量为 3793.8×10^6t；2015 年研究区生态系统平均碳储量为 186.87t/hm^2，总碳储量为 3791.5×10^6t。随着海拔的升高，植被平均碳储量呈现逐渐升高的趋势，生态系统平均碳储量先增加后减少。植被平均碳储量和生态系统平均碳储量随着坡度的增加先逐渐增加，在坡度 25°～30°的区域达到最大值，而后逐渐减少。

③2000～2015 年广西西江流域碳储量呈现下降趋势，生态系统平均碳储量从 2000 年的 187.11t/hm^2，下降到 2015 年的 186.87t/hm^2。生态系统总碳储量从 2000 年的 3796.5×10^6t，下降到 2015 年的 3791.5×10^6t，下降了 0.13%。这主要是 2000～2015 年广西西江流域社会经济较快发展，城市化加速发展以及由此伴随而来的土地利用变化引起的。2000～2015 年，固碳能力弱的建设用地面积增加，累计增加 83648.34hm^2，而固碳能力强的林地面积下降，累计减少 31948.9hm^2，导致广西西江流域生态系统碳储量降低。

④对广西西江流域产水量功能和碳储量功能进行重要性分级，并对产水量功能和碳储量功能进行综合分区，划分出产水富集区、固碳优势区和复合固碳优势与产水富集区。广西西江流域产水富集区面积为 5.33×10^4km^2，占研究区总面积的 26.28%，主要分布在研究区的东北部（龙胜、三江、资源、兴安、灵川、桂林市辖区、恭城、阳朔、永福北部、融水东部、融安、蒙山）、西南部（上思），贺州、富川也有较少的分布。固碳优势区面积为 4.3×10^4km^2，占研究区总面积的 21.20%，分布较为分散，主要分布在研究区东部（昭平、苍梧、贺州、蒙山、金秀）、西北部（都安、大化、环江西部）和西南部。复合固碳优势与产水富集区面积为 0.94×10^4km^2，占研究区总面积的 4.64%，零星分布在上思、蒙山和桂林等地。

⑤利用广西西江流域水电站点、国家森林公园和自然保护区的分布，验证本章划定的产水富集区、

固碳优势区的合理性，提出了检验分区结果的间接检验方法。对比分析结果表明，本章的产水富集区、固碳优势区符合广西西江流域的实际情况，为流域生态管理提供科学依据。

15. 5. 2　不足

①本章受时间、条件的限制，仅对广西西江流域生态系统的产水量功能、固碳功能开展研究。今后需要扩展广西西江流域其他生态系统服务功能的研究，这样才能更加全面了解广西西江流域生态系统服务功能的状况。

②本章使用的气象数据来源于中国气象数据网，数据准确性毋庸置疑，然而整个广西仅有 24 个站点，为此补充了广东、湖南、贵州和云南邻近广西西江流域的一些气象站点，总共 33 个气象站点，力求插值结果更加准确。然而局部地区气象站点分布不均，难免存在误差。

③本章从海拔、坡度、土地利用和气候因子等角度对单项生态系统服务功能的影响因素进行了分析，但是生态系统服务功能相互之间的关系未能进行深入研究。

15. 5. 3　展望

生态系统服务功能多样，每一种对于人类有着不同的益处，对于人类生存与发展都是不可或缺的。在扩展广西西江流域其他生态系统服务功能的状况研究的同时，加强研究不同生态系统服务功能之间的权衡与协同关系，结合生态环境和人类社会当前与未来对不同生态系统服务功能的需求，有助于实现生态系统的科学有效管理。此外也要加强探索、模拟未来不同气候、土地利用和政策情景下生态系统服务功能的研究，提高科学的预见性与决策的合理性。

鉴于当前气象站点数据过少的问题，今后应加强与相关部门的合作，获得更加充足的站点数据，使结果更加精准，同时也要尝试用新的插值方法，提高结果的准确性。

参 考 文 献

[1] 蔡晓明. 生态系统的理论和实践 [M]. 北京：化学工业出版社，2012.

[2] 杨达源. 自然地理学 [M]. 北京：科学出版社，2011.

[3] Daily G C. 1997. Nature's services：societal dependence on natural ecosystems [M]. Washington：Island Press.

[4] 傅伯杰，周国逸，白永飞，等. 中国主要陆地生态系统服务功能与生态安全 [J]. 地球科学进展，2009，24 (6)：571-576.

[5] Millennium Ecosystem Assessment. Ecosystems and human，well-being：synthesis [M]. Washington：Island Press，2005.

[6] 张晓. 中国水污染趋势与治理制度 [J]. 中国软科学，2010，10：11-24.

[7] 李文华. 生态系统服务研究是生态系统评估的核心 [J]. 资源科学，2006，28 (4)：4.

[8] Palmer M A，Morse J，Bernhardt E，et al. Ecology for a crowded planet [J]. Science，2004，304 (5675)：1251-1252.

[9] Sutherland W J，Armstrong-Brown S，Armsworth P R，et al. The identification of 100 ecological questions of high policy relevance in the UK [J]. Journal of Applied Ecology，2006，43：617- 627.

[10] 傅伯杰. 我国生态系统研究的发展趋势与优先领域 [J]. 地理研究，2010，29 (3)：383-396.

[11] 张英，钟兵，熊坚，等. 广西生态环境保护面临的形势及对策 [C]. 南宁：生态安全与可持续发展——广西生态学学会 2003 年学术年会，2003：5.

[12] 彭珂珊. 中国土壤侵蚀影响因素及其危害分析 [J]. 水利水电科技进展，20 (4)：14-18.

[13] Tansley A G. The use and abuse of vegetational concepts and terms [J]. Ecology，1935，16：284-307.

[14] Vogt K A，Gordon J C，Wargo J，et al. Ecosystems：balancing science with management [M]. New York：Springer，1997.

[15] Leopold A. A sandy county almanac and sketches from here and there [D]. New York：Cambridge University Press，1949.

[16] Evans F C. A sack of uncut diamonds：the study of ecosystems and the future resources of mankind [J]. Journal of Ecology，1976，64 (1)：1-39.

[17] Clapham A R. Man's impact on the global environment [J]. Journal of Applied Ecology, 1972, 9 (1): 324.
[18] Costanza R, D'Arge R, De Groot R, et al. The value of the world's ecosystem services and natural capital [J]. Nature, 1997, 386 (6630): 253-260.
[19] 欧阳志云，王效科，苗鸿. 中国陆地生态系统服务功能及其生态经济价值的初步研究. 生态学报，1999，19 (5)：607-613.
[20] 谢高地，鲁春霞，冷允法，等. 青藏高原生态资产的价值评估 [J]. 自然资源学报，2003，18 (2)：189-196.
[21] 陈仲新，张新时. 中国生态系统效益的价值 [J]. 科学通报，2000，45 (1)：17-22.
[22] Costanza R. Ecosystem services: multiple classification systems are needed [J]. Biological Conservation, 2008, 141: 350-352.
[23] Boyd J, Banzhaf S. What are ecosystem services? The need for standardized environmental accounting units [J]. Ecological Economics, 2007, 63 (2): 616-626.
[24] Wallace K J. Classification of ecosystem services: problems and solutions [J]. Biological Conservation, 2007, 139: 235-246.
[25] 张彪，谢高地，肖玉，等. 基于人类需求的生态系统服务分类 [J]. 中国人口资源与环境，2010，20 (6)：64-67.
[26] Yang R H, Potschin M. The links between biodiversity, ecosystem services and human well-being [M] // Raffaelli D, Frid C. Ecosystem ecology: a new synthesis. Cambridge: Cambridge University Press, 2010.
[27] 李加林，杨晓平，童亿勤，等. 互花米草入侵对潮滩生态系统服务功能的影响及其管理 [J]. 海洋通报，2005，24 (5)：33-38.
[28] 李景保，钟赛香，杨燕，等. 泥沙沉积与围垦对洞庭湖生态系统服务功能的影响 [J]. 中国生态农业学报，2005，13 (2)：179-182.
[29] 刘蕾，夏军，丰华丽，等. 水生态系统服务功能变化的驱动因子分析——以三工河流域为例 [J]. 干旱区地理，2005，28 (3)：347-351.
[30] 欧阳志云，王如松. 生态系统服务功能、生态价值与可持续发展 [J]. 世界科技研究与发展，2000，22 (5)：45-50.
[31] 张雪英，黎颖治. 生态系统服务功能与可持续发展 [J]. 生态科学，2004，23 (3)：286-288.
[32] 孙玉芳. 博斯腾湖湿地生态系统服务功能价值评估及可持续发展研究 [D]. 乌鲁木齐：新疆农业大学，2006.
[33] 何丽. 武汉市湿地生态系统服务功能评价与可持续发展研究 [D]. 武汉：华中师范大学，2008.
[34] 王洪翠. 生态服务功能、生态安全和风险评价 [D]. 福州：福建农林大学，2006.
[35] 傅伯杰，周国逸，白永飞，等. 中国主要陆地生态系统服务功能与生态安全 [J]. 地球科学进展，2009，24 (6)：571-576.
[36] 李军. 榆林市生态系统服务功能变化及其生态安全 [D]. 西安：西北大学，2014.
[37] 周亚东. 基于景观格局与生态系统服务功能的森林生态安全研究 [J]. 热带作物学报，2015，(4)：768-772.
[38] 凌青根. 生态系统健康与服务功能 [J]. 华南热带农业大学学报，2001，(4)：67-70，74.
[39] 张国平. 基于生态系统服务功能的龙河流域生态系统健康研究 [D]. 重庆：重庆大学，2006.
[40] 何广礼. 内蒙古典型草原生态系统服务功能与生态健康评价 [D]. 呼和浩特：内蒙古大学，2009.
[41] 欧阳志云，王效科，苗鸿. 中国陆地生态系统服务功能及其生态经济价值的初步研究 [J]. 生态学报，1999，19 (5)：607-613.
[42] 何浩，潘耀忠，朱文泉，等. 中国陆地生态系统服务价值测量 [J]. 应用生态学报，2005，(6)：1122-1127.
[43] 谢高地，鲁春霞，肖玉，等. 青藏高原高寒草地生态系统服务价值评估 [J]. 山地学报，2003，(1)：50-55.
[44] 谢高地，张钇锂，鲁春霞，等. 中国自然草地生态系统服务价值 [J]. 自然资源学报，2001，(1)：47-53.
[45] 赵同谦，欧阳志云，郑华，等. 草地生态系统服务功能分析及其评价指标体系 [J]. 生态学杂志，2004，(6)：155-160.
[46] 赵同谦，欧阳志云，贾良清，等. 中国草地生态系统服务功能间接价值评价 [J]. 生态学报，2004，(6)：1101-1110.
[47] 赵同谦，欧阳志云，郑华，等. 中国森林生态系统服务功能及其价值评价 [J]. 自然资源学报，2004，(4)：480-491.
[48] 余新晓，鲁绍伟，靳芳. 中国森林生态系统服务功能价值评估 [J]. 生态学报，2005，25 (8)：2097-2102.
[49] 靳芳，鲁绍伟，余新晓，等. 中国森林生态系统服务功能及其价值评价 [J]. 应用生态学报，2005，16 (8)：1531-1536.

[50] 陈尚，张朝晖，马艳，等．我国海洋生态系统服务功能及其价值评估研究计划［J］．地球科学进展，2006，(11)：1127-1133.
[51] 孙新章，谢高地，成升魁，等．中国农田生产系统土壤保持功能及其经济价值［J］．水土保持学报，2005，(4)：156-159.
[52] 欧阳志云，赵同谦，王效科，等．水生态服务功能分析及其间接价值评价［J］．生态学报，2004，(10)：2091-2099.
[53] 刘军会，高吉喜，聂亿黄．青藏高原生态系统服务价值的遥感测算及其动态变化［J］．地理与地理信息科学，2009，25 (3)：81-84.
[54] 谢高地，鲁春霞，冷允法，等．青藏高原生态资产的价值评估［J］．自然资源学报，2003，18 (2)：189-196.
[55] 谢高地，鲁春霞，肖玉等．青藏高原高寒草地生态系统服务价值评估［J］．山地学报，2003，21 (1)：50-55.
[56] 苏迅帆，徐莲珍，张硕新．青藏高原森林生态系统服务价值评估指标的研究——以西藏林芝地区为例［J］．西北林学院学报，2008，23 (3)：66-70.
[57] 穆松林．1982—2014 年内蒙古自治区温带草原生态系统服务价值及其空间分布［J］．干旱区资源与环境，2016，30 (10)：76-81.
[58] 吴海珍．内蒙古多伦县生态系统服务价值研究［D］．呼和浩特：内蒙古师范大学，2012.
[59] 贾静．近 20 年内蒙古土地利用/覆盖变化及其生态系统服务价值估算［D］．呼和浩特：内蒙古师范大学，2012.
[60] 何广礼．内蒙古典型草原生态系统服务功能与生态健康评价［D］．呼和浩特：内蒙古大学，2009.
[61] 高渐飞，熊康宁．喀斯特生态系统服务价值评价——以贵州花江示范区为例［J］．热带地理，2015，35 (1)：111-119.
[62] 赵国梁，胡业翠．基于 CLUE-S 模型的广西喀斯特山区生态系统服务价值变化研究［J］．水土保持研究，2014，21 (6)：198-203，210，345.
[63] 赵国梁．基于 CLUE-S 模型的广西喀斯特山区生态系统服务价值研究［D］．北京：中国地质大学（北京)，2014.
[64] 熊鹰，谢更新，曾光明，等．喀斯特区土地利用变化对生态系统服务价值的影响——以广西环江县为例［J］．中国环境科学，2008，28 (3)：210-214.
[65] 张明阳，王克林，刘会玉，等．喀斯特生态系统服务价值时空分异及其与环境因子的关系［J］．中国生态农业学报，2010，18 (1)：189-197.
[66] 何文清，陈源泉，高旺盛，等．农牧交错带风蚀沙化区农业生态系统服务功能的经济价值评估［J］．生态学杂志，2004，23 (3)：49-53.
[67] 赖敏，吴绍洪，尹云鹤，等．三江源区草地生态系统服务价值变化［J］．农业科学与技术：英文版，2013，14 (4)：654-660.
[68] 赖敏，吴绍洪，戴尔阜，等．生态建设背景下三江源自然保护区生态系统服务价值变化［J］．山地学报，2013，31 (1)：8-17.
[69] 陈春阳，戴君虎，王焕炯，等．基于土地利用数据集的三江源地区生态系统服务价值变化［J］．地理科学进展，2012，31 (7)：970-977.
[70] 陈春阳，陶泽兴，王焕炯，等．三江源地区草地生态系统服务价值评估［J］．地理科学进展，2012，31 (7)：978-984.
[71] 王燕，高吉喜，王金生，等．广东省国家级自然保护区 2000—2010 年生态系统服务价值演变［J］．环境科学研究，2014，27 (10)：1157-1163.
[72] 王燕，高吉喜，王金生，等．新疆国家级自然保护区土地利用变化的生态系统服务价值响应［J］．应用生态学报，2014，25 (5)：1439-1446.
[73] 刘永杰，王世畅，彭皓，等．神农架自然保护区森林生态系统服务价值评估［J］．应用生态学报，2014，25 (5)：1431-1438.
[74] 汪有奎，郭生祥，汪杰，等．甘肃祁连山国家级自然保护区森林生态系统服务价值评估［J］．中国沙漠，2013，33 (6)：1905-1911.
[75] 张和钰，陈传明，郑行洋，等．漳江口红树林国家级自然保护区湿地生态系统服务价值评估［J］．湿地科学，2013，11 (1)：108-113.
[76] 李晖．江西九连山国家级自然保护区生态系统服务功能价值估算［J］．林业资源管理，2006，(4)：70-73，65.

[77] 孙昌平，刘贤德，孟好军，等. 黑河流域中游湿地生态系统服务功能价值评估［J］. 湖北农业科学，2010，（6）：1519-1523.
[78] 张大鹏. 石羊河流域河流生态系统服务功能及农业节水的生态价值评估［D］. 杨凌：西北农林科技大学，2010.
[79] 马国军，林栋. 石羊河流域生态系统服务功能经济价值评估［J］. 中国沙漠，2009，（6）：1173-1177.
[80] 张宏锋，欧阳志云，郑华，等. 新疆玛纳斯河流域冰川生态系统服务功能价值评估［J］. 生态学报，2009，（11）：5877-5881.
[81] 李文华，张彪，谢高地. 中国生态系统服务研究的回顾与展望［J］. 自然资源学报，2009，（1）：1-10.
[82] 黄从红，杨军，张文娟. 生态系统服务功能评估模型研究进展［J］. 生态学杂志，2013，32（12）：3360-3367.
[83] 杨园园，戴尔阜，付华. 基于 InVEST 模型的生态系统服务功能价值评估研究框架［J］. 首都师范大学学报（自然科学版），2012，33（3）：41-47.
[84] 荆田芬. 基于 InVest 模型的高原湖泊生态系统服务功能评估研究［D］. 昆明：云南师范大学，2016.
[85] Vigerstol K L，Aukema J E. A comparison of tools for modeling freshwater ecosystem services［J］. Journal of Environmental Management，2011，92：2403-2409.
[86] Bogdan S M，Pătru-Stupariu I，Zaharia L. The assessment of regulatory ecosystem services：the case of the sediment retention service in a mountain landscape in the Southern Romanian Carpathians［J］. Procedia Environmental Sciences，2016，32：12-27.
[87] Mansoor D K，Leh M D，Matlock E C，et al. Corrigendum to "Quantifying and mapping multiple ecosystem services change in West Africa"［J］. Agriculture，Ecosystems and Environment，2016，221：285-294.
[88] Trisurat Y，Eawpanich P，Kalliol R. Integrating land use and climate change scenarios and models into assessment of forested watershed services in Southern Thailand［J］. Environmental Research，2016，147：611-620.
[89] Verhagen W，Astrid J A，Teeffelen V，et al. Effects of landscape configuration on mapping ecosystem service capacity：a review of evidence and a case study in Scotland［J］. Landscape Ecology，2016，31：1457-1479.
[90] Darren R，Grafius R C，Philip H W，et al. The impact of land use/land cover scale on modelling urban ecosystem services［J］. Landscape Ecology，2016，31：1509-1522.
[91] Polasky S，Nelson E，Pennington D，et al. The Impact of Land-Use Change on Ecosystem Services，Biodiversity and Returns to Landowners：A Case Study in the State of Minnesota［J］. Environmental Resource Economics，2011，48：219-242.
[92] Duarte G T，Ribeiro M C，Paglia A P. Ecosystem services modeling as a tool for defining priority areas for conservation［J］. The Public Library of Science，2016，4：1-19.
[93] 杨园园. 三江源区生态系统碳储量估算及固碳潜力研究［D］. 北京：首都师范大学，2012.
[94] 张媛媛. 1980—2005 年三江源区水源涵养生态系统服务功能评估分析［D］. 北京：首都师范大学，2012.
[95] 闻亮. 基于 InVEST 模型的三江源生态系统土壤保持功能评估［D］. 北京：首都师范大学，2012.
[96] 贾芳芳. 基于 InVEST 模型的赣江流域生态系统服务功能评估［D］. 北京：中国地质大学（北京），2014.
[97] 白杨，郑华，庄长伟，等. 白洋淀流域生态系统服务评估及其调控［J］. 生态学报，2013，（3）：711-717.
[98] 李屹峰，罗跃初，刘纲，等. 土地利用变化对生态系统服务功能的影响——以密云水库流域为例［J］. 生态学报，2013，（3）：726-736.
[99] 王大尚，李屹峰，郑华，等. 密云水库上游流域生态系统服务功能空间特征及其与居民福祉的关系［J］. 生态学报，2014，34（1）：70-81.
[100] 黄从红，杨军，张文娟. 森林资源二类调查数据在生态系统服务评估模型 InVEST 中的应用［J］. 林业资源管理，2014，（5）：126-131.
[101] 李敏. 基于 InVEST 模型的生态系统服务功能评价研究［D］. 北京：北京林业大学，2016.
[102] 黄从红. 基于 InVEST 模型的生态系统服务功能研究［D］. 北京：北京林业大学，2014.
[103] 张斯屿，白晓永，王世杰，等. 基于 InVEST 模型的典型石漠化地区生态系统服务评估——以晴隆县为例［J］. 地球环境学报，2014，5（5）：328-338.
[104] 包玉斌，李婷，柳辉，等. 基于 InVEST 模型的陕北黄土高原水源涵养功能时空变化［J］. 地理研究，2016，35（4）：664-676.
[105] 包玉斌，刘康，李婷，等. 基于 InVEST 模型的土地利用变化对生境的影响——以陕西省黄河湿地自然保护区为例［J］. 干旱区研究，2015，32（3）：622-629.

[106] 王蓓，赵军，胡秀芳．基于 InVEST 模型的黑河流域生态系统服务空间格局分析［J］．生态学杂志，2016，35（10）：2783-2792.

[107] 孙传谆，甄霖，王超，等．基于 InVEST 模型的鄱阳湖湿地生物多样性情景分析［J］．长江流域资源与环境，2015，24（7）：1119-1125.

[108] 张文华，贾志斌，卓义，等．InVEST 模型对锡林郭勒草原碳储量研究的适用性分析［J］．地球环境学报，2016，7（1）：87-96.

[109] 张影，谢余初，齐姗姗等．基于 InVEST 模型的甘肃白龙江流域生态系统碳储量及空间格局特征［J］．资源科学，2016，38（8）：1585-1593.

[110] 王兵，魏江生，俞社保，等．广西壮族自治区森林生态系统服务功能研究［J］．广西植物，2013，33（1）：46-51，117.

[111] 韦立权，韩明臣．广西森林生态系统服务功能及其价值动态变化研究［J］．林业经济，2014，(12)：76-79.

[112] 伍淑婕．广西红树林生态系统服务功能及其价值评估［D］．桂林：广西师范大学，2006.

[113] 广西壮族自治区气候中心．广西气候［M］．北京：气象出版社，2007.

[114] 吕一河，胡健，孙飞翔，等．水源涵养与水文调节：和而不同的陆地生态系统水文服务［J］．生态学报，2015，35（15）：5191-5196.

[115] 黄锡荃．水文学［M］．北京：高等教育出版社，2010.

[116] Fisher B，Turner R K. Classification for valuation biological conservation［J］. Ecosystem Services，2008，141：1167-1169.

[117] Fu B J，Su C H，Wei Y P，et al. Double counting in ecosystem services valuation：causes and countermeasures［J］. Ecological Research，2011，26（1）：1-14.

[118] Nelson E，Sander H，Hawthorne P，et al. 2010. Projecting global land-use change and its effect on ecosystem service provision［J］. The Public Library of Science One，2：e14327.

[119] Tallis H T，Ricketts T，Guerry A D，et al. In VEST 2. 1 Beta user's guide［Z］. Stanford：The Natural Capital Project，2011.

[120] Budyko M I. Climate and life［M］. New York：Academic Press，1974.

[121] Zhang L，Dawes W R，Walker G R. Response of mean annual evapotranspiration to vegetation changes at catchment scale［J］. Water Resource Research，2001，37：701-708.

[122] Xu X L，Liu W，Scanlon B R，et al. Local and global factors controlling water-energy balances within the Budyko framework［J］. Geophyslcal Research Letters，2013，40：6123-6129.

[123] 荣检，胡宝清，闫妍．广西西江流域植被净初级生产力时空分布特征及其影响因素［J］．生态学杂志，2017，36（4）：1020-1028.

[124] 王素萍．近 40a 江河源区潜在蒸散量变化特征及影响因子分析［J］．中国沙漠，2009，29（5）：960-965.

[125] 高歌，陈德亮，任国玉，等．1956～2000 年中国潜在蒸散量变化趋势［J］．地理研究，2006，25（3）：378-387.

[126] 周文佐，刘高焕，潘剑君．土坡有效含水量的经验估算研究——以东北黑土为例［J］．干旱区资源与环境，2003，17（4）：85-88.

[127] Gale M R，Grigal D F. Vertical root distributions of northern tree species in relation to successional status［J］. Canadian Journal of Forest Research，1987，17：829-834.

[128] Jackson R B，Canadell J，Ehleringer J R，et al. A global analysis of root distributions for terrestrial biomes［J］. Oecologia，1996，108：389-411.

[129] Allen R G，Luis S P，Dirk R，et al. Crop evapotranspiration-Guidelines for computing crop water requirements-FAO Irrigation and drainage paper 56［EB/OL］. Rome：Food and Agriculture Organization of the United Nations，1998. http://www. FAO. org/docrep/x0490E/x0490e00. htm.

[130] Allen R，Pruit W，Raes D，et al. Estimating evaporation from bare soil and the crop coefficient for the initial period using common soils information［J］. Irrigation and Drainage Engineering，2005，131（1）：14-23.

[131] Donohue R J，Roderickb M L，McVicar T R，et al. Roots，storms and soil pores：incorporating key ecohydrological processes into Budyko's hydrological model［J］. Journal of Hydrology，2012，436-437：35-50.

[132] 彭舜磊，于贵瑞，何念鹏，等．中国亚热带 5 种林型的碳库组分偶联关系及固碳潜力［J］．第四纪研究，2014，(4)：777-787.

[133] 张明阳，王克林，邓振华，等．基于 RBFN 的桂西北喀斯特区植被碳密度空间分布影响因素分析［J］．生态学报，2014，21（12）：3472-3479.
[134] 方精云，郭兆迪，朴世龙，等．1981～2000 年中国陆地植被碳汇的估算［J］．中国科学（D 辑：地球科学），2007，37（6）：804-812.
[135] 朴世龙，方精云，贺金生，等．中国草地植被生物量及其空间分布格局［J］．植物生态学报，2004，28（4）：491-498.
[136] 李克让，王绍强，曹明奎．中国植被和土壤碳贮量［J］．中国科学（D 辑：地球科学），2003，33（1）：72-80.
[137] 彭怡，王玉宽，傅斌，等．汶川地震重灾区生态系统碳储存功能空间格局与地震破坏评估［J］．生态学报，2013，33（3）：798-808.
[138] 黄卉．基于 InVEST 模型的土地利用变化与碳储量研究［D］．北京：中国地质大学（北京），2015.
[139] 韩晋榕．基于 InVEST 模型的城市扩张对碳储量的影响分析［D］．长春：东北师范大学，2013.
[140] 荣月静，张慧，赵显富．基于 InVEST 模型近 10 年太湖流域土地利用变化下碳储量功能［J］．江苏农业科学，2016，44（6）：447-451.

第16章 广西西江流域社会水文评价与综合管理研究

16.1 引　　言

16.1.1 研究背景与研究意义

1. 研究背景

流域是分水线所包围的河流集水区域，是连接岩石圈、水圈、大气圈及生物圈的关键纽带，是地球物资交换、能量传递的重要场所[1]。在受到自然灾害或者人类活动干扰时，流域具有一定的抗干扰力和恢复力，所以流域对人类生存发展的重要性不言而喻[2]。在全球气候变化和经济快速发展的背景下[3]，人类对流域开发的范围和强度不断增加[4]。流域水污染[5]、土壤侵蚀[6]、水灾害[7]等频发，人与水的矛盾突出[8]，如何科学合理地对流域资源利用以及对生态环境保护，让人口、经济、水资源可持续发展[9]，让流域人-水协调发展[10]，是当前流域科学[11]、地理学[12]、生态学[13]、社会学[14]等研究的热点。

2006年以来，随着广西北部湾经济区的设立、珠江-西江经济带的开发，广西西江流域的水资源供需矛盾不断加大[15]。同时经济增长，生产企业不断地将废污水等排入河流，流域的水质不断下降，水生态系统遭到不同程度的破坏。人口不断增加，生活用水量也急剧上升[16]。广西西江流域的水资源丰富[17]，但时空分布不均[18]，喀斯特面积分布广泛[19]，生态环境脆弱[20]，旱涝灾害时常发生[21]，严重制约了流域的发展。流域人口、经济增长与水资源利用的协调发展问题，急需解决。当前学术界逐渐认识到，脆弱性是“人类-环境”“人-水”等耦合系统的重要属性，是可持续发展学科的重要研究内容[22]，同时也是流域社会水文系统研究的科学问题[23]。因此，本章在梳理国内外社会水文系统与脆弱性评价文献的基础上，首先对广西西江流域社会水文系统要素（水资源、人口、经济等）的时空变化进行分析，然后对流域社会水文系统的各子系统进行耦合，接着对流域社会水文系统脆弱性进行评价与分区，最后对广西西江流域综合整治提出建议。

2. 研究意义

（1）理论意义

当前学者对脆弱性理论进行了大量研究，脆弱性逐渐成为可持续发展学科研究的重点；可持续发展研究也是当前流域学科研究的热点。流域是人类文明的发源地，随着经济的发展，流域受到人类的强烈干扰，生态环境问题突出。社会水文学的出现给流域可持续发展研究提供了新的理论方法与视角。在流域生态文明建设背景下，对广西西江流域社会水文系统脆弱性进行评价，不仅丰富了社会水文学科与流域学科的内容，而且延伸了脆弱性理论的应用，因此本研究具有非常重要的理论意义。

（2）实践意义

流域社会水文系统的脆弱性研究，为流域生态安全、环境安全以及人口-经济-水资源可持续发展提供了新的路径与视角。本研究首先构建了流域社会水文系统脆弱性评价指标体系，针对流域具有复杂性和空间异质性，以广西西江流域为例，从人类社会经济与流域水文生态耦合系统的角度，分析社会水文系统要素的时空变化，探讨社会水文系统脆弱性与可持续发展的科学问题，对社会水文系统的敏感度、压力、恢复力进行定量分析，属于开创性研究；为流域生态安全、流域水资源安全以及综合管理提供了方法与技术指导，对于构建广西西江流域生态文明建设，推进中国南方流域生态环境与社会可持续发展，具有非常重要的实践意义与参考价值。

16.1.2　国内外研究综述

1. 关于脆弱性的研究

对社会水文系统脆弱性进行评价，极大地促进了流域的可持续发展，能有效减轻由自然因子、人类活动等外部因素对社会水文系统产生的不利影响，以及能为流域环境污染和生态退化的综合整治提供科学依据[24]。脆弱性评价最早应用于自然灾害方面[25]，随后被广泛运用于地理学、生态学等学科，接着有不少学者将脆弱性概念引入社会人文学科[26]。不同学科对脆弱性的定义差别很大[27]。不同学者对脆弱性的评价模型进行研究，如 VSD 模型[28]、PSR 模型[29]，以及 DPSIRM 模型[30]、ADV 模型、SRP 模型[31]等相继出现。在脆弱性评价方法上，层次分析法[32]和主成分分析法[33]运用得比较多，而模糊评价法和指数指标法的评价结果精确，综合评价法和灰色关联法的评价更全面，评价方法不断发展更新。在脆弱性应用研究上不断创新，主要有水环境系统脆弱性评价[34]、灾害系统脆弱性评价[35]、地下水系统脆弱性评价[36]和生态系统脆弱性评价[37]等方面。随着气候变化和经济活动的发展，流域生态环境问题突出，流域对人类活动干扰做出的响应以及适应问题渐渐受到人们的关注，人类活动-环境耦合系统脆弱性评价的重要性逐渐凸显，对流域人-水耦合系统或社会水文系统脆弱性的研究已经发展成为新的趋势[38]。通过搜索对比相关文献，国内外学术界暂时没有对流域社会水文系统脆弱性进行研究，本研究以广西西江流域为例，探讨社会水文系统的脆弱性，丰富了脆弱性研究的理论及应用。

2. 关于流域社会水文系统的研究

流域是分水线所包围的河流集水区域，是连接岩石圈、水圈、大气圈及生物圈的关键纽带，是地球物质交换、能量传递的重要场所，流域水资源、土地资源与社会经济发展和人口分布紧密相关，流域的可持续发展关系到人类的未来。在流域科学发展的进程中，国内外学者对流域可持续发展不断地深入研究。流域系统将流域的资源环境、人文因子等看成是重要的组成部分，将流域的自然因子和人文因子看成是一个整体、一个系统[39]。人地关系一直是地理学研究的热点和难点，将人地系统理论运用于流域治理，流域人地系统把人与流域自然要素之间的关系更紧密地联系起来。吴传钧[40]、陆大道[41]、蔡运龙[42]对人地系统与经济发展、人地系统理论、人地系统研究范式进行分析。廖春贵等对广西西江流域人地系统的关联度进行了研究[43]。随着人们对生态学和经济学的认知不断加深，流域的生态环境和经济发展受到重视，流域生态经济系统出现[44]。流域生态经济不仅关注流域的生态环境安全，而且关注流域经济发展的可持续性。吕晓等[45]、马永欢等[46]对塔里木河、石羊河流域的生态经济系统协调与耦合进行研究。随着对流域的开发不断加大，人文因子对流域的影响不断增加，人类活动严重影响到流域的水资源、生态安全。流域社会经济、生态环境互相联系，进而推动了社会生态系统出现[47]。黄秋倩运用 3S 技术搭建了南流江的社会生态系统数据库[48]；廖春贵等以北部湾经济区为研究对象，探讨社会-生态系统要素间的耦合协调[49]；余中元等则对滇池社会生态系统脆弱性进行研究[50]。在 2012 年，学者 Sivapalan 提出社会水文学，社会水文学是解决流域问题的重要手段[51]。国内学者陆志翔等[52]、王雪梅等[53]、丁婧祎等[54]对社会水文学的发展进行梳理和展望。尉永平等[55]对黑河流域的人水关系进行研究。学者刘烨从人-水耦合系统视角，构造出干旱区流域社会水文系统，并对塔里木河流域的社会水文系统变化进行研究[56]。流域社会水文系统的出现给流域综合管理提供新的理论基础和视角，极大地促进了流域人口、水资源可持续发展研究。

3. 关于广西西江流域社会水文的研究

随着珠江-西江经济带的开发和振兴左江、右江革命根据地的政策实施，国内外学者对广西西江流域的社会经济发展、生态环境、水资源、水污染等方面进行了大量的研究。本研究通过中国知网数据库，对 1982 ~2018 年发表的关于广西西江流域的文献进行收集，以广西西江流域以及流域主要干支流和主要城市如南宁等为篇名、关键词进行组合搜索，共检索到2108篇，剔除与主题不相关、无作者、重复出现的文献，剩余917篇作为广西西江流域相关研究综述的基础数据，文献搜索及下载时间为2019年3月2日。

对广西西江流域发文量的年际变化、高发文期刊及高频关键词进行分析，然后绘出广西西江流域的研究热点与科学知识图谱。结果表明，1982～1990年关于广西西江流域社会水文的研究有11篇，占总数的1.2%；1991～1995年有29篇，占3.16%；1996～2000年有38篇，占4.14%；2001～2005年有86篇，占比为9.38%；2006～2010年有197篇，占总数的21.48%；2011～2015年有316篇，占比为34.46%；2016～2018年有240篇，占26.18%。由图16-1可知，2016～2018年，年均发文量最高为80篇；其次是2011～2015年，年均发文量为63.2篇。随着时间的增加，年均发文量呈上升的趋势。研究表明，随着珠江-西江经济带等国家战略的实施，学者对广西西江流域的研究不断增多，说明研究区的学术地位不断提升。

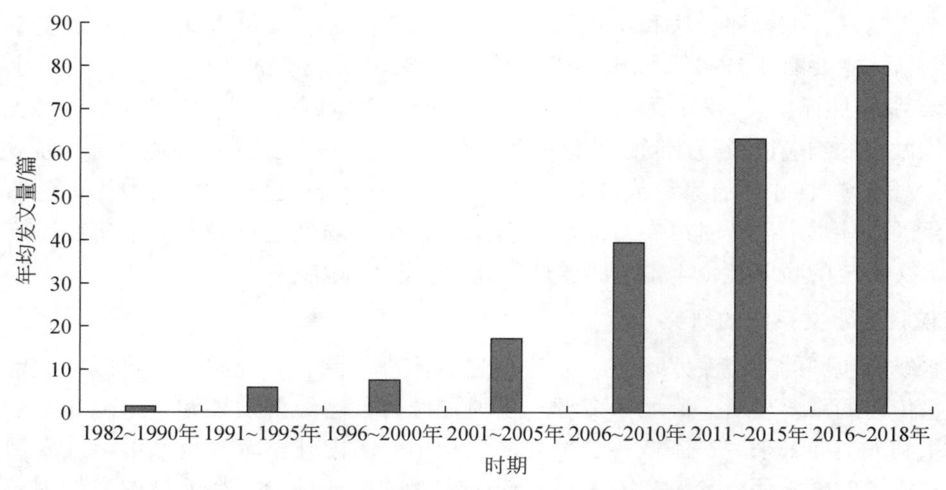

图16-1　广西西江流域社会水文研究年均发文量变化

对广西西江流域文献出版期刊进行分析，相关研究在《地理学报》《地理研究》等313种期刊上发表。由表16-1可知，其中发表在《气象研究与应用》《广西师范学院学报》《人民珠江》《广西水利水电》《中国岩溶》《广西气象》等期刊的文献在20篇以上；而在《水文》《生态学报》《广西师范大学学报》《环境科学》《桂林理工大学学报》《广西社会科学》《中国农村水利水电》等期刊杂志上的发文量较多，均在10篇以上。结果表明，学者对广西西江流域的研究集中在流域气候变化、流域水资源开发利用、流域生态环境保护、喀斯特水土保持、流域社会经济发展等方面，研究内容丰富，主题形式多种多样。

表16-1　广西西江流域社会水文研究文献高发文期刊

序号	期刊	发文量/篇
1	《气象研究与应用》	40
2	《广西师范学院学报》	29
3	《人民珠江》	27
4	《广西水利水电》	27
5	《中国岩溶》	26
6	《广西气象》	22
7	《广西师范大学学报》	17
8	《环境科学》	15
9	《水文》	14

续表

序号	期刊	发文量/篇
10	《桂林理工大学学报》	14
11	《广西社会科学》	14
12	《生态学报》	13
13	《中国农村水利水电》	12
14	《学术论坛》	10
15	《水资源保护》	10

把在中国知网上下载的917条数据导入VOSviewer 1.6.10软件中，对文献出现关键词的次数及相互联系进行分析。由于关键词的数量非常多，为了找出主要的关键节点，本研究选择次数在5次及以上的关键词，符合条件的共111个。将意思相同的关键词进行合并，得出高频出现的关键词。由表16-2可知，水资源、重金属、水质、暴雨、土壤等关键词出现的次数均在20次以上，其中水资源出现的次数最高为31次；水污染、水环境、可持续发展、石漠化、喀斯特、生态环境、污染健康风险评价、洪水、降水等关键词出现的次数较多，均在10次以上。结果表明，当前广西西江流域研究热点有流域水安全、土地安全、喀斯特地区的石漠化治理、流域生态环境健康及风险评价等。

表16-2　广西西江流域社会水文研究文献关键词出现次数统计

序号	关键词	次数
1	水资源	31
2	重金属	22
3	水质	21
4	暴雨	21
5	土壤	20
6	水污染	16
7	水环境	15
8	可持续发展	15
9	石漠化	14
10	喀斯特	14
11	生态环境	12
12	污染健康风险评价	11
13	洪水	11
14	降水	11
15	生态风险	8

为了更加直观地理清关键词之间的联系，在VOSviewer 1.6.10软件中将出现5次及以上的关键词进行聚类，并分成9类，关键词共现知识图谱。聚集的1、2、3类关键词受关注程度最高，聚类词分别有13、10、9个；聚集的4~8类关键词受关注较多，第9类受关注最低，仅有5个关键词。

聚集1类包括13个节点，以流域土地利用变化与生态系统服务评价、流域空气质量防治研究为主，突出关键词有PM_{10}、梧州市、南宁、崇左市、喀斯特、土地利用、生态系统服务功能、综合评价、$PM_{2.5}$、空气质量、预防对策、柳州市、河池市。聚集2类包括10个节点，以流域大气运动、流域水环境及健康风险评价研究为主，突出关键词包括酸雨、降水、地下水、岩溶、水环境容量、时空分布、贺州、桂林、百色、健康风险评价。聚集3类包括9个节点，以流域城市化-生态环境-产业结构协调发展、流域景观研究为主，突出关键词有右江流域、城市化、生态环境、旅游业、景观格局、产业结构、协调发展、左江流域、红水河流域。聚集4类包括8个节点，主要研究流域水资源可持续利用、流域新型城镇化与水污染关系及对策、水环境评价等，突出关键词有水资源、水环境、玉林市、可持续利用、水污染、对策、评价、新型城镇化。聚集5类包括7个节点，主要是利用GIS和遥感技术对广西西江流域土壤侵蚀、石漠化综合整治、生态足迹、流域可持续发展等研究，突出关键词包括可持续发展、土壤侵蚀、GIS、遥感、石漠化、综合整治、生态足迹。聚集6类包括6个节点，以广西西江流域暴雨洪水预报研究为主，突出关键词包括邕江、郁江、桂江、暴雨、洪水、预报。聚集7类包括6个节点，以广西西江流域径流及气候变化研究为主，突出关键词包括西江、径流、气候变化、柳江流域、红水河、致洪暴雨。聚集8类包括6个节点，以广西西江流域土壤重金属污染评价及防治研究为主，突出关键词有土壤、重金属、污染、污染评价、防治、镉。聚集9类包括5个节点，以广西西江流域生态风险、流域生态旅游研究为主，突出关键词包括生态风险、生态旅游、漓江、贺江、沉积物。

对研究区的研究热点进行探究，运用VOSviewer 1. 6. 10软件的密度视图功能统计分析收集到的文献资料[57]。研究表明，水污染、生态环境、喀斯特、水质、地下水、气候变化、可持续发展、流域产业协调、健康风险评价、重金属污染、生态补偿、流域治理等是广西西江流域研究的热点领域。

上述已经对广西西江流域的研究热点及方向进行简要分析，为进一步理清研究区社会水文情况，对广西西江流域的相关研究进行梳理。广西西江流域总量丰富，但年际和月季分布不均，在气候变化的背景下，流域遭受干旱灾害和水资源短缺的威胁[58]。1960～2005年期间广西西江流域的径流量随时间变化呈现减少的趋势[59]，梧州站、天鹅站的变化尤其显著，大气降水减少是径流量下降的主要原因[60]。广西西江流域水资源空间分布不均，各区域的径流量变化趋势差异较大，总体来说，大气降水减少，流域的水安全不容忽视。广西西江流域地质地貌类型丰富[61]，喀斯特地貌面积广泛[62]，喀斯特地区具有双重水文结构。地表水常常经过岩溶漏斗、落水洞等排到地下河去，易发生干旱；夏季暴雨多，暴雨对地表冲刷，表层土壤流失，堵塞落水洞易发生洪涝灾害[63]。随着极端气温事件的加剧[64]，流域水灾害时有发生。胡宝清等通过遥感影像与实测数据，探讨土壤类型与石漠化之间的关系[65]。流域土壤侵蚀方面，李翠漫等[66]、王红岩等[67]、陈萍等[68]利用遥感数据和GIS技术对流域的土壤侵蚀进行研究，结果表明土壤侵蚀强度与气温、降水、人类活动密切相关。土地退化及功能分区方面的研究，如郑士科等[69]、黎良财等[70]、胡宝清等[71]分别对流域的土地安全评价、土地利用变化与生态系统服务价值关系、虚拟土地战略进行研究并提出建议与对策。荣检等[72]、张忠华和胡刚[73]对广西西江流域生物多样性及生产力进行分析。沈利娜等[74]选取指标对果化的生态环境安全进行评价；胡宝清等[75]运用3S技术，从自然地理因子等方面选取指标，对流域生态环境脆弱性进行分析与综合评价；王钰和胡宝清运用地理探测器对广西西江流域的生态脆弱性进行定量分析[76]。关于广西西江流域经济发展合作及可持续发展方面的研究，如胡宝清和任东明[77]从资源环境支持能力、可持续能力大小、经济增长速度等方面提出有效的可持续发展建议及对策。宋书巧和韩建江[78]对流域城市合作能力进行评价；张笛和胡宝清[79]从城乡协调、城镇人口等方面对城镇化的质量进行评价。在系统脱钩耦合方面，程子腾等[80]以柳州为研究对象，分析其土地碳排放与经济的脱钩关系，罗琛等[81]运用耦合模型对城镇化水平与土地环境效益的耦合关系进行研究。农殷璇等[82]对流域土地综合承载力进行分析，结果表明流域生态-社会-经济系统之间的耦合协调度低，经济技术和生态环境承载力有待提高。

16. 1. 3 研究内容与方法

1. 研究内容

为揭示广西西江流域社会水文系统要素的变化及脆弱性空间异质性，本章结合流域水资源、气象、遥感、人口、经济等数据，运用GIS、RS、脱钩模型等对广西西江流域的社会水文系统要素变化与脆弱性评价进行研究。本章的研究内容如下。

（1）流域社会水文系统要素变化规律

首先，以系统论和社会水文学为支撑，构建流域社会水文系统，流域社会水文系统主要包括人口、经济、水资源、生态环境部分。其次，在分析广西西江流域水资源总量及降雨总量变化，摸清流域水资源时空分异的基础上，运用时空模式挖掘和冷热点格局分析法对流域用水量的变化进行研究，揭示流域用水量空间变化特征；同时对流域的人口数量、人口密度、不同产业总值等进行分析。最后，利用脱钩模型对人口与生活用水、地区生产总值与用水总量、工业总产值与工业用水、农业总产值与农业用水的关系进行耦合分析，对社会经济与水资源协调类型区划，探究流域经济子系统-水资源子系统、人口子系统-水资源子系统之间的耦合机制。

（2）流域社会水文系统脆弱性评价

首先，对广西西江流域植被覆盖时空演变、流域植被净初级生产力时空变化、流域废污水排放进行分析。其次，将脆弱性理论引入社会水文学科研究中，对社会水文系统脆弱性概念进行定义，根据 SRP 模型，结合流域降水、GDP、风速、相对湿度、植被净初级生产力（NPP）、气温、海拔、坡度、地表温度、地表蒸散量、归一化植被指数（NDVI）、用水量、坡向、废污水排放量、水土流失治理面积等数据，构建社会水文系统脆弱性评价指标体系，接着对流域的敏感度、恢复力、压力进行单项评价。最后，对社会水文系统脆弱性综合评价并分区。

（3）流域综合整治的对策及建议

根据广西西江流域人口、经济、产业、水资源、生态环境变化以及社会水文系统脆弱性分区结果，从生态安全、优化产业、加强水土资源管理、法律法规、数字流域等方面提出对策及建议，推动流域社会水文系统的可持续发展。

2. 研究方法

1）网络数据库资料收集方法

运用网络数据库（如中国知网、万方等）查阅社会水文学、社会水文系统、人水系统、流域人口-经济-水资源耦合、流域生态治理等相关方面的最新研究成果，吸取最新理论、方法和技术。调查收集广西西江流域的相关资料。

2）变异系数法

变异系数法是一种非常科学、客观的求权重方法，主要原理是利用评价指标包含的所有信息，通过 Excel 软件就可以求出各项指标的权重。与其他方法相比，变异系数求权重的运算量不大，而且客观，所以得到广泛的运用。具体步骤如下。

（1）需要对指标数据进行标准化处理。

不同指标其数据的单位和数量级差异很大，采用极值法对指标数据无量纲化处理，能提高结果的精度。正向、负向指标的处理公式如下。

正向指标：

$$Y=\frac{X_{ij}-\min(X_{ij})}{\max(X_{ij})-\min(X_{ij})} \tag{16-1}$$

负向指标：

$$Y=\frac{\max(X_{ij})-X_{ij}}{\max(X_{ij})-\min(X_{ij})} \tag{16-2}$$

式中，Y 为指标标准化值，范围在［0，1］；X_{ij} 为第 j 年指标 i 的原始数据；$\max(X_{ij})$、$\min(X_{ij})$ 分别为不同年份第 i 项指标数据的最大值、最小值。

（2）确定指标权重，计算公式如下：

$$\mathrm{CV}_i=\frac{\mathrm{SD}_i}{P_i} \tag{16-3}$$

$$W_i=\frac{\mathrm{CV}_i}{\sum_{i=1}^{n}\mathrm{CV}_i} \tag{16-4}$$

式中，CV_i 为第 i 项指标的变异系数；SD_i 为第 i 项指标的标准差；P_i 为第 i 项指标的均值；n 为指标数，

$n=17$；W_i为第 i 项指标的权重值。

3）脱钩分析法

系统耦合常用于经济发展与生态环境问题研究[83]，脱钩模型能有效地对系统要素间的耦合关系进行模拟[84]。本研究对广西西江流域社会经济发展与水资源利用耦合特征进行分析，参考学者朱洪利等[85]、丁桂云[86]、余灏哲等[87]、曹洪华[88]等选取研究区各县的地区生产总值（GDP）、人口数量、工业总产值、农业总产值为社会经济系统发展的指标。选择用水总量、生活用水量、工业用水量、农业用水量来表示对应的水文系统指标，对广西西江流域社会发展与水资源利用的关系进行测度与模拟。

（1）脱钩模型

为刻画广西西江流域发展进程中的人-水关系，根据脱钩的理论与方法[89]，构建广西西江流域人口-生活用水脱钩弹性、GDP-用水总量脱钩弹性、工业总产值-工业用水脱钩弹性、农业总产值-农业用水脱钩弹性模型，探讨社会水文之间的耦合关系。如公式所示[90]：

$$E_{RT}=\frac{V_{RT}}{V_{SW}} \tag{16-5}$$

$$E_{ZT}=\frac{V_{ZC}}{V_{ZW}} \tag{16-6}$$

$$E_{GT}=\frac{V_{GY}}{V_{GW}} \tag{16-7}$$

$$E_{NT}=\frac{V_{NY}}{V_{NW}} \tag{16-8}$$

式中，E_{RT}、E_{ZT}、E_{GY}、E_{NT}分别为人口-生活用水脱钩弹性系数、GDP-用水总量脱钩弹性系数、工业总产值-工业用水脱钩弹性系数、农业总产值-农业用水脱钩弹性系数；V_{RT}、V_{ZC}、V_{GY}、V_{NY}分别为人口、地区生产总值、工业总产值、农业总产值的变化率,%；V_{SW}、V_{ZW}、V_{GW}、V_{NW}分别为生活用水量、用水总量、工业用水量、农业用水量的变化率,%。

（2）脱钩弹性衡量标准

根据 Tapio[91]、王婧等[92]、张勇和胡心意[93]、黄馨娴[94]等的研究，将系统脱钩关系划分为 8 类，详细类型及划分标准见表 16-3。

表 16-3　不同脱钩类型划分表

序号	$V_{RT}/V_{ZC}/V_{GT}/V_{NY}$	$V_{SW}/V_{ZW}/V_{GW}/V_{NW}$	$E_{RT}/E_{ZT}/E_{GT}/E_{NT}$	类型	状态
1	−	+	(−∞，0)	强脱钩	欠合理
2	+	+	(0，0.8)	弱脱钩	合理
3	+	+	(0.8，1.2)	扩张连接	合理
4	+	+	(1.2，+∞)	扩张负脱钩	欠合理
5	+	−	(−∞，0)	强负脱钩	欠合理
6	−	−	(0，0.8)	弱负脱钩	欠合理
7	−	−	(0.8，1.2)	衰退连接	合理
8	−	−	(1.2，+∞)	衰退脱钩	合理

注：+、−分别表示数值正负。

3. 协调类型划分标准

参考相关研究，将人口与生活用水量、地区生产总值与用水总量脱钩关系叠加组合，把广西西江流域社会经济与水资源变化关系划分为协调型、欠协调型、极不协调型等 3 种（表 16-4）。

表 16-4　广西西江流域社会经济与水资源变化协调关系类型划分

类型	分类依据					
	V_{RT}	V_{SW}	V_{GT}	V_{ZW}	E_{RT}	E_{ZT}
协调型	↑	↑	↑	↑	(0.8, 1.2)	(0.8, 1.2)
	↑	↑	↑	↑	(0, 0.8)	(0.8, 1.2)
	↑	↑	↑	↑	(0, 0.8)	(0, 0.8)
欠协调型	↑	↑	↑	↑	(1.2, +∞)	(1.2, +∞)
	↑	↑	↑	↑	(0.8, 1.2)	(1.2, +∞)
	↑	↑	↑	↑	(0, 0.8)	(1.2, +∞)
	↑	↑	↑	↑	(1.2, +∞)	(0.8, 1.2)
极不协调型	↑	↓	↑	↑	(-∞, 0)	(1.2, +∞)
	↑	↓	↑	↑	(-∞, 0)	(0, 0.8)
	↑	↑	↑	↓	(0.8, 1.2)	(-∞, 0)
	↑	↑	↑	↓	(0, 0.8)	(-∞, 0)
	↓	↑	↑	↓	(-∞, 0)	(-∞, 0)
	↑	↑	↑	↓	(1.2, +∞)	(-∞, 0)
	↑	↓	↑	↓	(-∞, 0)	(-∞, 0)
	↑	↑	↓	↑	(1.2, +∞)	(-∞, 0)

注：V_{RT}、V_{SW}、V_{GT}、V_{ZW}分别为人口、生活用水、工业总产值变化率和用水总量的变化率；↑、↓分别为变化率增加、减少；E_{RT}、E_{ZT}分别为人口-生活用水、GDP-用水总量脱钩弹性系数。

4. 综合评价法

综合评价法具有逻辑性强、系统全面等优点，社会水文系统是一个多要素耦合而成的系统，涉及的内容非常广泛及复杂[95]。在收集到广西西江流域人口、经济、水资源等大量数据的基础上，为了使脆弱性评价结果全面、系统、准确，所以采用了综合评价法对社会水文系统脆弱性进行评价。

社会水文系统敏感度指数（RSI）、社会水文系统恢复力指数（RRI）、社会水文系统压力指数（RPI）以及流域社会水文系统脆弱性指数（REVI）计算公式如下：

$$\mathrm{RSI} = \sum_{i=1}^{n} Y_i \times W_i \tag{16-9}$$

$$\mathrm{RRI} = \sum_{i=1}^{n} A_i \times W_i \tag{16-10}$$

$$\mathrm{RPI} = \sum_{i=1}^{n} B_i \times W_i \tag{16-11}$$

$$\mathrm{REVI} = \sum_{i=1}^{n} C_i \times W_i \tag{16-12}$$

式中，Y_i为社会水文系统敏感度指标的标准化值；A_i为社会水文系统恢复力指标的标准化值；B_i为社会水文系统压力指标的标准化值；C_i为社会水文系统的标准化值；W_i为指标权重值。

为了方便对各年份流域社会水文系统脆弱性指数的比较，减少误差，参照徐涵秋[96]、马骏等[97]的研究结果，用极差法对 REVI 进行标准化处理，计算公式如下：

$$M_j = \frac{\mathrm{REVI}_j - \min(\mathrm{REVI}_j)}{\max(\mathrm{REVI}_j) - \min(\mathrm{REVI}_j)} \tag{16-13}$$

式中，M_j为 j 年流域社会水文系统脆弱性指数（REVI）的标准化值，M_j的范围在［0，10］，j 的范围在 2013～2015 年；REVI_j为 j 年流域社会水文系统脆弱性指数值；$\max(\mathrm{REVI}_j)$为最大值；$\min(\mathrm{REVI}_j)$为最小值。

5. 遥感技术与地理信息方法

利用 ENVI 软件对 NDVI、NPP 等遥感数据进行去除异常值、合成、裁剪等预处理操作。运用 ArcGIS 软件对人口、经济、气象等数据进行空间插值，并利用空间分析模块、数学统计模块，对空间数据进行叠加分析和空间展示等。

16.1.4 研究思路与技术路线

1. 研究思路

首先，本章在梳理和整合社会水文系统、脆弱性、耦合等相关文献的基础上，收集广西西江流域的气候气象数据、水资源数据、社会经济数据以及生态环境数据，深刻理解脆弱性与社会水文系统相关概念，了解当前社会水文系统脆弱性领域的研究情况。其次，将脆弱性理论引入社会水文学科研究中，对社会水文系统脆弱性概念进行定义，在科学性与可操作性等原则的基础上，确定广西西江流域脆弱性评价单元为 1000×1000 的栅格单元，根据敏感度-恢复力-压力模型构建评价指标体系，对流域社会水文系统的敏感度、压力、恢复力进行单项评价，接着对其脆弱性进行综合评价与分区。最后，基于脆弱性评价结果对广西西江流域综合整治提出建议。

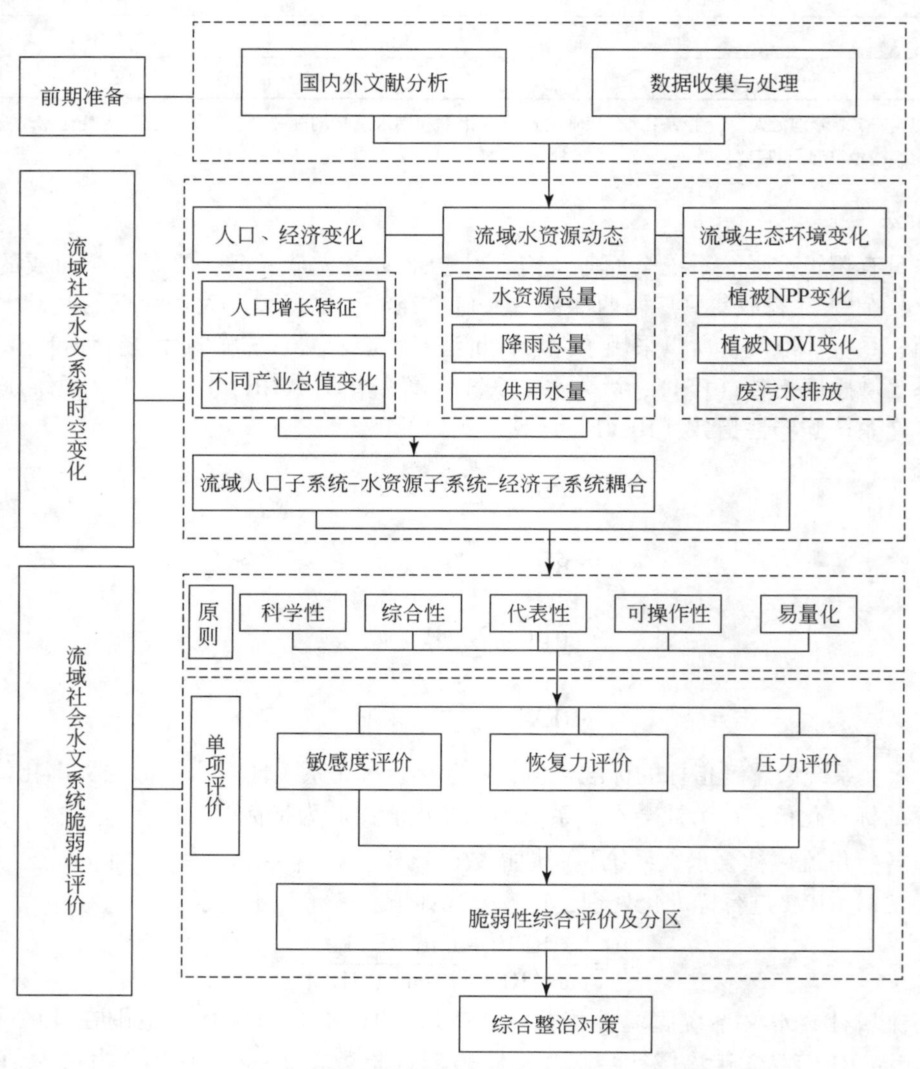

图 16-2 本研究技术路线图

2. 技术路线

本章技术路线主要包括前期准备、流域社会水文系统时空变化、流域社会水文系统脆弱性评价等。在以社会水文学和系统论为理论支撑的基础上，构建流域社会水文系统脆弱性评估框架，并对研究区脆弱性进行研究，具体如图 16-2 所示。

16.2　社会水文系统脆弱性评价理论基础与技术方法

16.2.1　理论基础

1. 系统论

系统论是把研究和处理的对象，看作一个相互联系、相互结合的有机整体。系统间的不同要素、不同子系统、子系统与环境之间紧密相连与互相影响。系统论最早由奥地利生物学家 Von Bertalanffy 在 1932 年提出。系统论的研究内容有系统要素、系统结构、系统功能等[98]。国内学者对系统论的理论及应用做了不少工作，如胡宝清等[99]将系统论与地理学结合，创新构建出喀斯特人地系统理论，将喀斯特人地系统划分为石漠化过程与综合治理子系统、信息子系统等，并且运用系统的观点对喀斯特地区的生态环境风险进行管理。系统论还广泛运用于农业与旅游业融合[100]、城乡发展协调[101]、工业振兴[102]、海岸带管理[103]、流域水资源管理[104]等方面。

2. 社会水文学

社会水文学在 2012 年由 Sivapalan 教授提出，主要研究人–水耦合系统及其变化，为流域可持续发展提供服务。社会水文学是水文学、社会学、生态学、地理学、数学等交叉学科综合的产物，为流域综合管理提供了科学依据。当前社会水文学研究的主题多种多样，如国家和地区的水政策、历史水文化、生态虚拟水等，以及最近比较热门的人–水关系变化、人–水耦合机制、水资源综合管理等，这些都涉及流域文化、政策及资源开发利用、生态环境保护。社会水文学的主要研究内容为人–水耦合系统权衡，人类活动对流域生态系统的影响，以及两者之间的权衡；水资源管理，科学规划安排利用水资源，让流域的居民及生态环境不缺水；虚拟水，虚拟水是一种非常重要的战略资源，对决策等方面贡献很大。当代社会水文学处于成立发展初期。社会水文学不仅继承了传统水文学的理论和方法，而且在研究内容、方法、模式上有所创新。其中最突出的地方是，社会水文学将人类活动归入水循环里面，将人–水关系看成一个有机的整体，与传统水文学将人类活动视为水循环的外在动力是完全不同的。社会水文学不是简单地将水文学与社会科学结合，而是经过科学观察、采用跨多种学科的研究范式，通常运用定性、定量化的方法，理解和刻画，以及预测人–水耦合系统及协同变化。社会水文学的出现，为流域综合管理提供新的思路，极大地促进了流域水资源管理及其服务的发展。

3. 核心概念

（1）流域社会水文系统

流域的健康发展，涉及流域人口、经济可持续及生态环境安全[105]。水是人类生存和发展不可缺少的重要物质，人类的社会活动（如工业生产、农业生产、居民生活等）与流域水文过程（如大气降水等）紧密相连、相互影响，进而流域的人类社会活动与水文过程构成社会水文耦合系统。社会水文耦合系统（简称为社会水文系统）是由社会子系统、水文子系统构成的耦合系统，是社会水文学研究的重要对象。有学者在 2016 年分析塔里木河流域社会水文系统变化规律时，结合中国文化太极图及社会水文学理论，围绕人–水耦合、人–水互动、人–水影响等方面，构建了流域社会水文系统的概念性框架，用于表征流域社会–水文系统的耦合性。社会水文系统的要素结构具有双层性，内层表示人–水直接的互动过程，是人类通过生活、农业生产、工业生产等活动对流域的水量、水质、水时空变化的直接互动；外层表示间接的社会与自然影响因素，如政策、制度、文化、气候、土壤等对人-水活动产生间接影响。

本研究根据系统论和前人的研究成果，考虑到流域人口、经济、资源和流域生态环境的重要性及流域综合管理的需求，以人-水协调为目标，社会-水文系统可持续发展，从人口-经济-水资源-生态环境等方面，构建了广西西江流域社会水文耦合系统。广西西江流域社会水文系统要素组成具有3层结构，最内层为人-水耦合要素；中间层为社会-水文系统要素；最外层为具体的流域子系统如人口子系统、水资源子系统、经济子系统、生态环境子系统。人类通过生活、农业生产、工业经济等活动与流域水量、水质、水环境构成了流域社会系统与水文系统的互动过程。流域水资源子系统、生态环境子系统对人类的废污水排放等产生响应，进而将人-水耦合系统连接成一个有机的整体。

（2）社会水文系统脆弱性

根据国外学者 Turner 对脆弱性的研究，人类活动和自然条件是影响脆弱性的主要因子，因此脆弱性的大小往往由人类-环境耦合系统决定，并且脆弱性存在于大尺度、中尺度以及小尺度的耦合系统中[106]。本研究在构建流域社会水文系统的基础上，将脆弱性评价引入流域可持续发展研究中。当前，国内外学者并没有针对“社会水文系统脆弱性”相关理论及方法进行研究分析，也没有社会水文系统脆弱性的定义与概念。因此本研究根据流域社会水文系统的特征、脆弱性的理论和方法[107]，将社会水文系统脆弱性定义为流域社会水文系统承受不利影响的应对能力，是流域社会水文系统对自然因子、人类活动等外来因素影响所产生的响应及恢复力的函数，具体包括敏感度、恢复力、压力等方面。

敏感度是流域社会水文系统脆弱性的重要组成部分，对广西西江流域敏感度的评价是为了明确研究区可能发生哪些生态环境问题以及发生这些生态环境问题概率的大小。社会水文系统敏感度主要考虑在自然地理因子影响下，系统产生环境问题可能性大小。在人类活动影响下，敏感度高的区域比敏感度低的区域更容易产生不良环境问题，因此需要高度关注敏感度较高的区域，谨防发生生态环境问题。恢复力是指流域社会水文系统在外界的强烈干扰甚至遭到破坏的情况下，流域社会水文系统自身的恢复能力，主要体现在流域植被净初级生产力及植被覆盖方面。社会水文系统恢复力越高，流域自身恢复能力就越强。社会水文系统压力是流域在农业、工业、生产等人类活动向流域排放废弃物等的影响下，流域所产生的环境效应以及承受的外来压力。流域社会水文系统压力越大，流域越容易产生不良环境问题。

16.2.2 社会水文系统脆弱性评价指标体系

1. 指标体系的构建原则

（1）科学性

社会水文系统脆弱性评价指标的确定，要建立在科学的基础上，并且所选的指标要涵盖流域水资源、人口、经济、生态环境等方面，能客观、科学地反映广西西江流域社会水文系统要素的实际情况与本质特征。科学性原则是选择脆弱性评价指标的首要原则[105]。

（2）综合性和代表性原则

在选取脆弱性评价指标的时候不仅要考虑指标的综合全面性，还要考虑指标是否具有典型代表作用[108]。社会水文系统是由人-水耦合而成，系统的要素非常庞大复杂。在选取指标时要考虑广西西江流域环境脆弱、人类活动剧烈的特征，突出主导因素，从社会经济发展与流域水资源、生态环境方面综合选取。综合性和代表性原则是选择脆弱性评价指标的主要原则。

（3）可操作性与易量化原则

数据的可获取与易量化，保证了科学研究的可操作性。在选择脆弱性评价指标时，要从已经收集到的数据和文献等资料中筛选，再根据数据的可操作性，进一步选择。如果选择的指标数据很难获得，或者难以用常规的方法量化，会造成研究无法进行，无法达到完美的研究目的及结果。可操作性与易量化是选择脆弱性评价指标的重点原则。

2. 评价单元的确定

目前对脆弱性评价的研究，评价单元主要有面状评价单元和点状评价单元。面状评价单元包括省级行政区评价单元、县级行政区评价单元；点状评价单元主要以栅格为基础[109]。随着遥感技术的发展，短时间大范围的遥感数据很容易获取，加上地理信息系统软件具有超强的空间计算能力，能短时间处理大量遥感数据。所以用栅格单元作为脆弱性评价单元可以提高评价精度，也能更好地反映流域社会水文系统脆弱性在空间上的差异。本研究在充分考虑评价结果精度及数据获得方面，选择栅格单元作为广西西江流域社会水文系统脆弱性的评价单元，栅格评价单元的大小为 1000m×1000m，并统一地理坐标系为 GCS-WGS-1984，投影坐标为 Albers。

3. 评价指标体系的建立

查阅 2000～2018 年社会脆弱性、经济系统脆弱性、城市经济脆弱性、人地耦合系统脆弱性评价、水环境系统脆弱性评价、水资源脆弱性评价、生态系统脆弱性评价、生态环境脆弱性评价、大气环境系统脆弱性评价、土地生态系统脆弱性评价、水生态环境功能分区等相关的 100 多篇文献，通过对比分析与研究，再根据 SRP 模型对流域社会水文系统脆弱性指标进行筛选，选择出现次数较多和流域社会水文系统密切相关的指标。

（1）敏感度

敏感度是流域社会水文系统脆弱性的重要组成部分，对广西西江流域敏感度进行评价是为了明确研究区可能发生哪些生态环境问题以及发生这些生态环境问题概率的大小[110]。社会水文系统敏感度主要考虑在自然地理因子影响下，系统产生环境问题可能性大小。在人类活动影响下，敏感度高的区域比敏感度低的区域更容易产生不良环境问题，因此需要高度关注敏感度较高的区域，谨防发生生态环境问题。其中影响社会水文系统敏感度的因素主要包括年均降水[111]、年均风速、年均气温[111]、坡度[112]、坡向[113]、海拔、年均相对湿度、年均地表温度、地表蒸发量[113]等。

（2）恢复力

恢复力是指流域社会水文系统在外界的强烈干扰甚至遭到破坏的情况下，流域社会水文系统自身的恢复能力。主要体现在流域植被初级生产力及植被覆盖方面，选取了植被净初级生产力（NPP）及归一化植被指数（NDVI）作为表征。

（3）压力

压力是流域社会水文系统在农业、工业生产等人类活动向流域排放废弃物等的影响下，流域所产生的环境效应以及承受的外来压力。流域社会水文系统压力越大，流域越容易产生不良环境问题。社会水文系统压力主要考虑人类活动如工业废水、生活废水给流域社会水文系统的影响，选取用水量、GDP 密度、废污水排放量、人口密度[114]、水土流失治理面积[115]等表征。具体指标体系见表 16-5。

表 16-5　广西西江流域社会水文系统脆弱性评价指标及权重

目标层	准则层	指标层	指标属性	权重	单位
社会水文系统脆弱性	敏感度	年均降水	负向	0.060	mm
		年均风速	正向	0.054	m/s
		年均气温	正向	0.032	℃
		坡度	正向	0.057	°
		坡向	正向	0.096	°
		海拔	正向	0.063	m
		年均相对湿度	正向	0.031	%
		年均地表温度	正向	0.051	℃
		地表蒸发量	正向	0.043	mm

续表

目标层	准则层	指标层	指标属性	权重	单位
社会水文系统脆弱性	恢复力	NPP	负向	0.043	g/(m^2·a)
		NDVI	负向	0.077	—
	压力	用水量	正向	0.079	万 m^3
		GDP 密度	正向	0.077	万元/km^2
		人口密度	正向	0.101	人/km^2
		废污水排放量	正向	0.106	万 m^3
		水土流失治理面积	负向	0.030	km^2

4. 等级分类

为了方便对各年份流域社会水文系统脆弱性指数的比较，减小误差，参照相关的研究结果，根据 M_j 的大小，将广西西江流域社会水文系统脆弱性划分为 5 个等级，分别为潜在脆弱、轻度脆弱、中度脆弱、重度脆弱、极度脆弱等，见表 16-6。

表 16-6　广西西江流域社会水文系统脆弱性分级

序号	等级	REVI 标准化值	社会水文系统特征
1	潜在脆弱	$0 \leq M<2$	流域受到外界干扰的影响极小，系统压力极小，敏感度极低；社会水文系统受到人类活动等影响后，自我恢复力极强；系统的功能和结构非常完善，此时，流域健康，无任何生态环境问题，流域脆弱性极低
2	轻度脆弱	$2 \leq M<4$	流域受到外界干扰的影响较小，系统压力较小，敏感度较低；社会水文系统受到人类活动等影响后，自我恢复力较强；系统的功能和结构比较合理完整，此时，流域存在生态环境问题，流域脆弱性较低
3	中度脆弱	$4 \leq M<6$	流域受到外界的干扰增强，系统压力增大，敏感度增高；社会水文系统受到人类活动等影响后，自我恢复力弱；系统的功能和结构还可以维持，不稳定，此时，流域已经出现少量生态环境问题，流域脆弱性较高
4	重度脆弱	$6 \leq M<8$	流域受到外界的干扰较强，系统压力继续增大，敏感度很高；社会水文系统受到干扰后，恢复难度大；系统的功能和结构开始退化，系统很不稳定，此时，流域生态环境问题突出，流域脆弱性高
5	极度脆弱	$8 \leq M \leq 10$	流域受到外界的干扰极强，系统压力极大，敏感度极高；社会水文系统受到干扰后，恢复难度极大；系统的功能和结构严重退化，系统极不稳定，此时，流域环境问题大面积出现，流域脆弱性极高

16.3　研究区概况及数据

16.3.1　研究区概况

1. 自然水文概况

广西西江流域位于中国南部，北与贵州省接壤，东与广东省接壤，南临北部湾，西与云南省以及越南等接壤，由南宁、玉林等城市组成[116]，面积占广西壮族自治区的 80% 以上[117]。流域西北部的地势较高，东南部较低，中间部分平坦。广西西江流域属于亚热带季风气候，全年气候温和，多年平均气温超过 16℃；降水丰富，多年平均降水量超过 1000mm，春、冬季少，夏、秋季多。广西西江流域土壤类型和植被类型多种多样，石灰土、水稻土分布面积广泛，植被以阔叶林、落叶林为主。

广西西江流域干支流很多，水资源丰富，年均水资源总量在2000亿m^3以上。主要干支流有红水河、左江、右江、桂江、柳江、贺江、邕江、黔江、浔江等[118]。其中红水河面积为$3.86\times10^4km^2$，占广西总面积16.3%，年径流量在300亿m^3以上，2017年的水力资源蕴藏量为9.69×10^6kW。郁江面积为$6.81\times10^4km^2$，占广西总面积28.8%，年径流量在400亿m^3以上，2017年水力资源蕴藏量为3.657×10^6kW。桂江面积为$1.82\times10^4km^2$，年径流量在200亿m^3以上，2017年水力资源蕴藏量为1.719×10^6kW，占广西总面积7.7%。柳江面积为$4.20\times10^4km^2$，年径流量在500亿m^3以上，2017年水力资源蕴藏量为4.082×10^6kW，占广西总面积17.7%。贺江面积为$8.4\times10^3km^2$，占广西总面积3.5%，年均径流量在60亿m^3以上，2017年水力资源蕴藏量为7.970×10^5kW。流域矿产资源丰富，锰、锡、砷、钨、锑等储量较多。

2. 社会经济概况

广西西江流域社会经济概况主要从流域的经济总量、产业结构、教育与公共服务、城市与旅游业发展、人口与农业等方面进行论证。广西西江流域社会经济发展迅速，2017年地区生产总值为17997.7亿元，其中第二产业增加值为8165.47亿元，占45.37%；第三产业增加值为7355.23亿元，占40.87%；第一产业增加值为2477亿元。从不同城市经济发展情况来看，南宁、柳州、桂林的经济发展水平较高，而河池、来宾发展水平较低。从具体固定投资、进出口收入及政府税收来看，广西西江流域2017年固定资产投资高达17720亿元，其中房地产开发为2435亿元，占13.74%。工业企业有5159多家，数量多，工业实力雄厚。进出口总额为329.49亿元，其中进口额为167.23亿元，占50.75%；出口额为162.26亿元，占49.25%。税收收入为772亿元，其中企业所得税收为84亿元，占总税收10.89%；个人所得税收为30亿元，占总税收3.89%。

2017年，在教育与公共服务方面，政府加大对教育和民生方面的投资，改善人们的生活条件。公共财政支出3689亿元，其中教育支出699亿元，占公共财政支出的18.95%；社会保障和就业支出429亿元，占11.63%；医疗卫生支出428亿元，占11.6%；农林水利事务支出528亿元，占14.31%。幼儿园数有11213所，在园儿童数191万人。小学有8395所，小学教师为218489人，小学在校生有411万人。中学有1963所，中学教师有162845人，中学在校生有254万人。高等学校数有72所，高等学校教师有42869人，高等学校在校生为89万人。公共图书馆有107个。卫生机构数有30696个，其中医院和卫生院有1651个，卫生机构床位有216459张，卫生机构人员有370705人，卫生技术人员为277304人，执业医师和执业助理医师有94707人，注册护士有119462人。

城市发展与旅游方面，广西西江流域城市建设较快，城镇化水平较高。2017年，流域城镇人口为2180.36万人，占总人口的43.49%。随着信息技术的普及，手机电脑等用户不断增加，互联网用户有1404.28万户。流域公路网密度大，公路里程为113182km，公共汽车有10476辆。民用汽车有4630084辆，其中私人汽车4151883辆，占89.67%。电子通信方面，固定电话用户有277万户，移动电话用户有4180万户。广西西江流域旅游发展蓬勃，国外游客达491.12万人次，国内旅客达4.61亿人次，旅行社有707家，星级饭店有404个。国际旅游外汇收入2.2亿美元。房屋建筑施工面积24237万km^2。社会消费品零售总额为7151亿元。

农业与人口方面，2017年末广西西江流域总人口为5014万人，其中男性2635万人，占52.55%；女性2379万人，占47.45%，男女比例失调显著。2017年出生86万人，死亡74万人；国有单位职员175万人。广西西江流域水土条件较好，常用耕地面积为$3.996\times10^6hm^2$，有效灌溉面积为$1.402\times10^6hm^2$，农业机械总动力较高，为3288万kW。在种植作物使用化肥农药方面，化肥使用较多为234万t。农村建设发展势头猛，年用电量为90亿kW·h。广西西江流域土地肥沃，农作物生长良好，粮食产量为1340万t，甘蔗产量为6967万t，油料产量为64万t，蔬菜产量为2847万t，水果产量为1485万t。肉类总产量为378万t，奶类产量为10万t，禽蛋产量为28万t，水产品产量为204万t。广西西江流域物产丰富，人民的生活水平极大提高。

3. 生态环境问题

（1）工业用水、生活用水需求增加

随着工业的发展，工业用水量由 2011 年的 6.54 亿 m^3 上升到 2015 年的 11.94 亿 m^3，需求量增加了 82.57%，工业用水需求增加。人民生活水平提高，生活用水量由 2011 年的 7.94 亿 m^3 上升到 2015 年的 16.17 亿 m^3，生活用水量增加了 103.65%，生活用水需求增加。研究表明，广西西江流域水资源丰富，工业用水和生活用水的需求量增加，流域供水压力增大。

（2）农业用水较多，灌溉用水浪费严重

2011～2015 年广西西江流域农业用水量在 157.97 亿～194.14 亿 m^3 之间波动变化，农业年均用水量为 171.08 亿 m^3，占总用水量的 80% 以上，是流域主要用水方式。现代化农业灌溉面积低，农户往往采用传统的串灌、漫灌方式进行，灌溉用水利用率较低，灌溉水有效利用系数低于全国平均水平。农业用水管理水平较低，造成水资源浪费严重。

（3）废污水排放量逐年增多，生态环境恶化

2013～2015 年广西西江流域废污水排放口均在 630 处以上，其中 2015 年废污水排污口数量最多，为 639 处，流域废污水排放口数量呈上升趋势。流域废污水排放量在 221757.89 万～234192.18 万 m^3 之间，废污水排放量逐年增加，生态环境恶化向不利的方向发展。

（4）水污染事件时有发生，水污染治理严峻

2012 年龙江河发生严重的镉污染事件，给当地的居民和生态环境造成极大的伤害。清水河和郁江因某些企业违规排放未达标的废污水，导致河段溶解氧、化学耗氧量严重超标，河道内的动植物大量死亡，同时大龙洞河也出现水体污染。2013 年广西西江流域的左江、武思江水库、横龙河、贺江等发生水污染。2014 年贺江发生油污染事件造成水体污染。广西西江流域水体污染，大多数是人为引发的，流域水污染治理严峻。

（5）水灾害频繁发生，人员财产损失大

2013～2015 年广西西江流域年均农业受灾面积为 635842hm^2，农业受灾总面积高达 1907526hm^2。农业成灾及绝收面积较多，其中农业成灾总面积 583213hm^2、农业绝收总面积 84782hm^2。从人员转移及伤亡情况来看，总受灾人数高达 14042977 人，受伤人数 9163 人，失踪人数 20 人；转移安置人数 397186 人。2013～2015 年广西西江流域损坏房屋 124219 间，倒塌房屋 36753 间，直接经济损失高达 1563482 万元。

16.3.2 数据来源与处理

1. 遥感数据

NDVI 数据和 NPP 数据均来自 NASA 官方网站，其中 NDVI 数据来自 MOD13Q1 数据集，NPP 数据来自 MOD17A3H 数据集。NDVI 数据的空间分辨率为 250m×250m，而 NPP 数据的空间分辨率为 500m×500m。在时间分辨率上，NDVI 数据为 16d，NPP 数据为 1a。两种数据的原始格式均为 HDF 格式，需要用工具 MRT 将遥感数据进行拼接、投影，并转换数据格式等。NDVI 数据和 NPP 数据质量非常高[119]，被广泛应用于遥感干旱监测[120]和生态环境质量[121]、土地评估[122]等方面。DEM 数据来自地理空间数据云，空间分辨率为 90m×90m。

2. 其他数据

广西西江流域多个站点的降水、风速等气象数据来自中国气象数据网。水资源总量、地下水资源量、供水量等数据来自相应年份的广西水资源公报，见广西壮族自治区水利厅网站（http://slt.gxzf.gov.cn，2019/12/15）。废污水排放量、排污口等数据来自《广西水利统计年鉴》。人口、地区生产总值等社会经济数据来自《广西统计年鉴》，见广西壮族自治区统计局网站（tjj.gxzf.gov.cn，2019/12/15）。还有很多生

态环境数据来自《广西壮族自治区生态环境状况公报》、《广西水土保持公报》、《广西气候公报》和《广西水利统计公报》等，见表 16-7。水资源、人口、经济、水灾害等属性数据均通过 ArcGIS 软件的 Spatial Analyst 模块进行空间插值，保证数据的空间分辨率与投影坐标一致。

表 16-7　论文主要数据来源及时间段

序号	数据类型	时间段	具体来源
1	NPP	2000 ~ 2015 年	NASA 官方网站
2	NDVI	2007 ~ 2016 年	NASA 官方网站
3	降水	2013 ~ 2015 年	中国气象数据网
4	风速	2013 ~ 2015 年	中国气象数据网
5	气温	2013 ~ 2015 年	中国气象数据网
6	供水量	2009 ~ 2017 年	广西水资源公报
7	用水量	2011 ~ 2015 年	《广西水利统计年鉴》
8	人口数量	2006 ~ 2017 年	《广西统计年鉴》
9	降水总量	2009 ~ 2017 年	广西水资源公报
10	DEM	2009 年	地理空间数据云
11	相对湿度	2013 ~ 2015 年	中国气象数据网
12	地表温度	2013 ~ 2015 年	中国气象数据网
13	水资源总量	2009 ~ 2017 年	广西水资源公报
14	地表蒸发量	2013 ~ 2015 年	中国气象数据网
15	废污水排放量	2013 ~ 2015 年	《广西水利统计年鉴》
16	地区生产总值	2006 ~ 2017 年	《广西统计年鉴》
17	水土流失治理面积	2013 ~ 2015 年	《广西水利统计年鉴》

16.4　广西西江流域社会水文系统时空变化

16.4.1　广西西江流域水资源子系统变化

1. 水资源总量时空特征

（1）年际变化

根据 2009 ~ 2017 年《广西水资源公报》数据，运用 Excel 软件对广西西江流域水资源数据进行统计分析。由图 16-3 可知，2009 ~ 2017 年广西西江流域水资源总量在 1225 亿 ~ 2308.1 亿 m^3 之间波动变化，呈上升趋势，线性拟合的系数为 105.45，决定系数为 0.6565。2009 ~ 2017 年广西西江流域的多年平均水资源量为 1844.6 亿 m^3，其中 2015 年的水资源最多为 2308.1 亿 m^3，2011 年的水资源最少为 1225 亿 m^3。水资源高于平均值的有 2012 ~ 2017 年，而低于平均值的为 2009 ~ 2011 年。结果表明广西西江流域水资源总量呈增加趋势。

（2）空间分布

对不同城市水资源进行分析，能有效反映水资源空间分布特征。广西西江流域涵盖南宁、百色等城市，考虑数据收集的方便性与可行性，按其行政区划（如南宁、玉林）来分不同城市的水资源空间分布情况。2009 ~ 2017 年广西西江流域的多年平均水资源量为 1844.6 亿 m^3。由表 16-8 可知，南宁年水资源量在 82.1 亿 ~ 153.0 亿 m^3 之间，多年平均水资源量为 128.7 亿 m^3；柳州年水资源量在 147.3 亿 ~

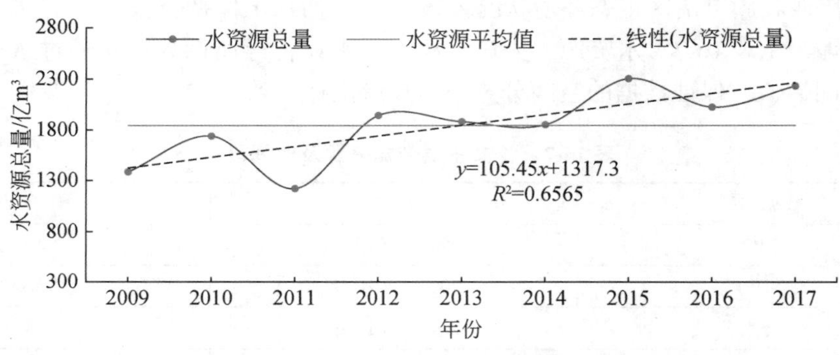

图 16-3　2009～2017 年广西西江流域水资源总量年际变化

291.0 亿 m³之间，多年平均水资源量为 204.6 亿 m³。桂林年水资源量在 215.7 亿～508.0 亿 m³之间，多年平均水资源量为 354.7 亿 m³；梧州年水资源量在 65.5 亿～137.0 亿 m³之间，多年平均水资源量为 116.5 亿 m³。防城港年水资源量在 60.9 亿～114.0 亿 m³之间，多年平均水资源量为 83.8 亿 m³；贵港年水资源量在 57.5 亿～103.0 亿 m³之间，多年平均水资源量为 85.4 亿 m³。玉林年水资源量在 84.4 亿～160.0 亿 m³之间，多年平均水资源量为 124.5 亿 m³；百色年水资源量在 94.7 亿～269.0 亿 m³之间，多年平均水资源量为 164.5 亿 m³。贺州年水资源量在 71.3 亿～169.0 亿 m³之间，多年平均水资源量为 120.7 亿 m³；河池年水资源量在 114.9 亿～407.0 亿 m³之间，多年平均水资源量为 251.7 亿 m³。来宾年水资源量在 84.4 亿～137.0 亿 m³之间，多年平均水资源量为 110.8 亿 m³；崇左年水资源量在 65.5 亿～128.0 亿 m³之间，多年平均水资源量为 98.8 亿 m³。结果表明，多年水资源平均值大于 200 亿 m³的城市有柳州、桂林、河池等，而防城港、贵港、崇左等的水资源平均值都小于 100 亿 m³，各城市的水资源各不相同，差异明显。

表 16-8　2009～2017 年不同城市水资源量　　（单位：亿 m³）

城市	2009 年	2010 年	2011 年	2012 年	2013 年	2014 年	2015 年	2016 年	2017 年
南宁	82.1	111.8	118.1	146.0	151.0	126.0	148.0	122.0	153.0
柳州	175.6	173.3	147.3	213.0	185.0	212.0	291.0	210.0	234.0
桂林	263.7	314.5	215.7	360.0	388.0	335.0	508.0	419.0	388.0
梧州	125.8	135.6	65.5	110.0	114.0	104.0	137.0	136.0	121.0
防城港	60.9	67.3	69.4	107.0	114.0	92.6	81.3	72.9	88.4
贵港	71.3	72.5	57.5	81.8	101.0	86.6	97.8	103.0	96.8
玉林	103.2	117.5	84.4	143.0	160.0	107.0	124.0	147.0	134.0
百色	142.6	148.6	94.7	184.0	112.0	206.0	193.0	131.0	269.0
贺州	83.7	132.0	71.3	124.0	134.0	112.0	153.0	169.0	107.0
河池	114.9	269.5	127.9	256.0	199.0	240.0	336.0	315.0	407.0
来宾	97.3	111.8	84.4	107.0	111.0	103.0	137.0	121.0	125.0
崇左	65.5	85.4	88.8	113.0	114.0	128.0	102.0	81.5	111.0

对不同城市水资源占流域水资源总量的比例进行分析。首先在 Excel 软件中统计出 2009～2017 年这 9 年间各城市的水资源，然后再统计出广西西江流域水资源总量。由图 16-4 可知，南宁水资源占总量的 6.98%，柳州占总量的 11.09%，桂林占总量的 19.23%，梧州占总量的 6.31%，防城港占总量的 4.54%，贵港占总量的 4.63%，玉林占总量的 6.75%，百色占总量的 8.92%，贺州占总量的 6.54%，河池占总量的 13.64%，来宾占流域总量的 6.01%，崇左占总量的 5.36%。所以各城市占流域水资源的比例由大到小排序为：桂林>河池>柳州>百色>南宁>玉林>贺州>梧州>来宾>崇左>贵港>防城港。研究表明，

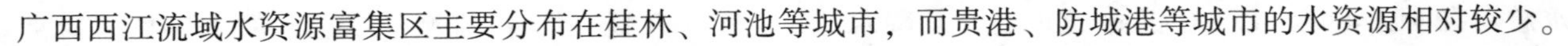

广西西江流域水资源富集区主要分布在桂林、河池等城市，而贵港、防城港等城市的水资源相对较少。

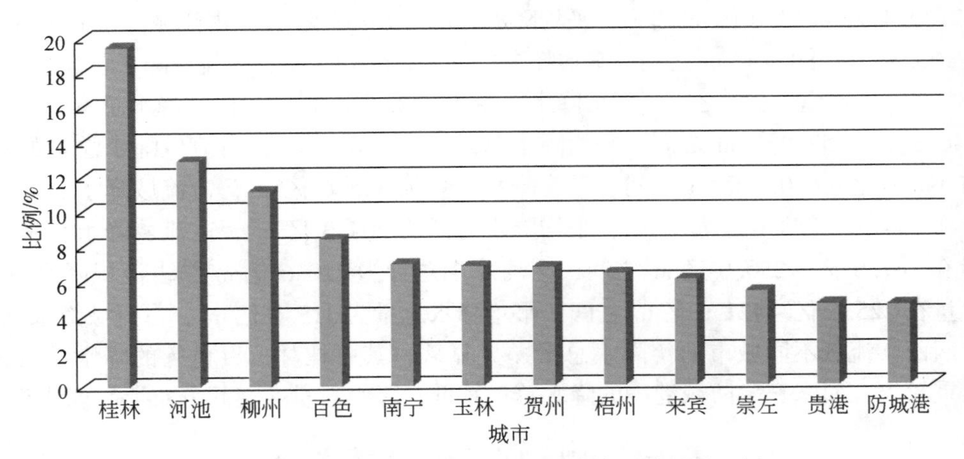

图 16-4　不同城市水资源量占流域水资源总量的比例

2. 降水总量时空变化

（1）年际变化

对研究区 2009 ~ 2017 年的降水总量时间变化进行分析，有利于理清广西西江流域降水总量的变化规律。由图 16-5 可知，2009 ~ 2017 年广西西江流域年降水总量在 2747 亿 ~ 4226 亿 m^3 之间变化，整体呈增加趋势。2009 ~ 2017 年广西西江流域的多年平均降水总量为 3528. 1 亿 m^3，其中 2015 年的降水总量值最高，而 2011 年的最低。高于多年平均降水总量值的年份有 2010 年、2012 ~ 2013 年和 2015 ~ 2017 年，而低于平均值的有 2009 年、2011 年、2014 年。与广西的降水总量比较，广西西江流域的年降水总量占广西年降水总量的 90% 以上，其中 2010 年广西西江流域的年降水总量为 3536. 9 亿 m^3，占 2010 年广西年降水总量的 94. 6%。研究表明广西西江流域降水总量随时间变化，呈增加趋势，各年份的降水总量差异明显。广西西江流域丰富的降水量，为生物及人类提供大量的水资源。

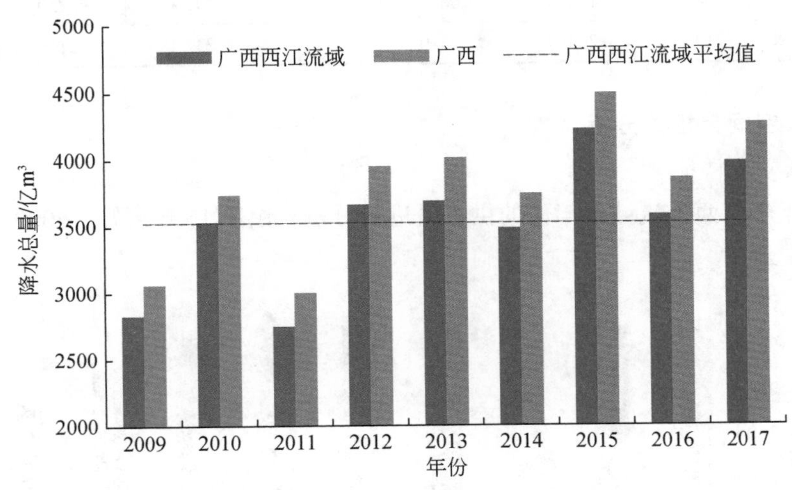

图 16-5　2009 ~ 2017 年广西西江流域降水总量年际变化

（2）空间特征

对不同城市的降水总量分析，探究其空间差异性。由表 16-9 可知，2009 ~ 2017 年，南宁年降水总量在 257. 5 亿 ~ 365. 0 亿 m^3 之间，平均降水总量为 317. 6 亿 m^3，占流域降水总量的 9. 01%。桂林年降水总量在 362. 7 亿 ~ 689. 0 亿 m^3 之间，平均降水总量为 513. 8 亿 m^3，占流域降水总量的 14. 56%。梧州年降水总量在 147. 9 亿 ~ 263. 0 亿 m^3 之间，平均降水总量为 212. 6 亿 m^3，占流域降水总量的 6. 03%。防城港年降水总量在 113.4 亿 ~172.0 亿 m^3 之间，平均降水总量为 138.9 亿 m^3，占流域降水总量的 3.94%。贵港年降水总量在 129.4 亿 ~214.0 亿 m^3 之间，平均降水总量为 181.8 亿 m^3，占流域降水总量的 5.15%。玉林年降水总量在 190.3 亿 ~289.0 亿 m^3 之间，平均降水总量为 236.8 亿 m^3，占流域降水总量的 6.71%。百色年降水总量在 338.1 亿 ~592.0 亿 m^3 之间，平均降水总量为 448.1 亿 m^3，占流域降水总量的 12.7%。贺州年降水总量在 146.3 亿 ~257.0 亿 m^3 之间，平均降水总量为 214.6 亿 m^3，占流域降水总量的 6.08%。河池年降水总量在 396.6 亿 ~680.0 亿 m^3 之间，平均降水总量为 525.6 亿 m^3，占流域降水总量的 14.9%。来宾年降水总量在 154 亿 ~258.0 亿 m^3 之间，平均降水总量为 204.3 亿 m^3，占流域降水总量的 5.79%。崇左年降水总量在 167.0 亿 ~250.0 亿 m^3 之间，平均降水总量为 220.6 亿 m^3，占流域降水总量的 6.25%。柳州年降水总量在 225.6 亿 ~421.0 亿 m^3 之间，平均降水总量为 313.4 亿 m^3，占流域降水总量的 8.88%。研究表明，广西西江流域不同城市的年降水总量差异显著，其中桂林、百色等的降水总量较高，占流域降水总量的比重较大，而来宾、防城港等的降水总量较低；降水总量在空间分布上呈现北高南低的格局。

表 16-9　2009 ~2017 年不同城市降水总量　　（单位：亿 m^3）

城市	2009 年	2010 年	2011 年	2012 年	2013 年	2014 年	2015 年	2016 年	2017 年
南宁	257.5	335.1	300.7	316.0	357.0	293.0	299.0	335.0	365.0
柳州	269.7	301.0	225.6	317.0	292.0	308.0	421.0	338.0	348.0
桂林	407.3	492.4	362.7	547.0	520.0	503.0	689.0	562.0	541.0
梧州	184.9	227.6	147.9	226.0	263.0	207.0	225.0	216.0	216.0
防城港	113.4	122.3	119.8	165.0	172.0	145.0	127.0	130.0	156.0
贵港	156.4	180.1	129.4	193.0	214.0	174.0	212.0	187.0	190.0
玉林	204.2	221.1	190.3	279.0	289.0	205.0	245.0	255.0	243.0
百色	347.3	458.6	338.1	454.0	411.0	468.0	592.0	384.0	580.0
贺州	166.2	234.3	146.3	224.0	247.0	202.0	257.0	255.0	200.0
河池	396.6	540.1	427.3	516.0	465.0	554.0	680.0	497.0	654.0
来宾	158.6	204.7	154.0	206.0	216.0	191.0	258.0	213.0	237.0
崇左	167.0	219.6	204.9	223.0	247.0	237.0	221.0	216.0	250.0

3. 供用水变化及空间自相关分析

（1）供水量年际变化特征

对 2009 ~2017 年广西西江流域各年份的供水量进行分析。由图 16-6 可知，2009 ~2017 年广西西江流

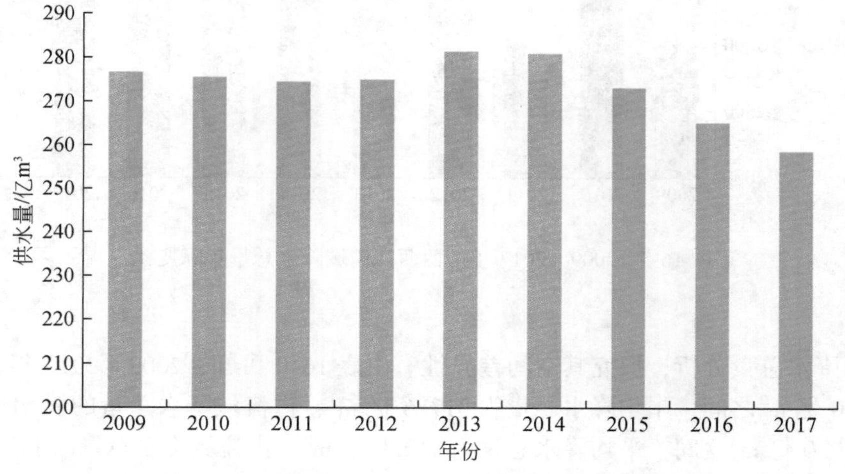

图 16-6　2009 ~2017 年广西西江流域供水量变化

域年供水量在258.51亿~281.42亿m^3之间波动变化，其中2017年的供水量最少，而2013年的供水量最多，2009~2017年广西西江流域多年平均供水量为273.44亿m^3。广西西江流域供水量高于平均值的年份有2009~2014年，而低于平均值的年份有2015~2017年。研究表明，广西西江流域供水量出现先上升后下降的变化；2009~2012年供水量波动上升，2013~2017年呈下降趋势；整体呈下降趋势。

对流域地表水源与地下水源供水量的年际变化进行分析，能有效反映不同年份地表水源与地下水源供水的差异。由表16-10可知，2009~2017年广西西江流域地下水源年供水量在8.47亿~9.62亿m^3，占供水总量的3%左右。其中2011年的地下水源年供水量最低，而2015年的最高；多年平均地下水源供水量为9.16亿m^3。地表水源供水量与地下水源的差异较大，2009~2017年地表水源供水量在248.5亿~271.25亿m^3，多年平均地表水源供水量为263.31亿m^3，其中2013年的地表水源年供水量最高，而2017年的最低。研究表明地表水源与地下水源供水量随着时间的变化，均呈现下降趋势；地表水是广西西江流域主要的供水来源。

表16-10　2009~2017年广西西江流域地表水源与地下水源的供水量　（单位：亿m^3）

供水类型	2009年	2010年	2011年	2012年	2013年	2014年	2015年	2016年	2017年
地下水	9.50	9.23	8.47	8.57	9.51	9.41	9.62	9.49	8.65
地表水	265.86	265.25	265.58	265.79	271.25	270.71	262.28	254.53	248.50

（2）供水量空间变化特征

对流域不同城市供水量变化进行分析，能有效反映不同区域供水量变化趋势。由表16-11可知，2009~2017年南宁年供水量在37.21亿~44.64亿m^3之间波动变化，多年平均供水量为40.57亿m^3。柳州年供水量在20.5亿~23.44亿m^3之间，多年平均供水量为22.25亿m^3，占总量的8.14%。桂林年供水量在39.18亿~45.69亿m^3之间，多年平均供水量为42.85亿m^3，占总量的15.67%。梧州年供水量在13.58亿~16.63亿m^3之间，多年平均供水量为15.12亿m^3，占总量的5.53%。防城港年供水量在5.6亿~6.61亿m^3之间，多年平均供水量为6.30亿m^3，占总量的2.3%。贵港年供水量在27.48亿~35.64亿m^3之间，多年平均供水量为31.41亿m^3，占总量的11.49%。玉林年供水量在24.54亿~26.49亿m^3之间，多年平均供水量为25.26亿m^3，占总量的9.24%。百色年供水量在19.79亿~21.46亿m^3之间，多年平均供水量为20.36亿m^3，占总量的7.44%。贺州年供水量在14.93亿~16.72亿m^3之间，多年平均供水量为15.81亿m^3，占总量的5.78%。河池年供水量在15.14亿~18.28亿m^3之间，多年平均供水量为16.32亿m^3，占总量的5.97%。来宾年供水量在21.06亿~28.56亿m^3之间，多年平均供水量为25.00亿m^3，占总量的9.14%。崇左年供水量在11.03亿~13.04亿m^3之间，多年平均供水量为12.20亿m^3，占总量的4.46%。由此可知，不同城市多年平均供水量由大到小排序为：桂林>南宁>贵港>玉林>来宾>柳州>百色>河池>贺州>梧州>崇左>防城港。研究表明，广西西江流域供水量在空间分布上呈现中部高、西南部低的格局。

表16-11　2009~2017年不同城市的年供水量　（单位：亿m^3）

城市	2009年	2010年	2011年	2012年	2013年	2014年	2015年	2016年	2017年
南宁	37.21	37.38	38.32	40.33	44.64	42.60	41.88	41.82	40.93
柳州	21.44	21.32	20.50	23.04	23.44	23.06	22.84	22.35	22.30
桂林	45.22	45.69	44.26	44.00	43.28	41.83	41.14	41.05	39.18
梧州	15.23	15.77	16.63	15.45	15.07	15.38	14.62	14.34	13.58
防城港	5.60	6.13	6.45	6.25	6.48	6.61	6.58	6.15	6.47
贵港	35.64	34.88	32.28	32.98	31.28	31.41	28.22	28.54	27.48

续表

城市	2009 年	2010 年	2011 年	2012 年	2013 年	2014 年	2015 年	2016 年	2017 年
玉林	25. 15	24. 54	26. 49	25. 36	25. 16	25. 97	25. 07	24. 54	25. 07
百色	19. 79	20. 40	21. 46	19. 97	20. 11	20. 86	20. 53	20. 24	19. 86
贺州	16. 72	15. 95	16. 67	16. 15	15. 65	15. 70	15. 44	15. 04	14. 93
河池	17. 98	18. 28	17. 23	15. 69	15. 98	15. 95	15. 42	15. 18	15. 14
来宾	24. 37	24. 21	22. 95	24. 37	27. 57	28. 51	28. 56	23. 42	21. 06
崇左	12. 38	11. 03	11. 32	11. 44	12. 76	13. 04	12. 81	12. 47	12. 51

（3）不同城市的供水结构

对不同区域的供水组成结构进行分析，百色、梧州、来宾、贺州、桂林、南宁、崇左、柳州、河池的供水组成包括地表供水、地下供水和其他供水，而玉林、贵港、防城港的供水组成仅包括地表供水、地下供水。由图 16-7 可知，地表供水占各城市年供水量的 90% 以上，其中梧州、防城港、来宾、贺州、桂林的地表供水占的比例较大，均在 97% 以上。地下供水占各城市年供水量的比重较小，均不足 6%，柳州、崇左、河池的地下供水占的比例较大，分别为 5. 30%、4. 76%、4. 65%。其他方式供水占各城市年供水量的比例极小，柳州、百色、崇左、来宾、梧州、桂林、南宁、贺州不足 1%。研究表明，不同城市的供水源主要是地表水，柳州、崇左、河池等的地下水供水比例较大，各城市的供水组成结构差异较大。

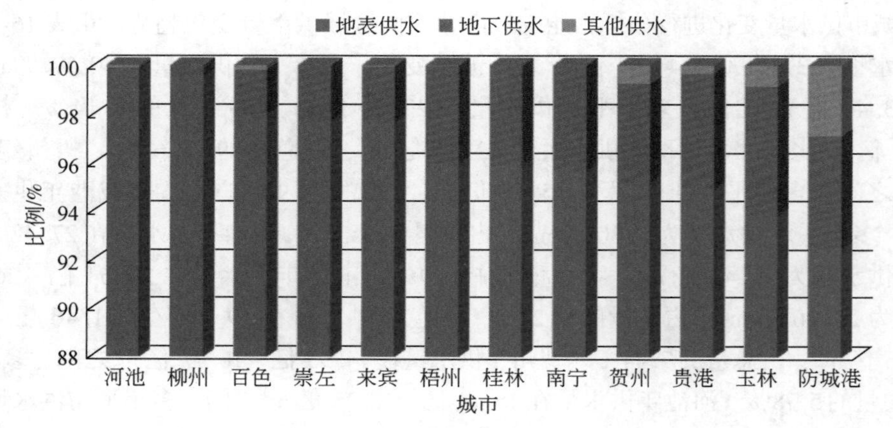

图 16-7　不同城市的供水结构

（4）用水量年际变化特征

根据 2011～2015 年广西水利年鉴的用水量数据，对广西西江流域各年份的用水量进行统计分析。由表 16-12 可知，2011～2015 年广西西江流域年用水量在 192. 41 亿～212. 36 亿 m^3 之间波动变化，其中 2013 年的用水量最少，而 2012 年的用水量最多，2011～2015 年广西西江流域多年平均用水量为 200. 07 亿 m^3。广西西江流域用水量高于平均值的年份有 2011 年、2012 年，而低于平均值的年份有 2013 年、2014 年、2015 年。研究表明广西西江流域用水量呈现先下降后升高的变化趋势。

2011～2015 年广西西江流域的用水总量为 1000. 33 亿 m^3，其中农业用水 855. 39 亿 m^3、工业用水 47. 49 亿 m^3、生活用水 62. 40 亿 m^3、生态环境用水 14. 12 亿 m^3、其他用水 20. 93 亿 m^3。因此，广西西江流域用水结构中，农业用水占用水总量的比例为 85. 51%，工业用水占用水总量的比例为 4. 75%，生活用水占用水总量的比例为 6. 24%，生态环境用水占用水总量的比例为 1. 41%，其他用水占用水总量的比例为 2. 09%，因此，占用水总量比例由大到小分别为农业用水>生活用水>工业用水>其他用水>生态环境用水。研究表明广西西江流域的农业用水较多，生态环境用水较少。

表 16-12　2011 ~ 2015 年广西西江流域不同类型用水量　（单位：亿 m^3）

类型	2011 年	2012 年	2013 年	2014 年	2015 年
生活用水	7.94	9.09	14.24	14.96	16.17
其他用水	1.69	3.91	0.70	9.29	5.34
农业用水	185.56	194.14	157.97	158.39	159.33
工业用水	6.54	4.01	12.64	12.36	11.94
生态环境用水	2.02	1.21	6.86	2.10	1.93
总计	203.75	212.36	192.41	197.10	194.71

（5）用水量空间关联和空间互相关分析

运用 Moran I（莫兰 I 数）对广西西江流域用水量的空间相关特征进行分析[123]。根据广西西江流域各县域的用水量，在 ArcGIS 10.2 中计算出流域用水量的 Moran I 值为 0.191，并且 Moran I 值的正态统计量 Z 值为 3.10；因此广西西江流域各城市的用水量呈显著的聚类和空间正相关特征，流域用水量的空间分布表现出空间集聚性，不是完全随机的分布。研究表明广西西江流域用水量较多的区域趋于集聚，而用水量较低的区域也趋于集聚。

运用 Getis-Ord Gix 指数的冷热点分析，进一步探究广西西江流域用水量较多的区域、用水量较少的区域在空间上发生聚类的具体位置[124]。利用 ArcGIS 10.2 计算出广西西江流域各县域用水量的局部 Gix 指数的统计量 Z 值，并依据自然断点法将其分类（上组限不在内）。从图 16-8 可以看出，热点地区（红色区域）有龙胜、兴安、永福、阳朔、恭城、富川、平乐、钟山、富川、平桂、昭平、八步、金秀、桂平、平南、容县、北流、兴业、港南、浦北等，主要分布在流域的东部地区。冷点地区（蓝色区域）有天峨、乐业、凌云、凤山、东兰、大化等，主要集中在流域的西北部。广西西江流域用水量呈现出东部热西北部冷的空间分布格局。

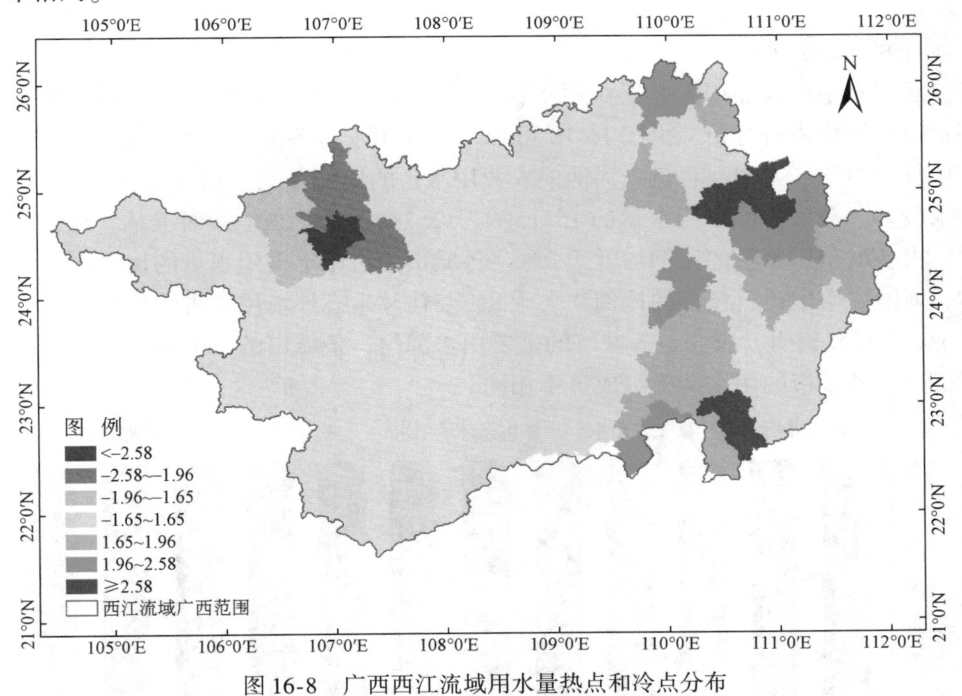

图 16-8　广西西江流域用水量热点和冷点分布

冷热点分析用水量较多的区域、用水量较少的区域的具体位置，未能反映出局部空间的具体互相关关系。为探索广西西江流域用水量的空间互相关关系的基本特征，利用 Geoda 软件对广西西江流域用水量的空间自相关进行分析[125]。由图 16-9 可知，第 1 类为低低集聚区（LL），主要特征为该地区自身与周边区域的用水量都很低，两者空间差异较小，呈正相关关系，主要分布在扶绥、凌云、凤山、东兰、金城江等。第 2 类为低高集聚区（LH），主要特征为该区域的用水量较低，而周边区域用水量较高，两者用水量的空间差异较大，呈负相关关系，显著性较强的有乐业、环江、凭祥、宁明等。第 3 类为高低集聚区（HL），主要特征为该区域的用水量较高，而周边区域用水量较低，两者用水量的空间差异较大，呈负相关关系，显著性较强的有荔浦、金秀。第 4 类为高高集聚区（HH），主要特征为该区域及周边的用水量较多，该区域与周边的空间差异较小，且呈正相关关系，主要分布在临桂、象州、兴宾、宾阳、上林等。

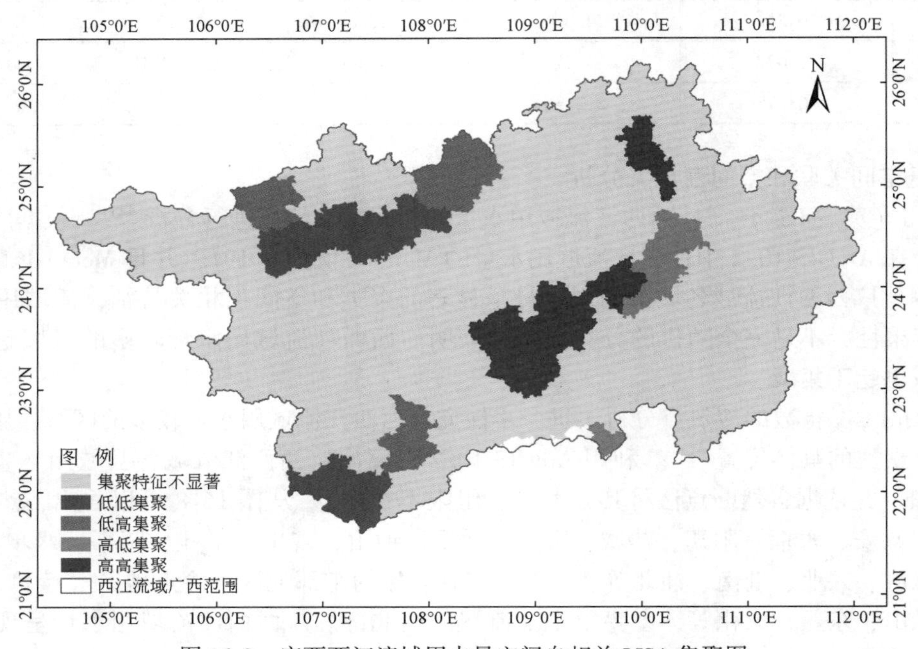

图 16-9　广西西江流域用水量空间自相关 LISA 集聚图

（6）不同城市的用水结构

广西西江流域用水是由农业用水、工业用水、生活用水、生态环境用水、其他用水等部分组成。对不同区域的用水组成结构进行分析，由图 16-10 可知，农业用水占各城市用水量的 70% 以上，其中柳州、玉林、来宾、桂林、南宁、崇左、百色、河池的农业用水占的比例较大，均在 85% 以上。防城港、贺州、梧州的工业用水较多，分别占城市用水量的 15. 15% 、12. 78% 、12. 28% ；而玉林、桂林、柳州、贵港的工业用水较少，占各城市用水量的比例均低于 2% 。各城市生活用水占用水量的比例在 3. 21% ~9. 73% 之间，其中玉林、河池、南宁、百色等的比例均大于 8% 。桂林生态环境用水占的比例最大，为 5. 46% ，其他区域均小于 1% 。研究表明，农业是各城市的主要用水部门，各城市的工业用水差异较大，各城市的生态环境用水都很少，各城市的用水结构组成各不相同。

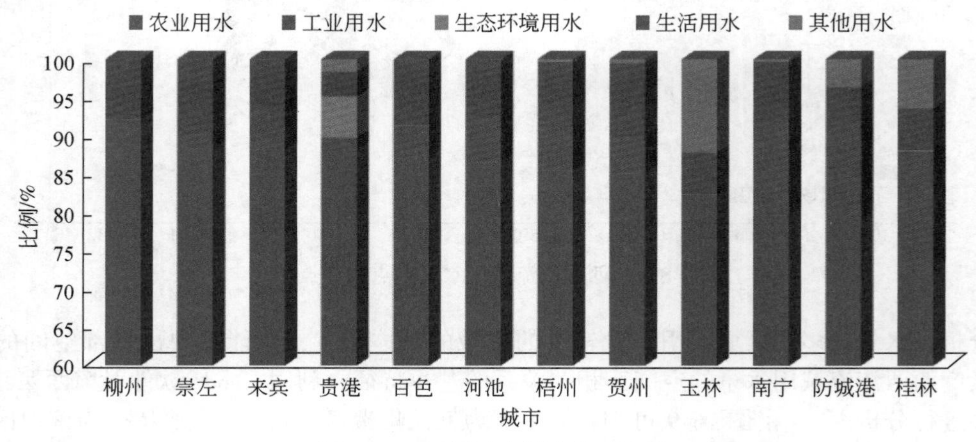

图 16-10　不同城市用水类型比例

16.4.2　广西西江流域生态环境子系统变化

1. 植被净初级生产力时空变化

植被净初级生产力是单位时间、单位面积的植被在太阳光照条件下，利用水、氮素、二氧化碳等原料进行光合作用产生的有机物，扣去植被自身呼吸消耗后剩下的部分。植被净初级生产力是植被与环境之间碳转换的重要指标[126]，也是评估生态环境质量[127]及生物光合作用能力[128]的重要指标。为探清广西西江流域 NPP 变化特征，本研究利用 MOD17A3H 遥感数据反演出研究区的植被净初级生产力[129]。

（1）植被 NPP 年际变化

在 ArcGIS 10.2 软件中，统计出广西西江流域逐年 NPP 值。2000～2015 年，广西西江流域 NPP 值（以 C 计）在 587.24～810.35g/(m^2·a）之间变化，流域 NPP 平均值为 674.80g/(m^2·a)，NPP 值差异较大，与李燕丽等[130]、周爱萍等[131]研究基本一致。2000～2004 年、2007 年、2009 年、2013 年的 NPP 值高于多年平均值，2003 年的 NPP 值最大为 810.35g/(m^2·a)。而 2005 年、2006 年、2008 年、2010～2012 年、2014～2015 年的 NPP 值则低于多年均值，其中 2012 年的 NPP 值最小为 563g/(m^2·a)。由图 16-11可知，广西西江流域 NPP 值随时间增加而波动变化，线性拟合的增长斜率为-6.7468，决定系数等于 0.2304，说明研究区 NPP 值呈下降趋势，植被逐步退化。

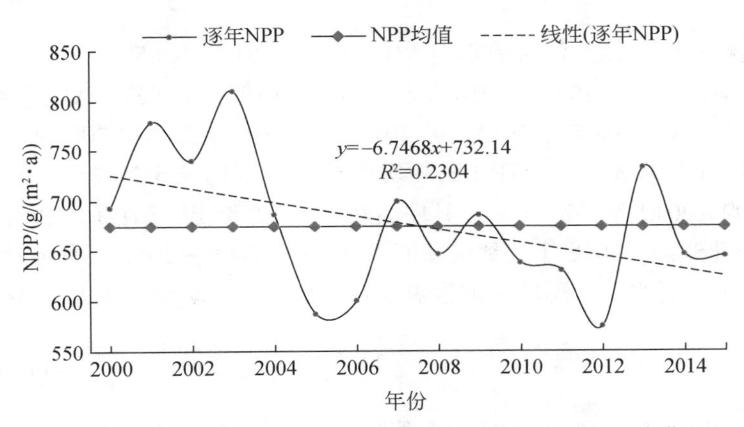

图 16-11　2000～2015 年广西西江流域植被 NPP 的年际变化

（2）植被 NPP 空间特征

将 2000～2015 年的 NPP 进行叠加分析，由图 16-12 可知（上组限不在内），广西西江流域 NPP 值低于400g/(m^2·a）区域的面积很少，不足总面积的 3%，主要分布在南宁、桂林、贵港、梧州、柳州等 5 个城市的市辖区，这些区域人类活动强烈，城镇建筑面积大，植被覆盖低。流域大部分地区的 NPP 值在 401～850g/(m^2·a）之间，占总面积的比重较大，为 80.04%。NPP 值高于 851g/(m^2·a）区域的面积较多，占总面积的 17.28%，主要分布在流域的东南、西北及西南边缘地区，如西林、田林、上思、昭平等，这些区域的森林面积大，植被覆盖高，其 NPP 值偏高。研究表明，广西西江流域大部分区域的 NPP 值高，小部分区域偏低。

2. 植被覆盖时空变化

植被是陆地生态系统的主要成分之一[132]，植被的分布影响着岩石圈与大气圈的物质能量交换[133]，植被在调节大气降雨[134]、空气污染净化[135]方面起到非常重要的作用。归一化植被指数是表示植被生长状况[136]，以及生态环境质量的重要指标[137]，NDVI 被应用于生态环境质量评价[138]、干旱评估及石漠化治理[139]成效评估等方面。

（1）植被 NDVI 年际变化

在 ArcGIS 10.2 软件中，统计出广西西江流域逐年 NDVI 值，图 16-13 显示了 2007～2016 年广西西江

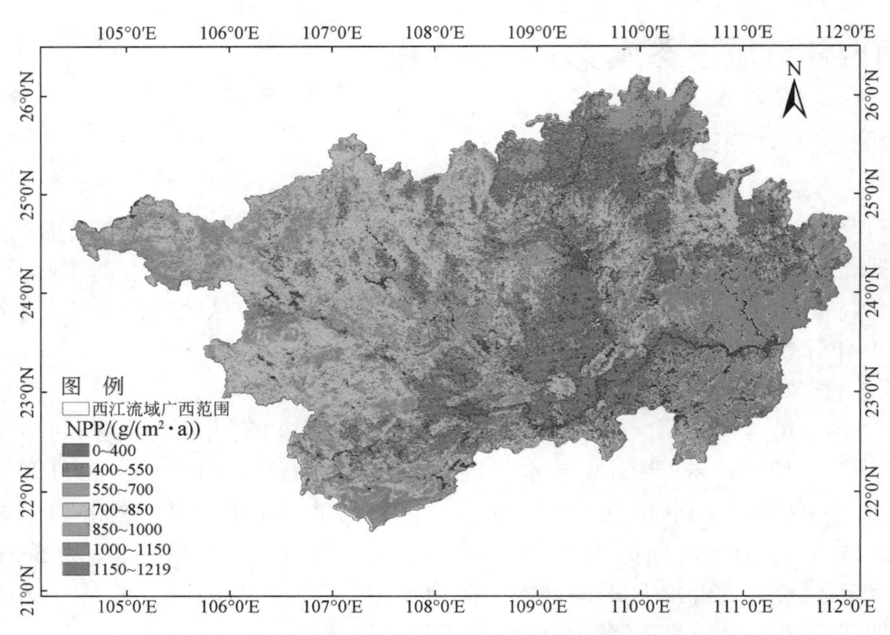

图 16-12　2000 ~ 2015 年广西西江流域 NPP 平均值空间分布

流域 NDVI 的年际变化特征。广西西江流域年均 NDVI 值在 0. 812 ~ 0. 859 之间变化。与熊小菊等[140]、王永锋和靖娟利[141]研究基本一致。2007 ~ 2016 年，NDVI 平均值为 0. 827，NDVI 各不相同，波动差异较大。高于多年 NDVI 均值的有 2008 年、2013 年、2015 年、2016 年，其中 2008 年、2015 年较为突出，分别高出多年 NDVI 均值 0. 032、0. 018，NDVI 的相对变化率分别达到 5. 78%、2. 30%。NDVI 值低于多年均值的有 2007 年、2009 ~ 2012 年、2014 年，其中 2009 年较为突出，NDVI 的相对变化率达到-5. 471%。2007 ~ 2008 年 NDVI 快速升高，2008 年达到最高值为 0. 859；2009 ~ 2016 年呈波动上升趋势。研究表明，广西西江流域 NDVI 处于较高水平，流域植被覆盖较高，年际间波动变化较大。

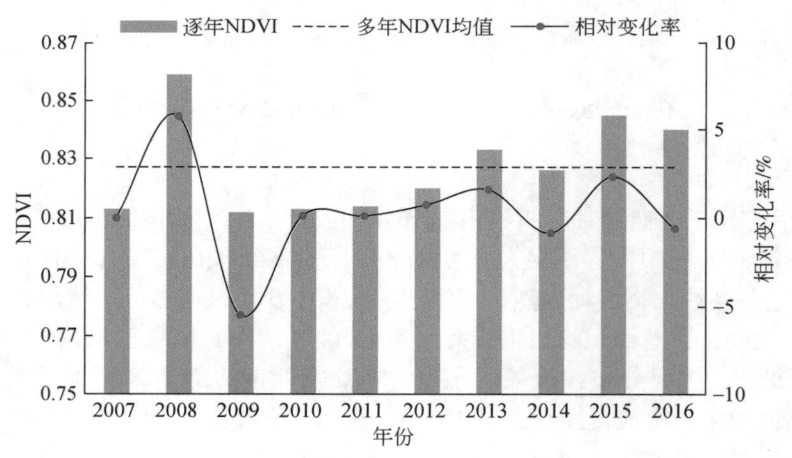

图 16-13　2007 ~ 2016 年广西西江流域 NDVI 年际变化及相对变化率

（2）植被 NDVI 空间分布

根据相关研究[142]，将广西西江流域划分为低植被覆盖区（NDVI<0. 5）、中植被覆盖区（0. 5≤NDVI<0. 7）、较高植被覆盖区（0. 7≤NDVI<0. 8）和高植被覆盖区（NDVI≥0. 8）等 4 个级别。由图 16-14 可知，2007 ~ 2016 年广西西江流域大部分区域的 NDVI 值高，以高植被覆盖为主；低植被覆盖区和中植被覆盖区的范围较小，零星分布在左江、右江、邕江沿岸及各市辖区。广西流域降水丰富，水热条件较好，植被生长良好，因此整体植被覆盖度较高；植被易受人类活动影响，随着经济的发展，在地势平坦的地

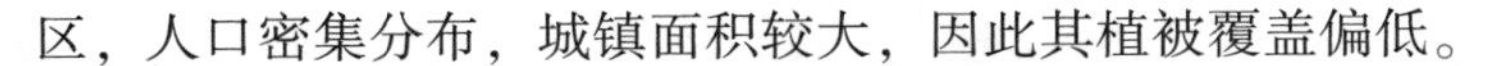
区，人口密集分布，城镇面积较大，因此其植被覆盖偏低。

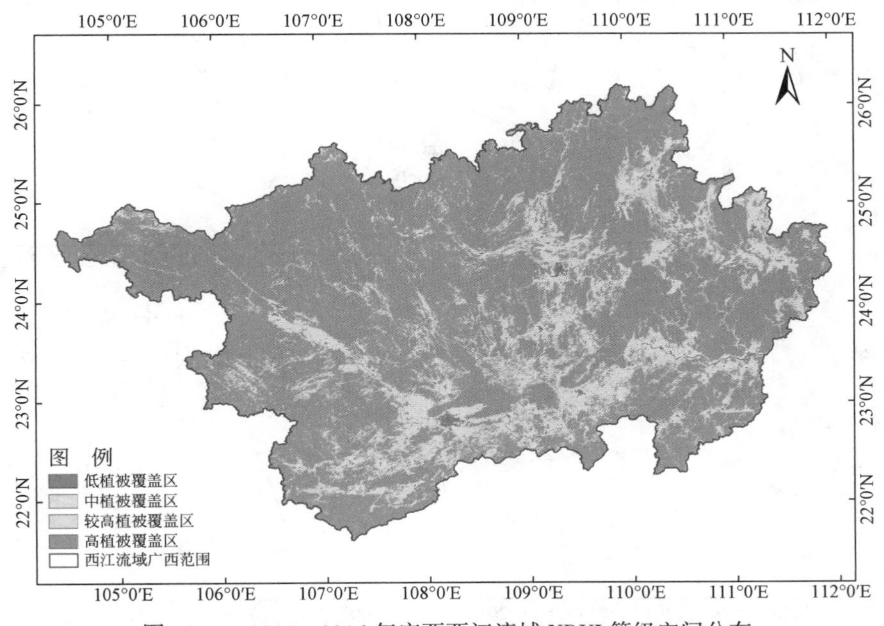

图16-14　2007～2016年广西西江流域NDVI等级空间分布

进一步探究各年份NDVI等级变化情况，对广西西江流域2007～2016年各等级面积进行统计。2007～2016年广西西江流域高植被覆盖区占总面积的比例分别为62.15%、86.38%、62.91%、64.55%、63.83%、68.31%、74.96%、71.74%、79.48%、77.40%；较高植被覆盖区占总面积的比例分别为32.35%、12.02%、31.04%、29.39%、29.41%、26.44%、20.71%、22.82%、16.10%、17.63%；中植被覆盖区占总面积的比例分别为4.86%、1.42%、5.41%、5.38%、6.02%、4.55%、3.62%、4.64%、3.74%、4.24%；低植被覆盖区占的比例分别为0.64%、0.18%、0.64%、0.68%、0.74%、0.70%、0.71%、0.80%、0.68%、0.73%。

由图16-15（a）可知，2007～2016年广西西江流域高植被覆盖区占总面积的比例最大，范围在62.15%～86.38%之间，其中2008年、2013年、2014年、2015年、2016年占的比例超过70%；随着时间的增加，其所占的比例呈增加趋势。由图16-15（b）可知，广西西江流域较高植被覆盖区占总面积的比例排在第2位，范围在12.02%～32.35%，其中2007年、2009年、2010年和2011年占总面积的比例超过29%；随着时间的增加，较高植被覆盖区所占的比例呈减少趋势。由图16-15（c）可知，中植被覆盖区占总面积的比例在3.42%～6.02%，其中2010年和2011年占的比例较大，变化趋势和较高植被覆盖区的类似，随着时间的变化呈减少趋势。由图16-15（d）可知，广西西江流域低植被覆盖区占的比例极小，范围在0.18%～0.80%，不足研究区面积的1%，随着时间的变化呈上升趋势。结果表明，广西西江流域NDVI等级所占比例中，高植被覆盖区的面积最多，其次是较高植被覆盖区，再者是中植被覆盖区，低植被覆盖区的面积最少。低植被覆盖区和高植被覆盖区的面积呈现上升趋势，较高植被覆盖区和中植被覆盖区的面积呈现下降趋势。

3. 废污水排放时空特征

（1）废污水排放口数量变化

根据2013～2015年《广西水利统计年鉴》数据，统计出广西西江流域的废污水排放口数量。由表16-13可知，2013～2015年流域废污水排放口均在630处以上，其中2015年废污水排污口最多为639处，整体上，流域废污水排放口数量呈上升趋势。对不同城市的废污水排放口总数进行分析，南宁、桂林、贵港、崇左的排污口总数均超过190处，防城港的排污口总数最少仅有18处。不同城市的废污水排放口总数由大到小排序为：南宁>贵港>桂林>崇左>河池>柳州>百色>玉林>贺州>来宾>梧州>防城港。

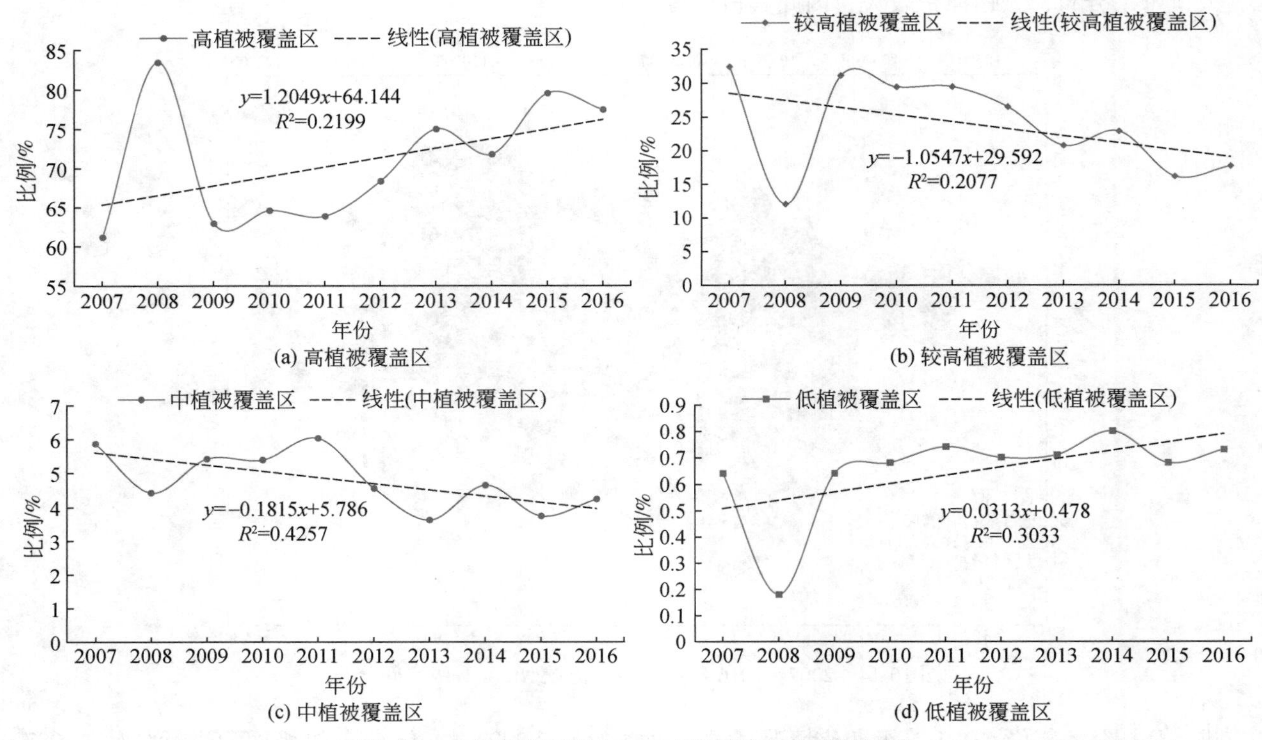

图 16-15　广西西江流域 NDVI 不同等级占比年际变化

表 16-13　广西西江流域废污水排放口　　（单位：处）

区域	2013 年	2014 年	2015 年
南宁	116	115	112
柳州	58	58	55
桂林	67	67	62
梧州	36	36	36
贵港	69	71	72
玉林	43	43	45
百色	45	45	45
贺州	39	40	40
河池	58	58	58
来宾	37	37	42
崇左	63	63	64
防城港	5	5	8
广西西江流域	636	638	639

（2）废污水排放量变化

对不同区域的废污水排放进行统计，2013～2015 年广西西江流域年废污水排放量在 221757.89 万～234192.18 万 m^3，其中 2013 年废污水排放量最少，而 2015 年的最多，废污水排放量呈增加的趋势。由表 16-14可知，贵港、柳州、来宾的平均废污水排放量较多，均超过 30000 万 m^3；而贺州、防城港、梧州等的较少，低于 7000 万 m^3。不同城市的平均废污水排放量由大到小排序为：贵港>柳州>来宾>南宁>桂林>玉林>百色>河池>崇左>贺州>防城港>梧州，不同城市的废污水排放量各不相同，差异明显。

表 16-14　不同城市平均废污水排放量　（单位：万 m^3）

城市	平均废污水排放量
贵港	70791.59
柳州	41247.41
来宾	30494.15
南宁	28685.14
桂林	12677.70
玉林	9927.83
百色	9787.28
河池	8731.24
崇左	8061.13
贺州	6441.69
防城港	6106.20
梧州	5306.29

16.4.3　广西西江流域人口子系统变化

1. 人口总体特征

2006 ~ 2017 年广西西江流域的人口数量在 4473.58 万 ~ 5013.31 万，人口密度在 196 ~ 225 人/km^2；年均人口数量为 4749.34 万，年均人口密度为 212 人/km^2。与 2006 年相比，2017 年的人口增加了 539.73 万人、人口密度增加了 25 人/km^2。由图 16-16 可知，2006 ~ 2010 年的人口数量低于平均水平，2011 ~ 2017 年的人口数量高于平均水平；其中 2008 年的人口数量最少为 4387.69 万，而 2017 年的最多。从总人口的相对变化率来看，除 2008 年、2010 年外，其余年份的相对变化率均大于 0；2008 年和 2009 年的相对变化率较为突出。对 2006 ~ 2017 年不同城市的人口数量变化分析，玉林、南宁、贵港的人口增幅较大，增加人数均超过 70 万；来宾、崇左、防城港等 3 个城市的人口增幅较小，在 15.58 万 ~ 16.74 万。不同城市的人口增幅差异明显。对男性、女性人口数量分析，由图 16-16 可知，2006 ~ 2017 年广西西江流域的男性人数在 2347.63 万 ~ 2634.54 万，女性人数在 2125.95 万 ~ 2264.81 万。2006 ~ 2017 年广西西江流域的男性人数均高于女性；多年平均男性人数为 2505.63 万人，多年平均女性人数为 2264.81 万人，两者相差 240.82 万人，男女比例失调严重。随着时间变化，男性、女性人口数量均呈上升趋势。

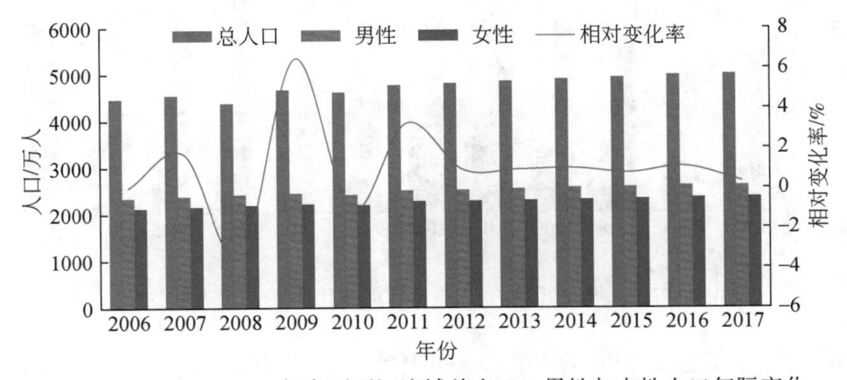

图 16-16　2006 ~ 2017 年广西西江流域总人口、男性与女性人口年际变化

2. 人口密度变化

对 2006～2017 年不同城市的平均人口密度分析，由表 16-15 可知，玉林、贵港、南宁、梧州等 4 个城市的多年平均人口密度大于 200 人/km^2，其中玉林的平均人口密度最高为 528 人/km^2；河池、百色等 2 个城市的人口密度较低，分别为 123 人/km^2、111 人/km^2。广西西江流域不同城市多年平均人口密度由高到低排序为：玉林>贵港>南宁>梧州>柳州>贺州>来宾>桂林>防城港>崇左>河池>百色。研究表明，2006～2017 年广西西江流域的人口数量呈增加趋势，人口密度空间分布差异较大。

表 16-15　2006～2017 年不同城市平均人口密度　（单位：人/km^2）

年份	南宁	柳州	桂林	梧州	防城港	贵港	玉林	百色	贺州	河池	来宾	崇左
2006	304	194	180	245	133	452	475	105	181	116	185	134
2007	309	195	181	246	135	464	487	107	184	118	187	137
2008	313	196	100	249	137	473	500	108	187	121	188	138
2009	316	197	184	252	140	481	509	110	189	122	190	139
2010	311	191	179	260	138	475	523	106	188	119	186	135
2011	322	201	188	260	147	498	533	106	197	120	195	142
2012	323	200	188	262	147	500	539	113	196	126	189	141
2013	328	200	188	267	149	508	546	114	197	124	197	142
2014	330	203	189	271	151	512	551	114	203	125	199	143
2015	335	205	190	274	153	518	554	114	204	127	198	144
2016	340	207	193	276	156	523	559	115	206	128	200	145
2017	342	208	193	278	157	524	565	115	207	128	200	144
平均	323	200	179	262	145	494	528	111	195	123	193	140

3. 出生人口变化

对广西西江流域出生、死亡人数分析，由图 16-17 可知，2006～2017 年广西西江流域年出生人数在 61.45 万～114.26 万，死亡人数在 20.03 万～73.58 万；年均出生人数为 84.19 万，年均死亡人数为 33.17 万人。与 2006 年相比，2017 年出生人数增加了 24.12 万人，随着时间的增加，广西西江流域出生人数呈上升趋势。

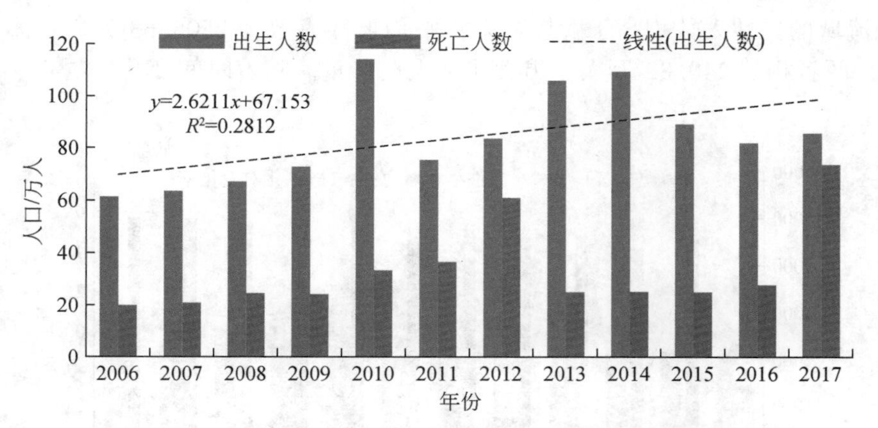

图 16-17　2006～2017 年广西西江流域出生与死亡人数变化

对不同城市的年出生人数进行分析，探究其空间差异。由表 16-16 可知，贵港、南宁、玉林等 3 个城市的年均出生人数超过 10 万人，其中玉林的最多，其次是南宁。防城港、崇左、贺州、来宾等 4 个城市的年均出生人数较低，不超过 5 万人。2006～2017 年，南宁年出生人数 9.67 万～16.17 万人，年均值为

12.13 万人，占流域出生人数的 14.25%；柳州年出生人数 4.11 万 ~ 7.92 万，年均出生人数为 5.53 万人，占流域出生人数的 6.49%。桂林年出生人数 5.19 万 ~ 10.74 万人，年均出生人数为 7.25 万人，占流域出生人数的 8.51%；梧州年出生人数 3.58 万 ~ 11.62 万人，年均出生人数为 6.69 万人，占流域出生人数的 7.86%。贵港、玉林出生人数占流域总生人数的比重较大，分别为 12.39%、16.79%。研究表明，2006 ~ 2017 年广西西江流域城市的出生人口数量除贵港外，其余城市均呈现上升趋势，南宁、玉林、贵港等的总人口多，其年出生人口数偏高；而崇左和防城港的总人口数偏低，所以其年出生人口数偏少，流域不同城市的年出生人口数差异明显。

表 16-16　2006 ~ 2017 年广西西江流域不同城市出生人数　（单位：万人）

年份	南宁	柳州	桂林	梧州	防城港	贵港	玉林	百色	贺州	河池	来宾	崇左
2006	10.20	4.95	5.19	3.58	1.98	8.57	7.05	4.89	3.56	6.16	2.39	2.93
2007	9.88	4.78	5.66	3.63	2.02	9.70	6.11	6.09	3.84	5.74	3.10	3.07
2008	9.88	4.76	5.38	4.29	1.99	10.96	6.48	6.96	3.37	5.76	4.21	3.11
2009	9.67	4.11	5.45	4.65	2.18	9.29	14.42	6.32	2.96	6.81	3.71	3.26
2010	15.22	7.87	10.23	11.62	3.07	18.78	24.27	8.61	10.75	7.19	4.09	3.84
2011	9.80	4.42	5.45	5.92	2.11	10.33	15.28	6.15	2.79	5.24	3.31	4.59
2012	11.23	5.02	6.03	6.53	2.37	10.19	17.81	6.51	3.27	7.48	3.19	3.89
2013	16.17	4.59	7.34	9.75	2.53	15.67	19.32	6.85	4.71	8.77	6.03	4.34
2014	14.22	7.92	10.74	10.27	2.19	12.43	17.54	8.33	6.75	9.25	5.24	4.63
2015	11.81	5.77	8.38	6.40	1.95	10.53	16.08	7.22	4.37	8.05	4.46	4.07
2016	12.13	5.66	8.02	6.33	1.79	9.14	12.36	6.98	4.16	7.45	4.24	3.56
2017	15.33	6.46	9.11	7.32	1.98	1.01	14.80	7.54	4.54	8.39	5.06	4.03
平均	12.13	5.53	7.25	6.69	2.18	10.55	14.29	6.87	4.59	7.19	4.09	3.78

16.4.4　广西西江流域经济子系统变化

1. 地区 GDP 特征

分析广西西江流域 GDP、第一产业和第二产业以及第三产业的发展情况，了解研究区经济社会发展差异。以 2006 年为基年，根据逐年的增长率，折算出 2007 ~ 2017 年研究区及各城市的 GDP。由图 16-18 可知，广西西江流域的年 GDP 在 4747 亿 ~ 14978 亿元之间，2017 年的 GDP 是 2006 年的 3 倍以上。随着时间变化，广西西江流域 GDP 呈现上升趋势。研究区 2006 ~ 2017 年的平均 GDP 为 9639 亿元，2006 ~ 2011 年的 GDP 低于平均水平，2012 ~ 2017 年的 GDP 则超过平均水平。对 GDP 的增长率分析，研究区

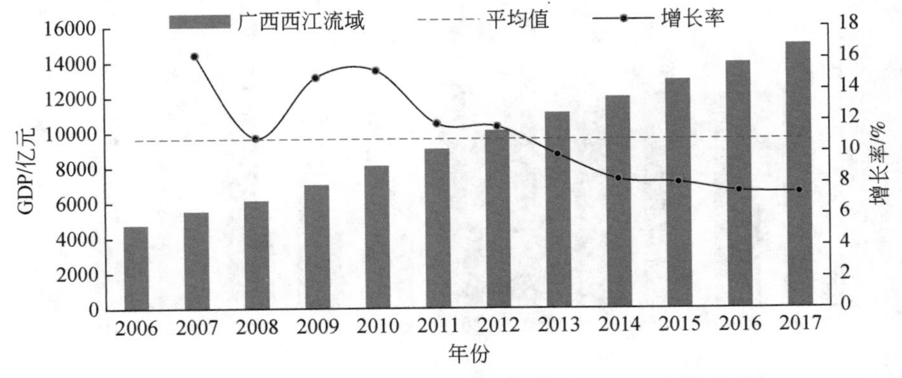

图 16-18　2006 ~ 2017 年广西西江流域地区 GDP 年际变化

GDP 增长率在 7.40% ~16.23%之间，随时间增加呈下降趋势，说明研究区的经济增速减慢；但是 GDP 增长处于较高水平，与当前中国经济转型情况相符。

对不同城市的 GDP 进行比较分析，由表 16-17 可知，南宁、柳州、桂林的经济发展迅速，GDP 值较大，其中 2006 ~2017 年南宁地区 GDP 在 870 亿 ~2566 亿元之间，平均 GDP 为 1645 亿元，占流域地区平均 GDP 的 17.07%；柳州地区 GDP 在 622 亿 ~2004 亿元之间变化，平均 GDP 为 1296 亿元，占流域地区 GDP 的 13.44%。桂林 GDP 在 607 亿 ~1852 亿元之间变化，平均 GDP 为 1226 亿元，占流域地区 GDP 的 12.72%。贺州、崇左、防城港等地区的 GDP 较低，不足广西西江流域 GDP 总量的 5%。不同城市间的 GDP 差异较大，随着时间的变化，各城市的 GDP 均出现增加趋势，研究区经济发展情况乐观。

表 16-17　2006 ~2017 年不同城市地区 GDP　（单位：亿元）

城市	2006 年	2007 年	2008 年	2009 年	2010 年	2011 年	2012 年	2013 年	2014 年	2015 年	2016 年	2017 年
南宁	870	1020	1020	1174	1340	1521	1708	1884	2044	2220	2376	2566
柳州	622	719	819	953	1104	1223	1363	1500	1627	1744	1871	2004
桂林	607	697	787	895	1018	1139	1288	1430	1544	1668	1783	1852
梧州	270	313	359	422	497	566	643	728	771	836	899	959
北海	200	237	277	322	379	448	545	617	694	773	839	925
防城港	120	144	173	213	250	289	324	364	402	443	483	516
钦州	245	287	332	382	451	542	606	654	718	778	848	923
贵港	265	311	347	399	455	483	532	576	606	651	703	766
玉林	415	478	540	620	717	796	882	971	1052	1146	1237	1331
百色	297	343	389	447	514	553	604	656	712	769	837	911
贺州	189	217	231	261	295	326	355	386	409	441	476	501
河池	249	290	328	355	400	413	410	435	470	492	516	556
来宾	203	235	265	299	352	398	445	458	486	503	522	561
崇左	194	226	253	285	322	356	398	438	475	513	555	606

2. 产业结构变化

对广西西江流域第一、第二、第三产业增加值变化进行分析，结果表明，2006 ~2017 年第一产业增加值在 1053 亿 ~1542 亿元之间变化，平均值为 1262 亿元；第二产业增加值在 1965 亿 ~7562 亿元之间波动变化，平均值为 4591 亿元；第三产业增加值在 1730 亿 ~4768 亿元之间变化，平均值为 3073 亿元；不同产业占 GDP 比例由大到小排序为：第二产业>第三产业>第一产业。

由图 16-19 可知，在 2006 ~2017 年第一产业增加值占 GDP 的比例最低，范围在 11.12% ~22.17%之间，随着时间的变化，呈现逐年下降的趋势。第二产业增加值占 GDP 的比例最高，范围在 41.39% ~

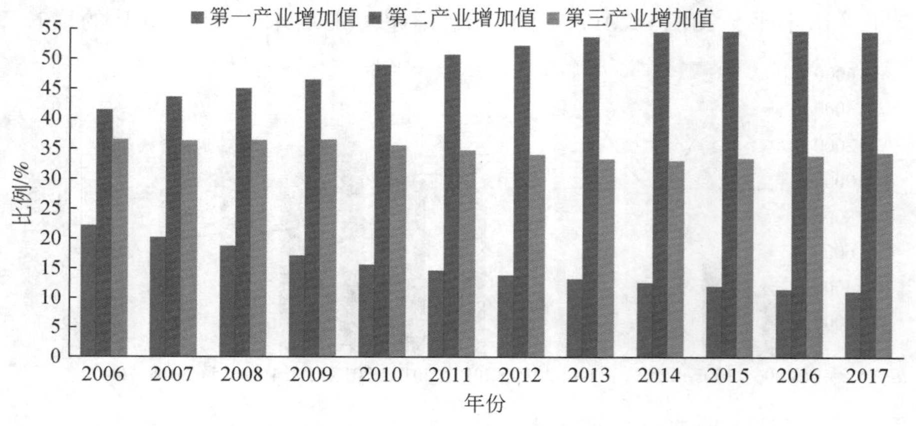

图 16-19　2006 ~2017 年广西西江流域不同产业比重

54.66%之间，随着时间的变化，呈现波动上升的趋势。第三产业增加值占 GDP 的比例处于中间位置，比第一产业增加值的高，但低于第二产业，比例范围在 32.97% ~36.44%之间。2006~2013 年，第三产业增加值的比例随着时间的增加缓慢下降。结果表明，2006~2017 年广西西江流域第二产业增加值比重呈现上升趋势，而第一、第三产业增加值则出现下降的趋势。

16.4.5　广西西江流域人口-水资源-经济子系统耦合

脱钩是物理学科方面的专业名词，我们又可以通俗地理解为解耦，常用于经济发展与生态环境问题研究[92]。为揭示广西西江流域社会经济发展与水资源利用的时空失衡特征，借助脱钩理论及方法，来探讨研究区人口变化与水资源变化、经济变化与水资源变化之间的耦合关系。随着经济的发展，流域开发强度不断加大，流域社会水文问题突出。对流域社会水文系统进行耦合研究，有利于理清人口与生活用水、工业总产值与工业用水、农业总产值与农业用水之间的关系，为流域的综合管理提供科学依据。

1. 人口子系统与水资源子系统耦合特征

以 2013 年为始年，以 2015 年为末年，运用式（16-5）计算出广西西江流域各县（市、区）的人口-生活用水脱钩弹性系数（E_{RT}）以及人口变化率（V_{RT}）、生活用水量变化率（V_{SW}），根据人口-生活用水脱钩弹性系数、人口变化率、生活用水量变化率的大小划分人口-生活用水的脱钩关系。用流域人口数量与生活用水量的脱钩关系来表征人口子系统与水资源子系统耦合特征。结果表明，广西西江流域人口数量与生活用水量呈双向变化，人口子系统与水资源子系统脱钩关系有扩张负脱钩、扩张连接、强负脱钩、强脱钩和弱脱钩等 5 种关系。

由表 16-18 可知，广西西江流域人口与生活用水处于强脱钩关系的县（市、区）比较少，仅有武鸣的生活用水量没有随人口数量下降而减少，反而持续增加，人口与生活用水量变化处于极不合理的状态。强脱钩的反向状态为强负脱钩，江州、凭祥等 9 个县（市、区）为强负脱钩关系，强负脱钩主要特征为人口增加而生活用水量减少；人口与生活用水量变化处于极不合理的状态；超过 50%的县（市、区）人口与生活用水量同向增长，但生活用水量增长率明显大于人口增长率，人口与生活用水量为弱脱钩关系，人口与生活用水量变化趋于合理。融安、凤山等 8 个县（市、区）脱钩弹性系数在 0.8~1.2 之间，人口与生活用水变化呈现扩张连接关系，生活用水增长率相近于人口增长率，两者变化趋于合理。约 20%的县（市、区）人口与生活用水变化呈扩张负脱钩关系，主要特征为人口增长率高于生活用水增长率，其中靖西的扩张负脱钩关系最为显著，人口与生活用水处于欠合理状态。

表 16-18　广西西江流域部分县（市、区）人口与生活用水变化的脱钩关系

县（市、区）	V_{RT}/%	V_{SW}/%	E_{RT}	脱钩关系
田林	14.92	19.44	0.768	弱脱钩
武宣	1.44	2.06	0.700	弱脱钩
武鸣	-0.65	30.53	-0.021	强脱钩
江州	2.19	-30.02	-0.073	强负脱钩
象州	10.65	-16.18	-0.658	强负脱钩
融安	16.08	13.51	1.190	扩张连接
凤山	23.53	19.80	1.188	扩张连接
靖西	28.36	19.03	1.491	扩张负脱钩
岑溪	10.85	8.20	1.322	扩张负脱钩

2. 经济子系统与水资源子系统耦合特征

（1）GDP 与用水总量的脱钩分析

以 2013 年为始年，以 2015 年为末年，运用式（16-6）计算出，广西西江流域各县（市、区）的 GDP-用水总量脱钩弹性系数（E_{ZT}），以及地区生产总值变化率（V_{ZC}）、用水总量变化率（V_{ZW}），根据 GDP-用水总量脱钩弹性系数、GDP 变化率、用水总量变化率的大小划分 GDP 与用水总量的脱钩关系。广西西江流域地区生产总值与用水总量呈双向变化，GDP 与用水总量脱钩关系有扩张负脱钩、扩张连接、弱脱钩、强脱钩、强负脱钩等 5 种类型。

由表 16-19 可知，广西西江流域地区 GDP 与用水总量处于强脱钩关系的县（市、区）比较少，仅有苍梧的用水总量没有随 GDP 下降而减少，反而持续增加，地区 GDP 与用水总量变化处于极不合理的状态。强脱钩的反向状态为强负脱钩，兴宾、临桂等 21 个县（市、区）的地区 GDP 与用水总量为强负脱钩关系，强负脱钩主要特征为地区 GDP 增长而用水总量下降；地区 GDP 与用水总量变化处于极不合理的状态。田林、隆林等的 GDP 与用水总量同向增长，但用水总量增长率明显大于地区 GDP 增长率，地区 GDP 与用水总量为弱脱钩关系，地区 GDP 与用水总量变化趋于合理。覃塘、罗城、隆安、港南、鹿寨等 5 个县（市、区）脱钩弹性系数在 0.8 ~ 1.2 之间，地区 GDP 与用水总量变化呈现扩张连接关系，地区 GDP 增长率相近于用水总量增长率，两者变化趋于合理。约 50% 的地区 GDP 与用水总量变化呈扩张负脱钩关系，主要特征为 GDP 增长率高于用水总量增长率，其中柳城、马山、环江的扩张负脱钩关系较为明显，地区 GDP 与用水总量处于欠合理状态。

表 16-19　广西西江流域部分县（市、区）GDP 与用水总量变化的脱钩关系

县（市、区）	V_{ZC}/%	V_{ZW}/%	E_{ZT}	脱钩关系
柳城	18.74	9.53	1.966	扩张负脱钩
马山	9.05	4.62	1.961	扩张负脱钩
覃塘	21.95	18.47	1.188	扩张连接
罗城	11.33	9.60	1.180	扩张连接
田林	43.20	60.47	0.714	弱脱钩
隆林	8.18	11.92	0.686	弱脱钩
苍梧	-81.04	2.50	-2.406	强脱钩
兴宾	1.39	-15.71	-0.088	强负脱钩
临桂	19.83	-69.58	-0.285	强负脱钩

（2）工业总产值与工业用水量的脱钩分析

以 2013 年为始年，以 2015 年为末年，运用式（16-7）计算出，广西西江流域各县（市、区）的工业总产值-工业用水脱钩弹性系数（E_{GT}）以及工业总产值变化率（V_{GT}）、工业用水量变化率（V_{GW}）。根据工业总产值-工业用水脱钩弹性系数、工业总产值变化率、工业用水量变化率的大小，划分工业总产值-工业用水脱钩关系。2013 ~ 2015 年广西西江流域工业用水量与工业总产值呈双向变化，工业总产值与工业用水量的脱钩关系有扩张负脱钩、衰退脱钩、扩张连接、衰退连接、弱脱钩、弱负脱钩、强脱钩、强负脱钩等 8 种关系（表 16-20）。

表 16-20　广西西江流域部分县（市、区）工业总产值与工业用水量变化的脱钩关系

县（市、区）	V_{GT}/%	V_{GW}/%	E_{GT}	脱钩关系
平南	27.16	40.81	0.665	弱脱钩
融安	1.16	1.89	0.616	弱脱钩
隆林	-1.08	80.92	-0.013	强脱钩

续表

县（市、区）	V_{GT}/%	V_{GW}/%	E_{GT}	脱钩关系
兴安	-2.53	116.62	-0.022	强脱钩
恭城	19.52	-96.65	-0.202	强负脱钩
临桂	20.52	-99.02	-0.207	强负脱钩
良庆	15.17	16.16	0.938	扩张连接
马山	-14.90	-20.35	0.732	弱负脱钩
横县	-8.68	-1.92	4.520	衰退脱钩
合山	-31.07	-18.78	1.654	衰退脱钩
大新	-10.91	-11.29	0.97	衰退连接
鹿寨	7.27	1.89	3.851	扩张负脱钩
兴业	22.86	15.59	1.466	扩张负脱钩

由表 16-20 可知，三江、横县、合山等 3 个县（市、区）的工业用水量与工业总产值同向减少，但工业用水量减少率明显快于工业总产值减少率，工业用水量与工业经济增长变化呈现为衰退脱钩关系，两者处于合理状态。平南、融安、龙州等 21 个县（市、区）工业用水量与工业总产值为弱脱钩关系，主要特征为工业用水量与工业总产值同向增长，工业用水量增长率明显高于工业总产值增长率，工业用水量与工业总产值两者处于合理状态。环江、邕宁等 12 个县（市、区）的工业用水量与工业总产值变化呈扩张负脱钩，两者处于欠合理状态。良庆、覃塘、那坡等 3 个县（市、区）脱钩弹性系数在 0.8～1.2 之间，工业用水量与工业总产值变化呈现扩张连接关系，工业总产值增长率相近于工业用水量增长率，两者变化趋于合理。隆林、兴安等 16 个县（市、区）的工业用水量与工业总产值变化呈强脱钩关系，而近 20% 的县（市、区）呈强负脱钩关系，工业用水量与工业总产值呈强脱钩、强负脱钩时，两者变化极不合理。大新的工业用水量与工业经济总产值同向减少，但工业用水量减少率明显慢于工业总产值减少率，两者呈衰退连接关系。

（3）农业总产值与农业用水量的脱钩分析

以 2013 年为始年，以 2015 年为末年，运用式（16-8）计算出，广西西江流域各县（市、区）的农业总产值-农业用水脱钩弹性系数（E_{NT}）以及农业总产值的变化率（V_{NY}），农业用水量的变化率（V_{NW}），根据农业总产值-农业用水脱钩系数、农业总产值的变化率、农业用水量的变化率的大小，划分农业经济与农业用水脱钩关系。广西西江流域农业用水与农业总产值呈双向变化，两者变化呈现扩张负脱钩、扩张连接、弱脱钩、弱负脱钩、强脱钩、强负脱钩等 6 种关系（表 16-21）。

表 16-21　广西西江流域部分县域农业总产值与农业用水变化的脱钩关系

县（市、区）	V_{NY}/%	V_{NW}/%	E_{NT}	脱钩关系
隆安	8.76	12.51	0.700	弱脱钩
北流	7.83	12.67	0.618	弱脱钩
象州	-4.24	57.76	-0.073	强脱钩
江州	-1.81	20.74	-0.087	强脱钩
港南	5.85	-46.02	-0.127	强负脱钩
临桂	9.43	-42.44	-0.222	强负脱钩
上思	-8.03	-14.56	0.551	弱负脱钩
田东	12.40	11.20	1.107	扩张连接
柳江	2.16	2.08	1.038	扩张连接
荔浦	15.75	9.46	1.665	扩张负脱钩
隆林	11.80	8.92	1.324	扩张负脱钩

由表 16-21 可见，广西西江流域农业总产值与农业用水处于强脱钩关系的县（市、区）比较少，象州、江州等的农业用水没有随农业总产值下降而减少，反而上升，农业用水与农业总产值变化处于极不合理的状态。强脱钩的反向状态为强负脱钩，港南、临桂、兴宾等 26 个县（市、区）为强负脱钩关系，强负脱钩主要特征为农业总产值增加而农业用水减少；农业用水与农业总产值变化处于极不合理的状态。隆安、北流等 16 个县（市、区）农业用水与农业总产值同向增长，但农业用水增长率明显大于农业总产值增长率，农业用水与农业总产值为弱脱钩关系，两者变化趋于合理。田东、柳江等 6 个县（市、区）脱钩弹性系数在 0.8～1.2之间，农业用水与农业总产值变化呈现扩张连接关系，农业用水增长率相近于农业总产值增长率，两者变化趋于合理。约 30% 的县（市、区）农业用水与农业总产值变化呈扩张负脱钩关系，主要特征为农业总产值增长率高于农业用水增长率，其中荔浦、隆林、德保、巴马、平南的扩张负脱钩关系较为显著，农业用水与农业总产值处于欠合理状态。上思的农业用水与农业总产值同向减少，但农业用水量速度快于农业总产值的下降速度，农业总产值与农业用水为弱负脱钩关系，两者变化处于欠合理状态。

3. 社会经济与水资源协调类型划分

将人口与生活用水、GDP 与用水总量变化脱钩关系进行叠加组合，把广西西江流域社会经济与水资源变化关系划分为 3 种类型，即协调型、欠协调型、极不协调型，并运用 ArcGIS 10.2 将其空间展示出来。广西西江流域除罗城、隆安、鹿寨、港南、右江、港北、兴安、田林、隆林、资源外，其他县（市、区）的社会经济与水资源关系均呈现不同程度的欠合理状态，有 9 个县（市、区）的社会经济与水资源关系极不协调。结果表明，广西西江流域人口数量与生活用水量、GDP 与用水总量均呈双向变化；人口数量与生活用水量、GDP 与用水总量变化均呈现扩张负脱钩、扩张连接、强负脱钩、强脱钩和弱脱钩关系；有 50% 的县（市、区）社会经济与水资源为欠协调状态，有 30% 的县（市、区）处于极不协调状态，而两者协调的县（市、区）较少。

①在社会经济与水资源协调区中，右江、港北、兴安、田林、隆林、资源的主要特征为人口与生活用水、GDP 与用水总量均同向变化，用水总量增长率明显大于 GDP 增长率，生活用水增长率明显大于人口增长率，该区域人口与生活用水及 GDP 与用水总量均为弱脱钩关系；隆安、鹿寨、港南的 GDP 与用水量呈扩张连接关系，而人口与生活用水为弱脱钩关系，社会经济与水资源变化趋于合理；罗城的人口与生活用水呈扩张连接关系，GDP 与用水总量为弱脱钩关系，表现为用水总量增长率明显大于 GDP 增长率，生活用水增长率相近于人口增长率，社会经济与水资源变化趋于合理（表 16-22）。

表 16-22　广西西江流域社会经济与水资源变化协调类型

类型	县（市、区）
协调区	隆安、鹿寨、兴安、资源、港北、港南、右江、田林、隆林、罗城、平桂
欠协调区	邕宁、三江、岑溪、浦北、田东、那坡、靖西、八步、南丹、都安、马山、融安、柳城、柳江、融水、永福、荔浦、阳朔、龙胜、蒙山、藤县、平南、容县、北流、乐业、田阳、凌云、昭平、巴马、宜州、凤山、大化、东兰、金城江、环江、忻城、合山、金秀、天等、扶绥、覃塘、兴宁、西乡塘、江南、青秀、城中、柳南、鱼峰、柳北、象山、秀峰、叠彩、雁山、七星、蝶山、长洲、万秀
极不协调区	德保、龙州、宁明、横县、上林、苍梧、兴业、宾阳、武鸣、上思、江州、凭祥、良庆、恭城、临桂、平乐、桂平、西林、平果、钟山、富川、天峨、武宣、兴宾、大新、灵川、象州

②在社会经济与水资源欠协调区中，邕宁、三江、岑溪等的人口与生活用水、GDP 与用水总量均同向增长，而人口和 GDP 的增长速度明显大于用水的增长速度，人口与生活用水变化关系呈扩张负脱钩关系；GDP 与用水总量变化呈扩张负脱钩关系。马山、柳城、柳江等 GDP 与用水总量变化呈扩张负脱钩关系，其人口与生活用水变化呈弱脱钩关系，表现为人口与生活用水量为弱脱钩关系，人口增长与生活用水量变化趋于合理；GDP 增长率高于用水总量增长率，GDP 与用水总量处于欠合理状态。融安、平南、北流等的社会经济与水资源变化处于欠协调状态，表现为 GDP 增加、用水总量增加，人口增加、生活用水增加，GDP 增长率高于用水总量增长率，GDP 与用水总量变化呈扩张负脱钩关系；生活用水增长率相近于人口增长率，两者呈扩张连接关系。

③在社会经济与水资源极不协调区中，德保、龙州、宁明的 GDP 增长，用水总量增长，GDP 增长率高于用水总量增长率；人口增加，而生活用水量减少，人口与生活用水量变化处于极不合理的状态，该区域 GDP 与用水总量变化呈扩张负脱钩关系；而人口与生活用水量变化为强负脱钩关系。横县、上林、兴业的 GDP 增长而用水总量下降，人口增长，生活用水增长，生活用水增长速度低于人口增长，人口与生活用水量变化处于欠合理的状态，而 GDP 与用水总量变化处于极不合理状态。良庆、恭城、临桂等的 GDP 增长与用水总量变化呈强负脱钩关系，人口与生活用水量变化处于合理状态。宾阳、上思、江州、凭祥的人口和 GDP 增长，而生活用水、用水总量下降，人口与生活用水量变化呈强负脱钩关系，GDP 增长与用水总量变化呈强负脱钩关系，社会经济与水资源利用处于极不合理状态。武鸣的用水总量和人口减少，GDP 与生活用水量下降，兴宾的用水总量减少，人口、GDP 和生活用水均增加，GDP 与用水总量呈强负脱钩关系；苍梧的 GDP 减少，人口和用水量增加，GDP 与用水总量变化处于极不协调状态；灵川、象州的生活用水减少而人口增多，用水总量及 GDP 均增加，人口与生活用水量变化处于极不合理状态。

16.5　广西西江流域社会水文系统脆弱性评价

16.5.1　单项评价

1. 社会水文系统敏感度

（1）不同敏感度等级面积及占比分析

根据式（16-9），运用社会水文系统敏感度评价模型计算出广西西江流域社会水文系统的敏感度值。在 ArcGIS 10.2 中，利用自然断点法将敏感度划分为一般敏感、轻度敏感、中度敏感、重度敏感、极度敏感 5 个等级。研究表明，2013 ~ 2015 年广西西江流域社会水文系统一般敏感的面积在 29699.63 ~ 36274.87km^{2}之间，占流域总面积的 13.69%~16.72%，一般敏感面积波动变化较小，整体呈下降趋势。流域社会水文系统轻度敏感的面积在 44242.67 ~ 50723.47km^{2}之间，占流域总面积的 20.40%~23.39%；2013 ~ 2015 年流域轻度敏感的面积波动变化小，整体呈下降趋势。2013 ~ 2015 年流域社会水文系统中度敏感的面积占流域总面积的比例较大，在 21.29%~29.94% 之间，流域社会水文系统中度敏感面积在 46169.27 ~ 64947.88km^{2}之间，整体呈下降趋势。重度敏感面积占总面积的比重由 2013 年的 21.78% 增加到 2015 年的 27.34%，面积在 46980.69 ~ 59316.67km^{2}之间，波动变化大，整体呈现上升趋势。流域社会水文系统极度敏感面积 17973.09 ~ 37471.76km^2，占流域总面积的 8.29%~17.28%，波动变化较大，整体呈增加趋势。由表 16-23 可知，2013 年广西西江流域社会水文系统敏感度以中度敏感为主，轻度敏感、重度敏感面积占的比重较大；而 2015 年研究区社会水文系统敏感度以重度敏感为主，轻度敏感、中度敏感面积减少，极度敏感面积增加，流域社会水文系统敏感度增大，流域生态环境向不利的方向发展。

表 16-23　广西西江流域社会水文系统不同敏感度等级占比　（单位：%）

年份	一般敏感	轻度敏感	中度敏感	重度敏感	极度敏感
2013	15.75	22.91	25.18	21.78	14.38
2014	16.72	23.39	29.94	21.66	8.29
2015	13.69	20.40	21.29	27.34	17.28

（2）社会水文系统敏感度时间变化分析

将广西西江流域社会水文系统敏感度等级图与研究区行政区划图进行叠加，在 ArcGIS 10.2 中统计出不同等级的县（市、区）数量。对 2013 年、2015 年研究区的社会水文系统敏感度进行研究。由表 16-24 可知，流域社会水文系统一般敏感、轻度敏感、中度敏感的县（市、区）数量减少，而重度敏感、极度敏感的县（市、区）数量增加。

表 16-24　不同敏感度等级的县（市、区）数量及占比

年份	类型	一般敏感	轻度敏感	中度敏感	重度敏感	极度敏感
2013	个数/个	18	23	21	18	15
	比例/%	18.95	24.21	22.11	18.95	15.79
2015	个数/个	13	22	18	25	17
	比例/%	13.68	23.16	18.95	26.32	17.89

对2013年广西西江流域社会水文系统敏感度较高（重度敏感、极度敏感）区域分析。从县（市、区）数量上看，流域内有33个县（市、区）的社会水文系统敏感度处于较高状态，占县（市、区）总数的34.74%。从面积方面看，社会水文系统敏感度较高面积为78434.02km^2，占流域总面积的36.16%。社会水文系统敏感度较低（一般敏感和轻度敏感）区域，从县（市、区）数量上看，流域内有41个县（市、区）的社会水文系统敏感度处于较低状态，占县（市、区）总数的43.16%；从面积方面分析，敏感度较低面积为83846.34km^2，占流域总面积的38.66%。流域社会水文系统敏感度较高区域的面积及县（市、区）数量均少于敏感度较低的。对2015年流域社会水文系统敏感度较高区域分析，从县（市、区）数量上看，流域内有42个县（市、区）的社会水文系统敏感度处于较高状态，占县（市、区）总数的44.21%。从面积方面看，社会水文系统敏感度较高面积为96788.43km^2，占流域总面积的44.62%。社会水文系统敏感度较低区域主要分布在融安、融水等，从县（市、区）数量上分析，流域内有35个县（市、区）的社会水文系统敏感度处于较低状态，占县（市、区）总数的36.84%。从面积上分析，社会水文系统敏感度较低的面积为73942.3km^2，占流域总面积的34.09%。流域社会水文系统敏感度较高区域面积及县（市、区）数量均大于敏感度较低区域的面积及县（市、区）数量。

对比2013年、2015年研究区社会水文系统敏感度变化可知，蒙山、平乐等5个县（市、区）的社会水文系统敏感度由一般转变为轻度；德保、乐业等5个县（市、区）的社会水文系统敏感度由轻度转变为中度；田东、忻城等11个县（市、区）的社会水文系统敏感度由中度转变为重度；上思、苍梧等2个县（市、区）的社会水文系统敏感度由重度转变为极度。而宁明等3个县（市、区）的社会水文系统敏感度由极度转变为重度；港北、桂平等2个县（市、区）的社会水文系统敏感度由重度变为中度；金城江的社会水文系统敏感度由中度变为轻度，环江的则由中度变为一般。

研究表明，2013～2015年广西西江流域社会水文系统敏感度较低区域的面积减少了9904.04km^2，县（市、区）数量减少了6.32%；社会水文系统敏感度较高区域的面积增加了18354.413km^2，占流域总面积比重上升了8个百分点，县（市、区）数量增加了10.88%。流域社会水文系统敏感度呈上升趋势。

（3）社会水文系统敏感度空间特征分析

流域社会水文系统敏感度是降水、风速、相对湿度、气温、海拔、坡度、坡向、地表温度、地表蒸散量等因素综合作用的结果。在ArcGIS 10.2软件中将2013～2015年的社会水文系统敏感度结果进行叠加分析，由表16-25可知，多年流域社会水文系统一般敏感、轻度敏感、中度敏感、重度敏感、极度敏感的面积分别为33459.28km^2、48677.39km^2、56989.75km^2、54041.69km^2、23731.89km^2；因此，不同敏感度等级面积由大到小排列为：中度敏感>重度敏感>轻度敏感>一般敏感>极度敏感。从县（市、区）数量上看，重度敏感和极度敏感的县（市、区）总数占34.74%，而一般敏感和轻度敏感的县（市、区）总数占40%。

表 16-25　广西西江流域社会水文系统不同敏感度等级面积、县（市、区）数量及占比

类型	一般敏感	轻度敏感	中度敏感	重度敏感	极度敏感
面积/km^2	33459.28	48677.39	56989.75	54041.69	23731.89
比例/%	15.43	22.44	26.27	24.92	10.94
县（市、区）/个	16	22	24	25	8
比例/%	16.84	23.16	25.26	26.32	8.42

由图 16-20 可知，广西西江流域社会水文系统一般敏感和轻度敏感区域主要在流域的北部，重度敏感和极度敏感区域主要在流域的南部，社会水文系统敏感度整体呈现北低南高的格局。2013 ~ 2015 年流域的平均气温、平均风速、平均地表蒸散量等的高值区主要分布在南部，而北部区域的相对较低，因此，在气温、地表蒸散量、风速等因素的叠加作用下，社会水文系统一般敏感和轻度敏感区域主要在流域北部，而南部的重度敏感、极度敏感面积分布广泛。

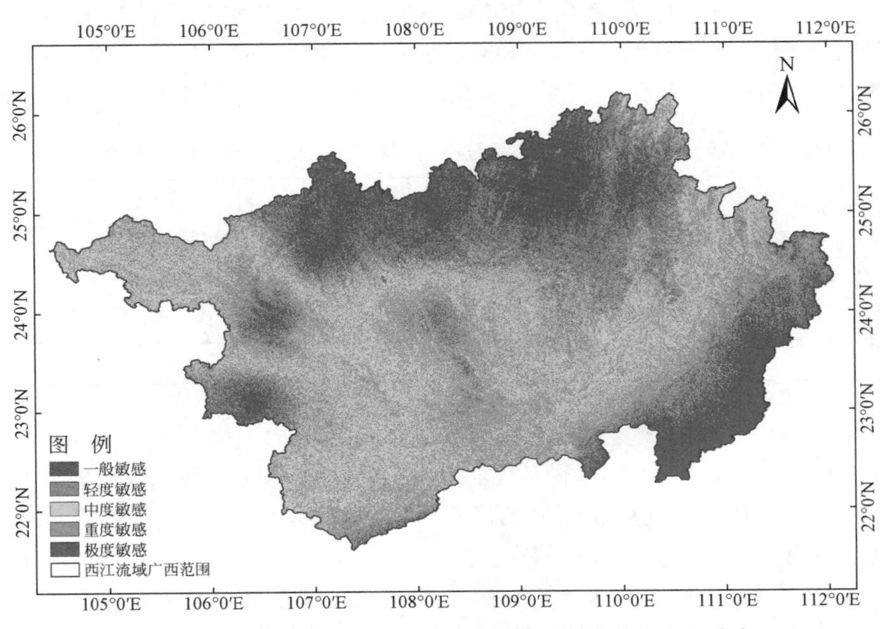

图 16-20　广西西江流域社会水文系统敏感度等级空间分布

2. 社会水文系统恢复力

（1）不同恢复力等级面积及占比分析

根据式（16-10），运用社会水文系统恢复力模型计算出流域社会水文系统恢复力值。在 ArcGIS 10. 2 中，利用自然断点法将敏感性划分为极低恢复力、低恢复力、中恢复力、高恢复力、极高恢复力 5 个等级。2013 ~ 2015 年广西西江流域社会水文系统极低恢复力的面积在 3105. 48 ~ 3533. 30km^{2}之间，占流域总面积的 1. 43%~ 1. 63%（表 16-26），波动变化较小。与 2013 年相比，2015 年极低恢复力面积增加了 427. 82km^2，流域社会水文系统极低恢复力的面积整体上呈上升趋势。流域社会水文系统低恢复力的面积在 16234. 32 ~ 21607. 69km^{2}之间，占流域总面积的比重由 2013 年的 7. 49% 上升到 2015 年的 9. 96%，面积增加了 5373. 37km^2，低恢复力面积波动变化小，呈增加趋势。流域社会水文系统中恢复力的面积占流域总面积的比例较大，在 32. 08%~ 32. 20% 之间，面积在 69588. 90 ~ 69844. 53km^{2}之间，社会水文系统中恢复力的面积波动变化极小。高恢复力面积占总面积的比重由 2013 年的 38. 86% 下降到 2015 年的 35. 15%，面积在 76246. 32 ~ 84281. 10km^{2}之间变化，高恢复力面积波动变化大，呈现下降趋势。流域社会水文系统极高恢复力面积在 43690. 20 ~ 46246. 17km^{2}之间，占流域总面积的 20. 14%~ 21. 32%，波动变化较小。

表 16-26　广西西江流域社会水文系统不同恢复力等级面积占比　（单位:%）

年份	极低恢复力	低恢复力	中恢复力	高恢复力	极高恢复力
2013	1. 43	7. 49	32. 08	38. 86	20. 14
2014	1. 51	9. 04	32. 20	35. 93	21. 32
2015	1. 63	9. 96	32. 13	35. 15	21. 13

研究表明，2013～2015 年广西西江流域社会水文系统恢复力以高恢复力为主，中恢复力、极高恢复力面积占的比重均在 20% 以上。流域社会水文系统极低恢复力、低恢复力、中恢复力的面积均出现增加，而高恢复力面积减少，流域社会水文系统恢复力变化呈下降趋势，向不利的方向发展。

（2）社会水文系统恢复力的年际变化分析

对广西西江流域社会水文系统恢复力等级图与研究区行政区划图进行叠加，在 ArcGIS 10.2 中统计出不同等级的县（市、区）数量。将 2013 年、2015 年研究区的社会水文系统恢复力进行对比研究。由表 16-27可知，流域社会水文系统极低恢复力、低恢复力、中恢复力的县（市、区）数量增加，分别增加了 1.06%、1.05%、12.63%，而处于高恢复力等级的县（市、区）数量减少，下降了 18.95%。

表 16-27　广西西江流域社会水文系统不同恢复力等级县（市、区）数量及占比

年份	类型	极低恢复力	低恢复力	中恢复力	高恢复力	极高恢复力
2013	个数/个	1	7	29	43	15
	比例/%	1.05	7.37	30.53	45.26	15.79
2015	个数/个	2	8	41	25	19
	比例/%	2.11	8.42	43.16	26.32	20.00

进一步分析研究区哪些区域的恢复力上升、哪些区域的恢复力下降。由图 16-21 转移图谱可知，天峨、隆林等 7 个县（市、区）的社会水文系统恢复力由高转变成极高状态，区域的恢复力上升；兴业的社会水文系统恢复力由中度转变成高度，区域的恢复力上升。蒙山、金秀、藤县等 3 个县（市、区）的社会水文系统恢复力由极高下降到高状态；都安、恭城、资源等 15 个县（市、区）的社会水文系统恢复力由高转变成中；柳城、西乡塘等 2 个县（市、区）的社会水文系统恢复力由中转变成低；秀峰的社会水文系统恢复力由低转变成极低。研究表明，流域社会水文系统恢复力得到提高的区域主要集中分布在西北部，而社会水文系统恢复力下降的区域主要集中在东北部。

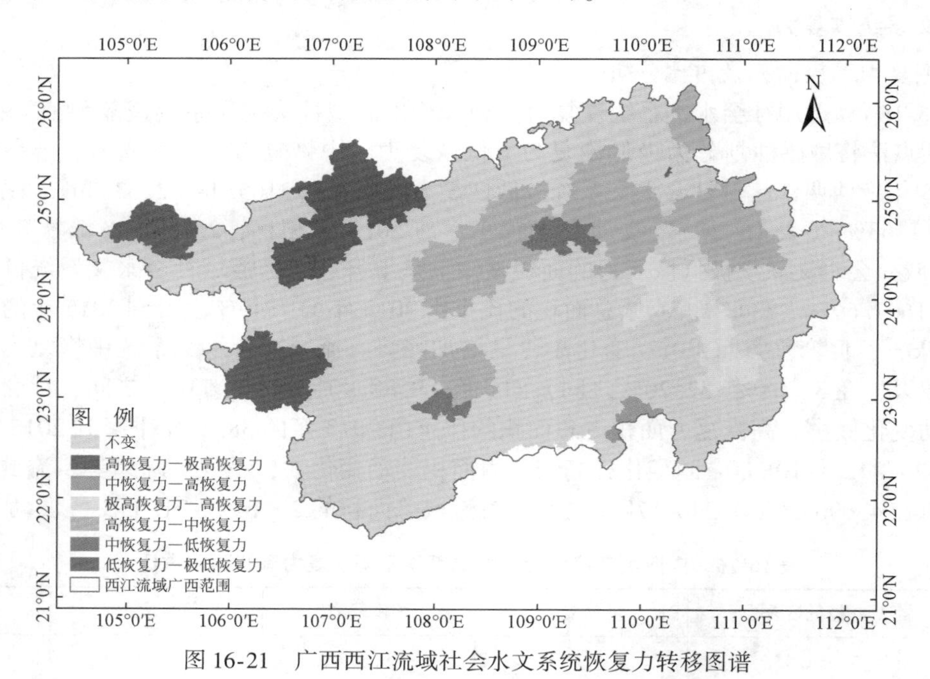

图 16-21　广西西江流域社会水文系统恢复力转移图谱

（3）社会水文系统恢复力的空间特征分析

流域社会水文系统恢复力是植被净初级生产力及植被覆盖等因素共同作用的结果，流域生态环境恢复力越大，说明流域生态环境抗干扰能力越强。在 ArcGIS 10.2 软件中将研究区多年社会水文系统恢复力结果进行叠加分析。由表 16-28 可知，多年流域社会水文系统极低恢复力、低恢复力、中恢复力、高恢复力、极高恢复力的面积分别为 3159.26km²、15853.31km²、63483.70km²、85521.09km²、48882.64km²。因此，不同恢复力等级面积由大到小排列为：高恢复力>中恢复力>极高恢复力>低恢复力>极低恢复力。从比例上看，高恢复力区域面积占流域总面积的比重最大，为 39.43%；中恢复力、极高恢复力区域面积占流域总面积的比重较大，均在 20% 以上；低恢复力区域面积占流域总面积的比重小，仅有 7.31%；而极低恢复力区域面积占流域总面积的比重极小，不足 2%。从县（市、区）数量来分析，处于高恢复力和极高恢复力等级的县（市、区）占总数的 60%；而极低恢复力和低恢复力的县（市、区）占总数的 8.42%，份额较小。因此，广西西江流域社会水文系统恢复力整体较高，小部分区域的社会水文系统恢复力低。

表 16-28　广西西江流域社会水文系统不同恢复力等级面积、县（市、区）数量及占比

类型	极低恢复力	低恢复力	中恢复力	高恢复力	极高恢复力
面积/km²	3159.26	15853.31	63483.70	85521.09	48882.64
比例%	1.46	7.31	29.27	39.43	22.54
县（市、区）数/个	1	7	30	34	23
比例/%	1.05	7.37	31.58	35.79	24.21

由图 16-22 可知，广西西江流域社会水文系统恢复力处于极低和低等级的区域主要分布在河流沿岸及地级市的市辖区如城中、象山等，因为这些区域地势平坦，建设用地面积大，人类活动强烈，其植被覆盖值较低；而研究区大部分区域的植被覆盖较好，植被净初级生产力较高，生态环境恢复力强，其中西林、田林等特别显著。

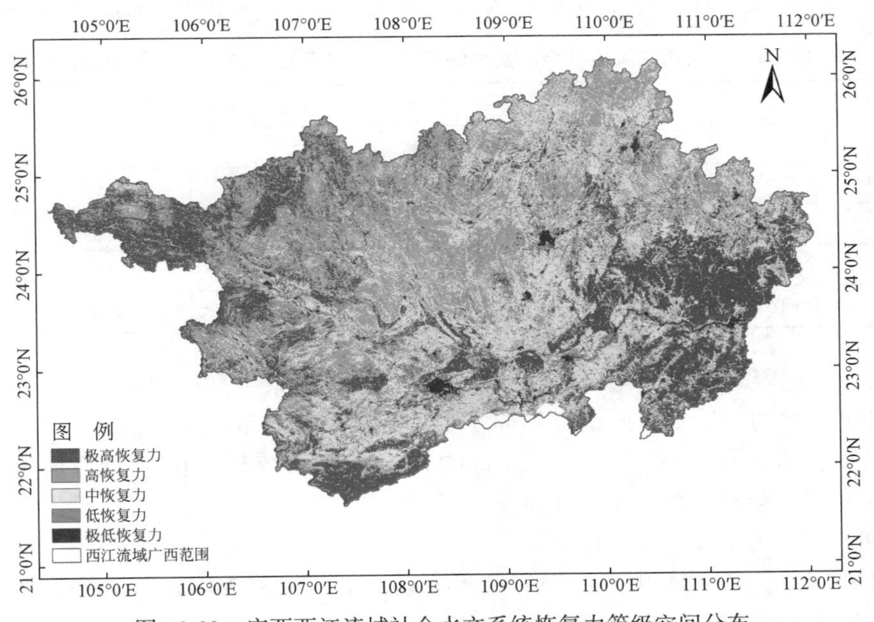

图 16-22　广西西江流域社会水文系统恢复力等级空间分布

3. 社会水文系统压力

（1）社会水文系统不同压力等级面积及占比分析

根据人口密度、GDP 密度、用水量、废污水排放量、水土流失治理面积等指标的标准化值及指标权重，运用式（16-11），计算出广西西江流域的社会水文系统压力值。利用自然断点法将社会水文系统压力划分为极低压力、低压力、中压力、高压力、极高压力 5 个等级。由表 16-29 可知，2013 ~ 2015 年广西西江流域社会水文系统极高压力的面积在 17502.87 ~ 19115.16km²之间，占流域总面积的 8.07%~8.81%，极高压力面积波动变化极小，整体呈上升趋势。流域社会水文系统高压力的面积在 29707.73 ~ 41762.05km²之间，占流域总面积比例较大，在 13.7%~19.25%；2013 ~ 2015 年流域社会水文系统高压力的面积波动大，整体呈增加趋势。流域社会水文系统压力处于中压力的面积占流域总面积的比例较大，在21.94%~30.08%之间；社会水文系统中压力面积在47579.52～65234.59km²之间，整体呈下降趋势。低压力的面积占总面积的比例由2013年的28.43%增加到2015年的32.8%，面积在61662.46～71141.56km²之间变化，波动变化大，整体呈现上升趋势。流域社会水文系统极低压力的面积在32165.20～37301.71km²之间，占流域总面积的14.83%~18.57%，波动变化较大，呈增加趋势。研究表明，2013和2015年广西西江流域社会水文系统压力以中、低压力为主，整体状态良好。高压力面积占的比例较大，且呈增加趋势；极高压力面积也不断增加，流域社会水文系统压力增大。

表16-29　广西西江流域社会水文系统不同压力等级面积占比　（单位：%）

年份	极低压力	低压力	中压力	高压力	极高压力
2013	14.83	28.43	30.08	18	8.66
2014	18.57	31.83	27.83	13.7	8.07
2015	17.2	32.8	21.94	19.25	8.81

（2）社会水文系统压力时间变化分析

对流域社会水文系统压力等级图与研究区行政图进行叠加，在ArcGIS 10.2中统计出不同等级的县（市、区）数量。将2013年和2015年研究区的社会水文系统压力进行对比分析。由表16-30可知，2013年流域社会水文系统极低压力和低压力的县（市、区）数占41.05%，高压力和极高压力的县（市、区）数占26.32%，中压力的县（市、区）数占32.63%。2015年流域社会水文系统高压力和极高压力的县（市、区）数占的比例增加到31.58%，增幅较大，说明流域在经济发展中，社会水文系统压力严峻。

表16-30　广西西江流域社会水文系统不同压力等级县（市、区）数量及占比

年份	类型	社会水文系统压力等级				
		极低	低	中	高	极高
2013	个数/个	15	24	31	18	7
	比例/%	15.79	25.26	32.63	18.95	7.37
2015	个数/个	16	27	22	20	10
	比例/%	16.84	28.42	23.16	21.05	10.53

由图16-23可知，随着时间的变化，广西西江流域社会水文系统高压力和极高压力区域向东北部扩展，而极低压力和低压力的区域则向西南部延伸。叠彩等3个县（市、区）的社会水文系统压力由高度向极高度恶化；灵川、秀峰等3个县（市、区）的社会水文系统压力由中压力加重到高压力；流域6.32%县（市、区）的社会水文系统压力升高。

（3）社会水文系统压力空间特征分析

流域社会水文系统压力是人类生产活动、经济活动、生态修复等因素综合作用的结果。在ArcGIS 10.2软件中将2013～2015年的社会水文系统压力结果进行叠加，得到广西西江流域多年社会水文系统综合压力。由表16-31可知，多年流域社会水文系统极低压力、低压力、中压力、高压力、极高压力的面积分别为35373.07km²、67594.09km²、55085.21km²、39047.1km²、19800.53km²；因此，不同社会水文系统压力等级面积由大到小排列为：低压力>中压力>高压力>极低压力>极高压力。流域社会水文系统高压力和极高压力面积占总面积的比例较大，为27.13%，小部分区域的社会水文系统压力较大；而流域社会水文系统极低压力和低压力面积占总面积的47.47%，说明流域社会水文系统整体状况较好。

从县（市、区）数量分析，极低压力、低压力、中压力、高压力、极高压力的县（市、区）数分别占总数的16.84%、27.37%、26.32%、18.95%、10.53%；流域社会水文系统高压力和极高压力的县（市、区）数高达28个，占总数的29.48%；流域社会水文系统压力处于中压力的县（市、区）数量最多，为25个。不同等级压力的县（市、区）数与面积变化基本一致。研究表明，流域社会水文系统整体

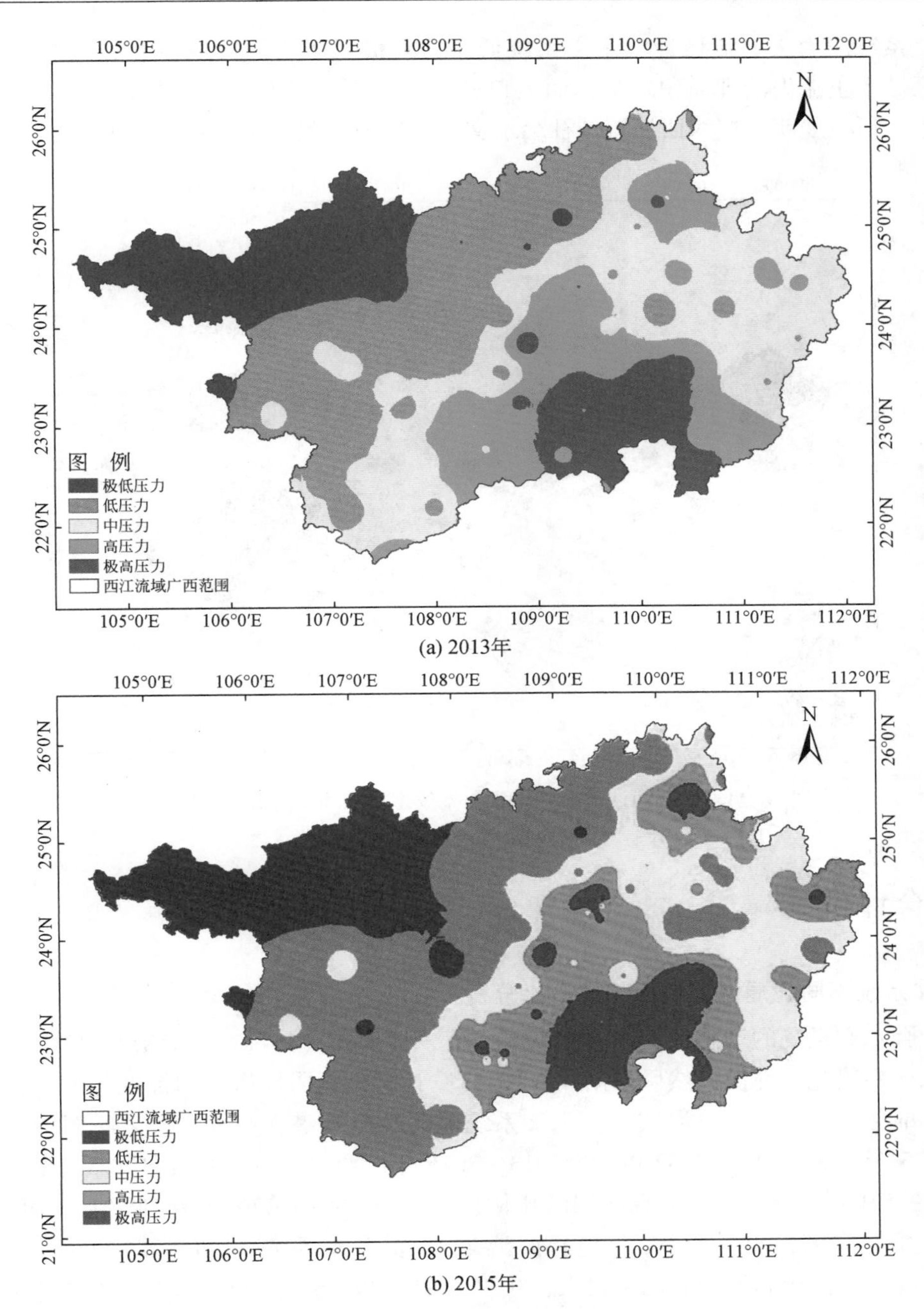

图 16-23　广西西江流域社会水文系统压力等级空间分布

状况较好，小部分区域的社会水文系统压力较大，社会水文系统保护态势严峻。

表 16-31　不同压力等级面积、县（市、区）数量及占比

类型	极低压力	低压力	中压力	高压力	极高压力
面积/km^2	35373.07	67594.09	55085.21	39047.1	19800.53
比例/%	16.31	31.16	25.40	18.00	9.13
县（市、区）/个	16	26	25	18	10
比例/%	16.84	27.37	26.32	18.95	10.53

由图 16-24 可知，广西西江流域社会水文系统高压力和极高压力区域主要分布在东南部和中部，如宾阳、合山等，这些区域人口密度和 GDP 密度大、用水量及废污水排放量多，水土流失治理面积偏低，因

此流域社会水文系统压力大。流域社会水文系统低压力和极低压力的区域主要分布在西北部，如乐业、田林等，这些区域水土流失治理面积较多，而人口密度低，用水量及废污水排放量较少，因此流域社会水文系统压力小。研究表明，广西西江流域社会水文系统压力呈现出东南部大、西北部小的空间格局。

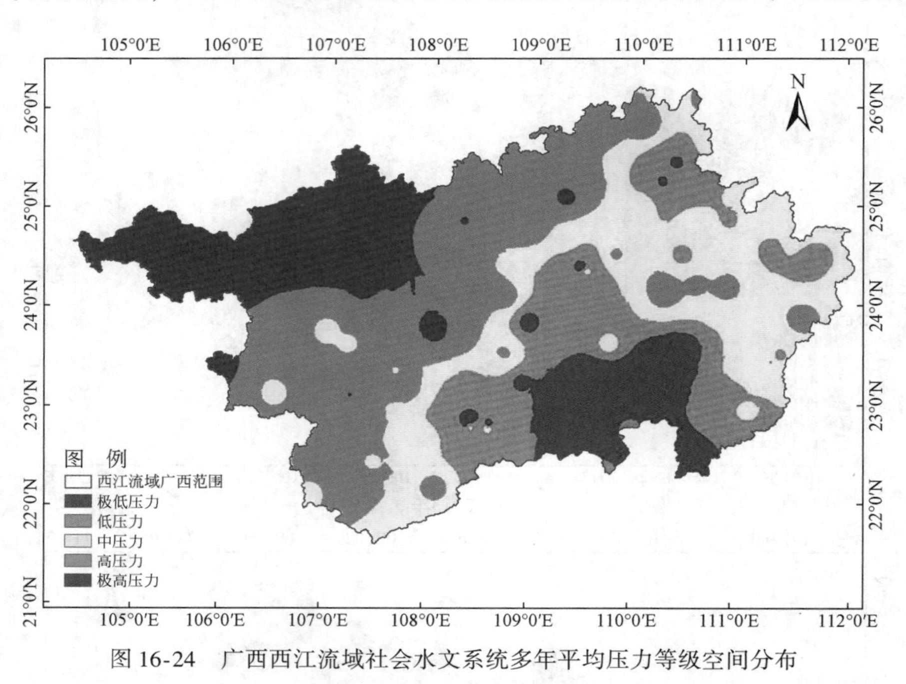

图 16-24　广西西江流域社会水文系统多年平均压力等级空间分布

16.5.2　综合评价

1. 社会水文系统不同脆弱性等级面积及占比分析

根据流域社会水文系统的敏感性、压力和恢复力值，运用式（16-12），计算出 2013 ~ 2015 年广西西江流域的社会水文系统脆弱性值，然后根据式（16-13）计算出脆弱性指数的标准化值，根据广西西江流域脆弱性指数标准化值的大小，将流域社会水文系统脆弱性分为潜在脆弱、轻度脆弱、中度脆弱、重度脆弱、极度脆弱 5 个等级。由表 16-32 可知，2013 ~ 2015 年广西西江流域社会水文系统潜在脆弱的面积在 21056. 43 ~ 36209. 53km^{2}之间，占流域总面积的比例由 2013 年的 16. 69% 下降到 2015 年的 9. 71%，潜在脆弱的面积波动变化大，整体呈减少趋势。流域社会水文系统轻度脆弱的面积在 77781. 12 ~ 107903. 24km^{2}之间，占流域总面积的比例较大，在 35. 86%~49. 75% 之间，2013 ~ 2015 年流域轻度脆弱的面积波动大，整体呈减少趋势。流域社会水文系统中度脆弱的面积占流域总面积的比例较大，在 26. 59%~41. 58% 之间，2013 ~ 2015 年流域社会水文系统中度脆弱面积在 57662. 00 ~ 90186. 48km^{2}之间，与 2013 年相比，2015 年中度脆弱面积增加了 32524. 48km^2，流域社会水文系统中度脆弱呈上升趋势。重度脆弱面积占总面积的比例由 2013 年的 6. 90% 上升到 2015 年的 12. 62%，面积在 14963. 10 ~ 27381. 98km^{2}之间，波动变化较大，呈上升趋势。流域社会水文系统极度脆弱面积占的比例极小，面积在 162. 13 ~ 510. 87km^{2}之间，占流域总面积的 0. 07%~0. 23%，波动变化较小，呈增加趋势。

表 16-32　广西西江流域社会水文系统不同脆弱性等级面积占比　（单位：%）

年份	潜在脆弱	轻度脆弱	中度脆弱	重度脆弱	极度脆弱
2013	16. 69	49. 75	26. 59	6. 90	0. 07
2014	13. 84	44. 65	31. 87	9. 40	0. 24
2015	9. 71	35. 86	41. 58	12. 62	0. 23

研究表明，2013 年广西西江流域社会水文系统脆弱性以轻度脆弱为主，中度脆弱和潜在脆弱面积占的比例较大；而 2015 年研究区社会水文系统脆弱性以中度脆弱为主，轻度脆弱和潜在脆弱的面积减少，而中度脆弱、重度脆弱、极度脆弱的面积增加，流域社会水文系统脆弱性增大，社会水文系统向不利的方向发展。

2. 社会水文系统脆弱性时间变化分析

通过对比 2013 年、2015 年流域社会水文系统脆弱性的结果，探究其时间变化特征。由表 16-33 可知，2013 年广西西江流域社会水文系统潜在脆弱、轻度脆弱、中度脆弱、重度脆弱、极度脆弱的县（市、区）数量分别为 12、44、32、5、2 个，分别占县域总数的比例为 12. 63%、46. 32%、33. 68%、5. 26%、2. 11%，因此流域社会水文系统脆弱性以轻度脆弱为主，中度脆弱等级占的比例较大。2015 年流域社会水文系统中度脆弱、重度脆弱、极度脆弱的县域数量呈上升趋势，分别为 40、16、3 个，而潜在脆弱、轻度脆弱的县域数量减少，流域社会水文系统脆弱性以中度为主。

表 16-33　广西西江流域社会水文系统不同脆弱性等级县（市、区）数量及占比

年份	类型	潜在脆弱	轻度脆弱	中度脆弱	重度脆弱	极度脆弱
2013	个数/个	12	44	32	5	2
	比例/%	12. 63	46. 32	33. 68	5. 26	2. 11
2015	个数/个	7	29	40	16	3
	比例/%	7. 37	30. 53	42. 11	16. 84	3. 16

由图 16-25（a）和表 16-33 可知，2013 年流域社会水文系统脆弱性较高（重度脆弱、极度脆弱）区域分布在流域的南部。从县（市、区）数量上分析，流域内有 7 个县（市、区）的社会水文系统脆弱性处于较高水平，占县（市、区）总数的 7. 37%。从面积上分析，社会水文系统脆弱性较高面积为 15125. 23km^2，占流域总面积的 6. 97%。社会水文系统脆弱性较低（潜在脆弱和轻度脆弱）区域分布在东北、西北部，从县（市、区）数量上分析，流域内有 56 个县（市、区）的社会水文系统脆弱性处于较低水平，占县（市、区）总数的 58. 95%；从面积上分析，脆弱性较低面积为 144112. 77km^2，占流域总面积的 66. 44%。流域社会水文系统脆弱性较低区域的面积及县域数量均大于脆弱性较高的，流域社会水文系统整体较好。

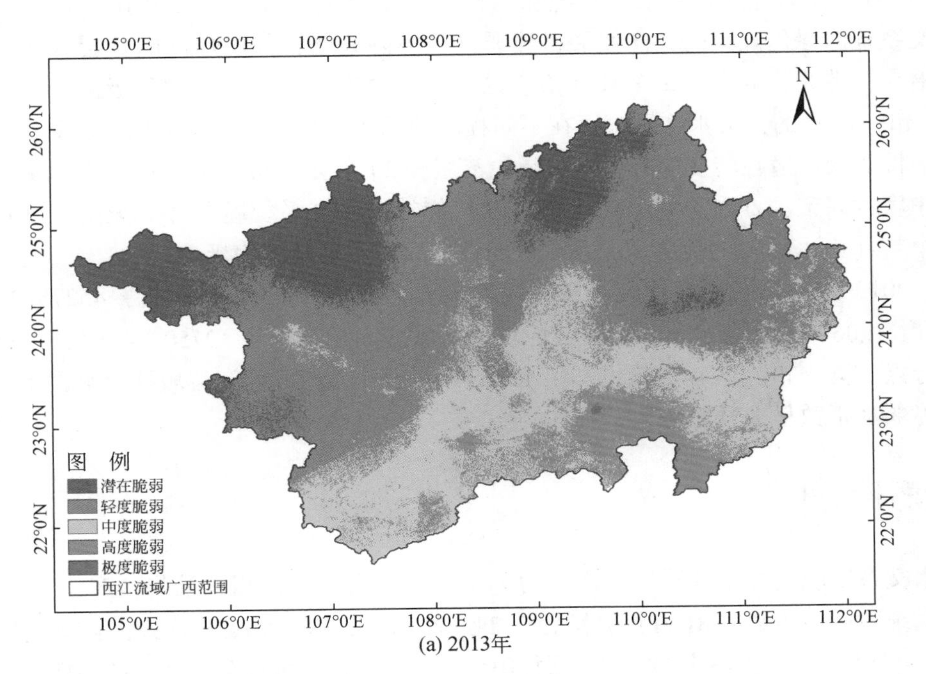

(a) 2013年

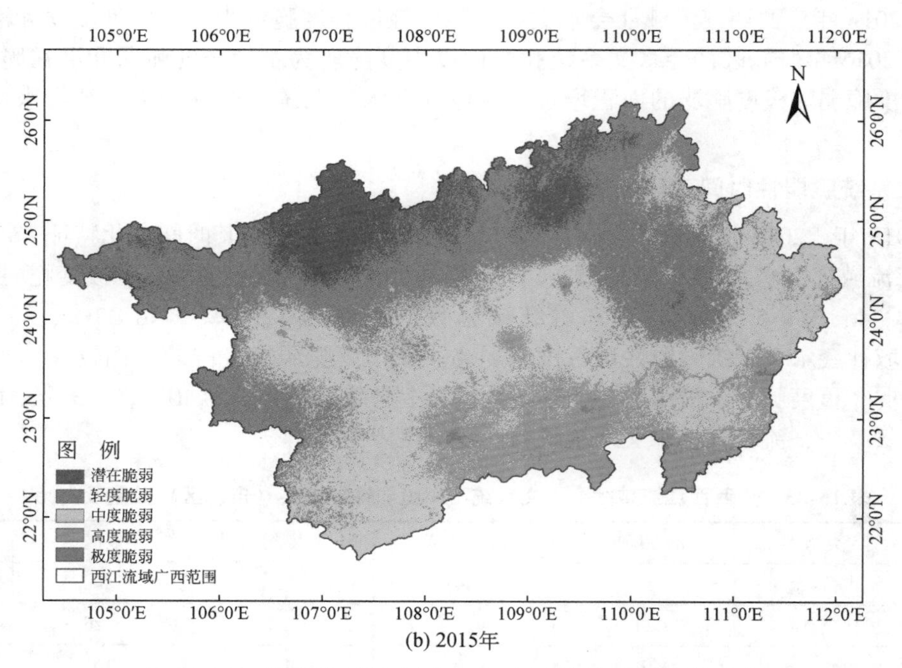

(b) 2015年

图 16-25　广西西江流域社会水文系统脆弱性等级空间分布

由图 16-25（b）和表 16-33 可知，与 2013 年相比较，2015 年流域社会水文系统脆弱性较高区域向流域的中部和东北部扩展。从县（市、区）数量上分析，流域内有 19 个县（市、区）的社会水文系统脆弱性处于较高状态，占县（市、区）总数的 20%。从面积方面分析，社会水文系统脆弱性较高的面积为 27875. 97km^2，占流域总面积的 12. 85%。社会水文系统脆弱性较低区域主要分布在流域北部，如凤山、天峨、融水、三江等。从县（市、区）数量上分析，流域内有 36 个县（市、区）的社会水文系统脆弱性处于较低状态，占县（市、区）总数的 37. 9%。从面积上分析，社会水文系统脆弱性较低的面积为 98837. 55km^2，占流域总面积的 45. 57%。流域社会水文系统脆弱性较高区域面积及县（市、区）数量均出现上升，而脆弱性较低区域的面积及县（市、区）数量均出现下降，流域社会水文系统恶化。

对 2013 年、2015 年研究区社会水文系统脆弱性等级变化进行分析，由图 16-26 可知，港北、港南、环江的社会水文系统向绿色健康的方向发展，脆弱性呈下降趋势，其中环江的社会水文系统脆弱性等级由轻度转变为潜在；港北、港南等 2 个县（市、区）的社会水文系统脆弱性等级由极度转变为重度。流域44. 21% 县（市、区）的社会水文系统存在不同程度的恶化，其中融安、田林等 6 个县（市、区）的社会水文系统脆弱性等级由潜在转变为轻度；右江、恭城等 20 个县（市、区）的社会水文系统脆弱性等级由轻度转变为中度；兴宁、万秀等 9 个县（市、区）的社会水文系统脆弱性等级由中度转变为重度；浦北、横县等 4 个县（市、区）的社会水文系统脆弱性等级由重度转变为极重。

研究表明，2013 ~ 2015 年流域社会水文系统脆弱性较低区域的面积减少了 45275. 22km^2，县（市、区）数量减少了 21. 06%；社会水文系统脆弱性较高区域的面积增加了 12750. 74km^2，占流域总面积比重上升了 5 个百分点，县（市、区）数量增加了 12. 63%。因此，广西西江流域社会水文系统整体良好，而小部分区域的脆弱性指数呈上升趋势。

16. 5. 3　脆弱性分区

流域社会水文系统脆弱性是敏感性、恢复力、压力等方面综合作用的结果。2013 ~ 2015 年广西西江流域社会水文系统脆弱性指数（REVI）分别为 2. 24、2. 38、2. 58，呈上升趋势；脆弱性指数标准化值 M 的均值在 3. 50 ~ 4. 14，其中 2013 年的最小，而 2015 年的最大，流域社会水文系统脆弱性等级由轻度脆弱

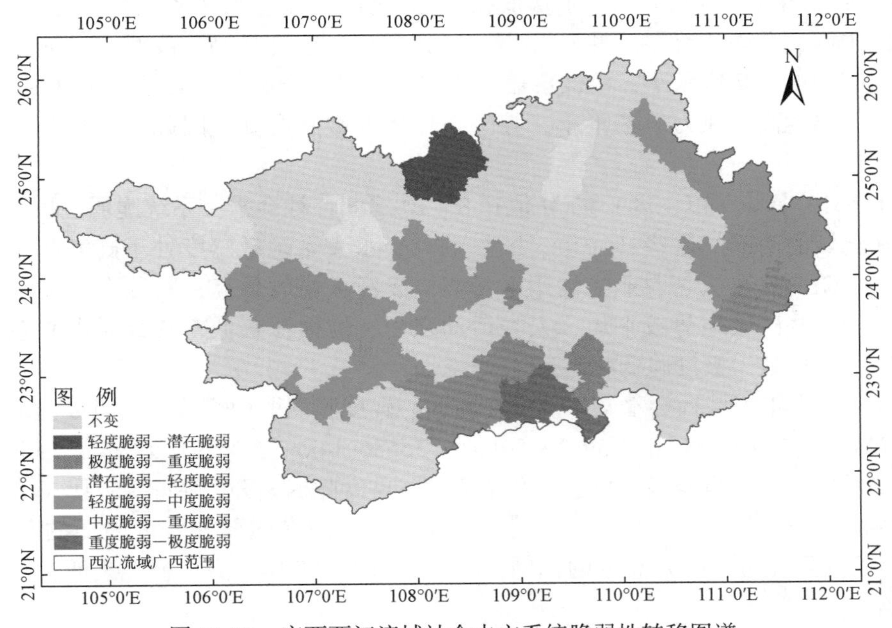

图 16-26　广西西江流域社会水文系统脆弱性转移图谱

转变为中度脆弱，社会水文系统脆弱加剧。在 ArcGIS 10.2 软件中将 2013 ~ 2015 年社会水文系统脆弱性结果进行叠加，根据分类标准划分等级（表 16-34）。

表 16-34　广西西江流域社会水文系统脆弱性分区表

脆弱性等级	M	县（市、区）
潜在脆弱	$0\leqslant M<2$	天峨、南丹、凤山、乐业、三江、隆林、西林、融水、东兰、那坡、环江、融安
轻度脆弱	$2\leqslant M<4$	罗城、田林、金城江、龙胜、凌云、靖西、巴马、蒙山、永福、资源、德保、天等、荔浦、阳朔、鹿寨、金秀、临桂、平乐、宜州、大化、兴安、雁山、柳城
中度脆弱	$4\leqslant M<6$	大新、都安、昭平、平果、灵川、右江、田东、象山、龙州、恭城、象州、七星、叠彩、田阳、马山、隆安、秀峰、富川、凭祥、钟山、宁明、忻城、江州、柳江、上思
重度脆弱	$6\leqslant M<8$	武宣、平桂、上林、藤县、八步、扶绥、城中、兴宾、鱼峰、苍梧、柳北、武鸣、柳南、平南、合山、长洲、万秀、西乡塘、江南、蝶山、宾阳、良庆
极度脆弱	$8\leqslant M\leqslant10$	岑溪、桂平、兴宁、青秀、邕宁、容县、兴业、覃塘、港北、横县、港南、浦北、北流

由表 16-34 可知：

①天峨、南丹、凤山等 12 个县（市、区）的社会水文系统脆弱性指数标准化值（M）小于 2，处于潜在脆弱水平，主要分布在流域的北部。这些县（市、区）的社会水文系统敏感度处于一般和轻度状态，敏感度低；社会水文系统恢复力处于极高和高度水平，恢复力强；社会水文系统压力处于极低和低水平，环境压力小。因此其社会水文系统脆弱性低。

②田林、凌云、资源等 23 个县（市、区）的 M 值在 2 ~ 4 之间，处于轻度脆弱状态，主要分布在流域的东北、西北部。这些县（市、区）的社会水文系统敏感度处于轻度状态，敏感度较低；社会水文系统恢复力处于高度水平，恢复力较强；社会水文系统压力处于较低水平，环境压力小，因此其社会水文系统脆弱性较低。

③大新、平果、灵川等 25 个县（市、区）的 M 值在 4 ~ 6 之间，处于中度脆弱状态，主要分布在流域的中部、西南和东北边缘。这些县（市、区）的社会水文系统敏感度处于中度和轻度状态，敏感度一般；社会水文系统恢复力处于中度、高度水平，恢复力较好；社会水文系统压力处于中、低水平，环境压力不大，因此其社会水文系统脆弱性处于中等状态。

④武宣、上林等 22 个县（市、区）的 M 值在 6 ~ 8 之间，社会水文系统脆弱性大，处于重度脆弱，主要分布在流域的中部、东南边缘。这些县（市、区）的人口密度较高、废污水排放量多，其社会水文系统压力较大，处于中度、高度水平；植被覆盖及植被净初级生产力低，其社会水文系统的恢复力较弱；地表蒸散量大、大气温度高、风力风速不小，其生态环境的敏感度高。因此，其社会水文系统脆弱性处于重度状态。

⑤岑溪、桂平等 13 个县（市、区）的 M 值在 8 ~ 10 之间，社会水文系统脆弱性极高，处于极度脆弱状态，主要分布在流域的南部。这些县（市、区）的社会水文系统敏感度处于高度和极度状态，敏感度极高；人口密度大，GDP 密度大、农业生活用水量多、废污水排放量高，其社会水文系统压力超大，处于高度、极度状态；这些区域地势较平坦、人类活动强烈、植被覆盖低，其社会水文系统恢复力差，因此其社会水文系统脆弱性处于极度脆弱状态。

由表 16-35 可知，多年流域社会水文系统潜在脆弱、轻度脆弱、中度脆弱、重度脆弱、极度脆弱的面积分别为 40908. 72km²、53940. 64km²、59672. 56km²、36586. 14km²、25791. 93km²；因此，不同脆弱性等级面积由大到小排列为：中度脆弱>轻度脆弱>潜在脆弱>重度脆弱>极度脆弱。从县（市、区）占比上分析，重度脆弱和极度脆弱的县（市、区）总数占 28. 76%，而潜在脆弱和轻度脆弱的县（市、区）总数占 43. 73%，各等级占县（市、区）总数的比例大小和面积占比基本一致。研究表明，流域社会水文系统脆弱性的高低并存。

表 16-35　不同脆弱性等级面积、县（市、区）数量及占比

类型	潜在脆弱	轻度脆弱	中度脆弱	重度脆弱	极度脆弱
面积/km²	40908. 72	53940. 64	59672. 56	36586. 14	25791. 93
比例%	18. 86	24. 87	27. 51	16. 87	11. 89
县（市、区）/个	12	23	25	22	13
比例/%	18. 86	24. 87	27. 51	16. 87	11. 89

从图 16-27 可知，广西西江流域社会水文系统潜在脆弱和轻度脆弱区域主要分布在流域的北部，重度脆弱和极度脆弱区域主要在流域的南部，社会水文系统脆弱性在空间分布上，整体呈现北低南高的格局。

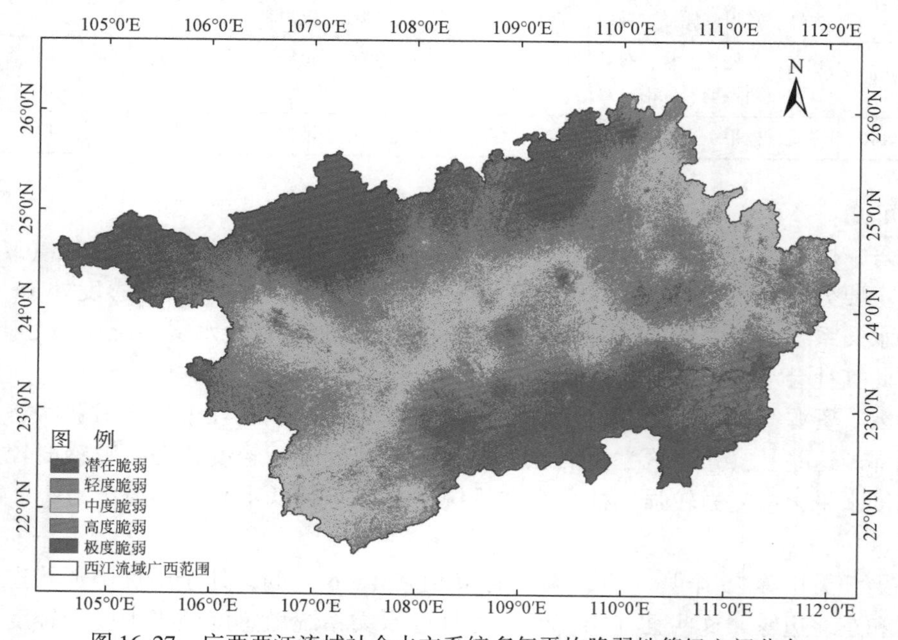

图 16-27　广西西江流域社会水文系统多年平均脆弱性等级空间分布

16.5.4 综合整治建议

广西西江流域连接着经济落后的云南、贵州以及经济发达的广东、香港、澳门，研究区的地缘区位非常典型，流域生态环境的健康影响区域的经济发展。对广西西江流域社会水文系统的脆弱性进行了评价，结果表明流域社会水文系统重度脆弱和极度脆弱的面积较多，流域脆弱性较高。为了使流域人口-经济-水资源-生态环境可持续发展，提出加强流域生态保护，建立生态发展机制；优化产业布局，构建健康友好型流域；加强水资源管理，维护流域水质健康；完善法律法规，建设“数字流域”等针对性建议与对策，具体如下。

1. 加强流域生态保护，建立生态发展机制

随着社会经济发展，广西西江流域人口数量增加，工业生产活动增强，废水排放量也呈增加趋势，流域的生态环境问题逐渐出现。在经济发展与生态保护的冲突中，坚决不能走先污染后治理的老路，要坚持环境保护优先，生态优先。因此，需要加强广西西江流域环境污染治理与水土保持工作。重度脆弱和极度脆弱区域的脆弱性极高，敏感度极高，流域社会水文系统的功能和结构已经出现退化，流域生态环境问题突出，要及时地进行整治恢复，限制当地对流域生态资源开发，减轻人类活动对流域的干扰。对中度脆弱区域要进行重点生态保护，因为这些区域有少量的生态环境问题，流域压力大，敏感度高；社会水文系统的功能和结构不稳定。对潜在脆弱和轻度脆弱区域进行生态环境污染预防，做到广西西江流域环境健康发展，生态安全。

2. 优化产业布局，构建健康友好型流域

产业结构的合理科学布局，不仅能使广西西江流域的水土资源得到充分的利用，发挥资源巨大的潜力促进经济的发展，而且能减少不必要的环境污染[143]。构建健康友好型流域，产业结构优化非常必要。广西西江流域地区生产总值处于较高水平，呈上升趋势，工业、旅游服务业等迅速发展，同时经济发展与水资源利用矛盾越来越突出，出现社会发展与水资源利用不协调问题。首先，在潜在脆弱和中度脆弱区域，要发展生态农业，防止流域生态问题出现。传统农业用水较多，所以要加强生态农业的发展，运用先进的技术，减少农业用水。其次，要推进工业转型升级，在重度脆弱和极度脆弱区域，污染大的企业要淘汰，多发展绿色旅游业。在中度脆弱区域要减少工业活动对流域的影响，严格控制工业企业数量。同时要结合当地的实际情况，因地制宜开发当地资源，禁止过度开发。优化产业布局，构建健康和谐型流域，使流域产业经济绿色健康发展。

3. 加强水资源管理，维护流域水质健康

水是人类生存和发展不可缺少的重要物质[144]。广西西江流域存在农业用水较多，灌溉用水浪费严重、工业生活用水需求增加等问题，加强流域水资源的管理，完善水资源的管理法律法规，是有效解决人-水矛盾的重要手段。吸收英国、澳大利亚等国外水资源管理经验，有必要完善水资源开发利用补偿机制。对于流域脆弱性高的区域，要减少人类经济活动对流域水质的干扰，减少废弃物的排放。有关部门要恪尽职守，严格控制排污，同时加强流域生态恢复，保护流域水资源可持续发展，维护流域水质安全健康。

4. 完善法律法规，建设“数字流域”

当前国家和政府对流域管理越来越重视，流域环境保护、水土保持、水土污染防治等方面的法律法规不断出现，但是这些法律法规通常以行政区为单位，各部门间的协调欠缺，出现多龙管水的混乱局面，以流域为单元的法律法规较少[145]。今后应该加强以流域为单位的法律法规建设，完善流域的生态环境治理。同时要利用科学技术进步的福利，运用3S技术建设“广西西江数字流域”，健全流域监测体系，及时监测流域的人口、水资源、生态环境动态变化，为流域防灾减灾、发展规划提供支持，确保广西西江流域社会水文安全与稳定。

16.6 本章小结

16.6.1 主要结论

本研究在收集人口、经济、水资源等数据的基础上，首先构建了流域社会水文系统，对广西西江流域社会水文要素时空变化进行分析；其次运用脱钩分析法对人口子系统-水资源子系统、经济子系统-水资源子系统进行耦合；接着构建社会水文系统脆弱性评价指标体系并对研究区进行评价；最后对流域综合整治提出针对性的建议，主要结论如下。

借鉴前人的研究成果、社会水文学与系统论的理论与方法，构建广西西江流域社会水文系统。社会水文系统的核心为人-水耦合，具有3层结构，主要由人口子系统、经济子系统、水资源子系统和生态环境子系统等4部分组成。

广西西江流域水资源、降雨总量随时间变化而上升，而供水量和用水量下降。生态环境方面，随着工业经济发展，广西西江流域废污水排放量增加，植被覆盖波动上升，而植被净初级生产力呈下降变化。人口方面，广西西江流域的人口数量、人口密度随时间变化而上升。经济方面，第一、第二、第三产业增加值随时间变化而上升；各产业增加值比重年际变化差异大，其中第二产业比重上升，而第一产业增加值、第三产业增加值下降。

广西西江流域人口数量与生活用水量、GDP与用水总量呈双向变化；人口数量与生活用水量、GDP与用水总量均呈现扩张负脱钩、扩张连接、强负脱钩、强脱钩和弱脱钩关系；有50%的县（市、区）社会经济与水资源变化处于欠协调状态，有30%的县（市、区）处于极不协调状态，而社会经济与水资源协调的县（市、区）较少。

参考社会水文系统的特征以及脆弱性的概念，首次对社会水文系统脆弱性进行定义。根据敏感度-恢复力-压力模型，构建广西西江流域社会水文系统脆弱性评价指标体系。随时间变化，社会水文系统的敏感度上升、压力增大、恢复力下降，流域社会水文系统的脆弱性升高，流域生态环境向不利的方向发展。

基于广西西江流域社会水文系统脆弱性评价结果以及社会经济与水资源变化耦合特征，提出了加强流域生态保护，建立生态发展机制；优化产业布局，构建健康友好型流域；加强水资源管理，维护流域水质健康；完善法律法规，建设“数字流域”等针对性建议。

16.6.2 不足

本章以广西西江流域为研究对象，对其社会水文系统要素变化规律与脆弱性评价进行研究。由于受到数据序列长度及当前知识水平的限制，本研究仍存在以下问题，需要在以后研究中完善。

①在对广西西江流域人口子系统-水资源子系统、经济子系统-水资源子系统的耦合脱钩评价及社会水文系统脆弱性评价中，收集到的公开数据非常有限且年份很短，所以本章只选取了比较重要的核心指标，选取的评价指标不够全面，并且指标数据的时间序列长度不够，对评价结果会产生一定偏差。在以后的研究中，应增长研究的时间序列，从多方面、全方位选取评价指标，让研究结果更加准确。

②社会水文学于2012年成立，是一门比较年轻的学科，基础理论及技术方法的研究尚处于初级阶段。社会水文系统研究主要集中在中国西北干旱地区，对中国南方流域研究较少，本研究没有将研究结果与其他流域进行对比。在以后的研究中需要将结果与其他流域进行对比研究，探求两者之间的区别与联系。

参 考 文 献

[1] 李恒鹏，陈雯，刘晓玫．流域综合管理方法与技术［J］．湖泊科学，2004，(1)：85-90.
[2] 陈宜瑜．流域综合管理是我国河流管理改革和发展的必然趋势［J］．科技导报，2008，(17)：3.

[3] Good S P, Noone D, Bowen G. Hydrologic connectivity constrains partitioning of global terrestrial water fluxes [J]. Science, 2015, 349 (6244): 175-177.
[4] Chen W, Olden J D. Designing flows to resolve human and environmental water needs in a dam-regulated river [J]. Nature Communications, 2017, 8 (1): 2158.
[5] 陈裕婵，张正栋，万露文，等．五华河流域非点源污染风险区和风险路径识别［J］．地理学报，2018，73（9）：1765-1777.
[6] 查良松，邓国徽，谷家川．1992—2013 年巢湖流域土壤侵蚀动态变化［J］．地理学报，2015，70（11）：1708-1719.
[7] 周成虎，万庆，黄诗峰，等．基于 GIS 的洪水灾害风险区划研究［J］．地理学报，2000，55（1）：15-24.
[8] Hub G W. Water conflict and cooperation [J]. Social Science Electronic Publishing, 2015, 1 (3): 544.
[9] 王维，张涛，陈云．长江经济带地级及以上城市“五化”协调发展格局研究［J］．地理科学，2018，38（3）：385-393.
[10] 傅伯杰，徐延达，吕一河．景观格局与水土流失的尺度特征与耦合方法［J］．地球科学进展，2010，25（7）：673-681.
[11] 左其亭．人水和谐论及其应用研究总结与展望［J］．水利学报，2019，50（1）：135-144.
[12] 傅伯杰，邱扬，王军，等．黄土丘陵小流域土地利用变化对水土流失的影响［J］．地理学报，2002，57（6）：717-722.
[13] 程国栋，肖洪浪，傅伯杰，等．黑河流域生态—水文过程集成研究进展［J］．地球科学进展，2014，29（4）：431-437.
[14] 田富强，程涛，芦由，等．社会水文学和城市水文学研究进展［J］．地理科学进展，2018，37（1）：46-56.
[15] 廖春贵，胡宝清，陈月连．2009—2016 年广西水资源时空分布特征及影响因素［J］．农村经济与科技，2018，29（12）：4-5.
[16] 熊小菊，廖春贵，胡宝清．基于偏离-份额分析法的珠江-西江经济带产业结构演进研究［J］．广西师范学院学报（自然科学版），2018，35（3）：79-86.
[17] 闫妍，王钰，胡宝清，等．像元尺度上广西西江流域水资源可获取性综合评价［J］．水力发电，2019，45（3）：13-17.
[18] 张立杰，李健．基于 SPEI 和 SPI 指数的西江流域干旱多时间尺度变化特征［J］．高原气象，2018，37（2）：560-567.
[19] 蒋忠诚．广西岩溶及其生态环境领域近十年来的主要研究进展［J］．南方国土资源，2004，（11）：19-22.
[20] 袁道先．岩溶地区的地质环境和水文生态问题［J］．南方国土资源，2003，（1）：22-25.
[21] 周永华，胡宝清，王钰．基于 RS 技术和 TVDI 指数的广西西江流域春旱遥感监测研究［J］．中国农村水利水电，2017，（10）：169-173.
[22] 崔龙玉．肇源县地下水脆弱性评价与水源地保护区划分研究［D］．长春：吉林大学，2014.
[23] 张阳．京津冀地区大气环境系统脆弱性评估研究［D］．北京：华北电力大学，2018.
[24] 苑全治，吴绍洪，戴尔阜，等．过去 50 年气候变化下中国潜在植被 NPP 的脆弱性评价［J］．地理学报，2016，71（5）：797-806.
[25] Timmerman P. Vulnerability, resilience and the collapse of society: a review of models and possible climatic applications [D]. Toronto: University of Toronto, 1981.
[26] 赵梦梦．基于省际的气候变化脆弱性综合评价及应对策略研究［D］．天津：天津大学，2018.
[27] 方创琳，王岩．中国城市脆弱性的综合测度与空间分异特征［J］．地理学报，2015，70（2）：234-247.
[28] 李平星，樊杰．基于 VSD 模型的区域生态系统脆弱性评价——以广西西江经济带为例［J］．自然资源学报，2014，29（5）：779-788.
[29] 薛联青，王晶，魏光辉．基于 PSR 模型的塔里木河流域生态脆弱性评价［J］．河海大学学报（自然科学版），2019，47（1）：13-19.
[30] 曹琦，陈兴鹏，师满江．基于 SD 和 DPSIRM 模型的水资源管理模拟模型——以黑河流域甘州区为例［J］．经济地理，2013，33（3）：36-41.
[31] 齐姗姗，巩杰，钱彩云，等．基于 SRP 模型的甘肃省白龙江流域生态环境脆弱性评价［J］．水土保持通报，2017，37（1）：224-228.
[32] 职璐爽．广东省水资源脆弱性评价［D］．西安：西安理工大学，2018.

[33] 杜娟娟．山西省水资源脆弱性时空分析评价研究［J］．中国农村水利水电，2019，(2)：55-59.
[34] 赵毅，徐绪堪，李晓娟．基于变权灰色云模型的江苏省水环境系统脆弱性评价［J］．长江流域资源与环境，2018，27 (11)：2463-2471.
[35] 吴泽宁，申言霞，王慧亮．基于能值理论的洪涝灾害脆弱性评估［J］．南水北调与水利科技，2018，16 (6)：9-14，32.
[36] 肖兴平，佟元清，阮俊．DRASTIC 模型评价地下水系统脆弱性中的 GIS 应用——以河北沧州地区为例［J］．地下水，2012，34 (4)：43-45.
[37] 何彦龙，袁一鸣，王腾，等．基于 GIS 的长江口海域生态系统脆弱性综合评价研究［J］．生态学报，2019，39 (11)：1-7.
[38] 曹诗颂，王艳慧，段福洲，等．中国贫困地区生态环境脆弱性与经济贫困的耦合关系——基于连片特困区 714 个贫困县的实证分析［J］．应用生态学报，2016，27 (8)：2614-2622.
[39] 王慧敏，徐立中．流域系统可持续发展分析［J］．水科学进展，2000，11 (2)：165-172.
[40] 吴传钧．人地关系与经济布局［M］．北京：学苑出版社，1998.
[41] 陆大道．关于地理学的“人-地系统”理论研究［J］．地理研究，2002，21 (2)：135-145.
[42] 蔡运龙．人地关系研究范型：全球实证［J］．人文地理，1996，11 (3)：7-12.
[43] 廖春贵，胡宝清，熊小菊．基于 GIS 的广西西江流域人地关系地域系统耦合关联分析［J］．广西师范学院学报 (自然科学版)，2017，34 (3)：59-65.
[44] Pearce D, Warford W. World without end: economics, environment and sustainable development［M］. Oxford: Oxford University Press, 1993.
[45] 吕晓，刘新平，李振波．塔里木河流域生态经济系统耦合态势分析［J］．中国沙漠，2010，30 (3)：620-624.
[46] 马永欢，周立华，杨根生，等．石羊河流域生态经济系统的主要问题与协调发展对策［J］．干旱区资源与环境，2009，23 (4)：12-18.
[47] Zurlini G, Riitters K, Zaccarelli N, et al. Disturbance patterns in a socio- ecological system at multiple scales［J］. Ecological Complexity, 2006, 3 (2): 119-128.
[48] 黄秋倩．基于 ArcSDE 的南流江流域社会生态系统数据库设计及应用［D］．南宁：广西师范学院，2016.
[49] 廖春贵，熊小菊，陈依兰，等．北部湾经济区社会——生态系统耦合关联分析［J］．大众科技，2018，20 (1)：13-15，21.
[50] 余中元，李波，张新时．湖泊流域社会生态系统脆弱性分析——以滇池为例［J］．经济地理，2014，34 (8)：143-150.
[51] Sivapalan M, Savenije H H G, Blöschl G. Socio- hydrology: a new science of people and water［J］. Hydrological Processes, 2012, 26 (8): 1270-1276.
[52] 陆志翔，Wei Y P，冯起，等．社会水文学研究进展［J］．水科学进展，2016，27 (5)：772-783.
[53] 王雪梅，张志强．基于文献计量的社会水文学发展态势分析［J］．地球科学进展，2016，31 (11)：1205-1212.
[54] 丁婧祎，赵文武，房学宁．社会水文学研究进展［J］．应用生态学报，2015，26 (4)：1055-1063.
[55] 尉永平，张志强，等．社会水文学理论、方法与应用［M］．北京：科学出版社，2017.
[56] 刘烨．干旱区社会水文系统演化规律与驱动机制研究［D］．北京：清华大学，2016.
[57] 高云峰，徐友宁，祝雅轩，等．矿山生态环境修复研究热点与前沿分析——基于 VOSviewer 和 CiteSpace 的大数据可视化研究［J］．地质通报，2018，37 (12)：2144-2153.
[58] 山红翠，袁飞，盛东，等．VIC 模型在西江流域径流模拟中的应用［J］．中国农村水利水电，2016，(4)：43-45，49.
[59] 董林垚，陈建耀，付丛生，等．西江流域径流与气象要素多时间尺度关联性研究［J］．地理科学，2013，33 (2)：209-215.
[60] 陈立华，刘为福，张利娜．西江下游年月径流变化特征研究［J］．水力发电，2018，44 (6)：38-43.
[61] 胡宝清，许俐俐，廖赤眉，等．桂中旱片的成因机制及旱片综合区划［J］．自然灾害学报，2003，12 (4)：47-54.
[62] 周游游，蒋忠诚，韦珍莲．广西中部喀斯特干旱农业区的干旱程度及干旱成因分析［J］．中国岩溶，2003，22 (2)：63-68.
[63] 廖胜石，罗建英，姚秀萍，等．广西西江流域致洪暴雨过程中尺度特征及机制分析［J］．高原气象，2008，27 (5)：1161-1171.

[64] 田义超，梁铭忠，胡宝清．红水河流域 1961—2011 年极端气温变化特征分析［J］．资源开发与市场，2015，31（3）：312-315，386.
[65] 胡宝清，黄秋燕，廖赤眉，等．基于 GIS 与 RS 的喀斯特石漠化与土壤类型的空间相关性分析——以广西都瑶族自治县为例［J］．水土保持通报，2004，(5)：67-70.
[66] 李翠漫，卢远，刘斌涛，等．广西西江流域土壤侵蚀估算及特征分析［J］．水土保持研究，2018，25（2）：34-39.
[67] 王红岩，李强子，丁雷龙，等．基于遥感和 GIS 的红水河流域水土流失动态监测［J］．水土保持应用技术，2014，(5)：18-21.
[68] 陈萍，Lian Y Q，蒋忠诚，等．桂江流域土壤侵蚀估算及其时空特征分析［J］．中国岩溶，2014，33（4）：473-482.
[69] 郑士科，吴良林，廖炎华，等．河池市土地资源安全评价研究［J］．资源开发与市场，2013，29（8）：848-850，881.
[70] 黎良财，邓利，吴锐．城市土地利用变化对生态系统服务价值的影响——以柳州市为例［J］．中南林业科技大学学报，2013，33（7）：102-106.
[71] 胡宝清，杨旺彬，邵晖．虚拟土安全战略及其在县域土地可持续利用中的应用——以广西都安和田东县对比分析为例［J］．热带地理，2006，26（2）：97-101.
[72] 荣检，胡宝清，闫妍．广西西江流域植被净初级生产力时空分布特征及其影响因素［J］．生态学杂志，2017，36（4）：1020-1028.
[73] 张忠华，胡刚．喀斯特山地青冈栎群落优势种的种间关系分析［J］．生态环境学报，2011，20（Z2）：1209-1213.
[74] 沈利娜，蒋忠诚，尹辉，等．果化石漠化监测区岩溶生态环境系统安全评价［J］．广西师范大学学报（自然科学版），2014，32（3）：141-149.
[75] 胡宝清，金姝兰，曹少英，等．基于 GIS 技术的广西喀斯特生态环境脆弱性综合评价［J］．水土保持学报，2004，18（1）：103-107.
[76] 王钰，胡宝清．西江流域生态脆弱性时空分异及其驱动机制研究［J］．地球信息科学学报，2018，20（7）：947-956.
[77] 胡宝清，任东明．广西石山区可持续发展的综合评价Ⅰ．指标体系和评价方法［J］．山地研究，1998，16（2）：136-139.
[78] 宋书巧，韩建江．珠江-西江经济带核心城市合作能力评价［J］．经济与社会发展，2015，13（6）：1-5.
[79] 张笛，胡宝清．广西西江流域新型城镇化质量评价［J］．广西师范学院学报（自然科学版），2018，35（4）：86-91.
[80] 程子腾，严金明，高峰．土地利用碳排放与经济增长研究——以柳州市为例［J］．生态经济，2016，32（8）：87-89.
[81] 罗琛，胡宝清，韦俊敏，等．县域土地变化效应与新型城镇化耦合分析——以广西上林县为例［J］．广西师范学院学报（自然科学版），2015，32（2）：78-85.
[82] 农殷璇，臧俊梅，许进龙．珠江-西江经济带土地综合承载力测算及其系统耦合协调度研究［J］．水土保持研究，2018，25（4）：264-269.
[83] 吴一凡，刘彦随，李裕瑞．中国人口与土地城镇化时空耦合特征及驱动机制［J］．地理学报，2018，73（10）：1865-1879.
[84] 赵荣钦，李志萍，韩宇平，等．区域“水—土—能—碳”耦合作用机制分析［J］．地理学报，2016，71（9）：1613-1628.
[85] 朱洪利，潘丽君，李巍，等．十年来云贵两省水资源利用与经济发展脱钩关系研究［J］．南水北调与水利科技，2013，11（5）：1-5.
[86] 丁桂云．安徽省淮河流域水资源利用的经济增长效应研究［D］．蚌埠：安徽财经大学，2017.
[87] 余灏哲，李丽娟，李九一．一体化进程中京津冀水资源利用与城市经济发展关系时空分析［J］．南水北调与水利科技，2019，17（2）：29-39.
[88] 曹洪华．生态文明视角下流域生态—经济系统耦合模式研究［D］．长春：东北师范大学，2014.
[89] 李健，王尧，王颖．京津冀区域经济发展与资源环境的脱钩状态及驱动因素研究［J］．经济地理，2019，（4）：43-49.
[90] 游海霞，岳金桂．江苏省水资源利用与经济发展脱钩分析［J］．水利经济，2015，33（6）：7-13，79.
[91] Tapio P. Towards a theory of decoupling：degrees of decoupling in the EU and case of road traffic in Finland between 1970 and 2001［J］．Transport Policy，2005，12（2）：137-151.

[92] 王婧，方创琳，李裕瑞．中国城乡人口与建设用地的时空变化及其耦合特征研究［J］．自然资源学报，2014，29（8）：1271-1281.
[93] 张勇，胡心意．安徽省城乡建设用地与人口变化脱钩探析［J］．区域经济评论，2015，（6）：155-160.
[94] 黄馨娴．新型城镇化背景下广西沿海地带资源环境承载力预警研究［D］．南宁：广西师范学院，2018.
[95] 王亮，刘慧．基于PS-DR-DP理论模型的区域资源环境承载力综合评价［J］．地理学报，2019，74（2）：340-352.
[96] 徐涵秋．区域生态环境变化的遥感评价指数［J］．中国环境科学，2013，33（5）：889-897.
[97] 马骏，李昌晓，魏虹，等．三峡库区生态脆弱性评价［J］．生态学报，2015，35（21）：7117-7129.
[98] Von B L. General system theory：foundations，development，applications［M］．New York：George Braziller，1969.
[99] 胡宝清，等．喀斯特人地系统研究［M］．北京：科学出版社，2014.
[100] 方世敏，王海艳．基于系统论的农业与旅游产业融合：一种黏性的观点［J］．经济地理，2018，38（12）：211-218.
[101] 郝伟光．系统论与城乡发展规划协商机制［J］．科学决策，2018，（12）：15-20.
[102] 田长生．系统论视域下东北老工业基地供给侧改革进路［J］．系统科学学报，2019，27（2）：101-105.
[103] 余云军，王琳．基于系统论的流域与海岸带自然系统与流域——海岸连续统释义［J］．海洋环境科学，2010，29（4）：603-607.
[104] 雷玉桃．流域水资源管理制度研究［D］．武汉：华中农业大学，2004.
[105] 康艳．渭河流域人水和谐评价指标体系与方法研究［D］．杨凌：西北农林科技大学，2013.
[106] Turner B L，Kasperson R E，Matson P A，et al. A framework for vulnerability analysis in sustainability science［J］. Proceedings of the National Academy of Sciences of the United States of America，2003，100（14）：8074-8079.
[107] 韦晶，郭亚敏，孙林，等．三江源地区生态环境脆弱性评价［J］．生态学杂志，2015，34（7）：1968-1975.
[108] 谢人栋．喀斯特山区生态环境脆弱性评价［D］．贵阳：贵州师范大学，2018.
[109] 魏明欢．冀东北山区县域生态脆弱性评价与模拟研究［D］．保定：河北农业大学，2018.
[110] 克力木·买买提．基于遥感和GIS的吐鲁番地区历史文化遗址空间格局分析与景观生态敏感度评价［D］．徐州：中国矿业大学，2018.
[111] 郭潇，方国华，章哲恺．跨流域调水生态环境影响评价指标体系研究［J］．水利学报，2008，39（9）：1125-1130，1135.
[112] 赵雪霞，于鲁冀，王燕鹏．清潩河流域（许昌段）水生态环境功能分区指标体系构建［J］．水利水电技术，2018，49（9）：162-169.
[113] 王世岩，毛战坡，王亮，等．黑河流域水生态系统异质性与环境因子关系研究［J］．水资源与水工程学报，2014，25（6）：7-12，17.
[114] 许国钰，杨振华，任晓冬，等．水环境脆弱性背景下人口-经济-生态空间格局优化——以贵阳市为例［J］．生态经济，2018，34（9）：172-178，191.
[115] 潘争伟，金菊良，吴开亚，等．区域水环境系统脆弱性指标体系及综合决策模型研究［J］．长江流域资源与环境，2014，23（4）：518-525.
[116] 蒋慧．广西西江流域土地利用变化及其生态环境效应研究［D］．南宁：广西师范学院，2017.
[117] 李燕，周游游，胡宝清，等．基于TRMM数据的广西西江流域降水时空分布特征［J］．亚热带资源与环境学报，2017，12（1）：75-82，88.
[118] 荣检．基于InVEST模型的广西西江流域生态系统产水与固碳服务功能研究［D］．南宁：广西师范学院，2017.
[119] 廖春贵，胡宝清，熊小菊，等．广西植被时空变化及其对气候响应［J］．森林与环境学报，2018，38（2）：178-184.
[120] 薛天翼，白建军．基于TVDI和气象数据的陕西省春季旱情时空分析［J］．水土保持研究，2017，24（4）：240-246.
[121] 吕妍，张黎，闫慧敏，等．中国西南喀斯特地区植被变化时空特征及其成因［J］．生态学报，2018，38（24）：8774-8786.
[122] 常鸣，樊少芬，王雪梅．珠三角土地覆被资料优选及在WRF模式中的初步应用［J］．环境科学学报，2014，34（8）：1922-1933.
[123] 朱静静，师学义．黄土丘陵山区土地利用空间自相关格局及其影响因素分析——以晋城市长河流域为例［J］．水土保持研究，2018，25（5）：234-241.

[124] 赵良仕，孙才志，郑德凤．中国省际水资源利用效率与空间溢出效应测度［J］．地理学报，2014，69（1）：121-133.

[125] 张春梅，张小林，徐海英，等．基于空间自相关的区域经济极化结构演化研究——以江苏省为例［J］．地理科学，2018，38（4）：557-563.

[126] 王丽霞，孙津花，刘招，等．基于 Landsat 8 数据反演地表发射率的几种不同算法对比分析［J］．西安科技大学学报，2019，39（2）：327-333.

[127] 于成龙，刘丹．基于 MODIS 的东北地区自然植被生产力对干旱的响应［J］．生态学报，2019，39（11）：1-12.

[128] 朱文泉，潘耀忠，张锦水．中国陆地植被净初级生产力遥感估算［J］．植物生态学报，2007，(3)：413-424.

[129] 张镱锂，祁威，周才平，等．青藏高原高寒草地净初级生产力（NPP）时空分异［J］．地理学报，2013，68（9）：1197-1211.

[130] 李燕丽，潘贤章，王昌昆，等．2000—2011 年广西植被净初级生产力时空分布特征及其驱动因素［J］．生态学报，2014，34（18）：5220-5228.

[131] 周爱萍，向悟生，姚月锋，等．广西植被净初级生产力（NPP）时空演变及主要影响因素分析［J］．广西植物，2014，34（5）：622-628，588.

[132] 栾金凯，刘登峰，刘慧，等．汉江流域上游植被指数变化的影响因素分析［J］．华北水利水电大学学报（自然科学版），2019，40（1）：46-54.

[133] 黄春萌．基于支持向量机回归的 NDVI 组合预测模型［D］．天津：河北工业大学，2016.

[134] 张满囤，黄春萌，米娜，等．基于支持向量机回归的 NDVI 组合预测模型［J］．河北工业大学学报，2017，46（4）：39-45.

[135] 于利峰，乌兰吐雅，乌云德吉，等．基于纹理特征与 MODIS-NDVI 时间序列的耕地面积提取研究［J］．中国农业资源与区划，2018，39（11）：169-177.

[136] 王鸽，韩琳，唐信英，等．金沙江流域植被覆盖时空变化特征［J］．长江流域资源与环境，2012，21（10）：1191-1196.

[137] 曾小强．基于神经网络模型的森林生物量估算方法研究［D］．北京：华北电力大学，2018.

[138] 李强．西北地区植被覆盖时空特征及其对气候变化的响应［J］．西北大学学报（自然科学版），2012，42（4）：667-672.

[139] 曹洋，熊康宁，董晓超，等．关岭-贞丰石漠化治理示范区植被覆盖变化及其对气候因子的响应［J］．中国岩溶，2018，37（6）：850-858.

[140] 熊小菊，廖春贵，胡宝清．基于遥感数据的广西植被变化特征分析［J］．科学技术与工程，2018，18（11）：123-128.

[141] 王永锋，靖娟利．广西近 15a 植被覆盖变化及其对气候因子的响应［J］．农业现代化研究，2017，38（6）：1086-1096.

[142] 廖春贵，陈月连，熊小菊，等．2007—2016 年广西植被覆盖时空分布特征及其驱动因素［J］．广西师范大学学报（自然科学版），2018，36（2）：118-127.

[143] 覃丽双．南流江生态海绵流域建设评价研究［D］．南宁：广西师范学院，2018.

[144] 王肇鸿．从西江水污染现状谈水资源管理体制的借鉴［J］．人民珠江，2004，(4)：8-9，29.

[145] 黄馨娴，胡宝清．五大发展理念视角下的南流江流域综合管理研究［J］．人民长江，2018，49（15）：30-35，84.

第 17 章 广西西江流域农村居民点的空间分布特征及其影响因素研究

17.1 引 言

17.1.1 研究背景与意义

1. 研究背景

（1）乡村振兴国家战略的提出

21 世纪以来，国家将“三农”问题提升到了一个全新的高度。针对城乡区域发展不平衡，农村地区发展不充分的问题，我国陆续提出并实施新农村建设、城乡统筹发展、新型城镇化、美丽乡村建设等系列国家战略方针，旨在促进乡村可持续发展[1]。党的十九大报告中首次提出实施乡村振兴战略，明确按照产业兴旺、生态宜居、乡风文明、治理有效、生活富裕的总要求，实现打造现代化乡村的宏伟目标。乡村振兴战略的提出意味着乡村进入了新的发展阶段，为乡村实现可持续、高质量发展提供了有力保障。2018 年 9 月，《国家乡村振兴战略规划（2018—2022 年）》发布，为推进乡村振兴战略提出具体的行动方案，标志着全国即将进入不同尺度的乡村振兴规划编制与政策实施新阶段。

（2）全域国土综合整治工作的全面推进

全域国土综合整治工作在近年来得到大力开展，各地纷纷进行探索实践。全域国土综合整治重点在于坚持全局观念，进行全要素综合整治，对农村生产、生活、生态空间进行全域优化布局。通过全域国土综合整治，在土地利用方面，提高了土地节约集约利用水平，缓解了土地供需难题；在生态环境方面，通过开展地区国土空间生态修复与环境治理工作，优化了居民生产生活环境；在经济发展方面，通过盘活各类存量用地，优化各类各业用地布局，探寻新的经济增长模式。可见，全域国土综合整治对地区的发展具有极大的推动力。

（3）农村居民点用地问题的凸显

农村居民点作为农村地区一种特定的土地利用类型，是指与农业生产密切相关的人群、在一定地域范围内集中居住的现象、过程与形态。我国是一个农业大国，更是一个人口大国，乡村是我国人口最主要的聚居区域，农村居民点对农村地区社会经济发展的重要性不言而喻。然而，由于自然条件的限制抑或缺乏科学规划及不合理利用等原因，我国农村地区普遍存在着土地利用效率低下、农村居民点布局散乱、农村人居环境恶劣等问题，极大地影响了居民的生活水平和乡村的发展进程，且随着城市化进程的加快，农村居民点用地问题越发凸显。乡村振兴国家战略的提出为解决农村用地问题提供了有利契机，全域国土综合整治的全面推进也为农村居民点优化重构提供了实现路径，因此，进行农村居民点格局重构工作具有现实意义，而对农村居民点的形态、规模、结构等多方面展开研究，能够帮助人们更科学全面地认识农村居民点，为打造生态宜居与集约高效的农村土地利用空间结构提供现实、科学的参考建议，从而助力乡村振兴战略的推进，改善农村生产、生活、生态环境，保障农村地区全面可持续发展。

2. 研究意义

农村居民点用地是中国城乡建设用地的重要组成部分，作为农户居住和生产活动的生产居住空间载体，是农区人地系统交互耦合的核心[2-7]。农村居民点是农村地区的基本单位，因为它反映了人与各种因素之间的联系，如和土地的联系，以及历史背景和社会政治关系，是研究人地关系的一个重要切入点。

农村居民点也是农业生产、农民生活和农村生态系统的地理空间载体。科学辨识农村居民点的空间分布特征及其影响因素是研究城乡建设用地合理利用、农村居民点优化布局和村级土地利用规划的基础[8-14]。

近年来，广西人口结构发生了重大变化，城镇人口大量增加，农村人口有所减少，但城乡用地结构没有发生相应变化。1997～2010年农村人口减少了987万人，年均减少2.3%；但农村居民点占地不减反增，增加了14.9万hm^2，年均增长2.4%。农村居民点占国土面积的比重达2.3%，高于全国0.6个百分点，广西城乡占地比例为1∶2.58，高于全国的1∶2.28。随着城镇化速度提高，大量农村人口进入城镇，城镇人口持续增加，可能会带来城镇基础设施、公共设施、住房建设、产业布局调整等问题，面临既要持续扩大城市建设空间，又要解决农村居住用地闲置、人均占地过多问题的局面，将对优化国土空间开发带来更大压力。

目前，广西农村居民点研究内容多为农村居民点整理潜力评估[15-29]，多采用县（市、区）作为研究评价单元，对广西西江流域农村居民点的空间分布特征的研究尚不多见，对广西及“乡村振兴”背景下农村居民点空间分布特征的研究十分匮乏，樊芳等根据2009年广西土地利用现状调查数据对广西农村居民点整理的现实潜力进行测算并对广西农村居民点现状进行了初步研究，发现广西农村居民点分布受地形影响显著[30]，但此研究并未对广西居民点空间分布特征进行深入研究。

因此，以为广西西江流域城乡建设用地合理利用、农村居民点优化布局和村级土地利用规划提供基础的科学参考资料为目的，以广西西江流域为研究区，借助核密度估计（kernel density estimation，KDE），最小累积阻力模型（minimal cumulative resistance，MCR）和Logistic回归分析模型来探索农村居民点的空间格局和驱动因素。深入揭示农村居民点空间分布影响因素的作用机制，不断丰富有关农村居民点的研究内容。

17.1.2　国内外研究综述

1. 农村居民点布局特征研究

19世纪30年代，德国城市地理学家W. Christaller通过对德国南部城镇的调查，系统阐明了中心地的数量、规模和分布模式，建立了中心地理论，为农村居民点空间体系发展提供理论基础，促进了农村居民点中心规划、空间体系等实践研究[31]。此后，J. G. Hudson结合中心地理论和扩散理论分析乡村聚落的分布[32,33]。Pacione针对农村聚落形态和聚落类型两方面从空间上阐述欧洲不同地区的农村聚落空间分布特征，归纳为集聚型、规则型、随机型、线型、高密度型和低密度型[34]。中国学者对农村居民点布局的研究相对较晚，主要从乡村地理学和聚落地理学的两个层面逐渐形成乡村聚落地理学科体系。20世纪30年代，法国《人地学原理》传入中国，我国地理学界开始重视人地关系理论[35]。20世纪40年代，国内学者对农村居民点的布局研究主要侧重于不同地理条件下的特征，如《西康山地村落之分布》、《遵义附近之聚落》以及《白龙江中游地区乡村聚落和人口之分布》等[36,37]。20世纪50～70年代，研究集中在“并村定点”和“居民点分布规划”。20世纪80～90年代初期，农村聚落的地理理论框架初步构建，并系统研究了中国典型地区农村聚落的形成、区域差异及其分布特点。20世纪90年代末期至今，在乡村转型发展的驱动背景下，从地理学、经济学、生态学、景观学等层次，揭示了国家、省、市、县、乡、村等不同尺度农村居民点的空间分布特征及人地演化规律[38,39]。从全国居民点空间分布的区域差异来看，三峡传统民居布局形态分为平行江面布局、垂直江岸布局和团状紧凑型布局[40,41]，山西平顺奥治村传统民居形态为四合院的“回”型分布[42]，新疆吐鲁番绿洲型聚落空间分布形态呈现“围寺而居的圈层”水平分布，具有向心型、多组团的居住形态[43,44]，江南地区农村居民点空间分布以血缘为纽带的宗族组团式、松散的自然组团式和紧密的生产组团式形态[45]。对居民点布局特征的研究多为大尺度，杨忍等从宏观尺度出发，利用最邻近距离R指数模型分析中国村庄主要呈现出聚集、随机与离散并存的空间分布模式，并结合地理探测器的研究方法对影响因素进行识别，解析乡村空间优化重组的模式[46]。对居民点布局特征的研究以定性与定量相结合，基于遥感目视解译数据，结合地统计学和景观生态学[47]对农村居民点用地布局特征进行分析。

2. 农村居民点分类与布局优化研究

农村居民点是农村人口聚集的主要区域，具有数量多、分布广、规模不一、形态离散等主要特点，缺乏有效的管理和整体的规划，导致区域资源配置不合理，土地集约利用程度有待提高。基于此，对农村居民点进行类型分区和优化布局，有助于区域资源合理调控，有目的地进行整治与调控。

国外学者对居民点布局优化研究较早，W. Christaller 的中心地理论，强调了农村居民点规模与市场服务范围的关系，为农村居民点的空间体系规划提供了支撑。此后 Isard 和 Losch 结合区位差异对农村居民点进行分级优化。国内学者对农村居民点的优化主要从等级优化、撤并优化、农户意愿优化、功能主导优化层面出发。在等级优化模式方面，叶艳姝等建立指标体系对农村居民建设发展适宜性进行综合评价，结合加权集覆盖选址模型，确定集聚发展型居民点，并逐步引导分散居民点向其集聚[48]。文博等构建单一景观安全格局将居民点划分为优先整治型、限制扩展型、适度建设型和重点发展型[49]；在撤并优化模式方面，周宁等构建结节性指数评价体系，利用场强模型和引力模型把农村居民点划分为城镇化型、重点发展型、规模控制型和迁移合并型，并针对划分类型提出优化建议[50]；在农户意愿优化模式方面，曲衍波等在农户类型划分的基础上，以不同类型农户的农村居民点整治意愿整理出中心村整合模式、村内集约模式、城镇转移模式和产业带动模式[51]；在功能主导优化模式方面，李冰清等根据各乡镇发展差异将居民点划分为城镇拓展型、新农村建设型、原址聚合型与生态保育型[52]。对农村居民点布局优化研究的技术方法主要是借助 ArcGIS 软件强大的空间分析功能。

截至 2019 年，国内外学者已在该领域开展了较多研究。Hill 在研究中将农村居民点的类型划分为规则、随机、集聚、线型和高低密度共 5 种类型区；曲衍波等将农村居民生活与生态环境有机结合，在基于生态位理论进行多因素综合评价的同时，运用聚类分析将农村居民点划分为 4 种类型区；杨立等测算农村居民点的引力值和潜力值，基于层次分析法（AHP）优化为城镇型、发展型、限制型和合并型 4 类；文博等利用最小累积阻力模型，从自然、人文、环境保护方面构建景观安全格局，分析宜兴市农村居民点用地现状并予以优化布局；张佰林等构建多指标功能识别体系，发现不同类型区的农村居民点优势功能差异显著，如距县城中心越远，农业生产功能越具优势；宋文等在适宜性指标基础上，利用空间自相关的集聚特征，将各行政村划分为优先、次级、并点和选择 4 种类型区；Jerzy 等认为农村居民点类型分区可作为当地领土政策的参考依据，因此基于新类型学的方法和理论，从发展动态、经济结构、交通可达性的综合角度对波兰农村居民点进行类型分区；马雯秋等从区域土地利用角度着手，构建农村居民点用地功能分类体系，以微观视角探讨用地结构，将研究区农村居民点内部用地结构从 14 类更新为 28 类；牛海鹏等认为农村居民点空间的稳定性和发展的适宜性决定了区域布局优化的方向，因此借助突变级数模型指数对上述指标量化分析，引入耦合协调度模型检测稳定与适宜二者间的协调关系，将区域农村居民点划分为高、中、低协调和失调 4 种类型，并提出重点改造、产业引进、稳定保留、一般发展和重点建设 5 种布局优化模式。

结合多因素评价指标体系，以及景观格局分析，为农村居民点的研究提供技术支持。田光进将遥感与 ArcGIS 技术相结合，分析山区与平原区农村居民点的空间分布特征，从而因地制宜促进居民点布局优化[53]。张红伟等基于“源”“汇”景观理论，建立景观评价模型，对生态脆弱区农村居民点整治提供依据[54]。在 ArcGIS 技术分析的基础上，李学东等基于耕作半径分析河谷平原区、高山陡坡区、低山缓坡区农村居民点优化方法，提出不同区域“合村并居”策略，提高了合村并居的合理性[55]。申月静等基于加权 Voronoi 图扩展断裂点模型和两步移动算法，确定三江平原地区农村居民点的迁并方向，制定最优调整方案[56]。

3. 农村居民点布局影响因素研究

农村居民点布局影响因素研究在国外农村居民点研究中起始较早，为农村居民点相关研究奠定了坚实基础。总体来说，对影响因素的分析研究经历了从自然环境因素到自然、社会、经济综合影响因素，从定性研究到动态定量研究的发展过程。

早在 19 世纪 40 年代就有学者开始关注农村居民点的分布与地理环境之间的关系。随后，学者针对各类自然环境因素对农村居民点分布的影响进行了深入研究，Hoskins 探讨了土壤肥力对农村居民点分布的影响，Hill 认为坡度、海拔等地理因素会影响农村居民点分布。随着各地社会经济的发展，社会经济对农村居民点形成与分布的作用也逐渐引起众多学者的关注。Pak 和 Brecko 讨论了农村居民点的分布同人口非农化程度、产业结构、居住方式等方面的关系。Thorsenl 和 Uboe 认为地区各类基础设施的配置情况影响了农村居民点的集聚程度。Robinson 以南非农村居民点为研究对象，认为基本设施服务以及个人发展机会是影响农村居民点的分布类型与规模的因素。Polat 和 Olgun 将自然因素和社会因素相结合，认为农村居民点的分布是二者共同影响的结果，其中自然因素包括了地形地貌以及当地的气候特征，社会因素包括当地居民的居住方式、生活习惯以及人口比例等。在静态研究基础上，学者开始探讨各环境因素对农村居民点变化的影响作用，Paquette 和 Domo 基于 GIS 技术与计量分析方法，以加拿大的魁北克作为研究区域，分析了 1968 ~ 1997 年当地农村居民点演变同自然地形、海拔、社会经济等多方面关系。Carmen 和 Irwin 通过 GIS 分析与景观指数，研究了农业人口迁移、农民生活方式改变、农村功能升级等外部驱动力对农村居民点用地变化的影响。Banskia 和 Wesolowska 对波兰东部卢布林省的 15 个村庄进行研究分析后，认为农村居民点的时空演变受到当地自然条件和社会经济水平共同影响，其中经济的转型发展是农村居民点结构变化的重要驱动因素。Amate 等以西班牙南部最独特的农村居民点类型之一的科尔蒂若为研究对象，分析其自 16 世纪至今的发展历程，以及其演变与兴衰的地理原因。国外学者基于地区自身特点，选取有关因素，探讨其对农村居民点分布及变化的影响。总体而言，研究认为地理因素是影响农村居民点空间分布最主要的因素，而社会经济因素则对农村居民点的变化具有重要的驱动作用。

随着我国对农村建设投入力度的加大，地区社会经济水平得到提升，在此过程中，社会经济因素的动态性也引起当地农村居民点的空间格局变化。因此，国内各学者以“时空演变特征”为着眼点，展开了诸多研究。海贝贝等发现，随着城镇化发展，农村居民点规模变大、土地利用率降低、形状特征日趋简单，不同时期农村居民点空间布局变化不明显，但局部集聚程度加强；杨忍等基于 TM 遥感影像，以 5km 格网为统计单元，定量分析 1985 ~ 2010 年渤海地区农村居民点时空演变特征，发现城郊农村居民点变化动态度小于 0，而传统农区呈增加趋势，且平原地区规模增速更显著；姜广辉等从空间自相关角度，研究不同时期平谷区农村居民点特征的演变规律，认为 1993 ~ 2011 年规模及分布的集聚程度在逐渐增加，形状空间异质性明显；董光龙等分析 1990 年和 2015 年黄淮海平原农村居民点变化特征，发现斑块数量增加区域多属小规模类型，斑块减少区域多属中大规模类型；马小娥等统计 1987 ~ 2016 年石羊河流域农村居民点时空演变特征，认为区域农村居民点在空间上整体变化不明显，但局部集聚性有所增强，低海拔、缓坡度和亲水性的地域规律显著；姜转芳等以 GIS 技术为支撑，通过单一动态度、空间分析等方法定量描述了 1986 ~ 2018 年甘肃河西地区农村居民点格局演变特征，发现区域农村居民点面积缓慢增加，斑块间分离度降低、结构更加紧凑，集聚程度进一步加大。

沈陈华分析乡、镇等级农村居民点的空间分布模式，发现公路、河流和农村道路附近农村居民点规模为平均值的 2 ~ 3 倍，且不同区域尺度各因素对空间差异响应程度不同；任平等将多级缓冲区与都江堰市农村居民点叠加，认为坡度<10°区间内，道路<500m、河流<600m 范围内为区域农村居民点分布的优势区，此外农村居民点的布局还应考虑风景名胜和文化遗产区影响；朱彬等研究农村居民点在空间上的成本可达性，发现镇中心半小时经济圈为 5km，村中心为 1km，耕作成本一般为 5min，空间差异显著；冯佰香等定量分析宁波市农村居民点变化的驱动因子，发现地貌类型、道路、人口及政策等因素对其变化具有综合作用，政策影响作用具有动态性和不确定性；陈晓霞引入地理探测器模型，对农村居民点空间分异的因素解释力定量表达，自然因子中地形因素的解释力 P 值大于区位条件，社会经济因子中粮食单产的 P 值最高，非农人口比例的影响程度相对较弱；谭学玲等侧重分析区域农村居民点空间分布与地形地貌因素间相互关系，得出地形起伏度、坡度和海拔为影响农村居民点空间分布的关键因素。

17.1.3　本章涉及基本概念

农村居民点，又称乡村聚落或者村庄，是农民进行生产与生活的场所，泛指建制镇以下的农村人口的聚居地，居民点并不是人类社会一开始就有的，而是社会发展到一定历史阶段的产物。农村居民点在古代指代村落，如《汉书·沟洫志》中记载："或久无害，稍筑室宅，遂成聚落。"现代农村居民点泛指一切居民点，其不仅仅是房屋的集合体，也包含与居住地相关的生产设施和生活设施，依照性质和规模的不同，农村居民点可分为城市农村居民点与农村居民点。对农村居民点的界定，不同专业领域有不同的理解。从产业类型出发，农村居民点是以农业生产为主的乡村地区；从人口分布出发，农村居民点是指乡村人口在城市之外聚集的地理区域。本章将农村居民点概念界定为以从事农业生产为主的乡村人口生活居住的农村地域，即土地利用现状分类中所指的村庄用地类型。

17.2　研究区概况

广西西江流域地处我国西南部，位于104°28′E～112°04′E，21°35′N～26°20′N之间。北回归线贯穿中南部，属于我国纬度较低的地区。流域总面积 2.038×10^4km²。流域内地貌特点是山地多平原少，岩溶地貌面积大。流域地处亚热带地区，气候属于亚热带季风气候，热量充足、雨热同期，年平均气温在16.5～23.1℃之间，南部较高，北部较低，河谷平原地区高于丘陵、山地地区。年平均降水量在1080～2760mm之间，东南地区多，西北地区少，干湿两季分明，旱涝灾害多。日照适中，冬季少夏季多，且空间分布不均。受地形影响，流域西部、流域北部山地气候明显。流域内的土壤类型主要为砖红壤、赤红壤、黄壤，同时也有较大面积的石灰土和紫色土。流域内主要的植被类型为针叶林、灌木林、灌丛林等。

17.3　数据来源与研究方法

17.3.1　数据来源

1. 数据来源

2015年研究区农村居民点数据，来源于中国科学院资源环境科学数据中心提供的中国多时期土地利用/覆被遥感监测数据集，该数据集基于Landsat-TM/ETM和Landsat-8 OLI遥感影像，经人工目视解译生成。目前已在秦巴山区、三峡库区、黄河中上游区和南方集体林区等地区LUCC研究中广泛应用，数据精度具有可靠性。该数据集采用三级分类系统，包括耕地、林地、草地、水域、建设用地和未利用地6个一级类型，水田、旱地、有林地等25个二级类型，山地水田、丘陵水田等8个三级类型。其中，一级类型综合精度在93%以上，二级类型综合精度在90%以上。本章根据研究需要，在分类系统中按地类代码（52）提取"农村居民点"二级类型作为基础数据。

流域2015年不同级别道路和河流的矢量数据来源于中国科学院资源环境科学数据中心。

流域ASTER GDEMV2 30m分辨率数字高程数据来源于美国地质勘探局官方网站（http://www.usgs.gov,2019/12/15）。

气象数据来源于中国气象数据网，包括流域范围内及其周围共44个站点2000～2016年的气温、降雨量观测值数据。

2. 数据预处理

（1）农村居民点数据预处理

利用ArcGIS中的Select by Attribution工具，从土地利用现状数据中提取土地利用类型为"农村居民点"的图斑，即广西西江流域农村居民点用地的面状数据（图17-1）。由于土地利用现状图中有一些相邻的斑块被分割成了多个部分，需要进行合并处理。在ArcGIS中采用Merge工具将彼此相邻的农村居民点图斑进行合并。此外，获取到的村庄用地图斑中，有一些图斑面积较小，因此从中提取出面积在400m²（即20m×20m大小）以上的图斑作为农村居民点的位置数据，共有526870个。在ArcGIS中将面状要素转化为点状要素，则可得到农村居民点的点图层。

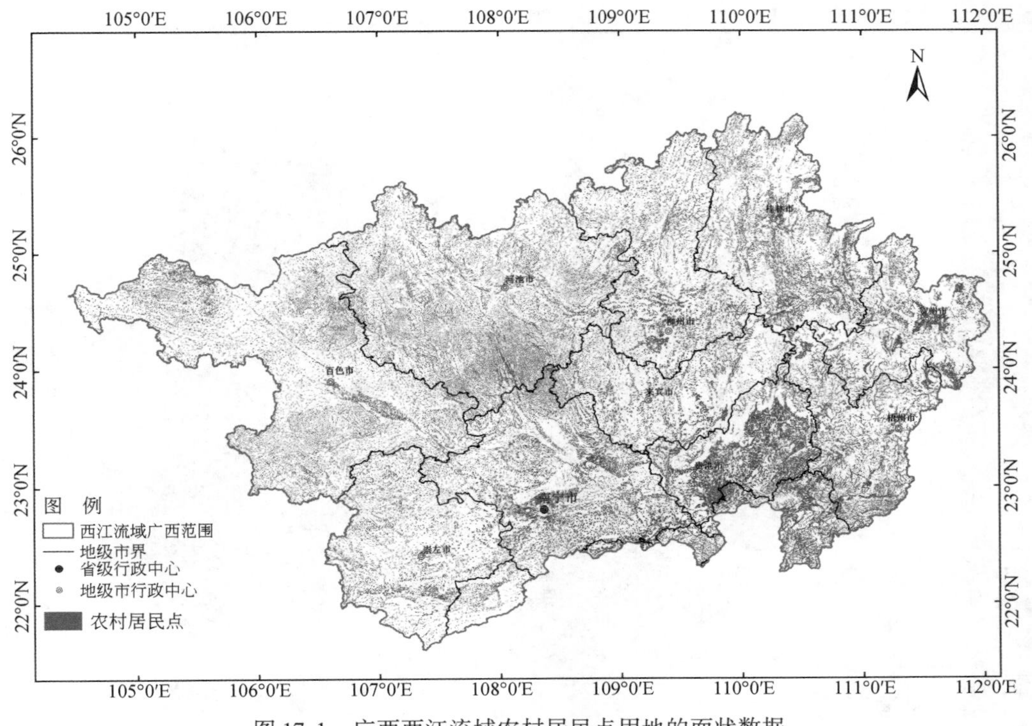

图 17-1　广西西江流域农村居民点用地的面状数据

（2）交通可达性数据预处理

以乡镇、县（市、区）、地级市政府驻地图层数据为目标点数据图层，借助 ArcGIS 的 Cost Distance 分析工具，实现 30m×30m 空间分辨率的每一个栅格到地级市、县（市、区）、乡镇的最小累积可达性阻力值的标度，综合集成考虑道路等级性和城镇等级性的道路交通可达性，更能表征每一栅格代表区域的交通区位条件。结果如图 17-2 ~ 图 17-4 所示。

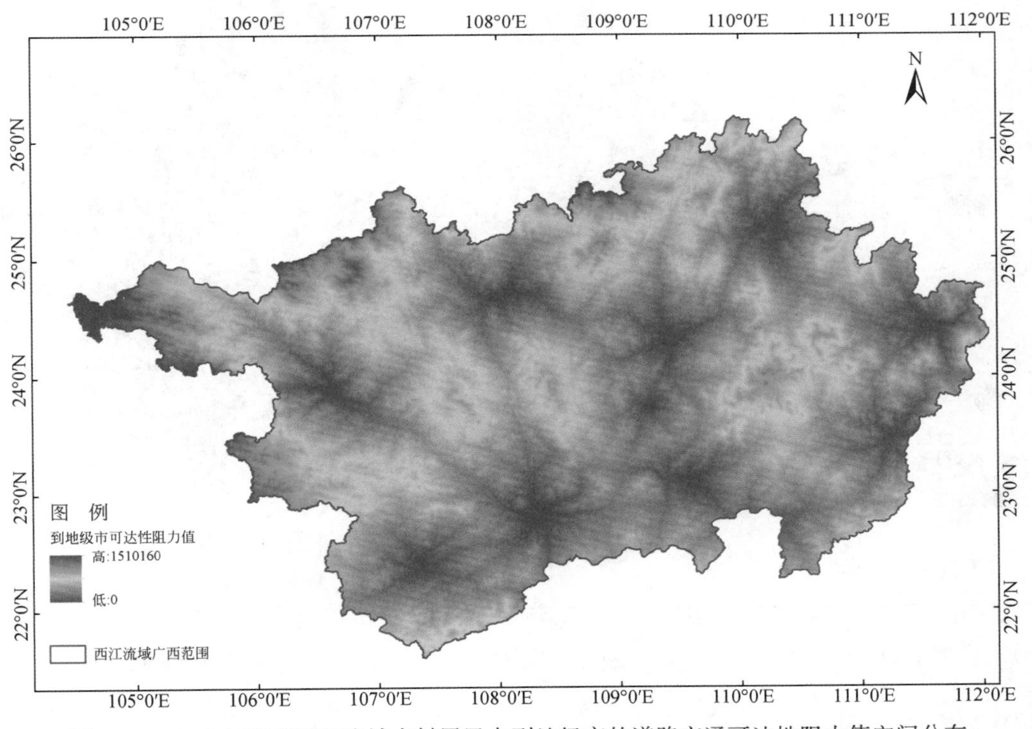

图 17-2　2015 年广西西江流域农村居民点到地级市的道路交通可达性阻力值空间分布

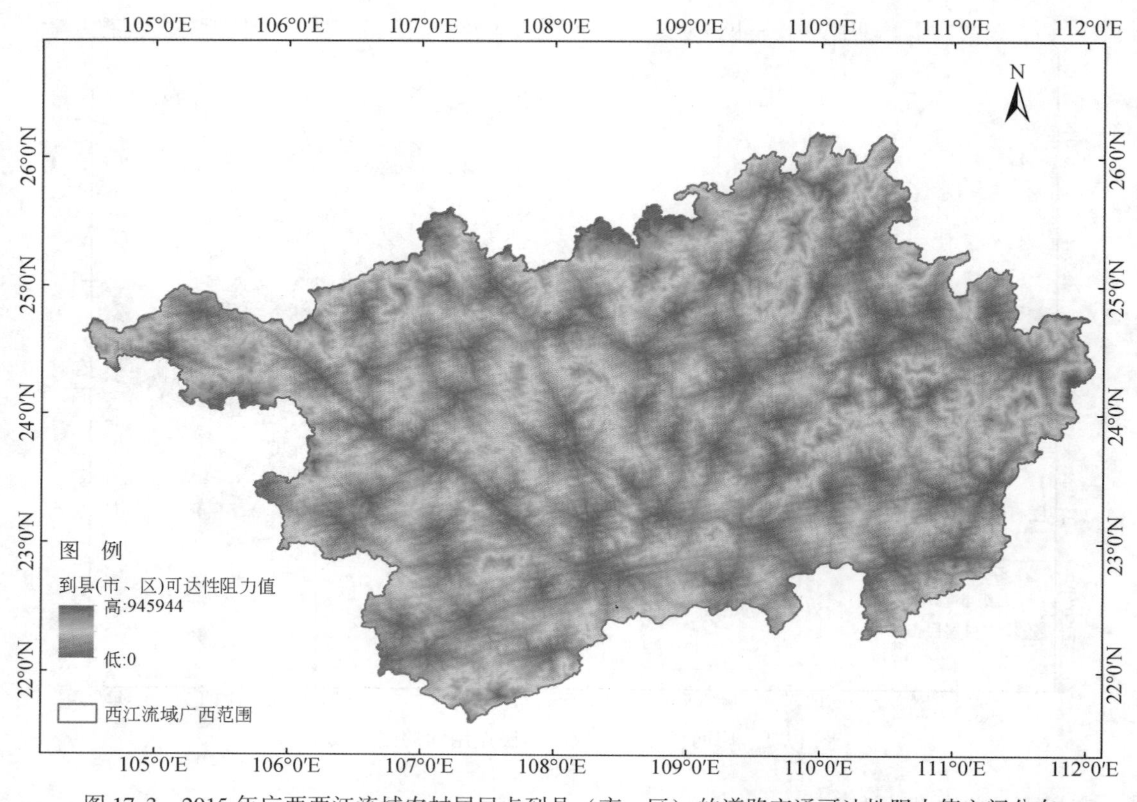

图 17-3　2015 年广西西江流域农村居民点到县（市、区）的道路交通可达性阻力值空间分布

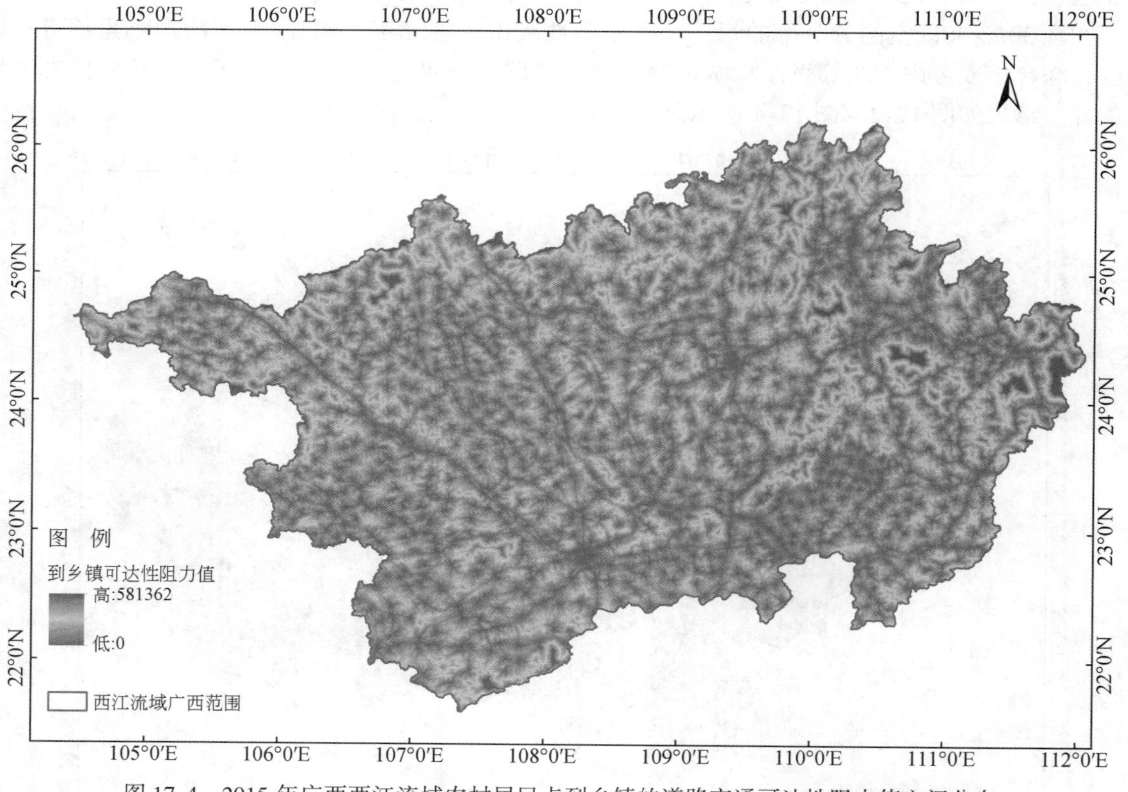

图 17-4　2015 年广西西江流域农村居民点到乡镇的道路交通可达性阻力值空间分布

（3）DEM 数据预处理

将下载的原始 DEM 数据进行解压并在 ENVI 中进行拼接、裁剪、重采样，获得与土地利用数据空间

分辨率相匹配的 DEM 数据。再采用 ArcGIS 空间分析中按属性提取工具提取高程、坡度的各分级图层，如图 17-5 和图 17-6 所示。

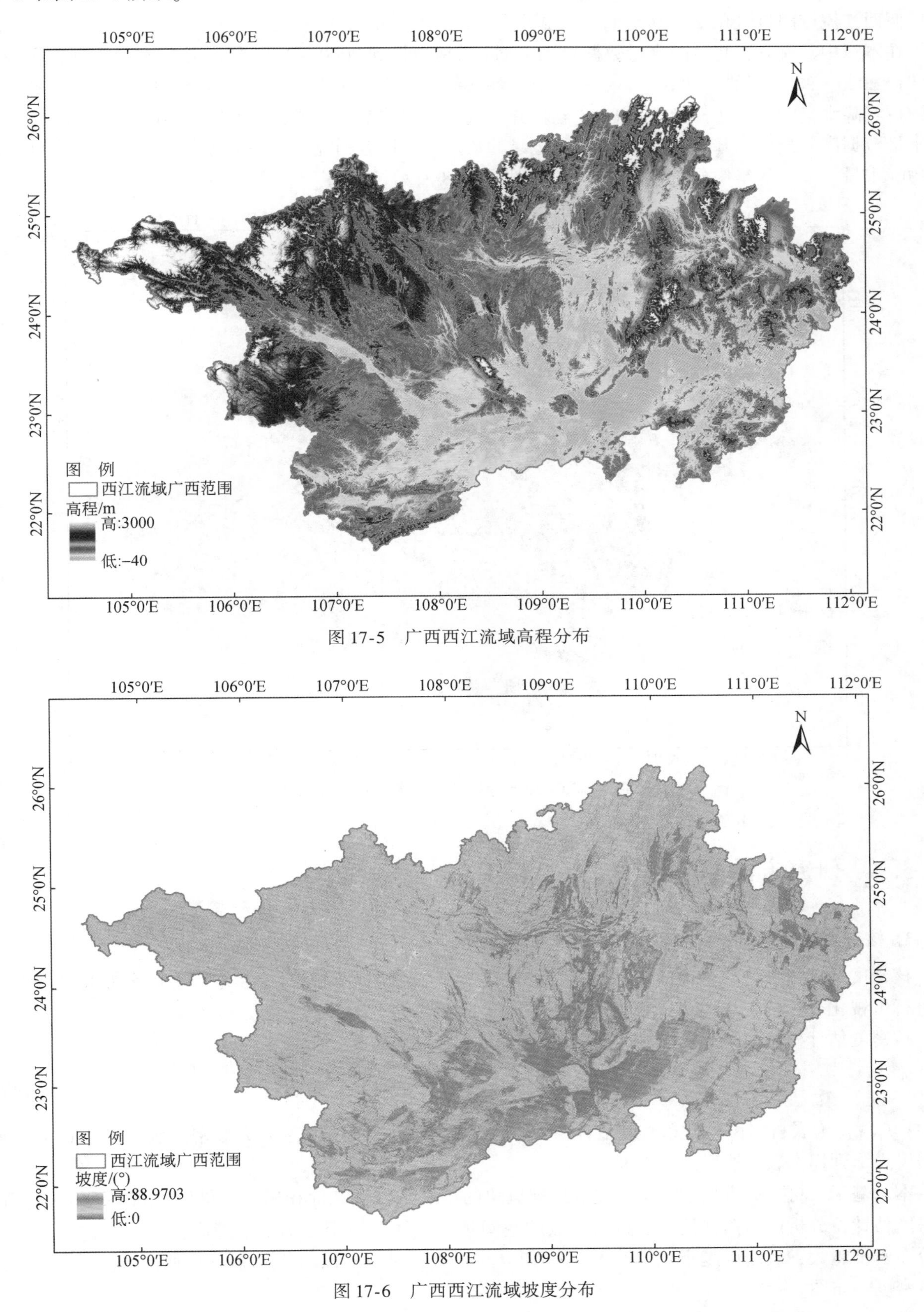

图 17-5　广西西江流域高程分布

图 17-6　广西西江流域坡度分布

(4) 气象数据预处理

本章使用的气象数据集为中国地面国际交换站气候资料月值数据集（V3.0）数据集，通过站台号选出广西西江流域附近气象站的降水量、气温数据，数据原始格式为 txt 文本文档。

在本章中，首先，将月降水量数据导入 Excel 表格，得到 2000～2015 年每月降水量数据，再经过统计获得 2000～2015 年的年度数据。然后，根据各气象站点的坐标信息，在 ArcGIS 中生成气象站点 shp 文件，再将降水量的数据文件导入 ArcGIS 软件并与气象站点的空间位置进行连接，形成 2000～2015 年月度降水量数据库。最后，基于 44 个气象站点记录的数据，采用普通克里金空间差值法获取广西西江流域范围的降水量、气温的年均分布数据如图 17-7 和图 17-8 所示。

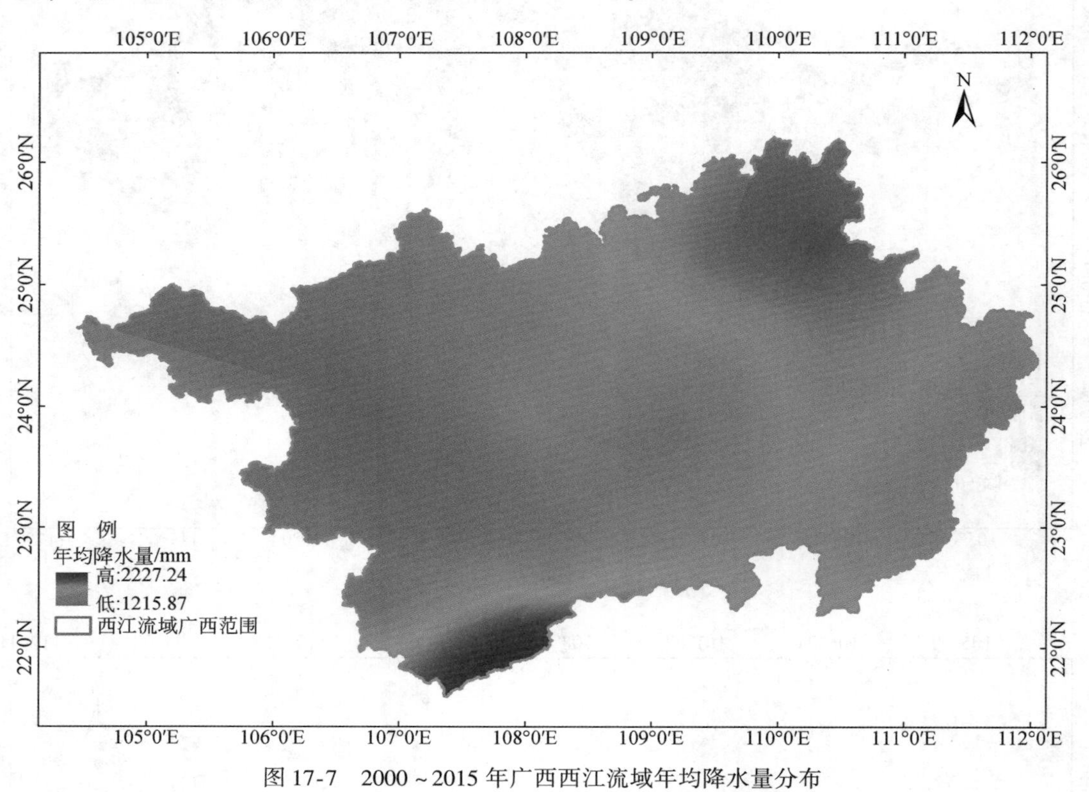

图 17-7　2000～2015 年广西西江流域年均降水量分布

17.3.2　研究方法

1. 核密度估计

核密度估计是一种非参数的表面密度估计的统计方法，是将研究对象在空间上的分布特征和分布概率进行可视化表达的方法[56]，能以图形的形式直观地展现研究对象的空间分布密度。

核密度估计模型如下：

$$f_n(x) = \frac{1}{nh}\sum_{i=1}^{n} k\left(\frac{x - x_i}{h}\right) \tag{17-1}$$

式中，$f_n(x)$ 为农村居民点分布密度估计值；n 为观测数量；h 为带宽；k 为核密度函数；$x-x_i$ 为测算农村居民点 x 到样本农村居民点 x_i 处的距离。

本章基于农村居民点用地数据，提取地类斑块的中心点位置和面积属性。借助 ArcGIS 平台对其进行核密度估计，分析广西西江流域农村居民点的空间集聚规律。核密度估计值越高，说明农村居民点的空间分布密度越大，反之则越小。借助 ArcGIS 10.2 中的 Kernel Density 工具，制作广西西江流域农村居民点的核密度分布图。

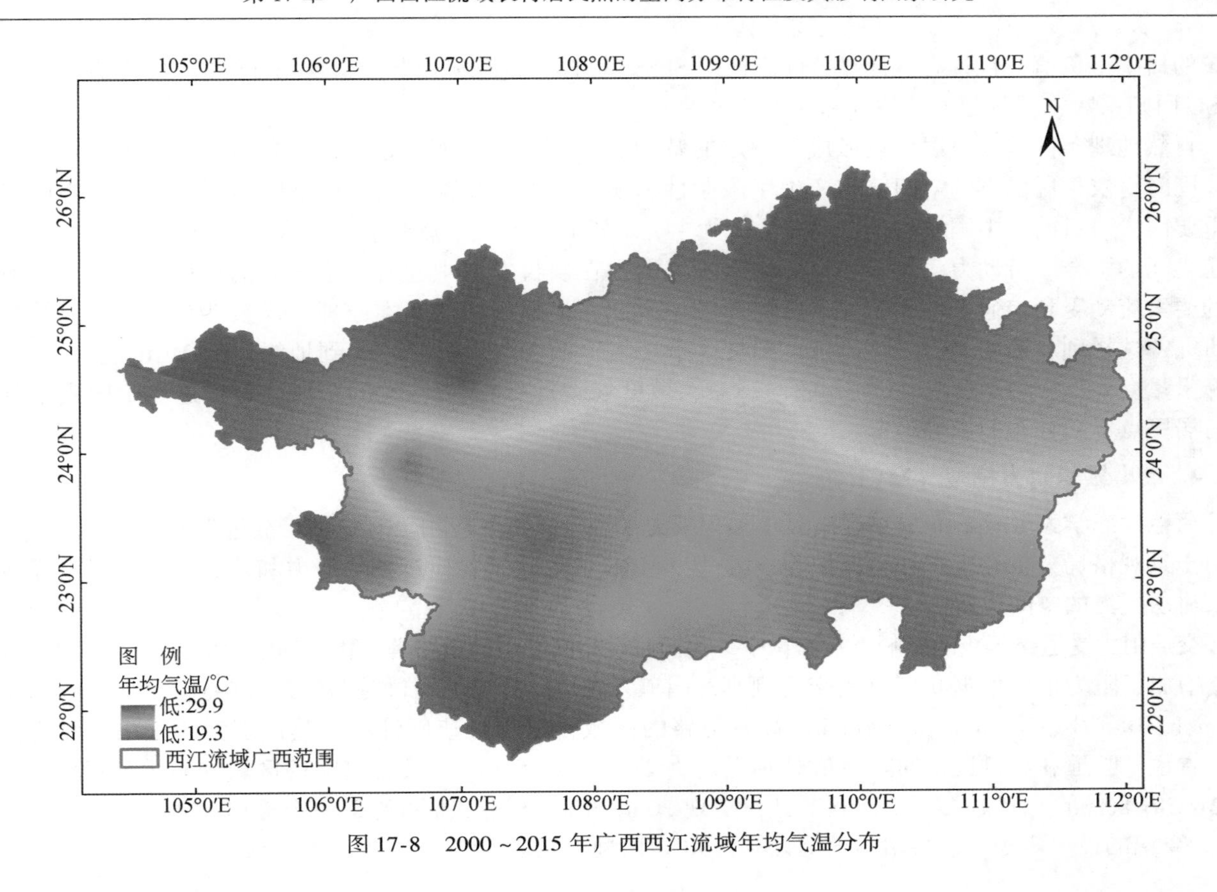

图 17-8　2000 ~ 2015 年广西西江流域年均气温分布

2. 空间“热点”探测

空间“热点”探测 Getis-Ord G_i^* 用来检验局部地区是否存在统计显著的高值和低值[57,58]，可以用地区可视化的方法揭示“热点区”和“冷点区”。其计算式为

$$G_i^*(d)=\frac{\sum_{j=1}^{n}W_{ij}(d)x_j}{\sum_{j=1}^{n}x_j} \tag{17-2}$$

式中，d 为距离；$W_{ij}(d)$ 为以距离规则定义的空间权重；x_j为空间单元 j 的属性值。为便于解释和比较，对 $G_i^*(d)$ 进行标准化处理得

$$Z(G_i^*)=\frac{[G_i^*-E(G_i^*)]}{\sqrt{\operatorname{var}(G_i^*)}} \tag{17-3}$$

式中，$E(G_i^*)$ 和 $\operatorname{var}(G_i^*)$ 分别为 $G_i^*(d)$ 的数学期望和方差，若 $Z(G_i^*)$ 为正，且统计显著，表明位置 i 周围的值相对较高（高于均值），属高值集聚的热点区，若 $Z(G_i^*)$ 为负，且统计显著，表明位置 i 周围的值相对较低（低于均值），属低值集聚的冷点区。

3. Logistic 回归分析

Logistic 回归是使用预测变量预测类概率和分类的有力工具[59]。该方法由生物数学家 Verhult 于 1838 年创立，并成功应用于自然灾害、医学、土地利用变化等领域[60]。该模型适用于分析二元变量类型事件，如农村居民点的分布。相应的回归模型是

$$\ln\left(\frac{p}{1-p}\right)=\beta_0+\beta_1x_1+\cdots+\beta_ix_i \tag{17-4}$$

式中，p 为分布概率农村居民点 x_1，…，x_i影响因素；β_0，β_1，…，β_i为待定参数。如果β_i是正值，统计显著，那么农村居民点在相应的独立变量增加分布的概率增加。如果β_i随着相应自变量的增加，农村居民点

分布的概率呈负值，且具有统计显著性。使用 SPSS 软件的 Logistic 回归分析模块计算回归系数β_i、标准误差 SE 回归系数、沃尔德统计估计和显著性水平 P。

自然地理条件是农村居民点形成和发展的基础。其中，地形是主导因素，它为农村居民点提供了空间，同时对农村居民点的空间分布产生了限制性影响。其次，高程、坡度也是影响农村居民点空间格局的重要因素。目前，中国农村仍以农业生产为主。水资源条件也是影响农村居民点空间格局的主要因素。村庄之间的资金、劳动力、技术和其他物质的流动也在农村发展中起着非常重要的作用。然而，区域之间的要素流动受到交通条件和位置条件的影响。因此，根据指标的基本原理、代表性和可用性，结合相关研究，选择到乡镇的 MCR 值（x_1），到县（市、区）的 MCR 值（x_2），到地级市的 MCR 值（x_3），年均降水量（x_4），年均气温（x_5），高程（x_6），坡度（x_7），到最近河流的距离（x_8）这 8 个因素来分析农村居民点空间分布的影响因素。

4. 最小累积阻力模型（MCR）

荷兰生态学家 Knappen 最早提出最小累积阻力模型，并将其应用于对物种扩散过程的研究，后被广泛应用于景观格局分析和生态环境保护等领域[61]。MCR 值反映了物质运动的潜力和趋势，它可以更好地反映农村居民点的空间位置。

交通阻力受道路等级的影响。在本章中，我们假设相同类型的道路具有相似的阻力值并且为每种类型的道路增加了阻力值。根据我国有关交通规则，国道、省道、县道、农村道路的最高限速分别为 80km/h、60km/h、40km/h、30km/h 和 15km/h。没有道路的区域根据步行速度计算，其速度为 5km/h。因此，国道、省道、县道和农村道路的阻力值分别设定为 2、3、4、5 和 8。没有道路的区域的阻力值设定为 30。用 ArcGIS 软件的 Cost Distance 分析工具，实现 30m×30m 空间分辨率的每一个栅格到地级市、县（市、区）、乡镇的最小累积可达性阻力值的计算，MCR 模型可表达为

$$M_{ij} = f_{\min} \sum (D_{ij} \times R_j) \tag{17-5}$$

式中，M_{ij}为最小累积阻力值；D_{ij}为物种从源 j 到景观单元 i 的空间距离；R_j为景观单元 j 对某种运动的阻力系数。

17.4 结果分析

17.4.1 农村居民点的整体空间格局

采用 Kernel 方法生成广西西江流域农村居民点密度分布图（图 17-9，上组限不在内），广西西江流域整体的农村居民点分布密度约为 2.5 个/km²，属于农村居民点较为密集的区域。

广西西江流域农村居民点的密度分布具有较大的地域差异，自桂林全州县向西南作一条经柳州市、南宁市、防城港市中心，至东兴市的直线，分广西西江流域为东南与西北两部，农村居民点密度呈现东南高，西北低的分布格局，在贵港市、玉林市、钦州市大部分地区以及南宁市西南部形成了高密度集中区，百色市、崇左市形成了低密度区。

17.4.2 农村居民点的规模分异

通过空间“热点”探测可以发现广西西江流域农村居民点规模具有明显的空间分异性，形成了南高北低的空间分异格局。

在桂南的贵港市、玉林市、北海市、南宁市的东部地区以及钦州市平原地区形成了连片的大规模农村居民点集中分布的“热点区”，而在桂西北的河池市、百色市、柳州市北部地区形成了小规模农村居民点的“冷点区”（图 17-10）。

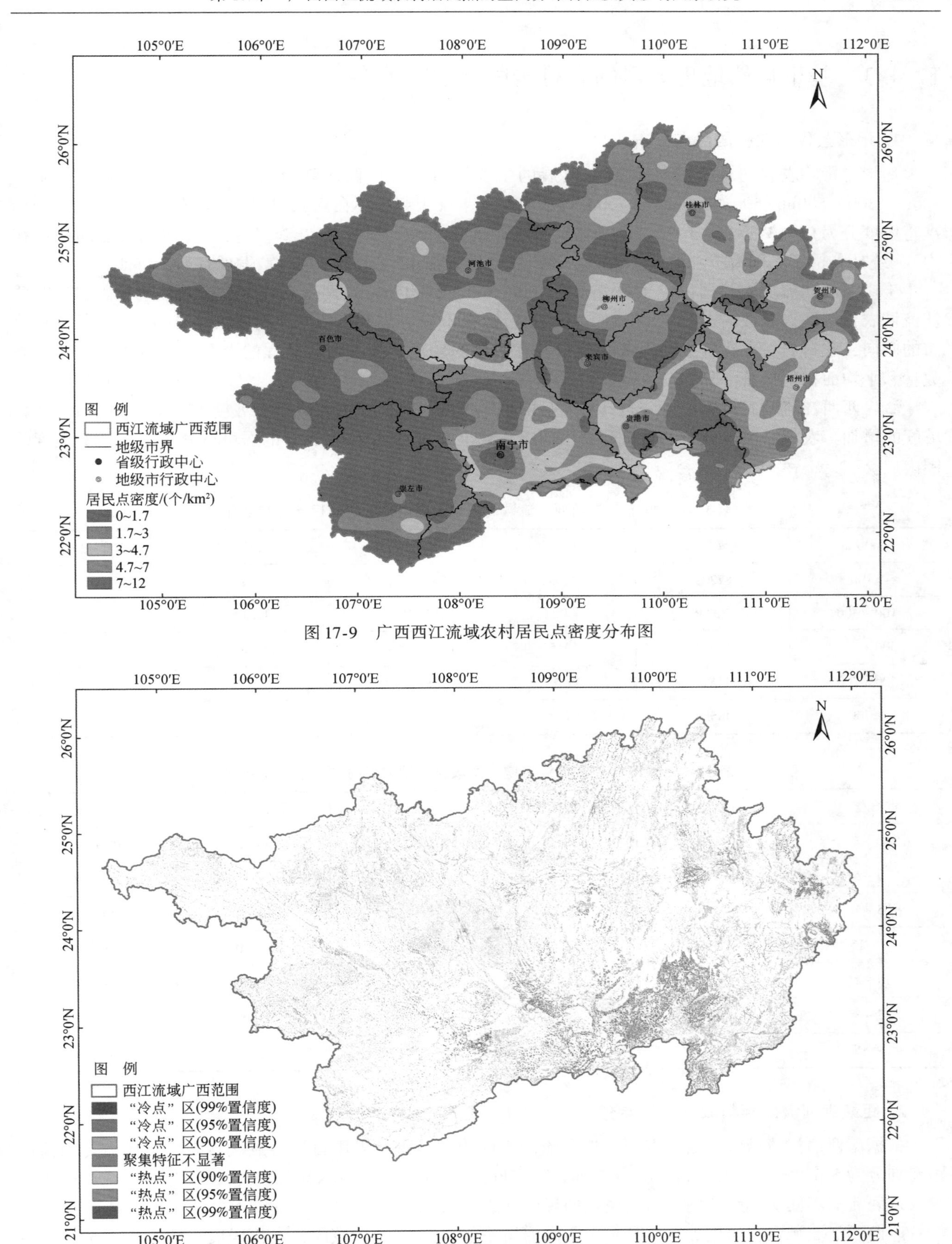

图 17-9　广西西江流域农村居民点密度分布图

图 17-10　广西西江流域农村居民点规模分异的“热点”图

17.4.3 基于自然地理要素的农村居民点空间分布

1. 地形条件与农村居民点分布

地形是影响农村居民点分布和演变发展的主要因素。将广西西江流域的高程分为<100m、100 ~ 300m、300 ~ 500m、500 ~ 700m、≥700m 等 5 个高程带（上组限不在内），根据全国统一坡度等级划分标准将坡度分为 0° ~ 3°、3° ~ 5°、5° ~ 7°、7° ~ 15°、15° ~ 25°、25° ~ 35°、≥35°等 7 个等级（上组限不在内），统计分析了不同海拔和坡度内农村居民点的规模（表 17-1 和表 17-2），发现有如下特征：

①广西西江流域农村居民点主要分布在 100 ~ 300m 和<100m 这两个高程带上，其数量分别占广西西江流域农村居民点总数的 44.56% 和 21.32%，合计 65.88%，表明广西西江流域农村居民点有向低高程分布的倾向，农村居民点在各级高程带的分布具有明显的变化趋势，随着高程的上升，农村居民点的分布数量和平均面积都显著下降。

②广西西江流域农村居民点分布具有明显的平缓坡度指向性，主要分布在坡度 15°以下的区域，随着坡度的增加，农村居民点分布的数量和规模都逐渐减小。其中，有 26.28% 的居民点分布在 0° ~ 3°坡度范围内。

表 17-1 2015 年广西西江流域高程分级区内的农村居民点分布变化

高程/m	个数/个	个数百分比/%	面积/hm^2	面积百分比/%	平均面积/hm^2
<100	87202	21.32	93748.81521	28.37	1.075
100 ~ 300	182245	44.56	162334.4999	49.13	0.891
300 ~ 500	55333	13.53	30696.49048	9.29	0.555
500 ~ 700	35689	8.73	16836.46044	5.10	0.472
≥700	48559	11.87	26810.27972	8.11	0.552

表 17-2 2015 年广西西江流域不同坡度范围内农村居民点分布变化

坡度/(°)	个数/个	个数百分比/%	面积/hm^2	面积百分比/%	平均面积/hm^2
0 ~ 3	107510	26.28	120073.5509	36.35	1.11685937
3 ~ 5	63340	15.49	63256.30806	19.14	0.998678687
5 ~ 7	43264	10.58	37288.32197	11.28	0.861878744
7 ~ 15	100263	24.51	65086.21452	19.70	0.649154868
15 ~ 25	63268	15.47	31651.51626	9.58	0.500276858
25 ~ 35	21919	5.36	9427.754484	2.85	0.430117911
≥35	9464	2.31	3642.879596	1.10	0.384919653

2. 距最近河流距离与农村居民点分布

根据广西西江流域农村居民点到最近河流的实际距离范围，采用自然短点法将农村居民点与河流的距离划分为 5 个区间：<1.5km、1.5 ~ 3km、3 ~ 5km、5 ~ 10km、≥10km（上组限不在内）。统计分析了到最近河流的不同实际距离内农村居民点的规模（表 17-3）。

广西西江流域农村居民点主要分布在距离河流小于 1.5km 的区域内，农村居民点数量为 215307，占农村居民点总数的 52.64%。随着到河流的距离增加，广西西江流域农村居民点的分布呈下降趋势。

表 17-3　2015 年广西西江流域距离最近河流距离农村居民点分布变化

距离/km	个数/个	个数百分比/%	面积/hm^2	面积百分比/%	平均面积/hm^2
<1.5	215307	52. 64	194206. 2601	58. 78	0. 901996963
1. 5 ~ 3	86180	21. 07	65402. 25536	19. 79	0. 75890294
3 ~ 5	54012	13. 20	38559. 82568	11. 67	0. 713912199
5 ~ 10	41884	10. 24	26407. 9447	7. 99	0. 630501975
≥10	11645	2. 85	5850. 259914	1. 77	0. 502383848

17. 4. 4　基于交通可达性的农村居民点空间分布

连接农村居民点的道路是居民点之间转移物资和信息的主要渠道。在计算交通可达性时考虑了不同等级道路的交通状况，这可以准确反映城市对农村居民点空间分布的影响。将从农村居民点到乡镇、县（市、区）、地级市政府驻地的 MCR 值划分为 5 个区间（上阻限不在内），统计分析每个范围内农村居民点的数量和面积（表 17-4 ~ 表 17-6）。

表 17-4　2015 年到地级市不同道路交通可达性阻力值范围内的广西西江流域农村居民点分布

到地级市阻力值	个数/个	个数百分比/%	面积/hm^2	面积百分比/%	平均面积/hm^2
$<4\times10^4$	162599	39. 75	157644. 8954	47. 71	0. 969531765
4×10^4 ~ 8×10^4	148483	36. 30	119127. 0556	36. 05	0. 80229424
8×10^4 ~ 12×10^4	62476	15. 27	37162. 17545	11. 25	0. 594823219
12×10^4 ~ 16×10^4	22115	5. 41	10782. 7473	3. 26	0. 487576184
$\geq16\times10^4$	13355	3. 27	5709. 671998	1. 73	0. 427530663

表 17-5　2015 年到县（市、区）道路交通可达性阻力值范围内的广西西江流域农村居民点分布

到县（市、区）阻力值	个数/个	个数百分比/%	面积/hm^2	面积百分比/%	平均面积/hm^2
$<10\times10^4$	101442	24. 80	102290. 553	30. 95	1. 008364908
10×10^4 ~ 15×10^4	82498	20. 17	76350. 46437	23. 11	0. 92548261
15×10^4 ~ 20×10^4	75254	18. 40	60471. 59826	18. 30	0. 803566565
20×10^4 ~ 25×10^4	60896	14. 89	41754. 15124	12. 64	0. 685663282
$\geq25\times10^4$	88938	21. 74	49559. 77896	15. 00	0. 557239638

表 17-6　2015 年到乡镇不同道路交通可达性阻力值范围内的广西西江流域农村居民点分布

到乡镇阻力值	个数/个	个数百分比/%	面积/hm^2	面积百分比/%	平均面积/hm^2
$<20\times10^4$	65845	16. 10	71928. 3924	21. 76	1. 092389588
20×10^4 ~ 30×10^4	70436	17. 22	68659. 7552	20. 78	0. 974782145
30×10^4 ~ 40×10^4	86650	21. 18	69196. 52729	20. 94	0. 798575041
40×10^4 ~ 50×10^4	76828	18. 78	54572. 25672	16. 52	0. 71031729
$\geq50\times10^4$	109269	26. 72	66069. 61419	20. 00	0. 604651037

广西西江流域农村居民点的空间分布具有点到乡镇、县（市、区）、地级市政府驻地的 MCR 值低值指向性的特征，但农村居民点空间分布与到不同等级中心城镇的交通可达性近邻相关性各异。其中，到乡镇的道路可达性对农村居民点空间分布影响最大，随着到乡镇中心的交通可达性最小阻力值的增加，

农村居民点的分布数量和规模都呈现出明显的下降趋势，到地级市的道路交通可达性对农村居民点分布较小，各个区间内的农村居民点分布情况并无明显的区别。

17.4.5 农村居民点空间分布的多影响因素因子定量识别

本章在分析农村居民点空间分布特征的基础上，从定量的角度进一步分析了农村居民点空间向性分布的主要影响因素。本研究的重点是自然地理因素和交通可达性因素对农村居民点空间分布的影响。自变量包括到乡镇的 MCR 值（x_1）、到县（市、区）的 MCR 值（x_2）、到地级市的 MCR 值（x_3）、年均降水量（x_4）、年均气温（x_5）、高程（x_6）、坡度（x_7）、到最近河流的距离（x_8）。在建立回归模型之前，对 8 个因素进行归一化处理。采用随机抽样方法提取农村聚落二元栅格数据和 8 个影响因子的栅格数据（采样数为 120000）。逻辑回归模型计算式：

$$\ln\frac{p}{1-p}=-4.239\,x_1-1.078\,x_2+2.029\,x_3-7.822\,x_4-6.247\,x_7 \tag{17-6}$$

表 17-7 模型建立过程中 x_4、x_6、x_8 的回归系数未通过 0.05 的显著性检验，故模型中剔除，其中，ROC 的检验值为 0.82，依据 Logistic 回归的结果所示，农村居民点的空间分布格局是到乡镇的 MCR 值（x_1）、到县（市、区）的 MCR 值（x_2）、到地级市的 MCR 值（x_3）、年均气温（x_5）、坡度（x_7）5 种因素共同作用的结果。从逻辑回归的结果来看，到乡镇的 MCR 值、到县（市、区）的 MCR 值、年均气温、坡度与农村居民点的分布呈负相关。相反，到地级市的 MCR 值与农村居民点的分布呈正相关。

表 17-7 Logistic 回归的系数和显著性检验结果

变量	β	SE	exp（β）
到乡镇的 MCR 值（x_1）	−4.239	0.531	0.014
到县（市、区）的 MCR 值（x_2）	−1.078	0.306	0.34
到地级市的 MCR 值（x_3）	2.039	0.256	7.68
年均降水量（x_4）	0.406	0.224	1.501
年均气温（x_5）	−7.822	0.464	0
高程（x_6）	0.118	0.118	1.125
坡度（x_7）	−6.427	0.349	0.002
到最近河流的距离（x_8）	0.195	0.3	1.215
常量	−2.285	0.132	0.102

17.5 本章小结

17.5.1 讨论

1. 农村居民点分布的空间差异

广西西江流域东南部和西北部农村居民点的分布存在显著差异。东南部地区农村居民点的密度明显高于西北部地区。社会经济、自然地理等因素影响着村庄的发展和农村居民点的扩张。区政府、工业园区、交通枢纽和物流中心主要分布在流域的东南部。广西西江流域东南部已成为人口、资本和其他元素的聚集区。随着农村经济和社会的转型与发展，农村居民点的位置逐渐从资源依赖转向交通条件、基本服务和就业机会依赖。因此，东南部的村庄发展迅速，成为高密度地区，而西北部的村庄则成为低密度地区。

2. 农村居民点取向分配的影响机制

地形是影响农村居民点分布和发展的主要因素。在喀斯特地区，高海拔地区的农业生产条件通常较差，不利于农业生产活动；相反，低海拔地区方便农民生活和从事生产活动。同样，随着坡度的增加，适合耕种的土地面积逐渐减少，从事农业生产活动的成本也增加。此外，随着海拔和坡度的增加，建筑物的建造成本也会增加。因此，农村居民点往往分布在低海拔和渐变坡地。

水资源和耕作半径是农业生产条件的两个主要因素，也影响着农村居民点的空间格局。广西西江流域西北部地貌是喀斯特地区，年降水量约 1694mm，蒸发量很大。此外，喀斯特地区水土流失严重，导致部分地区水资源短缺。水资源获取的便利性在农业生产和农民生活中起着重要作用。因此，河流附近的农村居民点便于农业种植和生活。考虑到运输成本和便利性，农民经常在靠近耕地的地区定居。因此，随着到河流的距离增加，广西西江流域农村居民点的分布呈下降趋势。

交通和位置也在农村居民点的分布中发挥着重要作用。郊区的村庄有更多的发展机会。在农村地区，城镇是地理功能的中心位置，如市场、医疗和教育、文化和卫生、消费和公共服务。城镇对农村经济和社会发展有很大影响，影响农村居民点的空间演变和发展。交通网连接城镇和村庄，促进城乡之间的元素流通。与东部平原相比，县级公路对西北喀斯特区农村居民点分布的影响更为突出。

3. 空间优化的含义和本研究的局限性

农村居民点的优化和重建包括内部结构优化和乡镇系统优化。内部结构优化反映在各种空间的优化中，如生活空间、生产空间、生态空间。广西西江流域 11. 87% 的农村居民点分布在高海拔地区，7. 67% 的居民点分布在陡坡上。此外，随着农村经济社会的转型和发展，农村生态空间和农业生产空间面临迅速萎缩，服务空间不足。内部结构的优化应着眼于社区生活空间的集约化生产空间、生活空间和生态空间的均衡。农村居民点土地整理工程是实现内部结构优化的有效途径。

由于城市人口承载力和地形条件上限的限制，西北地区是喀斯特石山区，很难实现像中国东部沿海城市一样的高城市化率。乡镇一体化是解决农村发展的重要途径，重点是重建乡镇制度。作为农村地区的政治、经济、文化和住宅服务中心，小城镇在优化乡镇体系中发挥着重要作用。乡镇体系优化的重点是通过改善交通网络，加强小城镇的中心功能，扩大小城镇的服务半径。

这是一个复杂的系统工程，旨在优化村镇系统的空间格局。虽然在本研究中，我们已经讨论了农村居民点向性分布的空间分布特征和影响因素，但乡镇体系的演化机制、区域类型、结构效率和空间优化模型仍有待提高。村镇体制的优化需要建立体制机制和政策体系，构建以城镇为核心的生活服务圈。

17. 5. 2　结论

以前对农村居民点空间分布格局的研究，基于 3S 技术，通常将欧几里得距离作为空间距离。这种方法不能准确反映农村居民点与城镇之间的交通可达性。在本章中，我们通过整合交通网络和斜坡，重新定义了交通阻力，从而统计分析了农村居民点的空间分布格局。通过对广西西江流域农村居民点空间分布的统计分析和影响因素的定量分析，得出以下结论。

广西西江流域的农村居民点密度在空间上存在显著差异；农村居民点的密度核心区位于产业集群的平原区。从乡镇区域辐射的角度来看，乡镇的中心辐射对农村居民点的空间分布影响较大。加强农村居民点到城镇的可达性是建立乡村和乡镇系统的基础。此外，县级公路在农村居民点的空间分布中发挥着重要作用。为优化县乡的乡村空间格局，完善交通网络应建立系统，以加强乡镇之间的空间联系。同时，要完善城镇的中心服务功能，加强中心集聚和辐射效应。本研究有助于我们了解广西西江流域农村居民点的空间向性分布，为县域城乡空间格局的优化提供有益的认识。

参 考 文 献

[1] 徐羽，钟业喜，徐丽婷，等．江西省农村居民点时空特征及其影响因素研究［J］．生态与农村环境学报，2018，

34（6）：504-511.
[2] 杨勇，邓祥征，吴锋，等．华北平原农村居民点演变及社会经济影响因素分析［J］．人文地理，2019，34（2）：116-124.
[3] 田鹏，李加林，史小丽，等．农村居民点时空变化特征及影响因素分析——以宁波市象山县为例［J］．山地学报，2019，37（2）：271-283.
[4] 杨忍，陈燕纯．中国乡村地理学研究的主要热点演化及展望［J］．地理科学进展，2018，37（5）：601-616.
[5] 刘晶，金晓斌，范业婷，等．基于“城—村—地”三维视角的农村居民点整理策略——以江苏省新沂市为例［J］．地理研究，2018，37（4）：678-694.
[6] 张正峰，温阳阳，王若男．农村居民点整治意愿影响因素的比较研究——以浙江省江山市与辽宁省盘山县为例［J］．中国土地科学，2018，32（3）：28-34.
[7] 赵元，胡月明，张新长，等．点耕作距离空间分布特征估测分析［J］．地理科学，2016，36（5）：760-765.
[8] 曲衍波，姜广辉，张佰林，等．山东省农村居民点转型的空间特征及其经济梯度分异［J］．地理学报，2017，72（10）：1845-1858.
[9] 姬文周，刘艳芳，王程程．湖北省农村居民点用地整理适宜性评价及分区［J］．地理信息世界，2017，24（4）：69-74.
[10] 徐威杰，卞盼盼，白珏莹，等．基于GIS和景观指数的农村居民点分布研究［J］．地理空间信息，2017，15（7）：59-62，72.
[11] 党慧．北京市农村居民点时空演化及其驱动力研究［D］．北京：中国地质大学（北京），2017.
[12] 孙建伟，孔雪松，田雅丝，等．基于空间组合特征的农村居民点重构方向识别［J］．地理科学，2017，37（5）：748-755.
[13] 李阳兵，李潇然，张恒，等．基于聚落演变的岩溶山地聚落体系空间结构整合——以后寨河地区为例［J］．地理科学，2016，36（10）：1505-1513.
[14] 张佰林，蔡为民，张凤荣，等．中国农村居民点用地微观尺度研究进展及展望［J］．地理科学进展，2016，35（9）：1049-1061.
[15] 林耀奔．基于空间句法与多因素评价相结合的农村居民点布局优化研究［D］．南宁：广西师范学院，2017.
[16] 蓝依晴，黄天能．基于RS与GIS的喀斯特地区农村居民点空间分布研究——以广西隆安县为例［J］．南方国土资源，2015，（12）：33-36.
[17] 邹亚锋，仇阳东．省级农村居民点整治潜力测算研究——以广西为例［J］．资源科学，2015，37（1）：28-36.
[18] 卢新海，刘栋明．广西东兴市农村居民点整治模式研究［J］．中国房地产，2013，（14）：43-51.
[19] 刘栋明．东兴市农村居民点整理方式研究［D］．武汉：华中科技大学，2013.
[20] 雷征，陈建军．广西农村居民点整理潜力估算及差别化整治研究［J］．国土资源科技管理，2012，29（4）：27-32.
[21] 张小莉．广西博白县土地利用规划修编中的城乡建设用地增减挂钩研究［D］．南宁：广西师范学院，2012.
[22] 覃丽琼．桂北地区乡村聚落空间演变特征及格局优化［J］．中国农业资源与区划，2019，40（4）：147-152.
[23] 樊芳，刘艳芳，梁俊红．农村居民点整理时序评价——以广西北海市合浦县为例［J］．国土资源科技管理，2012，29（1）：13-18.
[24] 喻芬芬，李志雄，康志强．农村居民点整理搬迁方案探讨——以广西壮族自治区为例［J］．国土资源科技管理，2012，29（1）：113-118.
[25] 邹亚锋，刘耀林，孔雪松，等．广西平南县农村居民点整理潜力测算研究［J］．国土资源科技管理，2011，28（6）：16-21.
[26] 张斐．广西扶绥县农村居民点综合整治潜力研究［D］．南宁：广西师范学院，2011.
[27] 林伟丽，周兴．广西贵港市农村居民点土地集约利用评价［J］．安徽农业科学，2010，38（31）：17695-17698.
[28] 马越．农村居民点的土地整理潜力测算方法探究——以广西贵港市为例［J］．产业与科技论坛，2008，7（11）：147-149.
[29] 廖赤眉，李澜，严志强，等．农村居民点土地整理模式及其在广西的应用［J］．广西师范学院学报，2004，（1）：7-11.
[30] 樊芳，刘艳芳，张扬，等．广西农村居民点整理的现实潜力测算研究［J］．经济地理，2012，32（4）：119-123.
[31] 克里斯塔勒．德国南部中心地原理［M］．北京：商务印书馆，2010.
[32] 陈宗兴，陈晓键．乡村聚落地理研究的国外动态与国内趋势［J］．世界地理研究，1994，（1）：72-79.

[33] Roberts B K. Landscapes of settlement [M]. London: Routledge, 1996.
[34] Pacione M. Rural geography [M]. London: Harper and Row, 1984.
[35] 胡焕庸.《人地学原理》序言 [J]. 国外人文地理, 1986, (1): 6-11.
[36] 朱炳海. 西康山地村落之分布 [J]. 地理学报, 1939, 6 (1): 40-43.
[37] 陈述彭, 杨利普. 遵义附近之聚落 [J]. 地理学报, 1943, 10: 69-81.
[38] 李裕瑞, 刘彦随, 龙花楼. 中国农村人口与农村居民点用地的时空变化 [J]. 自然资源学报, 2010, 25 (10): 1629-1638.
[39] 赵大伟. 甘肃东乡族自治县县域村庄布局优化研究 [D]. 兰州: 兰州交通大学, 2017.
[40] 张磊, 武友德, 李君. 高原湖泊平坝区农村居民点空间格局演变及预测分析——以大理市海西地区为例 [J]. 中国农业大学学报, 2018, 23 (2): 126-138.
[41] 宋文, 吴克宁, 刘霈珈, 等. 基于空间自相关的区域农村居民点分布与环境的关系研究 [J]. 中国农业资源与区划, 2016, 37 (12): 70-77.
[42] 周传发. 论三峡传统聚居与民居形态的地域特征 [J]. 三峡大学学报 (人文社会科学版), 2009, 31 (2): 5-8.
[43] 程世丹. 三峡地区的传统聚居建筑 [J]. 武汉大学学报 (工学版), 2003, (5): 94-97.
[44] 朱向东, 郝彦鑫. 传统聚落与民居形态特征初探——以山西平顺奥治村为例 [J]. 中华民居, 2011, (12): 48-49.
[45] 岳邦瑞, 李玥宏, 王军. 水资源约束下的绿洲乡土聚落形态特征研究——以吐鲁番麻扎村为例 [J]. 干旱区资源与环境, 2011, 25 (10): 80-85.
[46] 杨忍, 刘彦随, 龙花楼, 等. 中国村庄空间分布特征及空间优化重组解析 [J]. 地理科学, 2016, 36 (2): 170-179.
[47] 陈志文, 李惠娟. 中国江南农村居住空间结构模式分析 [J]. 农业现代化研究, 2007, (1): 15-19.
[48] 叶艳妹, 张晓滨, 林琼, 等. 基于加权集覆盖模型的农村居民点空间布局优化——以流泗镇为例 [J]. 经济地理, 2017, 37 (5): 140-148.
[49] 文博, 刘友兆, 夏敏. 基于景观安全格局的农村居民点用地布局优化 [J]. 农业工程学报, 2014, 30 (8): 181-191.
[50] 周宁, 郝晋珉, 孟鹏, 等. 黄淮海平原县域农村居民点布局优化及其整治策略 [J]. 农业工程学报, 2015, 31 (7): 256-263.
[51] 曲衍波, 姜广辉, 张凤荣, 等. 基于农户意愿的农村居民点整治模式 [J]. 农业工程学报, 2012, 28 (23): 232-242.
[52] 李冰清, 王占岐, 张利国, 等. 基于集聚发展路径的农村居民点空间重构研究 [J]. 中国人口·资源与环境, 2018, 28 (11): 47-55.
[53] 田光进. 基于遥感与GIS的农村居民点景观特征比较 [J]. 遥感信息, 2002, (4): 31-34.
[54] 张红伟, 王占岐, 柴季, 等. 基于"源""汇"景观理论的山区农村居民点整治适宜性评价研究——以湖北省十堰市房县为例 [J]. 中国土地科学, 2018, 32 (11): 65-72.
[55] 李学东, 杨玥, 杨波, 等. 基于耕作半径分析的山区农村居民点布局优化 [J]. 农业工程学报, 2018, 34 (12): 267-273.
[56] 申月静, 雷国平, 曲晓涵, 等. 基于加权 Voronoi 图扩展断裂点的农村居民点布局优化 [J]. 水土保持研究, 2017, 24 (4): 284-289.
[57] 胡雪瑶, 张子龙, 陈兴鹏, 等. 县域经济发展时空差异和影响因素的地理探测——以甘肃省为例 [J]. 地理研究, 2019, 38 (4): 772-783.
[58] 朱文娟, 孙华. 江苏省城市土地利用效益时空演变及驱动力研究 [J]. 中国土地科学, 2019, 33 (4): 103-112.
[59] 熊俊楠, 李进, 程维明, 等. 西南地区山洪灾害时空分布特征及其影响因素 [J]. 地理学报, 2019, 74 (7): 1374-1391.
[60] 王建顺, 林李月, 朱宇, 等. 西部民族地区流动人口户籍迁移意愿及影响因素——以新疆为例 [J]. 地理科学进展, 2018, 37 (8): 1140-1149.
[61] 杨忍. 基于自然主控因子和道路可达性的广东省乡村聚落空间分布特征及影响因素 [J]. 地理学报, 2017, 72 (10): 1859-1871.

第18章　广西西江流域空间功能分区及其扶贫模式研究

18.1　广西西江流域国土空间功能分区

国土空间是进行经济建设、社会发展和生态文明建设的载体，同时也是编制各级国土空间规划的物质基础。国土空间规划有利于实现国土资源优化配置、区域协调发展和生态文明建设，“多规合一”的国土空间规划已成为当前我国规划发展的趋势。改革开放以来，我国经济得到了快速发展，城乡面貌焕然一新，国土空间也发生了剧烈变化。国土空间的变化一方面支撑了国民经济的发展，但另一方面管理不到位，导致了资源浪费、恶性竞争、生态环境恶化、生态功能衰退等。对国土空间进行功能分区能使国土空间得到有效开发、管理，促进区域可持续发展。

18.1.1　国土空间功能分区概述

国务院于2017年发布了《全国国土规划纲要（2016—2030年）》，以此来指导和管控国土空间的开发、利用、保护、整治等各类活动[1]。改革开放后，我国经济得到了快速发展，对资源的需求也日益增加，资源成为发展的重要因素。在发展中要合理地开发国土空间资源，优化开发格局。广西西江流域是广西少数民族集聚区，贫困人口多，脱贫难度大，是脱贫攻坚的重要战场，深入了解广西西江流域各地的空间资源优势，有利于市县级国土空间进行功能分区，协调发展，实现优势互补，助推西江流域贫困县早日实现脱贫致富。

国内学者在国土空间功能分区研究实践中总结出了许多分区模式，如农业功能区划、环境功能区划、生态功能区划、自然地理区划、海洋功能区划、经济功能区划、综合性的主体功能区划等。按照时间序列，我国国土空间功能分区研究可分为三个阶段：区划初始阶段、区划全面发展阶段、国土空间功能分区阶段。

1. 区划初始阶段

20世纪初，受国外地理学发展和传播的影响，我国学者逐步进行国土空间功能分区研究。20世纪初至50年代，是我国国土空间区划研究的初始阶段，区划方法简单，以单因素为主，从地域分异规律的视角进行，如竺可桢等开展的中国气候区划，是我国现代地域区划研究的开始；李四光以地形为主要依据进行地貌区划；黄秉维等对我国植被进行区划；陈恩凤等对中国土壤类型进行区划研究[2,3]。此时期的区划研究视角比较广，而且缺乏对区划理论的深入了解，虽有不足，但开启了我国国土空间区划研究的先河，为后续研究奠定了坚实的基础。

2. 区划全面发展阶段

20世纪50年代后，民族独立，经济开始发展，推动了我国国土空间区划研究工作的进行。为了更好地发展经济，服务社会需要，急需对我国自然资源、生态环境及区域经济发展等进行深入的了解。此时，政府及科研单位等展开了具有单一服务功能的区划、部门区划和具有综合性质的区划。虽然这时的区划研究更注重对部门发展的需求，但不管是在理论还是实践上都极大地促进了我国国土空间区划研究的发展。

（1）综合自然区划

综合自然区划需要对研究区域各级自然综合体做出全面的认识，是根据地域分异规律，将地表自然界各种环境因素进行地域划分，按照划分出来的地域单元研究其自然环境特征、自然历史过程、空间分布特征及其相互关系[4-6]。因此，综合自然区划总是代表着一定时期区域自然地理研究的综合成果，是反映对自然地理环境认识程度和衡量自然地理研究水平的重要标志之一[7-9]。从20世纪50年代开始，我国学者对综合自然区划的理论和实践进行了大量的研究，国家也先后组织了三次影响较大的全国综合自然区划研究[10]。席承潘、赵松桥、任美锷、黄秉维等学者先后提出有关我国综合自然区划的不同方法，在一定程度上满足了当时经济社会发展的需要[11]。

（2）综合农业区划

20世纪30年代，我国学者逐渐对农业区划进行研究，新中国成立后，相继开展了三次大规模的全国农业区划研究，并取得一定成就[12,13]。对农业区划的内涵、研究对象、学科性质和特点、区划依据和理论基础、区划方法、研究内容和创新思路等进行了大量科学研究[14]，如在农业区划的理论基础方面，马忠玉和高如嵩进行了全面阐述，认为其包括农业地域分异规律、农业生产力配置理论、人地关系理论、农业生态经济理论和农业发展预测理论[15]。

（3）经济区划

我国经济区划的研究进行得较早，从其影响看，主要有三种方案[16,17]。第一，1949年后，将我国沿海和内陆分开构建经济区，沿海地区包括11个省（区、市），内地包括18个省（区），这种区划方式带来政策倾斜，沿海地区在自然、人文等综合条件作用下，发展迅速，同时导致了我国区域间的不均衡发展[18,19]。第二，1994年，《中国经济年鉴》明确将我国划分为东部、中部和西部三大经济区，后来又做了一次调整，最后确定为东部11省（市）、中部8省（区）、西部12省（区）[20-22]。这次分区后，国家加大了对中西部地区经济发展的重视，投资比例增大，尤其是西部地区。随着对西部地区发展的大力支持，西部地区逐渐富裕起来。第三，“十五”计划中期，针对东北三省经济发展受到限制，中央提出振兴东北老工业基地的发展战略，将东北三省列为独立的经济区[23-25]。改革开放以来，我国经济持续发展，出现了一批大城市，城镇化水平不断提高，为更好地融入全球经济发展中，各种经济区不断涌现，如北部湾经济区、珠江–西江经济带等。

（4）生态功能区划

生态功能区划是依据生态服务功能重要性和生态环境敏感性的空间差异，进而归纳相似性和差异性，由此区分不同生态功能的过程[26-28]。我国的生态功能区划研究起步较晚，在20世纪80年代首次将全国划分为22个生态区，依据自然资源的不同生态特异性，为各区域的农业大发展提供了指示方向，明确了生态区划的原则和依据，这是我国生态区划研究工作的开始[29]。2001年傅伯杰等明确提出了我国生态区划的目标、任务、特点以及不同生态区的问题和形成机制，为全国生态功能区划的研究建立了宏观框架。2008年，国务院颁布《全国生态功能区划》，提出了全国生态功能区划方案，明确了不同区域生态系统的主导生态服务功能和生态保护目标[30]。

（5）主体功能区划

主体功能区划是在新时代背景下面对资源、环境问题日益突出而提出的综合性区划[31,32]。2006年国家首次明确提出主体功能区建设工作，并于次年将主体功能区划写入十七大报告，2010年国务院颁发《全国主体功能区划》，2012年党的十八大进一步提升了主体功能区划的战略地位，并提出2020年基本实现主体功能区布局。主体功能区划是综合我国自然资源系统、社会经济系统和生态系统的特点，对国土空间进行开发与管制的区划。

3. 国土空间功能分区阶段

国土空间功能分区研究是近几年刚兴起的一个研究视角。在国土空间功能分区的研究上，研究视角多元化，既有从全国、省市进行研究的，也有选择县域等微观角度进行研究的，如念沛豪等基于生态位理论对湖南省国土空间综合功能分区进行研究[33]；金贵等对武汉市城市群国土空间综合功能分区进行研究，基于空间功能出发，从生产、生活、生态角度构建国土空间综合功能分区指标体系[34]；陶岸君和王兴平以安徽省郎溪县为例进行县域空间功能分区实践研究[35]；研究方法更加丰富，定性研究与定量研究相结合，比较优势指数、系统聚类及 GIS 技术等广泛应用于实证研究中；研究思路开放化，借助土地利用规划或城市规划，从微观的角度，以具体土地利用的地块为单位，根据地块在利用过程中表现出来的具体功能，如农业用地、工业用地、商服用地等，对国土空间进行分类。

18.1.2　广西西江流域国土空间功能分区理论研究

1. 地域分异理论

地域分异规律（rule of territorial differentiation）也称空间地理规律，是指自然地理环境整体及其组成要素在某个确定方向上保持特征的相对一致性，而在另一确定方向上表现出差异性，因而发生更替的规律[36]。19 世纪中叶德国 Richthofen 首次提出并使用地域分异这一术语。影响地域分异的基本因素有两个，一是地球表面太阳辐射的纬度分带性，即纬度地带性因素，简称地带性因素；二是地球内能，这种分异因素称为非纬度地带性因素，简称非地带性因素。地域分异规律是进行自然区划和各类与地理要素有关区划的基础。国土空间分区就是根据一定的指标，将一定区域内具有相似性的空间单元合并，而将差异性较大的空间单元分开，最终得到同一区划内各单元具有良好的均质性和相似性，而不同的区划直接具有明显差异性。

2. 地域功能理论

地域功能理论是以地表空间秩序为研究对象，重点研究地域功能的生成机理，以及功能空间的结构变化、相互作用、科学识别方法和有效管理手段的地理学理论[37]。地域功能理论思想最早出现于 19 世纪西方近代地理学区域研究和区划实践中，地球表层不同区划分别表现出不同的功能，人类在利用土地时，应按照不同的功能或用途进行国土空间管制。地域功能是基于地域的自然特性和其范围内社会经济发展状况而体现出来的功能，地域功能具有主观认知、时空演变、空间变异、相互作用、多样构成等特性。地域功能理论研究主要为国土空间规划和空间管制服务，利用地域空间理论知识识别国土空间三生功能，将国土空间划分为生产功能、生活功能、生态功能等三种类型。

3. 人地关系地域系统理论

人地关系地域系统是地理学理论研究的核心内容。人地关系地域系统是人类活动与地理环境之间相互作用形成的系统，在地域上的表现形式，是人与地在特定的地域中相互联系、相互作用的一种动态结构，既涉及自然过程又涉及社会过程，是一个综合概念[38]。人地关系的协调发展是区域经济发展的前提，人地关系地域理论是认知乡村地域发展过程、机理和结构特征、发展趋势，寻找其优化调控途径的理论基础，是乡村发展、乡村空间重构、合理配置城乡资源、推进城乡一体化进程的理论指引。人地关系地域系统以地球表层一定地域为基础，且具有一定的范围，并有开放系统和封闭系统之分，开放的人地关系系统的发展依赖系统内部和外部的发展要素从而在地域关联中求得发展，而封闭的人地关系系统的发展主要依赖其内部发展要素，与地域外部缺乏社会经济联系。人地关系地域系统既具有一般系统的基本特征，又具有地域范围内人地关系复杂联系的特殊系统特征。人地关系地域系统是按照一定规律组织起来的空间地域实体，包括土地承载力限制与超越规律、人地关系地域关联互动规律、人地关系矛盾渗透规律、人地作用不平衡与加速规律等。

4. 可持续发展理论

1987 年世界环境与发展委员会在《我们共同的未来》报告中，首次提出可持续发展理论的概念。可持续发展是既要满足当代人的需求，又不能对后人满足其需求能力构成危害，并强调要重视加强全球性相互依存关系及发展经济和保护环境之间的相互协调关系[39]。1992 年联合国环境与发展大会在里约热内卢通过了《21 世纪议程》，可持续发展观念迅速被世界各国普遍接受，成为国际社会公认的新型发展理论。可持续发展理论主张既要生存又要发展，要把当代与后代、区域与全球、空间与时间、结构与功能等实现有力的统一，从而建设和创造一个稳定、协调的社会、经济和环境可持续发展的体系。可持续发展理论经过近几十年的发展，已经形成了一套完备的科学体系，当前可持续发展理论正在沿着经济学、社会学和生态学三个方向进一步发展与完善。

18. 1. 3　指标体系构建及研究方法

1）指标体系构建原则

①全面性和代表性原则。国土空间是一个综合性的空间，是自然因素与人文因素的综合体，涵盖了社会、经济、生态、环境、资源等各方面。因此在评价指标的选取上，要充分考虑国土空间功能的多样性，选择能够表征国土空间功能的关键性和代表性的指标，为全面评价广西西江流域国土空间功能分区提供科学依据。

②数据可获取性和可量化性原则。研究区内的国土空间功能分区会受到很多因素的影响，但有些指标数据获取难，为保障研究的顺利进行，在指标选取时尽量选择数据可获得和可量化的指标来进行功能分区评价。

③地域性。虽然国土空间在任何尺度上都具有生产、生活、生态三种功能，但是地域差别会使功能在空间分布上呈现强弱之分。所以，在评价广西西江流域国土空间功能分区时，要综合考虑区域的特殊性，有针对性地选择指标进行评价。

2）评价指标

国土空间功能分区要综合考虑研究区的自然因子和人文因子，包括土地资源、经济发展、社会环境、人口、生态各方面。本章在研究广西西江流域县域国土空间功能分区时借鉴国内外研究成果，基于三生功能理论，构建分区指标体系，如表 18-1 所示，优化流域国土资源开发。广西西江流域地处我国南部，降水充足，热量丰富，农业发展的自然条件较好，农业生产功能是其基础性功能；工业是带动经济发展的重要动力，经过改革开放、西部计划、珠江–西江经济带等开发战略的实施，流域内工业发展能力得到大幅提升；广西西江流域人口众多，旅游资源丰富，特别是乡村旅游的兴起，极大地促进了乡村经济的发展，服务业发展功能在城区和行政中心表现较突出；经济社会的发展都是为了人类生活得更美好，人居服务功能体现居住区人们的整体生活状态；生态环境是不可或缺的一部分，影响着经济社会的发展和人类的健康生存，是重要的自然因子。

表 18-1　国土空间功能分类及评价指标体系

功能类型	代码	指标名称（单位）	权重
农业生产功能（A）	A1	第一产业增加值（万元）	0. 018631
	A2	耕地面积（hm^2）	0. 020819
	A3	粮食作物总播种面积（hm^2）	0. 018453
	A4	粮食总产量（t）	0. 020374
	A5	油料产量（t）	0. 03305
	A6	糖料产量（t）	0. 051354
	A7	园林水果（不含瓜类水果）产量（t）	0. 037527
	A8	肉类总产量（t）	0. 024748
	A9	禽蛋产量（t）	0. 041263
	A10	蔬菜产量（t）	0. 023237
	A11	水产品产量（t）	0. 026285
	A12	农业技术人员（人）	0. 043263

续表

功能类型	代码	指标名称（单位）	权重
工业生产功能（B）	B1	工业总产值（万元）	0.034297
	B2	规模以上企业个数（个）	0.025409
	B3	规模以上企业总产值（万元）	0.033662
	B4	规模以上企业人员年平均人数（人）	0.034208
	B5	规模以上企业主营业务收入（万元）	0.035179
	B6	固定资产投资（万元）	0.02469
服务业发展功能（C）	C1	第三产业增加值（亿元）	0.038099
	C2	社会消费品零售总额（亿元）	0.036735
	C3	全年接待旅游总人次（万人次）	0.023861
	C4	旅游总收入（亿元）	0.235443
人居服务功能（D）	D1	城镇居民人均可支配收入（元）	0.003625
	D2	农村居民人均纯收入（元）	0.006145
	D3	社会福利收养性单位数（个）	0.03207
	D4	各种社会福利收养性单位床位数（张）	0.028086
	D5	医疗卫生机构技术人员（人）	0.024672
	D6	医疗卫生机构床位数（张）	0.023728
生态服务功能（E）	E1	植被覆盖率（%）	0.00109

18.1.4　广西西江流域空间功能分区方法

1. 数据来源

影响流域功能分区的因子具有多样性和复杂性，为了区划县域功能，对一系列重要指标进行选取，根据指标选取的全面系统性、可比性、代表性和可操作性原则，同时参考学者对国土空间功能分区评价体系，从农业生产功能、工业生产功能、服务业发展功能、人居服务功能、生态服务功能等5个方面29个指标来区划广西西江流域各县域具有的优势功能。为避免在数据获取上受到约束，指标体系如表18-1所示。本章统一采用2016年公布的数据，其中经济社会数据来源于广西壮族自治区统计局网站（http://tjj.gxzf.gov.cn,2019/12/15），并参考各县国民经济和社会发展统计公报，生态数据来源于地理空间数据云。

2. 国土空间功能分区评价方法

国土空间功能分区评价的目的是测度国土空间的多元化利用。通过阅读文献，国土空间功能分区评价主要步骤如下。

①选定国土空间的一个尺度进行功能分类，建立评价的指标体系。

②确定指标评价的权重。权重确定的方法可分为主观法和客观法，主观法有主成分分析法、层次分析法、特尔菲法等，客观法有熵值法和变异系数法等，也有学者在研究时将主客观分析法相结合。

③对评价矩阵进行标准化处理，该过程主要是将不同数量级、量纲的数据进行归一化处理，针对不同指标体系，可以选择与其相适应的直线型或非直线型两种，国土空间评价选择的指标多为社会、经济、生态等相关数据，这些数据一般都呈现非线性变化，因此可以用非线性函数进行量化，以此来反映指标变化对国土空间功能的影响。

④指标的合成，该过程常用的是加权综合的方法，将彼此相互独立的经过无量纲化处理的指标，用

加权的方法得出综合功能值。

按照推理机制评价模型可以分为两类，一类是基于知识驱动的方法，如模糊综合评判方法和综合指数法；另一类是基于数据和样本而进行评价的主观法，如逻辑回归模型方法和人工神经网络方法等。本章在阅读文献的基础上，为使评价结果更切合实际，选取变异系数法来确定指标权重，然后采用改进的 TOPSIS 法来进行评价。

TOPSIS 法最早是由 C. L. Hwang 和 K. Yoon 于 1981 年提出，它是进行多目标决策分析的一种方法，又称为优劣解距离法。它是一种逼近理想解的排序法，具体做法是在目标空间中定义一个测度，测量目标靠近正理想解和负理想解的程度，然后对这个程度进行排序，如果刚好出现某个方案最接近正理想解，同时又远离负理想解，则该方案是最佳方案。用 TOPSIS 法对国土空间进行综合评价，对数据的分布、样本含量指标多少均没有严格限制，可以适用小样本，也可适用多个评价单元多个指标的大系统资料，既可以在多个单元之间横向对比，也可以在不同时间尺度上纵向分析，具有可靠、真实、直观的优点。

本章选用改进的 TOPSIS 模型，主要是对计算过程进行了改进。首先，传统的 TOPSIS 法在计算过程中，没有考虑指标权重，从而忽略了指标重要性差异，影响最终结果的可靠性；其次，传统的 TOPSIS 法确定正、负理想解仅仅是从完成标准化后的矩阵中选择出最大值和最小值，当其他条件改变后，评价指标的变化可能会导致正、负理想解也发生相应的变化，则排序结果的稳定性也会受到影响。改进的 TOPSIS 法中，本章运用变异系数法来确定指标权重，同时，也改进了正负理想解的公式。具体步骤如下。

①构建评价矩阵。利用所获取的数据构建原始矩阵，原始矩阵由 n 个评价对象和 m 个评价指标组成，原始矩阵：

$$\boldsymbol{X}=\{X_{ij}\}_{n\times m} \tag{18-1}$$

式中，$i=1, 2, 3, \cdots, n$；$j=1, 2, 3, \cdots, m$。

②评价指标数据预处理。采用极差标准化的方法，对原始数据进行标准化处理，得到标准化决策矩阵 $\boldsymbol{A}=\{a_{ij}\}_{n\times m}$。

正向指标：

$$a_{ij}=\frac{X_{ij}-\min X_{ij}}{\max X_{ij}-\min X_{ij}} \tag{18-2}$$

负向指标：

$$a_{ij}=\frac{\max X_{ij}-X_{ij}}{\max X_{ij}-\min X_{ij}} \tag{18-3}$$

式中，$i=1, 2, 3, \cdots, n$；$j=1, 2, 3, \cdots, m$；$\max X_{ij}$为第 j 个评价指标的最大值；$\min X_{ij}$代表第 j 个指标的最小值。

③变异系数法确定权重。用式（18-4）计算各指标的均值 a'_j；用式（18-5）计算指标的标准差 S_j；用式（18-6）计算各指标的变异系数 V_j；用式（18-7）得出各指标的权重 W_j。

$$a'_j=\frac{1}{n}\sum_{i=1}^{n}a_{ij} \quad (j=1, 2, 3, \cdots, m) \tag{18-4}$$

$$S_j=\sqrt{\frac{1}{n-1}\sum_{i=1}^{n}(a_{ij}-a'_j)^2} \quad (j=1, 2, 3, \cdots, m) \tag{18-5}$$

$$V_j=\frac{S_j}{a'_j} \quad (j=1, 2, 3, \cdots, m) \tag{18-6}$$

$$W_j=\frac{V_j}{\sum_{j=1}^{m}V_j} \quad (j=1, 2, 3, \cdots, m) \tag{18-7}$$

④构建加权规范化矩阵。由 W_j与标准化矩阵 $\boldsymbol{A}$ 相乘，得到加权规范化矩阵 $\boldsymbol{Y}$，即

$$\boldsymbol{Y}=\{Y_{ij}\}_{n\times m}=\{W_j\times a_{ij}\}_{n\times m} \tag{18-8}$$

⑤确定正理想解 Y^+和负理想解 Y^-：

$$Y^{+}=\{\max Y_{ij}\}\quad (i=1,2,3,\cdots,n) \tag{18-9}$$

$$Y^{-}=\{\min Y_{ij}\}\quad (i=1,2,3,\cdots,n) \tag{18-10}$$

⑥计算各评价对象的指标值，确定每个对象正、负理想解的欧氏距离 D_i^{+}、D_i^{-}：

$$D_i^{+}=\sqrt{\sum_{j=1}^{n}(Y_{ij}-Y^{+})^2} \tag{18-11}$$

$$D_i^{-}=\sqrt{\sum_{j=1}^{n}(Y_{ij}-Y^{-})^2} \tag{18-12}$$

⑦计算每个评价对象与正理想方案的相对接近度 C_i：

$$C_i=\frac{D_i^{-}}{D_i^{+}+D_i^{-}}\quad (i=1,\ 2,\ 3,\ \cdots,\ n) \tag{18-13}$$

根据接近理想解分值的大小将所有评价对象进行优劣排序，且 $0\leqslant C_i\leqslant 1$，$C_i$评价值越大，说明该方案越好，其效益也越好。

3. 国土空间功能分区方法

分区的目的是使相同区域内部差异最小和不同区域之间差异最大。常用的有定性方法、定量方法和3S方法等。定性方法一般是根据专家的知识与经验，对区域进行定性分析，这种方法操作简单，但是精确度不高。定量方法是目前分区用得较多的方法，主要是对不同区域的各主题要素进行精确刻画，然后进行分区，所以精确度较高。常用的方法有聚类分析法、资源环境承载力法、矩阵判断法、生态因子指标法、多元线性判断法等。3S方法因其空间数据处理能力和分析能力以及在表达分区成果时的可视化，逐渐成为一种越来越常见的研究方法。在综合考虑各类方法的优缺点之后，本章以ArcGIS软件为操作平台，采用定性定量相结合的方法。首先采用定量的数学方法对国土空间的各类功能进行评价，然后利用系统聚类方法进行强弱分级，根据分级结果，再用优势功能选择法对国土空间进行分区，最后根据研究区各评价单元的实际情况对结果进行适当调整，最终得到国土空间分区方案。

自然间断点法。自然间断点法是一种通过寻找数据间的“断裂”之处，从而将数据划分为不同离散类的方法。自然间断点法确定数据分类的最佳区间，使数据同种类别内平均值的平均差异最小，而与不同类别间的平均值的平均差异最大，即达到了类内差异最小且类间差异最大。本章利用ArcGIS中的自然间断点法对评价结果中各单元的功能强弱进行分级，其优点是操作比较简单且具有很强的可视化。

优势功能选择法。一定范围的国土空间，由于其自身复杂性，可同时具备多种功能，但这些功能在强弱上会有差异。为全面反映区域特征，除了主导功能外，作为区域的辅助功能也不能被忽视，因此，本章利用优势功能选择法，来区分区域的功能，进而进行功能分区。用ArcGIS软件的自然间断点法将各评价单元的五类功能分为强、较强、较弱、弱四个等级，然后选出每个评价单元强和较强的两级功能作为该评价单元的主要功能。将优势功能相同或相似的评价单元合并为一个类型区，完成国土空间综合分区，然后按照优势功能组合的规则对分区结果进行命名。

18.1.5　结果与分析

1. 自然间断点法分区

将各评价指标代入公式计算，得到广西西江流域国土空间综合评价结果，以ArcGIS软件为平台，将评价结果中各评价功能值用自然间断点法分为强、较强、较弱、弱四级，则各功能的空间分布如图18-1所示。

根据评价值的大小分为4个等级，则广西西江流域各县（市、区）的每一个功能都有一个等级强度，统计结果见表18-2。

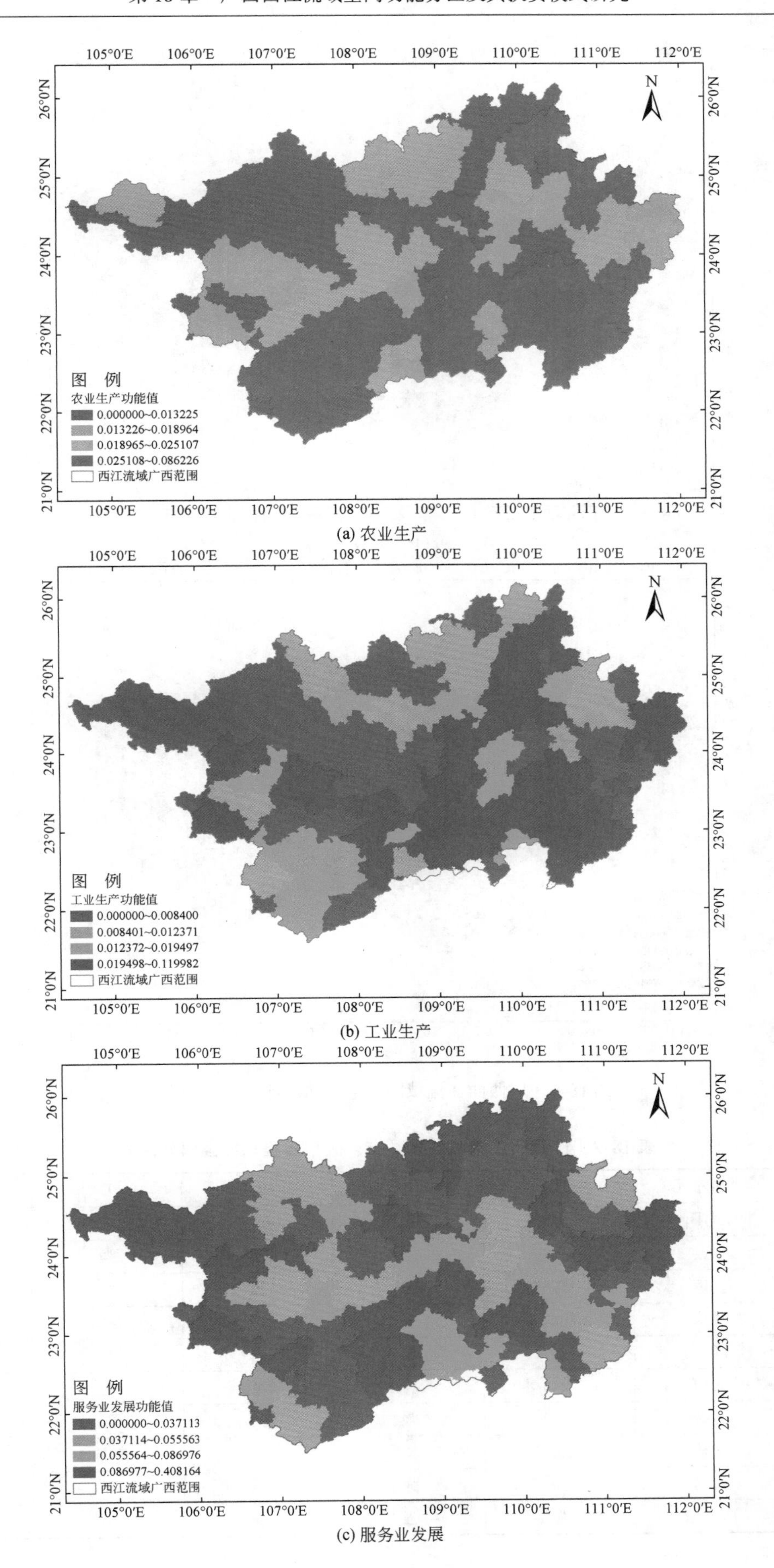

(a) 农业生产

(b) 工业生产

(c) 服务业发展

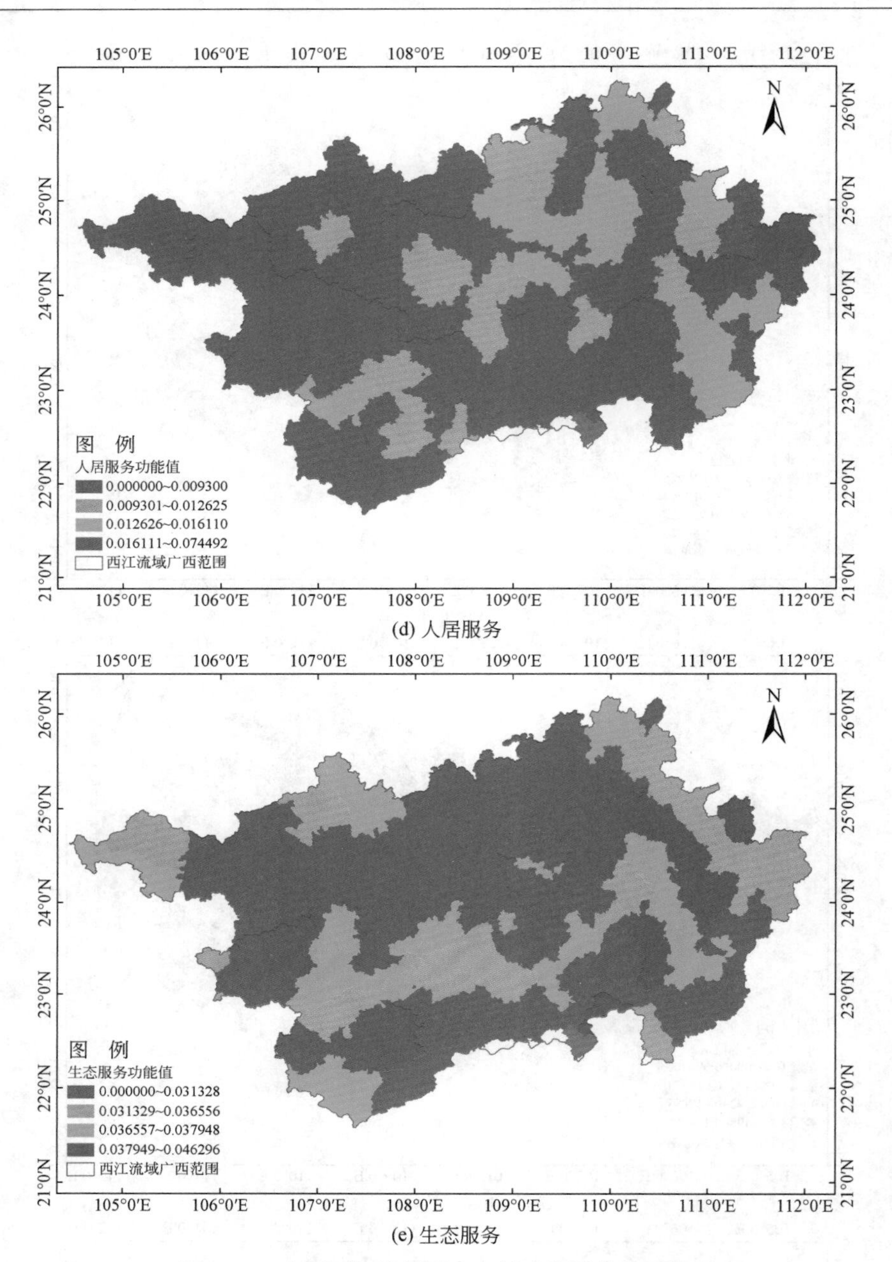

(d) 人居服务

(e) 生态服务

图 18-1　广西西江流域国土空间功能评价空间分布

表 18-2　广西西江流域各县（市、区）各类功能强弱分级表

序号	评价单元	A	B	C	D	E
1	宾阳	强	强	较强	强	较弱
2	横县	强	强	较强	强	弱
3	江南	强	强	强	弱	弱
4	良庆	较弱	强	强	较弱	弱
5	隆安	强	弱	弱	较弱	较强
6	马山	较弱	弱	较弱	弱	较强
7	青秀	较弱	强	强	强	弱
8	上林	较强	弱	强	较弱	较弱
9	武鸣	强	强	强	强	较弱
10	西乡塘	强	强	强	强	弱

续表

序号	评价单元	A	B	C	D	E
11	兴宁	弱	较强	强	强	弱
12	邕宁	较强	较弱	强	弱	弱
13	柳北	弱	强	较强	较强	弱
14	柳城	强	较强	弱	较强	弱
15	城中	弱	弱	弱	强	弱
16	柳江	强	强	较强	较强	弱
17	柳南	较强	强	弱	强	弱
18	鹿寨	较强	强	较弱	较强	强
19	融安	弱	较弱	弱	弱	强
20	融水	较弱	较弱	强	较弱	强
21	三江	弱	弱	强	强	强
22	鱼峰	弱	强	弱	强	弱
23	恭城	强	较弱	较弱	较强	较弱
24	灌阳	较强	较弱	弱	较强	较弱
25	荔浦	较强	强	强	弱	较强
26	临桂	强	强	弱	强	强
27	灵川	强	强	强	强	较弱
28	龙胜	弱	较弱	强	较强	较强
29	平乐	强	较弱	弱	较弱	强
30	全州	强	强	弱	强	弱
31	兴安	强	强	强	较弱	较弱
32	雁山	弱	弱	弱	弱	强
33	阳朔	较强	较强	强	弱	强
34	永福	较弱	强	弱	较强	强
35	资源	弱	弱	强	弱	弱
36	苍梧	强	弱	弱	较强	弱
37	长洲	弱	强	较强	弱	较强
38	龙圩	弱	强	较强	弱	较强
39	蒙山	弱	较弱	弱	较弱	较强
40	藤县	强	强	较强	较强	较强
41	万秀	弱	强	较强	强	弱
42	岑溪	强	强	较弱	较强	弱
43	港北	较强	强	强	强	弱
44	港南	较强	强	较强	强	弱
45	桂平	强	强	强	强	弱
46	平南	强	强	较强	强	强
47	覃塘	强	强	弱	强	较强
48	北流	强	强	较强	强	较弱
49	博白	强	强	强	强	较弱
50	陆川	强	强	强	较强	较弱
51	容县	强	强	强	强	弱
52	兴业	强	较强	弱	强	强
53	玉州	较弱	强	强	强	较强

续表

序号	评价单元	A	B	C	D	E
54	德保	弱	较弱	弱	强	强
55	靖西	较强	强	强	强	强
56	乐业	弱	弱	弱	弱	强
57	凌云	弱	弱	弱	弱	强
58	隆林	较弱	弱	弱	弱	较弱
59	那坡	弱	弱	弱	弱	较弱
60	平果	较弱	强	较强	强	强
61	田东	较强	强	较弱	强	较强
62	田林	弱	弱	弱	强	强
63	田阳	较强	较强	较弱	强	强
64	西林	弱	弱	弱	弱	较强
65	右江	较强	强	强	强	弱
66	八步	较强	强	强	强	较弱
67	富川	强	弱	较弱	弱	强
68	平桂	较弱	强	强	弱	较弱
69	昭平	较弱	弱	强	强	强
70	钟山	较弱	较弱	弱	弱	较弱
71	巴马	弱	弱	强	弱	强
72	大化	弱	弱	较弱	弱	强
73	东兰	弱	弱	弱	弱	强
74	都安	较弱	弱	弱	较弱	强
75	凤山	弱	弱	较弱	较弱	强
76	环江	较弱	弱	弱	弱	强
77	金城江	弱	较强	较强	强	强
78	罗城	较弱	弱	弱	较强	强
79	南丹	弱	较弱	较弱	弱	较强
80	天峨	弱	弱	较弱	弱	较弱
81	宜州	强	较弱	强	强	强
82	合山	弱	弱	弱	弱	弱
83	金秀	弱	弱	较强	弱	较弱
84	武宣	强	较强	较弱	较弱	较强
85	象州	较强	较强	较弱	弱	弱
86	忻城	较弱	弱	较强	较弱	强
87	兴宾	强	强	强	强	弱
88	大新	强	较强	强	较强	较弱
89	扶绥	强	较强	弱	较弱	强
90	江州	强	较强	弱	弱	强
91	龙州	强	较弱	较强	弱	强
92	宁明	强	较强	较弱	弱	较强
93	凭祥	弱	弱	强	弱	较强
94	天等	较弱	弱	弱	弱	较强

从功能强弱分级表可以看出，农业生产功能强的县（市、区）主要分布在流域的南部和东北部，主

要有宾阳、横县、江南、隆安、武鸣、西乡塘、柳城、柳江、恭城、临桂、灵川、平乐、全州、兴安、苍梧、藤县、岑溪、桂平、平南、覃塘、北流、博白、陆川、容县、兴业、富川、宜州、武宣、兴宾、大新、扶绥、江州、龙州、宁明；工业生产功能强的县（市、区）较多，主要分布在流域的东南部，并呈“V”字形分布于流域内，主要有宾阳、横县、江南区、良庆、青秀、武鸣、西乡塘、柳北、柳江、柳南、鹿寨、鱼峰、荔浦、临桂、灵川、全州、兴安、永福、长洲、龙圩、藤县、万秀、岑溪、港北、港南、桂平、平南、覃塘、北流、博白、陆川、容县、玉州、靖西、平果、田东、右江、八步、平桂、兴宾；服务业发展功能强的县（市、区）主要集中在市辖区及旅游资源丰富区，主要有江南、良庆、青秀、上林、武鸣、西乡塘、兴宁、邕宁、融水、三江、荔浦、灵川、龙胜、兴安、阳朔、资源、港北、桂平、博白、陆川、容县、玉州、靖西、右江、八步、平桂、昭平、巴马、宜州、兴宾、大新、凭祥；人居服务功能强的县（市、区）主要分布在流域南部和西北部，主要有宾阳、横县、青秀、武鸣、西乡塘、兴宁、城中、柳南、三江、鱼峰、临桂、灵川、全州、万秀、港北、港南、桂平、平南、覃塘、北流、博白、容县、兴业、玉州、德保、靖西、平果、田东、田林、田阳、右江、八步、昭平、金城江、宜州、兴宾；生态服务功能强的县（市、区）主要分布在流域的北部，主要有鹿寨、融安、融水、三江、临桂、平乐、雁山、阳朔、永福、平南、兴业、德保、靖西、乐业、凌云、平果、田林、田阳、富川、昭平、巴马、大化、东兰、都安、凤山、环江、金城江、罗城、宜州、忻城、扶绥、江州、龙州。

2. 国土空间二级功能分区结果

根据广西西江流域县（市、区）各类功能强弱分级表，按照优势功能选择法的原理，将每个县（市、区）排名前60%的优势功能选出，即强和较强两级，作为该县域的主要功能。将具有相同或相似优势功能的县（市、区）聚集起来，形成了广西西江流域国土空间二级功能分区，见表18-3和图18-2。

表18-3　广西西江流域国土空间二级功能分区结果

功能区	县（市、区）
人居及生态服务功能区	蒙山、德保、乐业、凌云、那坡、田林、西林、大化、东兰、凤山、南丹、隆林、昭平、都安、环江、罗城、天等、靖西、田东、田阳
人居及服务业发展功能区	马山、龙胜、雁山、合山、柳北、城中、三江、资源、宜州、青秀
服务业发展及生态服务功能区	融安、巴马、天峨、金秀、凭祥、融水、忻城、荔浦、阳朔
工业生产与服务业发展及人居服务功能区	鱼峰、长洲、岑溪、永福、柳南、鹿寨、平果、兴宁、万秀、金城江、西乡塘、藤县、北流、兴宾、玉州、港北、右江、八步
工业生产及服务业发展功能区	龙圩、江南、柳江、兴安、覃塘、容县、大新、江州、良庆、平桂、港南、象州
农业生产及生态服务功能区	隆安、临桂、平乐、富川、武宣、扶绥、龙州、宁明、钟山
农业生产及人居服务功能区	平南、宾阳、横县、柳城、恭城、苍梧、兴业、灌阳
农业生产与服务业及人居服务功能区	武鸣、灵川、桂平、博白、陆川、全州、上林、邕宁

①人居及生态服务功能区，主要体现了该区域的人居服务功能和生态服务功能，主导功能为人居服务功能。

②人居及服务业发展功能区，主要体现了该区域的人居服务功能和服务业发展功能，主导功能为人居服务功能。

③服务业发展及生态服务功能区，主要体现了该区域的服务业发展及生态服务功能，主导功能为服务业发展功能，尤其是休闲旅游业的发展功能。

④工业生产与服务业发展及人居服务功能区，主要体现了该区域的人居服务功能、工业生产功能以及人居服务功能区，主导功能为工业生产功能。

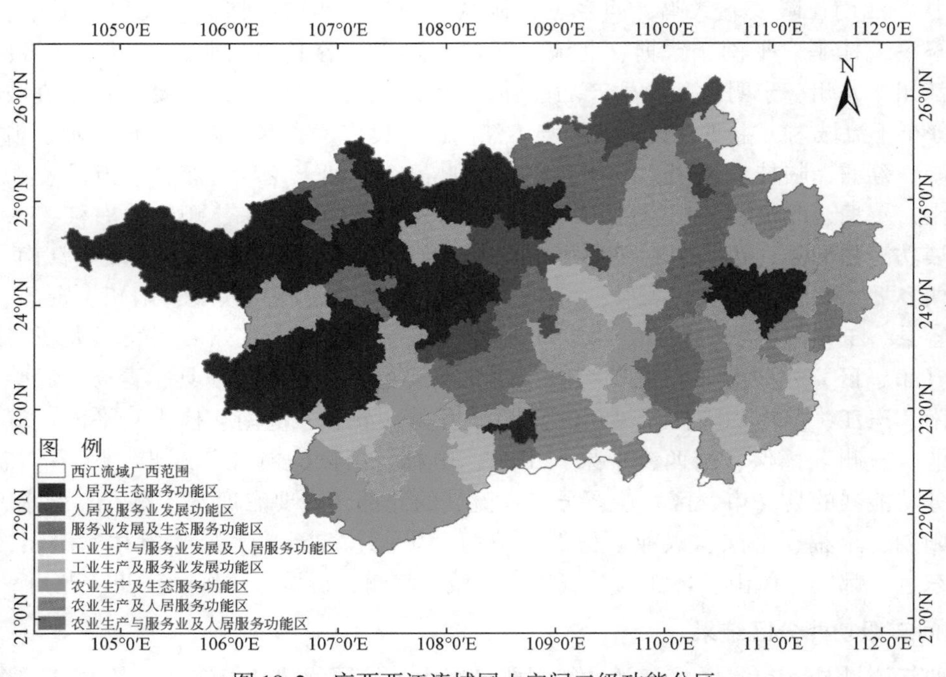

图 18-2 广西西江流域国土空间二级功能分区

⑤工业生产及服务业发展功能区，主要体现了该区域的服务业发展以及工业生产功能，主导功能为工业生产功能。

⑥农业生产及生态服务功能区，主要体现了该区域的农产品生产功能及生态服务功能，主导功能为农业生产功能。

⑦农业生产及人居服务功能区，主要体现了该区域的农产品生产功能及人居服务功能，主导功能为农产品生产功能。

⑧农业生产与服务业及人居服务功能区，主要体现了该区域的农业生产功能、服务业及人居服务功能，主导功能为农业生产功能。

3. 国土空间三生功能分区结果

基于生产、生活、生态的三生功能常常用来划分国土空间差异。本研究的二级功能分区主要侧重于与区域有关政策相联系的功能特征，三生功能分区则主要体现不同区域间的差异性。因此在广西西江流域二级功能分区的基础上，结合各地区的差异划分广西西江流域国土空间三生功能分区。具体包含生态服务功能区、生产生活功能区、生产生态功能区（表 18-4、图 18-3）。

表 18-4 广西西江流域国土空间三生功能分区

类型	县（市、区）
生态服务功能区	蒙山、德保、乐业、凌云、那坡、田林、西林、大化、东兰、凤山、南丹、隆林、昭平、都安、环江、罗城、天等、靖西、田东、田阳、融安、巴马、天峨、金秀、凭祥、融水、忻城、荔浦、阳朔
生产生活功能区	马山、龙胜、雁山、合山、柳北、城中、三江、资源、宜州、青秀、鱼峰、长洲、岑溪、永福、柳南、鹿寨、平果、兴宁、万秀、金城江、西乡塘、藤县、北流、兴宾、玉州、港北、右江、八步、龙圩、江南、柳江、兴安、覃塘、容县、大新、江州、良庆、平桂、港南、象州、平南、宾阳、横县、柳城、恭城、苍梧、兴业、灌阳、武鸣、灵川、桂平、博白、陆川、全州、上林、邕宁
生产生态功能区	隆安、临桂、平乐、富川、武宣、扶绥、龙州、宁明、钟山

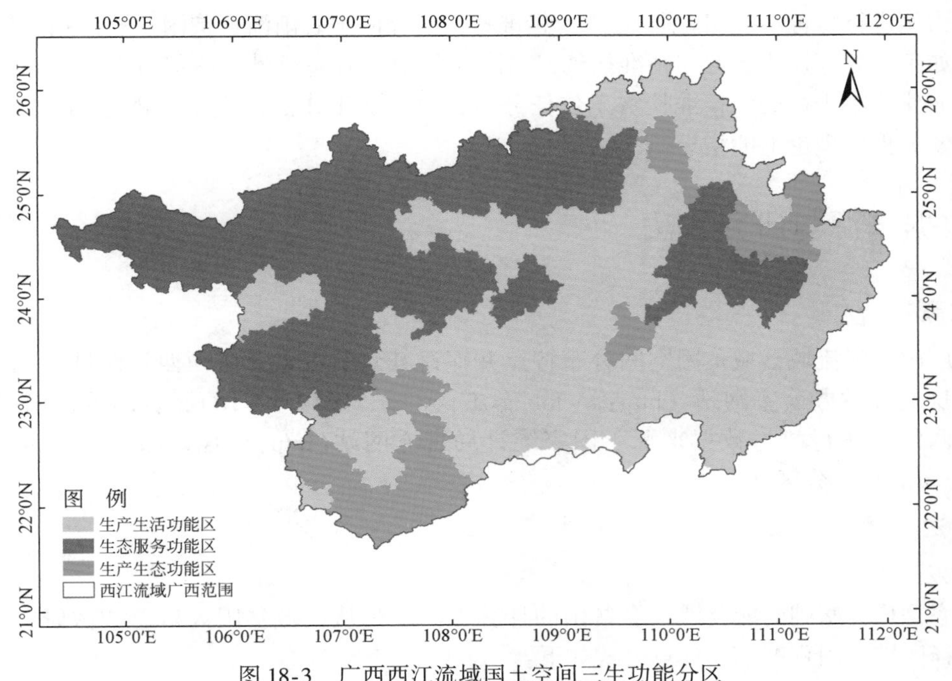

图 18-3　广西西江流域国土空间三生功能分区

①生态服务功能区主要分布在流域的西北部，该区域生态环境脆弱，多为喀斯特地貌，区域植被覆盖面积大、生态系统服务价值高，生态服务功能是其主要功能特征。

②生产生活功能区，生产生活功能区面积分布最广，是广西粮食生产、水果、工业等重要生产区域，工业生产功能、服务业发展功能、农产品生产功能和人居服务功能成为其主要功能。

③生产生态功能区，零星分布在流域的东北部、西南部，该区域生态环境优美，服务业发展功能和生态服务功能、农产品生产功能是该区域主要功能。

18.2　广西西江流域贫困空间分布特征与扶贫模式分析

18.2.1　精准扶贫研究现状

贫困问题是制约经济社会发展的最突出“短板”，我国扶贫攻坚任务艰巨。改革开放以来，我国经济得到快速发展，人民生活水平也显著提高，但是 2015 年底的统计数据显示，我国还有 5630 万农村建档立卡贫困人口，集中分布在国家扶贫开发工作重点县、集中连片特困地区县、建档立卡贫困村，多数西部省份的贫困发生率在 10% 以上，民族 8 省区贫困发生率达 12. 1%。2013 年 11 月，习近平总书记在湖南湘西考察时提出“精准扶贫”。精准扶贫不再是粗略地帮扶贫困户，而是结合农户自身条件，采取既“输血”又“造血”的模式，带领广大农村贫困家庭脱贫致富。精准扶贫是一项艰巨的任务，学术界围绕“精准扶贫”这个主题，从各方向进行了大量的研究。

在对扶贫问题的研究中，研究视角不断多元化，既有对国家扶贫政策进行深入研究的，又有结合贫困地区实际情况进行多种途径评估的，如郑瑞强对精准扶贫政策进行分析，对精准扶贫的理论内涵、关键问题、政策走向进行了深入研究[40]；翁伯琦等对福建省建宁县进行研究，深入分析在科技兴农背景下现代农业发展要有新思路、新视野、新办法[41]；张育松从职业教育视角进行研究，认为职教集团与精准扶贫两者具有互生性，职教集团精准扶贫体现着强大的内驱力[42]。扶贫模式相关研究呈现系统化，文化扶贫、项目扶贫、产业扶贫、教育扶贫等成功扶贫模式不断被典型化，如岳娅和王国贤以云南农村电商扶贫展开研究[43]；李伶俐和苏婉茹对金融精准扶贫创新实践的典型案例进行分析[44]；胡继亮和陈瑶以秦巴山区竹溪县为例进行特色产业培育研究[45]。精准扶贫研究的中心渐渐从贫困户的识别转移到扶贫工作、农户脱贫上，如王嘉毅等认为教育在精准扶贫、精准脱贫中具有基础性、先导性和持续性作用[46]。2020年，我国将全面建成小康社会，精准扶贫工作任务重，对扶贫工作的研究不仅能总结成功经验，而且能为扶贫事业的发展提供理论上的指导。

18.2.2 数据来源与研究方法

1. 数据来源

本章研究广西西江流域县域贫困空间分布特点并探讨其致贫因素。广西西江流域贫困数据来源于广西壮族自治区扶贫开发办公室网站（http：//fpb. gxzf. gov. cn，2019/12/16），贫困数据采用2016年公布的数据。广西西江流域行政村数据来源于国家统计局官方网站（http：//www. stats. gov. cn，2019/12/16），采用2016年公布的行政分区。

2. 研究方法

（1）贫困发生率

贫困发生率是最为基础的能反映社会贫困的计算方法，是从区域贫困人口总数占研究区总人口数的比重角度来解释区域贫困程度，其计算公式如下：

$$H=\frac{q}{N}\times 100\% \tag{18-14}$$

式中，q 为区域贫困人口总数；N 为区域总人口数；H 为贫困发生率。

贫困发生率即 H 值越大说明该地区越贫困，贫困发生率反映了在研究区总人口中有多少人处于贫困线以下，真实地反映出研究区人口的生活状态。贫困发生率从研究区贫困人口占总人口比重的角度来清晰反映研究区贫困发生面及贫困变化趋势。

（2）空间基尼系数

采用空间基尼系数对广西西江流域县域贫困村空间分布进行研究。空间基尼系数是地理学研究中描述地理要素离散区域空间分布的常用方法。空间基尼系数可描述多个地理要素在地理空间上的分布特征，也可以对两个地理要素的空间分布进行对比研究。空间基尼系数（G）为0～1，G 值越大表明地理要素越集中，计算式如下：

$$G=\frac{-\sum_{i=1}^{n}P_i\ln P_i}{\ln N} \tag{18-15}$$

$$C=1-G \tag{18-16}$$

式中，P_i 为贫困村占总行政村的百分比；N 为地级市的个数；C 为空间均匀度。

（3）空间自相关

空间自相关分析属于地理信息的研究方法，它可以分析各县（市、区）的贫困发生率是否具有空间上的集聚性。局部自相关用局部莫兰指数（LISA）来检验，主要用来确定区域内各地理单元之间的相关性。该指数的取值在-1～1之间，数值越高，则该地理单元与邻近区域的相关性越高，反之则越低，若取值为0，则不相关。

（4）地理探测器

地理探测器是探测空间分异的有效工具，是一种运算速度快、数据要求低、精确度高的空间分析模型，被广泛应用于植被覆盖变化、土地利用、环境污染等方面。地理探测器主要由交互作用探测、因子探测、风险探测和生态探测等4个模块组成。

18. 2. 3　广西西江流域贫困概述

西江流域广西段即广西西江流域，流域面积广，社会经济发展差距大。为保障研究数据的可获取性，本章研究的西江流域包括 11 个市，具体为南宁市、柳州市、桂林市、梧州市、贵港市、玉林市、百色市、贺州市、河池市、来宾市、崇左市及其各县（市、区）。广西西江流域西北高东南低，地形地貌复杂，以山地丘陵为主，喀斯特地貌分布广泛。广西西江流域人口众多，是广西少数民族主要聚居区，经济欠发达，虽然广西西江流域战略地位不断凸显，但 2016 年的数据显示，广西西江流域有 28 个国家扶贫工作重点县和 17 个广西省级定点扶贫县，贫困村数量超过 4000 个。广西西江流域贫困覆盖范围广，贫困人口多，脱贫难，返贫现象严重，是扶贫开发工作研究的重点区域。

1. 广西西江流域各市贫困户及贫困人口情况

广西西江流域是广西贫困户集中分布区，贫困户多，扶贫难度大。根据图 18-4 可知，各地级市贫困户总数在 5 万户以上，其中河池市贫困户最多，达到 176870 户，贫困户在 10 万户以上的地级市还有百色市、南宁市及玉林市，分别为 172542 户、109431 户、100870 户，广西西江流域贫困户数量最少的地级市是梧州市，为 58663 户。从广西西江流域各市贫困人口总数看，河池市贫困人数最多，为 691433 人，占广西西江流域贫困人口总数的 16. 18%，其次是百色市，为 681668 人，占比为 15. 96%，梧州市贫困人口最少，为 243064 人，占比为 5. 69%。可以看出，广西西江流域各地级市贫困户总数与贫困人口总数具有较强的一致性。

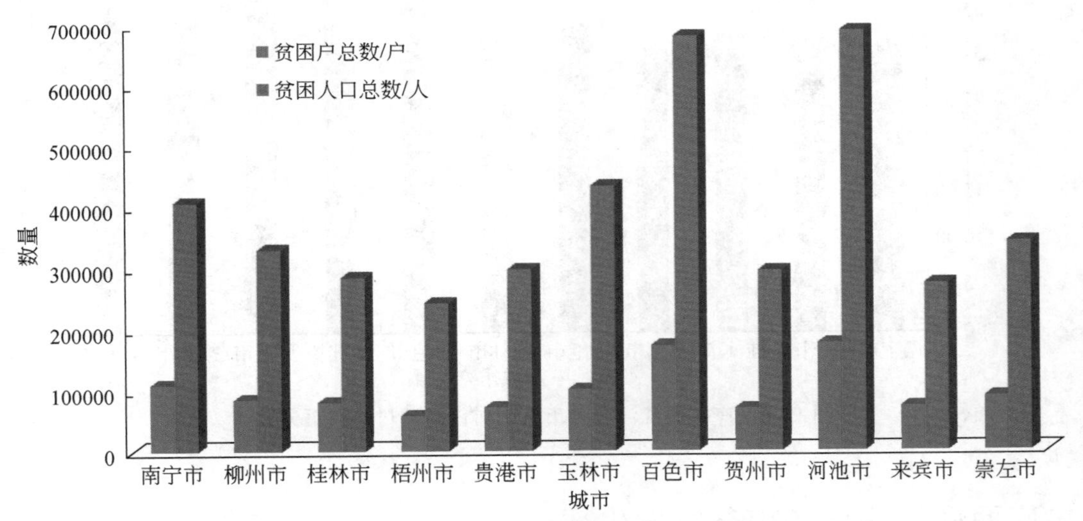

图 18-4　广西西江流域各市贫困户及贫困人口数量

2. 广西西江流域各市贫困村情况

贫困村是脱贫攻坚的重要战场，广西西江流域各地级市贫困村数量在空间上呈现较大的差异性。根据图 18-5 可得，百色市贫困村最多，来宾市最少，按照贫困村数量的多少依次排序为百色市、河池市、桂林市、玉林市、南宁市、贵港市、柳州市、崇左市、贺州市、梧州市、来宾市，分别为 754 个、684 个、499 个、442 个、421 个、360 个、313 个、287 个、267 个、265 个、247 个。从广西西江流域各市贫困村占行政村的比例来看，各市贫困村占行政村总数的比例都在 30% 以上，如图 18-6 所示，其中河池市和百色市比例在 40% 以上，分别为 45. 75%、41. 98%，按比例大小降序排列依次为河池市、百色市、崇左市、贺州市、来宾市、贵港市、柳州市、玉林市、梧州市、南宁市、桂林市，比例分别为 45. 75%、41. 98%、37. 91%、37. 71%、34. 26%、33. 52%、33. 40%、33. 21%、30. 78%、30. 44%、30. 13%。这说明，在广西西江流域，各市贫困村数量较多，而贫困村是扶贫开发工作进行的重要战地，扶贫规模大，贫困村实现脱贫摘帽任务重，是广西扶贫攻坚的重要地方。

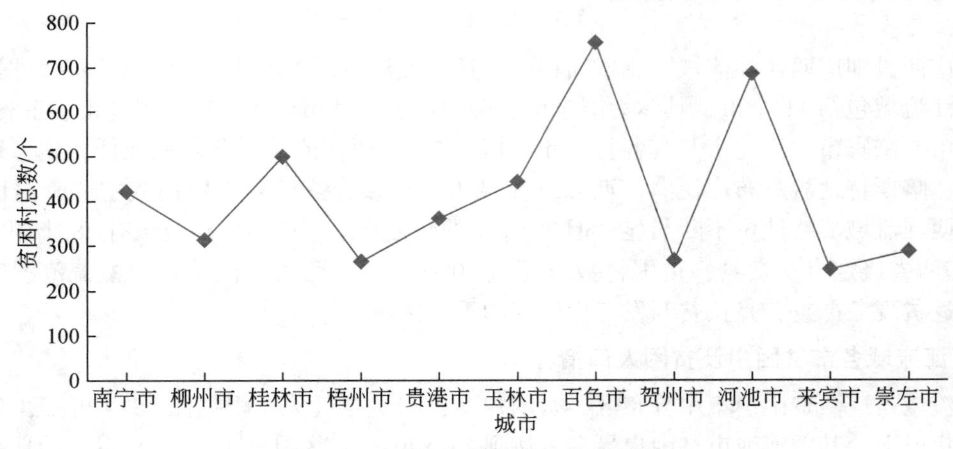

图 18-5　广西西江流域各市贫困村数量

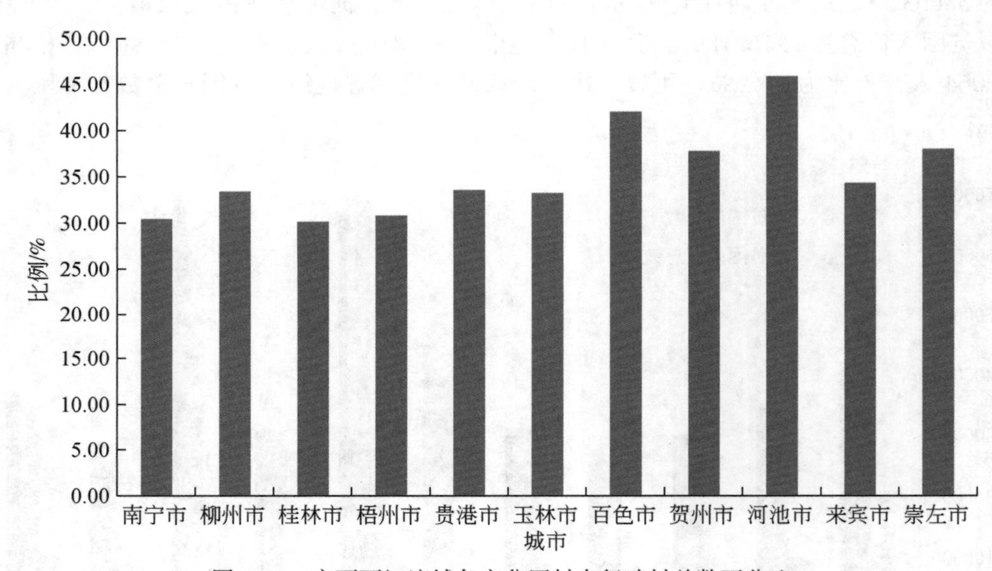

图 18-6　广西西江流域各市贫困村占行政村总数百分比

18.2.4　广西西江流域各市贫困发生率

贫困发生率能清晰反映出研究区的贫困现状，是判断贫困发生的最基本方法。广西西江流域各市贫困发生率较高，如图 18-7 所示。根据国家统计局、国务院扶贫开发领导小组办公室网站公布数据整理可得，2016 年我国贫困发生率为 4.50%，广西西江流域各市贫困发生率均高于国家平均水平。广西西江流域贫困发生率在 15% 以上的有百色市、河池市，贫困发生率分别为 16.34%、16.13%，贫困发生率在 10%~15% 的有崇左市、贺州市、来宾市，贫困发生率分别为 13.65%、12.10%、10.16%，贫困发生率在 5%~10% 之间的有柳州市、梧州市、桂林市、玉林市、贵港市、南宁市，贫困发生率分别为 8.83%、7.00%、6.14%、6.03%、5.34%、5.27%。通过与国家贫困发生率进行对比，可以得知，广西西江流域各市贫困发生率均高于国家平均水平，特别是民族地区、喀斯特区域，贫困现象依然严重，是扶贫开发重点帮扶地。

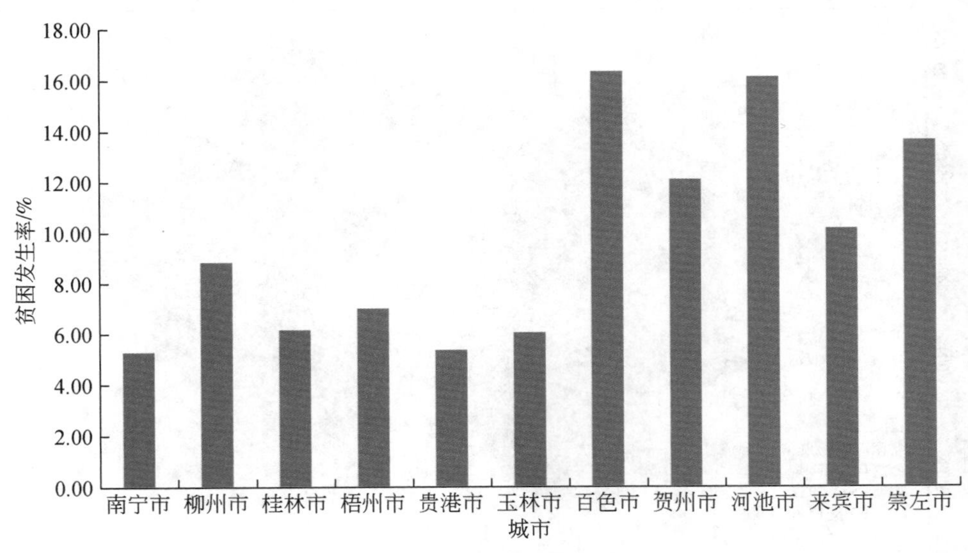

图 18-7　广西西江流域各市贫困发生率

18.2.5　广西西江流域县域贫困空间分布特征

1. 广西西江流域县域贫困户分布特征

广西西江流域县域贫困户在空间分布上呈现较大的差异性，市区附近贫困户少，喀斯特地区、少数民族聚居区贫困户多。在 ArcGIS 中采用自然断点法，将广西西江流域各县（市、区）贫困户数量分成 5 级，如图 18-8 所示，第一级贫困户数量在 3591 户及以下，主要为各市辖区，如南宁市的西乡塘区、青秀区、江南区、兴宁区、良庆区等，柳州市的柳北区、柳南区等，桂林市的雁山区、象山区等，梧州市的万秀区、长洲区等，玉林市的玉州区，除了这些市辖区外，凭祥市、合山市、兴安县、阳朔县等贫困户数量也较少，属于第一级；第二级贫困户数量为 3592 ~ 9937 户，广西西江流域有大约 1/3 的县（市、区）属于第二级，主要分布在东北部和西北部，如桂林市的临川县、资源县等，河池市的金城江区，百色市的乐业县等；第三级贫困户数量为 9938 ~ 15465 户，主要集中分布在流域西部和东部，如百色市的田东县、田阳县、平果县等，玉林市的容县、北流市等；第四级贫困户数量为 15466 ~ 23658 户，主要分布在中部地区，特别是喀斯特面积分布较广的区域，如大化县、环江县、隆林各族自治县等；第五级贫困户数量为23659 ~ 33815 户，集中分布在 5 个县（市、区），具体包括靖西市、都安瑶族自治县、融水苗族自治县、桂平市和博白县，在流域分布上呈散点状。

2. 广西西江流域县域贫困人口分布特征

广西西江流域县域贫困人口空间分布与贫困户空间分布具有较高的一致性。贫困人口各县（市、区）都有分布，在空间分布上具有明显的差异性，如图 18-9 所示。首先，市区及其附近贫困人口分布较少，形成以南宁市、柳州市、桂林市、梧州市等市区为中心的潜在贫困人口分布区；其次，民族自治地方及喀斯特面积分布广泛地区贫困人口分布较多，如融水苗族自治县和都安瑶族自治县的贫困人口分别为 116364 人、136747 人；最后，县（市、区）人口数较多的地区贫困人口也相应多，如桂平市和博白县 2016 年统计人口数分别为 2016536 人、1859817 人，贫困人口分布为 133303 人、128201 人。从空间分布看，广西西江流域中部和西部贫困人口多，加上自然、社会等外部环境因素影响，扶贫难度大。

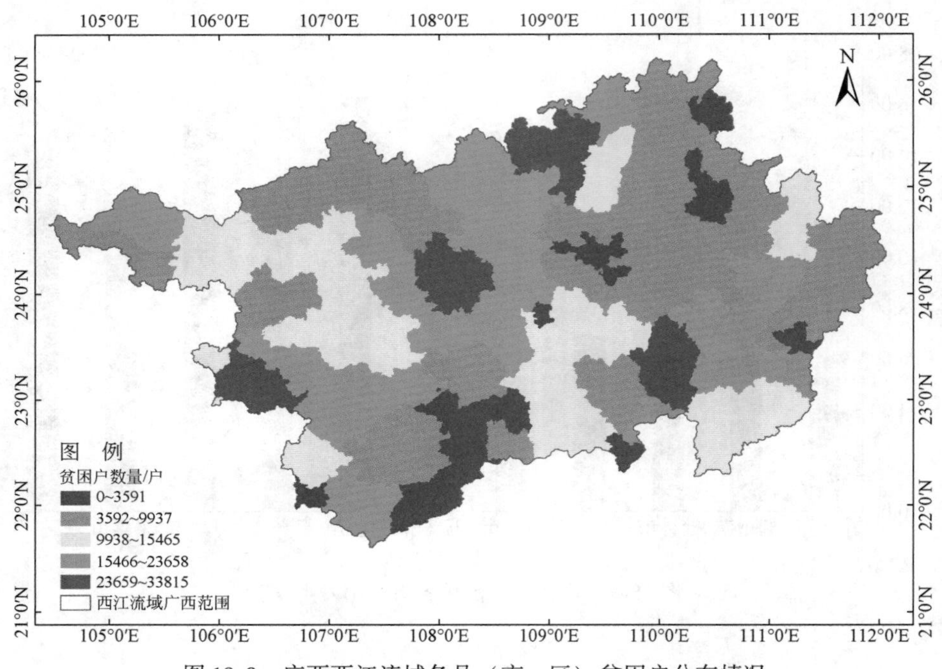

图 18-8　广西西江流域各县（市、区）贫困户分布情况

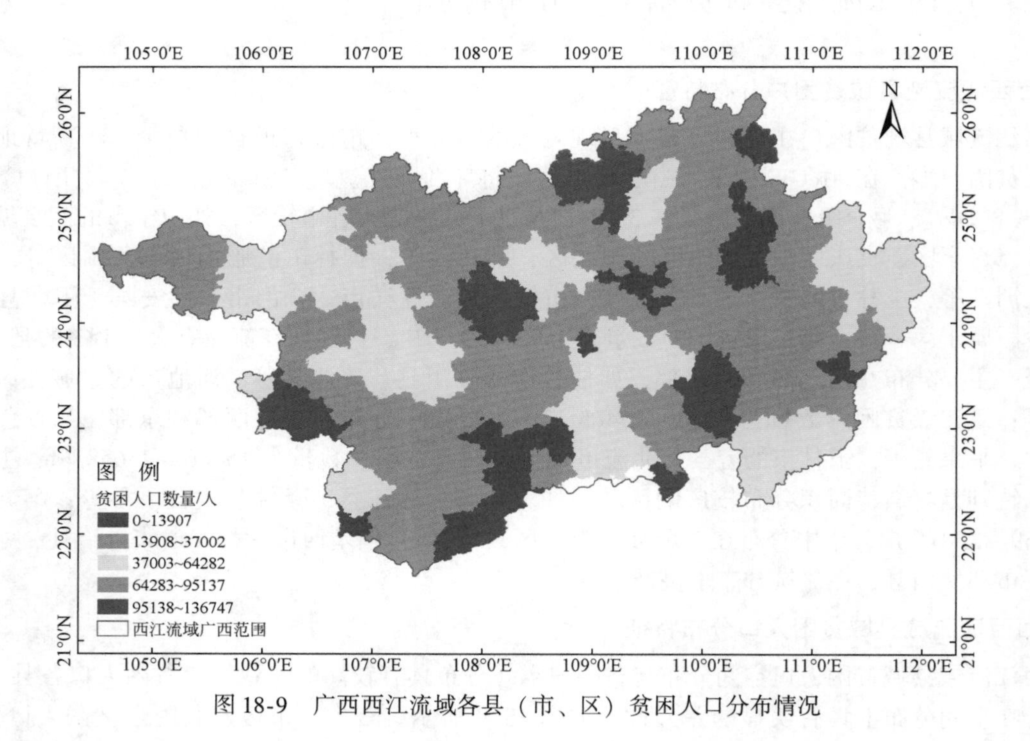

图 18-9　广西西江流域各县（市、区）贫困人口分布情况

3. 广西西江流域县域贫困村分布情况

（1）基于行政村的贫困村空间分布特征

广西西江流域共有贫困村 4539 个，分布在 94 个县（市、区）。贫困村数量在空间分布上具有明显的差异性，县域贫困村数量在 100 个以上的有 5 个，其中桂平市贫困村数量最多，为 151 个，其次是博白县，为 138 个，如图 18-10 所示。各市辖区的贫困村数量较少，主要受城市经济发展的影响，而且根据广西壮族自治区扶贫开发办公室网站公布的数据，广西贫困村中无社区，所以本章选用的行政村不包括社区。广西西江流域贫困村数量多，面积广，贫困村占广西西江流域行政村总数的 35. 89%。贫困村比率

（县域贫困村数量与行政村数量的比）在空间分布上具有明显的差异性，贫困村比率在 50% 以上的县（市、区）有 11 个，贫困村比率在 45% 以上的县（市、区）有 23 个，如表 18-5 所示，在广西西江流域呈西北—东南方向分布。北部贫困村比率较高的县（市、区）有资源县、三江侗族自治县、罗城仫佬族自治县、融水苗族自治县，贫困村比率分别为 59. 15%、53. 75%、53. 60%、50. 75%。西北部贫困村比率较高的县（市、区）有上林县、马山县、隆安县、乐业县、都安瑶族自治县、凌云县、隆林各族自治县，贫困村比率分别为 56. 52%、56. 39%、53. 39%、51. 19%、51. 06%、50. 48%、50. 29%。广西西江流域东南部贫困村比率较高的县（市、区）有博白县和桂平市。受城市经济发展的影响，形成以市中心为核心的辐散型较低贫困村比率区，如南宁市辖区及周围附近县域。

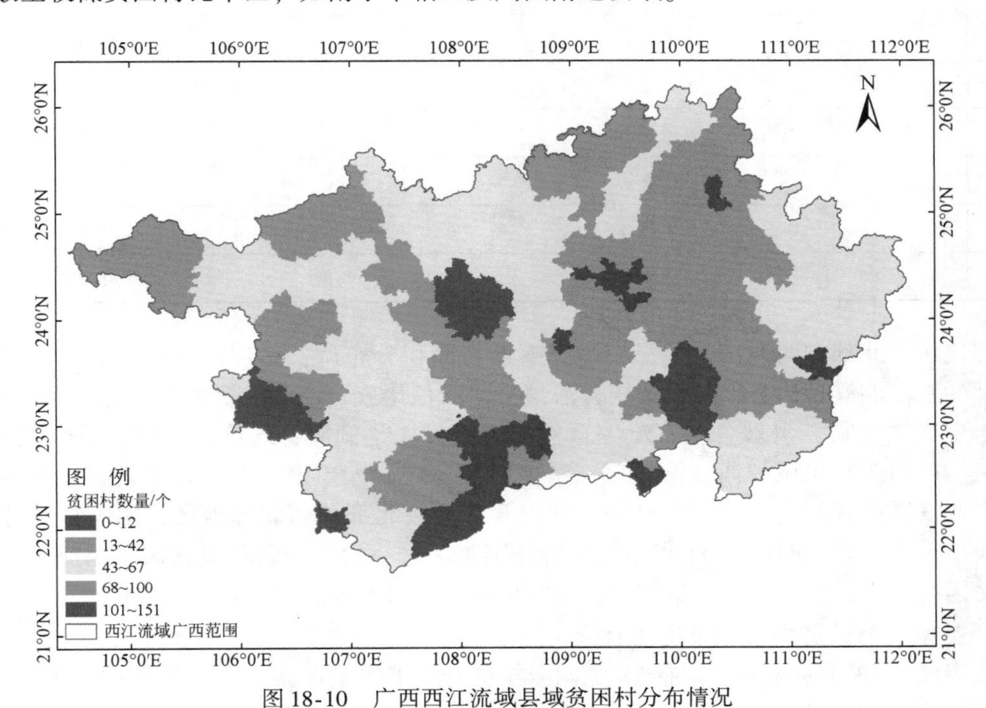

图 18-10　广西西江流域县域贫困村分布情况

表 18-5　广西西江流域贫困村比率在 45%以上的地区

序号	地区	贫困村比率/%
1	资源县	59. 15
2	上林县	56. 52
3	马山县	56. 39
4	三江侗族自治县	53. 75
5	罗城仫佬族自治县	53. 60
6	隆安县	53. 39
7	乐业县	51. 19
8	都安瑶族自治县	51. 06
9	融水苗族自治县	50. 75
10	凌云县	50. 48
11	隆林各族自治县	50. 29
12	东兰县	49. 66

续表

序号	地区	贫困村比率/%
13	龙胜各族自治县	49.58
14	巴马瑶族自治县	48.54
15	凤山县	48.42
16	大化瑶族自治县	48.37
17	环江毛南族自治县	47.24
18	灌阳县	47.10
19	那坡县	46.46
20	邕宁区	46.15
21	兴业县	45.77
22	天等县	45.76
23	恭城瑶族自治县	45.30

广西西江流域的北部和西北部，地形崎岖，喀斯特面积分布广，是广西少数民族主要聚居区。广西西江流域北部的三江侗族自治县、融水苗族自治县、罗城仫佬族自治县及资源县，地形以山地丘陵为主，地势起伏大，交通较落后，滑坡、泥石流等自然灾害频发，是侗族、瑶族、仫佬族等少数民族聚居区，人地关系紧张。广西西江流域的西北部地区，喀斯特面积广，人口多，石漠化严重，生态系统脆弱，地表水缺乏，农业发展受到限制，贫困人口多。广西西江流域北部和西北部地区，国家扶贫开发工作重点县的个数比较多，而且处于国家14个集中连片特殊困难区之一的滇桂黔石漠化区。因此这两个地区贫困村数量多，贫困村比率高，扶贫开发难度大，脱贫再返贫现象严重。

（2）基于县域类型的贫困村分布特征分析

广西西江流域有53个贫困县，包括28个国家扶贫开发工作重点县（以下简称国贫县）和20个自治区扶贫开发工作重点县（以下简称区贫县），29个片区县，6个片区规划县（天窗或深度嵌入县），具体见表18-6。广西西江流域贫困村在不同类型的县域中分布差异显著，其中，国贫县中贫困村数量最多，为1844个；其次是非贫县，为1447个；最后为区贫县，为1248个。贫困村比例中国贫县最高，其次是区贫县，最后为非贫县，分别占行政村总数的46.96%、39.78%、25.92%，如图18-11所示。三种类型的县域贫困村比率都较高，扶贫脱贫工作都面临着严峻形势，因此在对国贫县、区贫县加大扶贫力度时，也要对非贫县给以各方面的支持，帮助老百姓早日实现脱贫。

表18-6　广西西江流域贫困县名单

序号	类别	县数	县名	备注
1	片区县	29	★马山县、★上林县、★隆安县、★三江侗族自治县、★融水苗族自治县、▲融安县、★龙胜各族自治县、▲资源县、▲田阳县、★隆林各族自治县、★乐业县、★靖西市、★西林县、★田林县、★凌云县、★德保县、★那坡县、★都安瑶族自治县、★大化瑶族自治县、★巴马瑶族自治县、★罗城仫佬族自治县、★环江毛南族自治县、★东兰县、★凤山县、▲宁明县、★天等县、▲大新县、★龙州县、★忻城县	标★的为国家扶贫开发工作重点县24个，标▲的为自治区扶贫开发工作重点县5个
2	片区规划县（天窗或深度嵌入县）	6	★田东县、平果县、▲右江区、▲金城江区、▲天峨县、南丹县	标★的为国家扶贫开发工作重点县1个，标▲的为自治区扶贫开发工作重点县3个，未标的为面上县2个

续表

序号	类别	县数	县名	备注
3	国家扶贫开发工作重点县	28	◆马山县、◆上林县、◆隆安县、◆三江侗族自治县、◆融水苗族自治县、◆龙胜各族自治县、田东县、◆隆林各族自治县、◆乐业县、◆靖西市、◆西林县、◆田林县、◆凌云县、◆德保县、◆那坡县、◆都安瑶族自治县、◆大化瑶族自治县、◆巴马瑶族自治县、◆罗城仫佬族自治县、◆环江毛南族自治县、◆东兰县、◆凤山县、◆天等县、◆龙州县、◆忻城县、金秀瑶族自治县、富川瑶族自治县、昭平县	标◆的为片区县共 24 个，未标的为不纳入片区县 4 个
4	自治区扶贫开发工作重点县	20	●金城江区、●天峨县、◆田阳县、●右江区、◆宁明县、◆大新县、灌阳县、◆资源县、武宣县、◆融安县、苍梧县、藤县、邕宁区、八步区、钟山县、蒙山县、博白县、兴业县、陆川县、桂平市	标◆的为片区县 5 个，标●的为片区规划县 3 个，未标的为不重叠的 13 个县（市、区）
5	享受国家扶贫开发工作重点县	1	合山市	
6	享受自治区扶贫开发工作重点县	2	平桂区、龙圩区	
合计	全区扶贫开发工作重点扶持县	53	29 个片区县+6 个片区规划县+3 个非片区县（含规划县）的国家扶贫开发工作重点县+12 个不重叠的自治区扶贫开发工作重点县+1 个享受国家扶贫开发工作重点县+2 个享受自治区扶贫开发工作重点县	扣除重叠县后

注：数据来源于广西壮族自治区扶贫开发办公室网站（http：//fpb. gxzf. gov. cn，2019/12/16）。

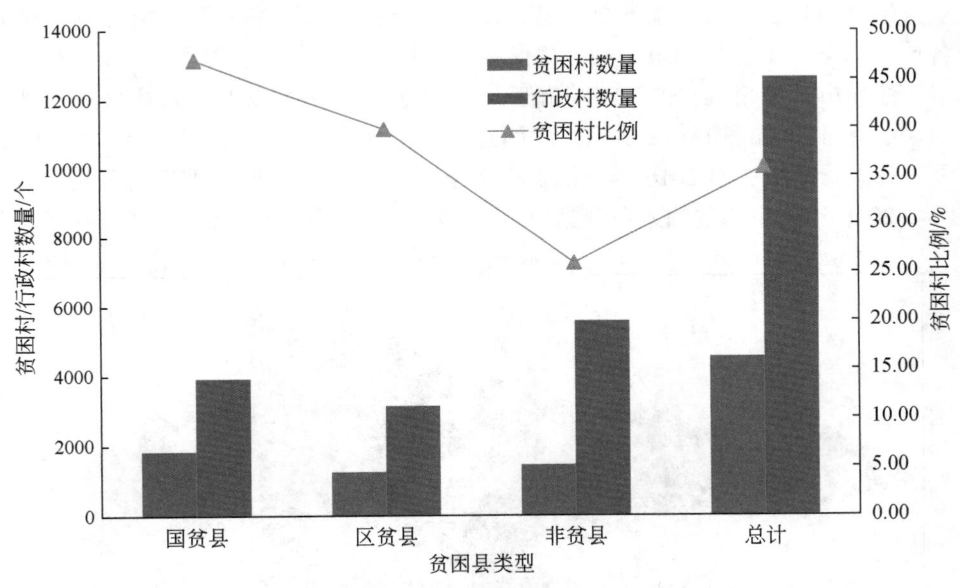

图 18-11　各类县域贫困村规模统计表

（3）基于空间基尼系数的贫困村空间分布特征分析

广西西江流域贫困村在空间分布上很集中，但空间分布均匀度很低。根据表 18-7 的数据，对广西西江流域 94 个县（市、区）所属的 11 个市 4539 个贫困村进行空间基尼系数计算，得出 G 为 0. 9693，空间均匀度 C 为 0. 0307，表明广西西江流域贫困村在 11 个地级市有集中分布趋势，且分布均匀度很低，与上述基于行政村的空间分布特征研究一致。

表 18-7　广西西江流域贫困村在 11 个地级市中的分布情况

城市	贫困村数量/个	占总贫困村的比例/%
南宁市	421	9.28
柳州市	313	6.90
桂林市	499	10.99
梧州市	265	5.84
贵港市	360	7.93
玉林市	442	9.74
百色市	754	16.61
贺州市	267	5.88
河池市	684	15.07
来宾市	247	5.44
崇左市	287	6.32

18.2.6　广西西江流域县域贫困发生率分布特征

1. 综合分析广西西江流域县域贫困发生率分布特征

广西西江流域县域贫困发生率在空间分布上具有明显的集聚，高值区集中分布在流域北部（包括侗族自治县、融水苗族自治县、罗城仫佬族自治县、龙胜各族自治县、灌阳县、资源县、融安县等）和西部（包括隆林各族自治县、田林县、乐业县、德保县、那坡县、天等县、靖西市等），低值区主要分布在南宁市、柳州市、桂林市、梧州市、玉林市等市区（贫困率在 2.76% 以下）及流域东部地区（贫困发生率在 2.77%~6.89%），具体如图 18-12 所示。我国经过实施《国家八七扶贫攻坚计划》和 21 世纪的精准扶贫计划，贫困人口大量减少，至 2016 年贫困发生率下降到 4.50%。通过整理、分析广西壮族自治区扶贫开发办公室网站 2016 年公布的贫困人口数据以及 2017 年《广西统计年鉴》中广西西江流域各县（市、

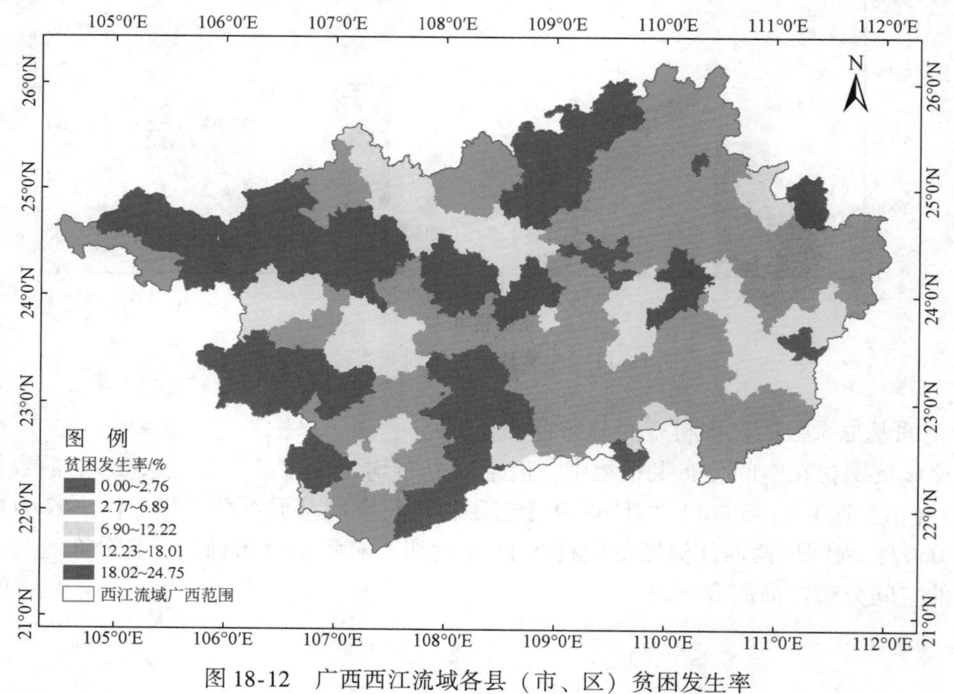

图 18-12　广西西江流域各县（市、区）贫困发生率

区）人口数据，计算得出广西西江流域各县（市、区）贫困发生率。广西西江流域贫困发生率较高，贫困发生率高于全国平均水平 4.50% 的县（市、区）有 73 个，如表 18-8 所示，贫困发生率在 10.00% 以上的有 41 个，贫困发生率在 20.00% 以上的有 11 个，贫困面广，贫困度深，脱贫难，返贫易。贫困发生率在 10.00% 以上的 41 个县（市、区）中有 11 个自治县，而且大部分县（市、区）喀斯特面积分布广，自然条件恶劣，经济发展困难。

表 18-8　广西西江流域各县（市、区）贫困发生率高于全国平均水平统计表

序号	地区	贫困发生率/%	序号	地区	贫困发生率/%
1	那坡县	24.74	38	田东县	11.95
2	三江侗族自治县	22.94	39	蒙山县	11.23
3	凤山县	22.56	40	南丹县	11.01
4	融水苗族自治县	22.38	41	平果县	10.00
5	乐业县	22.22	42	兴业县	9.98
6	凌云县	21.64	43	象州县	9.13
7	罗城仫佬族自治县	21.57	44	苍梧县	9.12
8	东兰县	21.32	45	凭祥市	8.99
9	巴马瑶族自治县	20.63	46	宜州区	8.69
10	田林县	20.59	47	藤县	8.68
11	金秀瑶族自治县	20.38	48	金城江区	8.57
12	天等县	19.96	49	龙圩区	8.53
13	富川瑶族自治县	19.12	50	合山市	8.27
14	靖西市	19.08	51	陆川县	7.86
15	都安瑶族自治县	19.05	52	江州区	7.45
16	德保县	18.99	53	右江区	7.38
17	隆林各族自治县	18.65	54	邕宁区	7.35
18	龙州县	18.63	55	恭城瑶族自治县	7.35
19	忻城县	18.33	56	博白县	6.89
20	西林县	18.01	57	桂平市	6.61
21	环江毛南族自治县	17.67	58	永福县	6.05
22	大化瑶族自治县	17.03	59	容县	5.92
23	龙胜各族自治县	17.01	60	平乐县	5.91
24	大新县	16.94	61	岑溪市	5.66
25	隆安县	16.86	62	柳城县	5.59
26	马山县	16.58	63	鹿寨县	5.48
27	融安县	16.35	64	扶绥县	5.40
28	上林县	16.26	65	八步区	5.38
29	宁明县	16.25	66	兴宾区	5.28
30	资源县	15.66	67	港南区	5.24
31	昭平县	15.65	68	覃塘区	5.20
32	天峨县	14.34	69	全州县	5.04
33	田阳县	14.20	70	福绵区	4.95
34	灌阳县	13.82	71	雁山区	4.68
35	钟山县	13.45	72	平南县	4.63
36	平桂区	12.97	73	灵川县	4.54
37	武宣县	12.22			

2. 基于空间自相关的广西西江流域贫困发生率

根据广西西江流域11个地级市的各县（市、区）贫困发生率，经ArcGIS软件分析得到广西西江流域各县（市、区）贫困发生率指数的莫兰I数为0.566，数据分布仅有小于1%的可能是随机分布的，出现数据聚集的可能性大于随机分布的可能性，且能够显著地拒绝零假设。此结果表示广西西江流域各县（市、区）贫困发生率数据的空间分布呈现一定的聚集特征，且具有空间正相关模式。

全局莫兰I数结果显示广西西江流域各县（市、区）贫困发生率指数整体上呈现显著的空间相关性，但是未能具体体现出在哪些地方出现高值集聚，哪些地方出现低值集聚。为进一步分析广西西江流域贫困发生率指数的空间互相关特征，运用Geoda软件的局部自相关功能进行广西西江流域各县（市、区）贫困发生指数的空间自相关分析，分析结果如图18-13所示：第一类为高高集聚区（HH），表示该地区自身与周边地区的贫困发生率指数均较高，两者空间差异小，呈正相关，主要分布在大化瑶族自治县，该地区脱贫致富要下硬功夫；第二类为高低集聚区（HL），表示该地区自身贫困发生率指数较高，而周边地区较低，两者空间差异大，呈负相关，显著性较强的是凌云县、蒙山县、龙胜各族自治县；第三类为低低集聚区（LL），表示该地区自身与周边地区的贫困发生率指数均较低，两者空间差异小，呈正相关，主要集中于恭城瑶族自治县、陆川县、兴宁区；第四类为低高集聚区（LH），表示该地区自身贫困发生率指数较低，而周边地区较高，两者空间差异大，呈负相关，显著性较强的是扶绥县、江南区、西乡塘区、万秀区等。

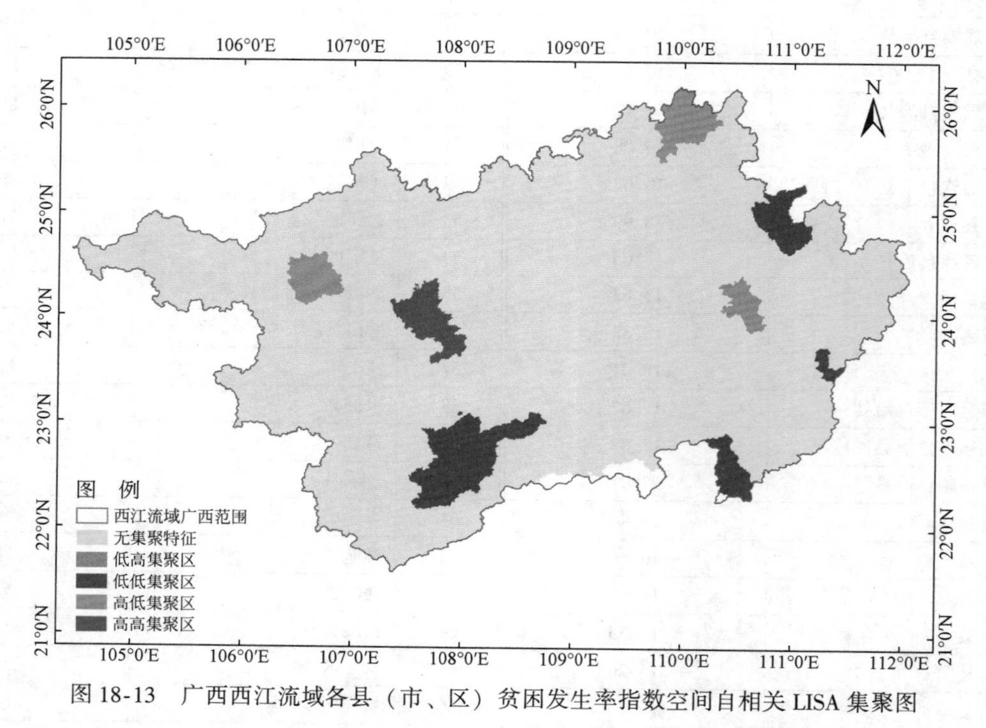

图18-13　广西西江流域各县（市、区）贫困发生率指数空间自相关LISA集聚图

18.3　基于地理探测器的广西西江流域致贫因子分析

18.3.1　自然因子对贫困影响的定量分析

自然地理环境对经济社会发展起着基础性的作用。海拔、土壤、坡度、坡向、气温、降水等自然因子不仅影响人口的空间分布，而且影响人类生产活动的进行。为探究自然因子对广西西江流域贫困发生的影响，选取海拔、坡向、坡度、气温、降水、土壤等6个自然因子，采用地理探测器分析模型进行定量

研究。其中，因子探测用来分析各自然因子对贫困影响的相对重要程度，识别主要的自然影响因子；生态探测用来检验各自然因子对贫困的显著性差异，进一步验证主要的影响因子。

1. 自然因子对贫困发生的相对重要性

因子探测主要探究各自然因子对广西西江流域贫困发生是否有影响及影响力的大小，自然因子探测结果如表 18-9 所示。

表 18-9　与贫困分布相关的自然因子 PD 值（贡献率）

自然因子	海拔	坡向	坡度	气温	降水	土壤
PD 值	0. 2721	0. 0005	0. 0867	0. 1265	0. 1374	0. 2290

由表 18-9 可知，各自然因子对贫困发生的影响力有显著差异，按大小排序为海拔>土壤>降水>气温>坡度>坡向。从自然因子对贫困发生的影响力来看，海拔的 PD 值最大，而且海拔和土壤的解释力在 20% 以上，是影响广西西江流域贫困发生的主要影响因子，其次是降水和气温，其 PD 值的解释力都在 10% 以上。虽然坡度和坡向影响生产活动的进行和人口的分布，但其单个因子对贫困发生的影响力很小，其 PD 值均在 10% 以下。

生态探测主要用于比较按照不同影响因子进行分区的情况下，不同自然影响因子在影响贫困发生率的空间分布方面，是否有显著性差异，哪种因子对贫困发生率空间分布更具有控制力。生态探测的结果如表 18-10 所示，表 18-10 中给出了每两种因子之间的统计学差异显著的结果，如果行因子与列因子有显著性差异，则标记为“Y”，否则标记为“N”。

表 18-10　各自然因子的贫困发生差异性的统计显著性（置信水平 95%）

自然因子	海拔	坡向	坡度	气温	降水	土壤
海拔						
坡向	N					
坡度	N	Y				
气温	N	Y	Y			
降水	N	Y	Y	N		
土壤	N	Y	Y	Y	Y	

统计检验表明，海拔与坡向、坡度、气温、降水、土壤之间无显著性差异，坡向与坡度、气温、降水、土壤之间差异都显著，坡度与气温、降水、土壤之间差异都显著，气温与降水之间无显著性差异，气温与土壤之间有显著性差异，降水与土壤同样存在显著性差异。这进一步说明，海拔、土壤、降水对广西西江流域贫困发生率影响较大，其他因子影响较小。

2. 自然指示因子的适宜类型或范围

风险探测回答了贫困发生率存在的地理位置的问题，用于搜索贫困发生率低的区域。风险探测的结果中，每个因子的结果信息分两个表表示。第一个表中给出了一个因子在各分区的贫困发生率的平均值，第二个表给出了每两个分区之间贫困发生率均值的统计学差异，如有显著性差异，相应的值为“Y”，否则为“N”。

以海拔为例进行说明，其风险探测结果如表 18-11 和表 18-12 所示。可以看出，海拔被划分为 4 个分区，用数字 1，2，3，4 表示，数值越大代表的海拔越低。根据贫困发生率均值对海拔区进行排序为 1>2>3>4，说明贫困发生率均值与海拔呈负相关，且在 4 海拔区（-1. 39 ~ 94. 14m）贫困发生率均值最小，为 8. 20%，统计检验也表明，4 区海拔贫困发生率均值与 3 区海拔贫困发生率均值具有显著性差异，进一步验证海拔为-1. 39 ~ 94. 14m 时，广西西江流域贫困发生率最低。

表 18-11　各海拔分区的贫困发生率均值

海拔分区	1	2	3	4
贫困发生率均值/%	17.63	15.82	13.31	8.20

表 18-12　每两个海拔分区之间贫困发生率均值差异性的统计显著性（置信水平 95%）

海拔分区	1	2	3	4
1				
2	Y			
3	Y	Y		
4	Y	Y	Y	

以降水为例进行说明，其风险探测结果如表 18-13 和表 18-14 所示。可以看出，降水分为 4 个分区，用数字 1，2，3，4 表示，数值越大代表降水量越小。根据贫困发生率均值对降水分区进行排序，其结果为 2<1<3<4，说明在 2 降水区（1515.63～1656.37mm），贫困发生率均值最小，为 9.20%；统计检验表明，2 降水区贫困发生率均值与 1 降水区贫困发生率均值具有显著相关性，进一步验证降水量为 1515.63～1656.37mm 时，广西西江流域贫困发生率最低。

表 18-13　各降水分区的贫困发生率均值

降水分区	1	2	3	4
贫困发生率均值/%	10.22	9.20	14.00	16.05

表 18-14　每两个降水分区之间贫困发生率均值差异性的统计显著性（置信水平 95%）

降水分区	1	2	3	4
1				
2	Y			
3	Y	Y		
4	Y	Y	Y	

其他各自然因子可做类似分析，从而找出各自然因子有利于降低贫困发生率的类型及范围。

18.3.2　人文因子对贫困影响的定量分析

自然因子，如地形、地貌、气候、降水等对贫困现象产生起着重要作用，严重影响到贫困空间分布格局，贫困发生率也会随着自然因子的变化而相应变化，特别是大量研究都表明地面坡度和海拔变化是影响贫困发生的主要自然影响因子。但是，近年来的研究表明，区域贫困不仅受自然因素影响，而且受到人文因子的深刻影响，特别是社会经济的发展、交通通达度等对区域脱贫致富起着重要作用。

广西西江流域贫困发生率受人文因子的影响大，主要表现为区域经济发展较落后，无法为当地劳动力提供高额的劳动报酬，也无法满足劳动人口对工作的需求，人们收入来源有限；交通不便，阻碍了商品经济的发展，广西西江流域位于我国南端，有利于种植农作物的自然条件，但交通堵塞，不利于商业贸易的发展和人口的流动；耕地面积有限，加上青壮年劳动力外出务工，农业生产以妇女、老人为主，地方特色产业得不到支持和发展，区域发展走不上可持续发展之路。从贫困发生率的角度看，这些人文因子不仅影响到区域贫困人口数量的多寡和空间分布，而且与贫困发生率在空间上存在某种必然的联系。

为定量分析广西西江流域县域贫困的人文因子影响力，本章选取耕地面积、农作物总播种面积、粮食总产量、全社会用电量、居民生活用电量、地区生产总值、人均生产总值、规模以上工业企业个数、规模以上工业企业从业人员年平均人数、公路里程、普通中学数、医疗卫生机构床位数、城镇居民人均可支配收入、农村居民人均纯收入、新型农村合作医疗参保人数、新型农村社会养老保险参保人数等 16 项涵盖经济、社会、农业、社会福利等人文因子，利用地理探测器模型探究人文因子对广西西江流域贫困发生率高低的影响，其中，因子探测用来分析各个人文因子对贫困影响的相对重要程度，识别主要的影响因子；生态探测用来检验各人文因子对贫困的显著性差异，进一步验证主要的影响因子；风险探测器回答了各人文因子对贫困发生的适宜范围。

1. 人文因子对贫困发生的相对重要性

因子探测主要探究各人文因子对广西西江流域贫困发生是否有影响和影响力大小的问题。因子探测的结果如表 18-15 所示。

表 18-15　与贫困发生率分布相关的人文因子 PD 值

序号	人文因子	PD 值
1	耕地面积	0. 1566
2	农作物总播种面积	0. 2990
3	粮食总产量	0. 1612
4	全社会用电量	0. 2925
5	居民生活用电量	0. 3603
6	地区生产总值	0. 6098
7	人均生产总值	0. 3723
8	规模以上工业企业个数	0. 4707
9	规模以上工业企业从业人员年平均人数	0. 4167
10	公路里程	0. 1004
11	普通中学数	0. 0262
12	医疗卫生机构床位数	0. 2793
13	城镇居民人均可支配收入	0. 6014
14	农村居民人均纯收入	0. 5758
15	新型农村合作医疗参保人数	0. 1624
16	新型农村社会养老保险参保人数	0. 1777

由表 18-15 可知，各人文因子对广西西江流域贫困发生率影响程度有异，按大小排序为地区生产总值>城镇居民人均可支配收入>农村居民人均纯收入>规模以上工业企业个数>规模以上工业企业从业人员年平均人数>人均生产总值>居民生活用电量>农作物总播种面积>全社会用电量>医疗卫生机构床位数>新型农村社会养老保险参保人数>新型农村合作医疗参保人数>粮食总产量>耕地面积>公路里程>普通中学数。从人文因子对广西西江流域贫困发生率的影响来看，地区生产总值的 PD 值最大，而且地区生产总值、城镇居民人均可支配收入、农村居民人均纯收、规模以上工业企业个数、规模以上工业企业从业人员年平均人数、人均生产总值、居民生活用电量、农作物总播种面积、全社会用电量、医疗卫生机构床位数等的解释力都在 25% 以上，是影响广西西江流域贫困发生率的主要影响因素；其次是新型农村社会养老保险参保人数、新型农村合作医疗参保人数、粮食总产量、耕地面积和公路里程，其影响力都在 10% 以上；普通中学数虽然影响人们接受教育的程度和确保九年义务教育的全面完成，但对贫困发生率的影响很小，解释力在 10% 以下。

生态探测主要用于比较按照不同影响因子进行分区的情况下，不同人文影响因子在影响贫困空间分布方面，是否有显著性差异，哪种因子对贫困空间分布更具有控制力。生态探测的结果如表 18-16 所示，表 18-16 中给出了每两种因子之间的统计学差异显著的结果，如果行因子与列因子有显著性差异，则标记为“Y”，否则标记为“N”。

表 18-16　各人文因子的贫困差异性的统计显著性（置信水平 95%）

因子	1	2	3	4	5	6	7	8	9	10	11	12	13	14	15	16
1																
2	Y															
3	N	N														
4	Y	N	Y													
5	Y	Y	Y	Y												
6	Y	Y	Y	Y	Y											
7	Y	Y	Y	Y	N	N										
8	Y	Y	Y	Y	Y	N	Y									
9	Y	Y	Y	Y	Y	N	Y	N								
10	N	N	N	N	N	N	N	N	N							
11	N	N	N	N	N	N	N	N	N	N						
12	Y	N	Y	N	N	N	N	N	N	Y	Y					
13	Y	Y	Y	Y	Y	N	Y	Y	Y	Y	Y	Y				
14	Y	Y	Y	Y	Y	N	Y	Y	Y	Y	Y	Y	N			
15	N	N	N	N	N	N	N	N	N	Y	Y	N	N	N		
16	N	N	N	N	N	N	N	N	N	Y	Y	N	N	N	N	

注：1 表示耕地面积；2 表示农作物总播种面积；3 表示粮食总产量；4 表示全社会用电量；5 表示居民生活用电量；6 表示地区生产总值；7 表示人均生产总值；8 表示规模以上工业企业个数；9 表示规模以上工业企业从业人员年平均人数；10 表示公路里程；11 表示普通中学数；12 表示医疗卫生机构床位数；13 表示城镇居民人均可支配收入；14 表示农村居民人均纯收入；15 表示新型农村合作医疗参保人数；16 表示新型农村社会养老保险参保人数。

表 18-16 数据显示，地区生产总值、城镇居民人均可支配收入、农村居民人均纯收入、新型农村合作医疗参保人数、新型农村社会养老保险参保人数等 5 项之间无显著性差异；人均生产总值与规模以上工业企业个数、规模以上工业企业从业人员年平均人数、城镇居民人均可支配收入、农村居民人均纯收入之间有显著性差异，与公路里程、普通中学数、新型农村合作医疗参保人数、新型农村社会养老保险参保人数之间无显著性差异；规模以上工业企业个数及规模以上工业企业从业人员年平均人数与公路里程、普通中学数、医疗卫生机构床位数、新型农村合作医疗参保人数、新型农村社会养老保险参保人数之间无显著性差异，与城镇居民人均可支配收入、农村居民人均纯收入之间有显著性差异；城镇居民人均可支配收入及农村居民人均纯收入与新型农村合作医疗参保人数、新型农村社会养老保险参保人数之间无显著性差异。这进一步说明地区生产总值、城镇居民人均可支配收入、农村居民人均纯收入、规模以上工业企业个数、规模以上工业企业从业人员年平均人数、人均生产总值对广西西江流域贫困发生率影响较大，其他人文影响因子较小。

2. 人文因子的适宜范围

由表 18-17 可知，各人文因子有各自的适宜范围，其中，耕地面积为 90991.00 ~ 189719.00hm^2，农作物总播种面积为 105153.00 ~ 200477.00hm^2，粮食总产量为 1147.00 ~ 27564.00t，全社会用电量为 482113.00 万 ~ 778536.00 万 kW · h，居民生活用电量为 54800.00 万 ~ 114000.00 万 kW · h，地区生产总值为 3907574.04 万 ~ 8334304.24 万元，人均生产总值为 81859.73 ~ 166279.38 元，规模以上工业企业个数为120 ~ 235 个，规模以上工业企业从业人员年平均人数为 24955 ~ 46055 个，公路里程为 1973.00 ~ 3318.00km，普通中学数为 247 ~ 446 所，医疗卫生机构床位数为 5896 ~ 11300 张，城镇居民人均可支配收入为 30235.00 ~ 36704.00 元，农村居民人均纯收入为 13677.00 ~ 19073.00 元，新型农村合作医疗参保人数为 926395～1637314 人，新型农村社会养老保险参保人数为 301102～593785 人。

表 18-17　影响贫困发生分布的人为指示因子及其适宜范围（置信水平 95%）

人文指示因子	适宜范围	分区号	贫困发生率均值/%
耕地面积/hm^2	90991.00～189719.00	1	5.59
农作物总播种面积/hm^2	105153.00～200477.00	1	5.04
粮食总产量/t	1147.00～27564.00	4	3.22
全社会用电量/(万 kW·h)	482113.00～778536.00	1	5.17
居民生活用电量/(万 kW·h)	54800.00～114000.00	1	4.64
地区生产总值/万元	3907574.04～8334304.24	1	0.63
人均生产总值/元	81859.73～166279.38	1	0.72
规模以上工业企业个数/个	120～235	1	3.01
规模以上工业企业从业人员年平均人数/人	24955～46055	2	4.52
公路里程/km	1973.00～3318.00	1	5.37
普通中学数/所	247～446	1	9.27
医疗卫生机构床位数/张	5896～11300	1	1.21
城镇居民人均可支配收入/元	30235.00～36704.00	1	0.16
农村居民人均纯收入/元	13677.00～19073.00	1	2.82
新型农村合作医疗参保人数/人	926395～1637314	1	5.58
新型农村社会养老保险参保人数/人	301102～593785	1	5.39

18.3.3　自然因子和人文因子对贫困发生率的交互影响

1. 自然因子对贫困发生率的交互影响

地理探测器中的交互作用模块可以对影响因子进行交互探测。对自然因子进行探测结果如表 18-18 所示，大部分自然因子之间具有双协同作用，说明自然因子叠加可以增强对贫困发生的影响，其解释力较大的自然因子依次为海拔∩土壤（0.3400）、降水∩土壤（0.3384）、海拔∩降水（0.3357）、气温∩降水（0.3116）、海拔∩气温（0.2943）、气温∩土壤（0.2842）、海拔∩坡度（0.2769）、海拔∩坡向（0.2735）、坡度∩土壤（0.2555）。坡向与海拔、土壤、降水、气温、坡度的交互为非线性协同作用，说明坡向增强了海拔、土壤、降水、气温、坡度对贫困发生率的影响，同时气温与降水也为非线性协同作用，说明气温增强了降水对贫困发生的影响。因此，坡向和气温可以作为辅助因子用于贫困发生监测。

表 18-18　广西西江流域贫困发生率自然因子交互作用

影响因子 $C_1 \cap C_2$	E=PD($C_1 \cap C_2$)	PD(C_1)	PD(C_2)	F=PD(C_1)+PD(C_2)	交互关系
海拔∩土壤	0.3400	0.2721	0.2290	0.5011	双协同作用
降水∩土壤	0.3384	0.1374	0.2290	0.3664	双协同作用
海拔∩降水	0.3357	0.2721	0.1374	0.4095	双协同作用
气温∩降水	0.3116	0.1265	0.1374	0.2639	非线性协同作用
海拔∩气温	0.2943	0.2721	0.1265	0.3986	双协同作用

续表

影响因子 $C_1 \cap C_2$	E=PD($C_1 \cap C_2$)	PD(C_1)	PD(C_2)	F=PD(C_1)+PD(C_2)	交互关系
气温∩土壤	0.2842	0.1265	0.2290	0.3555	双协同作用
海拔∩坡度	0.2769	0.2721	0.0867	0.3588	双协同作用
海拔∩坡向	0.2735	0.2721	0.0005	0.2726	非线性协同作用
坡度∩土壤	0.2555	0.0867	0.2290	0.3157	双协同作用
坡向∩土壤	0.2329	0.0005	0.2290	0.2295	非线性协同作用
坡度∩降水	0.2018	0.0867	0.1374	0.2241	双协同作用
坡度∩气温	0.1817	0.0867	0.1265	0.2132	双协同作用
坡向∩降水	0.1385	0.0005	0.1374	0.1379	非线性协同作用
坡向∩气温	0.1276	0.0005	0.1265	0.1270	非线性协同作用
坡向∩坡度	0.0879	0.0005	0.0867	0.0872	非线性协同作用

注：C 为影响因子；PD 为影响因子对植被覆盖的解释力，即贡献率；$E>F$ 为非线性协同作用，$E<F$ 为双协同作用。

2. 人文因子对贫困发生率的交互影响

对影响广西西江流域贫困发生率的人文因子进行交互探测，结果如表 18-19 所示。各人文因子之间都具有较强的双协同作用，甚至有些表现为非线性协同作用，如人均生产总值与医疗卫生机构床位数、新型农村合作医疗参保人数、新型农村社会养老保险参保人数、耕地面积、粮食总产量、普通中学数、公路里程表现为非线性协同作用，说明了人均生产总值增强了医疗卫生机构床位数、新型农村合作医疗参保人数、新型农村社会养老保险参保人数、耕地面积、粮食总产量、普通中学数、公路里程对广西西江流域贫困发生的影响；普通中学数与城镇居民人均可支配收入、农村居民人均纯收入、规模以上工业企业个数、人均生产总值、居民生活用电量、全社会用电量、新型农村社会养老保险参保人数、农作物总播种面积、医疗卫生机构床位数、耕地面积、新型农村合作医疗参保人数、公路里程、粮食总产量表现为非线性协同作用，说明了普通中学数（所）增强了城镇居民人均可支配收入、农村居民人均纯收入、规模以上工业企业个数、人均生产总值、居民生活用电量、全社会用电量、新型农村社会养老保险参保人数、农作物总播种面积、医疗卫生机构床位数、耕地面积、新型农村合作医疗参保人数、公路里程、粮食总产量对广西西江流域贫困发生的影响；公路里程与人均生产总值、普通中学数、耕地面积、新型农村合作医疗参保人数、新型农村社会养老保险参保人数呈非线性协同作用，说明公路里程增强了人均生产总值、普通中学数、耕地面积、新型农村合作医疗参保人数、新型农村社会养老保险参保人数对广西西江流域贫困发生的影响。因此，人均生产总值、普通中学数、公路里程等可作为研究人文因子对贫困发生影响的辅助因子。

表 18-19　广西西江流域贫困发生率人文因子交互作用

影响因子 $C_1 \cap C_2$	PD($C_1 \cap C_2$)	PD(C_1)	PD(C_2)	交互关系
全社会用电量∩农村居民人均纯收入	0.7529	0.2925	0.5758	双协同作用
地区生产总值∩城镇居民人均可支配收入	0.7523	0.6098	0.6014	双协同作用
规模以上工业企业个数∩城镇居民人均可支配收入	0.7510	0.4707	0.6014	双协同作用
规模以上工业企业从业人员年平均人数∩农村居民人均纯收入	0.7419	0.4167	0.5758	双协同作用
地区生产总值∩农村居民人均纯收入	0.7371	0.6098	0.5758	双协同作用
城镇居民人均可支配收入∩农村居民人均纯收入	0.7300	0.6014	0.5758	双协同作用
人均生产总值∩规模以上工业企业个数	0.7185	0.3723	0.4707	双协同作用
规模以上工业企业从业人员年平均人数∩城镇居民人均可支配收入	0.7172	0.4167	0.6014	双协同作用

续表

影响因子 $C_1 \cap C_2$	PD($C_1 \cap C_2$)	PD(C_1)	PD(C_2)	交互关系
地区生产总值∩规模以上工业企业个数	0. 7172	0. 6098	0. 4707	双协同作用
居民生活用电量∩城镇居民人均可支配收入	0. 7119	0. 3603	0. 6014	双协同作用
规模以上工业企业个数∩农村居民人均纯收入	0. 7019	0. 4707	0. 5758	双协同作用
耕地面积∩农村居民人均纯收入	0. 6988	0. 1566	0. 5758	双协同作用
医疗卫生机构床位数∩城镇居民人均可支配收入	0. 6976	0. 2793	0. 6014	双协同作用
城镇居民人均可支配收入∩新型农村社会养老保险参保人数	0. 6894	0. 6014	0. 1777	双协同作用
医疗卫生机构床位数∩农村居民人均纯收入	0. 6890	0. 2793	0. 5758	双协同作用
农村居民人均纯收入∩新型农村合作医疗参保人数	0. 6853	0. 5758	0. 1624	双协同作用
农作物总播种面积∩农村居民人均纯收入	0. 6760	0. 2990	0. 5758	双协同作用
人均生产总值∩城镇居民人均可支配收入	0. 6752	0. 3723	0. 6014	双协同作用
居民生活用电量∩农村居民人均纯收入	0. 6732	0. 3603	0. 5758	双协同作用
人均生产总值∩农村居民人均纯收入	0. 6723	0. 3723	0. 5758	双协同作用
农作物总播种面积∩城镇居民人均可支配收入	0. 6704	0. 2990	0. 6014	双协同作用
全社会用电量∩地区生产总值	0. 6672	0. 2925	0. 6098	双协同作用
耕地面积∩地区生产总值	0. 6672	0. 1566	0. 6098	双协同作用
全社会用电量∩城镇居民人均可支配收入	0. 6601	0. 2925	0. 6014	双协同作用
地区生产总值∩人均生产总值	0. 6592	0. 6098	0. 3723	双协同作用
地区生产总值∩规模以上工业企业从业人员年平均人数	0. 6573	0. 6098	0. 4167	双协同作用
地区生产总值∩公路里程	0. 6573	0. 6098	0. 1004	双协同作用
农村居民人均纯收入∩新型农村社会养老保险参保人数	0. 6565	0. 5758	0. 1777	双协同作用
农作物总播种面积∩地区生产总值	0. 6543	0. 2990	0. 6098	双协同作用
人均生产总值∩医疗卫生机构床位数	0. 6536	0. 3723	0. 2793	非线性协调作用
农作物总播种面积∩人均生产总值	0. 6527	0. 2990	0. 3723	双协同作用
城镇居民人均可支配收入∩新型农村合作医疗参保人数	0. 6507	0. 6014	0. 1624	双协同作用
人均生产总值∩规模以上工业企业从业人员年平均人数	0. 6505	0. 3723	0. 4167	双协同作用
粮食总产量∩地区生产总值	0. 6495	0. 1612	0. 6098	双协同作用
耕地面积∩城镇居民人均可支配收入	0. 6472	0. 1566	0. 6014	双协同作用
居民生活用电量∩地区生产总值	0. 6470	0. 3603	0. 6098	双协同作用
普通中学数∩城镇居民人均可支配收入	0. 6442	0. 0262	0. 6014	非线性协调作用
粮食总产量∩城镇居民人均可支配收入	0. 6435	0. 1612	0. 6014	双协同作用
公路里程∩农村居民人均纯收入	0. 6363	0. 1004	0. 5758	双协同作用
公路里程∩城镇居民人均可支配收入	0. 6348	0. 1004	0. 6014	双协同作用
地区生产总值∩新型农村社会养老保险参保人数	0. 6328	0. 6098	0. 1777	双协同作用
地区生产总值∩普通中学数	0. 6314	0. 6098	0. 0262	双协同作用
地区生产总值∩医疗卫生机构床位数	0. 6290	0. 6098	0. 2793	双协同作用
居民生活用电量∩人均生产总值	0. 6241	0. 3603	0. 3723	双协同作用
粮食总产量∩农村居民人均纯收入	0. 6213	0. 1612	0. 5758	双协同作用
普通中学数∩农村居民人均纯收入	0. 6175	0. 0262	0. 5758	非线性协调作用
人均生产总值∩新型农村合作医疗参保人数	0. 6169	0. 3723	0. 1624	非线性协调作用
地区生产总值∩新型农村合作医疗参保人数	0. 6168	0. 6098	0. 1624	双协同作用

续表

影响因子 $C_1 \cap C_2$	PD($C_1 \cap C_2$)	PD(C_1)	PD(C_2)	交互关系
人均生产总值∩新型农村社会养老保险参保人数	0.6127	0.3723	0.1777	非线性协调作用
全社会用电量∩人均生产总值	0.5953	0.2925	0.3723	双协同作用
农作物总播种面积∩规模以上工业企业个数	0.5771	0.2990	0.4707	双协同作用
农作物总播种面积∩规模以上工业企业从业人员年平均人数	0.5673	0.2990	0.4167	双协同作用
耕地面积∩规模以上工业企业个数	0.5597	0.1566	0.4707	双协同作用
规模以上工业企业个数∩医疗卫生机构床位数	0.5562	0.4707	0.2793	双协同作用
规模以上工业企业个数∩规模以上工业企业从业人员年平均人数	0.5464	0.4707	0.4167	双协同作用
耕地面积∩人均生产总值	0.5453	0.1566	0.3723	非线性协调作用
居民生活用电量∩规模以上工业企业个数	0.5432	0.3603	0.4707	双协同作用
全社会用电量∩居民生活用电量	0.5421	0.2925	0.3603	双协同作用
规模以上工业企业个数∩公路里程	0.5357	0.4707	0.1004	双协同作用
粮食总产量∩人均生产总值	0.5352	0.1612	0.3723	非线性协调作用
全社会用电量∩规模以上工业企业个数	0.5284	0.2925	0.4707	双协同作用
粮食总产量∩规模以上工业企业个数	0.5186	0.1612	0.4707	双协同作用
规模以上工业企业个数∩普通中学数	0.5075	0.4707	0.0262	非线性协调作用
人均生产总值∩普通中学数	0.5064	0.3723	0.0262	非线性协调作用
规模以上工业企业个数∩新型农村合作医疗参保人数	0.5037	0.4707	0.1624	双协同作用
居民生活用电量∩规模以上工业企业从业人员年平均人数	0.4983	0.3603	0.4167	双协同作用
农作物总播种面积∩医疗卫生机构床位数	0.4976	0.2990	0.2793	双协同作用
规模以上工业企业个数∩新型农村社会养老保险参保人数	0.4971	0.4707	0.1777	双协同作用
规模以上工业企业从业人员年平均人数∩公路里程	0.4966	0.4167	0.1004	双协同作用
人均生产总值∩公路里程	0.4965	0.3723	0.1004	非线性协调作用
规模以上工业企业从业人员年平均人数∩医疗卫生机构床位数	0.4961	0.4167	0.2793	双协同作用
居民生活用电量∩普通中学数	0.4890	0.3603	0.0262	非线性协调作用
耕地面积∩规模以上工业企业从业人员年平均人数	0.4782	0.1566	0.4167	双协同作用
粮食总产量∩规模以上工业企业从业人员年平均人数	0.4761	0.1612	0.4167	双协同作用
规模以上工业企业从业人员年平均人数∩新型农村社会养老保险参保人数	0.4739	0.4167	0.1777	双协同作用
农作物总播种面积∩全社会用电量	0.4673	0.2990	0.2925	双协同作用
农作物总播种面积∩居民生活用电量	0.4666	0.2990	0.3603	双协同作用
粮食总产量∩全社会用电量	0.4654	0.1612	0.2925	非线性协调作用
全社会用电量∩规模以上工业企业从业人员年平均人数	0.4628	0.2925	0.4167	双协同作用
居民生活用电量∩公路里程	0.4503	0.3603	0.1004	双协同作用
规模以上工业企业从业人员年平均人数∩新型农村合作医疗参保人数	0.4436	0.4167	0.1624	双协同作用
规模以上工业企业从业人员年平均人数∩普通中学数	0.4383	0.4167	0.0262	双协同作用
居民生活用电量∩医疗卫生机构床位数	0.4373	0.3603	0.2793	双协同作用
居民生活用电量∩新型农村社会养老保险参保人数	0.4349	0.3603	0.1777	双协同作用
粮食总产量∩居民生活用电量	0.4335	0.1612	0.3603	双协同作用
耕地面积∩居民生活用电量	0.4267	0.1566	0.3603	双协同作用
全社会用电量∩医疗卫生机构床位数	0.4201	0.2925	0.2793	双协同作用

续表

影响因子 $C_1 \cap C_2$	PD($C_1 \cap C_2$)	PD(C_1)	PD(C_2)	交互关系
居民生活用电量∩新型农村合作医疗参保人数	0.4179	0.3603	0.1624	双协同作用
耕地面积∩全社会用电量	0.4064	0.1566	0.2925	双协同作用
耕地面积∩农作物总播种面积	0.3955	0.1566	0.299	双协同作用
农作物总播种面积∩公路里程	0.3947	0.2990	0.1004	双协同作用
全社会用电量∩新型农村社会养老保险参保人数	0.3943	0.2925	0.1777	双协同作用
全社会用电量∩新型农村合作医疗参保人数	0.3916	0.2925	0.1624	双协同作用
农作物总播种面积∩粮食总产量	0.3841	0.2990	0.1612	双协同作用
医疗卫生机构床位数∩新型农村社会养老保险参保人数	0.3800	0.2793	0.1777	双协同作用
农作物总播种面积∩新型农村合作医疗参保人数	0.3741	0.2990	0.1624	双协同作用
粮食总产量∩医疗卫生机构床位数	0.3705	0.1612	0.2793	双协同作用
全社会用电量∩普通中学数	0.3690	0.2925	0.0262	非线性协调作用
普通中学数∩新型农村社会养老保险参保人数	0.3671	0.0262	0.1777	非线性协调作用
全社会用电量∩公路里程	0.3600	0.2925	0.1004	双协同作用
耕地面积∩医疗卫生机构床位数	0.3593	0.1566	0.2793	双协同作用
公路里程∩医疗卫生机构床位数	0.3579	0.1004	0.2793	双协同作用
农作物总播种面积∩新型农村社会养老保险参保人数	0.3433	0.2990	0.1777	双协同作用
农作物总播种面积∩普通中学数	0.3317	0.2990	0.0262	非线性协调作用
耕地面积∩新型农村社会养老保险参保人数	0.3298	0.1566	0.1777	双协同作用
医疗卫生机构床位数∩新型农村合作医疗参保人数	0.3283	0.2793	0.1624	双协同作用
普通中学数∩医疗卫生机构床位数	0.3145	0.0262	0.2793	非线性协调作用
耕地面积∩粮食总产量	0.3082	0.1566	0.1612	双协同作用
公路里程∩新型农村合作医疗参保人数	0.2904	0.1004	0.1624	非线性协调作用
公路里程∩新型农村社会养老保险参保人数	0.2853	0.1004	0.1777	非线性协调作用
粮食总产量∩新型农村社会养老保险参保人数	0.2782	0.1612	0.1777	双协同作用
耕地面积∩公路里程	0.2781	0.1566	0.1004	非线性协调作用
耕地面积∩新型农村合作医疗参保人数	0.2625	0.1566	0.1624	双协同作用
耕地面积∩普通中学数	0.2614	0.1566	0.0262	非线性协调作用
粮食总产量∩公路里程	0.2493	0.1612	0.1004	双协同作用
粮食总产量∩新型农村合作医疗参保人数	0.2479	0.1612	0.1624	双协同作用
普通中学数∩新型农村合作医疗参保人数	0.2381	0.0262	0.1624	非线性协调作用
公路里程∩普通中学数	0.2112	0.1004	0.0262	非线性协调作用
新型农村合作医疗参保人数∩新型农村社会养老保险参保人数	0.1982	0.1624	0.1777	双协同作用
粮食总产量∩普通中学数	0.1917	0.1612	0.0262	非线性协调作用

3. 自然因子和人文因子对贫困发生率的交互影响

贫困是自然环境和社会发展综合作用下产生的现象。在生产力不发达的年代，自然环境对社会发展起着主导作用，影响着贫困人口的空间分布和发生率。海拔、坡向、坡度、气温、降水、土壤等自然因子，直接影响着人类的生产劳作，也就影响着人类生活物资的获取方式和数量，是影响贫困发生的重要因素。随着生产力不断发展，自然因素对贫困发生的影响力有所下降，人文因素占据着不可忽视的地位。社会经济的发展、医疗条件的改善、社会福利的完善等对人们的经济收入和生活水平有显著的影响。因此，分析自然因子和人文因子的交互作用有利于探究贫困发生的驱动因子和机理。

对自然因子和人文因子的PD值进行排序，结果如表18-20所示。由表18-20可得，各因子对贫困发生的影响力大小排序为地区生产总值>城镇居民人均可支配收入>农村居民人均纯收入>规模以上工业企业个数>规模以上工业企业从业人员年平均人数>人均生产总值>居民生活用电量>农作物总播种面积>全社会用电量>医疗卫生机构床位数>海拔>土壤>新型农村社会养老保险参保人数>新型农村合作医疗参保人数>粮食总产量>耕地面积>降水>气温>公路里程>坡度>普通中学数>坡向。

表18-20　与贫困发生相关的自然因子和人文指示因子PD值

序号	因子	PD值	序号	因子	PD值
1	地区生产总值	0.6098	12	土壤	0.2290
2	城镇居民人均可支配收入	0.6014	13	新型农村社会养老保险参保人数	0.1777
3	农村居民人均纯收入	0.5758	14	新型农村合作医疗参保人数	0.1624
4	规模以上工业企业个数	0.4707	15	粮食总产量	0.1612
5	规模以上工业企业从业人员年平均人数	0.4167	16	耕地面积	0.1566
6	人均生产总值	0.3723	17	降水	0.1374
7	居民生活用电量	0.3603	18	气温	0.1265
8	农作物总播种面积	0.2990	19	公路里程	0.1004
9	全社会用电量	0.2925	20	坡度	0.0867
10	医疗卫生机构床位数	0.2793	21	普通中学数	0.0262
11	海拔	0.2721	22	坡向	0.0005

自然因子和人文因子交互作用的PD值按大小排序如表18-21所示。从表18-21可知，自然因子中的降水、土壤、海拔、气温与人文因子交互作用的PD值都比较大；自然因子与人文因子交互表现出双协同作用，部分更表现为强烈的非线性协同作用，如全社会用电量与降水、农作物总播种面积与降水等都表现出非线性协同作用，说明降水增强了全社会用电量、农作物总播种面积对广西西江流域贫困发生率的影响；气温与人均生产总值表现出非线性协同作用，说明气温增强了人均生产总值对贫困发生率的影响。自然因子与人文因子的叠加比单一的自然因子或人文因子对广西西江流域贫困发生率更具有解释力。

表18-21　自然因子与人文因子交互作用PD值及交互关系

影响因子 $C_1 \cap C_2$	PD($C_1 \cap C_2$)	PD(C_1)	PD(C_2)	交互关系
地区生产总值∩降水	0.6898	0.6098	0.1374	双协同作用
农村居民人均纯收入∩降水	0.6698	0.5758	0.1374	双协同作用
地区生产总值∩土壤	0.6675	0.6098	0.2290	双协同作用
城镇居民人均可支配收入∩土壤	0.6633	0.6014	0.2290	双协同作用
城镇居民人均可支配收入∩海拔	0.6625	0.6014	0.2721	双协同作用
地区生产总值∩气温	0.6524	0.6098	0.1265	双协同作用
城镇居民人均可支配收入∩降水	0.6517	0.6014	0.1374	双协同作用
地区生产总值∩海拔	0.6432	0.6098	0.2721	双协同作用
农村居民人均纯收入∩气温	0.6414	0.5758	0.1265	双协同作用
农村居民人均纯收入∩土壤	0.6363	0.5758	0.2290	双协同作用
农村居民人均纯收入∩海拔	0.6359	0.5758	0.2721	双协同作用
城镇居民人均可支配收入∩气温	0.6356	0.6014	0.1265	双协同作用
地区生产总值∩坡度	0.6189	0.6098	0.0867	双协同作用
城镇居民人均可支配收入∩坡度	0.6188	0.6014	0.0867	双协同作用

续表

影响因子 $C_1 \cap C_2$	PD($C_1 \cap C_2$)	PD(C_1)	PD(C_2)	交互关系
地区生产总值∩坡向	0.6102	0.6098	0.0005	双协同作用
城镇居民人均可支配收入∩坡向	0.6017	0.6014	0.0005	双协同作用
农村居民人均纯收入∩坡度	0.5884	0.5758	0.0867	双协同作用
农村居民人均纯收入∩坡向	0.5762	0.5758	0.0005	双协同作用
规模以上工业企业个数∩土壤	0.5540	0.4707	0.2290	双协同作用
人均生产总值∩海拔	0.5472	0.3723	0.2721	双协同作用
规模以上工业企业个数∩海拔	0.5398	0.4707	0.2721	双协同作用
规模以上工业企业个数∩降水	0.5309	0.4707	0.1374	双协同作用
规模以上工业企业从业人员年平均人数∩海拔	0.5224	0.4167	0.2721	双协同作用
人均生产总值∩土壤	0.5223	0.3723	0.2290	双协同作用
人均生产总值∩气温	0.5207	0.3723	0.1265	非线性协同作用
规模以上工业企业从业人员年平均人数∩降水	0.5080	0.4167	0.1374	双协同作用
规模以上工业企业从业人员年平均人数∩土壤	0.5008	0.4167	0.2290	双协同作用
规模以上工业企业个数∩坡度	0.4897	0.4707	0.0867	双协同作用
规模以上工业企业个数∩气温	0.4893	0.4707	0.1265	双协同作用
人均生产总值∩降水	0.4877	0.3723	0.1374	双协同作用
全社会用电量∩海拔	0.4839	0.2925	0.2721	双协同作用
居民生活用电量∩土壤	0.4814	0.3603	0.2290	双协同作用
农作物总播种面积∩土壤	0.4811	0.2990	0.2290	双协同作用
居民生活用电量∩降水	0.4775	0.3603	0.1374	双协同作用
全社会用电量∩降水	0.4744	0.2925	0.1374	非线性协同作用
规模以上工业企业个数∩坡向	0.4711	0.4707	0.0005	双协同作用
规模以上工业企业从业人员年平均人数∩气温	0.4612	0.4167	0.1265	双协同作用
规模以上工业企业从业人员年平均人数∩坡度	0.4501	0.4167	0.0867	双协同作用
居民生活用电量∩海拔	0.4482	0.3603	0.2721	双协同作用
全社会用电量∩土壤	0.4466	0.2925	0.2290	双协同作用
农作物总播种面积∩降水	0.4459	0.2990	0.1374	非线性协同作用
居民生活用电量∩气温	0.4414	0.3603	0.1265	双协同作用
农作物总播种面积∩气温	0.4345	0.2990	0.1265	非线性协同作用
医疗卫生机构床位数∩海拔	0.4242	0.2793	0.2721	双协同作用
农作物总播种面积∩海拔	0.4232	0.2990	0.2721	双协同作用
人均生产总值∩坡度	0.4197	0.3723	0.0867	双协同作用
规模以上工业企业从业人员年平均人数∩坡向	0.4169	0.4167	0.0005	双协同作用
医疗卫生机构床位数∩土壤	0.4016	0.2793	0.2290	双协同作用
医疗卫生机构床位数∩降水	0.3967	0.2793	0.1374	双协同作用
居民生活用电量∩坡度	0.3921	0.3603	0.0867	双协同作用
全社会用电量∩气温	0.3825	0.2925	0.1265	双协同作用
新型农村社会养老保险参保人数∩海拔	0.3820	0.1777	0.2721	双协同作用

续表

影响因子 $C_1 \cap C_2$	PD($C_1 \cap C_2$)	PD(C_1)	PD(C_2)	交互关系
人均生产总值∩坡向	0. 3729	0. 3723	0. 0005	非线性协同作用
公路里程∩气温	0. 3635	0. 1004	0. 1265	非线性协同作用
耕地面积∩土壤	0. 3610	0. 1566	0. 2290	双协同作用
居民生活用电量∩坡向	0. 3609	0. 3603	0. 0005	非线性协同作用
公路里程∩海拔	0. 3574	0. 1004	0. 2721	双协同作用
新型农村合作医疗参保人数∩海拔	0. 3548	0. 1624	0. 2721	双协同作用
新型农村社会养老保险参保人数∩土壤	0. 3537	0. 1777	0. 2290	双协同作用
耕地面积∩降水	0. 3495	0. 1566	0. 1374	非线性协同作用
耕地面积∩海拔	0. 3479	0. 1566	0. 2721	双协同作用
粮食总产量∩土壤	0. 3453	0. 1612	0. 2290	双协同作用
全社会用电量∩坡度	0. 3412	0. 2925	0. 0867	双协同作用
新型农村合作医疗参保人数∩土壤	0. 3409	0. 1624	0. 2290	双协同作用
粮食总产量∩海拔	0. 3381	0. 1612	0. 2721	双协同作用
公路里程∩土壤	0. 3341	0. 1004	0. 2290	非线性协同作用
农作物总播种面积∩坡度	0. 3336	0. 2990	0. 0867	双协同作用
医疗卫生机构床位数∩坡度	0. 3283	0. 2793	0. 0867	双协同作用
医疗卫生机构床位数∩气温	0. 3269	0. 2793	0. 1265	双协同作用
粮食总产量∩气温	0. 3078	0. 1612	0. 1265	非线性协同作用
普通中学数∩土壤	0. 3013	0. 0262	0. 2290	非线性协同作用
普通中学数∩海拔	0. 3008	0. 0262	0. 2721	非线性协同作用
农作物总播种面积∩坡向	0. 3003	0. 2990	0. 0005	非线性协同作用
公路里程∩降水	0. 2971	0. 1004	0. 1374	非线性协同作用
新型农村社会养老保险参保人数∩降水	0. 2953	0. 1777	0. 1374	双协同作用
全社会用电量∩坡向	0. 2929	0. 2925	0. 0005	双协同作用
耕地面积∩气温	0. 2852	0. 1566	0. 1265	非线性协同作用
医疗卫生机构床位数∩坡向	0. 2801	0. 2793	0. 0005	非线性协同作用
新型农村社会养老保险参保人数∩气温	0. 2718	0. 1777	0. 1265	双协同作用
新型农村合作医疗参保人数∩降水	0. 2700	0. 1624	0. 1374	双协同作用
粮食总产量∩降水	0. 2622	0. 1612	0. 1374	双协同作用
新型农村社会养老保险参保人数∩坡度	0. 2373	0. 1777	0. 0867	双协同作用
新型农村合作医疗参保人数∩气温	0. 2353	0. 1624	0. 1265	双协同作用
普通中学数∩降水	0. 2309	0. 0262	0. 1374	非线性协同作用
新型农村合作医疗参保人数∩坡度	0. 2205	0. 1624	0. 0867	双协同作用
粮食总产量∩坡度	0. 2165	0. 1612	0. 0867	双协同作用
耕地面积∩坡度	0. 2104	0. 1566	0. 0867	双协同作用
普通中学数∩气温	0. 1959	0. 0262	0. 1265	非线性协同作用
新型农村社会养老保险参保人数∩坡向	0. 1788	0. 1777	0. 0005	非线性协同作用
公路里程∩坡度	0. 1779	0. 1004	0. 0867	双协同作用

续表

影响因子 $C_1 \cap C_2$	PD($C_1 \cap C_2$)	PD(C_1)	PD(C_2)	交互关系
新型农村合作医疗参保人数∩坡向	0. 1633	0. 1624	0. 0005	非线性协同作用
粮食总产量∩坡向	0. 1628	0. 1612	0. 0005	非线性协同作用
耕地面积∩坡向	0. 1578	0. 1566	0. 0005	非线性协同作用
普通中学数∩坡度	0. 1180	0. 0262	0. 0867	非线性协同作用
公路里程∩坡向	0. 1017	0. 1004	0. 0005	非线性协同作用
普通中学数∩坡向	0. 0284	0. 0262	0. 0005	非线性协同作用

18. 4　基于广西西江流域国土空间功能分区的精准扶贫模式探讨

根据三生功能分区的结果，具体将广西西江流域划分为生态服务功能区、生产生活功能区以及生产生态功能区，不同功能区的贫困人口及贫困成因差异较大，对不同功能区的贫困提出针对性的对策。

18. 4. 1　生态服务功能区扶贫对策

1. 生态扶贫

2018 年 1 月 18 日，国家发展改革委、国家林业局、财政部、水利部、农业部、国务院扶贫办印发共同制定的《生态扶贫工作方案》，部署发挥生态保护在精准扶贫、精准脱贫中的作用，实现脱贫攻坚与生态文明建设“双赢”。《生态扶贫工作方案》强调要选择与生态保护紧密结合、市场相对稳定的特色产业，将资源优势有效转化为产业优势、经济优势。其中，生态旅游业、特色林产业和特色种养业是重点发展领域。

生态服务功能区主要分布在流域的西北部，包括蒙山、德保、乐业、凌云、那坡、田林、西林、大化、东兰、凤山、南丹、隆林、昭平、都安、环江、罗城、天等、靖西、田东、田阳、融安、巴马、天峨、金秀、凭祥、融水、忻城、荔浦等区域，该区域集中了国家扶贫开发工作重点县。贫困发生率很高，如东兰、巴马、凤山等，该区域的土层薄，降雨时空分布不均，主要种植玉米、甘蔗，少数地区能种植水稻，贫困农户年纪较大，外出务工较少，因此经济收入来源于农产品。蒙山、德保、乐业、凌云、那坡、田林、西林、大化、东兰、凤山、南丹等地的农村居民人均纯收入低于全国平均水平。广西西江流域生态服务功能区大部分县属于国家石漠化综合治理重点县，如大化、天峨等。该区域人均耕地面积少，喀斯特地貌广泛分布，土壤极其贫瘠，喀斯特水文具有双层结构，降雨时空差异大，干旱洪涝等灾害频发，生态条件脆弱，资源环境承载力低。因此在保护当地生态环境基础上，采用生态扶贫，扩大对贫困地区和贫困人口的生态补偿，增加生态公益岗位等，使处于广西西江流域生态服务功能区的贫困群众通过参与生态保护实现就业脱贫。

2. 科技扶贫

科技扶贫是 1986 年国家科学技术委员会提出并组织实施的一项在农村进行的重要的反贫困举措，是我国政府开发扶贫的重要组成部分。广西西江流域地势起伏大，交通设施落后，水利建设也相对滞后。每遇到旱天，蒙山、德保、乐业、凌云、那坡、田林、西林、大化、东兰、凤山、南丹等地的人畜饮水都成问题，如 2015 年 4、5 月高温少雨导致土壤失墒严重，部分地区出现旱情，据广西壮族自治区民政厅统计，河池、百色等出现旱灾，共有 84. 51 万人受灾，饮水困难 6. 7 万人，饮水困难大牲畜 0. 48 万头；农作物受灾面积 10. 1 万 hm^2，其中成灾 5. 0 万 hm^2，绝收 0. 2 万 hm^2。该区域的水利工程及其配套设施明显不足，村庄中的水柜数量不足，小微型水利设施严重缺乏，工程性缺水问题特别突出。所以该区域需要科技扶贫，通过升级当地的基础设施把交通道路建设好，方便当地贫困户将农产品外卖，以及加快当地资源的利用。对蒙山、德保、乐业、凌云、那坡、田林、西林、大化、东兰、凤山、南丹、隆林、昭平、都安、环江的水利设施进行建设，增强当地对干旱、洪涝的抵抗能力，同时将先进的医疗设备安置在该区域，提高该区域的卫生医疗水平，减免贫困户的医疗费用，做到大病有钱治疗，实时实地用科技扶贫。

18.4.2　生产生活功能区扶贫对策

1. 产业扶贫

产业扶贫是指以市场为导向，以经济效益为中心，以产业发展为杠杆的扶贫开发过程，是促进贫困地区发展、增加贫困农户收入的有效途径，是扶贫开发的战略重点和主要任务。休闲农业和乡村旅游提升工程、农村小水电扶贫工程等是“十三五”规划期间重点实施的产业扶贫工程。

生产生活功能区分布在流域的中部、东南部及东北部，包括马山、龙胜、雁山、合山、柳北、城中、三江、资源、宜州、青秀、鱼峰、长洲、岑溪、永福、柳南、鹿寨、平果、兴宁、万秀、金城江、西乡塘、藤县、北流、兴宾、玉州、港北、右江、八步、龙圩、江南、柳江、兴安、覃塘、容县、大新、江州、良庆、平桂、港南、象州、平南、宾阳、横县、柳城、恭城、苍梧、兴业、灌阳、武鸣、灵川、桂平、博白、陆川、全州、上林、邕宁等地区，不同的地区其种植、生产加工的产品不同，因此需结合当地的实际情况实际分析。马山扶贫包括黑山羊养殖以及发展旱藕产业脱贫。马山在2015年有63家农户签约种植旱藕，2016年签约80多户。通过发展种植旱藕，当地贫困户有了工作，有了稳定的经济收入来源。而龙胜、三江、资源等地区可以利用当地的旅游资源发展旅游特色产业，如龙胜的油茶扶贫产业。宾阳位于南宁市区周边，是重要的粮食水果供应基地，通过利用这个市场大力发展农产品产业帮助农户增加收入。藤县属于梧州市，交通设施落后，当地政府以奖代补推进养殖、水果、蔬菜、中草药等特色优势种养产业。横县根据各村实际，通过发展农业示范区及农民合作社、家庭农场、农业企业等新型农业经营主体，帮助贫困村因地制宜打造特色产业，不断拓宽群众增收渠道。广西西江生产生活功能区相对于生态服务功能区条件要好，因此各县域应根据自身的条件，不断开发特色产业，带动当地居民就业，增加收入。

2. 金融扶贫

金融扶贫富民产业主要用于农民专业合作组织、扶贫龙头企业，也可用于建档立卡贫困户。金融扶贫富民农户贷款全部用于有生产经营能力的贫困县建档立卡贫困户，贷款最高额度为5万元。金融扶贫是我国精准扶贫工作的一个重要战略，将金融扶贫运用到广西西江流域，能有效地解决贫困问题。与产业扶贫相互结合的是金融扶贫，农户手上没钱即使想发展种植也是空想，所以在广西西江流域生产生活功能区要广泛地开展金融扶贫，金融扶贫与产业扶贫相结合。北流市整合各级支农资金，通过支持特色农业生产基地基础设施建设，进行荔枝品种改良，以及现代特色农业示范区创建等，形成三大模式辐射和带动当地贫困村贫困户脱贫致富。

18.4.3　生产生态功能区扶贫对策

1. 教育扶贫

教育扶贫就是通过在农村普及教育，使农民有机会得到他们所需要的教育，通过提高思想道德意识和掌握先进的科技文化知识来实现脱贫致富。贫困地区要加大教师培训，提高教师教育教学水平；加大对贫困地区民众技能培训，提升他们劳动技能和本领；加强对贫困地区农村基层干部的培训，提高基层干部开展工作的能力。广西西江流域生产生态功能区包括隆安、临桂、平乐、富川、武宣、扶绥、龙州、宁明、钟山等地区，国家通过雨露计划等帮助贫困家庭的学生完成高等教育。教育扶贫是社会各种力量汇聚的表现，如 2018 年上海东方华发企业发展有限公司提供 100 万元资金，用于建设都结乡初级中学和乔建镇初级中学内宿生热水供应系统，余款则用于启动设立“隆安县教育支持基金”。项目可让两所学校学生受益，鼓励他们树立信心，克服困难，争取早日脱贫致富。

2. 旅游扶贫

旅游扶贫是通过开发贫困地区丰富的旅游资源，兴办旅游经济实体，使旅游业形成区域支柱产业，实现贫困地区居民和地方财政双脱贫致富。2017 年龙州县参与旅游扶贫的 19 个贫困村，共 5607 户 20331 人受益，实现大幅度增收。隆安县将精准扶贫与生态乡村建设相结合，依托布泉河、龙虎山景区发展旅游经济，打造旅游扶贫示范村。生态旅游让各地游客纷至沓来，越来越多的贫困户吃上了“旅游饭”。旅游扶贫具有强大的造血功能和巨大的产业带动作用，是我国脱贫攻坚、实现乡村振兴的生力军。打造乡村旅游品牌核心竞争力，创新商品营销模式，汇聚社会力量、服务乡村振兴等途径，促使广西西江流域生产生态功能区脱贫。

参 考 文 献

[1] 樊杰．中国主体功能区划方案［J］．地理学报，2015，70（2）：186-201.
[2] 李炳元，潘保田，程维明，等．中国地貌区划新论［J］．地理学报，2013，68（3）：291-306.
[3] 郑景云，尹云鹤，李炳元．中国气候区划新方案［J］．地理学报，2010，65（1）：3-12.
[4] 程新宇杰，高路．基于综合自然区划的天山区域气温变化研究［J］．山地学报，2018，36（2）：194-205.
[5] 彭建，杜悦悦，刘焱序，等．从自然区划、土地变化到景观服务：发展中的中国综合自然地理学［J］．地理研究，2017，36（10）：1819-1833.
[6] 申元村，王秀红，程维明，等．中国戈壁综合自然区划研究［J］．地理科学进展，2016，35（1）：57-66.
[7] 岳大鹏，刘胤汉．我国综合自然地理学的建立与理论拓展［J］．地理研究，2010，29（4）：584-596.
[8] 许学工，李双成，蔡运龙．中国综合自然地理学的近今进展与前瞻［J］．地理学报，2009，64（9）：1027-1038.
[9] 郑度，欧阳，周成虎．对自然地理区划方法的认识与思考［J］．地理学报，2008，（6）：563-573.
[10] 杨勤业，郑度，吴绍洪，等．20 世纪 50 年代以来中国综合自然地理研究进展［J］．地理研究，2005，（6）：899-910.
[11] 倪绍祥．中国综合自然地理区划新探［J］．南京大学学报（自然科学版），1994，（4）：706-714.
[12] 刘彦随，张紫雯，王介勇．中国农业地域分异与现代农业区划方案［J］．地理学报，2018，73（2）：203-218.
[13] 方创琳，刘海猛，罗奎，等．中国人文地理综合区划［J］．地理学报，2017，72（2）：179-196.
[14] 王姗姗，周游游，胡宝清．区域生态农业区划方法与应用——以桂西资源富集区为例［J］．广东农业科学，2014，41（24）：151-155.
[15] 马忠玉．国内外持续农业研究的评述［J］．农业现代化研究，1993，（4）：252-255.
[16] 邓晰隆，叶子荣．基于成本考量的经济区划逻辑探讨［J］．经济问题探索，2013，（8）：79-84.
[17] 焦元波．广西环江国土空间综合分区研究［D］．南宁：广西师范学院，2018.
[18] 昝国江，安树伟．兰西格经济区划研究［J］．经济问题探索，2011，（12）：41-45.
[19] 张永丽，田松美．中国经济区划与区域经济关系演化［J］．华东经济管理，2011，25（11）：49-52，86.
[20] 张贡生．经济区划分：学界纷争及其讨论［J］．云南财经大学学报，2010，26（6）：34-45.
[21] 杨开忠，姜玲．中国经济区划转型与前沿课题［J］．中国行政管理，2010，（5）：79-82.
[22] 刘本盛．中国经济区划问题研究［J］．中国软科学，2009，（2）：81-90.
[23] 谢士强，林存银．我国宏观经济区划的实证构想［J］．云南大学学报（社会科学版），2008，（4）：58-69，95.
[24] 尹虹潘．经济区划、城市体系与区域协调发展——对重庆市“一圈两翼”空间发展模式合理性的分析［J］．探索，2007，（3）：154-158.
[25] 袁杰．中国经济区划研究及再划分［J］．商业时代，2006，（32）：44-46.
[26] 宋小叶，王慧，袁兴中，等．国内外生态功能区划理论研究［J］．资源开发与市场，2016，32（2）：170-173，212.
[27] 洪步庭，任平，苑全治，等．长江上游生态功能区划研究［J］．生态与农村环境学报，2019，35（8）：1009-1019.
[28] 杨伟州，邱硕，付喜厅，等．河北省生态功能区划研究［J］．水土保持研究，2016，23（4）：269-276.

[29] 鲁春霞，李亦秋，闵庆文，等．首都生态圈生态功能分区与评价［J］．资源科学，2015，37（8）：1520-1528.
[30] 阚兴龙，周永章．北部湾南流江流域生态功能区划［J］．热带地理，2013，33（5）：588-595.
[31] 张胜武，石培基．主体功能区研究进展与述评［J］．开发研究，2012，（3）：6-9.
[32] 王振波，徐建刚．主体功能区划问题及解决思路探讨［J］．中国人口·资源与环境，2010，20（8）：126-131.
[33] 念沛豪，蔡玉梅，谢秀珍，等．基于生态位理论的湖南省国土空间综合功能分区［J］．资源科学，2014，36（9）：1958-1968.
[34] 金贵，王占岐，杨俊，等．基于引力模型与回归分析的城市群地价空间结构研究——以武汉城市圈为例［J］．地域研究与开发，2013，32（6）：29-32.
[35] 陶岸君，王兴平．面向协同规划的县域空间功能分区实践研究——以安徽省郎溪县为例［J］．城市规划，2016，40（11）:101-112.
[36] 王丽．生态经济区划理论与实践初步研究［D］．芜湖：安徽师范大学，2005.
[37] 姜宁．广西环江乡村地域多功能性评价及其扶贫模式研究［D］．南宁：广西师范学院，2018.
[38] 王亚平．生态文明建设与人地系统优化的协同机理及实现路径研究［D］．济南：山东师范大学，2019.
[39] 蒋慧．广西西江流域土地利用变化及其生态环境效应研究［D］．南宁：广西师范学院，2017.
[40] 郑瑞强．精准扶贫的政策内蕴、关键问题与政策走向［J］．内蒙古社会科学（汉文版），2016，37（3）：1-5.
[41] 翁伯琦，黄颖，王义祥，等．以科技兴农推动精准扶贫战略实施的对策思考——以福建省建宁县为例［J］．中国人口·资源与环境，2015，25（S2）：166-169.
[42] 张育松．职教集团助推精准扶贫的战略考量［J］．现代教育管理，2018，（7）：73-78.
[43] 岳娅，王国贤．云南农村电子商务扶贫的对策建议［J］．宏观经济管理，2018，（7）：73-78.
[44] 李伶俐，苏婉茹．金融精准扶贫创新实践的典型案例研究［J］．农村金融研究，2018，（6）：71-76.
[45] 胡继亮，陈瑶．精准扶贫之特色产业培育探析——以秦巴山区竹溪县为例［J］．中南民族大学学报（人文社会科学版），2018，38（4）：166-170.
[46] 王嘉毅，封清云，张金．教育在扶贫脱贫中的作用及其机制［J］．当代教育与文化，2017，9（1）：1-4.

第19章 “一带一路”构架下的广西西江流域发展战略研究

19.1 “一带一路”倡议对广西的新定位、新要求

习近平主席于2013年9月在访问哈萨克斯坦时倡议与欧亚各国采用创新的合作模式，共同建设“丝绸之路经济带”。同年10月，习近平主席在访问东盟国家时，倡导共建“21世纪海上丝绸之路”，携手建设更为紧密的中国–东盟命运共同体。习近平主席的“一带一路”倡议得到“一带一路”沿线国家各界的积极响应。东盟各国表示要加强同中国一道，共建“21世纪海上丝绸之路”经济带。“21世纪海上丝绸之路”是一个开放、包容、互利共赢的倡议，有利于促进中国和东盟之间的合作，有利于东盟各国推动自身经济的发展，也有利于东盟的整体发展。

广西西进承接“丝绸之路经济带”，南下连接“海上丝绸之路”，是“一带一路”衔接的重要门户，参与“21世纪海上丝绸之路”建设，具有天时、地利、人和的优势。广西既是古代海上丝绸之路的重要发祥地，也是新时期面向东盟开放合作的重要窗口和门户。广西的最大优势就是与东盟海陆相连，自然成为衔接“一带一路”的重要门户[1]。

19.1.1 “一带一路”对广西建设发展的新定位

习近平主席提出的“一带一路”倡议，顺应时代发展要求和各国加快发展的愿望，赢得了国际社会的广泛认同和普遍赞誉。“一带一路”沿线国家都希望加强同中国的合作，实现共赢发展。我国也把加强同“一带一路”沿线国家的合作共赢发展作为重要的对外开放发展战略。那作为“一带一路”重要节点的广西，如何结合自身实际参与到“一带一路”建设发展过程中呢?

2015年3月8日，习近平总书记在参加十二届全国人大三次会议广西代表团审议时指出：发挥广西与东盟国家陆海相邻的独特优势，加快北部湾经济区和珠江–西江经济带开放发展，构建面向东盟区域的国际大通道，打造西南、中南地区开放发展新的战略支点，形成21世纪海上丝绸之路与丝绸之路经济带有机衔接的重要门户。这是中央对广西参与“一带一路”建设的新定位、新使命、新要求[2]。

1. “一带一路”倡议中衔接中国与东盟的重要门户

广西与东盟既有陆路接壤，又有便捷的海上通道。西进连接“丝绸之路经济带”，南下连接“海上丝绸之路”，是华南经济圈、西南经济圈和东盟经济圈的结合部，也是“21世纪海上丝绸之路”的重要枢纽。广西已经初步建成出海大通道，形成与东盟对接的立体交通网络。在“一带一路”倡议中，广西已成为衔接中国与东盟的重要门户，在道路联通、贸易畅通、货币流通、民心相通等方面，也成为推进“一带一路”国家互联互通的强大合力。

2. “一带一路”倡议中的区域合作高地

广西利用其特殊的地理位置，借助于中国–东盟博览会平台，积极参与中国–东盟自由贸易区建设、中越“两廊一圈”建设、南宁–新加坡的经济走廊建设、大湄公河次区域合作、泛北部湾经济区和泛珠三角经济圈建设等。广西已经成为众多区域合作的一个重要交汇点，以及“一带一路”倡议中区域合作的新高地。广西正以项目为抓手，以基础设施互联互通为突破口，以经贸产业园为合作平台，促进经贸合作和人文交流，起着推进“一带一路”建设的基础性作用和示范效应。

3. “一带一路”倡议中面向大湄公河次区域开放合作的重要枢纽

由于与大湄公河次区域国家山水相连、陆海相通的独特地理位置，广西已初步建立起通往东南亚国际大通道的综合立体交通运输体系和现代物流体系。在投资及贸易便利化方面，广西与此区域国家间的客货运输便利化和经贸活动环境日益优化，促进了与大湄公河次区域经贸合作，实现了共赢发展。随着交通、信息等基础设施的完善，产业整体水平的提升，综合实力的增强，广西连接西南、中南、华南，服务全国、辐射大湄公河次区域国家的枢纽作用将进一步凸显。

4. “一带一路”倡议中将成为打造中国-东盟信息港的核心基地

“一带一路”建设，就是实现沿线国家间的互联互通。既要海陆空通道的畅通，也要通信、电力、网络的互联互通。国内方面，广西毗邻我国规模最大、发展最快的信息产品加工密集带——珠江三角洲信息产业聚集区，以及与东盟的独特区位优势，将成为中国-东盟信息港和“21 世纪海上丝绸之路”信息枢纽。广西信息产业的发展为搭建各种信息平台打下了良好基础，将成为中国-东盟信息交流中心的核心基地。

5. “一带一路”倡议中将成为中国-东盟自由贸易区升级版的先导区

为加强与东盟的合作，广西正在以大湄公河次区域合作为先导，深入实施自由贸易区战略，开放货物、服务和投资市场，促进贸易投资自由化和便利化；也在大力推进公路、铁路、水运、航空、电信、能源等领域互联互通合作；加强金融合作，开展海上合作，增进人文交流。把中国-东盟自由贸易区的货物贸易、服务贸易及投资自由化提升到更广领域、更高层次，使广西成为打造中国-东盟自由贸易区升级版的先导区[3]。

19. 1. 2 “一带一路”建设对广西的新要求

“一带一路”倡议得到沿线各国的积极响应，我国也在积极推动“一带一路”建设，以提高我国对外开放水平[4]。广西如何利用其有利的地理位置，打造成中国-东盟的重要门户以及“一带一路”国际大通道和区域合作枢纽，这对广西的建设发展提出了新的发展要求。

1. 积极实施高水平的对外开放

十九大报告明确指出，坚持打开国门搞建设，积极促进“一带一路”国际合作，努力实现政策沟通、设施联通、贸易畅通、资金融通、民心相通，打造国际合作新平台，增添共同发展新动力。广西作为“一带一路”重要枢纽地区，应按照中央给广西发展定位的要求，利用“一带一路”建设机遇，全力提升广西开放水平，加快广西建设发展。第一，进一步全方位开放合作。全力利用好自身与东盟的区位优势，尤其是国家在广西设立的自贸试验区的机遇，加强与东盟在经济、金融、人文、环保等各领域的合作，积极推动中国-东盟自由贸易区建设发展。第二，提高开放水平。把开放合作与经济结构调整和产业转型升级结合，提高合作效率和效益，提升广西产业价值链水平和国际竞争力。第三，拓展开放空间和领域。在巩固和加强与东盟国家开放合作的同时，积极拓展“一带一路”沿线国家市场；促进加工制造业合作，实现双赢；促进金融合作，扩大人民币使用范围；加强北部湾港口与东盟乃至“一带一路”沿线国家港口的合作。第四，优化开放格局。进一步提升广西经济国际化程度，让开放型经济成为广西国际化发展的重要推动力，让广西沿江、沿海、沿边地区更加经济、更加开放。强化中国与东盟开放合作，建设好中国（广西）自贸试验区，把广西建成中国-东盟全方位合作新高地。加快构建与自贸试验区相适应的开放型新体制，倒逼我们改革和结构调整，培育广西的国际竞争新优势。增强北部湾经济区的对外开放龙头带动作用，加快提升西江经济带的开放纽带作用，加大力度补齐左右江革命老区开放短板。

2. 完善面向东盟的国际大通道

构建和完善广西在“一带一路”中的西南、中南出海大通道的互连互通地位和作用，就是要加大和完善广西与东盟国家的海上大通道、陆上大通道、空中大通道建设。同时也大力完善广西通往粤港澳大湾区、西南西北地区和中南地区的大通道，形成西南、西北地区和中南地区进出广西和东盟国家的高效便捷海陆空交通运输网络，完善南宁东盟信息港，使广西真正成为连接东盟的国际大通道，起着枢纽的作用。具体来说，海上，就是全力打造北部湾港，加快与东盟各国港口城市的合作，推动海陆联运，让北部湾港成为连接“一带”与“一路”的枢纽；陆上，围绕北部湾港至贵阳、重庆、成都等西南以及中南地区的南向通道建设，围绕南宁、柳州、梧州等粤港澳大湾区的大通道建设，围绕连接越南的通道建设；空中，重点以南宁、桂林为枢纽，建设联通全国各地与“一带一路”沿线各国的空中交通网络；水运，重点是建设珠江-西江黄金水道，使之成为与粤港澳便捷廉价的运输通道；信息方面，把南宁建设成为中国-东盟信息港，海上丝绸之路信息港。

3. 打造中南、西南地区开放发展的战略支点

对于广西在“一带一路”建设发展中的定位问题，中央非常明确，就是要求广西依托与东盟国家海陆相邻的独特区位优势，构建面向东盟的国际大通道，打造西南、中南地区开放发展的战略支点。对此，广西要紧紧依托其在“一带一路”中的区位优势，全力打造面向东盟的便捷交通运输网络，大力实施北部湾经济区和珠江-西江经济带“双核”驱动发展战略，振兴广西产业竞争力，增强广西经济实力，扩大影响力，以更好地服务其与西南、中南地区及与东盟各国的开放合作发展，以真正把广西建设成为我国西南地区、中南地区开放合作发展的战略支点。

4. 建设成为“一带一路”有机衔接的重要门户

中央对广西在“一带一路”倡议中的要求是“有机衔接”，即有机衔接“一带一路”，就是按照“五通”要求，起着连接通道、衔接产业、畅通商贸、对接平台、沟通民心的作用；“重要门户”即成为“一带一路”的重要门户，就是把广西建设成为与东盟合作的重要门户，“一带”走向“一路”的门户，海上丝绸资料合作的门户，中国-中南半岛经济走廊的门户，支撑西南中南开放发展的门户；有机衔接的重要门户具体功能为面向东盟的国际大通道、“一带一路”合作对接核心区、海上丝绸之路合作主体区、国际产能合作先行区、我国与东盟人文交流中心；范围拓展，就是中央不仅要广西继续深耕东盟，同时也要将视野拓展到“一带一路”沿线国家和地区，从更广范围，以更宏大思路来谋划广西的开放合作。

19.1.3 “一带一路”框架下广西发展战略的新任务

围绕我国“一带一路”对外开放发展大战略，广西作为“一带一路”有机衔接的重要门户，其地理位置更显重要性。从广西的独特区位优势和资源禀赋出发，在“一带一路”建设中，广西的主要任务是积极参与“21世纪海上丝绸之路”建设，但也要构建海陆交汇的支点，为“一带一路”服务，其主要任务如下。

1. 着力构建“南向、北联、东融、西合”开放发展总体布局

这是贯彻落实广西“三大定位”新使命，深度融入“一带一路”建设，打造广西全方位开放发展新格局的重大举措。“南向”就是抓住中国-东盟自由贸易区升级发展和中新互联互通南向通道建设机遇，加快互联互通基础设施建设，构建贸易、物流、产业、金融、港口、信息、城市等领域的合作平台，深化与东盟国家合作。“北联”就是加强与西南、西北等省市的合作，打通关键点、关键通道，连接贯通“一带”与“一路”。“东融”就是加快推进珠江-西江经济带建设，积极主动融入粤港澳大湾区、珠三角等发达地区，主动承接东部发达地区产业转移，引进资金、技术和人才，加快发展。“西合”就是联合云南等省份，加强与中南半岛湄公河流域国家合作，推动优势产业走出去，开拓新兴市场。通过全方位的开放合作，促进广西高质量发展。

2. 打造开放合作新门户

在国家“一带一路”建设实施过程中，广西要立足于与东盟国家陆海相连、人文相亲、习俗相近的独特优势，巩固传统友谊，提升合作水平；进一步开放货物、服务和投资市场，提高经济政策的关联度，实质性提升贸易投资自由化和便利化水平，逐步形成以自由贸易程度高为重要特征的区域经济一体化格局，扩大中国与东盟国家在经济、社会、文化等全方位交流合作，促进互利共赢，共同繁荣发展，把广西建设成为“21 世纪海上丝绸之路”开放合作的新门户。同时，通过改革创新，加强与粤港澳、西南、中南联动对接合作，使广西成为“一带一路”有机衔接的重要门户。

3. 建设和完善互联互通新枢纽

突出广西在“一带一路”建设中海陆连接、江海联通的独特区位优势，力促中国-东盟互联互通总体规划和中国-东盟交通合作战略规划的实施，坚持优先推进互联互通建设，完善和提升连接西南、中南的综合交通网络，完善沿海大港、沿边口岸和西江黄金水道，提升面向东盟的出海出边能力，服务于西南、中南地区与东盟国家开放发展新的发展支点，推动广西成为国家实现“一带一路”相互促进、有机统一的桥梁和纽带。

4. 搭建经贸合作的新平台

强化广西沟通东中西、面向东南亚的开放发展战略地位，拓展深化中国-东盟合作的“南宁渠道”，推进北部湾自由贸易港（区）、中越跨境经济合作区、中国-东盟海洋经济合作区等规划建设，加快沿边重点开发开放试验区、沿边金融综合改革试验区，积极推动南宁-新加坡经济走廊建设，探索共建共享共赢的合作新模式，搭建广西服务“一带一路”沿线国家合作建设的平台和窗口。

5. 建设示范引导的先行区

拓展广西服务中国-东盟开放合作前沿功能和领域，探索“两国双园”可复制可推广开放合作新模式；积极推进与东盟国家在港口运输、临港工业、海洋渔业、滨海旅游、海洋能源等产业合作，形成竞争力强、辐射面广的海洋产业集聚带；探索海上合作新机制，加强在海洋运输、海洋资源勘探与开发、海洋环保、海上搜救、海上安全等方面合作，加快推进中国-东盟海上合作试验区建设；探索通关、投资、贸易便利化新做法，积极推进双边多边政策衔接，积极融入“一带一路”建设，深化与东盟国家的协同发展，助推打造中国-东盟自由贸易区升级版。

19.2 “一带一路”构架下的广西西江流域发展的“SWOT”分析

西江全流域涉及云南、贵州、广西、广东 4 个省区的 28 个市（州），主要河流有南盘江、红水河、黔江、浔江、郁江、柳江、桂江、贺江，西江流域总面积为 30.49 万 km^2，其中广西境内集水面积共计 20.24 万 km^2，占全流域集水面积的 85.7%，水资源总量约占广西水资源总量的 85.5%。广西西江流域涉及广西 11 个地级市，自然资源丰富。

而加快推进“一带一路”的开放开发发展，是党中央、国务院统筹推进我国全方位开放，拓展区域发展新空间，促进地区及世界和平发展的重要决策。要实现中央对广西在“一带一路”倡议中的决策定位和要求，就必须清楚地了解和把握广西西江流域开放开发发展的“SWOT”。

19.2.1 “一带一路”构架下的广西西江流域发展的优势

“一带一路”构架下的广西西江流域在参与我国开放开发发展方面有其自身的优势。

1. 区位优势

广西西江全流域覆盖广西的东、中、北、西部，有便捷的通航河流，陆运网络纵深到广西、贵州、云南等资源丰富的广阔地区。广西西江流域东连经济发达的粤港澳大湾区、西靠资源富集的桂西和大西南，南邻富有活力的泛北部湾经济区，是我国中东西三个地带的交汇区域，是华南经济圈、西南经济圈与东盟经济圈的结合部，广西西江流域拥有沿边、沿江的独特优势，因此成为连接我国西南、华南、中南与东盟大市场的枢纽。西江经济带已经成为承接“丝绸之路经济带”和“海上丝绸之路”的重要经济区。广西西江流域是两广经济协同发展的战略腹地，也是中国西南边境出海航运的“黄金水道”，更是面向中国–东盟交流合作发展的前沿地带，拥有凭祥国家重点开发开放试验区和跨境产业合作区。随着广西西江流域的高铁、铁路、高速公路、水运、航空、口岸及其他配套基础设施的日益完善和提升，西江流域的区位优势更加明显。

2. 自然资源优势

广西西江流域是我国重要的有色金属产区之一，铝、锰、锡、锑、铟等矿产资源丰富，尤其是铝资源丰富，可建成我国乃至亚洲重要的铝工业基地，也是广西重要的水泥、饰面石材、陶瓷生产基地，重要的重晶石生产基地，滑石矿开发基地，铅锌及钛铁矿生产基地。水能源富足，是全国优先开发的三大水电建设基地之一。生态旅游资源丰富，自然风光秀美，品种齐全，有桂林、环江南方喀斯特世界自然遗产和左江花山岩画世界文化遗产；拥有大瑶山、大容山、十万大山等国家级森林公园；区域内农林果和其他经济作物以及土特产资源极为丰富，旅游资源以“山清、水秀、洞奇、石美”“壮歌、瑶舞、苗节、侗楼”“岭南山水、历史文化宗教名胜”为主要特色，该流域得天独厚的资源优势，为西江流域发展特色经济和优势产业提供了优越条件。广西西江流域生物资源种类多样，有丰富的农作物资源、林业资源、果树资源、畜禽资源、饲草饲料资源及野生动植物资源，其中中药材资源最为丰富。西江经济流域还是广西粮食主产区，对稳定广西粮食市场起着积极作用，也是广西重要产蔗糖区，该区域盛产荔枝、龙眼、香蕉、沙田柚、冬菜、肉桂、八角等多种经济作物，也是发展橡胶、剑麻等热带作物的重要地区之一[5]。

3. 政策优势

把西江流域打造成西南中南地区开放发展新的战略支点，面向东盟国际大通道，“一带一路”有机衔接的重要门户，有政策方面的优势。首先，广西享有少数民族地区自治政策、西部大开发政策、边境地区开放政策。其次，为了深度融入“一带一路”建设，广西制定和出台了多项激励政策。广西壮族自治区人民政府做出产业优先发展、交通优先发展的战略决策，以及加快大产业、大交通、大物流、大城建、大旅游、大招商、大文化等发展的工作部署。2015 年 5 月，广西壮族自治区人民政府出台了《关于加快电子商务发展的若干意见》，支持电子商务企业通过境内外证券市场融资，符合条件的可列为重点上市培育企业。2015 年 7 月，为支持园区战略性新兴产业与重点产业发展平台发展，广西特设立园区战略性新兴产业与重点产业发展平台直投资金。此外，产业发展上，国务院批准发布的《外商投资产业指导目录》中的鼓励类产业、《中西部地区外商投资优势产业目录》中规定的产业，有色金属、电力、汽车、食品、医药和高新技术等 6 个广西确定的重点产业，农产品加工和旅游资源开发，投资参与机械、制糖、林产、建材、钢铁锰业、化工、日用品等 7 个产品的改造等，企业所得税均可按 15% 的税率征收。这些政策措施有利于促进西江流域经济社会发展。

4. 生产要素价格相对较低

我国东部地区土地、劳动力等要素成本不断上升，产业结构调整和优化升级压力加大。而西江流域劳动力成本低廉，土地价格相对较低，不仅低于全国水平，与东盟国家相比也较低。较低的要素成本有助于保持竞争力和投资吸引力。此外，经过多年发展，西江流域基础设施逐步完善，产业发展也有了一定的基础，西江流域越来越成为产业转移承接地。

5. 空间发展潜力大

扩大内需已成为国家重要的发展战略方针。广西西江流域人口多、资源丰富、市场拓展空间大，经济发展潜力大，有利于扩大消费需求，保持经济平稳增长，为西江流域发展注入发展动力。中央对广西在“一带一路”建设中的战略定位，也进一步提升了西江流域的战略地位，促进人流、物流、资金流、信息流、技术流向西江流域聚集，为广西西江流域的发展创造更好的条件。

19.2.2　“一带一路”构架下的广西西江流域发展的劣势

广西西江流域作为经济欠发达地区，其发展存在着一定的劣势。

1. 经济总体发展水平低

广西西江流域属于后发展欠发达地区，人口众多，原有的基础差，经济底子薄。总体上看，经济发展仍处于工业化初期向中期过渡阶段，经济总量偏低，人均生产总值偏低，地方财政收入能力弱，整体发展落后于全国平均水平。西江流域与东盟国家的各项经济发展指标也有差距。虽然广西的 GDP 增长率远超于东盟国家，但是人均 GDP 较为落后，新加坡、文莱、马来西亚的人均 GDP 均高于广西西江流域。广西西江流域工业发展总体竞争力不高，对外商吸引力度不强。西江流域城镇化进程慢，城镇化水平低。城市体系中，大城市整体功能不完善，基础设施不配套，综合竞争力低，对区域经济社会发展的带动辐射影响力弱。这既影响了城镇居民收入水平，也影响了农村剩余劳动力的转移，从而影响农民收入的增加，使得西江流域解决就业、收入等问题面临很大的压力。贫困人口多，扶贫任务艰巨。

2. 产业结构层次低

广西西江流域产业结构不甚合理，第一产业偏高，第二产业偏低，尤其是发展总量偏低，第三产业发展不够。产业结构优化度低，产业竞争力不强，尤其是县域经济还是以农业为主，工业多为资源型、高耗能、低附加值产业。工业规模偏小，缺乏影响力大的知名工业龙头企业，产品科技含量不高，创新能力不强，发展后劲不足。西江流域虽然资源丰富，但资源优势的综合利用率不高，产业链未能有效延伸，如铝资源的开发利用方面，氧化铝→电解铝→铝材的产品产量比仅为 1∶0.1∶0.1，这种生产主要依靠资源、资金、人力和物力等生产要素投入来提高产量或产值的粗放式生产模式。在制糖、造纸、水泥等支柱产业也同样存在。

3. 生产生活基础设施发展滞后

广西西江流域除了南宁市、柳州市、梧州市等大中城市各种基础设施发展相对好外，广大的县域及农村地区由于社会事业经费投入不足，缺少公共财政的有力支撑，基本公共服务不健全，如教育、文化等建设欠账多，社会事业基础设施薄弱，社会保障体系不完善，社会事业发展的质量和竞争力不强。边境地区人民生活和发展条件亟待改善，部分地区安全用水仍缺乏，贫困问题仍然比较突出。各种基础设施发展滞后，难以吸引经济社会发展所需人才，尤其是专业领军人才，对吸引区域外资金也有较大影响。

4. 生态环境保护任务仍很重

广西西江流域人口众多，经济落后，各地都在千方百计加快经济发展，但资金缺乏，致使技术装备总体上较落后，缺乏对资源综合利用，广大县域地区生产过程中资源消耗大，各种生产废弃物主要是直接排放，既造成资源的浪费，又污染了生态环境。尤其是地处乡镇及村的小型工业企业生产的废弃物，造成严重的污染，县域生态环境逐渐恶化。各地农民为了增加农产品产量，在生产过程中大量使用农药、化肥等，对水土、农作物等造成了严重污染。另外，还有农民聚居点的生活污染及养殖废水污染等。村镇卫生设施少，卫生条件和卫生环境差，除沼气池建设的村镇好些外，大多数村镇生活垃圾集中处理、生活污水和饮用水经过集中净化处理、改厕等卫生设施建设覆盖率低。没有生活污水处理的村镇，农民在洗衣、做饭、洗浴等生活过程中产生的废水往往不经处理直接排到地面，经土壤渗到地下，从而造成污染。随着西江流域城市化建设的推进，城市生活污水、垃圾和工业废气、废渣、废水都呈现上升的趋势，导致流域沿岸的城市空气污染、水质遭到破坏。例如，2012 年，广西龙江河水段重金属镉污染事件；2013 年，西江贺江水段重金属镉和铊污染事件。近年来，西江沿岸城市对居民生活污水、垃圾和工业“三废”的处理也不尽如人意，环境问题比较突出。

西江经济带 2015 年城市突出环境问题见表 19-1。

表 19-1 西江经济带 2015 年城市突出环境问题

城市	突出环境问题
南宁	1. 2014 年 PM_{10}浓度为 84μg/m³，比 2012 年上升 23.5%，城市空气质量不达标 2. 18 条内河水质均为劣五类，均为黑臭水体 3. 凤亭河水库是南宁市规划饮用水水源地，水域横跨南宁和防城港两市，水库水域存在网箱养殖污染情况 4. 城市建成区存在生活污水直排口
柳州	1. 2014 年 PM_{10}浓度为 92μg/m³，比 2012 年上升 31.4%，PM_{10}浓度全区最高，城市空气质量不达标 2. 城市建成区内存在生活污水直排口 3. 融水苗族自治县九谋、101 矿区综合治理项目未完成
梧州	1. 2014 年 PM_{10}浓度为 66μg/m³，比 2012 年上升 37.5%，增幅居全区第 4 位，城市空气污染明显加重 2. 城市建成区存在生活污水直排口，现有城市污水处理厂处理能力不足 3. 饮用水水源保护区内有交通干线穿越，存在风险隐患 4. 钛白粉企业废酸处理不规范，设施简陋，运行台账记录不全；梧州广弘有色金属有限公司多处使用临时性橡胶管，老化破损；广西龙腾皮革制品有限公司含铬污泥尚未处置 5. 陈塘油麻冲铅锌矿山废水处理总厂升级改造工程未完成
贵港	1. 2014 年 PM_{10}浓度为 74μg/m³，城市空气质量不达标 2. 畜禽养殖污染严重，严重影响河流水质 3. 市医疗废物集中处置设施未投入运行 4. 桂平市厚绿铅锌选矿区重金属污染治理项目未完成
百色	1. 2014 年 PM_{10}浓度为 67μg/m³，比 2012 年上升 19.6%，城市空气质量不达标 2. 城市建成区存在生活污水直排口 3. 百色融达铜业有限责任公司危险废物仓库仍有压滤渣、铜烟灰
来宾	1. 2014 年 PM_{10}浓度为 66μg/m³，比 2012 年上升 37.5%，增幅居全区第 4 位，城市空气污染明显加重 2. 建成区存在生活污水直排口，现有城市污水处理厂处理能力不足 3. 市医疗废物集中处置设施未投入运行 4. 华锡集团来宾冶炼厂重金属废水处理工程未完成 5. 来宾华锡冶炼有限公司危险废物未有效处置，厂区、渣场面源污染严重 6. 来宾中科环保电力公司飞灰未按照相关规定入垃圾填埋场专区填埋
崇左	1. 2015 年前 4 个月 PM_{10}平均浓度为 76μg/m³，比 2014 年上升 2.9% 2. 市医疗废物集中处置设施未投入运行 3. 广西大新县三锰龙电解金属锰厂浸出渣综合回收利用、广西扶绥县渌井铅锌矿区整治工程、岜落山矿段采空区地下涌水重金属污染治理工程等重金属国家规划项目未完成

资料来源：广西壮族自治区环境保护厅 2015 年 7 月 10 日发布。

19.2.3 “一带一路”构架下的广西西江流域发展面临的机遇

“一带一路”构架下的开放合作的推进，使广西西江流域面临发展机遇。

1. 提升对外开放发展水平的新机遇

东盟一体化加快推进，建成中国-东盟自由贸易区，形成单一市场和生产基地，中国-东盟全面经贸合作深入推进，泛北部湾经济区、大湄公河次区域、南宁-新加坡经济走廊、中越“两廊一圈”等国际次区域合作广泛开展。尤其是中国倡议建设中国-东盟命运共同体、打造中国-东盟自由贸易区升级版，共建“21 世纪海上丝绸之路”，使中国-东盟经贸合作跃升一个新高度。而这为广西西江流域打造国际大通道及西南、中南开放发展新的战略支点，拓展与东盟和“一带一路”沿线国家的经贸合作提供了新的机遇。

2. 沿边开放开发升级的新机遇

我国实施新一轮西部大开发战略，实施富民行动和扶贫开发政策，给广西西江流域的开放发展提供了强有力的政策支持。自治区党委、政府提出，加快建立沿边开放开发新体制，加快推进凭祥综合保税区，创设边境自由贸易示范区和沿边金融综合改革试验区等。加大对西江流域开发发展的重视，建设西江“亿吨黄金水道”和区域经济一体化，这又为西江流域开放升级发展提供了重大的发展机遇。

3. 深化对内合作的新机遇

为促进经济发展，2015 年国务院印发《国务院关于实行市场准入负面清单制度的意见》，规定从 2018 年起正式实行全国统一的市场准入负面清单制度。负面清单制度的提出，优化了行政审批流程，提高了办事效率，增强了政府运作透明度，降低了市场准入门槛，有利于区域间的合作发展。而作为中南、西南地区连接粤港澳中心枢纽的西江流域，加强与周边经济区合作发展，可为有机农产品及加工、物流、金融、电子商务、机械、海洋工程、生物医药等领域的合作发展带来新机遇。

4. 东部产业转移提供的新机遇

珠江三角洲地区加快产业结构调整步伐，部分产业按照经济规律向西部和内地转移，迫切需要向广西西江流域拓展发展腹地。而西江流域具有地理交通、自然资源、要素成本等优势，有条件成为承接东部产业转移的重要基地，有利于西江流域整合利用更大范围内的资金、技术和人才，进一步开发市场，延伸产业，形成新兴产业，提升产业竞争力。

19.2.4 “一带一路”构架下的广西西江流域发展面临的挑战

虽然广西西江流域发展面临新机遇，但也面临新的挑战。

1. 多变的国际外部环境挑战

世界经济形势复杂，发达国家经济低迷，贸易保护主义抬头，南海局势等周边环境趋于复杂。虽然美国退出了其主导的《跨太平洋伙伴关系协定》(Trans-Pacific Partnership Agreement，TPP)，但日本纠集余下国家，即新加坡、澳大利亚、文莱、加拿大、智利、马来西亚、墨西哥、新西兰、秘鲁和越南，共同完成了《全面与进步跨太平洋伙伴关系协定》(Comprehensive Progressive Trans-Pacific Partnership，CPTPP)。这个协定会削弱中国在与东盟经贸合作中的主导地位，也必将对中国-东盟自贸区多年经营形成的贸易投资格局产生冲击，同时也会提升中国与沿线国家共建“一带一路”的建设成本，尤其是给广西对越南的贸易带来贸易转移效应。湄公河次区域合作、泛北部湾区域合作、中越“两廊一圈”等努力加快发展，这些使得广西西江流域的扩大开放面临诸多变数，从而对西江流域的发展带来了挑战。

2. 激烈的国内竞争压力带来的挑战

当前我国经济发展不平衡、不协调、不可持续问题仍然很突出。随着经济进入新常态，经济增速放缓，产能相对过剩，劳动力、资金、土地等要素成本不断提高，企业盈利空间受到挤压，经济发展受到影响。国内各省市之间的竞争加剧，都积极加强与东盟国家的交流与合作，争夺东盟市场份额。在“一带一路”倡议中，云南被定位为面向南亚、东南亚的辐射中心，与广西均是通往东南亚的重要通道。云南不仅拥有丰富的自然资源，而且其与东南亚国家往来的人脉、财力、信息等条件都较为优越，泛亚铁路的建设将使其成为我国进入东南亚的便捷“黄金走廊”，昆明也将成为“一带一路”的新枢纽。云南也积极融入中国-东盟自由贸易区，提升大湄公河次区域合作和孟中印缅地区经济合作，借助国家外交、商务、发展资源提升云南对外交往能力。广东借助于制造业、新材料、电子信息和生物制药上的优势也成为东盟市场的重要竞争者。海南也有参与“一带一路”沿线国家合作发展的优势。此外，国家连续批准了成渝经济区、长株潭“新特区”、“珠三角”经济区、北部湾经济区等经济区域发展规划，各种经济区成为下一步中国经济发展的重要推手，引发经济区域化发展新一轮高潮。这些经济区的发展水平都很高，起步又早，其先发优势给广西西江流域的发展在市场开拓、资金人才引入方面带来较多的竞争压力。以上这些都是对西江流域竞争“一带一路”沿线国家合作发展、拓展海外市场的挑战。

3. 经济社会基础薄弱，区域内发展不平衡带来的挑战

加快改革开放，融入“一带一路”发展是西江流域建设发展的重要任务。但广西西江流域经济发展水平低，经济总量小，城镇化水平低，基础薄弱，能够投入开放开发的财力有限，其抵御风险能力、自我恢复能力弱。同时存在产业结构不尽合理，社会发展滞后，人才不足等问题，受自然资源、经济发展基础等因素影响，西江流域发展极不平衡：上中下游发展不平衡，区域内城乡发展不平衡。如何促进西江流域统筹协调发展，实现可持续发展，是一个严重的挑战。

4. 缺乏先行政策的扶持引导

广西西江流域经济发展享受少数民族自治政策、西部大开发政策、沿海地区开放政策、边境地区开放政策等，但这些政策有些过于宽泛，缺乏区别对待、分类指导，无法支持广西西江流域取得突破性发展。许多政策具有明显的普惠性，缺乏先行效应，难以取得较好的实施效果。

19.3 “一带一路”构架下的广西西江流域的左右江革命老区的发展战略

左右江革命老区是广西西江流域的上游地区，是中国面向东盟区域的国际大通道，是“21世纪海上丝绸之路”与“丝绸之路经济带”有机衔接的重要门户，也是西南、中南地区开放发展的支点。在“一带一路”构架下，左右江革命老区必须紧紧结合自身实际制定可行的发展战略，促进左右江革命老区发展，实现共同富裕和民族和谐。

19.3.1 左右江革命老区的范围及发展定位

为全面建成小康社会，实现我国现代化建设发展目标，振兴革命老区自然上升为国家战略。2015年2月，国务院批复《左右江革命老区振兴规划（2015—2025年）》，规划以百色为代表的左右江革命老区为核心，统筹考虑区域经济社会协调发展。左右江革命老区包括百色市、河池市、崇左市以及南宁市的隆安、马山两县，贵州黔西南州全境和黔南州都匀市、荔波县、独山县、平塘县、罗甸县、长顺县、惠水县、三都县等8个县市，云南文山州全境，覆盖3个省（区）8个市（州）59个县（市、区），国土面积17万km^2，2015年人口2300万人，其中少数民族人口占73%。广西范围的左右江革命老区指百色市、河池市、崇左市全境以及南宁的隆安、马山两县，面积9.17万km^2，人口近1000万人口。

左右江革命老区既是边境地区、连片特困地区、革命老区、少数民族聚居区，又是保卫祖国的前沿阵地、对外开放的重要门户，也是我国矿产、旅游、农副产品等重要资源的富集区，其政治地位、战略地位、经济地位十分重要。因此，《左右江革命老区振兴规划（2015—2025年）》要求左右江革命老区发展特色产业，打造产业聚集、经济繁荣的活力老区；着力加强生态文明建设，创新生态建设、资源节约和环境保护体制机制，打造天蓝山青水净的美丽老区；着力加强保障和改善民生，促进城乡统筹与区域协调发展，弘扬老区革命精神与民族文化，打造全国旅游文化示范的文化老区，努力探索革命老区跨越发展、持续发展的新路子，加快老区开发建设步伐，增强老区自我发展能力[6]。从“一带一路”倡议来说，广西左右江革命老区是中国与东盟在地理上的真正接合部，是中国西南与东盟经济圈的交汇点和“两廊一圈”的地理中心点。2015年9月广西制定的《广西贯彻落实左右江革命老区振兴规划实施方案》就明确提出，要把左右江革命老区建设成面向东南亚、南亚国家的交通通道商贸物流中心，跨国产业合作基地。

19.3.2 加快广西左右江革命老区建设的意义

不管是从左右江革命老区在中国革命发展的历史，还是从现实的边疆稳定、民族和谐；不管是从西部大开发，促进区域经济社会协调发展，还是从我国全面建成小康社会的发展战略目标来看，加快左右江革命老区建设，振兴左右江革命老区都有重要的战略意义。

1. 有利于促进边疆地区的稳定、民族地区的社会和谐和民族团结

广西左右江革命老区既是我国的边疆地区，也是我国壮族、瑶族、苗族等少数民族的重要聚居区，也我国重要的贫困集中连片区。因此，加强革命老区建设帮助老区经济社会发展，加快困难群众脱贫致富，提高国民素质，扩大就业，确保民族团结，对实现边疆稳定、维护国家安全都有重大意义。

2. 有利于促进区域协调发展

加强左右江革命老区建设，激发地区协作活力，把广西左右江革命老区建设成为国际区域经济合作新高地，促进革命老区实现资源优势向经济优势转化，提高资源开发利用水平，提升其发展能力，统筹区域交通、能源、城镇化等基础设施建设，缩小同发达地区差距，促进区域协调发展，从而实现合作共赢的区域发展格局，实现富民强桂战略目标。

3. 有利于生态建设和环境保护

左右江革命老区既是国家生物多样性的重要宝库，也是珠江流域的源头，维系着西江流域下游的生态安全，同时也是实现可持续发展的前提。通过左右江革命老区建设，增强该区域的发展动力，加快优势资源开发和特色产业建设发展，促进经济增长方式转变，加强西江流域上游的治理和保护，建立起西江流域可持续发展的保障机制，推动环境治理与经济发展，建设生态西江。把左右江革命老区生态环境保护好，是左右江革命老区发展的历史责任，也是最大的民生工程。

19.3.3 广西左右江革命老区经济社会发展的优劣势分析

一个地区必须从自身实际出发，制定其经济社会发展战略，才能更好更快地发展。这就需要了解自身发展的优势和劣势。

1. 广西左右江革命老区经济社会发展的优势

广西左右江革命老区经济社会发展的优势主要表现在以下几个方面。

（1）独特的区位优势

良好的区位有利于聚集生产要素加快经济社会发展。第一，其地处桂黔滇三省（区）结合部，是我国西南地区重要的物流集散地，可建设成为“一带一路”的开放前沿地带。第二，其与越南毗邻，拥有近900km 边境线，10 个国家一类、二类口岸，20 个边民互市点，建设面向东盟的物流中心，以进一步辐射桂西、滇东、黔南和泛珠三角地区通往越南和东南亚其他各国的便捷陆路通道。第三，其是北部湾经济区腹地，可与珠江水系连通发展流域经济，同时可通过北部湾港出海全面提升对外贸易水平，促进区域经济发展。

（2）丰富的矿产资源

左右江革命老区的煤炭、水能、铝土、锰、锡等资源丰富，是国家重要的“西电东送”基地、有色金属产业基地。百色的铝矿，河池的锑矿、锡矿、铅锌矿等都很丰富。此外，河池已探明的铟、铜、铁、金、银、锰、砷等有色金属资源达43 个 205 处之多，是全国著名的“有色金属之乡”。崇左的锰矿储量达1.49 亿 t，居全国之首，是有名的锰都；膨润土储量6.5 亿 t，占世界储量的五分之一，居世界第一。丰富的矿产资源为左右江革命老区的发展提供了良好的条件。

（3）丰富多样的植物资源

广西左右江革命老区位于北回归线以南，主要属亚热带季风气候区，气候温和，无霜期长，雨量充沛，河流密布、光热等气候资源充足，年降水量 1300 ~ 1600mm，农业生物资源丰富，整体来说农作物生长的自然生态环境优越，特别是左右江河谷一带盆地和丘陵地区土地肥沃，日照时间长，降雨较多，很适宜农作物种植，特别对高温、高光效的甘蔗、玉米、荔枝、香蕉等作物生长非常有利。在长期的发展过程中，农业产品呈现多样化特征，各地都有自己的特色农作物。例如，百色市主要特产有杧果、田七、八渡笋、西红柿、香蕉、茶叶、蔬菜；河池市主要特产有桑蚕、糯米、香猪、火麻、甘蔗、核桃、葡萄、板栗；崇左市主要特产有甘蔗、苦丁茶、龙眼、茶叶、剑麻、辣椒。丰富多样的植物资源有利于特色农产品基地的建设。

（4）丰富的旅游资源

①独特的民族历史文化资源。左右江革命老区聚居壮族、瑶族、苗族、仫佬族、侗族、布依族等众多少数民族，各民族有自己丰富的文化内涵和民族风情。例如，那坡县有风情浓郁的原生态民俗文化，像黑衣壮文化、彝族文化、瑶族文化、苗族文化；有壮族风流街、瑶族庆丰节、苗族芦笙舞、红彝祈雨节以及各民族神秘的宗教仪式等构成了一道道多姿多彩的边域民族风情。例如，左江花山岩画千古之谜、田阳敢壮山壮族始祖传说、广南句町古国、中越边境千里南长城，左江花山岩画文化景观项目已列入世界文化遗产。此外边境沿线有平孟镇的弄平炮台山、百南乡的百怀隘对讯署旧址和弄卜石板桥古炮台遗迹，百省乡的那布村对讯署旧址等历史古迹；现代名胜有平孟口岸、天池哨所、旧村哨所、百岩哨所、水弄哨所等[7]。

②丰富的爱国主义教育和红色旅游资源。左右江革命老区拥有大量的爱国主义教育和红色旅游资源。例如，百色市区由百色起义纪念馆、百色起义纪念碑等革命历史文化资源整合形成的百色起义纪念公园；靖西市的抗美援越遗址、侬智高南天国遗址、黑旗军遗址、瓦氏夫人点将台等；田阳区的革命烈士纪念碑、花茶大榕树革命旧址、狮子山红七军战场遗址、奉义县农民运动讲习所旧址等；乐业县的中国工农红军第七军、第八军胜利会师旧址；田东县的右江工农民主政府旧址；凌云县的中山纪念堂、民族历史博物馆；那坡县的革命烈士陵园，平孟镇的胡志明革命活动旧址、天池坳口战斗遗迹，百南乡的上隆村中共镇边县委旧址、老虎跳隘口战斗遗迹，百省乡的旧里屯妖王山战斗遗迹等。

③独具特色的喀斯特风景名胜区。生态具有丰富性，这表现在自然风光绚丽多姿、奇特地形地貌，有世界地质奇观——乐业-凤山世界地质公园，有休闲养生品牌——河池巴马长寿之乡，有亚洲第一大跨国大瀑布——德天瀑布，有原始森林、湖光山色等自然风光——岩滩水库、天生桥水库等，还有桂越交界山水田园、万峰林自然生态画廊、黔桂交界喀斯特森林保护区、老虎跳跨国大峡谷漂流景区等。此外还有地下河流、溶洞奇观等地质奇观。森林覆盖率达60%，生物多样性良好，生态资源富集。

④左右江革命老区毗连的桂林、贵阳、昆明等城市，是外国游客出入境免签政策的城市。左右江革命老区要充分发挥这些旅游资源的优势，发展旅游产业，使左右江革命老区旅游业成为加快实施“一带一路”建设的重要产业。

2. 左右江革命老区经济社会发展的劣势

左右江革命老区虽有经济社会发展的优势，但作为欠发达地区，也存在自身的劣势。

（1）基础设施薄弱

左右江革命老区地处云贵高原及桂西山区，为我国的喀斯特地区，地形地貌复杂，以山地地貌为主，而经济产业结构又不合理，经济落后，基础设施建设滞后，如铁路、公路路网密度和等级均低于周边地区水平，快速通道少，区域互联互通能力不强。此外，水、电、通信基础设施建设也滞后，这严重制约了该区域经济社会发展。

（2）产业发展滞后

由于资金、技术及交通等原因，虽然左右江革命老区的水电资源、矿产资源丰富，但资源开发度低，就地转化率更低，资源优势并未能有效转化为产业优势，同时生产方式相对粗放，产业结构比较单一，产业体系不健全，发展不足，产业层次和核心竞争力不高，高附加值产品少。《左右江革命老区振兴规划（2015—2025年）》也提到，资源禀赋丰裕，但产业潜力尚未充分释放；煤炭、水能、铝土、锰、锡、铟等资源丰富，但生产方式相对粗放，产业结构比较单一，产业层次和核心竞争力不高，能源资源就地转化率低。又如旅游资源虽然丰富，但由于资金、技术、人才等原因，旅游资源并没有得到很好的开发利用，加之基础设施薄弱，服务配套不完善、旅游产品单一、缺乏精品旅游线路等，旅游开发程度低。因此，左右江革命老区仍是以农业为主，第二、第三产业发展严重滞后，致使老区贫困问题比较突出，贫困县和贫困人口比重大。老区绝大部分县市仍旧是国家扶贫区域。广西 4 个极度贫困县都安、大化、隆林、那坡，以及极度贫困村也基本在该区域[8]。

（3）生态系统脆弱

左右江革命老区属于喀斯特地貌地区，地形地貌主要是大石山区和丘陵山区，土壤稀少、浅薄零星，岩石裸露率高，水分养分保存供应能力差，环境容量小，土地承载力低，生态环境极其脆弱。而长期以来，由于资金、技术等原因，左右江革命老区农业发展是粗放式发展，既浪费了大量能源也污染了环境，造成水土流失，加速石漠化、破坏了生态。左右江革命老区是我国石漠化最严重的地区之一，监测结果显示，广西石漠化的土地约为 233.3 万 hm^2，约占岩溶地区土地面积的 28%，居全国第二位。其中，强度、极强度石漠化面积占广西石漠化面积的 62%；同时还有潜在石漠化土地约 186.67 万 hm^2，约占岩溶区土地面积的 22%。一些地方石漠化仍呈发展之势，石漠化发展速度仍大于治理速度。工程性缺水问题严重。资源开发与环境治理矛盾突出，生态修复和环境保护任务繁重。脆弱的生态系统也制约了该区域经济社会发展。

（4）社会基本公共服务能力不足

左右江革命老区教育和经济落后，人才缺乏，现有的人才留不住。基本公共服务能力不足，社会事业发展和民生保障发展滞后，劳动力职业技能缺乏，基本公共服务能满足经济社会发展需要。

19.3.4 “一带一路”背景下的左右江革命老区经济社会发展战略

1. 进一步完善和优化交通基础设施

要致富先修路。没有发达完善的交通运输网络，就不可能有经济的快速高效发展，尤其是现代信息社会，便捷的交通运输网络是经济发展不可或缺的前提。务实推进西部陆海新通道建设，这也是落实“三大定位”新使命、提升开放发展新水平的牵引工程。经过长期建设，左右江革命老区交通基础设施虽然有一定的基础，但仍然跟不上现代经济社会发展的需要。需要加强左右江革命老区各市之间、市内之间以及通往周边省市的快速交通运输网络建设，加快建设贵阳—南宁客运专线、黄桶—百色、黔江—贵阳—河口出境铁路等重大跨区域铁路；文山—富宁—那坡—东兴—防城港沿边铁路；桂林—河池—百色、兴义—百色铁路；湘桂铁路南宁—凭祥段、南昆铁路威舍—百色段等货运通道规划建设。高速公路方面，加快建设隆安—硕龙、乐业—百色、融水—河池、南丹—天峨、田林—西林等项目。水运方面，推进龙滩、岩滩和百色枢纽升船及大化船闸等建设。提高运输能力，把左右江革命老区建设成为重要的西部陆海新通道和西南重要的出海通道。为把左右江革命老区打造成“一带一路”的“21 世纪海上丝绸之路”经济带有机衔接的重要门户创造条件。

2. 调整和优化产业结构

产业是经济社会发展的基础。要结合左右江革命老区实际深化供给侧结构性改革，促进产业结构优化升级。一方面淘汰设备陈旧、高耗能、高污染的加工制造业；另一方面从左右江革命老区的资源优势出发，加快特色优势产业发展，带动左右江革命老区经济发展。例如，铝产业是百色市的重要支柱产业，应紧紧围绕铝产业精深加工业进行发展，破解百色铝产业发展瓶颈，延伸铝产业链，提升铝产业附加值，壮大铝产业集群，推动资源型产业转型升级；利用左右江革命老区丰富的水资源以及太阳能、风能等，大力发展清洁能源；利用丰富的生物资源，发展特色农业及民族生物医药业。培育发展循环经济产业，打造具有广西特色的蔗糖、有色金属等循环经济产业链，建设国家生态铝产业示范基地、国家生态环保型有色金属产业示范基地；推进跨省跨境合作产业园区建设；加大外引内联力度，规划建设一批服务业集聚区和内外贸一体化的大型专业市场、物流中心、科技服务区、区域性国际旅游目的地和集散地，大力培育现代服务业；利用左右江革命老区优越的自然环境，发展健康服务业；利用该区域充足的廉价劳动力与区域外的资金、技术进行优化组合，发展面向国际市场的劳动密集型产业；大力推进产业数字化，打造工业互联网平台，促进大数据、人工智能、互联网与实体经济深度融合。

3. 大力发展旅游业

旅游业是一个充满希望的产业。旅游业把自然观光、文化体验、休闲娱乐、饮食康疗等融为一体，又带动促进交通、通信、饮食、住宿等旅游设施的发展。旅游业也成为我国加快实施“一带一路”建设需要重点突破的产业。左右江革命老区要充分利用自身丰富的旅游资源，抓住“一带一路”机遇，促进旅游业的跨越式发展。要挖掘和应用好少数民族文化，做强做大特色旅游产业，应加快农村生态环境建设，发挥老区农村山水风光秀丽、农耕文化多样、人文底蕴深厚的优势，利用田园景观、山水资源和少数民族文化及乡村文化，做活山水景，做深农家事，做乐农家游，发展各具特色的乡村休闲旅游业。以红色旅游、民族文化、健康养生、喀斯特自然景观等为主线，建设世界知名、国内一流的红色文化传承典范区、原生态民族文化体验区、健康休闲养生区。此外，左右江革命老区是参与国家实施“一带一路”建设的重要地区，可以通过发展国际旅游业以融入“一带一路”开放建设。利用中越边境胡志明小道、胡志明先生在中国的革命活动为载体，以中越革命友谊为主题，共同合作开发“中越跨国胡志明足迹之旅”，建设国际红色旅游协作示范区，形成河内—凉山—凭祥—崇左—南宁、河内—高平—龙邦—靖西—德保—百色的国际跨国红色旅游线路，推动中越国际红色旅游融合发展。

4. 发展壮大特色农业

左右江革命老区要利用其丰富的动植物资源和特殊的自然条件，把特色农业发展作为支柱产业。特色农业就是利用当地独特的农业资源，发展特有名优农产品，从而转化为特色商品的现代农业。发展特色农业既可以提高农产品市场竞争力，促进农业产业结构调整优化，又可以增加农民收入。

①通过对特色农产品的规模化、标准化种植，实现特色农业产业化，增加农民收入。尽管左右江革命老区有丰富的特色动植物资源也有市场，但以传统生产经营方式为主，生产经营规模小，缺乏适度规模化和标准化，致使效益低下。这需要对具有特色的动植物种植实行适度规模化种植和加工，形成规模效应、提高效益，增加农民收入和发展后劲。例如，右江河谷地区平果、田东、田阳、右江等以杧果和优质蔬菜生产为主，在河谷两翼山区以种烟草、种桑养蚕为主；河池市则建设蔗糖、桑蚕、核桃三大产业带；都安和罗城两县构建葡萄产业带；环江、罗城两县构建速生桉丰产林产业带；南丹、天峨两县构建特色优质林果（黄腊李、油桃、珍珠李等）产业带；金城江、都安—大化公路沿线构建绿色农产品产业带，天峨、东兰、大化三县的红水河百里长廊构建水产养殖产业带；东兰、巴马、凤山、天峨四县构建板栗、油茶、珍珠李、香猪产业带。

②加大对特色农产品申请地理标志保护产品及开发。申请地理标志保护产品，既可以提高特色农产品的知名度和开拓农产品市场，增加农民收入，又可以加快当地经济发展步伐，还可以重视对这些特色产品的研究和保护。如今左右江革命老区的田林八角、田林八渡笋、巴马香猪、巴马矿泉水、巴马火麻、凌云白毫茶、西林麻鸭、西林砂糖橘、西林姜晶、田东香杧、东兰墨米酒、大新苦丁茶、天等指天椒、凭祥石龟等已获批地理标志产品。要通过企业化运作，提高对这些产品的研究、保护和开发。

③发展观光休闲农业。观光休闲农业是利用农业景观资源和农业生产条件，发展观光、休闲、旅游的一种新型农业生产经营形态。不少农作物除了提供农产品外，还有一定的观赏性和美化环境的作用。左右江革命老区也有许多丰富的民族民俗风情、多彩的农耕文化，村落古镇，适宜发展观光休闲农业。通过政府规划引导发展观光农业、休闲农业，并以此推进农业现代化、产业化，增加农民收入。

5. 培育产业集群，促进产业发展

产业集群指的是在地理空间上相互接近，在行业上相互关联，在知识、信息等资源方面具有共享互补关系的不同企业的集合。产业集群可以提高区域创新能力和产业竞争力，促进经济发展。通过培育产业集群，提升产业优势。左右江革命老区要围绕特色产业、优势产业和现代新兴产业培育产业集群。在产业集群发展方向上对资源禀赋高、区位优势明显、发展条件好的产业，培育特色产业集群。例如，以丰富的旅游资源为基础的旅游产业，以丰富的民族文化资源为基础的文化产业，以独特的生态资源为基础的生态产业，都应该作为左右江革命老区的特色产业，大力培育产业集群。以生态产业为例，左右江革命老区可以大力发展绿色农业集群，如绿色水稻种植、粮食深加工、副食品加工、饲料加工；甘蔗种植、制糖、有机肥生产；特色中药材种植、药材深加工、民族医药等产业集群。为此：

①通过技术升级、拉伸产业链和管理创新，把原有优势产业进行培育，发展优势产业集群。以左右江革命老区的有色金属采选业为例，可以通过采选矿设备和技术改造，提高采选矿生产率，降低环境污染，提高生态效益，大力发展绿色采选矿产业；围绕有色金属制造，发展有色金属深加工产业，发展有色金属产品制造业等，通过拓展或延伸有色金属采选生产链，培育有色金属设备制造、深加工和产品制造产业集群。

②培育和发展现代新兴产业和产业集群。新兴产业指的是新近出现的、市场空间大、发展前景好、知识技术密集、物质资源耗费低、综合效益高的产业，包括新能源、新材料、新医药、生物技术、信息网络、现代服务业等产业形态。现代新兴产业市场前景广阔，左右江革命老区需大力培育发展。

③培育和发展知识技术密集型产业和产业集群。培育特色产业和优势产业集群应以左右江革命老区特色产业和优势产业为依托，如可以在延伸有色金属采选产业链基础上，发展新材料产业；可以在发展特色农业的基础上，培育生物产业和新医药产业。这既可以降低发展新兴产业的风险，又有利于既有产业集群和新兴产业的培育。

④发展现代服务业集群。重点发展旅游产业，培育旅游产业集群[9]。

6. 保护生态环境

习近平总书记反复强调，生态兴则文明兴，生态衰则文明衰。生态环境保护是功在当代、利在千秋的事业。绿水青山才是金山银山，左右江革命老区建设发展必须坚持科学发展、生态优先原则。

①在全社会树立生态环保意识，培育和引导生态导向的生产方式和消费行为，倡导适度消费、清洁消费理念，形成节约和保护环境的社会价值观念，推进资源节约型和环境友好型社会建设，建立和完善法规体系和管理体系。把绿色发展融入文化建设，弘扬生态文明主流价值观，加强宣传教育，增强全民节约、环保、生态意识，形成政府、企业、民间组织、公民共同推动绿色发展的新格局。

②充分发挥政府的作用，加大退耕还林、天然林保护、石漠化治理等重点生态工程建设。加大石漠化治理，实施重大生态修复工程，增强生态产品生产能力，推进荒漠化、石漠化、水土流失综合治理。因地制宜地推广天等团乐小流域“山-水-田-林-路综合治理”、恭城“养殖-沼气-种植-加工-旅游五位一体”等综合治理模式。石漠化治理要实行“山、水、田、林、路”综合治理、标本兼治、协同增效举措，实现区域生态经济环境的良性发展。提高资源利用效率，减少浪费及对环境的污染，提高产业投入产出率，积极发展生态农业、生态工业及生态服务业[10]。

③发展循环农业低碳农业。转变农业发展方式，运用循环经济理论与生态工程学方法，让农业生态系统的物质和能量实现多级循环利用，最大限度控制外部有害物质的投入和农业废弃物的产生，保护生态和自然环境。同时，使农业生产从依靠不可再生能源——化石能源向依靠可再生能源——太阳能、风能、水能等方向转变，提高能源及农业投入品的利用效率，提高农业经济效益和农民增收。同时发展循环低碳农业，也是美化环境、保护生态的有效手段[11]。

7. 大力发展口岸经济

口岸是一个地方得天独厚的经济资源，在一定程度上还是一种垄断资源。发展口岸经济对产业结构调整，经济发展方式转变和区域经济发展具有重要的促进作用。左右江革命老区可以利用边境口岸优势，发展口岸经济。发展口岸经济就是发展现代物流产业，而现代物流有很强的产业关联度和带动效应，会带动交通、运输、工业、货代、仓储、包装、堆场、电子商务、邮政、通信、银行、保险、消费者等生产经营和物流服务业发展。

19.4 “一带一路”构架下的广西西江流域的西江经济带的发展战略

19.4.1 广西西江经济带的范围及发展定位

2014 年 7 月《珠江–西江经济带发展规划》获国务院批复，“珠江–西江经济带”上升为国家战略。《珠江–西江经济带发展规划》的规划范围包括广东广州、佛山、肇庆、云浮，以及广西的南宁、柳州、梧州、贵港、百色、来宾、崇左，面积达 16.5 万 km^2，同时将广西桂林、玉林、贺州、河池等市以及西江上游贵州黔东南、黔南、黔西南、安顺，云南文山、曲靖的沿江部分地区作为规划延伸区。

广西区域的西江经济带是指南宁、柳州、梧州、贵港、百色、来宾、崇左等 7 市，桂林、玉林、贺州、河池为西江经济带的延伸区。西江经济带经济社会在广西具有举足轻重的分量和影响。

《珠江–西江经济带发展规划》把“珠江–西江经济带”上升为国家战略的目的就是，通过实施以推进协同发展为主线，以保护生态环境为前提，以全面深化改革开放为动力，坚持基础设施先行，着力打造综合交通大通道；坚持绿色发展，着力建设珠江–西江生态廊道；坚持优化升级，着力构建现代产业体系；坚持统筹协调，着力推进新型城镇化发展；坚持民生优先，着力提高公共服务水平；坚持开放引领，着力构筑开放合作新高地，努力把珠江–西江经济带打造成为中国西南、中南地区开放发展新的增长极，为区域协调发展和流域生态文明建设提供示范。

19.4.2 把“珠江–西江经济带”上升为国家战略的意义

把“珠江–西江经济带”上升为国家战略，实际上是对广西西江经济带在国家经济社会发展中重要作用的肯定。对推动“珠江–西江经济带”建设发展有重要意义。

1. 有利于区域经济的协调发展

区域经济一体化是世界经济发展的趋势，也是我国区域发展的方向。国家日益重视区域的协调发展。国家也加强对区域规划发展，打破行政区划界限，促进区域合作，让资源在更广泛、更大的范围内实行优化配置，促进区域经济一体化，实现区域协调可持续发展。国家把“珠江–西江经济带”上升为国家战略，就是借助西江黄金水道，促进区域联动，实现发达的珠江三角洲及港澳地区带动粤西和广西等经济欠发达地区发展。因为珠江三角洲地区的劳动力成本越来越高，土地资源越来越稀缺，发展空间越来越受限制，产业需要转型升级，劳动密集型和加工组装产能需要新的发展空间。广西西江流域地区资源和劳动力均较丰富，成本也较低，具备了加快承接产业转移的基础。珠江–西江流域整体的一体化发展，有利于该区域的融合发展，促进该区域经济发展方式转变，促进区域产业结构的转型升级，促进广西西江流域工业化和城镇化发展，也为珠江三角洲地区新一轮的升级发展提供新的增长动力和支撑腹地，进而实现该区域协调可持续发展。把“珠江–西江经济带”上升为国家战略，有利于加速沿江产业和城镇集聚，进而带来重大投资与合作机遇，推进由西江经济带和广西北部湾经济区构成的拉动广西经济社会发展的“双核”驱动发展战略的落实。

2. 有利于提升广西开放水平

珠江–西江经济带具有面向粤港澳大湾区和东盟的区位与开放门户的通道优势，珠江–西江是运输大动脉和出海的大通道，可以对接东盟，重点发展海洋经济、海上互联互通等领域的合作，通过海陆联动来促进“21 世纪海上丝绸之路”的发展，打造具有国际区域竞争品牌的新高地。珠江–西江经济带涉及国际区域合作机制有中国–东盟自由贸易区、大湄公河次区域合作、中越“两廊一圈”、泛北部湾区域合作等；涉及国内合作机制有泛珠合作、大西南合作等。“珠江–西江经济带”上升为国家战略有利于与国家“一带一路”建设契合。“珠江–西江经济带”作为连接西南中南地区，可构筑西南、中南腹地开放大通道，共同打造面向东盟开放合作新高地，调动广西周边省份和地区参与广西开放开发，提升我国西南、中南地区开放型经济的发展水平。对广西来说，可以促使广西融入粤港澳大湾区的发展，加速广西成为西南中南开放合作的前沿阵地，进而提升西南、中南地区开放发展水平，进一步完善我国对外开放格局，打造中国-东盟自由贸易区升级版，为建设“21 世纪海上丝绸之路”经济带具有重要战略意义。

3. 有利于西江经济带成为百业振兴的“驱动核”

“珠江-西江经济带”的西江黄金水道建设已是百业振兴的“驱动核”、合作多赢的“大通道”。例如，西江经济带的贵港港口建设，既带动修船、造船、码头、物流等行业的发展，又助推贵港沿江建材、能源、冶金、糖纸、农林产品深加工等经济园区的发展，西江沿岸已形成冶金、汽车、建材等优势产业的发展，带动物流园的建设发展。南宁老口航运枢纽建设，实现百色-南宁通航千吨级船舶，百色每年2000 多万吨大宗产品走水路，每年可节约数千万元的运输成本，每年可发电 6. 39 亿 kW · h，还可提升南宁防洪能力，也助推南宁旅游休闲业发展。经测算，其广西西江流域建设每投入 1 亿元，可产生 12. 47 亿元的经济贡献，且长远受益。如 2009 ~2012 年，西江建设仅投入 160 亿元，港口吞吐量就从 5496 万 t 增至 9497 万 t，仅增加的税收就超过了投资。西江黄金水道的间接贡献、诱发贡献远大于直接经济贡献。

4. 有利于西江流域生态环境保护

“珠江-西江经济带”上升为国家战略，有利于珠江-西江流域的整体谋划发展，提升西江沿岸城镇化的战略布局[12]。例如，政府通过对西江经济带的发展规划，整合南宁、梧州、贵港乃至整个西江经济带资源、北部湾经济区的区位优势，加快经济发展方式的转变，既增强经济效益，又提升经济竞争力；通过对西江水运的规划建设，以满足西江流域经济发展对大宗资源型产品的水运需求，以及降低能耗，降低废气污油的排放；与公路运输相比，2012 年西江黄金水道 9497 万 t 的货运量至少节约运输成本 219 亿元，比投入的 160 亿元还多 59 亿元，还节约燃油 48 万 t，节约土地资源近万公顷，减少二氧化碳排放约142 万 t。通过对西江流域的科学整合和保护性开发，提高资源的科学合理利用，避免污染和浪费，有利于完善跨省生态补偿机制与资源利用机制，促进西江流域经济建设和生态文明建设。

5. 有利于促进民族团结和谐稳定

西江经济带是多民族地区，加强西江经济带的建设发展，可以吸引更多资金和更多人士参与该区域民族地区文化研究、开发和保护，参与该区域文化民族资源的开发、保护和利用，促进民族文化的繁荣发展，促进民族团结。

19. 4. 3 促进广西西江流域西江经济带发展的战略对策

“一带一路”框架下的广西西江流域的西江经济带要加快发展，打造成新的区域经济增长极，就要着力按广西壮族自治区党委提出的“南向、北联、东融、西合”开放发展新格局要求，紧紧结合西江经济带自身实际情况制定发展战略对策，主要就是紧紧抓住“一带一路”这一重要发展机遇和合作平台，主动向先进生产力地区靠拢，主动融入粤港澳，接受其辐射带动，加快西江经济带的发展。以促进珠江-西江流域合作发展和两广经济一体化为核心，以进一步完善综合交通大通道、大力发展现代产业体系、保护沿江生态环境、推进新型城镇化等为重点，把广西西江经济带建设成为我国东、西部融合发展的示范区，面向粤港澳大湾区和东盟开放的重要门户区，可持续发展的绿色先行区，我国先进制造业和现代服务业的重要基地。

1. 进一步完善交通基础设施，形成互联互通的交通网络

经济社会发展和加快开放发展中，交通基础设施先行。高效便捷的交通运输网络，才能满足经济社会日益发展的要求。广西西江经济带交通基础设施的完善包括内河航运、铁路、公路、航空等。强化与粤港澳大湾区基础设施互联互通，以“西江黄金水道”和南广高铁铁路作为主轴，并且以南宁—梧州、柳州—梧州、南宁—来宾—柳州、南宁—百色通道及南宁和梧州综合交通枢纽为经济带城镇体系内部交流沟通的主要框架，将其水、陆、空三种航运方式统筹起来，实现畅通联系、分工合作的现代化交通运输网络。水运方面，西江航道是西江经济带沿江产业发展的优势，是支撑整个经济带沿江地区城镇化与经济发展的命脉。强化西江黄金水道建设，就是要加快建设贵港—梧州3000t级航道，推进龙滩、岩滩、百色枢纽升船及大化船闸等项目，改善西江航道条件。强化西江沿岸港口建设，重点推进梧州、贵港、南宁三大中心大港的综合性港口运输建设，丰富港口服务功能，提升西江航道的通航能力，同时要把港口的合理分工和高水平港口基础设施发展相结合[13]。陆路方面，进一步完善高速公路网和铁路的运输能力。重点发展城际轨道运输、高速铁路、高速公路的建设。高速公路方面，开工兰海高速钦州—北海段改扩建、南宁吴圩国际机场—隆安、象州—来宾等高速公路，续建大塘—浦北、信都—梧州、贺州—连山高速公路。完善西江经济带通往周边省区市的高速公路，实现县县通高速。高铁方面，推动建设南宁—玉林—深圳—香港高铁，完善西江流域市市通高铁。民航方面，进一步优化机场布局，推进南宁机场改扩建、南宁国际空港综合交通枢纽、玉林福绵机场等项目。通过交通枢纽建设，发展“无缝化衔接”的综合物流枢纽，为广西西江经济带发展提供完善的交通物流支撑[14]。

2. 大力推进西江经济带沿江城镇体系建设

城镇化是经济社会发展的重要载体。加快城镇化发展也是区域经济转型发展的必由之路，是产业结构升级的重要引擎。据E. A. Kolomak在对俄罗斯城镇化对经济发展影响分析后，认为城镇化与区域生产能力发展是正相关的，城镇化率每提升1%，区域生产能力提高8%。因为城镇化发展中，城市规模的扩大，人口的集中，能产生正外部性和溢出效应，提高经济绩效，促进区域经济发展。城镇化具有聚集人力、资本、技术等生产要素的区位优势，有利于进城农村人口的生产方式和生活方式向城镇居民转化，因为城镇不只是生活聚集场所，更是一种生产方式和生活方式聚集场所；有利于促进西江经济带产业结构调整，因为随着人口向城镇的聚集和转移，一方面有利于农业劳动生产的进一步分工合作发展和农业劳动生产率提高，另一方面带动各种需求，从而带动相关产业的发展，促进产业结构升级，也优化社会就业结构，提高整个区域经济的发展水平；有利于生态文明建设发展，因为城镇化有利于资源的高效配置以及生产生活污染的集中治理；城镇化有利于就业结构升级，因为城镇化带动了交通、电力、通信等城镇基础设施建设和高效利用，促进经济增长。为加快西江经济带城镇化发展，必须优化城镇体系的空间布局。据广西西江经济带城镇的自然条件和发展基础，构建城镇体系的空间格局。突出西江流域主干轴，包括万秀区、藤县、桂平市、青秀区和西乡塘区等。建设城市组团，重点建设梧州-贵港-南宁等多个城市组团，引导产业和人口向城镇区域集聚，提高现有的资源利用效率。稳步推进城镇新区建设，并以创新城市、人文城市等新型城市建设为契机，提高城镇的人口容量，保护城镇环境，使人口和资源充分集聚，从而发展区域性的中心城市，促进区域性的中心城市发展成为大城市或特大城市。要扶持小城镇发展，因为小城镇可以为经济带的发展提供长效的基础动力，通过小城镇发展聚集人口和经济要素，促进规模效益和经济的持久发展。广西西江经济带小城镇数量庞大，具有联系城市和乡村的纽带作用，是推进县域经济和乡村发展的钥匙。大力发展中等城市，因为发展中等城市是促进经济要素在各级城市间高效传递，完善城镇体系规模等级结构，促进区域经济社会联系，推进西江经济带经济社会发展的重要举措。因此，应积极完善城市功能，壮大城市规模，增强辐射范围。积极发展特大城市和大城市，因为特大城市和大城市作为区域交通枢纽，也是区域经济中心，有巨大的发展空间，对周边城镇乡村的辐射带动影响大，是西江经济带发展的重要动力源。依据中心城市的集聚和辐射腹地能力，流域经济带覆盖广阔，一般包含几个有影响的中心城市。

3. 促进产业发展，加快西江经济带产业转型升级

产业是城镇化与经济发展的主要动力。缺乏产业支撑的城镇化是难以持续发展的。通过扶持产业发展，促进产业与城镇融合发展。西江经济带产业发展要充分考虑自身资源禀赋、区域特性和产业发展基础等，合理布局产业，建设现代产业体系。首先，广西西江经济带要借助“珠江-西江经济带”国家战略，积极融入粤港澳大湾区。梧州、贵港要利用其区位优势和中转港口的枢纽作用，建设承接东部地区产业转移示范区，统筹玉林、贺州产业发展，加强与珠江三角洲及港澳地区的合作联动、配套发展，高起点承接产业转移，引导产业集聚。打造好粤桂合作特别试验区、粤桂黔高铁经济带合作试验区广西园等平台。贺州建设东融先行示范区，梧州建设广西东大门。通过园区和产业发展引导，引进大产业、大企业，完善重大产业特别是现代制造业、新兴产业布局，重点引进电子信息、轻型加工制造业、高新技术等产业，加快重点产业园建设，推进粤桂合作特别试验区、粤桂产业合作示范区、桂东承接产业转移示范区的建设，加快培育新的经济增长点。其次，增强创新支撑能力，推动工业高质量发展。工业是稳增长的硬支撑和顶梁柱，要围绕强龙头、补链条、聚集群，推动创新要素汇聚，激发实体经济活力，为工业迈向中高端注入新动力。强化龙头企业和龙头项目带动。重点支持南南铝业股份有限公司、南方有色冶炼有限责任公司、上汽通用五菱汽车股份有限公司、广西柳州钢铁集团有限公司、广西柳工机械股份有限公司、广西玉柴机器集团有限公司、广西盛隆冶金有限公司等企业发展壮大。打造汽车、工程机械、铝精深加工等产业链及产业集群，支持南宁、柳州、玉林、贵港打造现代制造城。发展铝等有色金属精深加工，如南宁高端铝、贺州高纯铝、贵港全铝车厢、来宾铝精深加工等。振兴发展轻工业，布局发展木竹制品和家具家装产业，积极承接东部地区纺织服装、家用电器、五金水暖等产业转移。再次，统筹西江经济带资源，优化产业结构，培育节能环保、新能源新材料等战略性新兴产业，发展先进制造业和战略性新兴产业，如加快南宁、柳州、贵港等的新能源汽车制造基地建设；柳工智能化工厂升级改造，创建现代制造业高质量发展示范区；玉林先进装备制造城重点抓好玉柴国六发动机等；推动电子信息产业向技术研发和智能制造转型，推进南宁瑞声科技、歌尔股份、数字贺州产业园、中国-东盟网络视听产业基地、小语种呼叫中心等项目建设；积极发展生物医药、机器人、无人机、3D 打印、石墨烯和稀土新材料等产业。然后，以产业园区推动产业发展，促进产业园区提档升级，开展园区产业链合作，推动形成特色产业集群，打造绿色园区，建设好梧州循环经济产业园区、来宾三江口节能环保产业园、贺州华润循环经济产业园、玉林龙潭产业园等。最后，促进数字产业发展，打造数字经济新引擎，促进大数据、人工智能、互联网与实体经济深度融合；推动数字产业化，实施“全面入云”、大数据服务培育、智能终端制造业集聚、高端软件产品培育四大工程；推进产业数字化，打造工业互联网平台；抓好中国-东盟信息港建设，特别是大数据中心、信息港小镇等项目；建设中国-东盟“商贸通”数字平台；推进高速骨干光纤网络建设，实施网络基础设施 IPv6 改造，加快千兆光网城市、百兆光纤进农村建设和 5G 商用步伐，促进信息产业发展。

4. 大力发展生态产业，保护生态环境

绿水青山就是金山银山。保护生态就是发展生产力。经济开发发展要以生态保护为先，以《珠江-西江经济带发展规划》作为纽带，加强粤桂与流域其他省区合作，共同加强对流域内生态建设和环境保护，推动流域可持续发展，探索跨省区流域生态建设的新模式，增强区域发展支撑能力。加强西江沿岸生态保护，统筹岸线保护利用和项目建设，建设珠江防护林，强化水资源合理利用，建立和完善节约集约用地引导机制，推进能源多元清洁发展，积极发展循环经济，加大重点区域重点行业重金属污染整治力度，积极争取国家在广西开展珠江-西江水环境补偿试点，制定出台实施流域联防联控管理办法，建立资源环境承载能力监测预警机制，联合滇黔桂粤共同推进跨区域重大生态环保工程建设。加强泛珠生态环保合作，共同加快珠江防护林建设，共同遏制水土流失和石漠化，共同加强沿岸生态保护，进一步健全流域突发环境事件应急协调处理机制、水资源防护协作机制，打造珠江-西江生态走廊。

19.5 “一带一路”构架下的广西西江流域积极实施“双核驱动”与“三区统筹”发展战略

广西要积极实施“双核驱动”与“三区统筹”发展战略，着力解决区域发展中的不平衡、不协调、不可持续问题，促进广西经济社会持续协调发展，实现广西富民强桂发展战略，更好地实现中央对广西发展的新定位、新使命。

19.5.1 广西“双核驱动”发展战略

1. 广西“双核驱动”发展战略的含义

所谓“双核驱动”，就是要倾力做大做强北部湾经济区和西江经济带，把这两个区域打造成广西经济社会发展的动力核心，不断汇聚齐推共进的强大合力，驱动广西经济社会持续快速发展。

对于“双核驱动”发展战略，广西既要加快北部湾经济区的发展，也要积极支持西江经济带的快速发展，实现双核驱动，为广西实现跨越式发展打造更强的引擎。正如广西壮族自治区原党委书记彭清华所说的，从广西讲，既要重视北部湾开放开发，做好东盟和粤港澳地区的文章，引进大项目大产业，使之成为广西重要的一个增长点，同时也要加大西江经济带老工业改造，把西江经济带发展起来。

2. 广西实施“双核驱动”发展战略的意义

实施“双核驱动”发展战略，是广西壮族自治区党委在新的历史条件下，结合广西北部湾经济区和西江经济带的实际而做出的重要战略决策，有利于实现中央对广西“三大定位”的发展战略目标，有利于“南向、北联、东融、西合”的发展战略的推进，进而加快广西经济社会发展，实现富民强桂发展战略目标。

①有利于进一步优化广西发展的总体布局。“双核驱动”发展战略，是符合非均衡发展理论、增长极理论及区域经济均衡发展理论的。广西实施北部湾经济区与西江经济带双核驱动，进一步释放“海”的潜力，激发“江”的活力，促进“江”“海”联动互补，汇聚“双核”能量，共融共长，合纵连横。“双核驱动”发展战略着眼于产业与经济的区域一体化，以产业为纽带，以市场为导向，促进资金、人员、技术和信息流动，进一步优化广西开放发展的总体布局，形成驱动广西区域协调发展的强大势能，做大做优区域经济，打造“支点”，把北部湾经济区与西江经济带打造成广西开放程度最高、带动能力最强的开放合作发展区域[15]。在“双核”驱动下，北部湾经济区和西江经济带必将融合得更紧密、要素流动更顺畅、市场统一度更高，从而促进双区域内产业相互衔接、结构优化升级，促进区域内的南宁、柳州、梧州、贵港等城市做大、做强、做优，逐步加速形成广西经济社会发展新格局，产生1+1>2效应，如同鸟之双翼、车之双轮，动力更为强大，速度更为快捷，步履更为扎实，前进更为稳健，辐射更为广阔的新广西。这也必然为广西“南向、北联、东融、西合”发展战略的实施奠定更好的环境和基础。

②有利于提升广西开放发展水平。党的十八大以来，党中央明确要求把广西建设成为我国面向东盟的国际大通道、西南中南地区开放发展新的战略支点和“一带一路”有机衔接的重要门户。实施“双核驱动”战略，就是要更好地贯彻落实国家关于北部湾经济区和西江经济带进一步开放开发的战略部署，主动参与“海上丝绸之路”建设，着力打造面向东盟开放发展的新枢纽、新门户，把广西建设成为西南中南地区开放发展新的战略支点，也加速促进“一带”和“一路”的有机衔接，为广西在更大范围、更宽领域、更深层次融入国内国际开放格局，在服务国家战略中进一步提升广西开放型经济发展水平，实现广西经济社会的跨越式发展。

③有利于广西经济社会的可持续发展。经济新常态不仅使经济增长速度从中高速转为高速，更重要的是通过创新驱动，促进经济结构调整，实现产业结构升级，推动环境保护，实现经济社会的可持续发展。为适应经济新常态发展需要，需要通过挖潜，强化内生动力，寻找经济发展新途径、新动力，培育打造更多区域增长极和新的增长点。从广西西江经济带和北部湾经济区经济发展实际看，南宁的现代服务业、柳州的汽车制造业、梧州的生物制药产业、北海钦州防城港的电子信息、粮油加工、能源、石化等产业，都已具备一定规模和竞争实力。实施“双核驱动”战略，有利于人才和资金汇聚，促进战略性新兴产业的培育发展，进而使北部湾经济区和西江经济带成为广西经济增长的重要新引擎，并为该区域战略性新兴产业和现代服务业的发展提供强劲动力，也为广西调整优化产业结构、促进经济转型升级、实施创新驱动发展提供战略支撑。这也为“双核”之外的区域腾出更大空间保护生态环境、发展特色产业、搞好扶贫开发，实现广西经济社会的可持续发展。

④有利于提升整个广西的发展动力。实施“双核驱动”发展战略，将加快资金、技术、人才、建设项目等各种要素向重点区域、重点城市、重点产业有序聚集，达到延伸产业链、推进城镇化、打造城市圈、增强区域整体实力，形成新的发展动能，进而促进西江经济带在更高层次上融入活力四射的粤港澳大湾区，积极参与大湾区产业分工，提升经济效益，分享经济红利，而北部湾经济区则以更大更坚定的步伐实施南向发展战略，在更大范围内进行产业的规划发展，拓展更广阔的市场，实现西江经济带和北部湾经济区的相互促进，并为广西经济总量增长提供更高的贡献率，进而增强“双核驱动”对全区产业发展的辐射力、带动力，加快该区域经济结构调整，实现广西经济高层次和高水平发展。

19. 5. 2　广西“三区统筹”发展战略

广西参与“一带一路”发展建设，积极实施“双核驱动”战略和“三区统筹”发展战略，这有利于加速推进“南向、北联、东融、西合”发展战略实施，进一步丰富和完善了广西全面发展、协调发展的内涵，加快广西经济社会发展。

1. 广西“三区统筹”发展战略的内涵及发展定位

2014 年广西壮族自治区党委提出，深入实施双核驱动战略，加快构建沿海、沿江、沿边三区统筹新格局。这是立足广西发展全局，着眼挖掘区域优势、缩小区域差距、协调区域发展进行的科学谋划，对于强化广西内生动力和发展后劲，增强区域发展协调性，拓宽区域发展新空间，意义十分重大。

沿海、沿江、沿边是广西最突出的区位特点。广西壮族自治区党委提出“三区统筹”发展战略，就是把广西沿海、沿江、沿边的优势和潜力充分挖掘出来，实现特色发展、差异化发展、协调发展。沿海重点实施南向发展战略，打造北部湾经济区升级版，加快建设北部湾现代化港口群，大力发展临海临港产业集群，构建具有国际竞争力的现代产业体系，促进区域同城化，形成服务“一带一路”发展的国际经济合作新高地。沿江重点实施东融发展战略，加快珠江-西江经济带发展，推进西江经济带基础设施建设大会战，全面提升西江黄金水道通行和港口吞吐能力，发挥龙头城市辐射带动作用，强化沿江重点城市产业分工合作，打造优势互补、协作配套的沿江产业带。沿边重点加快边境地区开发开放，大力推进重点开发开放试验区、跨境经济合作区、沿边口岸、边境城镇等建设，扶持边境地区特色优势产业发展，加快边民互市贸易发展，深入推进兴边富民行动，建设经济繁荣、生活宽裕、设施配套、边防巩固的新边疆。左右江革命老区既沿江又沿边，要把区位特点和资源优势充分体现好利用好，大力发展生态经济，坚决打赢脱贫攻坚战，增强自我发展能力，加快建成山清水秀、安居乐业的幸福老区。不断提升桂林国际旅游胜地建设水平，更好发挥对广西旅游发展的辐射带动作用。

2. 广西“三区统筹”发展战略的意义

广西实施“三区统筹”发展战略，就是三个区域要结合自身优势，结合“南向、东融、北联、西合”的发展战略，明确各区域的发展方向和重点，积极采取措施，同时三个区域又要统筹规划，相互合作，协调发展。实施“三区统筹”发展战略是有重要意义的。

①有利于发挥各地优势，实现区域协调发展。加快开放开发，已成为广西改革开放和经济社会发展的重要引擎。但开放必须解放思想，挖掘自身潜力，充分发挥优势，才能更好地加快开放发展。实施“三区统筹”发展战略，是对广西发展的通盘考虑和整体谋划，是立足于广西各地优势，找准角色定位，明确发展主攻方向，从而有利于实现区域间协调发展，拓宽区域发展新空间，实现广西经济社会协调发展。“三区统筹”发展战略的核心就是统筹好沿海、沿江、沿边的发展，把广西海、江、边的优势和潜力充分挖掘出来，实现特色发展、差异化发展、协调发展。

②有利于谋划广西发展的着力点。沿海、沿江、沿边是广西最突出的区位优势。加快发展必须统筹规划。例如，北部湾经济区的南宁市、钦州市、防城港市等在户籍、通信、社保、金融等领域已经取得实质性进展，交通、旅游、口岸通关、产业、城镇体系、教育等领域的同城化发展步伐进一步加快，边金融边综合改革稳步推进。创新国际合作新模式的中国-马来西亚钦州产业园也取得了显著成绩。西江经

济带建设主动对接粤港澳大湾区，融入大湾区，以获得经济发展新动能。左右江革命老区则在基础设施建设、特色优势产业、城乡协调发展、生态文明建设等方面做出发展规划，将从战略边缘变为战略主阵地，同时又结合国家实施的广西边境自由贸易试验区战略，把边境地区变成加快推动广西经济社会发展的改革探索试验的前沿地区。“三区统筹”发展战略，就是充分发挥各区域的区位优势、资源禀赋，取长补短，错位发展，促进生产要素合理流动和优化配置，加快区域经济一体化进程。

19.5.3 实施“双核驱动”与“三区统筹”发展战略对策

广西实施“双核驱动”与“三区统筹”发展战略，关键在于“双核”和“三区”要真正连起来、动起来。“三区统筹”是一个庞大的系统工程，既需要加强该区域的统筹规划、科学决策，也要加强同周边省区的联系与合作，尤其是与广东的联系与合作。

1. 着力打造现代综合交通枢纽

要让广西“双核”和“三区”真正联系起来，让广西成为名副其实的面向东盟区域的国际大通道以及西南、中南地区开放发展新的战略支点，“21世纪海上丝绸之路”与“丝绸之路经济带”有机衔接的重要门户。实现“南向、北联、东融、西合”发展战略，就必须有完善连接区内外、国内外的现代交通运输网络，主要是关键通道、关键节点和重点工程的联通，形成通江达海、联内接外、覆盖城乡、水陆空一体化的现代综合交通运输体系。具体如下。

①面向东盟地区乃至“一带一路”沿线国家的联通网络。主要就是推进贯通中南半岛国家的国际大通道，打造南宁–新加坡经济走廊，推动建成连接昆明直至大湄公河次区域、孟中印缅经济走廊的西向通道，推进以北部湾港为基地的中国–东盟港口城市合作网络建设，空中全力打造连接东盟及“一带一路”沿线国家的南宁航空枢纽，实现广西与东盟国家乃至世界各地的互联互通。

②国内方面。面向西南中南地区，主要是推进连接昆明、贵阳、重庆、成都直至兰州、西安等“丝绸之路经济带”的西部南向大通道建设，让西南西部同省区和“海上丝绸之路”的联系更为紧密、连接更为便捷高效。加快连接湖南、湖北乃至中原广大地区与“海上丝绸之路”的便捷通道构建和建设，促进北部湾港的大发展大繁荣，使之成为带动广西经济发展的重要一核。加快面向粤港澳大湾区的交通基础设施的连接联通，促进西江经济带基础设施建设，继续推进黄金水道建设，建设完善通往大湾区的高等级水路、快速铁路通道和高速公路网，完善广西至全国各地的空中交通网络。

③广西区内。一方面是强枢纽，强化南宁、柳州、梧州、贵港、百色等交通枢纽和重要节点城市高效对接；另一方面是通梗阻、续断头、补短板，增加路网密度，完善路网结构，提升路网质量，形成铁路、公路、水路和航空相衔接的现代交通运输网络。

2. 大力推进新型特色城镇化建设

城镇化是“双核驱动”与“三区统筹”的关键节点和重要载体，因为城镇化发展不仅带来人口聚集、生产方式和生活方式的变革，而且促进三次产业联动，加速产业结构升级优化和产城融合发展。之所以要大力推进新型特色城镇化建设，是因为区域内只有南宁、柳州中心城区人口超过100万人，其他区市大多在50万人左右，城镇规模偏小、城镇化水平不高，中心城市辐射带动力不强，难以起到聚集、辐射带动作用。城镇化与工业化、信息化、农业现代化互动的动能不足。推进新型城镇化建设需要：

①强化中心城市和大城市的聚集和辐射作用。南宁、柳州、梧州、贵港等中心城市和其他区域中心城市，尤其是南宁市和柳州市的大城市具带动作用，建设聚集功能强、辐射面广的现代都市圈，打造城市之核，发挥其辐射带动作用。

②城市群建设。要规划建设好北部湾城市群和桂中、桂东南城镇群，壮大城市经济圈，提升综合承载能力。努力创新城市群、产业群互动发展机制，实现产业发展与港口建设互动、产业集聚与城镇集群融合、产业园区与城市新区一体化发展，加快产城融合发展步伐，打造一批具有较强辐射力、带动力的中心城市和特色城镇。

③城镇化建设要突出特色。城镇化要结合自身实际，突出生态、民族、边境等元素，城镇化建设发展要与生态移民搬迁、农民工就地创业结合起来，加快建设一批旅游文化型、沿边开放型、商贸物流型、移民安置型特色城镇。尤其是要结合国家在广西的边境自由贸易试验区建设，建设边贸型城镇。

④增强县域发展活力。强化抓产业、抓项目，做优做强特色经济。推进智慧城市建设，加快县城改造提升。有序推动老旧小区改造，加大保障性住房用地供应和建设力度。因城施策、分类指导，促进房地产市场平稳健康发展，促进农业转移人口市民化。

3. 优化产业结构

产业是区域经济的支撑，没有强产业支撑就没有区域的繁荣和发展。“双核”“三区”要加快自身产业发展，必须结合自身实际。

①加快加工制造业发展。广西“双核”“三区”必须把加工制造业发展放在突出位置。因为相比于第一产业和第三产业，加工制造业是生产率提高最快的行业，一个地区没有加工制造业作支撑，其经济增长就只能依赖于第一产业和第三产业，而这两个产业的技术进步率较低，难以向高端发展。缺少加工制造业的发展，就等于缺乏同外界产品交流交换的基础，就只能长期大量从本区以外购进各种产品，久而久之其发展潜力就必然受到极大限制。为促进加工制造业发展，首先，实施以高新技术产业为重点的新兴产业发展。广西的“双核”“三区”应围绕铝产业链、汽车相关产业、建材行业等进行技术改造，推动新兴产业规模化、高新技术产业化，尤其是培育产业集群。其次，加快传统产业转型升级步伐，集中力量扶持食品、汽车、冶金、机械、建材、造纸等符合国家产业政策、具有发展潜力的传统优势产业，支持相关企业进行技术改造，促进信息技术与传统产业深度融合，大幅提升企业生产能力和工艺水平，重点是对电力、制糖及综合利用、冶金等传统产业进行优化升级。最后，立足区位优势，做好向海经济。加强统筹协调和资源整合，推进钦北防一体化发展。建设临港加工制造产业，壮大做强电子信息、现代石化、钢铁和有色金属产业基地，加快形成沿海产业发展新高地。

②大力发展特色种植业。广西“双核”“三区”是一个农业人口众多的区域，在长期发展过程中，形成了许多有竞争力的优势农业产业，应紧紧结合乡村振兴战略，加快发展现代农业，增加农村和农民收入。首先，大力发展有竞争力的区域特色优势农业。广西该区域较具特色和竞争力的有蔗、桑蚕、黑山羊、香猪、奶水牛、香蕉、杧果、荔枝、龙眼、火龙果、百香果等。其次，打造现代农业示范区。加强水利基础设施配套建设，改善农业生产条件、推进农业现代化，有序推动农村土地流转，引导农业向规模化生产、组织化管理、社会化服务的方向发展，提高农业生产组织化程度。再次，构建新型农业经营和服务体系，加大农业科技投入，既要不断培育出优良品种，又要不断完善基层农业技能推广体系，以提高特色农产品的市场竞争力和可持续发展力。最后，大力发展循环经济，大力发展生态循环型农业，重点发展制糖及综合利用，努力打造全国糖业循环经济示范区，加强生态环境保护。

4. 努力构建现代产业集群

产业是区域经济的根基。各区域经济发展驱动力的大小，取决于产业实力的强弱，尤其是产业集群化的规模和水平。广西“双核”“三区”的产业层次仍较低，发展方式仍较粗放，高耗能工业比重大，产业集聚集群发展水平低，产业雷同、同质化竞争等问题也在不同程度上存在。这需要挖掘区域特色优势，大力促进产业集聚集群发展。各区域应明确产业发展重点，以形成科学合理的产业分工，实现差异化、特色化发展。

①北部湾经济区要突出沿海港口优势，重点发展临港产业、海洋产业，形成以石化、能源、钢铁、电子、修造船、粮油食品加工、林浆纸、新材料、海洋生物工程等为重点的现代临海产业集群。

②西江经济带要突出通道和纽带作用，重点加强与珠三角的产业对接，深度参与大湾区产业分工，积极承接东部地区纺织服装、家用电器、五金水暖等产业转移。加快建设先进制造业基地，形成以汽车、内燃机、机械、冶金、化工、农产品加工、新能源等为重点的沿江产业带。

③左右江革命老区要发挥资源富集优势，重点建设能源保障基地、资源精深加工基地，大力发展电力、油气、有色金属、生物制药、特色农业、文化旅游、健康养生等产业，加快打造沿边经济带。进一

步提升区域间、上下游产业的关联度，完善产业配套，延伸产业链条，打造各具特色的产业高地和产业集群，促进“双核”产业协同发展。

5. 发展生态产业，保护生态环境

绿水青山就是金山银山。保护生态环境就是保护生产力，改善生态环境就是发展生产力。生态环境问题归根到底是经济发展方式问题。广西的“双核”“三区”的发展，必须把环境保护放在更加突出的位置。在保护中发展，在发展中保护，实现经济发展和环境保护双赢，决不能以牺牲环境为代价谋求一时的发展。

①发展生态产业。发展生态工业，推广循环经济发展模式，发展节能环保型能源应用和可再生能源开发等产业；发展生态农业；打好“绿色牌”“长寿牌”“富硒牌”，开发绿色、有机高品质农产品，做大“稻田+生态综合种养”和林下经济；推进西江水系“一干七支”沿岸生态农业产业带建设，发展生态养殖，推进畜禽养殖废弃物资源化利用；发展环保服务业。

②实施生态保护和修复。抓好百色、崇左、南宁山水、林田、湖草生态保护和修复；加强水土流失综合治理；落实最严格耕地保护制度；加大西江流域的水环境保护；强化海洋生态环境保护和监管，抓好涠洲岛珊瑚礁保护；深入落实河长制、湖长制，试行林长制；建设生态环境监测网络，保护好这一条江、一片海，关键是要处理好发展与保护的关系，坚决摒弃将发展与保护截然对立起来的片面思维。根据北京大学潘文石教授的观察统计，2005年以来，在钦州市沿海大工业发展的同时，该市三娘湾海域的中华白海豚数量仍能实现年均3%左右的增长，形成“大工业与白海豚共存”的独特景象。这说明，发展和保护是可以双赢的，关键是思想到位、措施得力、项目对路。

③加大生态建设的投入。持续深入推进“美丽广西”乡村建设，加大污水垃圾设施建设和环境整治力度，推行垃圾分类和回收利用，强化清洁能源的开发利用，优化生产力空间布局，走绿色发展之路。

④提高产业准入门槛，实行负面清单管理，坚决淘汰“两高一剩”落后产能，杜绝污染项目。

⑤倡导推广绿色消费，在公共机构广泛开展绿色生活行动，持续推进节约型机关建设。

6. 构建开放合作平台机制

开放合作需要平台和机制，没有平台机制，就没有开放合作的长期效益。北部湾经济区要围绕打造中国–东盟自贸区升级版，进一步完善和提升中国–东盟博览会、中国–东盟商务与投资峰会、泛北部湾经济合作论坛等常办常新机制，做深做实沿边金融综合改革试验区、中马“两国双园”、东兴国家重点开发开放试验区、南宁内陆开放型经济战略高地等合作平台，积极探索建立中国–东盟区域金融合作中心、区域性国际航运中心、中国东兴–越南芒街跨境经济合作区、北部湾自由贸易试验区、海洋经济合作示范区等新平台新机制，为北部湾经济区持续发展打下基础。西江经济带建设要加强与国家有关部门和广东方面沟通对接，完善跨省协调机构和定期会商机制，进一步打造粤桂合作特别试验区、桂东承接产业转移示范区、加工贸易梯度转移重点承接地等合作平台，努力提升流域合作、省际合作、东西部合作水平。左右江革命老区要加快建设凭祥重点开发开放试验区、中越凭祥–同登跨境经济合作区、百色–文山跨省（区）经济合作园区和中越德天（板约）瀑布跨境旅游合作区等平台，努力提升沿边开放合作水平。

7. 创新建设开放合作核心区

开放是经济发展的活力之源。要把“双核”打造成为广西开放程度最高、带动能力最强的开放合作核心区，必须明确方向、创新平台、“双核”联动。首先，要明确方向。无论北部湾经济区、西江经济带，还是左右江革命老区，只有发挥自身优势、找准自身定位、明确开放方向，才能取得最大的发展效应。而东盟是成长性最强的经济体之一，是广西对外开放的首要战略方向。东盟已是广西最大贸易伙伴，第二大外资来源地。北部湾经济区与东盟联系紧密、合作悠久、成果丰硕。要以北部湾经济区为龙头，进一步深化拓展与东盟的开放合作，着力推动北部湾经济区综合配套改革先行先试，积极参与“21世纪海上丝绸之路”建设，打造中国–东盟自贸区升级版。粤港澳大湾区是我国经济发展水平较高、辐射带动能力较强的区域，制造业和现代服务业发达，是广西最大的投资来源地。依托黄金水道，西江经济带在同粤港澳大湾区的开放合作中具有天然优势。要以深入实施珠江-西江经济带发展规划为契机，深化拓展与粤港澳大湾区合作，推动西江经济带深度融入粤港澳经济圈一体化发展，全面参与泛珠区域产业分工合作，做足做实对接东部先进生产力的工作。西南、中南地区是广西对外开放的战略腹地和重要依托。要以建设新的战略支点为契机，加快启动左右江革命老区振兴规划，全面对接黔中经济区、滇中经济区、长株潭城市群等广大地区，努力在服务西南中南地区开放发展中发挥更大作用。

8. 建立人才智库

创新驱动发展的核心是科技创新。而科技创新是依靠人才的创新。创新驱动的关键是培养具有创新能力的人才。因为创新驱动本质上是通过无限的智力资源去开发尚待利用的自然资源，并节约和合理地利用现有资源。因此，要加大人才培养和引进。加快左右江革命老区高等教育改革，优化高等教育结构，提高高校人才培养质量。左右江革命老区高校应强化应用型人才培养，根据左右江革命老区经济社会发展需要，调整高校专业结构，加强高校学科建设，如根据左右江革命老区特色产业发展的需要，开设与有色金属采选、生态建设与石漠化治理、环境保护、旅游开发、非物质文化遗产保护与产业开发、特色农产品种植与产业开发、民族文化创意、休闲、健身与疗养服务、物流服务、民族传统工艺产业化等相关的专业，将左右江革命老区高校的人才培养与地方经济社会发展的需要紧密结合，提高高校人才培养质量，加大相关学科建设力度。围绕和突出民族特色产业、社会建设和生态建设的需要，加强学科建设。可以通过校-企-研合作，产-学-研结合，提高科学研究的水平和应用价值。实施左右江革命老区振兴人才工程，加大高层次人才引进力度。这既需要加大资金投入，改善左右江革命老区的交通通信等人才环境，通过增加左右江革命老区吸引力吸引高级创新人才，又要加强区域创新平台和创新文化建设，加快配套政策改革，争取依靠事业留住人才，依靠宽松和有激励的创业创新环境留住人才，依靠人文关怀以及优惠的人才引进政策留住人才。

参考文献

[1] 姜木兰. 力促广西形成“一带一路”有机衔接重要门户综述［N］. 广西日报，2015-04-18.

[2] 广西改革发展研究编委会. 广西改革发展研究——广西重大招投标课题研究成果汇编（2015）［M］. 南宁：广西人民出版社，2016.

[3] 杨和荣. 弥补战略短板　联通“一带一路”［EB/OL］. 中国信息报网络版，2015-04-03.

[4] 广西改革发展研究编委会. 广西改革发展研究——广西重大招投标课题研究成果汇编（2015）［M］. 南宁：广西人民出版社，2016.

[5] 胡宝清，黄锡富. 县域循环经济发展评价理论、方法与实例研究［M］. 北京：中国环境科学出版社，2011.

[6] 龙腾飞. 美丽左右江革命老区生态经济建设研究［J］. 商，2016，(15)：58-59.

[7] 刘慕仁. 以绿色产业推进左右江革命老区发展［J］. 广西经济，2015，(5)：30.

[8] 李庆琳. 促进左右江革命老区经济发展的税收政策探析［J］. 经济研究参考，2016，(47)：53-57.

[9] 吴国阳. 困难与对策：新常态下创新驱动左右江革命老区振兴研究［J］. 百色学院学报，2016，(2)：104-109.

[10] 庚新顺. 左右江革命老区振兴发展的若干思考［J］. 传承，2016，(12)：14-18.

[11] 张泽丰. 美丽中国视阈下的西部农业发展研究——以左右江革命老区为例［J］. 决策与信息，2016，(10)：154-159.

[12] 王秋霞，罗敏. 珠江-西江经济带发展将上升国家战略［N］. 广西日报，2013-08-28.

[13] 黄方方. 加快珠江-西江经济带建设打造西南中南地区开放发展新的战略支点［J］. 中国经贸导刊，2014，(31)：27-29.

[14] 宋雪. 吃透新定位打造增长极——广西融入珠江-西江经济带开放发展研究［J］. 市场论坛，2015，(2)：32-34.

[15] 彭清华. 把握新定位新使命新机遇，构筑广西开放合作和区域协调发展新格局——在全区实施“双核驱动”战略工作会议上的讲话［N］. 广西日报，2014-10-31.

第 20 章　广西西江流域生态补偿与长效保护机制及政策建议

20.1　流域生态补偿与环境保护的研究背景及意义

在流域管理过程中，生态保护与经济协调发展的矛盾日益凸显，成为制约流域可持续发展的不利因素[1]。矛盾源于利益相关者的权益失衡，流域生态保护者为保护生态所做的牺牲得不到补偿，受益者“免费”享受优质生态服务没有任何补偿[2,3]。生态补偿的研究兴起于 20 世纪 40 年代。生态补偿是指人类在发展中对生态功能和质量所造成损害的一种补助，这些补助的目的是为了提高受损地区的环境质量，或者用于创建新的具有相似生态功能和环境质量的区域，或者是从使用生态资源获得的利益当中，拿出一部分资金以物质或者能量的形式归还给生态系统，达到在能量和物质上的动态平衡[4]。1990 年，经济快速增长，生态环境保护压力巨大，国务院出台一系列政策，其中提出了开发利用与保护增殖并重的方针[5]。2015 年 4 月国家将健全生态保护补偿机制作为生态文明制度体系的重要内容[6-8]。在生态文明的建设实施中，流域生态补偿尤其重要。

2009 年国务院发布了《国务院关于进一步促进广西经济社会发展的若干意见》，西江经济带的开发建设上升到了国家战略[9]。西江流域上游是云南、贵州、广西等能源、矿产资源富集地区，下游是广东、香港、澳门经济发达地区，建设西江黄金水道，构建西江经济带是广西“十二五”规划的重点内容，也是国家“十二五”规划建设项目，是继北部湾经济区之后让世界注目广西的又一重大举动[10]。广西壮族自治区位于珠江中上游，境内河流纵横交错，其中集雨面积在 $1000km^2$ 以上的河流有 69 条，主要分布在珠江流域西江水系，是珠江流域重要的生态屏障。西江流域主要河流有南盘江、红水河、郁江、桂江、柳江和贺江，其沿江河段是广西主要的粮食产区。西江干流全长 2214km，流域年径流量 2300 亿 m^3，流域面积 35.3 万 km^2，占珠江流域面积的 77.8%[11-13]。西江流域水资源总量约是广西壮族自治区水资源总量的 85.5%；年货运量 1.44 亿 t，约占全国内河航运里程的 20%，水运能力仅次于长江，居全国第二位。由此可见，西江流域的生态环境保护和合理利用对整个广西乃至周边省份的社会和经济发展都是至关重要的。随着广西西江流域城市化的发展、乡镇企业增多以及农业生产中化肥农药的大量使用，污染物排放总量不断增多，西江中下游污染日趋严重，化学需氧量、重金属、氨氮含量超标，水质日渐恶化，甚至直接影响了饮用水的水源安全[14]。西江流域的环境污染问题越来越突出。有资料显示，1949 年以来，西江流域上中游森林覆盖率减少了一半，水土流失面积增加了 1.5 倍，活动性滑坡和泥石流数量增加了一倍以上，土壤侵蚀面积占总面积的 53.08%，平均侵蚀模数为 $2605t/km^2$，流失区侵蚀模数为 $4907t/km^2$，是平均侵蚀模数的 1.9 倍。强度、极强度、剧烈等级的土壤侵蚀模数分别占全区土壤侵蚀面积的 20.09%、17.46% 和 1.78%。近十几年来，西江流域的水旱灾发生频率和受害面积不断增加。20 世纪末期与 50 年代相比，广西洪涝受灾面积增加了 2.76 倍[15]。随着工业的发展，大气污染和水污染日趋严重。酸雨已危及上中游大部分地区，一般酸雨频率达 65% 以上，在城市附近和经济发达地区，不少河段的水质已达不到饮用水标准。因此，为防止经济发展与环境保护这种矛盾的进一步扩大，开展广西西江流域生态补偿机制与环境保护研究势在必行。

开展广西西江流域生态补偿机制的研究，增进了流域沿岸居民对生态环境保护的认识，有利于流域生态保护与经济协调发展。同时不仅丰富了流域生态补偿理论，而且能为广西西江流域的生态保护实施提供科学参考。因此，对广西西江流域生态补偿与长效保护机制及其政策研究具有重要的实践意义。

20.2　广西西江流域生态环境问题及生态补偿建设现状

20.2.1　流域生态环境问题

广西西江流域的生态环境问题主要有水环境问题，如流域水沙变化、河流年径流量减少、用水效率低与过度利用、洪涝灾害频发等；土壤土地环境问题包括土壤污染、土壤侵蚀、土壤退化、土壤质量下降、土地石漠化等；大气环境问题表现在大气污染、空气质量下降、灾害天气频发等方面；生物生态资源问题包括生物多样性减少、外来物种入侵、植被退化、森林覆盖率下降、森林生态功能退化等方面。

1. 流域污染严峻

广西西江流域污染负荷主要来源于工业点源污染、农业面源污染、城镇生活污染源和畜禽养殖污染等。广西西江流域主要污染物产生总量与排放量见表 20-1。

表 20-1　广西西江流域主要污染物产生量与排放量　　（单位：t）

污染物产生量与排放量	化学需氧量	氨氮排放量
工业废水产生量	976475.99	40370.44
城镇生活污水产生量	428165.92	58180.45
集中设施垃圾渗滤液产生量	30804.56	2811.89
工业废水排放量	137878.53	6337.33
农业排放量	178435.11	22613.65
城镇生活污水排放量	171379.96	13883.80
农村畜禽排放量	329697.54	42285.06
集中设施垃圾渗滤液排放量	3315.80	262.89

（1）生活面源污染

近年来随着经济的发展，城镇、农村人口和游客不断增加，使得西江流域城镇和乡村的生活污水与垃圾产出量不断增加，化学需氧量和氨氮排放量也不断增加。氨氮和氮氧化物是流域当前污染减排的重点和难点，流域氨氮排放量的 56.8% 来自生活源。但相应的污水处理设施和管网建设严重滞后，导致氨氮无法完成减排任务。2014 年流域城镇人口达 1936.25 万人，主要集中在南宁、柳州和桂林一带，城镇生活污水排放量为 130501.13 万 t，污水处理规模为 93300 万 t，城镇生活污水集中处理率达 68.67%，城镇垃圾无害化处理率达 93.65%。流域内农村人口为 2248.52 万人，分散性的污水处理设施正在建设当中，年末新建村屯污水处理设施 1600 多套，但是流域内仍有大量的生活污水直接排入江湖，西江流域特别是中下游地区部分支流水质呈不断下降趋势。

（2）农业面源污染

畜禽养殖和农业排放的氨氮约占总排放量的 33%，超过了工业污染，仅次于生活废水污染，治理任务也很艰巨。粮食作物主要有稻谷、玉米、大豆和薯类，经济作物主要有甘蔗、木薯、花生、烤烟、蔬菜等。流域内农业生产使用的化肥主要有氮肥、钾肥、磷肥、复合肥和有机肥（猪粪、牛粪、鸡粪）等。农业生产技术落后，使用传统的施肥和灌溉技术，化肥中大量的硝酸盐进入环境使水质受到面源性的污染，流域内部分支流水体富营养化；部分支流中有畜禽粪便中的有毒物质、有害成分注入，使水体溶解氧含量减少。根据 2009 ~ 2014 年的《广西水资源公报》的资料，西江流域内部分支流处于Ⅳ、Ⅴ和劣Ⅴ类，主要的超标污染物为氨氮、总磷、化学需氧量，还有部分支流有粪大肠菌群。

（3）工业点源污染

2014 年末统计得出流域内共有工业企业 4810 家，主要包括有色金属矿采选业、钢铁厂、水泥厂、火电厂、农副食品加工业、食品制造业、酒和饮料制造业、精制茶制造业、造纸和纸制品业、化学原料和化学制品制造业等。流域内工业污水排放处理方式主要是企业自建污水设备处理后排出、污水经城镇污水处理厂处理后排出、污水直接排入流域等。随着环保力度的加强，广西壮族自治区人民政府多次开展污染减排专项督查，重点检查城镇污水处理厂，以及火电、水泥、制糖、造纸、酒精、石化、钢铁等行业企业排放的工业废水、废气、废物，目前西江流域工业点源污染情况得到明显的改善。

2. 水环境问题

随着国民经济发展和城市化、城镇化的推进，西江流域尤其是中下游地区，排入西江的城镇居民生活污水和工业废水逐年增加，西江上、中、下游水质日趋恶化。

（1）局部水污染

2006～2011 年西江流域整体水质状况为优。其中，红水河、黔江、浔江、西江、北流江、贺江和桂江年均水质类别均达Ⅰ～Ⅲ类；刁江存在超Ⅲ类标准，主要超标项目为砷、镉、氨氮；郁江存在超Ⅲ类标准，主要超标项目为溶解氧、氨氮。西江干流的超标断面集中出现在刁江那浪桥断面，超标指标为重金属；郁江支流的超标断面较为均匀地出现在右江、邕江、郁江和下雷河，河流污染轻微。虽然重点流域水质总体保持优良，但是一些支流的水质未得到改善，甚至出现恶化趋势，特别是部分城市内河及乡镇河流水质污染较为严重，尚无任何防治措施；刁江、龙江、都柳江的重金属指标都出现不同程度超标。饮用水安全形势不容乐观。柳州受上游都柳江（贵州入境）及龙江来水影响，南宁受上游左江、右江来水的影响，饮用水安全存在隐患，尤其需要重视的是广西绝大多城市尚无备用水源地，一旦饮用水水源地出现问题，将引发水危机事件，影响民生和社会稳定。

2016 年 2 月 8～10 日，茅岭江支流大寺江大寺镇河段发生了水污染事件。钦州市钦北区大寺镇某糖厂超标排放大量废水，加上下游大寺电站不发电，废水污染了该河段的水质并顶托到糖厂取水口、大寺水泥厂取水口和大寺镇水厂取水口，水体浑浊发黑，水质超标，致使大寺镇水厂于 8 日 8 时停水，后经有关部门现场处理，糖厂停产，大寺电站开闸排放了被污染的河水，上游来水补充，水体恢复正常，大寺镇水厂取水口河段的水质达到Ⅲ类标准，于 10 日 4 时大寺镇水厂恢复抽水。2 月中旬，地处茅岭江支流那蒙江上游的南宁市良庆区大塘镇某糖厂大量排放废水，对那蒙江及其入茅岭江口下游河段造成严重污染，后经有关部门现场处理，糖厂停产。但由于正值枯水期，河流水量少，加上沿江闸坝的截蓄作用，水污染持续了一个多月。直到 3 月中旬，茅岭江流域普遍出现了一次大雨、暴雨过程，降雨量的补充和水利工程的调节作用，使那蒙江的水污染逐步减轻，水质好转。

2016 年 2 月上旬，钦州市青年水闸水源地上游平吉河段出现锰污染，平吉镇及上游的一些企业超排放含有锰和其他污染物的废水，对下游钦江水体造成了污染，致使青年水闸水源地的锰超标。3 月上旬，上游平吉河段某企业超标排放废水，对下游河段水体造成严重污染。后经有关部门现场处理，排污企业关闭入河排污口，但由于污水团的下移，钦江青年水闸水源地上游久隆河段出现水体浑浊、发黑发臭的现象，幸得钦州市政府及时采取了相关防治措施，控制污染的蔓延，未危及钦州城市饮水安全。随着污水团下移和下游水量的增加，受污染的水体得到有效稀释、降解，于 3 月 11 日河水基本恢复正常，青年水闸河段水质良好，没有对钦州城区供水造成影响。4 月中旬，地处明江上游的上思某糖厂和某淀粉厂超标排放废水，造成明江上思河段发生水污染，糖厂入河排污口下游至在妙河段出现了死鱼死虾情况，污染持续约 20 多天，并影响到下游宁明河段。水污染发生后，排污企业停产，那板水库放水冲污，水污染有所减轻。

西江流域沿江、沿河的重点排放工业污染源一共 19 家，具体分布是南宁 5 家、柳州 2 家、贵港 3 家、百色 2 家、河池 3 家、来宾 2 家、崇左 2 家。其产生的主要污染物包括挥发酚、硫化物、总氰化物、汞、氨气、氨氮、氯化氢、三氯化磷、甲醛，同时沿江沿河企业存在偷排废水现象，污染事故时有发生，污染纠纷和民众投诉较多，西江流域存在的污染风险较大。

西江黄金水道基础设施施工期间产生的生产废水和生活废水，对受纳水体水质产生一定的影响；规划实施后，船舶油污水和生活污水虽经处理，但直接排入航道，会对水环境造成一定污染；随着水库蓄水、运营，水库下游将会形成一个巨大狭长的人工湖，西江航运干线由自然流态生态转变为相对静止的湖泊生态，江水的自净作用降低，如果未来排入西江航运干线的污水和其他污染物大幅度增加，且得不到有效处理，江水将会受到一定污染，水质将会降低；规划航道整治对饮用水源地和取水口施工期会有一定扰动，施工期产生的悬浮物将对取水口水质造成一定污染。

桂滇粗酚污染事件：2008 年 6 月，一辆装有 33.6t 粗酚的货车在云南省文山州富宁县境内发生交通事故并产生泄漏。6 月 9 日，粗酚流入百色水利枢纽上游的者桑河，百色市右江区 1000 多户群众的用水安全受到威胁。

贺江铊镉污染事件：2013 年 7 月，广西贺州市境内由于矿山开采造成贺江发生水体污染，不同断面铊浓度、镉浓度超标 1 ~5.6 倍不等，污染河段长 110km，波及广东肇庆市等地，造成 3 万群众饮水受影响。这次贺江被污染河段长 110km，从上游的贺江马尾河段到与封开县交界处，污染最严重的发生在贺州境内靠近封开县的合面狮江段合面狮水库，水体都受到镉、铊污染，不同断面监测到的超标范围不等。截至 7 月 6 日晚监测数据显示，镉浓度最高超标 5.6 倍，位于合面狮水库大坝前后。西江沿线的南丰、都平、大玉口、大洲、白垢等镇有 3.5 万人受影响，大部分集中在南丰镇。为妥善处置贺州市贺江水污染环境事件，广西壮族自治区启动Ⅱ级应急响应，全力确保沿江及下游地区群众饮用水安全。

2012 年 1 月 15 日，广西龙江河拉浪水电站网箱养鱼出现少量死鱼现象被网络曝光，龙江河宜州拉浪码头前 200m 水质重金属超标 80 倍。时间正值农历春节，龙江河段检测出重金属镉含量超标，使得沿岸及下游居民饮水安全遭到严重威胁。

（2）水域面积的减少与湿地退化

湿地是重要的国土资源和自然资源，与森林、海洋一起并称为全球三大生态系统，具有巨大的经济、生态和社会效益。它与人类的生存、繁衍、发展息息相关，是自然界最具有生物多样性的生态景观和人类最重要的生存环境之一。

1995 年以来，虾养殖成为广西沿海居民增加收入的主要途径之一。人民生活水平提高了，可同时西江湿地也付出了沉重的生态代价。在短短的 5 年期间，大量的盐田被改为虾塘，这几年减少的红树林 90% 都被砍伐用来修建虾塘。虾塘产量减少后，养虾人即将其废弃，再开发新的虾塘，如此的恶性循环造成了大量的盐碱化湿地，严重威胁着滨海湿地防灾减灾、保护生物多样性的功能。海草是儒艮赖以生存的主要食物。在广西合浦儒艮保护区浅海区域生长着二药藻和喜盐草，它们都是儒艮最直接的食物。可是，当地居民在滩涂上挖沙虫、电鱼电虾、网箱养殖等生产作业使海草遭受到严重的破坏，保护区内较大的 7 个草场，在 1994 年总面积为 4.1km^2，到 2000 年仅为 3.64km^2，6 年内减少了 0.46km^2，并且生长势态较差。儒艮的直接食物来源减少了，也给儒艮的生存和各级繁衍带来了严重的影响，数量也在不断减少。

据广西海洋研究院 1998 年关于铁山港海洋环境调查报告显示，港域周边的工业企业污水、城镇生活污水、河流污水、农用污水、船舶污水及养殖业的污水等排放入海，港内重金属和有机质含量明显偏高，铜和镉含量出现超标现象。港域的污染给海内生物带来严重的影响。钦州市茅岭江支流那蒙江因为上游南宁市工业企业超标排放废水，造成水质污染物超标，水体发黑、发臭，使得那蒙镇水厂停止供水，直接影响到该镇 1000 多人饮水。

漓江段的桂林市区及其南部溶蚀平原地势低平，在低洼地带曾分布有大面积网络状水文系统，对调节气候、涵养水源、调蓄洪水、净化水质等发挥了十分重要的作用。但由于城市建设规模的迅速扩大，原有的水域面积迅速减少，1973 ~1998 年城区水域面积减少了一半，目前市区水域面积已不足 6km^2。西湖周边池塘的消失、铁佛塘湖面的缩小、木龙古湖的消失即桂林市湖塘演变的历史见证。在桂林市城郊、临桂区四塘和会仙，过去曾有面积达数十平方千米、连片的岩溶沼泽湿地，但目前仅存 5 ~6km^2，由此引起相关的河流干枯，地表与地下水调蓄及水质自净能力减弱，水生态系统退化。

（3）水体富营养化，水质下降

随着城市化的发展、乡镇企业增多以及农业生产中化肥农药的大量使用，污染物排放总量不断增多，西江中下游污染日趋严重，化学需氧量、汞、高锰酸盐指数、氨氮以及石油类含量超标，水质日渐恶化，环境污染问题越来越突出。

2011年，大王滩水库、青狮潭水库和龟石水库水质为Ⅳ类，主要超标项目为总氮、总磷、化学需氧量；龙滩水库、岩滩水库、土桥水库、澄碧河水库、百色水库、凤亭河水库、西津水库、苏烟水库和小江水库的水质为Ⅰ～Ⅲ类。除大王滩水库、龟石水库水质为轻度富营养化程度外，其他水库水质均为中营养化程度。

2013年2～3月，龙江河部分河段陆续发生水体颜色显现褐色，水生生物过量生长封闭水面情况，龙江水体颜色变为褐色是拟多甲藻疯长所造成，封闭水面的浮水生物主要是大薸和水葫芦，因此，事件定性为龙江水生态异常。此次龙江河部分河段水质异常的原因为干旱少雨，龙江河上游来水量少，处于枯水期，水电站大坝拦截形成的库区水体流动性差，加上农业面源、城镇生活污水排入等原因，造成水体氮、磷等营养元素长期累积，晴天多，气温较高，引发外来水生植物在库区疯长。

漓江水质优良要求水量达到60m³/s，而枯水期的漓江水量很小，对沿江的生活、生产排污和农业污染的稀释与自净能力差，导致漓江水质恶化。漓江主要污染物有石油类悬浮物、氨氮、亚硝酸氮等。在主要污染地段，裸藻门、蓝藻门等藻类植物较多。城区水域面积的减小、湿地退化导致污水自然净化能力下降，也是水质恶化的重要原因。

（4）水域荒漠化

水质污染和人为活动频繁干扰导致局部水域荒漠化。港口和码头作业区因向码头及水体排放污染物和频繁的船舶往来，导致局部水域不适宜水生生物的生存，水生生物逐步减少，逐渐演变为水域荒漠化。水质污染引起的水体富营养化也是局部水域水生物锐减的重要原因。

（5）流域水沙变化

流域的水沙变化一直是河流地貌、水利工程等领域备受关注的科学问题。受自然因素及人类活动影响，世界许多河流的地貌、河口、三角洲及其近岸环境发生显著变化。通过对1960～2010年西江流域主要水文控制站——梧州站和高要站长时序水沙数据的全面分析，在1990年初，西江年径流量变化不明显，之后，呈明显下降趋势，降水量减少是西江年径流量减少的主要原因；西江输沙量变化较大，在1983年以前呈微弱上升趋势，到1983年达到峰值，而在1983年以后，西江流域悬沙呈显著下降趋势；1950年以后大面积树木被砍伐，水土流失加剧，造成河道输沙量增加；1983年以后，以植树造林为主的水土保持措施和水土保持法规制定，加上大量水利工程建成使用，造成西江流域下游悬沙量减少；1990年以后，悬沙量减少幅度远大于径流下降，说明悬沙变化除受径流变化影响以外，还受水土保持措施、水利工程建设等人类活动的影响。

在1960～1983年期间，西江流域的年输沙量呈增加的趋势，这是不合理的土地利用方式和肆意砍伐森林所致。西江流域广泛分布着岩溶地貌，地表崎岖，土壤贫瘠，土层薄弱，植被一旦被破坏，将很难恢复。由于1950年以后人口大量增加，加上严重的森林砍伐，以及1970年以后，农业和经济改革时期毁林开荒造田的现象严重，导致我国森林覆盖率锐减，林业发展停滞，加剧了西江流域水土流失现象。广西壮族自治区水土流失面积从1950～1960年的12000km²，增加到了1980年的30600km²，增加了1.55倍。

（6）用水效率低与过度利用

目前流域内以造纸、制糖、酒精、淀粉等为重点行业的产业结构和粗放型种植农业为主，均为巨耗水型的产业，枯水期对水资源的耗费占到了流域用水量的60倍以上；同时，为了保持18.9%的流域GDP增长率，西江流域用水量持续加大，并不断接近西江流域地表水和地下水资源总量之和，如果不及时控制用水总量，则水资源将对西江流域工农业生产发展形成极大的限制。此外，西江作为功能性耗水如纳污功能可能影响较大，如当桂林水文站流量超过40m³/s时，漓江干流的纳污能力大于现状排放量，水质能够达到Ⅱ类水质，而漓江近年来的枯季流量只有 8 ~24m³/s，经常出现功能性断流。

（7）洪涝灾害频发

洪涝灾害严重制约社会和经济的发展，直接威胁到人类赖以生存的生态环境。西江洪水灾害频繁，尤以中下游为甚，其中广西地理位置特殊、自然条件复杂和气候条件多变，加上防洪体系不完善，洪水灾害更为频繁而且严重。广西总面积23.6万km^2，2004年末总人口为4889万人，境内地形复杂；南部临海，中部为丘陵盆地，西北部为山区，地势西北高，东南低。广西多年平均降雨量1500mm左右，站点年最大降雨量高达5006mm，但降雨时空分布极不均匀，汛期4 ~9月降雨量占全年降雨量的70% ~85%。区内85%以上面积属珠江流域西江水系的汇流面积，并形成以梧州为总汇合点的树枝状水系，支流多为扇形状，上游多为山地丘陵，坡度陡峻，河床坡降大，桂西及桂西北山区容易形成山洪暴发及内涝，支流很快汇集到干流，而中下游河谷河床狭窄，一时排泄不畅，容易形成“峰高、量大、历时长”的洪水。据记载的资料，从961年宋代到1911年清代的950年间，共发生水灾765次，较严重的有1881年和1902年的洪水；1912 ~1949年，共发生水灾327次，较严重的有1913年、1914年、1915年、1936年和1942年的洪水；1950年以来，每年都有不同程度的洪水灾害发生，重大和特大洪涝灾害比较频繁，而且随着经济社会的快速发展，洪涝灾害造成的损失越来越大，对国家公共安全和人民生命财产安全影响越来越大，其中较严重的有1954年、1970年、1974年、1976年、1985年、1986年、1988年、1994年、1996年、1998年、2001年和2005年的洪水灾害。据统计，仅1990 ~2005年的16年间，广西洪涝灾害直接经济总损失累计达1 276亿元，平均每年损失约80亿元，约占全自治区同期GDP的4.34%，是全国（1.8%）的2.4倍；全区平均每年有农作物遭受洪涝灾害，约占全区多年平均耕种面积的25%；平均每年因洪涝灾害死亡168人，是诸多自然灾害中死亡人数最多的灾种。

西江流域洪涝的分布特征。5 ~8月是西江流域降雨集中期，总降雨量占全年的62.5%，各月降雨量都在200mm以上，其中6月是一年中降雨量最多的月份，达到261.5mm，5 ~8月各月降雨量分别占全年总降雨量的15.2%、17.5%、15.5%、14.3%，此期间由于降雨量大且过于集中而常出现洪涝灾害。

西江是珠江的干流，根据1959 ~2008年西江梧州水文站年最高水位出现月份资料统计，超过梧州市起淹水位的年份中最高水位全部发生在5 ~9月，其中发生在6 ~8月的占92.1%。统计郁江南宁大坑口水文站、桂江桂林水文站和柳江柳州水文站资料，超警戒线的年最高水位发生在6 ~8月的概率分别为85.0%、67.8%和92.6%。可见，5月西江流域虽然已进入主汛期，但前期江河水位低，以及土壤湿度小，降雨基本被土壤吸收或用于提升江河水位，因而发生洪涝的概率较小；而6 ~8月江河基础水位已经比较高，土壤湿度也较大，当流域降雨量较多时，易引发洪涝灾害。

从西江流域洪涝发生频率分布看，除各支流上游山区外，大部分观测站出现洪涝的频率在20%以上。其中西江干流的梧州、苍梧两站发生洪涝的频率最大，达到36% ~37%；其次是郁江、柳江红水河交汇区，洪涝发生频率在33%以上；柳江河谷发生频率在30%以上；郁江、桂江河谷均超过27%；红水河和郁江上游的左江、右江发生频率为21% ~27%。由此可见，西江流域夏季洪涝分布沿江呈带状，西江干流发生洪涝的频率比各支流大，各支流的中下游发生洪涝频率比上游大。

1959年以来，西江流域洪涝共发生了8次，其中灾害特别严重的1968年和1994年，洪涝总站次都在100以上。1968年6月和7月，桂江、西江和柳江相继发生洪涝，西江梧州水位超过警戒水位8.95m；8月郁江大洪涝，南宁防洪堤决口，洪水淹没南宁市城区的3/4，损失极其惨重。1994年5 ~8月，流域大部降水量比常年同期偏多30%~100%，其中，6月持续大范围强降雨致使中部、北部各大江河水位猛涨，洪水泛滥成灾，柳江柳州、西江梧州最高水位分别超过警戒水位9.25m和10.91m，梧州市区主要街道楼房4层以下全部被水淹没；7月再次出现大范围强降雨，致使柳江、郁江、西江等江河水位再度上涨，西江梧州水位高出警戒水位9.45m，两次洪灾给广西造成经济损失362.6亿元人民币。区域性洪涝指流域2/3以上观测站夏季降雨量偏多，发生洪涝41 ~60站次，致使西江干流或部分支流出现超警戒水位，造成严重经济损失的洪涝。1959年以来，西江流域区域性洪涝共发生了11次，发生频率为22%。局地性洪涝指流域1/3以上观测站夏季降雨量偏多，发生洪涝21 ~40站次，造成部分地区严重经济损失，但不一定致使江河出现超警戒水位的洪涝。1959 年以来，西江流域局部性洪涝共发生了 17 次，发生频率是 34%。

（8）流域降雨与河流径流量减少

对广西西江流域 1998～2013 年 TRMM 3B43 降雨数据进行统计，并以每 4 年做滑动平均，获取年均降雨量和滑动平均值。结果表明，广西西江流域多年平均降雨量约为 1517mm，且降雨量处于一种相对动态平衡的状态，降雨量上下波动。总体而言，广西西江流域的年降雨量呈微弱的下降趋势。年降雨量最大值出现于 2008 年，原因在于 2008 年 6 月出现了当年入汛以来强度最大、持续时间最长的暴雨天气过程，导致广西西江流域降雨剧增，发生洪涝灾害；年降雨量最小值出现于 2011 年，原因在于 2010 年 3 月出现了持续的高温少雨天气，导致广西西江流域的旱情不断加重。

对西江流域 1961～2005 年径流变化特征及其与气象要素的多时间尺度的关联性进行分析。西江径流量总体呈现减少的变化趋势，可能是人类活动引起流域内蒸发和入渗增加，使径流对降水的响应减弱造成的，径流丰枯变化基本与降水的波动相一致。猫儿山林区的社水河，在 1955 年以前正常流量是 $10m^3/s$，枯水期流量为 $0.7m^3/s$，此后由于树林砍伐较多，河水显著下降，现正常流量只有 $0.7m^3/s$，枯水期流量只有 $0.3m^3/s$。

3. 土壤土地环境问题

土壤是一种重要的自然资源，是人类赖以生存和发展的物质基础。土壤指陆地表面具有肥力、能够生长植物的疏松表层。土壤不但为植物生长提供机械支撑能力，并能为植物生长发育提供所需要的水、肥、气、热等肥力要素。人口急剧增长，工业迅猛发展，固体废物不断向土壤表面堆放和倾倒，有害废水不断向土壤中渗透，大气中的有害气体及飘尘也不断随雨水降落在土壤中，导致了土壤污染，通过粮食、蔬菜、水果等间接影响人体健康。人为活动产生的污染物进入土壤并积累到一定程度，引起土壤质量恶化，并进而造成农作物中某些指标超过国家标准的现象。污染物进入土壤的途径是多样的，废气中含有的污染物质，特别是颗粒物，在重力作用下沉降到地面进入土壤，废水中携带大量污染物进入土壤，固体废物中的污染物直接进入土壤或其渗出液进入土壤。其中最主要的是污水灌溉带来的土壤污染。农药、化肥的大量使用，造成土壤有机质含量下降，土壤板结，也是土壤污染的来源之一。土壤污染除导致土壤质量下降、农作物产量和品质下降外，更为严重的是土壤对污染物具有富集作用，一些毒性大的污染物，如汞、镉等富集到作物果实中，人或牲畜食用后会发生中毒。

（1）土壤污染

造成土壤污染的原因主要有以下几个方面。第一，污水灌溉对土壤的污染。生活污水和工业废水中，含有氮、磷、钾等许多植物所需要的养分，所以合理地使用污水灌溉农田，一般有增产效果，但污水中还含有重金属、酚、氰化物等许多有毒有害的物质，如果污水没有经过必要的处理而直接用于农田灌溉，会将污水中有毒有害的物质带至农田，污染土壤。例如，冶炼、电镀、燃料、汞化物等工业废水能引起镉、汞、铬、铜等重金属污染；石油化工、肥料、农药等工业废水会引起酚、三氯乙醛、农药等有机物的污染。第二，大气污染对土壤的污染。大气中的有害气体主要是工业中排出的有毒废气，它的污染面大，会对土壤造成严重污染。工业废气的污染大致分为两类：气体污染，如二氧化硫、氟化物、臭氧、氮氧化物、碳氢化合物等；气溶胶污染，如粉尘、烟尘等固体粒子及烟雾、雾气等液体粒子，它们通过沉降或降水进入土壤，造成污染。第三，化肥对土壤的污染。施用化肥是农业增产的重要措施，但不合理的使用，也会引起土壤污染。长期大量使用氮肥，会破坏土壤结构，造成土壤板结，生物学性质恶化，影响农作物的产量和质量。过量地使用硝态氮肥，会使饲料作物含有过多的硝酸盐，妨碍牲畜体内氧的输送，使其患病，严重的会导致死亡。

广西西江流域农业生态环境不同程度受到工业“三废”及化肥农药的污染，局部地区甚至已达到比较严重的程度。广西西江流域受污染的农田已达 2.67 万 km^2，占水田面积的 1.76%，每年损失粮食 4 万多吨。环江县有色金属矿藏丰富，是著名的“铅锌之乡”。2001 年 6 月，环江县遭遇了百年一遇的特大洪水，洪水将大环江、上朝河、都川河沿岸部分选矿企业厂房、设备及尾矿库冲毁，大量呈细微颗粒状的尾矿被冲入江中，随洪水顺流而下并淹没农田，使农田遭受了严重污染。2012 年 1 月 15 日，龙江河宜州区怀远镇河段水质出现异常，河池市环保局在调查中发现龙江河拉浪电站坝首前 200m 处，镉含量超《地表水环境质量标准》（GB 3838—2002）Ⅲ类标准约 80 倍。

土壤污染具有隐蔽性、潜伏性和长期性，其严重后果通过食物给动物和人类健康造成危害，不易被人们察觉；土壤污染具有累积性，污染物质在土壤中不容易迁移、扩散和稀释，因此容易在土壤中不断积累而超标，同时也使土壤污染具有很强的地域性；土壤污染具有不可逆转性，重金属对土壤的污染基本上是一个不可逆转的过程，许多有机化学物质的污染也需要较长的时间才能降解；土壤污染很难治理，积累在污染土壤中的难降解污染物很难靠稀释作用和自净化作用来消除。

（2）土壤侵蚀

土壤侵蚀是人类不合理的经济活动引起的生态平衡失调，水、土、肥流失，生产力降低，从而威胁人民生产、生活的现象。它不仅会造成水土流失地区本身受害，而且会使江河中的流水暴涨暴落，流水中泥沙含量增加，淤塞水库、湖泊，影响灌溉、发电、通航，危害农业、工业、交通，甚至危及人民生命财产安全。土壤侵蚀的影响因素主要为自然因素和人为因素两大类，气候、地形、土壤质地和植被等自然因素是产生土壤侵蚀的基础和潜在原因，而人为不合理的生产活动是造成土壤加速侵蚀的主导因素。随着人类的出现，不断以各种生产、生活活动对自然界施加影响，正常侵蚀的自然过程受到人为活动的干扰和越来越剧烈的影响，使其由自然状态转化为加速侵蚀状态。

广西西江流域土壤侵蚀主要受特殊的自然条件和强烈的人类活动影响，自然条件是造成土壤侵蚀严重的内因。广西西江流域地处云贵高原与东南沿海丘陵、平原的过渡地带，山地丘陵占陆地面积的 75.6%，裸露的岩溶面积占 33.3%，紫红色砂页岩面积占 8.5%，加上充沛的降雨和频繁的暴雨，以及抗蚀性弱的石灰土、紫色土广为分布，为土壤侵蚀的形成和发展提供了有利的外动力条件和物质基础。此外，广西西江流域森林植被的分布很不均衡，桂北、桂东森林资源比较丰富，但原生林少、次生林多，桂中、桂西岩溶石质山地植被稀疏，也是造成区内水土流失的重要原因。不合理的人类活动加剧了土壤侵蚀。由于历史的原因和其他因素的限制，广西西江流域社会与经济发展较为缓慢，农业和农村经济长期滞后，农民生活水平较低，农业生产技术落后，不少地区过度砍伐森林或毁林毁草开垦，植被遭到严重破坏，进而导致土壤侵蚀加剧。据百色市的调查资料，全市历年来毁林开荒面积达 76525.97hm^2，其中坡度 25°以下的为 19133.47hm^2，坡度 25°以上的为 57392.5hm^2，水土流失面积占全市土地面积的 42.3%。

据相关研究，广西西江流域的土壤侵蚀极敏感区面积 18554.7km^2，占 7.9%；高度敏感区面积 48227.1km^2，占 20.4%；中度敏感区面积 73754.6km^2，占 31.2%；轻度敏感区面积 68115.6km^2，占 28.8%；一般敏感区面积 27586.1km^2，占 11.7%。中度敏感及其以上级别面积占陆地面积的 59.5%。不同土壤侵蚀敏感区的空间分布如下，极敏感区主要分布于桂西北的金钟山、岑王老山、东风岭、都阳山和桂东北的都庞岭、越城岭、驾桥岭以及桂西南的那坡、德保、靖西一带，这里大多是喀斯特峰丛洼地和陡峻的高山，地形起伏大，土壤以极易被侵蚀的石灰土、紫色土为主，地表植被覆盖很差，多为裸岩石砾地，对土壤侵蚀的反应极其敏感。高度敏感区主要分布于桂西、桂中、桂西南、桂东北及桂西北局部地区和桂西北右江谷地两侧边缘的山地，德保的龙须河流域、那坡的规弄山区、桂中的柳州盆地周边和桂西南的天等、隆安、大新、龙州、凭祥、宁明以及防城港、上思的十万大山一带也有分布，这些地方是低山、高丘、谷地或盆地的外缘，即极敏感区的外围，地形起伏相对和缓，土壤为易被侵蚀的石灰土、紫色土等，植被覆盖相对较好，土地利用以灌木和旱地为主，为中度-轻度敏感区。中度敏感区主要分布在桂北的融江、桂西北的右江、桂西南的左江等流域，这里多为丘陵区，地形起伏和缓，土壤以石灰土为主，植被覆盖受人为因素的影响很大，土地大多已被垦殖为耕地。此外，中度敏感区在桂东丘陵区也有较大面积的分布，这里地形起伏比较大，降雨冲蚀力强，但植被覆盖好。轻度敏感区主要分布于桂南、桂中、桂东南一带，如柳州盆地、明江谷地、钦江谷地、南流江谷地、贺江谷地、漓江谷地、大小环江谷地等一带，地貌以缓坡丘陵、低山和台地为主，地形起伏为中等-轻度，土壤以红黏土、红壤为主，植被覆盖相对较好。一般敏感区主要分布于地势低平的河谷或平原区，如桂南沿海和桂东南、桂中及左江的河谷地区，南部滨海平原、南宁盆地、宾阳-武陵山山前平原、郁江-浔江沿岸平原、贺江中下游平原、玉林盆地、钦江三角洲、南流江三角洲等地区，这些地方地势平坦、土层深厚，土地利用相对较充分，目前大部分已被开垦为水田或旱地。此外，一般敏感区还包括河流、湖泊和水库等水域。

（3）土地石漠化

石漠化是土地石质荒漠化的简称，在亚热带湿润地区岩溶极其发育的自然环境背景下，受人类活动的影响，造成土壤侵蚀严重，基岩大面积裸露，呈现出荒漠化景观的土壤退化。石漠化发生并扩展于较纯的碳酸盐岩中，这些纯碳酸盐岩的成土速度慢，残积 1cm 的土层需要 200～300 年，约为其他岩石的 1/40～1/30。质纯层厚的碳酸盐岩岩溶发育，加速地表土层厚度的负增长，是自然界岩溶地区石漠化主要形成因素。土壤和岩石呈双层结构也是土壤容易被侵蚀流失的重要因素，上部土壤松散，下伏碳酸盐岩坚硬密实，由于存在这种缺乏过渡层的土壤-岩石突变性界面，当界面坡度较大时易产生土体整体滑移，土壤面积退缩，基岩裸露，产生石漠化。

广西西江流域位于从高原到平原的过渡高原斜坡地带，地形起伏大，高山深谷、峰丛、洼地交错分布。这些特点决定水土资源易流失，生态系统环境的抗干扰能力十分低下。气候因素对石漠化的制约主要为降雨，广西地处高温多雨的湿热地区，气候温和，四季分明，雨水集中，光热资源丰富，加速了强烈的岩溶石漠化进程，由于降雨相对集中，有时发生暴雨和特大暴雨，土壤的稳定性差，造成大量的水土流失。广西岩溶地区地下水位一般在-50m 左右，大气降水的垂直渗透带厚，不利于表层水土涵养，一到旱季，许多植被发生枯死，这为土壤流失和侵蚀提供了潜能。森林植被在自然界中对水土的涵养起着重要作用，由于岩溶地区的土壤贫瘠，地下水埋深大、旱涝频繁等原因，植被生长缓慢，绝对生长量低，适生树种稀少，群落结构简单，群落的自然调控力弱，植被退化，降低了水土稳定性，从而促进了石漠化进程。

目前，我国石漠化面积的扩张速度大约为每年 2500km^2。广西是我国西南地区石漠化最严重的区域之一，具有范围广、程度深、分布区域生态地位重要的特点。广西岩溶土地分布范围广、发育典型岩溶土地面积约占我国西南地区岩溶土地面积的 17%，占广西土地总面积的 37.8%，是广西灾害之源、贫困之根。广西西江流域岩溶土地分布广阔，岩溶地貌发育典型，范围涉及河池市、百色市、桂林市、崇左市、南宁市、来宾市、柳州市、贺州市、贵港市、梧州市 10 个市 76 个县（市、区），行政区域面积 1787.23 万 hm^2，岩溶地区行政区域土地总面积 832.25 万 hm^2，约占土地总面积的 46.6%。岩溶地区自然条件恶劣，生态状况脆弱，有效灌溉率低，农业生产受水资源制约大，坡耕地比例大，产量低，森林植被稀少。岩溶地区天然草地面积 2.82 万 hm^2，其中草地石漠化面积 112.07 万 hm^2，占 73.9%；岩溶区石漠化草地面积超过 1 万 hm^2的有 33 个县（市、区），其中超过 5 万 hm^2的有都安、大化、忻城、德保和天等。石漠化草地主要分布在河池、百色和崇左等市。石漠化不但破坏了生态环境景观，而且使地表调蓄雨水的能力减弱，导致大面积水土流失，旱、涝灾害频繁，危及当地的生态安全，制约区域经济的发展。

（4）地质灾害频发

地质灾害是指主要由地质作用形成的自然灾害。广西是全国地质灾害多发省区之一。广西西江流域的地质灾害主要表现为突发性的滑坡、崩塌、泥石流、塌陷、河岸侵蚀和渐变性的地裂缝、海水入侵、石漠化、水土污染等两大类。广西西江流域山区地形切割强烈、地势陡峻，崩塌、滑坡、泥石流等地质灾害成灾速度快、发生频率高、危害强度大。地质灾害发生时间集中，多发生在雨季，特别是暴雨过程中或暴雨之后。喀斯特山区地质灾害往往形成特殊的地质灾害链，具有继承性发育的特点，交替出现，相互诱发、转化。常见的有崩塌或滑坡过后再次出现滑坡，滑坡后出现崩塌，崩塌、滑坡后接着是泥石流等。多种地质灾害同步发生，连续出现，加大了灾害的损害。

滑坡灾害。统计到的西江流域 1100 处滑坡中，80% 属于小型滑坡，类型虽小但危害不小。1993 年平乐县云盘岭发生的滑坡，滑坡体积仅有 $5.7\times10^5m^3$，却摧毁房屋 6 间，附近桂江码头被掩埋，道路中断 2 个多月，直接经济损失达 1200 万元，间接经济损失 6500 万元。

崩塌滑坡灾害。据统计，体积小于 $2\times10^4m^3$ 的崩塌占93%，2×10^4 ~ $20\times10^4m^3$ 的占 6%，大于 $20\times10^4m^3$ 的占1%。1990 年6 月9 日发生在融安县浮石乡蒋村的崩塌，造成15 人死亡，重伤6 人，毁坏房屋15 间，直接经济损失500 万元。

泥石流灾害。此类灾害小型占60%，中型占20%，大型占20%。1985 年桂北的资源县和桂林的海洋山泥石流，致使受灾面积达 $1000km^2$，冲毁房屋3493 间，死亡54 人，直接经济损失达1.6 亿元。2003 年9 月1 日，金秀县突降暴雨，较短时间内降雨量达146mm，造成多处山体滑坡和泥石流，使该县的5 个乡镇的18645 人生命安全受到严重威胁，88 间房屋倒塌，$250hm^2$ 耕地毁坏，$1325hm^2$ 农作物受灾，直接经济损失3560 万元。

地面塌陷灾害。已调查到的广西西江流域岩溶塌陷约有1750 处，塌坑1 万多个。塌陷灾害75%是自然因素造成，25%是人为因素造成。在人为活动强烈的地区，则有50%的塌陷是人为造成的。

矿坑突水和冒顶。1998 ~2001 年广西西江流域矿山地质灾害造成512 人死亡，93 人受伤。其中2001 年的合浦石膏矿矿坑冒顶，死亡29 人，南丹“7·17”特大透水事故死亡78 人。

（5）水土流失

1949 年以来，西江上中游森林覆盖率减少了一半，水土流失面积增加了1.5 倍，活动性滑坡和泥石流数量增加了一倍以上，土壤侵蚀面积占总面积的53.08%，平均侵蚀模数为 $2605t/(km^2 \cdot a)$，流失区侵蚀模数为 $4907t/(km^2 \cdot a)$，是平均侵蚀模数的1.9 倍。强度、极强度、剧烈等级的土壤侵蚀模数分别占全区土壤侵蚀面积的20.09%、17.46%和1.78%。

西江流域地势西北高东南低，以山地丘陵为主，构造复杂，碳酸盐岩、碎屑岩、花岗岩分布广。流域内降雨丰沛，多大暴雨，加上植被退化，水土流失十分严重。流域的西部多为岩溶山区，而东南部则有较大面积的花岗岩风化表层。以碳酸盐岩为背景的岩溶地区由于地质和人为原因，植被退化造成极严重的生态环境问题。西江流域的贵州、广西、云南等多岩溶区由于土层薄，夏季暴雨频度高，人类对生态环境的不断干扰造成土尽石出，导致石漠化问题日益严重，如广西的石漠化面积就达到约230 万 hm^2，占广西总面积的29%，而且石漠化仍在发展。而花岗岩发育的土壤表层为崩岗侵蚀特征。崩岗年侵蚀模数一般为1 万 ~1.5 万 t/km^2，局部地区达8 万 ~10 万 t/km^2。崩岗侵蚀不但使山地变为破碎不堪的侵蚀劣地，而且因大量粗沙下泻，淤积河床、库、渠，埋压山下稻田，危害极大，据调查，广西容县至苍梧等地水土流失造成河道淤积0.5 ~2m 深的达1000m，河道总长40%以上，其中因淤塞而阻航的约为280km。

4. 大气环境问题

（1）局部地区大气污染

当前，我国经济发展与环境保护之间的矛盾日益突出，环境质量、环境容量等因素已经严重影响到社会经济的发展。随着城市化进程的加快和大型工业开发区的建设，环境污染物的排放量不断增加，污染范围也不断扩大，以颗粒物、二氧化硫、氮氧化物等为主要污染物的大气环境污染问题日趋严重。酸雨已危及广西西江上中游大部分地区，一般酸雨频率达65%以上，在城市附近和经济发达地区，不少河段的水质已达不到饮用水标准。

有关研究表明，柳州市2009 ~2014 年 PM_{10} 浓度呈明显的增长趋势。2009 年年均浓度为 $54.1\mu g/m^3$，2014 年年均浓度为 $91.6\mu g/m^3$。2014 年相对于2009 年增长了69.3%，年均增长率为11.1%。2011 ~2012 年，PM_{10} 浓度接近国家空气质量二级标准，而2013 ~2014 年，PM_{10} 浓度大大超过了国家空气质量二级标准。2009 年和2010 年的 SO_2 浓度超过了国家空气质量二级标准。各污染物浓度1 ~3 月浓度较高，然后持续下降，在6 ~8 月出现低值，9 月后逐渐升高。如果按季节划分，则都呈现出冬季>秋季>春季>夏季，SO_2、NO_2、PM_{10} 和 $PM_{2.5}$ 的浓度冬季相比夏季分别提高82.9%、56.3%、66.9%和133.6%。这可能是由于冬季具有更大的污染排放，同时边界层高度低，污染物不易扩散。同时，$PM_{2.5}/PM_{10}$ 的值在冬季也高于夏季，表明冬季更易富集细颗粒。冬季的 SO_2、秋冬季和春季的 PM_{10} 容易超标，$PM_{2.5}$ 除7 月外全线超标。

（2）灾害天气频发

强对流天气是影响西江流域的主要灾害性天气之一。影响西江流域的强对流天气主要有强雷暴、雷雨大风、冰雹、龙卷风及其伴随的强降水。近几年，强对流天气（如在 2004 年 7 月 1 日、2005 年 3 月 22 日、2006 年 8 月 4 日、2007 年 7 月 16 日发生的强对流）给西江流域造成了较严重的灾害。2002 ~ 2006 年西江流域共发生 73 次强对流天气，年均约 15 次，开始月份从 1 月推迟到 3 月，盛发期仍为 3 ~ 8 月，占全年总数的 91. 8%（67/73），比 1971 ~ 1983 年的 98% 少，结束月份从 10 月推迟至 12 月。秋冬季强对流天气的发生有增多趋势，共有 4 次，其中 2 次出现冰雹。

5. 生物资源问题

水生生物及其生态系统与森林、草原等生态系统共同构成了人类赖以生存的环境，研究该系统对维护水域生态平衡，避免和减少水域生态灾害发生，保障国家生态安全有重要意义。西江的开发建设在创造巨大经济、社会效益的同时，产生了影响保护区生态功能、占用或破坏水生生物关键生境、局部水域荒漠化以及外来物种入侵等一系列生态环境问题。西江开发建设中产生的生态环境问题是否能妥善处理关系到西江黄金水道规划的顺利实施和流域可持续发展的实现。协调西江建设开发与生态环境保护也是深入贯彻落实科学发展观和广西建设全国生态示范区的必然要求。西江开发建设产生的环境问题主要集中在生态方面。

（1）生物多样性减少

西江分布有众多水生生物，具有生境特有程度高、孑遗物种数量多的显著特点。西江水域分布有淡水鱼类 271 种、龟鳖类 20 余种、鲵和螈类 3 种、珍稀蚌类 2 种，其中，国家一级重点保护动物 2 种，国家二级重点保护动物 5 种，广西重点保护野生动物 2 种，列入《中国濒危动物红皮书》或《濒危野生动植物种国际贸易公约》附录Ⅰ、Ⅱ的共有 11 种，广西地方特有物种有 8 种，洄游、半洄游性鱼类约 30 种。由于过度捕捞，许多地区的经济鱼类年捕获量逐渐下降，且种类日趋单一，种群结构低龄化，许多鱼类已濒临绝迹。据统计，1980 ~ 2005 年，广西淡水水产捕捞产量从 0. 2 万 t 猛增到 11 万 t，提高了50 多倍，捕捞强度的不断增大使野生鱼类资源量大幅减少。加之捕捞工具的使用失控，使鱼类资源受到严重破坏，特别是电鱼、毒鱼、炸鱼、密眼网捕等有害的捕捞方式给渔业资源毁灭性地打击，许多物种分布区不断缩小、斑块化。珊瑚礁以其高生物多样性被誉为“海洋中的热带雨林”，但过度渔业捕捞和无节制的海底旅游活动正在使珊瑚礁面积减小，生物多样性降低。

广西在西江经济规划带内有保护区 30 多个，其中以水源涵养林为保护对象的有 21 个，面积达到 70 万 hm^2 以上，如九万山水源林保护区等。西江经济规划带实施后，水源林面积将有所减小，对水土流失控制、河川径流的调节、防止大的洪涝灾害等产生重要影响。西江经济带沿江产业群布局将改变近岸自然景观格局，人类对河流地貌破坏的规模和强度将有所增加，而西江两岸相当部分是岩溶地貌，水力条件复杂性的叠加，易导致交错带自然植被破坏严重，从而河流的生态环境严重退化。西江黄金水道航运枢纽工程的实施将会影响淹没区的鱼类产卵场，侵占或破坏鱼类关键生境，将可能导致由繁殖困难引起的渔业资源的衰竭，从而引起水域内生物多样性的急剧下降，最终降低水域生态系统的稳定和引发水域生态安全问题。大型连续梯级枢纽的叠加和累积生态影响突出表现在对洄游鱼类的阻隔、鱼类“三场”大量丧失以及自然生境的丧失和生境破碎化，这都将对水生生物多样性产生深刻的影响。根据翟红娟对澜沧江连续梯级电站累积生态影响研究结果，梯级电站联合运营后，澜沧江栖息地环境指数从建坝前的 1 下降至 0. 33，栖息地多样性指数从 1 下降为 0. 52；自然河段占整个研究河段的比例仅约为 3%；澜沧江生态完整性呈明显的下降趋势，从建坝前的 0. 825 下降到 0. 309[16]。由此类比，西江水域的 10 个大型梯级枢纽建设对西江水域生态的叠加和累积影响会较大。

森林物种方面，各源头常绿阔叶林减少，人工纯林、经济果木林增多，复层林演变为单层林。例如，漓江猫儿山地区，原始林完好的区域保持着良好的典型高山湿地环境状态，植被层次丰富，种类繁多，常年积水的腐殖层平均厚度达 1. 6m，最厚处达 5m 左右，具有极好的储水保水功能。但在相邻不远的非保护区的山坡和山头上，分布稀疏人工林和次生林，由于属于当地村民山地，乱砍滥伐十分严重，地表腐殖层很薄或基本不存在，严重影响水土涵养功能。20 世纪 90 年代以来，虽然森林面积稳步增加，但林分质量有所下降，阔叶林一直没有得到恢复。

（2）外来物种入侵

入侵物种通过改变环境条件和资源的可利用性而对本地物种产生致命影响，不仅使生物多样性减少，而且生态系统的能量流动、物质循环等功能也受到影响，严重的会导致整个生态系统崩溃。目前，西江水域主要的外来入侵水生生物有喜旱莲子草、凤眼莲、大藻和罗非鱼等。根据中国农业部门测算，仅 11 种外来入侵物种给农业、林业造成的经济损失就高达 570 多亿元，给中国造成的经济损失至少在 1000 亿元。含外来物种的船舶压舱水排放和水产养殖品种的引进是引起水域生态入侵的主要原因。西江亿吨黄金水道建成后，将有大量的船舶在西江上往来，甚至包括船舶在海洋和西江之间的频繁往来，大大提高了船舶压舱水排放引发外来物种入侵的概率。目前在西江局部水域已经发生凤眼莲疯长现象，如贵港枢纽坝首江段时常看到有成片的凤眼莲占据大部分江面。

广西合浦于 1979 年引入大米草，由于大米草繁殖力强，耐盐、耐淹，光合效率高，在海岸带、河口等广阔淤泥质潮滩具有高度的生态适应性，对保护海堤、生产绿肥等起着积极的作用，但后来发现，大米草种群大暴发，给当地生态系统造成极大的危害，造成生物多样性减少，带来了不可估量的经济损失。

（3）森林覆盖率下降

由于流域经济的快速发展，城镇化速度加快，流域上游水源林遭受严重破坏，取而代之的是经济林、用材林和农业用地。上游源头包括百色市的岑王老山自然保护区、百东河水源林自然保护区、大王岭水源林自然保护区等 3 个水源林区的成熟林，10 年间减少了 20%；而西江的另一上游——漓江水源林区面积从 1986 年的 1584.1km^{2}减少至 2002 年的 1222.95km^2，面积总量减少了 22.8%。

（4）生态系统功能下降

过去一段时期内，西江流域一些工程忽视对环境的不利影响，形成强烈的人为干扰，导致流域的生态环境功能严重退化。此外，传统护岸工程只考虑到工程的耐久性，多采用混凝土或石材，没有考虑人工构造物对生物及生态环境的影响，人工构造物隔断了水生态系统和陆地生态系统的联系，破坏了西江流域的各种生态过程，导致河流的自我净化及自我恢复能力降低，留下了至今未能完全解决的一系列生态问题。

随着经济的高速发展和人口的急剧增长，人们对土地资源需求不断增加，各类工农业用地、城市建设等占用湿地，使湿地面积不断减小。围垦是天然湿地急剧减少和功能退化的首要原因。大约 150 年前，广西沿海的红树林面积高达 2.4 万 hm^2，到 1949 年前后还剩红树林 1.6 万 hm^2，而目前仅有 8374.9hm^2，减少了约 65%，其中绝大部分红树林都是因围垦成农田而丧失。据 2001 年全区湿地资源调查，自 1980 年以来，全区被占用的红树林面积为 1464hm^2，占现有红树林总面积的 15.6%，其中挖塘养殖占用面积达 1390.9hm^2。红树林是全球生物多样性与湿地保护的重要群落，大面积红树林的消失，使许多以红树林为生境的生物丧失栖息地而灭绝，而且也使红树林丧失了防护海岸的生态功能。

（5）生物种质保护地遭到破坏

根据《广西西江黄金水道建设规划》，西江黄金水道开发和建设将可能会对 1 处自然保护区和 2 处种质资源保护区产生影响。《西江航运干线贵港至梧州 3000 吨级航道工程可行性研究报告》有 13 处作业区位于西江梧州段鲮鳡鱼国家级水产种质资源保护区范围内，其中核心区有 7 处，实验区有 6 处。《桂林漓江旅游专用航道工程项目可行性研究》，在漓江光倒刺鲃金线鲃国家级水产种质资源保护区内核心区有疏浚炸礁作业区 2 处，实验区有疏浚炸礁作业区 5 处。这些设计的作业区部分位于自然保护区或种质资源保护区的产卵场和越冬场等鱼类重要生境。

西江流域的经济生产活动侵占或破坏鱼类关键生境，引起渔业资源衰竭。鱼类位于水生生态系统食物链的顶端，为维持水生生态系统健康和稳定的关键种群。鱼类产卵场、索饵场和越冬场是野生鱼类完成自然繁衍、生长和生存的关键场所，在鱼类自然完成生活史的过程中具有决定性作用。鱼类产卵场和其他重要生境被大量占用和破坏，将可能导致因繁殖困难引起的渔业资源的锐减。航运枢纽淹没、港口码头作业区占用以及航道整治项目的直接破坏为西江黄金水道开发建设对鱼类“三场”的主要威胁。航运枢纽工程的实施对库区淹没区的鱼类产卵场影响极大，淹没区内产卵场的产卵功能基本丧失，而对越冬场和索饵场影响不大。以广西右江那吉航运枢纽工程为例，工程建设前库区有 6 处鱼类产卵场，工程建设后，原有 3 处产卵场完全丧失功能，2 处产卵场基本丧失功能，库尾处产卵场因库尾回水水文条件变化不大得以基本维持原有产卵功能，但是丧失了漂性鱼类产卵功能，总体来看，枢纽工程建设对库区产卵场影响明显。对于码头和港口建设工程，若选址所在江段有鱼类“三场”，则可能会对鱼类的产卵、越冬和索饵行为产生一定干扰，降低其生态功能，但是一般不会直接导致其生态功能完全丧失。航道整治工程对鱼类“三场”的影响主要是疏浚、抛投或炸礁等施工行为，直接破坏鱼类“三场”地形和改变河流水文动力条件、环境条件，明显降低鱼类“三场”的生态功能。

西江流域大型水利工程阻隔鱼类洄游和威胁珍稀濒危、地方特有物种生存和繁衍。大坝阻隔了鱼类洄游通道，给鱼类产卵洄游、索饵洄游、越冬洄游设置了无法逾越的屏障，上下游鱼类的种群资源交流难以实现。多数珍稀濒危和地方特有鱼类喜欢栖息在急流、浅滩河流水域，梯级枢纽工程建设使西江干流急流生境基本丧失，导致适应急流生境鱼类逐渐因生境丧失和繁殖困难而逐渐消亡。珍稀濒危和地方特有鱼类的逐渐衰亡将导致宝贵种质资源的丧失，并引起水域内生物多样性的急剧下降，从而通过食物链传递引起连锁反应，最终降低水域生态系统的稳定和引发水域生态安全问题。

20. 2. 2　流域生态补偿建设现状

流域生态补偿是以实现流域经济发展与生态环境保护协调，促进人与流域自然生态环境共同向良性方向发展为根本目的，根据流域生态系统提供给人类的供给服务、调节服务、文化服务、支持服务价值等，并结合生态环境保护及污染治理的成本等，在管理手段上运用多种方法，主要结合行政和市场两方面，积极调整流域自然环境监测和保护的生态经济政策。虽然我国在流域生态补偿方面的起步比较晚，但是势头很猛。对流域生态补偿的探索，极大地提高了政府等管理部门对流域生态环境的关注，也促进了流域居民对环境污染的治理。不仅促进了流域生态服务市场化，而且是流域自然环境筹资的重要手段。虽然我国在生态补偿领域的研究时间不长，但取得了很多成果，对指导流域生态环境保护具有重要的科学依据。同时，在实际操作的过程中仍发现以下不足的地方，需要改进。

这些不足之处主要包括流域生态补偿缺乏协同性、生态补偿标准不统一、生态补偿模式及方式简单、流域生态产权及权责模糊等方面的问题。

①流域生态补偿缺乏协同性，现阶段的流域生态补偿空间范围往往围绕流域的行政面积区划，一个流域往往由多个地方政府部门管理，造成了各县市政府之间的博弈，生态环境污染的治理与管理权责不明确，对流域的治理与开发是极为不利的。同时没有以整条流域为单元进行生态补偿，引起不必要的麻烦与纠纷。

②生态补偿标准不统一，当前学术界和政府对生态补偿的主体和客体都没有准确的定义，都是在做尝试性的工作。有些政府部门在生态补偿时，主要考虑污染环境治理的费用，考虑的因素比较单一，合理性和科学性有待进一步研究。不同部门与政府之间的生态补偿标准往往是不相同的，因此生态补偿标准模糊、不明确、不统一等问题比较突出。

③生态补偿模式及方式简单，由于我国在生态补偿方面的研究与实践的时间比较短，在补偿模式与方式方面主要参考欧美发达国家的经验，本土的生态补偿模式还处于起步探索阶段，现在比较典型的模式有新安江生态补偿模式以及九洲江模式。具体的生态补偿模式都是以政府财政为主导，包括政策补偿、产业补偿、市场补偿等方式。

④流域生态产权及权责模糊，流域的生态环境污染治理管理部门非常复杂，现阶段我国在水质、水量方面的利益主体与客体不是非常明确，所以在生态补偿的实施和管理过程中，有时出现无法可依，有法可依却找不到主体执行等尴尬的局面。现阶段，我国流域生态补偿建设任重而道远。

20.3 广西西江流域生态补偿机制设计

20.3.1 生态补偿机制建立的难点

现阶段的流域生态补偿机制处于起步及探索阶段，与欧美发达国家相比，我国在生态补偿主体客体、生态补偿标准以及生态补偿基金筹备等方面存在较多的不确定性[17]。因此，我国流域生态补偿机制的建立难点主要包括生态补偿主体客体的确认、生态补偿标准以及生态补偿基金筹备途径等方面。首先是生态补偿主体客体问题，要弄清楚这个问题，我们必须回答谁补偿以及补偿谁这个问题。在回答这个问题之前，要涉及很多法律知识，如生态环境产权，现阶段还没有相关法律对生态环境产权进行定义与规划，因此要推广和落实生态环境补偿必须弄清楚流域生态环境的产权。其次是流域生态环境补偿的标准及强度，当前流域生态补偿主要参考污染治理费用，结构单一。合理、科学的生态补偿标准需要对环境保护和治理的投入进行详细的计算核实，通过专家的咨询论证，同时补偿的强度也是一个非常难解决的问题，所以实现流域生态补偿最基本的是要有科学、合理的补偿标准和强度。最后是生态补偿资金筹备途径问题，生态补偿资金是实现补偿的重要保障，没有资金来源其他的都要免谈。现在生态补偿的资金主要来自政府机构，市场和个人的捐赠是非常有限的，所以在未来如何引导市场和个人资金进入生态补偿领域是主要的创新点，只有将资金来源的渠道弄清楚及扩展，才能更好地落实和实施生态补偿。

20.3.2 流域生态补偿原则

流域生态补偿需要遵循一定的原则和方法才能更好地实施，本章在学者研究的基础上，对流域生态补偿原则进行总结和思考。流域生态补偿原则主要包括生态环境保护方补偿原则、环境污染方需付费原则、补偿主客体公平原则等。

1. 生态环境保护方补偿原则

流域具有丰富的水资源、土地资源、生物资源等，其中上游、中游、下游的资源分配量是有差异的。上游地区的水土资源最为丰富，为了满足中下游地区的经济发展与居民生活，上游地区的资源开发的限制也是最大的[18]。中下游地区土地肥沃平坦，多开辟为城区和工业生产区，因此其经济发展较好，生活水平较高，同时对流域的污染也是最大的。上游地区为了保护水资源的安全，其经济发展受限，所以中下游地区需要支付上游地区生态保护费用，以维持流域的生态环境安全。同时中下游企业的污染，也是需要企业花钱去治理的，要执行谁污染谁治理、谁保护谁受益的原则，做到流域生态安全，人人有责，生态环境保护方得到补偿。

2. 环境污染方需付费原则

流域在开发利用的过程中，由于受到利益驱使，往往出现过度开发、过度排污等问题。对流域的生态环境造成严重的影响，为了维护流域生态安全，必须对污染问题进行及时的处理，因此在治理过程中，污染方是需要付费的[19]。不仅要支付恢复生态的，还要支付管理部门的处罚以及对民众的民事赔偿等。对环境污染方付费标准及强度，现在还没有系统的研究，不少学者从环境成本方面入手，核算污染的付费详细项目。

3. 补偿主客体公平原则

流域的水土资源，从管理学角度来看，是属于公共物品，每个人都有保护和利用的权利和义务。只有充分地对生态补偿主客体进行公平对待，才能维护生态补偿政策的落实。我国在很早就执行谁保护谁获益的原则，这充分体现了对补偿主体的公平保护[20]。不少学者认为流域资源作为公共资源，居民在享受利用环境资源带来好处的同时，不能把这种好处私吞以及霸占或者破坏其他人享受环境资源的权利。严格执行公平原则，有利于维护生态补偿的可持续发展。

20.3.3　流域生态补偿模式

流域为居民的生活提供基本的物资保障如水资源等，对流域不合理开发，会使流域出现不同程度的生态破坏。当前，我国流域生态补偿制度处于起步阶段，通过收集相关文献资料，本章总结了目前几种重要的模式，包括政府补偿、市场补偿、资金补偿、项目补偿、经济合作等。

1. 政府补偿

政府补偿是在补偿机制、相关主体与运作方式的背景下，以政府实施主导的生态补偿模式。详细操作包括政府财政补贴、政策倾斜、环境保护项目、企业税收改革、人才技术投入等非市场途径，对生态系统保护者予以补偿，以此实现生态环境保护、经济发展、社会稳定的运行方式[21]。基于生态资源公共物品属性，政府补偿中一般由中央政府或上级政府以及流域下游政府作为补偿主体，通过提供财政补贴以及专项资金等方式，提供给上游生态保护者一定补偿。我国流域生态补偿实践普遍具有典型的政府主导特征。以新安江流域生态补偿实践为例，在中央政府统一组织、皖浙两省政府共同推进下，新安江流域生态补偿首轮试点正式启动。汀江–韩江、九洲江以及东江等大型流域开展的生态补偿实践也都带有政府补偿特征。

2. 市场补偿

市场补偿与政府补偿有较大的不同，市场补偿通常是在产权分配清晰的前提下，借助市场交易或准市场交易，最终达到生态环境改善的一种社会最优选择[22]。市场补偿源于生态系统服务商品化理念，具体指生态系统服务受益者通过市场化或准市场化途径给予生态系统服务提供者一定补偿，促使其保护环境的运行方式。市场补偿涉及主体较为广泛，补偿主体指享受优质流域生态系统服务的直接受益者，涉及流域下游政府、受益个人、受益企业、受益社会组织等；受偿主体指流域生态系统服务的直接提供者，包括流域上游政府、农户、减少资源使用的相关企业等。市场补偿方式主要有水权交易、直接交易、生态标记、生态购买等。

3. 资金补偿

资金补偿被认为是最贴合实际的补偿方式，主要形式包括补偿金、政府转移支付、政府补贴、捐赠款等。资金补偿比其他的补偿方式更加实际，这是资金补偿最显著的优点，能更好地去解决当下存在的问题，如要新建污水处理池和垃圾处理池，仅有一些政策性的补偿方式是不切实际的[23]。对于资金补偿需要有明确的资金使用范围，保证专款专用，不挪作他用，保证资金拨付力度和效率。资金补偿能让当地生态保护者和建设者心里更踏实，提高当地民众保护环境的积极性。

4. 项目补偿

项目补偿在这里专指一些无污染的生态经济型项目。水源地作为流域水源的保护区，不能在此区域内进行工业等污染性质的企业生产。与此同时，由于国家出台了退耕还林还草政策，当地很多的居民失去了经济收入，生活水平低下。水源地当地政府和当地企业居民做出的巨大牺牲，理应通过其他的方式来进行补偿。为了补偿这些损失，国家应同受益区大型无污染的高新技术产业为保护区带来项目上的补偿，来提高当地居民工作上的热情和保护环境的积极性[24]。政府的一些政策优惠能更好地促进项目补偿工作的顺利进行。

5. 经济合作

经济合作作为一种比较实际的生态补偿方式，在保护区和受水区的经济发展中占有比较重要的地位。由于受水区经济比较发达，人才比较多；而上游保护区在经济水平上较低下，但自然资源比较丰富，这就为两地展开合作创造了资源上的优势。通过两地之间的合作，上下游之间能够进行取长补短，这种补偿方式能使上下游资源进行对接，更好地促进了上游水源地环境资源的保护和下游地区经济社会的良性发展。

20.3.4　流域生态补偿机制设计

根据我国生态补偿现阶段研究的主要成果，本章流域生态补偿机制设计的总体思路如下。一是补偿目的，包括解决流域经济发展与生态保护矛盾、流域生态环境与经济发展协调、促进流域可持续发展[25]。二是生态补偿原则，包括生态环境保护方补偿原则、环境污染方需付费原则、补偿主客体公平原则等。三是生态补偿模式，在确定流域尺度及基础上，围绕补偿主客体的识别、补偿方式的确认、补偿标准的明确以及重要的补偿依据等开展。

20.4　广西西江流域生态补偿与保护建议

20.4.1　生态补偿建议

在流域生态补偿目标设定上，环境保护、生态改善的基调不变，同时考虑流域经济均衡发展与缓解贫困目标。优质生态系统服务的供给、保持和增长是生态补偿机制的基本要求，不论是政府补偿中的财政转移支付或是市场补偿中的货币支付，都作为一种物质激励以实现生态补偿真正诉求，政府补偿与市场补偿选用应注重监督机制的设置，避开“政府失灵”与“市场失灵”，避免生态补偿沦为“圈钱运动”[26,27]。

在补偿资金方面，各地应积极建立生态补偿基金，健全补偿资金筹集、管理、效果评估完善的生态补偿体系。一方面政府作为补偿基金的发起者与主导者，应履行生态保护的责任并支付相应的财政补贴资金，用以平衡流域上下游利益与优化社会资源再分配；另一方面，市场主体通过多渠道筹集社会资本，通过市场化运作增强补偿资金的可持续性。创新 PPP（public private partnership，公共私营合作制）模式，进一步引入社会资本，缓解财政压力，实现经济效益与生态效益的共赢。在补偿方式方面，积极探索多元化补偿方式，鼓励上下游开展全方位多领域的合作，除“输血式”资金补偿方式外，运用培育优势产业、人才岗位培训、共建特色园区等“造血式”补偿方式，缩小流域间发展差距，缓解上下游发展与保护间的尖锐矛盾，进一步巩固生态补偿效果，建立有利于全流域环境同治、产业共谋、责任共担的共建共享机制[28]。

20.4.2　水环境保护对策

珠江水系活跃的经济建设拉动了西江流域发展，西江流域加快开发形成的流域失衡问题，要求我们必须走可持续发展道路。当前，西江流域开发强度越来越大，目前已出现源头区域植被退化、水环境承载力下降、水资源平衡失调等趋势[29]。因此，要坚持生态为要，环保为先，围绕构建资源节约型、环境友好型社会，切实加强西江生态环境保护，进行西江流域水资源优化管理，实现广西西江流域生态环境与经济社会一体化发展。

1. 建立广西西江流域水资源水环境管理体系

水资源水环境管理要有一个适应社会经济发展要求的管理体系。对于西江流域这类处于上游区域的后发展地区，应从国家层面考虑建立流域保护专项资金，纳入中央、地方财政转移支付的基本框架，统筹全流域的水污染防治，制定跨省边界水质达标管理条例，确定交界河流断面水质管理目标[30]。通过建立起流域治理管理系统，才能促进全流域共同发展、协调发展。

2. 科学规划广西西江流域水资源水环境管理工作

通过“十二五”西江流域环境综合整治规划，将治理思路导向可持续发展道路，把水资源水污染防治列为西江流域水环境综合治理工作重要的工作内容，借此推进流域水资源优化管理工作[31]。编制西江流域生态文明建设规划，建立生态恢复示范区，实施脆弱环境综合治理，及早将制止生态环境的快速退化提上各级政府的议事日程，组织动员社会各行各业依其责任参加到修复、恢复与维护生态环境实际行动中并严格考核。

3. 加强流域污染减排和水污染防治工作力度

认真实施西江流域“十二五”污染减排计划，抓好并全面完成制糖、淀粉、造纸和酒精等行业减排工程，进一步加快推进城镇污水处理厂及配套管网建设，实现化学需氧量、氨氮减排目标以及改善江河水质。以整治环境违法行为保障群众健康环保专项行动为平台，在广西壮族自治区范围内完善跨部门、跨区域的水污染联防机制，研究理顺流域管理体制，推动水污染防治形成合力。

20.4.3　水土保持对策及建议

1. 坡改梯、防护林建设

坡改梯、防护林建设是西江流域水土保持和改善生态环境的重要措施[32]。西江流域坡耕地面积大，而且是主要的侵蚀区。据水利部珠江水利委员会 1989 年统计，西江流域坡耕地面积占总面积的 12.7%，占流域侵蚀面积的 81.2%，集中分布于流域中上游的滇黔桂山区。坡耕地不仅水土流失严重，而且产量很低，坡耕地改梯田后能大幅度提高农作物产量，一般可增产 1500～2250kg/hm^2。因此，坡改梯不仅是西江流域山丘区水土保持的重要工程，也是建设山区基本农田的温饱工程，还是陡坡耕地退耕还林还草的物质保证工程。

2. 将上游地区列为水土保持重点治理区

西江上游的南盘江、北盘江及红水河流域，山高坡陡，地形破碎，加之煤等矿产资源丰富，滥开乱挖严重，人口密度高，毁林开荒普遍，坡耕地面积大，水土流失严重，滑坡、泥石流灾害频繁，如西江上游的滇黔两省水土流失面积和具有潜在危险的面积分别占总面积的 35.5% 和 42.1%，都高于西江流域平均值。这些地区又是滑坡、泥石流的高发区，仅六盘水市就有大型滑坡 100 余处，中小型滑坡到处可见。西江上游的水土流失不仅危害当地，也危害着中下游地区，特别是对流域梯级开发威胁很大。因此，将西江上游列为水土保持重点治理区，尽快投入经费开展治理工作，迫在眉睫。

3. 中游碳酸盐岩区水土保持工程建设

中游碳酸盐岩区水土保持工程建设必须与当地扶贫工作结合起来，长期坚持。碳酸盐岩在西江流域分布广泛，其面积占西江流域总面积的 39%，中游的桂中、桂西南和桂东北分布集中，碳酸盐岩岩性坚硬，风化成土速度非常慢，土层易被侵蚀，潜在危险程度高，薄层土壤被侵蚀后，裸岩面积大。据广西大新、都安、东兰等 9 个碳酸盐岩县调查，其平均裸岩面积占总土地面积的 29%；河池地区和柳州地区岩石裸露丧失生产能力的面积分别占两地区总面积的 18.6% 和 12%。碳酸盐岩区既缺土又缺水，大部分地区是贫困地区，水土流失又加剧了贫困。西江流域碳酸盐岩区是我国扶贫攻坚的重点区域之一，扶贫难度大，水土流失治理的难度也大。应当指出，该区扶贫必须搞好水土保持，水土保持工程也是扶贫工程，二者必须紧密结合，长期坚持，相互促进[33]。

20.4.4　大气污染治理对策及建议

随着城市化进程的加快，大气污染的情况越来越严重。虽然科技发展水平在不断提高，但是也难以满足环境治理的实际需求。大气污染会产生严重的危害和影响，不但会给人们的生活造成不便，还会危害动物和植物的生长。如果大气污染情况十分严重，还会对建筑物产生一定的危害。由此可见，防治大气污染问题刻不容缓。

1. 合理布局，调整产业结构

对该地区各污染源所排放的各类污染物质的种类、数量、时空分布等做全面的调查研究，在此基础上制定控制污染的最佳方案。调整产业结构，对已有污染重、资源浪费、治理无望的企业要采取关、停、并、转、迁等措施[34]。推行清洁生产，从源头控制污染。工业生产区应设在城市主导风向的下风向，在工厂区与城市生活区之间，要有一定间隔距离，不宜过分集中，以减少一个地区内污染物的排放量。

2. 减少机动车尾气排放

机动车尾气中含有 CO、碳氢化合物（C_xH_y）、NO_x、SO_2等有害污染物。机动车尾气污染面广，是城市大气污染的又一重要问题。要减少这类大气污染物的排放，主要是要改变发动机的燃烧设计和提高油的燃烧质量，鼓励发展清洁燃料车。同时，加强城市机动车污染排放的控制力度，对机动车实行监督检测，完善道路交通管理系统，控制交通污染[35]。

3. 植树造林，绿化环境

植树造林是大气污染防治的一种经济有效的措施，茂密的树林能降低风速，使空气中挟带的大粒灰尘下降，树叶表面粗糙不平，能吸附大量飘尘。植物的光合作用吸收 CO_2，释放 O_2，使空气得到净化[36]。因此，必须大力加强绿化建设，提高城市绿化面积，从而减轻污染危害，改善城市大气环境质量。

20.4.5 保护生态环境对策及建议

1. 宣传生态环境保护的重要性

随着人类科学技术的发展，越来越多的自然环境要素将成为人类创造财富的资源。人类为其自身的生存和发展，在利用和改造自然资源与环境过程中，对资源与环境造成了不同程度的破坏，导致各种生态与环境问题的出现。保护生态与环境就是保护生产力，生态与环境建设是一切旨在保护、恢复和改善生态与环境的行动的总称，即对水、土、气、生等自然资源（或再生自然资源）的保护、改良与合理利用，实质就是生态与环境的保育。正确认识和宣传生态与环境保护的内涵，有助于避免从局部利益出发，片面强调某项生态建设任务是生态与环境保护的“主体”，有助于把自然资源保护、改良与合理利用有机结合起来[37]。在有关流域规划与建设项目前期工作中，要将生态与环境保护作为最重要的内容之一，加强审查与审批工作中的相关控制。

2. 加强和重视西江流域建设项目环评工作

重视和加强西江流域开发的规划环评工作，有利于从西江流域整体和生态完整性角度提出规划优化和保护对策建议，从源头降低影响[38]。建设项目环评对减少项目建设环境影响，实现项目建设与环境保护共赢具有重要的意义。例如，在由广西交通科学研究院有限公司承担的左江崇左至南宁（宋村三江口）Ⅲ级航道工程环评工作中，在环评单位的积极努力下，取消了原设计方案中在左江佛耳丽蚌自然保护区缓冲区内的疏浚和炸礁作业区，最大限度降低了对该保护区的影响。

3. 建立水生生物资源与生态补偿机制

要建立涉渔工程项目水生生物资源与生态补偿机制。对水生生物资源和水域生态造成较大影响的项目，项目建设单位要按照“谁开发谁保护、谁受益谁补偿、谁损害谁修复”的原则，制定补偿方案和补救措施，落实补偿项目和资金[33]。要从生态价值损失角度进行生态补偿，从而保证西江生态服务功能不降低并持续增强。

参考文献

[1] 赵晶晶，葛颜祥．流域生态补偿模式实践、比较与选择［J］．山东农业大学学报（社会科学版），2019，21（2）：79-85，158.

[2] 孙宇．生态保护与修复视域下我国流域生态补偿制度研究［D］．长春：吉林大学，2015.

[3] 袁伟彦，周小柯．生态补偿问题国外研究进展综述［J］．中国人口·资源与环境，2014，24（11）：76-82.

[4] 欧阳志云，郑华，岳平．建立我国生态补偿机制的思路与措施［J］．生态学报，2013，33（3）：686-692.

[5] 刘丽．我国国家生态补偿机制研究［D］．青岛：青岛大学，2010.

[6] 刘晓红，虞锡君．基于流域水生态保护的跨界水污染补偿标准研究——关于太湖流域的实证分析［J］．生态经济，2007，（8）：129-135.

[7] 秦艳红，康慕谊．国内外生态补偿现状及其完善措施［J］．自然资源学报，2007，（4）：557-567.

[8] 毛显强，钟瑜，张胜．生态补偿的理论探讨［J］．中国人口·资源与环境，2002，（4）：40-43.

[9] 杨西春，张堂云．珠江-西江经济带协同创新环境建设：实践、困境与路径选择［J］．社会科学家，2019，（5）：60-67，73.

[10] 刘毅．珠江-西江经济带发展愿景和路径选择［J］．广西师范大学学报（哲学社会科学版），2017，53（5）：22-25.

[11] 陈立华，刘为福，潘子豪，等．西江下游月枯季径流特征研究［J］．水利水电技术，2018，49（9）：49-55.

[12] 陈立华，刘为福，张利娜．西江下游年月径流变化特征研究［J］．水力发电，2018，44（6）：38-43.

[13] 陈立华，刘为福，冷刚，等．西江干流径流年际及年内变化趋势分析［J］．南水北调与水利科技，2018，16（4）：74-81.

[14] 廖雅君，徐鹏，赵晨旭，等．西江中游 1973—2013 年水质变化趋势及影响因素分析［J］．环境科学与技术，2017，40（5）：145-152.

[15] 何华庆，黄天文，刘谦．西江流域致洪暴雨的相似预报［J］．中山大学学报（自然科学版），2001，（4）：111-114.

[16] 翟红娟．纵向岭谷区水电工程胁迫对河流生态完整性影响的研究［D］．北京：北京师范大学，2009.

[17] 史玉丁，李建军，刘红梅．提升旅游生计资本的生态补偿机制［J］．西北农林科技大学学报（社会科学版），2019，19（5）：98-106.

[18] 曾庆敏，陈利根，龙开胜．我国耕地生态补偿实施的制度环境评价［J］．四川师范大学学报（社会科学版），2019，46（5）：113-120.

[19] 陆园园．推动首都生态涵养区绿色发展［J］．前线，2019，（9）：68-70.

[20] 赵晶晶，葛颜祥，接玉梅．基于 CiteSpace 中国生态补偿研究的知识图谱分析［J］．中国环境管理，2019，11（4）：79-85.

[21] 李长健，赵田．水生态补偿横向转移支付的境内外实践与中国发展路径研究［J］．生态经济，2019，35（8）：176-180.

[22] 赵越，王海舰，苏鑫．森林生态资产资本化运营研究综述与展望［J］．世界林业研究，2019，32（4）：1-5.

[23] 欧阳祎兰．探索生态扶贫的实现路径［J］．人民论坛，2019，（21）：70-71.

[24] 郑云辰，葛颜祥，接玉梅，等．流域多元化生态补偿分析框架：补偿主体视角［J］．中国人口·资源与环境，2019，29（7）：131-139.

[25] 孙光，罗遵兰，李果，等．衡水湖国家级自然保护区生态补偿标准核算［J］．水生态学杂志，2019，40（4）：8-13.

[26] 朱冬亮，殷文梅．贫困山区林业生态扶贫实践模式及比较评估［J］．湖北民族学院学报（哲学社会科学版），2019，37（4）：86-93.

[27] 王恒．西部民族地区生态治理路径探析［J］．宏观经济管理，2019，（7）：73-78.

[28] 李周．乡村生态宜居水平提升策略研究［J］．学习与探索，2019，（7）：115-120.

[29] 马俊峰，王鹏．习近平生态文明思想的三个维度解析［J］．学术交流，2019，（7）：64-73，191.

[30] 敦越，杨春明，袁旭，等．流域生态系统服务研究进展［J］．生态经济，2019，35（7）：179-183.

[31] 王奕淇，李国平，延步青．流域生态服务价值横向补偿分摊研究［J］．资源科学，2019，41（6）：1013-1023.

[32] 王玉涛，俞华军，王成栋，等．生态资产核算与生态补偿机制研究［J］．中国环境管理，2019，11（3）：31-35，13.

[33] 廖文梅，童婷，彭泰中，等．生态补偿政策与减贫效应研究：综述与展望［J］．林业经济，2019，41（6）：97-103.

[34] 张化楠，葛颜祥，接玉梅．生态认知、生计资本对流域居民生态补偿支付意愿的影响研究［J］．农业经济与管理，

2019，(3)：61-69.
[35] 王萍. 新时代多民族地区生态扶贫：现实意蕴、基本路径与困境溯因——基于生态文明视角 [J]. 新疆社会科学，2019，(3)：123-130，150.
[36] 吕永龙，王一超，苑晶晶，等. 可持续生态学 [J]. 生态学报，2019，39 (10)：3401-3415.
[37] 李飞. 构建助力精准脱贫攻坚的横向生态补偿机制 [J]. 新视野，2019，(3)：31-36.
[38] 杨喆，吴健. 中国自然保护区的保护成本及其区域分布 [J]. 自然资源学报，2019，34 (4)：839-852.